U0307441

钢管混凝土结构

——理论与实践

（第三版）

Concrete Filled Steel Tubular Structures

——Theory and Practice

（Third Edition）

韩林海　著

科学出版社

北　京

内 容 简 介

本书通过介绍典型工程实例，阐述钢管混凝土在工程实践中的应用概况，以及这种结构的基本特点及其工程应用的可能形式，其中重点阐述在圆形和方、矩形钢管内部填充实心混凝土而形成的钢管混凝土构件。以构建基于全寿命周期的钢管混凝土结构设计理论为目标，本书研究了钢管混凝土构件在压（拉）、弯、扭、剪及其复合受力状态下的力学实质，论述了钢管混凝土基本构件在长期荷载、往复荷载和火灾作用下以及火灾作用后的工作机理，提出了基于理论和试验研究及参数分析结果所导出的实用设计方法。本书还阐述了钢管混凝土结构构件的一些关键技术问题，如受轴向局压荷载时的力学性能、施工阶段钢管初应力的限值、核心混凝土的水化热和收缩及混凝土浇筑质量的影响规律、钢管及其核心混凝土间的粘结性能、氯离子腐蚀环境下以及撞击荷载作用下钢管混凝土设计原理。

本书具有理论性、系统性和工程实用性，可供土木工程领域的科技人员，以及高等院校的土建类专业的教师、研究生和高年级本科生参考使用。

图书在版编目（CIP）数据

钢管混凝土结构——理论与实践 / 韩林海著. —3 版. —北京：科学出版社，2016.7

ISBN 978-7-03-049537-2

Ⅰ.①钢…　Ⅱ.①韩…　Ⅲ.①钢管混凝土结构-研究　Ⅳ.①TU37

中国版本图书馆 CIP 数据核字（2016）第 181243 号

责任编辑：童安齐 / 责任校对：马英菊

责任印制：吕春珉 / 封面设计：耕者设计工作室

科学出版社出版

北京东黄城根北街 16 号

邮政编码：100717

http://www.sciencep.com

北京中科印刷有限公司 印刷

科学出版社发行　各地新华书店经销

*

2000 年 6 月第 一 版　2018 年 9 月第五次印刷

2004 年 3 月修 订 版　开本：B5（720×1000）

2007 年 2 月第 二 版　印张：62 1/2

2016 年 8 月第 三 版　字数：1 220 000

定价：280.00 元

（如有印装质量问题，我社负责调换〈中科〉）

销售部电话 010-62136230　编辑部电话 010-62137407

第三版前言

钢管混凝土是指在钢管中填充混凝土而形成且钢管及其核心混凝土能共同承受外荷载作用的结构构件，最常见的截面形式有圆形和方、矩形，也可采用多边形和椭圆形等。钢管混凝土中的钢管成型方式有热轧、冷弯或焊接，钢管可采用普通钢材、高强钢材或不锈钢等；钢管内可浇灌普通混凝土、高强度混凝土、自密实混凝土或纤维混凝土等。一般而言，“狭义”的钢管混凝土由外围单层钢管和其内部的实心混凝土共同组成；“广义”的钢管混凝土形式有中空夹层钢管混凝土、钢管混凝土叠合柱、内置型钢或钢筋的钢管混凝土和薄壁钢管混凝土等，此外还包括复合式钢管混凝土（一般由多根“狭义”或“广义”的钢管混凝土构件组合而成），如钢管混凝土桁架、格构式钢管混凝土结构等。本书专门论述在圆形和方、矩形钢管内部填充实心混凝土而形成的钢管混凝土构件。

因地制宜、科学地使用钢管混凝土，可满足有关工程结构向大跨、高耸、重载发展和承受恶劣条件的需要，符合现代施工技术的工业化要求。钢管混凝土结构因在受力和施工建造等方面的高性能而得到工程界的青睐。

作者适逢国家建筑业快速发展的机遇，对钢管混凝土结构设计理论的系列关键问题进行了研究。2000 年在科学出版社出版《钢管混凝土结构》；2004 年该书修订；2007 年完成该书第二版，根据研究进展纳入了不同截面形状（圆形和方、矩形）的钢管混凝土构件在压（拉）、弯、扭、剪及其复合受力状态下的工作机理、受轴向局压荷载时的力学性能，以及考虑火灾全过程时钢管混凝土构件的研究等成果；此外，还纳入了核心混凝土的水化热、收缩及徐变影响规律的研究结果等。

第二版的出版得到有关研究者和工程技术人员的关注，并被大量引用；有关成果和方法还先后被推广应用于采用钢管混凝土的高层建筑和拱桥工程实践，以及新型钢管混凝土结构的研究中。近年来颁布的一些有关工程建设标准也采纳了该书的成果，如中国工程建设协会标准 CECS261：2009、CECS28：2012；国家电网公司企业标准 Q/GDW 11136—2013；辽宁省 DB21/T1746—2009、福建省 DBJ/T13-51—2010、浙江省 Q/GW11 352—2012-10204 和四川省 DB 51/T 1992—2015 等十余部地方工程建设标准；住房与城乡建设部行业标准 JGJ/T249—2011；中华人民共和国行业推荐性标准 JTG/T D65-06—2015；国家规范 GB 50016—2014 和 GB 50923—2013 等。

本次对该书第二版再版，进一步完善了钢管混凝土结构理论与应用研究框架，补充了典型工程实例（第 2 章），结合作者领导的课题组近年来在钢管混凝土结构研究方面的最新进展，在原书研究成果的基础上补充了钢管混凝土在轴拉、拉弯及剪切荷载作用下的研究结果（第 3 章和第 4 章），使钢管混凝土构件在压（拉）、弯、扭、剪及其复合受力状态下的理论体系更加完善。

近年来，钢管混凝土在近海工程结构中的应用逐渐增多，开展该类构件在荷载和氯离子腐蚀环境共同作用下的工作机理研究，是进行有关结构设计的重要基础。本书新增加的第 11 章中专门论述有关理论分析和试验研究成果。考虑荷载和氯离子腐蚀的共同作用，对钢管混凝土构件的受力全过程进行了分析，在此基础上提供了承载力实用计算方法，构建了能综合考虑长期荷载和氯离子腐蚀共同作用下钢管混凝土结构工作机理研究的基本框架。

撞击是一些工程结构在服役中可能遭遇的一种意外荷载作用，如高层建筑和桥梁遭受各种撞击等。撞击作用会造成结构损伤甚至严重破坏。本书第 12 章以受横向撞击的钢管混凝土构件为对象，通过理论分析和试验研究了该类结构的抗撞击性能，分析了各主要参数的影响规律，给出了钢管混凝土构件抗撞击设计方法。该章中还分析了长期荷载、氯离子腐蚀作用和撞击荷载耦合对钢管混凝土柱承载能力的影响规律。

钢管混凝土的推广，需要精心设计和施工，实现从材料制备、结构加工制作到质量检测检验“三位一体”的过程控制。核心混凝土浇筑缺陷的影响一直是工程界关注的问题，有关研究者和工程技术人员共同努力，不断澄清和解决发展中的问题，同时也积累了宝贵的工程经验，为进一步促进钢管混凝土结构的合理推广应用创造了条件。基于对工程中可能出现的均匀脱空和球冠形脱空形式的分析，本书第 13 章通过数值分析和试验研究，开展了定量化研究工作。该章还论述了“三位一体”的核心混凝土质量过程控制理念在典型实际钢管混凝土工程中的应用情况。

众所周知，工程结构的全寿命周期包括设计、施工、运营和维护等环节，其安全性和耐久性会影响到可持续城镇化建设过程中的环境、材料、信息、能源、经济、管理和社会等多个方面。系统研究基于全寿命周期的钢管混凝土结构理论具有重要的理论和现实意义。基于全寿命周期的钢管混凝土结构设计理论内容总体可概述为：①全寿命周期服役过程中钢管混凝土结构在遭受可能导致灾害的荷载（如强烈地震、火灾和撞击等）作用下的分析理论，以及考虑各种荷载作用相互耦合的分析方法；②综合考虑施工因素（如钢管制作和核心混凝土浇灌等）、长期荷载（如混凝土收缩和徐变）与环境作用影响（如氯离子腐蚀等）的钢管混凝土结构分析理论；③基于全寿命周期的钢管混凝土结构设计原理和设计方法。近 20 年来，作者领导的课题组紧紧围绕上述内容开展了有关钢管混凝土结构的基础研究工作，本书实际上综合阐述了这些阶段性工作成果。

本书的研究工作先后得到国家自然科学基金（项目编号：50425823；50738005；51178245；51378290）、国家重大基础研究计划（“973”计划）（编号：2009CB623200；2012CB719703）、高等学校博士学科点专项科研基金课题（项目编号：20110002110017）、清华大学自主科研计划课题（编号：20111081036；20131089347）等的资助，特此致谢！

作者的研究工作一直得到有关工程界和学术界同行们的帮助和支持。叶尹、牟廷敏和杨蔚彪高级工程师等为作者提供了有关工程资料。作者的博士生何珊瑚，博士后廖飞宇、李威和叶勇协助了本书第 3 章和第 4 章相关内容的研究工作；本书第 11 章的试验工作是作者与王庆利教授合作完成的，研究生侯超、侯川川和花幼星协助进行了有关理论分析和成果整理工作；博士后王蕊、研究生侯川川和胡昌明协助进行了第 12 章相关内容的研究工作；博士后廖飞宇、叶勇、何振军和侯超，研究生花幼星协助完成了本书第 13 章中关于核心混凝土缺陷影响规律分析及混凝土性能现场测试工作。还有一些作者指导的研究生参与了再版的有关工作，在此一并致谢！

作者怀着感激的心情期待着读者对本书给予批评和指正！

韩林海

2015 年 12 月 20 日

于清华园

第二版前言

钢管混凝土诞生已有一百多年的历史。在20世纪60年代左右，人们对钢管混凝土压弯构件的力学性能，及钢管和混凝土之间粘结问题的研究取得了较大进展，当时的工作以实验研究为主。七八十年代，研究者们开始较多地研究该类结构的抗震性能和耐火极限，以及长期荷载作用的影响等问题。九十年代以来，对钢管混凝土结构抗震性能的研究进一步深入，对采用高性能材料的钢管混凝土构件，及薄壁钢管混凝土工作性能和设计方法的研究也有不少报道，在这一阶段，研究者们还较多地开展了压弯剪和压弯扭构件性能的研究，对钢管混凝土工作机理的理论研究得到较快发展，使人们对这类组合构件力学实质的认识逐渐深入。

我国是研究和应用钢管混凝土较多的国家之一。自20世纪60年代以来，有关钢管混凝土结构的科学研究、设计和施工等方面均取得较大进展。七八十年代以前，以研究和应用圆形截面的钢管混凝土居多。近十几年来，对方、矩形截面钢管混凝土的研究取得了较大进展，工程应用也逐渐增多。

钢管混凝土具有一系列力学性能和施工性能等方面的优点，因此已被较广泛地应用于各个工程建设领域，如冶金、造船、电力等行业的单层或多层工业厂房、设备构架柱、各种支架、栈桥柱、送变电杆塔、桁架压杆、桩、大跨和空间结构、商业广场、多层办公楼及住宅、高层和超高层建筑以及桥梁结构等。

这些理论研究成果和工程实践经验的取得为钢管混凝土结构学科的进一步发展创造了必要条件。在国内外学者和有关技术人员的共同努力下，钢管混凝土结构理论与设计成套技术正逐步趋于成熟，钢管混凝土正逐步形成一个系统而完整的新学科。

现代结构技术和钢、混凝土材料的不断发展，对钢管混凝土结构理论的发展提出了新的要求，这就需要科技人员用发展的眼光和科学的态度对原有的结果不断进行完善和改进，且要对一些新型钢管混凝土结构进行专门深入的研究，此外，还需要对工程技术中出现的新问题和难点问题要不断探索。只有这样，才可能适应这一现代技术实际发展的需要，才可能促进钢管混凝土结构学科向更高层次的发展。

近些年来，随着现代科学技术的进步，实验科学、计算机技术及分析计算手段的发展，都为更为细致和深入地研究钢管混凝土结构的工作机理及其设计理论创造了条件。随着国家国民经济的健康发展和社会的快速进步，使土木工程技术得到了前所未有的发展机遇。在这一过程中，诞生了不少采用钢管混凝土结构的典型工程。不断的工程实践不仅提出了不少需要解决的新问题，而且也促进了对原有研究结果的完善和提高，同时也使现代钢管混凝土结构技术快速趋于成熟。作者及其合作伙伴们适逢盛世，有幸在这一发展过程中进行了一些力所能及的研究工作。

在国家各类科学基金、科研项目及工业界等的支持下，作者及其合作伙伴们得以有机会先后进行了一千多个钢管混凝土构件在各种荷载作用下的典型实验研究，其中的不少实验补充了实际工程中常见的，但尚没有经过实验验证的工况。例如大体积核心混凝土的水化热和收缩实验，大轴压比下构件的滞回性能、耐火性能及火灾后性能的实验等。通过这些典型的实验研究，不仅积累了宝贵的第一手资料，而且也进一步增强了人们对这类构件在不同工况下工作特性的感性认识。这些实测结果与国内外同行们进行的大量实验结果共同奠定了钢管混凝土结构学科发展的必要基础，也为更为全面和扎实地开展这类结构的理论分析工作创造了条件。

众所周知，钢管混凝土工作的实质在于钢管及其核心混凝土间的相互作用和协同互补。由于这种相互作用，使钢管混凝土具有一系列优越的力学性能，同时也导致其力学性能的复杂性，因此，如何合理地认识和了解这种相互作用的“效应”，一直是该领域研究的热点课题之一。作者从 1989 年开始师从钟善桐教授从事该方面的研究工作。为了能深入全面地解决好这一问题，作者及其合作伙伴们一道始终在进行不懈的探索。在系统实验研究结果的基础上，作者领导的课题组先后采用了纤维模型法和有限元法等数值方法计算分析了钢管混凝土构件受力全过程。尤其近些年，课题组采用大型非线性有限元程序建模，深入地研究了不同截面形式、不同加载路径情况下钢管混凝土构件在压（拉）、弯、扭、剪及其复合受力状态下的工作机理，较为细致地分析了钢管及其核心混凝土之间的相互作用，较全面和透彻地揭示了该类组合构件的力学实质。此外，课题组还初步解决了钢管混凝土受局压荷载时及考虑火灾全过程影响情况下构件力学性能的理论分析等问题，从而使力学建模能更真实地反映构件在实际结构中的工作情况。

在工程技术领域从事科学研究，其最终目的是更好地为实际应用，尤其是结合实际情况为本国的行业发展和有关工程实践服务。作者及其合作者们共同取得的阶段性研究结果大都在国内一些学术期刊和学术会议上发表或介绍，受到了国内工程界的重视。部分研究结果先后为国家军用标准 GJB 4142—2000、国家电力行业标准 DL/T 5085—1999 等十余部工程建设标准采纳，还陆续在一些典型的实际工程中应用。通过这些实际应用，即使理论结果得到检验，也促进这些结果不断趋于完善和成熟。考虑到目前的客观实际状况，为了能够创造和国际同行们更深入交流的机会，同时也便利于其他国家研究者们有机会较全面地参考课题组取得的研究结果，课题组成员们共同努力，陆续把获得的一些主要研究结果进行了整理，并系列发表在本领域有影响的一些国际学术期刊上。作者及其合作者们共同发表的论著迄今已为国内外同行们多次引用。

钢管混凝土结构学科的内容十分丰富多彩。如前所述，科学和技术是不断发展的，因此，有必要对原来的一些结果作进一步的扩充、改进或完善，但这必须是建立在对原有研究工作深化和扩大的基础上。作者及其课题组成员们坚持从客观实际需要出发，坚持实事求是的态度和方法，力求保证研究结果的科学性、系统性和实用性。在这一探索过程曾遇到一些问题和困难，但课题组成员们始终坚持脚踏实地地把事情做好且精益求精的信念，不断进取和自我完善。通过大家的共同努力，不仅切实解决了一些钢管混凝土结构学科中的难题，而且也使原来研究结果中存在的不足逐步得到改进和充实。

作者曾于2000年在科学出版社出版了《钢管混凝土结构》一书，以期能全面地介绍课题组取得的研究结果。该书受到了研究者和工程技术人员的广泛关注，被多次引用，有关成果和方法还先后被其他研究者推广应用于采用钢管混凝土的高层建筑和拱桥，以及新型钢管混凝土结构的计算分析或研究中。在该书的基础上，结合当时一些较为成熟的研究结果，作者于2003年整理完成了《钢管混凝土结构——理论与实践》一书。

本次有机会对《钢管混凝土结构——理论与实践》再版，除了对原书中的一些不足之处进行了修正、补充和完善外，还增加了课题组取得的最新研究结果，如不同截面形状的钢管混凝土构件在压（拉）、弯、扭、剪及其复合受力状态下的工作机理、受轴向局压荷载时的力学性能，以及考虑火灾全过程时钢管混凝土构件的分析研究等。此外，还给出了核心混凝土的水化热、收缩及徐变影响规律的研究结果等。这些内容的补充进一步完善了该书的理论体系，同时也增强了研究结果的实用价值。

根据钢管混凝土结构技术发展的需要，作者及其课题组成员们近年来还对钢管混凝土结构节点、平面框架结构和由钢管混凝土框架-钢筋混凝土剪力墙混合结构体系等的力学性能进行了理论分析和实验研究，有关结果将另文介绍。

作者及其课题组成员们的研究工作一直得到所在单位的领导及同事们的关心和支持。作者在从事研究的过程中，曾和不少国内外学术界及工业界的同行们进行过有益的交流，一些学术观点曾受过他们的启发。国内外同行在为作者审稿时曾提出过不少宝贵的意见或建议。作者在研究和撰写本书的过程中还参阅了大量其他研究者的论著。此外，不少学术界和工程界的老前辈曾给过作者很多关心和勉励。这些帮助和勉励不仅极大地促进了作者及课题组成员们研究能力的提高，同时也激励着课题组不断地自我完善，使我们的研究方法和研究结果逐渐趋于规范化和成熟。阎善章、魏潮文、龚昌基、陈宝春、乔景川、于连波、陈立祖、孙忠飞、王怀忠、程宝坪、孙彤、卢伟煌、李达明、卓幸福、杨强跃和柯峰等同志曾为作者提供了宝贵的实际工程图片及相关介绍材料；作者已发表的其他论著中还有不少建设单位的有关人员为我提供过有价值的工程项目资料等。在此，谨向这些给予过作者无私帮助的人们表示诚挚的谢意！

本书再版过程中，课题组的陶忠、杨有福、杨华、霍静思、刘威、卢辉、尧国皇、林晓康、黄宏、王文达、曲惠、廖飞宇、郑永乾、李永进、郑莲琼、王卫华、游经团、冯斌、高献和王再峰等均协助作者进行了不少理论分析或试验研究工作。没有他们的协助，本书的再版是不可能的，作者非常感激！

本书的研究工作先后得到国家杰出青年科学基金资助项目（No. 50425823）、清华大学“百名人才引进计划”专项基金、福建省引进高层次人才科研启动费资助项目、福建省科技计划重大项目（No. 2002H007）及其他各类科研项目的资助。另外还得到过不少来自工业界的支持和帮助，特此致谢！

由于作者学识水平和阅历所限，书中难免存在不当或不足、甚至谬误之处。作者怀着感激的心情期待着读者不吝给予批评指正，并将继续努力对这些阶段性结果进行完善和发展，以期更好地服务于人类建设事业的发展。

韩林海
2006 年 10 月 2 日

修订版前言

钢管混凝土是发展前景广阔的一种结构形式，它能适应现代工程结构向大跨、高耸、重载发展和承受恶劣条件的需要，符合现代施工技术的工业化要求，正被越来越广泛地应用于工业厂房、高层和超高层建筑、桥梁和地下等结构中，取得了良好的经济效益和建筑效果，已成为结构工程科学的一个重要发展方向。

随着我国经济和建设事业的迅猛发展，近十几年来钢管混凝土的应用日益增多，发展速度之快惊人，寻求更为合理和完善的钢管混凝土结构分析理论和设计方法显得突出和重要。为了实现这一目标，作者及其课题组的成员们对工程中常用的圆形和方、矩形钢管混凝土的如下关键问题进行了探索和研究：

1. 静力荷载作用下的性能；
2. 长期荷载作用的影响；
3. 往复荷载作用下的性能；
4. 耐火性能和抗火设计方法；
5. 火灾后的力学性能；
6. 钢管初应力的影响；
7. 混凝土浇筑质量的影响；
8. 薄壁钢管混凝土的力学性能；
9. 采用高性能材料的钢管混凝土的力学性能等。

钢管混凝土构件的工作实质在于钢管及其核心混凝土间的相互作用和协同互补，由于这种相互作用，使钢管混凝土具有一系列优越的力学性能，同时也导致其力学性能的复杂性，因此，如何合理地估计这种相互作用的“效应”成为迫切需要解决的钢管混凝土理论研究热点课题。从广大设计部门的角度，不仅希望这一问题在理论上取得较彻底地解决，而且更希望能进一步提供便于工程设计人员使用的实用设计方法。从研究者的角度来说，在工程技术领域从事科学研究，其最终目的也应该是更好地为实际应用服务。

按照这一指导原则，作者及其课题组成员们在进行上述钢管混凝土若干方面问题的研究时，大都经历了如下三个阶段：

1. 在系统总结和考察目前国内外有关钢管混凝土理论分析和实验研究结果的基础上，提出能够进行钢管混凝土构件荷载-变形全过程分析的理论和方法。

2. 根据研究的需要有针对性地进行一系列钢管混凝土构件的实验研究，从而更加全面地验证全过程分析结果的准确性。

3. 利用理论分析模型，对影响钢管混凝土性能的基本参数（包括物理参数、几何参数和荷载参数等）进行系统的分析，并考虑各种可能的影响因素，然后对所得大量计算结果进行统计分析和归纳，考察钢管混凝土力学性能的变化规律，最后从理论高度进行概括，提出钢管混凝土构件在各种荷载作用下的设计方法。

课题组取得的研究成果最近几年陆续在国内外著名学术期刊和学术会议上发表，受到国内外同行的广泛关注。这些成果还受到了国内工程界的重视。有关钢管混凝土静力和动力性能方面的成果被国家电力行业标准《钢-混凝土组合结构设计规程》DL/T5085—1999（1999）、国家军用标准《战时军港抢修早强型组合结构技术规程》GJB4142—2000（2001）和福建省工程建设标准《钢管混凝土结构技术规程》DBJ13-51—2003（2003）系统采用；有关钢管混凝土耐火性能方面的成果已在高度为291.6米的深圳赛格广场大厦圆钢管混凝土柱以及国家经贸委产业化重点项目杭州瑞丰国际商务大厦方钢管混凝土柱的防火设计中应用，取得了良好的经济效果和建筑效果。该项成果随后为福建省工程建设地方标准《钢管混凝土结构技术规程》DBJ13-51—2003（2003）、中国工程建设标准化协会标准《矩形钢管混凝土结构技术规程》和浙江省工程建设地方标准《建筑钢结构防火技术规范》(2003）等规程系统采用。

课题组取得的初步研究成果曾整理在科学出版社出版的《钢管混凝土结构》一书中发表，该书自2000年出版发行以来，一直得到研究者和工程技术人员的广泛关注。

本书内容的研究工作先后得到过国家自然科学基金、霍英东教育基金、国家教育部优秀青年教师资助计划项目、国家地震科学联合基金、辽宁省自然科学基金、福建省自然科学基金重点项目、福建省科技计划重点和重大项目，以及澳大利亚ARC基金重点项目等科研项目的资助。

钢管混凝土结构作为一种新兴学科，其内容应该十分丰富多彩。科学是不断发展的，人们对科学问题的认识也将不断深入。虽然作者已进行了艰苦的努力和辛勤工作，但本书的一些论点也仅代表作者当前对这些问题的认识。鉴于所探讨问题本身的复杂性，某些论点定会随着研究工作的深化和扩大而得到改进，这是必然的，也是应当的。因而，对本书存在的不足之处，谨请读者批评指正。

我诚挚感谢所有为本书面世做出贡献的朋友：中国工程院院士王光远教授、赵国藩教授和沈世钊教授在作者从事科学研究的过程给予了我许多鼓励和帮助。国家电力公司电力规划设计总院的阎善章高级工程师、福建省建筑设计院的龚昌基高级工程师、福州大学的陈宝春教授、郑州铁路局和济南铁路局的乔景川和于连波高级工程师、深圳市赛格广场投资有限公司的蔡延义和陈立祖高级工程师、铁道部第一勘测设计院的孙忠飞高级工程师、上海宝山钢铁公司的王怀忠高级工程师、中建二局深圳南方公司的程宝坪总工等工程界同仁们曾为作者提供了非常有价值的实际工程资料。博士后杨有福和姜绍飞，博士生陶忠、徐蕾、冯九斌、毛小勇、贺军利、杨华、霍静思、刘威、卢辉、尧国皇、林晓康、黄宏和王文达，硕士生闫维波、邱明广、程树良、游经团、张铮、冯斌、郑永乾、高献和廖飞宇等均协助作者完成了大量计算或实验工作，他们均对本书做出了重要贡献。最后，特别感谢钟善桐教授，在从事钢管混凝土结构的研究过程中，一直得到恩师的关注和支持，使我受益匪浅。

这本书其实是大家的，我将永远心存感激。

韩林海

2003 年 10 月 2 日

第一版前言

现代建筑工程对建筑材料和建筑结构的要求越来越高。钢管混凝土能够适应现代工程结构向大跨、高耸、重载发展和承受恶劣条件的需要，符合现代施工技术的工业化要求，因而正被越来越广泛地应用于工业厂房、高层和超高层建筑、拱桥和地下结构中，并已取得良好的经济效益和建筑效果，是结构工程科学的一个重要发展方向。本书首先介绍了钢管混凝土工程的一些典型实例，旨在帮助读者具体地理解这种新型结构体系的特点和可能形式。

针对钢管混凝土结构工程中遇到的一些关键问题和实际设计工作者的要求，作者对圆形和方形截面钢管混凝土构件在静力、动力及火灾荷载作用下的荷载-变形关系进行了全过程分析和系统完整的试验验证。最后，在大规模参数分析的基础上，提出了便于实际工程设计的简化方法。

在钢管混凝土中，混凝土被外围钢管所包覆，造成浇筑质量控制的难度，由于对该问题处理不当，已造成一些工程事故。本书对钢管和混凝土之间的粘结强度进行研究，分析了其主要影响因素，并在此基础上，通过对不同浇筑方式下构件的承载力及变形能力的研究，提出了混凝土质量控制及有关施工方法的建议。

以上内容均曾在国内外有关刊物及学术会议上发表，受到国内外同行和设计工作者们的关注。

本书中有关钢管混凝土静力和动力性能的成果被国家电力公司《钢-混凝土组合结构设计规程 DL/T5085—1999》及国家军用标准《战时军港抢修钢-混凝土组合结构技术规程》(GJB) 采用；有关钢管混凝土耐火性能的成果已在高度为 291.6 米的深圳赛格广场大厦钢管混凝土柱耐火设计中应用。以上工程实践均取得良好的经济效益。

本书内容的研究工作还得到国家自然科学基金、霍英东教育基金和国家教育部资助优秀年轻教师基金项目的支持。

本书的研究成果均通过有关部门组织的鉴定，其中，有关"钢管混凝土静力性能研究"部分曾获得 1995 年度国家教育委员会科技进步一等奖。

科学是不断发展的，人们对科学问题的认识也将不断深入。本书的一些论点仅代表作者当前对这些问题的认识。鉴于所探讨问题本身的复杂性，某些论点定会随着研究工作的深化和扩大而得到改进，这是必然的，也是应当的。因而，对本书存在的不足之处，谨请读者批评指正。

作者诚挚感谢所有为本书面世做出贡献的朋友：中国工程院院士王光远和赵国藩教授一直关注本书的出版，并提出许多建设性意见；中国工程院院士沈世钊教授在本书的撰写过程中给予了作者许多鼓励和帮助；国家电力公司电力规划设计总院的阎善章高级工程师、福建省建筑设计院的龚昌基高级工程师、福州大学的陈宝春教授、郑州铁路局和济南铁路局的乔景川和于连波高级工程师、深圳市赛格广场投资有限公司的蔡延义和陈立祖高级工程师、铁道部第一勘测设计院的孙忠飞和上海宝山钢铁公司的王怀忠高级工程师等工程界同仁为作者提供了大量的实际工程资料；博士后姜绍飞，博士生陶忠、徐蕾、冯九斌、毛小勇、贺军利，硕士生闫维波、邱明广、杨有福和杨华等均协助作者完成了大量计算或试验工作，他们均对本书做出了贡献。最后，作者特别感谢自己的导师钟善桐教授，作者在从事钢管混凝土结构的研究过程中，一直得到恩师的关注和大力支持，使作者受益匪浅。这本书其实是大家的，作者永远心存感激。

韩林海

1999 年 10 月

目　　录

主要符号表

a	防火保护层厚度
A_c	核心混凝土横截面面积
A_L	局压荷载作用面积
A_s	钢管横截面面积
A_{sc}	钢管混凝土横截面面积，$A_{sc}=A_s+A_c$
b	方形局压垫板边长
b_e	钢管截面的有效计算长度
B	方钢管横截面外边长、矩形钢管横截面短边的外边长（宽度）
B_a	方形端板边长
c	比热
C	钢管混凝土横截面周长，对于圆形截面：$C=\pi D$；对于方形截面：$C=4B$；对于矩形截面：$C=2(B+D)$
d	圆形局压垫板直径、核心混凝土脱空值
D	圆钢管横截面外直径、矩形钢管横截面长边的外边长（高度）或板的抗弯刚度
D_a	圆形端板直径
D/B	矩形钢管混凝土横截面的高宽比
e	轴向荷载偏心距
e_o	轴向荷载初始偏心距
e/r	荷载偏心率，对于圆钢管混凝土，$r=D/2$；对于方钢管混凝土 $r=B/2$；对于矩形钢管混凝土，当构件绕强轴（x-x）弯曲时，$r=D/2$；当绕弱轴（y-y）弯曲时，$r=B/2$
E	能量
E_c	混凝土弹性模量
E_{cr}	临界破坏能量
E_k	动能
E_p	塑性消耗能量
E_s	钢材弹性模量
E_{sc}	钢管混凝土轴压弹性模量
E_{sch}	钢管混凝土轴压强化模量
E_{scm}	钢管混凝土抗弯弹性模量
E_{scmh}	钢管混凝土抗弯强化模量
E_{scmt}	钢管混凝土抗弯切线模量
E_{sct}	钢管混凝土轴压切线模量
E_0	总撞击能量

f_{ba}　钢管与混凝土间的平均粘结强度

f_{bu}　钢管与混凝土间的极限粘结强度

f_c　混凝土轴心抗压强度设计值

f_c'　混凝土圆柱体抗压强度

f_c^d　撞击荷载下混凝土圆柱体抗压强度

f_{ck}　混凝土轴心抗压强度标准值

f_{cu}　混凝土立方体抗压强度

f_p　钢材比例极限

f_{scp}　钢管混凝土轴心受压时的比例极限

f_{scy}　钢管混凝土轴心受压时的强度指标

f_t　混凝土抗拉强度设计值

f_t^d　撞击荷载下混凝土轴心抗拉强度

f_{tk}　混凝土抗拉强度标准值

f_u　钢材抗拉强度极限

f_y　钢材的屈服强度（或屈服点）

f_y^d　撞击荷载下钢材屈服强度

$f_y(T)$　高温下钢材的屈服强度

F　撞击力

F_I　惯性力

F_p　撞击力峰值

F_R　支座反力

F_0　撞击力平台值

G_{sc}　钢管混凝土剪切弹性模量

G_{sch}　钢管混凝土剪切强化模量

G_{sct}　钢管混凝土剪切切线模量

h　核心混凝土环向均匀脱空值

H　落锤撞击高度

I_c　核心混凝土截面抗弯惯性矩

I_s　钢管截面抗弯惯性矩

I_{sc}　钢管混凝土截面抗弯惯性矩

k　钢管的屈曲系数或材料导热系数

k_{cr}　长期荷载作用影响系数

k_p　钢管初应力对钢管混凝土构件的承载力影响系数

k_r　火灾作用后钢管混凝土构件的承载力系数

k_t　火灾作用对钢管混凝土构件承载力的影响系数

K	钢管混凝土构件的抗弯刚度
K_{ie}	钢管混凝土初始阶段的抗弯刚度
K_{LC}	有端板时钢管混凝土的局压承载力折减系数
K_{LC0}	无端板时钢管混凝土的局压承载力折减系数
K_{se}	钢管混凝土使用阶段的抗弯刚度
L	钢管混凝土构件在其弯曲平面内的计算长度
m	剪跨比；受弯构件的长期荷载比
m_0	落锤质量
M	弯矩
M_{in}	内弯矩
M_u	钢管混凝土抗弯强度
M_{uc}	钢管混凝土抗弯强度计算值
M_{ud}	撞击下钢管混凝土截面抗弯强度
M_{ue}	钢管混凝土抗弯强度实测值
M_{us}	静力下钢管混凝土截面抗弯强度
M_{ux}	矩形钢管混凝土绕强轴（x-x）弯曲时的抗弯强度
M_{uy}	矩形钢管混凝土绕弱轴（y-y）弯曲时的抗弯强度
M_y	屈服弯矩
n	柱构件长期荷载比，轴压比或火灾作用下钢管混凝土柱的荷载比
n_d	剩余承载力系数
n_r	相对刚度半径
N	静力荷载下的轴向压力
N_0	撞击荷载下的柱轴力
N_c	混凝土承受的荷载
N_d	钢管混凝土柱剩余承载力
N_F	火灾情况下作用在钢管混凝土柱上的荷载
N_{in}	内轴力
N_L	长期荷载值
N_{LC}	钢管混凝土的局压承载力
N_o	作用在钢管混凝土柱上的恒定轴心压力
N_p	作用在钢管上的初始荷载
N_u	钢管混凝土轴心受压柱的强度承载力
$N_{u,cr}$	钢管混凝土轴心受压柱的稳定承载力
N_{uc}	钢管混凝土柱极限承载力计算值
N_{ue}	钢管混凝土柱极限承载力实测值

N_{uL}	考虑长期荷载作用影响时钢管混凝土柱的极限承载力
N_s	钢管承受的荷载
N_t	静力荷载下的轴向拉力
N_{tu}	钢管混凝土轴心抗拉强度
p	钢管对其核心混凝土的约束力
P	水平荷载
P_{uc}	钢管混凝土压弯构件计算极限水平力
P_{ue}	钢管混凝土压弯构件实测极限水平力
r	冷弯钢管角部的圆角半径
R_d	构件抗弯强度动力提高系数
RI	刚度系数
RI_{ie}	弹性阶段刚度系数
RI_{se}	使用阶段刚度系数
SI	承载力系数
t	钢管壁厚度、腐蚀和长期荷载的持荷时间或火灾持续时间；间隔
t_h	升、降温临界时间
t_o	升温时间比（$t_o=t_h/t_R$）
t_0	撞击持续时间
t_R	耐火极限
T	温度或扭矩
T_{cr}	钢管构件达到耐火极限时钢管表皮的温度
T_u	钢管混凝土抗扭强度
T_{uc}	钢管混凝土抗扭强度计算值
T_{ue}	钢管混凝土抗扭强度实测值
u_a	轴向位移
u_m	构件中截面挠度
u_{mt}	火灾作用后钢管混凝土柱的残余变形
V	剪力或速度
V_{CFST}	试件跨中横向速度
V_u	钢管混凝土抗剪强度
V_{uc}	钢管混凝土抗剪强度计算值
V_{ue}	钢管混凝土抗剪强度实测值
V_0	落锤速度
W_{scm}	构件截面抗弯模量
W_{sct}	构件截面抗扭模量

α	钢管混凝土构件截面含钢率$\left(\alpha=\dfrac{A_s}{A_c}\right)$
α_c	混凝土的热膨胀系数
α_s	钢材的热膨胀系数
β	可靠度指标；矩形钢管混凝土的长（高）宽比；钢管混凝土局压面积比（$\beta=A_c/A_L$）或钢管初应力系数$\left(\beta=\dfrac{\sigma_{so}}{\varphi_s\cdot f_y}\right)$；钢管腐蚀损伤因子
β_c	混凝土局压强度提高系数
β_m	等效弯矩系数
δ	构件局部凹陷值
δ_d	考虑混凝土浇筑质量影响时钢管混凝土构件的承载力损失系数
Δ	局压垫板相对于试件底部的位移或压弯构件水平侧移值或试件跨中截面挠度
Δ_t	钢管腐蚀厚度
Δ_u	试件跨中截面极限挠度
Δ_{uc}	极限承载力对应的轴向位移计算值
Δ_{ue}	极限承载力对应的轴向位移实测值
Δ_0	跨中残余变形
ε	材料应变
ε_{cl}	混凝土的纵向应变
ε_{cr}	混凝土的徐变应变
$\varepsilon_{elastic}$	弹性应变
ε_i	材料应变强度
ε_L	钢管纵向应变
ε_{max}	受弯构件中截面外边缘纤维最大应变
ε_o	受弯构件中截面形心处应变，或长期荷载下的总纵向应变
ε_s	钢材应变
ε_{scy}	钢管混凝土轴心受压时的强度指标 f_{scy}对应的应变
ε_{sh}	混凝土的收缩应变
ε_{sl}	钢材的纵向应变
ε_t	钢管横向应变
ε_{th}	钢材断裂应变阀值
ε_y	钢材屈服应变
ζ	弯矩坐标值（$\zeta=M/M_u$）
η	轴力坐标值（$\eta=N/N_u$）
ϕ	曲率
φ	钢管混凝土轴心受压柱的稳定系数

$\varphi(t, \tau_0)$	徐变系数
φ_s	空钢管柱的稳定系数
γ	剪应变
γ_m	抗弯强度承载力计算系数 $\left(\gamma_m=\dfrac{M_u}{W_{scm}\cdot f_{scy}}\right)$
γ_t	抗扭强度承载力计算系数 $\left(\gamma_t=\dfrac{T_u}{W_{sct}\cdot \tau_{scy}}\right)$
γ_v	抗剪强度承载力计算系数 $\left(\gamma_v=\dfrac{V_u}{A_{sc}\cdot \tau_{scy}}\right)$
λ	钢管混凝土构件长细比，对于圆钢管混凝土，$\lambda=\dfrac{4L}{D}$；对于方钢管混凝土 $\lambda=\dfrac{2\sqrt{3}L}{B}$；对于矩形钢管混凝土，当构件绕强轴（$x$-$x$）弯曲时，$\lambda=\dfrac{2\sqrt{3}L}{D}$；当绕弱轴（$y$-$y$）弯曲时，$\lambda=\dfrac{2\sqrt{3}L}{B}$
μ	位移延性系数、平均值或钢管与核心混凝土界面摩擦系数
μ_c	混凝土弹性阶段的泊松比
μ_s	钢材弹性阶段的泊松比
ρ	材料容重或 NaCl 溶液溶度
θ	夹角或扭转角
σ	材料应力
σ_c	混凝土应力
σ_{cd}	动力荷载下混凝土应力
σ_i	应力强度
σ_{rc}	焊接引起的残余压应力
σ_s	钢材应力
σ_{sc}	钢管混凝土轴心受压时的名义压应力 $\left(\sigma_{sc}=\dfrac{N}{A_{sc}}\right)$
σ_{sd}	动力荷载下钢材应力
σ_{so}	钢管初应力
τ	剪应力
τ_{bond}	钢管与混凝土界面平均粘结力
τ_{scy}	钢管混凝土抗扭强度指标
τ_0	加载龄期
$\chi(t, \tau_0)$	龄期调整系数（或老化系数）
χ	核心混凝土脱空率
ξ	钢管混凝土约束效应系数，$\xi=\dfrac{A_s\cdot f_y}{A_c\cdot f_{ck}}$

第1章 绪 言

1.1 钢管混凝土的特点

钢管混凝土（concrete filled steel tube，CFST）是指在钢管中填充混凝土而形成且钢管及其核心混凝土能共同承受外荷载作用的结构构件。

图1.1（a）～（c）所示为普通钢管混凝土构件横截面示意图，其中，圆形和方、矩形截面是工程中应用最为广泛的形式；根据工程实际需要，钢管混凝土构件也有采用多边形、圆端矩形和椭圆形等形式，如图1.1（d）～（f）所示。

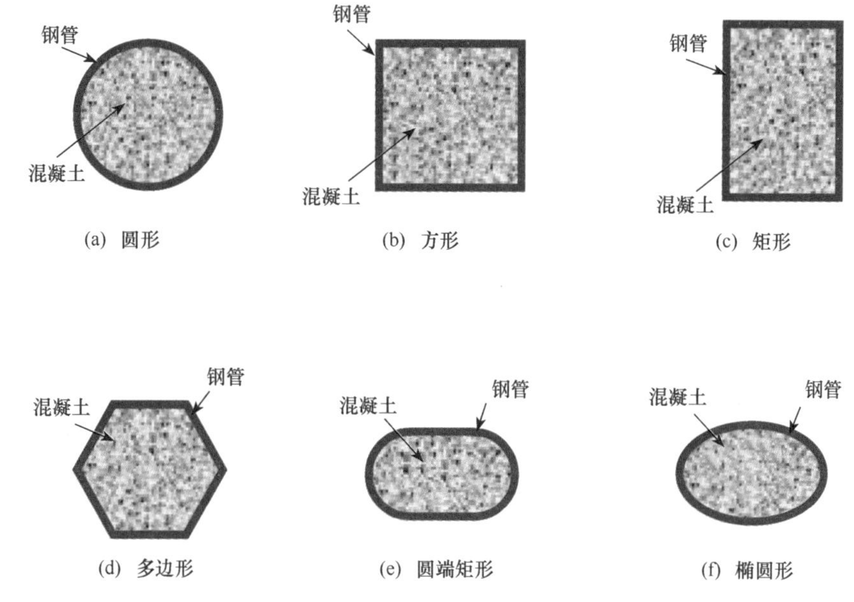

图1.1 常见的钢管混凝土构件横截面形式

钢管可以是热轧（hot-rolled）、冷成型（cold-formed）或焊接（welded）等方式而成，钢管可采用普通钢材、高强钢材或不锈钢；钢管内可浇灌普通混凝土、高强混凝土或自密实混凝土（self-consolidating concrete，SCC）等。

普通钢管混凝土构件的特征是仅有外围单层钢管和核心混凝土，钢管和核心混凝土共同承受外荷载作用。为和下文的新型钢管混凝土区分，本书暂称这类普通钢管混凝土为“狭义”钢管混凝土。

伴随着建筑结构材料和建筑结构朝着高性能方面发展，出现了不少新型钢管混凝土结构构件类型。根据截面几何特征，它们一般都具有钢管和核心混凝土，并继承了普通钢管混凝土的一些优点，同时又具有自身的特点，适用于各种不同类型的工程。为和普通钢管混凝土进行适当区分，本书暂称这类结构为“广义”钢管混凝土，具体对象包括中空夹层钢管混凝土（concrete-filled double skin steel tube，CFDST）、钢管混凝土叠合柱（concrete-encased CFST）、内置型钢或钢筋的钢管混凝土和薄壁钢管混凝土等，如图 1.2 所示。

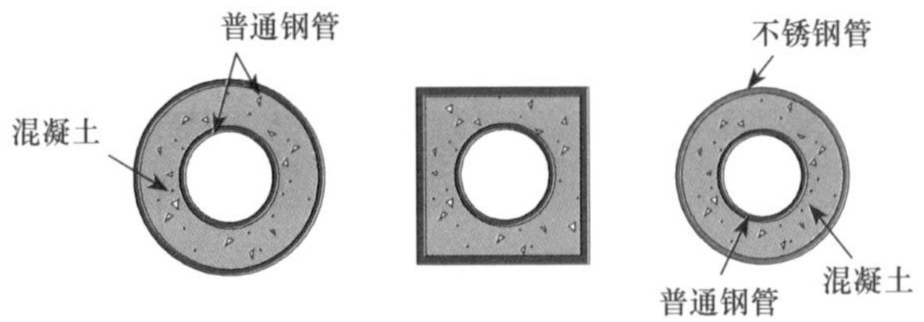

(a) 中空夹层钢管混凝土 (CFDST)

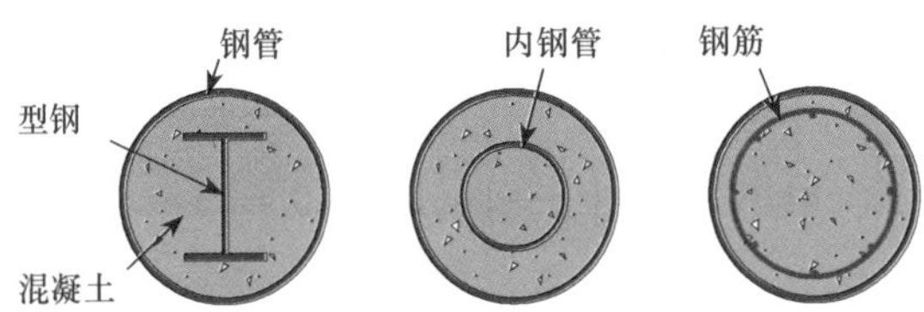

(b) 内置型钢或钢筋的钢管混凝土

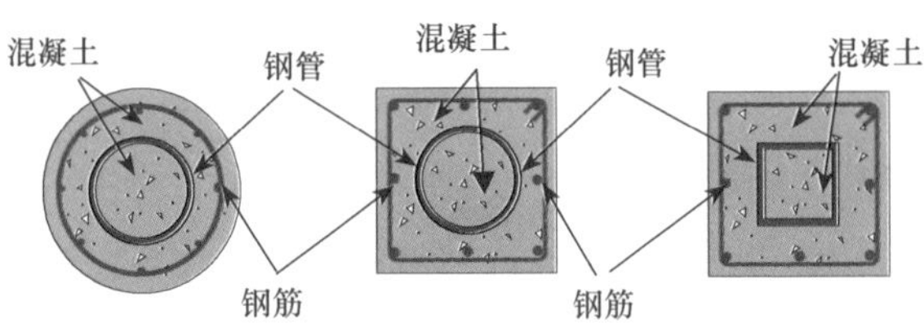

(c) 钢管混凝土叠合柱

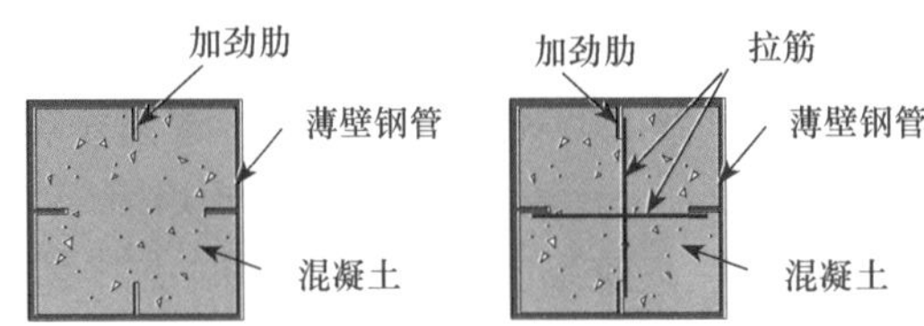

(d) 薄壁钢管混凝土(带加劲肋)

图 1.2　部分新型钢管混凝土构件截面示意图

图 1.2（a）所示的中空夹层钢管混凝土，是由外钢管、内钢管以及两个钢管之间的夹层混凝土构成的。根据钢管截面形式的不同，可以分为圆套圆（圆形

截面外钢管、圆形截面内钢管，后面提及的几种形式命名方式相同)、方套圆、圆套方、方套方等类型。这类结构具有和普通钢管混凝土（“狭义钢管混凝土”）类似的力学性能，但空心的存在可有效减轻结构自重。研究表明，夹层混凝土受到了外钢管的有效约束，而内钢管为夹层混凝土提供了支撑，内、外钢-混凝土界面工作性能良好。而内、外钢管可为夹层混凝土提供模板，混凝土浇筑便捷。根据中空夹层钢管混凝土的使用特点，内、外管的材料也因地制宜地采用不同的组合方式，如在海洋腐蚀环境下，外钢管可以采用耐候钢或不锈钢，而内钢管仍可采用普通碳素钢。

图 1.2（b）所示为内置型钢或钢筋的钢管混凝土。内置加强件可以为构件提供额外的刚度和承载力。如果内置加强件是钢管，还可以对内部核心混凝土提供一定程度的约束，从而带来更高的承载力。此外，在钢管混凝土构件内增加内埋件还可有效提高结构的耐火极限。

图 1.2（c）所示的钢管混凝土叠合柱，由核心钢管混凝土部件及其外围的钢筋混凝土部件共同组合而成。根据内钢管混凝土和外围钢筋混凝土的形状不同又有多种截面形式。这类叠合柱的核心钢管受到内、外混凝土的支撑，改善了屈曲形态，钢管内的核心混凝土受到约束，处于三向受力状态，强度有所提高(An 和 Han，2014；An 和 Han 等，2013，2014a，2014b；Han 和 An，2014)。研究结果表明，由于核心钢管混凝土部件及其外围钢筋混凝土部件的共同工作和协同互补作用，钢管混凝土叠合柱具有优越的抗火性能；此外，外围的混凝土也可以保护内钢管不受腐蚀。钢管混凝土叠合柱已用于部分工业厂房柱、高层建筑框架柱和桥梁墩柱等，取得了良好的效果。当用于房屋建筑时，该类型柱可方便地和钢筋混凝土梁连接。

图 1.2（d）所示为带加劲肋的薄壁钢管混凝土。由于核心混凝土的支撑作用，一般钢管混凝土的钢管径厚比限值可比纯钢结构有所放宽。在钢管径厚比较大的情况下，可采用加劲肋或拉筋加强钢管。这类结构的经济性能较好，另外由于加劲肋和拉筋的设置，钢管的屈曲模态和混凝土的受约束方式均有改善，承载力也有所提高。

除上述介绍的类型之外，“广义”钢管混凝土还包括复合式钢管混凝土，一般由多根“狭义”或“广义”的钢管混凝土构件组合而成。如图 1.3（a）所示的哑铃形截面钢管混凝土，一般用于桥梁，连接钢板之间的空隙可以填充混凝土以提高刚度。图 1.3（b）所示的钢管混凝土桁架由钢管混凝土弦杆和空钢管腹杆构成，根据弦杆的肢数可以分为三肢、四肢、六肢钢管混凝土桁架等。和空钢管桁架相比，钢管混凝土桁架具有更高的刚度和承载力，因此被用于各种工业建筑、大跨空间结构和桥梁等。图 1.3（c）所示的集束式钢管混凝土由多根钢管混凝土焊接构成，承载力和刚度大，通常用于拱桥的拱圈。图 1.3（d）所示为空心钢管混凝土叠合构件。这类构件由角部的钢管混凝土和外围中空钢筋混凝土构成，角部的钢管混凝土为构件提供了更高的刚度和承载力，并且可以作为施工的临时支撑。该类构件已应用于桥梁中，作为拱圈、桥塔或桥墩。

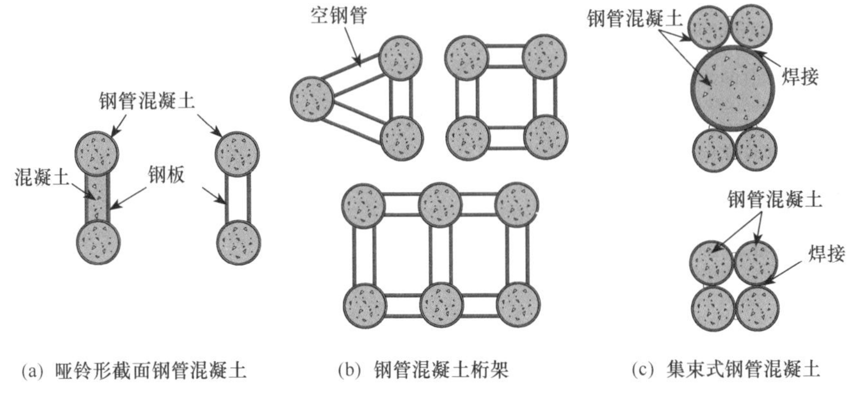

(a) 哑铃形截面钢管混凝土　　(b) 钢管混凝土桁架　　(c) 集束式钢管混凝土

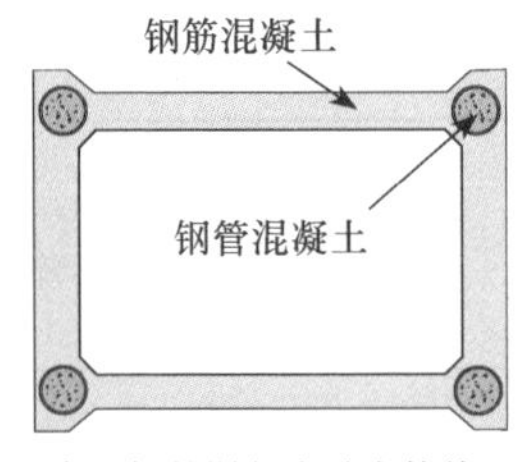

(d) 空心钢管混凝土叠合构件

图 1.3　复合式钢管混凝土截面示意图

由于建筑外观或受力性能的需要，除了沿构件方向截面不变的常规直构件之外，还有一些钢管混凝土构件也被应用于实际工程，如钢管混凝土斜柱构件、锥形钢管混凝土构件和曲线形钢管混凝土构件，分别如图 1.4（a）～（c）所示。

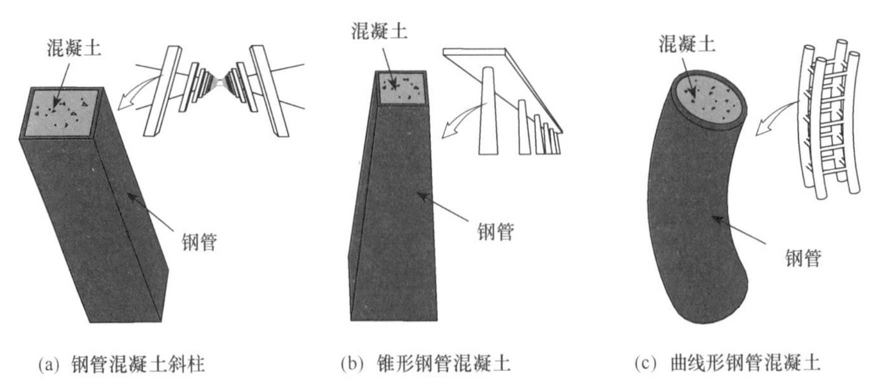

(a) 钢管混凝土斜柱　　(b) 锥形钢管混凝土　　(c) 曲线形钢管混凝土

图 1.4　钢管混凝土斜柱和锥形、曲线形钢管混凝土构件

实际结构中，根据钢管作用的差异，钢管混凝土构件又可分为两种形式：一是组成钢管混凝土的钢管和混凝土在受荷初期就共同受力，如图 1.5（a）所示；二是外加荷载仅作用在核心混凝土上，钢管只起对其核心混凝土的约束作用，即所谓的钢管约束混凝土，如图 1.5（b）所示。

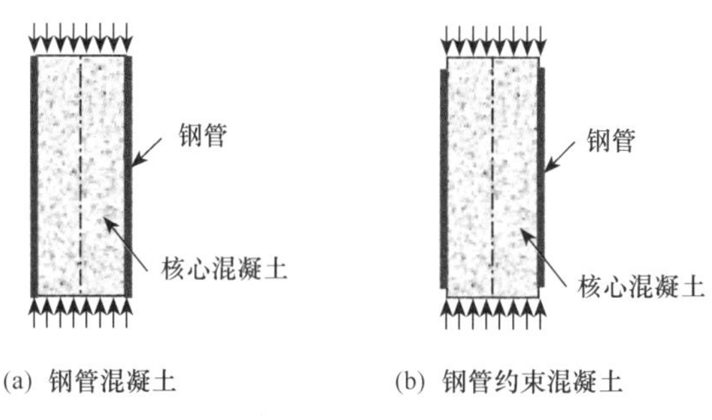

(a) 钢管混凝土　　(b) 钢管约束混凝土

图 1.5　钢管混凝土和钢管约束混凝土示意图

本书专门论述实际工程中常用的圆形截面钢管混凝土［如图 1.1（a）所示，以下简称圆钢管混凝土］和方、矩形截面钢管混凝土［如图 1.1（b）和（c）所示，以下简称方、矩形钢管混凝土］结构，且钢管和混凝土在受荷初期就能共同承受外荷载的情况［如图 1.5（a）所示］。

钢管混凝土利用钢管和混凝土两种材料在受力过程中的相互作用，即钢管对其核心混凝土的约束作用，使混凝土处于复杂应力状态之下，从而使混凝土的强度得以提高，塑性和韧性性能得到改善。同时，由于混凝土的存在，可以延缓或避免钢管过早地发生局部屈曲，从而可以保证其材料性能的充分发挥。此外，在钢管混凝土的施工过程中，钢管还可以作为浇筑其核心混凝土的模板，与钢筋混凝土相比，可节省模板费用，加快施工速度。总之，通过钢管和混凝土组合而成为钢管混凝土，不仅可以弥补两种材料各自的缺点，而且能够充分发挥二者的优点，这也正是钢管混凝土组合结构的优势所在。钢管混凝土具有如下特点。

（1）承载力高

众所周知，薄壁钢管对局部缺陷很敏感，且受焊接残余应力的影响较大，故其极限承载力相对不稳定。

在钢管中填充混凝土形成钢管混凝土后，钢管约束了混凝土，在轴心受压荷载作用下，混凝土三向受压，可延缓其受压时的纵向开裂。同时，混凝土可以延缓或避免薄壁钢管过早地发生局部屈曲。两种材料相互弥补了彼此的弱点，同时充分发挥彼此的长处，从而使钢管混凝土具有较高的承载能力，一般都高于组成钢管混凝土的钢管和核心混凝土单独承载力之和。

图 1.6 所示为圆钢管混凝土在轴心受压荷载作用下时其钢管和核心混凝土的受力状态示意图。

研究者曾进行过轴心受压试件的对比实验（钟善桐，1994），实验的对象分别是：①空钢管柱：圆钢管截面直径400mm，壁厚6mm，长度3180mm，采用了Q235钢；②混凝土柱：截面直径388mm，长度3180mm，C30混凝土内配置构造钢筋；③钢管混凝土柱：截面外直径400mm，钢管壁厚6mm，构件长度3180mm，Q235钢，管内填充C30素混凝土。测试的承载力结果如下：钢管柱，N_s＝1392kN；混凝土柱，N_c＝2607kN；钢管混凝土柱，N_{sc}＝6938kN。承载力结果比较情况见图1.7。钢管混凝土承载力高，$N_{sc}/(N_s+N_c)=1.735$，高于钢管和核心混凝土单独承载力之和，体现了所谓“1＋1＞2”的“组合”效果。

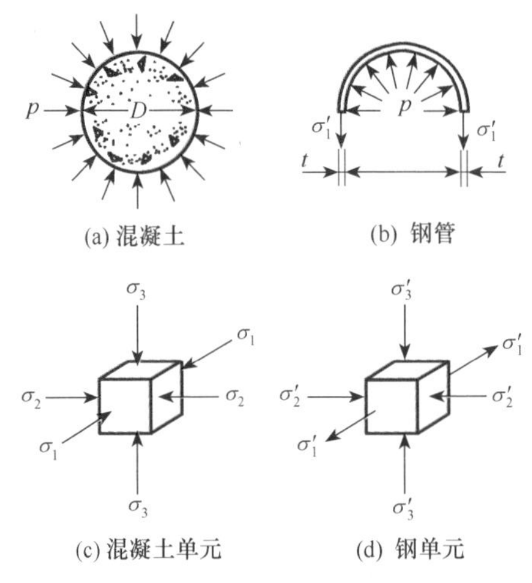

图1.6 钢管和核心混凝土的受力状态示意图

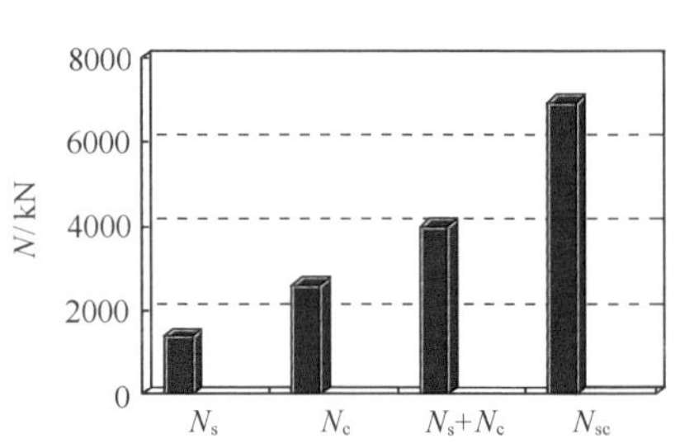

图1.7 轴心受压短试件承载力比较

方、矩形钢管对其核心混凝土也有较好的约束效果，构件也具有较好的延性。图1.8所示为Nakai等（1998）报道的一方钢管混凝土轴心受压试件与其钢管和核心混凝土单独受力时荷载-变形关系的对比情况，方钢管混凝土构件表现出良好的承载能力和延性。

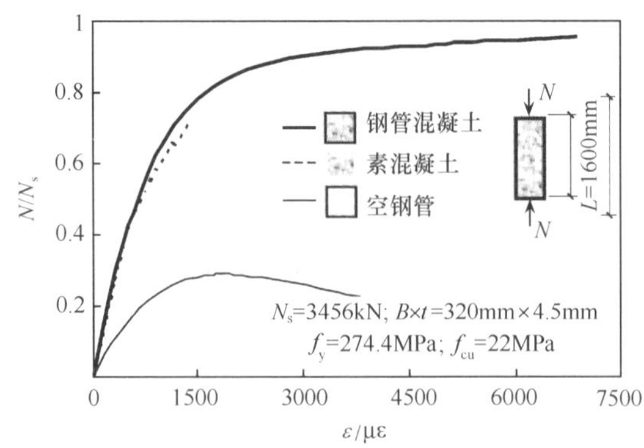

图1.8 方钢管混凝土的N/N_s-ε关系

目前，实际钢管混凝土工程中的混凝土强度等级大多高于C30，有的工程甚至采用了高于C80的混凝土；此外，钢材的强度也在逐渐提高。在钢管中填充高强度混凝土仍可保证组合作用的适当发挥。清华大学土木工程系进行了钢管高强混凝土轴心受压短试件的对比试验（Wang和Han等，2014b），试验的对象分别是：①空钢管柱，采用了Q345钢材；②混凝土柱，内配置构造钢筋；③钢管混凝土柱，采用Q345钢材，内填素混凝土。表1.1给出对比试件参数信息。

表1.1　空钢管、钢筋混凝土和钢管混凝土对比试件参数

截面形状	试件类型	截面示意图	截面尺寸 B (D)×t /(mm×mm)	钢材强度 f_y/MPa	混凝土强度 f_{cu}/MPa	备注
圆形	空钢管		160×3.46	363	—	—
	钢筋混凝土		154	426	78	纵筋6Φ10mm 箍筋Φ6@100mm
	钢管混凝土		160×3.46	363	78	—
方形	空钢管		160×3.46	363	—	—
	钢筋混凝土		154	426	54	纵筋4Φ10mm 箍筋Φ6@100mm
	钢管混凝土		160×3.46	363	54	—

图1.9（a）和（b）所示分别为圆形、方形钢管混凝土轴心受压试件与相应的钢管及钢筋混凝土单独受力时荷载-应变关系的对比；图1.10（a）和（b）给出试件极限承载力的比较。可见钢管混凝土组合构件的承载能力和延性都明显高于空钢管和混凝土单独承受外荷载时的情况。

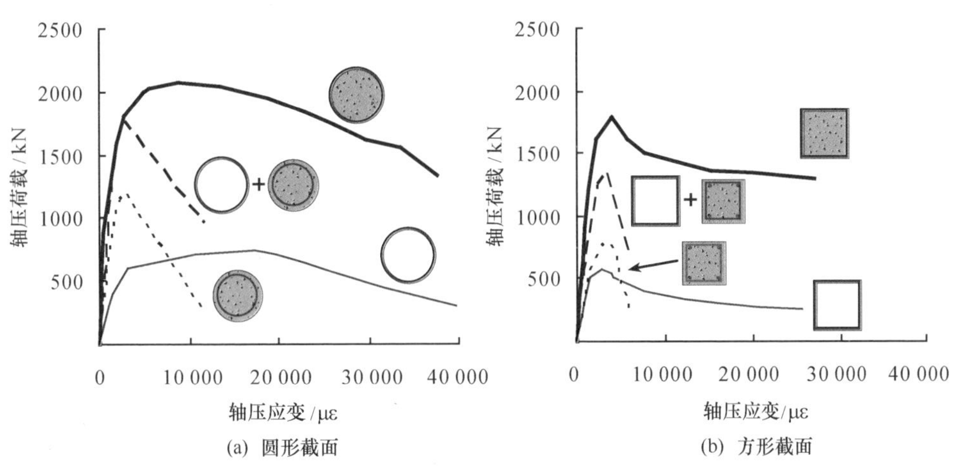

图1.9　轴心受压试件荷载-应变关系比较

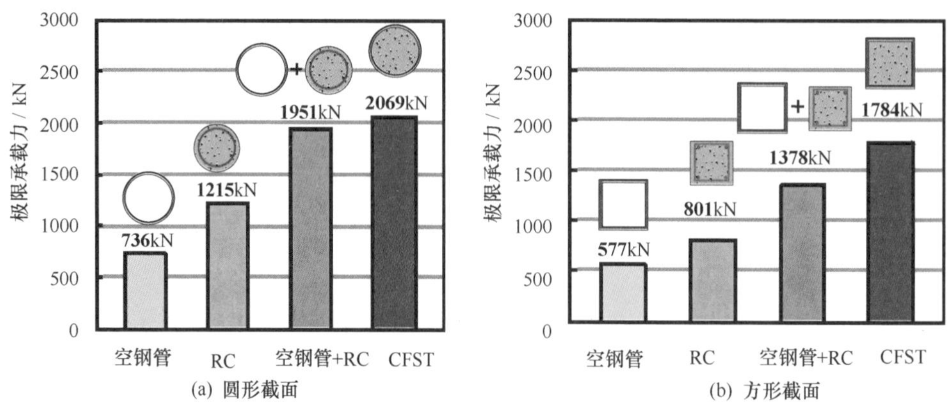

图 1.10　轴心受压试件极限承载力比较

破坏形态决定了其承载能力：钢管混凝土的钢管不会发生对应空钢管构件的内凹局部屈曲破坏形态，也不会发生对应钢筋混凝土的斜压破坏形态，如图 1.11 所示。

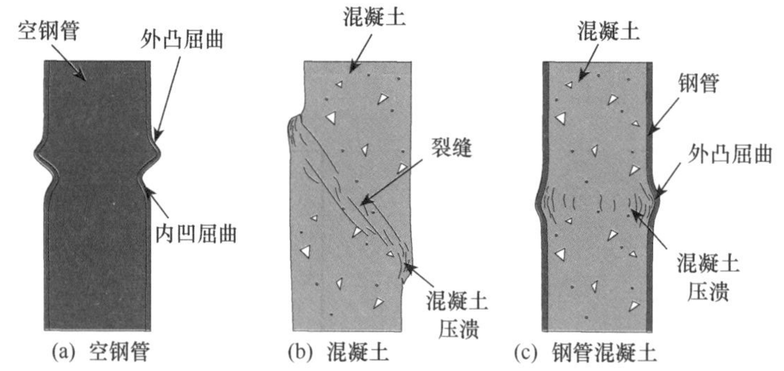

图 1.11　空钢管、混凝土和钢管混凝土轴压试件破坏形态比较

钢管混凝土在轴心受拉荷载作用下，钢管及其核心混凝土也能协同互补，共同受力，核心混凝土表面会均匀发展与受力方向垂直的微细裂缝，钢管不会发生“颈缩”破坏（Han 等，2014c）。对于没有核心混凝土的对比空钢管试件，破坏时钢管出现明显的“颈缩”；相应的钢筋混凝土则更可能会形成主裂缝，并在受力过程中不断发展，最终导致试件破坏。图 1.12 所示为空钢管、混凝土和钢管混凝土试件破坏形态的比较。

对于受弯构件，其受拉区的混凝土发展微裂缝，压区会有若干压碎区域；对应的钢筋混凝土往往裂缝相对集中，且开裂明显；压区则会出现集中的压碎区域，如图 1.13 所示。

钢管混凝土构件受扭转作用时，其核心混凝土没有明显的剪切斜裂缝，钢管和混凝土之间没有滑痕，二者共同工作性能良好。图 1.14 以方形截面构件为例，给出了空钢管、混凝土和钢管混凝土受扭试件破坏形态比较。

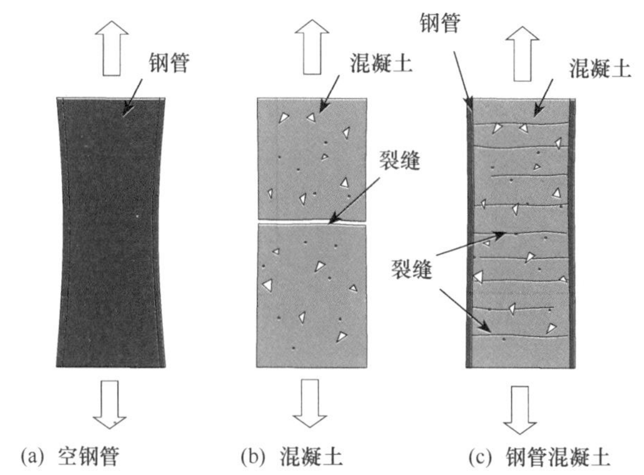

图 1.12 空钢管、混凝土和钢管混凝土轴拉试件破坏形态比较

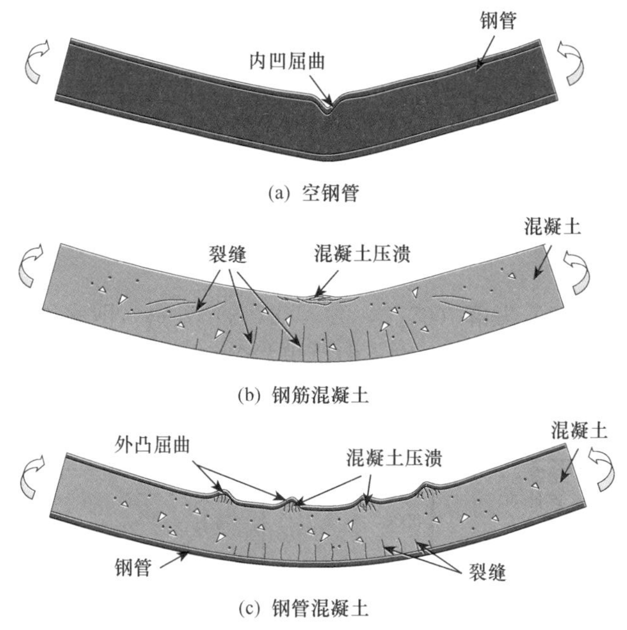

图 1.13 空钢管、钢筋混凝土和钢管混凝土受弯试件破坏形态比较

(2) 塑性和韧性好

混凝土脆性较大，对于高强度混凝土（各国对高强混凝土的定义有所不同，在我国，目前一般认为立方体抗压强度 f_{cu}大于 60～70MPa 的混凝土为高强混凝土）更是如此，因此其工作的可靠性有所降低。如果将混凝土灌入钢管中形成钢管混凝土，核心混凝土在钢管的约束下，不但在使用阶段改善了它的弹性性质，而且在破坏时具有较大的塑性变形（Wakabayashi，1994；钟善桐，1994；Han 等，2014c)。此外，这种结构在承受冲击荷载和振动荷载时，韧性良好。由于钢

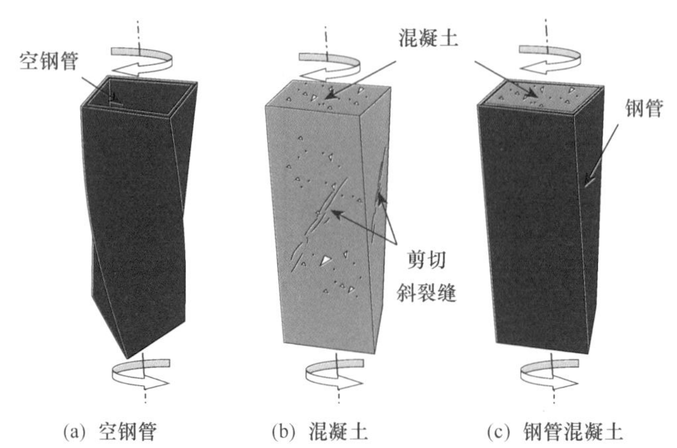

图1.14 空钢管、混凝土和钢管混凝土受扭试件破坏形态比较

管混凝土具有良好的塑性和韧性，因而抗震性能好。

（3）施工方便

与钢筋混凝土相比，采用钢管混凝土时没有绑扎钢筋、支模和拆模等工序。钢管内一般不再配置受力钢筋，因此混凝土的浇灌更为方便，混凝土的密实度更容易保证。目前实际工程中常采用逐层浇捣混凝土、泵送混凝土、高位抛落免振捣混凝土和自密实混凝土等工艺，更可加快钢管混凝土的施工进度。

与钢结构构件相比，钢管混凝土的构造通常更为简单，故焊缝少，更易于制作。钢管混凝土中可根据实际情况采用焊接钢管、冷弯钢管或无缝钢管。由于混凝土的存在，在钢管混凝土中可更广泛地选用薄壁钢管，因此钢管的现场拼接对焊更为简便快捷，且安装偏差也更易校正。由于薄壁空钢管构件的自重小，可减少运输和吊装等费用。与普通钢柱相比，钢管混凝土柱脚的构造一般更为简单，例如零件少，焊缝短，可以直接插入混凝土基础的预留杯口中等。

钢管混凝土在施工制造方面发展的一个重要方向是其钢管，以及与钢梁或钢筋混凝土梁连接节点制造的标准化。钢管混凝土本身的施工特点符合现代施工技术工业化的要求，可节约人工费用，降低工程造价。

（4）耐火性能较好

由于组成钢管混凝土的钢管和其核心混凝土之间具有相互贡献、协同互补和共同工作的优势，使这种结构具有较好的耐火性能及火灾后可修复性。

Lin 等（1997）报道了发生事故的某玻璃厂的一玻璃熔窑，窑底采用了钢管混凝土柱。柱构件横截面尺寸为 219mm×12mm，柱高 7.3m，采用了 Q235 钢，C30 混凝土，柱与基础固接。钢管混凝土柱顶支撑熔窑，柱中部支撑着外圈钢走道平台。该厂投产时，熔窑出液口突然发生崩裂，高温玻璃熔液喷泻，致使窑底正面一根柱被玻璃液包裹达 3m 深，另一根柱的根部积液深度达约 40cm。出口熔液温度达 1300℃以上，高温熔液包围柱子数小时。在清除了冷却的玻璃凝块后，发现钢管混凝土柱底有外凸现象发生，最大外凸位移达 30mm 左右。事故发生时，柱子尚承受约 70%左右的设计荷载，但柱子的整体性一直保持良好，避免了熔窑崩塌的重大事故。

虽然建筑火灾与上述情况有所不同，但该次事故可以很好地说明钢管混凝土柱在高温下具有很好的工作性能。

火灾后，随着外界温度的降低，钢管混凝土结构已屈服截面处钢管的强度可以得到不同程度的恢复，截面的力学性能比高温下有所改善，结构的整体性比火灾中也将有所提高，这不仅为结构的加固补强提供了一个较为安全的工作环境，也可减少补强工作量，降低维修费用，这与火灾后的钢筋混凝土结构与钢结构都有所不同。这是因为，对于钢筋混凝土结构，其已破坏截面的力学性能和整体性均不能因温度的降低而有所恢复或改善。对于钢结构，其已发生失稳和扭曲的构件在常温下也不会比火灾时带来更多的安全性。

上述玻璃熔液喷泻事故发生后，由于钢管混凝土柱仍然具有很好的整体性，技术人员在对其进行修复时，只是在受损柱子外面加一套管，再将空隙处灌入混凝土，仅两天时间就加固完毕，施工简便，易于操作，工厂很快就恢复了生产。

(5) 经济效果好

如前所述，作为一种较为合理的结构形式，采用钢管混凝土可以很好地发挥钢材和混凝土两种材料的特性和潜力，使它们的优点得到更为充分和合理的发挥。因此，采用钢管混凝土一般都具有很好的经济效果。

工程实践表明：采用钢管混凝土的承压构件比普通钢筋混凝土承压构件约可节约混凝土 50%，减轻结构自重 50%左右；钢材用量略高或相等；和钢结构相比，可节约钢材 50%左右。

Webb 和 Peyton (1990) 通过分析，给出了 (多) 高层建筑中采用不同类型的柱子时，其相对于钢筋混凝土柱综合造价的比较情况，如表 1.2 所示。

表 1.2 柱结构方案比较 (Webb 和 Peyton, 1990)

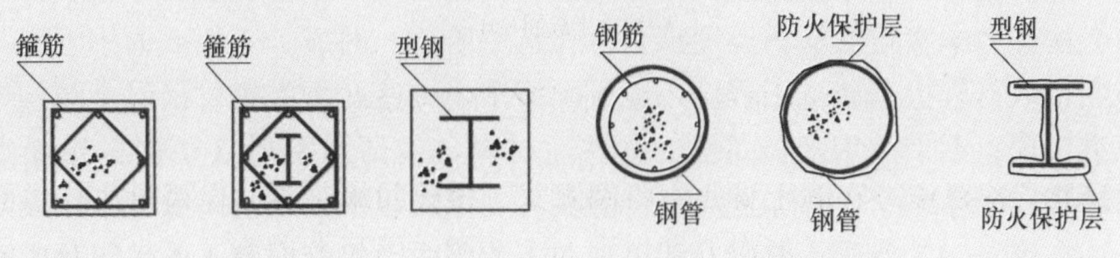

建筑层数	钢筋混凝土	钢筋混凝土(内配型钢)	劲性混凝土	钢管混凝土(内配钢筋)	钢管混凝土	钢结构
	箍筋	箍筋	型钢	钢筋、钢管	防火保护层、钢管	型钢、防火保护层
10	1	1.22	1.53	1.16	1.10	2.27
30	1	1.13	1.85	1.11	1.02	2.61

由表 1.2 可见，在各种方案中，在 Webb 和 Peyton (1990) 比较的条件下，

当在钢管中填充素混凝土时，钢管混凝土的造价与钢筋混凝土相比略高。随着建筑层数的增加，钢管混凝土的造价与钢筋混凝土基本持平。

综上所述，科学合理设计的钢管混凝土实际上是一种兼备结构受力和施工建造优势的高性能结构形式。

实际工程结构中，钢管混凝土构件常与钢筋混凝土或钢结构构（部）件等组成“钢管混凝土混合结构”共同工作，如钢管混凝土框架-混凝土剪力墙、钢管混凝土框架-混凝土核心筒结构体系、钢管混凝土曲线形弦杆和空钢管腹杆组成的格构式结构等（韩林海等，2009）。图 1.3 给出的结构类型实际上属于钢管混凝土混合结构的范畴（韩林海等，2009）。

1.2 钢管混凝土的发展和研究

一般认为，钢管混凝土是在劲性钢筋混凝土及螺旋配筋混凝土的基础上演变和发展起来的一种结构形式。钢管混凝土的发展根据时间大致可以分为如下几个阶段：19 世纪 70 年代的英国赛文铁路桥（Severn Railway Bridge）是较早报道采用钢管混凝土的工程。早期钢管混凝土的钢管材料一般采用普通强度的热轧钢管、铸管或无缝管等，内部的填充混凝土一般采用普通强度混凝土。从 20 世纪 60 年代开始，人们对钢管混凝土压弯构件的力学性能，及钢管和混凝土之间的粘结问题进行了系列研究。当时的工作以实验研究为主，且以研究和应用圆形截面的钢管混凝土居多。20 世纪七八十年代开始较多地研究该类结构的抗震性能和耐火极限，以及长期荷载作用的影响等问题。20 世纪 90 年代，冷弯钢管、焊接钢管等大量出现在建筑工程中。和热轧或铸管相比，冷弯和焊接钢管的机械性能相对更好。此外，高强混凝土（high strength concrete，HSC）也被应用于钢管混凝土结构中。高强材料的应用使钢管混凝土构件的截面减小，从而具有更好的经济性能。20 世纪 90 年代以来，对钢管混凝土结构抗震性能的研究进一步深入，对采用高性能材料的钢管混凝土，以及薄壁钢管混凝土工作性能和设计方法的研究也有不少报道。在这一阶段，研究者们还较多地开展了压弯剪和压弯扭构件性能的研究，对钢管混凝土工作机理的理论研究得到较快发展，使人们对这类组合构件力学实质的认识逐渐深入。在这一阶段，对方、矩形截面钢管混凝土的研究也取得较大进展，工程应用也逐渐增多，一些新型的钢管混凝土结构形式也相继出现。近十几年来，高强、高性能材料，如高强钢材（如钢材屈服点高于 420MPa 的钢材）、自密实混凝土（SCC）、FRP（fiber reinforced polymer）等逐渐被应用于钢管混凝土结构及相关加固工程等中。钢管混凝土的工业化生产程度也大大提高，预制钢管混凝土构件开始在工程中得到应用。

理论研究成果和工程实践经验的积累为钢管混凝土结构学科的发展创造了必要条件。在国内外学者和有关技术人员的共同努力下，钢管混凝土结构理论与设计成套技术正逐步趋于成熟。随着钢管混凝土及其混合结构学科的发展，世界各国都制定了钢管混凝土结构相关标准或规范，如日本建筑学会（AIJ）的钢管混凝土结构设计指南、美国钢结构设计规范（ANSI/AISC 360）、欧洲组合结构设计规范（Eurocode 4）等。我国已有一些钢管混凝土结构的行业或地方工程建设标准，如早期的建筑行业标准《钢管混凝土结构设计与施工规程》（CECS28：90）、电力行业标准《钢-混凝土组合结构设计规程》（DL/T5085）和福建省地方标准《钢管混凝土结构技术规程》（DBJ/T13-51—2003）等。这些标准或规范给出了钢管混凝土在不同极限状态下的设计条文，为钢管混凝土的工程应用奠定了基础。近年颁布的规程和规范有中国工程建设协会标准 CECS254：2009 和 CECS28：2012、江西省 DB36/J001—2007、内蒙古 DBJ03-28—2008、甘肃省 DB62/T25-3041—2009、河北省 DB13(J)/T84—2009、辽宁省 DB21/T1746—2009、安徽省 DB34/T1262—2010、福建省 DBJ/T13-51—2010、四川省地方标准 DB 51/T 1992—2015 和国网浙江省电力公司企业标准 Q/GW11 352—2012—10204、住房与城乡建设部 JGJ/T249—2011、国家电网公司企业标准 Q/GDW 11136—2013、国家标准 GB 50923—2013 等。

钢管混凝土最早主要应用于桥墩和工业厂房柱等结构中，但早期的应用中一般不考虑由于组成钢管混凝土的钢管及其核心混凝土间相互作用对承载力的提高，早期的研究报道有 Kloppel 和 Goder（1957a，1957b）等。

对钢管混凝土力学性能进行较为深入的研究始于 20 世纪六七十年代，例如 Bode（1973）、Bridge（1976）、Furlong（1967，1983）、Gardner 和 Jacobson（1967）、Ghosh（1977）、Knowles 和 Park（1969，1970）、Knowles（1973）、Morishita 等（1979a，1979b）、Neogi 等（1969）、Task Group 20，SSRC（1979）、Tomii 和 Sakino（1979a，1979b，1979c）、Tomii 等（1977）、Virdi 和 Dowling（1975）等。早期钢管混凝土中采用的钢管大多是热轧管，钢管的壁厚一般都比较大。由于当时钢管内混凝土的浇筑工艺也未得到很好解决，因而应用钢管混凝土的经济效果并不明显，从而使钢管混凝土的推广应用受到一定影响。

20 世纪 80 年代，国外学者研究了钢管混凝土构件的抗震性能和耐火极限，例如 Hass（1991）、Klingsch（1985）、Lie 和 Caron（1988）、Lie 和 Chabot（1988，1990，1992）等。此外，这个阶段有关钢管和混凝土之间粘结性能问题的研究报道也比较多，例如 Morishita 和 Tomii（1982）、Tomii 等（1980a，1980b）、Virdi 和 Dowling（1980）等。

近十几年来，对长期荷载作用下钢管混凝土力学性能的研究取得新进展，例如 Ichinose 等（2001）、Morino 等（1996）、Terrey 等（1994）、Uy（2001a）、Uy 和 Das（1997a）等。对钢管混凝土动力性能研究的也进一步深入，例如 Aval 等（2002）、Boyd 等（1995）、Elremaily 和 Azizinamini（2002）、Fujinaga 等（1998）、Ge 和 Usami（1996）、Hajjar 和 Gourley（1997）、Hajjar 等（1997，1998）、Kang

和 Moon（1998）、Lahlou 等（1999）、Nakanishi 等（1999）、Prion 和 Boehme（1994）、Sakino 等（1998）、Shiiba 和 Harada（1994）等。对钢管混凝土耐火性能和抗火设计方面的研究也有不少报道，例如 British Steel Tubes and Pipes（1990）、ECCS-Technical Committee 3（1988）、Han 等（2013）、Hass（1991）、Kim 等（2000）、Kodur（1998a，1998b，1999）、Kodur 和 Lie（1997）、Kodur 和 Sultan（2000）、Lie（1994）、O'Meagher 等（1991）、Patterson 等（1999）、Sakumoto 等（1994）和 Wang（1997，1999b，2000）等。

此外，对采用高强钢材和高强混凝土的钢管混凝土构件力学性能的研究也有不少报道，例如 Bridge 等（1997）、Cederwall 等（1997）、Grauers（1993）、Kilpatrick 和 Rangan（1997a，1997b，1997c）、O'Shea 和 Bridge（1997a，1997b，1997c，1997d），Rangan 和 Joyce（1991）和 Uy（2001b）等。

研究者们还就钢管局部屈曲对钢管混凝土构件力学性能的影响问题进行了不少研究工作，例如 Ge 和 Usami（1992，1994），Mursi 和 Uy（2003），Orito 等（1987），O'Shea 和 Bridge（1997a，1997b，1997c，1997d），Sakino 等（1985），Tsuda 和 Matsui（1998），Uy（1998b，2000）等。

苏联在 20 世纪五六十年代对钢管混凝土结构进行了系统的研究（斯托鲁任科，1982），并在工业厂房、空间结构和拱桥结构中应用。

在西欧一些国家，如英国、德国和法国等，主要研究方钢管混凝土、圆钢管混凝土和矩形钢管混凝土结构，核心混凝土为素混凝土，或在核心混凝土中配置钢筋或型钢（ASCCS，1997；Johnson，1994；Oehlers 和 Bradford，1995），目前的设计规程主要有 BS5400（1979）和 EC4（2004）等。在美国和加拿大，以研究方钢管混凝土和圆钢管混凝土为主，核心混凝土为素混凝土，设计规程主要有 AISC（2010）等。

1923 年日本关西大地震后，人们发现钢管混凝土结构在该次地震中没有发生明显破坏，故在以后的建筑，尤其是（多）高层建筑中大量应用了钢管混凝土。1995 年阪神地震中钢管混凝土更显示了其优越的抗震性能，钢管混凝土的研究进一步成为热门课题之一。该次地震发生后，对部分受损的钢筋混凝土桥墩采用外套钢管的形式进行了修复加固，取得了较好的效果（Kitada，1998）。日本主要研究方钢管混凝土、圆钢管混凝土和矩形钢管混凝土，核心混凝土为素混凝土或配筋混凝土（Fukumoto，1995；Morino 和 Tsuda，2003；Wakabayashi，1994）。近年来，美国和日本两国在钢管混凝土方面进行了合作研究，并取得重要成果（Nishiyama 等，2002）。AIJ 发布了钢管混凝土设计和施工指南（AIJ，1997，2008）。

澳大利亚学者对薄壁钢管混凝土和钢管高强混凝土进行了研究（O'Shea 和 Bridge，1997a，1997b；Uy，1997，1998a，1998b，2000；Uy 等，1998）。

我国主要研究在钢管中浇筑素混凝土的内填型钢管混凝土结构，在这方面较早开展工作的有原中国科学院哈尔滨土建研究所（现中国地震局工程力学研究所）等单位。到1968年以后，原建筑材料研究院（现苏州混凝土与水泥制品研究院）、北京地下铁道工程局、原哈尔滨建筑工程学院、冶金建筑科学研究总院、国家电力研究所及中国建筑科学院等单位都先后对钢管混凝土基本构件的力学性能和设计方法、节点构造和施工技术等方面进行了比较系统的研究工作。20世纪60年代中，钢管混凝土开始在一些厂房柱和地铁工程中采用。进入70年代后，这类结构在冶金、造船、电力等行业的单层或多层工业厂房得到广泛的推广应用。1978年，钢管混凝土结构被列入国家科学发展规划，使这一结构在我国的发展进入一个新阶段，无论是科学研究还是设计施工都取得较大进展，实际工程应用不断增多，取得了良好的经济效益和社会效益。

我国研究者已在钢管混凝土力学性能研究方面取得一系列成果，例如蔡绍怀（1989，2003，2007）、蔡绍怀和焦占拴（1984）、蔡绍怀和顾万黎（1985a，1985b）、蔡绍怀和邸小坛（1985）、蔡绍怀和陆群（1992）、顾维平等（1991，1993）、韩林海和钟善桐（1996）、韩林海（2000，2004，2007）、李继读（1985）、李四平等（1998）、吕西林等（1999）、Pan（1988）、汤关祚等（1982）、谭克锋等（1999）、谭克锋和蒲心诚（2000）、王力尚和钱稼茹（2001，2003）、Young和Ellobody（2006）、余勇等（2000）、余志武等（2002）、张素梅和周明（1999）、张正国（1989，1993）、钟善桐（1994，1999，2003，2006）等。

对于钢管混凝土构件的研究存在各种不同的方法，其区别在于如何估算钢管和核心混凝土之间相互作用而产生的“效应”。这种“效应”的存在构成了钢管混凝土的固有特性，也导致其力学性能的复杂性。研究者们从不同的角度对组成钢管混凝土的钢管和核心混凝土之间的相互作用问题进行了分析，由于采用的研究方法不同，因而对这种相互作用认识的准确程度会有所不同，所得的计算方法和计算结果也就会有所差异。但无论采用哪种办法，都有其特点，其目的都是为了寻找钢管混凝土结构合理科学的设计理论，都值得借鉴。

Schneider（1998）对钢管混凝土轴压力学性能的研究现状进行了综述和分析；Han（2002）列出了Schneider（1998）的一些综述结果，还进一步给出了其他钢管混凝土轴压性能方面的研究结果；Gourley等（2001，2008）、Shams和Saadeghvaziri（1999）、Shanmugam和Lakshmi（2001）、Zhao等（2010）归纳了各国研究者在钢管混凝土结构力学性能研究方面取得的进展。韩林海和杨有福（2004）则较系统地归纳和总结了钢管混凝土结构节点方面的研究成果。Han等（2014c）论述了近年来钢管混凝土结构构件研究及钢管混凝土工程应用方面的部分新进展。

为了便于读者较全面地了解钢管混凝土结构构件力学性能的研究现状，下面对国内外学者取得的一些主要结果和研究进展进行简要的归纳和总结。

1.2.1 钢管混凝土构件的静力性能

1.2.1.1 一次加载作用下的性能

实际结构中，钢管混凝土构件可能处于压（拉）、弯、扭、剪及其组合的受力状态。以往，研究者们采用理论与试验相结合的方法对上述问题进行了研究。

在钢管混凝土的轴压和压弯承载力方面，诸多研究者进行了大量的研究，如Kloppel和Goder（1957a，1957b）、Furlong（1967）、Gardner和Jacobson（1967）、Neogi等（1969）、Knowles和Park（1969，1970）、Knowles（1973）、Bridge（1976）、Tomii等（1977）、Task Group 20，SSRC（1979）、汤关祚等（1982）、蔡绍怀和焦占拴（1984）、蔡绍怀和顾万黎（1985a）、蔡绍怀和邸小坛（1985）、李继读（1985）、Sakino等（1985）、Shakir-Khalil和Zeghiche（1989）、张正国（1989）、Shakir-Khalil和Mouli（1990）、顾维平等（1991）、Luksha和Nesterovich（1991）、Masuo等（1991）、Rangan和Joyce（1991）、Grauers（1993），顾维平等（1993）、张正国（1993）、Nakamura（1994）、Prion和Boehme（1994）、Matsui等（1995）、Bradford（1996）、Cederwall等（1997）、Kilpatrick和Rangan（1997a）、Song和Kwon（1997）、吕西林等（1999）、Wang（1999a）、谭克锋等（1999）、张素梅和周明（1999）、谭克锋和蒲心诚（2000）、Uy（2000）、余勇等（2000）、Gupta和Parlewar（2001）、Vrcelj和Uy（2001）、王力尚和钱稼茹（2001，2003）、Bradford等（2002）、余志武等（2002）、Tao和Han等（2007，2008）、Wang和Han等（2008，2009c）、Wang和Han等（2009a）、An和Han等（2012）、Han等（2006a，2007a，2007b，2008b，2008c，2008d、2010a，2011e，2012b）、Yang和Han（2006a，2006b）、Li和Han等（2013a，2013b）、Ren和Han等（2014a，2014b）、Xu和Han等（2014）、Espinos等（2015）。实验参数一般包括截面形式、径厚比、钢材和混凝土的种类和强度、长细比、荷载偏心率等。

研究结果表明，由于钢管和核心混凝土之间的相互作用，钢管达到极限状态时的变形较空钢管大为增加（Gardner和Jacobson，1967）。和空钢管试件相比，钢管混凝土的破坏形态表现出很大的不同：核心混凝土的存在延缓了钢管过早地发生局部屈曲，从而使构件的承载力和塑性能力得到很大的提高。我国学者研究了“套箍指标”对钢管混凝土轴压短柱承载力的影响，指出“套箍指标”是影响短柱强度承载力和变形能力的重要参数（蔡绍怀和焦占拴，1984）。由于在受力过程中钢管和核心混凝土之间的相互作用，钢管混凝土构件中钢管局部屈曲的发生大大滞后于空钢管构件。利用钢结构方法确定的钢管宽厚比限值对于钢管混凝土构件偏于保守（Uy，1998b）。根据日本设计规程AIJ（1997，2008）的有关规定，钢管混凝土构件中钢管的径厚比 D/t [（对于圆钢管混凝土）和截面宽厚比 B/t（对于方钢管混凝土）] 最大取值大致是相应空钢管限值的1.5倍，这一规定是基本合理的（Tsuda和Matsui，1998）。采用高强钢材的钢管混凝土构件和普通钢管混凝土构件的力学行为基本类似（Uy，2001b）。

在钢管混凝土中采用高强度钢材和高强度混凝土有一定的优势，然而需注意采用高强混凝土会使钢管混凝土的脆性增大，而高强薄壁钢管的应用会导致钢管局部稳定问题变得突出（Bridge等，1997）。对于使用高强混凝土的轴压构件，只有径厚比较小时，钢管才对其核心混凝土有约束作用（O'Shea和Bridge，1997b）。若在钢管中填充以废弃混凝土为原材料制造的混凝土，则这类构件表现出在刚度和极限承载力方面都有所降低的趋势，在进行类似构件的承载力设计时，不能简单套用正常钢管混凝土构件的设计方法（Konno等，1997）。对于偏压长柱，试件的极限承载力基本由受压区钢材达到屈服强度为标志，而此时核心混凝土的抗压能力只发挥到轴压强度的30%左右（Cederwall等，1997）。一般来说，对于压弯构件，只有荷载偏心率较小时钢管才对其核心混凝土有约束作用（O'Shea和Bridge，1997a）。

关于如图1.5（b）所示的钢管约束混凝土也有研究者进行了研究。结果表明，钢管约束混凝土的承载力和普通钢管混凝土的相比甚至更高（Sakino等，1985；Orito等，1987；Johansson和Gylltoft，2001，2002），但普通钢管混凝土的轴压刚度较大（Sakino等，1985）。钢管约束混凝土构件的延性比普通钢管混凝土更好，这主要是钢管不直接承受纵向压力，避免了钢管发生局部屈曲，从而使钢材抗拉强度高的特性得到充分发挥。

如果构件采用薄壁钢管，虽然钢管失稳发生较早，但核心混凝土仍有效延缓了薄壁钢管局部失稳的发展，从而使构件具有较高的强度承载力和较好的延性。而纵向加劲肋的存在能进一步改善薄壁方钢管混凝土的工作性能（Ge和Usami，1992，1994；Wright，1995；Mursi和Uy，2003；O'Shea和Bridge，1997c，1997d；Tao和Han等，2005）。若钢管为焊接而成，焊接残余应力和局部屈曲也会对截面承载力带来一定影响（钟善桐，1994），一般采用有效截面法考虑钢管局部屈曲对方、矩形钢管混凝土构件力学性能和承载力的影响（Liang和Uy，2000；Shanmugam等，2002）。

钢管混凝土轴心受拉性能的研究目前还比较少，如潘友光和钟善桐（1990）、Han等（2011a）。

在钢管混凝土构件抗弯性能方面，研究结果表明，构件在受弯过程中钢管和核心混凝土呈现出良好的共同工作特性。在钢管中填充混凝土后可使其抗弯承载力提高，构件的抗弯刚度也有所提高（蔡绍怀和顾万黎，1985b；Lu和Kennedy，1994）。

钢管混凝土的抗剪性能也得到了一些研究者的关注，杨卫红和阎善章（1991）、杨卫红和钟善桐（1992）进行了圆钢管混凝土构件的简支梁“零弯矩”试验，研究了钢管混凝土构件横向受剪时的破坏形态、剪力传力机理、应力应变分布规律、剪切强度和剪切变形等性能。徐春丽（2004）进行了圆钢管混凝土抗剪试件的试验，研究了剪跨比、轴压比、套箍指标和材料强度等参数的影响规律。郭淑丽（2008）通过实验研究了剪跨比、轴压比、混凝土强度和含钢率等参数对于钢管混凝土柱抗剪性能及抗剪承载力的影响规律。

在钢管混凝土构件的抗扭性能方面，研究者进行了实验研究（宫安，1989；周竞，1990；Kitada 和 Nakai，1991；韩林海和钟善桐，1995a；Beck 和 Kiyomiya，2003；陈逸玮，2003）。结果表明，核心混凝土在纯扭作用下并没有破碎，仍为一个完整的柱体，并没有和钢管脱离，表面存在不等量的微细斜裂缝，钢管内壁也未见滑痕（韩林海和钟善桐，1995a）。研究者还采用有限元法对钢管混凝土纯扭构件荷载-变形关系曲线进行了全过程分析，最后在数值计算结果的基础上提出了圆钢管混凝土抗扭承载力的简化计算公式（韩林海和钟善桐，1995a）。

在构件的弯扭、压扭以及压弯扭性能方面，研究者考虑不同加载路径的影响对圆钢管混凝土压扭和弯扭构件进行了全过程分析，在实验和理论分析的基础上推导了复杂受力状态下构件的承载力相关方程简化计算公式，简化计算结果与实验结果吻合较好（韩林海和钟善桐，1994a，1994c，1994d，1995b，1995c）。在构件的压弯剪性能方面，有研究者分析了不同剪跨比下构件的破坏模式。基于塑性理论及混凝土强度理论，推导了钢管混凝土剪切强度计算公式（安建利，1987；安建利和姜维山，1992）。也有研究者进行了圆钢管混凝土悬臂柱在恒定轴力及水平力共同作用下的承载力实验研究（蔡绍怀和陆群，1992）。

在钢管和核心混凝土的粘结性能方面，有研究者采用了在混凝土浇灌前先在钢管内表面涂上油脂的方式，以期使钢管和混凝土之间没有粘结（O'Shea 和 Bridge，1997c；O'Shea 和 Bridge，1997d）。一般通过推出实验来测定粘接强度与滑移之间的关系。研究表明，钢管内表面的平整度和混凝土密实度对粘结强度的影响最为显著。钢管内表面越不平整，粘结强度越大。而保证混凝土具有良好的密实度也可以提高粘结强度（Virdi 和 Dowling，1975，1980）。钢管和混凝土之间的粘接强度以圆钢管混凝土为最高（0.2～0.4MPa），以方钢管混凝土为最低（0.15～0.3MPa），八角形钢管混凝土则介于两者之间（Morishita 和 Tomii，1982，Morishita 等，1979a，1979b）。若在钢管和混凝土之间设置剪力连接件也能有效提高推出荷载（Shakir-Khalil，1993）。钢管和其核心混凝土之间的粘结强度和钢管的径厚比有关，径厚比越大，粘结强度越低。核心混凝土的收缩会降低钢管和核心混凝土之间的粘结强度（Roeder 等，1999）。

采用对实验数据回归分析的办法推导构件承载力计算公式（Kato，1996），其优点是直观和简单，有时也是解决复杂问题的一种途径，但推导结果的外延性有时有局限性，一般需采用理论分析拓展参数。在进行钢管混凝土构件的静力性能理论分析时，主要有两种手段：有限元法和纤维模型法。采用有限元法进行钢管混凝土力学性能分析时的优点在于：①方法通用性强，可进行不同荷载情况和不同几何或物理参数情况下构件的计算分析；②计算较为精确，且可较为准确地分析钢管和核心混凝土之间的相互作用问题（钟善桐，1994；韩林海和钟善桐，1996；韩林海，1995；Schneider，1998；Johansson 和 Gylltoft，2001，2002；Susantha 等，2001；Hu 等，2003；钟善桐，2006）。但有限元法的缺点是计算方法比较复杂，计算时间长且不便于应用。纤维模型法的特点是计算简便、应用方便和概念直观。应用该类方法对钢管混凝土进行数值计算的关键问题在于如何合理地确定组成钢管混凝土的钢材和核心混凝土的应力-应变关系模型（潘友光，1990；Hajjar 和 Gourley，1996；Zhang 和 Shahrooz，1999）。李四平等（1998），Lakshmi 和 Shanmugam，2002）等也对钢管混凝土构件进行了数值分析。

实际工程中采用钢管混凝土结构时，一般都是先安装空钢管结构，然后再浇灌混凝土。这样，在施工过程中，由于浇灌混凝土和湿混凝土自重等作用会在空钢管中产生应力。Uy 和 Das（1997b）根据混凝土施工过程中空钢管的受力特点，建立了一种数值分析模型。研究结果表明，如果施工组织不当，施工荷载可能会控制构件的截面尺寸。研究结果还表明，施工过程中增强混凝土的流动性对方钢管的工作是有利的。

近年来，如图 1.2（a）所示的中空夹层钢管混凝土构件力学性能方面有一些研究报道，例如 Elchalakani 等（2002）、Wei 等（1995a，1995b）、Zhao 和 Grzebieta（2002）、Zhao 等（2001）、Han 等（2011c）、Li 和 Han 等（2012，2014a，2014b）。实验结果表明，试件的外管在实验过程中的破坏形态和普通钢管混凝土的外部钢管相类似，但内管的破坏却有所不同，呈扭曲的钻石状。试件具有很好的延性和耗能性能。该类构件具有良好的承载能力和延性，可以采用叠加钢管和混凝土承载力的方法来计算中空夹层钢管混凝土的轴压承载力（Zhao 等，2002）。Ellobody 和 Young（2006）研究了采用不锈钢管的钢管混凝土构件的力学性能和设计方法。陶忠和于清（2006）对薄壁钢管混凝土、中空夹层钢管混凝土和 FRP 约束钢管混凝土压弯构件的力学性能进行较系统的试验研究和分析。

实际工程中，当钢管混凝土充当梁式桥桥墩，或作为刚架、网架或拱结构的下部承重构件，或在钢管混凝土构件变截面处通过法兰盘连接时，均可能出现承受轴向局部压力的情况（Yang 和 Han，2011，2012；Yang 等，2014；Hou 和 Han 等，2013a，2014）。蔡绍怀（2003）报道了 40 多个无端板圆钢管混凝土试件局部受压情况下的实验结果，研究了局压面积比、钢管径厚比、试件高度和配置螺旋箍筋与否等对圆钢管混凝土局压性能的影响规律，并提供了局压承载力计算方法。

不锈钢管混凝土可望同时兼有普通钢管混凝土良好的力学性能和不锈钢优越的耐久性能，在海洋平台、沿海建筑和桥梁以及对耐久性要求较高的一些重要建筑的框架和网架等土木工程结构中具有较好的应用前景。从构件的破坏模态比较还可发现，不锈钢管混凝土的破坏模态和普通钢管混凝土类似，但不锈钢管混凝土构件在破坏时可产生更大的塑性变形，这是由于不锈钢材料具有较大的延伸率及较强的应力强化效应，能够允许钢管出现显著变形而保持足够强度（韩林海等，2009；Tao 等，2011b）。研究结果还表明，火灾下不锈钢管混凝土柱具有优越的力学性能（韩林海和宋天诣，2012）。此外，不锈钢管混凝土结构中可采用薄壁不锈钢管，与空心不锈钢管结构相比，可有效减少不锈钢用量，从而降低工程结构的造价。

如何合理有效地实现废弃混凝土的再利用对于有效地节约天然骨料和保护环境、实现废弃混凝土的资源化具有重要意义。如果将再生混凝土灌入钢管中形成钢管再生混凝土，由于受钢管的有效约束和保护，从而有利于改善再生混凝土的力学性能和工作性能。研究结果表明，普通钢管混凝土压弯构件的静力承载力计算方法总体上适合于钢管再生混凝土构件（Yang 和 Han，2006a，2006b；Yang 和 Han 等，2008b，2009）。试验结果表明，在进行的研究参数范围内（再生粗骨料取代率 r 为 50%），钢管再生混凝土中核心混凝土的长期变形发展规律与相应的钢管普通混凝土类似，但钢管再生混凝土中核心混凝土的收缩和徐变变形极值比相应的钢管普通混凝土中的混凝土分别高 20%和 30%左右。此外，还对低周往复荷载作用下钢管再生混凝土压弯试件的力学性能进行了研究（Yang 和 Han 等，2009），结果表明，在进行的研究参数范围内（再生粗骨料取代率 r 小于 50%），钢管再生混凝土压弯试件荷载-位移滞回关系曲线与相应的钢管普通混凝土试件的曲线形状差别不大。

1.2.1.2 长期荷载作用的影响

徐变和收缩是混凝土在长期荷载作用下的固有特性，而钢材在常温下则没有上述特性，这将引起组合结构的内力和应力的重分布，因此长期荷载作用对钢管混凝土构件力学性能的影响是有关研究者和工程技术人员一直关注的问题之一。

较早的钢管混凝土徐变是由 Furlong（1967）通过试验观测得到。试验结果表明，连续加载情况下钢管混凝土构件的极限承载力要比间歇加载的构件高出 10%左右。斯托鲁任科（1982）对圆钢管混凝土的徐变和收缩进行了试验研究，结果表明，钢管混凝土的徐变变形要比钢筋混凝土的小 1/2～2/3 左右，收缩变形则大大小于同等条件下钢筋混凝土构件。由于钢管和混凝土之间存在粘结作用，直到 600 天时钢管和混凝土之间仍能保持共同工作，此后，钢管和混凝土才相互脱离。Nakai 等（1991）和 Ichinose 等（2001）、Morino 等（1996）、Naguib 和 Mirmiran（2003）、Terrey 等（1994）、Uy（2001a）、Uy 和 Das（1997a）、王元丰（2006）、Kwon 等（2007）等研究者也对钢管混凝土构件的徐变和收缩性能进行了研究。

齐加连（1986）、谭素杰（1984）和钟善桐（1994）共进行了 40 个圆钢管混凝土试件的徐变测试。结果表明，钢管混凝土的徐变在加荷前三个月发展很快，随后徐变曲线趋于水平，一年后徐变基本停止。总体而言，对于轴压或偏压短柱，混凝土徐变对钢管混凝土短构件的极限承载力影响较小。Han 等（2011b）利用有限元模型研究长期荷载对中空夹层钢管混凝土柱力学性能的影响，通过对材料本构模型进行修正，引入长期荷载的影响，考虑混凝土长期荷载下的收缩徐变。

长期荷载作用下钢管混凝土构件的耐久性是其在服役期内保持安全性与适用性的重要指标。在钢管混凝土服役全寿命周期中，钢管壁腐蚀的过程复杂，诱发因素众多，其中氯离子腐蚀等是常见的因素之一，对该方面的研究尚少见报道。

1.2.2 钢管混凝土构件的动力性能

钢管混凝土结构的动力性能，如地震作用下的滞回性能、在撞击荷载作用下的力学性能等是本领域的研究热点。

1.2.2.1 滞回性能

钢管混凝土在结构体系中一般作为主要承重构件，其在动力荷载诸如地震作用下的滞回性能是研究者关注的重点。

一般通过低周往复荷载试验来考察钢管混凝土构件的滞回性能，如 Boyd 等（1995）、Nakanishi 等（1999）、Prion 和 Boehme（1994）、Sakino 等（1998）、Shiiba 和 Harada（1994）、Tomii 和 Sakino（1979a，1979b，1979c）、Tomii 和 Sakino（1979c）、屠永清（1994）、钟善桐（1999）、Zhao 和 Grzebieta（1999）、吕西林和陆伟东（2000）、Wang 和 Han 等（2009b）、Liao 和 Han 等（2009，2012，2014）、Han 等（2009d，2011d）、Li 和 Han（2012）。试验参数包括截面类型、钢管宽厚比或径厚比、钢材和混凝土强度、构件长细比以及轴压比等。结果表明，在低周往复荷载作用下，钢管混凝土构件具有良好的承载力和延性（El-remaily 和 Azizinamini，2002；Ge 和 Usami，1996）。与单调荷载作用下的构件相比，往复荷载作用对构件的刚度和极限承载力影响不显著，但却会使构件弯矩-曲率关系上峰值点后下降段的下降速率加快（Lahlou 等，1999；Varma 等，2002）。随着轴压比和宽厚比或径厚比的增大，钢管混凝土压弯构件的延性和耗能能力呈现降低的趋势（Sakino 和 Tomii，1981；Fujinaga 等，1998；Kang 和 Moon，1998）。

在试验中还发现，在恒定轴力作用下，随着水平力的变化，钢管和其核心混凝土之间粘结力的大小在不断变化，混凝土强度的变化对粘结强度的影响不大（Morishita 和 Tomii，1982）；增强钢管和核心混凝土之间的粘结可适当地提高构件的承载能力和耗能能力（Aval 等，2002）。

研究者们还提出了不同类型的理论模型，如采用考虑材料、几何和物理非线性的纤维模型和三维力空间的边界面模型等来分析钢管混凝土构件的滞回特性，计算结果得到试验结果的验证（Hajjar 和 Gourley，1997；Hajjar 等，1997，1998；Han 等，2009a，2009b，2009c；Han 和 Li，2010；Li 和 Han，2011）。

根据计算和试验结果，研究者还提出了钢管混凝土构件弯矩-曲率和 P-Δ 关系的恢复力模型等（屠永清，1994；钟善桐，1999）。

近年来，对于中空夹层钢管混凝土压弯构件的滞回性能也有一些报道。例如 Han 等（2004a，2010b，2011d）、Huang 和 Han 等（2010，2013）、Lin 和 Tsai（2001）、Tao 和 Han（2006）、Tao 和 Han 等（2004）、Yagishita 等（2000）、Yang 和 Han 等（2012）。研究结果表明，该类构件的内、外管壁可以作为夹层混凝土的有效支撑，因此具有较优越的力学性能和承载能力。由于这类构件的截面开展，自重轻，近年来已经应用在桥墩以及电力塔架设施中。

1.2.2.2 撞击荷载作用下的性能

众所周知，土木工程结构在服役过程中会承受恒载、活载等静力荷载作用，往往还会承受风、地震等动力荷载作用。此外，一些结构还可能遭受撞击等意外荷载作用，如桥墩遭受汽车或船只撞击，建筑遭受飞行器或车辆撞击等。

结构在撞击作用下有可能发生严重的损伤甚至完全丧失承载能力，给生命财产造成严重损失。如 2001 年的“9·11 事件”中，飞机撞击高层建筑引发大火，导致结构丧失承载力，上部结构坍塌，向下撞击导致下部结构发生连续倒塌。如今，钢管混凝土结构在各类工程中已得到应用，因此对钢管混凝土结构在撞击荷载下的力学性能进行研究具有重要意义。

撞击荷载一般分为高速撞击和低速撞击，通常认为当撞击物质量较大，撞击时间较长，受撞击结构发生整体变形而非局部穿透时为低速撞击（Richardson 和 Wishcart，1996），因此工程结构遭受车辆等的撞击一般可认为属于低速撞击。

以往，研究者们对钢管混凝土构件在撞击荷载下的力学性能开展了一些研究工作，如陈肇元等（1986）、Shan 等（2007）、Xiao 等（2009）、Xiao 和 Shen（2012）对钢管混凝土短构件在轴向撞击荷载作用下的力学性能进行了试验研究和分析。王蕊（2008）、刘亚玲（2005）和贾电波（2005）进行了圆钢管混凝土构件横向撞击实验，构件边界条件包括固定、固简支和简支，并进行了数值模拟和分析工作。Bambach 等（2008）和 Remennikov 等（2010）进行了方形钢管混凝土试件在横向撞击荷载下力学行为的实验研究。Huo 等（2009）进行了高温下钢管混凝土轴向撞击实验，同时在考虑高温及应变率对材料强度影响的基础上分析了构件的抗撞击承载力。Deng 等（2011）进行了简支条件下圆形钢管混凝土构件在横向撞击作用下的实验研究。此外，Yousuf 等（2013）、Rasmussen 和 Ranzi（2006）、Bambach（2011）、Wang 和 Han 等（2013）开展了关于钢管混凝土构件在横向撞击荷载下的数值模拟分析。

1.2.3 钢管混凝土构件的耐火性能

由于组成钢管混凝土的钢管和其核心混凝土之间相互贡献、协同互补、共同工作的优势，使这种结构具有较好的耐火性能。

以往，各国学者通过理论和实验的方式对钢管混凝土构件的耐火极限进行了研究，如 Hass（1991）、Kim 等（2000）、Klingsch（1985）、Kodur（1998b）、Kodur（1999）、Kodur 和 Lie（1997）、Kodur 和 Sultan（2000）、Lie（1994）、Lie 和 Caron（1988）、Lie 和 Chabot（1988，1992）、Okada 等（1991）、O'Meagher 等（1991）、Patterson 等（1999）、Wang（1997，1999b，2000），Han 等（2003a，2005a，2007a，2008a，2009e，2010c，2012c），Huo 和 Han 等（2010），Song 和 Han 等（2010a，2010b，2011）、Tao 和 Han 等（2011a）、Tan 和 Han 等（2012）、Wang 等（2014c）、Yang 和 Han 等（2008a）。研究的参数包括构件截面形式、构件上荷载的大小、混凝土骨料类型、构件有效计算长度、截面尺寸和混凝土类型及强度等。实验时构件的轴压比都比较小，一般在 0.4 以下。研究结果表明，采用耐火钢材的钢管混凝土柱的耐火极限和抗变形能力都有所提高，且荷载偏心对火灾时构件的工作不利。在钢管中填充钢纤维混凝土可有效地提高构件的耐火极限。一些研究者采用有限元法和纤维模型法分别计算了构件的温度场分布和耐火极限，并提出了简化的设计计算公式。

近年来，一些研究者开展了不锈钢管混凝土（Han 等，2013；韩林海和宋天诣，2012），中空夹层钢管混凝土柱耐火极限（Lu 和 Han 等，2010；韩林海和宋天诣，2012）方面的研究。

在目前的规范或设计指南中，ECCS-Technical Committee 3（1988）对钢管混凝土柱的耐火极限进行了计算，并给出了核心混凝土中配置钢筋的钢管混凝土柱耐火极限设计曲线。British Steel Tubes and Pipes（1990）和 EC 4（2005）给出了各种截面形状的钢管混凝土柱防火保护设计方法。钢管中可以采用素混凝土、配置钢筋或钢纤维的混凝土。

综上所述，过去国内外学者在钢管混凝土工作机理和力学性能研究方面已取得一系列重要成果，但研究工作尚有待于进一步系统化和深入化。为了适应钢管混凝土结构发展的需要，在以往研究工作的基础上有必要对不同截面形状情况下钢管混凝土构件的如下若干关键问题进行系统研究，即：

1）充分考虑钢管和核心混凝土之间相互作用，开展不同荷载作用情况下构件力学性能的全过程分析模型。

2）适合不同截面形状的、依据充分的构件承载力计算方法。

3）考虑长期荷载作用影响时构件的验算方法。

4）往复荷载作用下构件滞回模型的确定方法。

5）钢管初应力的影响。

6）耐火性能和抗火设计方法。

7）火灾后的力学性能。

8）腐蚀环境作用下构件的工作机理。

9）构件抗撞击工作机理及设计方法。

10）混凝土浇筑质量和施工制作缺陷的影响规律等。

1.3 本书的目的、主要内容和研究方法

1.3.1 目的和主要内容

如前所述，钢管混凝土由于具有承载力高、塑性和韧性好、施工方便、耐火性能和经济效果好等优点，是发展前景广阔的一种结构形式。随着我国经济和建设事业又好又快的发展，钢管混凝土的应用日益增多，以往取得的研究成果及应用技术也需不断完善和提升。

工程结构的全寿命周期包括设计、施工、运营和维护等环节，在这一过程中，其安全耐久与社会的可持续发展密切相关。近 20 年来，作者领导的课题组紧紧围绕探索和搭建基于全寿命周期的钢管混凝土结构设计理论这一目标开展有关基础研究工作，具体内容可概述为：①研究全寿命周期服役过程中钢管混凝土结构在遭受可能导致灾害的荷载（如强烈地震、火灾和撞击等）作用下的分析理论，以及考虑各种荷载作用相互耦合的分析方法；②研究综合考虑施工因素（如钢管制作和核心混凝土浇灌等）、长期荷载（如混凝土收缩和徐变）与环境作用影响（如氯离子腐蚀等）的钢管混凝土结构分析理论；③研究基于全寿命周期的钢管混凝土结构设计原理和设计方法。

本书专门阐述在圆形和方、矩形钢管内部填充实心混凝土而形成的钢管混凝土构件，并以构建基于全寿命周期的钢管混凝土结构设计理论为目标，揭示基于全寿命周期的钢管混凝土构件的工作机理和设计原理，在此基础上形成钢管混凝土结构成套实用技术。

如前所述，钢管混凝土组合构件的实质在于其组成材料之间的组合作用或协同互补。由于这种相互作用，使钢管混凝土具有一系列优越的力学性能。因此，如何准确地了解这种相互作用的“效应”一直是钢管混凝土领域研究的关键，也只有在此基础上，才可能合理研究基于全寿命周期的钢管混凝土结构分析理论和设计方法。为了实现这一目标，作者领导的课题组对工程中常用的圆形和方、矩形钢管混凝土的如下关键问题进行探索和研究，即：

1）静力性能：包括各种类型的钢管混凝土在压（拉）弯扭剪及其复合受力状态、长期荷载作用的影响、局部受力状态下工作机理的研究。该项研究是深入开展后续各项性能研究的基础。

2）动力性能：包括钢管混凝土在地震低周往复作用、撞击下的性能和损伤规律研究等。

3）耐火性能：包括钢管混凝土耐火极限、受火全过程以及火灾后的力学性

能和损伤规律研究等。

4）建造过程对结构性能的影响：包括施工荷载的影响、混凝土浇筑质量的影响以及核心混凝土的水化热、收缩及徐变问题的研究等。

5）耐久性能：钢管混凝土在恶劣环境（如氯离子作用）下的环境-荷载耦合力学性能研究等。

图1.15汇总了上述研究内容，并给出钢管混凝土结构工作性能的理论研究及其工程实践、工程建设标准/规程/规范制定之间的总体关系。

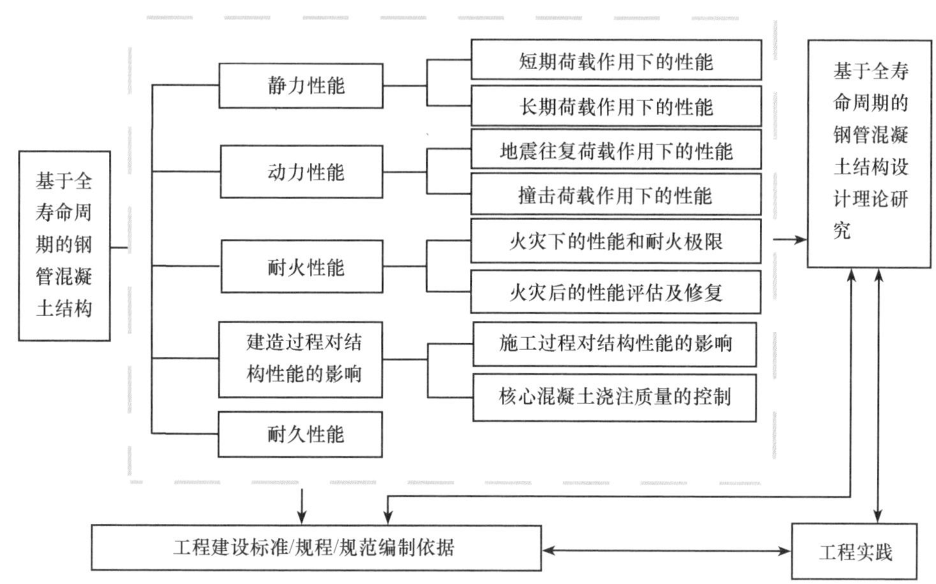

图1.15 基于全寿命周期的钢管混凝土结构设计理论与应用研究框架

基于上述思路，本书通过介绍一些典型的工程实例，说明钢管混凝土在工程实践中的应用概况，阐明这种结构的基本特点及其工程应用主要的可能形式。本书阐述不同截面形状（圆形、方形和矩形）的钢管混凝土构件在压（拉）、弯、扭、剪及其复合受力状态下的力学实质，论述钢管混凝土基本构件在长期荷载、往复荷载和火灾作用下以及火灾作用后的工作机理，给出基于理论和实验研究及参数分析结果所导出的实用设计方法。本书还阐明钢管混凝土结构构件的一些关键技术问题，如受轴向局压荷载时的力学性能、施工阶段钢管初应力的限值、核心混凝土的水化热和收缩、徐变及混凝土浇筑质量的影响规律、钢管及其核心混凝土间的粘结性能、腐蚀环境及撞击荷载作用下的设计原理等。

1.3.2 研究方法

图1.15总体给出基于全寿命周期的钢管混凝土结构理论研究方面的问题，从工程设计应用角度，不仅要求这些问题在理论上得到较彻底地解决，而且更要

求能进一步提供便于工程应用的实用设计方法。从研究者的角度来说，在工程技术领域从事理论研究，其最终目的也应该是更好地为实际应用服务。

按照这一指导原则，作者领导的课题组在对上述问题研究时，总体都经历了如下三个阶段：

（1）在系统总结和考察目前国内外有关钢管混凝土理论分析和试验研究结果的基础上，提出能够进行钢管混凝土构件荷载-变形全过程分析的理论和方法，从机理方面深入揭示钢管混凝土构件工作的力学实质。

（2）根据研究的需要有针对性地进行钢管混凝土构件的示例试验研究，从而更加全面地验证全过程分析结果的准确性。

（3）将上述研究成果进一步推进到实用化的程度，提出以精确分析理论为基础的实用计算方法。

通过系统总结和考察以往国内外有关钢管混凝土的理论和试验研究成果，作者认为，组成钢管混凝土的钢管和混凝土之间的相互作用主要表现在以下两个方面：

（1）构件截面

由于钢管对其核心混凝土的约束作用，使混凝土材料本身性质得到改善，即强度得以提高，塑性和韧性性能得到改善。同时，由于混凝土的存在可以延缓或阻止钢管发生内凹的局部屈曲。在这种情况下，不仅钢管和混凝土材料本身的性质对钢管混凝土性能的影响很大，而且二者几何特性和物理特性参数如何“匹配”，也将对钢管混凝土构件力学性能起着非常重要的影响。作者最后选定以“约束效应系数”作为衡量工程常用参数范围内钢管及其核心混凝土之间相互作用的重要参数。

（2）结构构件

由于混凝土的存在，构件的“屈曲模态”表现出很大的不同，从而使钢管混凝土构件的极限承载力和同等长度的空钢管相比具有较大的提高，核心混凝土的“贡献”主要是延缓钢管过早地发生局部屈曲，从而使构件的承载力和塑性能力得到提高，这时，混凝土材料本身的性质，例如强度等的变化对钢管混凝土构件性能的变化影响不显著，且长细比越大，这种现象越明显。

基于上述对组成钢管混凝土的钢管和其核心混凝土之间相互作用的基本认识，作者在第一阶段首先以“约束效应系数”（ξ）为基本参数来研究工程常用参数范围内钢管和其核心混凝土之间的组合作用。ξ 的表达式为

$$\xi = \frac{A_s \cdot f_y}{A_c \cdot f_{ck}} = \alpha \cdot \frac{f_y}{f_{ck}} \tag{1.1}$$

式中：A_s，A_c 分别为钢管和核心混凝土的横截面面积；α 为钢管混凝土截面含钢率，$\alpha = A_s / A_c$；f_y 为钢材屈服强度；f_{ck} 为混凝土轴心抗压强度标准值。

对于 f_{ck}，目前不同的论著或规程中可能会给出稍有不同的取值。陈肇元等

(1992) 和国家标准 GB50010 都给出了 f_{ck}的确定方法。

为了便于研究，本书暂采用陈肇元等（1992）给出的 f_{ck}确定方法来计算约束效应系数 ξ。f_{ck}与立方试块强度（f_{cu}）及圆柱体强度（f'_c）的换算关系如表 1.3 所示，可见，只要给定混凝土立方体强度 f_{cu}，就可根据此表方便地确定对应的 f_{ck}值。表中，E_c 为混凝土的弹性模量。

表 1.3　混凝土轴压强度不同表示值之间的近似对应关系（陈肇元等，1992）

强度等级	C30	C40	C50	C60	C70	C80	C90
f_{ck}/MPa	20	26.8	33.5	41	48	56	64
f'_c/MPa	24	33	41	51	60	70	80
E_c/MPa	30 000	32 500	34 500	36 500	38 500	40 000	41 500

由式（1.1）可以看出，对于某一特定的钢管混凝土截面，约束效应系数 ξ 可以反映出组成钢管混凝土截面的钢材和核心混凝土的几何特性和物理特性参数的影响，ξ 值越大，表明钢材所占比重大，混凝土的比重相对较小；反之，ξ 值越小，表明钢材所占比重小，混凝土的比重相对较大。在工程常用参数范围内，约束效应系数 ξ 对钢管混凝土性能的影响主要表现在：ξ 值越大，在受力过程中，钢管可对核心混凝土提供足够的约束作用，钢管混凝土强度和延性的增加相对较大；反之，随着 ξ 值的减小，钢管对其核心混凝土的约束作用将随之减小，钢管混凝土的强度和延性提高得就越少，也就是说，在一定参数范围内，ξ 的大小可以很直观地反映出钢管和混凝土的组合作用。

基于上述认识，确定了组成钢管混凝土的钢材及混凝土的应力-应变关系模型，在此基础上，采用数值方法（例如纤维模型法和有限元法）系统分析了钢管和核心混凝土之间的组合作用及其工作机理，考察了不同加载路径等的影响规律，计算了钢管混凝土构件在静力、往复荷载、火灾、撞击及氯离子腐蚀环境作用等情况下荷载-变形全过程关系曲线，并和已有的国内外试验结果进行了比较，结果总体上令人满意。结合基于全寿命周期的钢管混凝土设计需求，逐步发展和建立了可综合考虑施工因素（如钢管制作、核心混凝土浇灌）、长期荷载作用影响（如混凝土收缩和徐变）以及加载历史的钢管混凝土有限元分析模型。为了进一步更加全面验证以上理论分析结果的准确性，作者领导的课题组在第二阶段针对国内外以往进行过的试验研究状况，有计划地进行了一系列钢管混凝土构件在静力、往复荷载、火灾、撞击及氯离子腐蚀环境作用下的系列试验研究，使理论分析结果更为可信。

以上这种以充分考虑组成钢管混凝土的钢管和混凝土之间相互组合作用的分析方法自然是比较系统和完善的，而且得到试验结果的系统验证，计算结果也较为精确。但是也要看到，从实际应用的角度考虑，这种理论方法显得还是比较复杂，不便于应用。如何从上述理论成果出发，搭起必要的桥梁，过渡到便于工程设计的实用方法，是一项十分有意义的工作，这也是在第三阶段研究中拟完成的主要任务。

为了实现这一目标，在充分考虑到工程实际应用的情况下，对影响钢管混凝土性能的基本参数（包括物理参数、几何参数和荷载参数等）进行了系统的分析，并考虑各种可能的影响因素，然后对所得大量计算结果进行统计分析和归纳，考察钢管混凝土力学性能的变化规律，最后从理论高度进行概括，提出钢管混凝土构件在各种荷载作用下的设计方法。

用“约束效应系数”的方法来近似描述钢管混凝土截面的“组合作用效应”，概念清楚，在工程常用参数范围内有很好的适用性，可方便地帮助有关技术人员从概念上理解钢管混凝土的工作机理和力学实质，进而进行合理应用，也为进一步深入研究钢管混凝土构件的工作机理创造了条件。

核心混凝土的水化热和收缩一直是钢管混凝土工程界所关注的问题。课题组以构件截面尺寸和截面形式为基本参数，进行了钢管混凝土水泥水化阶段构件截面温度场和核心混凝土收缩性能的试验研究。通过长期观测，考察了水泥水化阶段钢管混凝土构件温度场及其核心混凝土的收缩特性。在试验研究结果的基础上，通过对ACI209（1992）提供的普通混凝土收缩模型的修正，提出了适合钢管混凝土中核心混凝土收缩变形的计算公式。

钢管混凝土由外包钢管及其核心混凝土共同组成，其核心混凝土的施工有其特殊性，即混凝土被外围钢管所包覆，造成浇筑质量控制的难度。由于对该问题处理不当，已造成一些工程事故。混凝土浇灌质量的好坏将直接影响到钢管混凝土构件设计目标的实现。也正是由于混凝土被外围钢管所包覆，造成了研究其浇筑质量控制问题的复杂性。为了便于钢管混凝土在实际工程的合理推广应用，课题组还研究了钢管和混凝土之间的粘结性能，分析了其主要影响因素。通过对不同浇筑方式下钢管混凝土构件承载力及变形能力的研究，对核心混凝土密实度的影响规律进行了定量化分析。

钢管混凝土的推广，需要精心设计和施工，实现从材料制备、加工制作和质量检测检验“三位一体”的过程控制。提出的核心混凝土浇筑缺陷的影响一直是有关工程界关注的问题，提出的“三位一体”的核心混凝土质量过程控制理念在典型实际工程中进行了应用，验证了其科学性和工程可操作性。

众所周知，由于材料、浇筑工艺及施工等各方面的原因，有时会导致钢管混凝土结构中核心混凝土的缺陷。本书对实际工程中常见的脱空缺陷进行分析和研究，在此基础上提供承载力验算方法，给出了不同形式缺陷的“容许”数值，可为进一步科学地应用钢管混凝土结构提供依据。

上述研究成果一直得到钢管混凝土工程界的关注。早期采用关于钢管混凝土静力和滞回性能方面结果的工程建设标准有国家电力行业标准DL/T 5085—1999、国家军用标准GJB4142—2000、福建省DBJ13-51—2003和DBJ13-61—

2004、上海市 DG/TJ08-015—2004 等；有关钢管混凝土耐火性能方面的研究结果最早在深圳赛格广场大厦的圆钢管混凝土柱、杭州瑞丰国际商务大厦的方钢管混凝土柱，以及武汉国际证券大厦的方、矩形钢管混凝土柱等的防火设计中应用，并为福建省 DBJ13-51—2003、天津市 DB29-57—2003、中国工程建设标准化协会 CECS 159：2004 和 CECS 200：2006 等标准采纳；国家标准《建筑设计防火规范》(GB50016—2006）也采用了有关成果。

近些年来颁布的江西省 DB36/J001—2007、内蒙古 DBJ03-28—2008、甘肃省 DB62/T25-3041—2009、河北省 DB13(J)/T84—2009、辽宁省 DB21/T1746—2009、福建省 DBJ/T13-51—2010、安徽省 DB34/T1262—2010、浙江省 Q/GW11 352—2012—10204 和四川省 DB 51/T 1992—2015 等地方工程建设标准；国家电网公司企业标准 Q/GDW 11136—2013；住房与城乡建设部行业标准 JGJ/T249—2011、中华人民共和国行业推荐性标准 JTG/T D65-06—2015；国家标准 GB 50923—2013 等一些设计条文（规定）也采用了有关成果。

现代工程技术发展迅速，新材料、新工艺不断出现，钢管混凝土结构技术也随之不断得到发展。研究结果表明，本书阐述的基于全寿命周期的钢管混凝土结构设计理论研究方法对于如图 1.2 和图 1.3 所示的一些“广义”钢管混凝土结构的机理研究也具有较好的适用性，如中空夹层钢管混凝土（Han 等，2009a，2011b；Huang 和 Han 等，2010，2013；Li 和 Han 等，2012，2015b)、薄壁钢管混凝土（Tao 和 Han 等，2008)、不锈钢管混凝土（Tao 等，2011b)、钢管混凝土叠合构件（An 和 Han，2014；Han 和 An，2014)、钢管回收骨料混凝土（Yang 和 Han，2006a，2006b；Yang 和 Han 等，2008b，2009)、FRP 约束钢管混凝土和钢管约束混凝土（Han 等，2008c；韩林海等，2009）等。

必须指出的是，钢管混凝土结构作为一种新兴学科，其内容丰富多彩。本书论述和介绍作者领导的课题组在钢管混凝土构件研究方面取得的阶段性结果，以期能为同类研究起到“抛砖引玉”的作用。科学和技术是不断发展的，鉴于所探讨问题的复杂性，随着今后对有关领域研究工作的继续深化和扩大，作者认为对本书的一些研究结果作进一步的改进或完善是可能的、必要的，也是应当的。

第 2 章　钢管混凝土工程实践

2.1 引　　言

钢管混凝土能适应现代工程结构向大跨、高耸、重载发展和承受恶劣条件的需要，符合现代施工技术工业化的要求，正被越来越广泛地应用于单层和多层工业厂房柱、设备构架柱、各种支架、栈桥柱、地铁站台柱、送变电杆塔、桁架压杆、桩、空间结构、商业广场、高层和超高层建筑、高耸建筑结构及桥梁结构中，经济效果和建筑效果良好。

本章不拟详细论述钢管混凝土结构设计方面的构造要求，而是通过介绍钢管混凝土工程的一些典型实例，以期具体说明这种结构应用的特点和可能形式。

2.2 钢管混凝土的应用实例

下面通过一些典型的工程实例，简要论述钢管混凝土在单层和多层工业厂房柱、设备构架柱、各种支架、栈桥柱、地铁站台柱、送变电杆塔、桁架压杆、桩、空间结构、高层和超高层建筑、高耸建筑结构和桥梁结构等中的应用概况。

2.2.1 单层和多层厂房柱

从 20 世纪 70 年代开始，钢管混凝土就被广泛地用做各类厂房柱（钟善桐，1994），如 1972 年建成的本溪钢铁公司二炼钢轧辊钢锭模车间，1980 年建成的太原钢铁公司第一轧钢厂第二小型厂，1980 年建成的吉林种子处理车间，1982 年建成的上海三十一棉纺厂，1983 年建成的大连造船厂船体装配车间，分别于 1982 年和 1986 年造成的武昌造船厂和中华造船厂船体结构车间，1985 年建成的太原钢铁公司三炼钢连铸车间，1985 年建成的沈阳沈海热电厂，1992 年建成的哈尔滨建成机械厂大容器车间，1996 年建成的宝钢某电炉废钢车间和某热轧厂房等均采用了钢管混凝土格构式柱。太一电厂集控楼和 1984 年完工的上海特种基础科研所科研楼也采用了钢管混凝土柱。

图 2.1（a)、(b）所示分别为建成后的沈阳沈海热电厂外貌及其主厂房梁柱节点形式。

图 2.2 为建成后的宝钢热轧厂厂房内景。

图 2.3（a)、(b）所示分别为修建中的中华造船厂船体车间边柱外视和内视图。

(a) 外景

(b) 梁柱节点

图 2.1　沈海热电厂

图 2.2　宝钢某热轧厂厂房内景

(a) 外视图

(b) 内视图

图 2.3　建设中的中华造船厂船体车间边柱

图 2.4（a）、（b）所示分别为上海特种地基研究所办公楼外景及其采用的梁柱节点形式。

钢管混凝土柱与梁的连接节点是进行钢管混凝土工程设计时的关键问题之一，有关节点的设计方法有多种。国家电力行业标准 DL/T5085—1999（1999）

(a) 外景

(b) 梁柱节点

图 2.4 上海特种地基研究所办公楼

和福建省工程建设标准 DBJ13-51—2003（2003）给出一种钢管混凝土柱与钢梁连接的加强环板刚性节点构造措施，该类节点具有受力明确、工作可靠和抗震性能好等特点，这也是 AIJ（1997）中采用的节点形式，如图 2.5 所示。当钢管混凝土柱截面尺寸较大时，加强环板也可采用内置的形式。

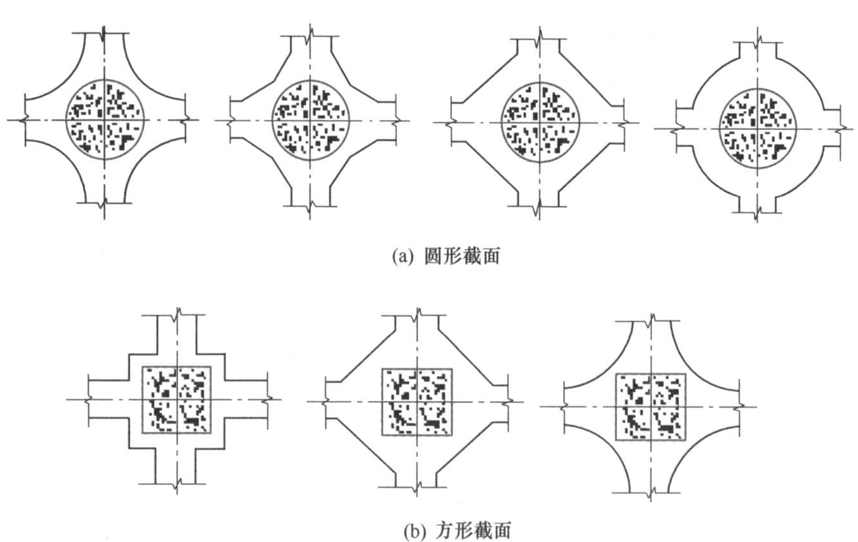
(a) 圆形截面

(b) 方形截面

图 2.5 钢管混凝土节点形式（AIJ，1997）

2.2.2 设备构架柱、各种支架柱和栈桥柱

在各种平台或构筑物中，下部支柱常属于轴心受压构件，且往往荷载较大，因而采用钢管混凝土柱比较合理。钢管混凝土在各种设备构架柱、各种支架柱和栈桥柱中的应用较多，例如 1978 年建成的首钢二号高炉构架，1979 年建成的首钢四号高炉构架以及 1982 年建成的湖北荆门热电厂锅炉构架，1979 年建成投产的黑龙江新华电厂加热器平台柱，1983 年建成的江西德兴铜矿矿石储仓支架柱，以及北京首钢自备

电厂和山西太一电厂的输煤栈桥柱等。图 2.6 和图 2.7 所示分别为北京首钢自备电厂和山西太一电厂的输煤栈桥柱。

图 2.6　首钢自备电厂输煤栈桥

2.2.3　地铁站台柱

地下铁道的站台柱承受的压力很大，采用承载力高的钢管混凝土柱可减小柱截面面积，扩大使用空间。北京地铁北京站和前门站及环线工程中的站台柱采用了这种结构，图 2.8（a）所示为一采用钢管混凝土柱的地铁站内景。天津地铁天津站交通枢纽工程由天津城市轨道交通 2 号、3 号、9 号线交汇组成，包括东西向的地铁 2 号、9 号线车站、南北向的地铁 3 号线车站等。车站主体结构为多层多跨框架结构，主体框架采用了直径为 1000mm 的圆形截面钢管混凝土柱，钢管混凝土柱与钢筋混凝土梁连接。图 2.8（b）所示为钢管混凝土柱建设过程中的情形。

(a) 5号柱

(b) 7号柱

图 2.7　太一电厂输煤栈桥

(a)

(b)

图 2.8　钢管混凝土在地铁结构中的应用

2.2.4　送变电杆塔

挡距大的高压输电杆塔或微波塔，也可采用钢管混凝土构件作立柱。1980 年建成的松蚊 220kV 线路中的终端塔采用了钢管混凝土柱，1986 年在沿葛洲坝水电站输出线路上及繁昌变电所 500kV 变电构架中也都采用了钢管混凝土柱，如图 2.9 所示。

(a)

(b)

图 2.9　繁昌变电所 500kV 变电构架

图 2.10　瓯江大跨越塔

图 2.10 所示为浙江瓯江一高度为 159m 的跨越塔，采用了钢管混凝土格构式构件。

舟山与大陆联网输电线路工程（石华军等，2011）的螺头水道跨越部分是整个工程的核心。螺头水道主跨越段跨越挡距为 2756m，塔高约 370m。众所周知，对于大型输电线路大跨越钢管塔结构，保证钢管的局部稳定是设计中的难题之一。为符合规定，有关工程设计中常需增大钢管壁厚，从而产生厚板加工困难、层状撕裂、单件质量过大及经济性不好等问题。在舟山 370m 高塔的设计中，对大尺寸钢管采用了钢管混凝土构件，从根本上解决了上述问题。主体采用钢管混凝土结构，钢管最大直径 2m、最大壁厚 25mm。其次，塔身整体的抗风和抗震性能、构件和节点性能是工程设计的关键问题。

图 2.11 所示为浙江舟山大跨越塔结构施工过程中的情形。

220kV 天湖—崇贤开口环入育苗输电线路工程，线路长度超过 10km，杆塔 52 基，其中 2 号～14 号为四回路钢管杆，47 号～51 号为双回路铁塔，其余均为双回路钢管杆。线路转角处杆塔受弯矩较大，通过对多种塔体形式的比选，采用

图 2.11　浙江舟山大跨越塔

了中空夹层钢管混凝土作为线路主杆塔，如图 2.12 所示。该工程实践表明，中空夹层钢管混凝土截面开展、抗弯刚度大、内部空心节约混凝土、自重较轻抗震性能好等。

图 2.12　中空夹层钢管混凝土主杆塔

2.2.5　桁架压杆

在桁架压杆中采用钢管混凝土可充分运用这类结构的特点，从而达到节省钢材，减少投资的目的（钟善桐，1994）。实际工程有 20 世纪 60 年代建造的山西中条山某矿的钢屋架中的压杆。1982 年完工的吉林造纸厂碱炉与电站工程中电除尘工段的屋架中也采用了钢管混凝土构件。

2.2.6　桩

钢管桩具有施工方便的特点。施工时，可以采用先打桩再割桩，然后挖土的程序。但采用钢管桩的缺点是造价高，从而限制了其应用。20 世纪 80 年代后期宝钢二期工程中曾尝试用钢管桩内灌入混凝土以解决桩偏移过大影响桩承载力的问题。20 世纪 90 年代的三期工程中，宝钢试验成功并推广了钢管混凝土桩技术。据初步统计，仅在宝钢三期工程中应用钢管混凝土桩代替钢管桩就可节省投资达 2 亿多元（王怀忠，1998）。经过二十余年的工程实践，宝钢已经形成了比较完整的长桩系列技术（王怀忠，1998）。

将钢管混凝土桩作为沿海软土地基上高层建筑、桥梁、码头等重要建筑物的基础具有良好的发展前景。

2.2.7　空间结构

建成于 1999 年的日本北九州多功能赛车场，建筑面积为 91 686m^2；地上 8 层，地下 1 层，地上 1～8 层采用了钢管混凝土柱和钢梁，充分发挥了钢管混凝土刚度大、强度高、抗变形能力强和耐火性能好等特点，取得了良好的建筑和经济效果。图 2.13 所示为该建筑多功能赛车场建筑平面和看台部分立面布置图，图 2.14 所示为该建筑中、边柱及外景图。

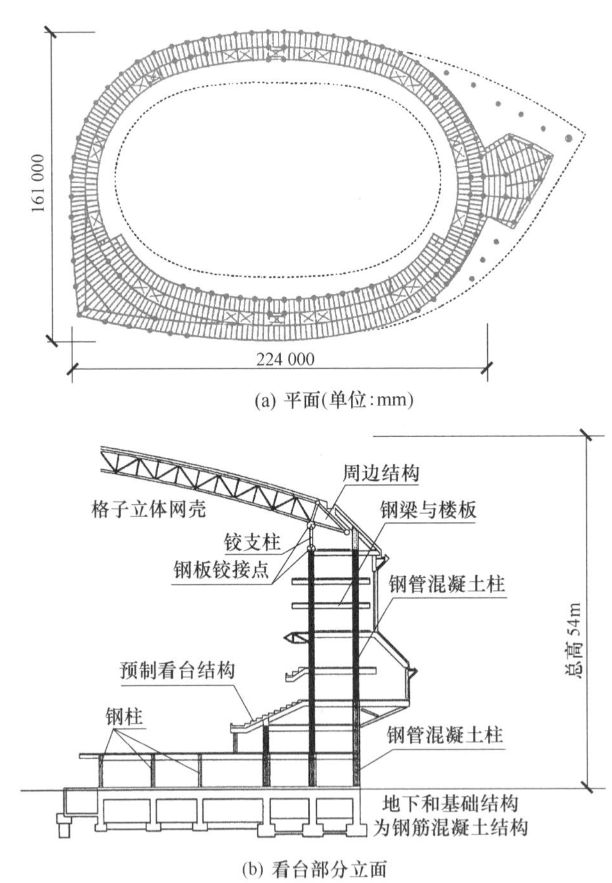

图 2.13　北九州多功能赛车场布置图
（注：图形取自工程建设方提供的资料）

(a) 中柱　(b) 边柱

(c) 外景*(注：该图形取自工程建设方提供的资料)

图 2.14　北九州多功能赛车场

南京禄口国际机场 T2 航站楼主体由扇形主楼及左右一字展开的指廊组成（周健等，2012），位于机场 T1 航站楼南侧，总长约 1200m。其主楼纵向最大长度 471.5m，横向最大宽度约 187.7m，屋盖结构为悬臂柱支承的大跨度空间曲面网格钢结构体系，最高处建筑标高 39.25m。屋盖钢柱支撑系统室外部分采用变截面 Y 形钢管混凝土柱，室内部分采用变截面锥形钢管混凝土柱或圆形钢管混凝土柱，柱上端与屋盖结构铰接。室内中柱的锥形钢管由底部的 ϕ2100－1625×80 逐渐收小至顶部的 ϕ1300×50；边柱为采用了 ϕ1200×30 钢管的直形钢管混凝土柱。该工程中还应用了变截面 Y 形柱，分叉以下为钢管混凝土柱，以上为钢管柱，中部分叉处采用铸钢节点过渡。图 2.15（a）和（b）所示分别为加工制作的锥形钢管及锥形钢管混凝土柱结构施工过程中情形。

(a) 工厂中制作成型的锥形钢管

(b) 施工过程中的锥形钢管混凝土柱

图 2.15　锥形钢管混凝土柱在航站楼结构中的应用

2.2.8　高层和超高层建筑

钢管混凝土可用于多、高层和超高层建筑的柱结构和抗侧力体系（钟善桐，1999），构件截面可采用圆形或方、矩形。

钢管混凝土应用于多、高层和超高层建筑中时的主要优点有：

1）构件截面较小，可节约建筑材料，增加使用面积。

2）抗震性能好。

3）耐火性能优于钢结构，相对于钢结构柱可降低防火造价。

4）在施工阶段，空钢管结构便于吊装和校正。

5）便于采用“逆作法”或“半逆作法”的施工方法。

由于上述优点，钢管混凝土正被越来越广泛地应用于高层和超高层建筑中（韩林海和杨有福，2004；钟善桐，1999）。

图 2.16 所示为两种典型的混合结构体系。图 2.16（a）所示的体系由外围钢管混凝土框架和内钢筋混凝土核心筒组成，内部核心筒提供主要的侧向刚度，在施工时核心筒一般先于外框架。和钢框架相比，外围的钢管混凝土框架有更大

的刚度和承载力。该类混合结构模型在地震作用下的研究结果表明（韩林海等，2009），模型在各级地震下响应良好，在大震后第一阶振型阻尼比在 0.035～0.04。图 2.16（b）所示体系由钢管混凝土框架和钢筋混凝土剪力墙或钢板剪力墙组成，一般先施工外框架，而后施工混凝土剪力墙。

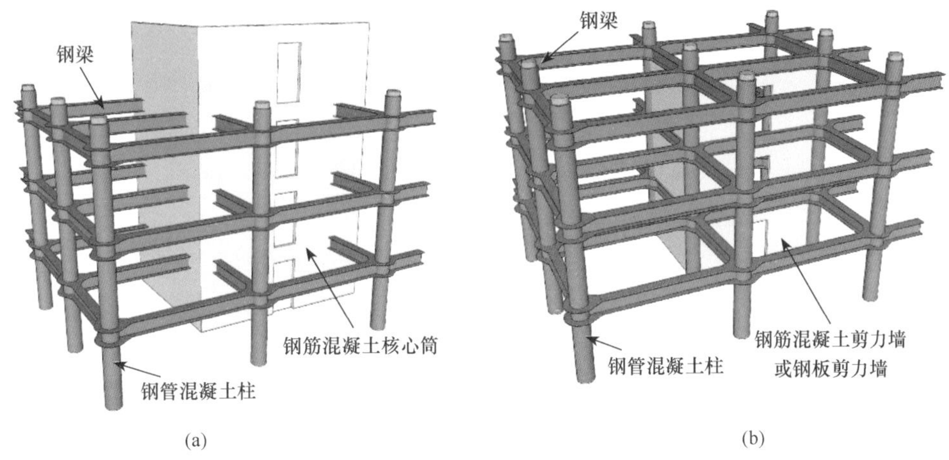

图 2.16　高层建筑钢管混凝土混合结构体系示意

1990 年建成的福建省泉州邮电中心局大厦，高度为 63.5m，地下 1 层，地上 15 层，采用框架-剪力墙结构体系（钟善桐，1999）。在地下一层到地上二层营业大厅的八根柱子采用了圆钢管混凝土，其他柱子采用钢筋混凝土。图 2.17 所示为该建筑建成后的外景，图 2.18 所示为其营业厅内景。

图 2.17　泉州邮电中心局大厦外景

图 2.18　营业厅内景

该工程采用现浇钢筋混凝土梁，与钢管混凝土柱的连接节点采用了承重销的形式，如图 2.19 所示。该类节点受力明确，传力可靠。但由于牛腿的两块竖直钢板要穿过钢管，当钢管混凝土柱截面较小时可能不利于核心混凝土的浇筑。

由福建省建筑设计研究院提供的该建筑钢管混凝土柱的经济性比较见表 2.1。

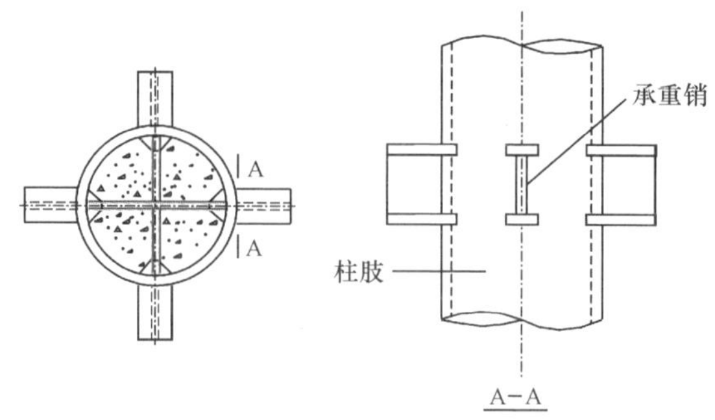

图 2.19 承重销节点示意图

表 2.1 泉州邮电局大厦（一根底层柱比较）[①]

（设计轴向力 N=15 000kN，层高 3.6m，柱净高 3.1m）

柱子类型 \ 比较项目	截面尺寸	柱子截面面积/m^2	混凝土用量/m^3	钢材用量/t	总费用/元
钢管混凝土	圆形 D=802mm	0.50	1.74	0.773	2800
钢筋混凝土	方形 B=1200mm	1.44	5.18	0.813	2790

① 材料和模板等费用按 1989 年当地定额和价格计算：钢管=3100 元/t；钢筋=1800 元/t；混凝土=300 元/m^3；钢筋混凝土模板=8 元/m^2，包括节点板用钢。

由表 2.1 可见，该柱采用钢管混凝土和钢筋混凝土的材料直接造价基本持平，而钢管混凝土柱截面面积要比钢筋混凝土柱小。另外，实际表明，采用钢管混凝土还可以加快施工速度。

福建省南安邮电局大楼也采用了钢管混凝土柱（钟善桐，1999）。该工程的剪力墙为现浇钢筋混凝土结构，为了便于与钢管混凝土柱连接，在柱侧向加焊竖向钢板，把剪力墙中的钢筋焊在竖板上，如图 2.20 所示。

(a)

(b)

图 2.20 南安邮电局大楼剪力墙角柱节点

1994 年建成的厦门阜康大厦高度为 86.5m，地下 2 层，地上 25 层，采用框架-剪力墙结构体系（钟善桐，1999）。从地下 2 层到地上 12 层采用了圆钢管混凝土柱，其他柱子采用钢筋混凝土。图 2.21（a）所示为该建筑建成后的外景。该建筑楼盖采用了现浇钢筋混凝土梁板结构体系，钢筋混凝土梁与钢管混凝土柱采用刚性连接，也采用了承重销的节点形式，梁内的部分钢筋分别和钢管混凝土柱及牛腿焊接，以传递弯矩和剪力，部分钢筋环绕钢管混凝土柱而过，如图 2.21（b）所示。

(a) 外景

(b) 底层梁柱节点

图 2.21　厦门阜康大厦外景和底层梁柱节点图

图 2.22 所示为正在吊装中的空钢管。

图 2.22　吊装中的钢管（阜康大厦）

1992 年建成的福建省厦门金源大厦（龚昌基，1995，1997；钟善桐，1999）高度为 96.1m，地下 2 层，地上 28 层，采用框架-剪力墙结构体系，建筑面积 32 690m^2。采用了圆钢管混凝土柱和钢筋混凝土梁板楼盖结构，钢筋混凝土梁和钢管混凝土柱采用刚性连接，节点采用了承重销形式。图 2.23（a）所示为该建筑的外景；图 2.23（b）所示为其标准层建成后的内景。

图 2.24 和图 2.25 所示分别为施工过程中的钢管混凝土柱和大厦底层施工完毕后的内景图。图 2.26 所示为底层的钢筋混凝土梁内钢筋绕过钢管时的构造示意图。

金源大厦钢管混凝土柱结构的防火保护设计按照国家有关防火规范对钢结构的有关规定进行的。图 2.27 所示为金源大厦钢管混凝土柱正在进行防火保护层的施工。

在进行柱结构的设计时，福建省建筑设计研究院进行了钢管混凝土和钢筋混凝土柱的方案比较，比较结果见表 2.2。可见，该柱采用钢管混凝土的造价与采用钢筋混凝土相比略高或基本持平，而钢管混凝土柱截面面积要比钢筋混凝土柱小得多。此外，实际表明，采用钢管混凝土可以大大加快施工速度。

(a) 外景

(b) 标准层内景

图 2.23 厦门金源大厦

图 2.24 施工过程中的钢管柱

图 2.25 施工完毕的金源大厦底层内景

表 2.2 金源大厦工程（一根底层柱比较）①

（设计轴向力 N=18000kN，层高 3.6m）

柱类型 \ 项目	材料	截面尺寸	柱子截面面积/m²	混凝土用量/m³	钢材用量/t	总费用/元
钢管混凝土	C40 混凝土、Q235 钢	圆形 D =800mm	0.503	1.72	0.881	8061
	C50 混凝土、Q345 钢	圆形 D =700mm	0.385	1.31	0.690	6210
钢筋混凝土	C40 混凝土	方形 B=1200mm	1.44	5.18	1.088	6305
	C50 混凝土	方形 B=1100mm	1.21	4.36	1.003	6295

① 材料和模板等费用按 1989 年当地定额和价格计算：钢管=3100 元/t；钢筋=1800 元/t；混凝土=300 元/m³；钢筋混凝土模板=8 元/ m²，包括节点板用钢。

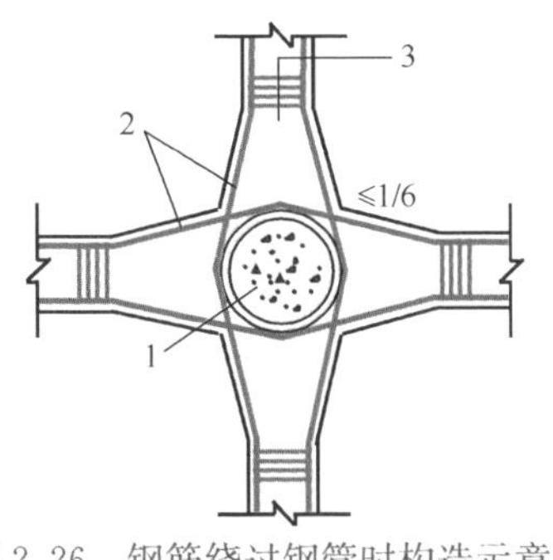

图2.26　钢筋绕过钢管时构造示意图

1. 柱肢；2. 钢筋；3. 箍筋

图2.27　施工中的柱防火保护层

于1997年建成的天津今晚报大厦（张佩生，1997；钟善桐，1999），高度为137米，地下2层，地上38层，结构形式为框架-筒结构体系，建筑面积82000m²，采用了圆钢管混凝土柱。结构设计按7度地震区，Ⅲ类场地考虑。图2.28所示为该建筑建成后的外景。

今晚报大厦采用了现浇双向多肋钢筋混凝土楼板，与钢管混凝土柱四周相连，使支座处的力均匀地传给柱子。采用这种楼盖的特点包括：节点传力可靠，构造简单且可减小楼盖高度。图2.29所示为钢管混凝土柱与楼盖连接节点。

图2.28　天津今晚报大厦外景

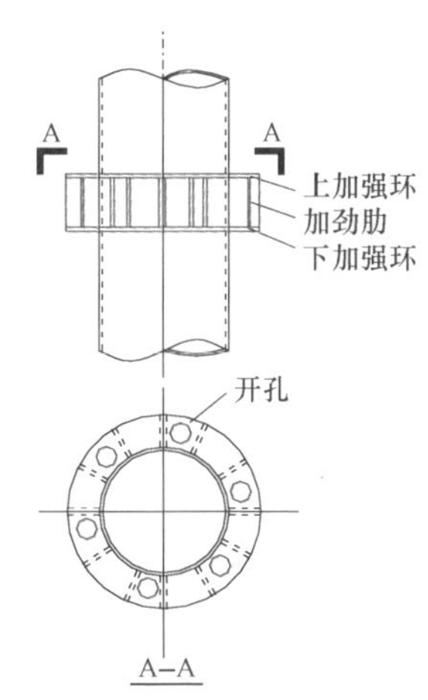

图2.29　钢管混凝土柱与楼盖节点

深圳赛格广场大厦是以高科技电子配套市场为主，集办公、会展、商贸、金融、证券和娱乐为一体的现代化超高层建筑，于1999年建成（陈立祖，1997；程宝坪，1999；Wu和Hua，2000；钟善桐，1999）。该工程占地面积9653m²，地下4层，地上72层，总建筑面积166 700m²；地上建筑高度为291.6m，为框筒结构体系，其框架柱及抗侧力体系内筒的28根密排柱均采用了圆钢管混凝土。图2.30所示为封顶后的赛格广场大厦外景；图2.31和图2.32所示分别为赛格广场立面和平面布置图。

图 2.30　封顶后的赛格广场大厦外景

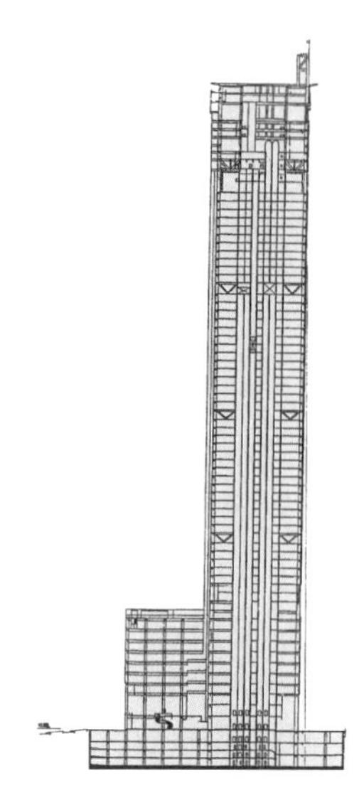

图 2.31　赛格广场大厦立面图

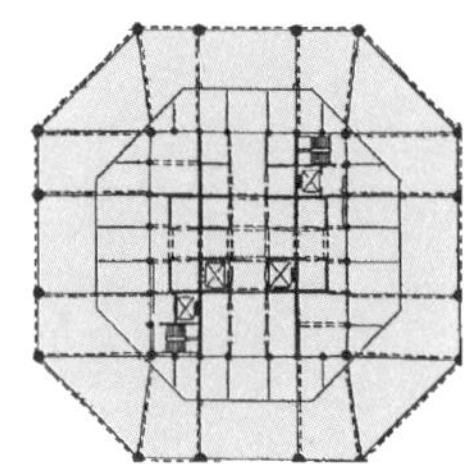

(a) 塔楼

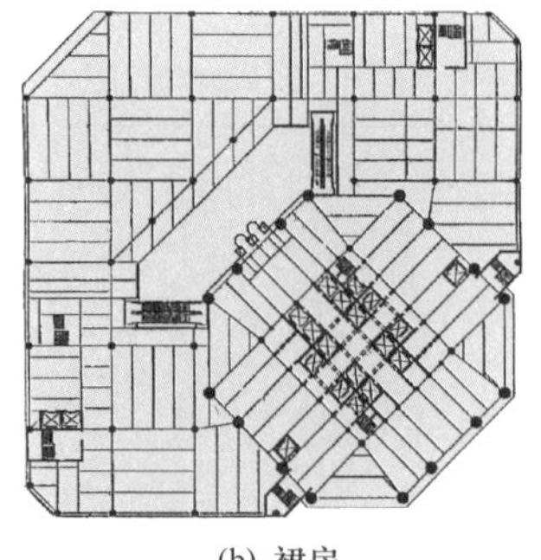

(b) 裙房

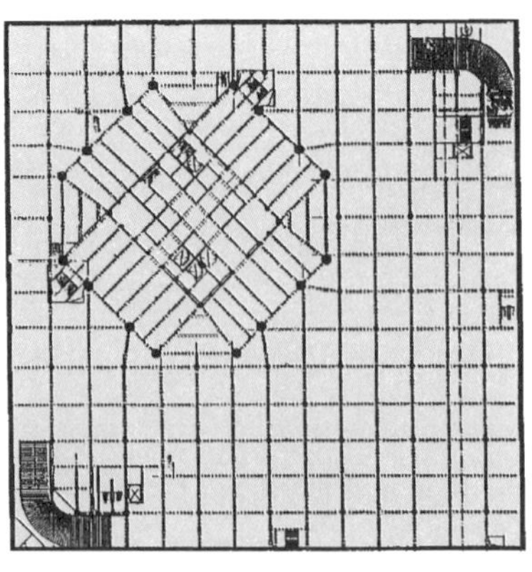

(c) 地下室

图 2.32　赛格广场大厦平面布置图

1997 年 1 月 12 日第一根钢管吊装就位，如图 2.33 所示。图 2.34 为开工一个月后赛格广场大厦工地的情形。

图 2.33　赛格广场大厦第一根钢管在吊装

图 2.34　赛格广场工地一景

赛格广场大厦采用了由钢梁和压型钢板组成的组合楼盖体系，钢梁和钢管混凝土柱的连接采用刚性节点，大多采用了内加强环板的节点形式。图 2.35（a）和（b）所示分别为边柱和中柱节点施工完毕后的情景。

(a) 边柱

(b) 中柱

图 2.35　赛格广场大厦梁柱节点形式

钢结构安装时，为了便于连接，减少施工工作量，一般在工厂就在管柱上焊接一段钢梁，之后在现场先用高强螺栓与中间段的预制钢梁拼接，然后再将工字钢梁的上下翼缘用对接焊缝连接，如图 2.36（a）所示。钢管采用坡口焊的办法对接，如图 2.36（b）所示。混凝土采用逐层浇灌振捣的方式进行，图 2.36（c）所示为混凝土浇灌过程。

(a) 钢结构安装

(b) 钢管对接

(c) 混凝土浇筑

图 2.36　赛格广场大厦梁柱节点形式

赛格广场大厦在进行结构的施工时，采用了“逆作法”的施工方法，施工过程大致分为以下几个阶段：

1）从地面零标高开始，进行挖孔桩的施工，采用了人工开挖的办法。挖到基础底面，打桩基础或直接挖到要求的基岩处，浇灌桩基础。人工挖孔的情况如图 2.37 所示。

2）安装从钢结构制造厂运到现场的空钢管柱，从零标高处插入基础杯口，校正和固定后，把零标高处的地面楼盖梁与柱相连，组成框架。

图 2.37　人工挖孔的情景

3）施工地面楼盖，组成地面楼层。为下一步地上和地下同时施工创造了条件。这时，已安装就位的所有柱子可以浇灌管内混凝土，成为钢管混凝土柱。

随后的工序则分地上钢结构安装和地下挖土、钢结构安装同时并进。

地上部分继续吊装钢管柱段，将钢管柱向上对接延伸。然后，安装地上一层的梁、板、楼盖，或梁和组合楼层，这样逐层向上施工，一般为三层一根柱段。采用多少层浇灌管内混凝土则视施工要求决定。

地下部分首先是挖土和土方外运，挖完地下一层，组装施工该层的梁和楼盖，再继续往下进行地下二层的楼盖施工，直到施工最下部的底板为止。

图 2.38（a）所示为地下室正在挖土时的情况，图 2.38（b）所示为正在施工中的地下室楼盖，图 2.38（c）为地下室的框架安装时的情景。

该工程中采用逆作法施工的优点是加快了施工进度，缩短了工期，提高了综合经济效益。

香港中心大厦是一座集办公、会展、商贸、金融和娱乐为一体的现代化超高层建筑（Forbes，1997），该建筑地下 3 层，地上 70 层，总建筑面积 140 000m^2；地上建筑高度为 292m，采用了方钢管混凝土柱，最大截面尺寸为 800mm×800mm，钢材屈服强度为 450MPa，混凝土圆柱体抗压强度为 45MPa。横向荷载由方钢管混凝土柱组成的巨型结构体系承受。

完成试设计的日本东京 Shimizu 超高层建筑，共计 121 层，高度为 550m，采用了矩形截面钢管混凝土柱，柱距分为 26m 和 12.8m 两种，钢管混凝土柱最大截面尺寸为 4000mm×2400mm。该建筑占地面积 44 000m^2，总建筑面积 754 000m^2，采用了压型钢板-轻型混凝土组合楼层体系。Shimizu 超高层建筑地处日本东京湾，地震荷载和风荷载的作用是设计中的关键问题。矩形钢管混凝土由于具有承载力高、刚度大、延性好和施工方便等优点，在该建筑的试设计中被采用（Council on Tall Buildings and Urban Habitat，1995）。

(a) 地下室挖土中

(b) 地下室楼盖的施工

(c) 安装中的框架结构

图 2.38 赛格广场大厦地下室施工情况

2001 年建成的杭州瑞丰国际商务大厦地处杭州市庆春路与中河路交会的东南侧（杨强跃，2006），总建筑面积 51 095m²，其中±0.000 以上面积为 41 670m²，±0.000 以下面积为 9425m²。西楼为 24 层，屋面标高为 84.33m；东楼为 15 层，屋面标高为 55.53m，裙房 5 层。瑞丰国际商务大厦为框架-剪力墙结构体系，采用了方钢管混凝土柱，焊接工字钢梁，压型钢板组合楼板和钢筋混凝土剪力墙。方钢管混凝土柱最大截面尺寸为 600mm，最大钢管壁厚为 28mm，最小为 16mm，采用了 Q345 钢。

图 2.39（a）和（b）所示分别为杭州瑞丰国际商务大厦钢结构安装过程和结构封顶后的情景；图 2.39（c）所示为该建筑典型的梁柱节点。

(a) 钢结构安装中

(b) 结构封顶后

图 2.39　杭州瑞丰国际商务大厦

(c) 典型的梁柱连接

图 2.39 杭州瑞丰国际商务大厦（续）

2003 年建成的武汉国际证券大厦，地下 3 层，地上 68 层，顶层标高 242.9m（杨强跃，2006），总建筑面积约 15 万 m^2。该工程六层以下为框架-筒体结构，六层以上转换成钢框架支撑体系。六层以上采用了方、矩形钢管混凝土柱。方钢管混凝土柱最大截面尺寸为 1400mm，最大钢管壁厚为 46mm，采用了 Q345 钢。梁采用焊接 H 形钢梁。下部采用两层一节柱、上部采用三层一节柱的安装方式，最重一节柱的重量为 23t。图 2.40 所示为该工程建设过程中的情景。

(a) 建设中的情景

(b) 矩形钢管混凝土柱

图 2.40 武汉国际证券大厦

北京财富中心写字楼位于北京市朝阳区东三环北路，采用了圆形钢管混凝土柱。该写字楼地下 4 层，地上 58 层，建筑檐高 258m，建筑总高度为 265.15m，总建筑面积175 919m^2。钢管混凝土柱采用的圆形截面钢管的规格有：ϕ1600×60、ϕ1300×35、ϕ1300×30、ϕ1200×20、ϕ1200×25、ϕ1200×35、ϕ1200×40、ϕ1200×50。50层以下采用C60混凝土，51层以上为C50混凝土。图2.41为钢管混凝土柱在施工过程中的情形。

图2.41　施工过程中的钢管混凝土柱

北京市朝阳区CBD核心区Z15地块项目（中国尊），其建筑高度528m，地下7层，地上108层，采用了巨型框架-核心筒结构形式。外围巨形框架由多腔式多边形钢管混凝土柱、巨型斜撑、转换桁架组成，钢管混凝土柱位于建筑平面四角，在各区段与转换桁架、巨型斜撑及子框架连接，形成侧向刚度，承担了主要的侧向荷载。多腔式多边形钢管混凝土柱由多腔钢管形成外骨架，内填核心混凝土。图2.42所示为Z15项目（中国尊）在建设过程中的情形。

该工程位于8度抗震设防区，大震水平下角柱的受力状况对结构的安全尤为重要。为满足受力需要，角柱在43.350m标高处分叉为两个柱肢，在分叉处受到两侧巨型斜撑和转换桁架的作用（清华大学土木工程系，北京市建筑设计研究院有限公司2014a；2015）。图2.43所示为分叉节点处各构件及其截面示意图。

Z15项目（中国尊）的柱脚包括多腔式多边形钢管混凝土柱，地下部分外包了钢筋混凝土，并在柱四周连接了内置钢板混凝土翼墙；柱脚连接采用非埋入形式，上部钢结构通过锚栓锚固于基础，混凝土纵筋深入基础。柱脚底部截面面积达80m^2，设计最大轴压和轴拉荷载达到200 000t和40 000t（清华大学土木工程系，北京市建筑设计研究院有限公司，2014b）。

采用了钢管混凝土的高层建筑还有陆海工程（上海），新中国大厦（广州），

多腔式多边形
钢管混凝土柱

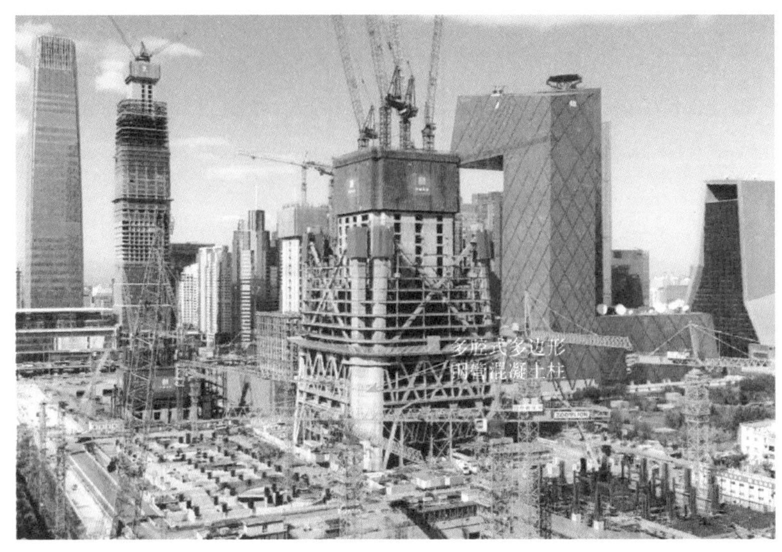

图 2.42 Z15 项目（中国尊）建设过程中的情形

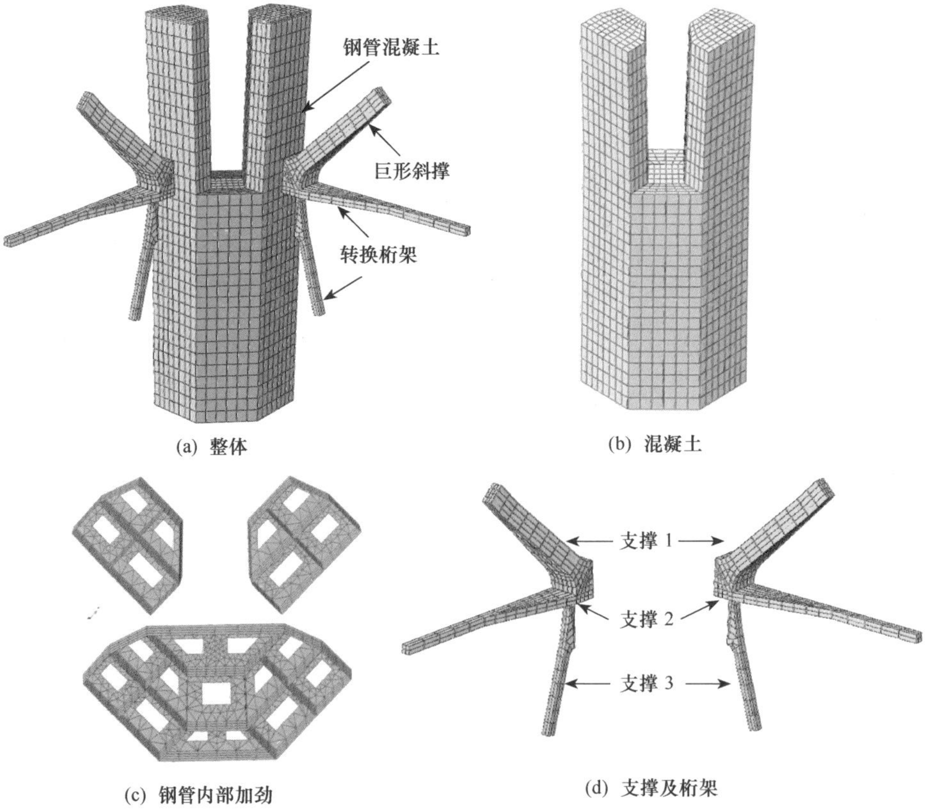
钢管混凝土
巨形斜撑
转换桁架
(a) 整体
(b) 混凝土
支撑 1
支撑 2
支撑 3
(c) 钢管内部加劲
(d) 支撑及桁架

图 2.43 分叉节点示意图

好世界广场（广州），四川大厦（北京），环球广场（福州）等（钟善桐，1999）。河北开元环球中心、大连期货大厦采用了方、矩形钢管混凝土柱。近期建设的采用钢管混凝土的超高层建筑还有天津 117 大厦、武汉中心大厦、深圳平安金融中心大厦、广州西塔和广州东塔等。

2.2.9　高耸建筑结构

广州新电视塔位于广州珠江景观轴与城市新中心轴交汇处，总建筑面积 114 054m^2，塔身高 454m，顶部钢结构桅杆高度 156m，总高度 610m（倪杰等，2009）。该塔的外框筒由 24 根高度约 454m 钢管混凝土柱组成，内部核心筒为钢筋混凝土结构。24 根钢管在标高 5m 以下的外直径为 2m，在 5m 以上采用直径从 2m 渐变至 1.2m 的锥形管组成，钢管壁厚从底至顶由 50mm 渐变至 30mm，其内部的混凝土从 C60 渐变至 C45。钢管混凝土结构的外钢管与斜向支撑连接，形成稳定的空间结构，提高塔身的抗扭、抗风等能力。

图 2.44　建设过程中的广州新电视塔

图 2.44 所示为广州新电视塔在建设过程中的情形。

2.2.10　桥梁结构

根据其自身的特点和工程实践经验（Nakai 等，1998），钢管混凝土在桥梁结构中的应用形式如图 2.45 所示。

钢管混凝土已在我国的桥梁结构中得到较为广泛的应用（Ding，2001；孙忠飞，1997；陈宝春，1999，2002；Yan 和 Yang，1997；张联燕等，1999；Zhou 和 Zhu，1998；Zhou 和 Ren，2002），取得了较好的社会效益和经济效益，积累了许多宝贵的工程实践经验。

拱式结构主要承受轴向压力，当跨度很大时，拱肋将承受很大的轴向压力，采用钢管混凝土是合理的。钢管混凝土被用作拱桥的承压构件，在施工时空钢管不但具有模板和钢筋的功能，还具有加工成型后，空钢管骨架刚度大、承载能力高、重量轻的优点，结合桥梁转体施工工艺，可实现拱桥材料高强度和无支架施工拱圈轻型化的目标，因而深受桥梁工程师们的青睐。在具体应用时，根据钢管混凝土发挥材料的作用和施工作用的差异，实际拱桥结构中有以下两个方面的应

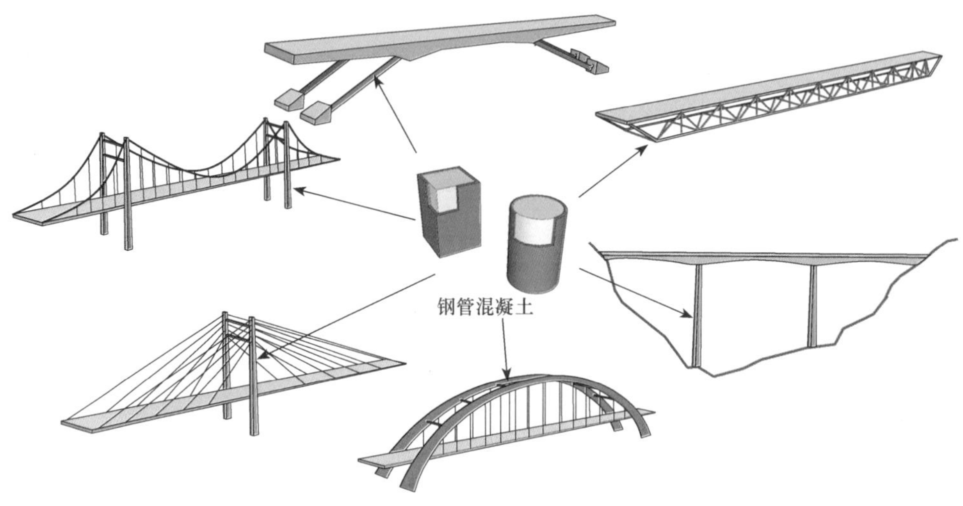

图 2.45 钢管混凝土用于桥梁结构中的形式示意

用方向：一种为钢管内填混凝土，即钢管表皮外露，与核心混凝土共同作为结构的主要受力组成部分，同时也作为施工时的劲性骨架，该类桥梁一般被称为钢管混凝土拱桥；另一种形式是钢管分别内填和外包混凝土，钢管表皮不外露，钢管主要作为施工时的劲性骨架，先内灌混凝土，形成钢管混凝土后再挂模板外包混凝土形成断面，该类桥梁一般被称为钢管混凝土劲性骨架拱桥。

实际工程中常用的钢管混凝土拱肋断面可以是单个钢管混凝土，也可以是集束、二肢或多肢钢管混凝土（如图 1.3 所示）。

1991 年建成通车的四川旺苍东河大桥（钟善桐，2003），采用哑铃型截面，钢管混凝土外直径为 800mm，钢管壁厚为 10mm，Q345 钢，内填 C30 混凝土。拱轴线为悬链线，拱轴系数为 1.543，矢跨比为 1/6，该桥是我国最早建成的采用钢管混凝土的拱桥之一。图 2.46 为该桥建成后的情景。

图 2.46 旺苍东河大桥全貌

1995 年建成通车的河南安阳文峰路立交桥位于安阳市中心区，跨度为 135m，在安阳火车站南端跨越通过（乔景川和崔玉惠，1997），由于该桥跨越京广线及编组场，铁路运输及调车作业十分繁忙，要求桥梁施工不能影响正常的列车运行与调车作业，并保证其安全。为此，选用钢管混凝土拱桥方案，拱肋的弦杆由四个直径为 720mm，壁厚为 12mm 的钢管组成，钢材为 Q345，内填 C40 混凝土；腹杆钢管直径为 300mm，壁厚为 10mm。拱轴线为悬链线，拱轴系数为 1.05，矢跨比为 1/5。

拱肋采用转体施工方案，即在铁路站场两侧，顺线路方向预制拱肋，然后竖转拱肋至要求的高度，再平转至设计位置合拢。合拢后，拱肋就形成一个承重结构，横梁的施工平台可以用缆索吊挂在拱肋上，在平台上浇筑横梁。

图 2.47（a）～(c）所示为文峰桥钢管混凝土拱肋施工时的情况，图 2.47（d）所示为河南安阳文峰桥全貌。

(a) 拱肋竖转前

(b) 拱肋合拢前

(c) 拱肋合拢后

(d) 建成后

图 2.47　安阳文峰桥

1996 年建成通车的泰州引江河桥（张师定等，1997），跨越泰州引江河，桥址位于长江下游冲积平原，地势平坦，人工沟河密布，道路纵横。系杆拱计算跨度为 70m，矢跨比为 1/5.38，拱轴线采用二次抛物线。该桥的拱肋采用单管钢管混凝土，外直径为 800mm，钢管壁厚为 16mm，Q345 钢，内填 C50 混凝土。图 2.48 为该

图 2.48　泰州引江河桥

桥建成后的情景。

1995 年建成通车的福建福清玉融大桥（陈宝春，1999），为一 76m 跨度的中承式钢管混凝土拱桥，拱肋的弦杆采用哑铃型截面，由两个直径为 800mm，壁厚为 10mm 的钢管组成，拱轴系数为抛物线，矢跨比为 1/4。桥梁总宽 28.4m，行车道宽度 14m。图 2.49 所示为建成后的玉融大桥和该桥的拱脚。

(a) 建成后

(b) 拱脚

图 2.49　福清玉融大桥

1998 年建成通车的山东济南东站钢管混凝土拱桥，位于济南东站西咽喉，为一 90m 跨度的钢管混凝土刚架系杆拱（乔景川和崔玉惠，1997；崔玉惠等，1999），拱肋的弦杆由四个直径为 650mm，壁厚为 10mm 的钢管组成，钢材为 Q345，内填 C50 混凝土；腹杆钢管直径为 250mm，壁厚为 8mm。拱轴线为悬链线，拱轴系数为 1.167，矢跨比为 1/5。该桥从 1998 年 2 月 1 日桩基开钻到同年 10 月 1 日正式通车，工期只用了约 8 个月的时间。

图 2.50 所示为建成后的济南东站钢管混凝土拱桥。

1996 年建成通车的浙江杭州新塘路运河桥，位于杭州市东部，跨越京杭大运河，采用下承式钢管混凝土无风撑系杆拱，计算跨径为 76.5m，桥梁宽度 38.5m。

(a) 正视图

(b) 侧视图

图 2.50　济南东站钢管混凝土拱桥

钢管混凝土拱矢跨比为 1/5，拱轴线为二次抛物线（赵林强，1999）。拱肋为圆端形的扁钢管，高度为 1.2m，宽度为 2m，钢管壁厚为 20mm，Q345 钢，内填 C40 混凝土。

图 2.51 所示为新塘大桥钢管混凝土拱肋施工时的情况。

(a) 拱肋对接中

(b) 建成后的情景

图 2.51　新塘大桥钢管混凝土拱肋施工时的情况

1999 年竣工通车的南海三山西桥为中承式钢管混凝土拱桥（许晓锋和黄福伟，1997），拱肋由四根直径为 750mm 的圆钢管混凝土构成。主桥的跨径组成为 45m+200m+45m，桥梁总宽为 28m，拱肋高度为 3.5m，宽度为 1.8m。

图 2.52 所示为建成后的南海三山西桥全貌。

1997 年修建完成的福建闽清石潭溪大桥（陈宝春等，2002），采用了中承式钢管混凝土桁拱。该桥净跨 136m，矢跨比为 1/5，拱轴线为悬链线，拱轴系数为 1.176。拱肋的弦杆由 4 个直径为 550mm，壁厚为 8mm 的钢管组成，钢管采用了 Q345 钢，内填 C40 混凝土。拱肋高度为 3m，宽度为 1.6m。

图 2.53 所示为建成后的石潭溪大桥全貌。

2002 年建成的青海省西宁市北川河桥位于西宁市区既有北川河老桥之上，为丹东-北京-拉萨国道主干线（青海境内）西宁至湟源一级公路祁连路高架桥的组成部分。该桥为一孔中承式刚架系杆拱桥，计算跨度 90m；既有老桥为四孔

14.6m 钢筋混凝土 T 形梁，桥全长 65.6m，桥面宽 16.50m。采用了格构式钢管混凝土拱肋。拱轴线为悬链线，拱轴系数为 1.167，矢跨比为 1/5。拱肋弦杆由 4 个 ϕ650×10mm Q345 的钢管组成，管内泵送 C50 混凝土。

图 2.52　建成后的南海三山西桥

图 2.53　建成后的石潭溪大桥

图 2.54（a）所示为施工过程中的钢管混凝土拱肋，图 2.54（b）所示为该桥施工完成后的情形。

(a)

(b)

图 2.54　西宁市北川河钢管混凝土拱桥

1996 年建成通车的莲沱大桥，是三峡工程对外交通专用公路上的一座重要桥梁，该桥位于湖北宜昌莲沱镇（王弘，1995；孙忠飞，1997），跨越西陵峡左岸支流磨刀溪出口处。该桥全长 340.87m，桥面总宽 20m，按四车道布置。该桥主跨采用了中承式钢管混凝土拱，净矢高 38m，矢跨比 1/3，拱轴系数为 1.5，计算跨径 116m。本桥拱肋采用竖置的哑铃型截面形式，拱肋高度为 3m，宽度为 2.1m，两肋横向中心距离为 18.7m，钢管混凝土外直径为 1200mm，壁厚为 14mm，钢材为 Q345，内填 C50 混凝土。

拱肋采用转体施工方案，图 2.55 所示为莲沱大桥钢管混凝土拱肋平、竖转时，以及建成后的情形。

(a) 平转中

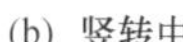
(b) 竖转中

(c) 建成后

图 2.55　莲沱大桥

1996 年建成的下牢溪大桥和黄柏河桥（孙忠飞，1997），是三峡工程对外交通专用公路上的另两座重要桥梁，桥面总宽 18.5m，按四车道布置。两座桥主跨均采用上承式钢管混凝土悬链线无铰拱，跨度为 160m，净矢高为 32m，矢跨比为 1/5，拱轴系数为 1.543。由于公路主要服务于三峡大坝施工，设计荷载很大，因而采用变截面拱圈，全桥布置了四条拱肋，中心距离为 4.5m，肋与肋之间以主撑和副撑加强以保证拱的横向刚度。拱圈截面为哑铃型，高度为 2.5m～2.9m，钢管混凝土外直径为 1000mm，壁厚为 10～12mm，钢材为 Q345，内填 C50 混凝土。图 2.56 和图 2.57 所示分别为下牢溪大桥和黄柏河大桥施工过程中的情形。

1993 年修建完成的江西德兴铜矿太白桥（如图 2.58 所示），净跨 130m，净矢高 16.25m，矢跨比为 1/9，主拱圈采用了两条钢筋混凝土箱形拱肋，轴线为

(a) (b) (c) (d) (e)

图 2.56　施工过程中的下牢溪大桥

二次抛物线（程懋方和陈俊卿，1995）。每条主拱圈的劲性骨架是根据其轮廓外形尺寸由两片平面拱式桁架组成的空间桁架，桁架的上弦由两个外直径为168mm的钢管混凝土组成，钢管壁厚为5mm。桁架的下弦由两个外直径为133mm的钢管混凝土组成，钢管壁厚为4.5mm，四个钢管混凝土设在箱肋的四角。劲性钢管混凝土骨架的施工采用转体法。钢管混凝土劲性骨架合拢成拱后，要承受钢筋混凝土大拱施工全过程的结构自重、施工机具和人群荷重等施工荷载。

(a)　(b)

(c)　(d)

(e)

图 2.57　施工过程中的黄柏河桥

2000 年建成的广州丫髻沙大桥，如图 2.59 所示（陈宝春等，2002；Ding，2001），为三跨连续自锚式钢管混凝土拱桥，主跨计算跨度 344m，矢跨比为 1/4.5。拱肋采用了六管格构式截面，钢管截面直径为 750mm。大桥平转转体每侧重量达 13 600t。

万县长江大桥桥区处于三峡库区，为峡谷型地貌，岸坡陡立，V 形河槽，枯水位深 60 余米，建桥要求一孔过江，采用了净跨 420m 单孔跨越长江的钢筋混凝土拱桥方案（Yan 和 Yang，1997）。全桥总长 856.12m，该桥的技术标准如

(a) 转体中

(b) 即将合拢

(c) 建成后

图 2.58　江西德兴铜矿太白桥

图 2.59　丫髻沙大桥（图片来源于 http://www.asccs.net）

下：①公路等级：四车道全封闭高速路，路基全宽 24.5m；②荷载等级：汽-超 20 级，挂-120 级，人群-3.5kN/m^2；③桥宽：净 2×7.5m 行车道，2×3m 人行道，总宽 24m；④桥面纵坡为 0.01（双向坡）；⑤地震烈度：基本烈度 6 度，按 7 度验算；⑥设计洪水频率：1/300（桥高受三峡库区水位控制）；⑦通航技术标准：在三峡水库正常蓄水位 175m 以上通航净空为 24m×300m（高×宽）。双向可通行三峡库区规划的万吨级船队。主拱圈的净跨为 420m，净矢高 84m，矢跨比 1/5，拱圈高 7m，宽 16m，横向分为三箱。其劲性骨架采用了钢管混凝土，既作为施工成拱承重结构，又是桥梁结构受力的永久组成部分。钢管混凝土作为骨架弦杆，需满足施工过程受力与稳定的要求，钢管外直径为 402mm，壁厚为 16mm。钢管混凝土骨架合拢后，外包混凝土，并适当配置钢筋。

图 2.60 所示为施工过程中的四川万县长江大桥（Yan 和 Yang，1997）。

广南昭化嘉陵江大桥位于广元市昭化镇，横跨嘉陵江，是一座跨径为 364m 的拱桥。在设计该桥时，根据该工程的实际需求和特点，拱桥的主拱肋确定采用

(a) 钢管混凝土骨架　(b) 建成后

图 2.60　万县长江大桥（Yan 和 Yang，1997）

一种由多钢管混凝土加强的空心钢筋混凝土结构，即空心钢管混凝土叠合结构（清华大学土木工程系，四川省交通厅公路规划勘察设计研究院，2011）。图 2.61 给出了该大桥的拱肋截面形式、施工过程中的钢管混凝土骨架以及大桥施工完毕后的情形。

图 2.61　采用空心钢管混凝土叠合拱结构的广南昭化嘉陵江大桥

众所周知，由顶板（行车道板）、腹板及底板所构成的闭合箱型截面，在对称荷载或偏心荷载作用下，能充分发挥整体受力作用，具有抵抗正负弯矩及扭矩的良好受力性能，因此已成为桥梁设计中优先选用的截面形式之一（张联燕等，1999）。

随着我国交通基础设施的迅速发展及逐步完善，近些年来新建的桥梁日益增多，所采用的桥型除了悬索桥及斜拉桥，其他大多采用连续梁、连续刚构或T形刚构。上述各种桥型，除了悬索桥之外，其主梁一般采用预应力混凝土箱型梁。对于这种结构，我国在设计、施工及实验研究方面已积累了丰富的实践经验。

然而随着桥梁跨径的日益增大，其恒载所占的比例也随之加大，结构承载能力用于承担活荷的比例相对减小，承载能力利用系数减小，从而造成建筑材料的浪费。如何通过利用新材料及采用新结构等途径，减轻预应力混凝土箱形梁桥上部结构的恒载，同时采用与之相适应的合理施工工艺，简化施工程序，减少施工设备，加快施工速度，达到降低造价的目的一直是桥梁工程界关注的问题。

采用由钢管混凝土空间桁架与配筋混凝土顶板组成的组合梁式结构，同时采用先逐段组装、平移及合拢空间钢桁架，然后在此基础上逐步予以加强，最终形成组合承重结构的办法，是一条有效途径。1996年建成通车的南海市紫洞大桥，是采用钢管混凝土空间桁架组合梁式结构的桥梁（张联燕等，1999），大桥跨越南海市澶洲水道（三级航道）。其主桥采用跨径组合为69m+140m+69m的双塔三跨单索面斜拉桥。设计荷载为汽车-超20级、挂车-120，地震按7度设防。桥面纵坡3%，横坡1.5%，纵断面竖曲线半径$R=6000$m。桥面用中央分隔带分成上下行两幅，桥面全宽25.5m。索塔及斜拉索置于中央分隔带范围内。索塔采用单柱型，为钢管混凝土。斜拉索采用竖琴形，索距3m，水平倾斜角28°。主梁采用钢管混凝土空间桁架组合梁式结构，全高3m，主墩采用高桩承台双肢薄壁柔性桥墩，结构体系为塔梁墩三者固结的柔性墩连续刚构体系。图2.62（a）和图2.62（b）所示为建成后的南海紫洞大桥及其桥面。

(a) 全桥

(b) 桥面系

图2.62　南海紫洞大桥

张联燕等（1999）对紫洞大桥主桥进行了经济分析，结果表明，主桥与原设计方案（预应力混凝土连续刚构）相比较，节约混凝土 44%，预应力钢材（包括斜拉索）省 62%、普通钢材多 23%。单从材料用量比较，主桥节省了大量材料。如果考虑到施工设备、临时设施及工期等因素，经济效益则会更为显著。这主要是由于主桥的主梁采用钢管混凝土空间桁架组合结构，加上索塔也采用钢管混凝土，从而可以有效地减轻上部结构的恒载，材料用量可大幅度地降低，使主桥上、下部结构全面轻型化，主桥活载索力与总索力的比值可提高，提高主桥承载能力利用系数。湖北秭归县向家坝大桥也采用了类似的结构形式（张联燕等，1999）。

雅泸高速公路干海子特大桥被交通部列为西部山区科技示范桥。干海子特大桥全长 1811m，共 36 跨，设计宽度 24.5m，最高格构墩柱达 107m，最大纵坡 4%，最小曲线半径 356m，其中第二联共长 999.6m，最大跨径达 62.5m。在大桥结构中，该桥首次全面采用钢纤维钢管混凝土（包括管内混凝土和桥面混凝土）结构（清华大学土木工程系，四川省交通厅公路规划勘察设计研究院，2010a；2010b）。图 2.63 所示为干海子大桥的桥面结构。

图 2.63　干海子大桥的桥面结构

方案比选结果表明，对于长细比较大的高桥墩而言，采用单肢钢管混凝土叠合构件往往不能满足结构刚度和稳定性要求，而且材料的强度也得不到有效发挥。在这种情况下，采用多肢箱形钢管混凝土叠合构件可有效解决以上问题；同时通过调整各钢管混凝土分肢的间距，可使较小直径的钢管混凝土构件获得较大的截面抗弯刚度。因此，在大跨径桥梁工程中，箱形钢管混凝土叠合构件具有更好的适应性。四川雅泸高速公路腊八斤特大桥（如图 2.64 所示）中采用了四肢箱形钢管混凝土叠合构件作为其承重结构，其中最高桥墩高达 182.5m。

(a) 大桥效果图

(b) 施工过程中的情形　　(c) 构件截面示意

(d) 建成后的大桥一瞥

图 2.64　采用空心钢管混凝土叠合构件的雅泸高速公路腊八斤特大桥

第 3 章　钢管混凝土压（拉）弯构件的力学性能

3.1 引　　言

静力荷载是钢管混凝土结构在服役全寿命周期中经常承受的作用，深入研究钢管混凝土构件的静力性能是合理设计该类结构的基础。本章拟利用数值方法对钢管混凝土轴心受压（拉）、纯弯及压（拉）弯构件的荷载-变形关系进行分析，研究钢管和混凝土之间的组合作用，分析不同加载路径对钢管混凝土压弯构件力学性能的影响规律。本章还将论述钢管混凝土构件的系列试验研究结果，及在系统参数分析结果基础上提出的钢管混凝土压（拉）弯构件承载力实用计算方法。

3.2 压弯构件荷载-变形关系的理论分析

3.2.1 概述

本节分别采用纤维模型法和有限元法进行钢管混凝土构件荷载-变形关系的计算。所谓的“纤维模型法”是一种简化的数值分析方法（Han 等，2001；2004c），采用该方法进行钢管混凝土构件荷载-变形关系的计算分析时，假设截面上任何一点的纵向应力只取决于该点的纵向纤维应变，另外还有一些其他的基本假定（见本节后文的相关论述）。合理确定组成钢管混凝土的钢材及其核心混凝土的应力-应变关系模型是有效地应用该方法的关键。

分析计算结果表明，纤维模型法和有限元法都可以较好地应用于钢管混凝土构件荷载-变形关系的全过程分析。纤维模型法简单实用，但不便于细致地分析受力全过程中钢管及其混凝土之间的相互作用。有限元法通用性强，可较为细致地考察受力过程中钢管和核心混凝土之间的相互作用，有利于较为全面地揭示钢管混凝土构件的力学实质，但该方法计算相对较为复杂且计算工作量大。本节还用有限元法研究了钢管混凝土受拉及拉弯时的力学性能。

下面论述分别采用纤维模型法和有限元法的建模方法和有关计算分析结果。

3.2.2 压弯构件的纤维模型法

（1）钢材和混凝土应力-应变关系模型

应力-应变关系是工程结构材料的物理关系，是结构强度和变形计算中必不可少的依据（Chen，1982）。为了进行钢管混凝土构件荷载-变形关系曲线的全过程分析，就必须首先确定钢材和核心混凝土的应力-应变关系模型。

1）钢材。

对于Q235钢、Q345钢和Q390钢等建筑工程中常用的低碳软钢，钢材的应力强度（σ_i）-应变强度（ε_i）关系曲线一般可分为弹性段（oa）、弹塑性段（ab）、塑性段（bc）、强化段（cd）和二次塑流（de）等五个阶段（钟善桐，1994），如图3.1（a）所示，图中的点画线为钢材实际的应力-应变关系曲线，实线所示为简化的应力-应变关系曲线，其中，f_p、f_y 和 f_u 分别为钢材的比例极限、屈服强度和抗拉强度极限；$\varepsilon_e=0.8f_y/E_s$，$\varepsilon_{e1}=1.5\varepsilon_e$，$\varepsilon_{e2}=10\varepsilon_{e1}$，$\varepsilon_{e3}=100\varepsilon_{e1}$。

对于高强钢材，一般采用图3.1（b）所示的双线性模型，即弹性段（oa）和强化段（ab），其中，强化段的模量可取值为$0.01E_s$，E_s 为钢材的弹性模量。

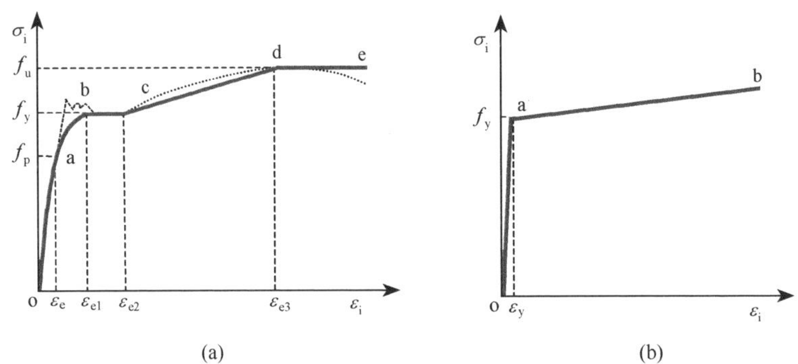

图3.1　钢材的应力（σ_i）-应变（ε_i）关系示意图

钢材三向应力状态时的应力强度和应变强度分别为

$$\sigma_i=\frac{\sqrt{2}}{2}\left[(\sigma_1-\sigma_2)^2+(\sigma_2-\sigma_3)^2+(\sigma_3-\sigma_1)^2\right]^{1/2} \tag{3.1}$$

$$\varepsilon_i=\frac{\sqrt{2}}{3}\left[(\varepsilon_1-\varepsilon_2)^2+(\varepsilon_2-\varepsilon_3)^2+(\varepsilon_3-\varepsilon_1)^2\right]^{1/2} \tag{3.2}$$

下面以图3.1（a）所示低碳软钢的模型为例，确定各阶段增量形式的应力-应变关系表达式。

① 弹性阶段（oa）[$\sigma_i\leqslant f_p$]。

在此阶段，钢材的应力-应变关系为线性，其应力-应变关系可写为如下增量形式为

$$\mathrm{d}\{\sigma\}=\mathrm{d}\begin{Bmatrix}\sigma_1\\ \sigma_2\\ \sigma_3\end{Bmatrix}=[D]_e\mathrm{d}\begin{Bmatrix}\varepsilon_1\\ \varepsilon_2\\ \varepsilon_3\end{Bmatrix} \tag{3.3}$$

式中

$$[D]_{\mathrm{e}} = \frac{E_{\mathrm{s}}(1-\mu_{\mathrm{s}})}{(1+\mu_{\mathrm{s}})(1-2\mu_{\mathrm{s}})}\begin{bmatrix} 1 & \dfrac{\mu_{\mathrm{s}}}{(1-2\mu_{\mathrm{s}})} & \dfrac{\mu_{\mathrm{s}}}{(1-2\mu_{\mathrm{s}})} \\ \text{对} & 1 & \dfrac{\mu_{\mathrm{s}}}{(1-2\mu_{\mathrm{s}})} \\ & \text{称} & 1 \end{bmatrix} \tag{3.4}$$

其中，$E_{\mathrm{s}}=2.06\times10^5\mathrm{N/mm^2}$，$\mu_s = 0.283$（钟善桐，1994）。

② 弹塑性阶段（ab）$[f_{\mathrm{p}}<\sigma_{\mathrm{i}}\leqslant f_{\mathrm{y}}]$。

在此阶段，随着应力的增加，钢材的切线模量 $E_{\mathrm{s}}^{\mathrm{t}}$ 由弹性阶段的 E_{s} 减小到进入屈服阶段时的零。$E_{\mathrm{s}}^{\mathrm{t}}$ 可采用柏拉希（F. Bleish）提出的公式计算（钟善桐，1994）

$$E_{\mathrm{s}}^{\mathrm{t}}=\frac{(f_{\mathrm{y}}-\sigma_{\mathrm{i}})\cdot\sigma_{\mathrm{i}}}{(f_{\mathrm{y}}-f_{\mathrm{p}})\cdot f_{\mathrm{p}}}\cdot E_{\mathrm{s}} \tag{3.5}$$

弹塑性阶段的泊松比 $\mu_{\mathrm{s}}^{\mathrm{t}}$ 按下式计算为

$$\mu_{\mathrm{s}}^{\mathrm{t}}=0.167\frac{(\sigma_{\mathrm{i}}-f_{\mathrm{y}})}{(f_{\mathrm{y}}-f_{\mathrm{p}})}+0.283 \tag{3.6}$$

该阶段的应力-应变关系可写为如下增量形式为

$$\mathrm{d}\{\sigma\}=\mathrm{d}\{\sigma_1,\sigma_2,\sigma_3\}^{\mathrm{T}}=[D]_{\mathrm{ee}}\mathrm{d}\{\varepsilon_1,\varepsilon_2,\varepsilon_3\}^{\mathrm{T}} \tag{3.7}$$

式中

$$[D]_{\mathrm{ee}}=\frac{E_{\mathrm{s}}^{\mathrm{t}}\cdot(1-\mu_{\mathrm{s}}^{\mathrm{t}})}{(1+\mu_{\mathrm{s}}^{\mathrm{t}})\cdot(1-2\mu_{\mathrm{s}}^{\mathrm{t}})}\begin{bmatrix} 1 & \dfrac{\mu_{\mathrm{s}}^{\mathrm{t}}}{1-\mu_{\mathrm{s}}^{\mathrm{t}}} & \dfrac{\mu_{\mathrm{s}}^{\mathrm{t}}}{1-\mu_{\mathrm{s}}^{\mathrm{t}}} \\ \text{对} & 1 & \dfrac{\mu_{\mathrm{s}}^{\mathrm{t}}}{1-\mu_{\mathrm{s}}^{\mathrm{t}}} \\ & \text{称} & 1 \end{bmatrix} \tag{3.8}$$

③ 塑性阶段（bc）、强化阶段（cd）及二次塑流阶段（de）$(\sigma_{\mathrm{i}}>f_{\mathrm{y}})$。

根据经典塑性力学，此阶段屈服应力与塑性应变的关系为

$$\sigma_{\mathrm{i}}=H\left(\int\mathrm{d}\varepsilon_{\mathrm{i}}^{\mathrm{p}}\right) \tag{3.9}$$

式中：$\varepsilon_{\mathrm{i}}^{\mathrm{p}}$-等效应变的塑性部分；$H$-与 $\varepsilon_{\mathrm{i}}^{\mathrm{p}}$有关的函数。

假定钢材屈服时满足 Von-Mises 屈服准则，则屈服面的方程为

$$F=\frac{\sqrt{2}}{2}\left[(\sigma_1-\sigma_2)^2+(\sigma_2-\sigma_3)^2+(\sigma_3-\sigma_1)^2\right]^{1/2}-H\left(\int\mathrm{d}\varepsilon_{\mathrm{i}}^{\mathrm{p}}\right)=0 \tag{3.10}$$

基于塑性理论（蒋泳进和穆霞英，1981；王仁等，1998）可导得

$$\mathrm{d}\{\varepsilon^{\mathrm{p}}\}=\lambda\cdot\frac{\partial F}{\partial\{\sigma\}}=\lambda\cdot\frac{\partial\sigma_{\mathrm{i}}}{\partial\{\sigma\}} \tag{3.11}$$

其中塑性应变列阵为

$$\{\varepsilon^{\mathrm{P}}\}=[\varepsilon_1^{\mathrm{P}},\varepsilon_2^{\mathrm{P}},\varepsilon_3^{\mathrm{P}}]^{\mathrm{T}} \tag{3.12}$$

则

$$d\{\varepsilon^{p}\}=\lambda\cdot\frac{3}{2\sigma_{i}}\cdot\{S\} \tag{3.13}$$

式中：$\{S\}$ 为应力偏量列阵

$$\{S\}=[S_1, S_2, S_3]^{T} \tag{3.14}$$

其中，$S_k=\sigma_k-\delta_k\cdot\sigma$（$k=1,2,3$），$\sigma=\frac{1}{3}(\sigma_1+\sigma_2+\sigma_3)$。

注意到等式（3.13）中左右两端二矢量相等，则矢量的模一定相等，即

$$(d\{\varepsilon^{p}\})^{T}d\{\varepsilon^{p}\}=\left(\lambda\frac{3}{2\sigma_{i}}\right)^{2}\{S\}^{T}\{S\} \tag{3.15}$$

$$\lambda=d\varepsilon_{i}^{p} \tag{3.16}$$

$$d\{\varepsilon^{p}\}=d\varepsilon_{i}^{p}\frac{\partial\sigma_{i}}{\partial\{\sigma\}} \tag{3.17}$$

假定全应变分为弹性和塑性二部分，即

$$d\{\varepsilon\}=d\{\varepsilon^{e}\}+d\{\varepsilon^{p}\} \tag{3.18}$$

对于弹性部分

$$d\{\sigma\}=[D](d\{\varepsilon\}-d\{\varepsilon^{p}\}) \tag{3.19}$$

$[D]$ 是以增量形式表示的钢材弹性阶段刚度矩阵或弹塑性阶段的切线刚度矩阵。

将式（3.19）两边同乘$\{\partial\sigma_i/\partial\{\sigma\}\}^{T}$，得

$$\left\{\frac{\partial\sigma_{i}}{\partial\{\sigma\}}\right\}^{T}d\{\sigma\}=\left\{\frac{\partial\sigma_{i}}{\partial\{\sigma\}}\right\}^{T}[D](d\{\varepsilon\}-d\{\varepsilon^{p}\}) \tag{3.20}$$

$$\begin{aligned}H'\cdot d\varepsilon_{i}^{p}&=\left\{\frac{\partial\sigma_{i}}{\partial\{\sigma\}}\right\}^{T}[D]d\{\varepsilon\}-\left\{\frac{\partial\sigma_{i}}{\partial\{\sigma\}}\right\}^{T}[D]d\{\varepsilon^{p}\}\\&=\left\{\frac{\partial\sigma_{i}}{\partial\{\sigma\}}\right\}^{T}[D]d\{\varepsilon\}-\left\{\frac{\partial\sigma_{i}}{\partial\{\sigma\}}\right\}^{T}[D]\frac{\partial\sigma_{i}}{\partial\{\sigma\}}d\varepsilon_{i}^{p}\end{aligned} \tag{3.21}$$

由此可解得

$$d\varepsilon_{i}^{p}=\frac{\left\{\frac{\partial\sigma_{i}}{\partial\{\sigma\}}\right\}^{T}[D]}{H'+\left\{\frac{\partial\sigma_{i}}{\partial\{\sigma\}}\right\}^{T}[D]\frac{\partial\sigma_{i}}{\partial\{\sigma\}}}d\{\varepsilon\} \tag{3.22}$$

将式（3.17）、式（3.21）代入式（3.22），得

$$\begin{aligned}d\{\sigma\}&=\left[[D]-\frac{[D]\frac{\partial\sigma_{i}}{\partial\{\sigma\}}\left\{\frac{\partial\sigma_{i}}{\partial\{\sigma\}}\right\}^{T}[D]}{H'+\left\{\frac{\partial\sigma_{i}}{\partial\{\sigma\}}\right\}^{T}[D]\frac{\partial\sigma_{i}}{\partial\{\sigma\}}}\right]d\{\varepsilon\}\\&=([D]-[D]_{p})d\{\varepsilon\}=[D]_{ep}d\{\varepsilon\}\end{aligned} \tag{3.23}$$

式中

$$[D]_{\mathrm{p}}=\frac{E_{\mathrm{s}}}{1+\mu_{\mathrm{s}}}\begin{bmatrix}\omega S_1^2 & \omega S_1 S_2 & \omega S_1 S_3\\ \text{对} & \omega S_2^2 & \omega S_2 S_3\\ & \text{称} & \omega S_3^2\end{bmatrix} \tag{3.24}$$

$$[D]_{\mathrm{ep}}=\frac{E_{\mathrm{s}}}{1+\mu_{\mathrm{s}}}\begin{bmatrix}\frac{1-\mu_{\mathrm{s}}}{1-2\mu_{\mathrm{s}}}-\omega S_1^2 & \frac{\mu_{\mathrm{s}}}{1-2\mu_{\mathrm{s}}}-\omega S_1 S_2 & \frac{\mu_{\mathrm{s}}}{1-2\mu_{\mathrm{s}}}-\omega S_1 S_3\\ \text{对} & \frac{1-\mu_{\mathrm{s}}}{1-2\mu_{\mathrm{s}}}-\omega S_2^2 & \frac{\mu_{\mathrm{s}}}{1-2\mu_{\mathrm{s}}}-\omega S_2 S_3\\ & \text{称} & \frac{1-\mu_{\mathrm{s}}}{1-2\mu_{\mathrm{s}}}-\omega S_3^2\end{bmatrix} \tag{3.25}$$

其中

$$\omega=\frac{9G}{2\sigma_{\mathrm{i}}^2(H'+3G)} \tag{3.26}$$

$$G=\frac{E_{\mathrm{s}}}{2(1+\mu_{\mathrm{s}})} \tag{3.27}$$

其中，系数 H' 和应力强度 σ_{i} 的确定方法如下：

a. 一次塑流段（bc）：$H'=0$，$\sigma_{\mathrm{i}}=f_{\mathrm{y}}$。

b. 强化段（cd）：$H'=E_1/(1-E_1/E_{\mathrm{s}})$，$\sigma_i=f_{\mathrm{y}}+E_1(\varepsilon_{\mathrm{i}}-\varepsilon_{\mathrm{e2}})$，其中，$E_1=(f_{\mathrm{u}}-f_{\mathrm{y}})/(\varepsilon_{\mathrm{e3}}-\varepsilon_{\mathrm{e2}})$。

c. 二次塑流段（de）：$H'=0$，$\sigma_{\mathrm{i}}=f_{\mathrm{u}}$。

式（3.23）也可写作

$$\mathrm{d}\{\sigma\}=[D]\mathrm{d}\{\varepsilon\}+\mathrm{d}\{\sigma_{\mathrm{o}}\} \tag{3.28}$$

式中：$\mathrm{d}\{\sigma_{\mathrm{o}}\}=-[D]_{\mathrm{p}}\mathrm{d}\{\varepsilon\}$。

钢管混凝土构件中常采用冷弯钢管。冷弯型钢是用轧制好的薄钢板冷弯而成，钢板经受一定的塑性变形，常出现强化和硬化。冷弯钢管的材性变化和其加工制作工艺关系较大。

Karren（1967）的研究结果表明，冷弯成型后弯角部分屈服点会大幅度提高，抗拉强度也有所提高，但不如屈服点提高的幅度大。

Abdel-Rahman 和 Sivakumaran（1997）研究了开口形冷弯型钢的力学性能，建议了钢材的应力-应变关系模型，如图 3.2 所示，其中，钢板分为两个部分，即弯角区域和平板区域（如图 3.3 所示），对于采用冷弯钢管的钢管混凝土构件，本书在进行其受力分析时暂采用了该模型。

图 3.2 所示的应力-应变关系可表示为（Abdel-Rahman 和 Sivakumaran，1997）

$$\sigma=\begin{cases} E_s\varepsilon & (\varepsilon\leqslant\varepsilon_e) \\ f_p+E_{s1}(\varepsilon-\varepsilon_e) & (\varepsilon_e<\varepsilon\leqslant\varepsilon_{e1}) \\ f_{ym}+E_{s2}(\varepsilon-\varepsilon_{e1}) & (\varepsilon_{e1}<\varepsilon\leqslant\varepsilon_{e2}) \\ f_y+E_{s3}(\varepsilon-\varepsilon_{e2}) & (\varepsilon_{e2}<\varepsilon) \end{cases} \tag{3.29}$$

上式中，$f_p=0.75f_y$，$f_{ym}=0.875f_y$，$\varepsilon_e=0.75f_y/E_s$，$\varepsilon_{e1}=\varepsilon_e+0.125f_y/E_{s1}$，$\varepsilon_{e2}=\varepsilon_{e1}+0.125f_y/E_{s2}$。

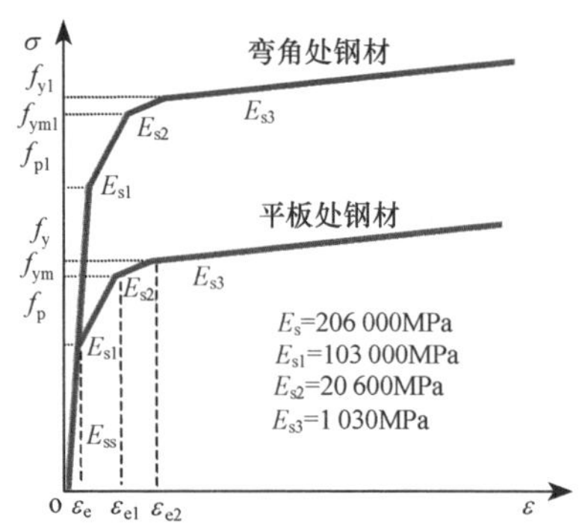

图 3.2　冷弯型钢钢材 σ-ε 关系示意图

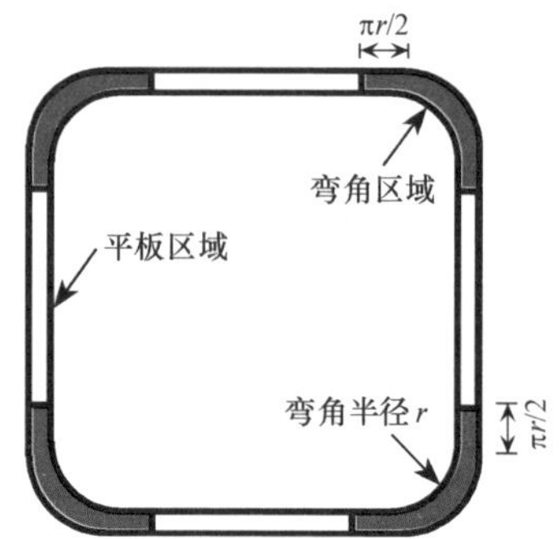

图 3.3　冷弯方钢管截面示意图

实验结果表明，平板区域的钢材强度基本相同，其值为钢材的屈服强度，因此不考虑冷弯钢管平板区域钢材强度的提高。对于弯角区域，由于冷弯型钢在弯角部分发生的塑性变形，其沿圆弧方向外侧为拉伸，内侧为压缩。这些塑性变形都是垂直于构件受力方向的，对构件抗拉和抗压性能的影响相同。显然，材料弯成圆角时半径和板厚之比 r/t 越小，塑性应变越大，屈服点提高幅度也就越大。

根据 Karren（1967）的研究结果，弯角处钢材的屈服强度计算公式为

$$f_{y1}=\frac{B_c}{(r/t)^m}\cdot f_y \tag{3.30}$$

式中：B_c和 m 都是和钢材的抗拉强度 f_u 和屈服强度 f_y之比有关的系数，$B_c=3.69(f_u/f_y)-0.819(f_u/f_y)^2-1.79$，$m=0.192(f_u/f_y)-0.068$。

由式（3.30）可见，弯角处钢材屈服强度的数值取决于钢材抗拉强度与屈服强度的比值（f_u/f_y）、弯角半径和管壁厚度比（r/t），但上述模型只适用于预测冷弯型钢弯角部位的屈服强度，对于平板区域的钢材则不再适用。

Karren 和 Winter（1967）实测了冷弯型钢不同位置处钢材屈服强度的变化规律。Abdel-Rahman 和 Sivakumaran（1997）的研究结果表明，弯角区域钢材屈服强度提高的实测平均值为式（3.30）预测值与 f_y差值的 0.49～0.74 倍，因此建议对式（3.30）进行修正，给出如下计算公式用于计算整个弯角区域钢材屈服强度，即

$$f_{y1}=\left[0.6\cdot\frac{B_c}{(r/t)^m}+0.4\right]\cdot f_y \qquad (3.31)$$

对于弯角处钢材，其应力-应变关系数学表达式仍采用式（3.29）形式，只是将式中 f_p、f_{ym}和 f_y用 f_{p1}、f_{ym1}和 f_{y1}代替。

为了便于设计计算，AISI—2001（2001）给出了冷弯型钢管截面屈服强度的加权平均值计算公式为

$$f_{ya}=Cf_{y1}+(1-C)f_y \qquad (3.32)$$

式中：f_{y1} 为弯角处钢材的屈服强度，C 为钢管弯角面积与钢管总截面面积之比。公式的的适用范围为：$f_u/f_y\geqslant 1.2$，$r/t\leqslant 7$，且弯角对应的圆心角不超过 120°。

图 3.1（b）和图 3.2 所示模型中各阶段应力-应变增量关系的确定与上述对图 3.1（a）所示模型的推导方法类似，此处不再赘述。

2）混凝土。

混凝土本质的特点是材料组成的不均匀性，且存在天生的微裂缝。混凝土的这种特点决定了其工作性能的复杂性。在钢管混凝土中，核心混凝土受到外包钢管的约束，钢管和混凝土存在着相互作用，这种相互作用使核心混凝土的工作性能进一步复杂化。

钢管混凝土轴心受压时核心混凝土的受力特点是：其所承受的侧压力是被动的。受荷初期，混凝土总体上处于单向受压状态。随着混凝土纵向变形的增加，其横向变形系数会不断增大，当超过钢材的横向变形系数，则在钢管及其核心混凝土之间产生相互作用力，此时混凝土会处于三向受压的应力状态。如果钢管可对其核心混凝土提供足够的约束作用，则随着变形的增加，混凝土的应力-应变关系曲线不会出现下降段；反之，如果钢管不能对其核心混凝土提供足够的约束力，则混凝土的应力-应变关系将会出现下降段，且下降段下降的趋势会随约束作用的减弱而逐渐增强。

通过对国内外钢管混凝土轴压短试件实验结果的整理和分析，发现在一定参数范围内，钢管混凝土中核心混凝土的应力-应变关系曲线的特性除了和混凝土本身有关系外，主要和约束效应系数 ξ［见式（1.1）］有关，主要表现在：ξ 值越大，受力过程中，钢管对其核心混凝土提供的约束作用越强，随着变形的增加，混凝土应力-应变关系曲线下降段出现得越晚，甚至不出现下降段；反之，ξ 值越小，钢管对其核心混凝土的约束作用将越小，则混凝土的应力-应变关系曲线的下降段将出现得越早，且下降段的下降趋势随 ξ 值的减小而逐渐增强。

基于上述理解，通过对大量钢管混凝土轴压短试件实验结果的验算和分析，考察了混凝土强度和约束效应系数 ξ 等的影响规律，最终提出钢管混凝土的核心混凝土的纵向应力（σ）-应变（ε）关系模型如下：

① 对于圆钢管混凝土。

$$y=2x-x^2 \qquad (x\leqslant 1) \qquad (3.33a)$$

$$y=\begin{cases}1+q\cdot(x^{0.1\xi}-1) & (\xi\geqslant 1.12)\\ \dfrac{x}{\beta\cdot(x-1)^2+x} & (\xi<1.12)\end{cases}\quad(x>1)\tag{3.33b}$$

式中：$x=\dfrac{\varepsilon}{\varepsilon_o}$；$y=\dfrac{\sigma}{\sigma_o}$；

$$\sigma_o=\left[1+(-0.054\cdot\xi^2+0.4\cdot\xi)\cdot\left(\frac{24}{f'_c}\right)^{0.45}\right]\cdot f'_c；$$

$$\varepsilon_o=\varepsilon_{cc}+\left[1400+800\cdot\left(\frac{f'_c}{24}-1\right)\right]\cdot\xi^{0.2}(\mu\varepsilon)；$$

$$\varepsilon_{cc}=1300+12.5\cdot f'_c(\mu\varepsilon)；$$

$$q=\frac{\xi^{0.745}}{2+\xi}；$$

$$\beta=(2.36\times10^{-5})^{[0.25+(\xi-0.5)^7]}\cdot f'^2_c\cdot 3.51\times10^{-4}；$$

f'_c为混凝土圆柱体轴心抗压强度，与f_{cu}的换算关系见表1.2。

② 对于方、矩形钢管混凝土。

$$y=2\cdot x-x^2\qquad(x\leqslant 1)\tag{3.34a}$$

$$y=\frac{x}{\beta\cdot(x-1)^{\eta}+x}\qquad(x>1)\tag{3.34b}$$

式中：$x=\dfrac{\varepsilon}{\varepsilon_o}$；$y=\dfrac{\sigma}{\sigma_o}$；

$$\sigma_o=\left[1+(-0.0135\cdot\xi^2+0.1\cdot\xi)\cdot\left(\frac{24}{f'_c}\right)^{0.45}\right]\cdot f'_c；$$

$$\varepsilon_o=\varepsilon_{cc}+\left[1330+760\cdot\left(\frac{f'_c}{24}-1\right)\right]\cdot\xi^{0.2}(\mu\varepsilon)；$$

$$\varepsilon_{cc}=1300+12.5\cdot f'_c(\mu\varepsilon)；$$

$$\eta=1.6+1.5/x；$$

$$\beta=\begin{cases}\dfrac{(f'_c)^{0.1}}{1.35\sqrt{1+\xi}} & (\xi\leqslant 3.0)\\ \dfrac{(f'_c)^{0.1}}{1.35\sqrt{1+\xi}\cdot(\xi-2)^2} & (\xi>3.0)\end{cases}。$$

式（3.33）和式（3.34）的适用范围是：$\xi=0.2\sim5$，且$f_y=200\sim700$MPa，$f_{cu}=30\sim120$MPa，$\alpha=0.03\sim0.2$。对于矩形钢管混凝土，其截面高宽比$D/B=1\sim2$。

根据对圆钢管混凝土轴压实验结果的试算，建议核心混凝土的泊松比μ_c暂按如下公式（韩林海和钟善桐，1996）计算为

$$\mu_c=\begin{cases}0.173 & \dfrac{\sigma}{\sigma_o}\leqslant 0.55+0.25\left(\dfrac{f_c'-41}{41}\right)\\ 0.173+0.7036\cdot\left(\dfrac{\sigma}{\sigma_o}-0.4\right)^{1.5}\cdot\left(\dfrac{f_c'}{24}\right) & \dfrac{\sigma}{\sigma_o}>0.55+0.25\left(\dfrac{f_c'-41}{41}\right)\end{cases}\tag{3.35}$$

由式（3.33）和式（3.34）可见，当 $x\leqslant1$，即核心混凝土达到峰值应力 σ_o 前，应力-应变关系和 Hognested 等（1955）提出的素混凝土模型在形式上类似。当 $x>1$ 时，核心混凝土的应力-应变关系则随着钢管混凝土约束效应系数 ξ 的变化而变化。图 3.4 所示为钢管混凝土的核心混凝土典型的 σ-ε 关系曲线。当 $\xi>\xi_o$时，混凝土应力达到 σ_o 之后，σ-ε 关系仍然不出现下降段；当 $\xi\approx\xi_o$时，混凝土应力达到 σ_o 之后，σ-ε 关系趋于平缓；而当 $\xi<\xi_o$时，混凝土应力达到 σ_o 之后，σ-ε 关系会出现下降段。通过对实验结果的分析和整理，发现对于圆钢管混凝土，$\xi_o\approx1.12$；对于方、矩形钢管混凝土，$\xi_o\approx4.5$。

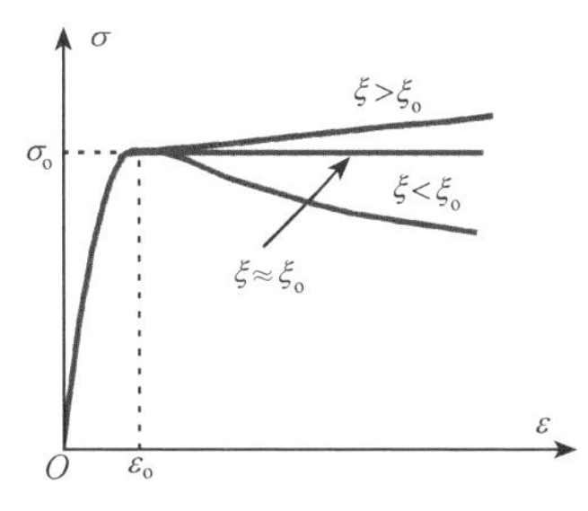

图 3.4　核心混凝土应力-应变关系

图 3.5 和图 3.6 所示分别为不同强度混凝土时，圆钢管混凝土和方、矩形钢管混凝土的核心混凝土在不同约束效应系数情况下的 σ-ε 关系。可见随着 ξ 值的不同，混凝土的 σ-ε 关系曲线基本上呈现出上升、平缓或下降的趋势，且 ξ 值越大，混凝土强度提高得越多，反之则较少，同时也可以看出，对于同一 ξ 值，混凝土强度等级越高，强度提高的幅度相对较少，反之则较大。

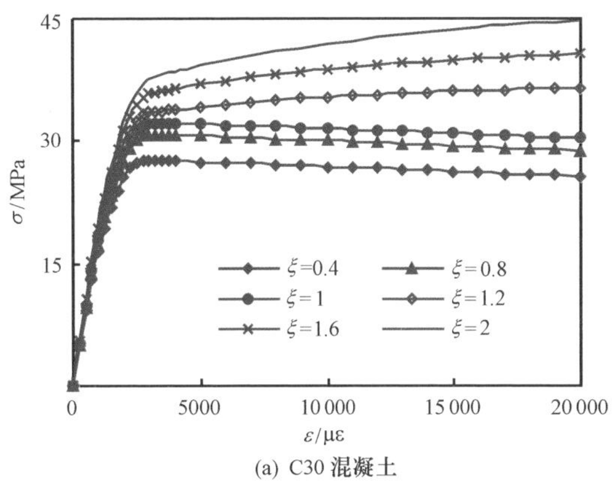

(a) C30 混凝土

图 3.5　核心混凝土的 σ-ε 关系（圆钢管混凝土）

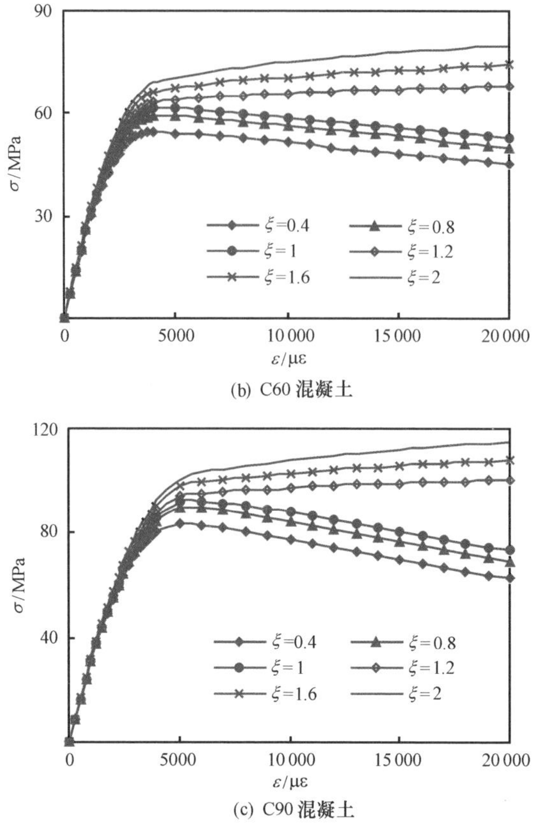

(b) C60 混凝土

(c) C90 混凝土

图 3.5　核心混凝土的 σ-ε 关系（圆钢管混凝土）（续）

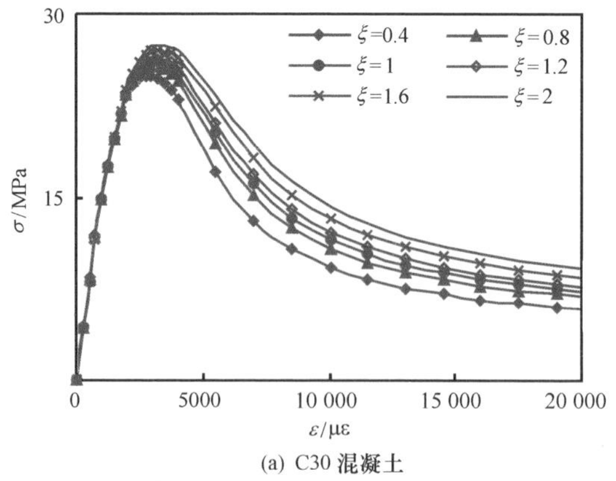

(a) C30 混凝土

图 3.6　核心混凝土的 σ-ε 关系（方、矩形钢管混凝土）

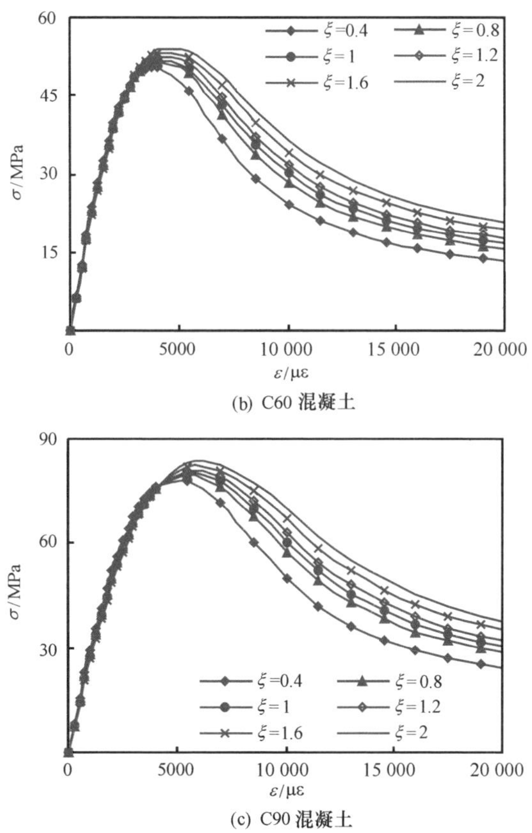

(b) C60 混凝土

(c) C90 混凝土

图 3.6　核心混凝土的 σ-ε 关系（方、矩形钢管混凝土）（续）

由图 3.5 和图 3.6 还可以看出，相对于方、矩形钢管，圆钢管对其核心混凝土的约束效果总体上更好。

（2）钢管混凝土轴心受压时的荷载-变形关系分析

在确定了钢材及核心混凝土的应力-应变关系模型基础上，可建立数值分析模型，计算出钢管混凝土轴压构件的荷载-变形全过程关系曲线。

计算时采用了如下基本假设：

1）组成钢管混凝土的钢管及其核心混凝土之间无滑移。

2）钢和混凝土的纵向应力-应变关系模型分别按式（3.29）和式（3.33）或式（3.34）来确定。

3）残余应力的确定：对于拼焊而成的方、矩形钢管，钢管单边的残余应力分布暂按图 3.7 确定（Uy，1998a），其中，σ_{rt} 和 σ_{rc} 分别为拉区和压区的残余应力值。对于冷弯型钢钢管，参考 Abdel-Rahman 和 Sivakumaran（1997），Sivakumaran 和 Abdel-Rahman（1998）对开口形冷弯型钢的研究成果和方法，其残余应力模型的取法是：钢管壁板外侧受拉而内侧受压，且残余应力沿钢管壁厚方向呈线性变化。弯角区域和平板区域（如图 3.3 所示）内外表面的残余应力取值分别为 $0.4f_y$ 和 $0.12f_y$。

4）对于方、矩形钢管，当构件横截面钢管的宽厚比较大时，需要考虑钢管局部屈曲的影响。钢管截面的有效计算长度 b_e（如图 3.8 所示）暂时按照澳大利亚规范 AS4100（1998）提供的公式计算，即

$$\frac{b_e}{b}=0.65\sqrt{\frac{f_{ol}}{f_y}} \tag{3.36}$$

式中：b 为钢管截面边长（D 或 B）；$f_{ol}=\dfrac{\pi^2 E_s}{12\ (1-{\mu_s}^2)}\dfrac{k}{(b/t)^2}$，其中 E_s 和 μ_s 分别为钢材的弹性模量和泊松比；k 是内填混凝土后钢管的屈曲系数，参考 Uy 和 Bradford（1996）暂取值为 10.31。

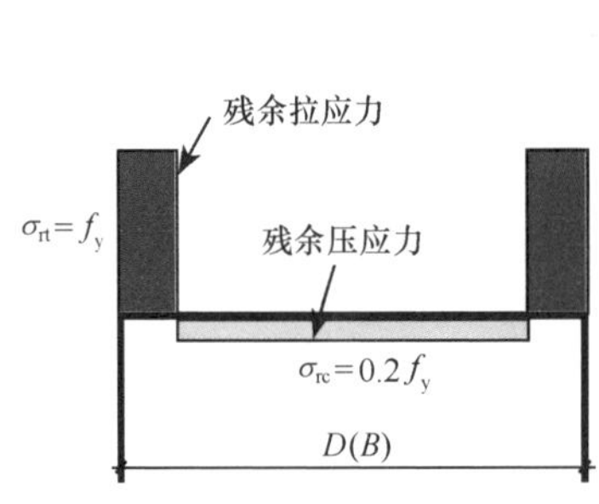

图 3.7　残余应力分布示意图

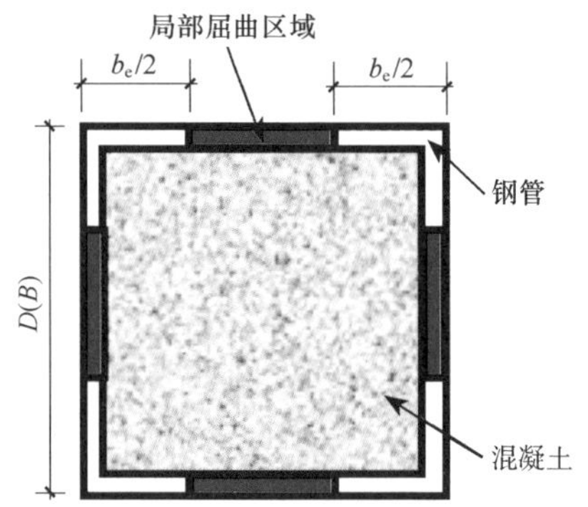

图 3.8　钢管有效截面示意图

基于上述假设，钢管混凝土在受力过程中应符合如下条件：

① 内外力平衡条件：

$$N_s+N_c=N \tag{3.37a}$$

② 变形协调条件：

$$\varepsilon_{sl}=\varepsilon_{cl} \tag{3.37b}$$

对于圆钢管混凝土，尚应符合径向变形协调条件，即

$$\Delta_{sr}=\Delta_{cr} \tag{3.38}$$

式中：N 为外荷载；N_s、N_c 分别为钢管和核心混凝土所承受的轴心力；ε_{sl}、ε_{cl} 分别为钢材和混凝土的纵向应变；Δ_{sr}、Δ_{cr} 分别为钢材和混凝土的径向变形；脚标 s、c 分别代表钢管和混凝土；脚标 l 和 r 分别代表纵向和径向。

计算时，先给定一个纵向应变增量 $d\varepsilon_{l,i}$，可求得本步应变值 $\varepsilon_{l,i+1}=\varepsilon_{l,i}+d\varepsilon_{l,i}$（$\varepsilon_{l,i}$为前一步应变值），由钢材和混凝土的应力-应变关系可求得对应的纵向应力 $\sigma_{sl,i+1}$ 和 $\sigma_{cl,i+1}$，根据钢材和混凝土的应力计算内力 N_s 和 N_c，由此得 N 值，就可得 N 和 ε 的一组值，依此类推，可得出钢管混凝土轴心受压时的荷载-变形曲线。

当钢管和混凝土单独工作，界面间无相互作用力时，钢管为弹性工作，混凝土在无约束状态下工作，这时需要满足内外力平衡条件和纵向变形协调条件，钢管的应力为

$$\sigma_{sl} = E_s \cdot \varepsilon_{sl} \tag{3.39}$$

由式（3.33）或式（3.34）可求得混凝土应力 σ_{cl}。

对于圆钢管混凝土，如果核心混凝土的横向变形系数 μ_c 超过钢材的泊松比 μ_s，钢管和混凝土之间将产生相互作用力，混凝土三向受压，钢管双向受力，仍保持弹性工作。假设钢管对核心混凝土的约束力为 p，则钢管的环向拉应力 $\sigma_h = -2p/\alpha$，如图1.6所示。钢材的应力-应变关系由式（3.29）确定。在这一阶段，应满足式（3.37）和式（3.38）所示的条件，方程的求解需要迭代。当钢管应力强度达到比例极限 f_p 时进入弹塑性阶段，与此同时，混凝土的纵向应力也不断增加，在钢管弹塑性阶段结束前的某一时刻，混凝土的纵向应力达到单向受压时的极限强度。随着外荷载的继续增加，核心混凝土的纵向应力可能会超过混凝土单向受力时的极限强度，但由于钢管的约束作用，核心混凝土并不会很快发生破坏。在此阶段可采用弹性增量理论求解，应力-应变增量关系由式（3.33）确定。总应变为

$$\left.\begin{aligned}\varepsilon_{sl,i+1} &= \varepsilon_{sl,i} + d\varepsilon_{sl,i+1}\\ \varepsilon_{sr,i+1} &= \varepsilon_{sr,i} + d\varepsilon_{sr,i+1}\\ \varepsilon_{sh,i+1} &= \varepsilon_{sh,i} + d\varepsilon_{sh,i+1}\end{aligned}\right\} \tag{3.40}$$

这一阶段仍应满足式（3.37）给出的条件。

随着外荷载的进一步增加，钢管的应力强度达到 f_y，钢管进入塑性阶段。核心混凝土的横向变形系数 μ_c 表达式（3.35）在该阶段不适用，基于对钢管混凝土轴压实验结果的验算作如下处理：给定纵向应变增量 $d\varepsilon_l$，环向和径向应变增量取为 $d\varepsilon_h = (S_h + \eta \cdot S_r)/S_l$，$d\varepsilon_r = (S_r - \eta \cdot S_h)/S_l$，其中 S_l，S_h 和 S_r 分别为混凝土纵向，环向和径向应力偏量。调整 η 值使钢管的纵向变形符合实验结果。试算结果表明，η 值在第一次塑流阶段为0.005～0.04，在强化阶段为0.001～0.005，在第二次塑流阶段为0.0005～0.001较适宜。

图3.9所示为计算获得的典型的 σ_{sc}-ε 关系曲线，其中，$\sigma_{sc}=N/A_{sc}$，定义为钢管混凝土名义压应力。

计算结果表明，无论是圆形截面，还是方、矩形截面，钢管混凝土 σ_{sc}-ε 关系曲线的基本形状均与约束效应系数 ξ 有很大关系（如图3.9所示），即当 $\xi > \xi_o$ 时，曲线具有强化段，且 ξ 越大，强化的幅度越大；当 $\xi \approx \xi_o$ 时，曲线基本趋于平缓；当 $\xi < \xi_o$ 时，曲线在达到某一峰值点后进入下降段，且 ξ 越小，下降的幅度越大，下降段出现的也越早。ξ_o 的大小与钢管混凝土的截面形状有关：对于圆形截面构件，$\xi_o \approx 1$；对于方、矩形截面构件，$\xi_o \approx 4.5$。

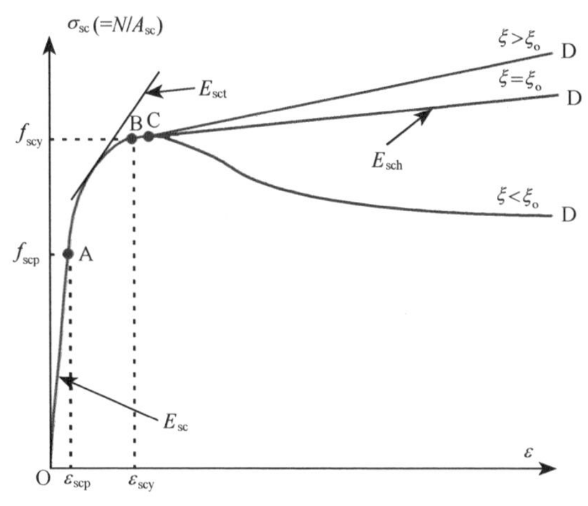

图 3.9　典型的轴压 σ_{sc}-ε 关系曲线

σ_{sc}-ε 关系曲线的特点如下：①弹性阶段（OA）：在此阶段，钢管和核心混凝土一般均为单独受力，A 点大致相当于钢材进入弹塑性阶段的起点。②弹塑性阶段（AB）：进入此阶段后，核心混凝土在纵向压力作用下，微裂缝不断开展，使横向变形系数超过了钢管泊松比，二者将产生相互作用力，即钢管对核心混凝土的约束作用，且随着纵向变形的增加，这种约束作用不断增加，B 点时钢材已进入弹塑性阶段，应力已达到屈服强度，混凝土的纵向压应力则一般达到 σ_o（如图 3.4 所示）。③塑性强化段（BC）：当 $\xi<\xi_o$ 时，强化段终点 C 偏离 B 不远，接着就开始出现下降段。分析结果表明，ξ 越小，B 点和 C 点越接近，甚至重合。只有当 $\xi\geqslant\xi_o$ 时，曲线强化阶段才能保持持续增长的趋势。④下降段（CD）：对于 $\xi<\xi_o$ 的情况，曲线在达到峰值点 C 后就开始进入下降段，下降段的下降幅度与 ξ 值的大小有关，ξ 越小，下降幅度越大，反之则越小，下降段的后期曲线平缓。

以上的分析结果表明，钢管混凝土轴心受压时表现出较好的弹性和塑性性能。当 $\xi<\xi_o$ 时，可将荷载-变形关系曲线分为弹性（OA）、弹塑性（AB）、强化（BC）、下降（CD）四个阶段，且 ξ 值越大，强化段越长，反之则越短；当 $\xi\geqslant\xi_o$ 时，曲线可分为弹性（OA）、弹塑性（AB）、强化（BD）三个阶段，分析结果表明，σ_{sc}-ε 曲线的强化段近似呈线性关系。

利用上述方法，对国内外大量实验结果进行了验算，结果表明，理论计算结果与实验结果总体上吻合较好，图 3.10 给出部分结果的比较情况。

以上所研究的是钢管混凝土轴心受压强度承载力，实际结构中采用的钢管混凝土柱的承载力往往取决于稳定。

实际结构中，真正意义上的轴心受压构件是不存在的。初弯曲的存在使轴心构件丧失稳定的性质发生了改变（陈绍蕃，1998）。所谓轴心受压构件，应该是在考虑了初始缺陷所引起的附加内力影响而成为压弯构件。

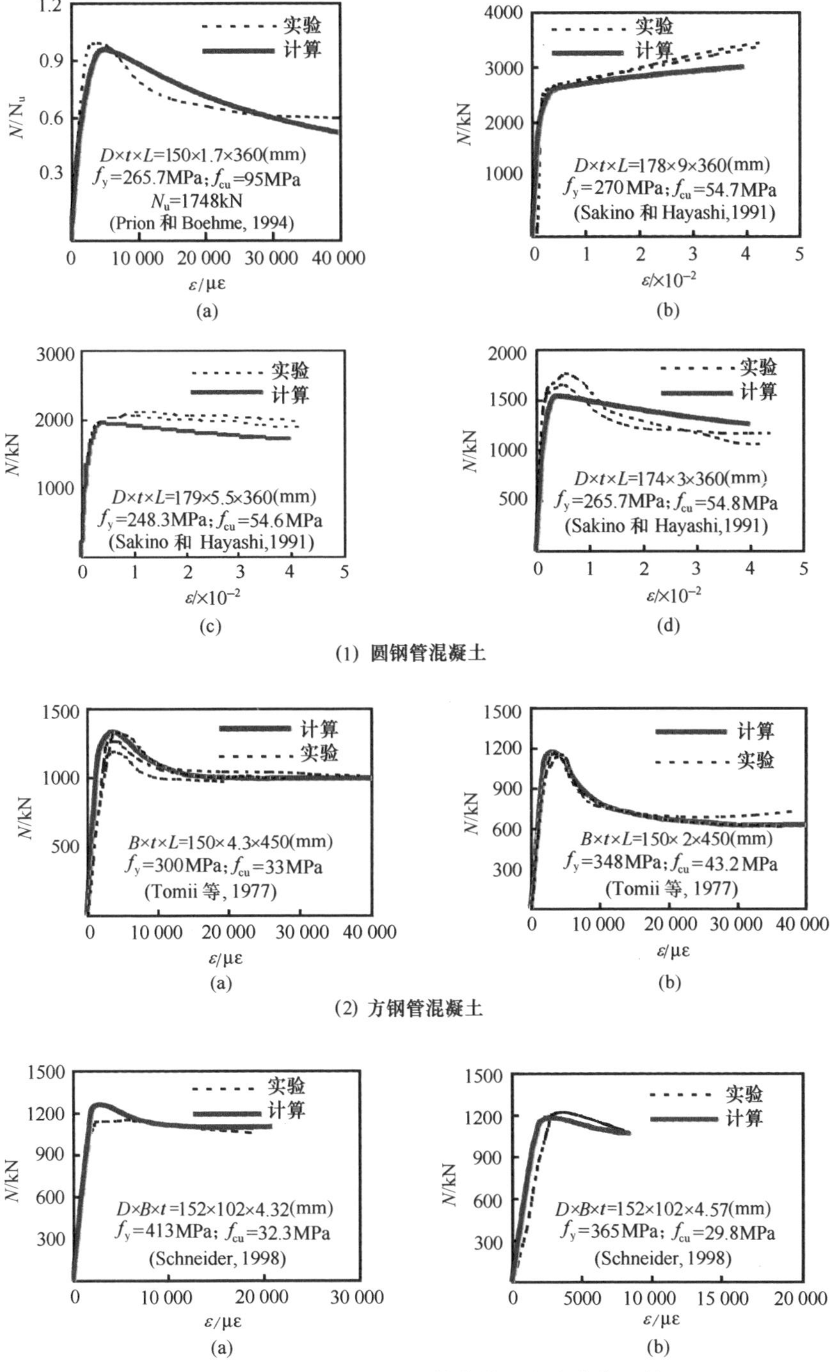

图 3.10　轴压 N-ε 理论计算曲线和实验曲线比较

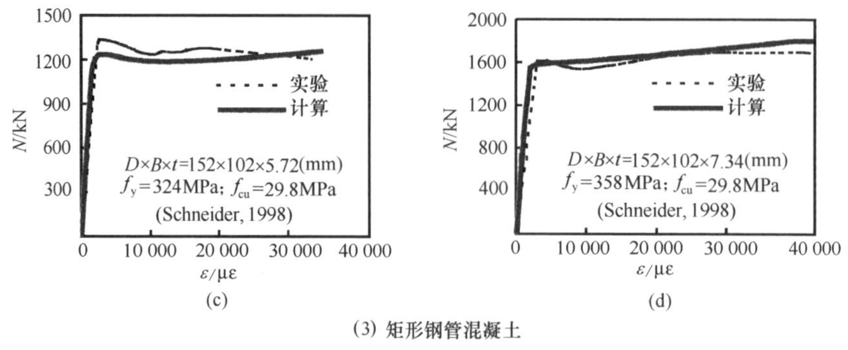

(3) 矩形钢管混凝土

图 3.10 轴压 N-ε 理论计算曲线和实验曲线比较（续）

实际结构中的钢管混凝土柱可能有几何和力学缺陷。几何缺陷主要是指杆件并非直杆，往往存在或多或少的初始弯曲，且截面往往也并非完全对称，制造和安装偏差也可使荷载作用线偏离杆件轴线，从而形成初始偏心。力学缺陷包括屈服点在整个截面上并非均匀及可能存在的残余应力。上述缺陷中，对钢管混凝土轴心受压构件性能影响较大的是初始弯曲和残余应力。初始偏心和初始弯曲的影响大致相同，可和后者合并在一起考虑。

我国现行《钢结构设计规范》（GB 50017）对钢结构轴心受压构件临界力的计算是考虑杆长千分之一的初挠度，计入残余应力的影响，按照压弯构件的方法来确定其临界力。对于钢管混凝土，荷载初偏心的影响属于偏心较小的范畴。

焊接钢管的焊缝两侧由于受到钢材的约束，焊缝处纵向拉应力可能达到钢材屈服强度 f_y，但残余应力沿边长衰减较快，最大残余压应力约为 $0.3f_y$（钟善桐，1994）。对于冷弯型钢，壁板外侧受拉而内侧受压，平板区域残余应力基本相同，转角区域则有所提高，且残余应力沿厚度的变化可看成是线性的，弯角区域内外表面的残余应力约为 $0.4f_y$，平板区域内外表面的残余应力值则更小（Sivakumaran 和 Abdel-Rahman，1998）。外荷载的作用使残余压应力区提前屈服，使得截面工作不对称，截面中和轴偏移，导致荷载偏心。分析结果表明，对于钢管混凝土构件，由于核心混凝土的存在，这种偏心因素的影响远小于对空钢管构件的影响。

综上分析，初始缺陷对钢管混凝土的影响可以综合为偏心较小的情况。本书在采用纤维模型法和有限元法对钢管混凝土轴心受压构件进行理论分析时，考虑构件具有千分之一杆长的初挠度（即取初始偏心距 $e_0=L/1000$），按照压弯构件的方法（见本节后文的阐述）进行计算。

需要说明的，本章在对钢管混凝土轴心受压构件的实验结果进行验算时，对于提供试件初始缺陷数据的情况，按实际的初始缺陷取值进行计算；对于没有提供有关数据的情况，则暂按统一取千分之一杆长初挠度的方法进行。

图 3.11 所示为计算获得的不同长细比（λ）情况下，钢管混凝土轴心受压构件的轴力（N）-轴向压应变（ε）关系曲线。

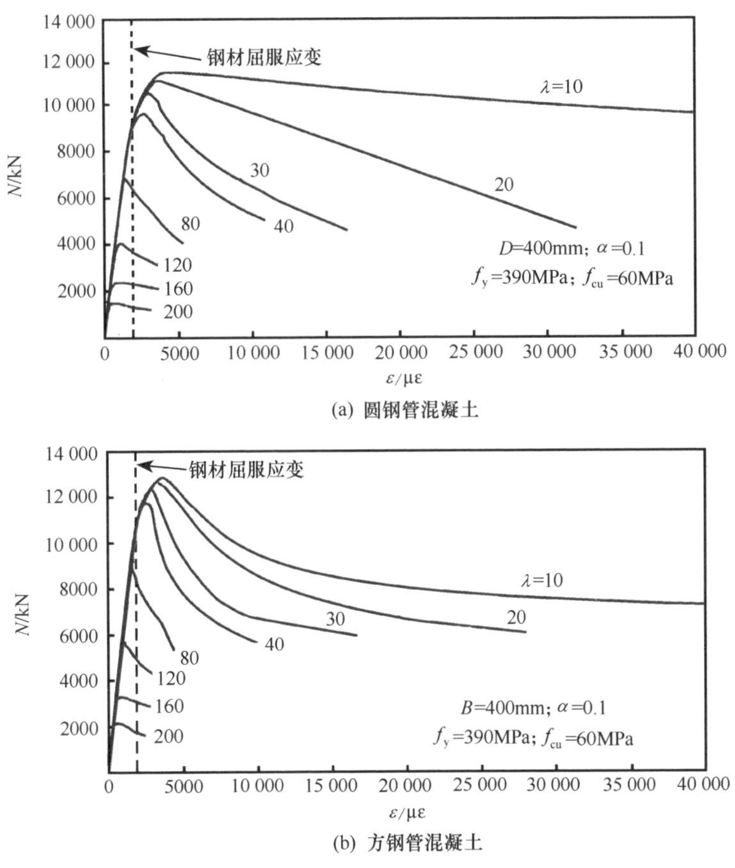

图 3.11　轴压构件 N-ε 关系曲线

由图 3.11 可见，钢管混凝土轴心受压构件临界力的大小和构件长细比 λ 有很大的关系：λ 越小，临界力越大，极限变形也越大；λ 越大，临界力越小，极限变形也越小。

图 3.12 所示为轴压强度承载力数值计算结果（N_{uc}）和实验结果（N_{ue}）的对比情况。收集到的试件数量为：圆钢管混凝土 356 个，方、矩形钢管混凝土 313 个。计算结果表明，对于圆钢管混凝土，N_{uc}/N_{ue}的平均值为 0.897，均方差为 0.103；对于方、矩形钢管混凝土，N_{uc}/N_{ue} 的平均值为 0.984，均方差为 0.107，可见数值计算结果和实验结果总体上吻合较好。

图 3.13 所示为轴压稳定承载力数值计算结果（N_{uc}）和实验结果（N_{ue}）的对比情况。收集到的试件数量为：圆钢管混凝土 293 个，方、矩形钢管混凝土 79 个。计算结果表明，对于圆钢管混凝土，N_{uc}/N_{ue}的平均值为 0.936，均方差为 0.123；对于方、矩形钢管混凝土，N_{uc}/N_{ue} 的平均值为 0.952，均方差为 0.119，可见数值计算结果和实验结果吻合较好。

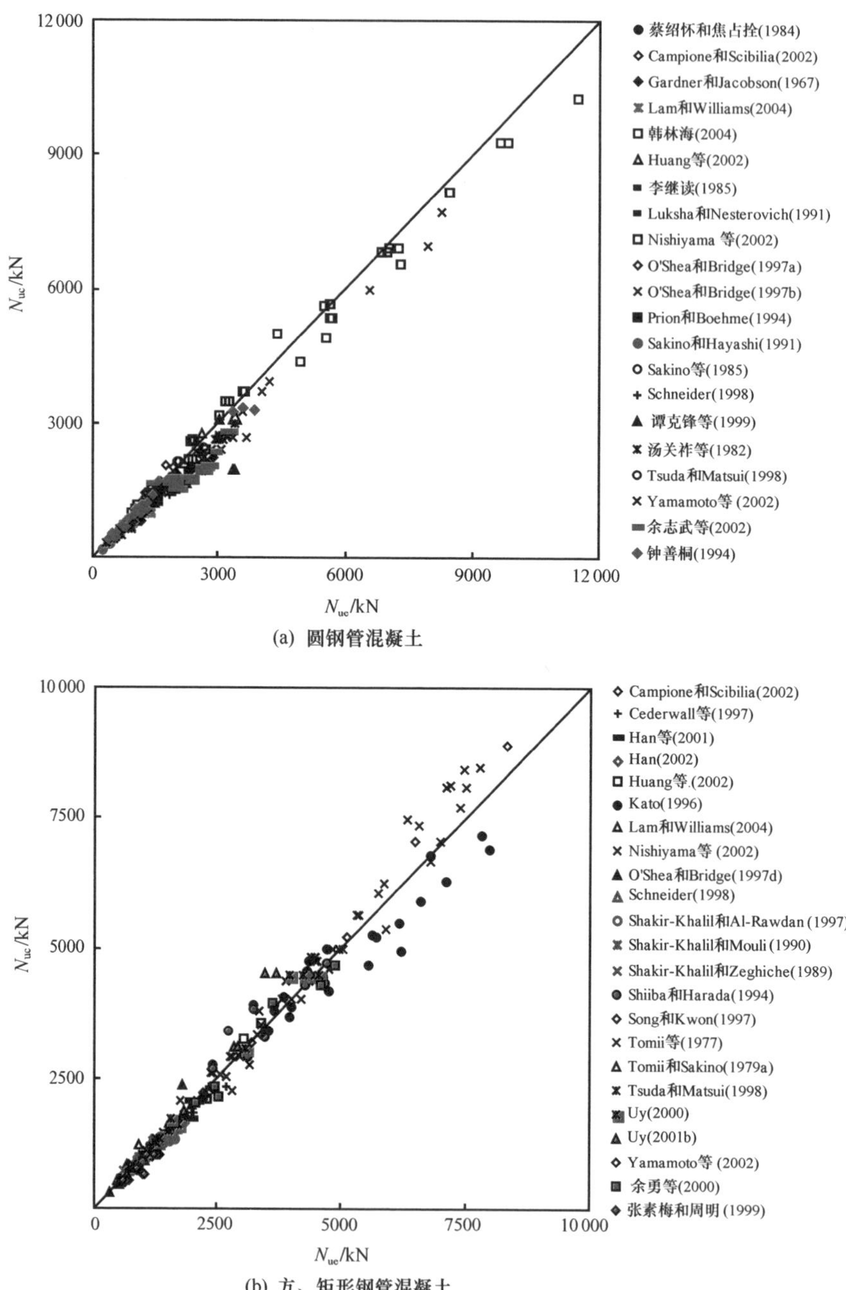

(a) 圆钢管混凝土

(b) 方、矩形钢管混凝土

图 3.12　轴压强度承载力理论计算值（N_{uc}）和实验值（N_{ue}）对比

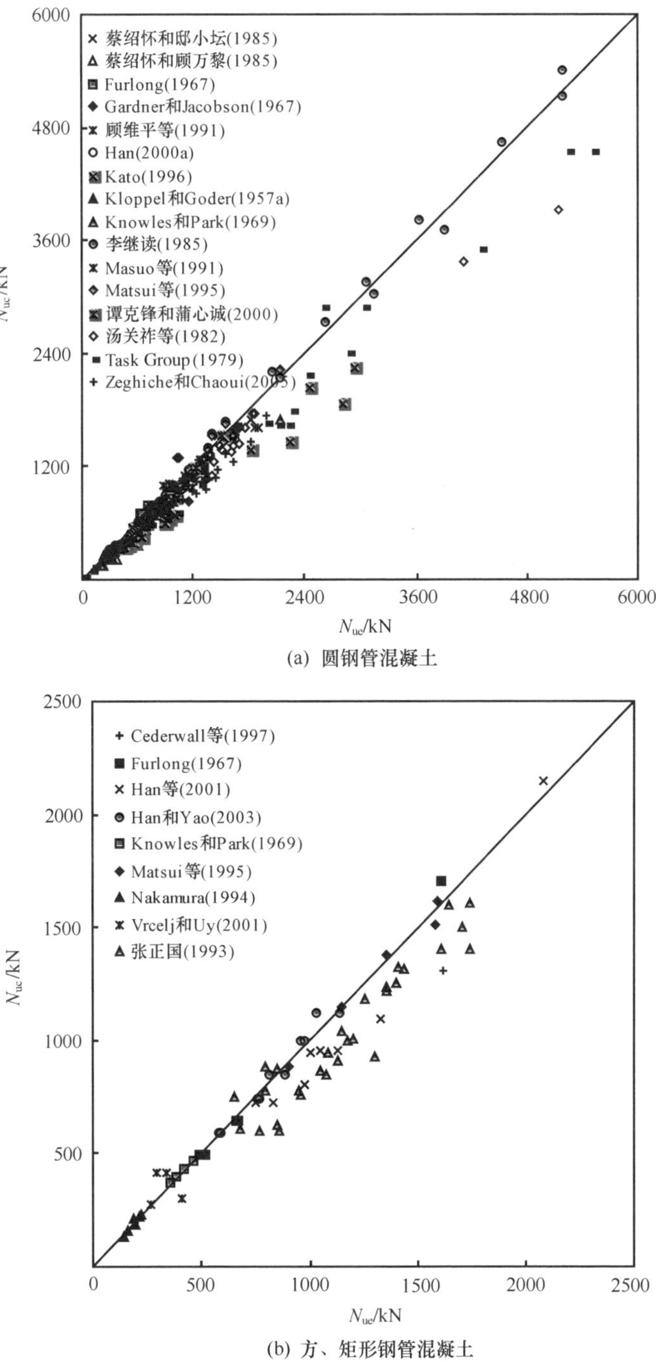

(a) 圆钢管混凝土

(b) 方、矩形钢管混凝土

图3.13　轴压稳定承载力理论计算值（N_{uc}）和实验值（N_{ue}）对比

（3）纯弯曲构件荷载-变形关系分析

图 3.14 所示为构件在纯弯曲情况下的变形情况，其中 u_m 为构件跨中挠度，L 为构件的计算长度。

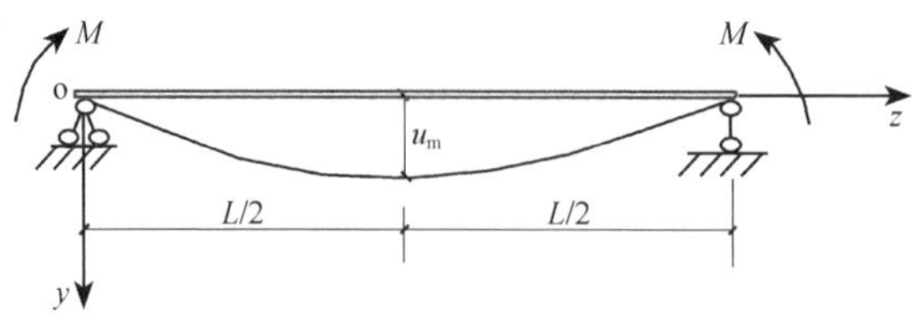

图 3.14　纯弯曲构件变形曲线

参考对钢筋混凝土构件（朱伯龙和董振祥，1985）和钢结构构件（Chen 和 Atsuta，1976-77；吕烈武等，1983）的非线性分析方法，本节采用纤维模型法进行钢管混凝土构件受纯弯矩作用下荷载-变形关系曲线的全过程分析。为了便于计算，采用了如下的基本假设：

1）钢管混凝土受纯弯矩作用时，截面可分为受压区和受拉区。钢材的应力-应变关系按图 3.1 或图 3.2（对于冷弯钢管）给出的模型确定；受压区混凝土的应力-应变关系由式（3.33）和式（3.34）确定；受拉区混凝土的应力-应变关系按下式确定（沈聚敏等，1993）为

$$y=\begin{cases}1.2x-0.2x^6 & (x\leqslant 1)\\ \dfrac{x}{0.31\sigma_p{}^2\ (x-1)^{1.7}+x} & (x>1)\end{cases} \tag{3.41}$$

式中：$x=\dfrac{\varepsilon_c}{\varepsilon_p}$；$y=\dfrac{\sigma_c}{\sigma_p}$；$\sigma_p$-峰值拉应力，$\sigma_p=0.26\ (1.25\ f_c')^{2/3}$；$\varepsilon_p$-峰值拉应力时的应变，$\varepsilon_p=43.1\sigma_p$（$\mu\varepsilon$）。

2）构件在变形过程中始终保持为平截面，且只考虑跨中截面的内外力平衡。

3）钢和混凝土之间无相对滑移。

4）忽略剪力对构件变形的影响。

5）构件两端为铰接，挠曲线为正弦半波曲线。

6）残余应力分布与本节“轴心受压时的荷载-变形关系分析”的确定方法类似。

7）对于方、矩形钢管，当构件横截面钢管的宽厚比较大时，需要考虑钢管局部屈曲的影响。

图 3.15 给出采用不同钢管的钢管混凝土横截面单元划分和应变分布示意图。

根据假设条件 5），构件的挠曲线方程可以表示为

$$y=u_m\sin\frac{\pi}{L}z \tag{3.42}$$

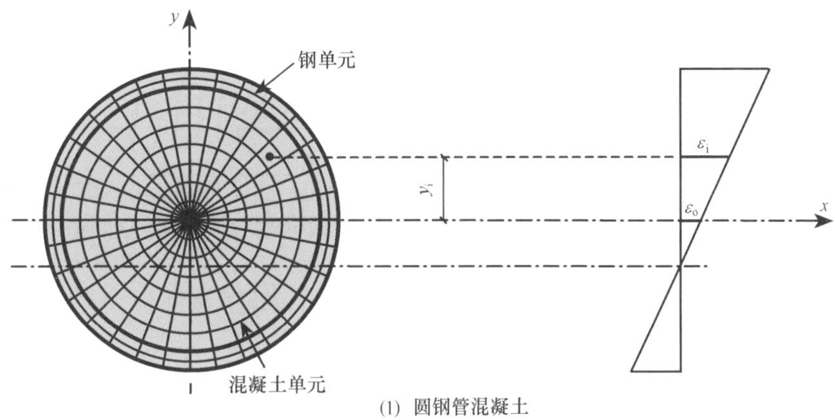

(1) 圆钢管混凝土

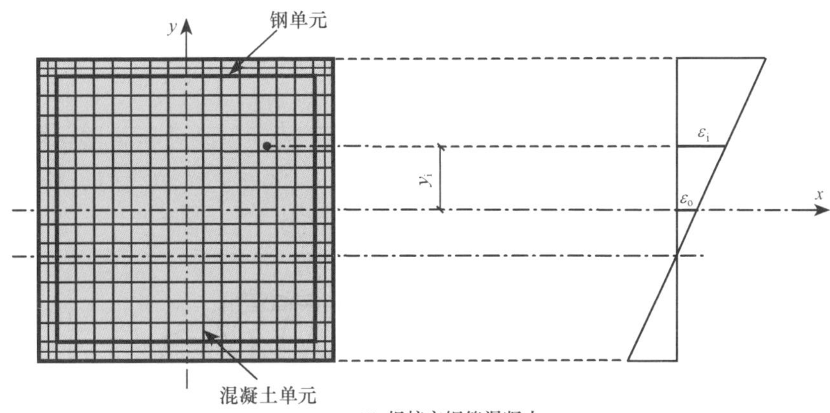

(2) 焊接方钢管混凝土

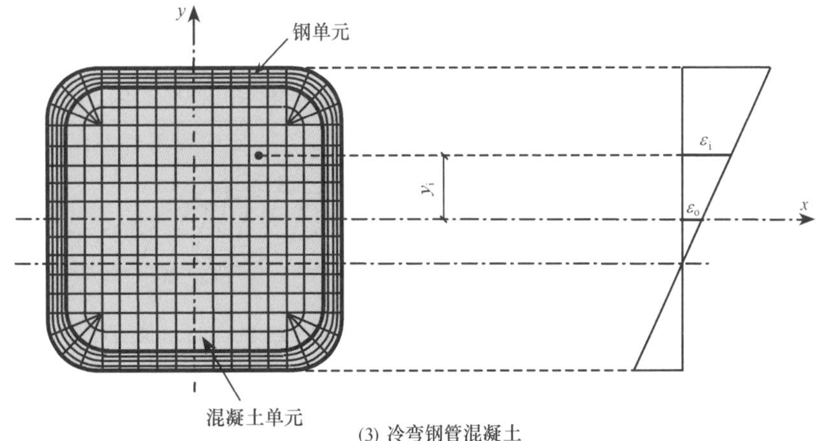

(3) 冷弯钢管混凝土

图 3.15　截面的单元划分和应变分布示意图

由此可确定构件跨中截面曲率为

$$\phi = \frac{\pi^2}{L^2} u_m \tag{3.43}$$

根据假设条件 2)，跨中截面上每个单元形心处的应变可表示为

$$\varepsilon_i = \varepsilon_o + \phi y_i \tag{3.44}$$

式中：ε_o为截面形心处的应变，以压应力时为正；y_i 为计算单元形心处的坐标。

确定了每个单元形心处的应变值后，根据假设条件 1）即可分别确定钢材和混凝土单元形心处的应力。

由此可得内弯矩 M_{in}为

$$M_{in} = \sum_{i=1}^{n} (\sigma_{sli} x_i \mathrm{d}A_{si} + \sigma_{cli} x_i \mathrm{d}A_{ci}) \tag{3.45}$$

内轴力 N_{in}为

$$N_{in} = \sum_{i=1}^{n} (\sigma_{sli} \mathrm{d}A_{si} + \sigma_{cli} \mathrm{d}A_{ci}) \tag{3.46}$$

式中：σ_{sli}、σ_{cli}分别为钢材和混凝土单元的纵向应力：在拉区，混凝土的 σ_c 按式（3.41）确定，σ_{sl}可根据图 3.1 或图 3.3 确定；在压区，对于方、矩形钢管混凝土，σ_c 可由式（3.34）确定，σ_{sl}可根据图 3.1 或图 3.2 按单向应力状态确定。对于圆钢管混凝土，σ_c 可由式（3.33）确定，σ_{sl}可由下式确定为

$$\sigma_{sl} = [\sigma_{sc}(A_s + A_c) - \sigma_c A_c]/A_s = [\sigma_{sc}(1+\alpha) - \sigma_c]/\alpha \tag{3.47}$$

式中：σ_{sc}为圆钢管混凝土轴心受压时的名义平均压应力。

由于构件处于纯弯曲状态，应满足 $N_{in}=0$ 的条件，据此每给定一挠度 u_m，不断调整 ε_o值以满足平衡条件。

对于方、矩形钢管混凝土构件，实际结构中有可能产生双向受弯状态。假设截面在受力之后，每点的应变值 ε_i是该点坐标（x，y）的线性函数，则可得

$$\varepsilon_i = \varepsilon_o + \phi_x y_i + \phi_y x_i \tag{3.48}$$

式中：ε_o为截面形心处的应变；ϕ_x、ϕ_y分别为 xz 平面和 yz 平面内的曲率。

根据假设 5)，构件两对称轴平面内的挠曲线方程可分别表示为

$$x = u_x \sin \frac{\pi}{L} z \tag{3.49}$$

$$y = u_y \sin \frac{\pi}{L} z \tag{3.50}$$

式中：u_x、u_y分别为在 xz 平面和 yz 平面内构件挠曲变形时的跨中挠度。由此可确定跨中曲率为

$$\phi_x = \frac{\pi^2}{L^2} u_y \tag{3.51}$$

$$\phi_y = \frac{\pi^2}{L^2} u_x \tag{3.52}$$

在计算出 ϕ_x、ϕ_y 后，由式（3.48）就可计算出每个单元的应变，与单向受弯时的情况类似。再根据假设 1）即可分别确定钢材和混凝土单元的应力 σ_{sli} 或 σ_{cli}。由此可得两个坐标平面内弯矩 M_{inx} 和 M_{iny} 分别为

$$M_{inx} = \sum_i (\sigma_{sli} y_i dA_{si} + \sigma_{cli} y_i dA_{ci}) \tag{3.53a}$$

$$M_{iny} = \sum_i (\sigma_{sli} x_i dA_{si} + \sigma_{cli} x_i dA_{ci}) \tag{3.53b}$$

内轴力 N_{in} 为

$$N_{in} = \sum_i (\sigma_{sli} dA_{si} + \sigma_{cli} dA_{ci}) \tag{3.54}$$

在计算过程中，也应满足 $N_{in}=0$ 的条件。

钢管混凝土构件受弯矩作用时，其荷载-变形关系的计算过程归纳如下：

1）计算截面参数并进行截面单元划分。

2）截面曲率 ϕ 值由零开始，每一级加 $\Delta\phi$：$\phi=\phi+\Delta\phi$，假设截面形心处的应变 ε_o。

3）由式（3.44）或式（3.48）计算单元形心处的应变 ε_i，进而计算出 σ_{sli} 和 σ_{cli}。

4）由式（3.45）或式（3.53）计算内弯矩，由式（3.46）或式（3.54）计算内轴力。

如果不能满足 $N_{in}=0$，则调整截面形心处的应变 ε_o 并重复步骤 3）、4），直至满足。重复步骤 2）～4）可计算出整个 M-ϕ 曲线。

对于处于双向弯曲状态下的方、矩形钢管混凝土构件，如果不断变化参数，则可获得双向弯曲承载力相关关系，图 3.16 所示为 Q345 钢、C40 混凝土、$\alpha=0.1$，$\beta=1.5$ 情况下的 M_x/M_{ux}-M_y/M_{uy} 关系曲线，其中，M_{ux} 和 M_{uy} 分别为构件绕强轴（x-x）和弱轴（y-y）弯曲时的极限抗弯承载力。

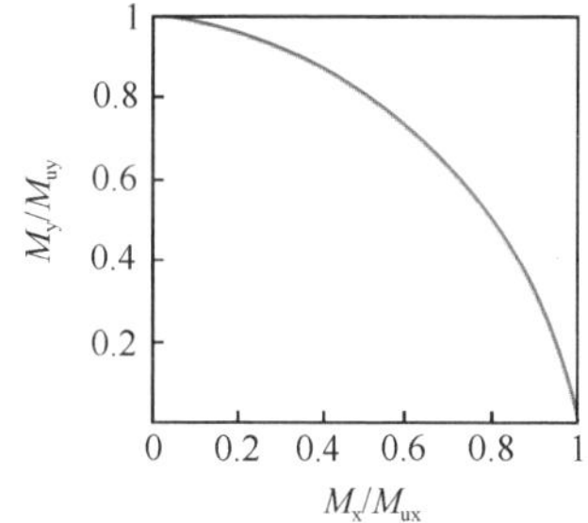

图 3.16　M_x/M_{ux}-M_y/M_{uy} 相关曲线

图 3.17 所示为典型的 M-ϕ 关系曲线，其中，ϕ_e、M_e 和 ϕ_o、M_u 分别为弹性段（OA）和弹塑性段（AB）结束时对应的曲率及弯矩。M-ϕ 曲线各阶段的工作特征如下：

① 弹性段（OA）：在这一阶段，构件截面中和轴与截面形心轴基本重合，钢材一般处于弹性受力阶段。

② 弹塑性段（AB）：随着荷载的增加，截面中和轴将逐渐向受压区方向移动，压区和拉区钢管的应力开始超过比例极限，混凝土受拉区逐渐扩大。

③ 强化段（BC）：随着外荷载的继续增加，拉区最外边缘钢管将首先进入塑性状态，截面内力发生重分布，截面塑性区域不断向内发展。当内部钢材也发展到屈服强度时，最外纤维的钢材开始进入强化阶段。随着曲率的不断增加，弯

矩还将继续缓慢地增加，但增长的幅度不大。分析结果表明，M-ϕ 关系曲线在此阶段基本上呈线性增长。

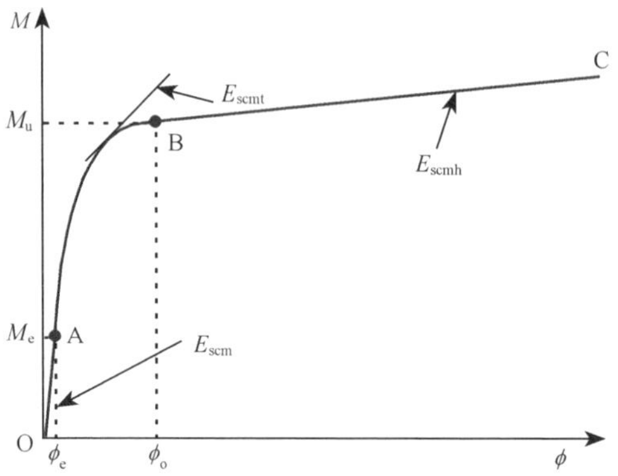

图 3.17 纯弯构件典型的 M-ϕ 关系曲线

利用上述方法对钢管混凝土纯弯构件的实验结果进行了计算，如图 3.18 所示。可见，除少数算例外，计算结果与实验结果总体上较为吻合。

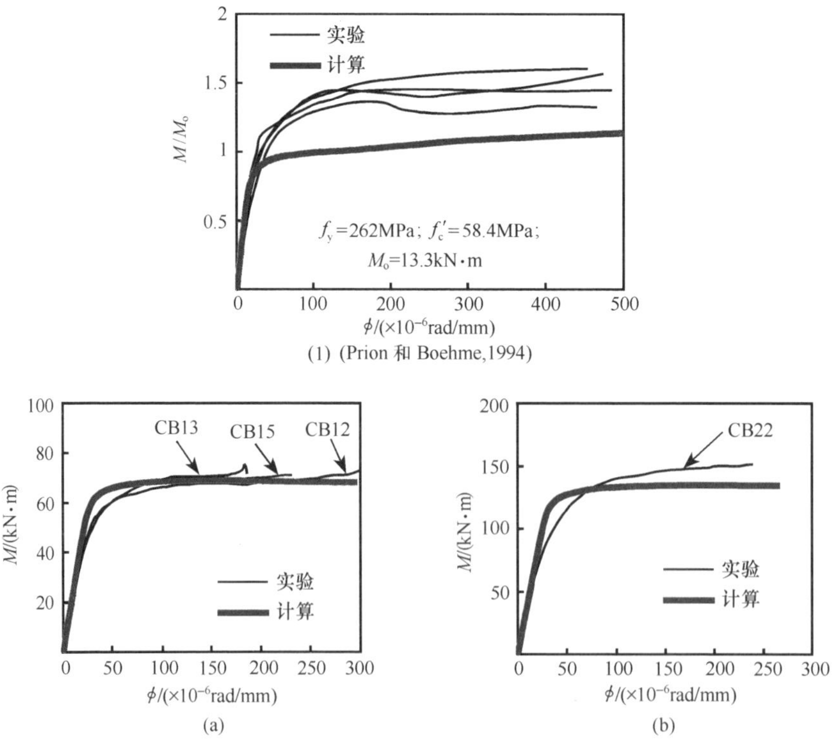

图 3.18 纯弯构件荷载-变形关系理论计算和实验结果比较

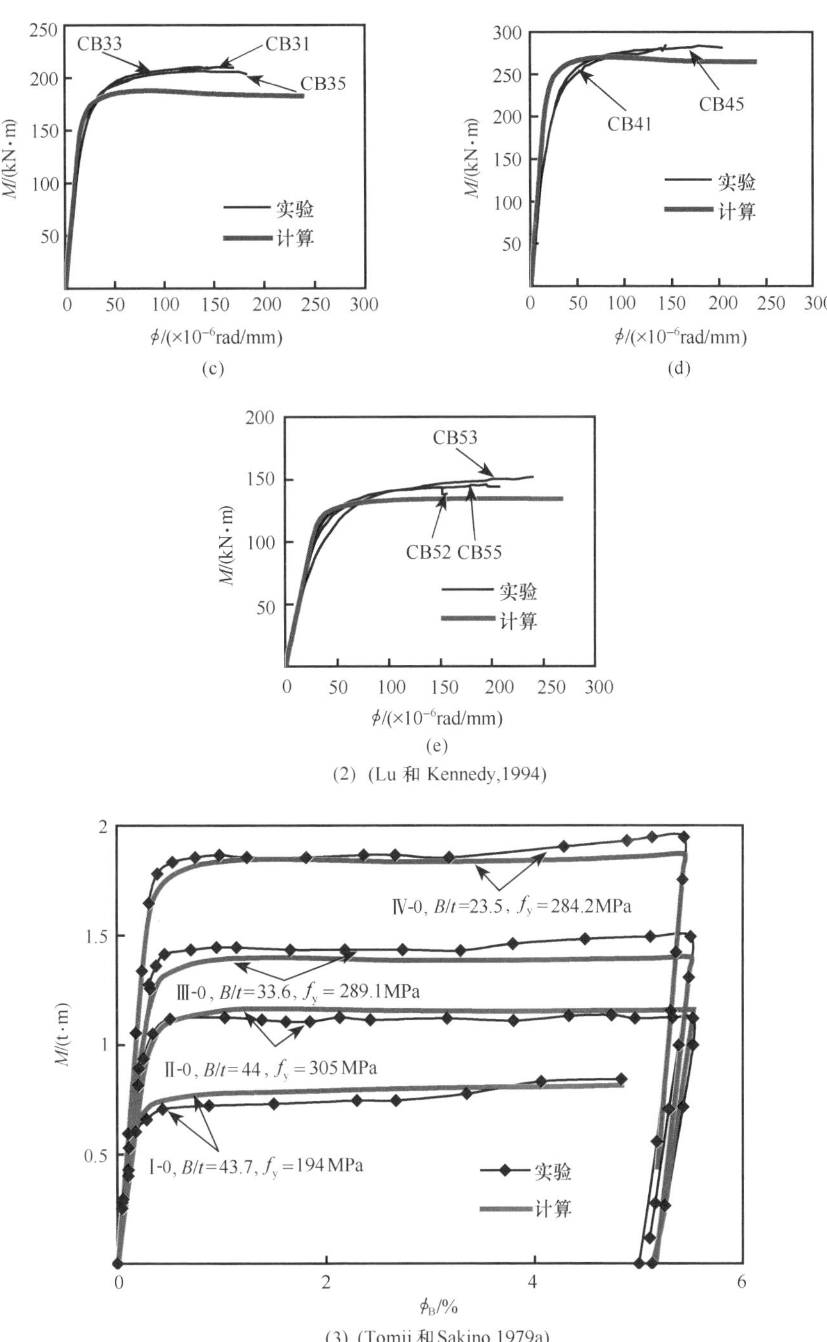

(2)（Lu 和 Kennedy,1994）

(3)（Tomii 和 Sakino,1979a）

图 3.18　纯弯构件荷载-变形关系理论计算和实验结果比较（续）

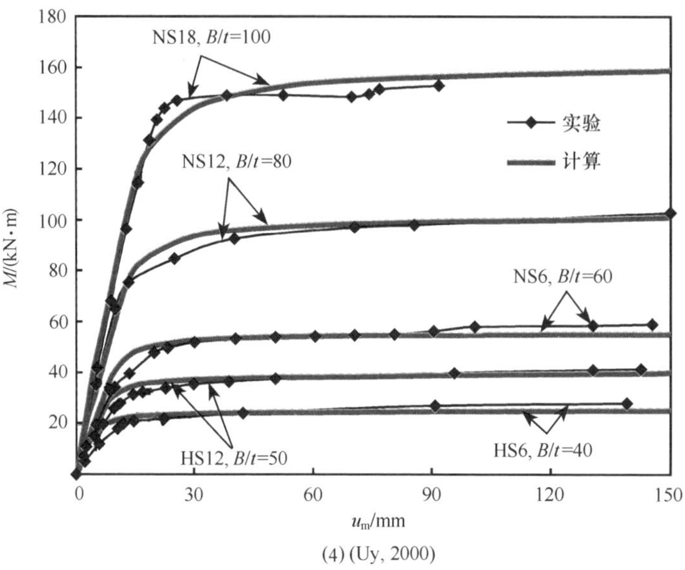

(4) (Uy, 2000)

图 3.18 纯弯构件荷载-变形关系理论计算和实验结果比较（续）

图 3.19 所示为纯弯构件承载力数值计算结果（M_{uc}）和实验结果（M_{ue}）的对比情况。

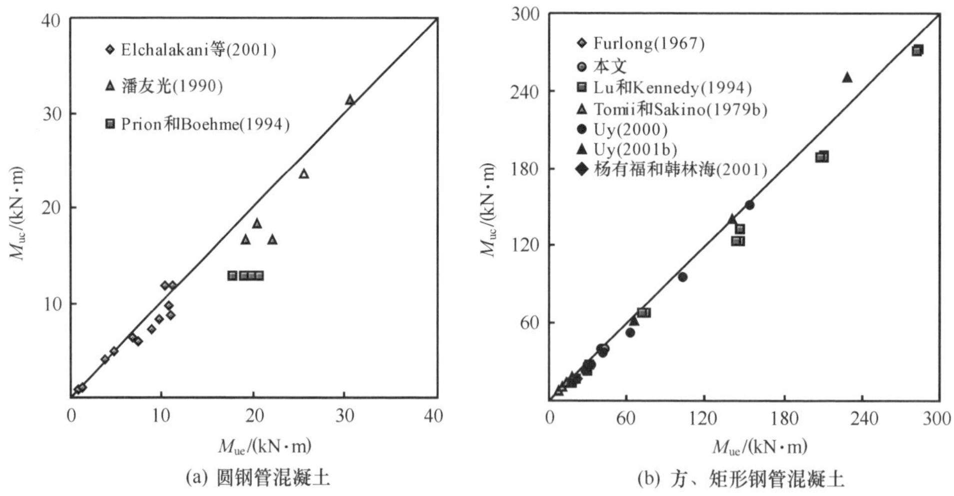

(a) 圆钢管混凝土　　(b) 方、矩形钢管混凝土

图 3.19 抗弯承载力理论计算值（M_{uc}）和实验值（M_{ue}）的对比情况

收集到的试件数量为：圆钢管混凝土 21 个，方、矩形钢管混凝土 41 个。计算结果表明，对于圆钢管混凝土，M_{uc}/M_{ue}的平均值为 0.854，均方差为 0.141；对于方、矩形钢管混凝土，M_{uc}/M_{ue}的平均值为 0.909，均方差为 0.084，可见数值计算结果和实验结果总体上较为吻合。

（4）压弯构件荷载-变形关系分析

首先以偏心受压试件为例，简要说明钢管混凝土压弯构件的工作特点。

构件在偏心压力作用下，一开始就发生侧向挠曲，且截面上的应力分布不均匀。图 3.20 所示为一偏心受压构件示意图。

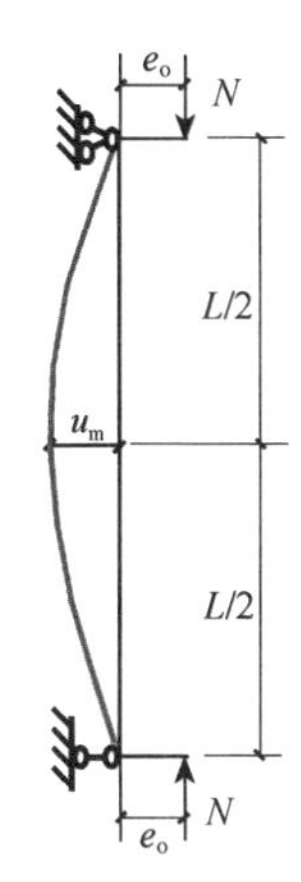

图 3.20　偏心受压构件示意图

如果构件长细比较小，当荷载偏心距也较小时，试件破坏时往往呈现出强度破坏的特征，构件在达到极限承载力前全截面发展塑性。对于长细比较大的偏心受压试件，其承载力常决定于稳定（钟善桐，1994）。图 3.21 所示为偏心压力 N 与构件跨中挠度 u_m 的关系曲线。曲线都由上升段和下降段组成。在上升段，若使构件的挠度增加，必须增加荷载 N，构件处于稳定状态；而下降段正好相反，这时挠度不断发展，荷载却不断下降，构件失去了应有的平衡状态，随着挠度的继续增加，最终导致构件完全破坏。

图 3.21 所示曲线上的 OA 段为弹性工作段，超过 A 点之后，截面受压区不断发展塑性，钢管和受压区混凝土之间产生非均布的相互作用力，呈现出弹塑性工作特征。随着外荷载的继续增大，截面塑性区继续扩大，到达曲线最高点时，内外力不再保持平衡，构件丧失承载力，曲线开始下降，构件的工作进入破坏阶段。由此可见，钢管混凝土偏心受压构件工作性能的特点是：当接近破坏时，外荷载增量很小，而变形却发展很快，曲线比较平缓，这说明，钢管和核心混凝土之间的相互作用，不仅使钢管混凝土偏压构件具有较高的承载力，而且还具有较好的延性。图 3.21 中所示三条曲线为不同长细比和偏心率时荷载和构件中截面最大挠度的关系，可见，偏压构件丧失稳定时，随着构件长细比和荷载相对偏心率的不同，危险截面上钢管应力的分布也不同：有全截面受压（曲线①）；有受压区单侧发展塑性变形（曲线②）；有压拉两侧都发展塑性变形（曲线③）。

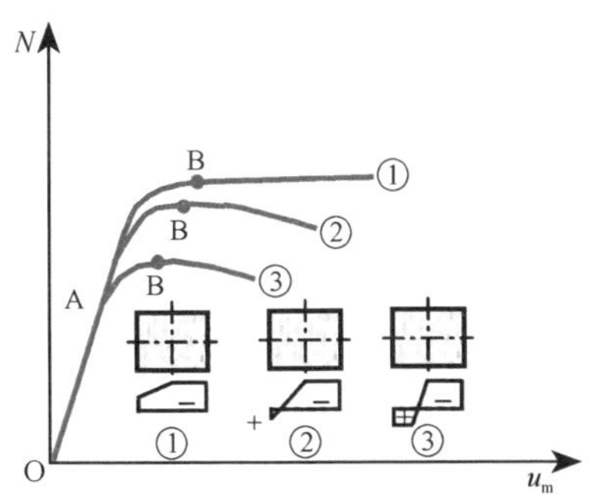

图 3.21　偏压构件荷载-变形关系曲线

由此可见，钢管混凝土偏心受压构件的工作行为要比轴心受压构件复杂得多，主要表现为：

1）构件强度破坏时，截面全部发展为塑性。

2）构件稳定破坏时，危险截面的应力分布既有塑性区，又有弹性区。

3）危险截面上压应力的分布不均匀，且只分布在部分截面上，钢管和核心混凝土之间的相互作用力分布也不均匀。

4）危险截面上两种材料的变形模量不但随截面的位置而变化，而且沿构件长度方向也是变化的。

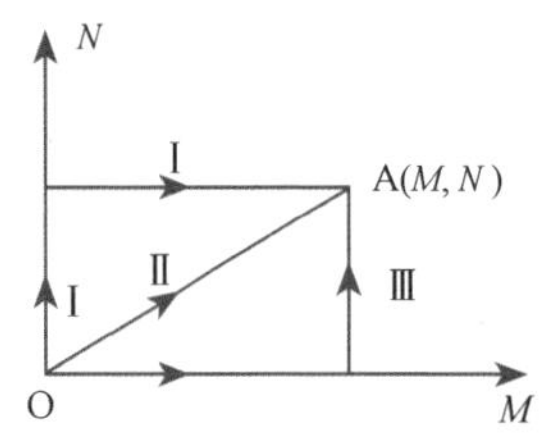

图 3.22　压弯构件加载路径示意图

作用在压弯构件上的压力和弯矩可以由不同的荷载引起，也就是说，压力和弯矩可以是两个独立的变量（吕烈武等，1983）。

1）单向压弯构件。

图 3.22 所示为三种不同的加载路径，实际结构中的加载过程往往还要比这复杂得多。

路径Ⅰ：先施加轴压力 N，然后保持 N 的大小和方向不变，再作用弯矩 M。轴心受压柱在水平荷载作用下的工作情况即属此类。

路径Ⅱ：表示轴压力 N 和弯矩 M 按比例增加。实际工程结构中偏心受压柱的受力情况即属此类，这种加载路径在实际工程中最为常见。

路径Ⅲ：先作用弯矩 M，然后保持 M 的大小和方向不变，再施加轴压力 N。这类加载过程在实际工程中不多见。

下面分别对路径Ⅰ和Ⅱ的情况进行计算。为了便于分析，计算时采用与进行构件受纯弯矩作用下荷载-变形关系曲线全过程分析时相同的假设。

钢管混凝土在压弯荷载作用下，其截面应变分布及单元划分简图与纯弯构件相同。对于矩形钢管混凝土，还需要区分是绕弱轴还是绕强轴弯曲。

内弯矩 M_{in} 和内轴力 N_{in} 可分别按照式（3.53）和式（3.54）进行计算，并应满足如下内外力平衡条件，即

$$\left.\begin{aligned} M_{in} &= M \\ N_{in} &= N \end{aligned}\right\} \tag{3.55}$$

① 加载路径Ⅰ。

对钢管混凝土构件先施加轴心压力 N，保持 N 的大小和方向不变，不断增加中截面曲率 ϕ。不同 ϕ 值对应不同的内弯矩 M，最终可计算出 M-N-ϕ 关系曲线。该路径情况下荷载-变形全过程关系曲线的计算步骤与纯弯构件 M-ϕ 全曲线的计算步骤相同，但计算过程中应该满足 $N_{in}=N$ 的平衡条件。

图 3.23 所示为加载路径Ⅰ情况下计算获得的典型 M-N-ϕ 关系曲线，大致可分为以下几个阶段：

a. 弹性阶段（OA）。在此阶段，钢材和混凝土均属弹性工作。A 点大致相当于钢管最大纤维应力达比例极限。

b. 弹塑性阶段（AB）。在此阶段，钢管最大纤维应力超过比例极限，曲线表现为弹塑性性质。接近 B 点时，钢管

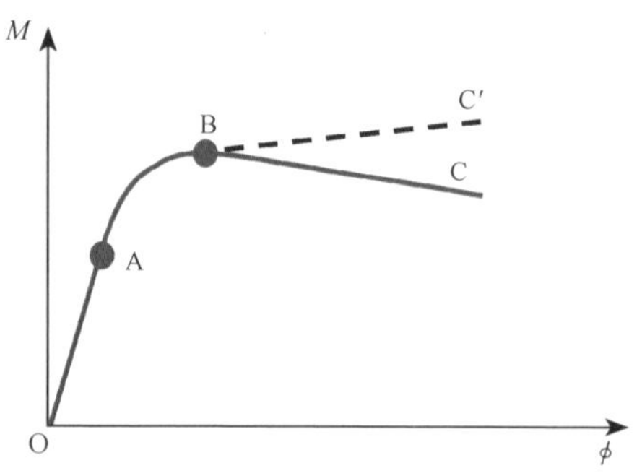

图 3.23　加载路径Ⅰ典型的 M-ϕ 关系

最大纤维应力达屈服点。

c. 下降段（BC）。钢管最大纤维应力达到屈服点后，弯矩增长速度明显落后于曲率增长速度；弯矩达到极限弯矩后，内弯矩的增长抵消不了压弯构件二阶效应的影响，构件所能承受的外弯矩开始减小，表现为 M-N-ϕ 关系曲线出现下降段。对于轴压比较小或约束效应系数 ξ 较大的构件，M-ϕ 曲线经过 B 点后往往不会出现下降段，而是表现出一定的强化性质，即图 3.23 所示 BC′段。

② 加载路径Ⅱ。

在这种加载路径情况下，构件属于受偏心压力作用的情况。逐渐施加偏心压力 N，其偏心距为 e_o（e_x或 e_y），e_o在施加荷载的过程中保持不变。在施加每一级荷载的过程中，截面的平均应变及转角都发生变化，控制初始偏心距 e_o为常数，最终可获得 N-u_m关系曲线，u_m为构件中截面挠度。该路径情况下荷载-变形全过程关系曲线的计算步骤与纯弯构件 M-ϕ 全曲线的计算步骤相同，只是计算过程中应满足 $M_{in}/N_{in}=e_o+u_m$的平衡条件。

图 3.24 所示为路径Ⅱ情况下典型的 N-u_m关系曲线，一般也分为三个阶段：

a. 弹性阶段（OA）。A 点处钢管最大纤维压应力达比例极限。

b. 弹塑性阶段（AB）。B 点对应的钢管最大纤维压应力达屈服点，截面稍有塑性发展区。

c. 下降段（BC）。进入下降段后，钢管屈服区不断向内发展，截面部分发展塑性。

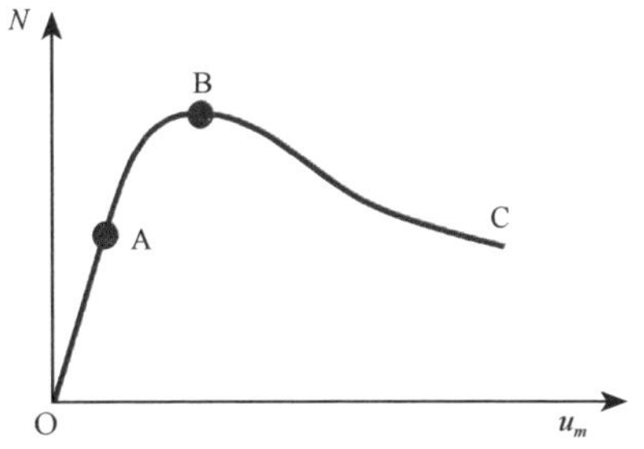

图 3.24　加载路径Ⅱ典型的 N-u_m关系

按照上述方法计算的曲线与实验结果吻合较好，图 3.25 给出二者部分对比结果。

如果不断改变计算参数，则可以计算出钢管混凝土压弯构件的 N/N_u-M/M_u相关关系曲线。这里，N_u和 M_u分别为数值计算得到的轴压和抗弯强度。图 3.26 所示分别为 Q345 钢、C60 混凝土、含钢率 $\alpha=0.1$ 和 $\beta=1$、1.5、2 时矩形钢管混凝土构件在不同长细比情况下的绕弱轴弯曲和绕强轴弯曲的 N/N_u-M/M_u相关曲线。

2）双向压弯构件。

对于实际工程中的方、矩形钢管混凝土框架柱，由于风荷载、水平地震作用或者楼面布置和竖向荷载分布不均匀等因素，会使构件处于双向偏压的受力状态，因此，深入认识这类构件的力学性能非常必要。

当方、矩形钢管混凝土构件处于双向压弯状态时，构件截面上会作用有轴向压力 N 和两个对称轴平面内大小可能不等的弯矩 M_x和 M_y，如图 3.27 所示。图中，e_o为偏心压力 N 的初始偏心矩，θ 为荷载作用点和截面中心点连线与对称轴 x 的夹角。

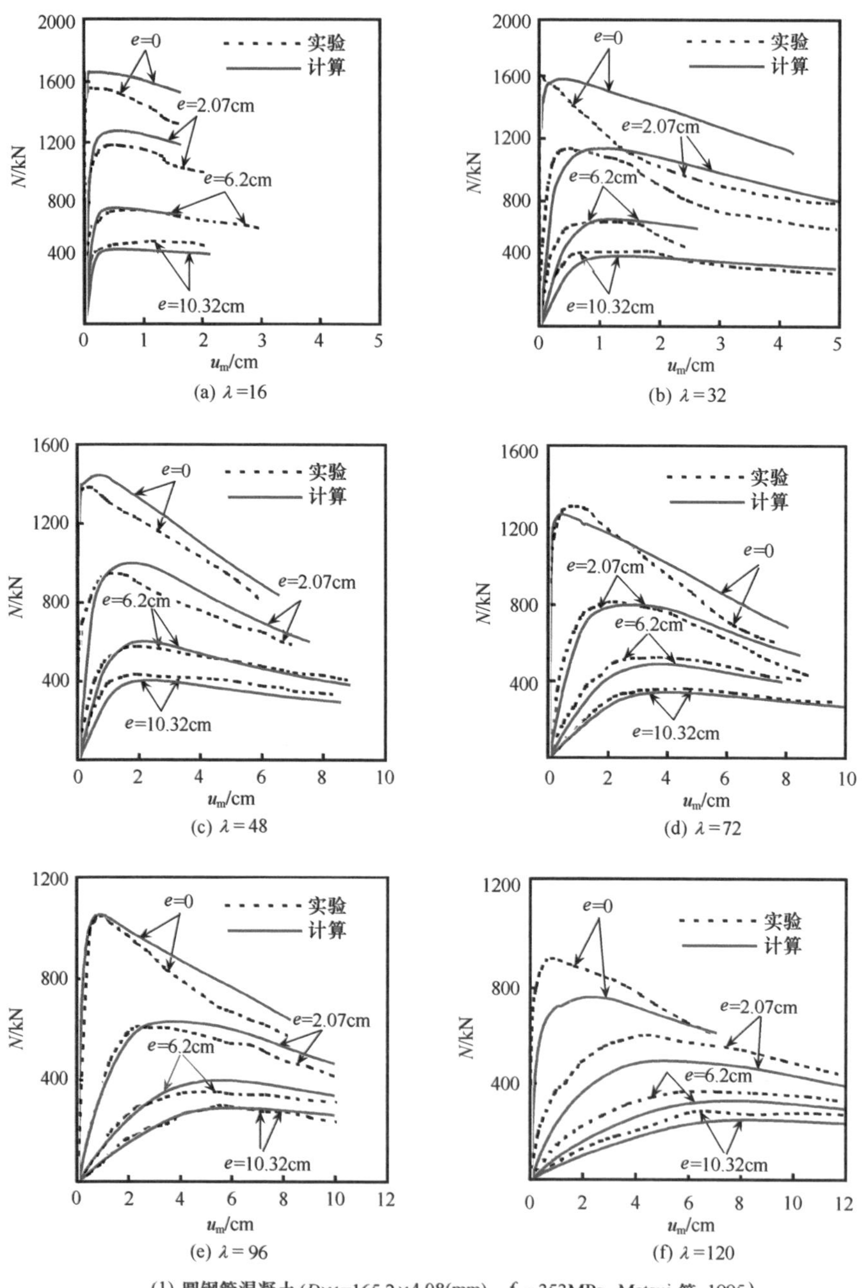

(1) 圆钢管混凝土($D \times t$=165.2×4.08(mm)，f_y=353MPa，Matsui 等，1995)

图 3.25 钢管混凝土计算 N-u_m 关系和实验结果比较

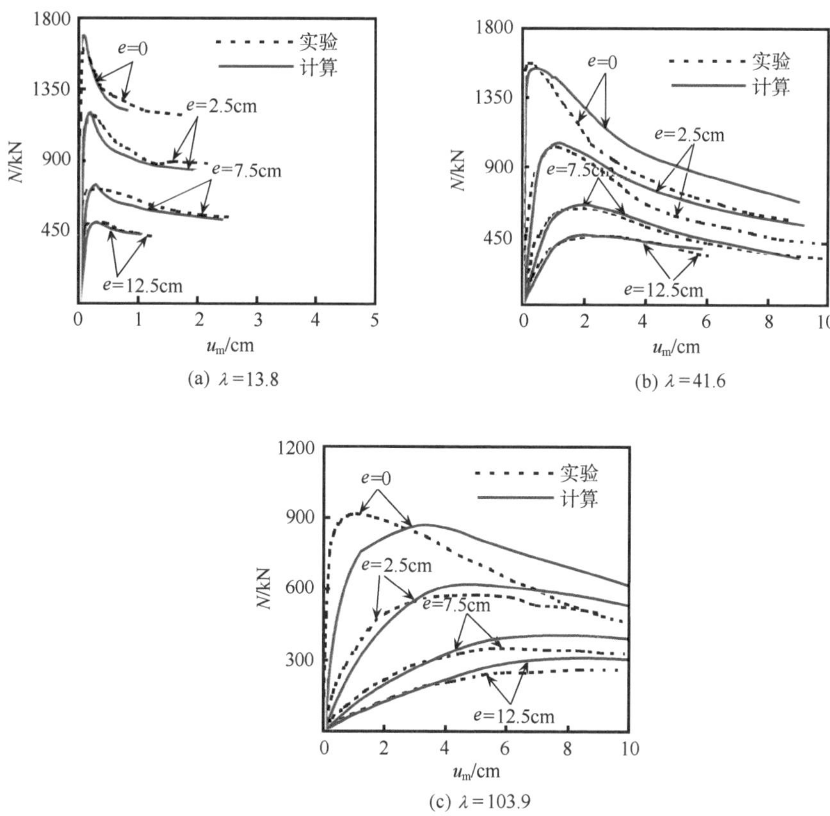

(a) $\lambda=13.8$

(b) $\lambda=41.6$

(c) $\lambda=103.9$

(2) 方钢管混凝土($B\times t$=149.8mm×4.27mm, f_y=411.6MPa; Matsui 等,1995)

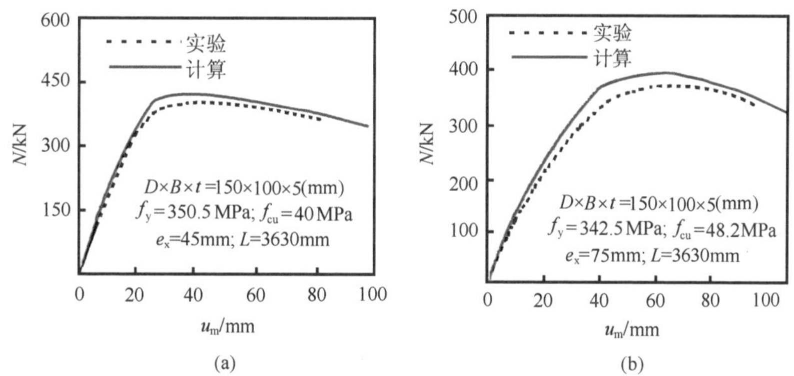

(a)

(b)

图 3.25　钢管混凝土计算 N-u_m 关系和实验结果比较（续）

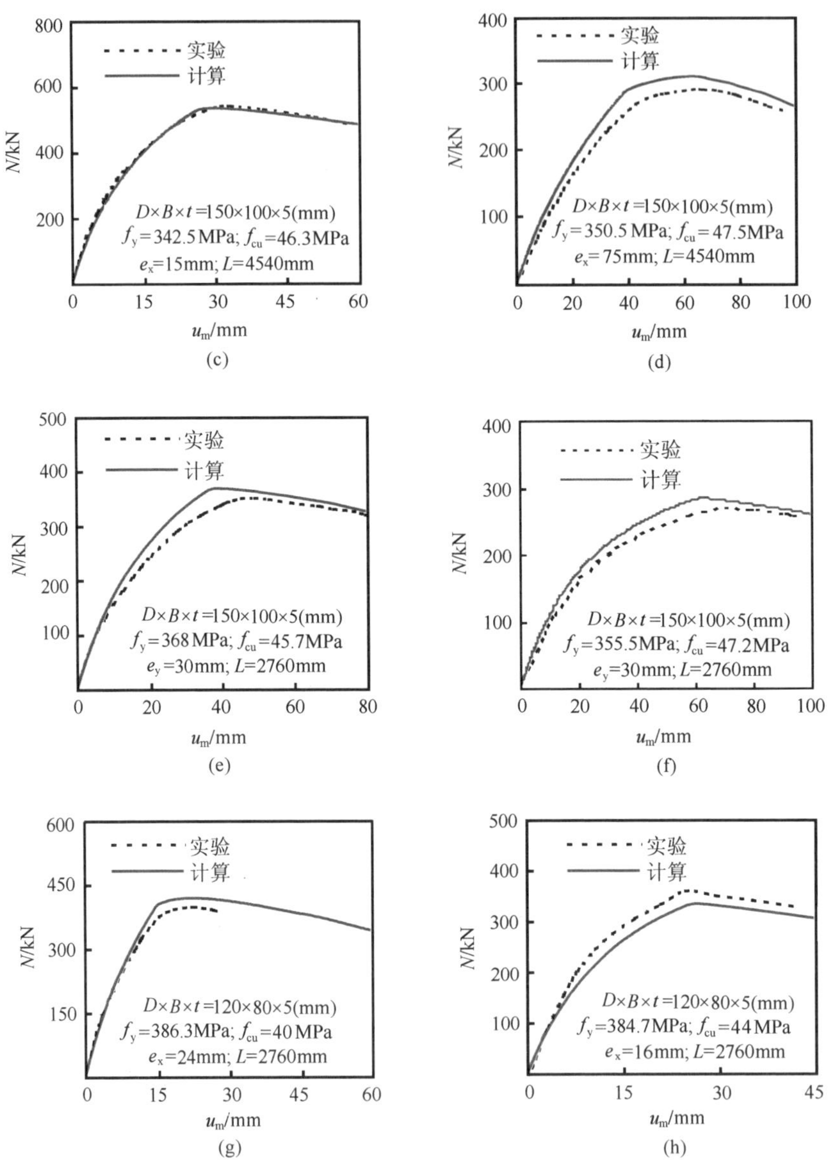

(3) 矩形钢管混凝土 (Shakir-Khalil 和 Al-Rawdan, 1997, Shakir-Khalil 和 Zeghiche, 1989)

图 3.25　钢管混凝土计算 N-u_m 关系和实验结果比较（续）

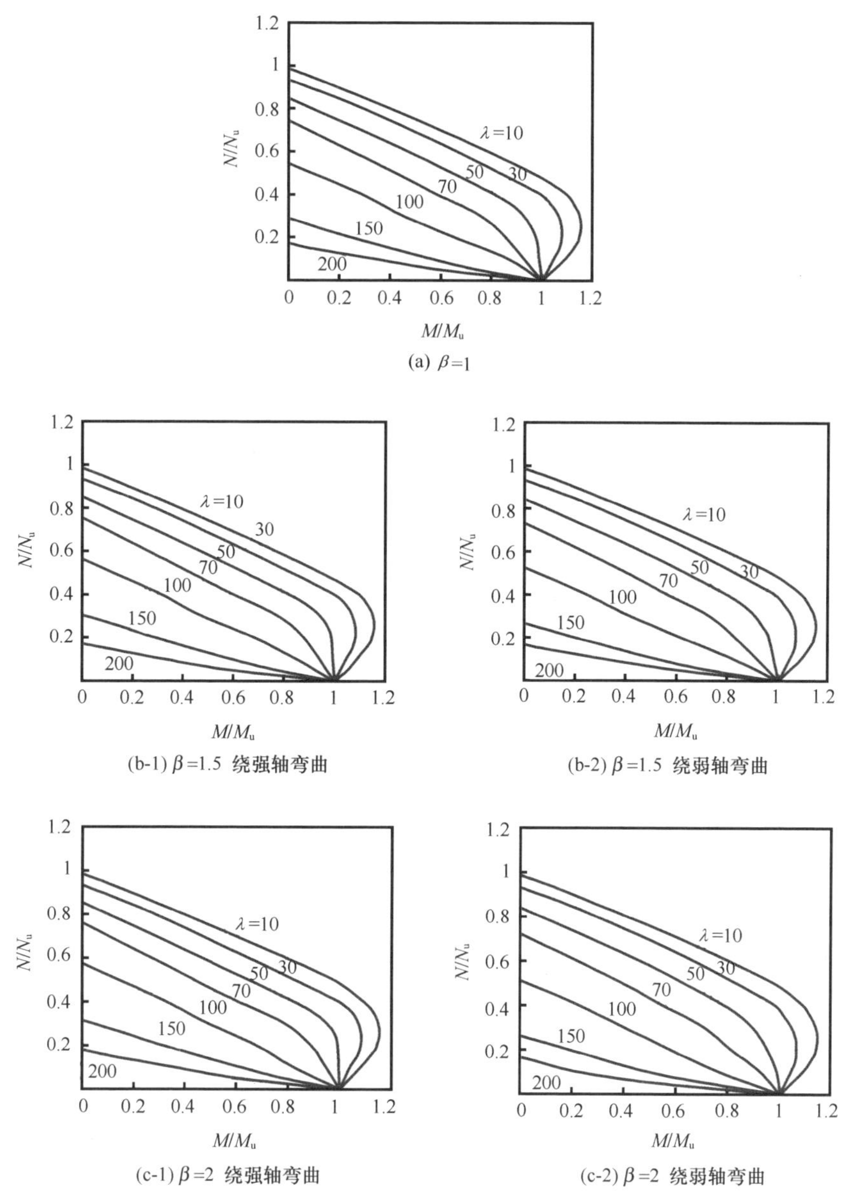

(a) $\beta=1$

(b-1) $\beta=1.5$ 绕强轴弯曲

(b-2) $\beta=1.5$ 绕弱轴弯曲

(c-1) $\beta=2$ 绕强轴弯曲

(c-2) $\beta=2$ 绕弱轴弯曲

图 3.26　压弯构件 N/N_u-M/M_u 关系

由于以上轴力和弯矩可以是三个相互独立的变量，方、矩形钢管混凝土压弯构件要达到这三个荷载所构成的三维受力状态空间中的某一点时存在着不同的加载路径。方、矩形钢管混凝土构件在截面上虽然是双轴几何对称的，但由于如混凝土受拉区的开裂等材料非线性的影响，可能会使不同加载路径下构件极限承载力的大小有所不同。

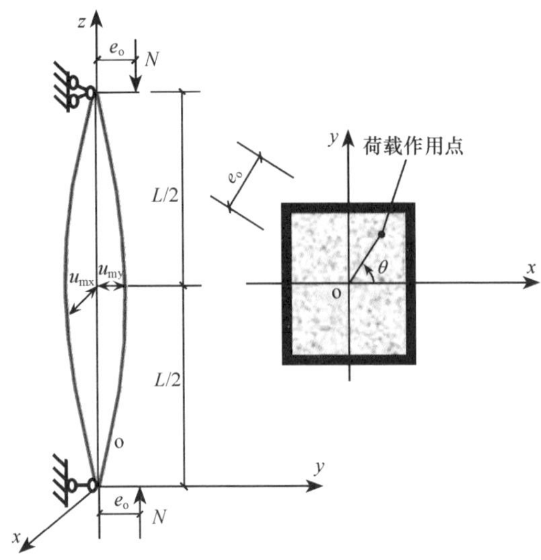

图 3.27　双向偏心受压构件示意图

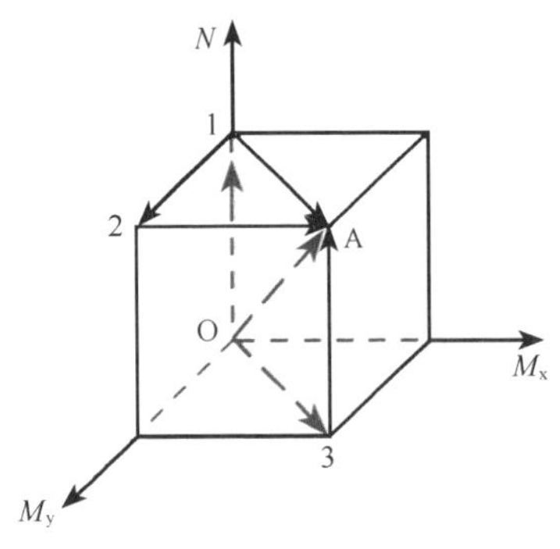

图 3.28　轴力和双向弯矩加载路径示意图

图 3.28 表示一个由 N、M_x 和 M_y 所组成的三维力状态空间，A 点为空间中的某一点。

图 3.28 给出几种典型的加载路径：

路径Ⅰ：先施加轴向力 N，保持 N 的大小和方向不变，再施加弯矩 M_y，最后保持 N 和 M_y 的大小和方向不变，施加弯矩 M_x（路径 O—1—2—A）。

路径Ⅱ：表示轴压力 N 和弯矩 M_x、M_y 按比例增加（路径 O—A）。实际工程结构中双向偏压柱的受力情况即属此类，这种加载路径在实际工程中最为常见。

路径Ⅲ：先施加轴向力 N，保持 N 的大小和方向不变，然后按比例施加 M_x 和 M_y（路径 O—1—A）。

路径Ⅳ：按比例增加弯矩 M_x 和 M_y，然后保持 M_x 和 M_y 的大小和方向不变，施加轴向力 N（路径 O—3—A）。

路径Ⅲ和路径Ⅳ这两种加载路径在实际工程中较少出现，因此，下面对路径Ⅰ和路径Ⅱ进行分析计算。

与双向受弯构件的计算步骤相同，可计算出两个坐标轴平面内弯矩 M_{inx}、M_{iny} 和内轴力 N_{in}，分别为式（3.53a）、式（3.53b）和式（3.54），计算时构件应满足如下内外力平衡条件

$$\begin{cases} M_{\mathrm{inx}} = M_{\mathrm{x}} + Nu_{\mathrm{y}} \\ M_{\mathrm{iny}} = M_{\mathrm{y}} + Nu_{\mathrm{x}} \\ N_{\mathrm{in}} = N \end{cases} \tag{3.56}$$

① 加载路径Ⅰ。

对方、矩形钢管混凝土构件先施加轴压力 N，保持 N 的大小和方向不变，不断增加 ϕ_{x}，直到 $M_{\mathrm{x}} = M_{\mathrm{inx}} - Nu_{\mathrm{y}}$，最后再不断增加 ϕ_{y}，并调整 ϕ_{x} 和 ε_{o}，以保持 N 和 M_{x} 的大小和方向不变，由此就可得到构件荷载 M_{y} 和变形 ϕ_{y} 的关系曲线。当 N 为 0 时，构件即成为双向弯曲构件。

对于双向压弯构件，当轴压力 N 较小时，构件受力和变形情况表现得和双向弯曲构件很类似。当轴向压力 N 的较大时，构件弯矩 M_{y} 在达到峰值点后不再继续增长，开始出现下降段。

② 加载路径Ⅱ。

如前所述，这种加载路径为构件受偏心力作用的情况，加载时荷载的初始偏心矩为 e_{o}，荷载偏心角为 θ。由此可求出 M_{x}、M_{y} 为

$$M_{\mathrm{x}} = Ne_{\mathrm{o}}\sin\theta \tag{3.57}$$

$$M_{\mathrm{y}} = Ne_{\mathrm{o}}\cos\theta \tag{3.58}$$

构件同样应满足平衡条件式（3.56），计算时给定一 u_{mx}，通过调整 u_{my}，使 θ 等于给定的荷载偏心角，即可计算出一对应的轴向力 N，由此可得到构件的轴向荷载 N 和变形 u_{mx} 或 u_{my} 的关系曲线。

在以上分析的过程中，当双向压弯构件一个主对称轴平面内作用的弯矩为 0 时，该双向压弯构件即为单向压弯构件，因而以上进行双向压弯构件荷载-变形关系分析的数值方法和前文单向压弯构件荷载-变形关系分析的数值方法是衔接的。

图 3.29 所示为方钢管混凝土双向偏压构件按上述数值方法计算的结果与 Bridge（1976）实验结果的对比情况。

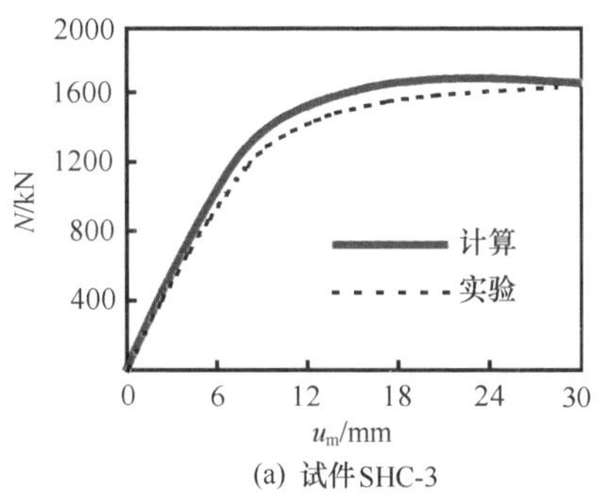

(a) 试件SHC-3

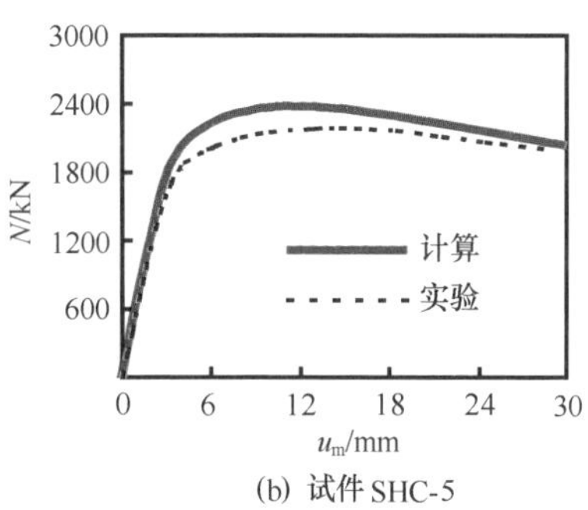

(b) 试件SHC-5

图 3.29　方钢管混凝土双向压弯构件理论计算结果和实验结果比较

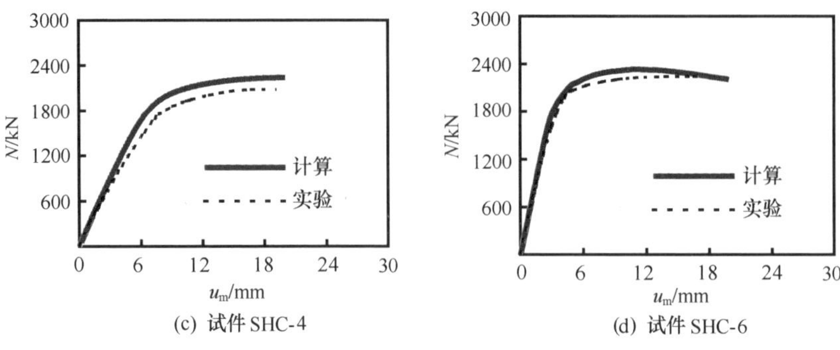

(c) 试件 SHC-4　　(d) 试件 SHC-6

图 3.29　方钢管混凝土双向压弯构件理论计算结果和实验结果比较（续）

表 3.1 中列出试件有关计算参数，其中 N_{ue} 为实测极限荷载，N_{uc} 为计算极限荷载，N_{uc}/N_{ue} 的平均值为 1.078，均方差为 0.026，可见二者符合得较好。

表 3.1　方钢管混凝土双向压弯构件一览表（Bridge，1976）

试件编号	B /mm	t /mm	L /mm	e_0 /mm	θ /(°)	f_y /MPa	f_{cu} /MPa	N_{uc} /kN	N_{ue} /kN	$\frac{N_{uc}}{N_{ue}}$
SHC-3	203.05	10.03	2130	38	30	313	44.2	2180	2327	1.067
SHC-4	203.10	9.88	2130	38	45	317	46.6	2162	2383	1.102
SHC-5	202.90	10.01	3050	38	30	319	52.7	2037	2244	1.102
SHC-6	202.65	9.78	3050	64	45	317	43.0	1623	1686	1.039

利用上述数值方法，还对 Shakir-Khalil 和 Zeghiche（1989），Shakir-Khalil 和 Mouli（1990）进行的矩形钢管混凝土双向偏压构件实验结果进行了验算，试件参数见表 3.2。

表 3.2　矩形钢管混凝土双向压弯构件一览表

试件编号	$D\times B\times t$ /(mm×mm×mm)	β	e_y /mm	e_x /mm	L /mm	f_y /MPa	f_{cu} /MPa	N_{ue} /kN	N_{uc} /kN	$\frac{N_{uc}}{N_{ue}}$	数据来源
R-1	120×80×5	1.5	24	16	2760	343.3	45	268	288.5	1.076	Shakir-Khalil 和 Zeghiche（1989）
R-2	120×80×5	1.5	60	40	2760	357.5	44	160	176.3	1.102	
R-3	120×80×5	1.5	12	8	2760	341	42.6	348	349.4	1.004	Shakir-Khalil 和 Mouli（1990）
R-4	120×80×5	1.5	42	28	2760	341	46.2	198.5	228.0	1.149	
R-5	120×80×5	1.5	24	40	2760	362.6	42.4	206.8	222.4	1.075	
R-6	120×80×5	1.5	60	16	2760	362.6	40.8	209.8	238.0	1.134	
R-7	150×100×5	1.5	15	10	2760	346.7	46.2	596.2	593.6	0.996	
R-8	150×100×5	1.5	45	30	2760	340	46.6	329.2	357.2	1.085	
R-9	150×100×5	1.5	75	50	2760	340	47.2	254.6	287.5	1.129	

实验曲线与理论计算曲线的对比情况如图 3.30 所示。

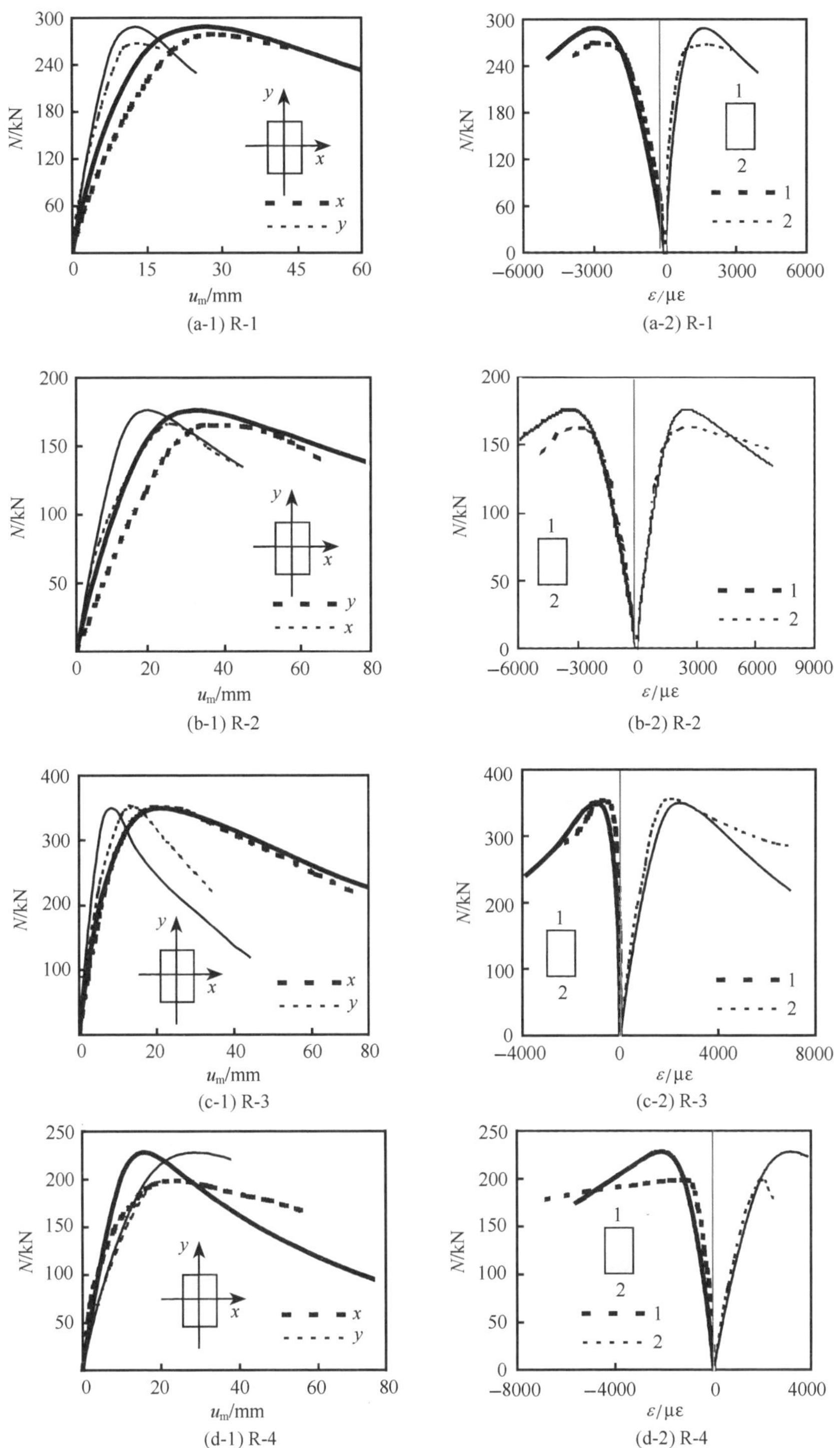

图 3.30　矩形钢管混凝土双向压弯构件理论计算结果和实验结果比较

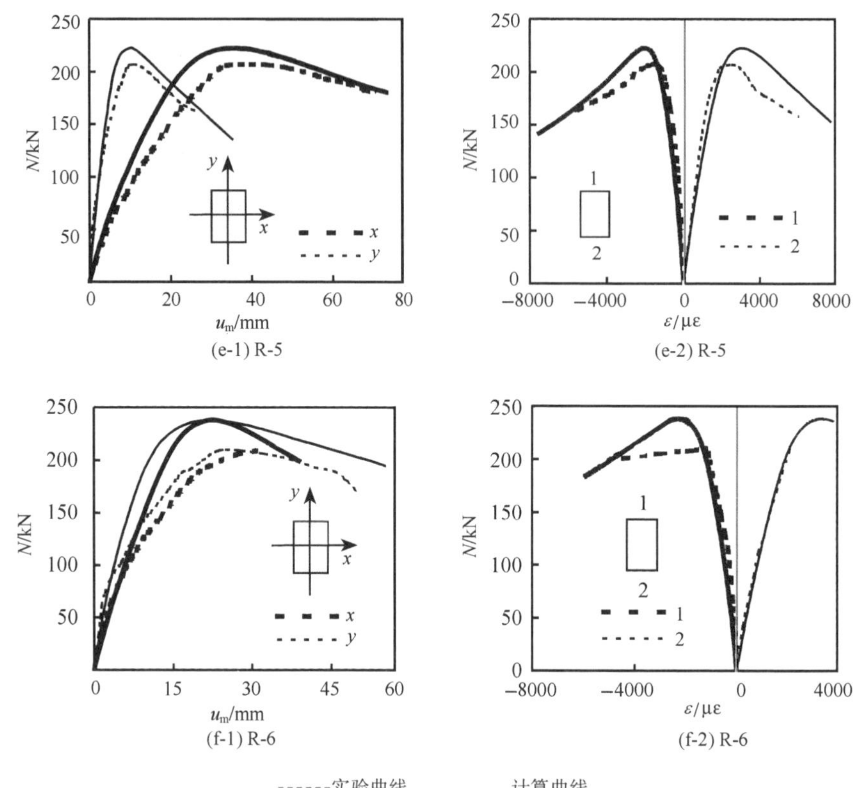

图 3.30　矩形钢管混凝土双向压弯构件理论计算结果和实验结果比较（续）

承载力计算结果和实验结果的对比列于表 3.2，其中 N_{ue} 为实验极限荷载，N_{uc} 为计算极限荷载，N_{uc}/N_{ue} 的平均值为 1.083，均方差为 0.054。理论计算结果和实验结果总体吻合较好。如果不断变化计算参数，则可计算出方、矩形钢管混凝土双向压弯构件在不同长细比 λ_{xy}（$\lambda_{xy}=\sqrt{\lambda_x^2+\lambda_y^2}$）情况下的 N/N_u-M_x/M_{ux}-M_y/M_{uy} 相关曲面，图 3.31 绘出其示意图。

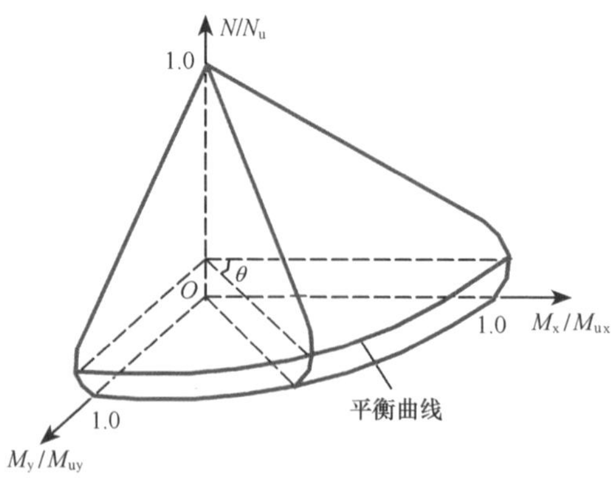

图 3.31　双向压弯构件相关曲面示意图

图 3.32 绘出了 Q345 钢、C40 混凝土，含钢率 $\alpha=0.12$、$\theta=45°$时矩形钢管混凝土双向压弯构件在不同长细比情况下 N/N_u-M/M_u 相关曲线，$M=\sqrt[1.8]{(M_x)^{1.8}+(M_y)^{1.8}}$。

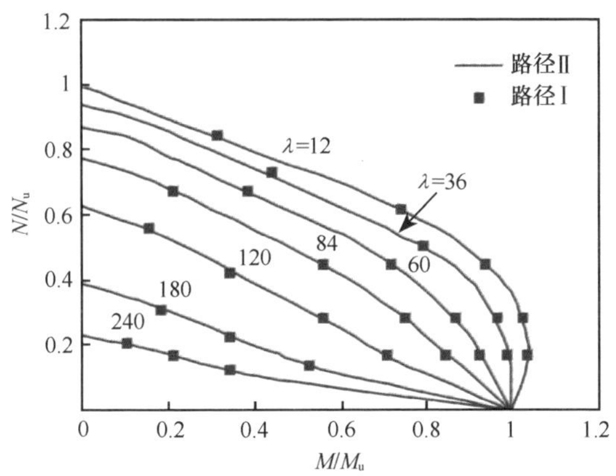

图 3.32　$\theta=45°$时不同长细比情况下的 N/N_u-M/M_u 相关曲线

图 3.33 绘出了不同轴压比情况下 M_x/M_{ux}- M_y/M_{uy} 相关关系曲线。

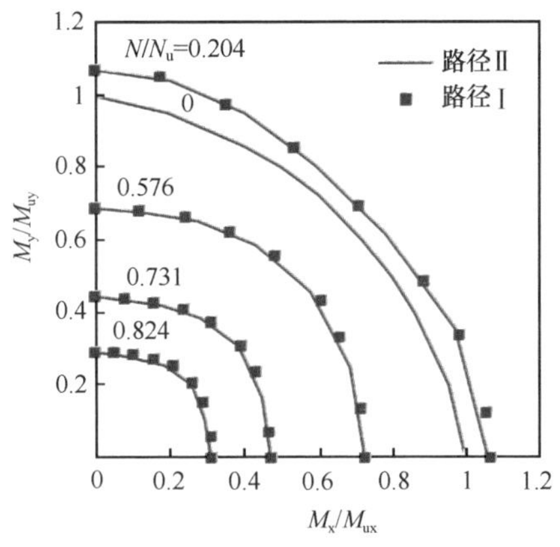

图 3.33　不同轴压比情况下 M_x/M_{ux}-M_y/M_{uy} 相关曲线

由图 3.32 和图 3.33 可见，加载路径Ⅰ和Ⅱ两种情况下的计算结果基本一致。通过对 $f_y=200\sim700$MPa，$f_{cu}=30\sim120$MPa，$\alpha=0.03\sim0.2$ 等不同参数条件下压弯构件相关曲线在不同加载路径情况下的计算，表明加载路径不同对方、矩形钢管混凝土双向压弯构件承载力相关曲线的形状影响不大，由于加载路径不同而造成的计算结果差别都在 5%以内。

图 3.34 所示为压弯构件极限承载力数值计算结果（N_{uc}）和实验结果（N_{ue}）的对比情况。收集到的试件数量为：圆钢管混凝土 294 个，方、矩形钢管混凝土

171 个。计算结果表明，对于圆钢管混凝土，N_{uc}/N_{ue}的平均值为 0.968，均方差为 0.095；对于方、矩形钢管混凝土，N_{uc}/N_{ue}的平均值为 0.978，均方差为 0.118，可见数值计算结果和实验结果吻合较好。

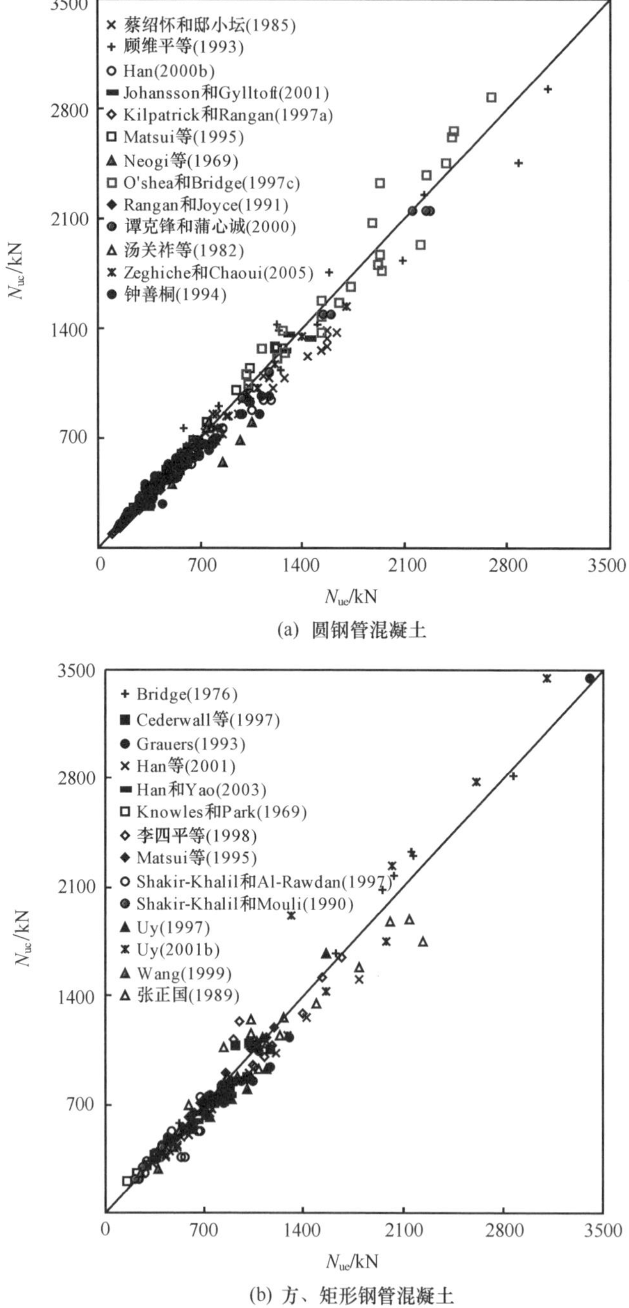

图 3.34 压弯构件承载力理论计算结果与实验结果对比

3.2.3　压（拉）弯构件的有限元法

采用纤维模型法对钢管混凝土轴压、纯弯和压弯构件的荷载-变形关系进行计算，概念明确，编程方便，且计算结果得到大量实验结果的验证。但必须注意到，3.2.2 节介绍的钢管混凝土纤维模型法是一种简化的数值分析方法，不利于从应力、应变分布及钢管和核心混凝土之间的相互作用角度进一步深入研究钢管混凝土构件的工作机理。而采用有限元法则可较好地解决该问题。

利用有限元方法进行钢管混凝土结构构件的受力分析时，有的学者采用自行编制的有限元程序，这对解决一些特定的问题是有效的。但自编程序一般在前、后处理方面往往不尽人意，尤其对一些复杂受力问题就越发显得困难。作者领导的课题组也曾采用自行编制的有限元程序研究过钢管混凝土构件的力学性能（韩林海，2004；韩林海和钟善桐，1996；杨有福，2003）。还有的学者采用通用有限元软件建模的方法，常用的主要有 ANSYS，ADINA，DIANA 和 ABAQUS 等，其中，以 ABAQUS 软件应用较多，如 Schneider（1998），Shakir-Khalil 和 Al-Rawdan（1997），Johansson（2000），Varma（2000），Susantha 等（2001）和 Hu 等（2003）。但目前存在的问题是，已有的模型尚缺乏足够的算例验证，且核心混凝土本构关系模型缺乏通用性，尚有待于继续深入研究。

ABAQUS 软件具有较强的非线性分析功能（庄茁等，2005），本节将介绍基于该软件平台分析钢管混凝土压（拉）弯构件工作机理时的建模方法，阐述有限元计算中所需的钢材和混凝土本构关系模型、钢管及其核心混凝土之间界面模型等的确定方法。本节还在对钢管混凝土构件荷载-变形全过程关系曲线计算分析结果的基础上，进一步探讨钢管混凝土压（拉）弯构件的工作机理和力学实质。有关钢管混凝土构件在其他受力状态下的分析方法及结果将在第四章予以介绍。

（1）钢管混凝土轴心受力时的有限元分析

1）计算方法。

为了采用 ABAQUS 合理地分析钢管混凝土轴心受力时的性能，需解决一些关键问题，如钢材和混凝土本构关系模型的确定、单元选取和单元网格划分、边界条件确定以及界面接触单元处理等。下面简要介绍有关方法。

① 材料本构关系模型的确定。

钢材采用图 3.1 或图 3.2（对于冷弯钢管）所示的模型。对于混凝土，采用塑性损伤模型，该模型可较好地模拟混凝土的塑性性能和在往复荷载作用下的刚度退化（Hibbitt，Karlsson and Sorensen，Inc.，2003）。分析时，混凝土在围压下强度的提高通过定义屈服面实现，塑性性能的提高则体现在核心混凝土的应力-应变关系模型中。

通过 3.2.2 节中对核心混凝土受力性能的分析可知，由于受到钢管的被动约束，核心混凝土的塑性会有所增加，主要表现在两个方面：a. 对应峰值应力的应变有所增加；b. 应力-应变关系曲线上的下降段趋于平缓。这种塑性性能增加与约束效应系数 ξ 有关。

为了更好地说明问题，图 3.35 给出了一些典型的素混凝土、钢管混凝土应力（σ）、荷载（N）-应变（ε）关系比较的算例。

图 3.35（1）所示为混凝土单向模型计算结果与 Kupfer 等（1969）进行的单轴受压、等双轴受压、不等双轴受压和一拉一压受力状态下素混凝土试件应力-应变关系实测曲线的比较，图中，σ_1 代表主受压轴方向的应力。可见，计算结果与实验结果吻合较好。同样采用 Hognestad 等（1955）提供的素混凝土单轴受压应力-应变关系模型对钢管混凝土轴压荷载-变形关系曲线进行了计算，图 3.35（2）和（3）分别给出圆形和方形钢管混凝土计算结果与实验结果的比较。可见，计算曲线的峰值比实验结果低，极限承载力对应的应变与实验结果相比也偏小且曲线下降段与实测曲线差别较大。因此，在 ABAQUS 中输入普通的素混凝土单轴受压应力-应变关系模型很难描述核心混凝土受到钢管的被动约束且这种约束作用在受力过程不断变化的特点。

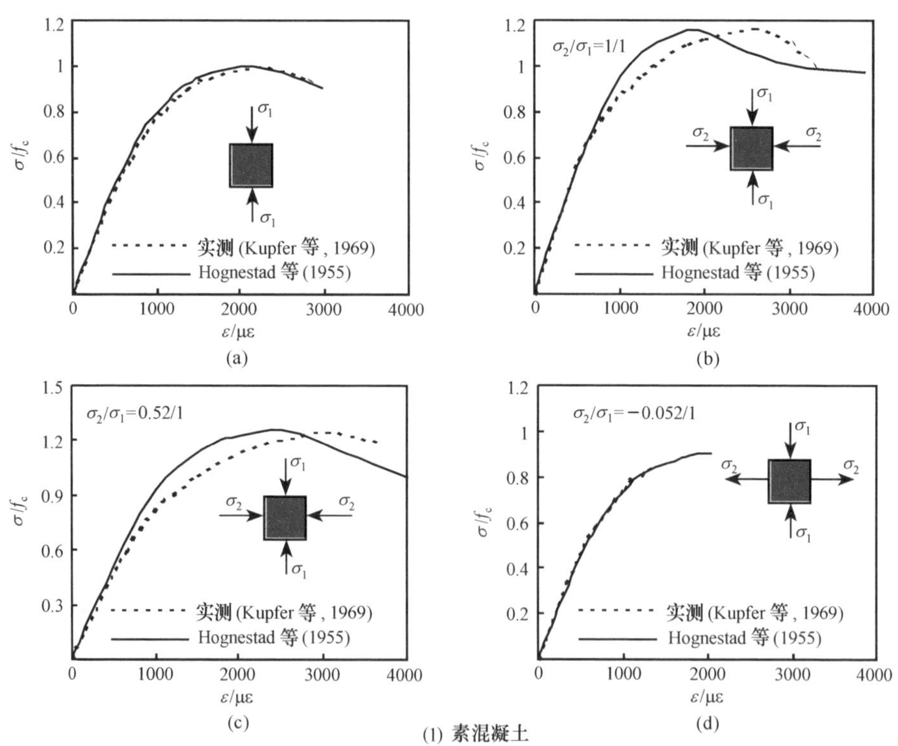

图 3.35　素混凝土、钢管混凝土应力（σ）、荷载（N）-应变（ε）关系比较

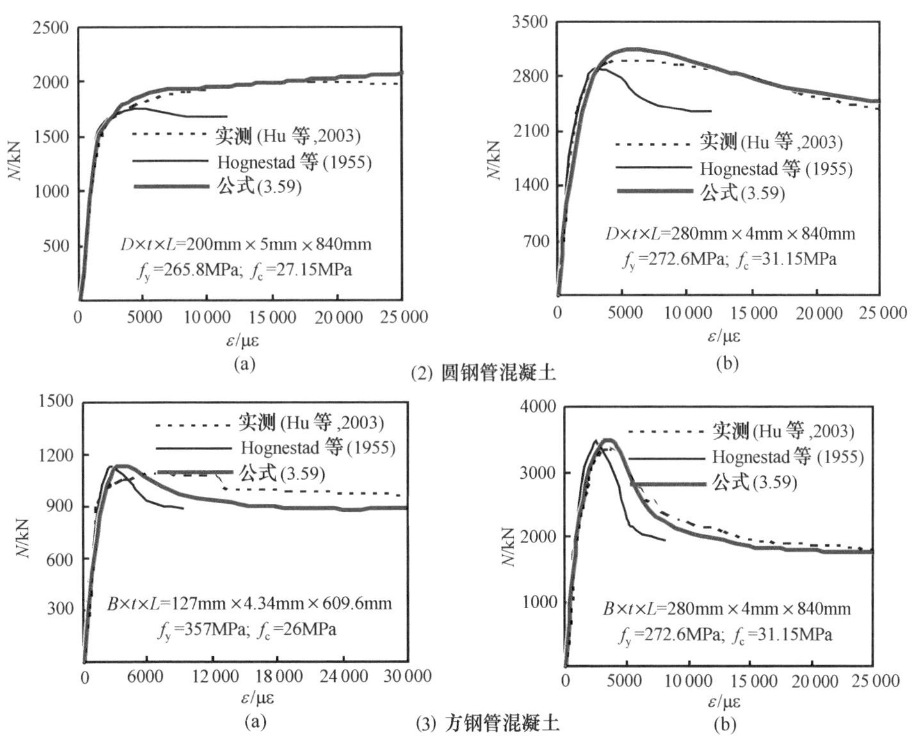

图 3.35　素混凝土、钢管混凝土应力（σ）、荷载（N）-应变（ε）关系比较（续）

以往，有的研究者尝试在混凝土单轴受压应力-应变关系曲线的基础上进行修正，增加其塑性性能，如 Schneider（1998）和 Varma（2000）增加曲线峰值点处的塑性应变，但其增加量与钢管的约束大小无关，且曲线是不完全光滑的；Hu 等（2003）采用试算使计算结果与实验结果吻合的方法来修正混凝土单轴受压应力-应变关系曲线。

在以往有关研究者采用 ABAQUS 对钢管混凝土进行有限元分析和课题组研究成果的基础上，通过对大量钢管混凝土轴压算例的计算分析（刘威，2005；尧国皇，2006），考虑约束效应系数 ξ 和混凝土强度 f'_c 的影响，提出适用于 ABAQUS 有限元分析的核心混凝土应力（σ）-应变（ε）关系为

$$y=\begin{cases}2\cdot x-x^2 & (x\leqslant 1)\\ \dfrac{x}{\beta_0\cdot(x-1)^\eta+x} & (x>1)\end{cases}\tag{3.59}$$

式中：

$$x=\frac{\varepsilon}{\varepsilon_o},y=\frac{\sigma}{\sigma_o};$$

$$\sigma_o=f'_c;$$

$$\varepsilon_o=\varepsilon_c+800\cdot\xi^{0.2}\times 10^{-6};$$

$\varepsilon_c = (1300 + 12.5 \cdot f_c') \times 10^{-6}$；

$$\eta = \begin{cases} 2 & \text{（圆钢管混凝土）} \\ 1.6 + 1.5/x & \text{（方、矩形钢管混凝土）} \end{cases};$$

$$\beta_0 = \begin{cases} (2.36 \times 10^{-5})^{[0.25+(\xi-0.5)^7]} \cdot (f_c')^{0.5} \cdot 0.5 \geqslant 0.12 & \text{（圆钢管混凝土）} \\ \dfrac{(f_c')^{0.1}}{1.2\sqrt{1+\xi}} & \text{（方、矩形钢管混凝土）} \end{cases}$$

以上各式中，混凝土圆柱体抗压强度（f_c'）以 MPa 计。

式（3.59）的特点是，当 $x \leqslant 1$ 时，即核心混凝土达到峰值应力 σ_0 前，应力-应变关系与 Hognested 等（1955）提供的素混凝土模型在形式上类似。当 $x > 1$ 时，即在曲线下降段方程中，系数 β_0 是一个与约束效应系数有关的变量，因而核心混凝土的 σ-ε 关系也就随着钢管混凝土约束效应系数 ξ 的变化而变化。

计算结果表明，式（3.59）具有较好的通用性。式（3.59）的适用范围为：$\xi = 0.2 \sim 5$，$f_y = 200 \sim 700$MPa，$f_{cu} = 30 \sim 120$MPa，$\alpha = 0.03 \sim 0.2$。对于矩形钢管混凝土，其截面高宽比 $D/B = 1 \sim 2$。

进行计算时，参考 ACI Committee 318-05（2005），混凝土的弹性模量的计算方法，取 $E_c = 4700\sqrt{f_c'}$（MPa），混凝土弹性阶段的泊松比取 0.2。

图 3.35（2）和（3）绘制出了输入上述混凝土模型时，采用 ABAQUS 计算出的圆形和方形钢管混凝土 N-ε 关系。可见，采用该模型的计算结果可更好地模拟钢管混凝土的荷载-变形关系。

② 单元选取。

钢管的壁厚相对于核心混凝土尺寸较小，因而采用四节点完全积分格式的壳单元来模拟。为了达到必要的计算精度，在壳单元厚度方向采用九个积分点的 Simpson 积分。核心混凝土采用八节点缩减积分格式的三维实体单元。经计算比较，满足网格精度要求的线性单元与二次单元在钢管混凝土轴压分析中均可以取得较好的计算效果。

③ 网格划分。

网格划分方法对有限元计算影响较大，在模型生成时应结合网格实验确定合理的网格密度。本书采用映射网格划分，即模型截面的网格划分在长度方向是相同的。首先执行一个较为合理的网格划分的初始分析，为保证计算精度，网格三向尺寸不应相差过大。在接触分析中混凝土为从属表面，其网格密度不应低于钢管。

④ 边界条件。

钢管混凝土轴心受力时的几何模型与荷载边界条件为三轴对称，因此可取 1/8 模型进行计算，分别在三个对称面上施加对称边界条件。考虑到端板的约束作用，在端部钢管边缘施加法向位移约束。

图 3.36 为钢管混凝土构件划分网格与施加边界条件的示意图。采用冷弯钢管时，为了保证计算精度，需对冷弯钢管角部及角部混凝土进行细分。图 3.36 中给出数字的含义是：1—此面沿 yz 平面对称；2—此面沿 zx 平面对称；3—此面沿 xy 平面对称；4—约束钢管边缘径向位移；5—约束钢管边缘 y 方向位移；6—约束钢管边缘 x 方向位移。

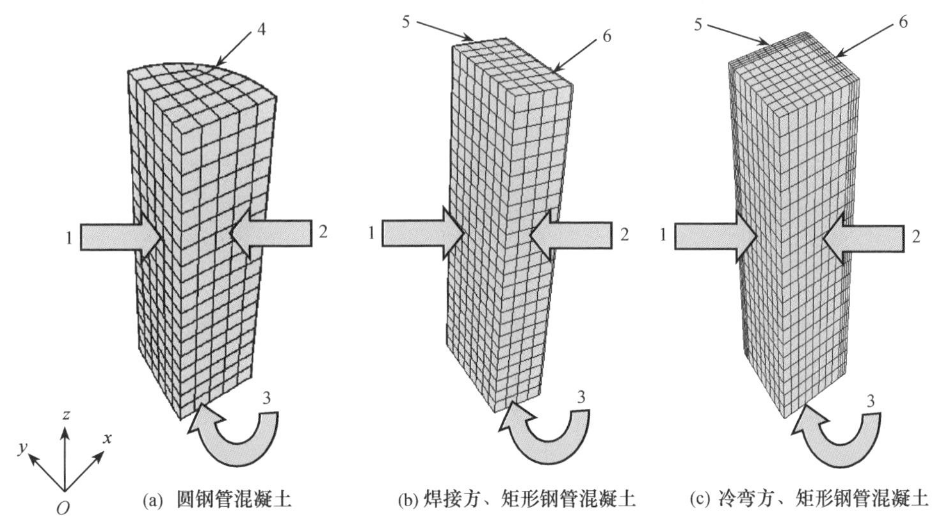

图 3.36　钢管混凝土轴压构件单元划分与边界条件示意图

⑤ 界面接触。

钢管与混凝土界面法线方向的接触采用硬接触，即垂直于接触面的压力 p 可以完全地在界面间传递。对于钢管与混凝土界面模型，有的学者使用界面（或间隙）单元来模拟钢管与混凝土的界面摩擦力，将界面摩擦系数定为 0.25（Schneider，1998；Susantha 等，2001；Hu 等，2003）。还有的建议在界面切向使用刚塑性弹簧单元，界面粘结力可按 Roeder 等（1999）推荐的计算公式确定。

界面粘结力和摩擦力对界面剪应力传递的贡献不同，需综合考虑二者的影响才能合理模拟界面性能。参考以往界面传力性能的研究成果，采用库仑摩擦模型（如图 3.37 所示）来模拟钢管与核心混凝土界面切向力的传递，即界面可传递剪应力，直到剪应力达到临界值 τ_{crit}，界面之间产生相对滑动。计算时采用允许“弹性滑动”的公式，在滑动过程中界面剪应力保持为 τ_{crit} 不变。τ_{crit} 与界面接触压力 p 成比例，且不小于界面平均粘结力 τ_{bond}（如图 3.38 所示），即

$$\tau_{crit} = \mu \cdot p \geqslant \tau_{bond} \tag{3.60}$$

式中：μ 为界面摩擦系数。Baltay 和 Gjelsvik（1990）的研究表明，钢与混凝土界面摩擦系数 μ 的取值范围在 0.2～0.6。通过对大量轴压算例的计算结果表明

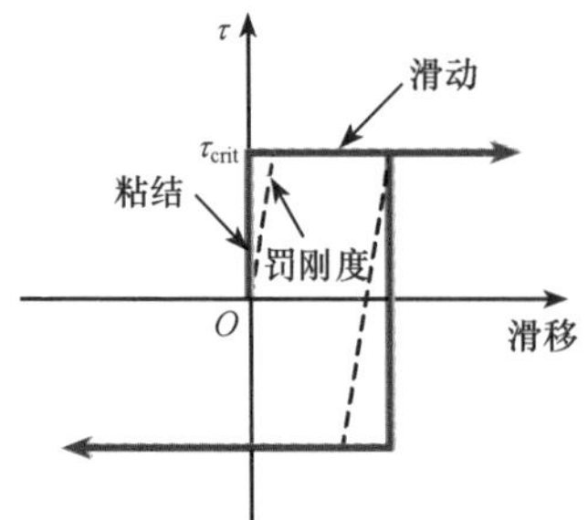

图 3.37　库仑摩擦模型

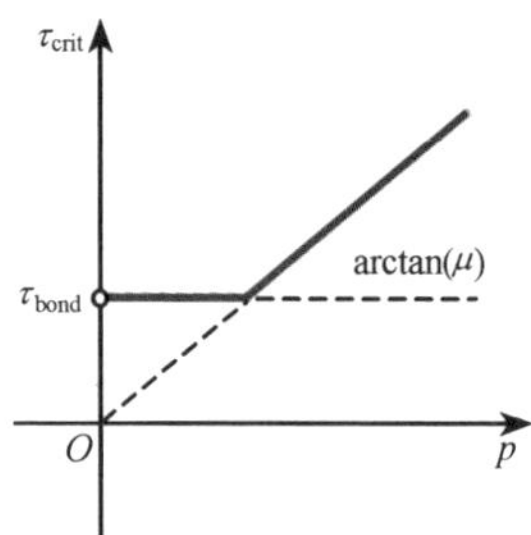

图 3.38　界面临界剪应力

取 $\mu=0.6$ 会得到较好的计算效果（刘威，2005）。钢管与核心混凝土之间的平均界面粘结力，对于圆钢管混凝土可根据 Roeder 等（1999）的研究成果，按下式计算为

$$\tau_{bond}=2.314-0.0195\cdot(d/t)\quad(\mathrm{N/mm^2})\tag{3.61}$$

式中：d 为核心混凝土的直径，t 为钢管壁厚。对于方钢管混凝土的平均界面粘结力，根据 Morishita 等（1979a；1979b）的研究结果，τ_{bond} 约为圆钢管混凝土的 0.75 倍，因此建议按下式计算为

$$\tau_{bond}=0.75\cdot[2.314-0.0195\cdot(b/t)]\quad(\mathrm{N/mm^2})\tag{3.62}$$

式中：b 为核心混凝土的边长。

在进行钢管混凝土受轴心拉力分析时，采用了与进行钢管混凝土轴压分析时同样的单元类型、边界条件和界面接触模型。但当钢管混凝土受轴心拉力时，需定义混凝土受拉时的软化性能。

ABAQUS 软件中提供了三种定义混凝土受拉软化性能的方法：a. 采用混凝土受拉的应力-应变关系；b. 采用混凝土应力-裂缝宽度关系；c. 采用混凝土破坏能量准则来考虑混凝土受拉软化性能即应力-断裂能关系。在塑性损伤模型中受拉性能定义时，"type" 分别对应为 strain、displacement 和 GFI，其中采用能量破坏准则定义混凝土受拉软化性能时具有更好的计算收敛性（Hillerborg 等，1976），该准则基于脆性破坏概念定义开裂的单位面积作为材料参数。尧国皇（2006）采用该模型来模拟混凝土受拉软化性能，如图 3.39 所示，图中，σ_f 和 U_l 分别为混凝土应力和裂缝宽度，当裂缝尖端受拉应力达到开裂应力 σ_{to} 时裂缝形成，应力沿着裂缝宽度方向线性降低，在裂缝宽度达到 U_{lo} 时降为零。断裂能 G_f（每单位面积内产生一条连续裂缝所需的能量值）参考 Hibbitt、Karlsson 和 Sorensen，Inc.（2003）确定，对于 C20 混凝土，G_f 取为 40N/m；对于 C40 混凝土，G_f 取为 120N/m，中间插值计算（Hibbitt，Karlsson 和 Sorensen，Inc.，2003）。参考沈聚敏等（1993）中提供的混凝土抗拉强度计算公式，建议开裂应力 σ_{to} 近似按下式确定为

$$\sigma_{to}=0.26\times(1.25f_c')^{2/3}\tag{3.63}$$

对于钢材有残余应力的情况，计算时在相应钢单元赋予拉应力或压应力。钢管残余应力的分布规律可按 3.2.2 节中建议的有关方法确定。当然，残余应力的分布规律与钢管制作和成型工艺等因素关系密切，但只要给定残余应力的分布形式，即可方便地考虑在有限元模型中进行有关计算和分析。

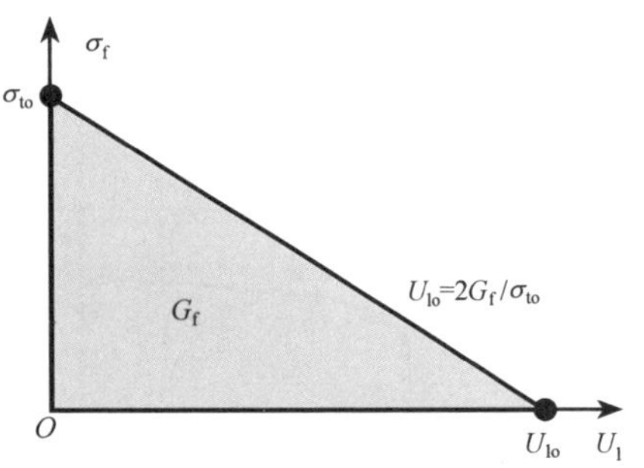

图 3.39　混凝土受拉软化模型

对于端部有盖板的试件，可根据实际情况采用三维实体单元来模拟。端板与混凝土顶面采用法向硬接触进行约束。

计算时，采用位移加载和 Newton-Raphson 方法进行。

2）算例分析。

为了验证有限元模型合理性，对大量钢管混凝土轴压实验结果进行了验算，包括圆形截面试件 356 个，方形 240 个，矩形 73 个。结果表明，对于圆试件，承载力计算结果（N_{uc}）与实验结果（N_{ue}）比值的平均值和均方差为 0.965 和 0.111；对于方试件，N_{uc}与 N_{ue}比值的平均值和均方差为 1.024 和 0.109；对于矩形试件，N_{uc}与 N_{ue}比值的平均值和均方差为 1.019 和 0.088。图 3.40 给出了轴压强度承载力计算结果与实验结果总体的比较情况，可见二者总体上吻合良好。

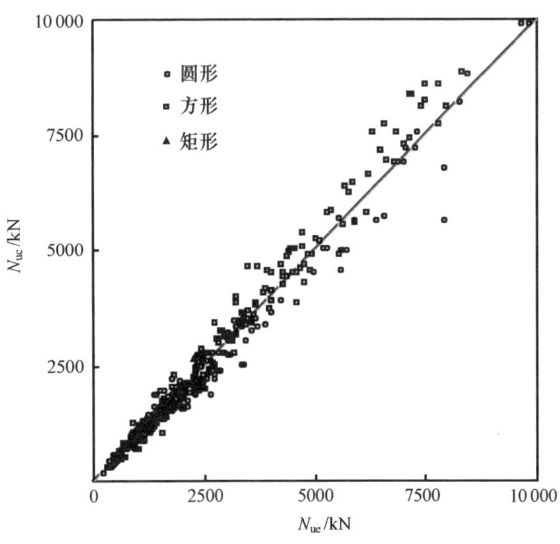

图 3.40　轴压强度承载力计算结果

计算结果还表明，本节用有限元计算结果与 3.2.2 节纤维模型法获得的计算结果接近。

理论计算与实测的钢管混凝土轴压荷载-变形关系曲线亦吻合较好。由于篇幅所限，图 3.41 给出部分较为典型算例的比较情况。

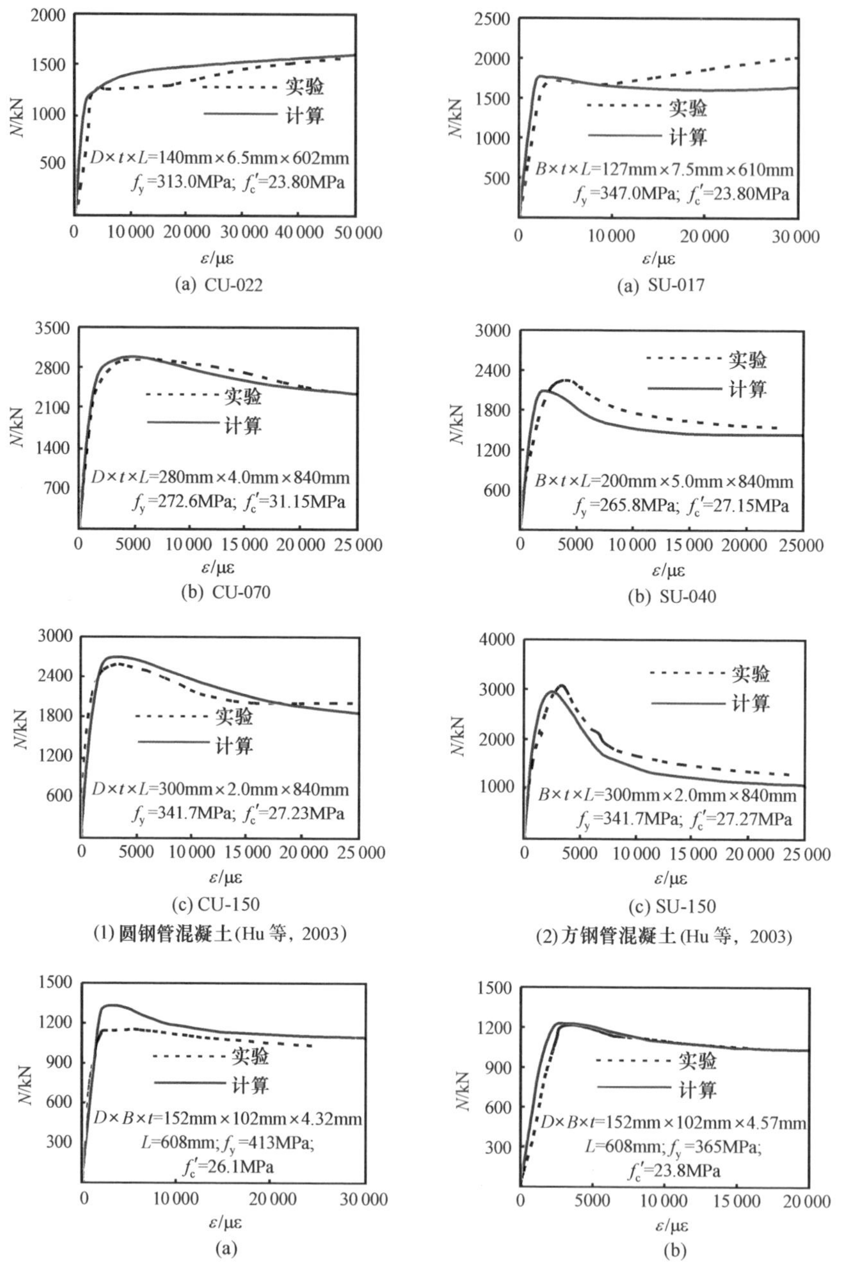

图 3.41　钢管混凝土轴压荷载-变形关系曲线

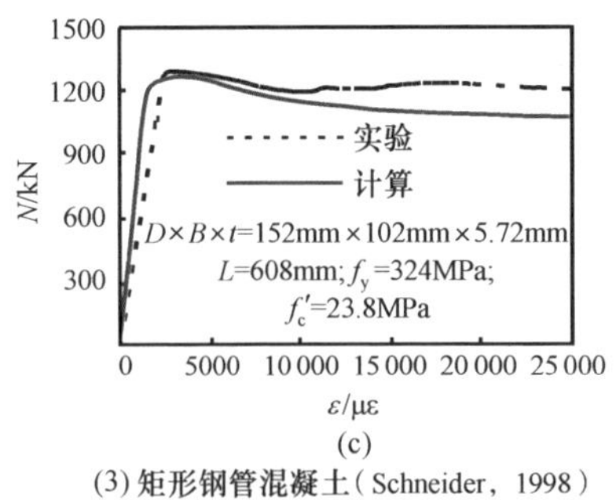

(c)

(3) 矩形钢管混凝土（Schneider，1998）

图 3.41　钢管混凝土轴压荷载-变形关系曲线（续）

图 3.42 给出了圆钢管混凝土构件受轴拉时的荷载-纵向平均拉应变关系曲线实测结果（潘友光和钟善桐，1990）与计算结果的比较，可见二者吻合较好。

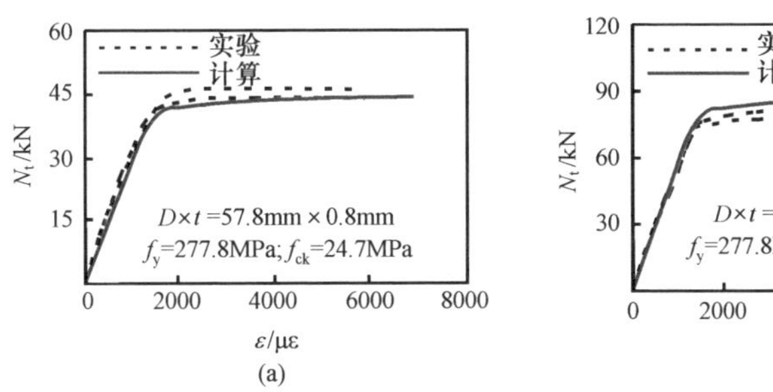

(a)　　(b)

图 3.42　圆钢管混凝土轴拉荷载（N_t）-变形（ε）关系曲线

3）轴心受压时的工作机理分析。

① 钢管和混凝土的受力状态。

有限元计算结果进一步表明：圆形和方、矩形钢管混凝土的 σ_{sc}-ε 关系曲线的基本形状均与约束效应系数 ξ 有很大关系，即总体上随 ξ 的变化呈现出强化、平缓或下降的特征，见 3.2.2 节对图 3.9 所示曲线的有关论述，此处不再赘述。

下面对一典型的算例进行分析，以说明圆形和方、矩形钢管混凝土轴压受力全过程中钢管与核心混凝土的内力及其相互作用力 p 的变化规律。计算时，设试件两端均设有盖板，方、矩形钢管采用焊接管。算例的计算条件为：D（B）=400mm；L/D=3；Q345 钢；C60 混凝土；α=0.1；对于矩形钢管混凝土，D/B=1～2。

图 3.43（a）～（d）给出 σ-ε 计算曲线。为了使图形表示清晰，图中分别将钢管的应力（σ_s）除以 10，约束力（p）乘以 5，且将图中初始约束力 p 的曲线进行了局部放大。

由图 3.43 可见，圆形和方、矩形钢管混凝土的名义应力（σ_{sc}）-应变（ε）关系、核心混凝土的纵向应力（σ_c）-应变（ε_c）关系、钢管的纵向应力（σ_s）-应变（ε_s）关系在受力过程中的变化规律基本类似。本算例中，钢管混凝土的 σ_{sc}-ε 关

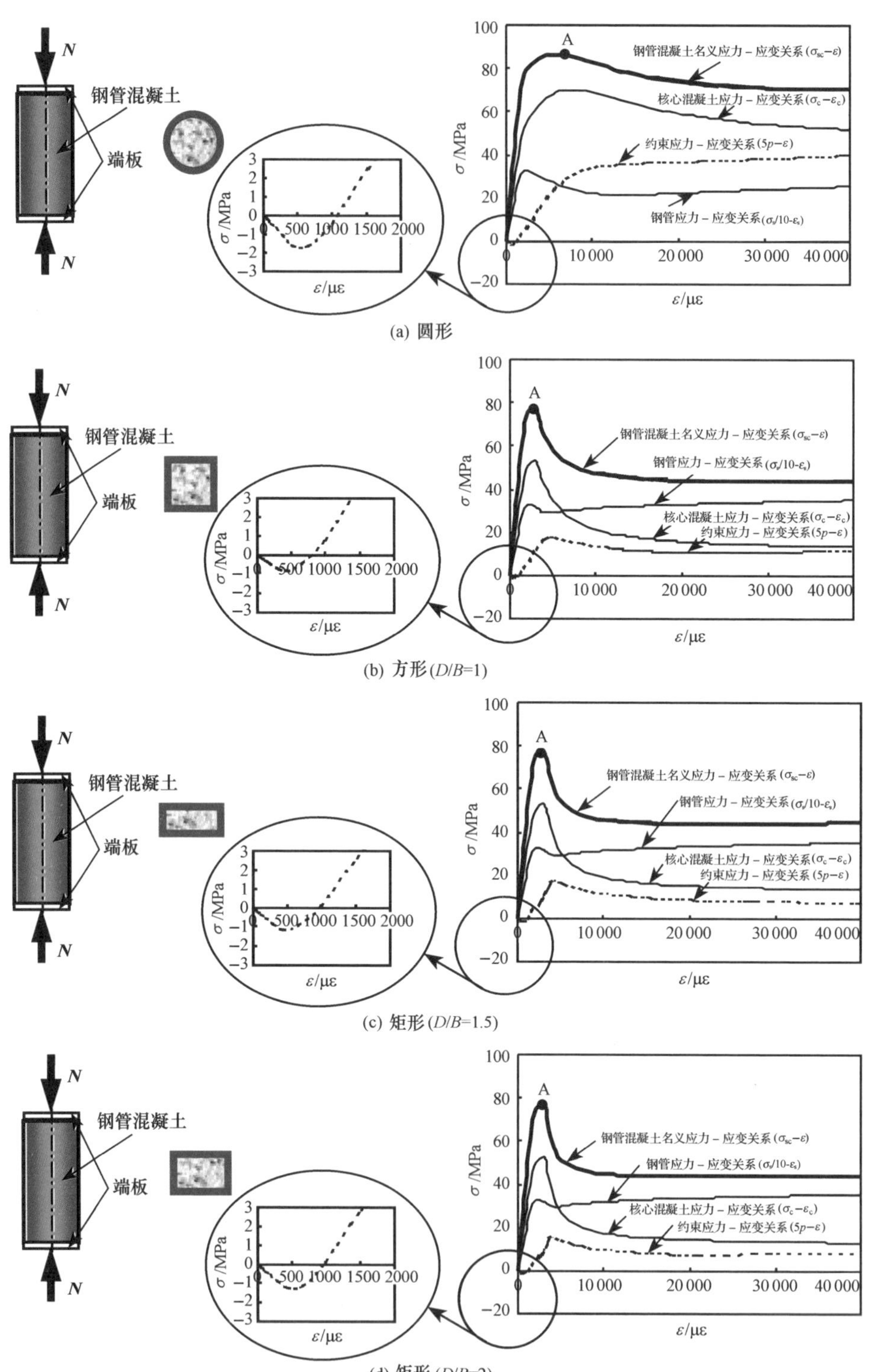

(a) 圆形

(b) 方形(D/B=1)

(c) 矩形(D/B=1.5)

(d) 矩形(D/B=2)

图 3.43　钢管混凝土受轴压时的 σ-ε 全过程关系曲线

系及核心混凝土的σ_c-ε_c关系曲线均有下降段，且钢管混凝土尚未达到其极限强度时，钢材就已屈服，但此时混凝土还没有达到其应力-应变关系上的峰值点。当钢管混凝土达到其强度极限（图中A点）时，混凝土的纵向应力也基本都达到其峰值点。随着σ_c-ε_c核心混凝土应力-应变关系进入下降段，钢管混凝土的应力-应变关系曲线也逐渐开始进入下降段。钢管纵向应力在构件达到承载力极限前已达到屈服点，钢管进入塑性段后，其纵向应力逐渐下降；进入强化阶段后，其纵向应力则呈现增大的趋势。

从图3.43还可以看出，在受力初始阶段，钢管混凝土约束力为负值，即钢管与核心混凝土界面有微小的拉应力，原因在于钢管的泊松比比混凝土大，钢管与混凝土界面有脱开的趋势，但这个阶段相对较短，大致为1000$\mu\varepsilon$，且拉应力数值一般不会超过钢管与核心混凝土的粘结强度。随着纵向压力的增大，核心混凝土的泊松比不断增大且很快会超过钢管的泊松比，这时，二者就会产生相互作用力，即钢管对其核心混凝土的约束作用。且随着纵向应力的增加，平均约束力（p）也不断增大。钢材进入塑性阶段后，圆钢管混凝土的约束力仍有微小增长，而方、矩形钢管混凝土的约束力一般会逐渐降低。

通过图3.43（a）～（d）的比较不难发现，核心混凝土的纵向应力峰值比混凝土单轴抗压强度大，而且在约束效应系数ξ一定的情况下，圆钢管混凝土比方、矩形钢管混凝土的核心混凝土纵向应力峰值提高幅度更大，混凝土应力-应变关系曲线下降段也更为平缓，这是因为截面形式不同，钢管对其核心混凝土的约束效果不同而导致的。

总之，钢管混凝土在受轴心压力作用下，由于钢管的约束作用，核心混凝土处于三向受压的应力状态，其工作性能发生了变化，不但强度得到提高，塑性性能也大为改善。核心混凝土的存在可有效避免或延缓钢管局部屈曲的发生，从而使其材料性能得到充分发挥。

图3.44给出了钢管混凝土轴压试件中截面中点处钢管纵向应力和横向应力在受力全过程中的变化情况。可见，圆、方钢管混凝土的钢管纵向应力和横向应力在受力全过程中的变化规律基本类似，在受荷初期，钢管的纵向应力增加较快，钢管中横向应力很小；随着轴向荷载的增加，钢管和混凝土之间产生了相互作用力，横向应力开始增加。随着轴向荷载的继续增加，纵向应力达到峰值后开始下降。对于圆钢管混凝土，横向应力继续增加然后趋于平缓；对于方钢管混凝土，横向应力达到峰值后开始下降。随着钢材进入强化阶段，钢管的纵向应力和横向应力又开始增长，但增长的幅度不大。从图3.44还可以看出，在其他条件相同情况下，圆试件钢管的横向应力峰值高于方钢管，这主要是钢管及其核心混凝土之间相互作用的差异所致，也即圆钢管对其核心混凝土可提供更强的约束。

图3.45给出了ξ相同、$D/B=1\sim2$范围内，图3.43算例中矩形钢管混凝土的名义应力峰值$\sigma_{sc,max}$、$\sigma_{sc,max}$对应的应变值ε_{max}、混凝土应力峰值$\sigma_{c,max}$及约束力

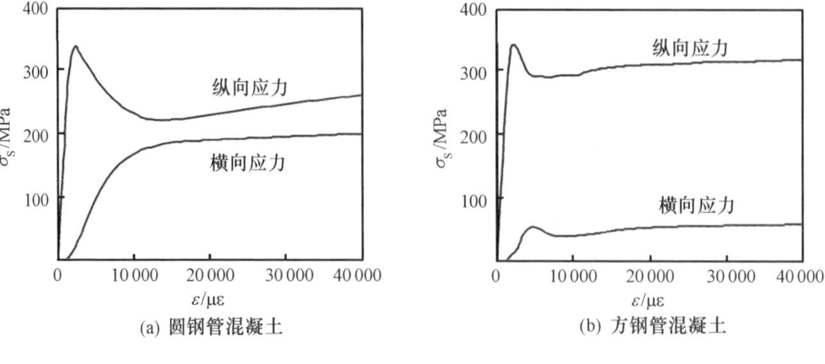

图 3.44　钢管应力（σ_s）-纵向应变（ε）关系曲线

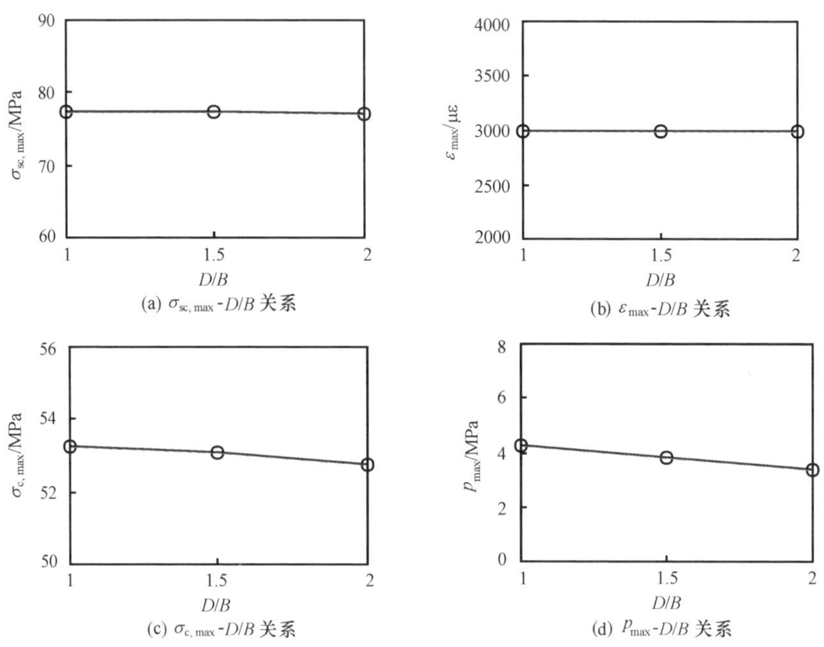

图 3.45　矩形钢管混凝土截面高宽比的影响

峰值 p_{max} 与 D/B 之间的关系，可见，$\sigma_{c,max}$ 和 p_{max} 随 D/B 的增大有减小的趋势，也即矩形钢管对其核心混凝土的约束效果随 D/B 的增大有所降低，但总体上幅度不大。D/B 对矩形钢管混凝土的 $\sigma_{sc,max}$ 和 ε_{max} 的影响很小。

图 3.46 给出了图 3.43 所示算例中的圆形和方、矩形钢管混凝土荷载-变形关系全过程曲线，及曲线上五个特征点处试件中截面核心混凝土的纵向应力分布图。五个特征点的取法：1 点-钢管开始进入弹塑性阶段；2 点-钢管开始进入屈服阶段；3 点-钢管混凝土达承载力极限；4 点-二倍钢管混凝土承载力极限对应的极限应变处；5 点-纵向应变达 20 000$\mu\varepsilon$ 处。

由图 3.46 可见，圆钢管混凝土的核心混凝土截面纵向应力沿圆周方向分布均匀，且在钢管屈服前，整个截面应力值基本相同；钢管屈服后，应力从核心到外围呈逐渐减小的趋势；钢管混凝土达极限承载力时，混凝土核心和外围的应力值均较大；超过极限承载力后，混凝土中心的纵向应力仍在增加，但外围的应力值开始减小；随着试件纵向应变的继续增加，钢管混凝土的荷载-变形关系曲线开始进入下降段。

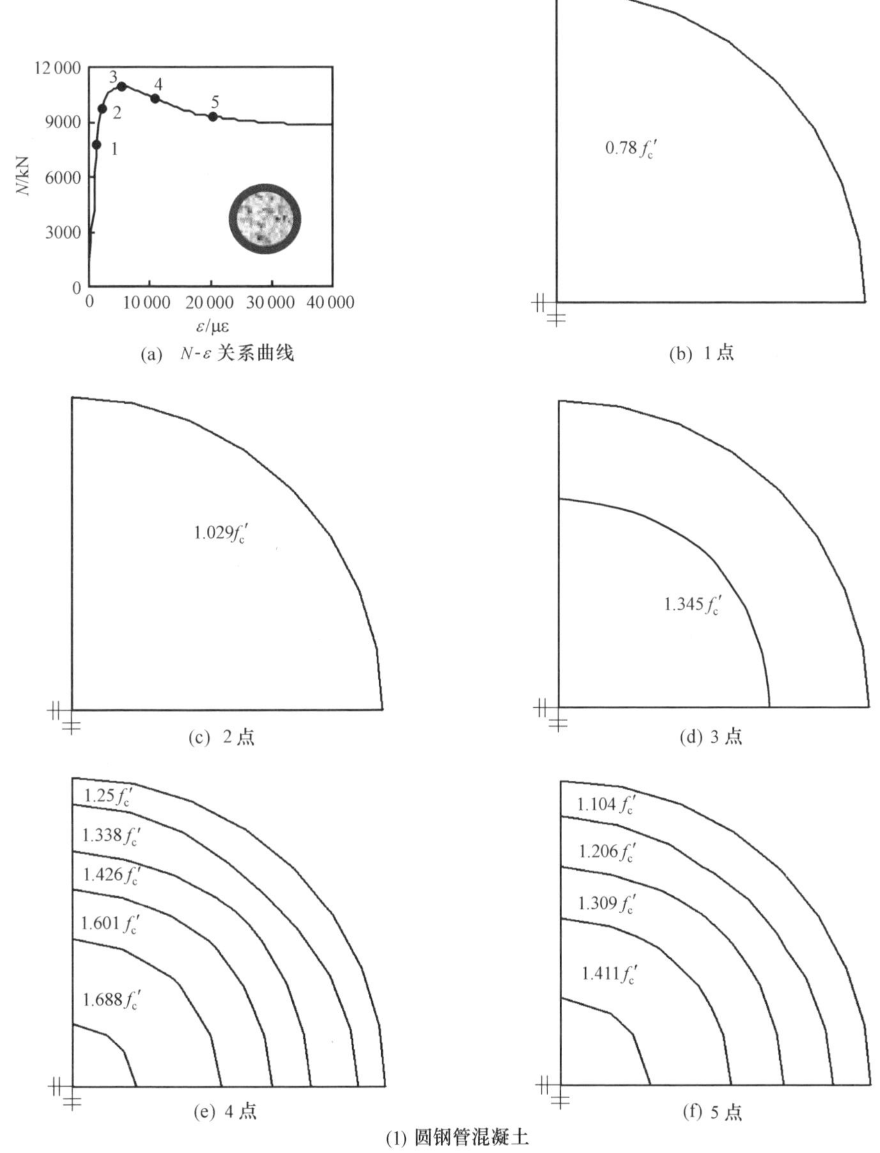

(a) N-ε 关系曲线　(b) 1 点

(c) 2 点　(d) 3 点

(e) 4 点　(f) 5 点

(1) 圆钢管混凝土

图 3.46　钢管混凝土 N-ε 关系及核心混凝土截面特征点的纵向应力分布

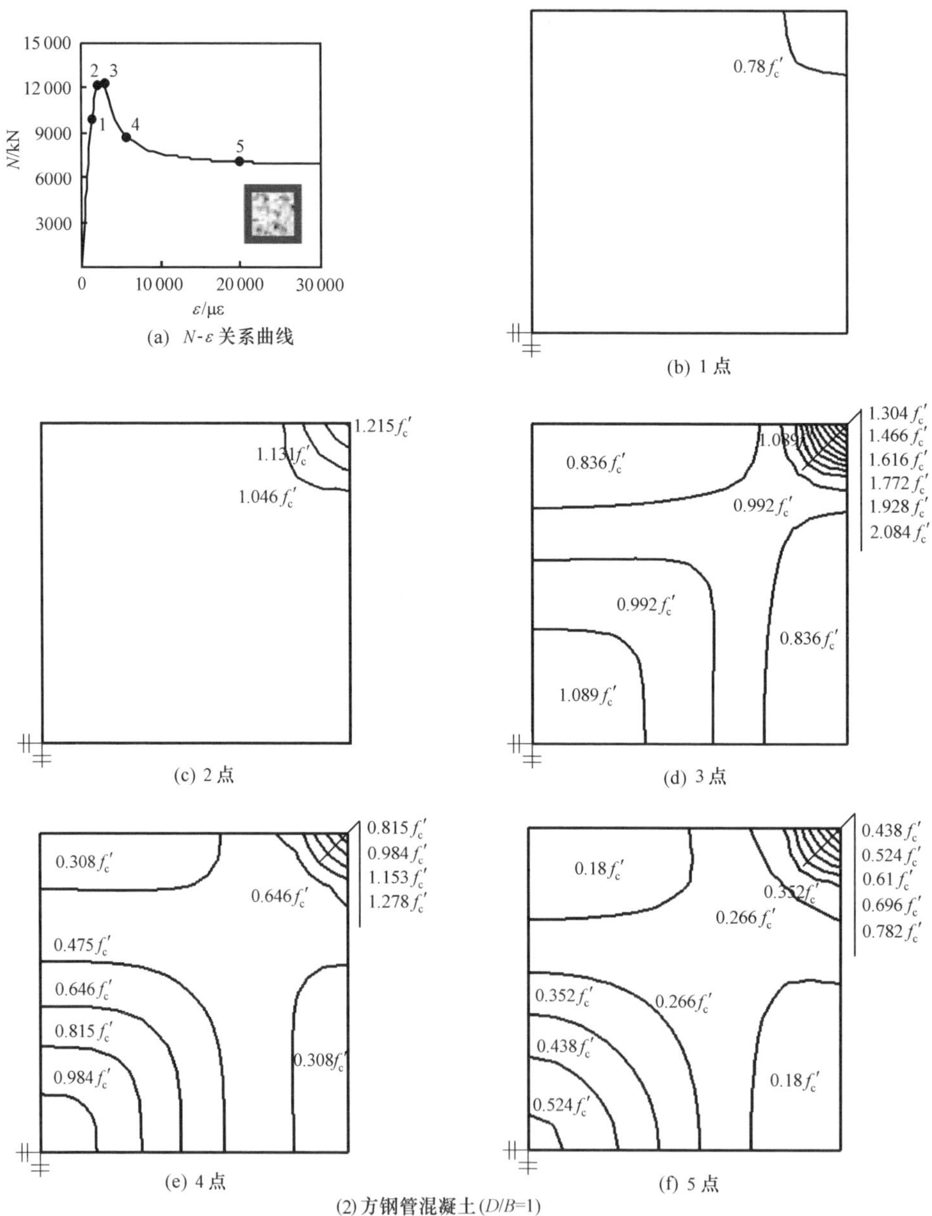

(a) N-ε 关系曲线　(b) 1 点　(c) 2 点　(d) 3 点　(e) 4 点　(f) 5 点

(2) 方钢管混凝土 (D/B=1)

图 3.46　钢管混凝土 N-ε 关系及核心混凝土截面特征点的纵向应力分布（续）

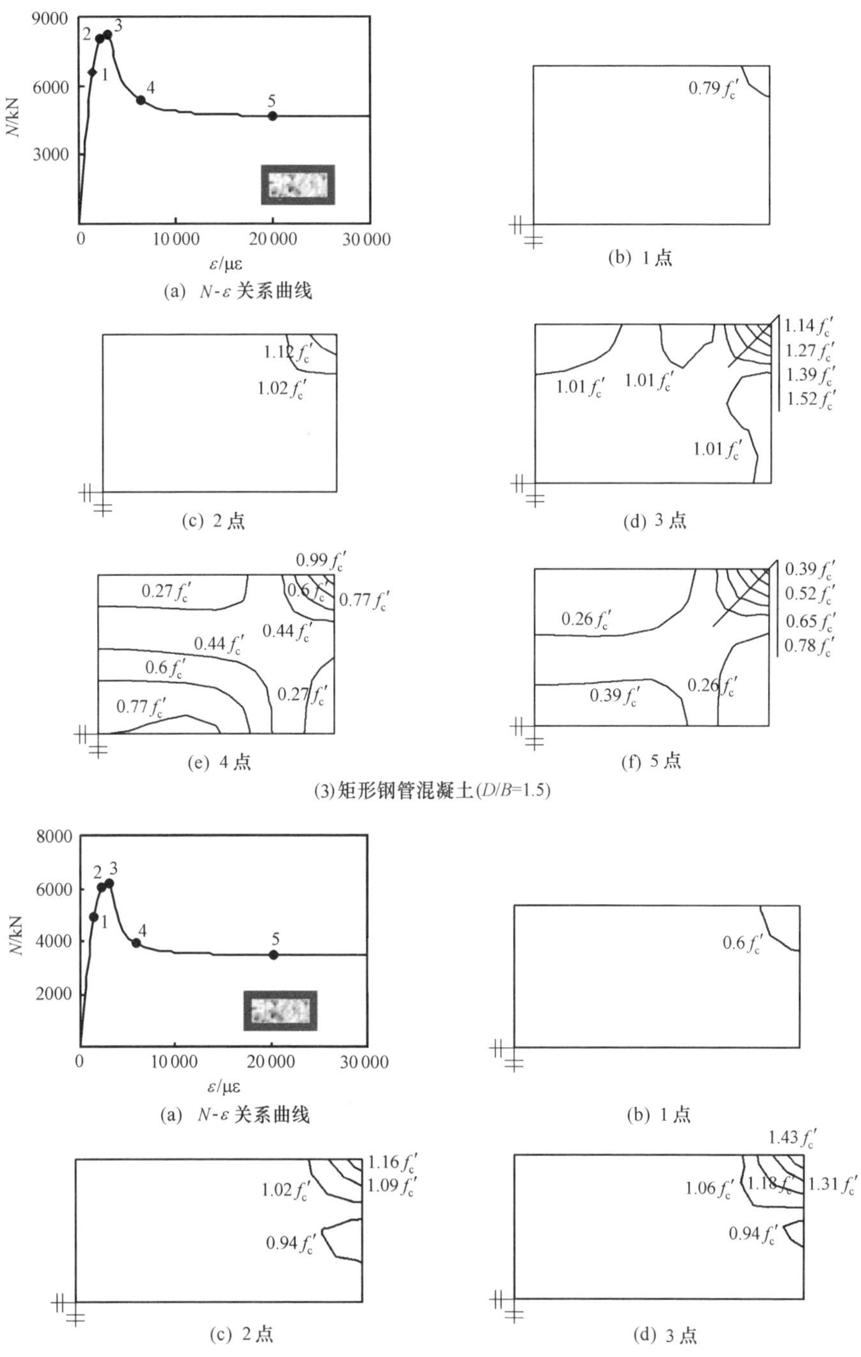

图 3.46　钢管混凝土 N-ε 关系及核心混凝土截面特征点的纵向应力分布（续）

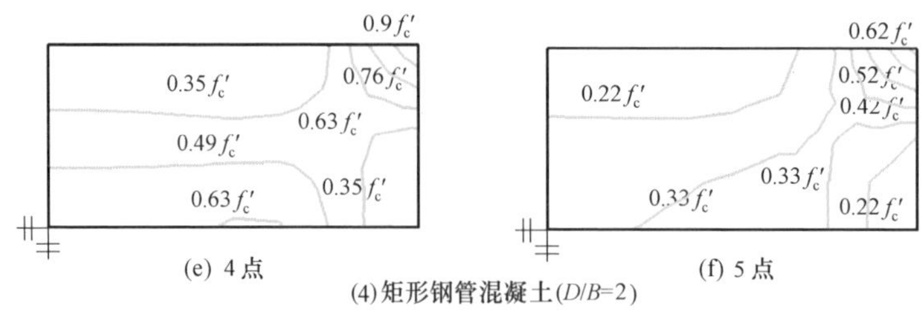

图 3.46　钢管混凝土 N-ε 关系及核心混凝土截面特征点的纵向应力分布（续）

对于方、矩形钢管混凝土，受力各阶段核心混凝土截面纵向应力分布规律基本类似。1 点处，混凝土截面的应力分布基本相同；2 点处，钢管角部区域混凝土的应力值较大；钢管混凝土达极限承载力后，角部混凝土应力值依然最大，且应力值随与角部的距离增大而迅速减小。此时，混凝土应力沿钢管直边变化不大；当接近混凝土中心时，应力值开始增大，直到中心处达到最大，但总小于角部的应力。因此，钢管混凝土达承载力极限后，核心混凝土截面高应力区主要出现在钢管角部和混凝土中心区域。随着纵向应变的进一步增加，钢管角部和钢管混凝土截面中心的应力值都开始减小，钢管混凝土的荷载-变形关系曲线也开始进入下降段。

图 3.47 所示为方钢管混凝土轴压试件在受力过程中其中截面横向变形的发展情况，图中 N_u表示试件极限承载力，$-0.8N_u$、$-0.6N_u$表示极限承载力下降到 0.8 和 0.6 倍。可见，受荷初期，钢管角部与其中部的横向变形差别不大；但随着外荷载的增加，柱截面边长中部的横向变形不断增大，并会很快超过角部的横向变形，这和大量实验过程中观测到现象一致。

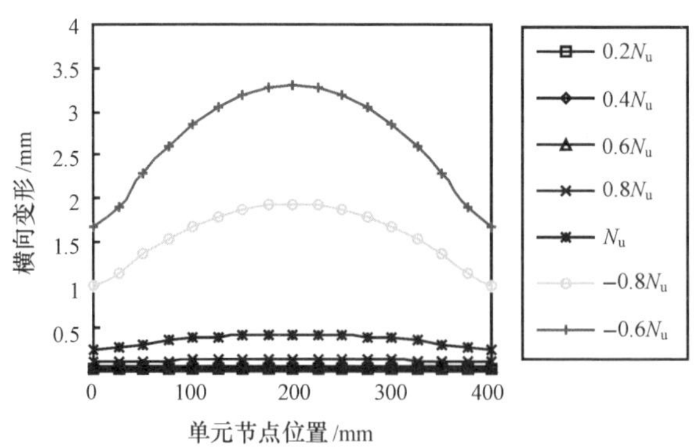

图 3.47　方钢管混凝土轴压试件截面的横向变形

综上所述，钢管与核心混凝土相互作用的差异导致了圆形与方、矩形钢管混凝土受力性能的不同。圆钢管对其核心混凝土的约束力在受力过程中随着纵向应变的增大一直保持上升的趋势，而方、矩形钢管混凝土的约束力在受力过程中随纵向应变的增大在达到峰值点后就开始下降，虽然钢管角部对核心混凝土约束力值的较大，但因其分布不均匀，在钢管角部以外区域约束力会迅速减小。总体上，受力过程中方钢管对其核心混凝土的约束效果不如圆钢管显著。

② 约束效应系数（ξ）的影响。

图 3.48 给出了不同 ξ 对钢管混凝土受力过程中其平均约束力-纵向应变关系曲线的影响。由于钢管和混凝土的环向与径向应力是被动力，它们随纵向应力的产生而产生，并随其增大而增大。在受力初期，钢材的泊松比大于混凝土的泊松比，钢管与核心混凝土之间还未产生相互作用力。圆钢管混凝土的约束力在受力过程中一直保持增长的趋势，当约束力增长到一定值后，其增长幅度逐渐变缓；而方、矩形钢管混凝土的约束力-纵向应变关系曲线则有明显的下降段。从图 3.48 还可以看出，平均约束力随 ξ 的增大而增加，且约束效应系数越大，约束力出现峰值或增长变缓越晚，因此，ξ 较好地反映了钢管与核心混凝土之间的相互作用。

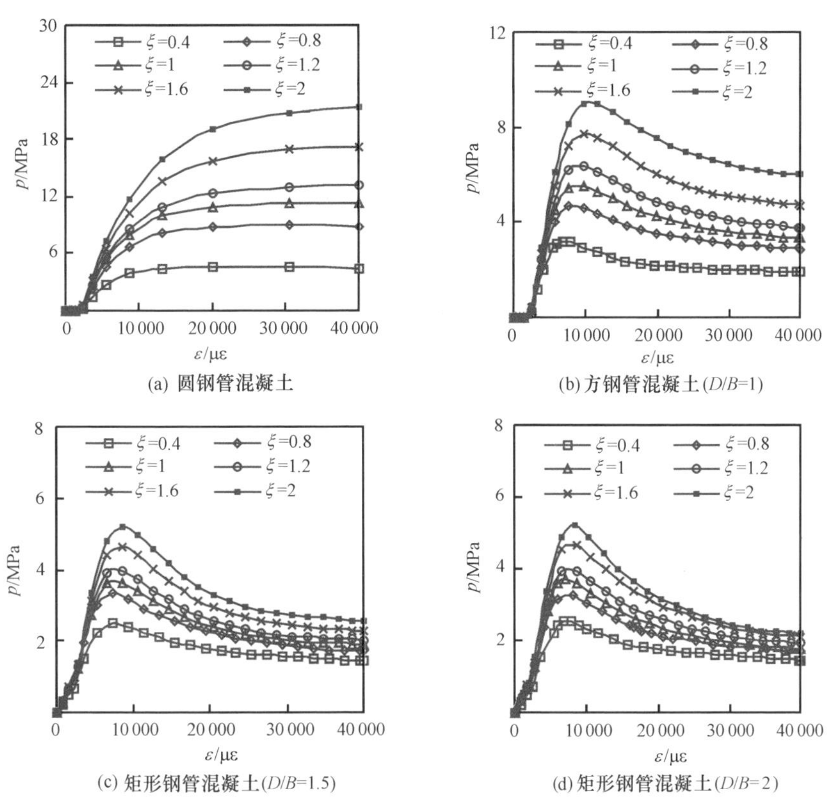

图 3.48　钢管混凝土平均约束力（p）与纵向应变（ε）的关系

图 3.49 给出一组在相同混凝土强度（C60）、不同约束效应系数（ξ）情况下圆形和方、矩形钢管混凝土的核心混凝土的纵向应力-应变关系曲线，可见，随

着约束效应系数ξ值的变化，核心混凝土的纵向应力-应变关系基本上呈现出上升、平缓或下降的趋势，且ξ值越大，混凝土强度提高得越多，反之则较少。约束效应系数ξ反映了核心混凝土在钢管约束作用下的强度与延性的提高。相对于方、矩形钢管，圆形钢管对于其核心混凝土的约束作用更强。通过对图 3.49 的仔细分析还可以发现，在约束效应系数相同的情况下，矩形钢管混凝土中核心混凝土应力峰值随截面高宽比的增大有减小的趋势。

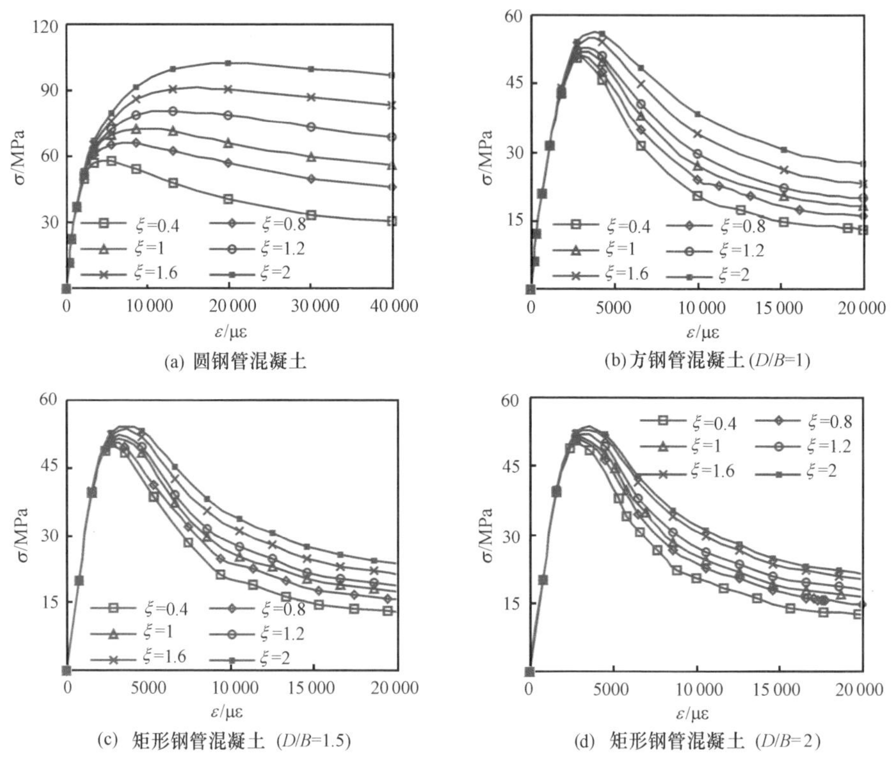

图 3.49 核心混土纵向受压应力-应变关系

分析结果表明，在其他条件相同的情况下，对于采用冷弯钢管的方钢管混凝土试件，由于冷弯钢管圆角的存在，使得角部应力集中的现象得到很大程度的缓和，在钢管直边和核心混凝土中心区域，冷弯型钢方钢管混凝土与焊接方钢管混凝土核心混凝土纵向应力分布基本类似，只是数值上有些差别。

③ 钢材残余应力影响分析：以某实际工程中的构件为例。

钢结构加工过程中会产生的残余应力和残余变形会对结构整体性能产生影响。影响钢结构加工过程中残余应力分布的因素很多。结合实际钢管混凝土柱的钢管制作，进行了足尺焊接钢管和冷成型钢管试件残余应力分布规律的研究，并用于实际钢管混凝土组合柱受力全过程分析（清华大学土木工程系，江苏沪宁钢机股份有限公司，2016）。该项研究紧密结合工程实际钢结构加工工艺进行，目的在于研究制作阶段产生的钢管残余应力对正常使用阶段钢管混凝土构件承载能力的影响，进而评价钢结构制作工艺的合理性。

下面以某实际超高层建筑中的圆形钢管混凝土柱为例简要论述有关结果。图 3.50（a）和（b）为圆形截面钢管试件的加工情况。该钢管试件的截面与实际工程中的一钢管混凝土柱的钢管一致。钢管试件的外径为 2500mm，钢管厚度 45mm，试件纵向高度为 1000mm，钢管由两个 500mm 高的分段对接拼接而成。试件加工过程为：①对两个分段进行下料、打坡口；②在压力机上进行预压弯头；③使用三辊卷管机卷制钢管；④焊接固定两个分段圆管，在圆管胎架上对接拼接两个分段。试件采用钢材的屈服强度和极限强度分别为 372.7MPa 和 545.8MPa。试验中采用小孔法测试残余应力，在测点位置预先粘贴应变花，如图 3.50（c）所示；连接应变采集系统，并在测点处钻孔，如图 3.50（d）所示。测量打孔前后小孔周围应变的变化，进而通过弹性力学原理计算得到打孔处的残余应力。

(a) 钢管卷制

(b) 钢管试件加工完成

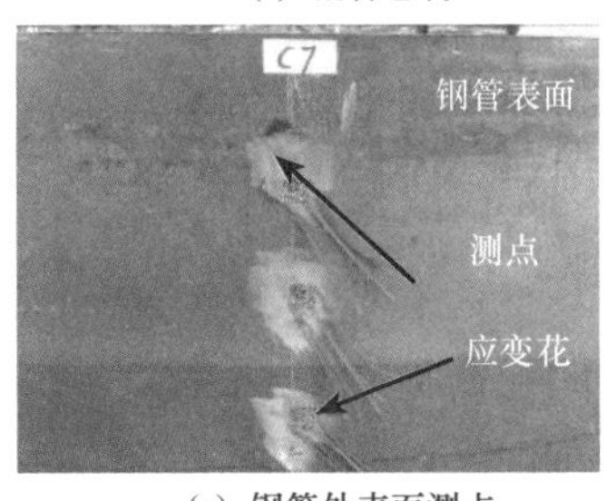

(c) 钢管外表面测点

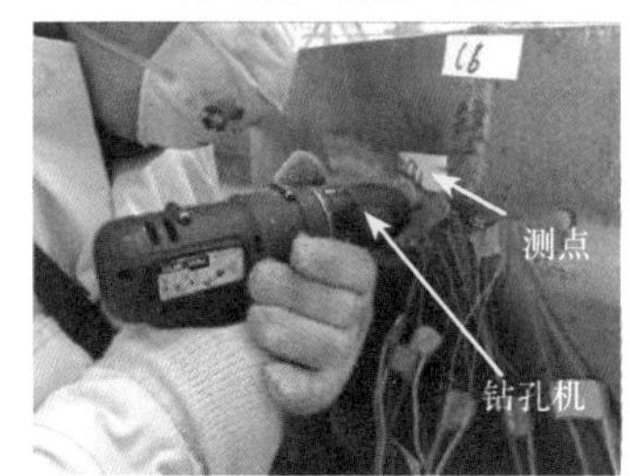

(d) 残余应力测试

图 3.50　厚板钢管残余应力测试试件

图 3.51 给出实测三组圆管内外表面残余应力测试结果，其中 1～3 组测点分别分布在不同的横截面上；三组测点在纵向的位置完全相同，每组均 7 个测点，分布在整个圆周上。图中，d 为各测点与同组第一个测点在圆周上的距离。通过计算得到测点处的主应力大小及方向，换算得到纵向和横向的应力状态。当正应力方向与钢管轴向一致时，称其为纵向；当正应力方向与钢管的轴向垂直时，称其为横向。残余应力数值上的正、负表示该点的残余应力分别为拉应力或压应力。

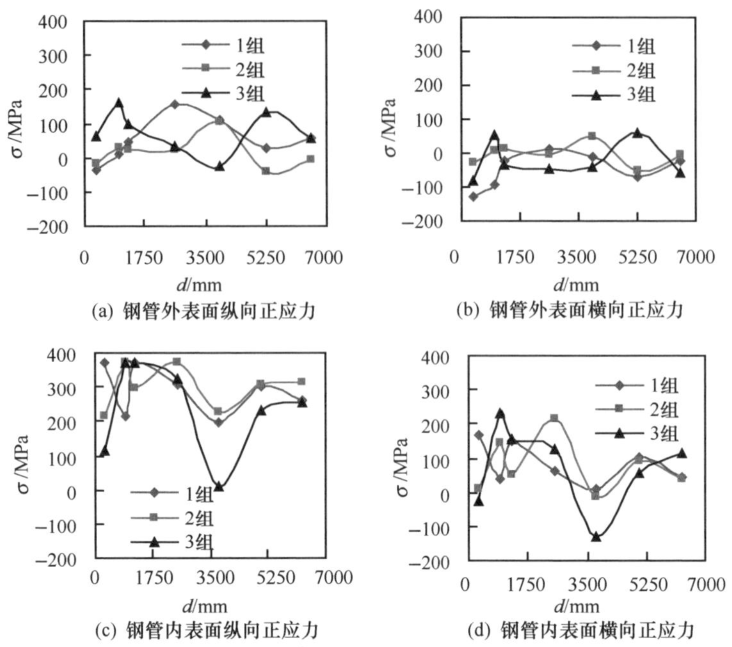

图 3.51　圆形截面试件厚板钢管冷成型残余应力测试结果

由图 3.51 可见，圆形截面试件的冷成型残余应力相对较小。三组的测量结果的规律总体一致。从图 3.51（c）可见，三组残余应力测试结果在整个周边上的变化趋势类似，在 3786mm 处均出现最小值。由于试件尺寸较大，加上材料及加工缺陷等的影响，部分测点结果呈现出一定的离散性。

采用建立的有限元模型，输入测试获得的残余应力分布，可计算得到残余应力对实际钢管混凝土柱承载能力的影响，进行定量化分析，从而为工程设计，以及钢管结构施工工艺的合理性评价提供依据。

以实际工程中采用的钢管混凝土柱轴心受压时的情况为例进行计算，计算条件为：柱子高度：2m；钢管外径：2500mm；钢管壁厚度：45mm；钢材：Q345；混凝土强度等级：C70；此外，钢管混凝土柱中心有直径为 1250mm 的圆形钢筋笼，其中纵向钢筋为 20Φ20，箍筋为Φ10@150。图 3.52 所示为考虑冷成型及焊接过程产生的残余应力与否时柱构件的荷载-轴向变形关系。分析结果表明，考虑残余应力的影响时，组合柱的极限承载力降低 1.5%，使用阶段轴压刚度降低 2.1%。可见，对于工程实际中的钢管混凝土柱，应适当考虑制作钢管所产生的残余应力的影响，并据此评价钢管制作工艺的合理

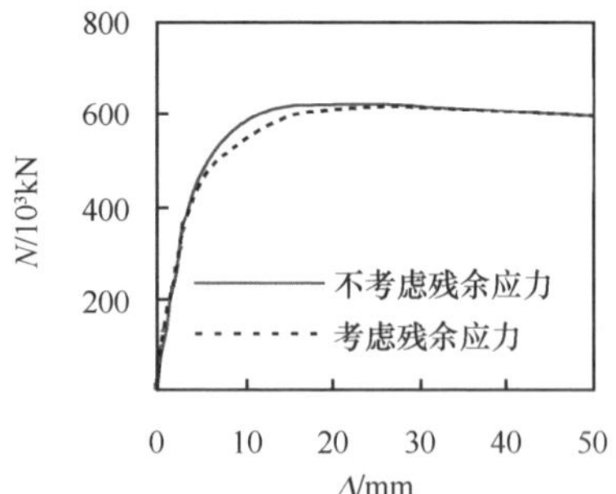

图 3.52　足尺构件的轴压荷载（N）-轴压变形（Δ）关系

性和可操作性。

4）轴心受拉时的工作机理。

本节对钢管混凝土轴拉构件的受力全过程进行研究（Han 等，2011a；何珊瑚，2012）。

① 荷载-变形全过程曲线。

a. 钢管混凝土和钢管的轴拉荷载-变形全过程关系。图 3.53 给出圆钢管混凝土构件和钢管构件受轴心拉力时典型的 N_t-ε 关系曲线，其中 N_t 为构件轴拉力，ε 为纵向平均拉应变，N_t-ε 关系总体可分为三个阶段。

a）弹性段（OA）。对于钢管混凝土轴拉构件，如 3.53（a）所示，在此阶段，N_t 与 ε 呈线性关系。A 点处，混凝土承担的拉力总体上达到了其极限值，但钢材一般未达到其比例极限。A 点后，混凝土承担的轴向拉力开始逐渐减小。对应空钢管的 N_t-ε 关系，A 点对应钢材达到比例极限。

b）弹塑性段（AB）。钢管混凝土构件的 N_t-ε 关系开始呈现非线性关系，构件进入弹塑性阶段，B 点为钢材进入屈服阶段的起点。A′点为钢材达到比例极限之点，之后钢材开始进入弹塑性阶段。对于空钢管构件，B 点对应的钢管纵向应力 σ_{st}（$=N_t/A_s$，A_s 为钢管的横截面面积。空钢管轴向拉伸过程中钢管基本处于单轴受拉状态，可近似认为此时的 Mises 应力与纵向应力一致）达到屈服强度 f_y。

c）塑性段（BC）。钢管混凝土轴拉构件和钢管轴拉构件类似，在此阶段钢材发生塑流。

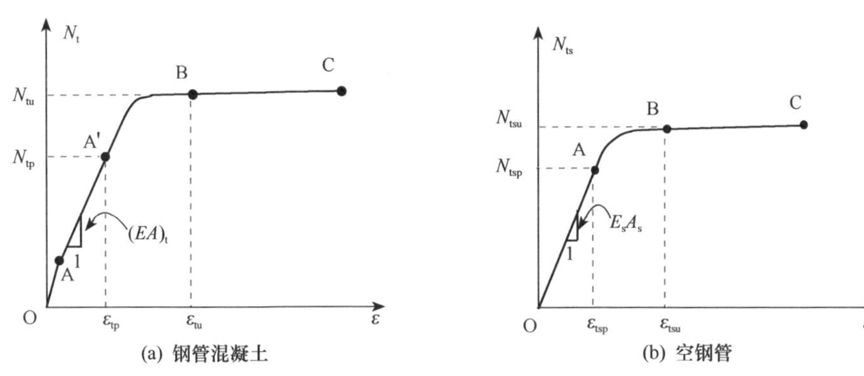

图 3.53　典型的钢管混凝土和空钢管的 $N_t(N_{ts})$-ε 关系

图 3.54 所示为钢管混凝土典型构件中钢管与混凝土分别承担的轴拉力-应变关系。计算条件为：钢管横截面外直径 $D=140$mm；钢管壁厚 $t=4$mm；Q345 钢，C60 混凝土。图 3.54 中，钢管混凝土轴拉力-应变曲线的弹塑性段起点 A 对应的构件整体轴拉力为 297.4kN，混凝土和钢管各自的轴拉力为 62.3kN 和 235.1kN，分别承担了总轴拉力的 21.0%和 79.0%。此时构件承受的轴拉力较

小，约为极限承载力的 45%，而核心混凝土却已经达到开裂应力，其承担的轴拉力达到了整个受拉过程中的最大比例，约 20%，此后随着混凝土继续开裂，不断产生新的裂缝，其承担的轴拉力不断减小，加之钢管的纵向应力不断上升，故而 A 点以后混凝土所承担轴拉力的比例迅速下降，如图 3.54（b）所示。

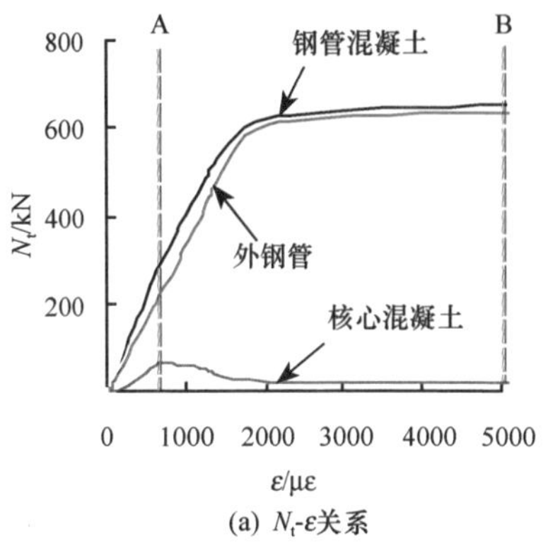

(a) N_t-ε关系

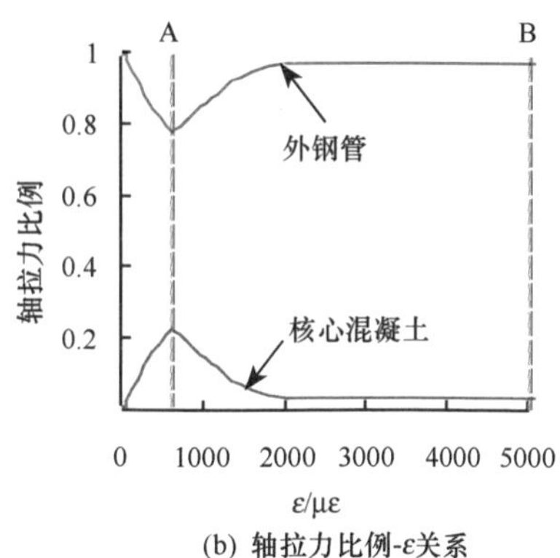

(b) 轴拉力比例-ε关系

图 3.54　钢管混凝土轴拉力全过程关系

图 3.54 中，B 点对应的钢管混凝土承受的轴拉力为 652.5kN，此时混凝土和钢管承担的轴拉力分别为 19kN 和 633.5kN，分别为总轴拉力的 2.9% 和 97.1%。可见钢管混凝土轴拉构件达到极限承载力时混凝土抗拉强度的直接贡献较小。实际上自 A 点以后，混凝土所承担的轴拉力一直处于一个很低的水平。

b. 轴拉承载力定义。根据图 3.54 对钢管混凝土轴拉构件的荷载-位移全过程曲线分析，定义对应图中 B 点（对应构件的平均纵向应变约为 5000με）的荷载为钢管混凝土的轴拉承载力。考虑的依据如下：①B 点对应钢管进入屈服阶段，钢材已进入屈服，但构件变形尚不大；②B 点之后，构件轴拉承载力的变化不大，且增长速度明显落后于纵向应变增长速度。图 3.55 给出钢管混凝土轴拉承载力有限元计算结果 N_{tuc}，与潘友光和钟善桐（1990）及本书轴拉试验结果 N_{tue} 的对比情况，N_{tuc}/N_{tue} 比值的平均值和均方差分别为 1.037 和 0.048，可见，计算结果与试验结果吻合较好。

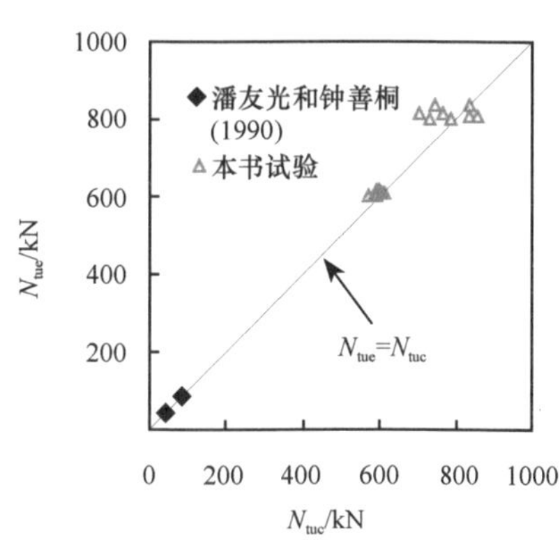

图 3.55　轴拉承载力有限元计算结果（N_{tuc}）与试验值（N_{tue}）对比

c. 轴拉刚度分析。受荷初期，由于混凝土的存在钢管混凝土构件的轴拉刚度明显大于相应的空钢管。当素混凝土的拉应变达到 100με 左右时，将发生开裂，出现第一条裂缝。故钢管混凝土构件的轴拉刚度在 A 点变小，如图 3.53 所示。A 点之后钢管混凝土的轴拉刚度变小，与空钢管的轴拉刚度接近。

钢管达到比例极限（图 3.53 中 A′点）之前，钢管混凝土构件由于核心混凝土的支撑作用，其轴拉刚度相比较空钢管有所提高。本书暂将 A′点的割线斜率定义为钢管混凝土的组合轴拉刚度。分析结果表明，钢管混凝土构件的轴拉刚度可以按照 $(EA)_{sct}=E_sA_s+k_1\cdot E_cA_c$ 进行计算。经过计算，k_1 的取值范围在 0.1～0.25，可以偏于安全地取 $k_1=0.1$。故钢管混凝土的轴拉刚度可按下式计算为

$$(EA)_{sct}=E_sA_s+0.1\cdot E_cA_c$$

图 3.56 为钢管混凝土轴拉刚度简化计算结果 $(EA)_c$ 与本书 3.3.5 节进行的试验结果 $(EA)_e$ 的比较情况，可见二者总体上吻合较好。

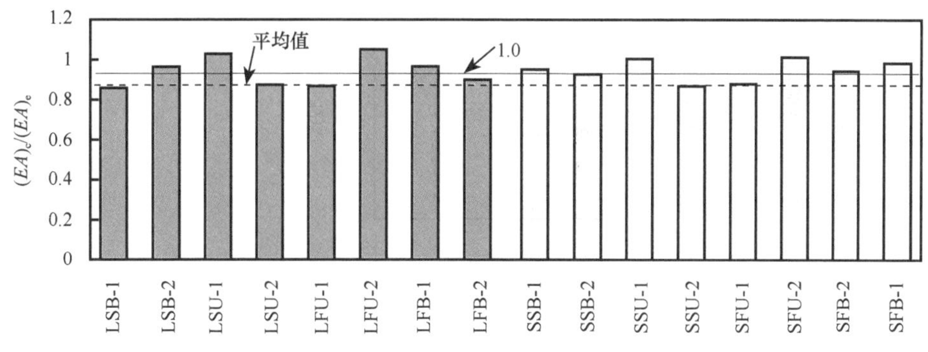

图 3.56　钢管混凝土轴拉刚度实测结果与计算结果的比较

② 工作机理分析。

a. 构件的破坏形态。图 3.57 所示为有限元模拟的钢管混凝土及相应空钢管轴拉构件的典型破坏形态（为了便于观察，对计算的变形进行了适当放大），算例计算条件同图 3.51。由图 3.57 可见，当承载力达到极限时，空钢管的颈缩现象明显；钢管混凝土由于内部混凝土的支撑作用，钢管没有发生明显的颈缩现象，变形不明显，但在构件中部和上下与端板连接处出现钢管发生颈缩的趋势。

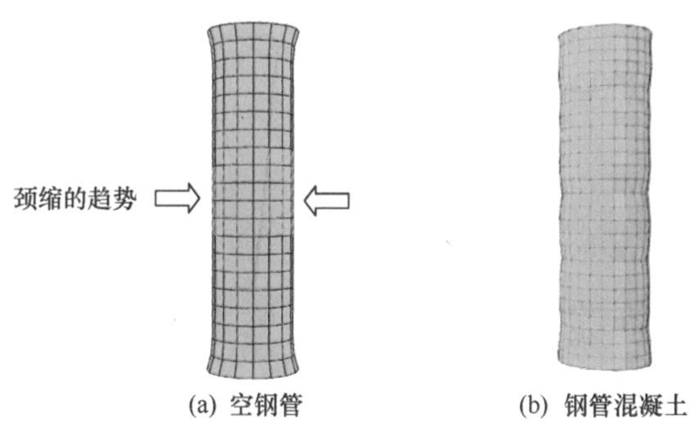

图 3.57　轴拉构件破坏形态比较

图 3.58（a）和（b）所示分别为核心混凝土观测结果（本书 3.3.5 节）和有限元模拟结果的比较。观测和模拟结果均表明，核心混凝土表面沿向的裂缝发展分布比较均匀。

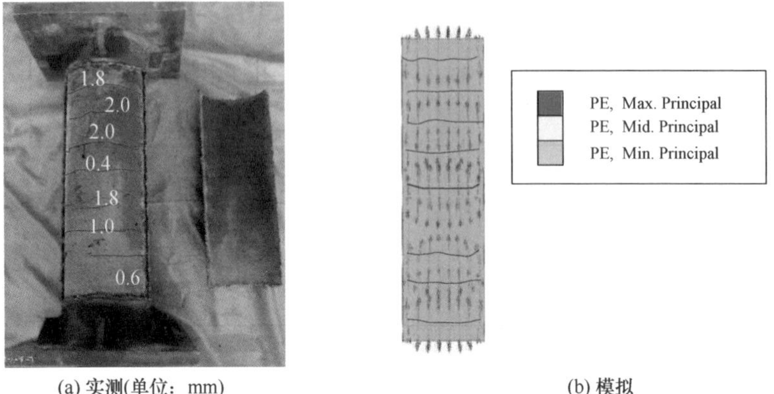

(a) 实测(单位：mm)　　(b) 模拟

图 3.58　核心混凝土破坏形态对比

图 3.59 为钢管混凝土的核心混凝土与素混凝土在轴拉作用下裂缝发展的对比示意图。混凝土在钢管的约束下表现出与素混凝土完全不同的力学行为，即素混凝土在轴拉作用下的破坏形态为中截面开裂裂缝不断发展直至贯通；而钢管混凝土中的混凝土产生首条裂缝之后，混凝土承担的轴拉力迅速向外钢管转移，因而首条裂缝不会因为继续承担轴拉力而进一步扩展。

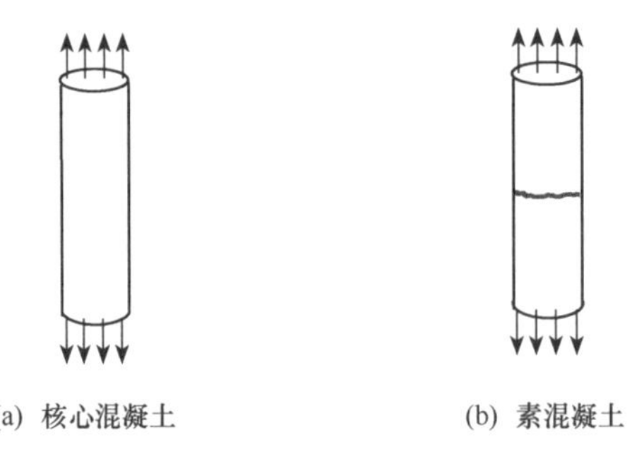

(a) 核心混凝土　　(b) 素混凝土

图 3.59　轴拉作用下混凝土的裂缝分布示意图

b. 钢管与混凝土之间的相互作用。图 3.60（a）和（b）分别是外钢管和核心混凝土在轴拉作用下的受力示意图。在轴拉力作用下，外钢管纵向伸长，环向收缩，产生颈缩趋势。在核心混凝土的支撑作用下，外钢管的环向收缩得到一定程度的抑制，两者产生相互挤压作用，因而在整个轴拉过程中，外钢管处于纵向受拉、径向受压、环向受拉的三轴应力状态，如图 3.60（a）所示。在受荷初期，由于外钢管的纵向伸长与核心混凝土产生相对位移，于是钢管和混凝土之间的接触面产生摩擦应力，从而将钢管受到的轴拉力传递到核心混凝土，如图 3.60（b）所示。当混凝土的拉应力达到开裂应力，核心混凝土产生垂直于受拉方向的裂缝，混凝土承担的拉力又通过混凝土与钢管的界面传递给钢管，使得裂缝稳定发展而非迅速贯穿整个截面，此后，随着轴拉力的不断增大，在已有裂缝的上下界面不断产生新的裂缝，如图 3.58 及图 3.59（a）所示。构件在受拉过程中，核心混凝土处于纵向受拉、径向和环向均受压的三轴应力状态。综上，钢管和混凝土都处于三向受力状态，如图 3.61 所示。

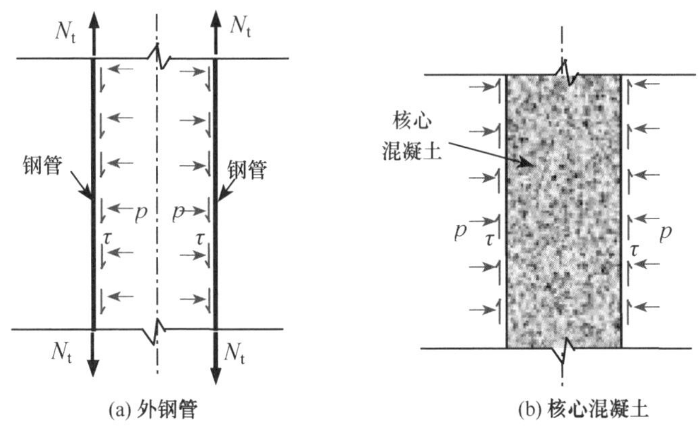

图 3.60　钢管混凝土接触界面受力情况示意图

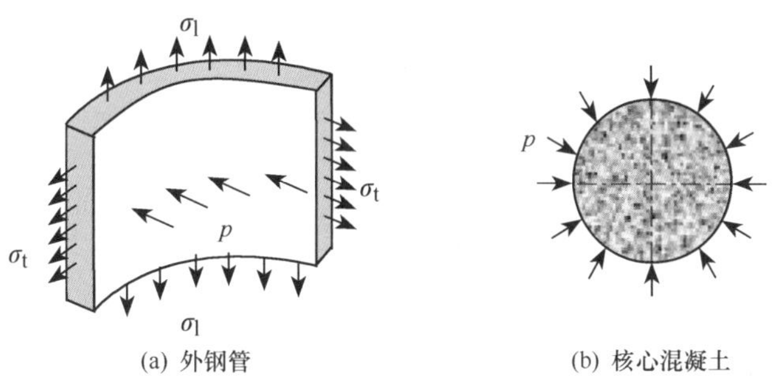

图 3.61　钢管和混凝土应力状态

c. 应力分析。图 3.62 给出典型轴拉构件的有限元模拟的钢管应力-应变曲线，算例的计算条件：钢管横截面外直径 $D=140\text{mm}$；钢管壁厚 $t=4\text{mm}$；Q345 钢，C60 混凝土。同时将空钢管的应力-应变曲线进行对比。其中，σ_t 和 σ_l 分别为钢管的环向和纵向应力，σ_{Mises} 为钢管的 Mises 应力，考虑到钢管厚度相比于其他两向尺寸很小，所受的径向应力较小，故对钢管只考虑环向及纵向的双向受拉情况，这时的 $\sigma_{Mises}=\sqrt{[(\sigma_t-\sigma_l)^2+\sigma_t^2+\sigma_l^2]/2}$。

从图 3.62 可以看出，空钢管受轴拉作用时，其钢管的环向应力非常小，基本接近于 0。而对于钢管混凝土，由于内部混凝土的支撑作用，钢管的环向应力随着轴向拉力的增大而增大，使得钢管一直处于双向受拉的受力状态。

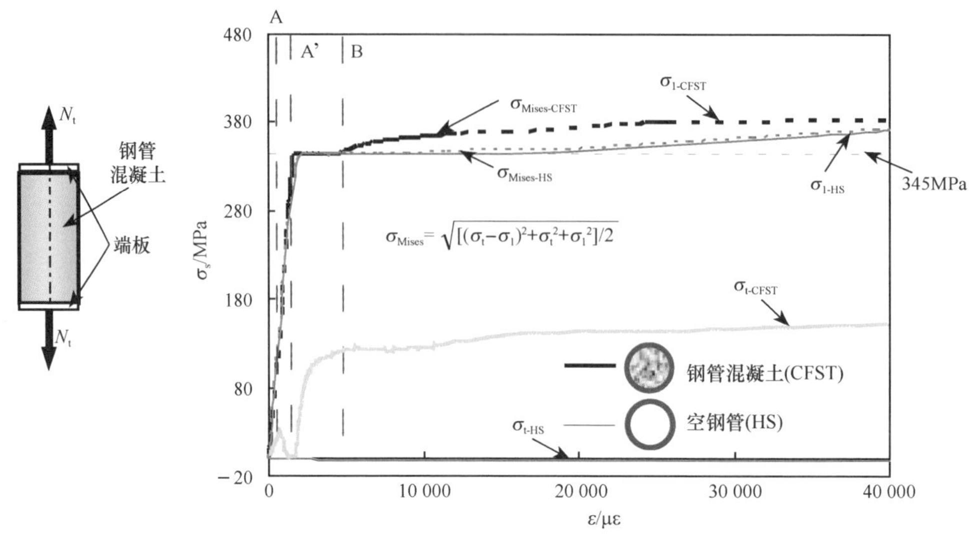

图 3.62　钢管混凝土及空钢管的钢管应力（σ）-应变（ε）关系曲线

图 3.63 所示为钢管混凝土中的钢管双向受拉时的 Mises 屈服强度曲线，在双向受拉条件下，为了满足 Von Mises 屈服条件，钢管的抗拉强度相较于单轴受拉应力的屈服点将有所提高，提高幅度 10%左右，最大可达 15%。所以，当钢管的 Mises 应力达到屈服强度时，其纵向应力相比单轴受拉提高约 10%。

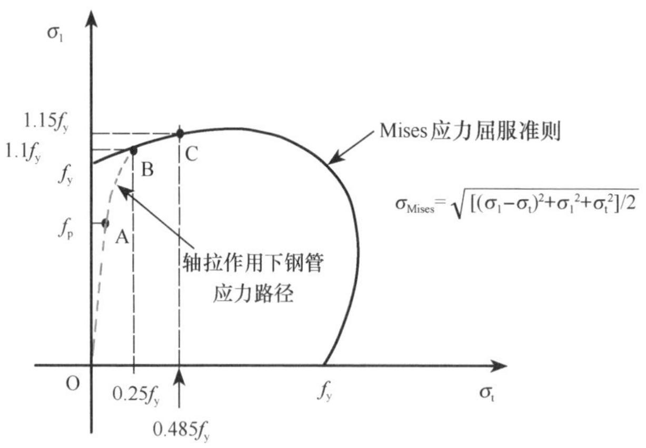

图 3.63　钢管双向受拉时的屈服应力曲线

图 3.64 所示为核心混凝土在如 3.62 所示的全曲线上 A 点和 B 点的纵向应力分布（单位为 MPa）。可见，轴拉力是通过混凝土外围逐渐向核心混凝土内部转移。图 3.64（a）中，A 点对应混凝土外壁的纵向拉应力为 5MPa，达到混凝土的开裂应力，拉裂缝出现；图 3.64（b）显示核心混凝土的最大轴拉应力有所下

降，但应力向全截面发展，此时混凝土截面应力分布相比 A 点更加均匀。B 点之后，混凝土截面内达到开裂应力的区域增大，截面塑性进一步发展，裂缝逐渐向混凝土内部发展。

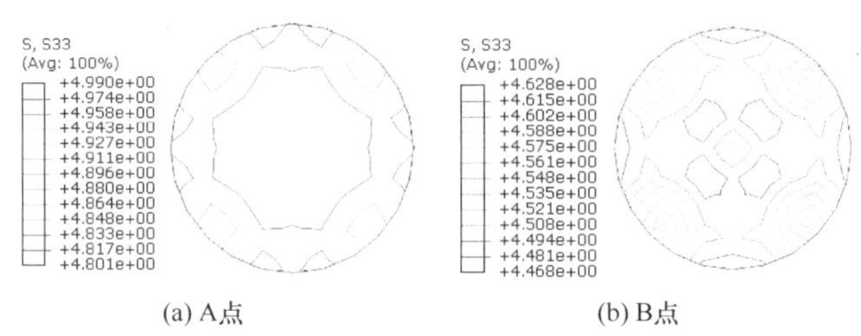

图 3.64　混凝土截面纵向应力分布图

图 3.65 所示为上述钢管混凝土轴拉构件的核心混凝土和外钢管界面之间法向接触应力与应变的关系曲线。从图中可以看出，以图 3.53 所示的钢管混凝土轴拉全过程曲线上的特征点 B 点作为分界点，B 点之前接触应力增长较快，B 点之后接触应力增长变慢，构件的塑性变形明显。

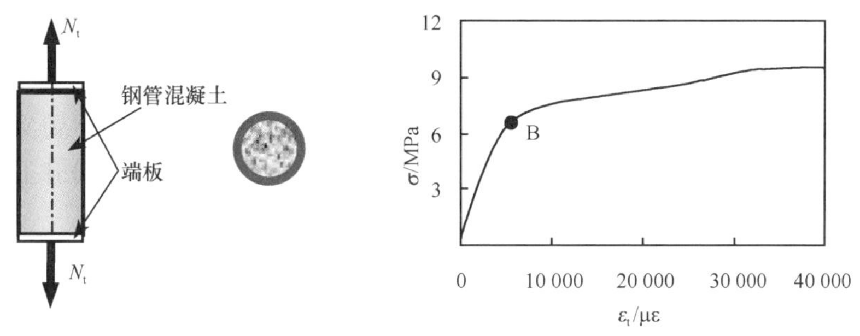

图 3.65　钢管与核心混凝土界面接触应力（σ）与应变（ε）关系

进行了轴心受拉荷载作用下圆钢管混凝土和方钢管混凝土构件力学性能的对比分析。图 3.66 为对应钢管混凝土轴拉受力全过程曲线上三个特征点（如图 3.53 中 A 点、B 点和 C 点）的混凝土截面纵向应力分布情况。算例计算条件：试件两端均设有加载端板；$D(B)=400$mm；$L/D(B)=3$；$\alpha=0.1$；Q345 钢；C60 混凝土。

从图 3.66 可见，对于圆钢管混凝土，A 点处截面纵向应力沿圆周基本均匀分布，其应力值由外围到中心逐渐减小，随着纵向拉应变的逐渐增加，纵向应力不再沿圆周均匀分布，混凝土外围和中心的纵向应力也逐渐减小；对于方钢管混凝土，受力过程中混凝土的纵向应力分布规律基本相同，即由角部到中心，纵向应力值逐渐减小。

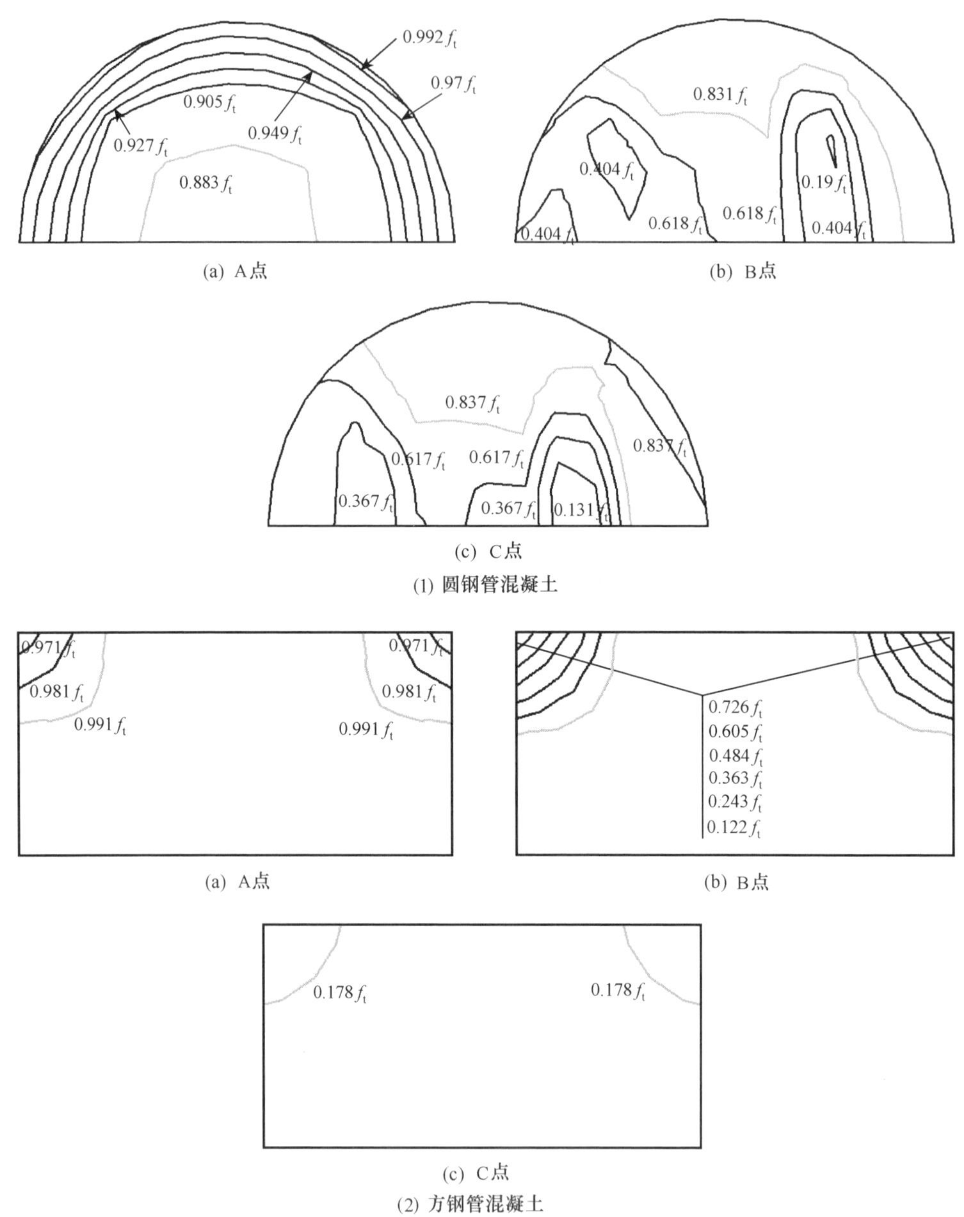

(a) A点　　(b) B点

(c) C点

(1) 圆钢管混凝土

(a) A点　　(b) B点

(c) C点

(2) 方钢管混凝土

图 3.66　钢管混凝土受轴拉力时混凝土截面纵向应力分布

图 3.67 给出了钢管混凝土及其钢管、核心混凝土的 N_t-ε 关系曲线。可见，纵向拉应变较小时，核心混凝土就达到极限拉应变，此后混凝土承担的纵向拉力开始下降。从图 3.67 还可以看出，钢管混凝土 N_t-ε 关系曲线弹性阶段刚度比空钢管要大，且抗拉强度比空钢管高出 15%左右。这主要是由于钢管混凝土轴心

受拉时，核心混凝土可承担部分纵向拉力；同时，核心混凝土的支撑作用，钢管的径向收缩得到延缓，使得钢管材料性能得到更充分的发挥。

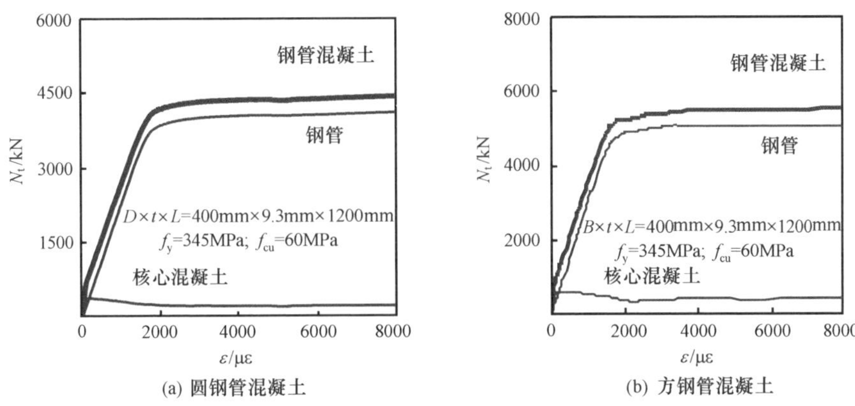

图 3.67　轴拉 N_t-ε 关系曲线

影响钢管混凝土受拉工作性能可能的因素有混凝土强度、钢材屈服强度和截面含钢率。以下采用典型算例来分析以上各参数对钢管混凝土轴拉构件荷载-变形关系曲线的影响规律。计算时采用的钢管混凝土算例的基本计算条件为 $D(B)=400$mm；$L/D(B)=3$；$\alpha=0.1$；Q345 钢；C60 混凝土。

图 3.68 给出了不同钢材屈服强度（f_y）情况下钢管混凝土轴拉 N_t-ε 关系曲线。可见，f_y对圆钢管混凝土和方钢管混凝土 N_t-ε 关系曲线的影响规律类似，随着钢材屈服强度的增加，钢管混凝土抗拉强度也增加，钢材屈服强度的变化对 N_t-ε 关系曲线的弹性刚度影响不大。

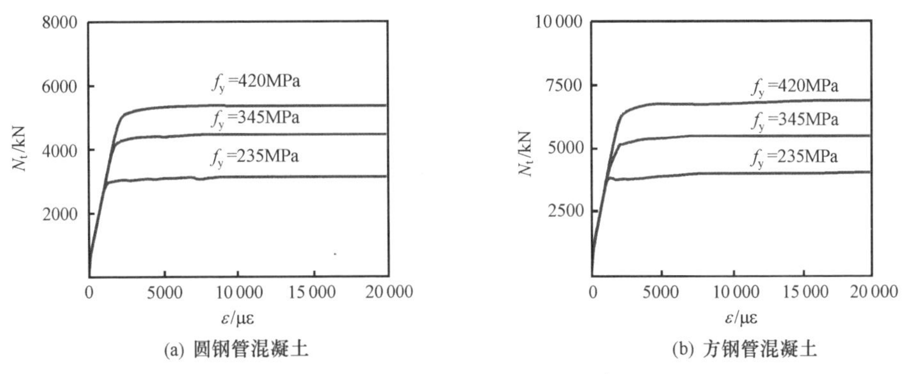

图 3.68　不同钢材屈服强度下轴拉 N_t-ε 关系曲线

图 3.69 给出了不同混凝土强度（f_{cu}）情况下钢管混凝土的轴拉 N_t-ε 关系曲线。可见，f_{cu}对圆、方钢管混凝土 N_t-ε 关系的影响规律类似。钢管混凝土受轴心拉力时，核心混凝土处于纵向受拉、环向和径向受压的三向应力场。由混凝土

双向受力强度包络图可知，当其他方向存在压应力时，此方向的抗拉强度会减小，由于混凝土本身的抗拉强度很小，加之侧向压力使其进一步减小，核心混凝土强度的变化对钢管混凝土抗拉强度的影响较小。

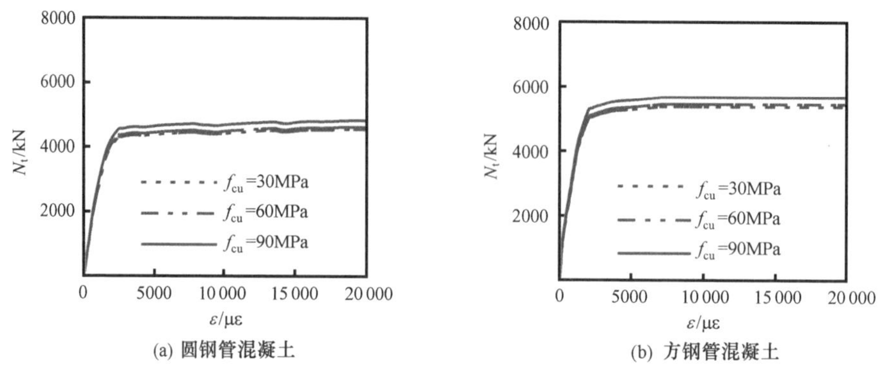

图 3.69 不同混凝土强度下轴拉 N_t-ε 关系曲线

图 3.70 给出了不同截面含钢率（α）情况下钢管混凝土轴拉 N_t-ε 关系曲线。可见，α 对圆、方钢管混凝土 N_t-ε 关系曲线的影响规律类似。随着 α 的增加，N_t-ε 关系曲线的弹性刚度有所增大，且抗拉强度也有所提高。

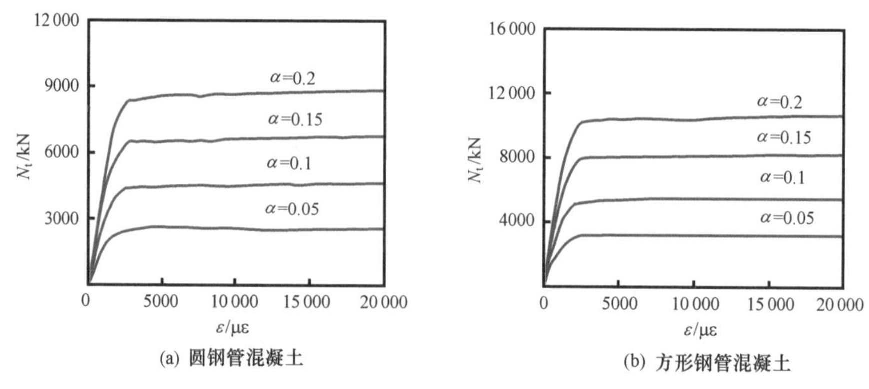

图 3.70 不同含钢率下轴拉 N_t-ε 关系曲线

图 3.71 给出了不同截面含钢率情况下钢管混凝土受轴心拉力时平均约束力与纵向平均拉应变关系曲线。可见，受力初期（钢材屈服前），平均约束力（p）较小；随后，约束力 p 开始快速增长；纵向拉应变超过 10 000$\mu\varepsilon$ 后，p 增长的幅度趋于平缓。从图 3.71 还可以看出，随着截面含钢率的增加，平均约束力也增加，且相对于方钢管混凝土，圆钢管混凝土的平均约束力 p 数值上会更大些。

（2）钢管混凝土压弯构件

1）压弯构件荷载-变形关系曲线的计算。

通过建立有限元计算模型，对钢管混凝土压弯构件进行了受力分析时，截面

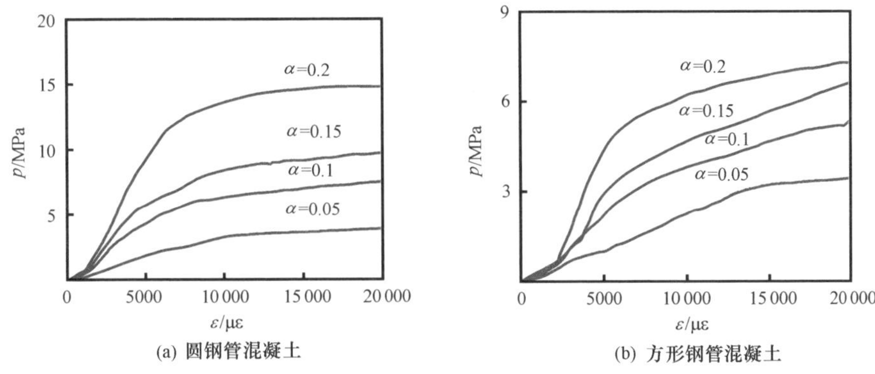

(a) 圆钢管混凝土　(b) 方形钢管混凝土

图 3.71　钢管混凝土轴拉平均约束力（p）-纵向应变（ε）关系

单元划分方法、单元类型、钢材和核心混凝土的本构关系模型、钢材和核心混凝土的界面模型可按前文论述的方法确定。为了提高计算效率，分析时利用了压弯构件荷载和边界条件的对称性（尧国皇，2006）。图 3.72 给出了钢管混凝土压弯构件有限元分析建模示意图。

(a) 分析模型　(b) 圆钢管混凝土加载板　(c) 方钢管混凝土加载板

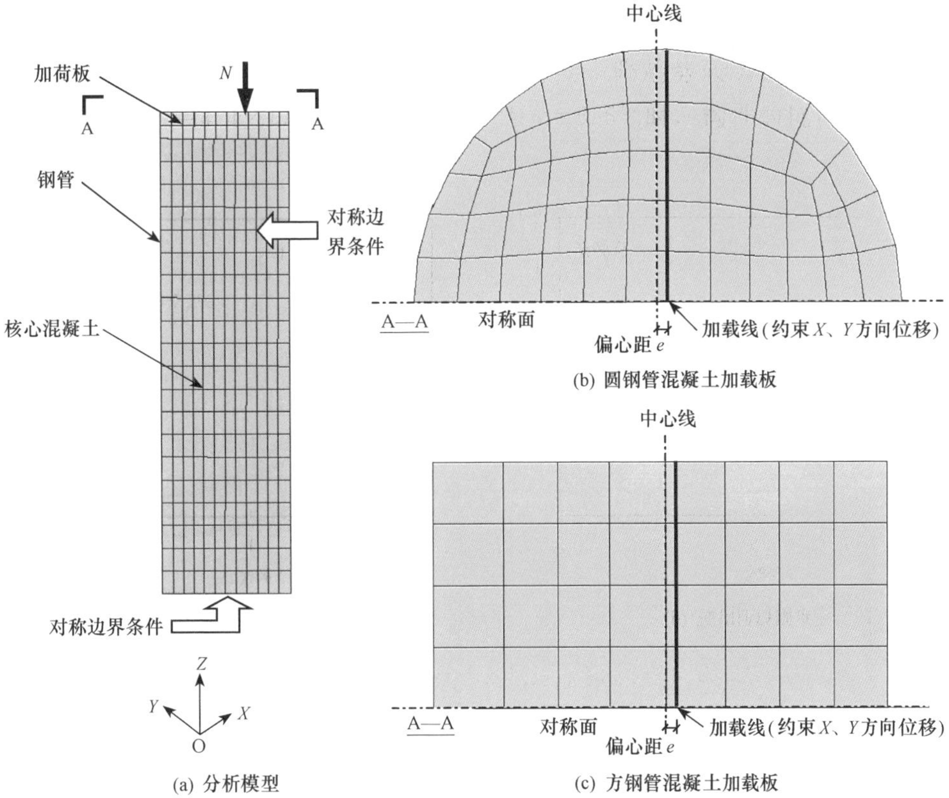

图 3.72　压弯构件有限元分析建模示意图

图 3.72 所示模型的自由端设置一刚度很大的垫块模拟加荷端板，垫块采用三维实体单元进行划分。模型边界条件为：在对称面施加对称面界条件，对加载端板上的加载线约束 X、Y 方向位移。计算时，采用位移加载方式，并采用增量迭代法进行求解。对采用冷弯型钢的方钢管混凝土构件，需考虑钢管弯角效应；对于采用焊接钢管和冷弯钢管的方钢管混凝土构件，考虑钢管残余应力的影响（见 3.2.2 节的有关论述）。计算结果表明，本节用有限元计算结果与 3.2.2 节纤维模型法获得的计算结果非常接近。

采用有限元法对收集到的大量钢管混凝土压弯构件承载力实测结果进行了验算。结果表明，计算结果与实测结果吻合较好。图 3.73 给出与 Matsui 等（1995）进行的钢管混凝土压弯构件试验曲线的比较情况，同时给出了纤维模型法的计算结果。

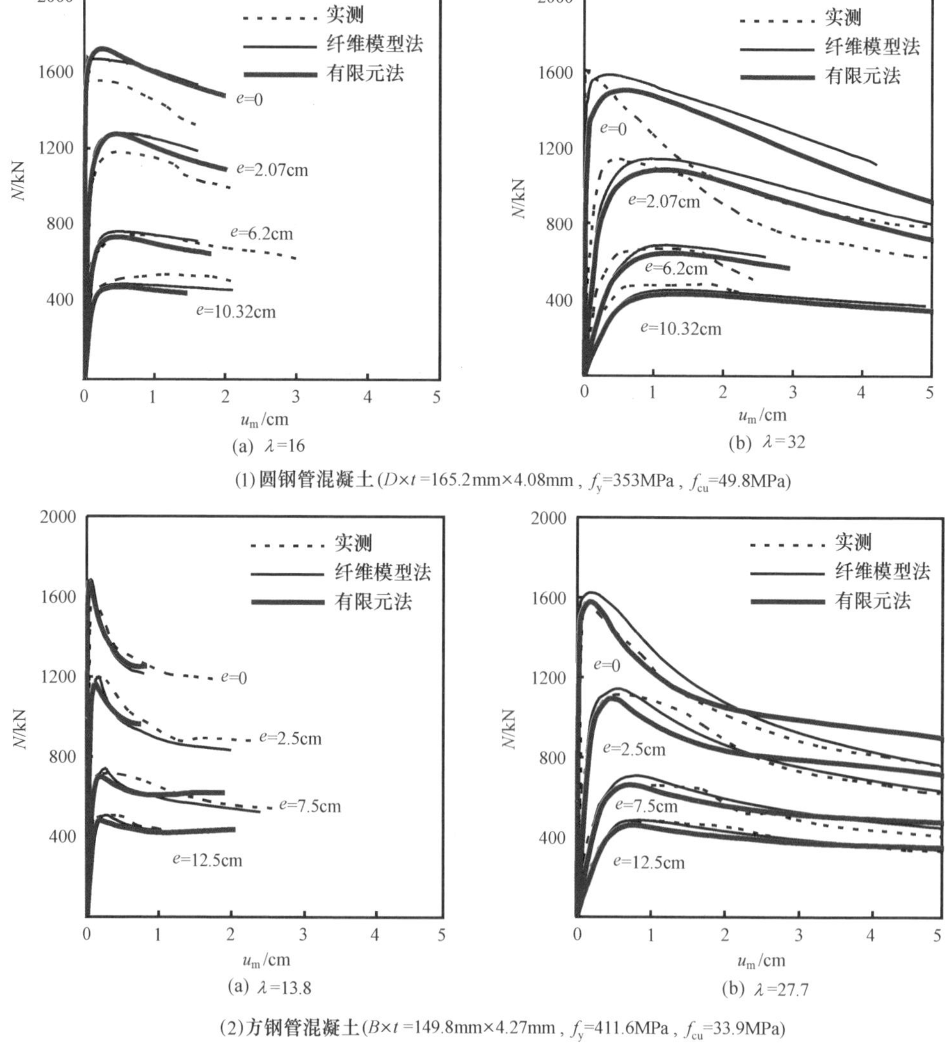

(a) λ=16　　(b) λ=32

(1) 圆钢管混凝土 ($D \times t$=165.2mm×4.08mm，f_y=353MPa，f_{cu}=49.8MPa)

(a) λ=13.8　　(b) λ=27.7

(2) 方钢管混凝土 ($B \times t$=149.8mm×4.27mm，f_y=411.6MPa，f_{cu}=33.9MPa)

图 3.73　压弯构件 N-u_m 关系比较

图 3.74（a）和（b）分别给出圆形和方形钢管混凝土压弯构件承载力有限元计算结果（N_{uc}），与不同研究者试验结果（N_{ue}）的总体对比情况。结果表明，N_{uc}/N_{ue}的平均值和均方差分别为 0.924 和 0.115。可见，计算结果与试验结果总体上吻合较好。

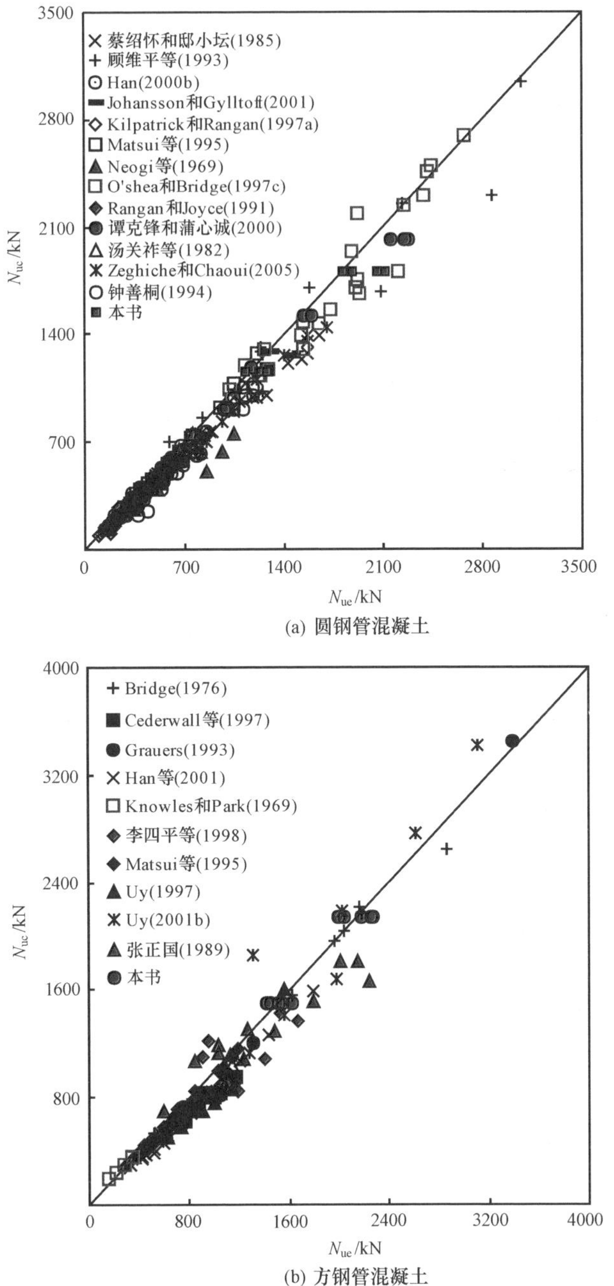

(a) 圆钢管混凝土

(b) 方钢管混凝土

图 3.74　压弯构件承载力有限元法计算值（N_{uc}）与实测值（N_{ue}）的对比

方钢管混凝土构件处于双向压弯状态时，构件截面上作用有轴向压力 N 和两个对称轴平面内大小可能不等的弯矩 M_x 和 M_y，如图 3.27 所示。

图 3.75 所示为方钢管混凝土双向压弯构件的 N-u_m 关系曲线计算结果与试验结果的比较情况，同时给出了 3.2.2 节纤维模型法的计算结果，可见计算结果与实验结果总体上吻合较好。

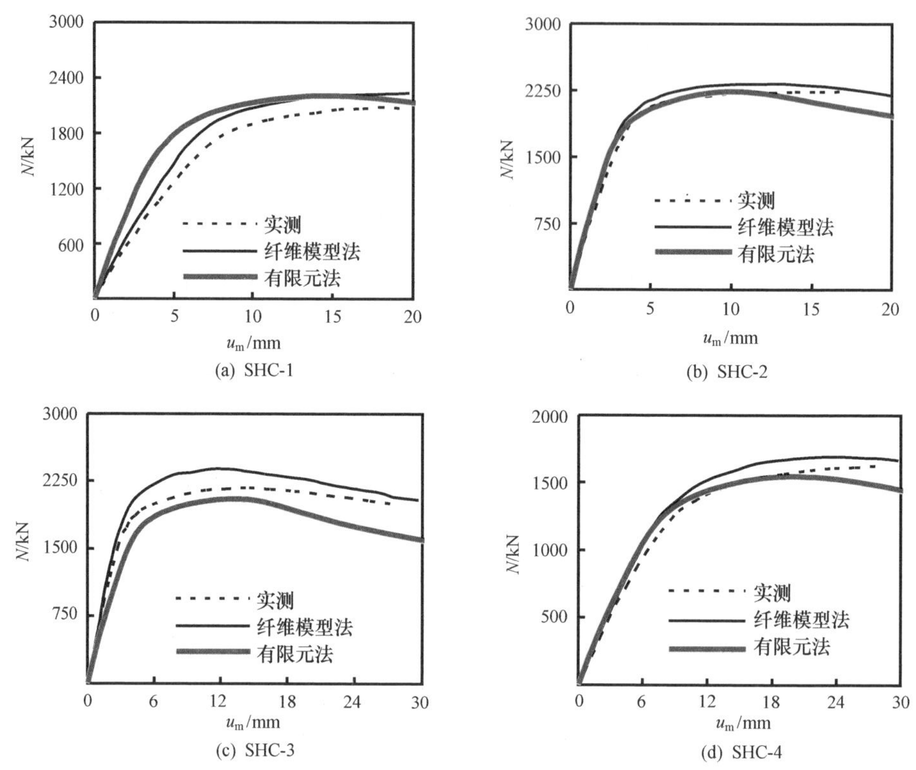

图 3.75 方钢管混凝土双向压弯构件计算结果与试验结果的比较

图 3.72 给出的是按加载路径Ⅱ（如图 3.22 所示）计算钢管混凝土压弯构件有限元分析模型，在该模型中如果分步骤施加荷载，即首先在自由边界施加轴力，然后在自由边界施加弯矩，便是加载路径Ⅰ的有限元计算模型。为了便于在自由边界施加弯矩，取一端固定、另一端自由的边界条件，并在自由端施加轴力和弯矩。

图 3.76 给出加载路径Ⅰ（如图 3.22 所示）情况下钢管混凝土压弯构件的弯矩（M）-跨中挠度（u_m）变形关系曲线。算例计算条件为：$D(B)=400$mm；Q345 钢；C60 混凝土；$\alpha=0.1$；$\lambda=40$。可见，当构件轴压比（n）较小时，随着 n 的增加，构件的极限承载力有一定的提高，当 n 较大时，构件的极限承载力随 n 的增大而减小，轴压比的变化对压弯构件荷载-变形关系曲线弹性阶段刚度

影响不大。

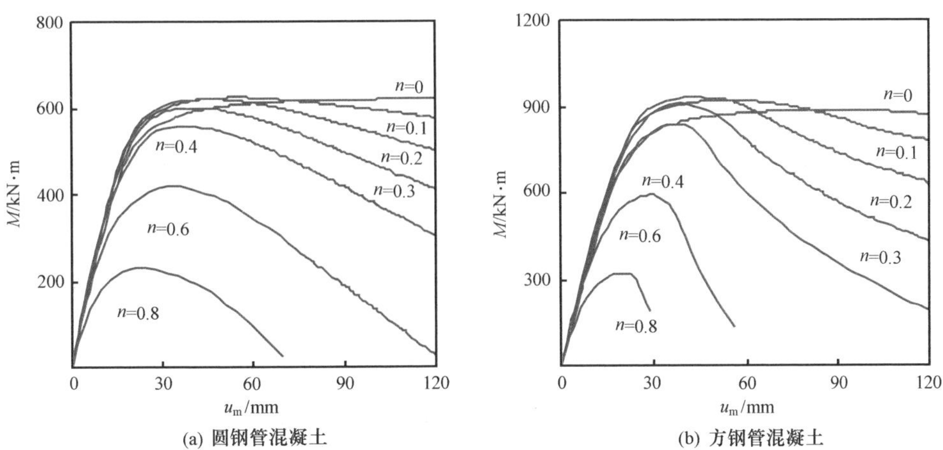

图 3.76 加载路径Ⅰ压弯构件的 M-u_m 关系曲线

图 3.77 给出了按加载路径Ⅱ计算获得的压弯构件的轴力（N）-跨中挠度（u_m）关系曲线，算例计算条件为：$D(B)$=400mm；Q345 钢；C60 混凝土；α=0.1；λ=40。可见，随着荷载偏心率（e/r）的增加，压弯构件的极限承载力不断降低，且构件弹性阶段刚度也不断减小。

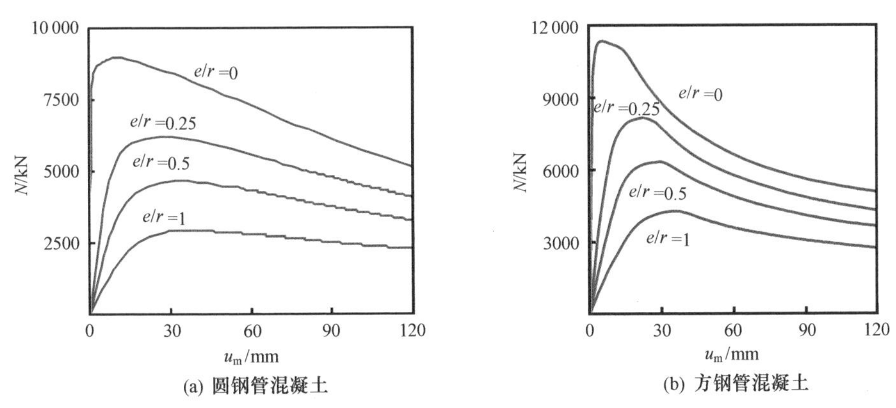

图 3.77 加载路径Ⅱ压弯构件的 N-u_m 关系曲线

如果不断改变计算参数计算钢管混凝土压弯构件的极限承载力，则可获得其 N-M 相关曲线。大量计算结果表明，纤维模型法和有限元法计算钢管混凝土压弯构件承载力非常接近。图 3.78 给出了上述两种方法计算结果的比较情况。算例的计算条件为：$D(B)$=400mm；α=0.1；C60 混凝土；Q345 钢。

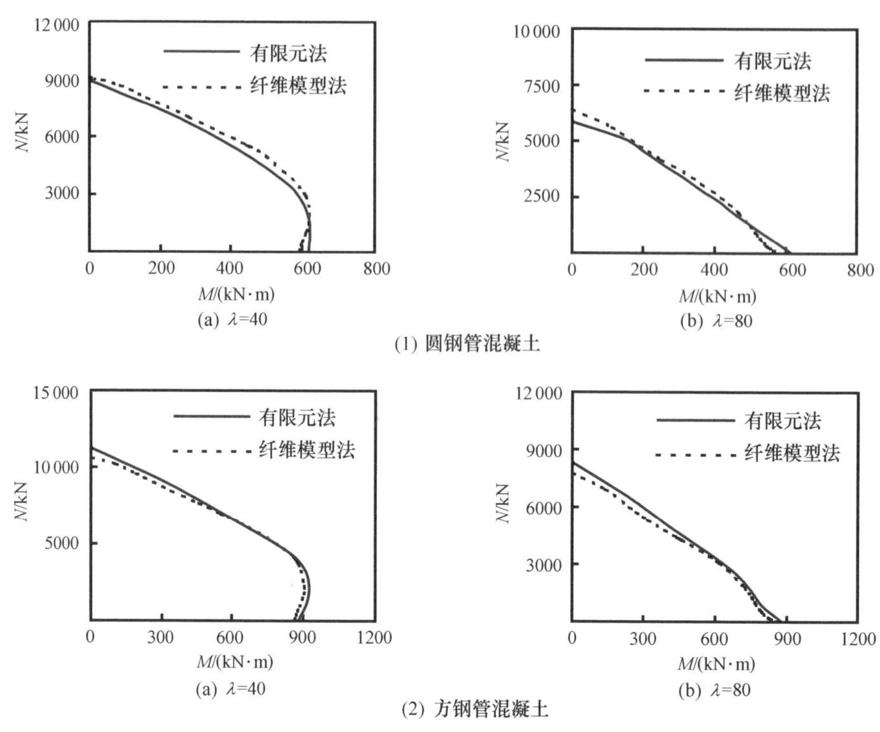

图 3.78 压弯构件 N-M 相关曲线比较

图 3.79 给出了加载路径Ⅰ和Ⅱ情况下压弯构件的 N-M 相关曲线的比较。可见，加载路径对钢管混凝土压弯构件极限承载力影响不大。这主要是由于钢管约束了核心混凝土，改善了混凝土的脆性，使得压弯构件的工作性能与弹塑性材料类似，表现出较好的延性。通过图 3.79 还可以发现，加载路径Ⅰ情况下，压弯构件的极限承载力要比加载路径Ⅱ情况下稍大些。这是因为路径Ⅰ情况下，钢管混凝土先受压再受弯，因此钢管及其核心混凝土之间的组合作用发挥得比路径Ⅱ稍充分些（见本节后文的论述）。

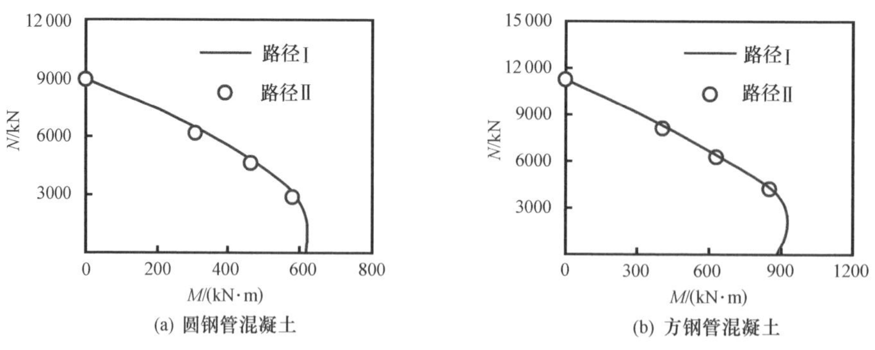

图 3.79 不同加载路径下压弯构件 N-M 相关曲线

2）压弯构件工作机理研究。

下面以工程中最常见的加载路径Ⅱ为例，进一步分析钢管混凝土压弯构件的工作机理。

图 3.80 给出了达承载力极限时钢管混凝土与对应空钢管压弯构件变形形态的比较。钢管混凝土算例的计算条件：$D(B)=400$mm；$\alpha=0.1$；C60 混凝土；Q345 钢；$\lambda=40$；$e/r=0.5$。由图 3.77 可见，二者的破坏形态有较大差别，钢管混凝土柱表现出较好的塑性和稳定性，且钢管没有明显的局部屈曲现象，破坏时表现为钢管向外鼓曲的破坏模态；空钢管柱则表现为在试件中截面处发生局部屈曲，最终形成塑性铰而破坏，破坏时表现为钢管向外鼓曲和内凹屈曲的破坏模态。

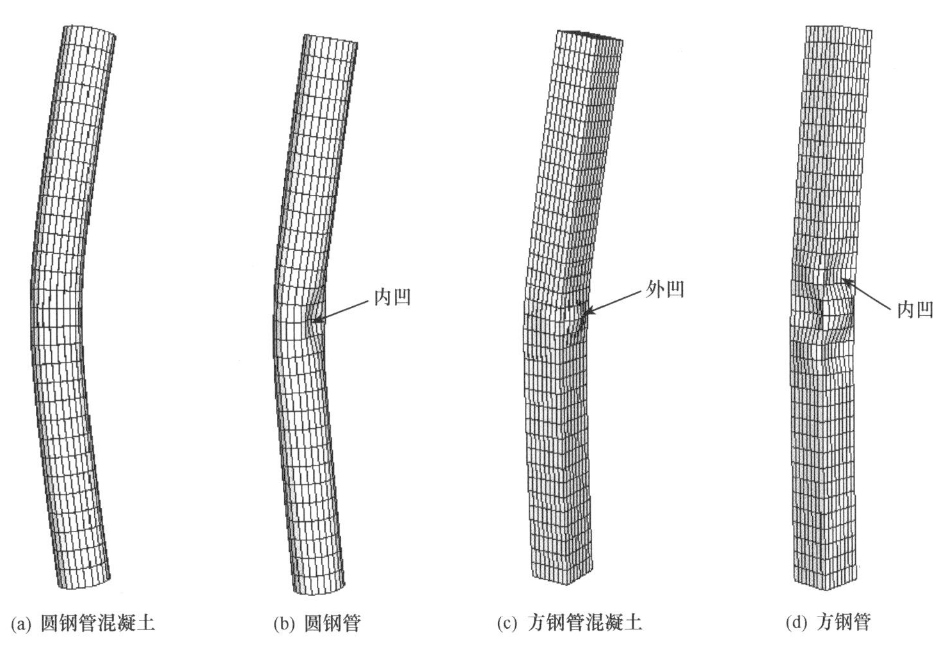

图 3.80　压弯构件破坏模态

3）压弯构件受力分析。

图 3.81 给出一组压弯构件典型的 N-u_m关系，图中同时给出钢管及其核心混凝土承担外荷载的情况。可见，圆、方钢管混凝土的 N-u_m关系曲线变化规律类似。钢管达到其纵向承载力极限时，钢管混凝土构件的 N-u_m关系尚未达到峰值点。随后，钢管承担的轴向荷载开始逐渐下降，此时，核心混凝土由于受到其外包钢管的约束，N-u_m关系呈现出上升的趋势，钢管混凝土的 N-u_m关系曲线也保持上升的趋势。随着轴向荷载的继续增加，核心混凝土和钢管混凝土构件逐渐达到其纵向承载力极限。

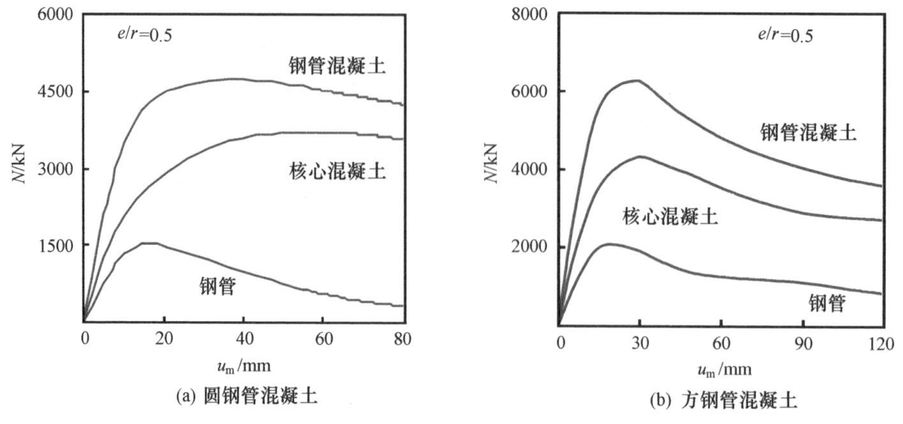

图 3.81　压弯构件 N-u_m 关系曲线

图 3.82 给出一组无量纲化后钢管混凝土和对应空钢管压弯构件的 N/N_u-u_m 关系曲线比较，图中，N_u 为钢管混凝土或空钢管构件的极限承载力。可见，钢管混凝土较空钢管构件具有更强的抵抗变形能力。这主要是由于钢管及其混凝土间的组合作用所致。

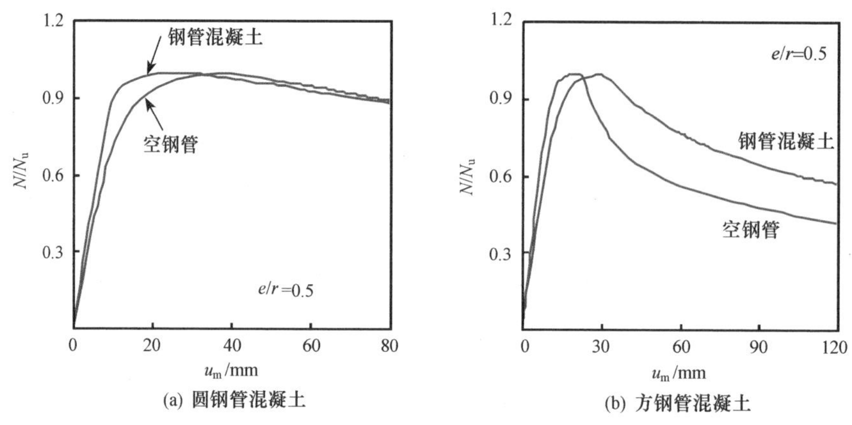

图 3.82　钢管混凝土与空钢管压弯构件的 N/N_u-u_m 关系比较

图 3.83 给出了其他条件相同的情况下，分别采用冷弯型钢钢管与焊接钢管的钢管混凝土压弯构件荷载-变形关系的比较。冷弯型钢钢管混凝土的计算条件为：$B=400$mm；$\alpha=0.1$；$f_u/f_y=1.4$；C60 混凝土；Q345 钢；$\lambda=40$；$e/r=0.5$，弯角内半径 $r=2t$。可见，二者荷载-变形关系的变化规律类似。从钢管与核心混凝土各自分担的荷载来看，虽然冷弯钢管横截面面积减小了，但由于冷弯成型使得钢管角部的屈服强度得到提高，因此钢管分担的荷载比焊接方钢管混凝土要大。不过，核心混凝土面积的减小导致混凝土分担的荷载比焊接的情况有所减小。综合这两个因素，使得二者的极限承载力差别不大。

图 3.84 给出了钢管混凝土压弯构件轴向荷载（N)-纵向最大拉应变和压应变（ε）的关系（以压应变为正）。可见，圆、方钢管混凝土的 N-ε 的关系随荷载偏心率（e/r）变化的规律基本相同。在其他条件一定的情况下，随着 e/r 的增大，荷载峰值点对应的纵向应变值有逐渐增大的趋势。从图 3.84 还可以看出，当 e/r 相同时，圆钢管混凝土构件达极限承载力对应的应变值要比方构件大。主要原因是圆钢管对其核心混凝土的约束作用强于方钢管，表现为圆钢管混凝土构件的变形能力要优于方钢管混凝土。

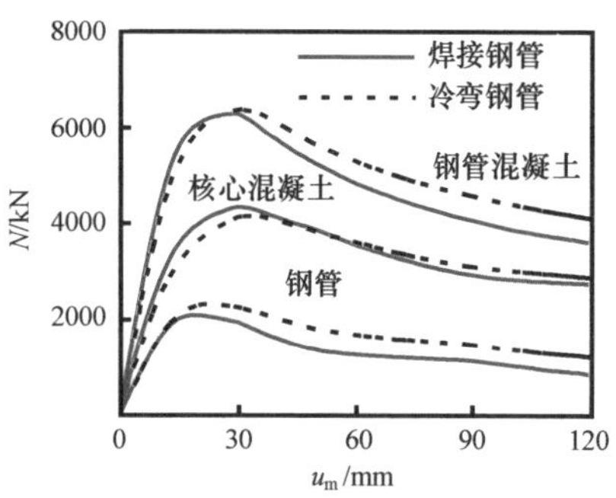

图 3.83　方钢管混凝土压弯构件 N-u_m 关系

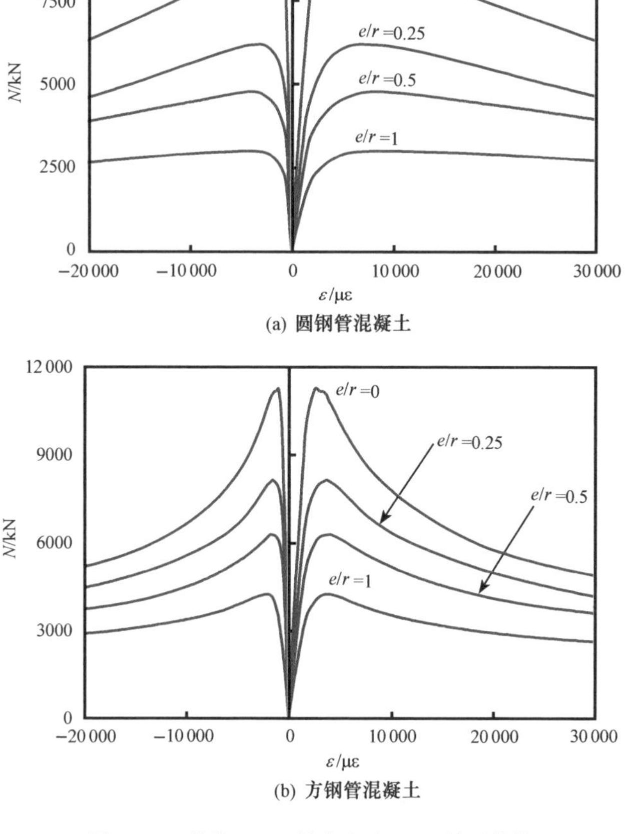

(a) 圆钢管混凝土

(b) 方钢管混凝土

图 3.84　荷载（N)-纵向应变（ε）关系曲线

图 3.85 给出一组无量纲化后钢管混凝土和对应空钢管压弯构件的 N/N_u-纵向最大拉应变和压应变（ε）关系的比较，图中，N_u为钢管混凝土或空钢管构件的极限承载力。可见，钢管混凝土构件达极限承载力时对应的应变值要大于空钢管，这是因为钢管及其混凝土间的组合作用，从而导致钢管混凝土构件抵抗变形的能力增强。

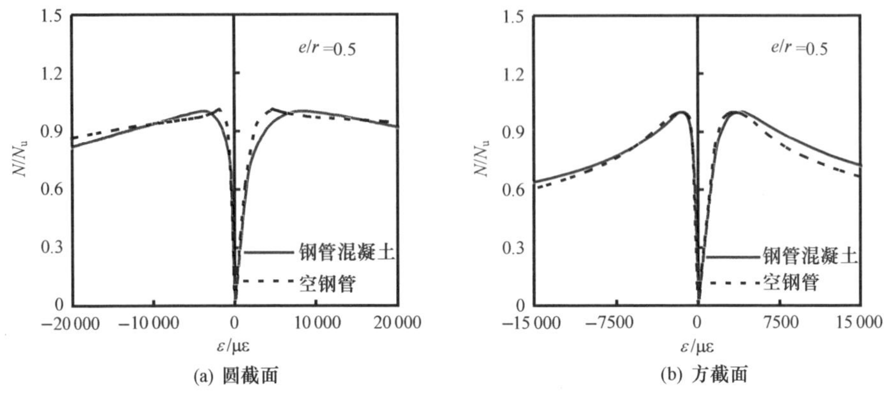

图 3.85 钢管混凝土和空钢管压弯构件荷载（N/N_u）-纵向应变（ε）关系的比较

4）压弯构件荷载-变形关系全过程分析。

图 3.24 给出加载路径Ⅱ情况下钢管混凝土压弯构件典型的 N-u_m关系曲线。下面以圆钢管混凝土偏压构件为例，分析受力全过程中的钢管和核心混凝土截面上应力的变化情况。计算参数为：$D=400$mm；$\alpha=0.1$；$\lambda=40$；Q345 钢；C60 混凝土；$e=100$mm。

图 3.24 所示 N-u_m关系曲线上 A、B 和 C 点（此处分析时取对应荷载下降到极限荷载 85%时对应的点进行计算）对应构件中截面核心混凝土纵向应力（云图中的 S33 单位为 MPa）分布和其沿试件长度方向分布如图 3.86 所示。图中，“Ave. Crit.：75%”表示 ABAQUS 软件进行后处理时，由积分点应力外推得到单元节点应力时，应力数值进行平滑处理的百分比（0 表示不进行平滑处理，100%表示完全平滑处理，采用系统默认的 75%即可得到理想的平滑的应力数值）（Hibbitt 等，2003），以下图形同。可见，随着中截面挠度的不断增加，核心混凝土截面受压区面积不断减少，受拉区面积不断增加。

图 3.87 给出了以上特征点的钢管 Mises 应力（云图中的 Mises 单位为 MPa）分布，可见，在本算例计算条件下，钢管混凝土构件达到其极限承载力时，受压区钢管已经进入屈服阶段，且构件中部首先达到屈服，随后屈服区域逐渐向构件两端发展。此时受拉区钢管应力也已超过比例极限。

核心混凝土在 B 点和 C 点对应的纵向塑性应变（云图中的 PE33）沿试件高度分布如图 3.88 所示。A 点处于 N-u_m关系曲线上的弹性阶段，核心混凝土截面未出现塑性应变。随着构件挠度的增加，混凝土截面的塑性应变逐渐增大，且在构件中截面处塑性应变值达到最大，其塑性区域也是从构件中部逐渐往两端发展。

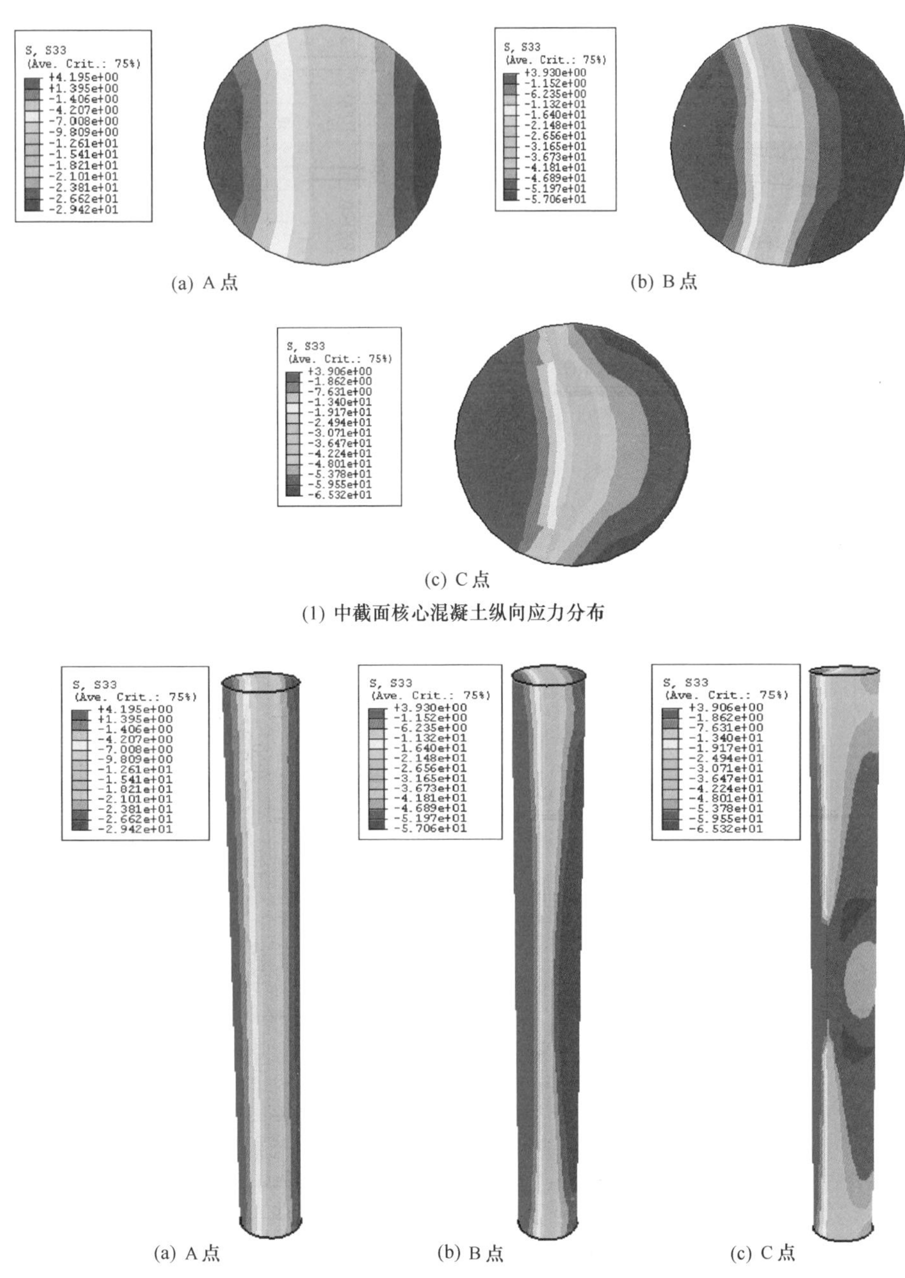

(a) A 点　(b) B 点　(c) C 点

(1) 中截面核心混凝土纵向应力分布

(a) A 点　(b) B 点　(c) C 点

(2) 核心混凝土纵向应力沿长度方向分布

图 3.86　压弯构件核心混凝土截面纵向应力分布

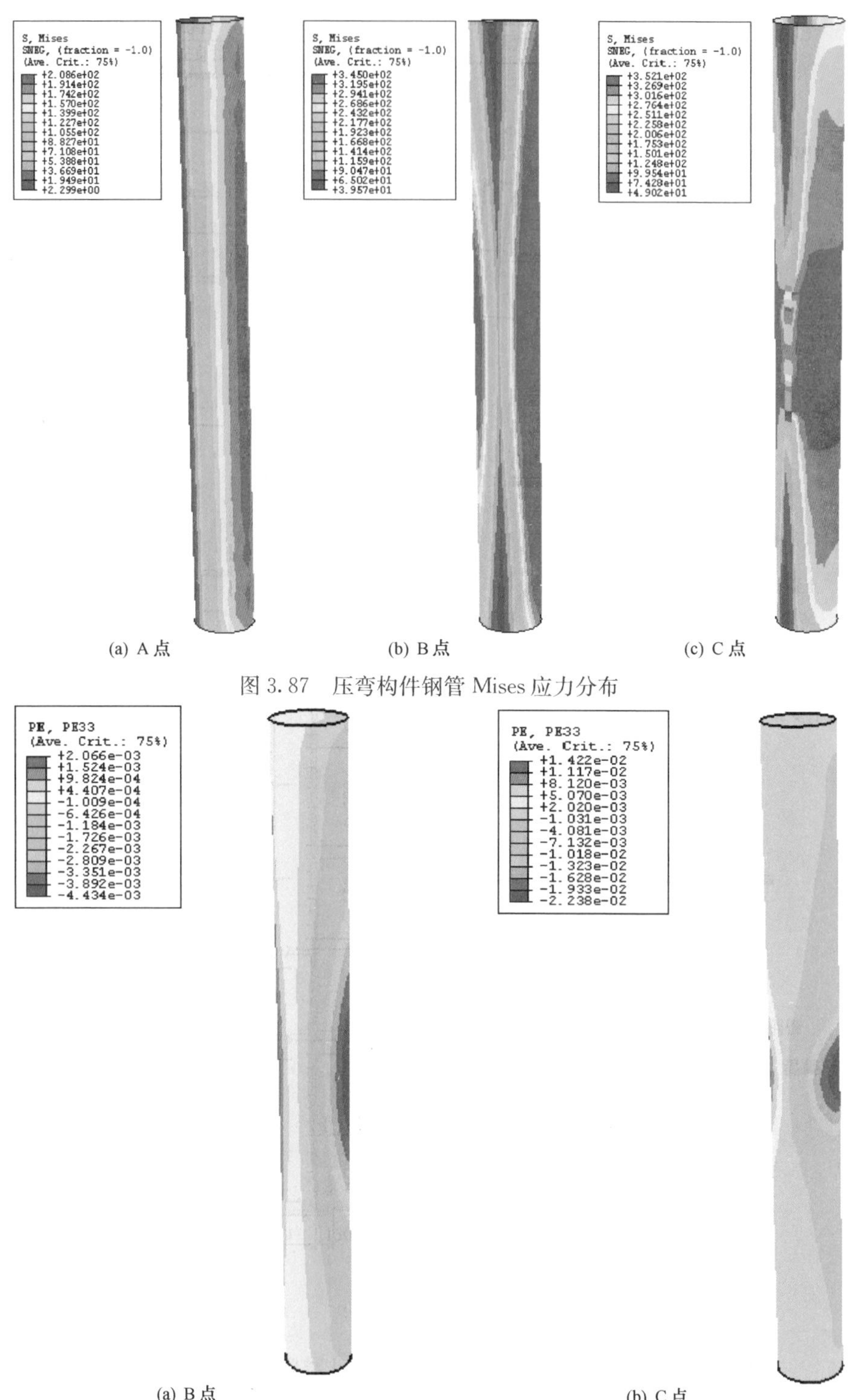

(a) A 点　　(b) B 点　　(c) C 点

图 3.87　压弯构件钢管 Mises 应力分布

(a) B 点　　(b) C 点

图 3.88　压弯构件核心混凝土截面纵向塑性应变分布

5）核心混凝土截面应力场分布。

图 3.89 给出了不同荷载偏心率（e/r）情况下圆、方钢管混凝土压弯构件达极限承载力时核心混凝土截面纵向应力的分布情况。

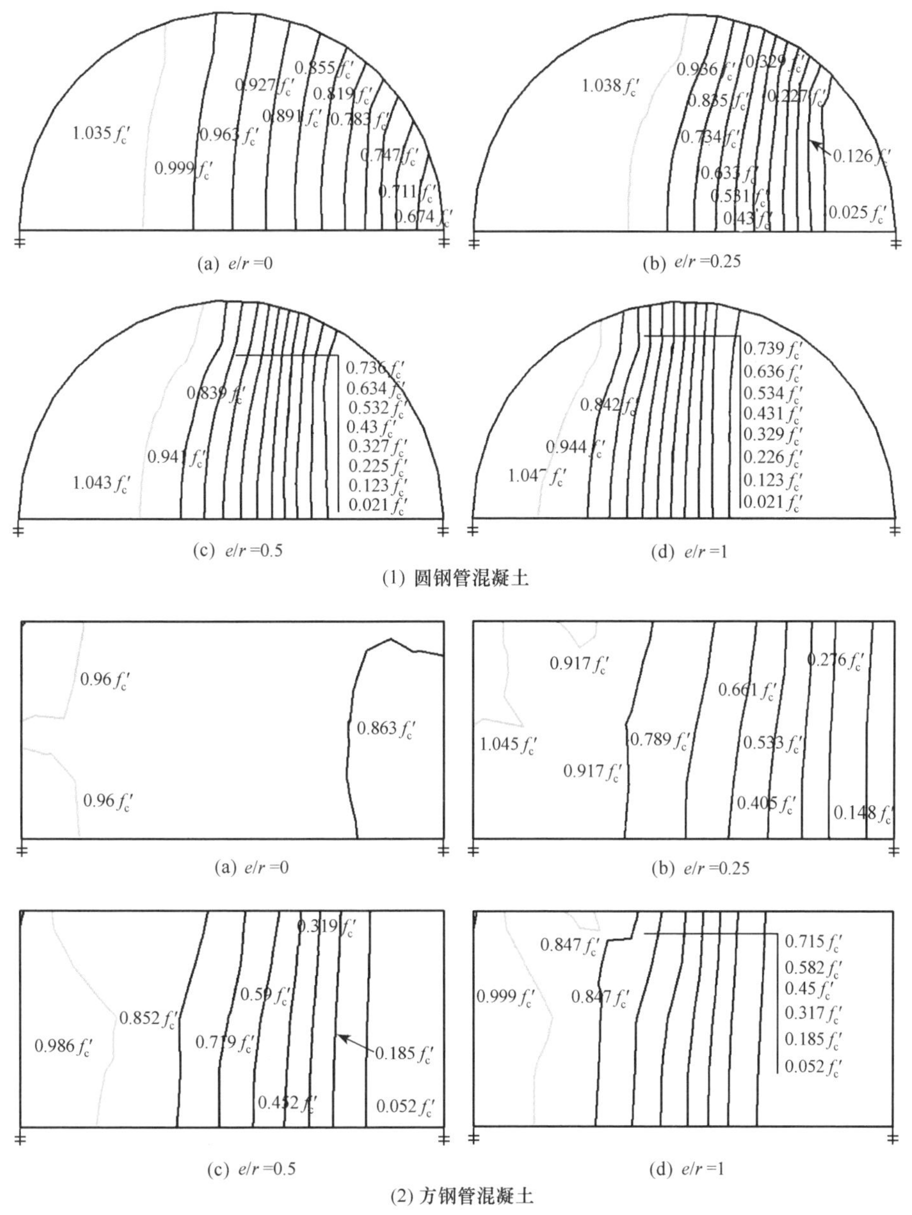

图 3.89　压弯构件核心混凝土截面纵向应力等值线图

图 3.90 给出了极限承载力时构件中截面核心混凝土纵向应力云图（单位为 MPa）。可见，当 e/r 较小时，核心混凝土全截面受压，没有出现受拉区；随着

e/r 的增大，核心混凝土截面出现受拉区，且受拉区面积和纵向最大压应力数值随 e/r 的增大而增加。

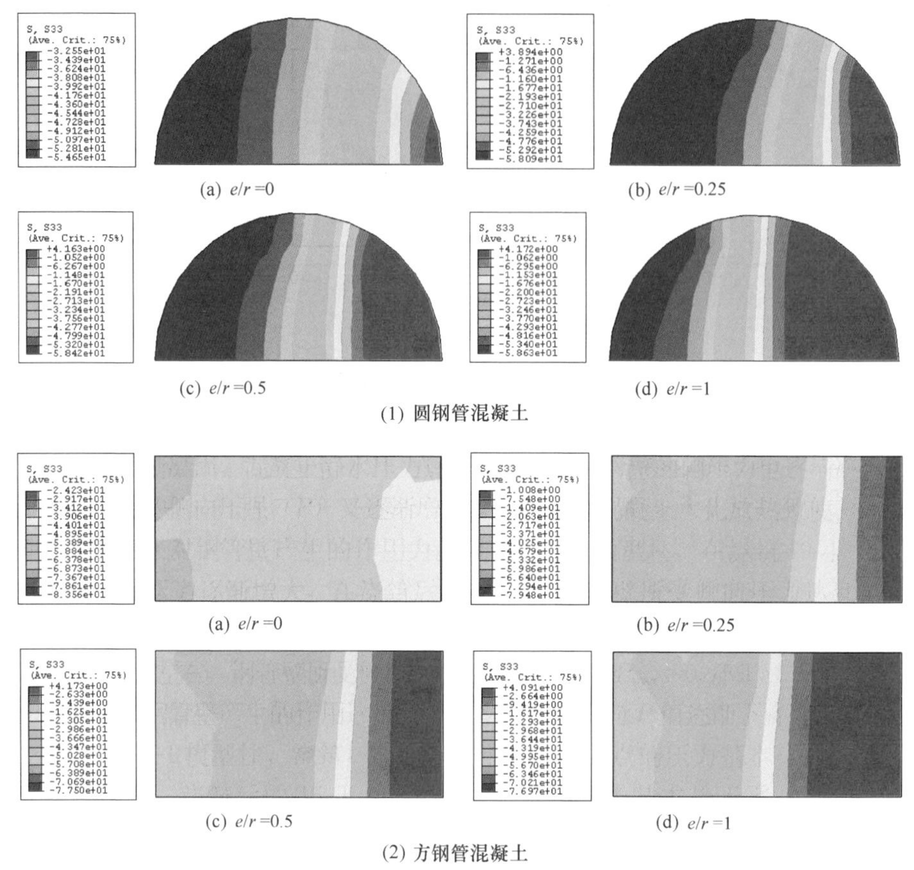

(a) $e/r=0$　(b) $e/r=0.25$

(c) $e/r=0.5$　(d) $e/r=1$

(1) 圆钢管混凝土

(a) $e/r=0$　(b) $e/r=0.25$

(c) $e/r=0.5$　(d) $e/r=1$

(2) 方钢管混凝土

图 3.90　压弯构件核心混凝土截面纵向应力云图

图 3.91 和图 3.92 分别给出了圆、方钢管混凝土压弯构件达极限承载力时，核心混凝土 A—A 断面（如图 3.72 所示）沿构件长度方向纵向应力（云图中的 S33 单位为 MPa）的分布情况。可见，当 e/r 较小时，构件达到其承载力极限时，沿构件长度方向均没有出现受拉区；随着 e/r 的增加，核心混凝土出现受拉区，且受拉区区域随 e/r 的增加而增加。当 e/r 较大时，构件达承载力极限时，核心混凝土截面受拉区沿构件长度方向的分布趋于均匀。

图 3.93 给出了图 3.83 中算例的冷弯型钢方钢管混凝土压弯构件中截面核心混凝土截面纵向应力（云图中的 S33）分布。比较达到承载力极限时两种情况下混凝土应力场的分布情况，即图 3.90（2-c）和图 3.93（b），可见，除角部应力分布情况稍有差异外，两种情况下核心混凝土截面纵向应力分布规律总体上相同。

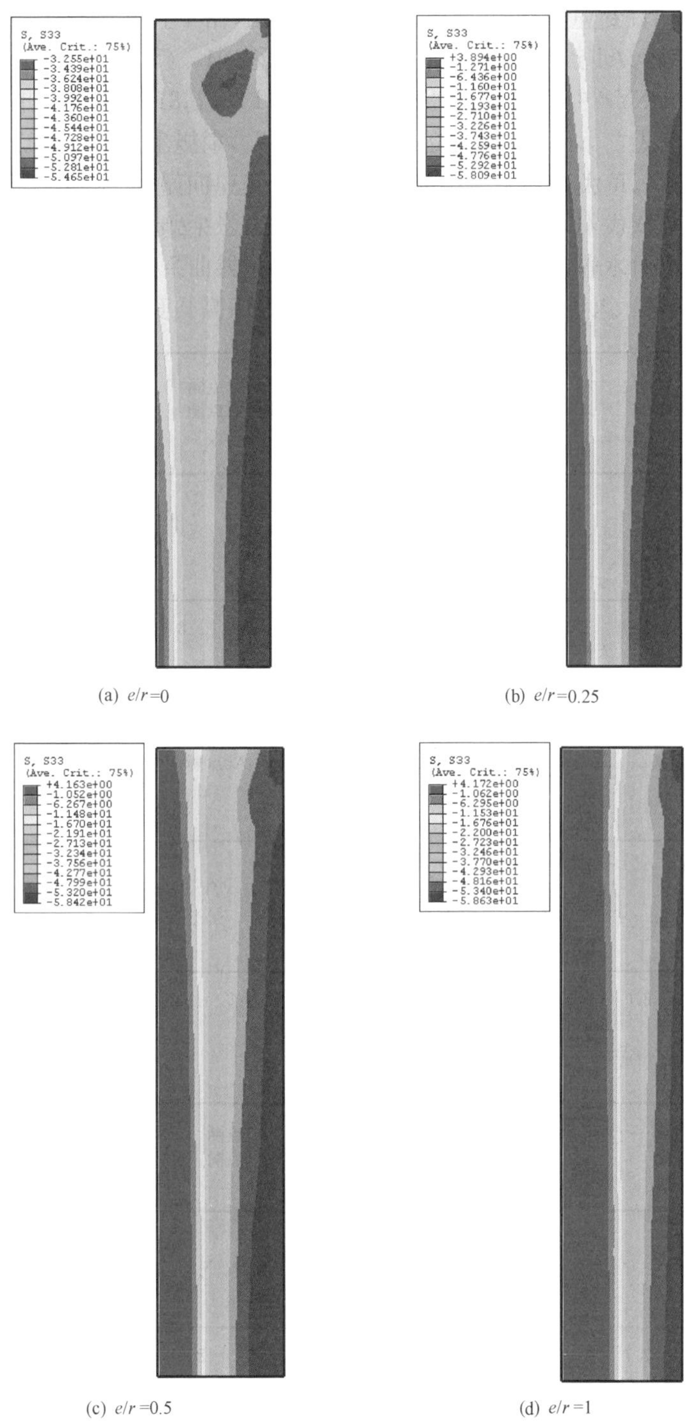

(a) $e/r=0$　　(b) $e/r=0.25$

(c) $e/r=0.5$　　(d) $e/r=1$

图 3.91　圆钢管混凝土压弯构件混凝土纵向应力沿构件长度分布

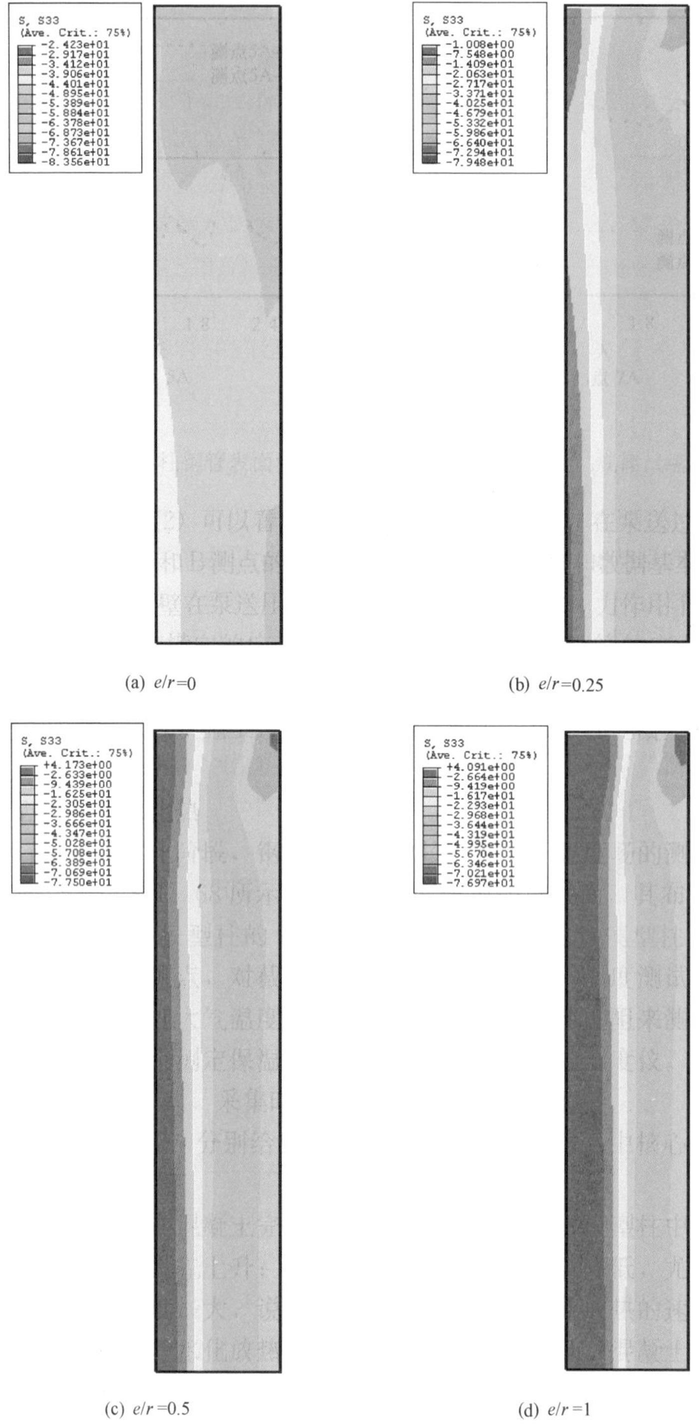

(a) $e/r=0$　(b) $e/r=0.25$

(c) $e/r=0.5$　(d) $e/r=1$

图 3.92　方钢管混凝土压弯构件混凝土纵向应力沿构件长度分布

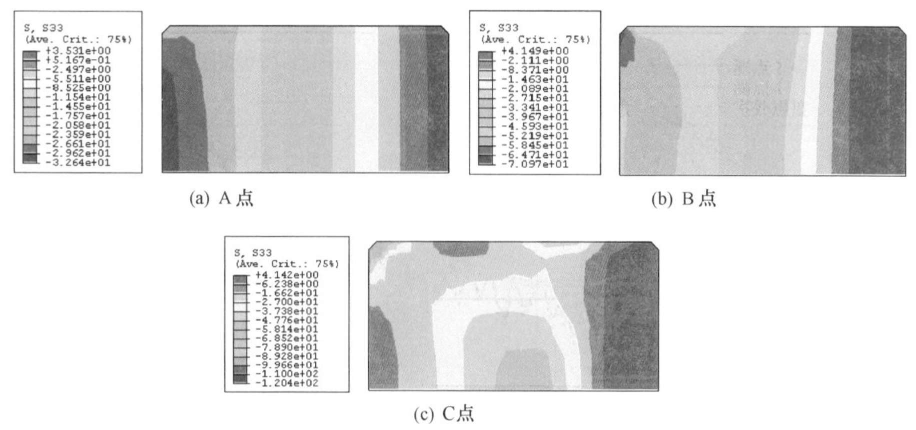

(a) A 点　　(b) B 点

(c) C点

图 3.93　冷弯方钢管混凝土压弯构件核心混凝土截面纵向应力分布

图 3.94 给出了图 3.93 中算例的冷弯型钢方钢管混凝土压弯构件在受力过程中构件中截面核心混凝土截面纵向应力（云图中的 S33 单位为 MPa）沿构件长度方向的分布情况。

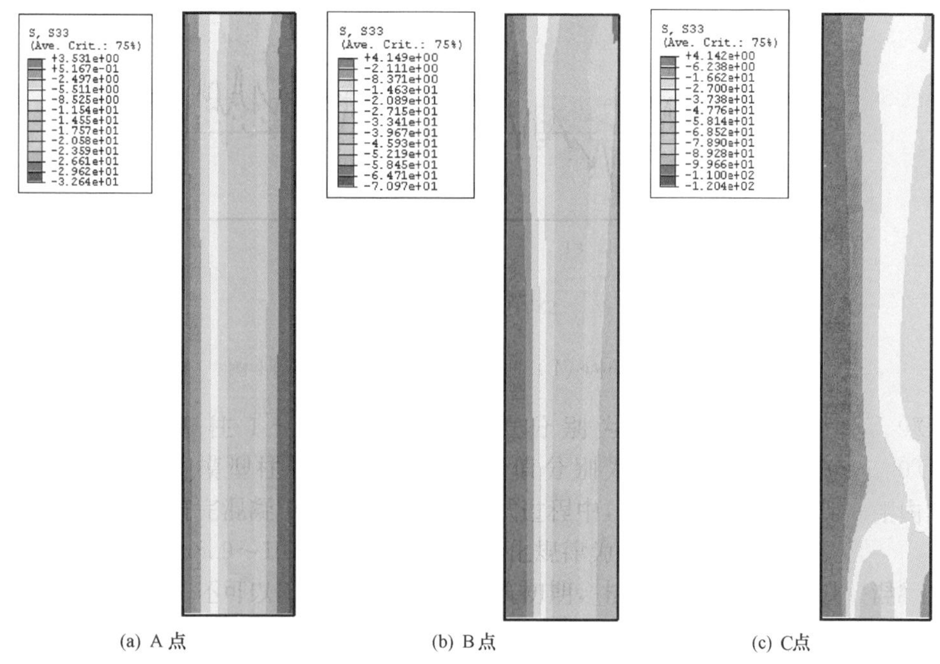

(a) A 点　　(b) B 点　　(c) C点

图 3.94　冷弯方钢管混凝土压弯构件核心混凝土截面纵向应力沿长度方向分布

6）钢管与核心混凝土的相互作用分析。

图 3.95 给出钢管混凝土压弯构件中截面 A、B 和 C 点处钢管对其核心混凝土的约束力（p）-中截面挠度（u_m）的关系曲线。可见，钢管混凝土截面受压区

和受拉区的钢管与核心混凝土之间都存在组合作用，但压区的更为显著。对于方钢管混凝土，截面角部区域处的相互作用较大，其他位置则相对较小。

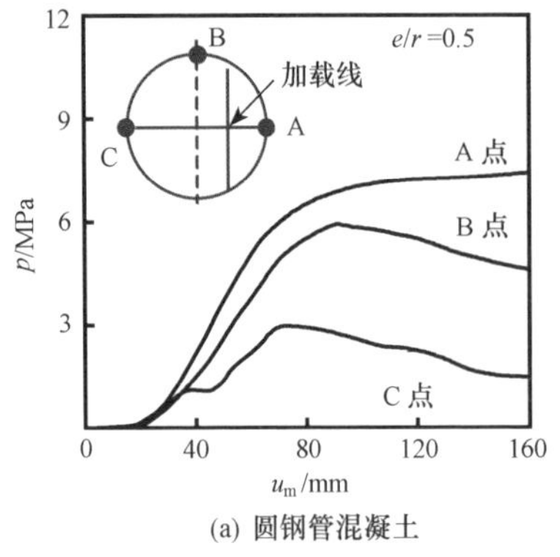

(a) 圆钢管混凝土

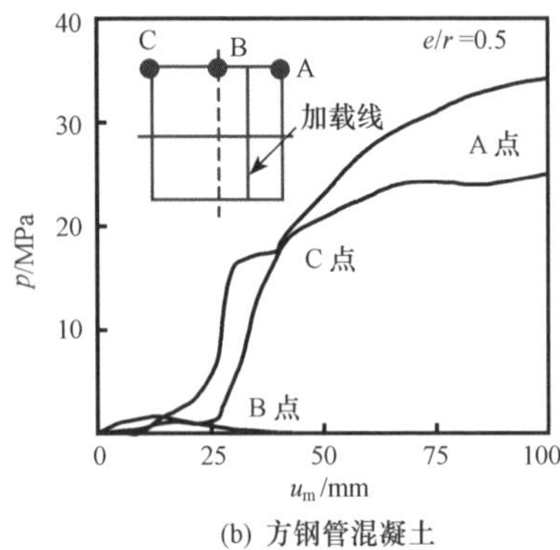

(b) 方钢管混凝土

图 3.95　压弯构件受压区和受拉区的 p-u_m关系

图 3.96 给出钢管混凝土压弯构件 $L/2$、$3L/8$ 和 $L/4$ 高度处受压区钢管对其核心混凝土的约束力（p）-中截面挠度（u_m）的关系曲线。可见，压区中截面处的约束力较大，且随着离中截面距离的增加，这种相互作用约束力在逐渐减小。

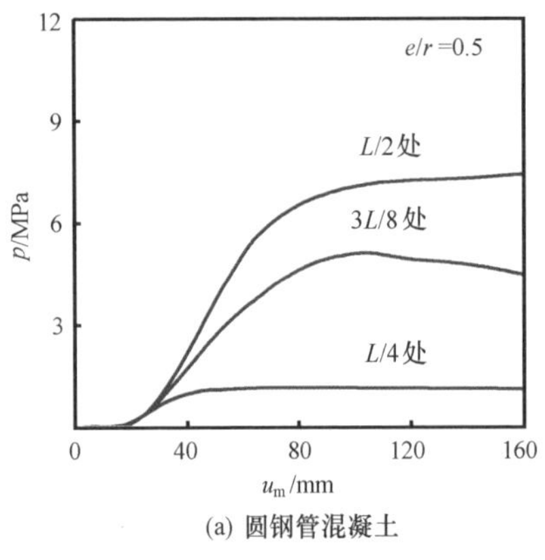

(a) 圆钢管混凝土

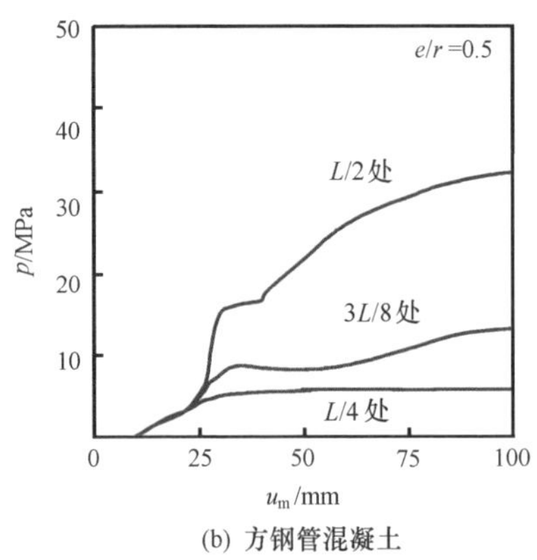

(b) 方钢管混凝土

图 3.96　受压区不同高度处的 p-u_m关系

7）粘结强度对压弯构件工作性能的影响分析。

下面简要分析钢管及其核心混凝土之间粘结强度对钢管混凝土压弯构件力学性能的影响。分析时，采用变化钢管与混凝土界面摩擦系数（μ）的方法，即变化时分别用了 0，0.3 和 0.6 三种数值。

图 3.97 给出了 μ 值变化对压弯构件 N-u_m关系曲线的影响。可见，对于圆钢管混凝土构件，其极限承载力随着 μ 值的增加而增大，在本算例的计算参数范围内，μ 值从 0～0.6，承载力增加幅度最大为 3%，但 μ 值变化对 N-u_m关系曲线

弹性阶段刚度基本无影响；对于方钢管混凝土，摩擦系数 μ 值的变化对压弯构件 N-u_m 关系的曲线影响很小。

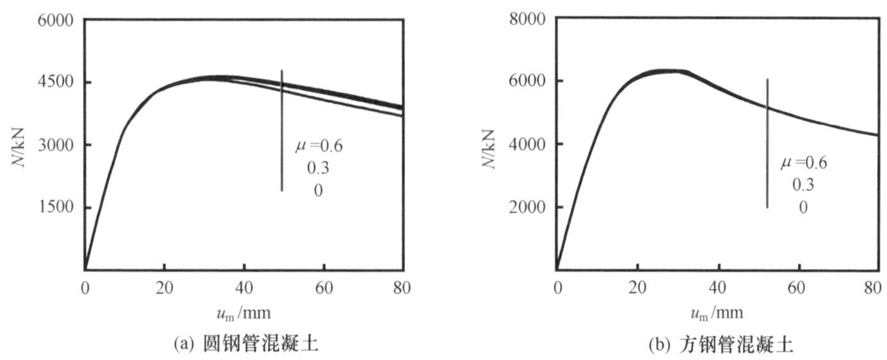

(a) 圆钢管混凝土　(b) 方钢管混凝土

图 3.97　μ 值变化对压弯构件 N-u_m 关系的影响

图 3.98 给出了 μ 值变化对压弯构件中截面受压区 A 点和受拉区 C 点（如图 3.95 所示）处钢管与核心混凝土相互作用力（p）-u_m 关系曲线的比较。可见，对于圆钢管混凝土，在受压区，p 随摩擦系数 μ 值的增加而增加，但 μ 值变化对受拉区相互作用力影响规律不明显；对于方钢管混凝土，μ 值变化对钢管与核心混凝土相互作用力影响很小。

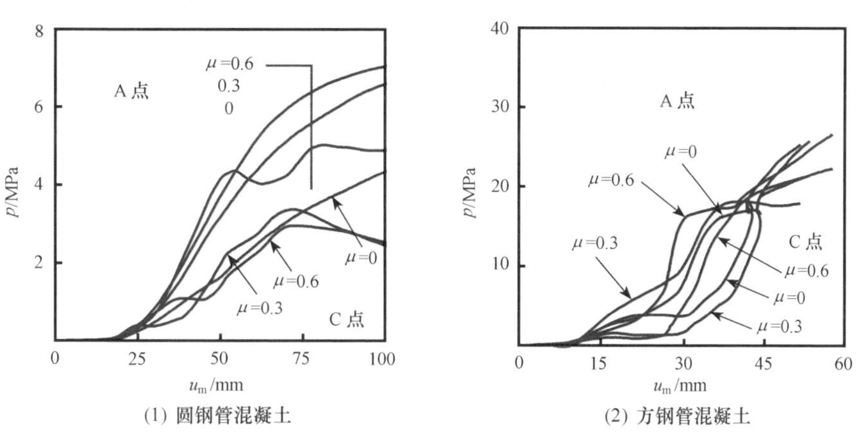

(1) 圆钢管混凝土　(2) 方钢管混凝土

图 3.98　μ 值变化对压弯构件 p-u_m 关系的影响

图 3.99 给出了 μ 值变化对压弯构件中钢管截面最大压应变（负值）和最大拉应变（正值）与构件中截面侧向挠度关系曲线的影响。从图 3.99 可见，对于圆钢管混凝土，在受压区，无粘结（$\mu=0$）时，钢管应变发展较快，其他情况钢管截面最大压应变差别不大，μ 值变化对受拉区最大应变影响不大；对于方钢管混凝土，μ 值变化对构件中截面钢管截面最大压应变和最大拉应变的影响总体上不大。

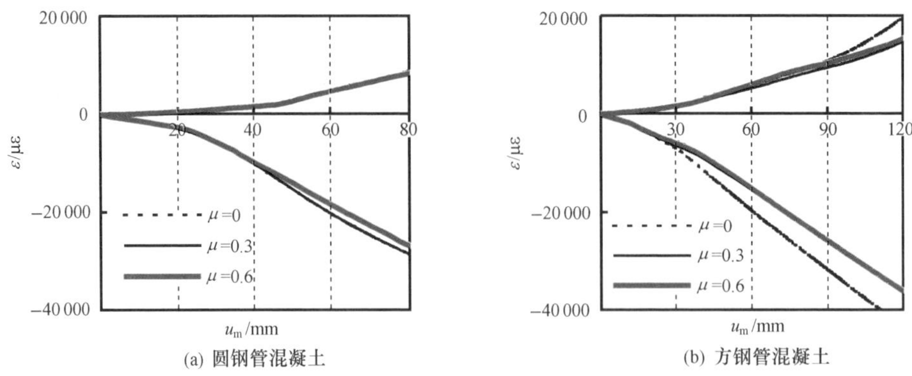

(a) 圆钢管混凝土　　(b) 方钢管混凝土

图 3.99　μ 值变化对压弯构件在 ε-u_m 关系的影响

从以上的分析可见，当钢管与核心混凝土共同受荷时，钢管与核心混凝土之间的粘结强度变化对钢管混凝土压弯构件的工作性能影响不显著。Kilpatrick 和 Rangan（1999）进行的不同粘结情况下圆钢管混凝土轴压长柱试验研究所得到的结论也证明了这一点。

8）加载路径的影响分析。

从图 3.79 的比较结果可见，加载路径对钢管混凝土压弯构件 N-M 相关曲线影响不大，下面从钢管和混凝土之间受力特点角度进一步深入分析加载路径对钢管混凝土压弯构件工作性能的影响规律。

为了使计算结果具有可比性，两种加载路径情况下均采用一端固定一端自由的边界条件进行计算分析。图 3.100 给出了不同加载路径情况下达到极限承载力

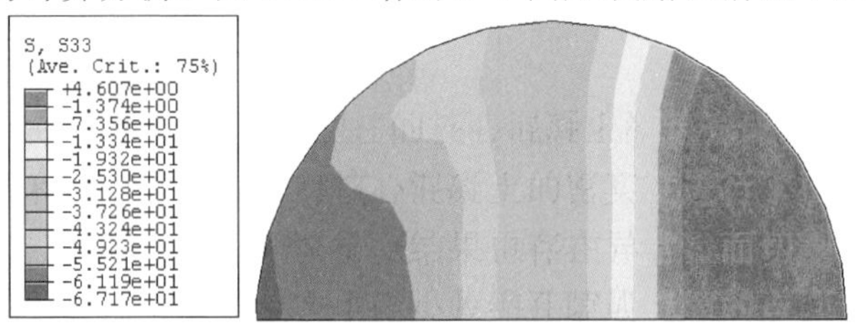

(a) 路径Ⅰ(N=4642kN, M=477.6kN·m)

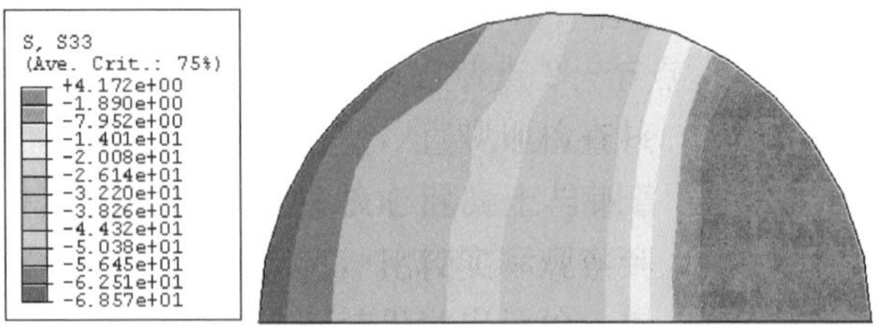

(b) 路径Ⅱ(N=4642kN, M=464.2kN·m)

(1) 圆钢管混凝土

图 3.100　不同加载路径下核心混凝土截面纵向应力分布

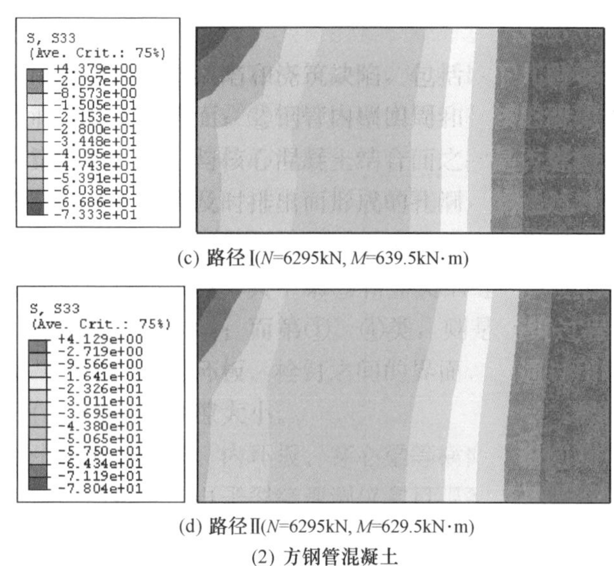

(c) 路径Ⅰ(N=6295kN, M=639.5kN·m)

(d) 路径Ⅱ(N=6295kN, M=629.5kN·m)

(2) 方钢管混凝土

图 3.100　不同加载路径下核心混凝土截面纵向应力分布（续）

时构件中截面核心混凝土截面纵向应力（云图中的 S33 单位为 MPa）的分布。可见，加载路径Ⅰ和Ⅱ两种情况下，构件达承载力极限时，核心混凝土截面纵向应力分布规律与应力的数值基本相同。

图 3.101 给出了不同加载路径下，钢管截面最大压应变（负值）和最大拉应变（正值）与构件中截面侧向挠度关系曲线的比较。可见，两种加载路径下，构件截面 ε-u_m关系曲线的变化规律基本类似，构件达到极限承载力时的钢管截面最大压应变和最大拉应变的数值也基本相同。

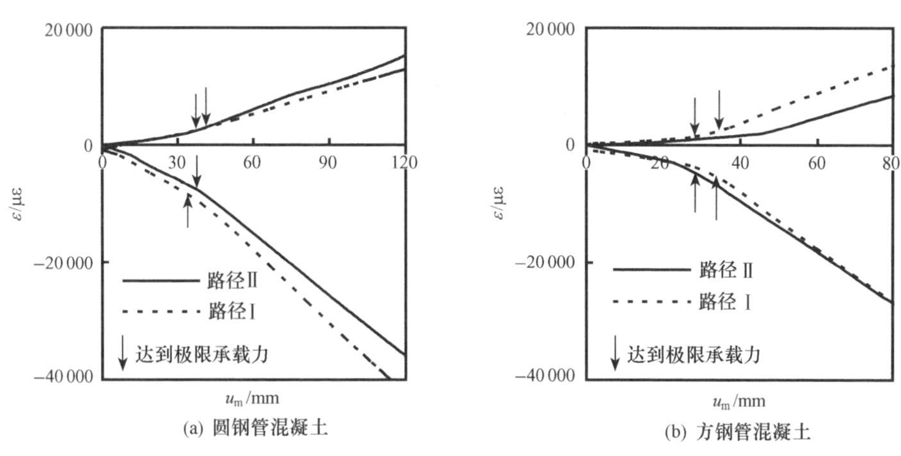

(a) 圆钢管混凝土　　(b) 方钢管混凝土

图 3.101　不同加载路径下压弯构件的 ε-u_m 关系

图 3.102 给出了不同加载路径情况下，钢管混凝土、钢管及其核心混凝土各

自分担的轴向荷载在受力过程中的变化情况（虚线为加载路径Ⅰ，实线为加载路径Ⅱ）。可见，在构件达到极限荷载时，加载路径不同，钢管和混凝土各自分担的轴向荷载也不同，但钢管混凝土的轴向荷载基本相同。

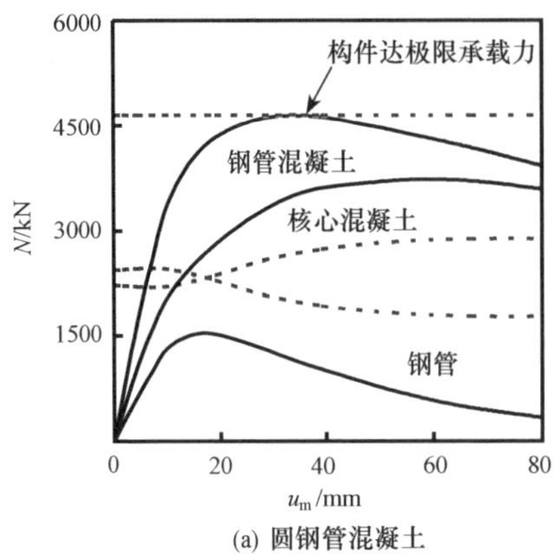

(a) 圆钢管混凝土

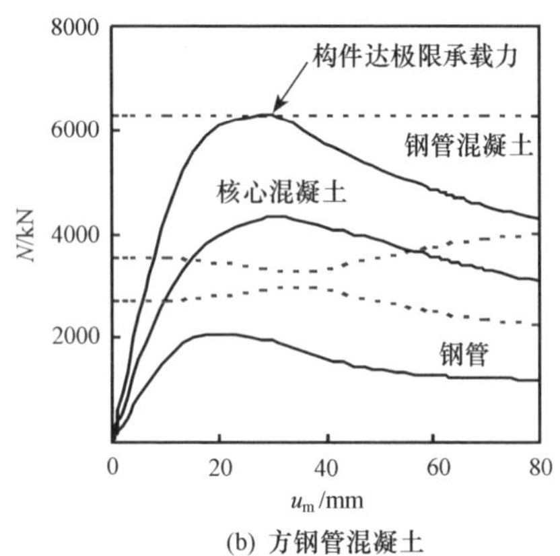

(b) 方钢管混凝土

图 3.102　不同加载路径下压弯构件 N-u_m 关系的比较

图 3.103 给出了不同加载路径情况下，压弯构件中截面 A、B 和 C 点处钢管与核心混凝土相互作用力（p）-u_m 关系曲线的比较。可见，与加载路径Ⅱ相比，路径Ⅰ情况下钢管与核心混凝土之间的相互作用力稍大些，从而使得路径Ⅰ情况下构件的极限承载力要比路径Ⅱ稍大些，这也解释了图 3.79 所示的计算结果。

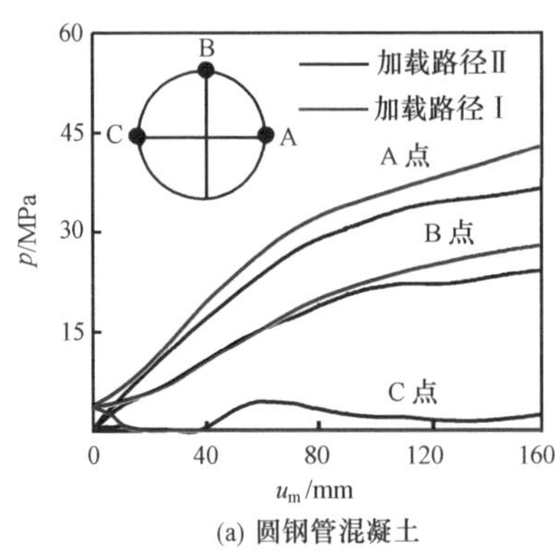

(a) 圆钢管混凝土

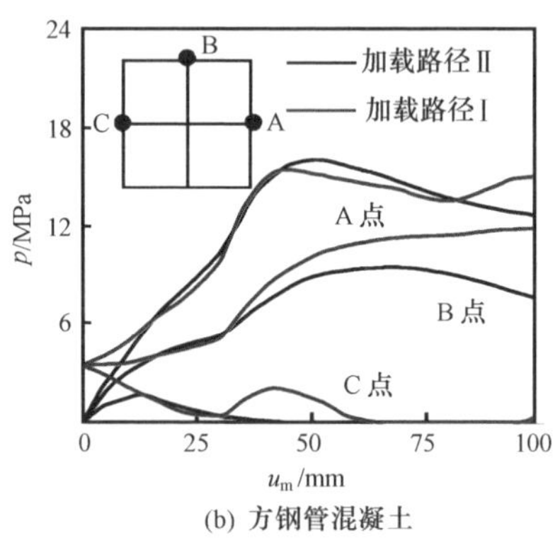

(b) 方钢管混凝土

图 3.103　不同加载路径下压弯构件 p-u_m 关系的比较

综上所述，加载路径对核心混凝土截面纵向应力分布和钢管截面最大压（拉）应变的影响很小，但受力过程中钢管和核心混凝土承受荷载分配的大小和规律会有所不同。加载路径不同，构件的极限承载力会有所差别，但这种差别总体上不大。

（3）方钢管混凝土双向压弯构件

利用有限元法，对方钢管混凝土双向压弯构件的工作机理进行了分析。

图 3.104 给出了双向压弯构件在受力过程中构件四等分点绕 x 轴、y 轴挠度沿构件长度的分布的有限元计算曲线与正弦半波曲线的比较。本算例的计算条件为：$B=400$mm；$\alpha=0.1$；$\lambda=40$；Q345 钢；C60 混凝土；$e=100$mm；$\theta=30°$。

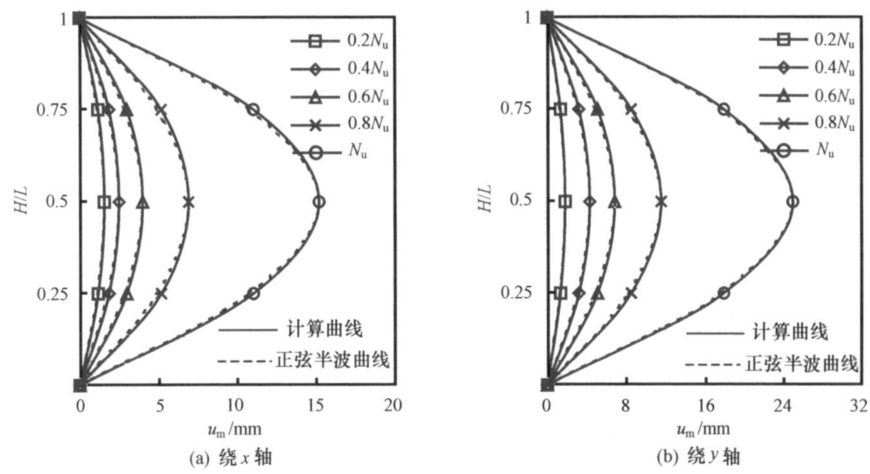

图 3.104　双向压弯构件挠度沿构件长度方向的分布

由图 3.104 可见，挠度沿构件长度分布（图中实线）规律基本符合正弦半波曲线（图中虚线）。

图 3.105 给出一组无量纲化后钢管混凝土与空钢管压弯构件的 N/N_u-u_m 关系曲线的比较，图中，N_u 为钢管混凝土或空钢管构件的极限承载力。可见，与单向压弯构件的情况类似，钢管混凝土双向压弯构件较对应的空钢管构件具有更强的抵抗变形的能力。

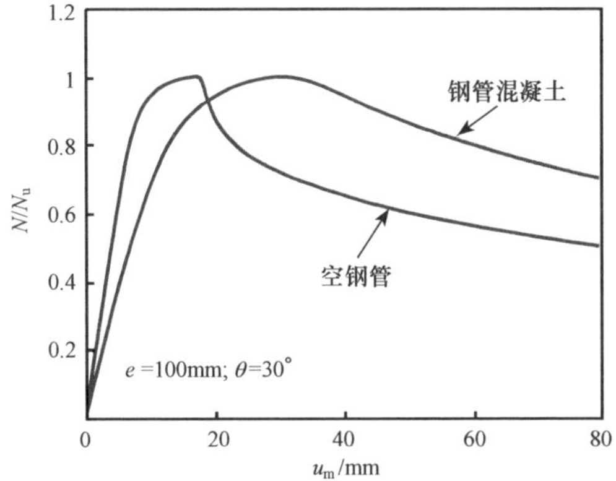

图 3.105　方钢管混凝土与空钢管双向压弯构件 N/N_u-u_m 关系

图 3.106（a）给出了荷载偏心距一定时，方钢管混凝土双向压弯构件在不

同荷载偏心角情况下的 N-u_m关系曲线，算例中，e=100mm。可见，当荷载偏心距一定时，偏心角对双向压弯构件的 N-u_m关系曲线影响很小。

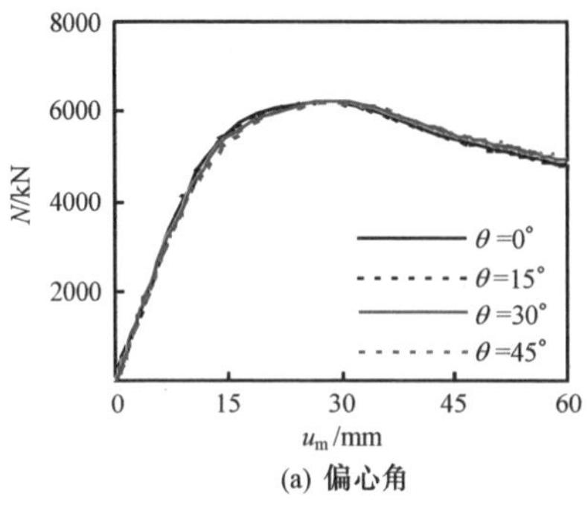

(a) 偏心角

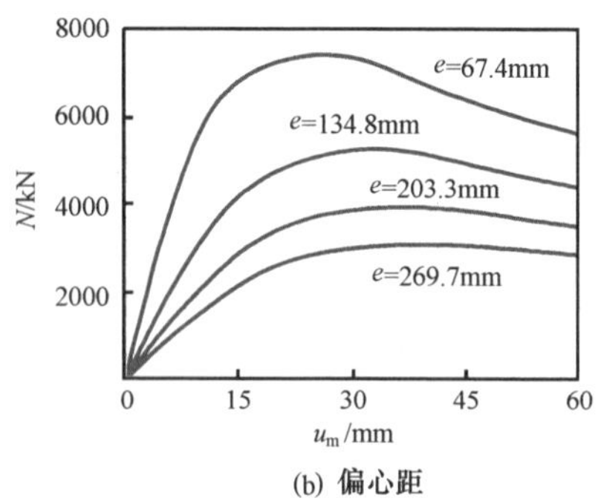

(b) 偏心距

图 3.106 双向压弯构件 N-u_m关系

图 3.106（b）给出了荷载偏心角一定时双向压弯构件在不同的荷载偏心距（e）的情况下的 N-u_m关系曲线，算例中，θ=45°。

从图 3.106（b）可见，当荷载偏心角一定时，双向压弯构件的极限承载力随偏心距的增大而减小，在弹性阶段，N-u_m关系曲线弹性阶段的刚度随 e 的增大而减小。

图 3.1074 给出了荷载偏心距相同（e=100mm）、但荷载偏心角不同的方钢管混凝土双向压弯构件达极限承载力时，其构件中截面核心混凝土纵向应力的分布情况。可见，混凝土截面纵向应力分布随荷载偏心角的变化而有所变化，但其最大压应力与最大拉应力的数值随偏心角变化的幅度并不大。荷载偏心角对方钢管混凝土双向压弯构件极限承载力的影响不显著。

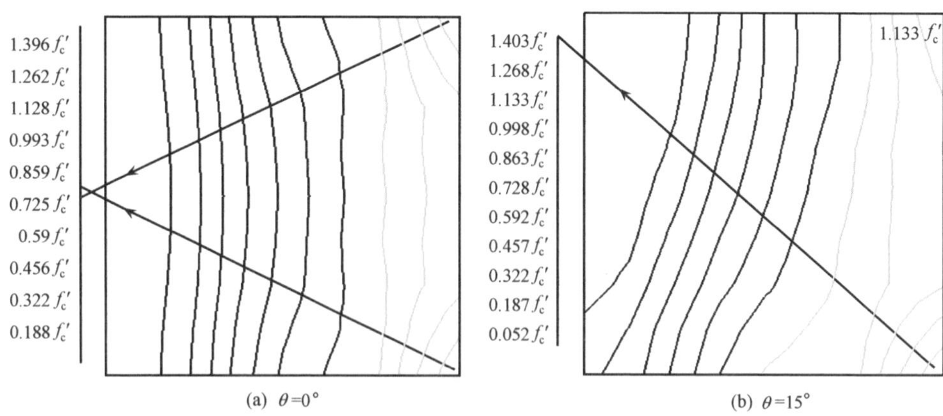

图 3.107 荷载偏心角对核心混凝土纵向应力分布的影响

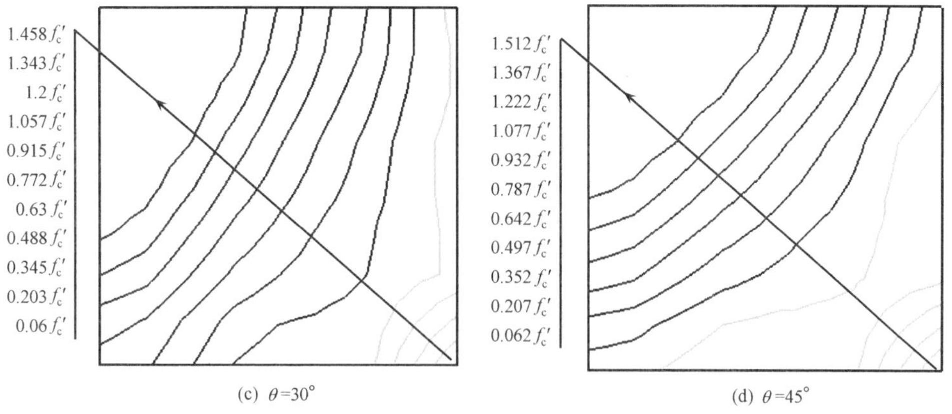

(c) θ=30°　　(d) θ=45°

图 3.107　荷载偏心角对核心混凝土纵向应力分布的影响（续）

图 3.108 给出了荷载偏心距相同（e=100mm）、但荷载偏心角不同的情况下，方钢管混凝土双向压弯构件达极限承载力时，其混凝土纵向应力（云图中的 S33 单位为 MPa）沿构件长度方向的分布情况。图 3.109 给出了荷载偏心角相同时（θ=45°），在不同的荷载偏心距（e）的情况下构件达极限承载力时，构件中截面处核心混凝土截面纵向应力的分布情况。可见，混凝土受拉区随荷载偏心率（e/r）的增大而增大。

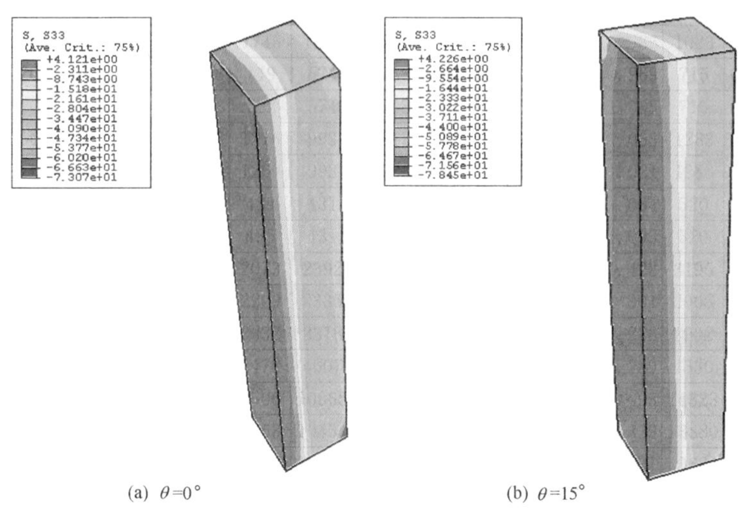

(a) θ=0°　　(b) θ=15°

图 3.108　荷载偏心角对核心混凝土纵向应力沿长度方向分布的影响

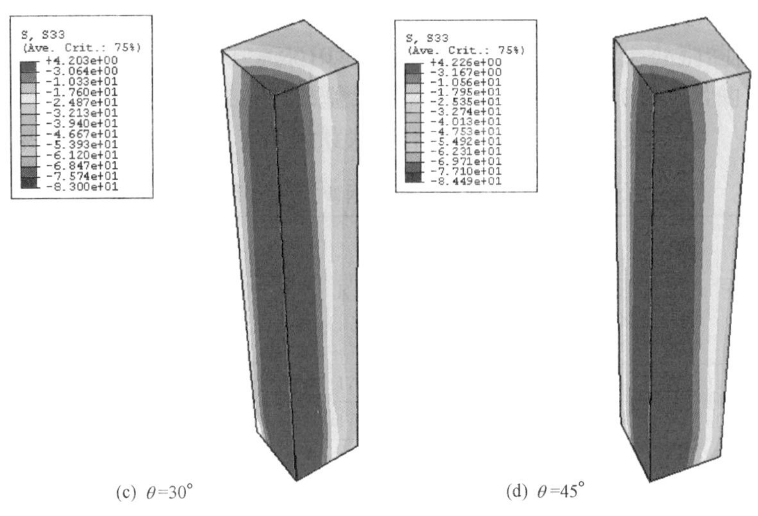

(c) θ=30°　　(d) θ=45°

图 3.108　荷载偏心角对核心混凝土纵向应力沿长度方向分布的影响（续）

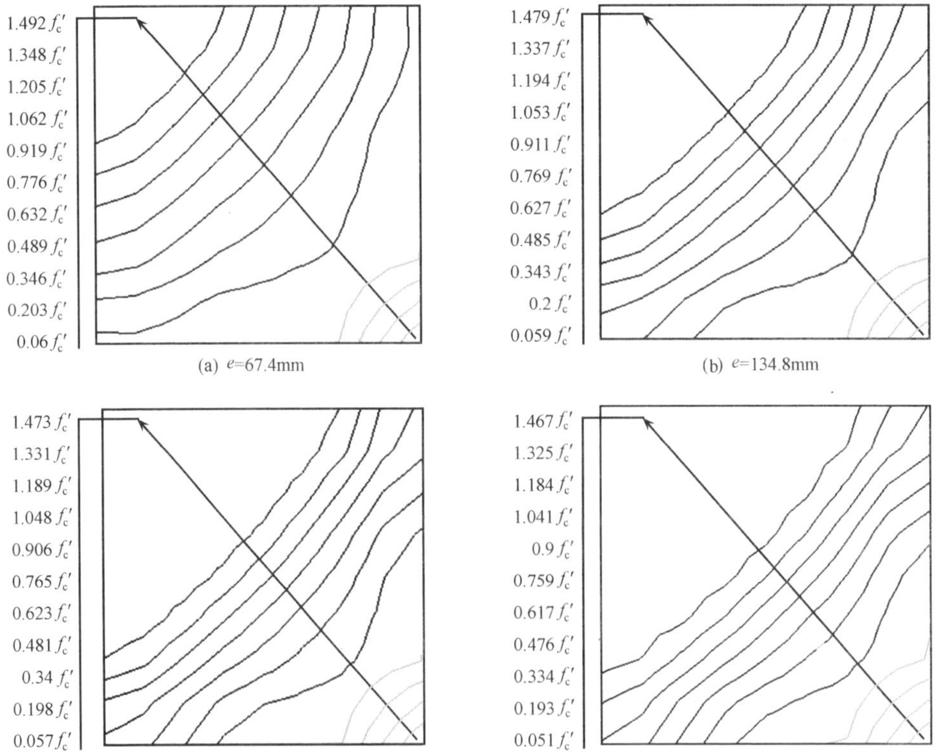

1.492 f_c', 1.348 f_c', 1.205 f_c', 1.062 f_c', 0.919 f_c', 0.776 f_c', 0.632 f_c', 0.489 f_c', 0.346 f_c', 0.203 f_c', 0.06 f_c'

(a) e=67.4mm

1.479 f_c', 1.337 f_c', 1.194 f_c', 1.053 f_c', 0.911 f_c', 0.769 f_c', 0.627 f_c', 0.485 f_c', 0.343 f_c', 0.2 f_c', 0.059 f_c'

(b) e=134.8mm

1.473 f_c', 1.331 f_c', 1.189 f_c', 1.048 f_c', 0.906 f_c', 0.765 f_c', 0.623 f_c', 0.481 f_c', 0.34 f_c', 0.198 f_c', 0.057 f_c'

(c) e=202.3mm

1.467 f_c', 1.325 f_c', 1.184 f_c', 1.041 f_c', 0.9 f_c', 0.759 f_c', 0.617 f_c', 0.476 f_c', 0.334 f_c', 0.193 f_c', 0.051 f_c'

(d) e=269.7mm

图 3.109　荷载偏心距对核心混凝土纵向应力分布影响

图 3.110 给出了荷载偏心角相同时（$\theta=45°$）、e 不同的情况下方钢管混凝土双向压弯构件达极限承载力时，其核心混凝土纵向应力（云图中的 S33 单位为 MPa）沿构件长度方向的分布情况。

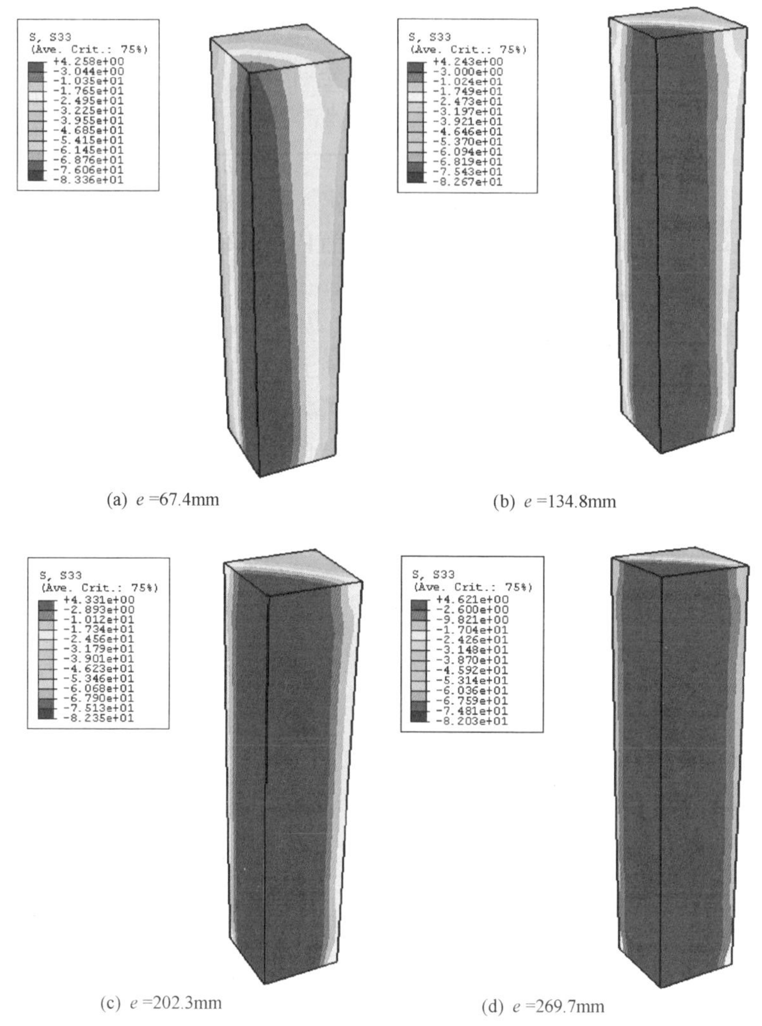

图 3.110　荷载偏心距对双向压弯构件核心混凝土纵向应力分布影响

（4）拉弯构件

1）荷载-变形关系全过程分析。

采用钢管混凝土压弯构件的分析模型，改变加载方向，即可方便计算拉弯构件荷载-变形关系曲线。

图 3.111 所示为钢管混凝土偏拉构件的荷载（N）-中截面挠度（u_{m}）关系曲线。该曲线可大致分为三个阶段：

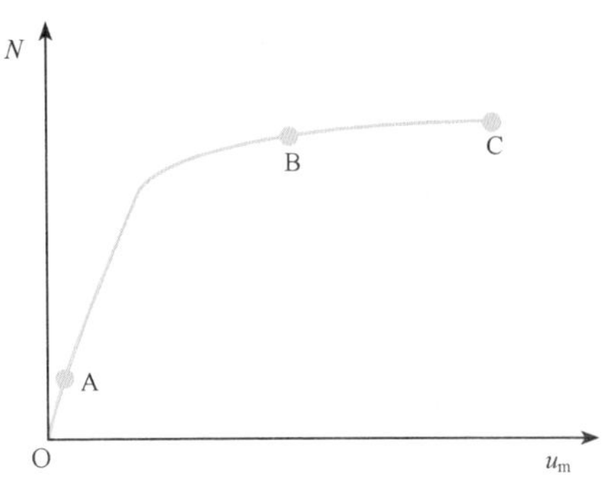

图 3.111　典型的 N-u_m 关系

① 弹性阶段（OA）：钢材处于弹性阶段，N 与 u_m 基本呈线性关系，A 点处核心混凝土承担的轴向拉力达到峰值，但钢材还未达到比例极限。

② 弹塑性阶段（AB）：核心混凝土承担的轴向拉力开始减小，钢材开始进入弹塑性阶段。

③ 塑性阶段（BC）：最外边缘的钢材开始进入强化阶段，随着中截面挠度的不断增加，轴向拉力还能继续增加，但增长幅度不大。

图 3.112 给出 N-u_m关系曲线上 A、B 和 C 点核心混凝土截面纵向应力（云图中的 S33 单位为 MPa）的分布情况。以下算例的计算条件为：$D(B)=400$mm；$\alpha=0.1$；C60 混凝土；Q345 钢；$\lambda=40$；$e/r=0.5$。

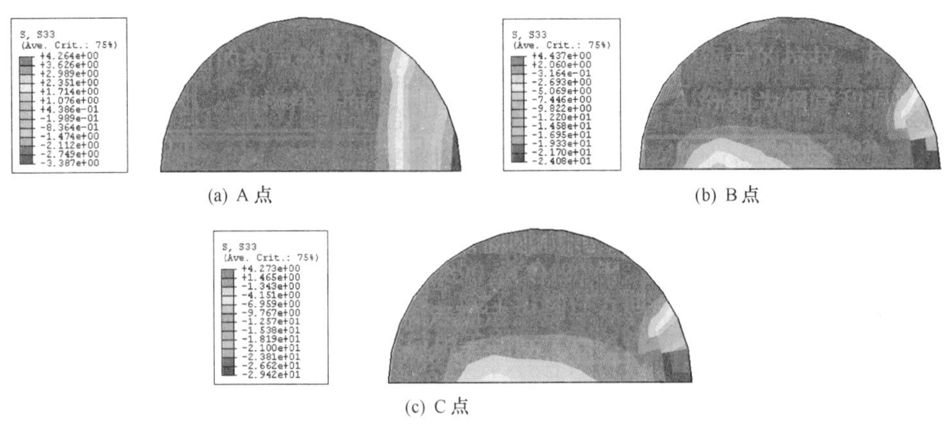

(a) A 点　　(b) B 点　　(c) C 点

图 3.112　拉弯构件核心混凝土截面纵向应力分布

由图 3.112 可见，在 A 点处，受拉区就达到了抗拉强度，且混凝土受压区面积较小，随着中截面挠度的增加，受压区开始向核心混凝土截面中心发展。

2）拉弯构件受力分析。

图 3.113 给出钢管混凝土拉弯构件 N-u_m关系曲线，及其钢管和核心混凝土各自的 N-u_m关系曲线。可见圆钢管混凝土和方钢管混凝土的 N-u_m关系曲线变化规律基本类似。在构件侧向挠度较小时，核心混凝土就达到了极限强度，此后核心混凝土承担的纵向荷载开始下降，但此时钢管还未进入屈服阶段，N-u_m关系曲线仍然处于上升趋势，随着侧向挠度的继续增加，N-u_m关系曲线增长幅度逐渐趋于平缓，但不会出现下降段。

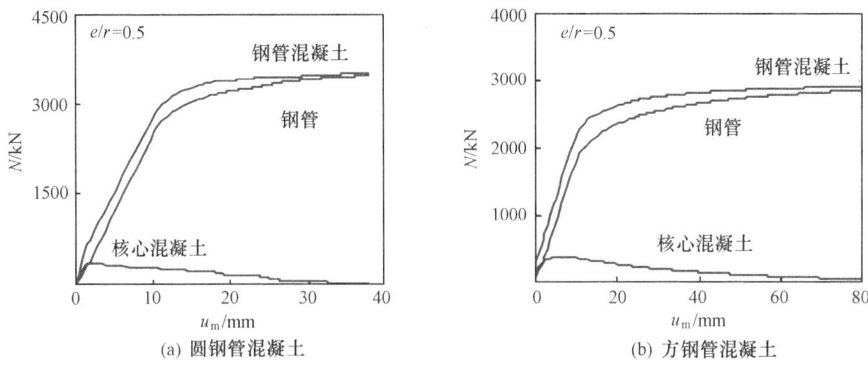

(a) 圆钢管混凝土　(b) 方钢管混凝土

图 3.113　拉弯构件 N-u_m 关系

图 3.114 给出了不同 e/r 下钢管混凝土拉弯构件轴向荷载（N）-纵向最大拉应变和压应变（ε）的关系曲线。可见，圆、方钢管混凝土 N-ε 的关系曲线随 e/r 变化的规律基本相同。随着 e/r 的增加，受压区钢管截面的应变发展越充分。

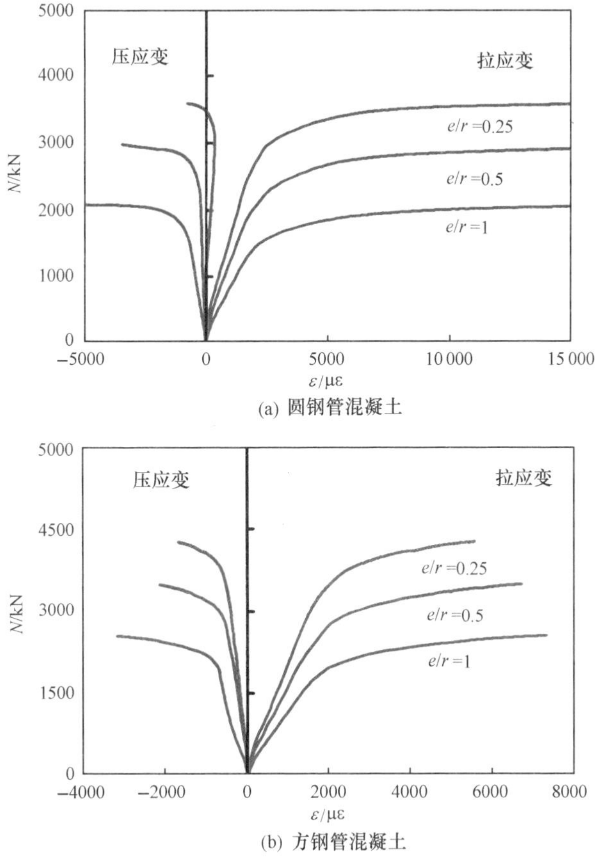

(a) 圆钢管混凝土

(b) 方钢管混凝土

图 3.114　荷载（N）-应变（ε）关系

3）核心混凝土截面应力场分析。

以圆钢管混凝土为例，图 3.115 给出了拉弯构件达极限承载力时，钢管混凝土中截面混凝土截面纵向应力（云图中的 S33 单位为 MPa）的分布。可见，构件达极限承载力时，混凝土存在受压区和受拉区。随着 e/r 的增大，构件达承载力时的混凝土截面受压区混凝土纵向应力数值也增加。

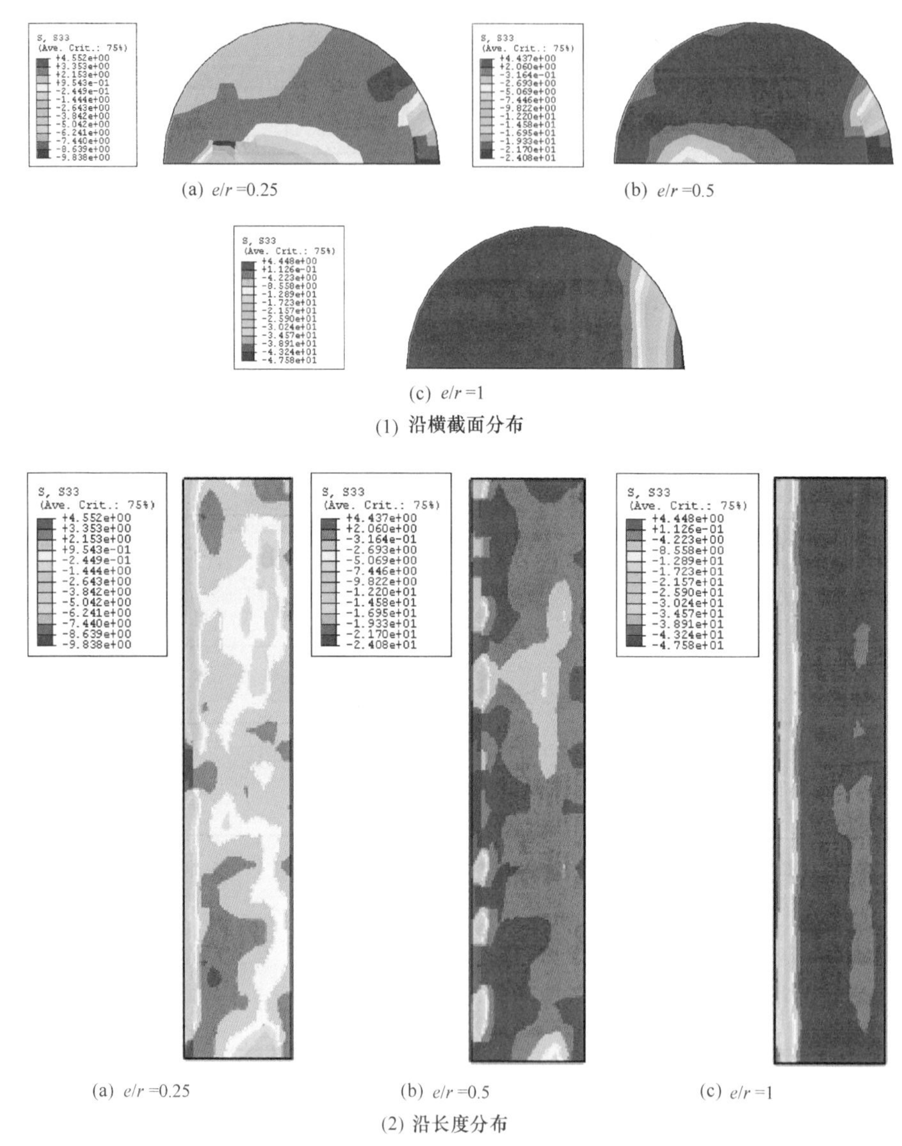

(a) e/r =0.25　　(b) e/r =0.5

(c) e/r =1

(1) **沿横截面分布**

(a) e/r =0.25　　(b) e/r =0.5　　(c) e/r =1

(2) **沿长度分布**

图 3.115　钢管混凝土拉弯构件核心混凝土截面纵向应力分布

4）钢管与核心混凝土相互作用分析。

图 3.116 给出钢管混凝土拉弯构件中截面 A、B 和 C 点（如图 3.116 所示）

处钢管对核心混凝土的约束力（p）-中截面挠度（u_m）的关系曲线，可见，对于钢管混凝土拉弯构件，由于截面存在受压区和受拉区，钢管与核心混凝土的相互作用主要体现在受压区，受拉区钢管与核心混凝土的相互作用则较小，对于方钢管混凝土，在受拉区，钢管与核心混凝土相互作用力出现负值。

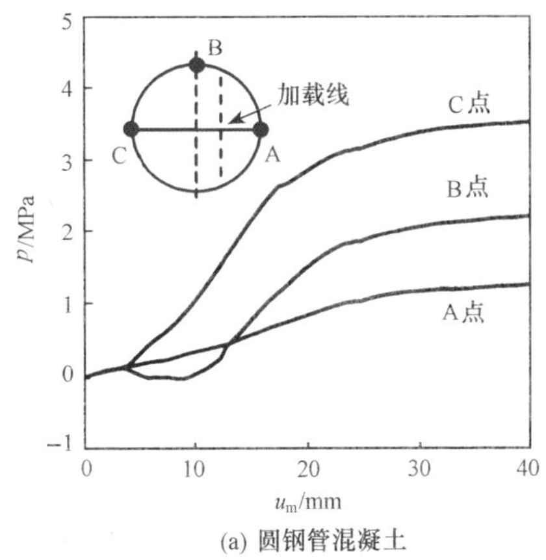

(a) 圆钢管混凝土

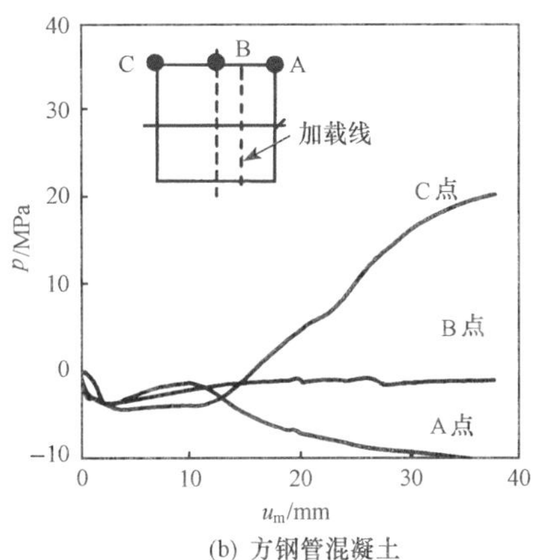

(b) 方钢管混凝土

图 3.116　拉弯构件 p-u_m 关系

5）各参数对拉弯构件荷载-变形关系的影响。

影响钢管混凝土拉弯构件力学性能的参数主要有：荷载偏心率（e/r）、钢材屈服强度（f_y）、混凝土强度（f_{cu}）和截面含钢率（α）等。下面进行简要分析。

① 荷载偏心率（e/r）。图 3.117 给出不同 e/r 情况下，钢管混凝土拉弯构件的 N-u_m 关系曲线。可见，e/r 对圆钢管混凝土和方钢管混凝土拉弯构件的 N-u_m 关系曲线影响规律类似，随着 e/r 的增加，拉弯构件极限承载力逐渐减小，N-u_m 关系曲线弹性阶段的刚度也逐渐减小。

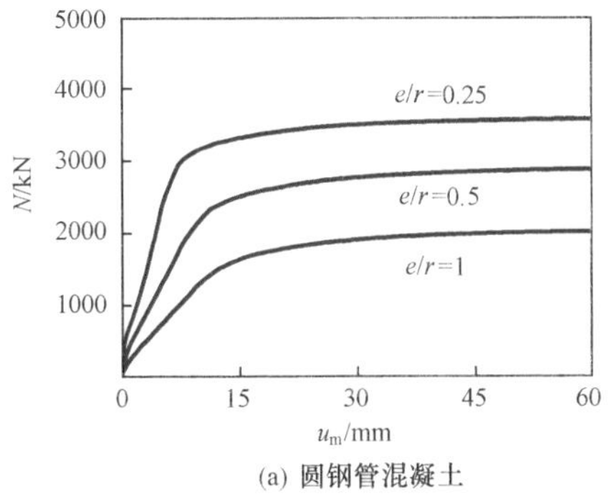

(a) 圆钢管混凝土

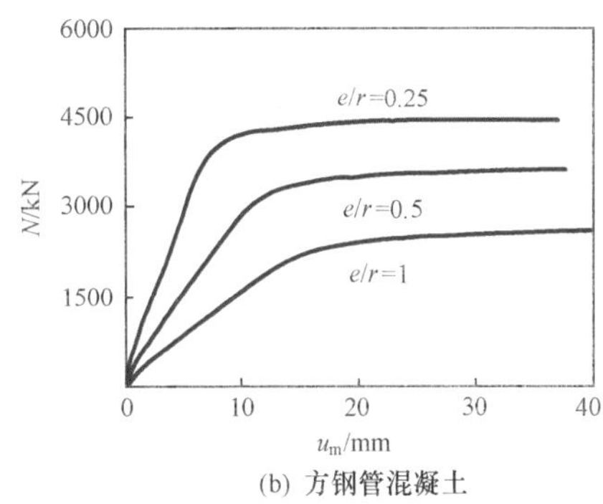

(b) 方钢管混凝土

图 3.117　荷载偏心率（e/r）的影响

② 钢材屈服强度（f_y）。图 3.118 给出不同钢材屈服强度（f_y）情况下，钢管混凝土拉弯构件的 N-u_m 关系曲线。可见，f_y 对圆、方钢管混凝土拉弯构件的

N-u_m关系曲线影响规律类似，且随着 f_y的增加，拉弯构件极限承载力也增加，f_y的变化对 N-u_m关系曲线弹性阶段刚度影响很小。

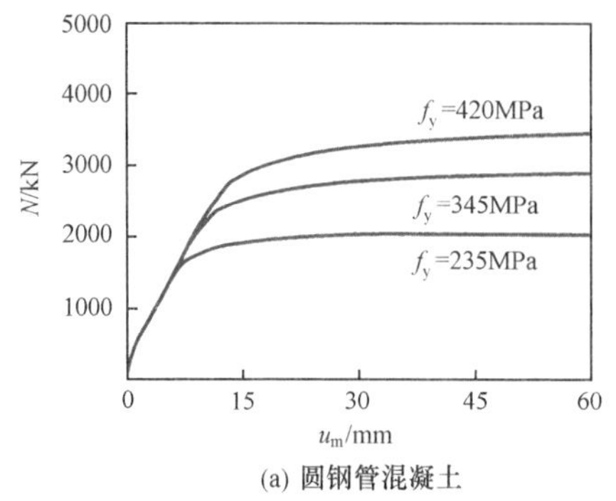

(a) 圆钢管混凝土

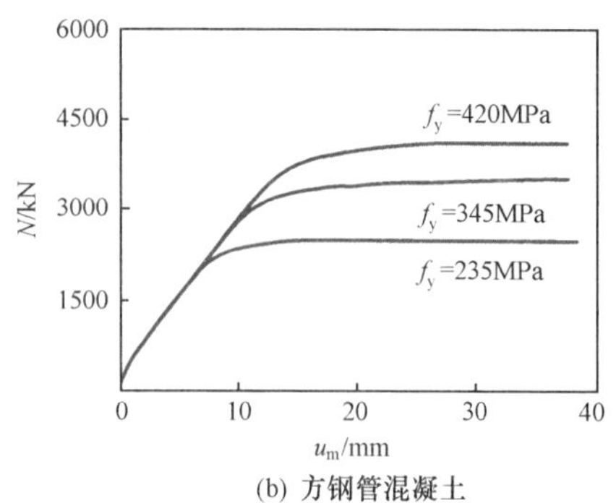

(b) 方钢管混凝土

图 3.118　钢材屈服强度的影响

③ 混凝土强度（f_{cu}）。图 3.119 给出不同混凝土强度情况下，钢管混凝土拉弯构件的 N-u_m关系曲线。可见，混凝土强度对圆、方钢管混凝土拉弯构件的 N-u_m关系曲线影响规律类似，随着 f_{cu}的增加，拉弯构件极限承载力也增加，N-u_m关系曲线弹性阶段刚度也稍有增加，但 f_{cu}的变化对钢管混凝土拉弯构件的 N-u_m关系曲线影响总体上很小。

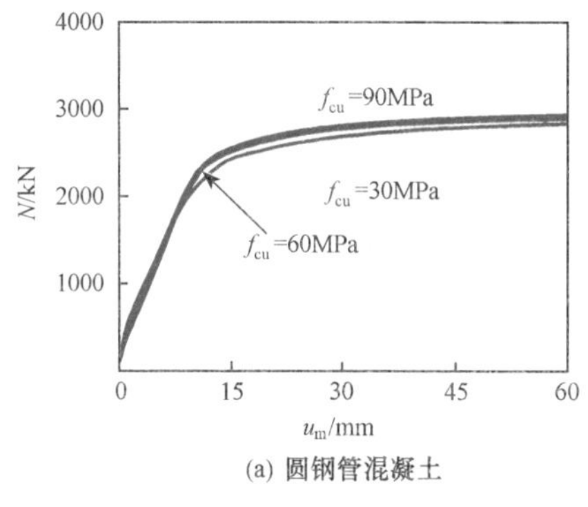

(a) 圆钢管混凝土

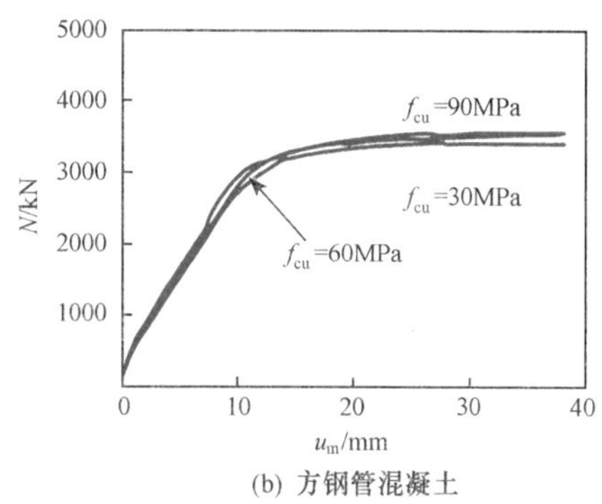

(b) 方钢管混凝土

图 3.119　混凝土强度的影响

④ 含钢率（α）。图 3.120 给出不同截面含钢率（α）情况下，钢管混凝土拉弯构件的 N-u_m关系曲线。可见，α 对圆、方钢管混凝土拉弯构件的 N-u_m关系曲线影响规律类似，随着 α 的增加，构件的极限承载力，以及 N-u_m关系曲线弹性阶段的刚度也在逐渐增加。

3.2.4　结果分析

受力全过程分析是深入认识钢管混凝土力学性能的重要前提。采用纤维模型法和有限元法都可方便地计算出钢管混凝土构件的荷载-变形全过程关系曲线。

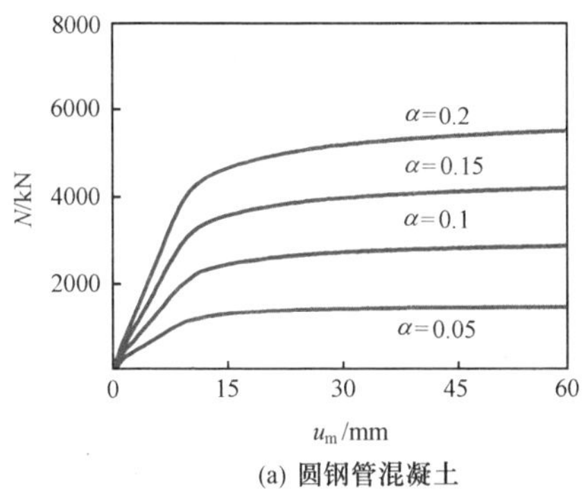

(a) 圆钢管混凝土

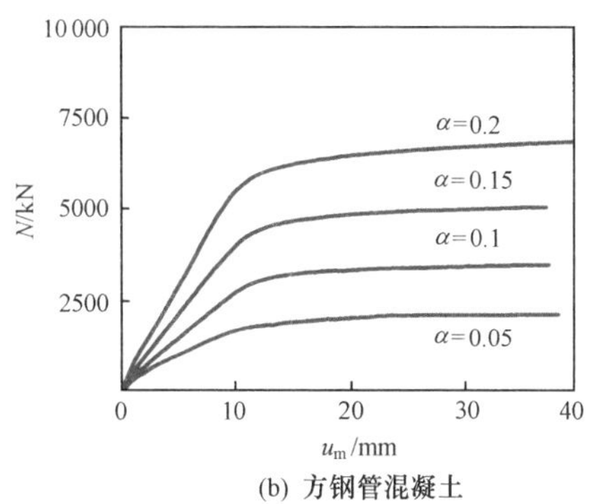

(b) 方钢管混凝土

图 3.120　含钢率的影响

如前所述，本书提供的钢管混凝土纤维模型法是建立在一些基本假定的基础上进行的，其中，合理地确定核心混凝土的应力-应变关系是最为关键的问题，且如何考虑钢管和核心混凝土之间的相互作用是核心问题。当分析长期荷载作用的影响时，需考虑混凝土收缩和徐变的影响；研究滞回性能时需确定加、卸载准则；研究火灾作用下结构的反应时，则需考虑升、降温的影响等。纤维模型法的特点是计算简便、概念直观。大量计算结果表明，纤维模型法可满足一次加载情况下最常见的压弯构件分析的要求，并被成功地推广应用到长期荷载、往复荷载、火灾和火灾后，考虑钢管初应力影响等问题的研究中（见本书后续章节的相关介绍）。但该方法的局限性是：对于更为复杂的问题，例如钢管混凝土压弯构件同时承受扭、剪或复合受力分析时，其适用性相对较差，此外，该方法不利于细致地分析钢管和混凝土之间的相互作用。

利用有限元法分析钢管混凝土受力特性的优点在于：①方法通用性强，可进行不同荷载参数、几何参数和物理参数情况下构件的计算分析；②适用性强，可应用于不同边界条件、不同初始缺陷等条件下构件的分析；③可较为细致地分析钢管和核心混凝土之间的相互作用，有利于深入揭示钢管混凝土构件的工作机理。但有限元法的缺点是：计算方法较复杂，计算时间长且不便于应用，尤其在需要系统的参数分析时的计算工作量较大。

在进行钢管混凝土构件力学性能的研究时，可根据实际问题的需要，因地制宜地选用合适的方法。但无论纤维模型法或有限元法，或者其他研究钢管混凝土力学性能的理论方法，都有其合理的适用范围，都应用尽可能多的典型实验结果进行验证才能更为充分地说明其有效性。本节介绍的钢管混凝土纤维模型法和有限元计算方法为合理研究不同截面形式和不同受力情况钢管混凝土压弯构件的力学性能提供了有效途径。采用纤维模型法和有限元法对钢管混凝土压弯构件的荷载-变形关系曲线进行了计算，计算结果和大量实验结果进行了比较，结果表明，纤维模型法和有限元法均能较好的用于压弯构件荷载-变形关系的计算。

圆钢管对核心混凝土的约束作用均匀，而方、矩形钢管的约束力集中于角部的一定范围内，且自角部向中部递减，约束力分布不均匀。约束效应系数 ξ 综合了钢管混凝土截面几何参数和材料参数的影响，在一定参数范围内可反映钢管约束作用的大小，以及核心混凝土在钢管约束作用下的强度与延性的提高程度，进而影响钢管混凝土轴压受力全过程曲线在承载力峰值点后呈现出上升、平缓或下降的不同趋势。

采用有限元法分析了钢管混凝土压弯构件的破坏模态、受力全过程中核心混凝土截面应力分布、钢管与混凝土相互作用等的变化规律，以及加载路径对压弯构件工作性能的影响等，较为深入地揭示了钢管混凝土压弯构件的力学实质。采用有限元法对钢管混凝土拉弯构件荷载-变形全过程关系曲线进行了分析，深入认识了该类构件的力学性能。

3.3 试验研究

为了深入认识钢管混凝土构件的力学特性、更全面地验证理论分析模型的准确性，使理论分析结果更为可信，作者领导的课题组先后有针对性地进行了一系列钢管混凝土构件的试验研究。

3.3.1 轴心受压短构件

（1）试验概况

根据钢管混凝土截面的形状不同，先后进行了三批轴心受压短构件的试验研究。为了合理和准确地研究钢管混凝土的轴压力学性能，所选择的构件长度必须恰当，如果试件过长，将出现弯曲变形；试件如果过短，则端部效应的影响不能忽略。因此，上述两种情况下获得的试验结果都不能很准确地反映钢管混凝土的轴心受压力学特性。对于圆钢管混凝土，参考钟善桐（1994）的研究结果，取试件的长径比 L/D 为 3 进行研究。对于方、矩形钢管混凝土，则分别取 L/B 和 L/D 等于 3 进行试验。

对于圆钢管混凝土，进行了 9 种不同约束效应系数 ξ（0.45～1.61）、共计 21 个试件的试验（冯九斌，1995）。圆试件设计情况如表 3.3 所示。

表 3.3　圆钢管混凝土轴心受压试件表

序号	试件编号	$D\times t\times L$/(mm×mm×mm)	f_y/MPa	E_s/(N/mm^2)	ξ	N_{ue}/kN
1	sccs1-1	131×2.3×396	323.3	207 000	0.45	1250
2	sccs2-1	111×2.0×339	353.6	207 000	0.50	894
3	sccs3-1	114×3.2×337	353.6	207 000	0.81	1140
4	sccs3-2	114×3.2×337	353.6	207 000	0.81	1090

续表

序号	试件编号	$D \times t \times L$/(mm×mm×mm)	f_y/MPa	E_s/(N/mm²)	ξ	N_{ue}/kN
5	sccs3-3	114×3.2×337	353.6	207 000	0.81	1096
6	sccs4-1	133×4.5×397	323.3	207 000	0.91	1440
7	sccs5-1	166×5.1×493	373.3	195 000	0.95	2309
8	sccs5-2	166×5.1×493	373.3	195 000	0.95	2315
9	sccs5-3	166×5.1×493	373.3	195 000	0.95	2408
10	sccs6-1	115×3.9×339	357.7	195 000	1.01	1040
11	sccs6-2	115×3.9×339	357.7	195 000	1.01	1110
12	sccs6-3	115×3.9×339	357.7	195 000	1.01	1030
13	sccs7-1	142×4.3×419	433	187 000	1.08	1580
14	sccs7-2	142×4.3×419	433	187 000	1.08	1500
15	sccs7-3	142×4.3×419	433	187 000	1.08	1500
16	sccs8-1	116×4.9×344	309.5	194 000	1.12	1210
17	sccs8-2	116×4.9×344	309.5	194 000	1.12	1080
18	sccs8-3	116×4.9×344	309.5	194 000	1.12	1120
19	sccs9-1	160×6.3×476	482.5	204 000	1.61	2430
20	sccs9-2	160×6.3×476	482.5	204 000	1.61	2350
21	sccs9-3	160×6.3×476	482.5	204 000	1.61	2380

对于方钢管混凝土，进行了 14 种不同约束效应系数 ξ（1.08～5.64），共计 20 个试件的试验（Han 等，2001；陶忠，1998）。方试件的设计情况如表 3.4 所示。

表 3.4　方钢管混凝土轴心受压试件表

序号	试件编号	$B \times t \times L$/(mm×mm×mm)	f_y/MPa	f_{cu}/MPa	ξ	N_{ue}/kN
1	sczs1-1-1	120×3.84×360	330.1	27.3	2.55	882
2	sczs1-1-2	120×3.84×360	330.1	31.2	2.23	882
3	sczs1-1-3	120×3.84×360	330.1	31.2	2.23	921
4	sczs1-1-4	120×3.84×360	330.1	49.3	1.41	1080
5	sczs1-1-5	120×3.84×360	330.1	52.6	1.33	1078
6	sczs1-2-1	140×3.84×420	330.1	15.9	3.69	941
7	sczs1-2-2	140×3.84×420	330.1	16.7	3.52	922
8	sczs1-2-3	140×3.84×420	330.1	54.6	1.08	1499
9	sczs1-2-4	140×3.84×420	330.1	54.6	1.08	1470
10	sczs2-1-1	120×5.86×360	321.1	30.0	3.65	1176
11	sczs2-1-2	120×5.86×360	321.1	30.0	3.65	1117

续表

序号	试件编号	$B \times t \times L$/(mm×mm×mm)	f_y/MPa	f_{cu}/MPa	ξ	N_{ue}/kN
12	sczs2-1-3	120×5.86×360	321.1	25.7	4.25	1196
13	sczs2-1-4	120×5.86×360	321.1	52.6	2.08	1460
14	sczs2-1-5	120×5.86×360	321.1	52.6	2.08	1372
15	sczs2-2-1	140×5.86×420	321.1	16.2	5.64	1343
16	sczs2-2-2	140×5.86×420	321.1	18.2	5.02	1292
17	sczs2-2-3	140×5.86×420	321.1	54.6	1.68	2009
18	sczs2-2-4	140×5.86×420	321.1	54.6	1.68	1906
19	sczs2-3-1	200×5.86×600	321.1	17.6	3.51	2058
20	sczs2-3-2	200×5.86×600	321.1	17.6	3.51	1960

对于矩形钢管混凝土试件，设计时考虑的主要参数为：①约束效应系数（ξ），从0.5～1.3变化；②截面高宽比（D/B），从1～1.75变化。试件共设计了12组（Han，2002；杨有福，2003），每组2个，并按D/B的大小排序，如表3.5所示。

圆试件采用了直焊缝管或无缝管，方、矩形试件的钢管则由四块钢板拼焊而成，首先按所要求的长度做出空钢管，并保证钢管两端截面的平整。钢管两端设有比截面略大的10mm厚盖板，浇灌混凝土前先将一端的盖板焊好，另一端等混凝土浇灌之后再焊接，盖板及空钢管的几何中心对中。

浇筑钢管内的混凝土时，首先将钢管竖立，从顶部灌入混凝土，并用ϕ50插入式振捣棒振捣直至密实。试件养护方法为自然养护。混凝土立方体强度和弹性模量分别由同条件下成型养护的立方试块和棱柱体实验测得。钢材强度由拉伸实验确定。先将试件所用的钢板加工成每组三个的标准试件，然后按国家标准《金属材料室温拉伸实验方法》（GB/T 228—2002）的有关规定进行拉伸实验。

表3.5 矩形钢管混凝土轴心受压试件表

序号	试件编号	$D \times B \times t$ /(mm×mm×mm)	D/B	ξ	L/mm	N_{ue}/kN
1	rc1-1	100×100×2.86	1	0.7	300	760
2	rc1-2	100×100×2.86	1	0.7	300	800
3	rc2-1	120×120×2.86	1	0.6	360	992
4	rc2-2	120×120×2.86	1	0.6	360	1050
5	rc3-1	110×100×2.86	1.1	0.7	330	844
6	rc3-2	110×100×2.86	1.1	0.7	330	860
7	rc4-1	150×135×2.86	1.1	0.5	450	1420
8	rc4-2	150×135×2.86	1.1	0.5	450	1340
9	rc5-1	90×70×2.86	1.2	0.93	270	554

续表

序号	试件编号	$D\times B\times t$ /(mm×mm×mm)	D/B	ξ	L/mm	N_{ue}/kN
10	rc5-2	90×70×2.86	1.2	0.93	270	576
11	rc6-1	100×75×2.86	1.3	0.85	300	640
12	rc6-2	100×75×2.86	1.3	0.85	300	672
13	rc7-1	120×90×2.86	1.3	0.7	360	800
14	rc7-2	120×90×2.86	1.3	0.7	360	760
15	rc8-1	140×105×2.86	1.3	0.6	420	1044
16	rc8-2	140×105×2.86	1.3	0.6	420	1086
17	rc9-1	150×115×2.86	1.3	0.54	450	1251
18	rc9-2	150×115×2.86	1.3	0.54	450	1218
19	rc10-1	160×120×7.6	1.3	1.3	480	1820
20	rc10-2	160×120×7.6	1.3	1.3	480	1770
21	rc11-1	130×85×2.86	1.5	0.7	390	760
22	rc11-2	130×85×2.86	1.5	0.7	390	820
23	rc12-1	140×80×2.86	1.75	0.7	420	880
24	rc12-2	140×80×2.86	1.75	0.7	420	740

对于圆钢管混凝土，实测各试件钢材的屈服极限和弹性模量见表 3.3。混凝土所用材料是：普通硅酸盐水泥；石灰岩碎石，最大粒径 20mm；中粗砂，砂率为 0.32；高效减水剂 FDN 和木钙或泵送剂。每立方米混凝土中各材料的用量为：水 144 kg；水泥 500 kg；砂 578 kg；碎石 1228 kg；FDN 减水剂和泵送剂各 5 kg。28 天时混凝土的 f_{cu}=70MPa，弹性模量为 34 720N/mm^2。进行钢管混凝土试件承载力试验时的 f_{cu}=76.8MPa。

方、矩形钢管混凝土试件钢管的材性如表 3.6 所示。方钢管混凝土试件中混凝土所用的材料是：普通硅酸盐水泥；石灰岩碎石，最大粒径 20mm；中粗砂，砂率为 0.37；高效减水剂 FDN 和木钙或泵送剂。每立方米混凝土中各材料的用量为：水 165 kg；水泥 550 kg；砂 620 kg；碎石 1056 kg；FDN 减水剂和木钙分别为 8.25 kg 和 1.1 kg。进行试验时混凝土的 f_{cu}见表 3.4。

表 3.6　钢材材性

试件截面形式	钢板厚度 t/mm	f_y/MPa	f_u/MPa	f_u/f_y	E_s/(N/mm^2)	μ_s
方形	3.84	330.1	445.7	1.35	198 000	0.257
	5.86	321.1	450.0	1.40	200 000	0.261
矩形	2.86	227.7	294.4	1.29	182 000	0.271
	7.60	194.0	298.6	1.54	194 000	0.265

矩形试件的核心混凝土所用材料为：硅酸盐水泥；石灰岩碎石，最大粒径15mm；中粗砂，砂率为0.34；每立方米混凝土中各材料的用量为：水泥460kg，砂602kg，石子1168kg，水170kg。28天时，$f_{cu}=48.3$ MPa，$E_c=29200$ N/mm^2，试验时的$f_{cu}=59.3$ MPa。

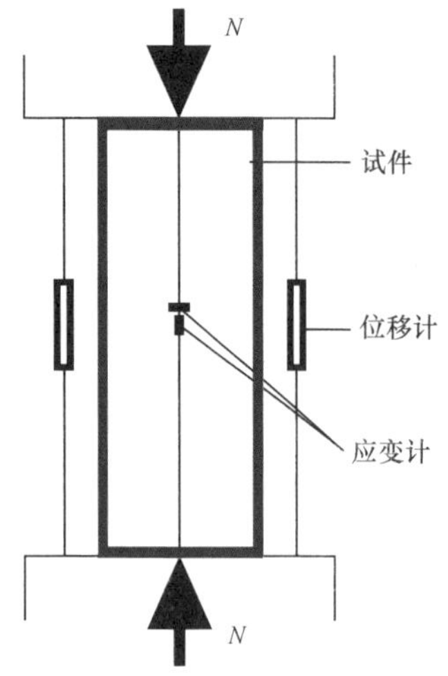

图3.121　量测装置示意图

混凝土从钢管顶部灌入，并用插入式振捣棒振捣直至密实，最后将混凝土表面与钢管上沿抹平。试件采用自然养护的办法，两周左右后，发现混凝土沿试件纵向有约0.4～0.8mm的收缩。先用高强水泥砂浆将混凝土表面与钢管上沿抹平，然后焊好另一盖板，以期保证钢管和核心混凝土在受荷初期就能共同受力。

（2）试验方法

试验在压力机上进行。试验前，用打磨机将试件两端打磨平整。然后将试件直接放在压力机上进行一次压缩试验。量测装置如图3.121所示，图中，N为轴向压力。为了准确地测量试件的变形，在每个试件四个钢板中截面处沿纵向及环向各设一电阻应变片，同时沿试件纵向还设置了两个电测位移计以测定试件的纵向总变形。

试验时采用分级加载制，弹性范围内每级荷载为预计极限荷载的1/10，当钢管屈服后每级荷载约为预计极限荷载的1/15，每级荷载的持荷时间约为2min，试件接近破坏时慢速连续加载。应变和位移均采用计算机数据采集系统自动采集。

（3）试验现象与试验结果

对试验全过程的观察表明，所有试件都有较好的延性和后期承载能力。试件开始受荷时处于弹性阶段，当外荷加至极限荷载的60％～70％时，钢管壁上局部开始出现剪切滑移线。随着外荷载的继续增加，滑移线由少到多，逐渐布满管壁，随后，试件开始进入破坏阶段。对于圆钢管混凝土，约束效应系数不同，试件的破坏形态也有很大不同。在本次试验参数范围内，当试件的约束效应系数$\xi \geqslant 1.12$时，试件的破坏形态呈现腰鼓状；当$\xi < 1.12$时，试件的破坏形态则呈现出剪切型的破坏特征。图3.122所示为圆钢管混凝土短试件两种典型的破坏形态。

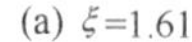
(a) ξ=1.61

(b) ξ=0.45

图3.122　圆钢管混凝土短试件的破坏形态

对于方、矩形钢管混凝土，试件破坏时钢管

表面出现若干处局部凸曲，试件典型的破坏形态如图 3.123 所示，矩形钢管的屈曲模态如图 3.124 所示。对于约束效应系数较大的试件（如 ξ 大于 4.5 时），如试件 sczs2-2-1（$\xi=5.64$）和 sczs2-2-2（$\xi=5.02$），其荷载-变形曲线基本保持水平，下降段不明显。而对于约束效应系数小于 4.5 的试件，其荷载-变形曲线一般都有下降段。

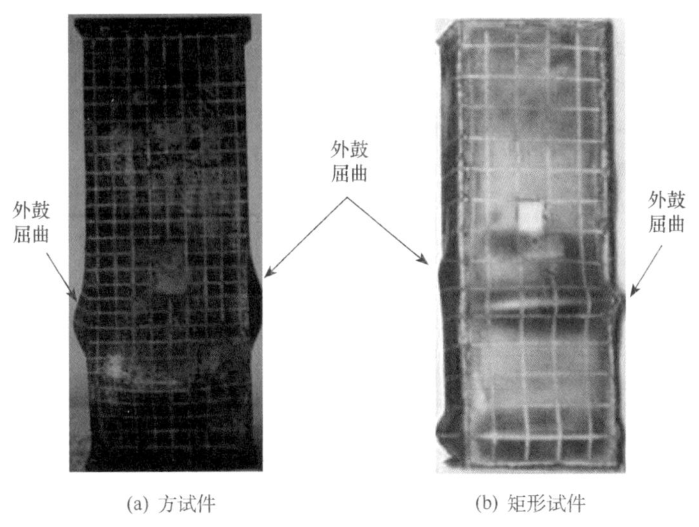

(a) 方试件　　(b) 矩形试件

图 3.123　方、矩形钢管混凝土试件破坏形态

图 3.125～图 3.127 分别给出圆形和方、矩形钢管混凝土试件实测的荷载-变形关系曲线（虚线）及其与本书数值计算曲线（实线）的比较情况。

在对矩形钢管混凝土试件横向变形进行分析时发现，对于四个方试件，如 rc1-1、rc1-2、rc2-1 和 rc2-2，四个面上的横向变形基本一致，而对于其他试件，沿横截面短边和长边方向横向的应变变化规律则表现出较明显的差异，即在受荷初期，二者的变化规律基本一致，但随着荷载的增加，短边截面的横向应变较长边截面的横向应变变化速率有逐渐加快的趋势。

图 3.128 给出试验获得矩形钢管混凝土试件轴力（N）与横向应变（ε_L）的关系。

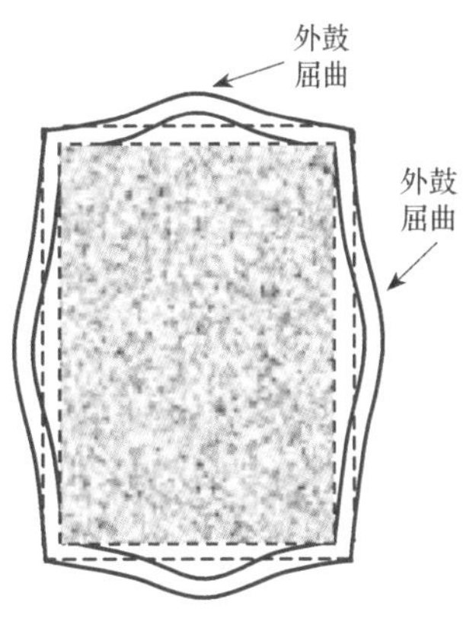

图 3.124　矩形钢管屈曲模态示意图

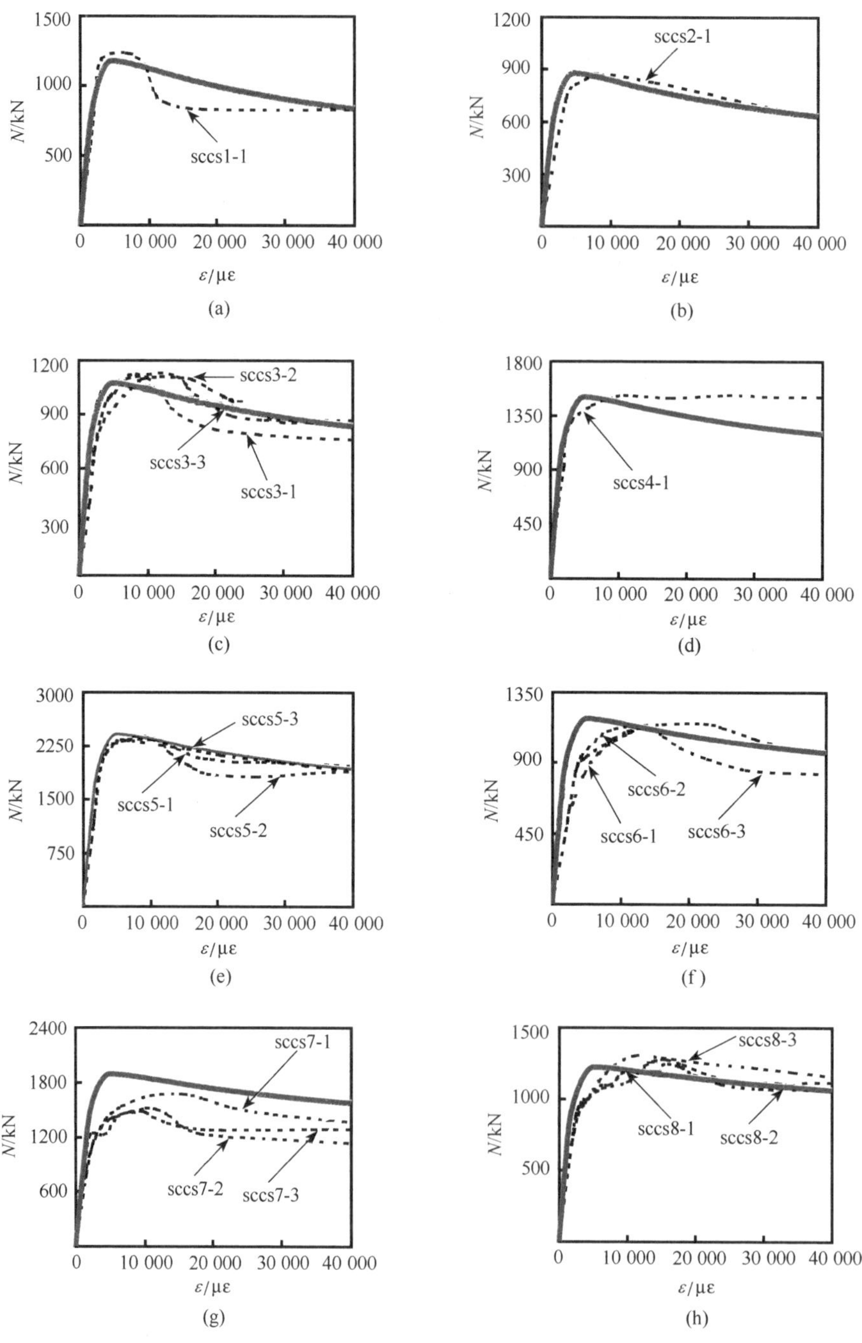

图 3.125　圆钢管混凝土轴压 N-ε 关系

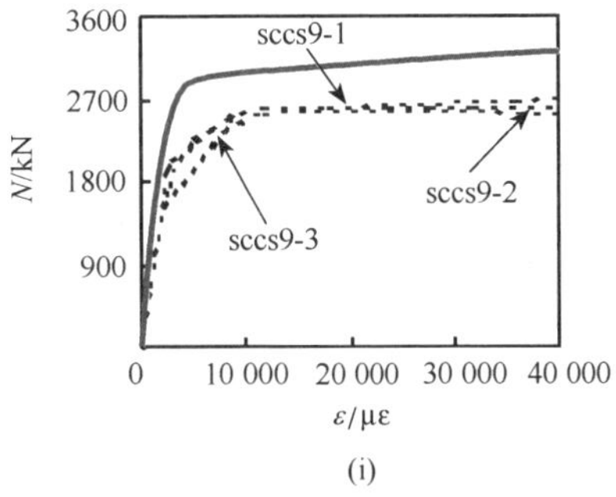

(i)

图 3.125　圆钢管混凝土轴压 N-ε 关系（续）

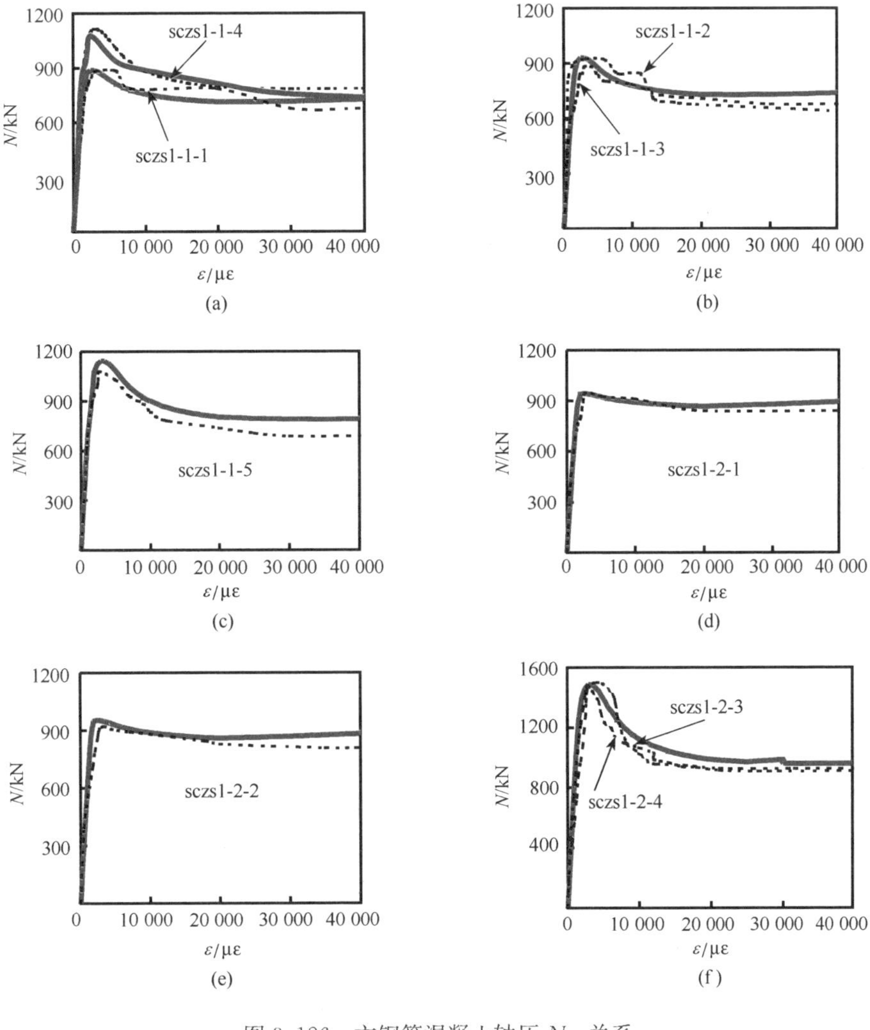

sczs1-1-4
sczs1-1-1

(a)

sczs1-1-2
sczs1-1-3

(b)

sczs1-1-5

(c)

sczs1-2-1

(d)

sczs1-2-2

(e)

sczs1-2-3
sczs1-2-4

(f)

图 3.126　方钢管混凝土轴压 N-ε 关系

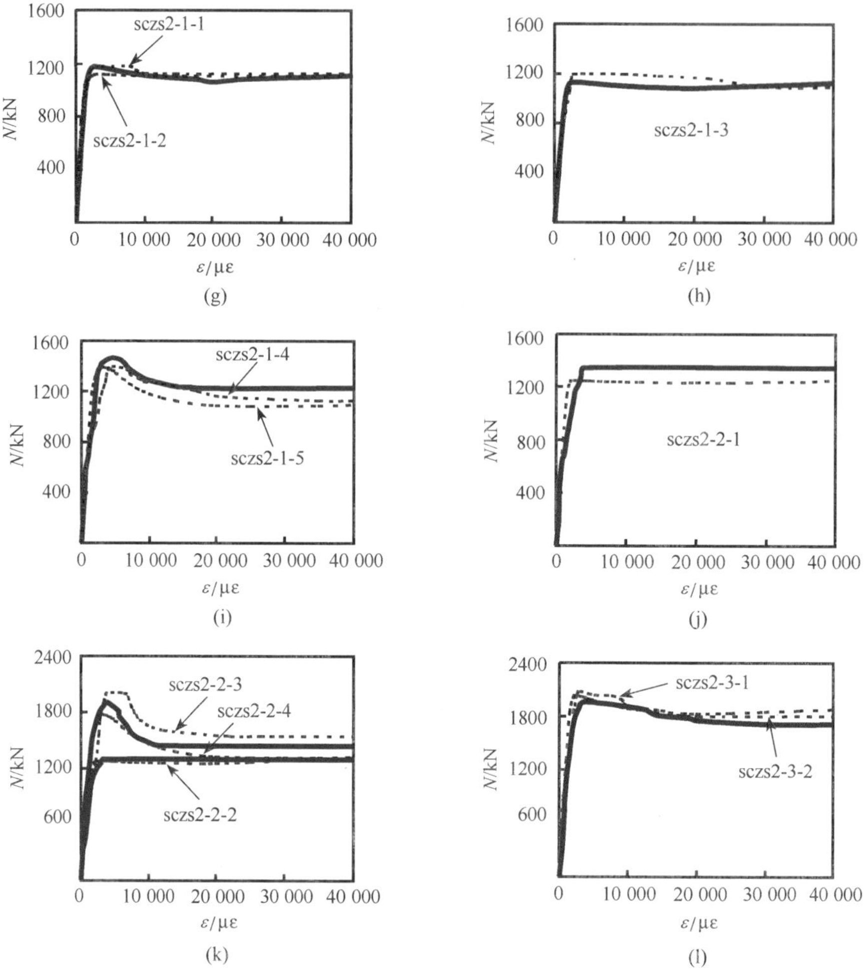

(g)　　(h)

(i)　　(j)

(k)　　(l)

图 3.126　方钢管混凝土轴压 N-ε 关系（续）

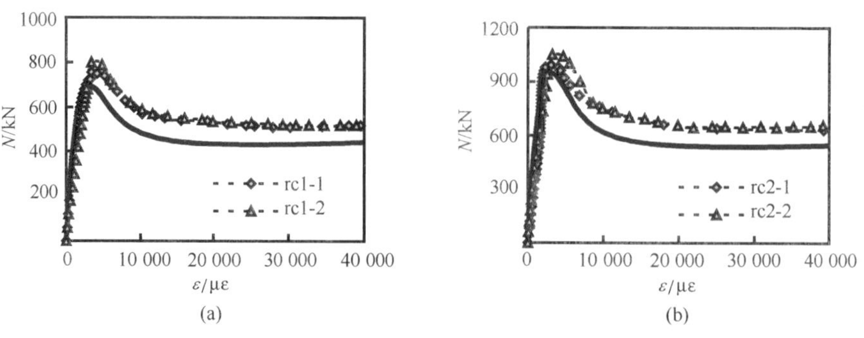

(a)　　(b)

图 3.127　矩形钢管混凝土 N-ε 关系

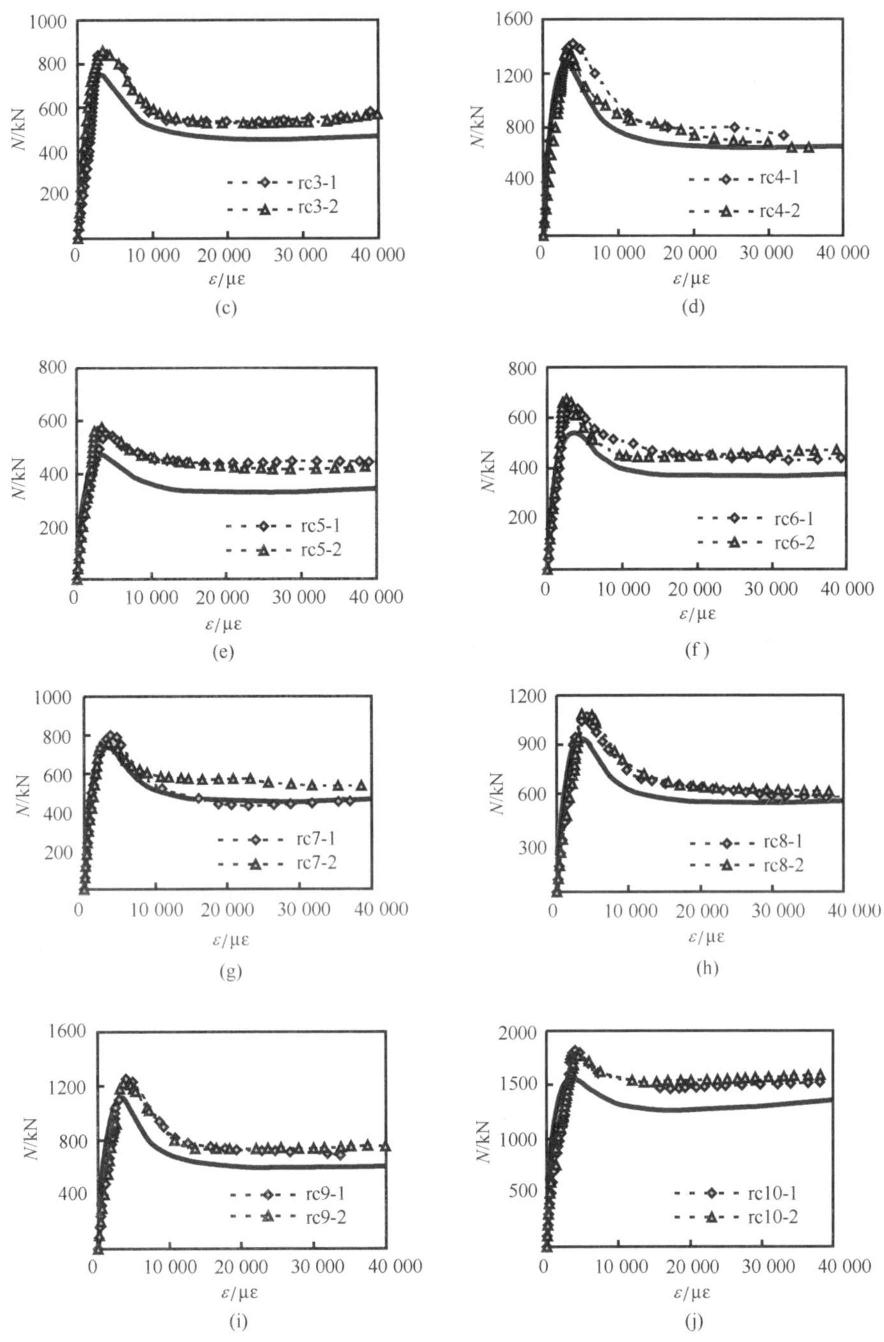

图 3.127　矩形钢管混凝土 N-ε 关系（续）

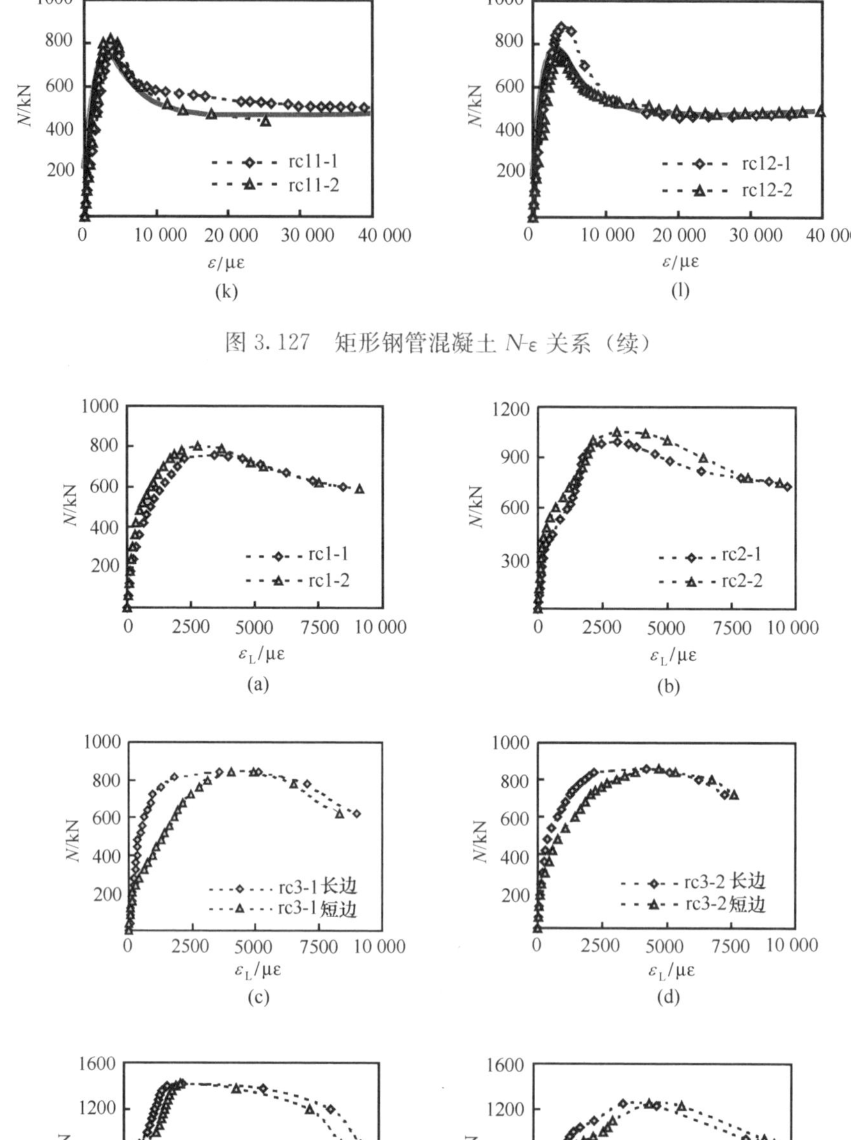

图 3.127 矩形钢管混凝土 N-ε 关系（续）

图 3.128 矩形钢管混凝土 N-ε_L关系曲线

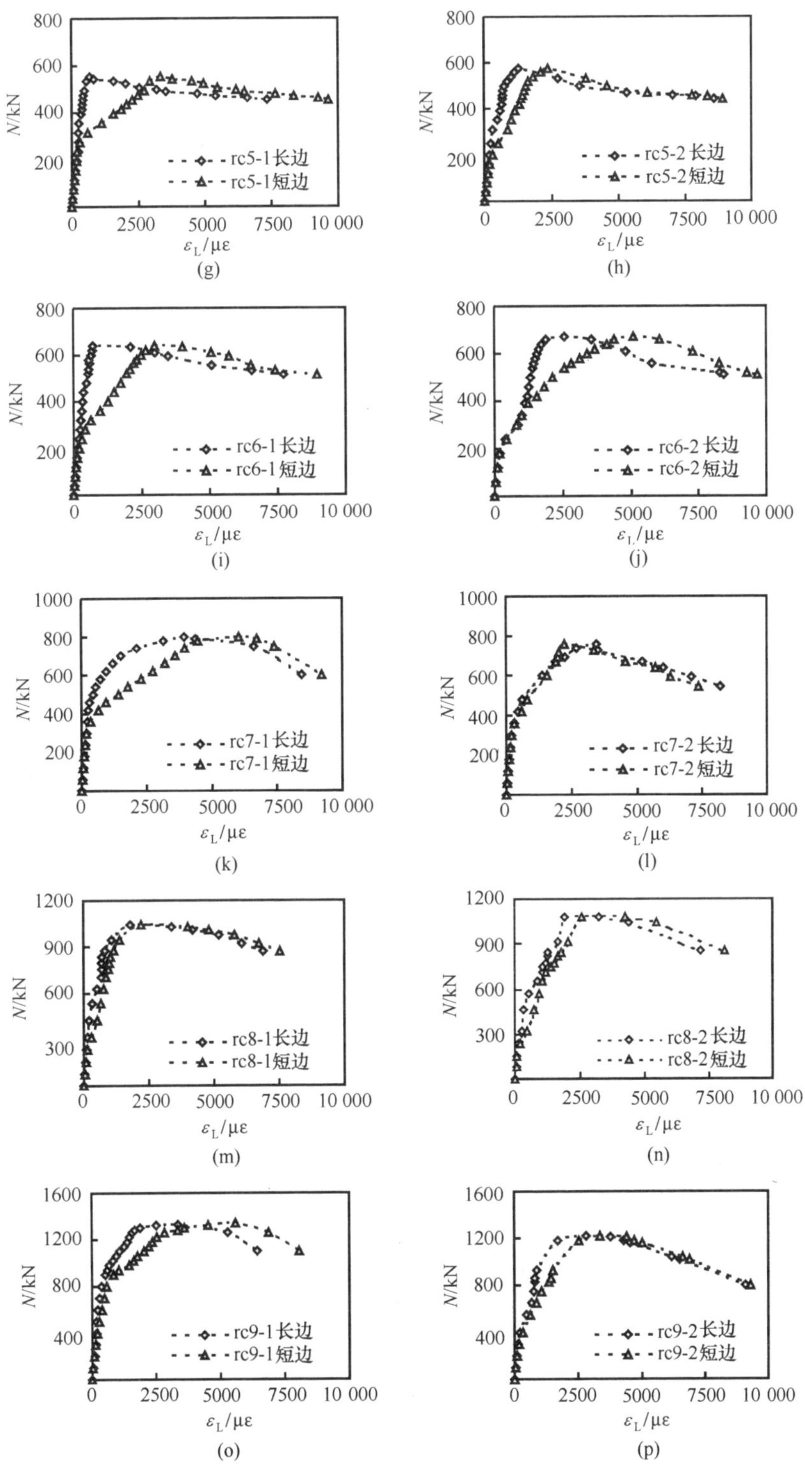

图 3.128　矩形钢管混凝土 N-ε_L 关系曲线（续）

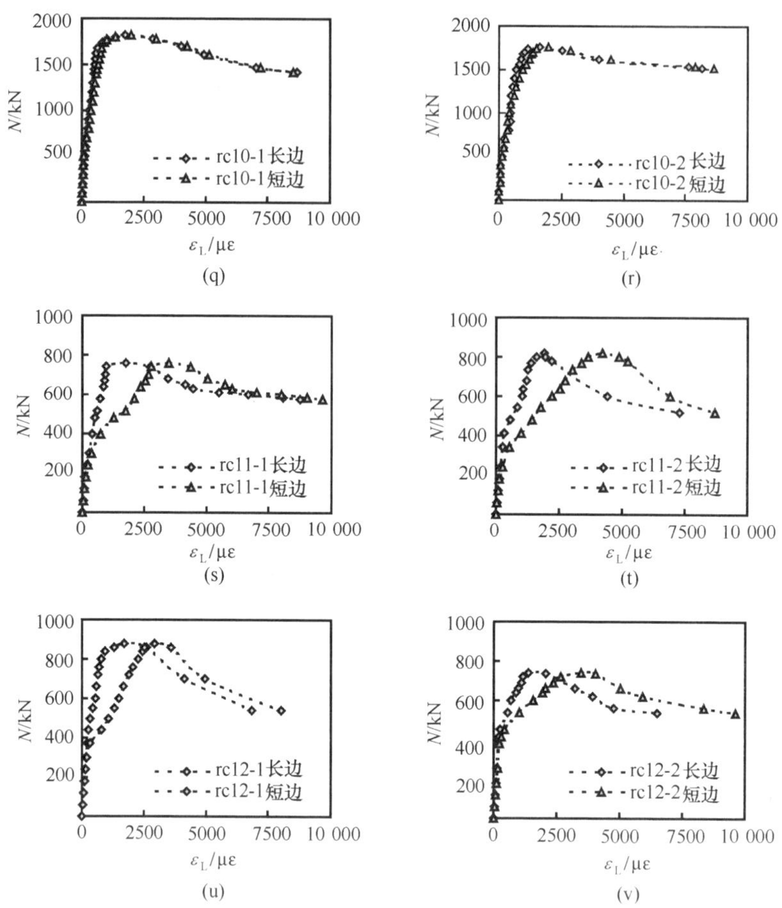

图 3.128 矩形钢管混凝土 N-ε_L关系曲线（续）

3.3.2 轴心受压长构件

为了深入研究大长细比情况下钢管混凝土轴心受压柱的力学性能，进行了大长细比钢管混凝土长柱的试验研究，同时进行了空钢管柱的对比试验，以对比分析空钢管中填充混凝土后其承载力等力学性能的变化情况（Han，2000a）。

（1）试验概况

共进行了 11 个钢管混凝土、4 个空钢管构件的试验研究。试件设计时变化的主要参数是长细比 λ，此外还变化了混凝土强度。试件的设计情况见表 3.7。

表 3.7 轴压长柱试件表

序号	试件编号	L/mm	λ	f_{cu}/MPa	E_c/(N/mm^2)	N_{ue}/kN
1	sc154-1	4158	154	31.8	27600	342
2	sc154-2	4158	154	31.8	27600	292

续表

序号	试件编号	L/mm	λ	f_{cu}/MPa	E_c/(N/mm^2)	N_{ue}/kN
3	sc154-3	4158	154	46.8	28400	298
4	sc154-4	4158	154	46.8	28400	280
5	sc149-1	4023	149	46.8	28400	318
6	sc149-2	4023	149	46.8	28400	320
7	sc141-1	3807	141	31.8	27600	350
8	sc141-2	3807	141	31.8	27600	370
9	sc130-1	3510	130	31.8	27600	400
10	sc130-2	3510	130	31.8	27600	390
11	sc130-3	3510	130	46.8	28400	440
12	s154-1	4158	—	—	—	246
13	s154-2	4158	—	—	—	238
14	s130-1	3510	—	—	—	306
15	s130-2	3510	—	—	—	310

试件采用了无缝钢管，其直径和壁厚分别为 108mm 和 4.5mm。钢材强度由拉伸试验确定。在进行钢材材性试验前，将钢管沿纵向剖开，做成标准试件。测得钢材屈服强度（f_y）、抗拉强度（f_u）、弹性模量（E_s）及泊松比（μ_s）分别为 348.1MPa、557.0MPa、2.12×10^5 N/mm^{2}和 0.268。

采用了两种混凝土，28 天时混凝土的 f_{cu}分别为 31.8MPa 和 46.8MPa，对应的弹性模量 E_c 见表 3.7。混凝土所用材料是普通硅酸盐水泥，石灰岩碎石，中粗砂。强度为 31.8MPa 混凝土中各材料的用量（每立方米）分别为：水 185kg，水泥 430kg，砂 535kg，碎石 1250kg。强度为 46.8MPa 混凝土中各材料的用量（每立方米）分别为：水 154kg，水泥 550kg，砂 526kg，碎石 1170kg。

加工试件时，首先按要求长度做出空钢管，并保证钢管两端截面的平整。对应每个试件加工两个直径为 110mm、厚为 10mm 的圆钢板作为试件的盖板，先在空钢管的一端将盖板焊上，另一端等混凝土浇灌之后再焊接。盖板及空钢管的几何中心对中。混凝土养护 28 天后即在 500t 压力实验机上进行试验。试件两端采用刀铰以模拟铰接的边界条件。在试件的中截面按间隔 90°各贴四片纵向及环向电阻片，测定中截面的纵向及环向应变，同时在试件外侧设置了两个位移计测定试件的总变形；为了测定试件的侧向弯曲挠度，在试件长度的 1/4、1/2 及 3/4 处各设置一个位移计。试件采用分级加载制度，弹性范围内每级荷载为预计极限荷载的 1/10，当钢管压区纤维达到屈服点后，每级荷载约为预计极限荷载的 1/20，接近破坏时慢速连续加载。每级荷载的持荷时间约为 2min。图 3.129 所示为试验时的全貌。

图 3.129　长柱实验全貌

(2) 试验结果与分析

所有试件均表现为柱子发生侧向挠曲，丧失稳定而破坏。当荷载较小的时候，跨中挠度变形较小或变化很不明显。当荷载达到极限荷载的 60%～70%时，跨中挠度开始明显增加。当跨中挠度达到某一临界值时，荷载开始下降，而变形则迅速增大。试验结果表明，由于混凝土的存在，达到极限荷载时钢管混凝土的纤维应变明显大于空钢管的情况（Han，2000a）。图 3.130 所示为空钢管柱和钢管混凝土柱的轴向荷载与纤维应变之间的比较。

钢管混凝土柱与空钢管柱二者的破坏形态有较大的差别，钢管混凝土柱表现出较好的塑性和稳定性，且钢管没有明显的局部屈曲现象；空钢管柱则都是首先在试件中截面处发生局部屈曲，形成塑性铰并最终破坏。

试验结果表明，钢管混凝土比同等长度空钢管柱的承载力高 30%左右。这是因为核心混凝土的存在，导致钢管混凝土柱的屈曲模态与空钢管柱具有较大差别。混凝土的存在可以延缓钢管的局部屈曲，从而延缓构件侧向挠度的发展，使钢管混凝土构件具有更高的承载力和抵抗变形的能力。图 3.131（a）和（b）分别给出了构件达到破坏时钢管混凝土与空钢管柱的形态示意图。

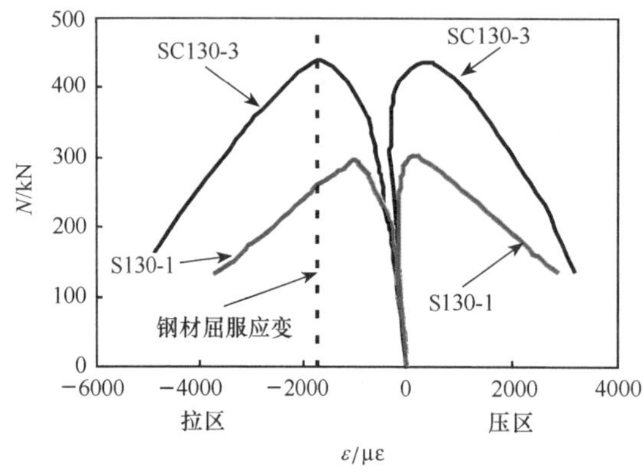

图 3.130　N-ε 关系曲线

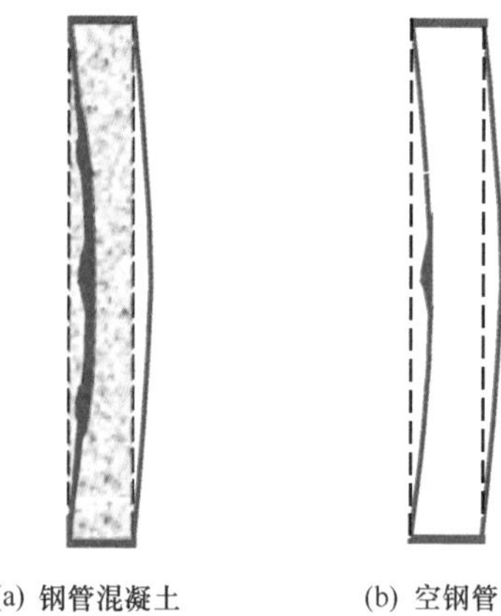

图 3.131　构件屈曲模态示意图

本次试验获得的荷载-变形关系曲线如图 3.132 所示，图中同时给出与理论计算曲线的对比情况，可见二者基本吻合。

试件的极限承载力汇总于表 3.7，可见，在其他参数相同的条件下，随着长细比的增大，钢管混凝土试件的稳定承载力逐渐降低。从本次试验的结果可以看

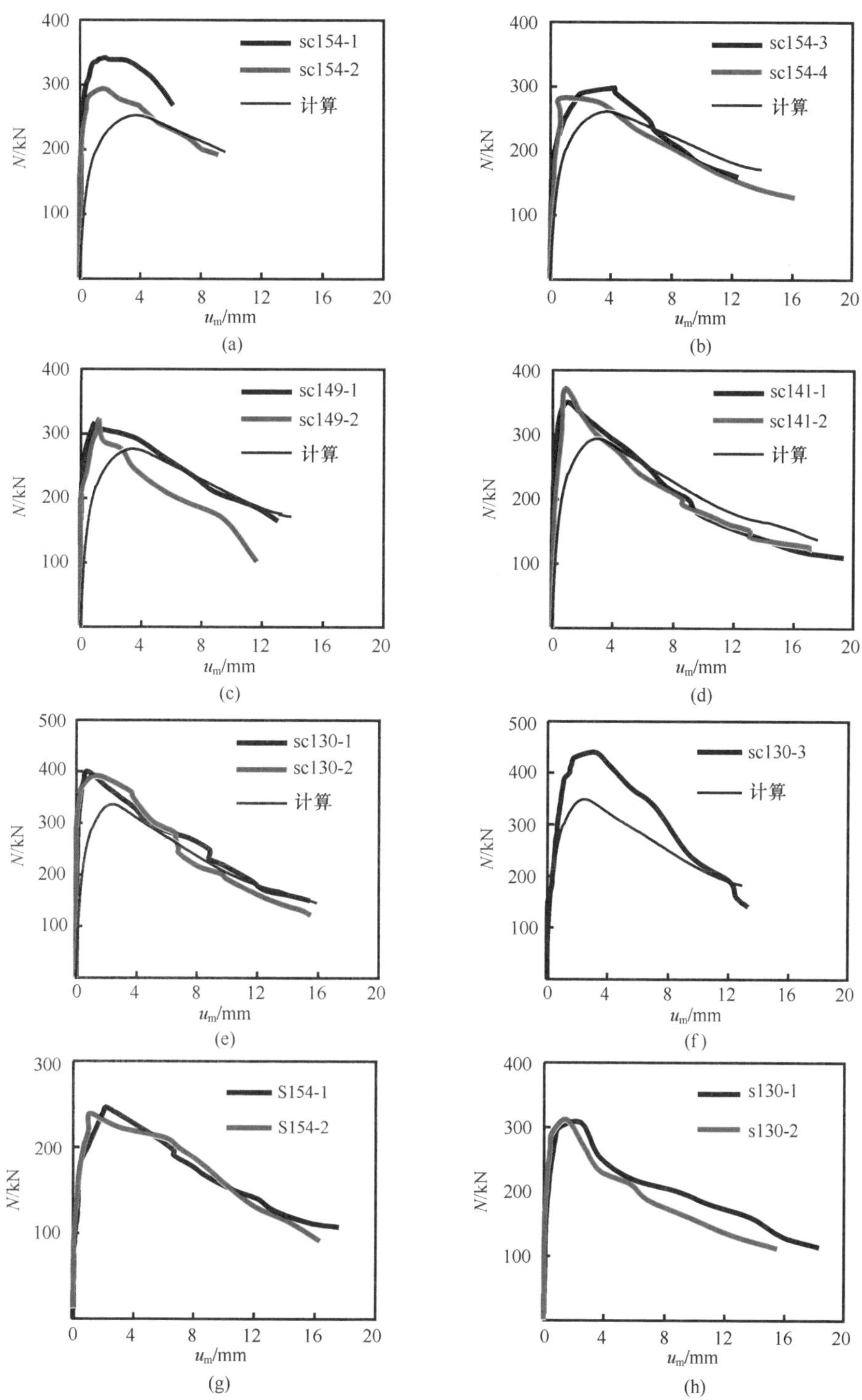

图 3.132　轴压长柱 N-u_m 关系曲线

出，在长细比和其他条件相同时，混凝土强度的变化对构件稳定承载力的影响不明显，这是因为，轴心受压长构件的极限承载力和其抗弯刚度有很大关系，而混凝土强度的小范围变化对其弹性模量的影响不大，因此对钢管混凝土构件的抗弯刚度影响也就很小。由表 3.7 还可以看出，对于同样的空钢管，由于填充了混凝土之后，构件的承载力约提高 30%左右。本次试验结果表明，在大长细比的情况下，组成钢管混凝土的钢管和混凝土之间仍可协同互补，共同工作，从而使钢管混凝土长柱具有较高的承载力和较好的力学性能。

图 3.133 所示为钢管及钢管混凝土构件的承载力（N_{ue}）与构件长度及混凝土强度的关系。

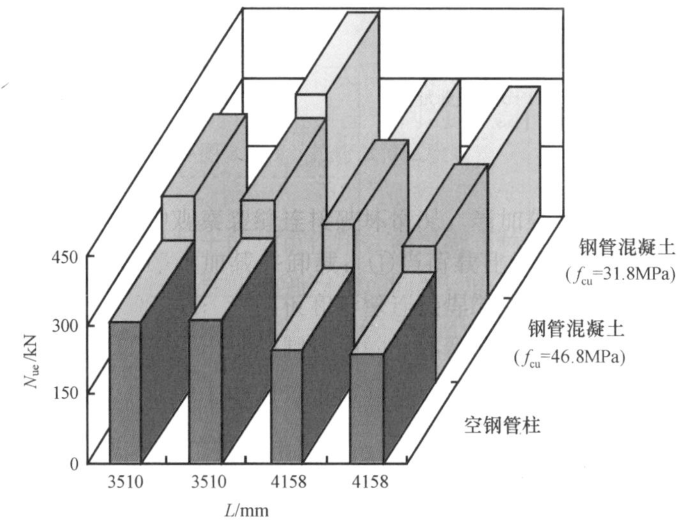

图 3.133 轴压长柱承载力比较

通过本次轴压长柱试验研究可得到以下结论：①当钢管混凝土长细比很大时，混凝土强度的变化对其承载力的影响不明显；②灌入混凝土后的钢管混凝土柱较空钢管柱承载力提高 30%左右；③核心混凝土的存在主要影响长柱的屈曲模态，从而影响其稳定承载力。

3.3.3 纯弯曲构件

(1) 试验概况

课题组先后进行了 6 个圆钢管混凝土和 16 个方、矩形钢管混凝土试件的纯弯试验（Han，2004；陶忠，1998；杨有福和韩林海，2001）。对于圆钢管混凝土，考察的参数是截面尺寸（D），对于方、矩形钢管混凝土，主要参数为截面高宽比（D/B）。试件的详细资料见表 3.8。

表3.8 纯弯试件表

截面形式	序号	试件编号	$D\times(B)\times t$ /(mm×mm×mm)	D/B	f_{cu}/MPa	f_y/MPa	K_{ie} /(kN·m²)	K_{se} /(kN·m²)	M_{ue} /(kN·m)
圆形	1	CB1-1	100×1.9	—	81.3	282	289	235	9.19
	2	CB1-2	100×1.9	—	81.3	282	300	251	7.33
	3	CB1-3	100×1.9	—	81.3	282	285	256	7.74
	4	CB2-1	200×1.9	—	81.3	282	3414	2149	32.4
	5	CB2-2	200×1.9	—	81.3	282	3216	2156	33.9
	6	CB2-3	200×1.9	—	81.3	282	3312	2254	36.6
方形	1	RB1-1	120×120×3.84	1	27.3	330.1	896	890	29.34
	2	RB2-1	120×120×3.84	1	35.2	330.1	960	840	30.16
	3	RB2-2	120×120×3.84	1	35.2	330.1	1002	894	32.25
	4	RB2-3	120×120×3.84	1	35.2	330.1	856	852	31.69
	5	RB3-1	120×120×5.86	1	31.3	321.1	1356	1224	40.90
	6	RB3-2	120×120×5.86	1	31.3	321.1	1409	1265	41.54
	7	RB4-1	120×120×5.86	1	40.0	321.1	1360	1116	41.43
	8	RB4-2	120×120×5.86	1	40.0	321.1	1184	1160	42.61
矩形	1	RB5-1	150×120×2.93	1.25	34.5	293.8	1607	1037	31.4
	2	RB5-2	150×120×2.93	1.25	34.5	293.8	1746	1106	31.4
	3	RB6-1	1 20×90×2.93	1.33	34.5	293.8	749	598	21.1
	4	RB6-2	120×90×2.93	1.33	34.5	293.8	722	613	20.2
	5	RB7-1	150×90×2.93	1.67	34.5	293.8	1216	879	28.4
	6	RB7-2	150×90×2.93	1.67	34.5	293.8	1269	953	29.4
	7	RB8-1	120×60×2.93	2	34.5	293.8	489	469	18.4
	8	RB8-2	120×60×2.93	2	34.5	293.8	485	457	17.8

试件加工时，首先做出空钢管，并保证钢管两端截面平整，圆试件采用的是直焊缝卷管。方、矩形试件的钢管则分别由四块钢板拼焊而成。圆形和方、矩形试件的长度分别为1400mm和1100mm。同时加工两个厚度为10mm的钢板作为试件两端的盖板，先在空钢管一端将盖板焊上，另一端等混凝土浇灌之后再焊接。盖板及空钢管的几何中心对中。

钢材的强度由拉伸实验确定，一组三个标准试件，按国家标准《金属材料室温拉伸实验方法》(GB/T 228—2002）规定的方法进行。对于圆钢管混凝土，测得钢材屈服强度（f_y）、抗拉强度（f_u）、弹性模量（E_s）及泊松比（μ_s）分别为282MPa、358.3MPa、2.02×10^5 N/mm^{2}和0.263。对于方、矩形钢管混凝土，钢材的材性见表3.6。

圆钢管中浇灌的是自密实混凝土，采用的是普通硅酸盐水泥、花岗岩碎石，中粗砂。混凝土配合比为：水泥：粉煤灰：砂：石：水＝1∶0.37∶1.77∶2.16∶0.40，减水剂掺量为1%。自密实混凝土的坍落度为270mm，铺展度为600mm，流动速度19.3m/s。浇捣混凝土时的室内温度24.2℃，混凝土内部的温度26.5℃。混凝土采用与试件同条件养护的立方体标准试块测试立方体抗压强度，采用150mm×150mm×300mm棱柱体试块测试弹性模量。28天的混凝土立方体抗压强度平均值为f_{cu}＝76.7MPa，构件试验时的平均立方体抗压强度f_{cu}＝81.3MPa、弹性模量E_c＝42 600N/mm^2。方形试件中核心混凝土的配置方式与3.3.1节中的方钢管混凝土短试件的方式类似，进行钢管混凝土构件弯曲试验时实测的f_{cu}列于表3.8。矩形试件核心混凝土中各材料的用量（每立方米）为：水泥457kg，砂608kg，石子1129kg，水206kg。28天的混凝土立方体抗压强度平均值为f_{cu}＝30MPa，进行钢管混凝土构件弯曲试验时的平均立方体抗压强度f_{cu}＝34.5MPa、弹性模量E_c＝26 700N/mm^2。

在进行混凝土浇灌时，先将钢管竖立（保证它与地面至少呈70°角），使未焊盖板的截面位于上部，然后从开口处灌入混凝土。为了保证混凝土的密实度，采用ϕ50插入式振捣棒伸入钢管内部振捣，在试件的底部同时用振捣棒在钢管的外部进行侧振。混凝土浇灌两星期左右后，用高强水泥砂浆将另一端的混凝土表面与钢管抹平，然后再焊上另一盖板。

试验采用四分点加载方法，油压千斤顶加载，荷载由压力传感器测量。应变测量采用电阻应变计，在试件跨中位置的上、下表面，以及截面形心处两侧各布置纵、横向应变计一个，共粘贴了四对应变计。变形的测量采用百分表及位移计，在支座及四分点位置各设置一个机电百分表，考虑到跨中变形量较大，在跨中位置设置了大行程的位移计。两个曲率仪布置在试件下表面位于跨中位置的两侧，以测量曲率的数据。图3.134所示为纯弯曲试验装置示意图。

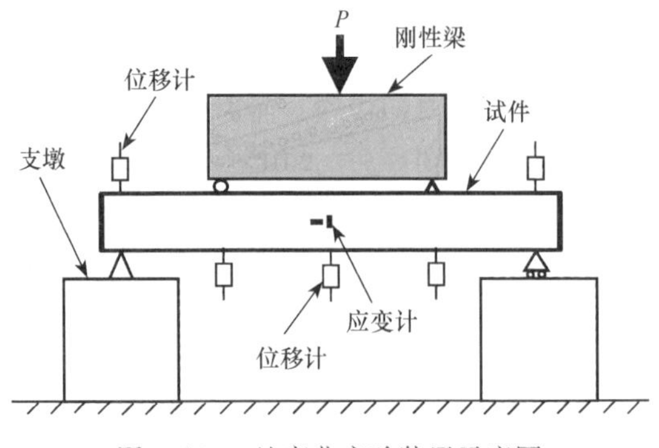

图3.134　纯弯曲实验装置示意图

试验的加载制度为：弹性范围内每级荷载为预计极限荷载的1/10，当钢材屈服后，每级荷载约为极限荷载的1/15，接近破坏时采用慢速连续加载。每级荷载的持荷时间约为 2min。

（2）试验现象与试验结果

试验结果表明，钢管混凝土受弯构件表现出延性破坏的特征。所有试件受压区钢管均出现了数处局部钢管外凸的现象，钢管外凸的部位较均匀地分布在试件的四分点与跨中之间。试验结束后切开钢管观察混凝土破坏情况，可以看出混凝土的裂缝比较均匀地分布，其中最大的裂缝对应于受拉区钢管撕裂、受压区产生很大塑性变形或受压区钢管外凸最为严重的部位。试件破坏时，混凝土裂缝均已基本延伸到截面受压区。图 3.135 为试件典型的破坏形态图。

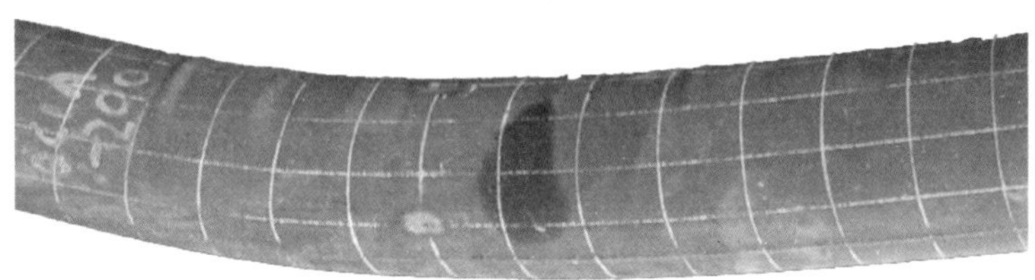

(a) 钢管

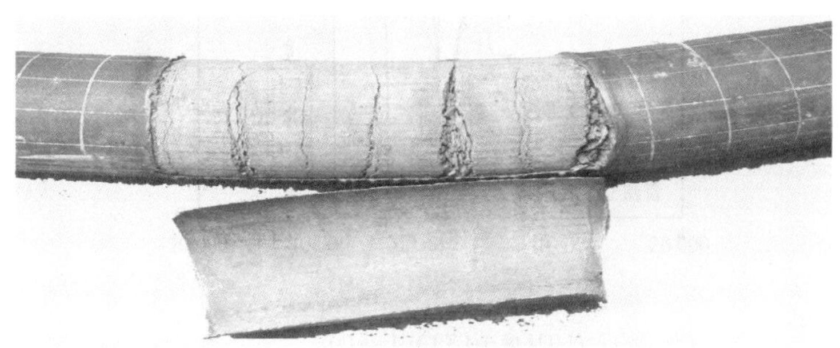

(b) 核心混凝土

(1) 圆钢管混凝土

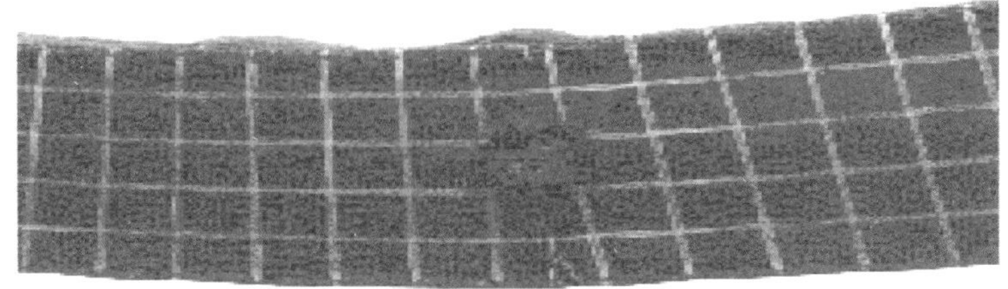

(2) 方、矩形钢管混凝土

图 3.135　试件典型的破坏形态

图 3.136 所示为用位移计实测典型的构件各测点挠度沿构件长度的分布，分析结果表明，该曲线基本符合正弦半波曲线的变化规律。

图 3.137 所示为典型的实测跨中弯矩与压区和拉区纵向应变关系曲线。

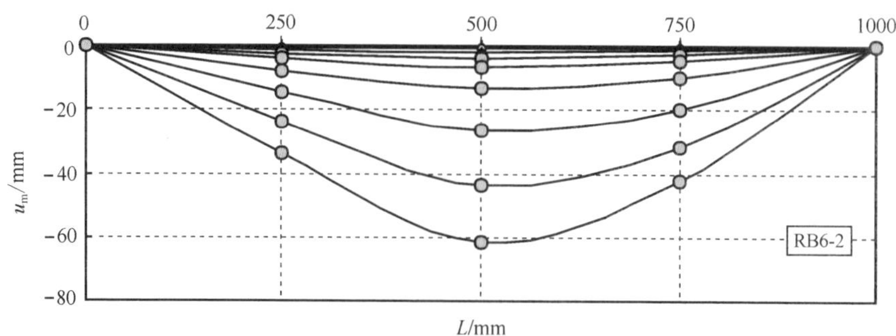

图 3.136　挠度沿构件长度方向的分布

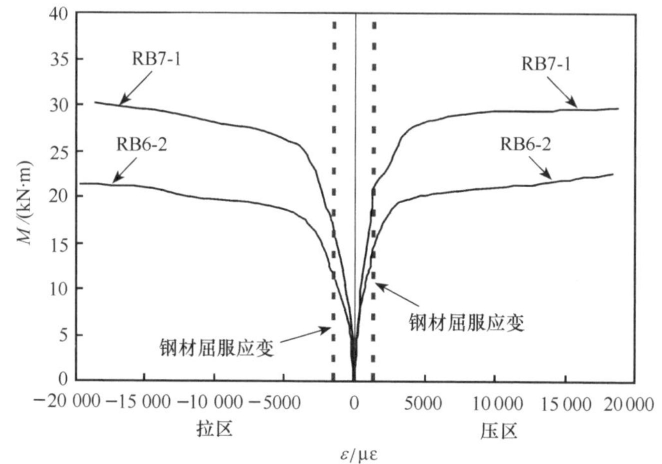

图 3.137　纯弯构件弯矩（M)-应变（ε）关系曲线

图 3.138 所示为典型的跨中弯矩与跨中曲率之间的关系曲线。

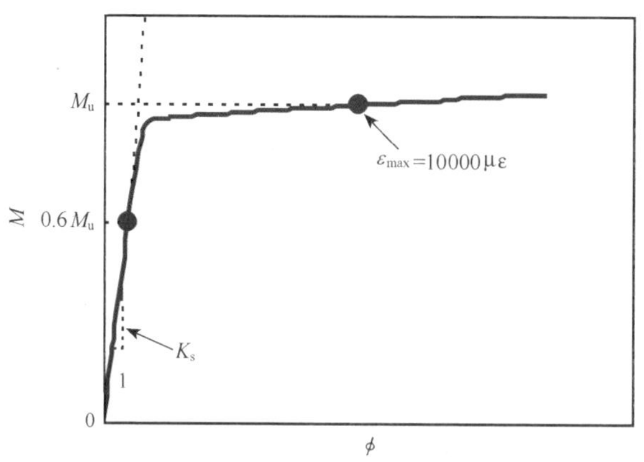

图 3.138　纯弯构件弯矩（M）－曲率（ϕ）关系曲线

由图 3.137 和图 3.138 可见，在加载初期试件处于弹性变形阶段，曲率的增长速度明显落后于外荷载的增长速度，中截面处的纵向应变稍有增大，但变化不大，表明中和轴基本上没有上升，拉区混凝土处于初始开裂阶段。当钢管最大纤维应变达到钢材的屈服应变以后，构件变形的增长速度要快于外荷载的增长速度，构件进入弹塑性阶段，但构件的承载力仍能继续增长，这主要是由于钢管和核心混凝土之间存在组合作用的缘故。试验结果表明：即使中截面挠度达到 $L/20$，作用在试件上的外荷载仍能有所增加，也就是说，试件承受的外荷载仍能有所增长，构件具有很好的延性。

实测的抗弯承载力 M_{ue} 汇总于表 3.8，M_{ue} 为钢管受拉区最外缘应变为 $\varepsilon_{max}=10\ 000\mu\varepsilon$ 时对应的弯矩值。

图 3.139 所示为所有试件实测的跨中弯矩（M）与跨中位移（u_m）之间的关系曲线，图中同时给出了本书理论计算曲线，可见计算结果大都低于试验结果，但二者总体上基本吻合。

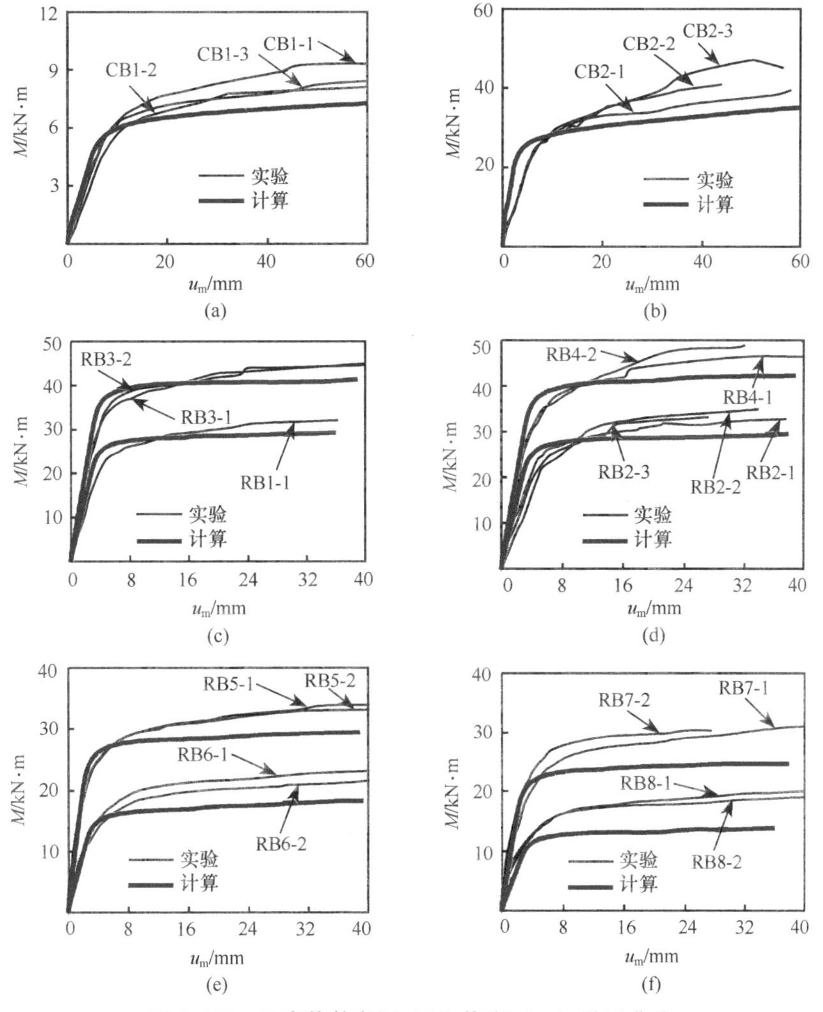

图 3.139　纯弯构件弯矩（M）-挠度（u_m）关系曲线

(3) 钢管混凝土抗弯刚度分析

根据实测的弯矩（M）-曲率（ϕ）关系，可求得钢管混凝土的抗弯刚度。

参考 Varma 等（2002）的研究方法，本书暂以 $M=0.2M_u$对应的割线刚度作为钢管混凝土的初始抗弯刚度（K_i），以 $M=0.6M_u$的割线刚度作为钢管混凝土使用阶段抗弯刚度（K_s）。

按照上述定义，可获得各试件实测的初始抗弯刚度（K_{ie}）和使用阶段抗弯刚度（K_{se}），列于表 3.8。

以往，国内外学者虽然已对钢管混凝土的抗弯力学性能进行过一些研究工作，但对钢管混凝土抗弯刚度计算方法的研究则尚少见。

目前，一些设计规范或规程中给出了钢管混凝土抗弯刚度（K）的计算方法，下面给出几种典型的算法。

1）AIJ（2008）

$$K = E_s \cdot I_s + 0.2E_c \cdot I_c \tag{3.64}$$

式中：钢材弹性模量为 $E_s=205\ 800\text{N/mm}^2$；混凝土弹性模量为：$E_c=21\ 000\sqrt{f_c'/19.6}$（$\text{N/mm}^2$）。

美国 ACI 318（2010）规范中给出的计算公式与 AIJ（2008）类似。

2）BS5400（1979）

$$K = E_s \cdot I_s + E_c \cdot I_c \tag{3.65}$$

式中：$E_s=206\ 000\text{MPa}$；$E_c=450 \cdot f_{cu}(\text{N/mm}^2)$。

3）EC4（2004）

$$K = E_s \cdot I_s + 0.6E_c \cdot I_c \tag{3.66}$$

式中：$E_s=210\ 000\text{N/mm}^2$；$E_c=22\ 000 \cdot (f_c'/10)^{0.3}$（$\text{N/mm}^2$）。

4）AISC（AISC，2010）提供的计算公式为 $K=[E_s+0.4E_c(A_c/A_s)] \cdot I_s$，也可近似表示为

$$K = E_s \cdot I_s + 0.8E_c \cdot I_c \tag{3.67}$$

式中：$E_s=210\ 000\text{N/mm}^2$；$E_c=4700\sqrt{f_c'}$（$\text{N/mm}^2$）。

按照上述方法计算获得的钢管混凝土抗弯刚度与本书实测的初始抗弯刚度（K_{ie}）及使用阶段抗弯刚度（K_{se}）的比较情况分别列于表 3.9 和表 3.10。表 3.9 中同时给出了 Lu 和 Kennedy（1994）实测的矩形钢管混凝土构件初始抗弯刚度与计算结果的比较情况。

由表 3.9 的比较结果可见，在计算圆钢管混凝土初始阶段的抗弯刚度时，AISC（2010）的计算结果与试验结果最为吻合，BS5400（1979）计算结果比试验结果高 10%左右，而 AIJ（2008）和 EC4（2004）的计算结果则分别比试验结果约低 42%和 14%。

在计算方、矩形钢管混凝土初始阶段的抗弯刚度时，BS5400（1979）、EC4（2004）和 AISC（2010）的计算结果比试验结果分别约高 17%、17%和 18%。

AIJ（2008）的计算结果比试验结果约低 4%，与试验结果最为吻合。

表 3.9 初始阶段抗弯刚度计算结果与试验结果比较

截面形式	序号	$D\times(B)\times t$ /[(mm×mm) 或 (mm×mm×mm)]	f_y /MPa	K_{ie}/(kN·m²)	AIJ (2008)		BS5400 (1979)		EC4 (2004)		AISC (2010)		数据来源
					K_{ic}/(kN·m²)	$\frac{K_{ic}}{K_{ie}}$	K_{ic}/(kN·m²)	$\frac{K_{ic}}{K_{ie}}$	K_{ic}/(kN·m²)	$\frac{K_{ic}}{K_{ie}}$	K_{ic}/(kN·m²)	$\frac{K_{ic}}{K_{ie}}$	
圆形	1	100×1.9	282	289	179	0.619	299	1.035	245	0.848	275	0.952	本书
	2	100×1.9	282	300	179	0.597	299	0.997	245	0.817	275	0.917	
	3	100×1.9	282	285	179	0.628	299	1.049	245	0.860	275	0.965	
	4	200×1.9	282	3414	1776	0.520	3856	1.129	2900	0.850	3485	1.021	
	5	200×1.9	282	3216	1776	0.552	3856	1.199	2900	0.902	3485	1.084	
	6	200×1.9	282	3312	1776	0.536	3856	1.164	2900	0.876	3485	1.052	
平均值					0.575		1.096		0.859		0.998		
均方差					0.045		0.080		0.029		0.064		
方、矩形	1	120×120×3.84	330.1	896	886	0.989	992	1.107	1077	1.202	1038	1.158	本书
	2	120×120×3.84	330.1	960	894	0.931	1038	1.081	1091	1.136	1071	1.116	
	3	120×120×3.84	330.1	1002	894	0.892	1038	1.036	1091	1.088	1071	1.069	
	4	120×120×3.84	330.1	856	894	1.044	1038	1.213	1091	1.274	1071	1.251	
	5	120×120×5.86	321.1	1356	1253	0.924	1370	1.010	1431	1.055	1382	1.019	
	6	120×120×5.86	321.1	1409	1254	0.890	1370	0.972	1431	1.016	1382	0.981	
	7	120×120×5.86	321.1	1360	1261	0.927	1406	1.034	1443	1.061	1412	1.038	
	8	120×120×5.86	321.1	1184	1261	1.065	1406	1.188	1443	1.219	1412	1.193	
	9	150×120×2.93	293.8	1607	1227	0.764	1527	0.950	1634	1.017	1623	1.010	
	10	150×120×2.93	293.8	1746	1227	0.703	1527	0.875	1634	0.936	1623	0.930	
	11	120×90×2.93	293.8	749	574	0.768	684	0.916	725	0.969	715	0.957	
	12	120×90×2.93	293.8	722	574	0.798	684	0.951	725	1.005	715	0.994	
	13	150×90×2.93	293.8	1216	993	0.817	1215	0.999	1296	1.065	1283	1.055	
	14	150×90×2.93	293.8	1269	993	0.783	1215	0.957	1296	1.021	1283	1.011	
	15	120×60×2.93	293.8	489	431	0.881	502	1.027	530	1.084	520	1.063	
	16	120×60×2.93	293.8	485	431	0.889	502	1.035	530	1.093	520	1.072	
	17	152×152×4.8	389	2073	2392	1.154	3162	1.525	2961	1.428	3195	1.541	Lu 和 Kenn-edy (1994)
	18	152×152×4.8	389	2209	2335	1.057	3069	1.389	2874	1.301	2968	1.344	
	19	152×152×4.8	389	2332	2318	0.994	3034	1.301	2850	1.222	2902	1.244	
	20	152×152×9.5	432	3478	4007	1.152	4594	1.321	4484	1.289	4550	1.308	
	21	254×152×6.4	377	9506	10565	1.111	14219	1.496	13239	1.393	14323	1.507	
	22	254×152×6.4	377	9763	10454	1.071	14072	1.441	13070	1.339	13880	1.422	
	23	254×152×6.4	377	10639	10405	0.978	13967	1.313	12994	1.221	13684	1.286	
	24	254×152×9.5	394	12017	14266	1.187	17493	1.456	16710	1.390	17323	1.442	
	25	254×152×9.5	394	12719	14137	1.111	17271	1.358	16513	1.298	16809	1.322	
	26	152×254×6.4	377	4177	4601	1.101	5820	1.393	5519	1.321	5856	1.402	
	27	152×254×6.4	377	4575	4497	0.983	5647	1.234	5362	1.172	5442	1.190	
	28	152×254×6.4	377	4578	4470	0.976	5592	1.221	5322	1.162	5334	1.165	
平均值					0.962		1.171		1.171		1.182		
均方差					0.133		0.198		0.140		0.177		

由表 3.10 的比较结果可以看出，在计算圆钢管混凝土使用阶段的抗弯刚度时，BS5400（1979）和 AISC（2010）的计算结果比试验结果分别约高 49%和 35%。AIJ（2008）的计算结果比试验结果约低 23%。EC4（2004）的计算结果比试验结果约高 16%，与试验结果最为吻合。

表 3.10　使用阶段抗弯刚度计算结果与试验结果比较

截面形式	序号	$D\times(B)\times t$ /[(mm×mm) 或 (mm×mm×mm)]	f_y /MPa	K_{se} /(kN·m^2)	AIJ (2008)		BS5400 (1979)		EC4 (2004)		AISC (2010)	
					K_{sc} /(kN·m^2)	$\frac{K_{sc}}{K_{se}}$	K_{sc} /(kN·m^2)	$\frac{K_{sc}}{K_{se}}$	K_{sc} /(kN·m^2)	$\frac{K_{sc}}{K_{se}}$	K_{sc} /(kN·m^2)	$\frac{K_{sc}}{K_{se}}$
圆形	1	100×1.9	282	235	179	0.762	299	1.272	245	1.043	275	1.170
	2	100×1.9	282	251	179	0.713	299	1.191	245	0.977	275	1.096
	3	100×1.9	282	256	179	0.699	299	1.168	245	0.958	275	1.074
	4	200×1.9	282	2149	1776	0.826	3856	1.794	2900	1.350	3485	1.622
	5	200×1.9	282	2156	1776	0.824	3856	1.788	2900	1.345	3485	1.616
	6	200×1.9	282	2254	1776	0.788	3856	1.711	2900	1.287	3485	1.546
平均值					0.769		1.488		1.160		1.354	
均方差					0.054		0.307		0.187		0.267	
方、矩形	1	120×120×3.84	330.1	890	886	0.995	992	1.115	1077	1.210	1038	1.166
	2	120×120×3.84	330.1	840	894	1.064	1038	1.236	1091	1.298	1071	1.275
	3	120×120×3.84	330.1	894	894	1.000	1038	1.161	1091	1.220	1071	1.198
	4	120×120×3.84	330.1	852	894	1.049	1038	1.218	1091	1.280	1071	1.257
	5	120×120×5.86	321.1	1224	1253	1.024	1370	1.119	1431	1.169	1382	1.129
	6	120×120×5.86	321.1	1265	1254	0.991	1370	1.083	1431	1.131	1382	1.093
	7	120×120×5.86	321.1	1116	1261	1.130	1406	1.260	1443	1.293	1412	1.265
	8	120×120×5.86	321.1	1160	1261	1.087	1406	1.212	1443	1.244	1412	1.217
	9	150×120×2.93	293.8	1037	1227	1.183	1527	1.473	1634	1.576	1623	1.565
	10	150×120×2.93	293.8	1106	1227	1.109	1527	1.381	1634	1.478	1623	1.467
	11	120×90×2.93	293.8	598	574	0.959	684	1.144	725	1.213	715	1.196
	12	120×90×2.93	293.8	613	574	0.936	684	1.116	725	1.184	715	1.167
	13	150×90×2.93	293.8	879	993	1.130	1215	1.382	1296	1.474	1283	1.459
	14	150×90×2.93	293.8	953	993	1.042	1215	1.275	1296	1.360	1283	1.346
	15	120×60×2.93	293.8	469	431	0.919	502	1.070	530	1.130	520	1.109
	16	120×60×2.93	293.8	457	431	0.943	502	1.098	530	1.160	520	1.138
平均值					1.035		1.209		1.276		1.253	
均方差					0.078		0.120		0.133		0.147	

在计算方、矩形钢管混凝土使用阶段的抗弯刚度时，BS5400（1979）、EC4（2004）和 AISC（2010）的计算结果分别比试验结果高 21%、28%和 25%。AIJ（2008）的计算结果比试验结果高 3%左右，与试验结果最为吻合（表 3.11）。

表 3.11　方钢管混凝土压弯试件表

序号	试件编号	$B\times t$/(mm×mm)	λ	e/r	f_y/MPa	f_{cu}/MPa	N_{ue}/kN
1	scp1-1-1	120×3.84	75.1	0.25	330.1	28.3	588
2	scp1-1-2	120×3.84	75.1	0.5	330.1	28.3	450.8
3	scp1-1-3	120×3.84	75.1	0.67	330.1	38	421.4
4	scp1-1-4	120×3.84	75.1	0.83	330.1	28.3	333.2
5	scp1-1-5	120×3.84	75.1	0.67	330.1	38	417.5
6	scp1-1-6	120×3.84	75.1	0.83	330.1	54.6	423.4
7	scp1-2-1	140×3.84	63.3	0.21	330.1	35.1	833
8	scp1-2-2	140×3.84	63.3	0.57	330.1	35.1	615.4
9	scp1-2-3	140×3.84	63.3	0.86	330.1	35.1	509.6
10	scp1-2-4	140×3.84	63.3	0.57	330.1	38	558.6
11	scp1-2-5	140×3.84	63.3	0.86	330.1	54.6	539
12	scp2-1-1	120×5.86	75.1	0	321.1	38	999.6
13	scp2-1-2	120×5.86	75.1	0.25	321.1	35.1	753.6
14	scp2-1-3	120×5.86	75.1	0.5	321.1	35.1	548.8
15	scp2-1-4	120×5.86	75.1	0.83	321.1	35.1	510.6
16	scp2-2-1	140×5.86	63.3	0.21	321.1	28.7	1013.3
17	scp2-2-2	140×5.86	63.3	0.43	321.1	28.7	803.6
18	scp2-2-3	140×5.86	63.3	0.57	321.1	28	733.3
19	scp2-2-4	140×5.86	63.3	0.86	321.1	28	555.7
20	scp2-3-1	200×5.86	45	0	321.1	31.3	2082.5
21	scp2-3-2	200×5.86	45	0.3	321.1	40	1793.4
22	scp2-3-3	200×5.86	45	0.5	321.1	34	1425.9
23	scp2-3-4	200×5.86	45	0.8	321.1	40	1200.5
24	sczl-1-1	120×3.84	75.1	0	330.1	33.3	753.2
25	sczl-1-2	120×3.84	75.1	0	330.1	33.3	833
26	sczl-1-3	120×3.84	75.1	0	330.1	54.6	980
27	sczl-2-1	140×3.84	63.3	0	330.1	33.1	1048.6
28	sczl-2-2	140×3.84	63.3	0	330.1	22.17	1127
29	sczl-2-3	140×3.84	63.3	0	330.1	54.6	1323

3.3.4　压弯构件

（1）方钢管混凝土

进行了 29 个方钢管混凝土压弯构件的试验（Han 等，2001；陶忠，1998），考察的主要参数是构件长细比（$\lambda=2\sqrt{3}L/B$）和荷载偏心率（e/r）。试件的详细情况见表 3.11。

钢管的加工、混凝土配置和浇筑等与 3.3.1 节中论述的轴心受压方钢管混凝土短试件的方法类似。试验在 500t 压力机上进行，试件两端采用刀口铰，以模拟构件两端为铰接的边界条件。试验加载和量测装置示意图如图 3.140 所示。

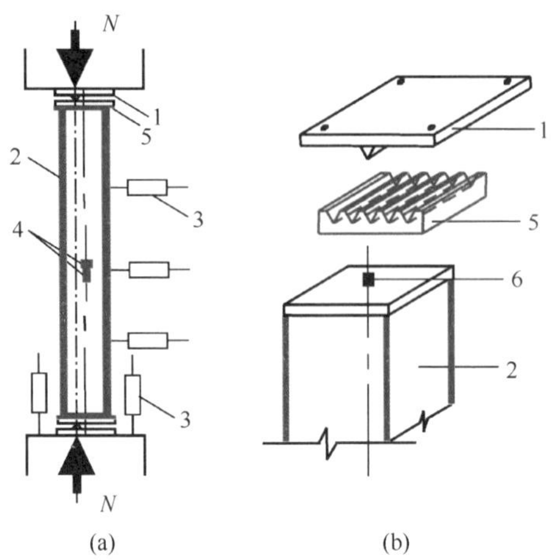

图 3.140　试验加载和量测装置示意图

1. 刀口铰；2. 试件；3. 位移计；4. 应变片；5. 加荷板；6. 凸榫

由于试件的截面宽度不一，试验偏心距也不一样，为此在试件两端设置了特别加工制作的加荷板，加荷板由高强钢材制成，在其上按预定偏心距设置相应的条形凹槽，与刀口铰的刀口相吻合。刀口铰通过螺栓固定在压力机的两端压板上。为保证实验安全以及实验过程中构件的对中准确，在加荷板的中心位置处设置一孔径为 21mm、深为 40mm 的圆孔，实验时在试件两端板中心各焊一直径为 20mm、长为 35mm 的凸榫，和加荷板上的圆孔相吻合。

为了准确测量试件的变形，在每个试件中截面四个面的钢板中部贴纵向及环向各一的共八片电阻应变片，同时在试件弯曲平面内沿柱高四分点处还设置了三个电测位移计以测定试件的侧向挠度变化，在柱端设置两个电测位移计监测试件的纵向总变形。

荷载采用分级加载制，弹性范围内每级荷载为预计极限荷载的 1/10，当钢管压区纤维达到屈服点后，每级荷载约为预计极限荷载的 1/15，接近破坏时慢速连续加载。每级荷载的持荷时间约为 2min。

对于偏心距为零的试件，即所谓的轴心受压柱，通过对试验结果的观察，此类试件均表现为柱子发生侧向挠曲，丧失稳定而破坏，试件的荷载-位移曲线在达到极限荷载时呈现出较陡的下降段，随着长细比的增大，试件由非弹性失稳转向弹性失稳破坏，试件的平均纵向应变逐渐减小，由超过屈服点，变为基本上在弹性范围内。其余试验现象都和偏心受压试件相类似。

对于偏心受压试件，其破坏形态均表现为柱子失稳破坏。荷载较小时，跨中挠度变形较小，挠度的增长基本上和荷载的增加成正比。当荷载达到极限荷载的 60％～70％时，跨中挠度开始明显增加。由于二阶效应的影响，当跨中挠度达到某一临界值时，二阶弯矩增长速度开始大于截面抵抗弯矩增长的速度，荷载下降，而变形迅速发展。在整个变形过程中，试件挠度曲线基本上是上下对称的。对于轴心受压长柱，当荷载较小的时候，挠度变化很不明显，少数试件在加载的初始阶段，挠曲线甚至呈反S形，但这种现象会随荷载的增加而消失，挠曲线逐渐趋于对称。通过观测和验算，试件的挠曲线基本上符合正弦半波曲线。

在不同的荷载阶段，试件中部截面的纵向应变分布基本上保持平面。在下降段的后期，试件在中截面压边和压区两侧边管壁会出现明显的外凸变形，由于管壁的这种弯曲变形，此时量测到的变形已不足以代表真实的构件整体变形。

试验过程中，少数试件由于受焊缝质量的影响，在达到极限荷载后不久焊缝即被拉裂而提前退出了工作，如柱 scp1-2-5、scp2-3-1 和 scp2-3-4。

表 3.11 最后一列给出实测的极限承载力。图 3.141 给出所有实测的 N-u_m 关系曲线（实线），同时给出了本书数值计算结果（虚线），可见二者吻合较好。

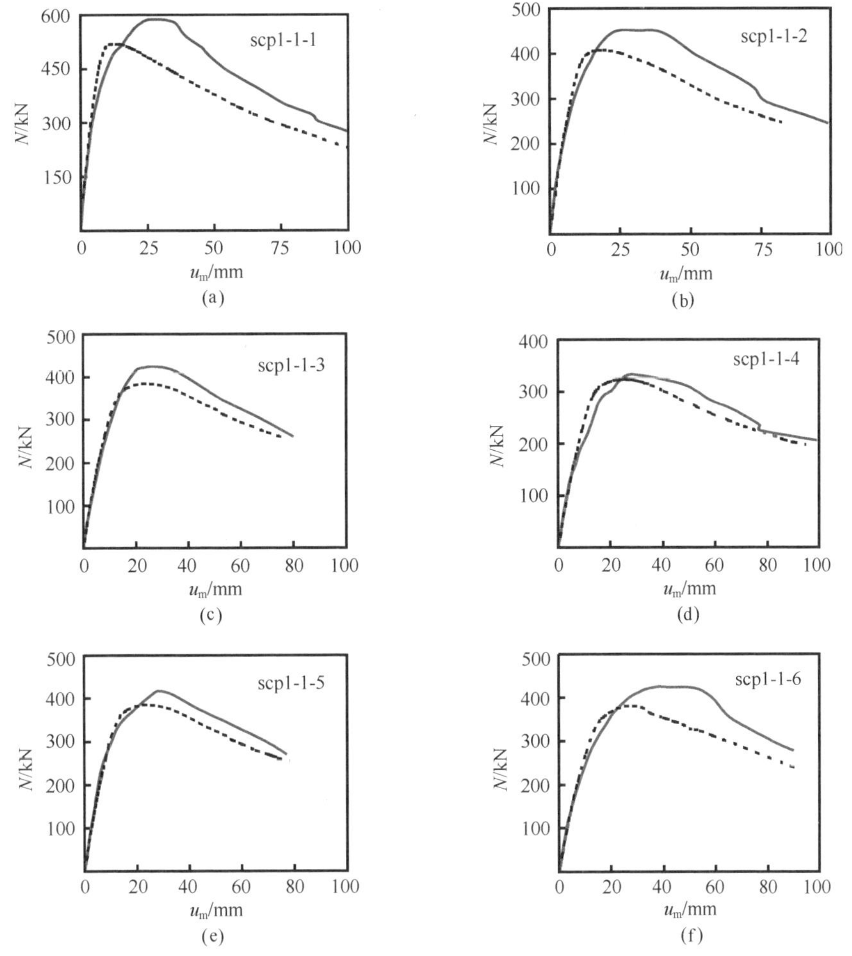

图 3.141 方钢管混凝土压弯构件 N-u_m 关系

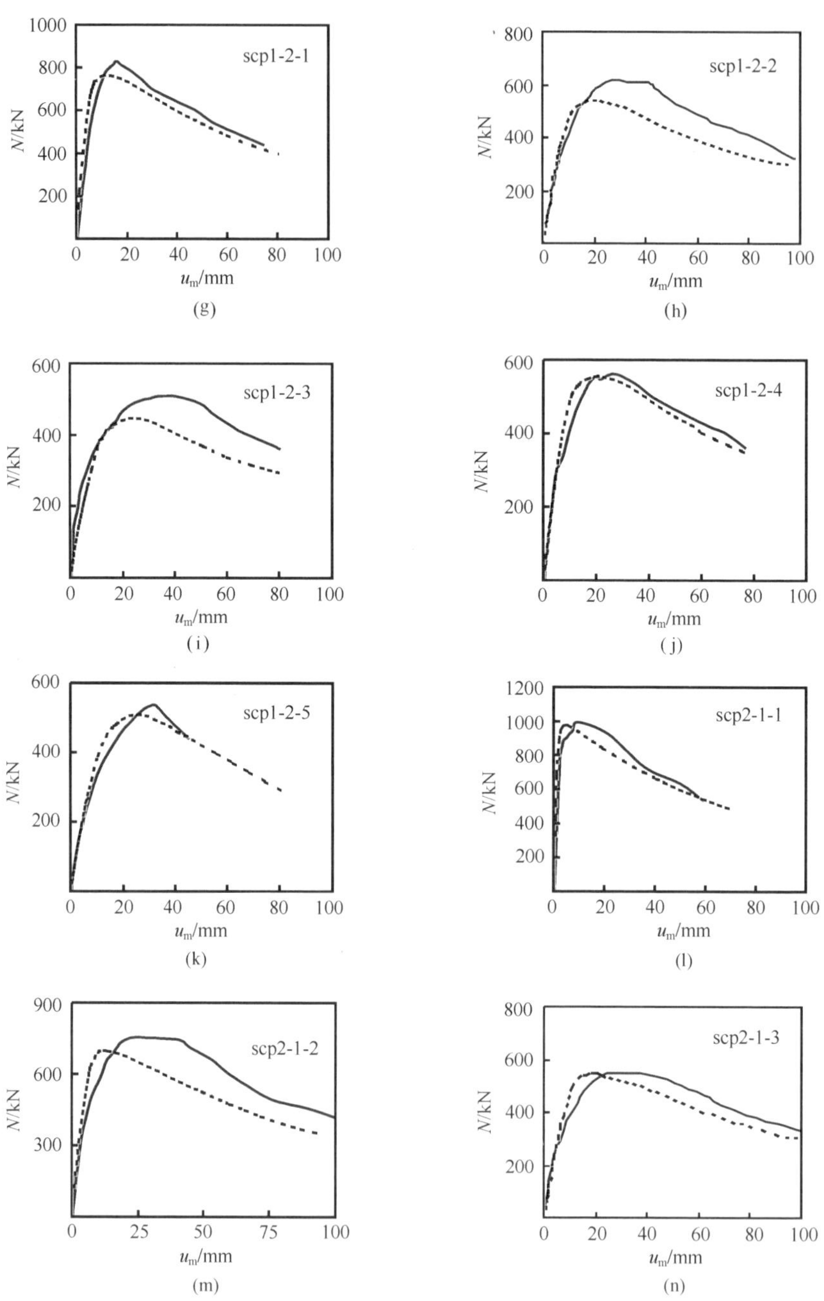

图 3.141　方钢管混凝土压弯构件 N-u_m 关系（续）

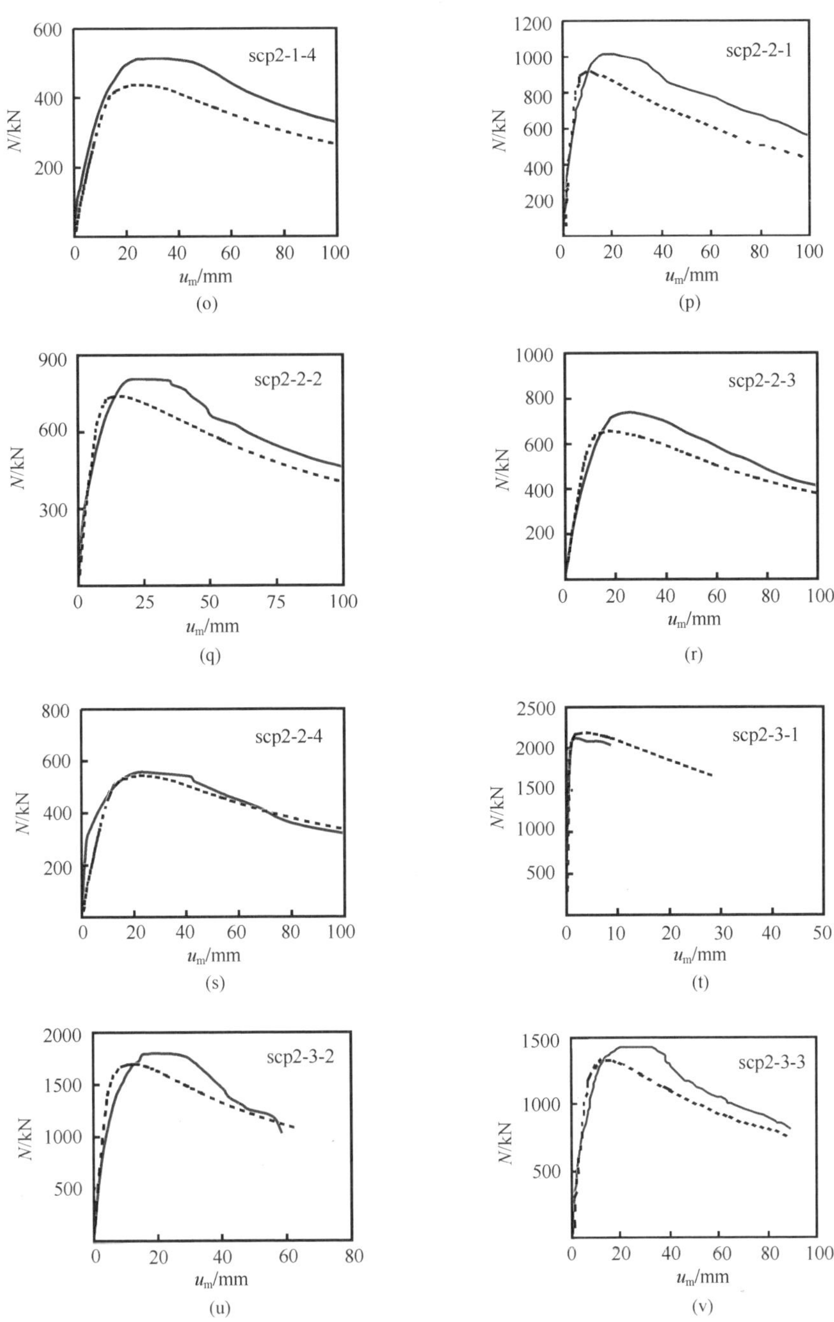

图 3.141　方钢管混凝土压弯构件 N-u_m 关系（续）

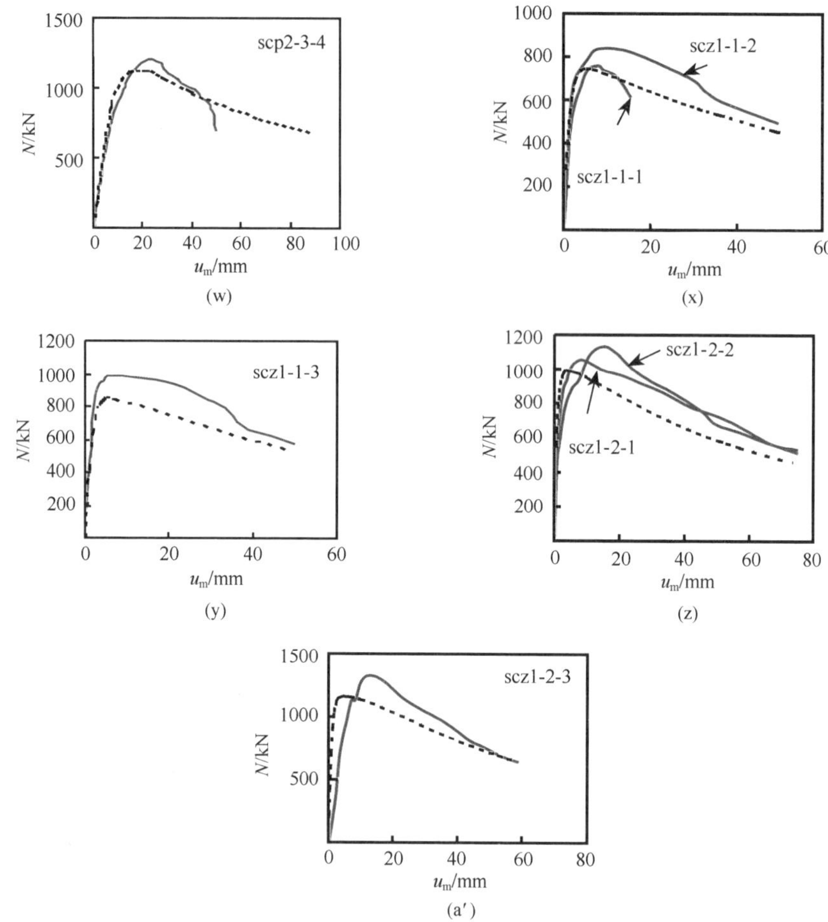

图 3.141　方钢管混凝土压弯构件 N-u_m 关系（续）

（2）矩形钢管混凝土

共进行了 18 个矩形截面钢管混凝土压弯构件的试验研究（Han 和 Yao，2003a）。试件设计时考虑的主要参数是：①构件长细比 $[\lambda(=2\sqrt{3}L/B)]$，从 21-62 变化；②荷载偏心率（e/r，其中，e 为荷载偏心距，$r=B/2$），从 0-0.48 变化；③截面高宽比（D/B），从 1～2 变化。试件的几何尺寸、数量及参数等如表 3.12 所示。

表 3.12　矩形钢管混凝土压弯试件表

序号	试件编号	$D\times B\times t$/(mm×mm×mm)	D/B	λ	e/r	N_{ue}/kN
1	M-A-1	130×130×2.65	1	21	0	760
2	M-A-2	130×130×2.65	1	21	0	770
3	M-B-1	360×240×2.65	1.5	21	0	2300

续表

序号	试件编号	$D\times B\times t/(\mathrm{mm}\times\mathrm{mm}\times\mathrm{mm})$	D/B	λ	e/r	N_{ue}/kN
4	M-B-2	360×240×2.65	1.5	21	0	2250
5	M-C-1	195×130×2.65	1.5	21	0	980
6	M-C-2	195×130×2.65	1.5	21	0	960
7	M-D-1	195×130×2.65	1.5	21	0.22	872
8	M-D-2	195×130×2.65	1.5	21	0.22	812
9	M-E-1	195×130×2.65	1.5	21	0.48	646
10	M-E-2	195×130×2.65	1.5	21	0.48	610
11	M-F-1	195×130×2.65	1.5	62	0	890
12	M-F-2	195×130×2.65	1.5	62	0	815
13	M-G-1	195×130×2.65	1.5	62	0.22	670
14	M-G-2	195×130×2.65	1.5	62	0.22	635
15	M-H-1	135×90×2.65	1.5	21	0	580
16	M-H-2	135×90×2.65	1.5	21	0	592
17	M-I-1	240×120×2.65	2	21	0	1140
18	M-I-2	240×120×2.65	2	21	0	1032

矩形钢管由四块钢板拼焊而成，焊缝按贴角焊缝的形式设计。钢管两端设有比截面略大的10mm厚盖板，浇灌混凝土前先将一端的盖板焊好，并将钢管竖立，从顶部灌入混凝土。

钢材的材料性能测试方法是：先将钢板做成三个标准试件，然后按国家标准《金属材料室温拉伸实验方法》（GB/T228—2002）规定的方法进行拉伸实验，最终测得试件的屈服极限（f_y）、抗拉强度极限（f_u）、泊松比（μ）及弹性模量（E_s），分别为340.1MPa、439.6MPa、0.267和$2.07\times10^5\mathrm{N/mm^2}$。

混凝土立方试块强度f_{cu}由同条件下成型养护的150mm立方试块按标准实验方法测得，测试方法依据国家标准《普通混凝土力学性能试验方法标准》（GB/T50081—2002）进行。28天时的f_{cu}=22.3MPa，进行实验时的f_{cu}=23.1MPa。混凝土弹性模量为25 306$\mathrm{N/mm^2}$，混凝土配合比如下：水泥403 $\mathrm{kg/m^3}$；水153 $\mathrm{kg/m^3}$；砂561 $\mathrm{kg/m^3}$；碎石1283 $\mathrm{kg/m^3}$。

所有试件均绕矩形截面弱轴弯曲。试验加载、量测装置及加载制度与前述的方钢管混凝土偏压构件相同。

试验结果表明，与本书进行的方钢管混凝土类似，矩形钢管混凝土轴心受压柱均表现为柱子发生侧向挠曲，丧失稳定而破坏。所有试件的试验过程都可得到很好的控制，矩形钢管混凝土压弯构件具有较好的延性和后期承载能力。各试件实测的极限承载力N_{ue}汇总于表3.12。

图3.142所示为实测的N-u_m及N-ε关系曲线（虚线），应变以受压为正。在

图中同时给出本书理论计算曲线（实线），可见二者基本吻合。

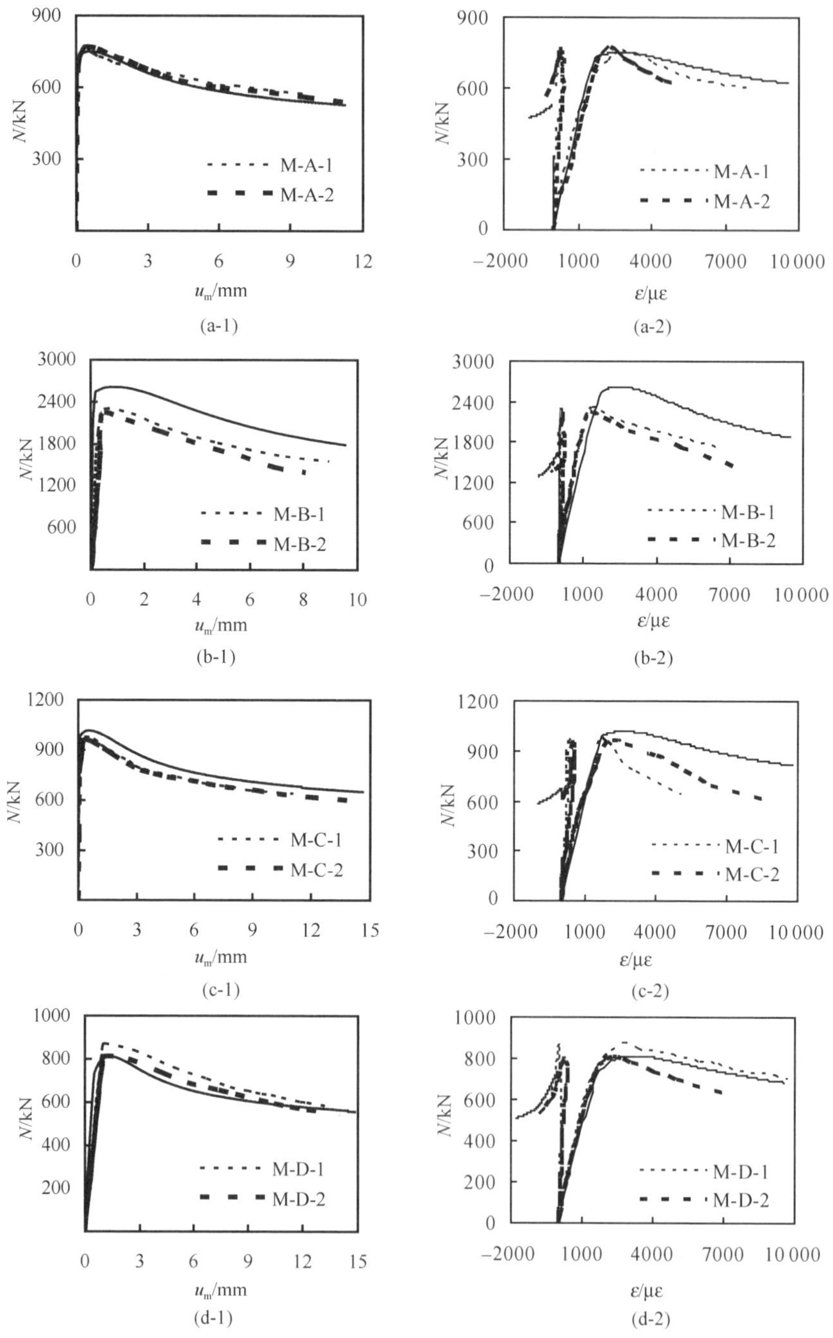

图 3.142　矩形钢管混凝土构件实测的 N-u_m 和 N-ε 关系

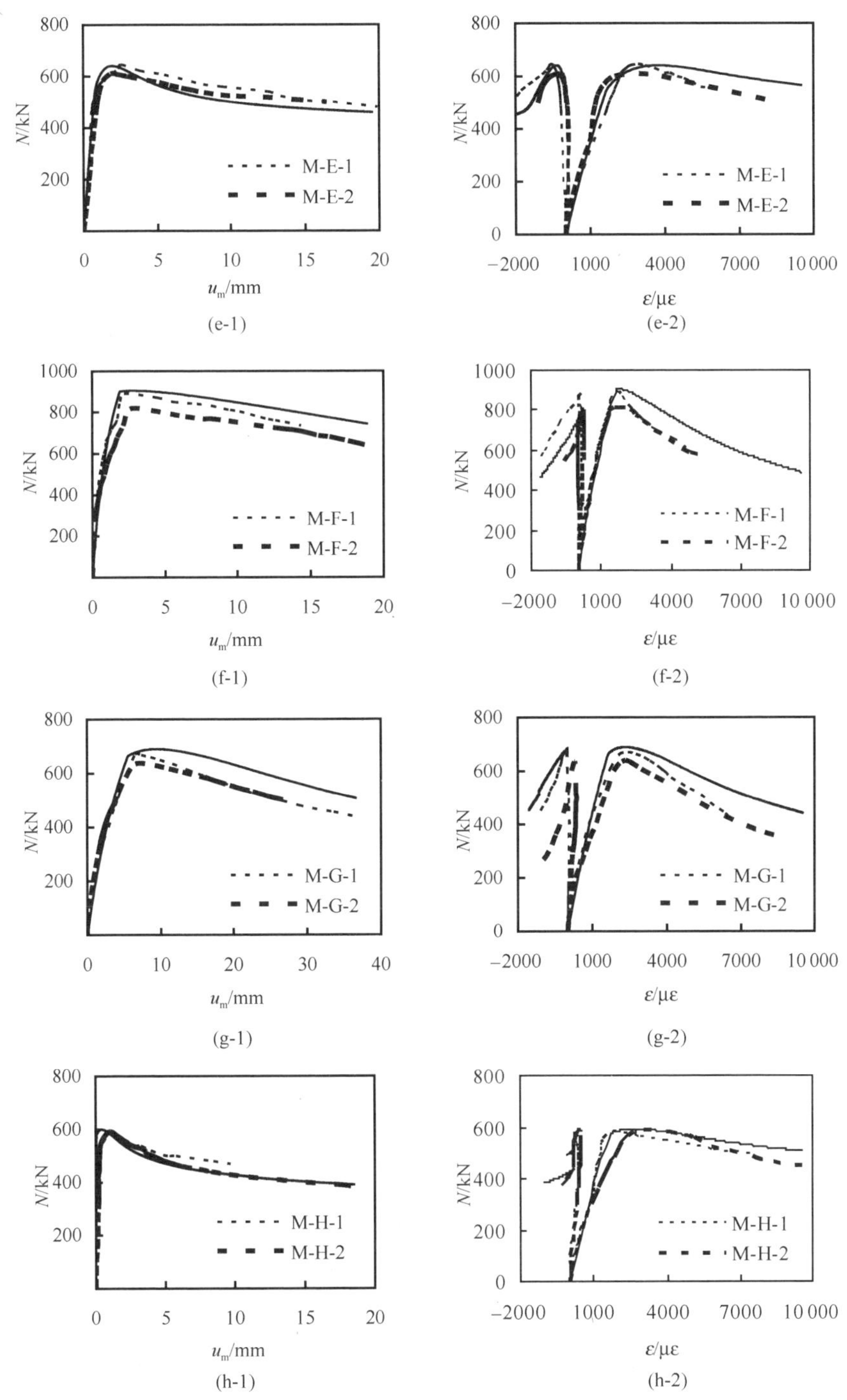

图 3.142　矩形钢管混凝土构件实测的 N-u_m 和 N-ε 关系（续）

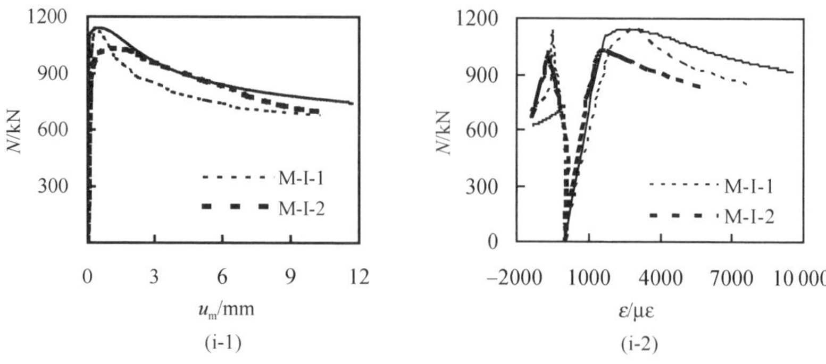

图 3.142 矩形钢管混凝土构件实测的 N-u_m 和 N-ε 关系（续）

自密实混凝土在自重或少振捣的情况下就能自密实成型。在钢管中灌自密实高性能混凝土，不仅可更好地保证混凝土的密实度，且可简化混凝土振捣工序，降低混凝土施工强度和费用，还可减少噪音污染。一些高层建筑和地铁工程中的钢管混凝土柱中采用了自密实混凝土技术，取得了较好的效果。

Han 等（2005b，2006），Han 和 Yao（2004）进行了 100 多个钢管高性能混凝土轴压、纯弯和压弯构件力学性能的试验研究，结果表明，钢管高性能混凝土构件的力学性能和钢管普通混凝土基本类似，对普通钢管混凝土构件的计算方法适用于钢管高性能混凝土。

3.3.5 轴心受拉构件

（1）试验概况

1）试件设计。

进行了如图 3.143 所示的钢管混凝土构件在轴向拉伸荷载作用下的试验研究（Han 等，2011a；何珊瑚，2012）。两种试件的横截面尺寸分别为 $D \times t = 180\text{mm} \times 3.85\text{mm}$ 和 $140\text{mm} \times 3.8\text{mm}$。采用 Q345 钢材，核心混凝土强度等级为 C60。试件的边界条件为两端铰接；试件的上下端部设置了加载钢板，加载板与试验装置通过螺栓连接。

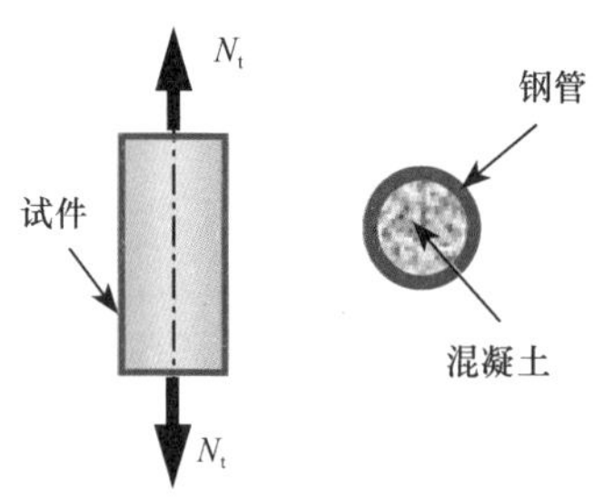

图 3.143 轴拉构件示意图

本次试验研究混凝土类型、钢管内壁与混凝土接触形式（有粘接或无粘接）、含钢率等参数对钢管混凝土轴拉力学性能的影响。同时设计相应尺寸的空钢管试件进行对比分析，共 18 个试件，基本信息如表 3.13 所示。

表 3.13　轴心受拉试件参数一览表

序号	试件编号	截面尺寸 $D\times t$ /(mm×mm)	约束效应系数 ξ	含钢率 α	试件高度 H/mm	混凝土类型	钢管与混凝土界面
1	SSB-1	140×3.8	0.993	0.118	490	自密实	有粘结
2	SSB-2	140×3.8	0.993	0.118	490	自密实	有粘结
3	SFB-1	140×3.8	0.993	0.118	490	钢纤维	有粘结
4	SFB-2	140×3.8	0.993	0.118	490	钢纤维	有粘结
5	SSU-1	140×3.8	0.993	0.118	490	自密实	无粘结
6	SSU-2	140×3.8	0.993	0.118	490	自密实	无粘结
7	SFU-1	140×3.8	0.993	0.118	490	钢纤维	无粘结
8	SFU-2	140×3.8	0.993	0.118	490	钢纤维	无粘结
9	LSB-1	180×3.85	0.766	0.091	630	自密实	有粘结
10	LSB-2	180×3.85	0.766	0.091	630	自密实	有粘结
11	LFB-1	180×3.85	0.766	0.091	630	钢纤维	有粘结
12	LFB-2	180×3.85	0.766	0.091	630	钢纤维	有粘结
13	LSU-1	180×3.85	0.766	0.091	630	自密实	无粘结
14	LSU-2	180×3.85	0.766	0.091	630	自密实	无粘结
15	LFU-1	180×3.85	0.766	0.091	630	钢纤维	无粘结
16	LFU-2	180×3.85	0.766	0.091	630	钢纤维	无粘结
17	SH*	140×3.8	—	—	490	—	—
18	LH*	180×3.85	—	—	630	—	—

注：表中试件编号后有 * 的为空钢管对比试件。

试件的件编号说明：

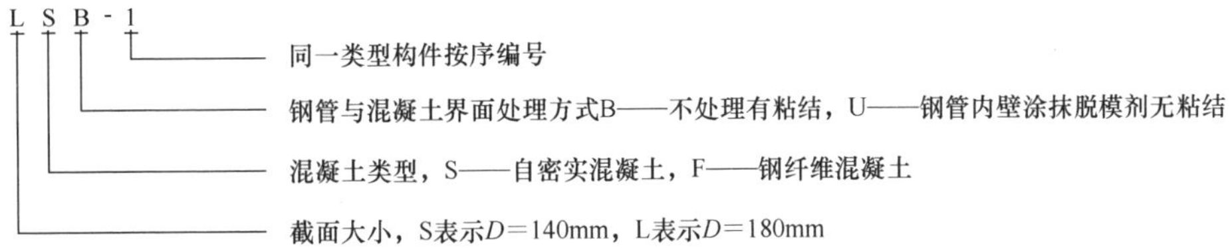

2）材料性能。

钢管采用无缝钢管，上、下端设有尺寸为 340mm×340mm×25mm 的钢端板，浇筑混凝土前先将上下端的钢板焊好，上端钢板切割出一个直径为 120mm 的混凝土浇筑预留孔。钢材的力学性能指标结果见表 3.14。

表 3.14　钢管材性实测结果

截面尺寸 $D\times t$ /(mm×mm)	弹性模量 E_s /(N/mm²)	屈服强度 f_y /MPa	极限强度 f_u /MPa	延伸率 δ/%	泊松比 μ_s
140×3.80	2.02×10^5	342	470	16.60	0.273
180×3.85	2.10×10^5	332	448	17.75	0.292

表 3.15 所示为钢管中浇筑的自密实混凝土和钢纤维混凝土的配合比。采用的原材料如下所示：强度等级为 42.5MPa 的普通硅酸盐水泥；多锚点钢纤维 0.3mm×30mm；河砂，中砂；石灰岩碎石，筛选粒径采用 15～20mm；普通自来水。

表 3.15　混凝土配合比（单位：kg/m³）

混凝土类型	水	水泥	粉煤灰	UEA-膨胀剂	硅灰	钢纤维	减水剂	砂	石
F-钢纤维	160	440	50	60	20	50	7.4	725	1045
S-自密实	165	380	170	—	—	—	13.6	840	840

混凝土立方体抗压强度由同条件下成型养护的标准立方体试块测得。试验前测得混凝土坍落度及立方体试块抗压强度等指标见表 3.16。

表 3.16　混凝土坍落度与试块强度

混凝土类型	弹性模量 E_c/(N/mm²)	坍落度/mm	抗压强度/MPa
			28 天
F-钢纤维	3.72×10^4	220	74.0
S-自密实	3.58×10^4	215	61.0

浇筑钢管内的自密实混凝土和钢纤维混凝土时，采用将钢管竖立，从顶部预留孔直接灌入混凝土的方式，浇筑过程中无振捣。自然养护两周后，凿去试件顶部的浮浆层，然后用高强砂浆将混凝土表面与钢管抹平，待砂浆凝固后将上钢板的浇筑预留孔焊上。

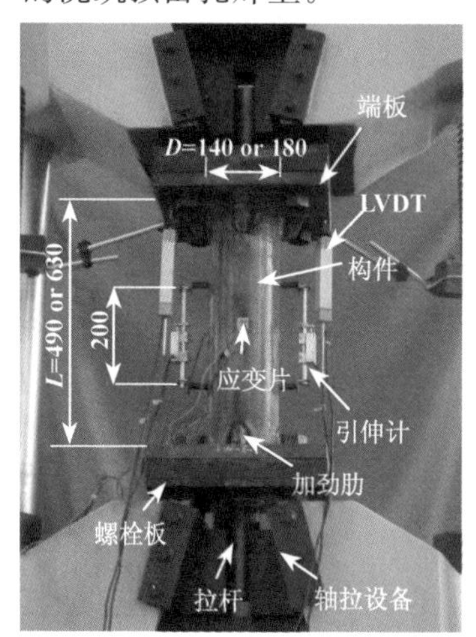

图 3.144　钢管混凝土轴心受拉试验装置图（单位：mm）

3）试验方法和试验装置。

试验在电液伺服万能实验机上进行，试验装置如图 3.144 所示。

试件两端设置厚度为 25mm 的钢端板。钢管上下端部设置厚度为 12mm 的加劲肋，肋长 50mm，用以确保在施加轴拉荷载过程中，试件不过早发生端部破坏。加劲肋及端板设置如图 3.145 所示。

实验机的下部固定，上部加荷装置仅竖向可以移动，便于施加竖向位移和竖向荷载，竖向轴力采用 200t 的轴拉实验机施加。试件的上下端设置加载板与夹具夹紧固定，为保证夹具能够有效夹紧圆钢拉杆，在加载过程中圆钢拉杆与加载板不脱开，如图 3.146 所示设置构造措施。加载板与试件盖板通过高强螺栓连接。

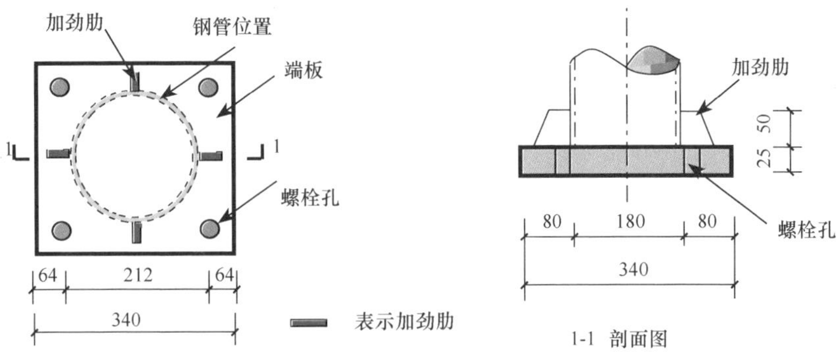

图 3.145　试件端板示意图（单位：mm）

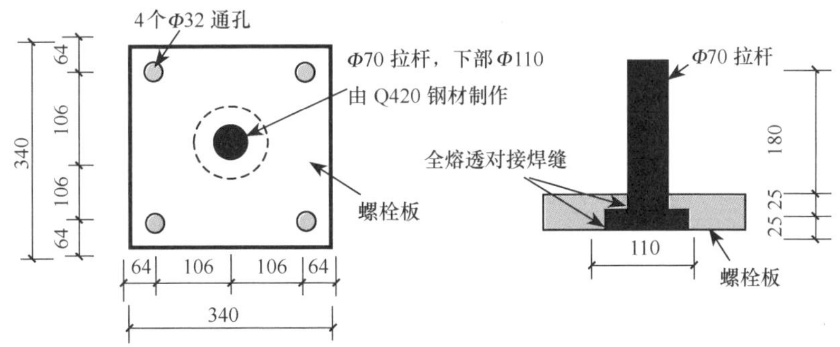

图 3.146　螺栓板构造示意图（单位：mm）

4）量测内容及测点布置。

如图 3.144 所示，每个试件中截面位置沿钢管周长每隔 90°布设纵向及横向各一共 8 个电阻应变片，分别量测钢管的纵向及横向应变值。每个试件左右共设置 2 个 LVDT 以测量试件的纵向位移。LVDT 通过点焊在钢管外壁上的小钢片定位，为减少端部效应对变形量测值造成的影响，LVDT 的量测标距取试件中部 200mm。

5）加载制度和数据采集。

参考金属拉伸试验加载制度，结合本次实验设备的特点，采用位移控制的加载方法，加载速度取 0.01mm/s。加载过程中应变和位移等数据均由数据采集系统自动采集连续存储。参照预先计算的各阶段承载力进行校核，当荷载施加到每一级的预设值后，持荷 2～3min，以采集得到较为稳定的数据。预设三阶段为：施加的轴拉荷载在 200kN 以下时每 0.2mm 记录一次，施加荷载 200kN 至 600kN 时每 0.5mm 记录一次，施加荷载 600kN 以上每 1mm 记录一次。当试件破坏、钢管纵向应变达到 40000$\mu\varepsilon$ 或实验机的轴拉力达到 1000kN 时停止加载，改由力控制对试件进行卸载，此时每 50kN 记录一次荷载和位移，直至完全卸载。

6）试验过程。

整个试验过程控制良好。除个别试件，如试件 SSB-1 和 LSB-2 等的端部加劲肋处焊缝出现开裂而卸载外，其余试件均按钢管纵向应变达到 40 000$\mu\varepsilon$ 时卸载。

钢管混凝土和空钢管轴拉试件的实测结果分别如图 3.147 和图 3.148 所示。图中同时给出 3.2.3 节建立的有限元模型计算结果，可见试验结果和计算结果吻合良好。

(2) 试验结果分析

1) 试件破坏形态。

图 3.149 所示为所有试件试验后的破坏形态，可见试验结束后钢管混凝土轴

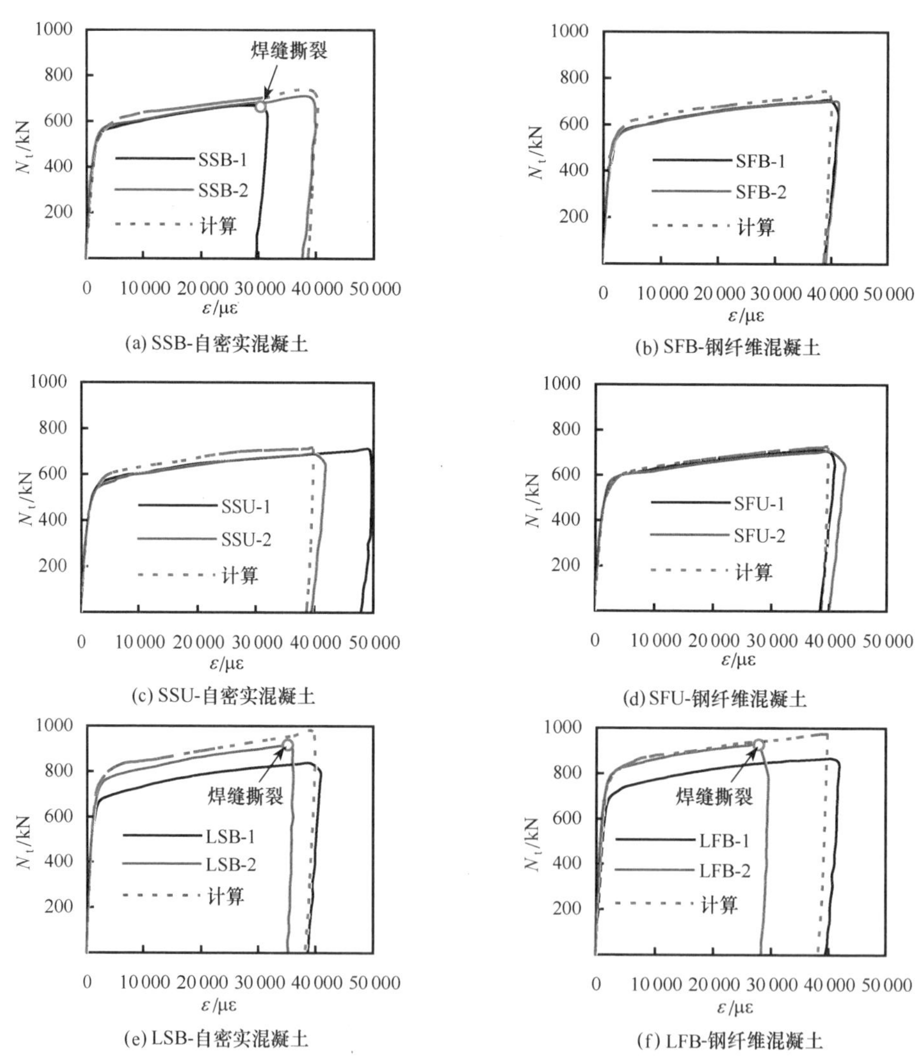

(a) SSB-自密实混凝土

(b) SFB-钢纤维混凝土

(c) SSU-自密实混凝土

(d) SFU-钢纤维混凝土

(e) LSB-自密实混凝土

(f) LFB-钢纤维混凝土

图 3.147　钢管混凝土轴拉荷载（N_t）-应变（ε）关系

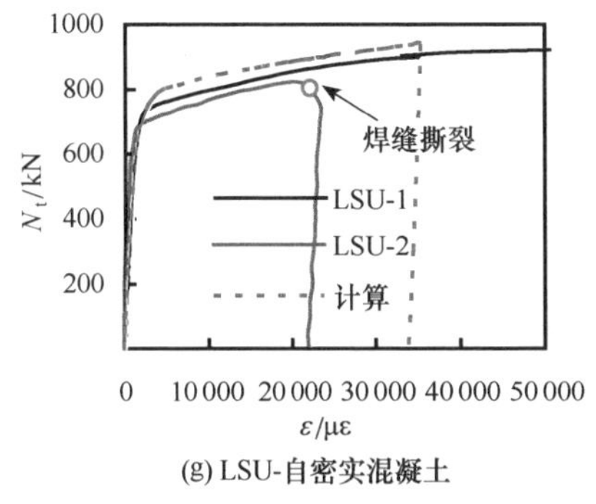

(g) LSU-自密实混凝土

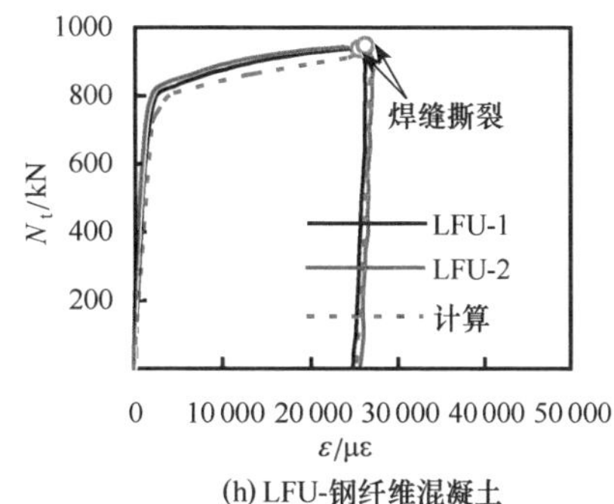

(h) LFU-钢纤维混凝土

图 3.147　钢管混凝土轴拉荷载（N_t）-应变（ε）关系（续）

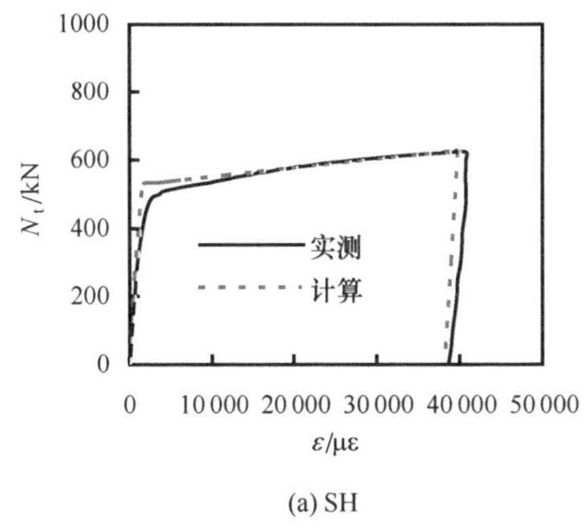

(a) SH

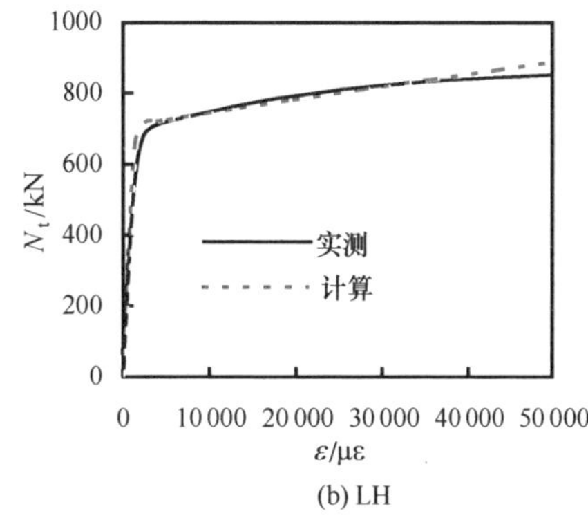

(b) LH

图 3.148　空钢管轴拉荷载（N_t）-应变（ε）关系

拉试件的整体性能良好。个别试件发生端部加劲肋附件局部钢管撕裂，如试件 SSB-1 和试件 LSU-2 的钢管发生明显断裂，如图 3.150 所示。试件 LSB-2、LFB-2、LFU-1 和 LFU-2 的加劲肋与钢管连接处也出现了钢管撕裂的现象。这可能是焊缝热效应引起应力集中造成端部附近焊弧上缘成为薄弱环节，当受到轴拉作用时，该处首先发生破坏。

将试件的钢管剖开，观察内部混凝土的破坏形态，如图 3.150 所示。所有试件的混凝土表面布满裂缝，裂缝的大小和长短较为均匀，同一试件的裂缝基本等距离分布。不同类型的混凝土，其裂缝的宽度和裂缝之间的间距略有差别。图 3.150（a）和（c）为钢管中内填自密实混凝土，图 3.150（b）为钢纤维混凝土，对比发现，内填钢纤维混凝土的试件其混凝土表面裂缝分布较稀疏，裂缝宽度多为 1.8mm 和 2mm；内填自密实混凝土的试件其混凝土表面裂缝分布相对更紧密，裂缝间距更小，而裂缝宽度则相对略窄，多在 1～2mm。

总之，钢管混凝土受拉破坏时，混凝土表面裂缝宏观表现为横向拉断，裂缝垂直于主拉应力方向，裂缝界面清晰整齐，核心混凝土依然保持着较好的整体性，

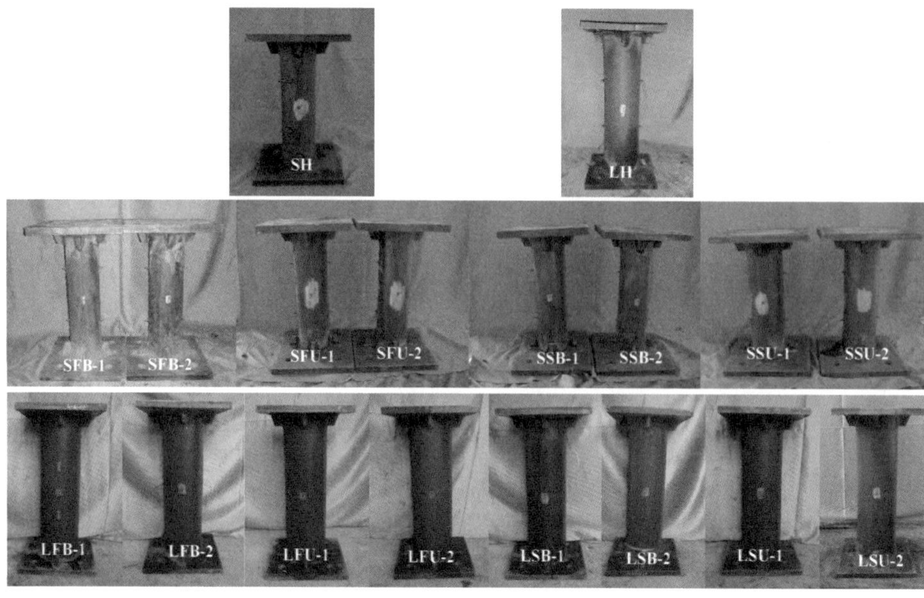

图 3.149　试件整体破坏形态

(a1) 试件破坏形式　　(a2) 混凝土裂缝(单位：mm)

(a) SSB-1

(b1) 试件破坏形式　　(b2) 混凝土裂缝(单位：mm)

(b) LFU-1

图 3.150　轴心受拉试件典型破坏形态

(c1) 试件破坏形式

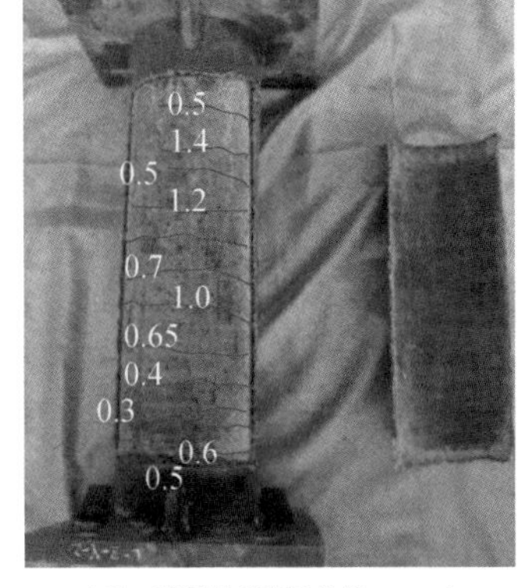

(c2) 混凝土裂缝(单位：mm)

(c) LSU-2

图 3.150　轴心受拉试件典型破坏形态（续）

不同于素混凝土轴心受拉时一般只有一条严重破坏裂缝的情况。对于端部焊缝位置发生钢管开裂的试件，其内填混凝土在钢管撕裂的对应部位出现较大的裂缝，如图 3.150（a2）的试件 SSB-1，对应端部钢管开裂处的混凝土裂缝达到 21.8mm，且裂缝沿混凝土径向发展较深，但并未完全断裂。

对割开后的钢管混凝土试件的外钢管厚度进行量测，结果列于表 3.17，从中可以发现，钢管中部的厚度变小，试件钢管有颈缩的趋势，但由于内部混凝土的支撑，在外形上并没有明显的表现。由此判断，若不考虑端部加劲肋焊缝引起的局部应力集中效应，轴拉钢管混凝土构件的最终破坏模态将是钢管中部拉断。

表 3.17　试验后钢管混凝土外钢管的厚度

编号	上端/mm	中部/mm	下端/mm
LFB-1	3.6	3.56	3.7
LFU-1	4.1	4	4.1
LSU-2	4.1	4.04	4.04
LSU-1	3.85	3.8	3.82
SSB-1	3.62	3.4	3.54

综合以上试验结果和分析，钢管混凝土构件的轴拉破坏模态可以概括为三类，如图 3.151 所示。

钢管混凝土的外钢管将发生如图 3.151（a1）所示破坏模态，当端部有因焊缝引起的缺陷造成端部薄弱，则可能发生图 3.151（a2）或（a3）的破坏模态。对于

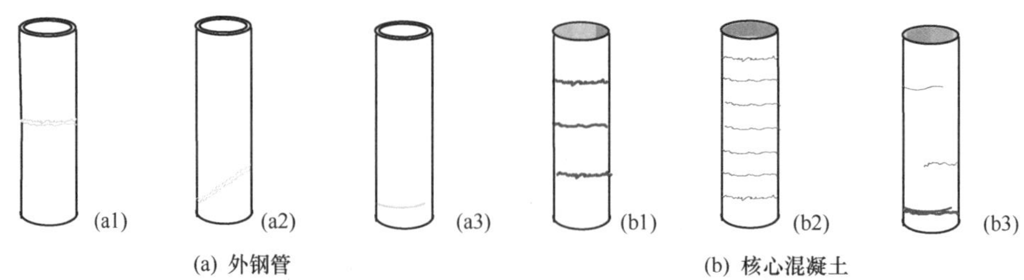

图 3.151 典型轴拉破坏模态

核心混凝土，其延性越好，则破坏模态越倾向于图 3.151（b1），如试验中内填钢纤维混凝土的试件；延性越差，则破坏模态越倾向于图 3.151（b2），如试验中的自密实混凝土试件；而当外钢管端部薄弱环节发生撕裂时，相应位置的混凝土则将出现较大裂缝，如图 3.151（b3）所示。

2）轴拉承载力。

图 3.152 给出空钢管与钢管混凝土的轴拉承载力的比较，可见钢管混凝土的承载力总体上明显高于空钢管的承载力。

定义 SI 为各钢管混凝土试件与相应空钢管试件轴拉承载力的比值为

$$SI=\frac{N_{tu}}{N_{htu}} \tag{3.68}$$

式中：N_{tu}为钢管混凝土的承载力；N_{htu}为对应空钢管的承载力。

表 3.18 列出了所有试件的 SI 值。从中可以看出，各试件的 SI 值基本在 1.1 附近。内填自密实混凝土的钢管混凝土试件的 SI 值更为均匀，内填钢纤维混凝土的钢管混凝土试件的 SI 值则相对略大一些。

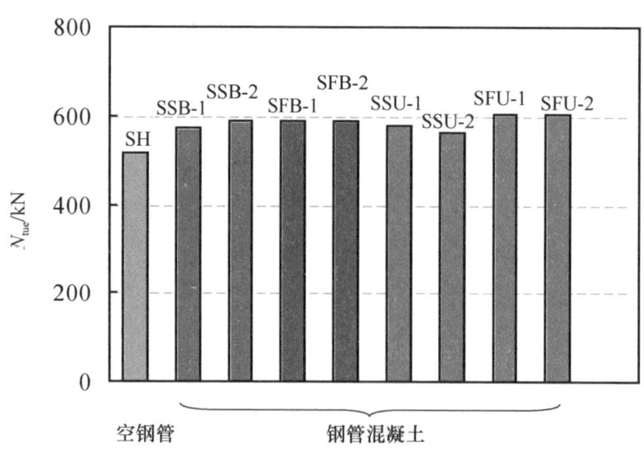

(a) $D\times t\times L$=140mm×3.8mm×490mm (α=0.118)

图 3.152 试件轴拉承载力试验值（N_{tue}）比较

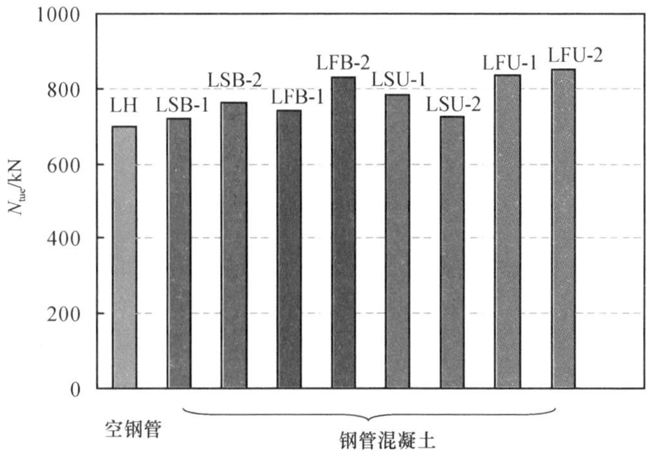

(b) $D\times t\times L$=180mm×3.85mm×630mm (α=0.091)

图 3.152　试件轴拉承载力试验值（N_{tue}）比较（续）

表 3.18　承载力对比结果

S-（L=140mm，α=0.118）									
编号	SFB-1	SFB-2	SFU-1	SFU-2	SSB-1	SSB-2	SSU-1	SSU-2	SH
承载力/kN	636.9	634.3	645.9	636.6	626.3	632.7	624.2	618.8	556
SI	1.146	1.141	1.162	1.145	1.126	1.138	1.123	1.113	1.00
SI-平均值	1.143		1.153		1.132		1.118		1.00
L-（L=180mm，α=0.091）									
编号	LFB-1	LFB-2	LFU-1	LFU-2	LSB-1	LSB-2	LSU-1	LSU-2	LH
承载力/kN	781	857	853	862	730	761	797	807	770
SI	1.069	1.174	1.169	1.180	1.043	1.092	1.106	1.054	1.00
SI-平均值	1.122		1.175		1.068		1.080		1.00

图 3.153 所示为不同含钢率（α）情况下内填混凝土对钢管混凝土轴拉承载力的影响。可见，随着含钢率（α）的增大，SI 总体上有增大的趋势，但 α 的影响总体上不显著。

对比分析钢管及其核心混凝土截面有粘接和无粘接两种情况下试件的力学性能和承载能力，发现二者没有明显差异。这是因为，当钢管混凝土受轴心拉力时，核心混凝土对构件承载力的直接“贡献”不大（如图 3.54 所示），核心混凝土的存在使钢管受拉作用下的破坏形态发生改变，即由于内部混凝土的支撑作用，当承载力达到极限时，钢管不会发生明显的颈缩现象，变形也不明显，而相应空钢管的颈缩现象明显（如图 3.57 所示）；此外，由于核心混凝土的支撑作用，

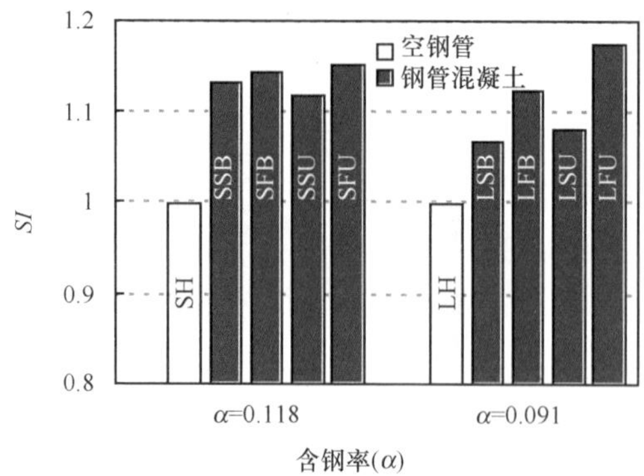

图 3.153　内填混凝土对钢管混凝土轴拉承载力的影响

钢管混凝土里的钢管处于三向应力状态（如图 3.61 所示）。因此，钢管和核心混凝土二者之间的粘接与否对构件的抗拉性能影响不明显。

3）试件横向变形。

钢管中部的纵向应变（ε_{sl}）与横向应变（ε_{st}）随荷载变化的实测值见图 3.154。图中纵向拉应变为正，横向压应变为负。

图 3.154 显示，与空钢管轴拉试件不同，钢管混凝土试件的钢管横向应变发展较小，反映出核心混凝土对钢管混凝土轴向拉伸作用下基本力学性能的影响。

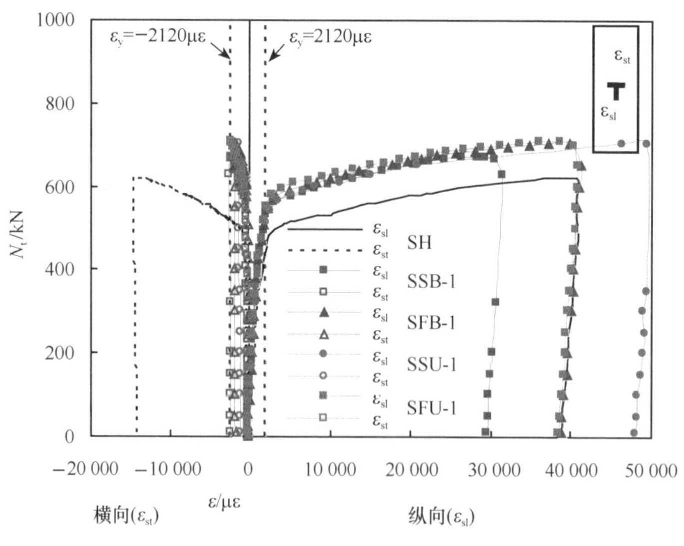

(a) $D\times t\times L$=140mm×3.8mm×490mm (α=0.118)

图 3.154　试件的荷载（N_t）-钢管横向应变（ε_{st}）与纵向应变（ε_{sl}）关系

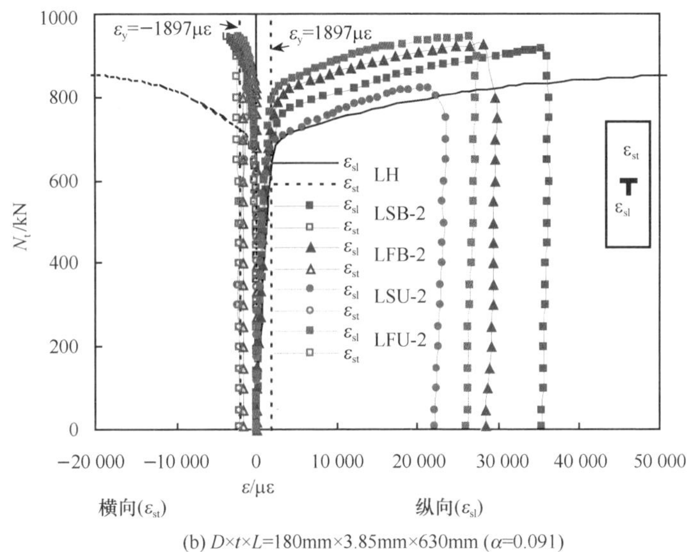

(b) $D\times t\times L$=180mm×3.85mm×630mm (α=0.091)

图3.154 试件的荷载（N_t）-钢管横向应变（ε_{st}）与纵向应变（ε_{sl}）关系（续）

将试件的横向应变与竖向应变之比与空钢管相应的横、纵向应变比值进行对比，研究前者钢管与混凝土之间的约束效应作用，如图3.155所示。可见，对于空钢管轴拉试件，$|\varepsilon_{st}/\varepsilon_{sl}|$随着荷载的增加变化不明显，基本接近钢材的泊松比。而钢管混凝土试件的$|\varepsilon_{st}/\varepsilon_{sl}|$随着荷载的增加显著减小，由初始接近钢材泊松比逐渐变小。可以理解为对于钢管混凝土，由于内部混凝土的“支撑作用”，其钢管的横向不能自由变形，横向变形受到制约。从$|\varepsilon_{st}/\varepsilon_{sl}|$的比较来看，这种“支撑作用”较为明显，可以由此认为钢管与混凝土两者材料之间的相互作用较明显。从图3.155还可发现，含钢率小的试件（α=0.091），达到承载力峰值时对

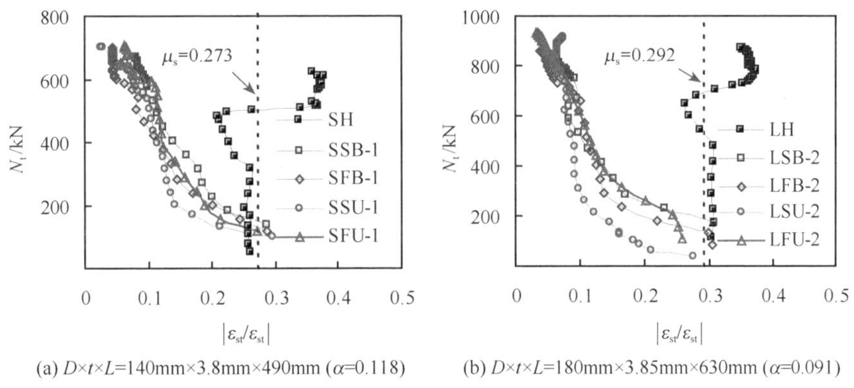

(a) $D\times t\times L$=140mm×3.8mm×490mm (α=0.118)　(b) $D\times t\times L$=180mm×3.85mm×630mm (α=0.091)

图3.155 N_t-$|\varepsilon_{st}/\varepsilon_{sl}|$关系

应的$|\varepsilon_{st}/\varepsilon_{sl}|$值更小，而含钢率大的试件（$\alpha$=0.118），达到承载力峰值时对应的$|\varepsilon_{st}/\varepsilon_{sl}|$值相对略大一些。这是因为含钢率越大，混凝土对钢管的支撑作用相对越弱，导致横向收缩受核心混凝土的限制越弱，横向变形越充分。

3.3.6 拉弯构件

进行了16个钢管混凝土拉弯构件的试验研究（Li和Han等，2015a）。表3.19给出试件列表，试验中有拉弯试件和对比的轴拉试件。表3.19中D为钢管外径，t为钢管壁厚，ξ为约束效应系数，e为偏心率。试件外形尺寸如图3.156所示。

表3.19 钢管混凝土拉弯试件信息

序号	试件编号	$D\times t$ /(mm×mm)	α	ξ	e/mm	实测		有限元计算		P_{FE}/P_u	M_{FE}/M_u
						P_u /kN	M_u /(kN·m)	P_{FE} /kN	M_{FE} /(kN·m)		
1	CFT1-1	140×2.99	0.091	0.826	0	574	—	576	—	1.00	—
2	CFT1-2	140×2.99	0.091	0.826	0	577	—	576	—	1.00	—
3	CFT 2-1	140×2.99	0.091	0.826	35	333	11.7	335	11.7	0.99	1.00
4	CFT 2-2	140×2.99	0.091	0.826	35	340	11.9	335	11.7	1.02	0.98
5	CFT 3-1	140×2.99	0.091	0.826	70	271	19.0	236	16.5	1.15	0.87
6	CFT 3-2	140×2.99	0.091	0.826	70	252	17.6	236	16.5	1.07	0.94
7	CFT 4-1	140×2.99	0.091	0.826	140	150	21.0	142	19.9	1.06	0.95
8	CFT 4-2	140×2.99	0.091	0.826	140	158	22.1	142	19.9	1.11	0.90
9	CFT 5-1	140×1.98	0.059	0.532	0	352	—	385	—	0.91	—
10	CFT 5-2	140×1.98	0.059	0.532	0	415	—	385	—	1.08	—
11	CFT 6-1	140×1.98	0.059	0.532	35	228	8.0	231	8.1	0.99	1.01
12	CFT 6-2	140×1.98	0.059	0.532	35	213	7.5	231	8.1	0.92	1.08
13	CFT 7-1	140×1.98	0.059	0.532	70	154	10.8	165	11.6	0.93	1.07
14	CFT 7-2	140×1.98	0.059	0.532	70	170	11.9	165	11.6	1.03	0.98
15	HT-1	140×2.99	—	—	0	505	—	476	—	1.06	—
16	HT-2	140×2.99	—	—	70	228	16.0	210	14.7	1.09	0.92
									平均值（COV）	1.03 (0.07)	0.97 (0.07)

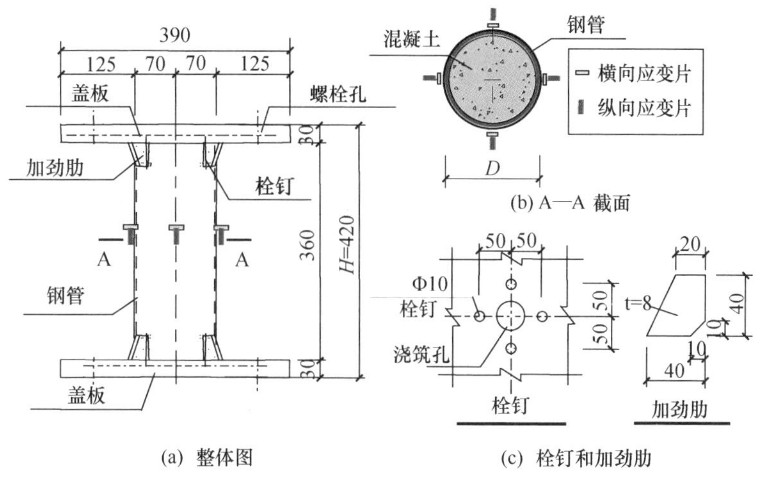

图 3.156　钢管混凝土拉弯试件（尺寸单位：mm）

钢管的实测平均屈服强度 f_y、抗拉强度 f_u、弹性模量 E_s和伸长率 δ 等参数汇总于表 3.20。

表 3.20　钢材材性

部件	厚度/mm	屈服强度 f_y/MPa	极限强度 f_u/MPa	弹性模量 E_s/(N/mm²)	伸长率δ/%
2mm 板材	1.98	365	514	2.09×10^5	30
2mm 管材	1.98	369	528	1.97×10^5	33
3mm 板材	2.98	363	507	2.00×10^5	31
3mm 管材	2.99	371	513	2.08×10^5	32

试件钢管内核心混凝土配比如下：水胶比为 0.47，砂率为 0.38，普通粉煤灰 134kg，砂 672kg，5～20mm 粒径石子 1120kg，高性能减水剂掺量 1.5%。实测混凝土坍落度为 160mm，扩展度 275mm。

混凝土抗压强度（f_{cu}）由与试件同条件下成型养护的 150mm×150mm×150mm 立方试块测得，混凝土弹性模量 E_c 根据与试件同条件下成型养护的 150mm×150mm×300mm 棱柱体试块测得。混凝土实测强度平均值为 60MPa，实测弹性模量为 $3.70\times10^4\text{N/mm}^2$。

钢管混凝土受拉试件的受力工况如图 3.157 所示。试件两端与刀铰支座连接，以模拟两端铰接的边界条件。试件承受的拉力由轴拉试验机施加。试验装置示意图如图 3.157（a）所示，实际装置如图 3.157（b）所示。L 为铰支座转动中心之间的垂直距离，L=722mm。

试验全过程中采用慢速连续加载，加载速率按照应变率 10^{-4}/s 计算，因此长度为 360mm 的试件其加载速度为 0.036mm/s，依此类推。在加载前都要对试

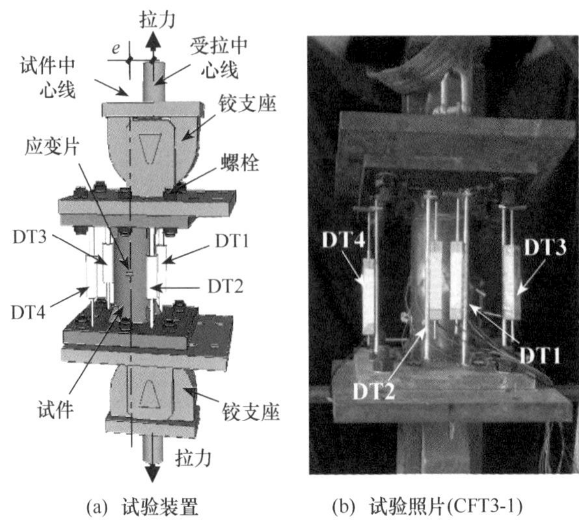

(a) 试验装置　　(b) 试验照片(CFT3-1)

图 3.157　拉弯试件试验装置

件进行预加载。在过程中观察裂缝连接破坏情况。当加载到试件接近破坏时，若达到下列条件之一时即停止加载并卸载：①当荷载比屈服荷载升高 25%；②试件受拉侧应变达到 50 000$\mu\varepsilon$；③端板和管壁连接焊缝或者加劲肋和管壁连接焊缝出现肉眼可见裂缝；④试件出现限制转动的整体弯曲。

受拉轴线由受拉千斤顶上的力传感器和布置在受拉轴线方向的位移引伸仪测得。试件曲率由布置在截面不同距离的一对引伸仪测得的位移进行换算。外钢管应变由布置在管壁中部的横向和竖向应变片测得。在内管相应位置也预埋了应变片测量相应应变。在加载结束后剖开外钢管，采用裂缝显微镜量测混凝土的裂缝宽度。位移计和内、外钢管上的应变片布置如图 3.157 所示。

两类试件的整体性能良好，试件基本没有过早出现钢管被拉断的现象。其中，轴拉试件的典型破坏特征是试件整体伸长，拉弯试件的典型破坏特征是试件整体出现弯曲。个别试件的加劲肋和外管焊缝热影响区出现细微的受拉裂缝，这也预示着焊缝热效应引起应力集中，造成加劲肋焊弧上缘成为薄弱环节，当受到拉伸作用时该处首先发生破坏。

图 3.158（a）所示为轴拉试件核心混凝土破坏情况，可见核心混凝土均布满裂缝，裂缝宽度和间距基本均匀。裂缝的平均宽度约为 0.4mm。混凝土和钢管界面的粘结良好，没有观测到明显的滑移现象。图 3.158（b）所示为拉弯试件核心混凝土破坏情况，可见在试件弯曲变形一侧出现了较多裂缝，而另一侧由于弯曲变形较小，基本没有裂缝产生。受拉弯侧的裂缝宽度约为 1mm，分布和宽度较为均匀。试件的钢管和混凝土界面也保持完好，没有发现滑移现象，说明钢管和混凝土在受力过程中的变形协调。图 3.158 同时给出有限元计算主应力分

布规律与实验观测混凝土裂缝发展规律的对比情况。

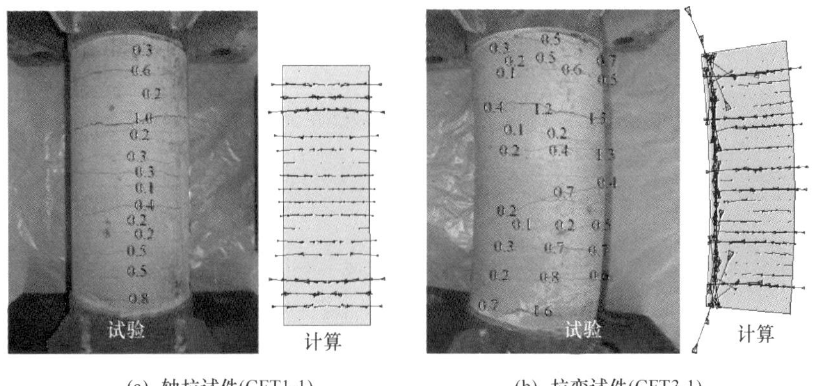

(a) 轴拉试件(CFT1-1)　　(b) 拉弯试件(CFT3-1)

图 3.158　轴拉和拉弯试件典型破坏形态

图 3.159 显示了各试验参数对受拉荷载-轴向变形关系的影响规律。随着偏心率的增大，试件的极限承载力有较为明显的降低。在截面含钢率方面，随着截面名义含钢率的提高，极限承载力显著增大。核心混凝土对试件的极限承载力有较为明显的提高作用。钢管混凝土轴拉试件（CFT1-1 和 CTT1-2）、拉弯试件（CFT3-1 和 CTT3-2）的承载力明显大于相应空钢管（HT-1 和 HT-2）的承载力。填充混凝土后，CFT1-1 和 CFT1-2 的平均承载力比 HT-1 的承载力提高了约 14%。对于拉弯试件，钢管混凝土试件（CFT3-1 和 CFT3-2）的平均承载力比 HT-2 的承载力提高约 12%。

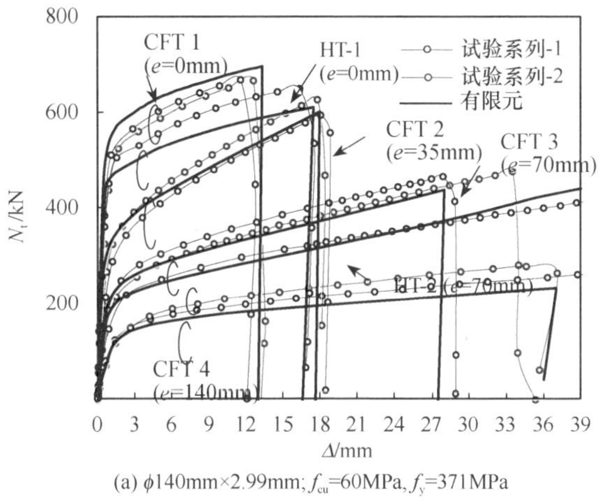

(a) ϕ140mm×2.99mm; f_{cu}=60MPa, f_y=371MPa

图 3.159　受拉荷载（N_t）-轴向变形（Δ）关系

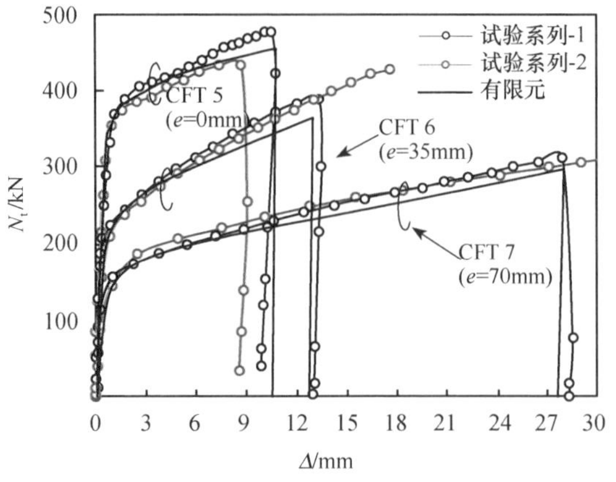

(b) ϕ140mm×1.98mm; f_{cu}=60MPa, f_y=369MPa

图 3.159　受拉荷载（N_t）-轴向变形（Δ）关系（续）

图 3.160 所示为试件的弯矩（M）-转角（θ）关系曲线。总体而言，试件的极限弯矩（外钢管纵向拉应变达到 5000$\mu\varepsilon$ 对应的弯矩）随含钢率和荷载偏心率的增大而提高。

图 3.161（a）和（b）分别给出了轴拉和偏拉试件典型的荷载-应变关系。对于轴拉试件，钢管混凝土和空钢管在受力过程中的变形和应变发展趋势相近；由于核心混凝土的支撑作用，钢管混凝土的钢管横向应变小于相同荷载下空钢管的横向应变。对于偏拉试件，钢管两侧的应变符号相反；同样由于核心混凝土的支撑作用，钢管混凝土的轴向应变小于同一荷载下空钢管的应变。

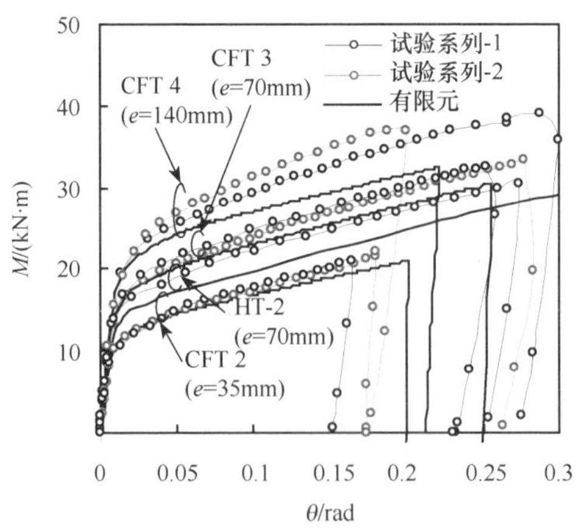

(a) ϕ140mm×2.99mm; f_{cu}=60MPa, f_y=371MPa

图 3.160　弯矩（M）-转角（θ）关系

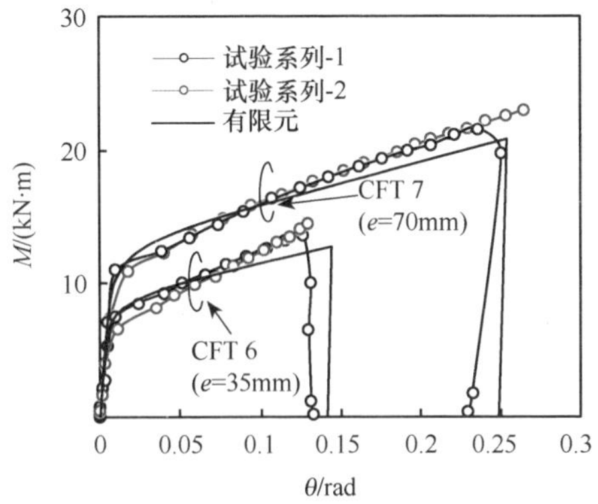

(b) ϕ140mm×1.98mm; f_{cu}=60MPa, f_y=369MPa

图 3.160　弯矩（M)-转角（θ）关系（续）

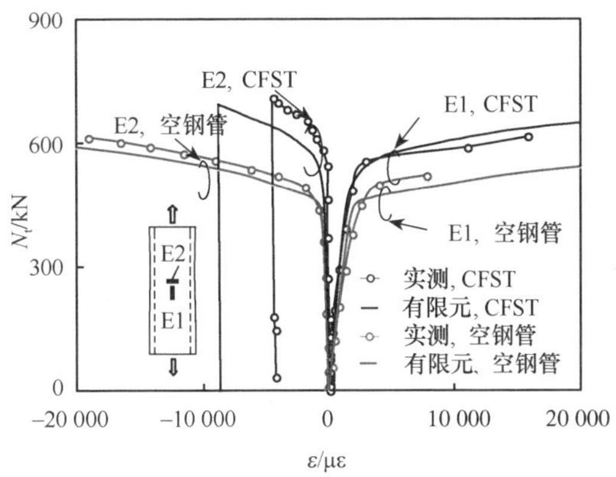

(a) $e=0$ (CFT 1-1 和 HT-1)

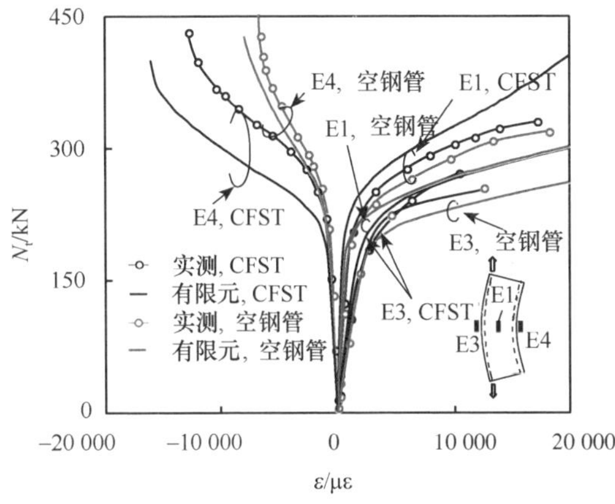

(b) e=70mm (CFT 3-2 和 HT-2)

图 3.161　荷载（N_t)-钢管纵向应变（ε_{sl}）关系

3.4　实用计算方法研究

3.4.1　概述

采用数值分析方法可以较准确地计算出钢管混凝土构件的荷载-变形关系曲线，利于深入认识这类构件的力学性能，但计算相对较为复杂，不便于工程实际应用，因此有必要在参数分析结果的基础上提供简化计算方法。本节在推导实用计算方法时，采用计算效率相对较高的纤维模型法进行。

3.4.2　实用计算方法

（1）轴压强度承载力

作者领导的课题组及国内外其他研究者的试验结果都表明，对于钢管混凝土轴心受压短试件，随着截面几何特性和物理特性参数的变化，钢管混凝土的荷载-变形关系曲线有的出现下降段，而有的情况则不出现下降段。例如钟善桐（1994）进行的 45 个 $L/D=2$-5，$D/t=21.9$ 的圆钢管混凝土试件、Furlong（1967）和李继读（1985）进行的 10 个 $L/D=3$，$\xi=1.57\sim3.276$ 试件、Schneider（1998）进行的 3 个 $L/D=4.3\sim4.4$，$\xi=1.12$-5.15 的圆钢管混凝土试件、Sakino 和 Hayashi（1991）进行的 6 个 $\xi\geqslant1.685$ 的圆钢管混凝土试件、Sakino 等（1985）进行的 4 个 $\xi\geqslant1.326$ 的圆试件，以及 Uy（2001b）进行的 4 个 $\xi\geqslant4.211$ 的方钢管混凝土试件，其实测的轴压荷载-变形关系曲线都没有出现下降段等。因此，为了合理确定钢管混凝土柱的轴压强度承载力，需要首先研究强度指标合理的确定方法。

钟善桐（1994）对如下参数范围，即 $f_y=235\sim390$MPa、C30～C80 混凝土、$\alpha=0.04\sim0.2$ 情况下圆钢管混凝土的轴压力学性能进行了研究，并取 σ_{sc}（$=N/A_{sc}$）-ε 关系曲线上 $\varepsilon_{scy}=3000\mu\varepsilon$ 时对应的 σ_{sc} 为其承载力指标。韩林海和钟善桐（1996）定义如下参数范围，即 $f_y=235\sim390$MPa，C30～C80 混凝土和 $\alpha=0.05\sim0.2$ 时圆钢管混凝土 σ_{sc}-ε 关系曲线上，纵向应变 $\varepsilon_{scy}=2400+200\cdot[(f_{ck}-13.5)/13.5]^{1.5}\cdot\xi^{0.2}(\mu\varepsilon)$ 对应的 σ_{sc} 为其承载力指标。为了便于应用，在如下参数范围，即 $f_y=200\sim500$MPa，C30～C80 混凝土，$\alpha=0.04\sim0.2$，韩林海（2000）近似取 $\varepsilon_{scy}=3000\mu\varepsilon$ 作为圆钢管混凝土和方钢管混凝土轴压强度承载力指标。

现代钢管混凝土结构研究与应用的趋势包括：①钢管薄壁化；②高性能钢材和高性能混凝土的应用逐渐增多；③钢管形式多样化，例如铸造钢管、无缝管、冷弯管、焊接管和不锈管等。根据钢管混凝土结构发展的需要，本书进一步扩大了研究范围，对如下参数情况下，即 $f_y=200\sim700$MPa，$f_{cu}=30\sim120$MPa，$\alpha=0.03\sim$

0.2（对于矩形钢管混凝土，$\beta=1\sim2$）钢管混凝土轴压荷载-变形关系进行了大量的计算和分析。分析中，考虑了钢管冷弯效应（对于采用冷弯钢管的钢管混凝土）和残余应力（对于采用焊接钢管的钢管混凝土），以及薄壁钢管初试缺陷的影响等问题。

分析结果进一步表明，影响钢管混凝土轴压 σ_{sc}-ε 关系曲线的主要因素是约束效应系数 ξ，且对应不同的 ξ 值，σ_{sc}-ε 关系曲线总体上呈上升、平缓或下降趋势（尧国皇，2006）。矩形钢管混凝土的截面高宽比 D/B 对其 σ_{sc}-ε 关系几乎没有影响（杨有福，2003）。图 3.162 给出一些数值计算获得的，不同参数情况下钢管混凝土轴压 σ_{sc}-ε 关系曲线。

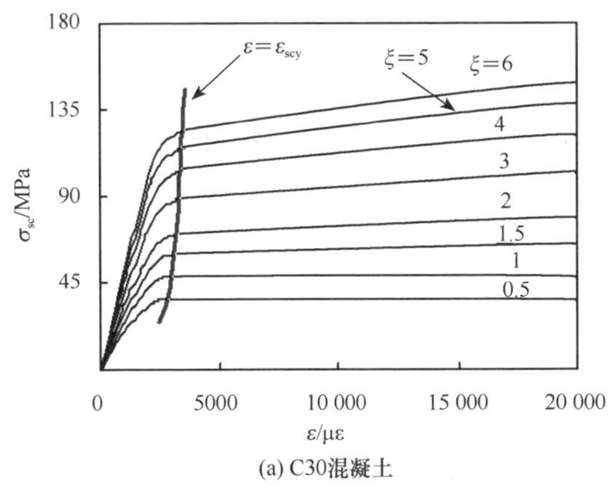

(a) C30混凝土

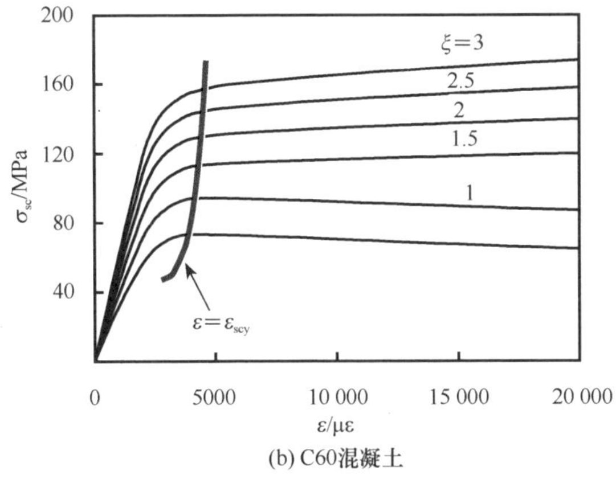

(b) C60混凝土

图 3.162　钢管混凝土轴压 σ_{sc}-ε 关系曲线

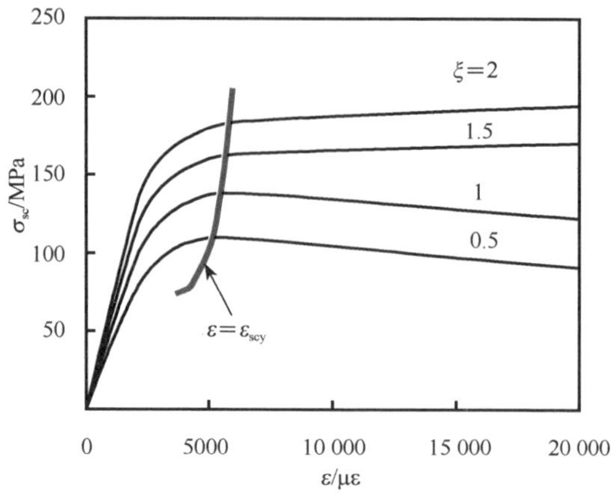

(c) C90混凝土

(1) 圆钢管混凝土

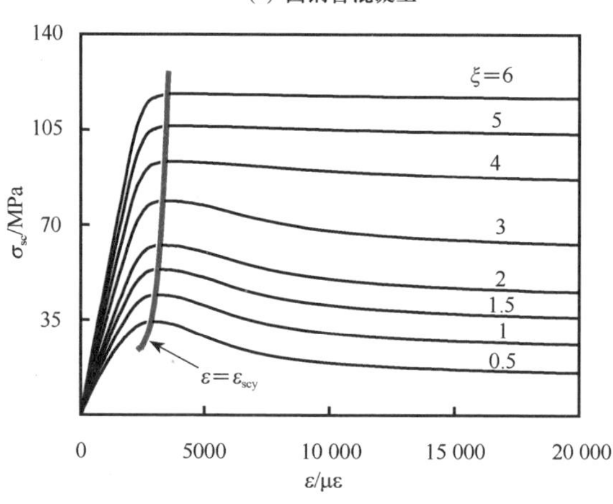

(a) C30混凝土

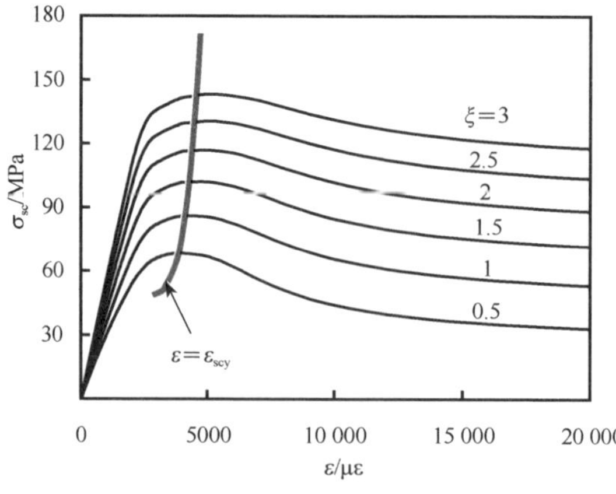

(b) C60混凝土

图 3.162　钢管混凝土轴压 σ_{sc}-ε 关系曲线（续）

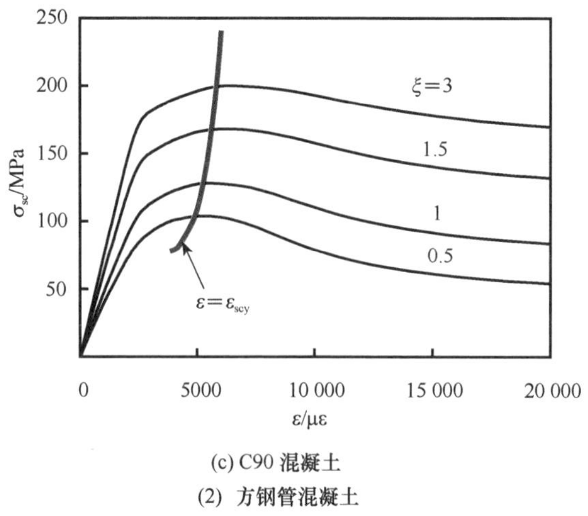

(c) C90 混凝土

(2) 方钢管混凝土

图 3.162　钢管混凝土轴压 σ_{sc}-ε 关系曲线（续）

由图 3.162 可见，对应于不同的 ξ 值，σ_{sc}-ε 关系曲线总体上呈上升、平缓或下降趋势，因此，存在轴压强度承载力如何定义的问题。

为了合理确定钢管混凝土的轴压强度承载力指标，对圆形和方、矩形钢管混凝土的 σ_{sc}-ε 关系曲线进行了大量的计算分析，计算参数范围为：$f_y=200\sim700$MPa，$f_{cu}=30\sim120$MPa，$\alpha=0.03\sim0.2$，对于矩形钢管混凝土，$D/B=1\sim2$。最后确定出钢管混凝土 σ_{sc}-ε 关系全曲线上的轴压强度承载力指标。ε_{scy}的计算公式如下（尧国皇和韩林海，2004）：

1）对圆钢管混凝土：

$$\varepsilon_{scy}=1300+12.5f'_c+(600+33.3f'_c)\cdot\xi^{0.2}(\mu\varepsilon) \tag{3.69a}$$

2）对方、矩形钢管混凝土：

$$\varepsilon_{scy}=1300+12.5f'_c+(570+31.7f'_c)\cdot\xi^{0.2}(\mu\varepsilon) \tag{3.69b}$$

式中：混凝土圆柱体强度 f'_c以 MPa 计。

确定 ε_{scy}时的依据如下：

1）σ_{sc}-ε 关系曲线的弹塑性阶段基本上在应变为 ε_{scy}左右时结束。

2）钢管及其核心混凝土在应变为 ε_{scy}时基本都达到了极限状态，即钢材应力达到了屈服 f_y，混凝土应力达到了 σ_o（如图 3.4 所示）。

3）σ_{sc}-ε 关系曲线在 ε_{scy} 前应力增加很快，应变增加相对缓慢；在 ε_{scy} 之后，应力增加缓慢，而应变增加相对较快，σ_{sc}-ε 关系曲线甚至会出现下降段。

在计算参数范围内，圆钢管混凝土的 ε_{scy} 值在 2740～5200$\mu\varepsilon$ 范围内变化，方、矩形钢管混凝土 ε_{scy}值在 2680～5050$\mu\varepsilon$ 范围内变化。当约束效应系数 ξ 较小时，σ_{sc}-ε 关系曲线有可能出现下降段，这时，ε_{scy} 和 σ_{sc}-ε 关系曲线上的峰值应变非常接近。

通过对数值计算结果的分析，可回归出 f_{scy}的表达式为

$$f_{\mathrm{scy}}=(1.212+B\cdot\xi+C\cdot\xi^{2})\cdot f_{\mathrm{ck}}\tag{3.70}$$

其中，参数 B 和 C 的确定方法如下。

1）对于圆钢管混凝土：

$$B=0.1759\cdot\left(\frac{f_{\mathrm{y}}}{235}\right)^{a}+0.974$$

$$C=-0.1038\cdot\left(\frac{f_{\mathrm{ck}}}{20}\right)^{b}+0.0309$$

式中：$a=\begin{cases}1 & (f_{\mathrm{y}}\leqslant 450\mathrm{MPa})\\ \dfrac{450}{f_{\mathrm{y}}} & (f_{\mathrm{y}}>450\mathrm{MPa})\end{cases}$；

$$b=\begin{cases}\left(\dfrac{f_{\mathrm{ck}}}{41}\right)^{0.1}\cdot\left(\dfrac{450}{f_{\mathrm{y}}}\right)^{1.1} & (f_{\mathrm{y}}>450\mathrm{MPa})\\ \begin{cases}1 & (f_{\mathrm{ck}}\leqslant 41\mathrm{MPa})\\ \left(\dfrac{f_{\mathrm{ck}}}{41}\right)^{0.1}\cdot\left(\dfrac{450}{f_{\mathrm{y}}}\right)^{0.4} & (f_{\mathrm{ck}}>41\mathrm{MPa})\end{cases} & (f_{\mathrm{y}}\leqslant 450\mathrm{MPa})\end{cases}。$$

2）对于方、矩形钢管混凝土：

$$B=0.1381\cdot\left(\frac{f_{\mathrm{y}}}{235}\right)^{a}+0.7646$$

$$C=-0.0727\cdot\left(\frac{f_{\mathrm{ck}}}{20}\right)^{b}+0.0216$$

其中：$a=\begin{cases}1 & (f_{\mathrm{y}}\leqslant 450\mathrm{MPa})\\ \left(\dfrac{450}{f_{\mathrm{y}}}\right)^{0.3} & (f_{\mathrm{y}}>450\mathrm{MPa})\end{cases}$；

$$b=\begin{cases}\left(\dfrac{f_{\mathrm{ck}}}{41}\right)^{0.25}\cdot\left(\dfrac{450}{f_{\mathrm{y}}}\right) & (f_{\mathrm{y}}>450\mathrm{MPa})\\ \begin{cases}1 & (f_{\mathrm{ck}}\leqslant 41\mathrm{MPa})\\ \left(\dfrac{f_{\mathrm{ck}}}{41}\right)^{0.05}\cdot\left(\dfrac{450}{f_{\mathrm{y}}}\right)^{0.5} & (f_{\mathrm{ck}}>41\mathrm{MPa})\end{cases} & (f_{\mathrm{y}}\leqslant 450\mathrm{MPa})\end{cases}。$$

国家标准 GB 50936—2014《钢管混凝土结构技术规范》中关于实心圆钢管混凝土轴压承载力的计算方法参考了基于式（3.70）给出的计算公式。

以上各式中，f_{ck} 和 f_{y} 需以 MPa 为单位代入。

为了进一步简化计算，在如下工程常用约束效应系数范围，即 $\xi=0.2\sim5$ 内，发现近似可用直线来描述 $\gamma_{\mathrm{c}}(=f_{\mathrm{scy}}/f_{\mathrm{ck}})$ 与 ξ 之间的关系，如图 3.163 所示。

这样，可导得进一步简化的 f_{scy} 表达式为

$$f_{\mathrm{scy}}=\begin{cases}(1.14+1.02\xi)\cdot f_{\mathrm{ck}} & \text{（圆钢管混凝土）}\\ (1.18+0.85\xi)\cdot f_{\mathrm{ck}} & \text{（方、矩形钢管混凝土）}\end{cases}\tag{3.71}$$

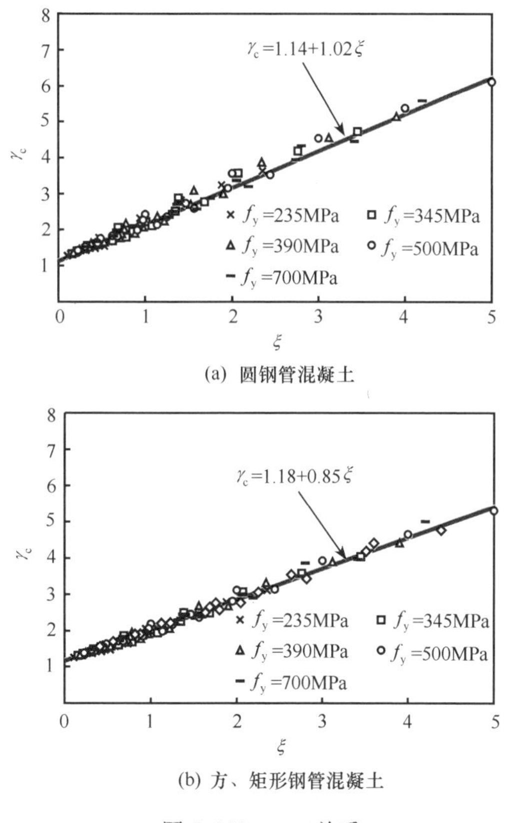

(a) 圆钢管混凝土

(b) 方、矩形钢管混凝土

图 3.163　γ_c-ξ 关系

计算结果表明，在分析参数范围内，式（3.70）和式（3.71）的计算结果相近。式（3.71）的形式相对式（3.70）更为简单实用。这些公式被多部国家规范、行业标准或工程建设标准采纳，如国家标准《钢管混凝土拱桥技术规范》（GB50923—2013）和中华人民共和国行业推荐性标准 JTG/T D65-06—2015 采纳了基于式（3.71）给出的圆形钢管混凝土的计算公式；住房与城乡建设部行业标准 JGJ/T249—2011 采用了圆形和方形钢管混凝土的计算公式等。

由式（3.70）或式（3.71）确定了钢管混凝土的轴压强度指标后，即可导出钢管混凝土轴压强度承载力计算公式为

$$N_u = A_{sc} \cdot f_{scy} \tag{3.72}$$

图 3.164（a）和（b）以及表 3.21 和表 3.22 分别给出圆钢管混凝土和方、矩形钢管混凝土轴压强度承载力按式（3.72）的计算结果（N_{uc}），以及与收集到的不同研究者试验结果（N_{ue}）的对比情况。其中，圆钢管混凝土试件数量为 356 个，方、矩形钢管混凝土轴压试件数量为 313 个，D/t 和 B/t 分别为圆钢管混凝土径厚比和方、矩形钢管混凝土宽厚比。

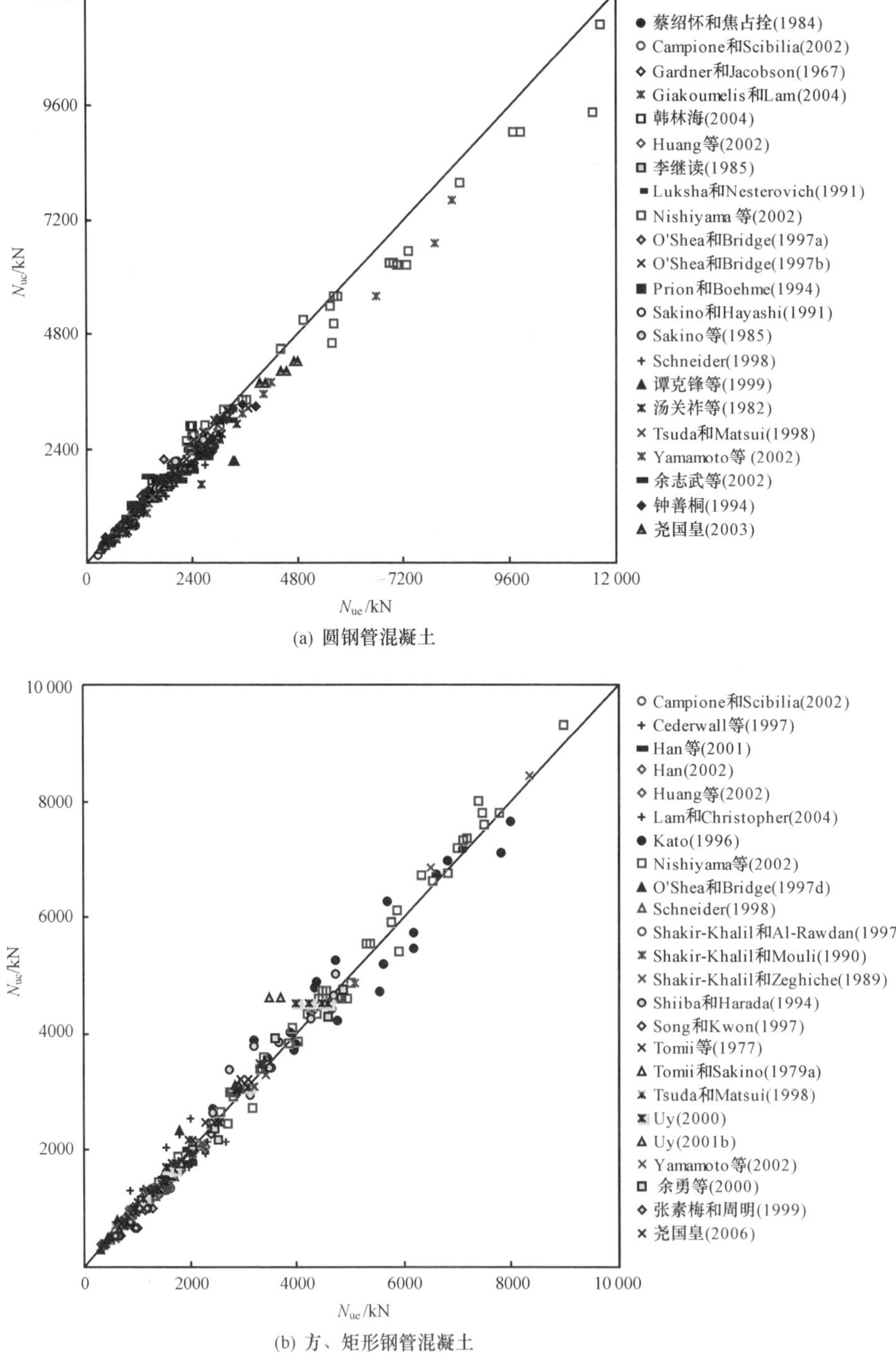

(a) 圆钢管混凝土

(b) 方、矩形钢管混凝土

图 3.164　轴压强度承载力简化计算结果与试验结果比较

表3.21 圆钢管混凝土轴压强度承载力计算结果与试验结果的比较

序号	D/t	f_y/MPa	f_{cu}/MPa	试件数量	$\frac{N_{uc}}{N_{ue}}$	μ	σ	数据来源
1	10.1～102	235～411	32.9～55.6	3	0.536～0.969	0.791	0.105	蔡绍怀和焦占拴（1984）
2	28.3～42.3	338	20	2	0.900～0.957	0.929	0.040	Campione 和 Scibilia（2002）
3	29.5～48.5	363～633	26.5～52.4	14	0.753～1.010	0.879	0.091	Gardner 和 Jacobson（1967）
4	22.9～30.5	343～365	31.4～104.9	8	0.746～1.011	0.886	0.092	Giakoumelis 和 Lam（2004）
5	25.4～55.5	309.5～482.5	76.75	21	0.955～1.229	1.063	0.092	韩林海（2004）
6	40～150	265.8～341.7	33.5～37.9	3	0.855～0.950	0.911	0.049	Huang 等（2002）
7	25.5～50	355.7	28.92	10	0.790～0.931	0.859	0.050	李继读（1985）
8	31.4～105.8	291.4～381.5	20～55.07	10	0.855～0.959	0.930	0.033	Luksha 和 Nesterovich（1991）
9	16.7～152	279～853	27～87.1	36	0.822～1.116	0.955	0.072	Nishiyama 等（2002）
10	58.5～220.9	185.7～363.3	56.5～87.8	12	0.818～1.236	0.988	0.125	O'Shea 和 Bridge（1997a）
11	58.5～220.9	185.7～363.3	55～123.6	28	0.849～1.057	0.966	0.054	O'Shea 和 Bridge（1997b）
12	92.1	270～328	83～95	6	0.871～1.016	0.921	0.056	Prion 和 Boehme（1994）
13	19.8～58	248.3～283.1	27.9～54.7	10	0.904～1.064	0.974	0.052	Sakino 和 Hayashi（1991）
14	17～250	244～319.5	23.2～45.4	12	0.753～0.969	0.829	0.069	Sakino 等（1985）
15	21～46.9	285～537	29.8～34.6	3	0.755～0.978	0.830	0.129	Schneider（1998）
16	18.1～125	232～429	116	13	0.627～1.071	0.882	0.152	谭克锋等（1999）
17	24～100	233.2～602.7	12.9～57.3	24	0.624～0.995	0.825	0.092	汤关祚等（1982）
18	38.8～136.5	234.2～339.1	38.68	5	0.884～0.940	0.907	0.025	Tsuda 和 Matsui（1998）
19	30.7～33.6	331～452	18.5～40	13	0.846～0.925	0.877	0.025	Yamamoto 等（2002）
20	19.9～165	338～438	86.3～91	28	0.805～1.328	0.916	0.129	余志武等（2002）
21	23.7～85.7	264.9～357.7	34.7～76.8	33	0.827～1.168	0.987	0.096	钟善桐（1994）
22	30～133.7	282～404	58.5～90	38	0.812～0.962	0.882	0.038	尧国皇（2006）
总计	10.1～250	185.7～853	12.9～123.6	332	0.536～1.328	0.924	0.103	—

表3.22 方、矩形钢管混凝土轴压强度承载力计算结果与试验结果的比较

序号	B/t	f_y/MPa	f_{cu}/MPa	试件数量	$\frac{N_{uc}}{N_{ue}}$	μ	σ	数据来源
1	33.3～40	338	20	2	1.037～1.093	1.065	0.039	Campione 和 Scibilia（2002）
2	15～24	300～439	47.6～113	13	0.807～0.977	0.892	0.042	Cederwall 等（1997）

续表

序号	B/t	f_y/MPa	f_{cu}/MPa	试件数量	$\frac{N_{uc}}{N_{ue}}$	μ	σ	数据来源
3	20.5～36.5	321.1～330.1	16.3～54.1	20	0.880～1.075	0.997	0.047	Han 等（2001）
4	22.1～52.4	227.7	58.31	24	0.818～1.009	0.907	0.047	Han（2002）
5	40～150	265.7～341.7	33.5～37.9	3	0.879～1.009	0.966	0.076	Huang 等（2002）
6	21～55.6	316.5～767.3	32.8～92.4	26	0.852～1.239	1.013	0.100	Kato（1996）
7	10.5～24.4	289～400	30.8～98.9	10	0.991～1.460	1.196	0.144	Lam 和 Williams（2004）
8	18.4～74	262～835	27.3～95.6	48	0.849～1.077	1.014	0.045	Nishiyama 等（2002）
9	37.3～130.7	282	21.2～27.2	5	0.937～1.308	1.116	0.137	O'Shea 和 Bridge（1997d）
10	17～40.4	312～357	29.7～37.4	5	0.733～1.096	0.958	0.138	Schneider（1998）
11	30	300.8～368	42.9～45.8	23	0.853～1.070	0.964	0.068	Shakir-Khalil 和 Al-Rawdan（1997）
12	24～30	340～362.5	39.5～44.9	13	0.993～1.136	1.091	0.059	Shakir-Khalil 和 Mouli（1990）
13	24	343.3～386.3	38.1～42.8	7	1.112～1.200	1.146	0.033	Shakir-Khalil 和 Zeghiche（1989）
14	35～54.9	342～395.8	35.6～58	9	0.942～1.241	1.059	0.098	Shiiba 和 Harada（1994）
15	40.6～73.3	313.6	36.9	3	0.852～0.967	0.921	0.061	Song 和 Kwon（1997）
16	34.9～75	294～341	22.9～44.3	9	0.962～1.049	1.009	0.032	Tomii 等（1977）
17	23.5～45.5	194～339.1	37.4～57.5	8	0.954～1.001	0.975	0.018	Tomii 和 Sakino（1979a）
18	26.7～93.2	288.1～357.7	38.7～40.8	5	0.972～1.079	1.019	0.045	Tsuda 和 Matsui（1998）
19	42～102	300	38.9～59.1	8	0.991～1.136	1.045	0.055	Uy（2000）
20	22～42	750	34.4～38.9	6	0.963～1.329	1.109	0.150	Uy（2001b）
21	45.8～49.2	300～395	30.4～70.5	9	0.782～1.053	0.931	0.085	Yamamoto 等（2002）
22	40～60	227	32.65～46	6	0.863～1.082	0.967	0.071	余勇等（2000）
23	20～50	284.5～403.7	40.45	20	0.656～0.958	0.811	0.087	张素梅和周明（1999）
24	30～133.7	282～404	50.9～81	30	0.902～1.096	1.012	0.055	尧国皇（2006）
总计	10.5～150	194～767.3	16.3～113	313	0.656～1.329	0.982	0.105	—

分析结果表明，圆钢管混凝土 N_{uc}/N_{ue} 比值的平均值和均方差分别为 0.924 和 0.103，方、矩形钢管混凝土 N_{uc}/N_{ue} 比值的平均值和均方差分别为 0.982 和 0.105。可见，简化公式的计算结果与试验结果吻合较好，且总体上稍偏于安全。

需要说明的是，不同研究者在进行钢管混凝土轴心受压短试件的试验时，可能会由于试验方法、试件长短和承载力指标取法等方面的不同，从而导致轴压强度取值存在一定的差异，本书在进行比较时并没有试图区分这种差异。上述承载力比较的目的只是期望从总体上说明本节所推导的计算公式在计算钢管混凝土轴压强度承载力时的准确程度。

为了便于实际应用，下面确定钢管混凝土轴心受压时 σ_{sc}-ε 关系曲线的数学表达式。将图 3.9 所示的曲线进一步简化，近似分为三段，即 OA 段、AB 段和 BD 段，并给出各个阶段的数学表达式如下。

1）弹性阶段 OA（$0<\varepsilon\leqslant\varepsilon_{scp}$）。

$$\sigma = E_{sc}\cdot\varepsilon \tag{3.73}$$

其中，E_{sc}为钢管混凝土名义轴压弹性模量，按下式确定为

$$E_{sc} = f_{scp}/\varepsilon_{scp} \tag{3.74}$$

f_{scp}和 ε_{scp}分别为名义轴压比例极限及其对应的应变，确定方法如下。

① 对圆钢管混凝土：

$$f_{scp} = [0.192(f_y/235)+0.488]\cdot f_{scy} \tag{3.75}$$

$$\varepsilon_{scp} = 3.25\times10^{-6}f_y \tag{3.76}$$

② 对于方、矩形钢管混凝土：

$$f_{scp} = [0.263\cdot(f_y/235)+0.365\cdot(30/f_{cu})+0.104]\cdot f_{scy} \tag{3.77}$$

$$\varepsilon_{scp} = 3.01\times10^{-6}f_y \tag{3.78}$$

式（3.75）～式（3.78）中，f_y 和 f_{cu}以 MPa 计。

2）弹塑性阶段 AB（$\varepsilon_{scp}<\varepsilon\leqslant\varepsilon_{scy}$）。

在弹塑性阶段，σ_{sc}-ε 关系可用如下公式表达为

$$\varepsilon^2+a\cdot\sigma^2+b\cdot\varepsilon+c\cdot\sigma+d=0 \tag{3.79}$$

式中：

$$a=\frac{-(\varepsilon_{scy}-\varepsilon_{scp})^2-2e\cdot(\varepsilon_{scy}-\varepsilon_{scp})}{(f_{scy}^2-f_{scp}^2)+(\varepsilon_{scy}-\varepsilon_{scp})\cdot(-2f_{scp}\cdot E_{sc})+e\cdot(2f_{scy}\cdot k-2f_{scp}\cdot E_{sc})},$$

其中，$e=\dfrac{(f_{scy}-f_{scp})-E_{sc}\cdot(\varepsilon_{scy}-\varepsilon_{scp})}{E_{sc}-k}$；

$$b=-2\varepsilon_{scp}-2a\cdot f_{scp}\cdot E_{sc}-c\cdot E_{sc};$$

$$c=\frac{2(\varepsilon_{scy}-\varepsilon_{scp})+(2f_{scy}\cdot k-2f_{scp}\cdot E_{sc})\cdot a}{E_{sc}-k};$$

$$d=-\varepsilon_{scp}^2-a\cdot f_{scp}^2-b\cdot\varepsilon_{scp}-c\cdot f_{scp}。$$

以上各式中，当 $\xi<\xi_o$ 时，$k=0$；当 $\xi\geqslant\xi_o$ 时，$k=E_{sch}$。E_{sch}定义为强化阶段模量，对于圆钢管混凝土，$\xi_o=1.1$，$E_{sch}=270\xi-100$（N/mm^2）；对于方、矩形钢管混凝土：$\xi_o=4.5$，$E_{sch}=30\xi-40$（N/mm^2）。

由式（3.79）可导得弹塑性阶段的切线模量，即 $E_{sct}=\dfrac{-b-2\varepsilon}{2a\cdot\sigma+c}$。

3）强化阶段或下降段 BD（$\varepsilon>\varepsilon_{scy}$）：

① 对圆钢管混凝土：

$$\sigma=\begin{cases}f_{scy}+E_{sch}(\varepsilon-\varepsilon_{scy}) & (\xi\geqslant 1.1)\\ \dfrac{f_{scy}\cdot\varepsilon}{D(\varepsilon-\varepsilon_{scy})^2+\varepsilon} & (\xi<1.1)\end{cases}\tag{3.80a}$$

式中：$D=p\cdot\xi^2+q\cdot\xi+r$；$p=0.52\beta_c^2+5.6\beta_c-5.85$；$q=-1.36\beta_c^2-10.2\beta_c+7.3$；$r=0.44\beta_c^2+9.4\beta_c-4.8$。

$\beta_c=f_{cu}/30$，f_{cu}以 MPa 单位代入。

② 对于方、矩形钢管混凝土：

$$\sigma=\begin{cases}f_{scy}+E_{sch}(\varepsilon-\varepsilon_{scy}) & (\xi\geqslant 4.5)\\ f_{scy}\cdot\left(1-\beta_\xi+\beta_\xi\cdot\exp^{-\left(\frac{\varepsilon-\varepsilon_{scy}}{m}\right)}\right) & (\xi<4.5)\end{cases}\tag{3.80b}$$

式中：$\beta_\xi=-0.194\ln\xi+0.445$；

$m=(n\cdot\xi+l)\times10^{-3}(n=0.5\beta_c+0.18, l=0.8\beta_c+3.74, \beta_c=f_{cu}/30, f_{cu}$以 MPa 单位代入）。

图 3.165 给出了 σ_{sc}-ε 关系曲线简化模型计算结果与数值计算结果的比较，可见二者吻合较好。

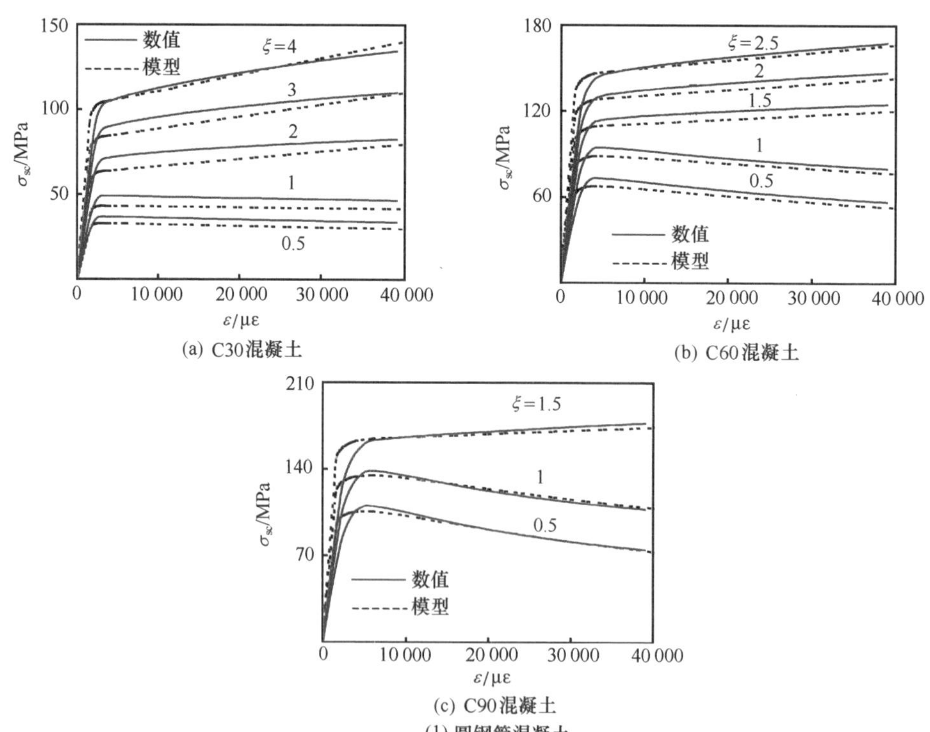

图 3.165 σ_{sc}-ε 关系曲线简化模型计算结果与数值计算的对比

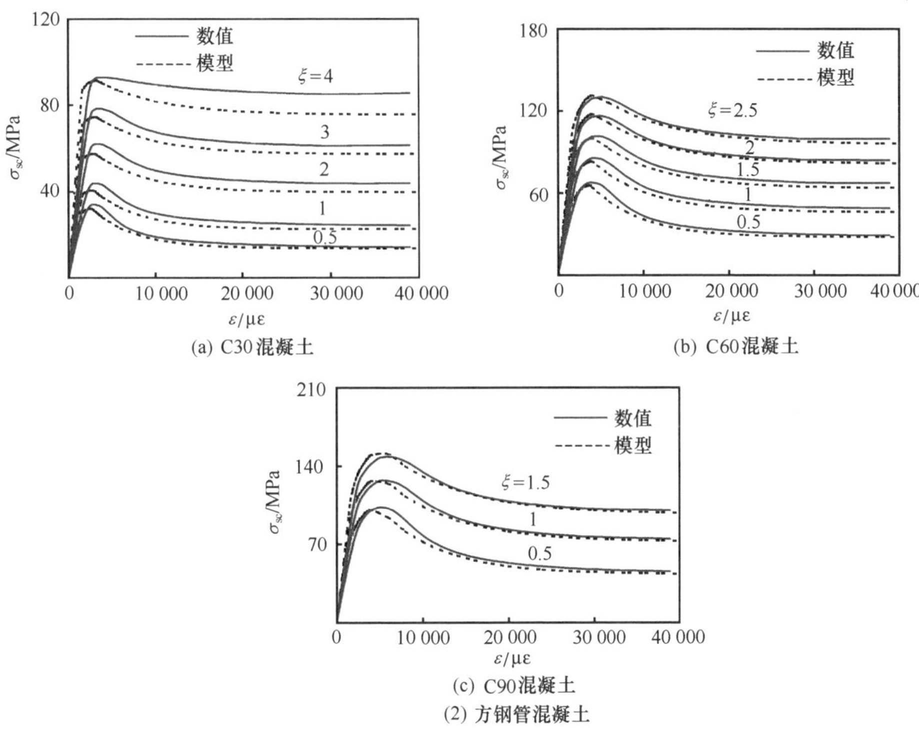

图 3.165　σ_{sc}-ε 关系曲线简化模型计算结果与数值计算的对比（续）

大量计算结果表明，按式（3.73）、式（3.79）和式（3.80）计算的钢管混凝土轴心受压 N-ε 关系曲线与试验结果总体上吻合较好，图 3.166 给出二者部分的比较情况。

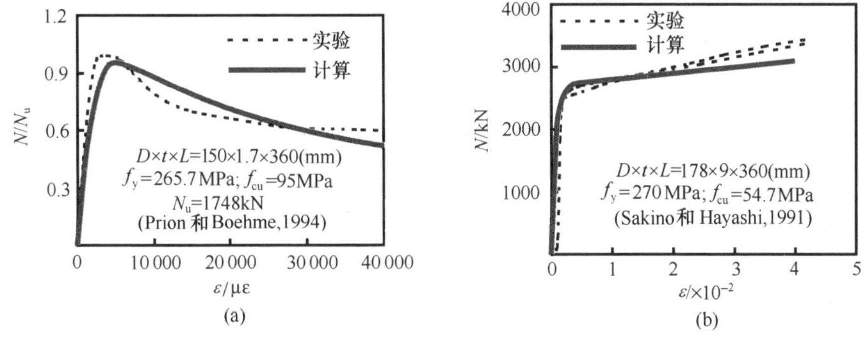

图 3.166　简化计算 N-ε 关系与试验结果的比较

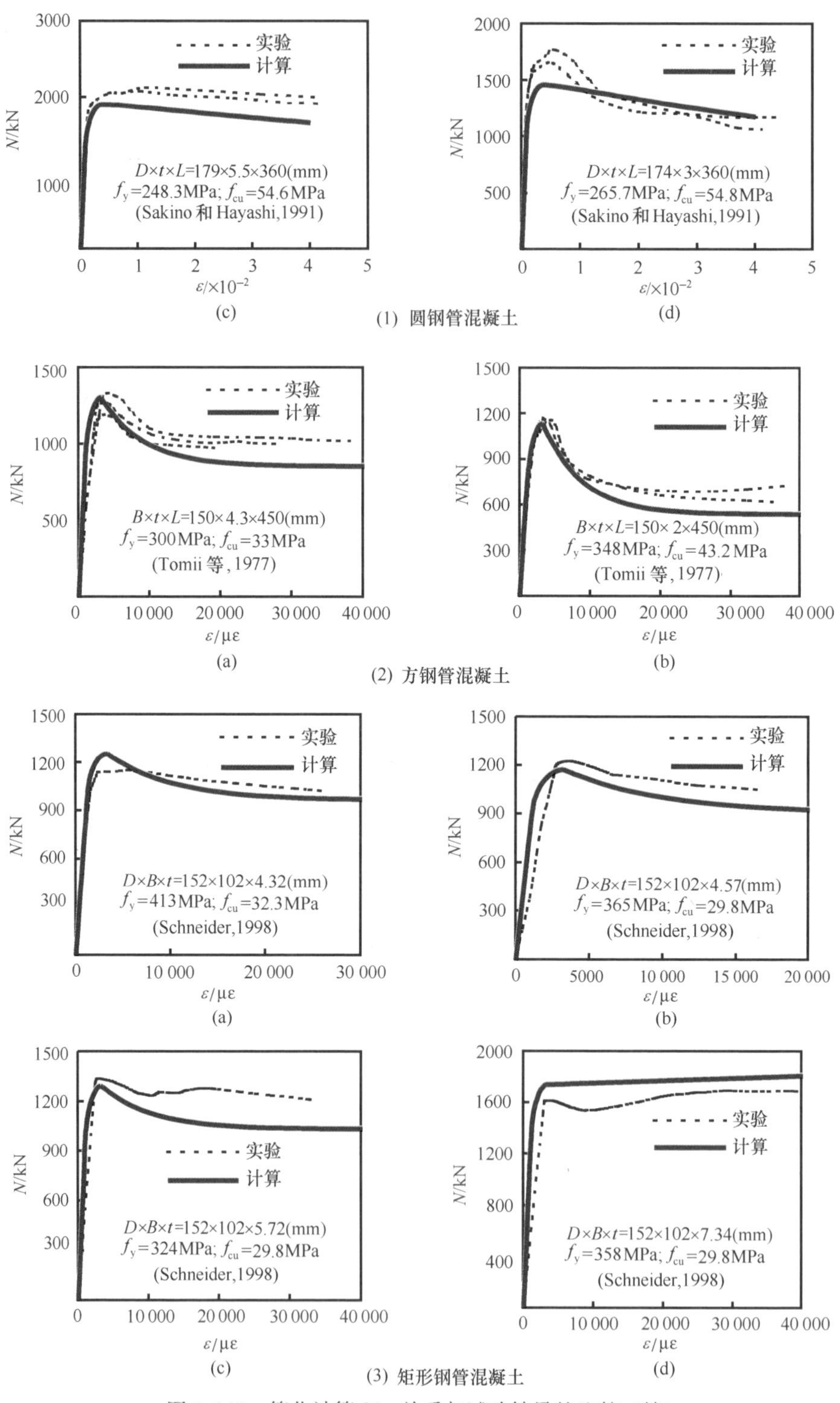

图 3.166 简化计算 N-ε 关系与试验结果的比较（续）

(2) 轴压稳定承载力

令钢管混凝土构件的轴压稳定承载力为 $N_{u,cr}$，则可得其稳定系数 φ 为

$$\varphi = \frac{N_{u,cr}}{N_u} \tag{3.81}$$

式中：N_u 为钢管混凝土强度承载力，可按式（3.72）计算。

计算结果表明，在一定的长细比 λ 情况下，稳定系数 φ 的大小和钢材的屈服极限、混凝土强度及构件截面含钢率都有关系。

图3.167和图3.168所示分别圆钢管混凝土和方、矩形钢管混凝土构件在不同钢材屈服强度（f_y），混凝土强度（f_{cu}）及构件截面含钢率（α）情况下的 φ-λ 关系曲线。

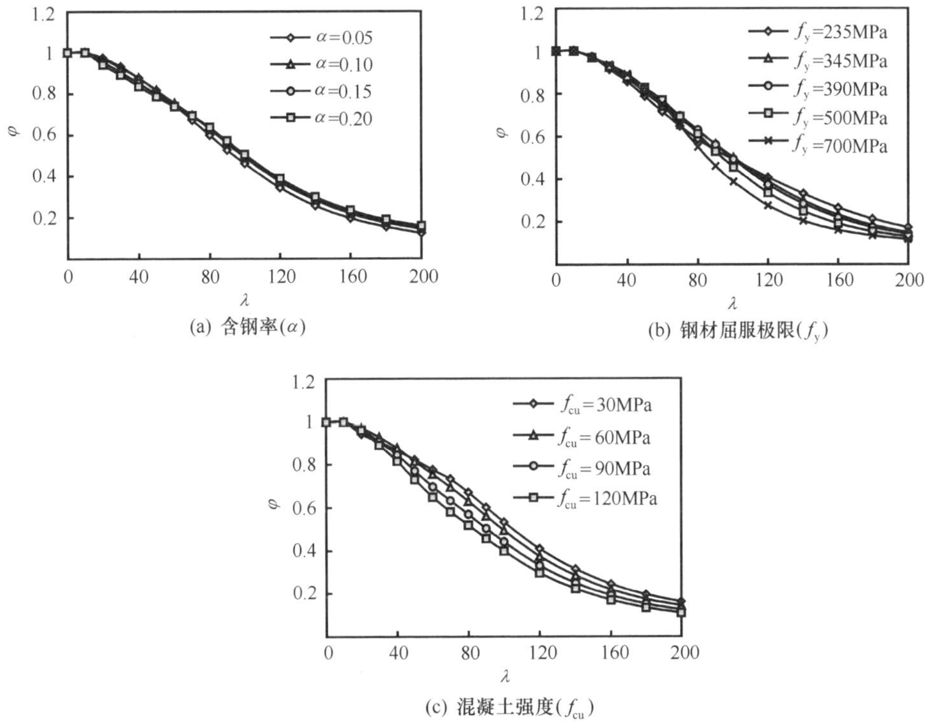

图3.167　各参数对圆钢管混凝土 φ-λ 关系曲线的影响

通过对大量数值计算结果的分析，发现圆钢管混凝土和方、矩形钢管混凝土轴心受压柱的 φ-λ 关系曲线可用如图3.169所示曲线描述。

图3.169所示 φ-λ 关系曲线大致可分为三个阶段，即当 $\lambda \leqslant \lambda_o$ 时，稳定系数 $\varphi=1$，构件属于强度破坏；当 $\lambda_o < \lambda \leqslant \lambda_p$ 时，构件失去稳定时钢管混凝土截面处在弹塑性阶段；当 $\lambda > \lambda_p$ 时，构件属于弹性失稳。

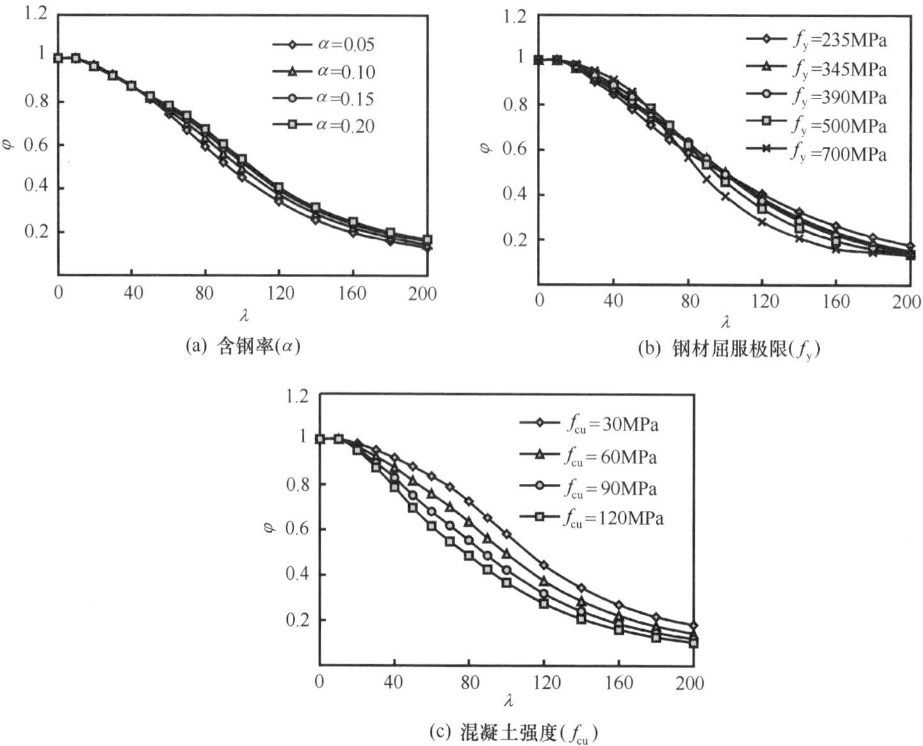

图 3.168　各参数对方、矩形钢管混凝土 φ-λ 关系曲线的影响

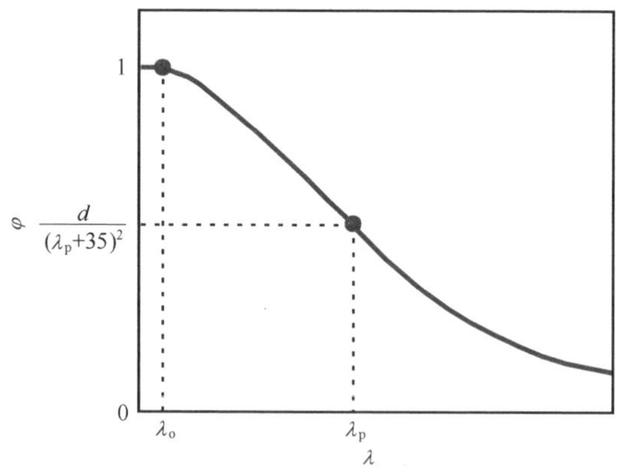

图 3.169　典型的 φ-λ 关系曲线示意图

图 3.169 中，系数 d 可通过对数值计算结果的回归分析获得，表达式如下。

1）对于圆钢管混凝土：

$$d=\left[13\,000+4657\cdot\ln\left(\frac{235}{f_y}\right)\right]\cdot\left(\frac{25}{f_{ck}+5}\right)^{0.3}\cdot\left(\frac{\alpha}{0.1}\right)^{0.05}\tag{3.82a}$$

2）对于方、矩形钢管混凝土：

$$d=\left[13\ 500+4810\cdot\ln\left(\frac{235}{f_y}\right)\right]\cdot\left(\frac{25}{f_{ck}+5}\right)^{0.3}\cdot\left(\frac{\alpha}{0.1}\right)^{0.05} \tag{3.82b}$$

图 3.169 所示的 φ-λ 关系曲线可用如下公式表示为

$$\varphi=\begin{cases}1 & (\lambda\leqslant\lambda_o)\\ a\cdot\lambda^2+b\cdot\lambda+c & (\lambda_o<\lambda\leqslant\lambda_p)\\ d/(\lambda+35)^2 & (\lambda>\lambda_p)\end{cases} \tag{3.83}$$

式中：

$a=\dfrac{1+(35+2\cdot\lambda_p-\lambda_o)\cdot e}{(\lambda_p-\lambda_o)^2}$；

$b=e-2\cdot a\cdot\lambda_p$；

$c=1-a\cdot\lambda_o^2-b\cdot\lambda_o$；

$e=\dfrac{-d}{(\lambda_p+35)^3}$。

式中：λ_p 和 λ_o 分别为钢管混凝土轴压构件发生弹性或弹塑性失稳时的界限长细比，可分别按下列两式确定为

$$\lambda_p=\begin{cases}1743/\sqrt{f_y} & （圆钢管混凝土） & (3.84a)\\ 1811/\sqrt{f_y} & （方、矩形钢管混凝土） & (3.84b)\end{cases}$$

$$\lambda_o=\begin{cases}\pi\sqrt{(420\xi+550)/[(1.02\xi+1.14)\cdot f_{ck}]} & （圆钢管混凝土） & (3.85a)\\ \pi\sqrt{(220\xi+450)/[(0.85\xi+1.18)\cdot f_{ck}]} & （方、矩形钢管混凝土） & (3.85b)\end{cases}$$

上面两式中，f_y 和 f_{ck} 需以 MPa 为单位代入。

这样，根据式（3.72）和式（3.81）可导得钢管混凝土轴心受压柱稳定承载力 $N_{u,cr}$ 的计算公式为

$$N_{u,cr}=\varphi\cdot N_u=\varphi\cdot A_{sc}\cdot f_{scy} \tag{3.86}$$

对于式（3.86），当 $\varphi=1$ 时，构件属强度破坏，承载力计算公式与式（3.72）一致。

图 3.170（a）和（b），以及表 3.23 和表 3.24 分别给出圆钢管混凝土和方、矩形钢管混凝土轴压承载力按式（3.86）和式（3.72）的计算结果（N_{uc}），与收集到的不同研究者试验结果（N_{ue}）的对比情况。其中，圆钢管混凝土试件数量为 262 个，方、矩形钢管混凝土轴压试件数量为 79 个，表中 λ 为构件长细比。

分析结果表明，圆钢管混凝土 N_{uc}/N_{ue} 比值的平均值和均方差分别为 0.917 和 0.111，方、矩形钢管混凝土 N_{uc}/N_{ue} 比值的平均值和均方差分别为 0.961 和 0.110。可见，简化公式的计算结果与试验结果吻合较好。

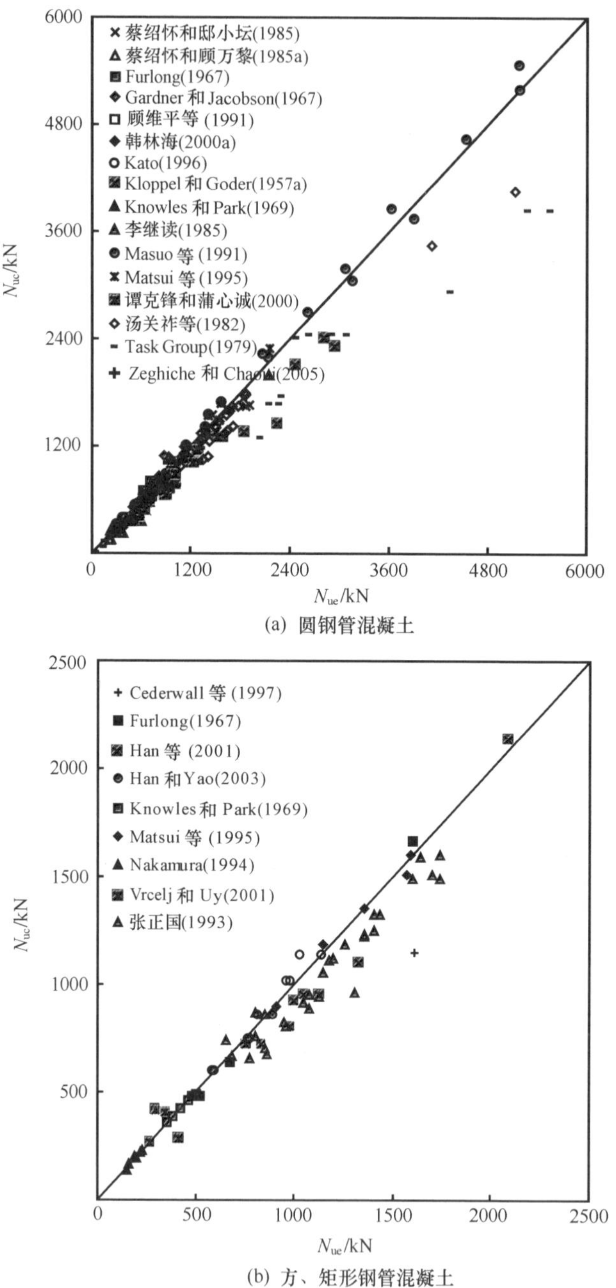

(a) 圆钢管混凝土

(b) 方、矩形钢管混凝土

图3.170 钢管混凝土稳定承载力简化计算结果与试验结果比较

表 3.23　圆钢管混凝土轴压稳定承载力计算结果与试验结果的比较

序号	D/t	λ	f_y/MPa	f_{cu}/MPa	试件数量	$\frac{N_{uc}}{N_{ue}}$	μ	σ	数据来源
1	33.2	17.1～89.5	277.3～313.6	34.7～51.2	10	0.871～1.060	0.971	0.068	蔡绍怀和邸小坛（1985）
2	27	24～260	338.9	35.71	23	0.604～1.004	0.804	0.117	蔡绍怀和顾万黎（1985）
3	36～98.3	24～32	289.6～413.7	26.7～42.7	8	0.979～1.121	1.061	0.057	Furlong（1967）
4	29.5～48.5	31.9～79.7	363～604.7	26.5～49.8	10	0.789～1.245	0.984	0.145	Gardner 和 Jacobson（1967）
5	24	26～128.5	400	69	10	0.711～0.832	0.775	0.037	顾维平等（1991）
6	24	130～154	348.1	31.9～46.9	11	0.776～0.956	0.871	0.051	Han（2000a）
7	36.9～40.3	16～130.2	340～353	49.9～73.1	27	0.908～1.129	1.018	0.058	Kato（1996）
8	7.4～50.6	34.7～83.4	234.6～351.6	25.9～36.5	21	0.649～0.933	0.797	0.068	Kloppel 和 Goder（1957a）
9	15.2～59.1	22.9～83.7	399.6～482.3	47.28	11	0.793～1.130	0.912	0.101	Knowles 和 Park（1969）
10	36.5～47.5	21.4～36.5	260.7～282.3	31.5～32.6	2	0.818～0.933	0.876	0.081	李继读（1985）
11	34.7～41.8	24～72.4	461～505	57.3～65.4	10	0.960～1.088	1.026	0.040	Masuo 等（1991）
12	40.5	16～120	352.8	49.8	6	0.901～1.090	1.018	0.072	Matsui 等（1995）
13	14～60	24	358	108	9	0.824～0.909	0.867	0.033	谭克锋和蒲心诚（2000）
14	21.6～100	15.8～73.9	233.2～433.2	25.5～65.1	51	0.768～1.048	0.930	0.072	汤关祚等（1982）
15	7.5～98.3	15.7～168	275～682	25.9～76.3	63	0.649～1.173	0.903	0.126	Task Group 20（1979）
16	30.7～32.3	50～100	270～283	48.8～116	15	0.812～0.982	0.892	0.041	Zeghiche 和 Chaoui（2005）
总计	7.4～100	15.7～260	233.2～682	25.5～116	293	0.604～1.245	0.917	0.111	—

表 3.24　方、矩形钢管混凝土轴压稳定承载力计算结果与试验结果的比较

序号	B/t	λ	f_y/MPa	f_{cu}/MPa	试件数量	$\frac{N_{uc}}{N_{ue}}$	μ	σ	数据来源
1	15	86.6	379	90	1	0.712	0.712	0	Cederwall 等（1997）
2	26.5～47.7	24.9～31.2	331～484.7	29.34～53.9	5	0.923～1.041	0.973	0.045	Furlong（1967）

续表

序号	B/t	λ	f_y/MPa	f_{cu}/MPa	试件数量	$\frac{N_{uc}}{N_{ue}}$	μ	σ	数据来源
3	20.5～36.5	45～75.1	330.1～321.1	31.5～54.1	8	0.972～1.021	0.899	0.072	Han 等（2001）
4	49.1～135.8	20.78～62	340	23.1	12	0.970～1.151	1.044	0.059	Han 和 Yao（2003a）
5	22.7	11.5～78.5	324.1	49.82	6	0.972～1.021	1.004	0.019	Knowles 和 Park（1969）
6	35.1	13.9～104	411.6	38.97	6	0.991～1.054	1.008	0.033	Matsui 等（1995）
7	40.1	14.4～100.7	431	30～31.72	7	0.944～1.091	1.024	0.050	Nakamura（1994）
8	21.7～25	80.6～90.4	400～450	61.11～89	4	0.702～1.411	1.073	0.301	Vrcelj 和 Uy（2001）
9	21.4～74.6	29.3～100.9	217.5～292.5	31.91～50.7	30	0.743～1.135	0.909	0.079	张正国（1993）
总计	15～135.8	11.5～104	217.5～484.7	23.1～90	79	0.702～1.411	0.961	0.110	—

（3）纯弯曲构件

利用 3.2.2 节中所述的荷载-变形全过程分析方法，对圆形和方、矩形钢管混凝土的 M/W_{scm}-ε_{max}（其中，ε_{max}为截面纤维最大拉应变）进行了大量的计算分析，计算参数范围为：f_y=200～700MPa，f_{cu}=30～120MPa，α=0.03～0.2，对于矩形钢管混凝土，D/B=1～2。图中，W_{scm}为钢管混凝土截面抗弯模量：对于圆钢管混凝土 $W_{scm}=\pi \cdot D^3/32$；对于方钢管混凝土 $W_{scm}=B^3/6$。对于矩形钢管混凝土，当绕强轴弯曲时，$W_{scm}=D^2 \cdot B/6$；绕弱轴弯曲时，$W_{scm}=D \cdot B^2/6$。典型的M/W_{scm}-ε_{max}关系曲线如图 3.171 所示。

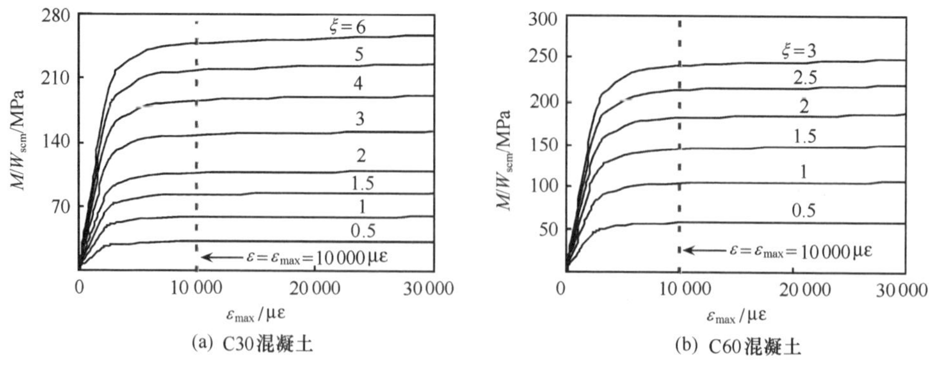

图 3.171 钢管混凝土纯弯 M/W_{scm}-ε_{max}关系曲线

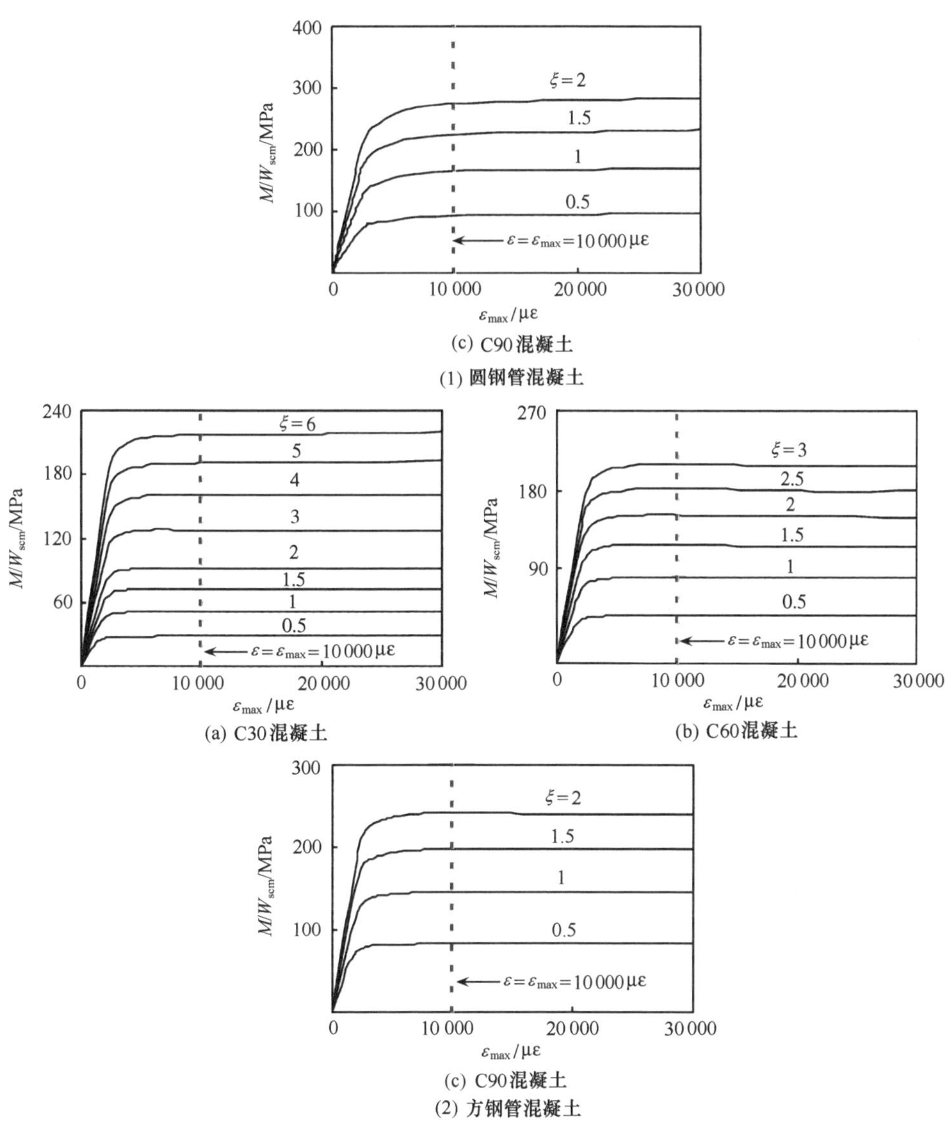

(c) C90 混凝土

(1) 圆钢管混凝土

(a) C30 混凝土　(b) C60 混凝土

(c) C90 混凝土

(2) 方钢管混凝土

图 3.171　钢管混凝土纯弯 M/W_{scm}-ε_{max} 关系曲线（续）

从图 3.171 可见，ε_{max}很大时，弯矩仍有继续增加的趋势，钢管混凝土受弯构件表现出很好的塑性。为了便于实际应用，有必要提供钢管混凝土抗弯承载力简化计算公式。考虑到构件的受力状态和正常使用要求，建议以钢管最大纤维应变 ε_{max}达到 10 000$\mu\varepsilon$ 时的弯矩为极限弯矩（即抗弯强度承载力）。

根据上述定义，计算了不同钢材和混凝土强度及不同含钢率情况下钢管混凝土构件的抗弯承载力 M_u。对计算结果进行分析后发现，M_u 主要和构件截面抗弯模量 W_{scm}，约束效应系数 ξ 及抗压强度指标 f_{scy}有关。

如果令抗弯强度承载力计算系数 $\gamma_m = M_u/(W_{scm} \cdot f_{scy})$，则可通过数值计算获得 γ_m 与 ξ 之间的关系，如图 3.172 所示。

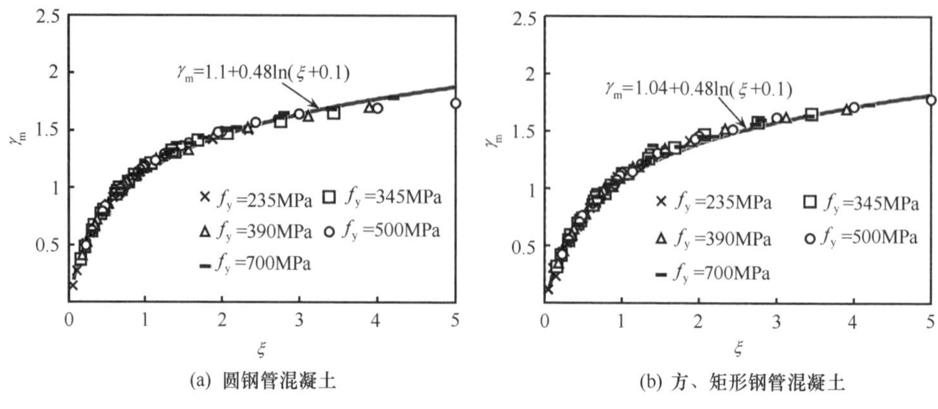

图 3.172 γ_m-ξ 关系

通过对计算结果的回归分析，可导得抗弯强度承载力计算系数 γ_m 的表达式为

$$\gamma_m = \begin{cases} 1.1 + 0.48\ln(\xi + 0.1) & \text{（圆钢管混凝土）} \\ 1.04 + 0.48\ln(\xi + 0.1) & \text{（方、矩形钢管混凝土）} \end{cases} \tag{3.87}$$

这样，即可导出钢管混凝土抗弯强度承载力计算公式为

$$M_u = \gamma_m \cdot W_{scm} \cdot f_{scy} \tag{3.88}$$

对于矩形钢管混凝土双向受弯构件，发现其 M_x/M_{ux}-M_y/M_{uy} 相关关系（如图 3.15 所示）可按下式描述为

$$(M_x/M_{ux})^{1.8} + (M_y/M_{uy})^{1.8} = 1 \tag{3.89}$$

式中：M_{ux}为矩形钢管混凝土绕强轴（x-x 轴）弯曲时的抗弯承载力为

$$M_{ux} = \gamma_m \cdot f_{scy} \cdot \frac{B \cdot D^2}{6} \tag{3.90}$$

M_{uy}为矩形钢管混凝土绕弱轴（y-y 轴）弯曲时的抗弯承载力为

$$M_{uy} = \gamma_m \cdot f_{scy} \cdot \frac{D \cdot B^2}{6} \tag{3.91}$$

由上述简化计算公式可见，钢管混凝土抗弯承载力可用构件截面的几何和物理特性参数来表示，形式简单，概念清楚，便于计算。

表 3.25 和表 3.26，以及图 3.173（a）和（b）分别给出了按式（3.88）计算获得的抗弯承载力（M_{uc}）与圆钢管混凝土和方、矩形钢管混凝土试验结果（M_{ue}）的对比情况，其中圆试件数量为 21 个，M_{uc}/M_{ue}的平均值为 0.886，均方差为 0.113；方、矩形试件 41 个，计算值与试验值比值的平均值为 0.906，均方差 0.098。可见，简化计算结果与试验结果总体吻合，且偏于安全。

表 3.25　圆钢管混凝土纯弯构件承载力计算结果与试验结果的比较

序号	D/t	f_y/MPa	f_{cu}/MPa	试件数量	$\frac{M_{uc}}{M_{ue}}$	μ	σ	数据来源
1	17～109.9	419	39.3	12	0.774～1.117	0.929	0.117	Elchalakani 等（2001）
2	24～37.4	327～359	34.4～38.1	5	0.720～0.965	0.850	0.089	潘友光（1990）
3	92.1	262	83	4	0.714～0.793	0.734	0.047	Prion 和 Boehme（1994）
总计	17～109.9	262～419	34.4～83	21	0.714～1.117	0.886	0.113	—

表 3.26　方、矩形钢管混凝土纯弯构件承载力计算结果与试验结果的比较

序号	$D(B)/t$	f_y/MPa	f_{cu}/MPa	试件数量	$\frac{M_{uc}}{M_{ue}}$	μ	σ	数据来源
1	31.9	331	35.51	1	0.697	0.697	0	Furlong（1967）
2	20.5～31.3	321.1～330.1	27.5～40	8	0.839～1.014	0.936	0.071	本书
3	16～39.7	377～432	71.8～79.3	12	0.792～1.075	0.925	0.097	Lu 和 Kennedy（1994）
4	23.5～44.1	194～304.8	23.5～30	4	0.911～1.024	0.967	0.050	Tomii 和 Sakino（1979b）
5	41～102	300	39～59	5	0.805～1.022	0.901	0.083	Uy（2000）
6	22～42	750	36.7～39	3	0.985～1.062	1.024	0.039	Uy（2001b）
7	41～51.2	293.8	34.6	8	0.760～0.847	0.801	0.031	本书
总计	16～102	194～750	23.5～79.3	41	0.697～1.075	0.906	0.098	—

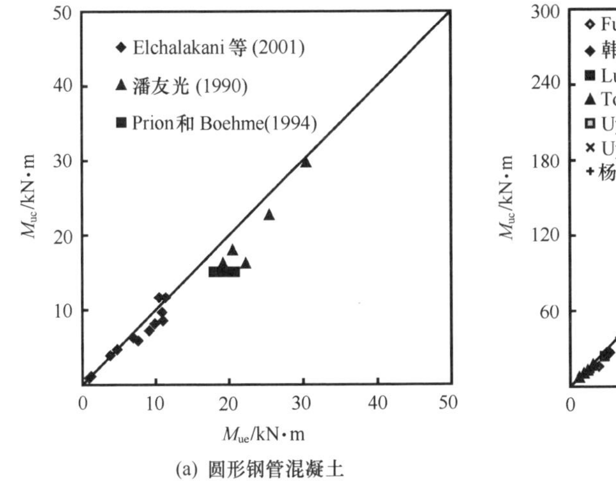

(a) 圆形钢管混凝土

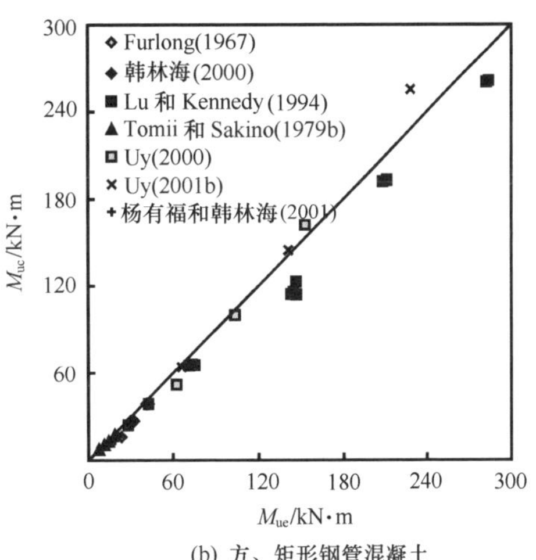

(b) 方、矩形钢管混凝土

图 3.173　抗弯承载力简化计算结果和试验结果对比

图 3.174 为按式（3.89）计算获得的 M_x/M_{ux}-M_y/M_{uy} 曲线与数值计算结果的对比情况，计算条件是 Q345 钢、C40 混凝土、α=0.1 及 D/B =1.5，可见二者吻合较好。

在对钢管混凝土纯弯构件 M-ϕ 全过程关系曲线分析结果的基础上，发现可近似把图 3.17 所示的 M-ϕ 关系曲线分为三段，用如下数学公式表示。

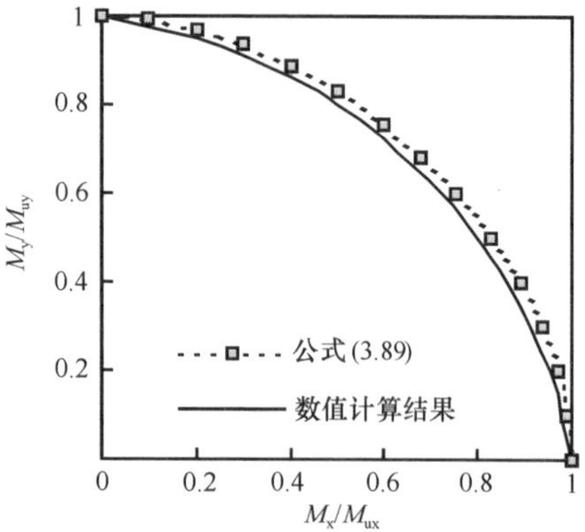

图 3.174 M_x/M_{ux}-M_y/M_{uy}关系比较

1）对于圆钢管混凝土：

$$M=\begin{cases}\dfrac{0.2M_u\cdot\phi}{\phi_e} & (\phi\leqslant\phi_e)\\ \left[1.8\left(\dfrac{\phi}{\phi_o}\right)-0.9\left(\dfrac{\phi}{\phi_o}\right)^2\right]\cdot M_u & (\phi_e<\phi<\phi_o)\\ \left[0.882+0.018\left(\dfrac{\phi}{\phi_o}\right)\right]\cdot M_u & (\phi\geqslant\phi_o)\end{cases}\tag{3.92}$$

2）对于方、矩形钢管混凝土：

$$M=\begin{cases}\dfrac{0.2M_u\cdot\phi}{\phi_e} & (\phi\leqslant\phi_e)\\ \left[1.9\left(\dfrac{\phi}{\phi_o}\right)-0.95\left(\dfrac{\phi}{\phi_o}\right)^2\right]\cdot M_u & (\phi_e<\phi<\phi_o)\\ \left[0.94+0.001\left(\dfrac{\phi}{\phi_o}\right)\right]\cdot M_u & (\phi\geqslant\phi_o)\end{cases}\tag{3.93}$$

其中，ϕ_e 的确定方法如下。

① 对于圆钢管混凝土：

$\phi_e=[(4.25\beta_c+100.14)+(15.8\beta_c+3.65)\cdot\xi]\cdot\beta_s^{0.82}/(E_s\cdot D)$；

② 对矩形钢管混凝土，当绕强轴（x-x）弯曲时：

$\phi_e=[(10.61\beta_c+91.18)+(8.66\beta_c+5.93)\cdot\xi]\cdot\beta_s^{0.82}/(E_s\cdot D)$；

当绕弱轴（y-y）弯曲时：

$\phi_e=[(10.64\beta_c+91.18)+(8.66\beta_c+5.93)\cdot\xi]\cdot\beta_s^{0.82}/(E_s\cdot B)$。

以上各式中：$\beta_c=f_{cu}/30$，$\beta_s=f_y/345$，f_{cu}和 f_y 需以 MPa 为单位代入。ϕ_o为 M-ϕ 关系曲线上弹塑性阶段结束时对应的曲率，对于圆钢管混凝土：$\phi_o=8.48\phi_e$；对于方、矩形钢管混凝土：$\phi_o=8.93\phi_e$。

图 3.175 给出了不同参数情况下 M-ϕ 关系曲线简化模型计算结果（虚线）与数值计算结果（实线）的比较，计算条件是 D 或 B 为 400mm，可见简化模型计算结果与数值计算结果吻合较好。

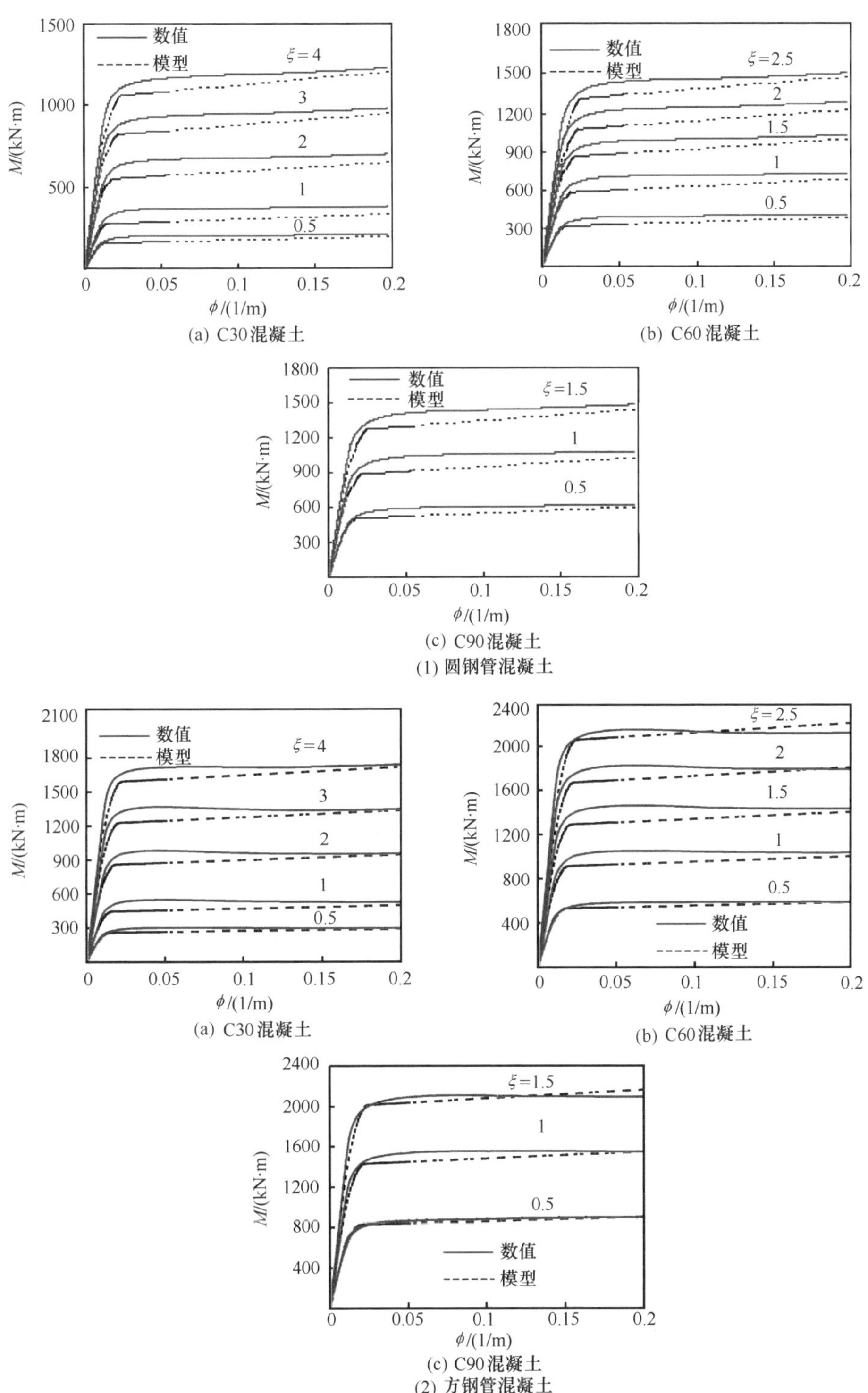

(a) C30混凝土

(b) C60混凝土

(c) C90混凝土

(1) 圆钢管混凝土

(a) C30混凝土

(b) C60混凝土

(c) C90混凝土

(2) 方钢管混凝土

图 3.175　M-ϕ 关系曲线简化模型计算结果与数值计算结果比较

根据式（3.92）和式（3.93）所示的 M-ϕ 关系表达式，可给出钢管混凝土初始刚度（K_i）的计算公式为

$$K_i = \frac{0.2M_u}{\phi_e} \tag{3.94}$$

图 3.176 为初始抗弯刚度实测值（K_{ie}）与简化计算结果（K_{ic}）的比较情况，可见二者总体上吻合较好。

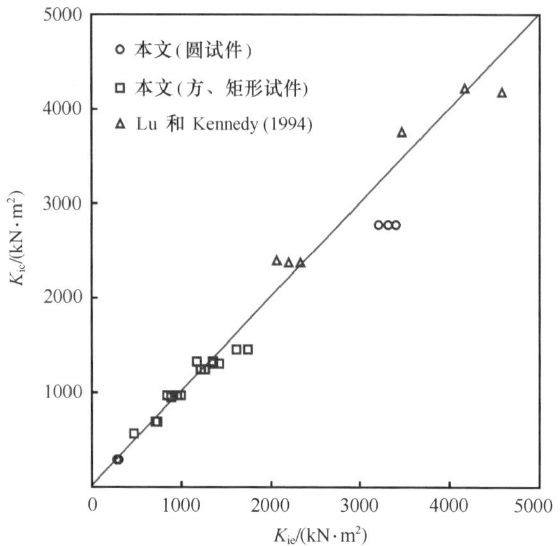

图 3.176 实测 K_{ie} 与简化计算 K_{ic} 的比较

为了便于实际应用，还推导了钢管混凝土使用阶段抗弯刚度（K_s）的计算公式。

参考 Varma 等（2002）对水平荷载作用下钢管混凝土压弯构件的研究方法，暂以 $M=0.6M_u$ 对应的割线刚度作为钢管混凝土使用阶段抗弯刚度（K_s）。

在参数分析结果的基础上，给出 K_s 的计算公式为

$$K_s = \frac{0.6M_u}{\phi_{0.6}} \tag{3.95}$$

其中，$\phi_{0.6}$ 的确定方法如下。

① 对于圆钢管混凝土：

$\phi_{0.6} = [(41.48\beta_c + 343.43) + (17.32\beta_c + 30.39) \cdot \xi] \cdot {\beta_s}^{0.82}/(E_s \cdot D)$；

② 对于方、矩形钢管混凝土，当绕强轴（x-x）弯曲时：

$\phi_{0.6} = [(38.9\beta_c + 319.11) + (12.61\beta_c + 23.1) \cdot \xi] \cdot {\beta_s}^{0.82}/(E_s \cdot D)$；

当绕弱轴（y-y）弯曲时：

$\phi_{0.6} = [(38.9\beta_c + 319.11) + (12.61\beta_c + 23.1) \cdot \xi] \cdot {\beta_s}^{0.82}/(E_s \cdot B)$。

以上各式中：$\beta_c = f_{cu}/30$，$\beta_s = f_y/345$，f_{cu} 和 f_y 需以 MPa 为单位代入。

图3.177为使用阶段抗弯刚度实测值（K_{se}）与简化计算结果（K_{sc}）的比较情况，可见二者总体上吻合较好。

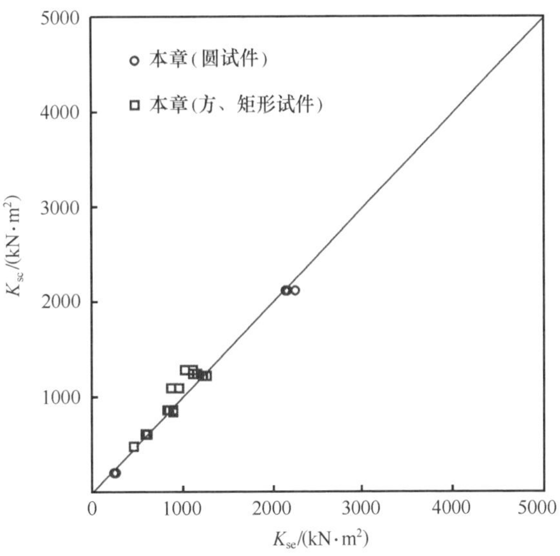

图3.177　实测K_{se}与简化计算K_{sc}的比较

（4）压弯构件

荷载-变形关系曲线全过程分析虽然能从理论上准确地描述钢管混凝土压弯构件的工作机理和力学性能，但计算较为复杂，方法也不便于实际应用，因此有必要提供承载力实用计算方法。

分析结果表明，影响圆形和方、矩形钢管混凝土压弯构件N/N_u-M/M_u关系曲线的主要因素有钢材和混凝土强度、含钢率和构件长细比。

图3.178和图3.179所示分别为钢材和混凝土强度以及含钢率对圆形和方、矩形钢管混凝土N/N_u-M/M_u强度关系的影响规律。

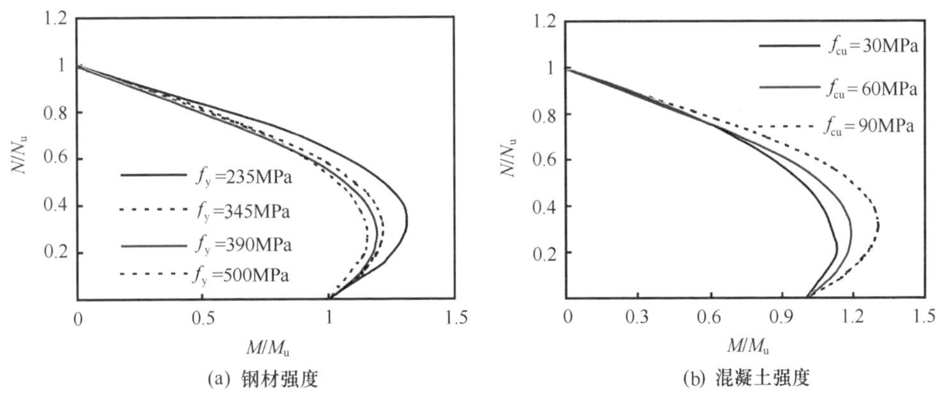

图3.178　各参数对圆钢管混凝土N/N_u-M/M_u关系曲线的影响

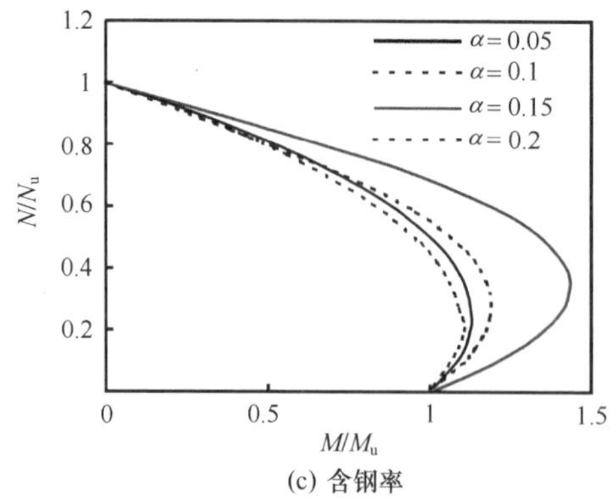

(c) 含钢率

图 3.178 各参数对圆钢管混凝土 N/N_u-M/M_u 关系曲线的影响（续）

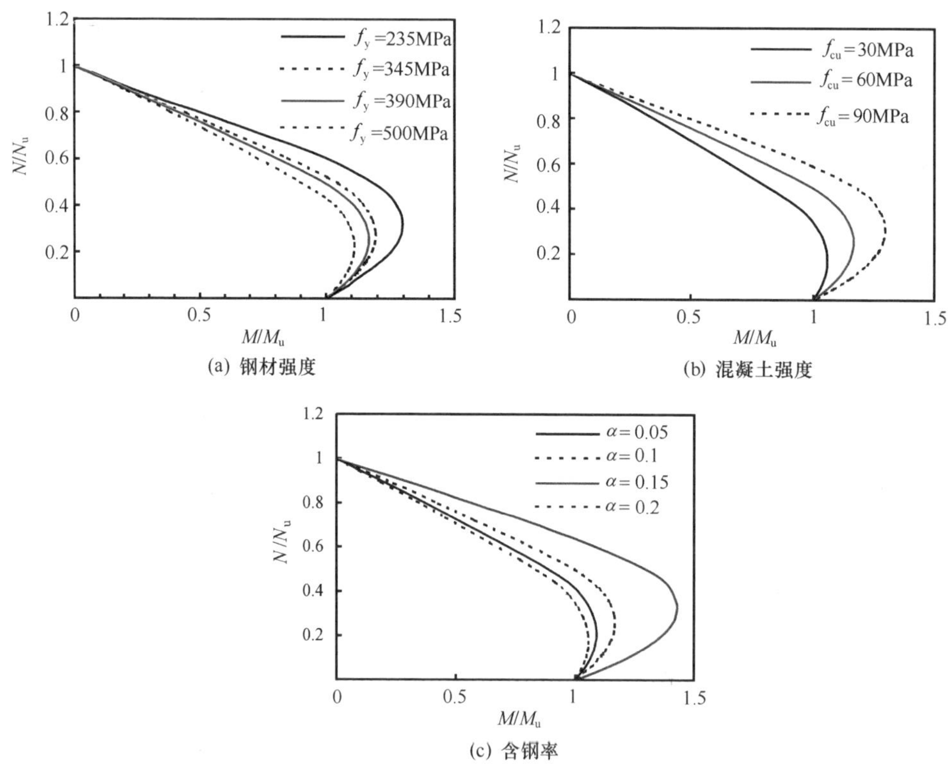

(a) 钢材强度

(b) 混凝土强度

(c) 含钢率

图 3.179 各参数对方、矩形钢管混凝土 N/N_u-M/M_u 关系曲线的影响

典型的钢管混凝土 N/N_u-M/M_u 强度关系曲线上都存在一平衡点 A（如图 3.180 所示），这与钢筋混凝土压弯构件的力学性能类似。

令 A 点的横、纵坐标值分别为 ζ_o 和 η_o。由图 3.178 和图 3.179 可见，在其他条件相同的情况下，钢材屈服强度 f_y 和含钢率 α 越大，A 点越向里靠，即 ζ_o 和 η_o 都有减小的趋势；混凝土强度 f_{cu} 越高，A 点越向外移，即 ζ_o 和 η_o 都有增大的趋势。这是因为 f_y 和 α 越大，意味着钢管对钢管混凝土的“贡献”越大，混凝土的“贡献”越小；而 f_{cu} 越高，意味着混凝土对钢管混凝土的“贡献”越大，因此钢管混凝土构件的力学性能和钢筋混凝土构件越相像。

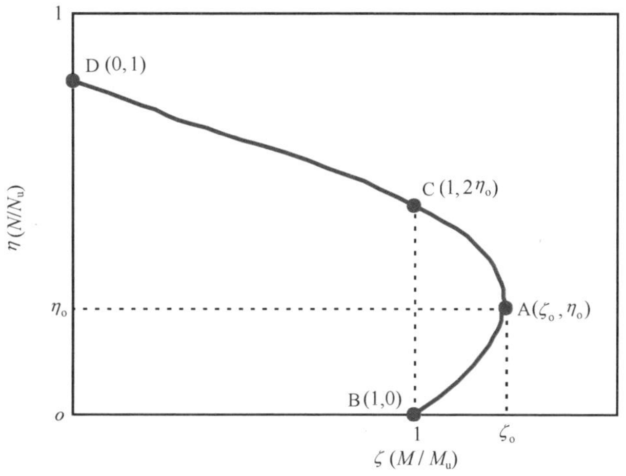

图 3.180　典型的 N/N_u-M/M_u 强度关系曲线

图 3.181（a）和（b）所示分别为构件长细比 λ 对圆形和方、矩形钢管混凝土压弯构件 N/N_u-M/M_u 关系的影响规律。可见，随着 λ 的增大，钢管混凝土压弯构件的极限承载力呈现出逐渐降低的趋势。且随着构件长细比的增大，二阶效应的影响逐渐变得显著，A 点逐渐越向里靠，即 ζ_o 和 η_o 值呈现出逐渐减小的趋势；随着 λ 的继续增大，A 点在 N/N_u-M/M_u 关系曲线表现得越来越不明显。

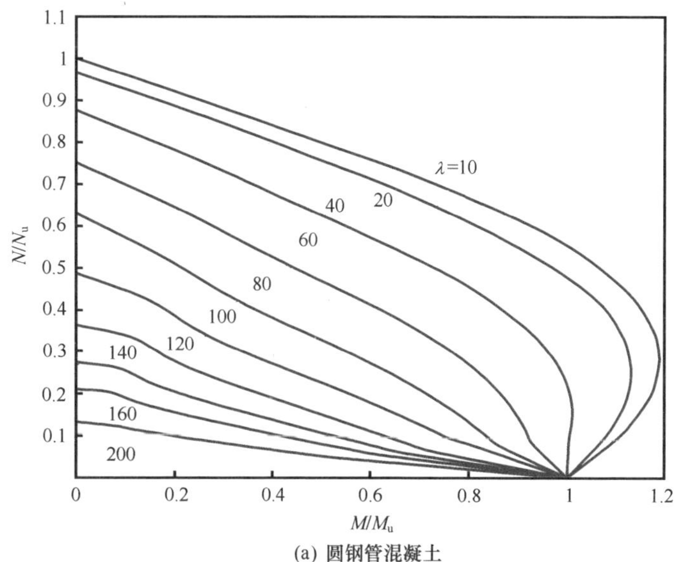

(a) 圆钢管混凝土

图 3.181　长细比对 N/N_u-M/M_u 关系曲线的影响

（f_y=390MPa，f_{cu}=60MPa，α=0.1）

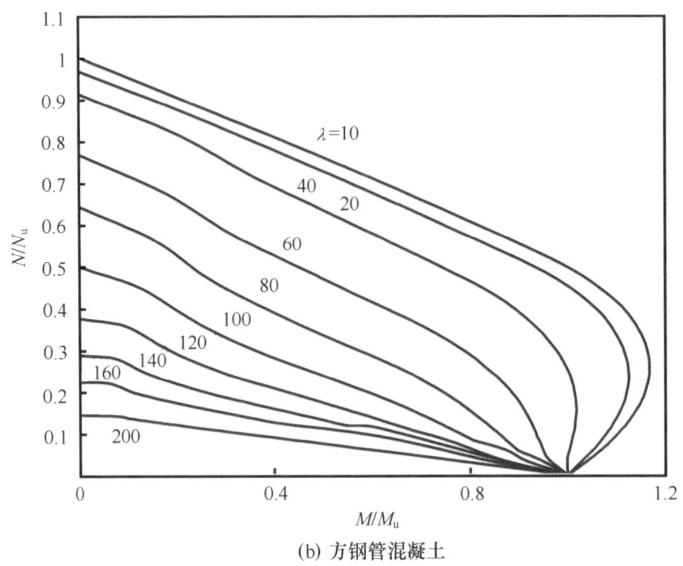

(b) 方钢管混凝土

图 3.181　长细比对 N/N_u-M/M_u 关系曲线的影响（续）
（f_y=390MPa，f_{cu}=60MPa，α=0.1）

为了合理准确地推导出钢管混凝土的 N/N_u-M/M_u 相关方程，进行了大量的理论计算工作，计算参数范围为 $f_y=200\sim700$MPa，$f_{cu}=30\sim120$MPa，$\alpha=0.03\sim0.2$，$\lambda=10\sim200$，对于矩形钢管混凝土，$D/B=1\sim2$。

参数分析结果表明，图 3.181 所示平衡点 A 的横、纵坐标值 ζ_o 和 η_o 近似可表示为约束效应系数 ξ 的函数。通过对计算结果的回归分析，可推导出 ζ_o 和 η_o 的计算公式如下。

1）对于圆钢管混凝土：

$$\zeta_o = 0.18\xi^{-1.15} + 1 \tag{3.96a}$$

2）对于方、矩形钢管混凝土：

$$\zeta_o = 1 + 0.14\xi^{-1.3} \tag{3.96b}$$

3）对于圆钢管混凝土：

$$\eta_o = \begin{cases} 0.5 - 0.245 \cdot \xi & (\xi \leqslant 0.4) \\ 0.1 + 0.14 \cdot \xi^{-0.84} & (\xi > 0.4) \end{cases} \tag{3.97a}$$

4）对于方、矩形钢管混凝土：

$$\eta_o = \begin{cases} 0.5 - 0.318 \cdot \xi & (\xi \leqslant 0.4) \\ 0.1 + 0.13 \cdot \xi^{-0.81} & (\xi > 0.4) \end{cases} \tag{3.97b}$$

分析结果表明，图 3.180 所示的钢管混凝土典型的 N/N_u-M/M_u 强度关系曲线大致可分为两部分，并用两个数学表达式来描述。

1）C—D 段（即 $N/N_u \geqslant 2\eta_o$ 时）：可近似采用直线的函数形式来描述，即

$$\frac{N}{N_u}+\alpha \cdot \left(\frac{M}{M_u}\right)=1 \tag{3.98a}$$

2）C—A—B段（即 $N/N_u<2\eta_o$ 时），可采用抛物线的函数形式来描述，即

$$-b \cdot \left(\frac{N}{N_u}\right)^2-c \cdot \left(\frac{N}{N_u}\right)+\left(\frac{M}{M_u}\right)=1 \tag{3.98b}$$

上面两式中：

$a=1-2\eta_o$；

$b=\dfrac{1-\zeta_o}{\eta_o^2}$；

$c=\dfrac{2 \cdot (\zeta_o-1)}{\eta_o}$；

上述式中：N_u为轴压强度承载力，由公式（3.72）确定；M_u为抗弯承载力，由式（3.88）确定。

考虑构件长细比的影响，最终可导得钢管混凝土压弯构件 N/N_u-M/M_u 相关方程为

$$\begin{cases} \dfrac{1}{\varphi} \cdot \dfrac{N}{N_u}+\dfrac{a}{d} \cdot \left(\dfrac{M}{M_u}\right)=1 & (N/N_u \geqslant 2\varphi^3 \cdot \eta_o) \\ -b \cdot \left(\dfrac{N}{N_u}\right)^2-c \cdot \left(\dfrac{N}{N_u}\right)+\dfrac{1}{d} \cdot \left(\dfrac{M}{M_u}\right)=1 & (N/N_u < 2\varphi^3 \cdot \eta_o) \end{cases} \tag{3.99}$$

式中：$a=1-2\varphi^2 \cdot \eta_o$；$b=\dfrac{1-\zeta_o}{\varphi^3 \cdot \eta_o^2}$；$c=\dfrac{2 \cdot (\zeta_o-1)}{\eta_o}$；

$$d=\begin{cases} 1-0.4 \cdot \left(\dfrac{N}{N_E}\right) & \text{（圆钢管混凝土）} \\ 1-0.25 \cdot \left(\dfrac{N}{N_E}\right) & \text{（方、矩形钢管混凝土）} \end{cases}$$。

$1/d$ 是考虑由于二阶效应而对弯矩的放大系数，其中，$N_E=\pi^2 \cdot E_{sc} \cdot A_{sc}/\lambda^2$ 为欧拉临界力；E_{sc}可按式（3.74）确定；φ 为轴心受压稳定系数，由式（3.82）确定。

根据对理论计算与试验结果的分析及理论分析结果的验证情况，建议式（3.99）的适用条件是 $\xi=0.2\sim5$，$f_y=200\sim700$MPa，$f_{cu}=30\sim120$MPa，$\alpha=0.03\sim0.2$，$\lambda=10\sim200$，对于矩形钢管混凝土，$D/B=1\sim2$。

式（3.99）计算的 N/N_u-M/M_u 关系曲线与数值计算结果基本吻合，以矩形钢管混凝土构件为例，图3.182给出二者比较的部分算例。算例的基本计算条件是Q345钢、C60混凝土，含钢率 $\alpha=0.1$。

对于方、矩形钢管混凝土双向压弯构件，将 M/M_u 以 $\sqrt[1.8]{(M_x/M_{ux})^{1.8}+(M_y+M_{uy})^{1.8}}$、$\varphi$ 以 φ_{xy} 代入式（3.99），即可得到在 N、M_x、M_y 共同作用下承载力的计算公式，即

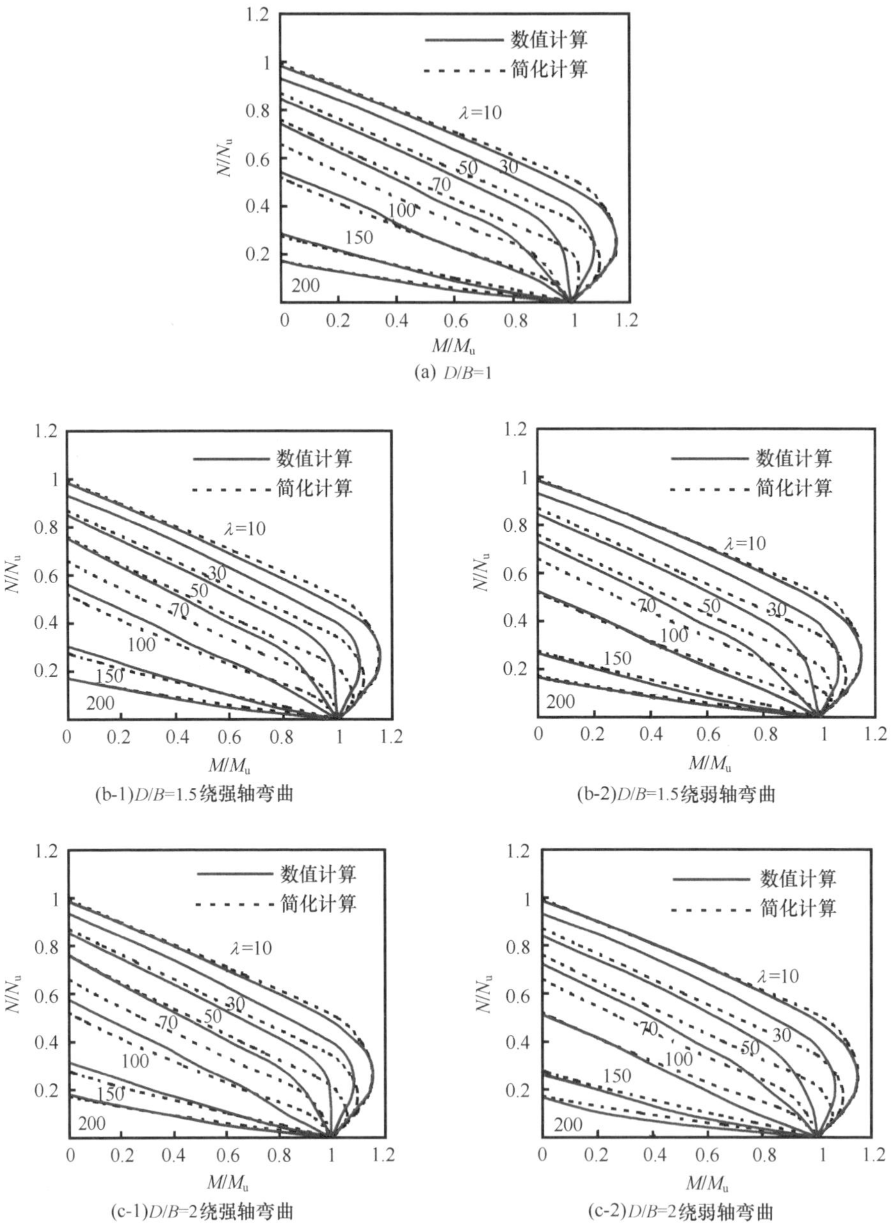

图 3.182　N/N_u-M/M_u 关系数值计算结果和简化计算结果对比

① 当 $N/N_u \geqslant 2\varphi_{xy}^3 \cdot \eta_o$ 时，

$$\frac{1}{\varphi_{xy}} \cdot \frac{N}{N_u} + \frac{a}{d} \cdot \left(\sqrt[1.8]{(M_x/M_{ux})^{1.8} + (M_y/M_{uy})^{1.8}}\right) = 1 \qquad (3.100a)$$

② 当 $N/N_u < 2\varphi_{xy}^3 \cdot \eta_o$ 时，

$$-b \cdot \left(\frac{N}{N_u}\right)^2 - c \cdot \left(\frac{N}{N_u}\right) + \frac{1}{d} \cdot \left(\sqrt[1.8]{(M_x/M_{ux})^{1.8} + (M_y/M_{uy})^{1.8}}\right) = 1 \tag{3.100b}$$

式中：φ_{xy}为矩形钢管混凝土构件的稳定系数，当构件绕强轴（x-x 轴，如图 3.15 所示）弯曲时，$\varphi_{xy}=\varphi_x$；当构件绕弱轴（y-y 轴，如图 3.15 所示）弯曲时，$\varphi_{xy}=\varphi_y$；

M_{ux}为矩形钢管混凝土绕强轴弯曲时的抗弯承载力，$M_{ux}=\gamma_m \cdot f_{scy} \cdot \dfrac{B \cdot D^2}{6}$；

M_{uy}为矩形钢管混凝土绕弱轴弯曲时的抗弯承载力，$M_{uy}=\gamma_m \cdot f_{scy} \cdot \dfrac{D \cdot B^2}{6}$。

图 3.183 绘出矩形钢管混凝土双向压弯构件按式（3.100）计算的 M_x/M_{ux}-M_y/M_{uy}关系与本书数值计算结果的对比情况，可见二者吻合较好。

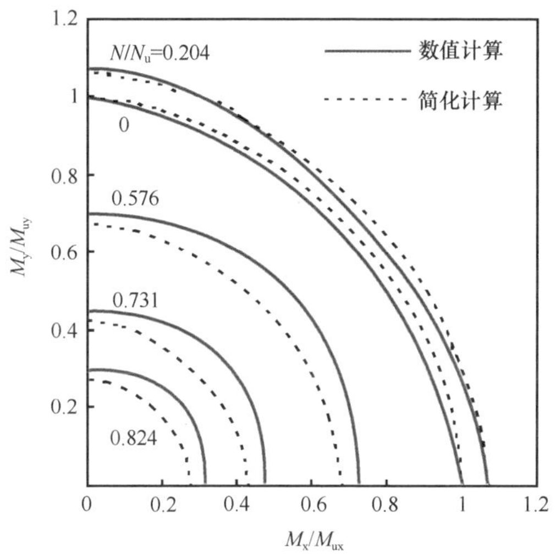

图 3.183　M_x/M_{ux}-M_y/M_{uy}数值计算和简化计算对比

（Q345 钢，C40 混凝土，$\alpha=0.1$，$\lambda_{xy}=10$）

表 3.27 和表 3.28，以及图 3.184（a）和（b）分别给出了采用式（3.99）计算获得的偏压构件极限承载力（N_{uc}）与收集到的实测结果（N_{ue}）的对比情况。其中，圆试件 294 个，N_{uc}/N_{ue}的平均值为 0.956，均方差为 0.128；方、矩形试件 171 个，N_{uc}/N_{ue}的平均值为 0.966，均方差 0.113。可见，简化计算结果与试验结果总体吻合，且稍偏于安全。表 3.27 和表 3.28 中，e/r 为荷载偏心率。

表 3.27 圆钢管混凝土压弯构件承载力计算结果与试验结果的比较

序号	D/t	λ	e/r	f_y/MPa	f_{cu}/MPa	试件数量	$\frac{N_{uc}}{N_{ue}}$	μ	σ	数据来源
1	33.2	17.1～120	0.12～1.21	249～329	34.7～51.2	42	0.751～1.131	0.931	0.115	蔡绍怀和邸小坛（1985）
2	22.5	18～41.8	0～1.18	360	88.5	12	0.719～1.282	0.952	0.150	顾维平等（1993）
3	29.6～35	12～73.7	0.21～0.57	302.7～324	44.2～52	7	0.722～0.854	0.784	0.050	Han（2000b）
4	92.4	28.11	0.14～0.20	380	100.5	3	0.819～0.928	0.874	0.055	Johansson 和 Gylltoft（2001）
5	32.5～42.4	42.2～126.4	0.20～0.98	320～325	66.1～67.4	15	0.780～1.022	0.910	0.075	Kilpatrick 和 Rangan（1997a）
6	40.5	16～120	0.13～0.25	352.8～433	49.8～79.4	18	0.849～1.194	1.029	0.077	Matsui 等（1995）
7	14.4～78.4	44.4～95.1	0.1～0.56	193～312	27～83.4	18	0.574～1.239	0.933	0.204	Neogi 等（1969）
8	58.5～220.9	14	0.07～0.22	185.7～363.3	55～123.9	23	0.913～1.154	1.051	0.081	O'Shea 和 Bridge（1997c）
9	23.8～63.5	31.8～92.2	0.20～0.591	218～341	77.4～95	18	0.780～1.135	0.952	0.085	Rangan 和 Joyce（1991）
10	28.3	14	0～0.6	352	116	9	0.875～0.982	0.929	0.037	谭克锋和蒲心诚（2000）
11	35.3	15.8～56.6	0.13～1.13	298.9	44.1	8	0.814～0.999	0.920	0.073	汤关祚等（1982）
12	31.3～32.2	49.9～100.1	0.1～0.4	275～281	90～91.6	8	0.863～0.998	0.929	0.055	Zeghiche 和 Chaoui（2005）
13	21.6～43.2	16.4～119	0.03～1.49	291～341	22.5～45	103	0.645～1.279	0.982	0.082	钟善桐（1994）
14	66.67	40	0～0.3	303.5	58.5	10	0.783～0.917	0.843	0.052	尧国皇（2006）
总计	14.4～220.9	12～126.4	0～1.49	185.7～433	22.5～123.9	294	0.645～1.282	0.956	0.128	—

表 3.28 方、矩形钢管混凝土压弯构件承载力计算结果与试验结果的比较

序号	B/t	λ	e/r	f_y/MPa	f_{cu}/MPa	试件数量	$\frac{N_{uc}}{N_{ue}}$	μ	σ	数据来源
1	20～23.5	36.2～69.3	0～0.84	254～319	36.8～53.3	8	0.984～1.119	1.037	0.042	Bridge（1976）
2	15～24	86.6	0.17～0.33	300～439	47.6～113	14	0.840～1.023	0.939	0.062	Cederwall 等（1997）
3	15-24	44.3～92.3	0.142～0.29	300～439	37.8～110.1	19	0.810～1.027	0.928	0.068	Grauers (1993)
4	20.5～36.5	45～75.1	0.214～0.86	321～330	28.4～54.13	22	0.860～1.048	0.929	0.054	Han 等（2001）
5	73.6	27.8～62.3	0.215～0.48	340	23.1	6	0.890～0.990	0.963	0.049	Han 和 Yao（2003a）

续表

序号	B/t	λ	e/r	f_y/MPa	f_{cu}/MPa	试件数量	$\frac{N_{uc}}{N_{ue}}$	μ	σ	数据来源
6	22.7	37～64.6	0.2～0.667	324.1	49.82	4	1.036～1.334	1.143	0.131	Knowles 和 Park（1969）
7	17.8～50	13.8～59.2	0.01～1	242～308	32.5～42.54	16	0.826～1.302	0.946	0.135	李四平等（1998）
8	35.1	13.8～104	0.334～1.67	411.6	38.97	18	0.945～1.179	1.056	0.088	Matsui 等（1995）
9	30	95.6～157.2	0.08～1	324～368	42.84～54.4	15	0.722～1.228	1.044	0.152	Shakir-Khalil 和 Al-Rawdan（1997）
10	24	119.5	0.1～0.5	343.3～357.5	39.56～40.9	2	0.887～1.052	0.970	0.117	Shakir-Khalil 和 Mouli（1990）
11	42～62	16.5～17.7	0～0.903	300	39.12～59.1	8	0.759～1.072	0.867	0.130	Uy（1997）
12	22～42	10	0.24～0.63	750	36.68～39	7	0.865～1.468	1.121	0.212	Uy（2001b）
13	19	138.6～173	0.916	370	64.4	4	0.850～1.146	1.000	0.164	Wang（1999a）
14	19.7～40.8	17.6～23.2	0.3～1.61	205～300	50.4	18	0.744～1.208	0.928	0.126	张正国（1989）
15	66.7	40	0～0.3	303.5	58.5	10	0.824～1.031	0.922	0.061	尧国皇（2006）
总计	15～66.7	10～157.2	0～1.67	205～750	28.4～113	171	0.744～1.468	0.966	0.113	—

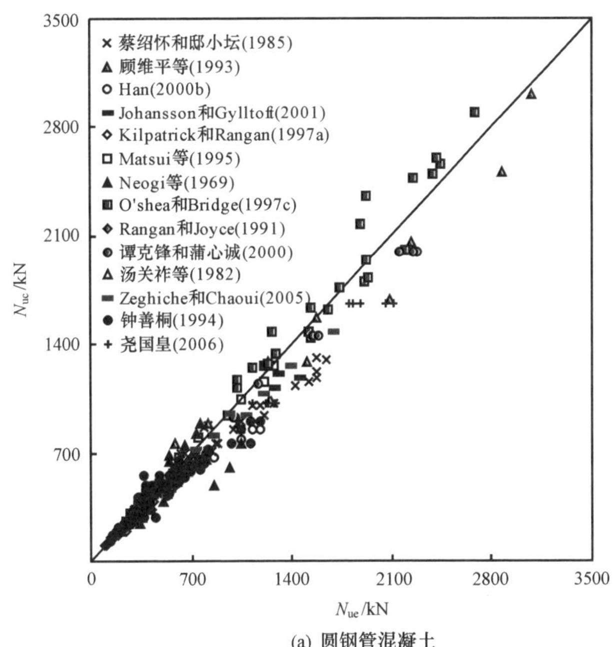

(a) 圆钢管混凝土

图 3.184　钢管混凝土压弯构件简化计算承载力与试验结果的比较

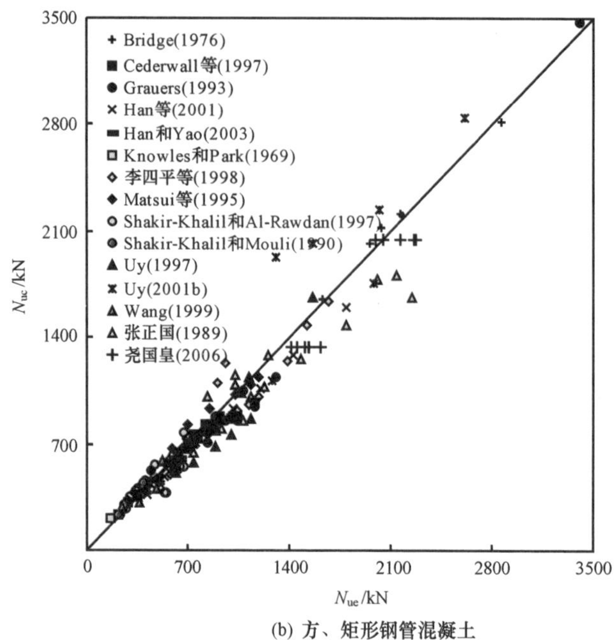

(b) 方、矩形钢管混凝土

图 3.184 钢管混凝土压弯构件简化计算承载力与试验结果的比较（续）

（5）拉弯构件

1）轴拉强度承载力。

定义钢管混凝土轴拉承载力提高系数 k_t 为钢管混凝土轴拉承载力与相应空钢管承载力的比值为

$$k_t = \frac{N_{tu}}{A_s f_y} \tag{3.101}$$

式中：N_{tu}为轴拉承载力；A_s 为外钢管横截面面积；f_y 为钢管屈服强度。

选择不同的参数，对典型的钢管混凝土轴拉构件进行抗拉强度的有限元计算分析，计算条件基本参数为：钢管横截面外直径 $D=400$mm；构件高度 $H=1200$mm；钢管壁厚 $t=9.3$mm，C60 混凝土，Q345 钢材。选取的参数包括混凝土强度（C20～C80）、钢材屈服强度（Q235～Q420）和含钢率（$\alpha=0.05$～0.20）。

图 3.185 所示为各参数对钢管混凝土轴拉构件 $N_t/(A_s f_y)$ 的影响规律。定义 $\varepsilon_y=5000\mu\varepsilon$ 所对应的荷载为钢管混凝土的抗拉承载力。

从图 3.185 的曲线可以看出，对 k_t影响最大的参数是截面含钢率。钢材屈服强度及核心混凝土强度对 k_t的影响很小。

图 3.186 所示为构件截面含钢率（α）对轴拉承载力提高系数（k_t）的影响关系，可以发现含钢率越小 k_t越大。这是因为含钢率越大，混凝土对钢管的支撑作用越弱，导致抗拉强度提高能力反而不如含钢率小的构件。在如下参数范围，

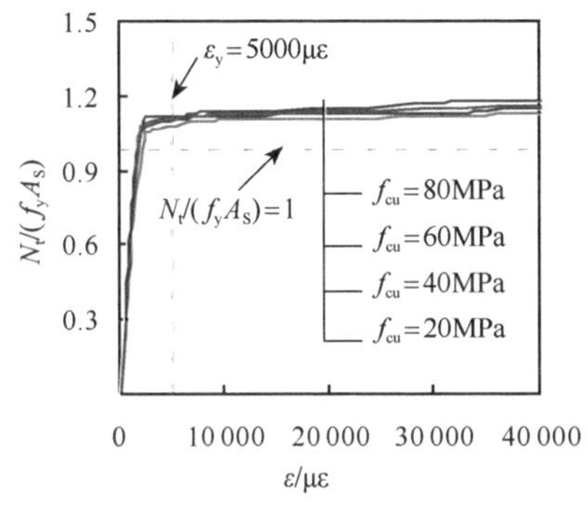

(a) 混凝土强度(f_{cu})的影响

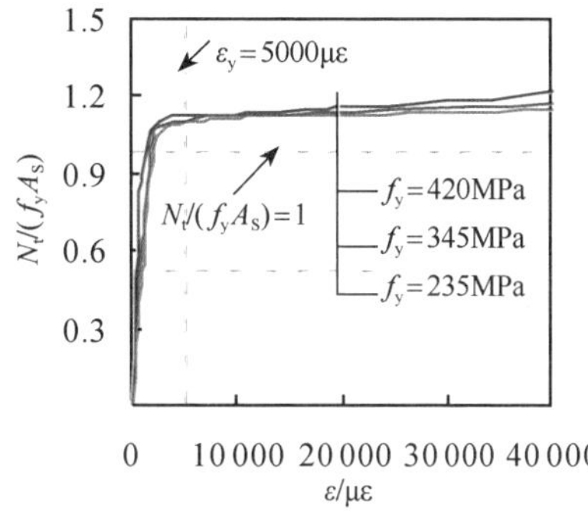

(b) 钢材屈服强度(f_y)的影响

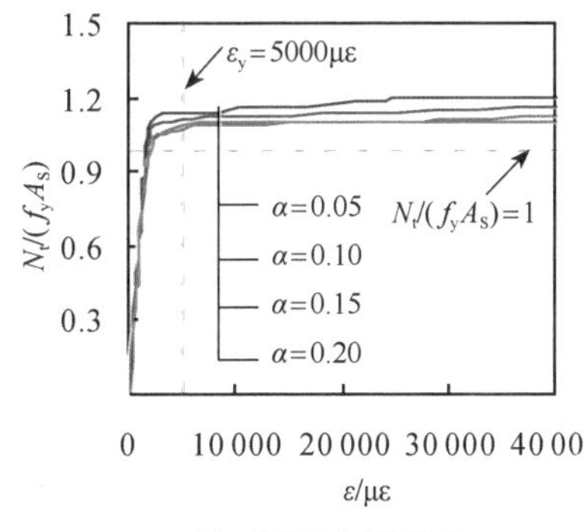

(c) 含钢率(α)的影响

图 3.185　圆钢管混凝土 $N_t/(f_yA_s)$-ε 关系曲线

即 f_y＝200～500MPa、C30～C90 混凝土、α＝0.04～0.2 时，拟合 k_t与含钢率 α 相关的公式为

$$k_t = 1.1 - 0.4\alpha \tag{3.102}$$

在常见参数范围内，即 α＝0.04～0.2、Q345～Q420 钢材、C30～C90 混凝土，对于圆钢管混凝土，γ_{ts}值变化范围为 1.1～1.2；对于方钢管混凝土，γ_{ts}值变化范围为 1.05～1.15。经分析比较，也可进一步简化为如下公式。

图 3.186　含钢率（α）与轴拉承载力提高系数（k_t）的关系

对于圆钢管混凝土：

$$N_{tu} = 1.1 f_y \cdot A_s \tag{3.103}$$

对于方钢管混凝土：

$$N_{tu} = 1.05 f_y \cdot A_s \tag{3.104}$$

图 3.187 给出钢管混凝土抗拉强度计算结果（N_{tuc}分别按照 DBJ/T13-51—2010、欧洲规范 EC4—2004），与潘友光和钟善桐（1990）及本书轴拉试验结果

的对比情况。结果显示，20 个试件按 DBJ/T13-52—2010 公式计算的 N_{tuc}/N_{tue} 平均值和均方差分别为 1.026 和 0.054；按 EC4—2004 公式计算的 N_{tuc}/N_{tue} 平均值和均方差分别为 0.932 和 0.049；按式（3.103）计算的 N_{tuc}/N_{tue} 平均值和均方差分别为 0.993 和 0.053，按式（3.103）得到的计算结果与试验结果吻合最好。

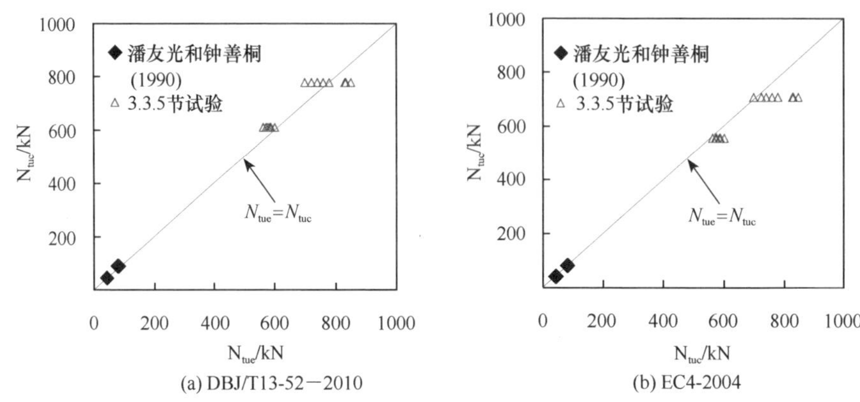

图 3.187 抗拉强度计算值（N_{tuc}）与试验值（N_{tue}）的对比

2）拉弯构件承载力相关方程。

从图 3.111 可见，当截面受拉区钢管最大应变很大时，轴向荷载仍有继续增加的趋势，钢管混凝土拉弯构件表现出良好的塑性性能。为了便于实际应用，有必要提供钢管混凝土拉弯构件极限承载力指标。考虑到构件的受力状态和正常使用要求，建议钢管混凝土受拉区钢材最大拉应变达 10 000$\mu\varepsilon$ 时的轴向拉力为拉弯构件极限承载力。

根据上述定义，计算了不同钢材强度和混凝土强度及不同含钢率情况下钢管混凝土拉弯构件 N/N_{tu}-M/M_u 关系曲线。计算结果表明，圆钢管混凝土和方钢管混凝土 N/N_{tu}-M/M_u 关系曲线差别很小，且钢材强度、混凝土强度和含钢率对其影响很小，图 3.188 给出了一组典型的 N/N_{tu}-M/M_u 关系曲线。

由上述计算分析结果，为了简化计算，在推导拉弯构件相关方程可不考虑以上参数的影响。根据图 3.188 所示 N/N_{tu}-M/M_u 关系曲线，建议圆钢管混凝土和方钢管混凝土拉弯构件 N/N_{tu}-M/M_u 相关方程计算公式数学表达式为

$$\left(\frac{N}{N_{tu}}\right)^{1.5}+\frac{M}{M_u}=1 \tag{3.105}$$

式中：N_{tu} 可按式（3.103）确定；M_u 可按式（3.88）确定。

图 3.188 给出了式（3.105）计算的拉弯构件 N/N_{tu}-M/M_u 相关曲线计算结果与数值计算结果的比较，可见二者总体吻合较好。

对式（3.105）进行进一步的简化，即 N/N_{tu}-M/M_u 关系采用直线的形式为

$$\frac{N}{N_{tu}}+\frac{M}{M_u}=1 \tag{3.106}$$

根据上述公式计算的钢管混凝土拉弯试件承载力和本书 3.3.6 节进行的拉弯构件试验结果的对比如图 3.189 所示。可见，上述公式可以较好地预测钢管混凝土拉弯构件的承载力，且简化公式计算结果总体上稍偏于安全。

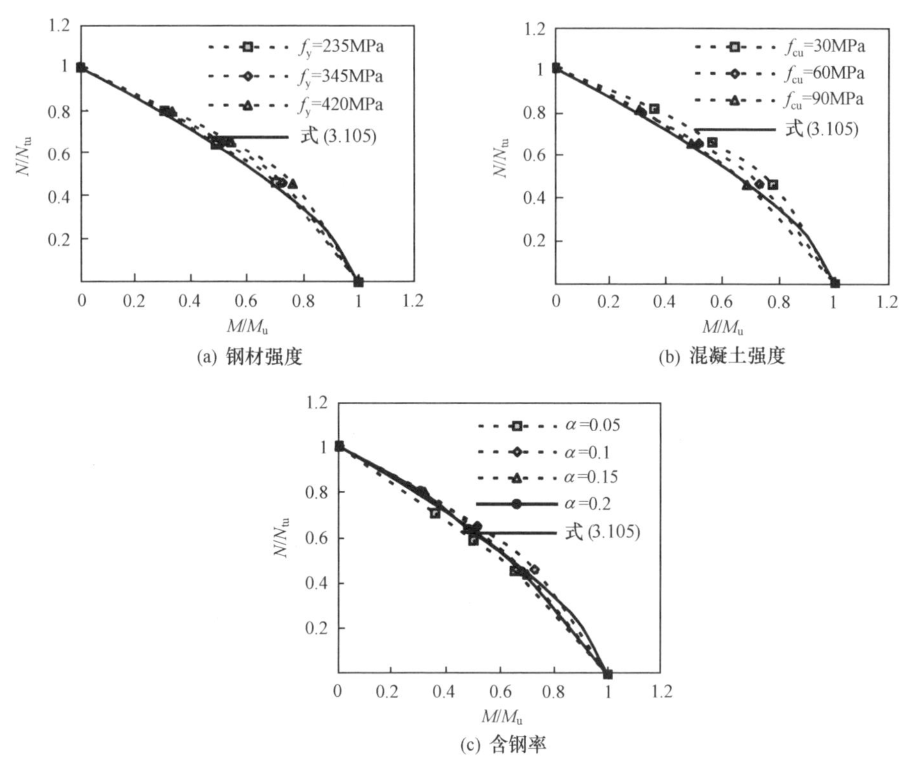

图 3.188　钢管混凝土拉弯构件 N/N_{tu}-M/M_u关系曲线

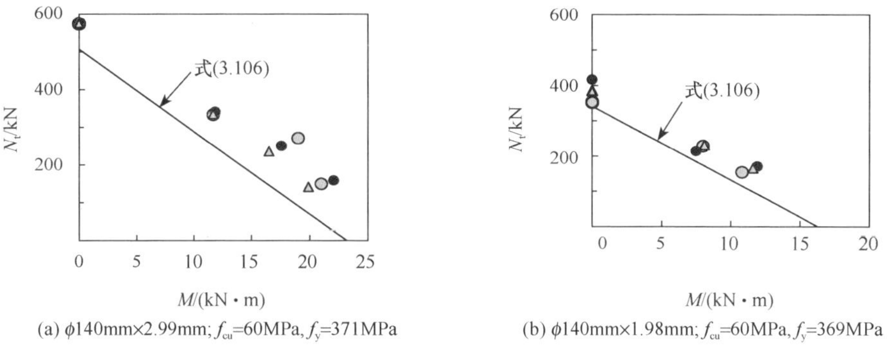

图 3.189　拉弯构件承载力比较

3.5 钢管混凝土压弯构件设计公式及可靠度分析

3.5.1 承载力设计方法

基于3.4节中提出的关于圆形和方、矩形钢管混凝土构件承载力的计算公式，下面简要归纳钢管混凝土压弯构件承载力设计公式。

(1) 轴心受压构件

当钢管混凝土构件轴心受压时，其承载力按下式进行验算为

$$N \leqslant \varphi \cdot N_u \tag{3.107}$$

式中：$N_u = f_{sc} \cdot A_{sc}$，其中，$f_{sc}$为钢管混凝土轴压强度设计值，按下式计算。

1）对于圆钢管混凝土：

$$f_{sc} = (1.14 + 1.02\xi_o) \cdot f_c \tag{3.108}$$

2）对于方、矩形钢管混凝土：

$$f_{sc} = (1.18 + 0.85\xi_o) \cdot f_c \tag{3.109}$$

式中：f_c为混凝土的轴心抗压强度设计值；

ξ_o为构件截面的约束效应系数设计值（$=\alpha f/f_c$）[f为钢材的抗拉、抗压和抗弯强度设计值；α为构件截面含钢率（$=A_s/A_c$）（A_s、A_c分别为钢管和混凝土的横截面面积）]。

采用第一组钢材的f_{sc}值由式（3.108）或式（3.109）计算。采用第二、三组钢材的f_{sc}值应按式（3.108）或式（3.109）的计算值乘换算系数k_1后确定。对Q235和Q345钢，$k_1=0.96$；对Q390和Q420钢，$k_1=0.94$。钢材的分组按《钢结构设计规范》（GB50017）的规定确定。

式（3.107）中，稳定系数φ可按照式（3.83）计算。

(2) 受弯构件

当钢管混凝土构件受纯弯作用时，其承载力按下式进行验算为

$$M \leqslant M_u \tag{3.110}$$

式中：M为所计算构件段范围内的最大弯矩设计值；$M_u = \gamma_m W_{scm} f_{sc}$，其中，系数$\gamma_m$按照式（3.87）计算，$f_{sc}$按式（3.109）确定。

方、矩形钢管混凝土双向受弯构件的承载力按下式验算为

$$\left(\frac{M_x}{M_{ux}}\right)^{1.8} + \left(\frac{M_y}{M_{uy}}\right)^{1.8} \leqslant 1 \tag{3.111}$$

式中：M_x、M_y为所计算构件段范围内的最大弯矩设计值；M_{ux}、M_{uy}为构件绕强轴和弱轴的极限弯矩值。

(3) 压弯构件

钢管混凝土构件在一个平面内承受压弯荷载共同作用时，承载力按下列公式

计算。

1）强度承载力：

① 当 $N/N_u \geqslant 2\eta_o$ 时，

$$\frac{N}{N_u}+\frac{a\cdot\beta_m\cdot M}{M_u}\leqslant 1 \tag{3.112}$$

② 当 $N/N_u < 2\eta_o$ 时，

$$\frac{-b\cdot N^2}{N_u^2}-\frac{c\cdot N}{N_u}+\frac{\beta_m\cdot M}{M_u}\leqslant 1 \tag{3.113}$$

式中：

$a=1-2\cdot\eta_o$；

$b=\dfrac{1-\zeta_o}{\eta_o^2}$；

$c=\dfrac{2\cdot(\zeta_o-1)}{\eta_o}$。

对于圆钢管混凝土：

$$\zeta_o=0.18\xi^{-1.15}+1 \tag{3.114}$$

$$\eta_o=\begin{cases}0.5-0.245\cdot\xi & (\xi\leqslant 0.4)\\ 0.1+0.14\cdot\xi^{-0.84} & (\xi>0.4)\end{cases} \tag{3.115}$$

对于方、矩形钢管混凝土：

$$\zeta_o=1+0.14\xi^{-1.3} \tag{3.116}$$

$$\eta_o=\begin{cases}0.5-0.318\cdot\xi & (\xi\leqslant 0.4)\\ 0.1+0.13\cdot\xi^{-0.81} & (\xi>0.4)\end{cases} \tag{3.117}$$

2）稳定承载力：

① 当 $N/N_u \geqslant 2\varphi^3\eta_o$ 时，

$$\frac{N}{\varphi\cdot N_u}+\left(\frac{a}{d}\right)\cdot\frac{\beta_m\cdot M}{M_u}\leqslant 1 \tag{3.118}$$

② 当 $N/N_u < 2\varphi^3\eta_o$ 时，

$$\frac{-b\cdot N^2}{N_u^2}-\frac{c\cdot N}{N_u}+\left(\frac{1}{d}\right)\frac{\beta_m\cdot M}{M_u}\leqslant 1 \tag{3.119}$$

式中：

$a=1-2\varphi^2\cdot\eta_o$；

$b=\dfrac{1-\zeta_o}{\varphi^3\cdot\eta_o^2}$；

$c=\dfrac{2\cdot(\zeta_o-1)}{\eta_o}$；

对于圆钢管混凝土：$d=1-0.4\cdot\left(\dfrac{N}{N_E}\right)$；

对于方、矩形钢管混凝土：$d=1-0.25\cdot\left(\frac{N}{N_{\mathrm{E}}}\right)$；

上述式中：M 为所计算构件段范围内的最大弯矩；

N_{E}为欧拉临界力，$N_{\mathrm{E}}=\pi^2\cdot E_{\mathrm{sc}}\cdot A_{\mathrm{sc}}/\lambda^2$；

W_{sc}为钢管混凝土构件弯矩作用平面内截面抗弯模量；

β_{m} 为等效弯矩系数，按国家规范《钢结构设计规范》（GB 50017）的规定取值。

对于绕强轴弯曲的矩形钢管混凝土压弯构件，除了按式（3.99）验算弯矩作用平面内的稳定性，还需按下式验算弯矩作用平面外的稳定性为

$$\frac{N}{\varphi\cdot N_{\mathrm{u}}}+\frac{\beta_{\mathrm{m}}M}{1.4M_{\mathrm{u}}}\leqslant 1 \tag{3.120}$$

式中：M 为所计算构件段范围内的最大弯矩；β_{m} 为等效弯矩系数，按国家规范《钢结构设计规范》（GB 50017）的规定取值；φ 为弯矩作用平面外的轴心受压构件稳定系数。

对于承受双向压弯的方、矩形钢管混凝土构件，可把式（3.112）、式（3.113）和式（3.118）、式（3.119）中的“$\frac{M}{M_{\mathrm{u}}}$”项以“$\left[\left(\frac{M_{\mathrm{x}}}{M_{\mathrm{ux}}}\right)^{1.8}+\left(\frac{M_{\mathrm{y}}}{M_{\mathrm{uy}}}\right)^{1.8}\right]^{1/1.8}$”代入进行验算，其中 M_{ux}、M_{uy}分别为构件绕强轴（x-x）和弱轴（y-y）的极限弯矩值。

3.5.2 可靠度分析

（1）分析方法简介

依据国家标准《建筑结构可靠度设计统一标准》（GB 50068—2001）中的有关规定，可实现对钢管混凝土轴压、纯弯和压弯构件的可靠度分析。

目前各国规范的制定基本上都采用水准二意义上的近似概率设计法来指导制定，它利用可靠度指标β来度量与之一一对应的p_{f}大小，但在具体结构设计中规范的公式仍采用分项系数的表达形式。近似概率法的特点是将结构抗力和荷载效应作为随机变量，并对随机表达式进行线性化处理，按给定的概率分布来计算失效概率或可靠指标，其只用到平均值和均方差这两个统计参数。

决定构件可靠度的因素是构件综合抗力和荷载综合效应，进一步又可细分为材料性能不定性、构件几何尺寸不定性、计算模式不定性及荷载变异性等影响因素，因此，实际结构中影响构件可靠度的因素常为多个随机变量。设有 n 个影响因素均为独立的服从正态分布的基本变量 X_{i}（$i=1$，2，…，n），极限状态方程为

$$Z=g(X_1,X_2,\cdots,X_{\mathrm{n}})=0 \tag{3.121}$$

以上极限状态方程实际上代表以基本变量 X_{i}（$i=1$，2，…，n）为坐标的 n 维欧氏空间上的一个曲面，它将 n 维空间分为可靠区（$Z\geqslant 0$）和失效区（$Z<0$）两部分。

当基本变量为正态分布时，先对各基本变量作标准正态化变换，令

$$\hat{X}_i = \frac{X_i - \mu_{xi}}{\sigma_{xi}} (i = 1, 2, \cdots, n) \tag{3.122}$$

式中：μ_{xi}、σ_{xi}为基本变量 X_i的平均值和标准差，由此得

$$X_i = \hat{X}_i \sigma_{xi} + \mu_{xi} \tag{3.123}$$

按标准正态化后的新坐标系，极限状态方程为

$$Z = g(\hat{X}_i \sigma_{xi} + \mu_{xi}) (i = 1, 2, \cdots, n) \tag{3.124}$$

图 3.190 所示为三个基本变量时的极限状态曲面，将从原点 o′ 到极限状态曲面的法线的垂足 P^* 称为“设计验算点”，其坐标为（$\hat{x}_1^*$，$\hat{x}_2^*$，$\hat{x}_3^*$），可靠度指标的几何意义即为标准状态坐标系中原点到极限状态曲面的最短距离。

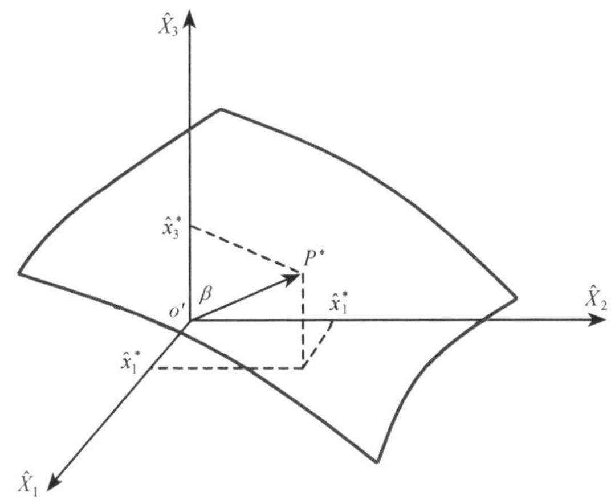

图 3.190　极限状态曲面和验算点 P^*

根据坐标变换，验算点 P^* 在原坐标系中的坐标和 β 有下列关系，即

$$x_i^* = \hat{x}_i^* \sigma_{xi} + \mu_{xi} = \beta \sigma_{xi} \cos\theta_{xi} + \mu_{xi} \tag{3.125}$$

其中，$\cos\theta_{xi}$为法线对坐标向量的方向余弦，可表示为

$$\cos\theta_{xi} = \frac{-\left.\frac{\partial g}{\partial x_i}\right|_{P^*} \sigma_{xi}}{\sqrt{\sum_{i=1}^{n} \left(\left.\frac{\partial g}{\partial x_i}\right|_{P^*} \sigma_{xi} \right)^2}} \tag{3.126}$$

式中：$\left.\frac{\partial g}{\partial x_i}\right|_{P^*}$ 为函数 g（·）在 P^* 点对 x_i的偏导数。

同时，由于点在极限状态曲面上，其必然满足曲面方程

$$g(x_i^*) = 0 \tag{3.127}$$

当已知各基本变量的统计参数 μ_{xi}和 σ_{xi}后，即可利用迭代方法解得 β 值，具

体步骤如下：

1）假设一组 x_i^* 值，得 P^* 点的坐标，一般可假设 $x_i^*=\mu_{xi}$。

2）计算 $\left.\frac{\partial g}{\partial x_i}\right|_{P^*}$，利用式（3.126）计算各 $\cos\theta_{xi}$值。

3）由式（3.125）计算各 x_i^* 值，代入式（3.127），即可解得初始 β_1 值。

4）将 β_1 代入式（3.125），求得一组新的 x_i^* 值，返回步骤 1）重新进行迭代计算，直到前后两次迭代求得的 β 值之差小于允许误差为止。

当基本变量为非正态分布时，如抗力 R 为对数正态分布，活载 S_L 为极值 I 型分布，在求 β 值前应对这类基本变量进行当量正态化处理，在进行当量正态处理时，应符合两个条件，即：

1）在验算点处，使当量正态变量与非正态变量具有相同的概率密度函数值。

2）在验算点处，使当量正态变量与非正态变量具有相同的概率分布函数值。

钢管混凝土构件的极限状态方程为

$$g=R-S_G-S_L=0 \tag{3.128}$$

相应的设计表达式为：

$$\gamma_G S_{GK}+\gamma_L S_{LK}\leqslant R_K/\gamma_R \tag{3.129}$$

式中：S_{GK}、S_{LK}为永久荷载和可变荷载的标准值；R_K 为材料的强度标准值；γ_G、γ_L、γ_R 为永久荷载、可变荷载和材料的分项系数，γ_G、γ_L 为按荷载规范的规定采用；γ_R 取抗力标准值和利用 3.5.1 节中有关设计公式计算出的设计值之比。

在分析结构的可靠度时，取三种最常见的荷载效应组合，即

1）$S_G+S_{L办}$。

2）$S_G+S_{L住}$。

3）S_G+S_W。

式中：S 为荷载效应；下标 G、L 和 W 分别代表永久荷载、可变荷载和风荷载；住指住宅建筑的楼盖活荷载，办指办公室活荷载。

表 3.29 分别列出了恒载和各活载的统计参数。

表 3.29　荷载组合活载指标统计参数

荷载类别	恒载	办公室活载	住宅活载	风荷载
平均值	1.060	0.700	0.859	0.999
变异系数	0.070	0.290	0.233	0.193

本节在分析可靠度时选用了 Q235，Q345 两种钢材和 C30，C40，C50 三种混凝土强度，材料性能不定性分别采用钢材和混凝土的不定性系数，如表 3.30 所示。构件计算模式不定性需根据钢管混凝土构件承载力的实测值和计算值的比值来确定，按照概率统计的方法，分别计算出计算模式不定性系数的平均值和变异系数。

表 3.30　材料性能指标统计参数

参数	钢材		混凝土		
	Q235	Q345	C50	C30	C40
f_y（f_{ck}）/MPa	235	345	20	27	33.5
f（f_c）/MPa	215	315	15	19.5	23.5
平均值	1.080	1.090	1.41	1.35	1.32
变异系数	0.080	0.070	0.190	0.160	0.135

表 3.31 和表 3.32 分别给出圆钢管混凝土和方、矩形钢管混凝土轴压构件计算模式的不定性参数。由于计算轴压构件承载力时，稳定系数 φ 为构件长细比 λ 的连续函数，在理论上，其对应每个 λ 值都应存在计算模式不定性参数的一个平均值和变异系数。为了简化计算，把连续曲线 φ 离散到不同的 λ 区段，分段求出计算模式不定性系数的平均值和变异系数，从而算出各区段内的可靠度指标。按照试验数据的分布情况，对于圆钢管混凝土，将 λ 分成 6 个区段，对于方、矩形钢管混凝土，将 λ 分成 5 个区段。钢管混凝土轴压构件在长细比 $\lambda \leqslant 20$ 时的试验数据较多，且数据分布较为分散，暂统一给出计算模式不定性系数的平均值（μ_{KP}）和变异系数（δ_{KP}）。在每个区段内分别计算出 Q235 钢和 Q345 钢的计算模式不定性统计参数，由于圆钢管混凝土在 λ 较大时的试验数据很少，且来源相对集中，在 λ 较大时，计算模式不定性统计参数不区分钢材种类。

表 3.31　圆钢管混凝土轴压构件计算模式不定性参数

λ	≤20	20～40		40～60	60～80	80～120	120～160
		Q235	Q345				
平均值	1.096	1.101	1.098	1.087	1.043	1.170	1.195
变异系数	0.124	0.101	0.113	0.118	0.115	0.128	0.138
数据个数	356	33	92	68	40	37	23

表 3.32　方、矩形钢管混凝土轴压构件计算模式不定性参数

λ	≤20	20～40	40～60	60～80	80～100
平均值	1.030	0.997	1.028	1.109	1.101
变异系数	0.104	0.065	0.069	0.087	0.134
数据个数	313	21	20	20	18

对钢管混凝土构件在纯弯受力状态下的试验数据不多，圆钢管混凝土计算模式不定性参数为：平均值为 1.170，变异系数为 0.116，试验数据为 24 个；方、矩形钢管混凝土计算模式不定性参数为：平均值为 1.134，变异系数为 0.098，试验数据为 41 个。

表 3.33 列出圆钢管混凝土和方、矩形钢管混凝土压弯构件承载力计算模式

不定性参数。由于钢管混凝土柱在偏心较大时的试验数据较少，所以暂只对偏心较小情况下压弯构件承载力计算公式进行可靠度分析。根据试验数据的分布情况，将构件按长细比（λ）和荷载偏心率（e/r），分别分为两个区段进行计算，且不区分钢材种类。

表 3.33　压弯构件计算模式不定性参数

统计参数	圆钢管混凝土				方、矩形钢管混凝土			
	$\lambda\leqslant70$		$\lambda>70$		$\lambda\leqslant50$		$\lambda>50$	
	$e/r\leqslant0.8$	$e/r>0.80$	$e/r\leqslant0.75$	$e/r>0.75$	$e/r\leqslant0.80$	$e/r>0.80$	$e/r\leqslant0.75$	$e/r>0.75$
平均值	1.087	1.015	1.017	0.929	1.058	1.036	1.100	0.934
变异系数	0.125	0.073	0.124	0.061	0.127	0.107	0.115	0.123
数据个数	191	29	57	17	74	27	50	20

在确定了以上有关计算参数后，即可进行钢管混凝土构件的可靠度分析，分析时的基本参数为：钢材采用 Q235、Q345 两种；混凝土采用 C30、C40 和 C50 三种；含钢率为 0.03-0.2；荷载比（ρ，即可变荷载与永久荷载标准值之比）为 0.25、0.5、1 和 2。

（2）轴压构件

表 3.34 和表 3.35 分别列出圆钢管混凝土和方、矩形钢管混凝土轴压构件可靠度指标计算结果，可见，当 C30 混凝土和各钢种组合时，其 β 值较小。对于圆钢管混凝土，其最小值为 $\lambda=70$ 时 Q235 和 C30 组合的 3.512；对于方、矩形钢管混凝土，其最小值为 $\lambda=90$ 时 Q345 和 C30 组合的 3.577。

表中 β 的取值方法是：当钢材种类、混凝土标号及构件长细比 λ 一定时，取构件截面含钢率在 0.03～0.2 范围内以 0.01 为增量变化，各含钢率对应的 β 值的平均值。

表 3.34　圆钢管混凝土轴压构件的 β 值

混凝土强度等级	Q235						Q345					
	$\lambda\leqslant20$	$\lambda=30$	$\lambda=50$	$\lambda=70$	$\lambda=100$	$\lambda=140$	$\lambda\leqslant20$	$\lambda=30$	$\lambda=50$	$\lambda=70$	$\lambda=100$	$\lambda=140$
C30	3.627	3.876	3.649	3.485	3.883	3.870	3.612	3.738	3.637	3.468	3.875	3.857
C40	3.820	4.087	3.846	3.682	4.076	4.056	3.776	3.908	3.804	3.636	4.037	4.014
C50	4.022	4.311	4.053	3.889	4.278	4.249	3.948	4.089	3.980	3.813	4.209	4.178

表 3.35　方、矩形钢管混凝土轴压构件的 β 值

混凝土强度等级	Q235					Q345				
	$\lambda\leqslant20$	$\lambda=30$	$\lambda=50$	$\lambda=70$	$\lambda=90$	$\lambda\leqslant20$	$\lambda=30$	$\lambda=50$	$\lambda=70$	$\lambda=90$
C30	3.571	3.721	3.848	4.075	3.594	3.564	3.737	3.867	4.095	3.577
C40	3.788	3.968	4.094	4.312	3.789	3.751	3.948	4.077	4.296	3.745
C50	4.018	4.232	4.357	4.565	3.994	3.950	4.089	4.206	4.403	3.876

图 3.191 和图 3.192 分别绘出钢材类别、混凝土类别和含钢率变化对 β 值影响的典型曲线，可见，β 随混凝土强度的提高而提高，随含钢率的提高而降低，而钢材类别对 β 大小的影响则不大。

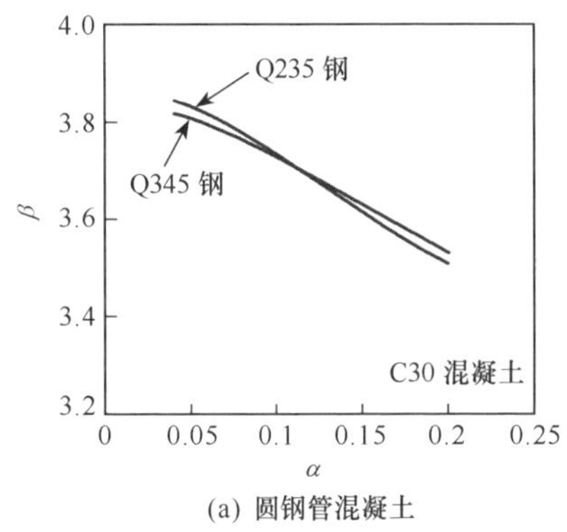

(a) 圆钢管混凝土

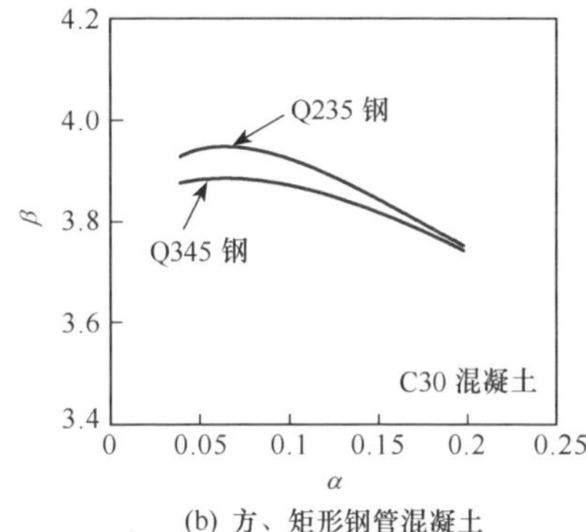

(b) 方、矩形钢管混凝土

图 3.191　钢材类别和含钢率对 β 的影响（办公室活载、荷载比 ρ=0.25）

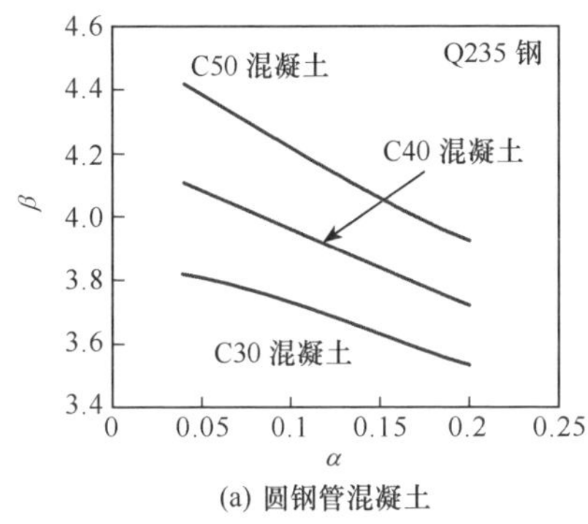

(a) 圆钢管混凝土

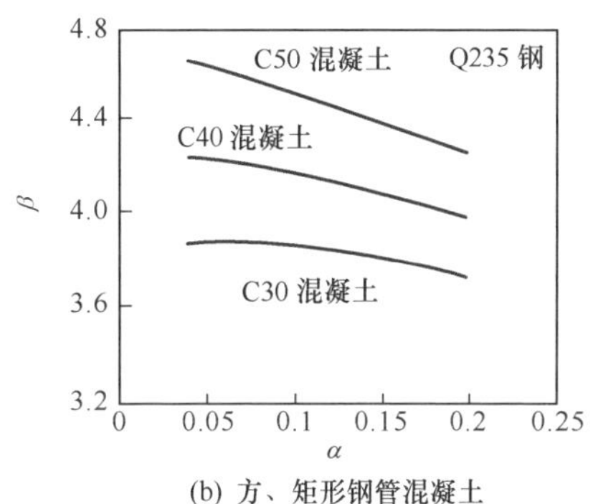

(b) 方、矩形钢管混凝土

图 3.192　混凝土强度和含钢率对 β 的影响（办公室活载、荷载比 ρ=0.25）

图 3.193 和图 3.194 分别给出活载类别和荷载比（ρ）对 β 影响的典型关系曲线，可见，当恒载和各种活载组合时，以和办公室活载组合的情况下 β 值最高，住宅活载次之，以风荷载最低；荷载比 ρ 对 β 的影响没有明显规律，当 ρ 较大或较小时，β 都较低，这是由于恒载的平均值较活载大，但变异系数要较活载小的缘故。

（3）纯弯构件

表 3.36 分别列出圆钢管混凝土和方、矩形钢管混凝土纯弯构件可靠度指标计算结果，结果表明：最小的可靠度指标为 C30 混凝土和各钢种组合时的情况，对于圆钢管混凝土，其最小值为 3.938，对于方、矩形钢管混凝土，其最小总平均值为 4.001，符合可靠度的要求。

表中 β 的取值方法是：当钢材种类和混凝土强度一定时，取构件截面含钢率在 0.03～0.2 范围内以 0.01 为增量变化，各含钢率对应的 β 值的平均值。

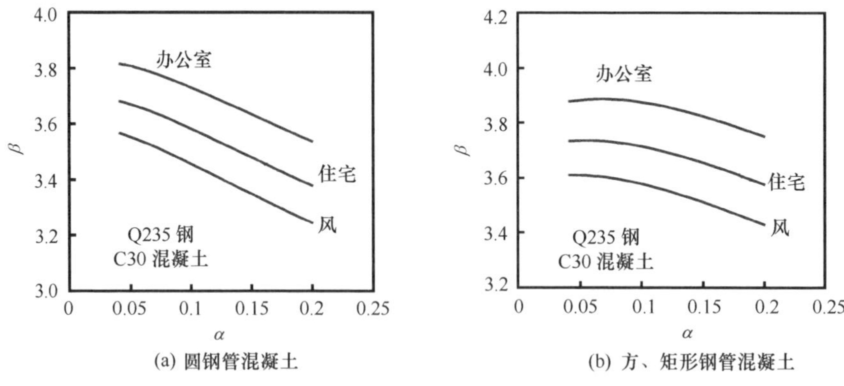

图 3.193　活载类别对 β 的影响（ρ=0.25）

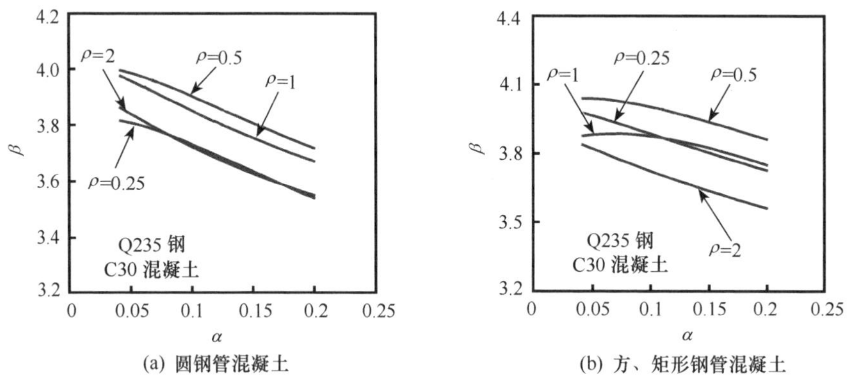

图 3.194　荷载比（ρ）对 β 的影响（办公室活荷）

表 3.36　纯弯构件的 β 值

混凝土强度等级	圆钢管混凝土		方、矩形钢管混凝土	
	Q235	Q345	Q235	Q345
C30	3.938	3.942	4.001	4.017
C40	4.130	4.102	4.215	4.199
C50	4.331	4.273	4.444	4.396

（4）压弯构件

表 3.37 和表 3.38 分别列出圆钢管混凝土和方、矩形钢管混凝土压弯构件可靠度指标计算结果，对于圆钢管混凝土，当长细比较大（$\lambda \geqslant 100$）且荷载偏心率较大（$e/r<1$）时，其可靠度指标较小，最小值为 3.396，对于方、矩形钢管混凝土，其最小值为 3.233。表中 β 的取值方法是：当钢材种类、混凝土强度、荷载偏心率（e/r）及构件长细比 λ 一定时，取构件截面含钢率在 0.03～0.2 范围内以 0.01 为增量变化，各含钢率对应的 β 值的平均值。

表 3.37　圆钢管混凝土压弯构件的 β 值

e/r	混凝土	Q235					Q345				
		$\lambda=30$	$\lambda=50$	$\lambda=70$	$\lambda=100$	$\lambda=140$	$\lambda=30$	$\lambda=50$	$\lambda=70$	$\lambda=100$	$\lambda=140$
0.25	C30	3.599	3.605	3.613	3.321	3.325	3.563	3.562	3.559	3.242	3.232
	C40	3.806	3.810	3.815	3.517	3.518	3.739	3.737	3.734	3.414	3.405
	C50	4.023	4.022	4.023	3.716	3.713	3.924	3.918	3.913	3.588	3.577
0.50	C30	3.602	3.607	3.615	3.323	3.327	3.567	3.566	3.565	3.249	3.240
	C40	3.811	3.813	3.817	3.519	3.519	3.745	3.742	3.739	3.421	3.411
	C50	4.031	4.208	4.027	3.720	3.716	3.931	3.925	3.919	3.596	3.584
1.00	C30	3.741	3.750	3.761	3.399	3.413	3.730	3.734	3.738	3.349	3.345
	C40	3.994	3.999	4.006	3.643	3.652	3.944	3.945	3.947	3.561	3.556
	C50	4.265	4.265	4.266	3.899	3.905	4.175	4.169	4.168	3.782	3.774
1.50	C30	3.742	3.748	3.757	3.393	3.407	3.731	3.734	3.737	3.350	3.347
	C40	3.995	3.998	4.002	3.638	3.648	3.947	3.946	3.947	3.561	3.558
	C50	4.268	4.265	4.265	3.898	3.899	4.177	4.175	4.171	3.784	3.777

表 3.38　方、矩形钢管混凝土压弯构件的 β 值

e/r	混凝土	Q235				Q345			
		$\lambda=30$	$\lambda=50$	$\lambda=70$	$\lambda=90$	$\lambda=30$	$\lambda=50$	$\lambda=70$	$\lambda=90$
0.25	C30	3.499	3.490	3.773	3.761	3.465	3.453	3.743	3.726
	C40	3.713	3.702	3.997	3.984	3.650	3.637	3.938	3.920
	C50	3.938	3.925	4.233	4.217	3.846	3.831	4.143	4.125
0.50	C30	3.500	3.491	3.773	3.761	3.468	3.454	3.743	3.725
	C40	3.717	3.705	3.998	3.984	3.654	3.639	3.939	3.920
	C50	3.945	3.929	4.236	4.219	3.852	3.835	4.146	4.126
1.00	C30	3.591	3.583	3.297	3.283	3.568	3.556	3.252	3.233
	C40	3.827	3.816	3.517	3.502	3.771	3.757	3.445	3.426
	C50	4.079	4.063	3.749	3.732	3.988	3.972	3.648	3.628
1.50	C30	3.593	3.586	3.301	3.289	3.570	3.559	3.258	3.241
	C40	3.830	3.820	3.522	3.508	3.774	3.761	3.451	3.434
	C50	4.083	4.068	3.755	3.739	3.992	3.976	3.656	3.637

对于钢管混凝土纯弯和压弯构件，可靠度指标 β 与构件截面含钢率、混凝土强度、活荷类别和荷载比（ρ）的关系与轴压构件非常类似。

需要指出的是，从可靠度分析角度来看，目前对钢管混凝土构件的试验数据尚不多，故对该类构件可靠度分析结果还有待于进一步完善。

3.6　规 程 比 较

如前所述，目前国内外已有不少有关规范（程）规定了钢管混凝土构件承载力验算方法。为了比较这些方法计算结果之间的差异，课题组进行了规程比较工作。由于篇幅所限制，下面给出其中一些比较结果。

在进行圆钢管混凝土构件承载力的计算时选用了如下规范（程），即 ACI 318（2005）、AIJ（2008）、AISC（2010）、BS5400（1979）、DL/T 5085—1999（1999）和 JGJ/T 249—2011，EC4（2004）。在进行方、矩形钢管混凝土构件承载力的计算时选用了如下规范（程），即 ACI 318（2005）、AIJ（2008）、AISC（2010）、BS5400（1979）、JGJ/T 249—2011、EC4（2004）和 GJB 4142—2000（2001）。计算时，材料分项系数均取为 1。对比用到的圆钢管混凝土强度承载力、轴压稳定承载力、抗弯承载力和压弯承载力的试验数据分别为 356 个（见表 3.21）、293 个（见表 3.23）、21 个（见表 3.25）和 294 个（见表 3.27）；方、矩形钢管混凝土强度承载力、轴压稳定承载力、抗弯承载力和压弯承载力的试验数据分别为 313 个（见表 3.22）、79 个（见表 3.24）、41 个（见表 3.26）和 171 个（见表 3.28）。

表 3.39 给出各规程及本书数值计算结果与试验结果比较的平均值（μ）和标准差（σ）。

表 3.39　钢管混凝土压弯承载力计算值与试验值的对比

项目＼规程		试件个数	均值与标准差	ACI (2005)	AIJ (2008)	AISC (2010)	BS5400 (1979)	JGJ/T249—2011 (2012)	DL/T 5085—1999 (1999)	EC4 (2004)	GJB4142—2000 (2001)
圆钢管混凝土	轴压强度	356	μ	0.793	0.814	0.770	1.056	0.924	0.963	0.917	—
			σ	0.117	0.115	0.115	0.184	0.103	0.143	0.122	—
	轴压稳定	293	μ	0.619	0.784	0.804	0.965	0.917	1.010	0.836	—
			σ	0.149	0.165	0.109	0.153	0.111	0.160	0.103	—
	纯弯	21	μ	0.864	0.745	0.736	0.820	0.886	0.988	0.851	—
			σ	0.141	0.157	0.160	0.136	0.111	0.107	0.118	—
	压弯	294	μ	0.848	0.833	0.748	0.886	0.956	0.944	0.970	—
			σ	0.145	0.194	0.187	0.131	0.128	0.147	0.149	—
方、矩形钢管混凝土	轴压强度	313	μ	0.908	0.908	0.904	0.888	0.982	—	0.943	0.990
			σ	0.105	0.105	0.110	0.094	0.105	—	0.113	0.095
	轴压稳定	79	μ	0.736	0.786	0.941	0.938	0.961	—	0.955	0.944
			σ	0.160	0.144	0.098	0.089	0.110	—	0.107	0.106
	纯弯	41	μ	0.912	0.815	0.809	0.906	0.906	—	0.917	0.965
			σ	0.104	0.090	0.090	0.086	0.098	—	0.122	0.119
	压弯	171	μ	0.932	0.856	0.900	0.905	0.966	—	1.055	0.981
			σ	0.175	0.135	0.112	0.109	0.113	—	0.147	0.125

图 3.195 和图 3.196 给出了各规程计算与试验结果比较的平均值（μ）和标准差（σ），图中，平均值用圆圈表示，标准差的范围用短横线表示。

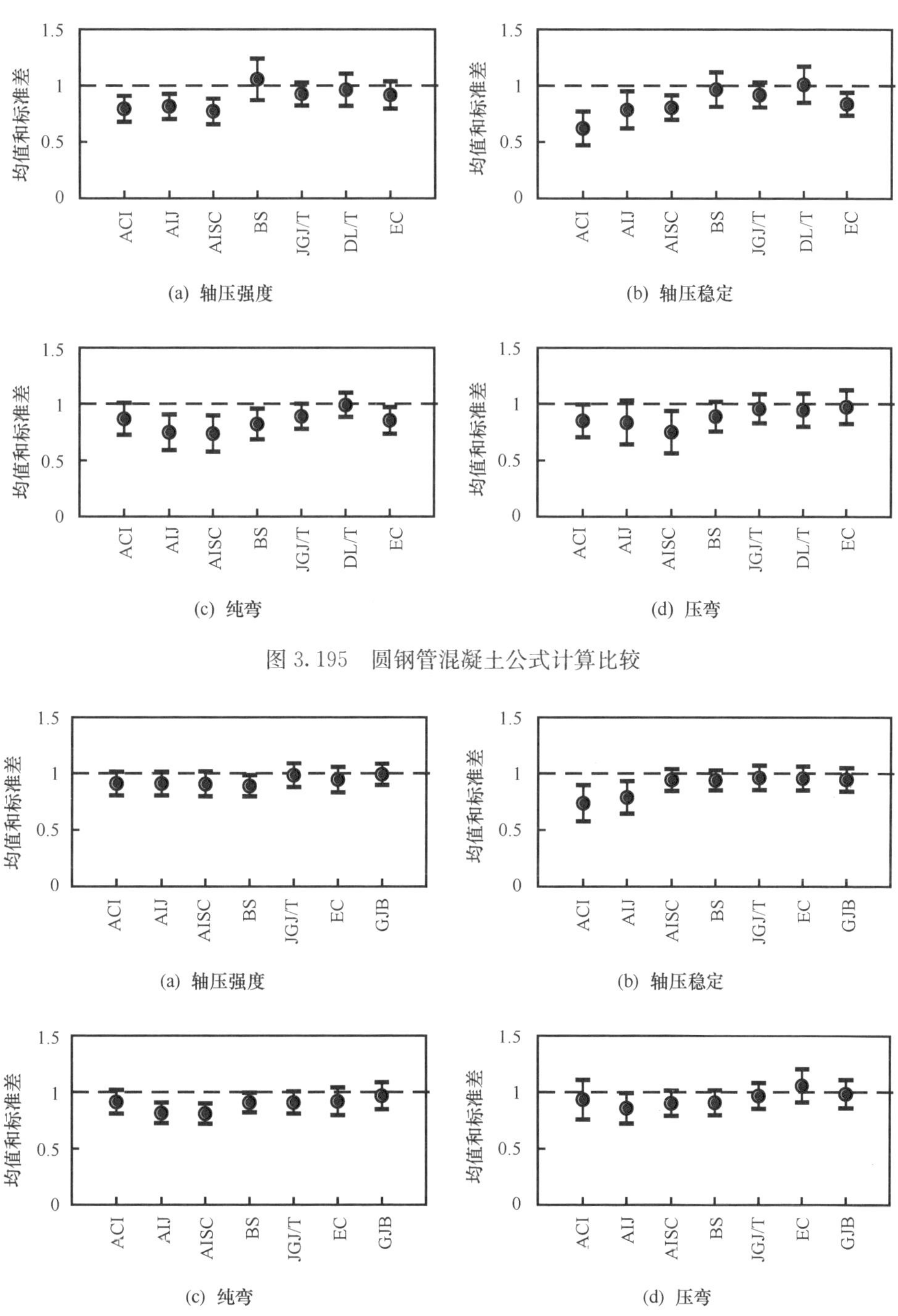

(a) 轴压强度　(b) 轴压稳定

(c) 纯弯　(d) 压弯

图 3.195　圆钢管混凝土公式计算比较

(a) 轴压强度　(b) 轴压稳定

(c) 纯弯　(d) 压弯

图 3.196　方钢管混凝土公式计算比较

由表 3.39 和图 3.195、图 3.196 所示可见，在进行圆钢管混凝土轴压强度承载力的计算时，DL/T 5085—1999（μ=0.963，σ=0.143）的计算结果与试验结果最为吻合，JGJ/T 249—2011（μ=0.924，σ=0.103）次之，BS5400（μ=1.056，σ=0.184）的计算结果略高于试验结果，而 AISC（μ=0.77，σ=0.115）、AIJ（μ=0.814，σ=0.115）、EC4（μ=0.917，σ=0.122）和 ACI 318（μ=0.793，σ=0.117）的计算结果与试验结果相比则偏于安全。在进行方、矩形钢管混凝土轴压强度承载力的计算时，GJB 4142—2000（μ=0.99，σ=0.095）和 JGJ/T 249—2011（μ=0.982，σ=0.105）的计算结果与试验结果最为吻合，EC4（μ=0.943，σ=0.113）。ACI 318（μ=0.908，σ=0.105），AIJ（μ=0.908，σ=0.105），AISC（μ=0.904，σ=0.11）和 BS5400（μ=0.888，σ=0.094）的计算结果与试验结果相比则更偏于安全。

在进行圆钢管混凝土轴压稳定承载力的计算时，DL/T5085-1999（μ=1.01，σ=0.160）的计算结果与试验结果最为吻合，BS5400（μ=0.965，σ=0.153）次之，JGJ/T 249—2011（μ=0.917，σ=0.111）再次之，ACI 318（μ=0.619，σ=0.149）、AIJ（μ=0.784，σ=0.165）、AISC（μ=0.804，σ=0.109）和 EC4（μ=0.836，σ=0.103）的计算结果与试验结果比则更偏于安全。在进行方、矩形钢管混凝轴压稳定承载力的计算时，JGJ/T 249—2011（μ=0.961，σ=0.110）的计算结果与试验结果最为吻合，EC4（μ=0.955，σ=0.107）次之，GJB 4142—2000（μ=0.944，σ=0.106）、AISC（μ=0.941，σ=0.098）和 BS5400（μ=0.938，σ=0.089）。AIJ（μ=0.786，σ=0.144）和 ACI 318（μ=0.736，σ=0.16）的计算结果与试验结果相比更偏于安全。

在进行圆钢管混凝土抗弯承载力的计算时，DL/T 5085—1999（μ=0.988，σ=0.107）的计算结果与试验结果最为吻合，ACI318（μ=0.864，σ=0.141）、AIJ（μ=0.745，σ=0.157）、AISC（μ=0.736，σ=0.16）、BS5400（μ=0.82，σ=0.136）、JGJ/T 249—2011（μ=0.886，σ=0.113）和 EC4（μ=0.851，σ=0.118）的计算结果与试验结果比则更偏于安全。在进行方、矩形钢管混凝土抗弯承载力的计算时，GJB 4142—2000（μ=0.906，σ=0.087）的计算结果与试验结果最为吻合。ACI 318（μ=0.912，σ=0.104），AIJ（μ=0.815，σ=0.09），AISC（μ=0.809，σ=0.09）和 BS5400（μ=0.906，σ=0.086），JGJ/T 249—2011（μ=0.972，σ=0.103）和 EC4（μ=0.903，σ=0.098）的计算结果与试验结果相比则更偏于安全。

在进行圆钢管混凝土压弯构件极限承载力的计算时，EC4（μ=0.97，σ=0.149）的计算结果与试验结果最为吻合，JGJ/T 249—2011（μ=0.956，σ=0.128）次之，DL/T 5085—1999（μ=0.944，σ=0.147）再次之。ACI318（μ=0.848，σ=0.145）、AIJ（μ=0.833，σ=0.194）、AISC（μ=0.748，σ=0.187、BS5400（μ=0.886，σ=0.131）的计算结果与试验结果比则更偏于安全。在进行方、矩形钢管混凝土压弯构件极限承载力的计算时，GJB 4142—2000（μ=0.981，σ=0.125）和

JGJ/T 249—2011（μ=0.966，σ=0.113）的计算结果与试验结果最为吻合，ACI 318（μ=0.932，σ=0.175）次之，EC4（μ=1.055，σ=0.147）的计算结果略高于试验结果，AIJ（μ=0.856，σ=0.135），AISC（μ=0.9，σ=0.112）和 BS5400（μ=0.905，σ=0.109）的计算结果与试验结果相比则更偏于安全。

3.7 小　　结

本章在确定了钢材和混凝土的应力-应变关系模型的基础上，分别采用纤维模型法和有限元法对钢管混凝土轴压（拉）、纯弯和压（拉）弯构件的荷载-变形关系进行全过程分析，理论计算结果与国内外的试验结果吻合较好。研究结果表明，本章提供的纤维模型法与有限元法都可以准确计算出构件的承载力。本章还有计划地进行了系列钢管混凝土在轴压（拉）、纯弯和压（拉）弯荷载作用下的试验研究。

在对钢管混凝土轴压（拉）、纯弯和压（拉）弯构件的荷载-变形关系进行全过程分析结果的基础上，本章提供了可适用于圆形和方、矩形钢管混凝土压（拉）弯构件承载力计算的实用计算公式，并和收集到的国内外研究者进行的大量试验结果进行了比较。分析结果表明，本章建议的公式力学概念清晰、形式简单，符合实用原则，且均有明确的适用范围。本章还对压弯构件的设计公式进行了可靠度分析。

基于本章推导的钢管混凝土在压（拉）、弯及其复合受力作用下的承载力实用计算方法先后被多部工程建设标准采纳，如福建省 DBJ 13-51—2003，DBJ 13-61—2004 和 DBJ/T 13-51—2010、上海市 DG/TJ 08-015—2004、江西省 DB 36/J 001—2007、内蒙古 DBJ 03-28—2008、甘肃省 DB62/T 25-3041—2009、河北省 DB13（J）/T 84—2009、辽宁省 DB21/T 1746—2009、安徽省 DB 34/T 1262—2010、浙江省 Q/GW11 352-2012—10204 和四川省 DB 51/T 1992—2015 等十余部地方工程建设标准；国家电网公司企业标准 Q/GDW 11136—2013；国家电力行业标准 DL/T 5085—1999、国家军用标准 GJB 4142—2000、住房与城乡建设部行业标准 JGJ/T 249—2011、中华人民共和国行业推荐性标准 JTG/T D 65-06—2015 等。近期颁布的国家标准 GB 50923—2013 等中的一些设计条文（规定）也采用了有关研究成果。

目前国内外已有不少有关规范（程）规定了钢管混凝土构件承载力验算方法，本章进行了规程比较工作。在进行圆钢管混凝土构件承载力的计算时选用了如下规（程），即 ACI 318（2005），AIJ（2008），AISC（2010），BS5400（1979），JGJ/T249-2011（2012），DL/T 5085—1999 和 EC4（2004）。在进行方、矩形钢管混凝土构件承载力的计算时选用了如下规（程），即 ACI 318—99（2005）、AIJ（2008）、AISC（2010）、BS5400（1979）、JGJ/T 249—2011（2012）、EC4（2004）和 GJB 4142—2000（2001）。通过对上述方法的计算结果与大量试验结果之间的比较，说明了这些规程在计算钢管混凝土构件承载力时的差异。

第 4 章　钢管混凝土构件在压弯扭剪复合受力状态下的力学性能

4.1 引　　言

除了轴压和压弯的受力情况外，实际工程结构中的钢管混凝土还可能处于压扭、压弯扭、压弯剪，甚至压弯扭剪等的复杂受力状态。例如海上采油平台腿柱以及在地震荷载作用下的轴压柱就可能产生压扭的受力状态；钢管混凝土用作建筑物的框架角柱、高速公路的曲线形桥和斜交桥的桥墩、海上采油平台的立柱，停机场的定向塔及螺旋楼梯的中心柱等，除承受轴向压力和弯矩外，在风荷载和地震等作用下，尚有扭矩的共同作用，当排架角柱采用平腹杆双肢柱时，还可能产生压弯扭的受力状态等。

如 1.2.1 节所述，国内外学者对不同截面形状钢管混凝土压弯构件及圆钢管混凝土压弯扭构件力学性能的研究已较为深入，但对方形钢管混凝土在压弯扭，圆、方形钢管混凝土在压弯扭剪复合受力状态下工作机理和设计理论的研究尚有待于深入进行。

本章建立了钢管混凝土构件在压、弯、扭、剪及其复合受力状态下力学性能的有限元分析模型。对纯扭、横向受剪、压扭、弯扭、压弯扭、压弯剪和压弯扭剪构件的荷载-变形关系曲线进行了全过程分析，研究了各阶段钢管和核心混凝土截面的应力状态及其相互作用，以及不同加载路径情况对钢管混凝土构件力学特性的影响规律，在参数分析结果的基础上最终推导了钢管混凝土构件在不同受力状态下的承载力实用计算方法。

4.2 钢管混凝土受纯扭转时的力学性能

深入研究钢管混凝土纯扭构件的工作机理，确定其抗扭承载力的计算方法，是深入研究钢管混凝土复合受扭构件工作机理及其承载力计算方法的基础。

基于有限元软件平台 ABAQUS 建立了钢管混凝土纯扭构件荷载-变形关系曲线全过程分析的分析模型（Han 等，2007b，2007c；尧国皇，2006）。分析结果表明，理论计算结果与试验结果吻合较好。在此基础上，深入探讨了钢管混凝土纯扭构件的工作机理和力学实质，最终在参数分析结果的基础上建议了钢管混凝土抗扭强度承载力实用计算方法。

4.2.1　有限元计算模型

钢材和核心混凝土的本构关系模型如本书 3.2.3 节所述。混凝土受拉软化性能采用图 3.39 所示的模型来模拟。

由于模拟钢管混凝土构件的抗扭性能时，单元网格会产生扭曲，应优先选用缩减积分单元。经计算比较，满足网格精度要求的线性单元与二次单元在纯扭分析的差别不明显。因此，从计算的经济性出发，在分析钢管混凝土构件纯扭性能时，钢管和核心混凝土均采用八节点缩减积分格式的三维实体单元，当网格扭曲十分严重造成计算不收敛时，钢管与混凝土则改用二次单元（尧国皇，2006）。

对于钢管混凝土构件的抗扭性能分析，为了使单元不致过分畸形，选取合适的单元网格划分密度十分重要。图 4.1 给出了纯扭构件分析时圆钢管混凝土、方钢管混凝土和冷弯型钢方钢管混凝土截面的单元划分图。在构件长度方向，一般以保证单元长宽比在 1∶1 左右的原则进行划分。对于冷弯型钢方钢管混凝土，为了保证计算的准确性，对弯角处钢管和混凝土进行了细分。

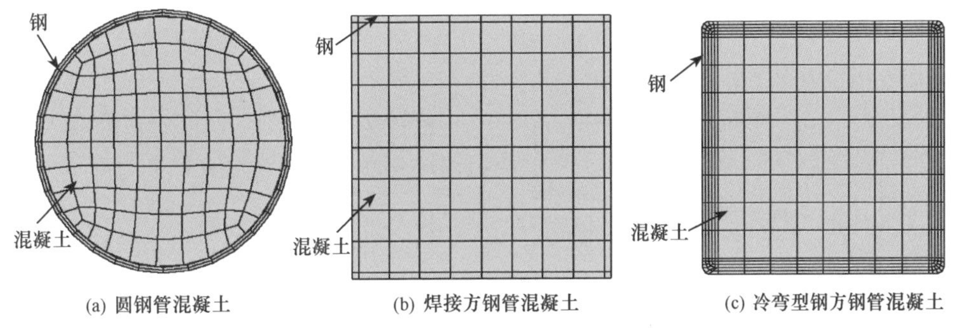

(a) 圆钢管混凝土　(b) 焊接方钢管混凝土　(c) 冷弯型钢方钢管混凝土

图 4.1　截面单元划分示意图

在钢管与混凝土的切线方向，采用与钢管混凝土轴压力学性能分析时相同的库仑-摩擦模型，摩擦系数取为 0.6。在钢管与混凝土的法线方向，采用接触刚度较大的接触单元模拟（如 3.2.3.1 节所述）。

钢管混凝土构件在扭矩作用下，其特点是荷载为反对称而边界条件为对称，因此可取 1/2 模型计算。图 4.2 给出了钢管混凝土纯扭构件有限元分析计算模型示意图，其一端边界条件为完全固定边界条件，另一端约束竖向位移和绕其余两轴的转角。采用位移加载方法，即在非固定边界施加转角位移，并采用增量迭代法进行求解。

计算时，可根据实际算例情况考虑残余应力或冷弯效应（采用冷弯钢管的情况）。

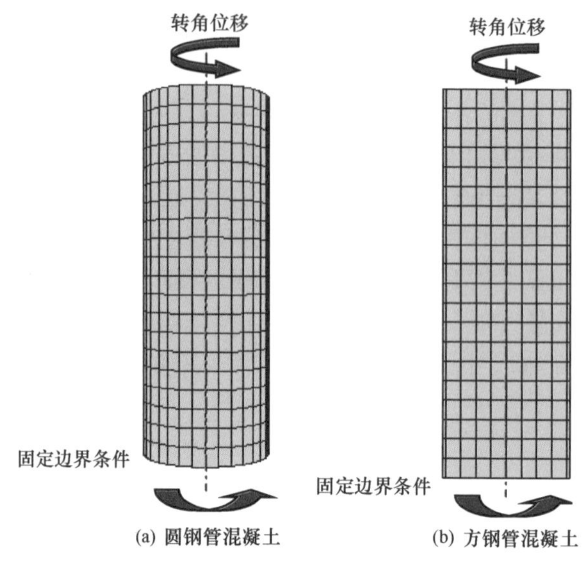

图 4.2　纯扭构件示意图

4.2.2　荷载-变形关系计算

图 4.3 所示为计算获得的一典型的钢管混凝土纯扭构件荷载-变形关系曲线，图中，T 为扭矩，θ 为构件总扭转角。

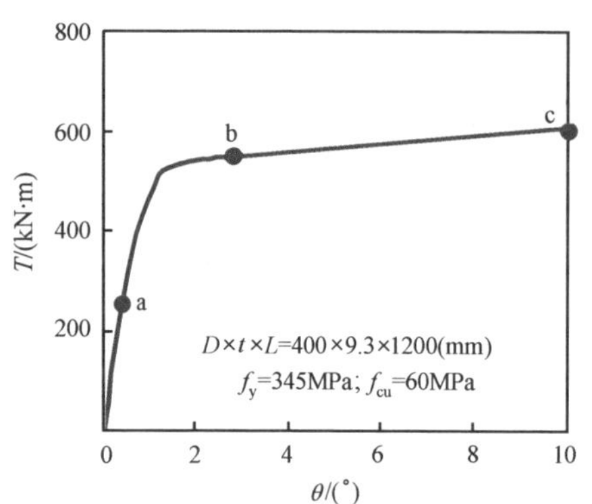

图 4.3　纯扭构件典型的 T-θ 关系

根据分析结果，发现钢管混凝土纯扭构件 T-θ 关系曲线可大致分为如下几个阶段：

1）弹性阶段（0a）：T-θ 关系基本呈线性关系，钢管和核心混凝土单独受力，无相互作用力产生，a 点大致相当与钢材进入弹塑性阶段的起点。

2）弹塑性阶段（ab）：随着扭矩的增加，钢管混凝土内部核心混凝土会逐渐发展微裂缝。由于微裂缝的扩展，使得混凝土的横向变形超过了钢管的横向变形，这样钢管及其核心混凝土之间会产生相互作用力，钢管和核心混凝土均处于复杂受力状态之下，且主要处于双向受剪的应力状态，其余应力分量相对较小，b 点大致相当于钢管混凝土进入塑性阶段的起点。

3）塑性强化阶段（bc）：当钢管屈服后，虽然核心混凝土已发展了裂缝，但由于受到外围钢管的约束，仍不会发生破碎。另外，由于核心混凝土的存在，也可有效地抑制钢管发生内凹的屈曲，从而使钢管混凝土的抗扭承载力可继续增长，构件表现出良好的塑性性能。

图 4.4 和图 4.5 给出了圆、方钢管混凝土算例中，对应钢管达到屈服强度时构件在固定边界处（如图 4.2 所示）钢管和核心混凝土截面的剪应力 τ_{xz}（云图中的 S13 单位为 MPa）分布情况。算例的计算条件：$D(B)=400\text{mm}$；$\alpha=0.1$；$L=1200\text{mm}$；Q345 钢；C60 混凝土。

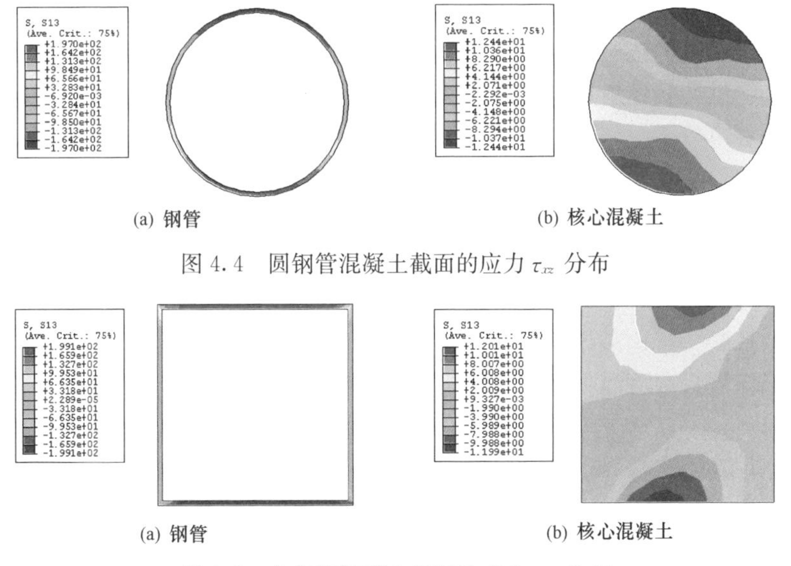

(a) 钢管　　(b) 核心混凝土

图 4.4　圆钢管混凝土截面的应力 τ_{xz} 分布

(a) 钢管　　(b) 核心混凝土

图 4.5　方钢管混凝土截面的应力 τ_{xz} 分布

图 4.6 给出了核心混凝土截面的不同位置处的剪应力 τ_{xz} 的变化情况。可见，在受力初期，剪应力增长较快。构件进入弹塑性阶段后，剪应力增长的幅度趋于平缓。对于圆钢管混凝土，受力过程中混凝土应力的分布规律始终随着与截面中心距离的增加而增加。对于方钢管混凝土，在受荷初始阶段，随着与截面中心距离的增加，混凝土剪应力也增加。构件进入弹塑性阶段后，剪应力的分布规律则开始发生变化。

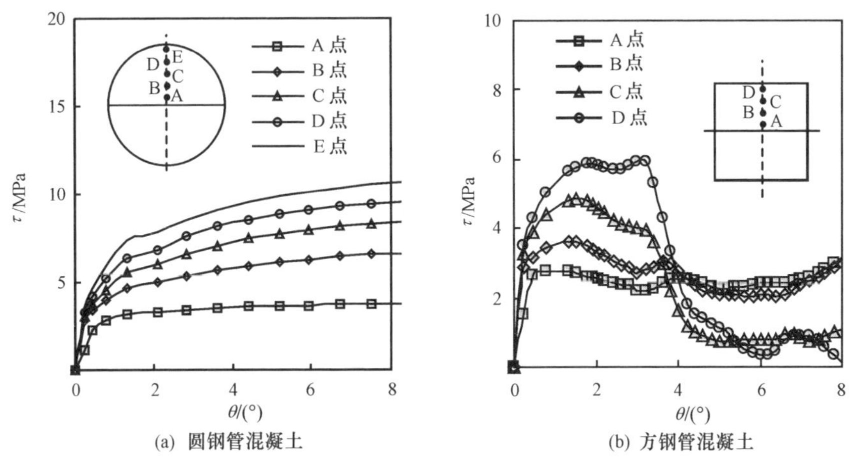

(a) 圆钢管混凝土　　(b) 方钢管混凝土

图 4.6　核心混凝土不同位置处剪应力（τ）-θ 关系曲线

4.2.3 计算结果和试验结果比较

为了验证所建立的有限元分析模型的合理性，对不同研究者们进行的钢管混凝土纯扭构件试验结果进行了验算。

韩林海和钟善桐（1995a）进行了四个圆钢管混凝土构件受纯扭转时的试验研究，发现在荷载加至极限荷载的 0.7 倍以前，构件变形较为缓慢，而临近极限荷载时，构件的转角急剧增大，在钢管表面出现大量与试件纵向呈 45°的明显滑移线。构件单位转角达约 10°，T-θ 关系曲线尚无下降段。试验结束后，将试件的钢管剥掉，观察核心混凝土的变化情况，发现混凝土并没有破碎，仍为一个完整的柱体，表面存有许多用裸眼很难观察到的微细斜裂缝，且未发现钢管内壁有滑痕，核心混凝土的上下端与端板粘结良好，基本上呈一整体。宫安（1989）、周竞（1990）、陈逸玮（2003）、Beck 和 Kiyomiya（2003）在进行钢管混凝土纯扭构件的试验时，均采用了构件一端固定，另一端自由的边界条件。试验时，在钢管混凝土柱自由边界一端焊接扭臂，通过扭臂施加扭矩的试验方法，试验现象与韩林海和钟善桐（1995a）进行圆钢管混凝土纯扭构件试验时所观测到的现象基本类似，其中陈逸玮（2003）施加的是往复荷载。

表 4.1 汇总了钢管混凝土纯扭试件的试验参数，表中 T_{ue} 为试件抗扭强度试验值，T_{uc} 为试件抗扭强度计算值。

表 4.1 纯扭试件一览表

截面形式	试件编号	D (B)$\times t\times L$ /(mm×mm×mm)	f_y/MPa	f_{cu}/MPa	T_{ue}	T_{uc}	T_{uc}/T_{ue}	数据来源
圆形	TCB1-1	133×4.5×450	324.34	33.3	28.95	25.8	0.892	韩林海和钟善桐（1995a）
	TCB2-1	130×3×450	324.34	33.3	17.35	17.6	1.014	
	TB1-1	133×4.5×2000	324.34	30.4	28.23	24.8	0.878	
	TB2-1	130×3×2000	324.34	30.4	17.2	16.78	0.976	
	CS1	114×4.5×387	280	33.1	19.66	17.41	0.886	宫安（1989）
	CSS6	114×4.5×800	301.9	21.9	19	16.72	0.880	周竞（1990）
	CSM6	114×4.5×1480	301.9	20.6	18.5	16.52	0.893	
	CSL6	114×4.5×2280	301.9	22.2	17.8	16.72	0.939	
	C-T	216.3×4.5×1620	354.8	39	84.31	80.86	0.959	陈逸玮（2003）
	CH35	139.8×3.5×1000	322.9	36.3	33.4	23.75	0.711	Beck 和 Kiyomiya（2003）
	CH45	139.8×4.5×1000	348.2	31.8	40.1	30.9	0.771	
	CH40	139.8×4×1000	340.3	38.2	42	28.88	0.688	
方形	S-T	200×4.5×1620	261.4	39	69.59	65.52	0.942	陈逸玮（2003）

对应于表 4.1 给出的试件号，图 4.7 给出了有限元计算曲线与试验曲线的对比情况。比较陈逸玮（2003）的试验数据时，取了实测滞回曲线的骨架线。图 4.8 给出了纯扭构件扭矩（T）-截面纤维最大剪应变（γ）曲线试验结果与计算结果的比较，可见，计算结果与试验结果总体上吻合较好。

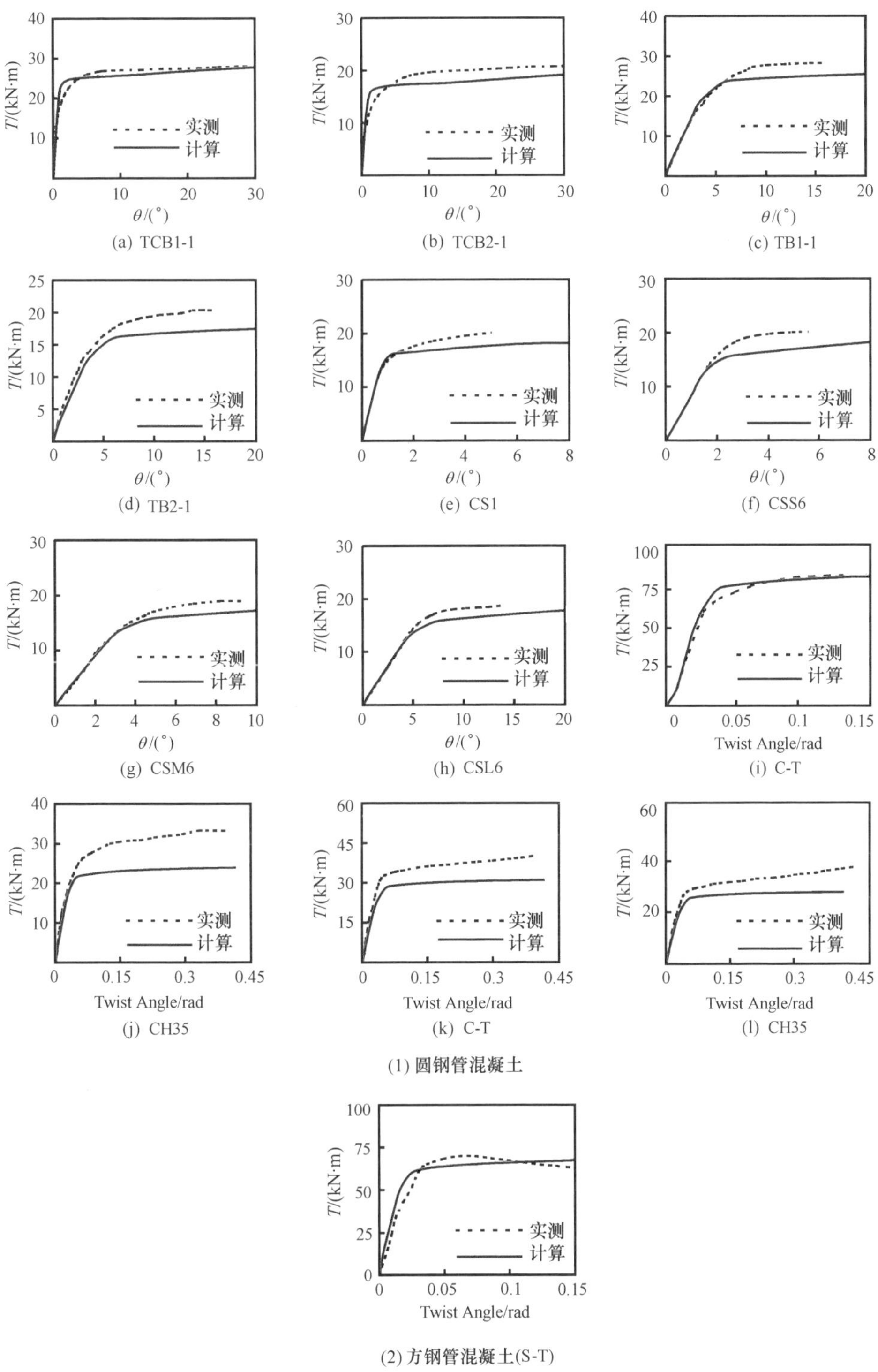

图 4.7　纯扭 T-θ 关系曲线试验结果与计算结果比较

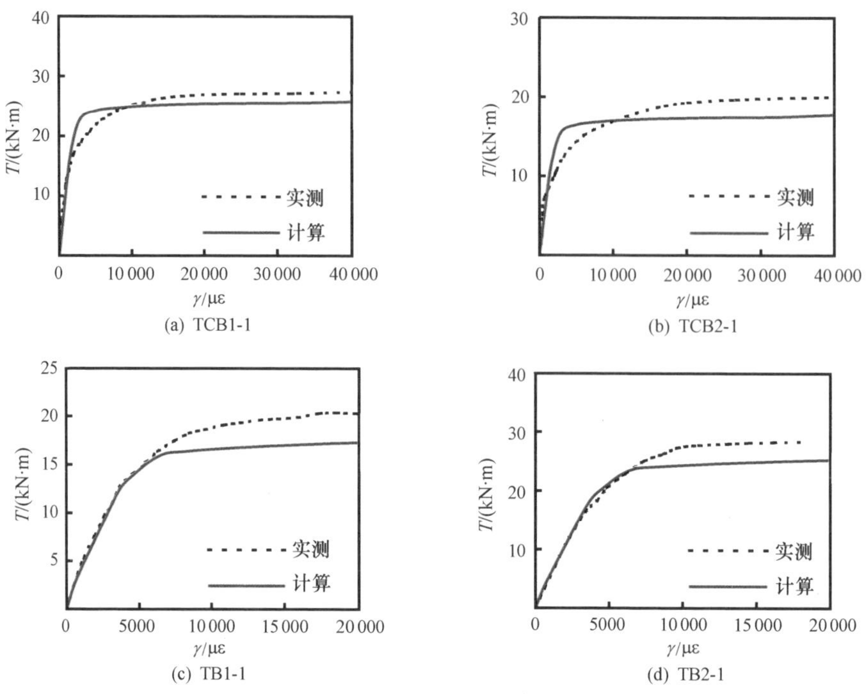

图 4.8 纯扭 T-γ 曲线试验结果与计算结果的比较

4.2.4 扭转破坏模态

图 4.9 分别给出了钢管混凝土与对应空钢管在受纯扭荷载时钢管的典型破坏模态。算例中钢管混凝土试件的计算条件为：$D(B)=400$mm；$L=1200$mm；C60 混凝土；Q345 钢；$\alpha=0.1$。试件两端带端板，方钢管混凝土采用焊接方钢管。

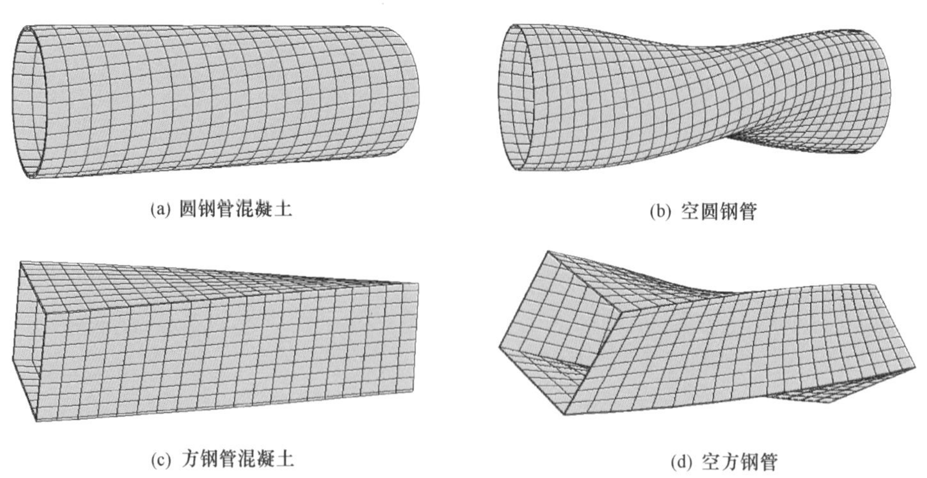

图 4.9 钢管混凝土和空钢管扭转构件破坏模态比较

由图 4.9 可见，钢管混凝土与空钢管二者的破坏模态有较大的区别，空钢管在纯扭状态下，在钢管内将产生与钢管轴线呈 45°方向的主拉应力和主压应力，使得钢管管壁沿 45°方向产生斜向凸曲，最终形成塑性铰而破坏，而钢管混凝土纯扭构件则表现出良好的塑性和稳定性，且钢管没有明显的屈曲现象。

计算结果还表明，采用冷弯型钢和焊接钢管的方钢管混凝土纯扭构件破坏模态基本相同。

4.2.5　受力特性分析

图 4.10 给出了计算获得的扭矩作用下，钢管混凝土试件及其钢管和核心混凝土的 T-θ 关系曲线。可见，在纯扭荷载作用下，钢管混凝土和钢管的 T-θ 关系曲线均没有出现下降段，核心混凝土的 T-θ 关系曲线也未出现明显下降段。钢管混凝土纯扭构件表现出良好的塑性性能。从图 4.10 中还可见，钢管对钢管混凝土的抗扭强度“贡献”较为显著。

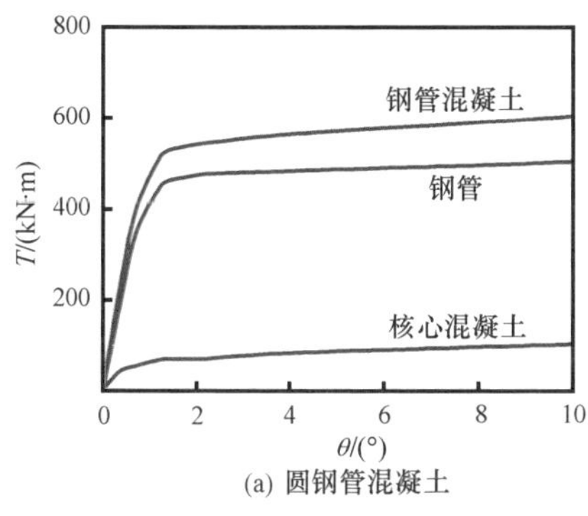

(a) 圆钢管混凝土

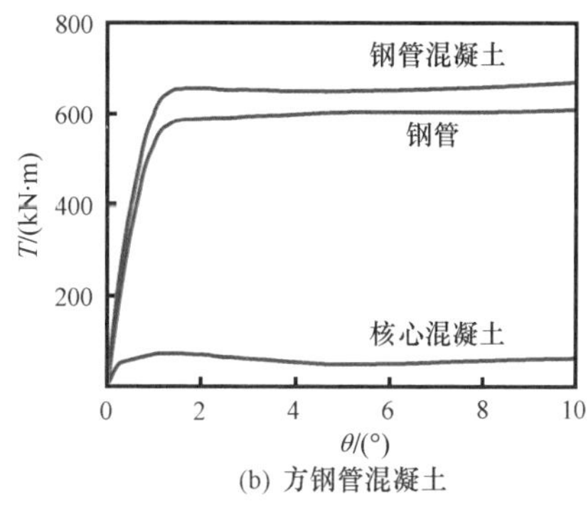

(b) 方钢管混凝土

图 4.10　纯扭 T-θ 关系曲线

钢管混凝土在纯扭状态下，由于钢管的约束作用，可延缓其核心混凝土的开裂。随着扭矩逐渐增大，开裂混凝土要转动就要绕柱轴沿螺旋破坏面螺旋式上升，但由于外包钢管的约束作用，会在混凝土的破坏面间产生压应力，且这种压应力随转角的增大而增大。另外，由于钢管内管壁和核心混凝土之间的粘结，也可限制混凝土发生转动错位，延缓混凝土裂缝的扩展并防止发生突然的脆性破坏。另一方面，由于核心混凝土的存在，可防止钢管发生内凹屈曲，使得钢材的力学特性得到较为充分的发挥。因此，钢管混凝土纯扭构件表现出良好的承载和抵抗变形的能力。

图 4.11 给出了其他条件相同的情况下，采用冷弯钢管和焊接钢管的方钢管混凝土纯扭构件荷载-变形关系曲线的比较。冷弯型钢方钢管混凝土的计算条件为：$B=400$mm；$t=9.3$mm；$f_u/f_y=1.4$；C60 混凝土；Q345 钢；$L=1200$mm；弯角内半径 $r=2t$。

从图 4.11 可见，采用冷弯型钢钢管和焊接钢管的钢管混凝土纯扭构件的荷

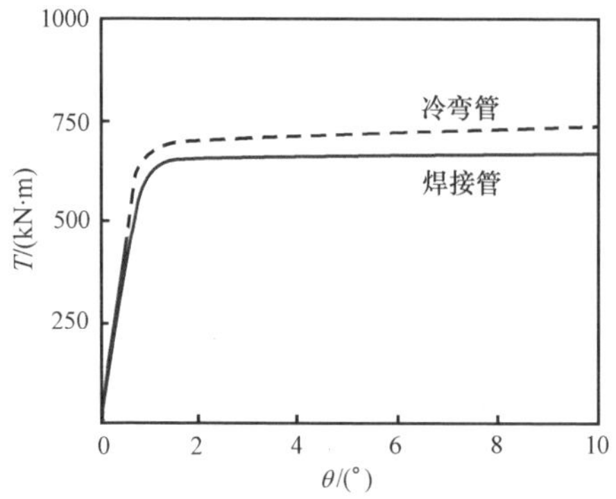

图 4.11　方钢管混凝土纯扭 T-θ 关系曲线比较

载-变形关系曲线变化规律基本类似，但对于采用冷弯钢管的情况，由于冷弯效应，钢管角部区域钢材的屈服强度得到提高，从而使得钢管混凝土的抗扭承载力有所提高。在本算例的计算条件下，冷弯型钢方钢管混凝土纯扭构件的抗扭强度比焊接方钢管混凝土提高约 10%。

图 4.12 给出了冷弯型钢方钢管混凝土构件受扭，钢管达到屈服强度时钢管及其核心混凝土截面剪应力 τ_{xz}（云图中的 S13 单位为 MPa）的分布情况。

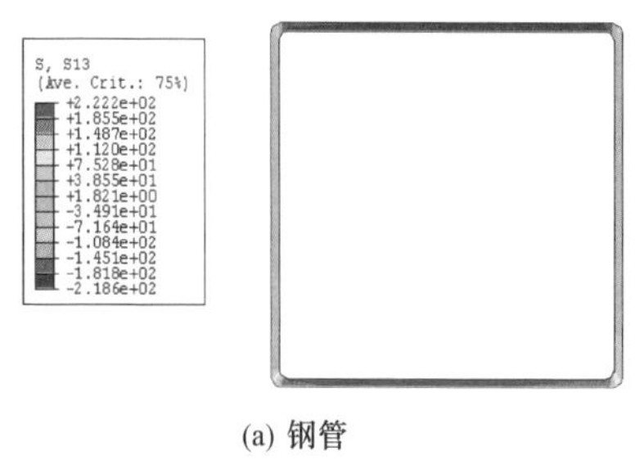

(a) 钢管

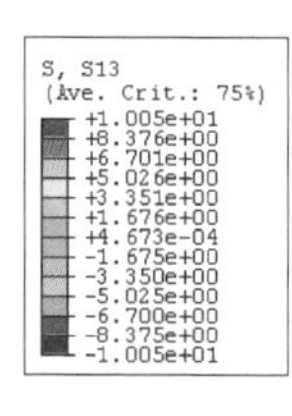

(b) 核心混凝土

图 4.12　冷弯型钢方钢管混凝土截面剪应力分布

比较图 4.12 和图 4.5 可见，由于冷弯钢管的圆角比焊接方钢管对核心混凝土约束效果更为均匀，因此核心混凝土的剪应力分布也更为均匀。

4.2.6　钢管和核心混凝土之间的相互作用

图 4.13 给出圆、方钢管混凝土纯扭构件受力过程中，对应钢材达屈服强度时钢管及其核心混凝土相互作用力 p（云图中的 CPRESS 的单位为 MPa）沿构件截面的分布情况。

由图 4.13 可见，圆钢管混凝土纯扭构件的约束力在与横截面呈 45°角的方向上较大，而方钢管对其核心混凝土的约束力则主要集中在截面的角部区域。对于圆试件中的核心混凝土，由于钢管与混凝土界面的粘结力及钢管的约束作用，使混凝土的开裂得到延缓，但其开裂仍为拉裂，破坏面仍为 45°翘曲面。由于界面粘结力使得钢管势必约束混凝土不能发生转动错位，沿轴线呈 45°翘曲面上产生比其他位置更大的相互作用力，这就解释了试验观测到的圆钢管混凝土纯扭构件核心混凝土中出现沿轴线呈 45°斜裂缝的原因。方钢管混凝土在扭矩作用下，钢管直边处钢管与核心混凝土之间的相互作用不如其角部显著。

图 4.14（a）给出了圆钢管混凝土纯扭构件中截面沿圆周四等分点的约束力

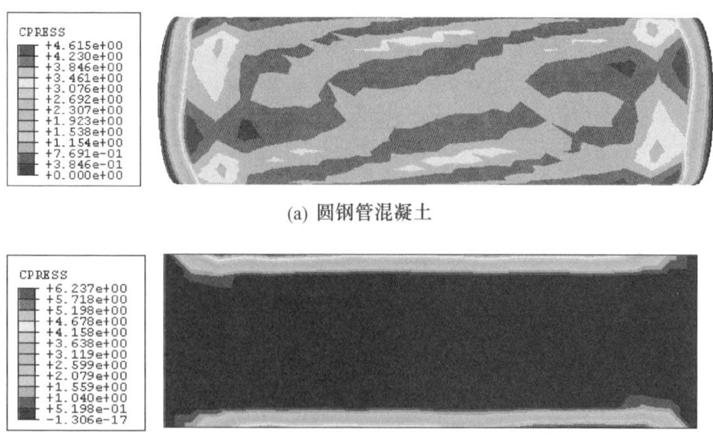

(a) 圆钢管混凝土

(b) 方钢管混凝土

图 4.13　受纯扭时钢管与核心混凝土相互作用力分布

（p）在受力过程中的变化情况。可见，圆构件在受力过程中同一截面对称位置处的约束力大小基本相同，且约束力（p）-转角（θ）关系曲线一直保持上升的趋势。

图 4.14（b）给出了方钢管混凝土纯扭构件中截面角部和中部位置的约束力（p）在受力过程中的变化情况。可见，对于方钢管混凝十，角部的约束力较大，在其他位置约束力则很小。

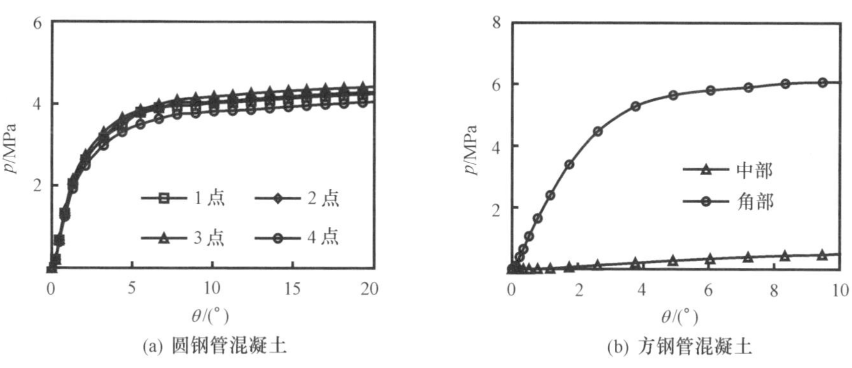

(a) 圆钢管混凝土　　(b) 方钢管混凝土

图 4.14　钢管混凝土纯扭构件 p-θ 关系曲线

4.2.7　荷载-变形关系的影响因素分析

影响钢管混凝土纯扭荷载-变形关系曲线的可能因素有：钢材屈服强度（f_y）、混凝土强度（f_{cu}）和截面含钢率（α）。下面通过对典型算例分析上述各因素对钢管混凝土扭矩（T）-截面最大剪应变（γ）关系的影响规律。算例的计算条件为：D（B）=400mm；L=1200mm；α=0.1，Q345 钢，C60 混凝土。

（1）钢材屈服强度（f_y）

图 4.15 分别给出了不同钢材屈服强度（f_y）情况下圆、方钢管混凝土的 T-γ

关系曲线。可见，f_y对圆、方钢管混凝土 T-γ 曲线影响规律类似，且 f_y对 T-γ 关系曲线弹性阶段的刚度影响很小，主要原因是钢材的剪切模量与其强度无关。从图 4.15 还可以看出，随着 f_y 的提高，构件的抗扭强度也增大。

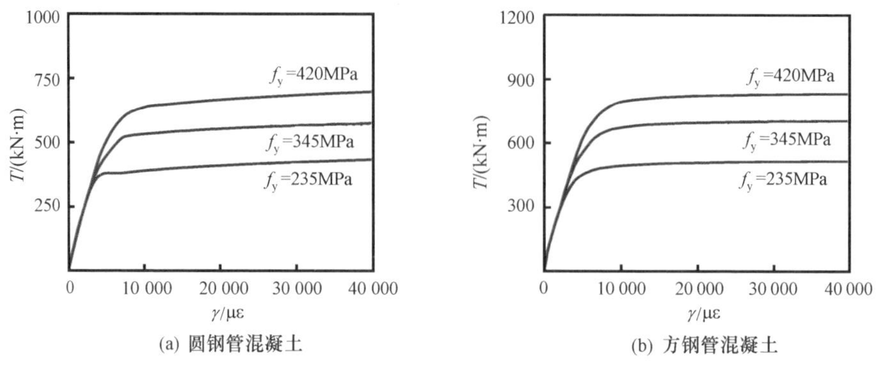

图 4.15　钢材屈服强度的影响

(2) 混凝土强度（f_{cu}）

图 4.16 分别给出了不同混凝土强度（f_{cu}）情况下圆、方钢管混凝土 T-γ 关系曲线。可见，f_{cu}对圆、方钢管混凝土 T-γ 关系曲线影响规律类似，且 f_{cu}对钢管混凝土抗扭强度影响不大，但 T-γ 关系曲线弹性阶段的刚度随 f_{cu}的提高略有提高，这是因为混凝土的剪切模量与其强度有关系所致。

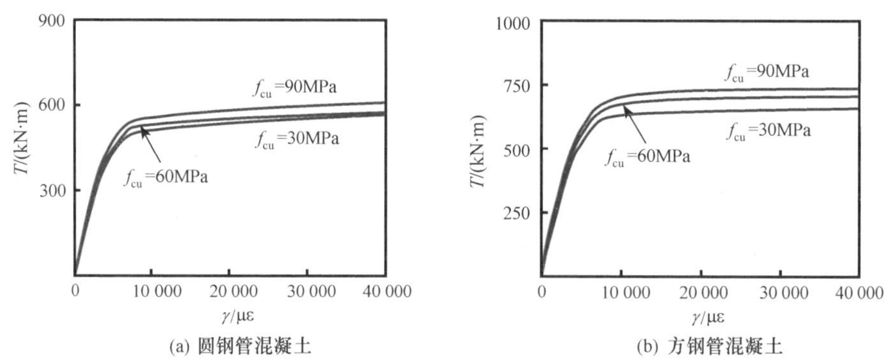

图 4.16　混凝土强度的影响

(3) 含钢率（α）

图 4.17 分别给出了不同截面含钢率（α）时圆、方钢管混凝土的 T-γ 关系曲线。可见，α 对圆、方钢管混凝土 T-γ 关系曲线影响规律类似，且随着 α 的提高，T-γ 关系曲线弹性阶段的刚度增加，构件抗扭强度承载力也增大。

从以上分析结果可见，钢材屈服强度、混凝土强度和截面含钢率等参数只会影响钢管混凝土纯扭构件 T-γ 关系曲线的数值，不会显著地影响曲线的基本形状。在常用的参数范围内，钢管混凝土纯扭构件 T-γ 关系曲线不会出现下降段。

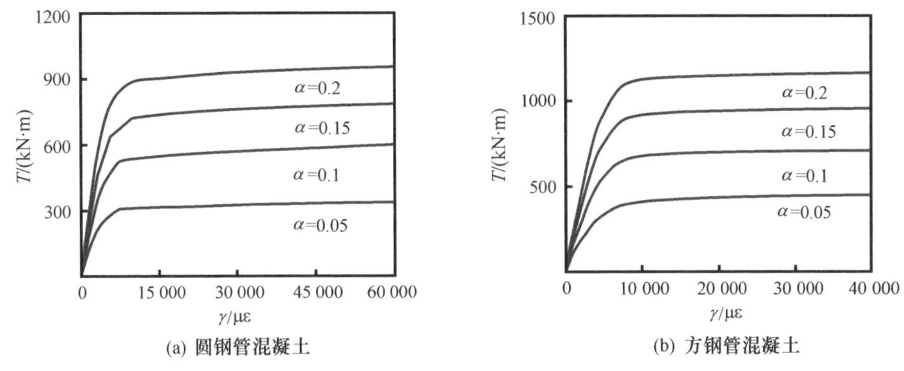

图 4.17　含钢率的影响

4.2.8　抗扭强度实用计算方法

（1）抗扭屈服强度的定义

为了合理确定钢管混凝土抗扭屈服点，对圆钢管混凝土和方钢管混凝土 $\tau(=T/W_{sct})$-γ 关系曲线进行了大量的计算分析，计算的参数范围为：Q235-Q420 钢材，C30～C90 混凝土，截面含钢率 $\alpha=0.04\sim0.2$。

典型的 τ-γ 关系曲线如图 4.18 所示。参考韩林海（1993）、韩林海和钟善桐（1995a）的研究结果，以 $\tau_{scy}=1500+20f_{cu}+3500\sqrt{\alpha}$（$\mu\varepsilon$）对应的剪应力 τ 为钢管混凝土抗扭屈服强度指标（τ_{scy}），即对应图 4.18 上的 B′点。钢管混凝土达到 γ_{scy}时，外钢管也达到了其屈服强度。

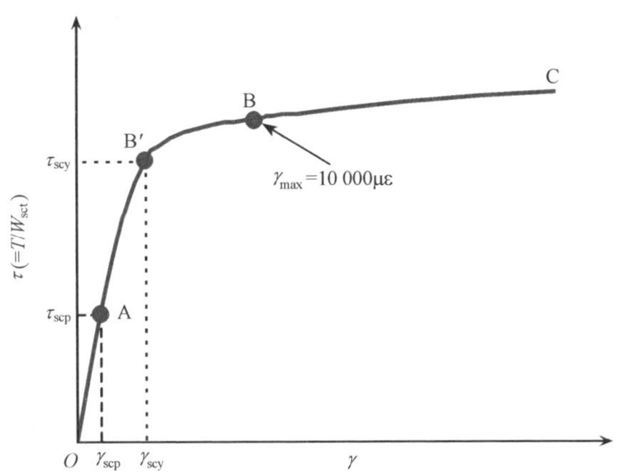

图 4.18　纯扭构件典型 $\tau(=T/W_{sct})$-γ 关系曲线

（2）抗扭屈服强度的简化计算

以上定义了钢管混凝土抗扭屈服强度指标（τ_{scy}），下面推导其简化计算方法。分析结果表明，τ_{scy}/f_{scy}主要与含钢率 α 和约束效应系数 ξ 有关。图 4.19 绘出 τ_{scy}/f_{scy}-ξ 关系，其中，f_{scy}为钢管混凝土轴压强度承载力指标，按式（3.71）

计算。通过对计算结果的回归分析，可导出 τ_{scy}的计算公式如下。

对于圆钢管混凝土：

$$\tau_{scy} = (0.422 + 0.313\alpha^{2.33}) \cdot \xi^{0.134} \cdot f_{scy} \tag{4.1a}$$

对于方钢管混凝土：

$$\tau_{scy} = (0.455 + 0.313\alpha^{2.33}) \cdot \xi^{0.25} \cdot f_{scy} \tag{4.1b}$$

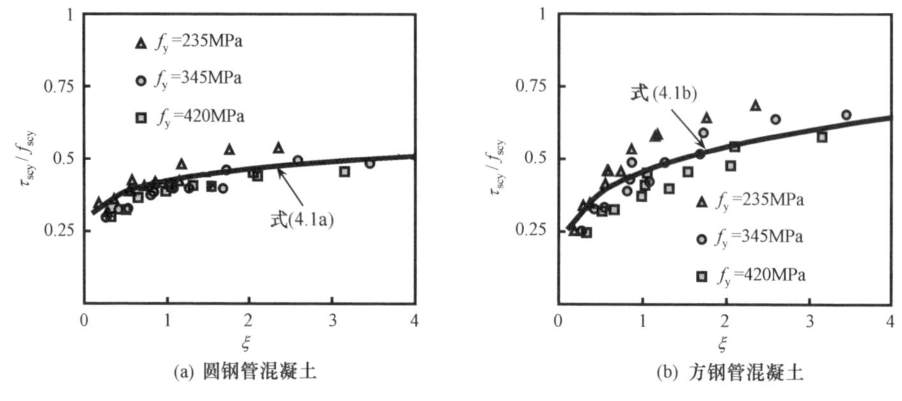

(a) 圆钢管混凝土　　(b) 方钢管混凝土

图 4.19　τ_{scy}/f_{scy}-ξ关系

式（4.1a）与韩林海和钟善桐（1996）提出的圆钢管混凝土抗扭屈服强度计算公式形式上一致。

（3）抗扭强度定义

从对钢管混凝土纯扭构件荷载-变形关系曲线全过程的理论分析和其他研究者的试验研究结果可以发现，在构件截面转角很大时，扭矩仍可继续增加，钢管混凝土纯扭构件表现出良好的塑性。因此，T-θ（γ）关系曲线存在强度指标的定义问题。宫安（1989）定义钢管混凝土抗扭承载力为构件转角 $\theta=4°$时对应的扭矩值，但这主要是根据纯扭短柱试验情况得出的，对长细比较大的构件不再适用。周竞（1990）对不同长细比的纯扭构件采用了不同的强度指标。

本书根据对纯扭试件的全过程分析结果和试验结果，定义试件边缘剪应变达 10 000$\mu\varepsilon$ 时对应的扭矩为极限扭矩。这一定义既考虑到构件的受力及变形特点，实际应用也方便。大量的纯扭构件全过程分析曲线的计算分析表明，当构件边缘剪应变达 10 000$\mu\varepsilon$ 后，构件的 T-θ（γ）关系曲线变化趋于平缓，扭矩值增长不大，但构件变形则急剧增大。

根据上述定义方法，表 4.1 和图 4.20 给出了抗扭强度有限元计算结果（T_{uc}）与试验结果（T_{ue}）的对比，比较结果表明，计算结果与试验结果吻合较好。对于圆试件，T_{uc}/T_{ue}的平均值为 0.887，均方差为 0.120；对于方钢管混凝土，试件的 T_{uc}/T_{ue}为 0.942。

图 4.21 给出了不同钢材屈服强度和不同混凝土强度情况下圆、方钢管混凝土

的 T_u/T_s^p 与其截面含钢率 α 的关系曲线，其中 T_u 为钢管混凝土抗扭承载力，T_s^p 为对应的空钢管截面塑性抗扭强度［对于圆钢管，$T_s^p=\dfrac{2}{3}\pi\tau_y\ (r_s^3-r_c^3)$，对于方钢管，$T_s^p=\dfrac{1}{3}\tau_y(B^3-b^3)$，$\tau_y=f_y/\sqrt{3})$］。

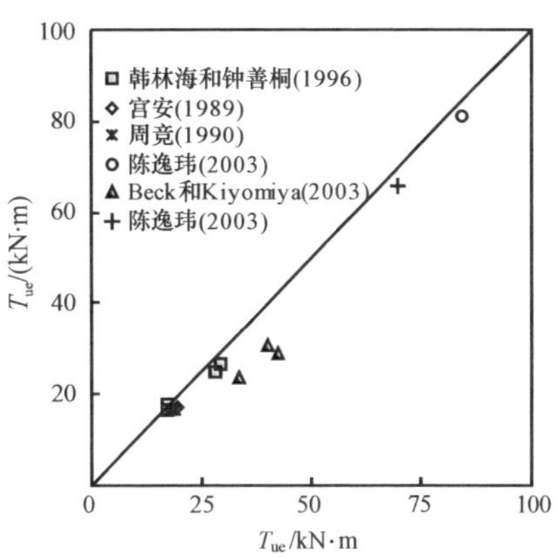

图 4.20　抗扭强度计算值（T_{ue}）与试验值（T_{uc}）的比较

由图 4.21 可见，圆、方钢管混凝土的 T_u/T_s^p-α 关系曲线变化规律类似。由于核心混凝土的存在，钢管混凝土的抗扭强度比空钢管的塑性抗扭强度有较大提高，在图 4.21 的计算参数范围内，对于圆钢管混凝土，其提高幅度在 10%以上，对于方钢管混凝土，其提高幅度在 6%以上。α 低时，核心混凝土占整个截面的相对比重较大，因而提高的多些；而当 α 高时，核心混凝土占整个截面的相对比重减小，因而提高的相对少些；f_y 低时，混凝土的“贡献”较大，因而 T_u/T_s^p 比较高，反之，T_u/T_s^p 的比值降低；f_{cu} 的影响则表现为，f_{cu} 越高，T_u/T_s^p 比值越大，反之，T_u/T_s^p 比值降低。由图 4.21 还可以看出，其他条件一定的情况，圆钢管混凝土相对于方钢管混凝土，其抗扭强度比对应的空钢管的塑性抗扭强度提高得多些。

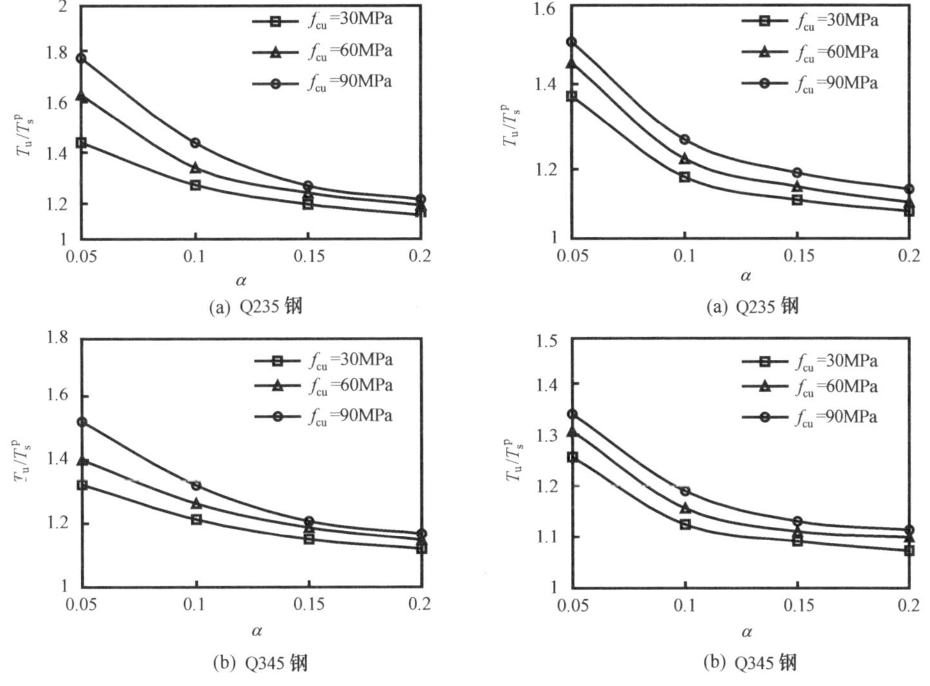

图 4.21　T_u/T_s^p-α 关系曲线［D（B）$\times t\times L$=400mm×9.3mm×1200mm］

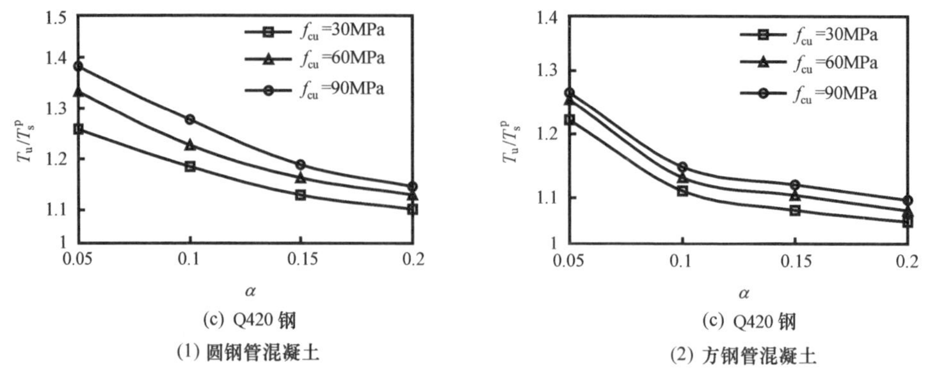

(c) Q420 钢

(1) 圆钢管混凝土

(c) Q420 钢

(2) 方钢管混凝土

图 4.21 T_u/T_s^p-α 关系曲线［D（B）$\times t \times L$=400mm×9.3mm×1200mm］（续）

由以上分析可见，钢管混凝土具有较强的抗扭能力，这主要是因为混凝土由抗扭能力很强的钢管包裹，即使钢管壁很薄时，由于内填混凝土的支撑作用，受力过程中钢管总能保持其几何形状基本稳定不变，从而使钢材的抗扭能力得以充分发挥。

（4）抗扭强度实用计算方法

利用有限元法，对常见参数范围，即 Q235-Q420 钢、C30-C90 混凝土、含钢率 α=0.04-0.2 的钢管混凝土构件抗扭强度（T_u）进行了计算，发现钢管混凝土抗扭承载力（T_u）与 τ_{scy}、W_{sct} 和 ξ 有关。如果令抗扭强度承载力计算系数 $\gamma_t = T_u/(\tau_{scy} \cdot W_{sct})$，则可以绘出 γ_t 与 ξ 之间的关系，如图 4.22 所示。

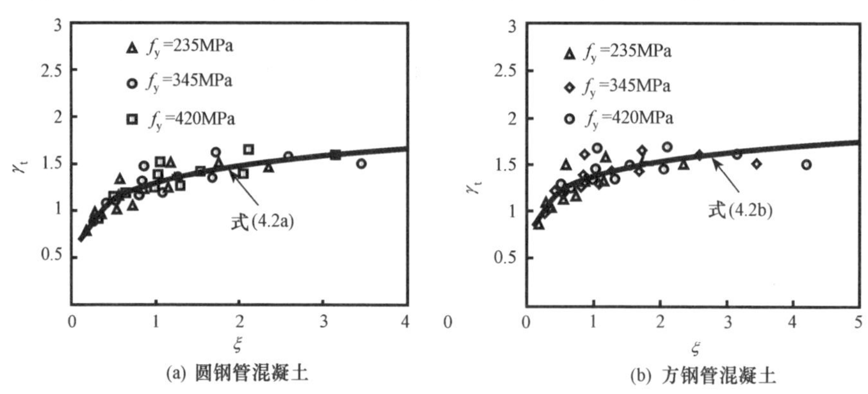

(a) 圆钢管混凝土

(b) 方钢管混凝土

图 4.22 γ_t-ξ 关系

通过对计算结果的分析，可推导出 γ_t 的计算公式如下。

对于圆钢管混凝土：

$$\gamma_t = 1.294 + 0.267\ln(\xi) \tag{4.2a}$$

对于方钢管混凝土：

$$\gamma_t = 1.431 + 0.242\ln(\xi) \tag{4.2b}$$

这样，即可导出钢管混凝土抗扭强度承载力计算公式为

$$T_u = \gamma_t \cdot W_{sct} \cdot \tau_{scy} \tag{4.3}$$

由上述简化计算公式可见，钢管混凝土抗扭强度承载力（T_u）可用截面的几何参数和物理特性参数来表示，形式简单，便于计算。

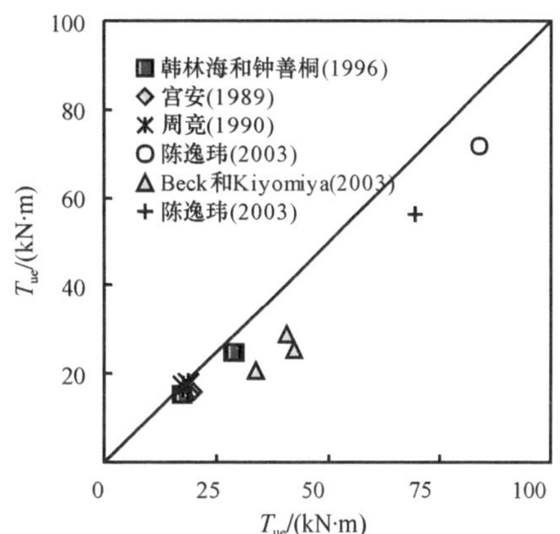

图4.23 抗扭强度简化计算值与试验值的比较

图4.23给出式（4.3）的计算结果（T_{uc}）与试验结果（T_{ue}）的对比情况，对于圆钢管混凝土，T_{uc}/T_{ue}比值的平均值为0.835，均方差为0.119；对于方钢管混凝土，T_{uc}/T_{ue}的比值为0.805。

需要说明的是，不同研究者在进行钢管混凝土纯扭构件试验时，由于承载力指标取法不同，从而导致抗扭强度取值存在一定差异。但大多研究者都取扭矩增加缓慢而变形增加较快时对应的扭矩为抗扭强度，因此此处进行的比较具有一定的参考价值，可总体上反映简化计算公式的准确程度。

基于对数值计算结果的分析，可导出纯扭构件扭矩 T-γ 关系曲线的数学表达式。

将图4.18所示的曲线近似分为三段，即OA段、AB段和BC段，并给出各个阶段的数学表达式如下。

1）弹性阶段OA（$0<\gamma\leqslant\gamma_{scp}$）：

$$T = T_{sc} \cdot \gamma \tag{4.4}$$

式中：$T_{sc}-W_{sct}\cdot\tau_{scp}/\gamma_{scp}$，$W_{sct}$为钢管混凝土截面抗扭模量，其中，$\tau_{scp}$和$\gamma_{scp}$分别为名义抗扭比例极限及其对应的剪应变，确定方法为

$$\tau_{scp} = \left\{\left[0.149\left(\frac{f_y}{235}\right)+0.322\right]-\left[0.842\left(\frac{f_y}{235}\right)^2-1.775\left(\frac{f_y}{235}\right)+0.933\right]\alpha^{0.933}\right\} \cdot \left(\frac{30}{f_{cu}}\right)^{0.032} \cdot \tau_{scy} \tag{4.5}$$

$$\gamma_{scp} = 0.595\frac{f_y}{E_s}+\frac{0.07(f_{cu}-30)}{E_c} \tag{4.6}$$

式中：f_y 和 f_{cu}以MPa计。

2）弹塑性阶段AB（$\gamma_{scp}<\gamma\leqslant 0.01$）。

在弹塑性阶段，T-γ 关系可用如下公式表达为

$$\gamma^2+a\cdot T^2+b\cdot\gamma+c\cdot T+d=0 \tag{4.7}$$

式中

$$a=\frac{-(0.01-\gamma_{scp})^2-2e\cdot(0.01-\gamma_{scp})}{(T_u^2-T_{scp}^2)+(0.01-\gamma_{scp})\cdot(-2T_{scp}\cdot T_{sc})+e\cdot(2T_u\cdot T_{sch}-2T_{scp}\cdot T_{sc})};$$

$$e=\frac{(T_u-T_{scp})-T_{sc}\cdot(0.01-\gamma_{scp})}{T_{sc}-T_{sch}}\text{；}b=-2\gamma_{scp}-2a\cdot T_{scp}\cdot T_{sc}-c\cdot T_{sc}\text{；}$$

$$c=\frac{2(0.01-\gamma_{scp})+(2T_u\cdot T_{sch}-2T_{scp}\cdot T_{sc})\cdot a}{T_{sc}-T_{sch}}\text{；}$$

$$d=-\gamma_{scp}^2-a\cdot T_{scp}^2-b\cdot\gamma_{scp}-c\cdot T_{scp}\text{。}$$

以上各式中，$T_{scp}=\tau_{scp}\cdot W_{sct}$，$T_u$为钢管混凝土抗扭强度承载力，按式（4.3）进行计算。

对于圆钢管混凝土：

$$T_{sch}=(220\alpha+200)\cdot W_{sct} \tag{4.8a}$$

对于方钢管混凝土：

$$T_{sch}=(220\alpha+150)\cdot W_{sct} \tag{4.8b}$$

3）塑性强化阶段BC（$\gamma>0.01$）：

$$T=T_u+T_{sch}(\gamma-0.01) \tag{4.9}$$

图4.24和图4.25分别给出了圆、方钢管混凝土纯扭构件T-γ关系曲线简化模型计算结果与数值计算结果的比较，图中，实线为数值计算结果，虚线为简化计算曲线，可见二者总体上吻合较好。

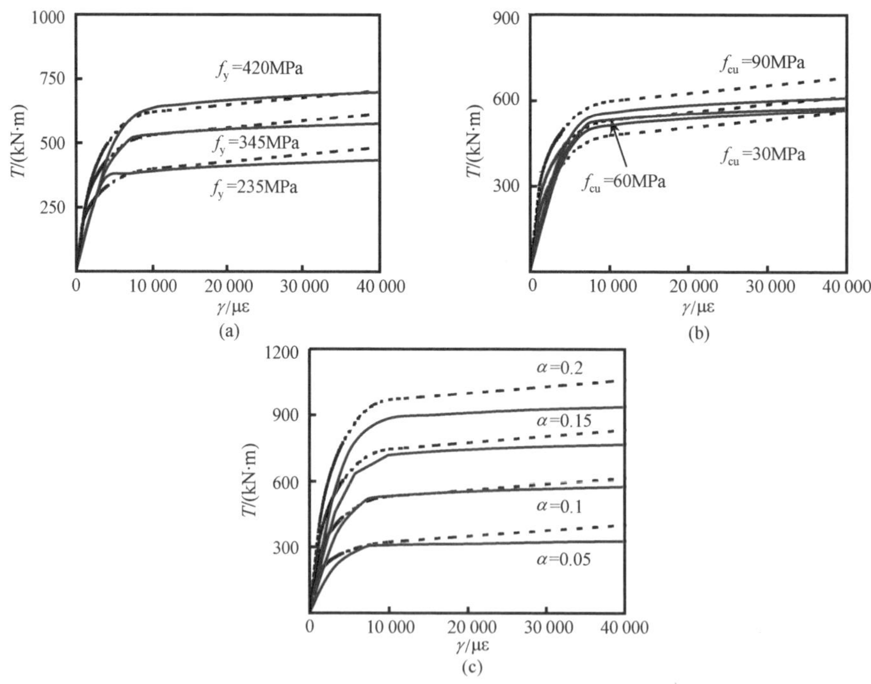

图4.24 T-γ关系曲线简化计算结果与数值计算结果的对比

（圆钢管混凝土：$D\times t\times L=400\text{mm}\times 9.3\text{mm}\times 1200\text{mm}$）

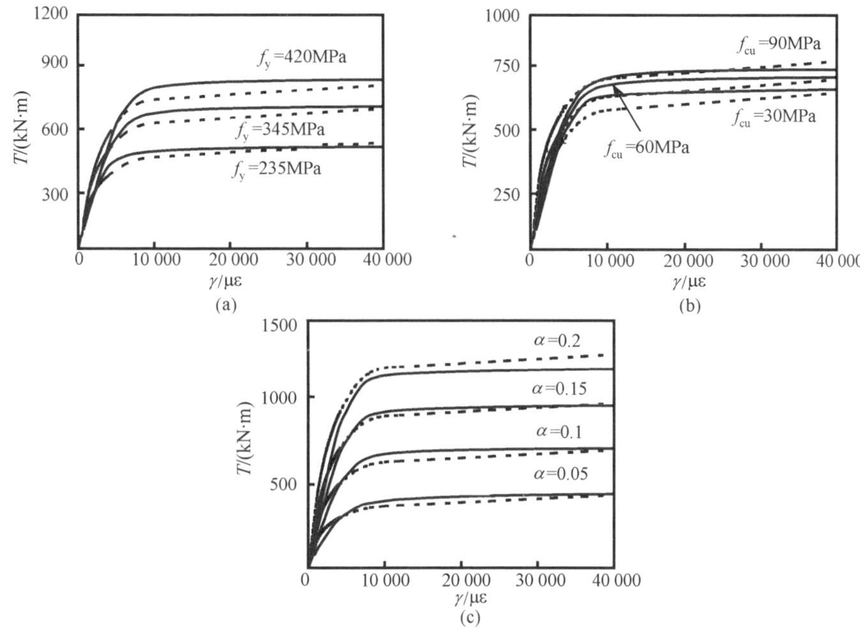

图 4.25　T-γ 关系曲线简化计算结果与数值计算结果的对比

（方钢管混凝土：$B\times t\times L$=400mm×9.3mm×1200mm）

T-γ 关系曲线简化模型计算结果与试验结果进行了比较，二者总体上吻合较好。图 4.26 给出了部分比较情况。

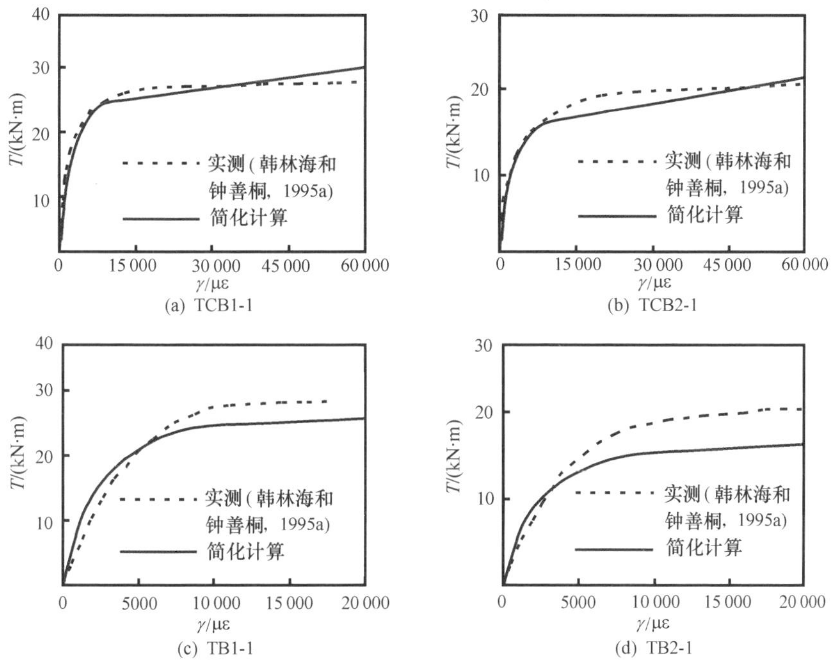

图 4.26　T-γ 关系简化计算结果与试验结果比较

4.3　钢管混凝土横向受剪时的力学性能

研究钢管混凝土纯剪试件的力学性能，是深入研究其复合受剪构件工作机理及其承载力计算方法的基础。本节对钢管混凝土构件横向受剪时的荷载-变形关系曲线进行了计算，研究了构件纯剪、弯剪和弯曲破坏的剪跨比限值，提出了抗剪承载力和剪切刚度的简化计算方法，给出了剪切 τ-γ 关系曲线的实用计算方法。

4.3.1　有限元计算模型

钢管和核心混凝土均采用八节点缩减积分格式的三维实体单元。钢管与核心混凝土的接触面处理与纯扭构件工作机理分析时相同（尧国皇，2006），此处不再赘述。

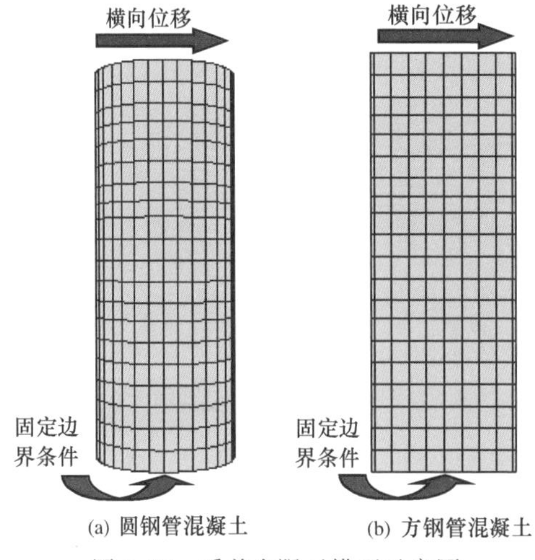

图 4.27　受剪有限元模型示意图

图 4.27 给出了钢管混凝土受剪构件有限元计算模型及单元划分示意图，单元划分的网格密度要通过网格试验进行确定。边界条件为，一端固定边界条件，一端自由边界条件。计算时，采用位移加载方式，即在非固定边界施加横向位移，并采用增量迭代法进行求解。

4.3.2　剪跨比的影响分析

利用有限元法对不同剪跨比（m）情况下钢管混凝土 $\tau(=V/A_{sc})$-截面最大剪应变（γ）关系曲线进行了计算。

图 4.28 分别给出了不同 m 时圆、方钢管混凝土各一组的 τ-γ 关系曲线。算例计算条件：$D(B)=400$mm；$\alpha=0.1$；Q345 钢；C60 混凝土，曲线从上至下，m 分别为 0.1、0.15、0.2、0.25、0.5、0.75、1、1.5、2、3、4、6 和 8。

由图 4.28 可见，圆、方钢管混凝土 τ-γ 关系曲线随剪跨比（m）的变化规律基本相同，随着剪跨比 m 值的增加，τ-γ 关系曲线的峰值不断降低。在 m 很小的情况下，钢管混凝土受剪构件仍表现出很好的延性。这和钢筋混凝土结构的力学性能不同。对于钢筋混凝土构件，当 m 较小时，发生斜压破坏，构件抗剪强度主要取决于混凝土的抗压强度，此时抗剪强度较高，但延性较差；当 m 较大时，发生斜拉破坏，构件抗剪强度主要取决于混凝土的抗拉强度，此时抗剪强度较小，但延性相对较好（王传志和滕智明，1985）。钢管混凝土构件受剪时，由于

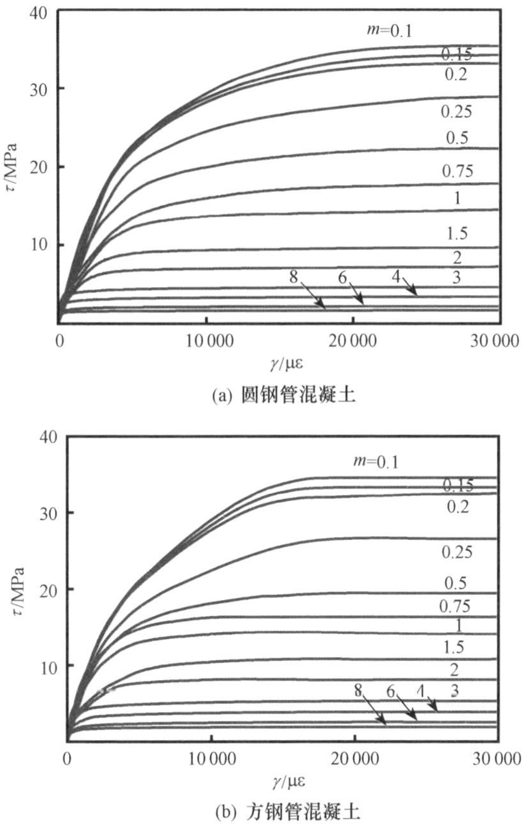

图 4.28　不同剪跨比（m）情况下的 τ-γ 关系曲线

核心混凝土受到了外钢管的约束，不但提高了其强度，而且使其塑性性能大为改善，因此即使 m 很小时，构件仍表现出较好的塑性性能。

如果令 m=0.1，γ=10 000$\mu\varepsilon$ 时 τ-γ 关系曲线上对应的剪应力为 τ_{max}，则可以绘出 τ/τ_{max}-m 关系，如图 4.29 所示。图 4.29 中算例的计算参数范围，Q235～Q420 钢、C30～C90 混凝土、α=0.04～0.2。可见材料强度和含钢率的变化对 τ/τ_{max}-m 关系的影响很小。

由图 4.29 还可见，当 m 在 0.2～4 之间时，抗剪承载力随 m 增大而降低的幅度较大；当 m 小于 0.2，或 m 大于 4 时，抗剪承载力随 m 变化的变化幅度相对平缓。基于理论分析结果，建议定义：$m \leqslant 0.2$ 时，钢管混凝土受剪构件破坏为剪切破坏；$0.2 < m \leqslant 4$ 时为弯剪破坏；$m \geqslant 4$ 时为弯曲破坏，且暂取剪跨比 m=0.2 时的抗剪承载力作为钢管混凝土横向受剪时的抗剪强度（V_u）。

4.3.3　计算结果和试验结果比较

为了验证有限元计算结果准确性，首先对徐春丽（2004）进行的圆钢管混凝

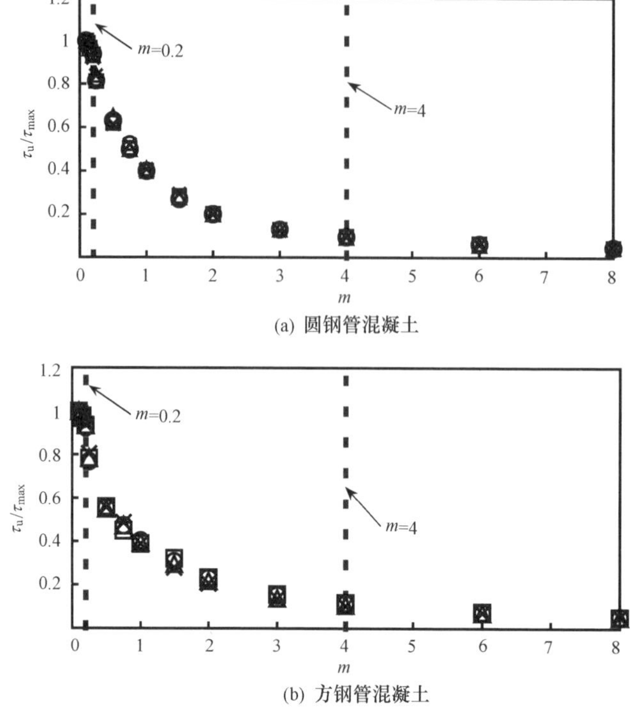

(a) 圆钢管混凝土

(b) 方钢管混凝土

图 4.29　τ/τ_{max}-m 关系

土抗剪试验结果进行了验算。试验获得的 P-Δ 关系曲线与数值计算结果的比较如图 4.30 所示，其中，P 为剪力，Δ 为试件变形。表 4.2 给出了试件详细的计算参数，其中，m 为试件剪跨比。

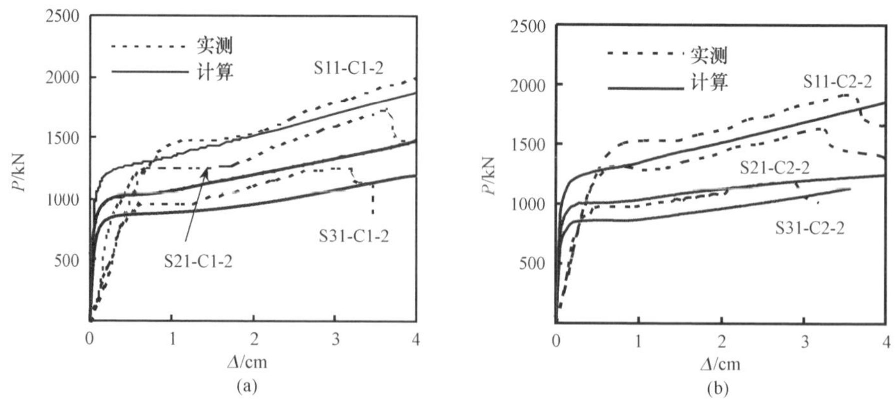

(a)　(b)

图 4.30　钢管混凝土受剪构件的 P-Δ 关系曲线

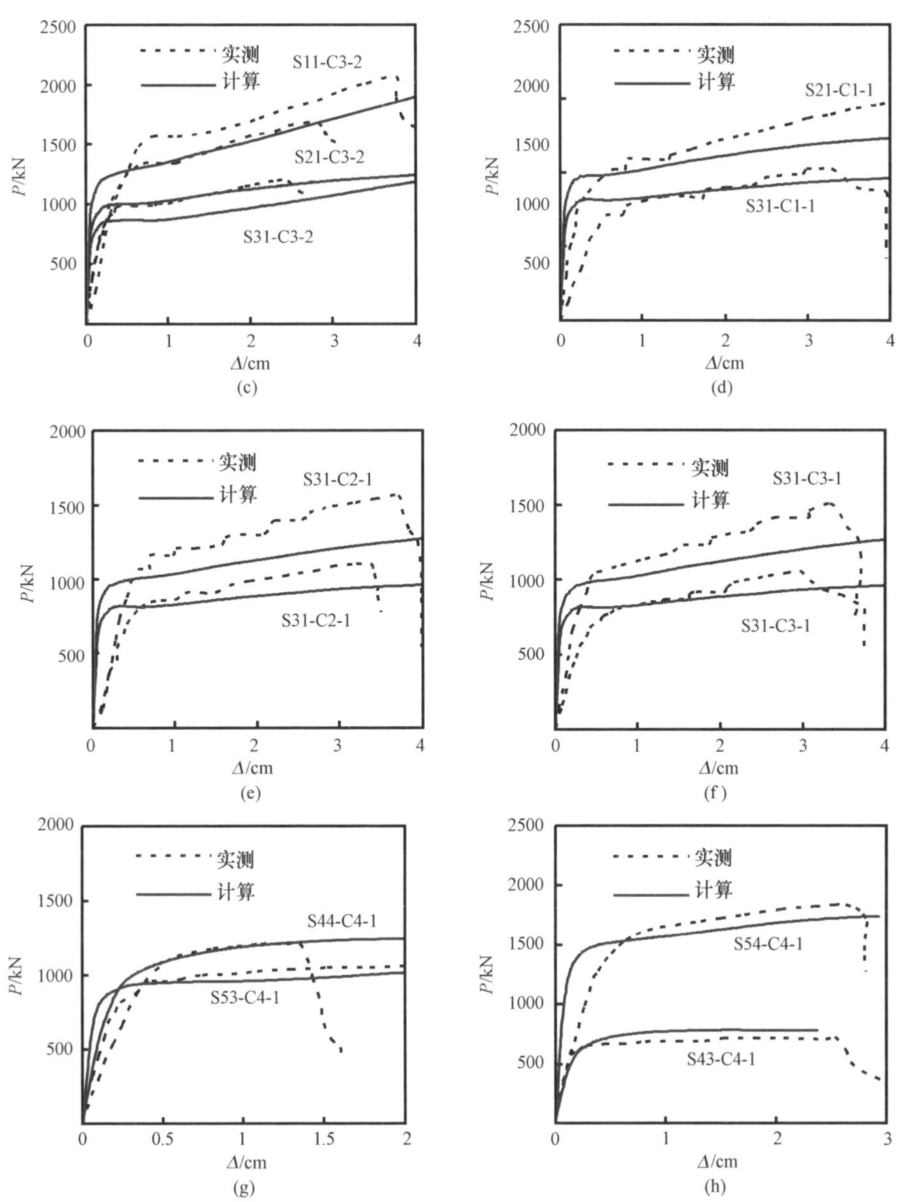

图 4.30　钢管混凝土受剪构件的 P-Δ 关系曲线（续）

表 4.2　圆钢管混凝土抗剪试件一览表（徐春丽，2004）

序号	试件编号	D/mm	t/mm	f_y/MPa	f_{cu}/MPa	m
1	S11-C1-2	160	5.5	377	38.7	0.14
2	S11-C2-2	160	5.5	377	48.4	0.14
3	S11-C3-2	160	5.5	377	44	0.14
4	S21-C1-2	166	4.4	345	38.7	0.14

续表

序号	试件编号	D/mm	t/mm	f_y/MPa	f_{cu}/MPa	m
5	S21-C2-2	166	4.4	345	48.4	0.14
6	S21-C3-2	166	4.4	345	44	0.14
7	S31-C1-2	165	3	408	38.7	0.14
8	S31-C2-2	165	3	408	48.4	0.14
9	S31-C3-2	165	3	408	44	0.14
10	S21-C1-1	166	4.4	345	38.7	0.4
11	S21-C2-1	166	4.4	345	48.4	0.4
12	S21-C3-1	166	4.4	345	44	0.4
13	S31-C1-1	165	3	408	38.7	0.4
14	S31-C2-1	165	3	408	48.4	0.4
15	S31-C3-1	165	3	408	44	0.4
16	S44-C4-1	161	6.5	445	30	1
17	S53-C4-1	165	4.1	385	30	0.5
18	S54-C4-1	165	4.1	385	30	1
19	S43-C4-1	161	6.5	445	30	0.5

从图 4.30 的比较可见，P-Δ 关系计算结果与实测结果总体上较为吻合。但在 P-Δ 关系曲线初期，计算结果和试验结果差别较大，即计算变形总体小于实测结果。可能的原因是试验得到的跨中位移值包含了支座处钢管受压变形而产生的位移等，从而使得实测位移值偏大（徐春丽，2004）。

课题组进行了 38 个钢管混凝土受剪试件的加载试验（郭淑丽，2008；Ye 和 Han 等，2016），其中，圆形试件 20 个，方形试件 18 个。试验的加载方式为试件两端施加恒定轴力同时跨中施加水平荷载。

试件的基本信息列于表 4.3，研究参数包括：剪跨比 $m=0.5H/D(B)$、轴压比 $n=N/N_u$、混凝土强度 f_{cu}及含钢率 α，其中 H、$D(B)$ 分别为试件的剪跨段长度和外尺寸；N 为试验时所加的轴压力；N_u为试件的轴压极限承载力，按式（3.86）计算。

设计了 4 种不同的剪跨比和 5 种不同的轴压比：剪跨比 m 分别为 0.075、0.15、0.5 和 0.75；轴压比 n 分别为 0、0.25、0.5、0.6 和 0.75。试件钢管的屈服强度（f_y）、抗拉强度（f_u）、弹性模量（E_s）、泊松比（μ_s）和断裂伸长率（δ）分别为：①对于 $t=2$mm 的钢管，$f_y=338$MPa、$f_u=412$MPa、$E_s=2.09\times10^5$N/mm^2、$\mu_s=0.26$ 和 $\delta=25.7\%$；②对于 $t=3$mm 的钢管，$f_y=415$MPa、$f_u=511$MPa、$E_s=2.12\times10^5$N/mm^2、$\mu_s=0.31$ 和 $\delta=22.1\%$。采用了 2 种强度的混凝土，其强度和弹性模量分别为 $f_{cu}=31.9$MPa、$E_c=2.50\times10^4$N/mm^2；$f_{cu}=57.4$MPa、$E_c=3.12\times10^4$N/mm^2。

试件两端均设置了盖板，试件制作时保证核心混凝土的密实度，以期确保钢管和核心混凝土在受荷初期就能共同受力。

表 4.3　钢管混凝土受剪试件信息一览表

试件截面类型	序号	试件编号	B (D) $\times t \times L$ /(mm×mm×mm)	α	f_y/MPa	f_{cu}/MPa	m	n
圆形	1	C1-1a	120×2×102	0.07	338	31.9	0.15	0
	2	C1-1b	120×2×102	0.07	338	31.9	0.15	0
	3	C1-2a	120×2×102	0.07	338	31.9	0.15	0.25
	4	C1-2b	120×2×102	0.07	338	31.9	0.15	0.25
	5	C1-3a	120×2×102	0.07	338	31.9	0.15	0.6
	6	C1-3b	120×2×102	0.07	338	31.9	0.15	0.6
	7	C1-4a	120×2×102	0.07	338	31.9	0.15	0.75
	8	C1-4b	120×2×102	0.07	338	31.9	0.15	0.75
	9	C2-1a	120×2×66	0.07	338	31.9	0.075	0.5
	10	C2-1b	120×2×66	0.07	338	31.9	0.075	0.5
	11	C2-2a	120×2×102	0.07	338	31.9	0.15	0.5
	12	C2-2b	120×2×102	0.07	338	31.9	0.15	0.5
	13	C2-3a	120×2×270	0.07	338	31.9	0.5	0.5
	14	C2-3b	120×2×270	0.07	338	31.9	0.5	0.5
	15	C2-4a	120×2×390	0.07	338	31.9	0.75	0.5
	16	C2-4b	120×2×390	0.07	338	31.9	0.75	0.5
	17	C3-1a	120×2×102	0.07	338	57.4	0.15	0.5
	18	C3-1b	120×2×102	0.07	338	57.4	0.15	0.5
	19	C4-1a	120×3×102	0.108	415	31.9	0.15	0.5
	20	C4-1b	120×3×102	0.108	415	31.9	0.15	0.5
方形	21	S1-1a	120×2×102	0.07	338	31.9	0.15	0
	22	S1-1b	120×2×102	0.07	338	31.9	0.15	0
	23	S1-2a	120×2×102	0.07	338	31.9	0.15	0.25
	24	S1-2b	120×2×102	0.07	338	31.9	0.15	0.25
	25	S1-3a	120×2×102	0.07	338	31.9	0.15	0.6
	26	S1-3b	120×2×102	0.07	338	31.9	0.15	0.6
	27	S1-4a	120×2×102	0.07	338	31.9	0.15	0.75
	28	S1-4b	120×2×102	0.07	338	31.9	0.15	0.75
	29	S2-1a	120×2×66	0.07	338	31.9	0.075	0.5
	30	S2-2a	120×2×102	0.07	338	31.9	0.15	0.5
	31	S2-2b	120×2×102	0.07	338	31.9	0.15	0.5
	32	S2-3a	120×2×270	0.07	338	31.9	0.5	0.5
	33	S2-3b	120×2×270	0.07	338	31.9	0.5	0.5
	34	S2-4a	120×2×390	0.07	338	31.9	0.75	0.5
	35	S2-4b	120×2×390	0.07	338	31.9	0.75	0.5
	36	S3-1a	120×2×102	0.07	338	57.4	0.15	0.5
	37	S3-1b	120×2×102	0.07	338	57.4	0.15	0.5
	38	S4-1a	120×3×102	0.108	415	31.9	0.15	0.5

试件的加载装置如图 4.31 所示。试验时，试件水平放置，其两端的边界条

件为固结。轴力通过油压千斤顶施加，试验过程中保持轴力恒定。横向力由伺服作动器施加，作动器与试件通过刚性夹具连接。为了避免试验过程中试件发生面外失稳，设置了侧向支撑装置。该装置为一带垂直推力轴承的撑板，位于刚性夹具两侧，以和反力墩刚接的刚架作为支撑，可以限制试件发生侧向位移。试验时，首先施加轴向压力至设计值 N，并在试验过程中维持 N 不变，然后通过伺服作动器对试件施加横向荷载。本次试验采用位移控制的方法进行加载，每级位移增量为 5mm，持荷时间 5min；试件接近破坏时采用缓慢连续加载，直至荷载下降至极限荷载的 50％或试件破坏。

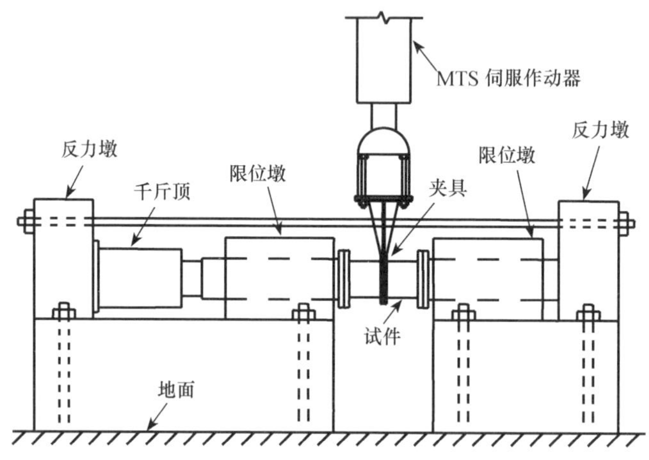

图 4.31　剪切性能试验装置示意图

试验加载初期，试件的整体外形变化不大；随着横向位移的逐级增大，试件进入弹塑性变形阶段，此时钢管混凝土的应变发展加剧；达到极限荷载时，试件的跨中挠度不断增大，钢管与刚性夹具连接处受压一侧凹入。试件典型的破坏模态如图 4.32 所示。

当剪跨比为 0.15 时，圆钢管混凝土试件（C2-2a）从加载点至端板处被斜向剪断；方钢管混凝土试件（S2-2a）的受压侧钢管被剪断，混凝土向外鼓凸，致使钢管焊缝断裂，同时钢管表面有明显的剪切滑移线产生。两种试件的破坏模态属于剪切型破坏。

当剪跨比为 0.5 时，圆钢管混凝土试件（C2-3a）跨中钢管受拉开裂，同时剪跨区钢管出现斜向局部屈曲，表现为典型的弯剪型破坏；方钢管混凝土试件（S2-3a）剪跨区钢管出现与圆钢管混凝土试件（C2-3a）相似的斜向局部屈曲，同时加载点和端部附近钢管发生由于应力集中导致的局部焊缝断裂现象。

当剪跨比为 0.75 时，圆钢管混凝土试件（C2-4a）的破坏表现为截面受压区钢管鼓凸，钢管和混凝土在受拉区断裂，试件丧失承载力，破坏时产生了较大的塑性变形。对试验后的试件在跨中截面附近将钢管剖开，发现核心混凝土受拉区

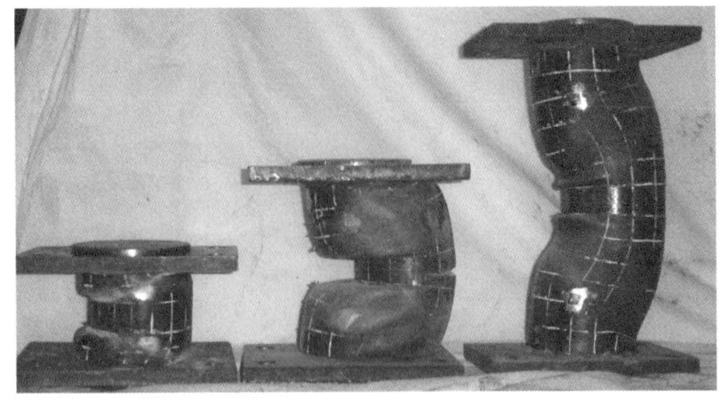

C2-2a(m=0.15)　C2-3a(m=0.5)　C2-4a(m=0.75)

(a) 圆钢管混凝土

S2-2a(m=0.15)　S2-3a(m=0.5)　S2-4a(m=0.75)

(b) 方钢管混凝土

图 4.32　试件典型的破坏形态

出现均匀分布的横向裂缝；方钢管混凝土试件（S2-4a）在受压区钢管和核心混凝土鼓凸，致使焊缝开裂，同时在钢管表面观测到明显的剪切滑移线。试件延性良好，呈现弯曲型破坏特征。

试件实测的横向荷载（P）-跨中侧向挠度（Δ）关系曲线如图 4.33 所示。其中方形试件 S2-1a 和 S4-1a 在作动器达到极限输出荷载（1000kN）时仍未出现明显的破坏现象，且荷载处于上升阶段，因此该参数条件下只进行了一个试件的加载试验。试件 S2-3a、S2-3b（m=0.5）和试件 S2-4a、S2-4b（m=0.75）发生加载点附近钢管焊缝断裂破坏，在图 4.33 中标出了焊缝断裂时刻。在剪切作用下，夹具附近钢管焊缝受力复杂进而容易发生断裂，导致试件延性和强度降低；对于剪跨比较大的试件，其变形能力大于剪跨比较小的试件，因此更容易发生夹具附近钢管焊缝断裂的现象。从图 4.33 可以看出，钢管混凝土试件的变形性能较好，破坏具有一定延性；且剪跨比越大，延性越好，但承载力呈下降趋势；研究参数范围内，轴压比越大，试件的承载力越高；随着混凝土强度和含钢率的提高，试件的承载力逐渐增大。

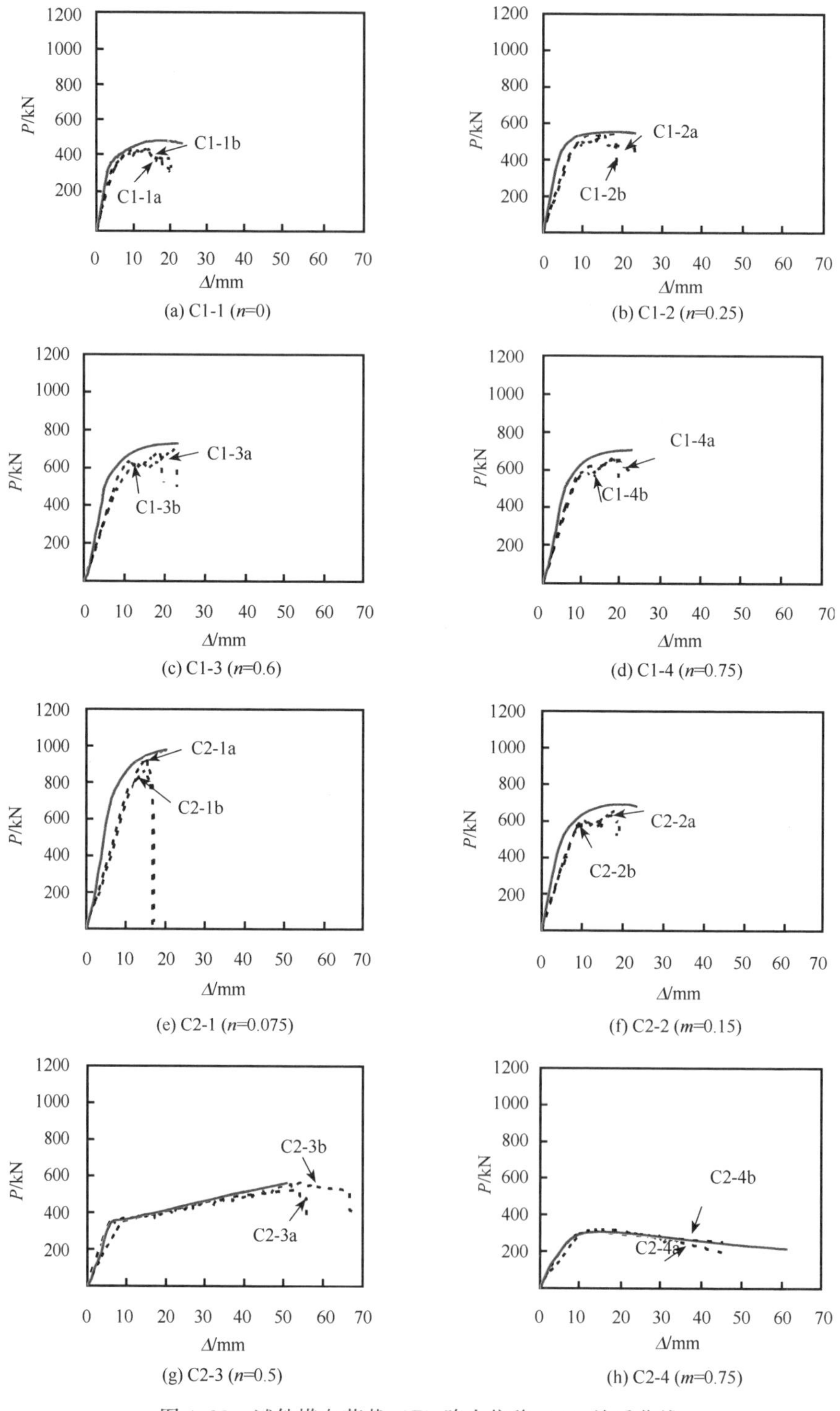

(a) C1-1 (n=0)　(b) C1-2 (n=0.25)

(c) C1-3 (n=0.6)　(d) C1-4 (n=0.75)

(e) C2-1 (n=0.075)　(f) C2-2 (m=0.15)

(g) C2-3 (n=0.5)　(h) C2-4 (m=0.75)

图 4.33　试件横向荷载（P）-跨中位移（Δ）关系曲线

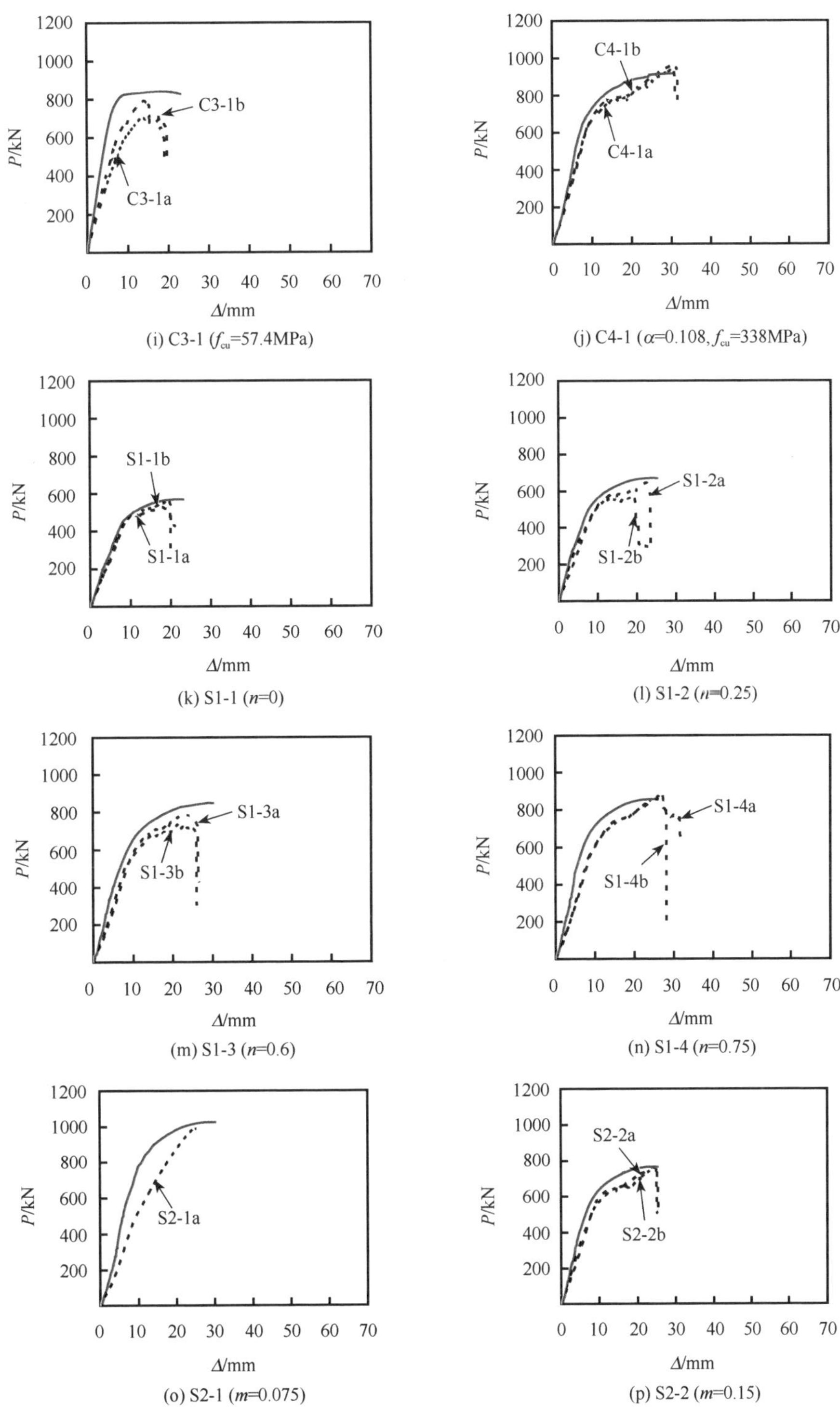

图 4.33　试件横向荷载（P）-跨中位移（Δ）关系曲线（续）

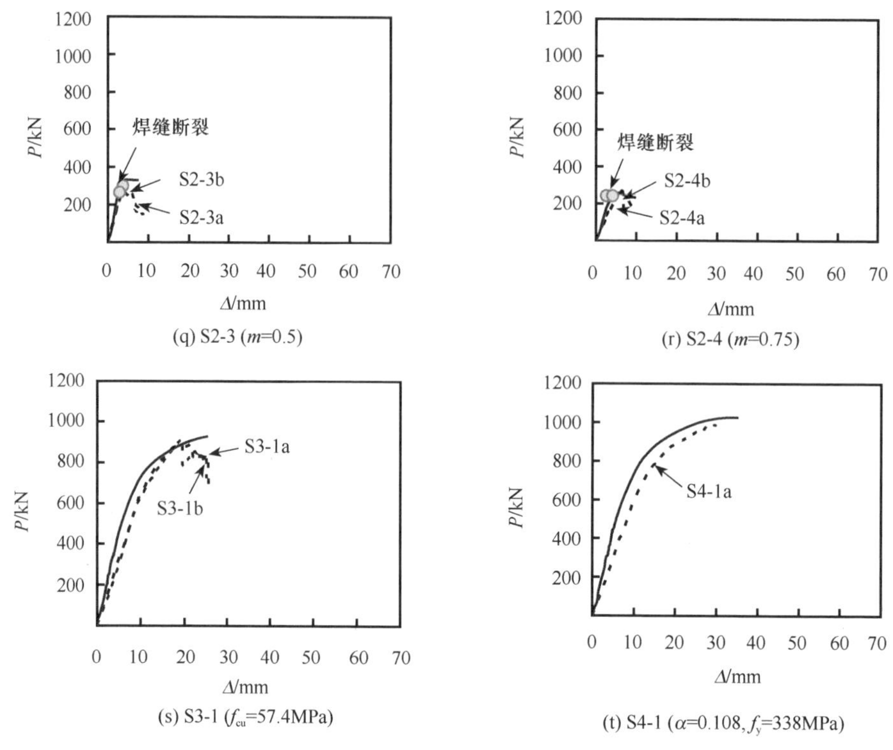

图 4.33 试件横向荷载（P）-跨中位移（Δ）关系曲线（续）

图 4.33 同时还给出了有限元计算结果和实测结果的对比情况。其中，实线为有限元计算结果。对于剪跨比较大的试件，计算曲线的弹性阶段斜率与试验曲线较为吻合；而对于剪跨比较小的试件，计算曲线的弹性阶段斜率与试验曲线相比偏大。原因分析如下：①实际试件存在一定初始缺陷，如形状不规则、材质不均匀等；②试验装置引起的误差，如夹具在试验过程中产生的变形等；③对于小剪跨比试件，其最终破坏时的极限变形较小，微小的误差（如测试等）即可造成相对较大的影响。

图 4.34 给出了计算结果与试验试件破坏形态的对比。可见，对于不同的剪跨比，二者总体上较为吻合。

图 4.35 给出了剪跨比 $m=0.5$ 的圆形和方形钢管混凝土受剪试件塑性破坏时的应力分布图（单位为 MPa）和 $m=0.2$ 圆形试件不同时刻的钢管和核心混凝土的应力分布图。可见，圆形和方形试件的应力分布规律基本一致，即沿对角线方向应力较大，对角线两侧应力逐渐减小，呈现斜压杆传力机制。与图 4.32 中的试件破坏模态相比，试验时圆、方钢管混凝土试件在钢管表面斜向均出现了剪切滑移线，计算结果与试验结果对应较好。

图 4.36 给出了计算获得的抗剪承载力（V_{uc}）与试验结果（V_{ue}）的比较。

结果表明，对于 $m \leqslant 0.2$ 的试件，所有计算值与试验值比值的平均值为 0.998，均方差为 0.009；对于 $m > 0.2$ 的试件，所有计算值与试验值比值的平均值为 1.006，均方差为 0.005，可见计算结果与试验结果吻合良好。

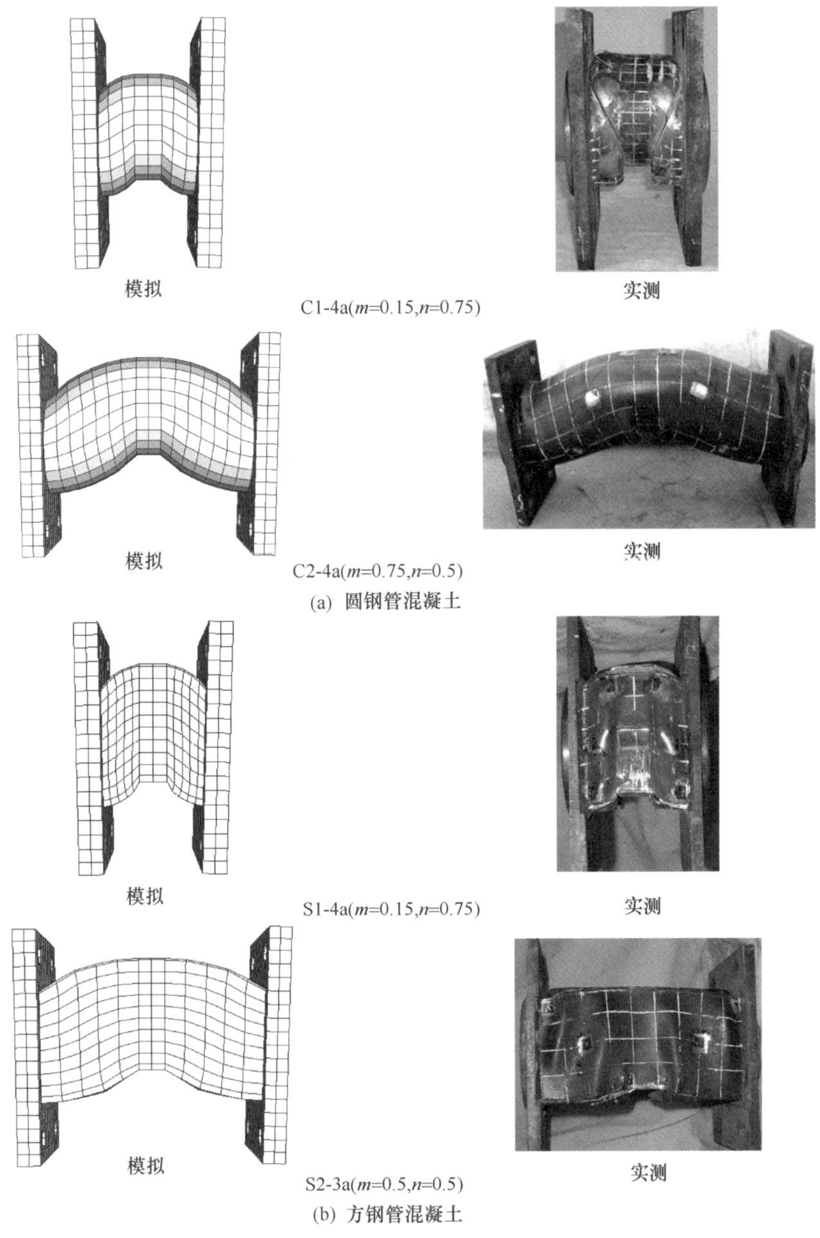

图 4.34　破坏模态的计算与试验结果对比

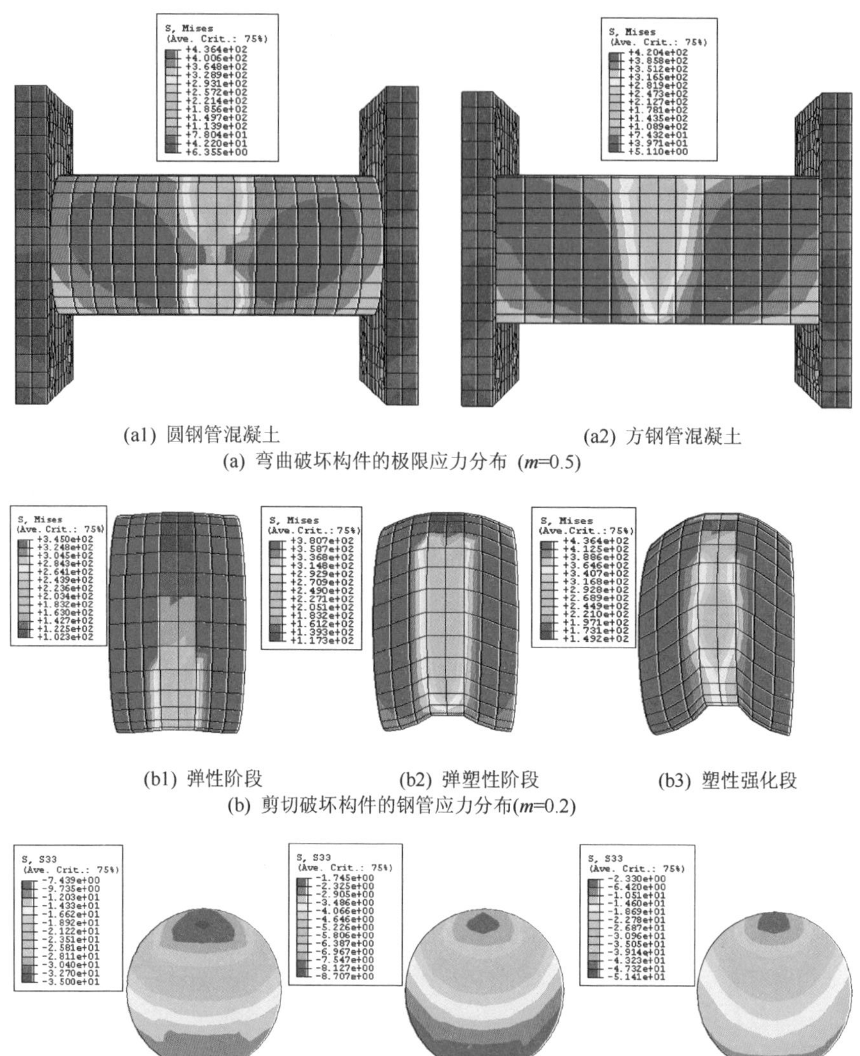

(a1) 圆钢管混凝土　　(a2) 方钢管混凝土

(a) 弯曲破坏构件的极限应力分布 (m=0.5)

(b1) 弹性阶段　　(b2) 弹塑性阶段　　(b3) 塑性强化段

(b) 剪切破坏构件的钢管应力分布(m=0.2)

(c1) 弹性阶段　　(c2) 弹塑性阶段　　(c3) 塑性强化段

(c) 剪切破坏构件的核心混凝土应力分布(m=0.2)

图 4.35　典型试件的应力分布云图

4.3.4　纯剪 τ-γ 关系曲线的影响因素

影响钢管混凝土纯剪 τ-γ 关系曲线的可能因素有混凝土强度（f_{cu}）、钢材屈服强度（f_y）和截面含钢率（α）。下面以典型算例分析上述各参数对 τ-γ 关系曲线的影响规律。算例计算的基本条件为：剪跨比 $m=0.2$；$D(B)=400$mm；$\alpha=0.1$；C60 混凝土；Q345 钢。

(1) 混凝土强度（f_{cu}）

图 4.37 给出了不同混凝土强度（f_{cu}）时钢管混凝土纯剪 τ-γ 关系曲线。可见，f_{cu}对圆、方钢管混凝土 τ-γ 关系曲线影响规律基本相同。在其他参数一定的情况下，随着混凝土强度的提高，试件的极限抗剪强度和弹性段剪切刚度有逐渐增大的趋势。

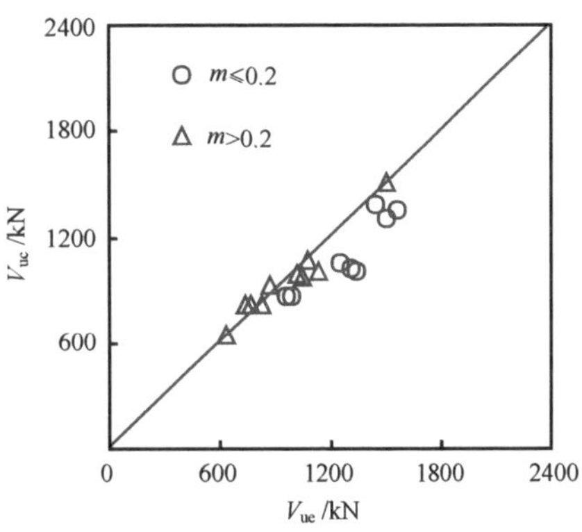

图 4.36　抗剪承载力计算值与试验值比较

(2) 钢材屈服强度（f_y）

图 4.38 给出了不同钢材屈服强度（f_y）时的 τ-γ 关系曲线。可见，f_y对圆、方钢管混凝土 τ-γ 关系曲线影响规律基本相同。在其他参数一定的情况下，随着 f_y的逐渐提高，试件的极限抗剪强度也逐渐增大。但 f_y的变化对试件弹性阶段的剪切刚度几乎没有影响，这是因为钢材的剪切摸量与其强度无关。

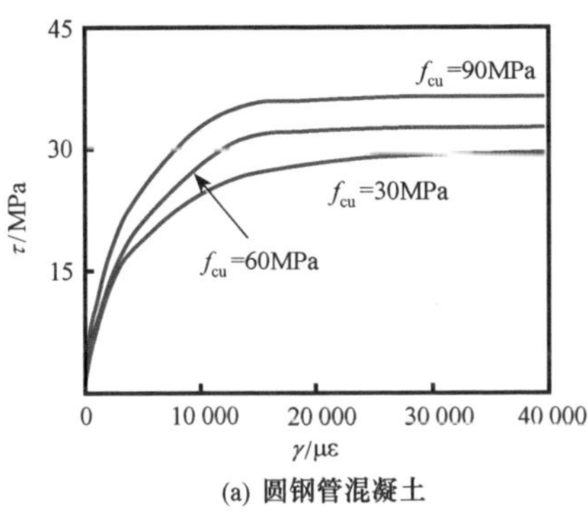

(a) 圆钢管混凝土

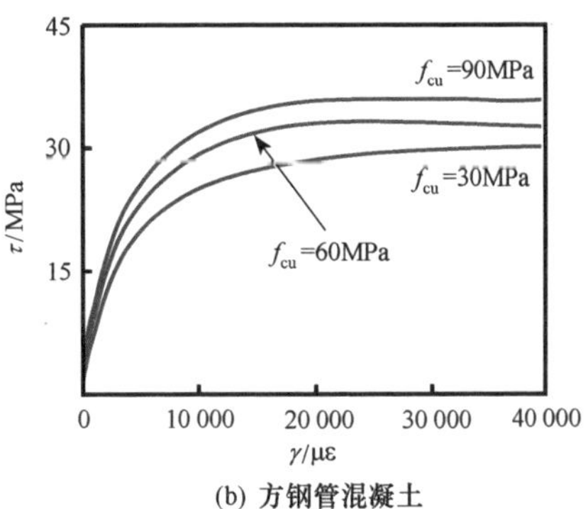

(b) 方钢管混凝土

图 4.37　混凝土强度的影响

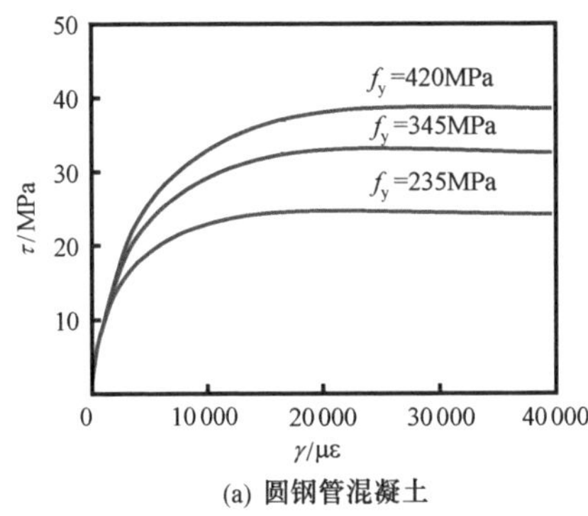

(a) 圆钢管混凝土

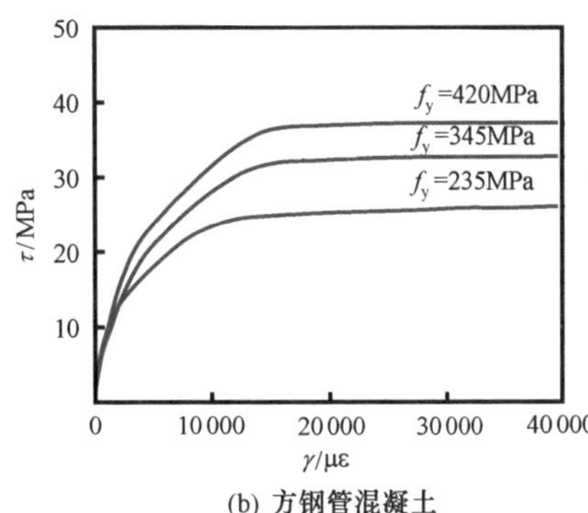

(b) 方钢管混凝土

图 4.38　钢材强度的影响

（3）截面含钢率（α）

图 4.39 给出了不同截面含钢率（α）时的 τ-γ 关系曲线。可见，α 对圆钢管混凝土和方钢管混凝土 τ-γ 关系曲线影响规律基本相同。在其他参数一定的情况下，随着 α 的逐渐提高，试件的极限抗剪强度和弹性阶段剪切刚度也逐渐增大。

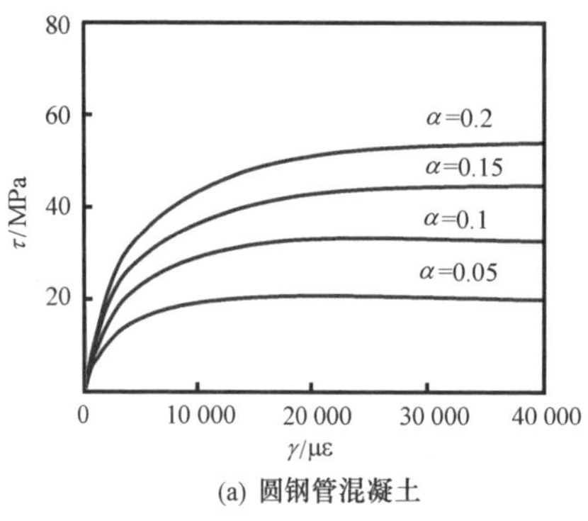

(a) 圆钢管混凝土

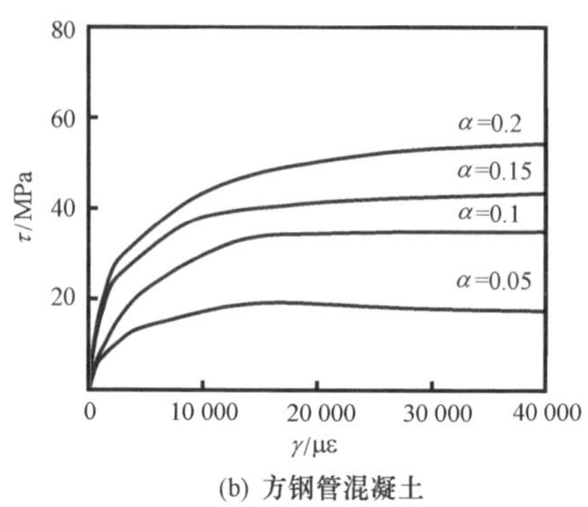

(b) 方钢管混凝土

图 4.39　截面含钢率的影响

从以上参数分析的计算结果可见，各参数只会影响曲线的数值，不会影响曲线的形状。在工程常用的参数范围内，钢管混凝土的纯剪 τ-γ 关系曲线不会出现下降段。

4.3.5　抗剪强度实用计算方法

分析结果表明，横向受剪时钢管混凝土的纯剪 τ-γ 关系与其受纯扭时 τ-γ 关系曲线的差别不显著，且各参数对横向受剪 τ-γ 关系的影响与对纯扭 T-γ 关系曲线的影响规律也基本相同（尧国皇，2006）。

横向受剪时，钢管混凝土典型的 τ-γ 关系曲线如图 4.40 所示。

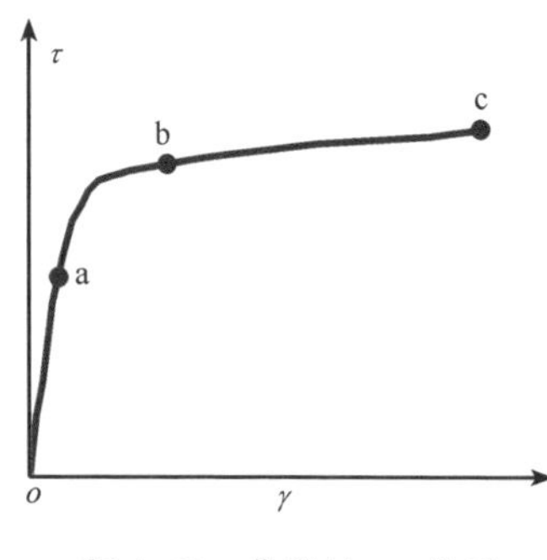

图 4.40　典型的 τ-γ 关系

从图 4.40 可见，当剪应变很大时，剪应力 τ 仍可以继续增加，因此，τ-γ 关系曲线存在强度指标的定义问题。

考虑到钢管混凝土受剪切作用时材料的受力状态和构件变形程度等因素，建议取 τ-γ 关系曲线上剪应变达 10 000$\mu\varepsilon$ 时的剪力为抗剪强度（韩林海和钟善桐，1994b；1996）。这一定义既考虑到钢管混凝土纯剪构件的受力及变形特点，应用也较方便。

如果令钢管混凝土抗剪强度承载力计算系数 $\gamma_v = V_u/(\tau_{scy} \cdot A_{sc})$，则可通过计算，绘出 γ_v 与截面约束效应系数 ξ 之间的关系，如图 4.41 所示。

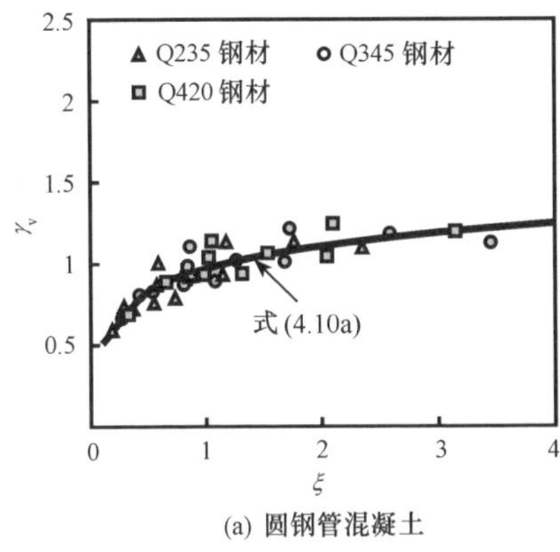

(a) 圆钢管混凝土

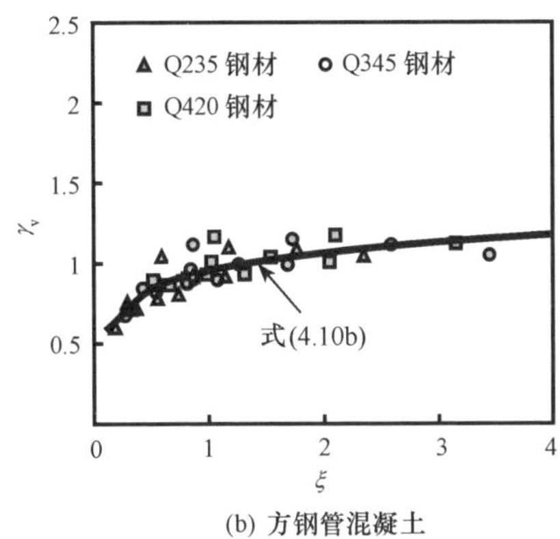

(b) 方钢管混凝土

图 4.41　γ_v-ξ 关系

通过对计算结果的回归分析，可导得 γ_v 的表达式如下。

对于圆钢管混凝土：

$$\gamma_v = 0.97 + 0.2\ln(\xi) \tag{4.10a}$$

对于方钢管混凝土：

$$\gamma_v = 0.954 + 0.162\ln(\xi) \tag{4.10b}$$

这样，即可导出钢管混凝土纯剪试件抗剪强度承载力计算公式为

$$V_u = \gamma_v \cdot A_{sc} \cdot \tau_{scy} \tag{4.11}$$

由上述简化计算公式可见，钢管混凝土抗剪强度承载力可用构件截面的几何参数和物理特性参数来表示，形式简单，概念清楚，便于计算。根据理论分析及试验结果的验证情况，建议式（4.10）的适用范围为：C30～C90 混凝土，Q235～Q420 钢，含钢率 a=0.04～0.2。

图 4.42 给出了其他条件相同的情况下，分别采用冷弯型钢钢管和焊接钢管的方钢管混凝土纯剪 τ-γ 关系曲线的比较情况。图中冷弯型钢方钢管混凝土算例计算条件为：$B=400$mm；$\alpha=0.1$；$m=0.2$；$f_y=345$MPa；$f_{cu}=60$MPa；$f_u/f_y=1.4$；弯角内半径 $r=2t$。可见，两种情况下的 τ-γ 关系曲线差别不大。因此，式（4.10）也可用于冷弯型钢方钢管混凝土抗剪强度的计算。

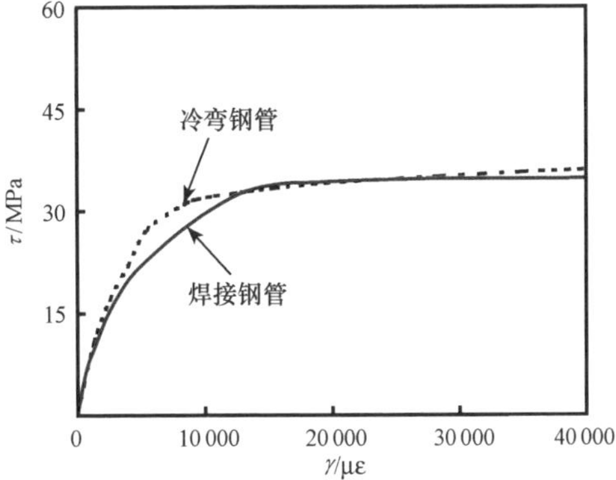

图 4.42　方钢管混凝土 τ-γ 关系曲线计算比较

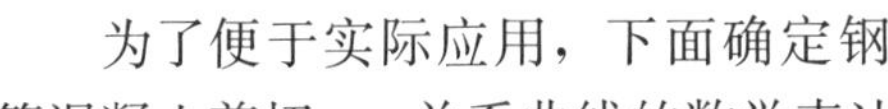

为了便于实际应用，下面确定钢管混凝土剪切 τ-γ 关系曲线的数学表达式，将图 4.40 所示的曲线近似分为三段，

即 oa、ab 和 bc 段，并给出各阶段的数学表达式如下。

1）弹性阶段 oa（$0<\gamma\leqslant\gamma_{scp}$）：

$$\tau = G_{sc} \cdot \gamma \tag{4.12}$$

式中：G_{sc}为钢管混凝土剪切弹性模量，按下式确定为

$$G_{sc} = \frac{\tau_{scp}}{\gamma_{scp}} \tag{4.13}$$

式中：τ_{scp}和 γ_{scp}分别为名义抗剪比例极限及其对应的剪应变，可分别按式（4.5）和（4.6）确定。

由式（4.12）可得到钢管混凝土弹性阶段的剪切刚度的计算公式为

$$GA = G_{sc}A_{sc} \tag{4.14}$$

2）弹塑性阶段 ab（$\gamma_{scp}<\gamma\leqslant 0.01$）。

在弹塑性阶段，τ-γ 关系可用二次方程的形式表示为

$$\gamma^2 + a \cdot \tau^2 + b \cdot \gamma + c \cdot \tau + d = 0 \tag{4.15}$$

式中：$a = \dfrac{-(0.01-\gamma_{scp})^2 - 2e \cdot (0.01-\gamma_{scp})}{(\tau_{scyy}^2 - \tau_{scp}^2) + (0.01-\gamma_{scp}) \cdot (-2\tau_{scp} \cdot G_{sc}) + e \cdot (2\tau_{scyy} \cdot G_{sch} - 2\tau_{scp} \cdot G_{sc})}$；

$b = -2\gamma_{scp} - 2a \cdot \tau_{scp} \cdot G_{sc} - c \cdot G_{sc}$；

$c = \dfrac{2(\gamma_{scy} - \gamma_{scp}) + (2\tau_{scyy} \cdot G_{sch} - 2\tau_{scp} \cdot G_{sc}) \cdot a}{G_{sc} - G_{sch}}$；

$d = -\gamma_{scp}^2 - a \cdot \tau_{scp}^2 - b \cdot \gamma_{scp} - c \cdot \tau_{scp}$；

$e = \dfrac{(\tau_{scyy} - \tau_{scp}) - G_{sc} \cdot (\gamma_{scy} - \gamma_{scp})}{G_{sc} - G_{sch}}$。

由式（4.16）可导得弹塑性阶段的钢管混凝土剪切切线摸量，即 $G_{sct} = \dfrac{-b-2\gamma}{2a \cdot \tau + c}$。

以上各式中，$\tau_{scyy} = \gamma_t \cdot \tau_{scy}$，$\gamma_t$ 为抗扭强度承载力计算系数，按式（4.2）计算。G_{sch}定义为钢管混凝土剪切强化模量。

对于圆钢管混凝土：

$$G_{sch} = 220\alpha + 200 (\text{N/mm}^2) \tag{4.16a}$$

对于方钢管混凝土：

$$G_{sch} = 220\alpha + 150 (\text{N/mm}^2) \tag{4.16b}$$

3）塑性强化阶段 bc（$\gamma>0.01$）：

$$\tau = \tau_{scyy} + G_{sch}(\gamma - 0.01) \tag{4.17}$$

图 4.43 给出了部分钢管混凝土纯剪 τ-γ 关系曲线简化模型计算结果与数值计算结果的比较，算例的基本计算条件：$D(B)=400$mm；$\alpha=0.1$；C60 混凝土。从图 4.43 的比较结果可见，二者吻合较好。

采用式（4.13）对杨卫红和阎善章（1991）采用“零弯矩”法进行的圆钢管混凝土纯剪试验得到的弹性剪切模量试验结果进行了计算，结果表明，计算值与

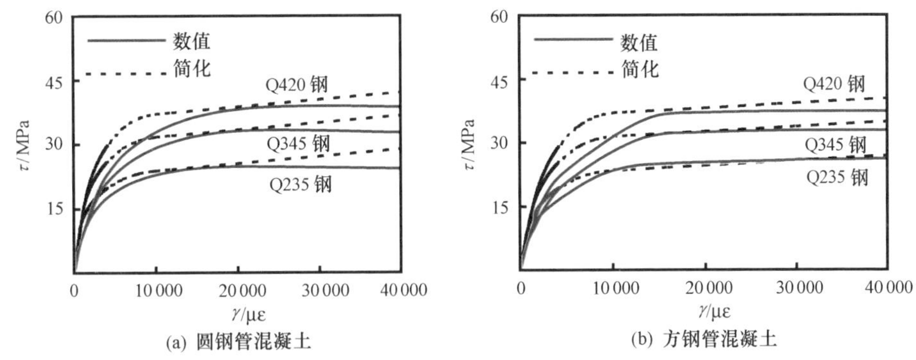

图 4.43　τ-γ 关系曲线简化模型计算结果与数值计算的对比

试验值比值的平均值和均方差分别为 1.08 和 0.233。杨卫红和阎善章（1991）指出，所谓的“零弯矩”试验没有完全实现，从量测的应变变化规律来看，弯矩对试验结果有较大的影响（尽管这种影响很难定量描述），尤其是构件截面非弹性性能时，弯矩的影响将更为显著。从比较结果看，剪切弹性模量简化计算结果与“零弯矩”试验结果吻合较好，也说明该次“零弯矩”试验中，附加弯矩在弹性阶段对剪切模量的影响不大。

为了分析钢管混凝土剪切模量 G_{sc} 和轴压弹性模量 E_{sc} [如式（3.74）所示]之间的关系，对不同参数情况下 G_{sc}/E_{sc} 比值进行了计算。图 4.44 和图 4.45 分别给出了混凝土强度和钢材屈服强度对 G_{sc}/E_{sc}-α 关系曲线的影响规律。

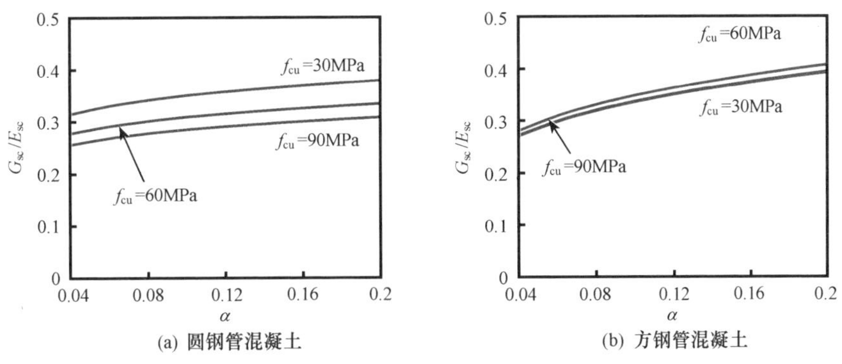

图 4.44　混凝土强度对 G_{sc}/E_{sc} 比值影响

可见，混凝土强度和钢材屈服强度对圆、方钢管混凝土的 G_{sc}/E_{sc}-α 关系曲线的影响规律基本类似。在钢材屈服强度和混凝土强度相同的情况下，G_{sc}/E_{sc} 比值随截面含钢率的增加而增大，钢材强度的变化对 G_{sc}/E_{sc} 比值的影响规律不明显。对于圆钢管混凝土，在其他条件相同时，混凝土强度越高，G_{sc}/E_{sc} 比值越小，但混凝土强度对方钢管混凝土 G_{sc}/E_{sc} 比值的影响规律不明显。在常见参数

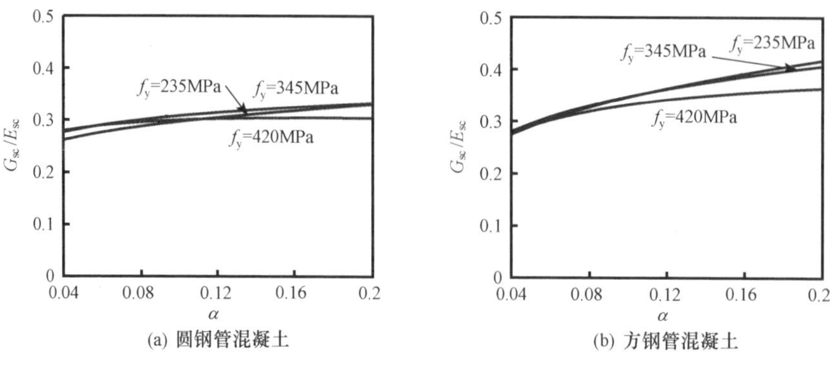

(a) 圆钢管混凝土　　(b) 方钢管混凝土

图 4.45　钢材屈服强度对 G_{sc}/E_{sc} 比值影响

范围（C30～C90 混凝土、Q235～Q420 钢、α＝0.04～0.2）内，对于圆钢管混凝土，G_{sc}/E_{sc} 比值在 0.254～0.377 之间变化；对于方钢管混凝土，G_{sc}/E_{sc} 比值在 0.269～0.417 变化。

4.4　钢管混凝土受压扭时的力学性能

本节采用有限元法，考虑不同加载路径的影响，对钢管混凝土压扭构件的荷载-变形曲线进行全过程分析，分析了受力各阶段截面应力分布，较为深入地认识了钢管混凝土压扭构件的工作性能。最后，在参数分析结果的基础上建议了圆、方钢管混凝土压扭构件承载力的相关方程，使钢管混凝土轴压和纯扭承载力计算公式相互衔接，便于实际应用（尧国皇，2006）。

4.4.1　荷载-变形关系计算

图 4.46 所示为钢管混凝土压扭构件有限元计算简图，边界条件为一端固定边界，一端自由边界。计算时，由于是构件复合受力，采用了分步骤对构件施加荷载的方法，即先采用力加载，然后采用位移加载，且荷载均在非固定边界施加，并采用增量迭代法进行求解。

作用在压扭构件上的压力和扭矩是不同的荷载引起的，也就是说，压力和扭矩是两个独立的变量。因此，要达到某一特定的压力值和扭矩值，对于不同结构中的压扭构件，就可能有不同的加载路径。即使对同一结构中的同一压扭构件，由于荷载的组合不同，也可能有不同的加载过程。

图 4.47 所示为三种典型的加载路径，实际结构中的加载过程往往还要复杂得多，图 4.47 所示加载路径具体可描述如下：①加载路径Ⅰ：先作用扭矩 T，然后保持 T 的大小和方向不变，不断施加轴力 N。实际结构中的受扭构件在轴压力作用下即属此类。②加载路径Ⅱ：表示扭矩和轴压力呈比例线性施加，这种

加载过程在实际结构中很少出现。③加载路径Ⅲ：先作用轴压力 N，然后保持 N 的方向不变，再施加扭矩 T。这是实际结构中最常见的一种加载过程，例如施加轴心预应力的钢管混凝土纯扭构件、桥墩和地震作用下受扭矩的轴压柱均属于这种情况。

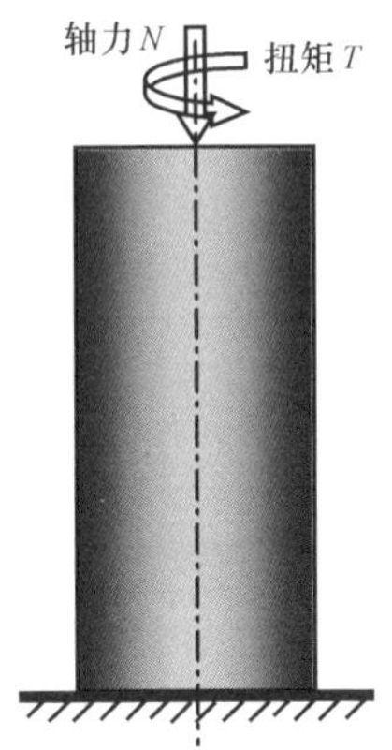

图 4.46　压扭构件示意图

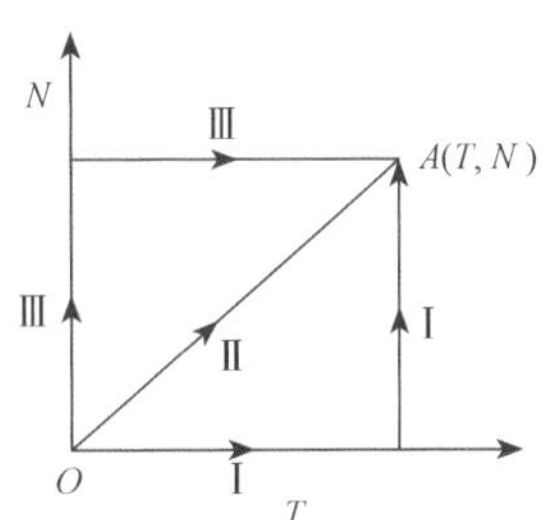

图 4.47　压扭构件加载路径示意图

下面采用典型算例对较常见的加载路径Ⅰ和加载路径Ⅲ两种情况下的力学性能进行分析。算例的基本计算条件为：$D(B)=400$mm；$L=1200$mm；Q345 钢；C60 混凝土；含钢率 $\alpha=0.1$。

（1）加载路径Ⅰ

当构件承受扭矩 T 后，再对构件不断施加轴压力 N，则可得到 N-ε（ε 为构件截面平均纵向应变）关系曲线。

图 4.48 给出了不同扭矩情况下圆、方钢管混凝土各一组的 N-ε 关系曲线。可见，随着扭矩 T 值的增加，构件的极限轴力值在不断降低，但扭矩 T 值变化对 N-ε 关系曲线弹性阶段刚度影响不大。

图 4.49 为加载路径Ⅰ钢管混凝土压扭构件典型的 N-ε 全过程曲线。可见，N-ε 关系曲线可分为以下几个工作阶段：①弹性段（oa）：在此阶段，若施加在构件上的扭矩值较小时，钢管和核心混凝土一般都是单独受力，无相互作用产生；若施加在构件上的扭矩值较大，使得混凝土的横向变形超过了钢管的横向变形，这样二者之间产生了相互作用力。a 点大致相当于钢管进入弹塑性阶段的起点。②弹塑性段（ab）：在此阶段，混凝土开始发展微裂缝，当其横向变形超过钢管的横向变形，就会产生沿径向分布的约束力。混凝土和钢管处于三向受压和双向受剪的复杂应力状态。b 点时，钢管达到了其屈服强度。③塑性段（bc）：当钢管屈服后，随着变形的增加，N-ε 关系曲线开始进入下降段，但当钢管混凝土的约束效应系数（ξ）较大时，构件承载力仍可继续增大（如图中的 bc′段）。

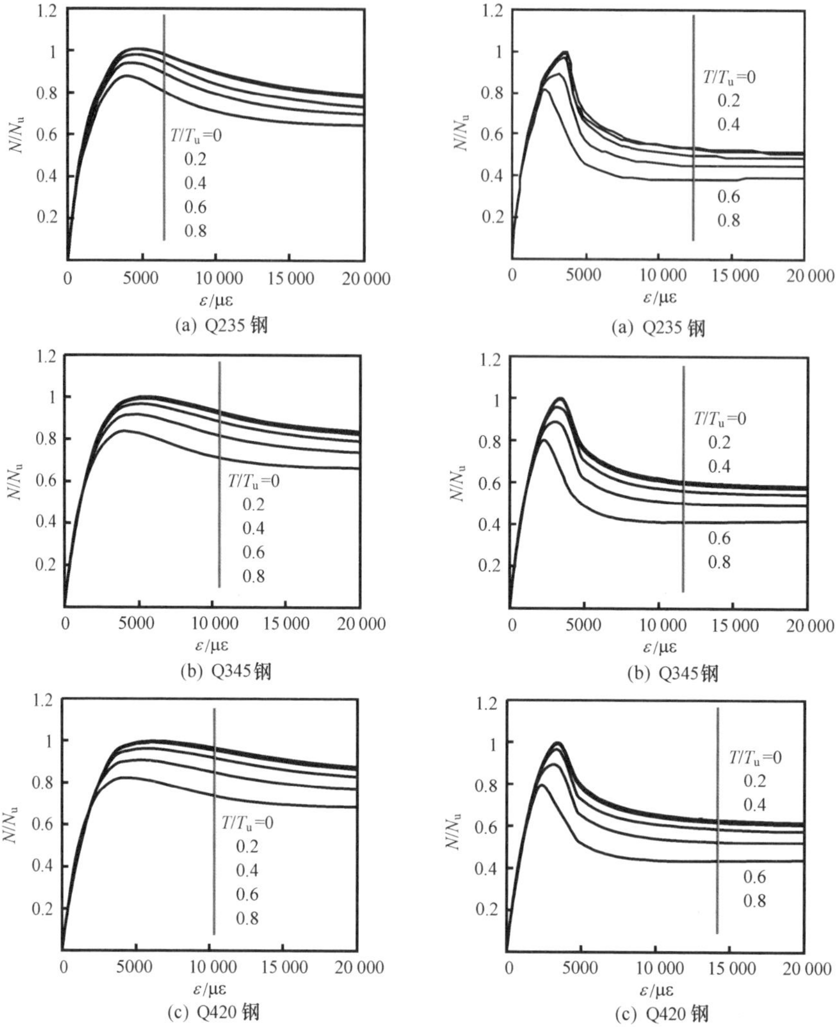

(a) Q235 钢

(b) Q345 钢

(c) Q420 钢

(1) 圆钢管混凝土

(a) Q235 钢

(b) Q345 钢

(c) Q420 钢

(2) 方钢管混凝土

图 4.48　加载路径Ⅰ下压扭构件 N-ε 关系曲线

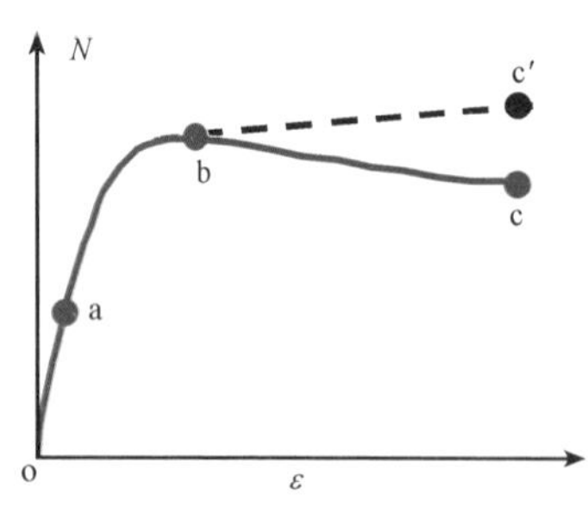

图 4.49　压扭构件典型的 N-ε 关系

图 4.50 和图 4.51 给出了 N-ε 曲线上对应 a、b 和 c 点固定边界处的钢管和混凝土横截面的纵向应力（S33）分布。算例计算条件：$D(B)=400$mm；$L=1200$mm；Q345 钢；C60 混凝土；$\alpha=0.1$；$T=300$kN · m（圆形）或 400kN · m（方形）。

从图 4.50 和图 4.51 可见，在受力各阶段，钢管和混凝土截面的纵向应力分布规律基本相同（单位为 MPa），对于圆钢管混凝土，核心混凝土纵向应力沿圆周方向基本均匀分布；对于方钢管混凝土，在钢管角部出现了明显的应力集中现象。

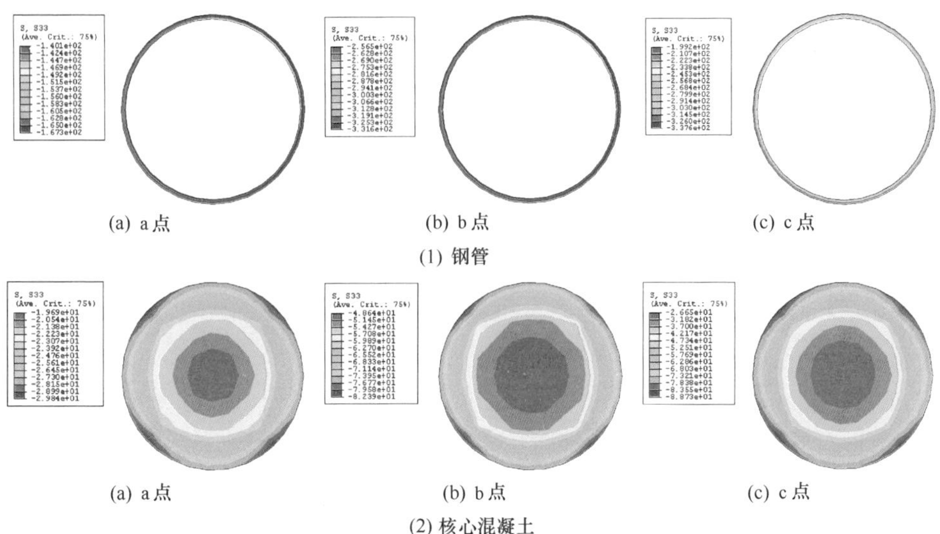

(a) a点　(b) b点　(c) c点

(1) 钢管

(a) a点　(b) b点　(c) c点

(2) 核心混凝土

图 4.50　圆钢管混凝土压扭构件截面纵向应力分布

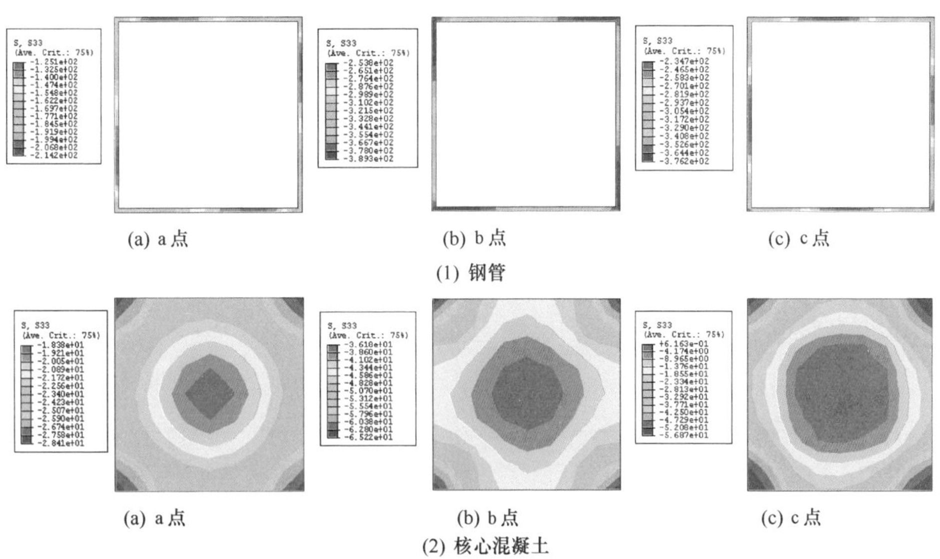

(a) a点　(b) b点　(c) c点

(1) 钢管

(a) a点　(b) b点　(c) c点

(2) 核心混凝土

图 4.51　方钢管混凝土压扭构件截面纵向应力分布

（2）加载路径Ⅲ

对已承受轴心压力 N 的构件不断施加扭矩 T，则可获得 T-θ 关系曲线。图 4.52 为不同轴力情况下圆、方钢管混凝土各一组的 T-θ 关系曲线。可见，随着轴心压力 N 的不断增大，构件的极限扭矩值在不断减小，但轴压力 N 的变化对 T-θ 关系曲线的弹性阶段刚度影响不明显。和加载路径Ⅰ类似，T-θ 也可近似分为弹性阶段、弹塑性阶段和塑性阶段（尧国皇，2006）。

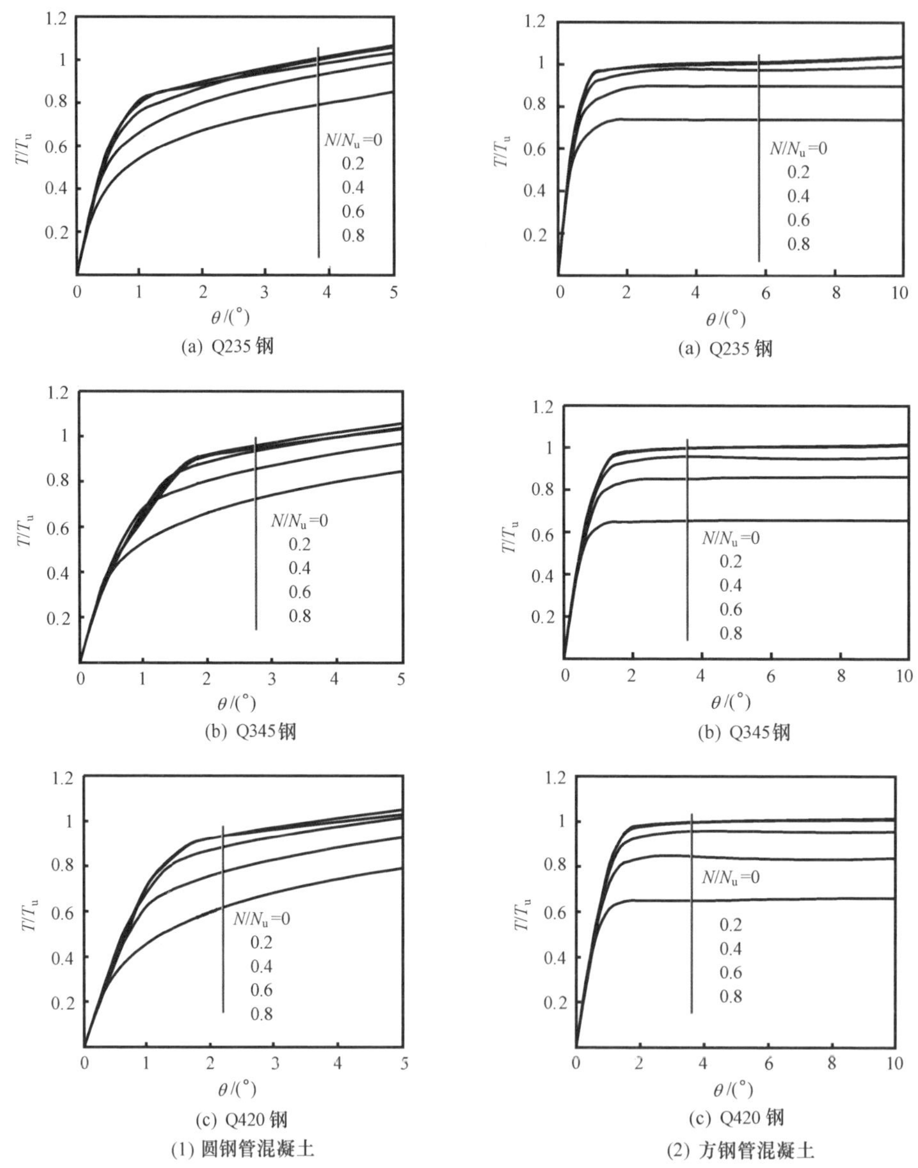

(a) Q235 钢 (a) Q235 钢

(b) Q345钢 (b) Q345钢

(c) Q420 钢 (c) Q420 钢

(1) 圆钢管混凝土 (2) 方钢管混凝土

图 4.52　加载路径Ⅲ下压扭构件 T-θ 关系曲线

如果不断改变计算参数，可得到压扭构件的 T/T_u-N/N_u 相关曲线。图 4.53 给出了路径Ⅰ和Ⅲ情况下钢管混凝土压扭构件的 T/T_u-N/N_u 相关曲线，图中 N_u 和 T_u 分别为钢管混凝土轴压强度和抗扭强度承载力。算例计算条件：$D(B)=400$mm，$\alpha=0.1$，C60 混凝土，$L=1200$mm。可见，压扭构件的抗扭承载能力

随 N/N_u 的增大而减小，N/N_u 小于 0.8 以前，极限扭矩随 N/N_u 的增大而减小的幅度较小；N/N_u 大于 0.8 以后，极限扭矩随 N/N_u 的增大而减小幅度较大。

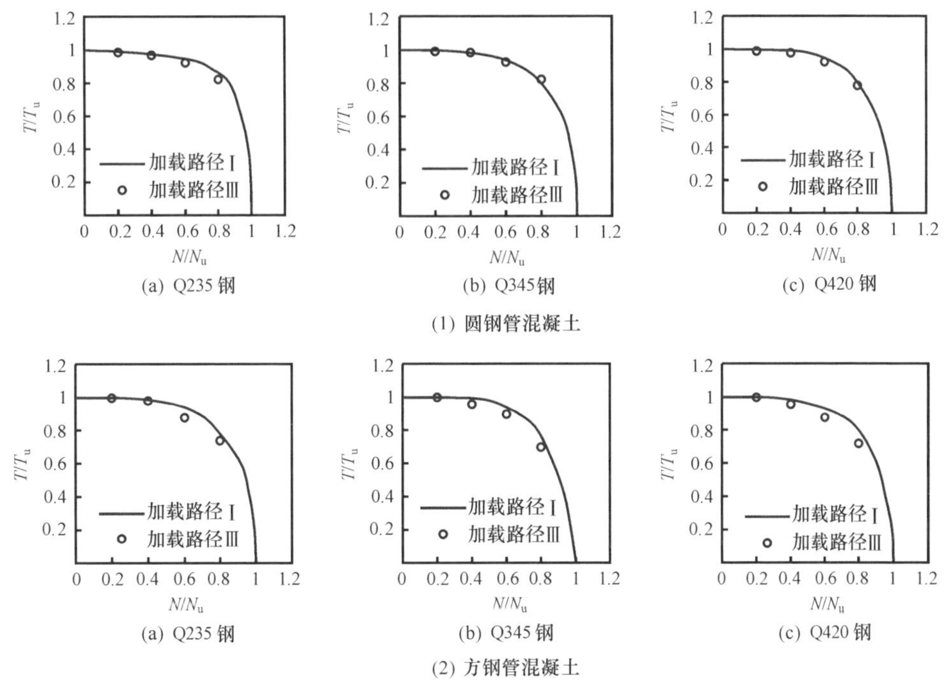

图 4.53　不同加载路径下的 T/T_u-N/N_u 相关曲线

从图 4.53 比较结果可见，加载路径对钢管混凝土压扭构件承载力影响不大。宫安（1989）进行的圆钢管混凝土压扭构件和扭压构件的试验结果曾观测到类似现象。这是因为受力过程中，钢管约束了核心混凝土，改善了其脆性；核心混凝土的存在延缓或避免了钢管的局部屈曲，使得钢管混凝土压扭构件表现出较好的塑性性能，其破坏总体呈现出延性破坏的特征。因此加载路径的影响不显著。

图 4.54 给出了计算获得的加载路径Ⅰ情况下，对应不同长细比（λ）的钢管混凝土压扭构件的 T/T_u-N/N_u 相关曲线。算例计算条件：$D(B)=400$mm；$\alpha=0.1$，Q345 钢；C60 混凝土。可见，圆、方钢管混凝土压扭长柱的 T/T_u-N/N_u 关系曲线随 λ 的变化规律基本相同，在其他条件一定的情况下，随着构件长细比的增加，压扭构件的承载能力随之减小，且 N/N_u 越大，减小的幅度越大。

4.4.2　计算结果和试验结果比较

用搜集到的钢管混凝土压扭构件实验结果验证有限元分析模型的准确性。宫安（1989）和周竞（1990）在进行钢管混凝土压扭构件试验时，均采用了构件一端固定一端自由的边界条件。在钢管混凝土柱自由端与荷载传感器之间放置推力

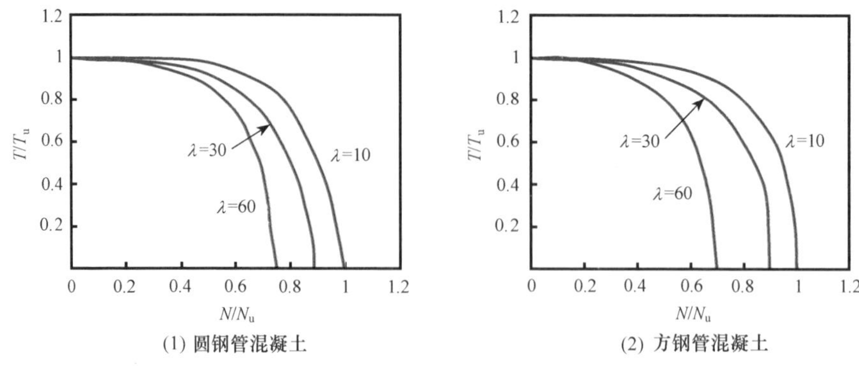

图 4.54　不同长细比时的 T/T_u-N/N_u 相关曲线

轴承，轴力由压力试验机施加，扭矩通过扭臂施加。水平垂直扭臂放置两个位移传感器用以测定水平转角。陈逸玮（2003）进行钢管混凝土压扭构件的滞回性能试验研究也采用类似的试验装置。

试验研究结果表明，荷载加至极限荷载的 0.7 倍前，压扭构件变形较为缓慢，而临近极限荷载时，构件的转角增大幅度较大。试验后，将试件的钢管剥掉，观察核心混凝土的变化情况，发现混凝土并没有破碎，仍为一个完整的柱体，核心混凝土开裂形式以许多用肉眼很难观察到的微细斜裂缝组成为特征，此外，未发现钢管内壁有滑痕，基本上呈一整体（宫安，1989；周竞，1990；陈逸玮，2003）。

表 4.4 中给出了钢管混凝土压扭试件的详细参数，表中，$n(=N/N_u)$ 为轴压比。

表 4.4　压扭试件表

截面形式	序号	试件编号	D (B) $\times t\times L$ /(mm×mm×mm)	f_y/MPa	f_{cu}/MPa	n	数据来源
圆形	1	CS2-102	102.4×1.6×406	242.3	32.9	0.25	徐积善和宫安（1991）
	2	CS3-102	102.4×1.6×406	242.3	32.9	0.5	
	3	CS4-102	102.4×1.6×406	242.3	32.9	0.75	
	4	CS5-102	102.4×1.6×406	242.3	32.9	0.85	
	5	CS2-114	114×4.5×387	280	27.4	0.25	宫安（1989）
	6	CS3-114	114×4.5×387	280	27.4	0.5	
	7	CS4-114	114×4.5×387	280	27.4	0.75	
	8	CS5-114	114×4.5×387	280	27.4	0.85	
	9	CSS2	114×4.5×800	301.9	21.9	0.25	周竞（1990）
	10	CSS3	114×4.5×800	301.9	21.9	0.5	
	11	CSS4	114×4.5×800	301.9	21.9	0.75	
	12	CSS5	114×4.5×800	301.9	21.9	0.85	
	13	CSM2	114×4.5×1480	301.9	20.9	0.25	
	14	CSM3	114×4.5×1480	301.9	20.9	0.5	

续表

截面形式	序号	试件编号	D（B）$\times t\times L$ /(mm×mm×mm)	f_y/MPa	f_{cu}/MPa	n	数据来源
圆形	15	CSM4	114×4.5×1480	301.9	20.9	0.75	周竞（1990）
	16	CSM5	114×4.5×1480	301.9	20.9	0.85	
	17	CSL2	114×4.5×2280	301.9	21.9	0.25	
	18	CSL3	114×4.5×2280	301.9	21.9	0.5	
	19	CSL4	114×4.5×2280	301.9	21.9	0.75	
	20	CSL5	114×4.5×2280	301.9	21.9	0.85	
	21	C-TP1	216.3×4.5×1620	354.8	39	0.2	陈逸玮（2003）
	22	C-TP2	216.3×4.5×1620	354.8	39	0.4	
方形	23	S-TP1	200×4.5×1620	261.4	39	0.2	陈逸玮（2003）
	24	S-TP2	200×4.5×1620	261.4	39	0.4	

图 4.55 给出了有限元计算结果与对应表 4.4 试件号的试验结果的对比情况。其中，比较陈逸玮（2003）的试验数据时，取了实测滞回曲线的骨架线。可见二者总体上较为吻合。

图 4.56 给出了钢管混凝土压扭构件 T-N/N_u 相关曲线有限元计算结果与试验结果的比较，可见，T-N/N_u 相关关系计算结果与试验结果吻合较好，且总体上稍偏于安全。

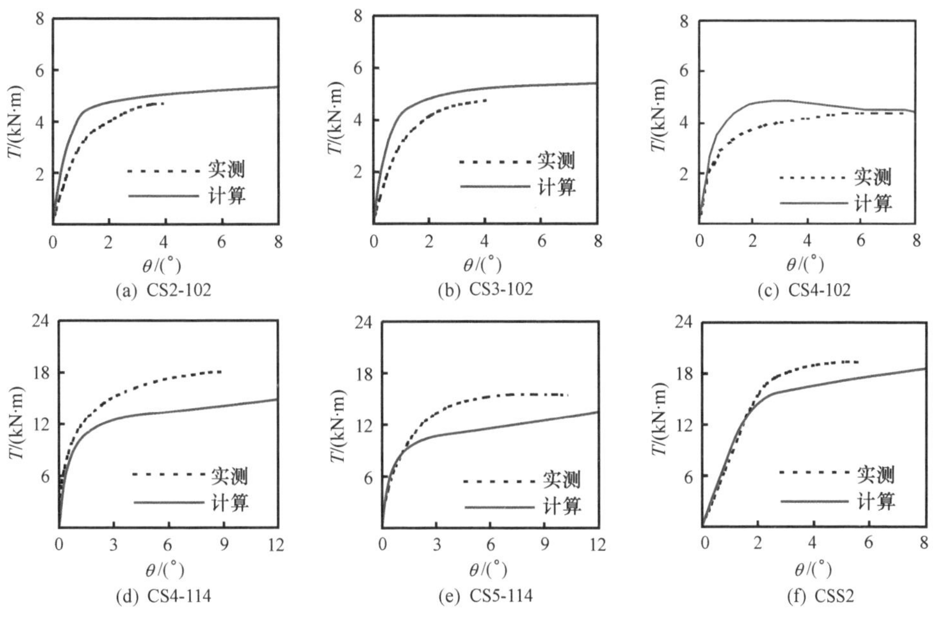

图 4.55　压扭构件试验曲线与计算曲线比较

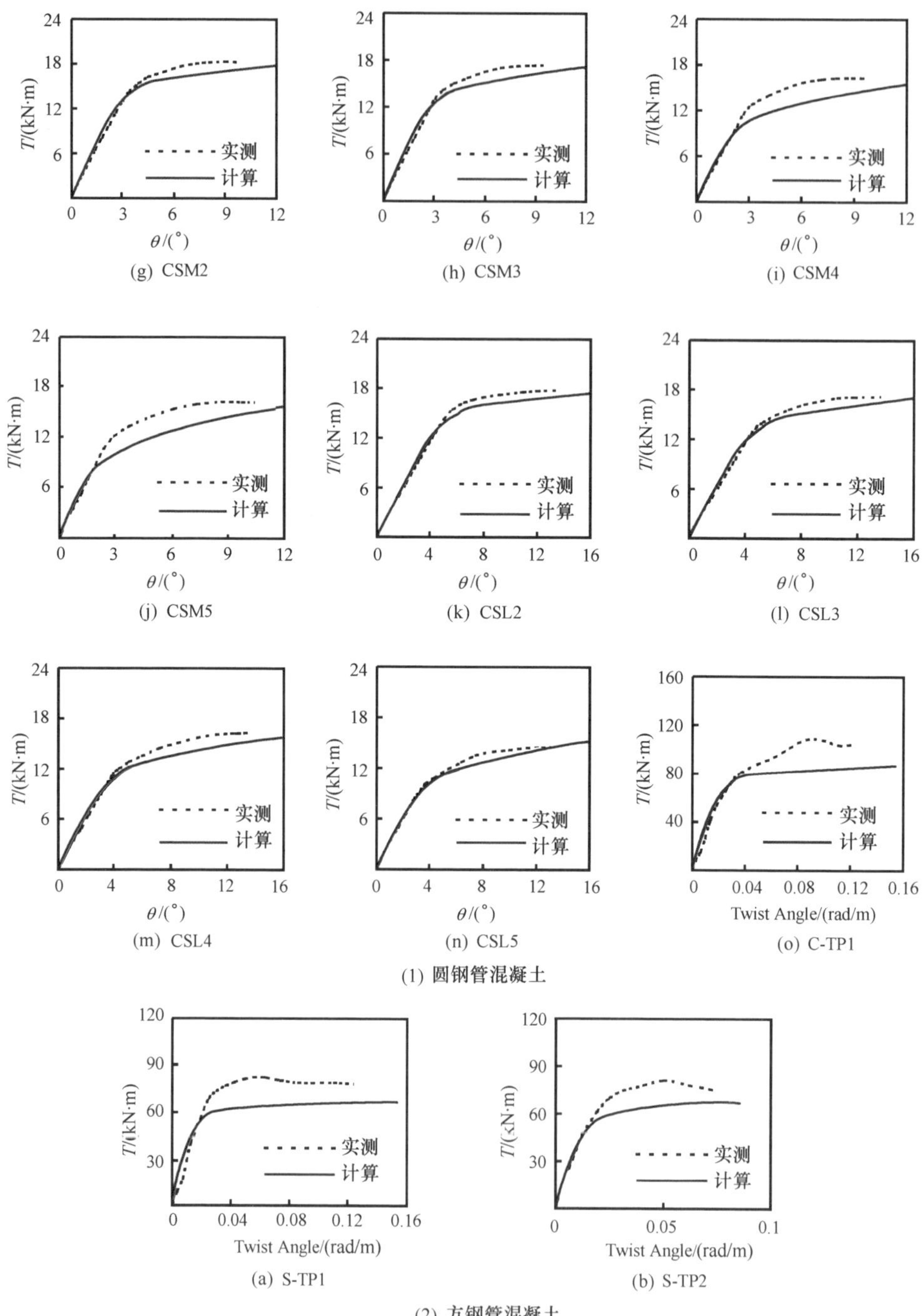

图 4.55　压扭构件试验曲线与计算曲线比较（续）

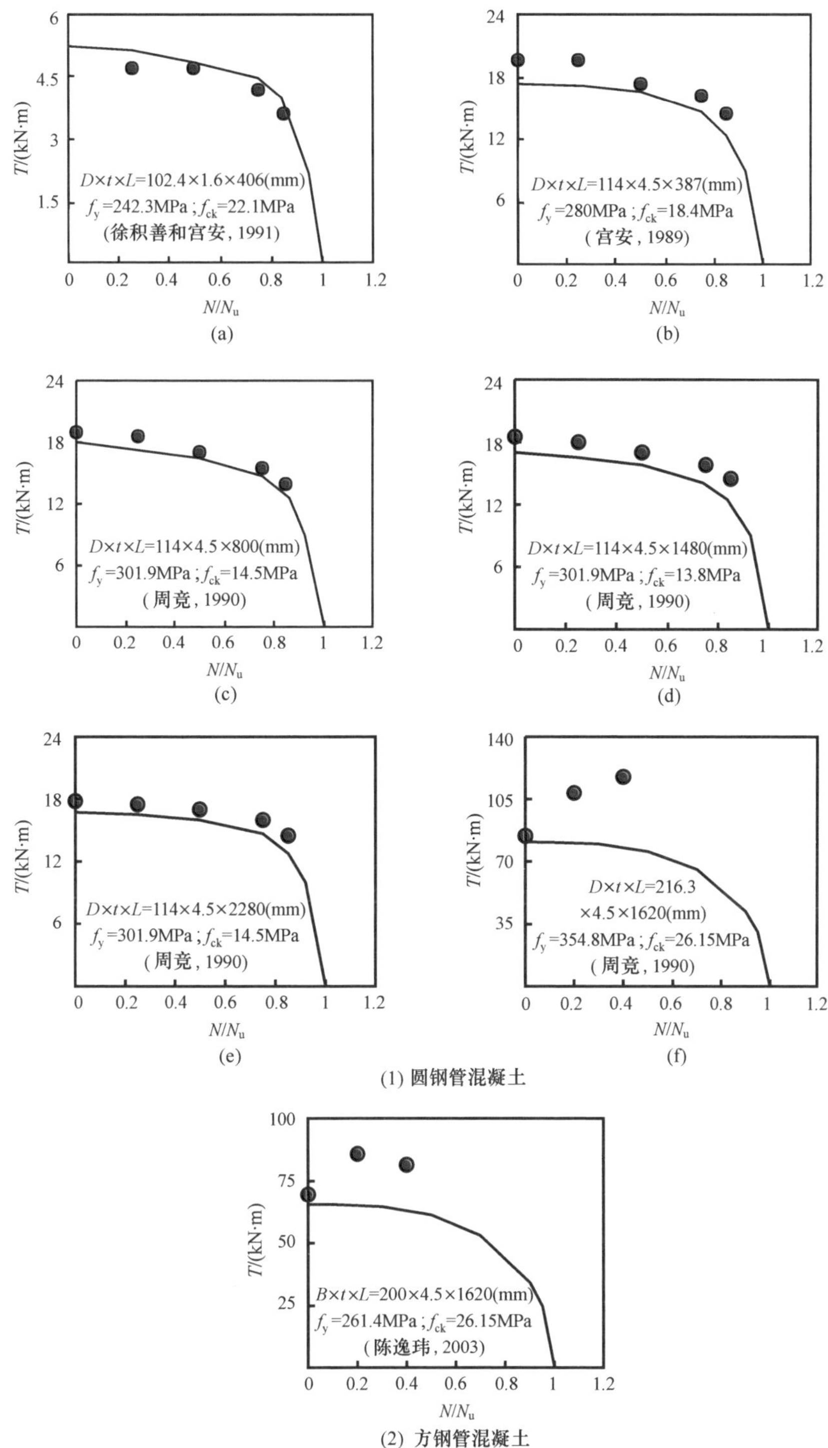

(1) 圆钢管混凝土

(2) 方钢管混凝土

图 4.56　压扭极限承载力试验结果与计算结果比较

4.4.3 工作机理分析

下面以加载路径Ⅲ情况为例，分析钢管混凝土压扭构件受力过程中钢管及其核心混凝土之间的相互作用机理。

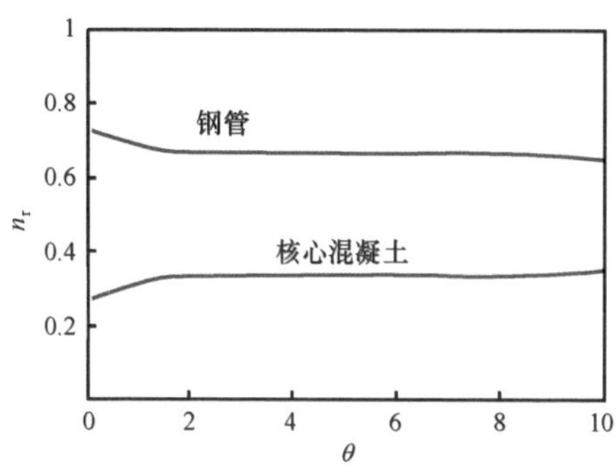

图 4.57 压扭构件 n_r-θ 关系曲线

图 4.57 所示为钢管混凝土压扭构件在受力过程中钢管和核心混凝土各自承担的轴力的变化情况，图中 n_r为各自承担的轴向力与钢管混凝土承担轴力的比值。可见，在轴压受力阶段，钢管和核心混凝土按刚度承担荷载，随着扭矩的增加，使得钢管混凝土发生应力重分布，即随着扭矩的增加，核心混凝土纵向压应力增大，钢管纵向应力减小，钢管环向应力增加，约束力增加，同时，钢管与核心混凝土的剪应力也随着扭矩的增加而增加。当钢管达到屈服强度以后，钢管纵向应力继续下降，环向应力和剪应力继续增加，但增加幅度缓慢，核心混凝土纵向应力增加，构件抗扭强度可继续增加，超过这一阶段，扭矩接近极限抗扭强度，但不会出现下降段，由于钢管与核心混凝土之间的相互作用，使得钢管混凝土压扭构件具有较好的承载能力和塑性性能。

图 4.53 的比较结果表明，加载路径对钢管混凝土压扭构件的极限承载力影响不大，以下从不同加载路径下钢管与核心混凝土相互作用力 p-ε 关系曲线的比较来进一步分析加载路径的影响，如图 4.58 所示，图中算例的计算条件为：$D(B)=400$mm；$\alpha=0.1$；$L=1200$mm；C60 混凝土；Q345 钢。由于压扭构件中钢管与核心混凝土相互作用沿构件截面和长度方向分布都不均匀，为了便于比较，

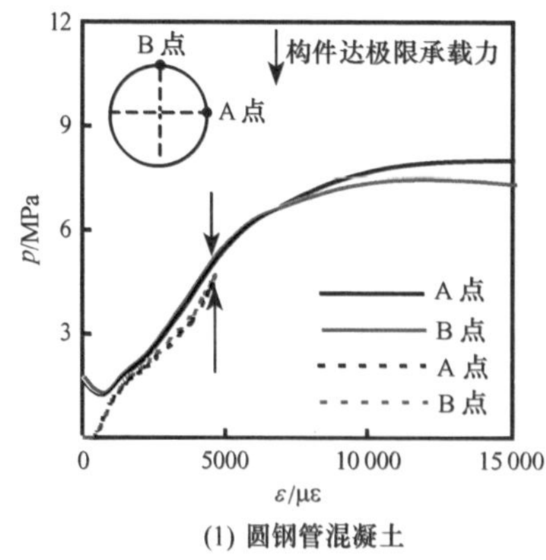

(1) 圆钢管混凝土

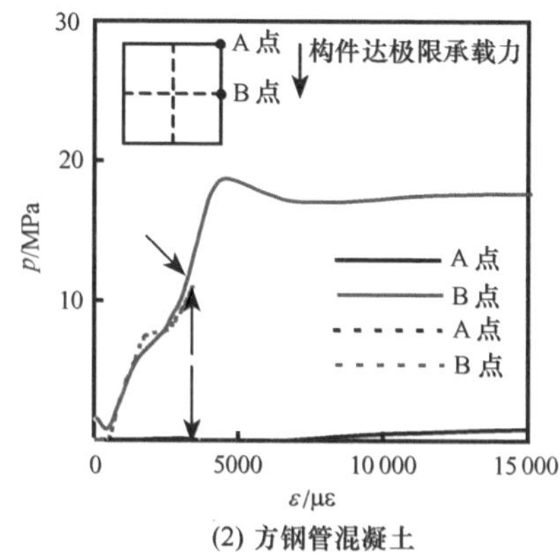

(2) 方钢管混凝土

图 4.58 不同加载路径下压扭构件 p-ε 关系曲线的比较

比较时取构件中截面同一位置处的相互作用力，图中，实线代表加载路径Ⅰ，虚线代表加载路径Ⅲ。

由图 4.58 可见，由于加载路径的不同，p-ε 关系曲线的变化规律也不同，但构件达到极限承载力时，钢管及其核心混凝土之间的相互作用力（p）在数值上却基本相同。

4.4.4　承载力相关方程

利用有限元法可以较为精确计算压扭构件的承载力，但不便于实际应用，因此，有必要提供压扭构件承载力简化计算公式。

不同加载路径下压扭构件承载力比较结果表明，加载路径对压扭构件的 T/T_u-N/N_u 相关曲线影响很小，以下以加载路径Ⅰ为例来推导压扭构件承载力简化计算公式。

图 4.59 给出了按加载路径Ⅰ计算获得的不同钢材屈服强度（f_y）和混凝土强度（f_{cu}）以及含钢率（α）情况下钢管混凝土压扭构件 T/T_u-N/N_u 相关曲线，可见，以上参数变化对 T/T_u-N/N_u 相关曲线的影响不明显，为了简化计算，在 T/T_u-N/N_u 相关方程的推导中可以忽略这些参数的影响。但长细比（λ）对 T/T_u-N/N_u 相关曲线的影响则较为显著（如图 4.54 所示）。

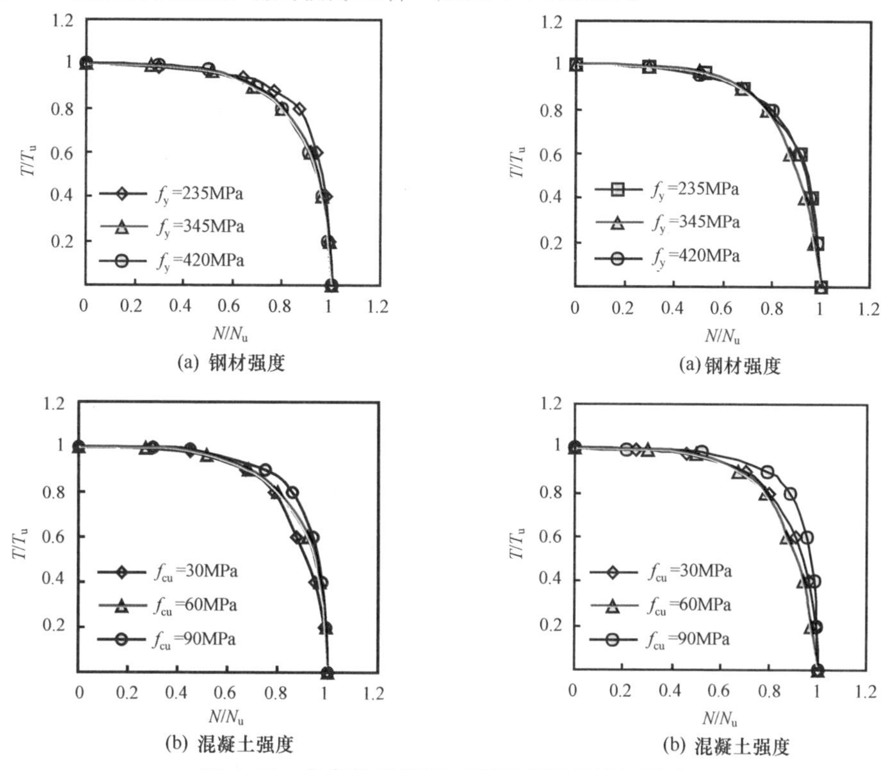

图 4.59　各参数对 T/T_u-N/N_u 相关曲线的影响

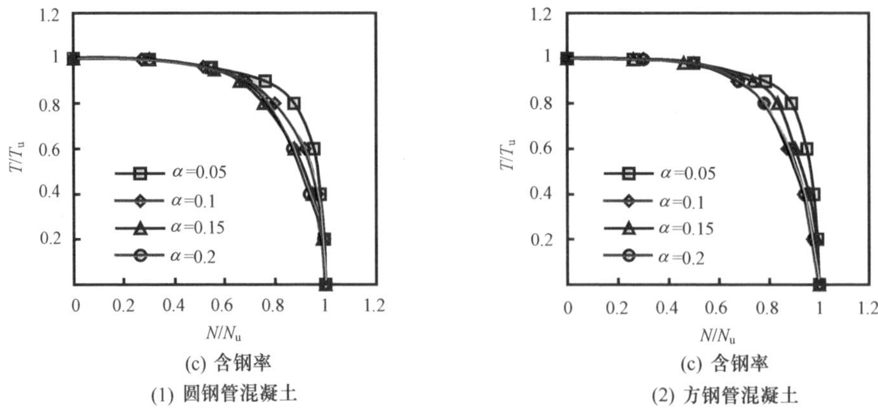

(c) 含钢率
(1) 圆钢管混凝土

(c) 含钢率
(2) 方钢管混凝土

图 4.59 各参数对 T/T_u-N/N_u 相关曲线的影响（续）

根据图 4.59 中压扭构件 T/T_u-N/N_u 相关曲线的形状，经过比较分析发现，对于圆钢管混凝土和方钢管混凝土压扭构件，压扭相关方程均可采用如下表达式为

$$\left(\frac{N}{N_u}\right)^{2.4}+\left(\frac{T}{T_u}\right)^2=1 \tag{4.18}$$

式中：N_u和 T_u分别为钢管混凝土轴压强度和纯扭构件的极限承载力，分别按式（3.86）和式（4.3）进行计算。考虑构件长细比的影响，压扭构件 N/N_u-T/T_u 相关曲线计算公式为

$$\left(\frac{N}{\varphi A_{sc}f_{scy}}\right)^{2.4}+\left(\frac{T}{\gamma_t W_{sct}\tau_{scy}}\right)^2=1 \tag{4.19}$$

上式中，φ 为钢管混凝土轴压稳定系数，按式（3.83）计算。图 4.60 给出了式（4.19）计算的压扭构件 N/N_u-T/T_u相关曲线计算结果与数值计算结果的对比，可见，式（4.19）计算结果与数值计算结果吻合较好。从式（4.18）和式（4.19）可见，采用相关方程计算钢管混凝土压扭构件的承载力使得轴压构件和纯扭构件承载力计算公式相衔接，方法简便，符合实用原则。

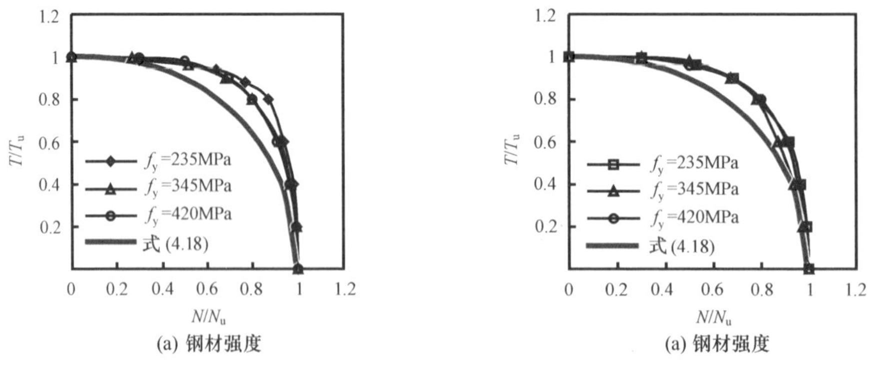

(a) 钢材强度

(a) 钢材强度

图 4.60 压扭 T/T_u-N/N_u 关系简化计算与数值计算结果比较

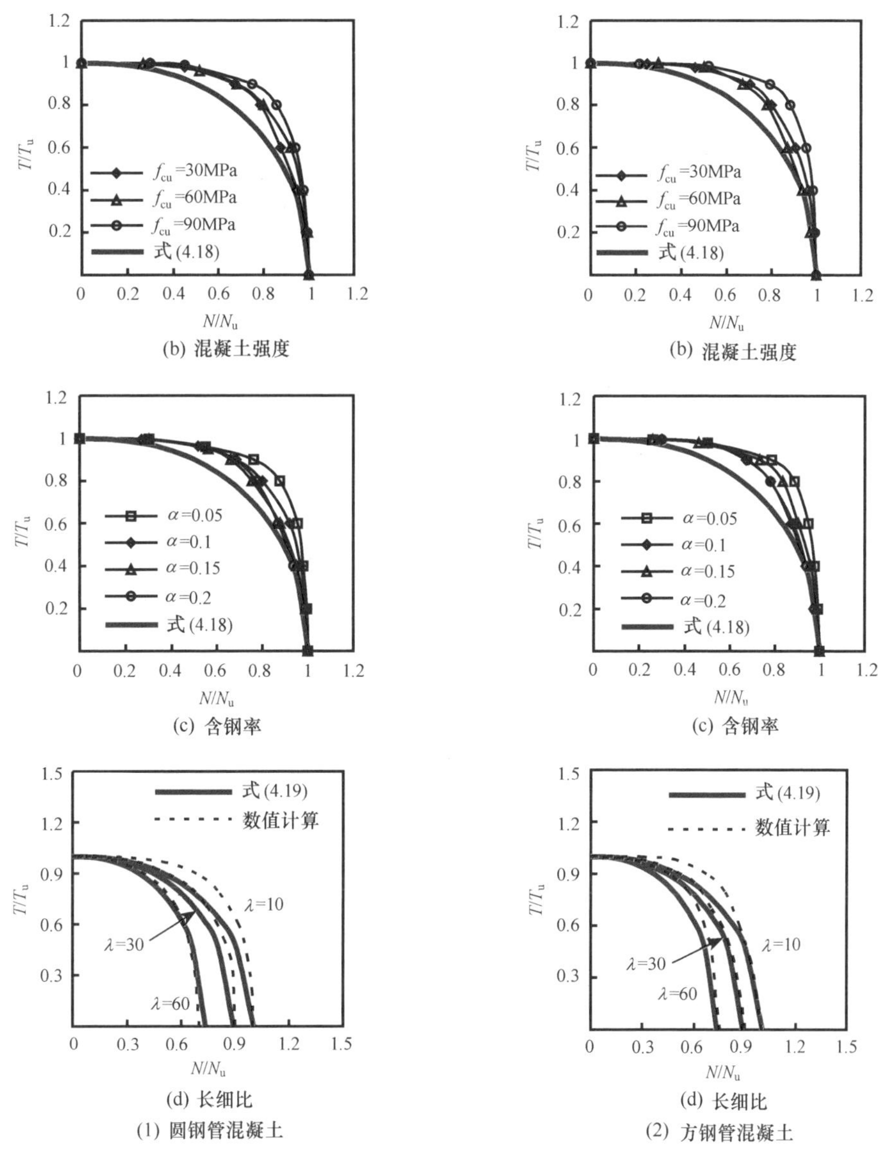

图 4.60　压扭 T/T_u-N/N_u 关系简化计算与数值计算结果比较（续）

式（4.19）的计算结果与试验结果进行了比较。图 4.61 给出了钢管混凝土压扭构件 T-N/N_u 关系简化计算结果与试验结果的对比情况，可见二者基本吻合。

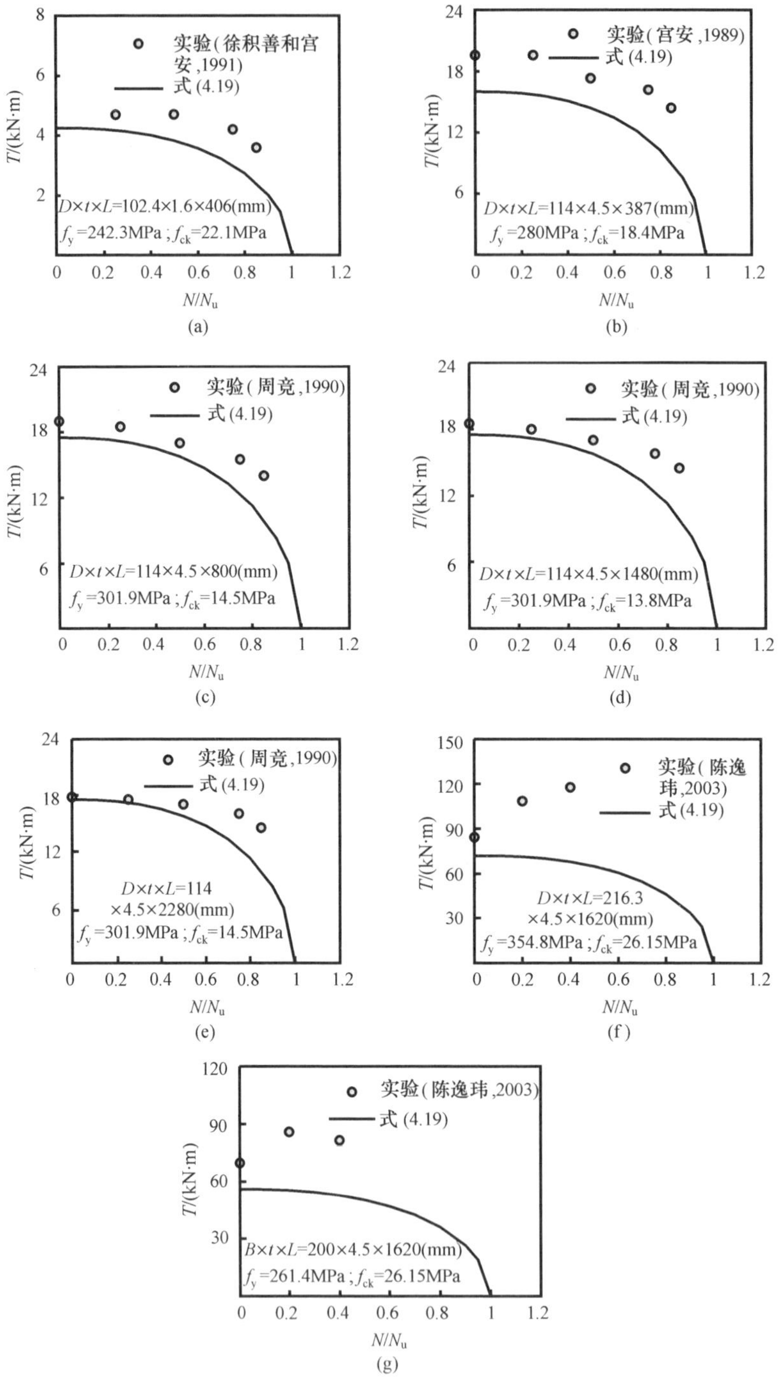

图 4.61　压扭构件极限承载力简化计算与试验结果比较

4.5　钢管混凝土受弯扭时的力学性能

钢管混凝土同时受弯和受扭的情况在实际工程并不多见，但研究弯扭构件的工作性能会有助于对压弯扭构件与压弯扭剪构件性能的了解，因此仍有深入研究的必要。

本节在考虑不同加载路径影响的基础上，采用有限元法对钢管混凝土弯扭构件的荷载-变形曲线进行全过程分析，分析受力各阶段截面应力分布，较为深入地认识弯扭构件的工作性能。最后，在参数分析的基础上，建议了圆、方钢管混凝土弯扭构件承载力的相关方程，从而使钢管混凝土纯弯和纯扭承载力计算公式相互衔接，符合实用原则，便于实际应用（尧国皇，2006）。

4.5.1　荷载-变形关系计算

图 4.62 所示为钢管混凝土弯扭构件受力示意图，边界条件为一端固定，一端自由。由于是构件复合受力，有限元计算时需采用分步骤对构件施加荷载的方法，即先采用力加载，然后采用位移加载。对于按比例施加弯矩和扭矩的情况，在同一加载步采用力加载方式施加荷载。

图 4.63 所示为钢管混凝土弯扭构件三种典型的加载路径，实际结构中的加载路径往往还要复杂得多。下面采用典型算例对钢管混凝土弯扭构件在图 4.63 所示的三种典型加载路径情况下的荷载-变形关系曲线进行全过程分析。算例的计算基本条件：$D(B)=400$mm；$\alpha=0.1$；$L=1200$mm；C60 混凝土；Q345 钢。

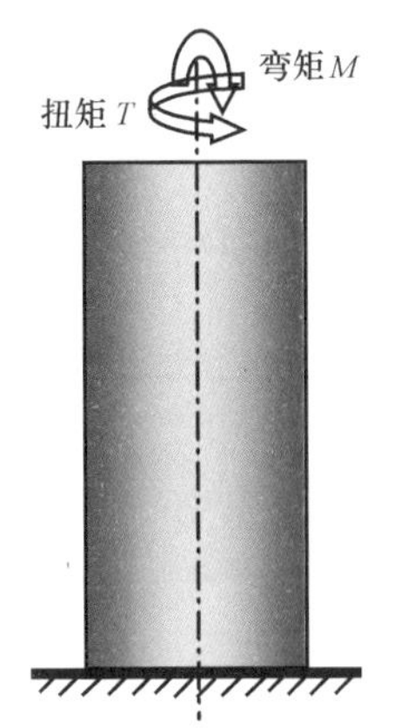

图 4.62　弯扭构件示意图

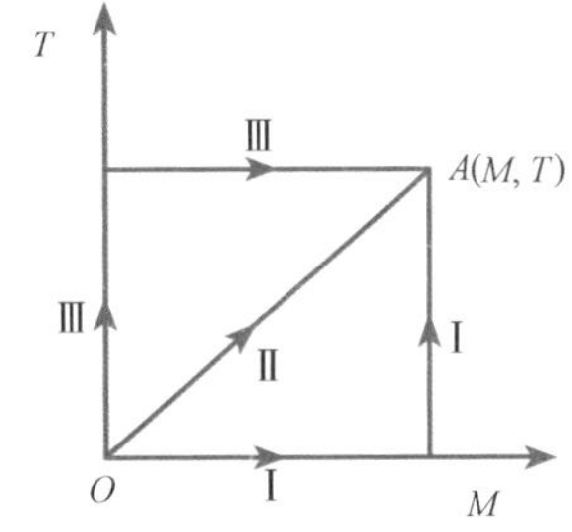

图 4.63　弯扭构件加载路径示意图

（1）加载路径Ⅰ

加载路径Ⅰ的加载方式是：先作用弯矩 M，然后保持 M 的大小和方向不变；不断增加扭矩 T，则可得到 T-θ（θ 为构件的总扭转角）关系曲线。图 4.64 给出了不同钢材屈服强度情况下圆、方钢管混凝土弯扭构件不同弯矩作用下的一组 T-θ 关系曲线。

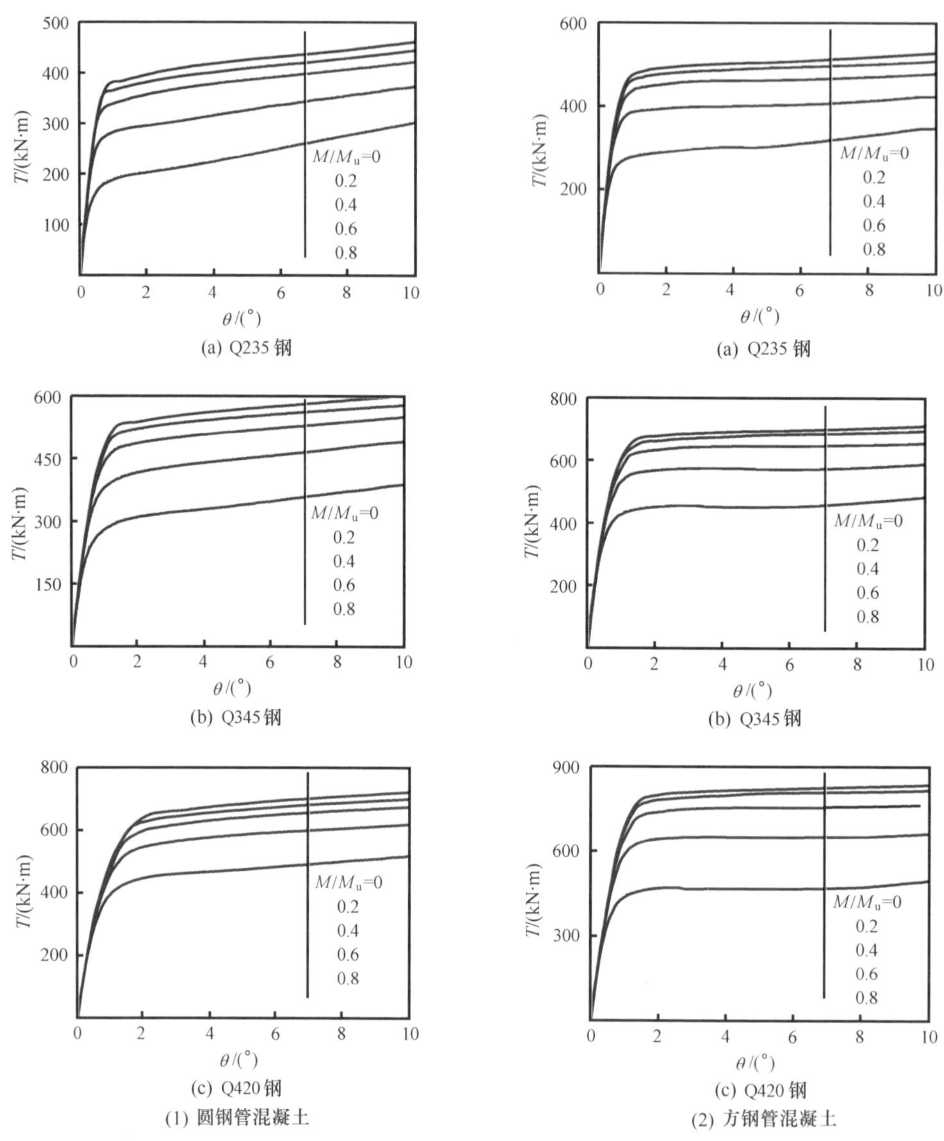

(1) 圆钢管混凝土　　(2) 方钢管混凝土

图 4.64　加载路径 Ⅰ 下弯扭构件的 T-θ 关系曲线

由图 4.64 可见，随着弯矩 M 值的增大，构件的抗扭能力在不断减弱，表现为 T-θ 关系曲线的幅值随 M 值的增大而不断降低。从图 4.64 还可见，弯矩 M 值变化对弯扭构件 T-θ 关系曲线弹性阶段的刚度影响不大。

从图 4.64 的计算结果可见，加载路径 Ⅰ 下弯扭构件 T-θ 关系曲线不出现下降段，表现出良好的塑性性能。

图 4.65 为加载路径Ⅰ下弯扭构件的典型 T-θ 关系曲线，大致可分三个阶段：①弹性阶段 OA：A 点相当于钢管最大受力时纤维应力达比例极限。这时，受压区钢管与混凝土相互作用力很小，钢管和混凝土均为单向受压，双向受剪；受拉区钢管的横向变形受到核心混凝土的限制，其环向产生拉应力。②弹塑性阶段 AB：混凝土承受的纵向应力和剪应力继续增加，B 点相当于钢管在应力最大处开始屈服。③塑性强化阶段 BC。过 B 点后，受压区钢管开始屈服，且范围逐渐扩大。压区混凝土在纵向应力作用下，横向变形不断增加，当超过钢管横向变形时，则开始产生明显的相互作用力。

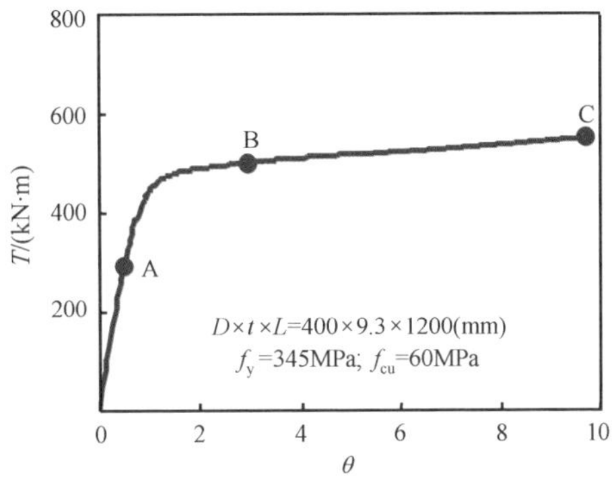

图 4.65　弯扭构件 T-θ 关系曲线

对应弯扭构件 T-θ 关系曲线上 A、B 和 C 点时固定边界处圆、方钢管混凝土中钢管和核心混凝土截面剪应力 τ_{xz}（云图中的 S13 单位为 MPa）分布分别如图 4.66 和图 4.67 所示。

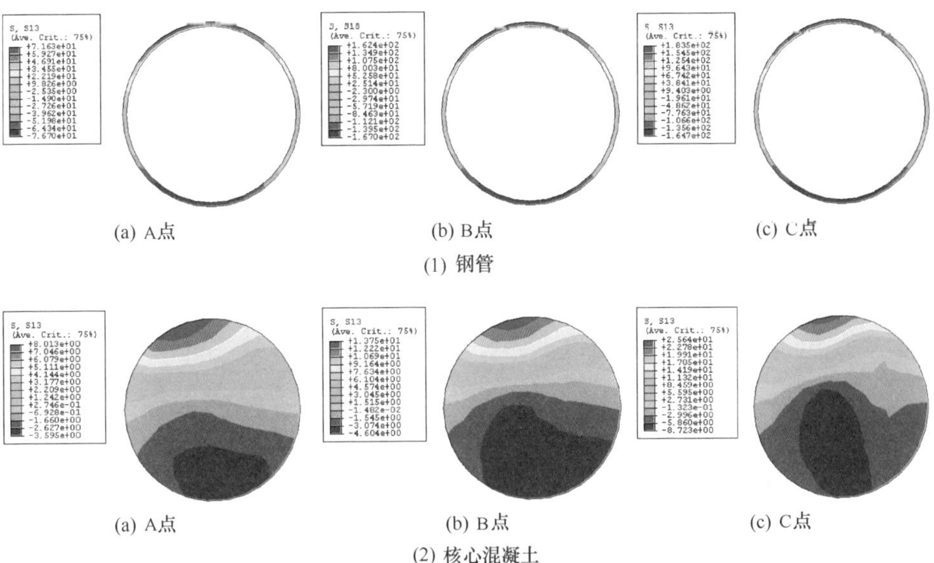

(a) A点　(b) B点　(c) C点

(1) 钢管

(a) A点　(b) B点　(c) C点

(2) 核心混凝土

图 4.66　圆钢管混凝土弯扭构件截面剪应力分布（M=300kN · m）

(2) 加载路径Ⅱ

路径Ⅱ采用的加载方式是弯矩（M）和扭矩（T）按一定比例施加，即弯扭比 $m_o=M/T$ 保持不变，计算时采用力加载方式进行。不断施加荷载，可得到 T-θ 关系曲线。图 4.68 给出了不同钢材屈服强度情况下圆钢管混凝土和方钢管混凝土构件不同弯扭比情况下的一组 T-θ 关系曲线。

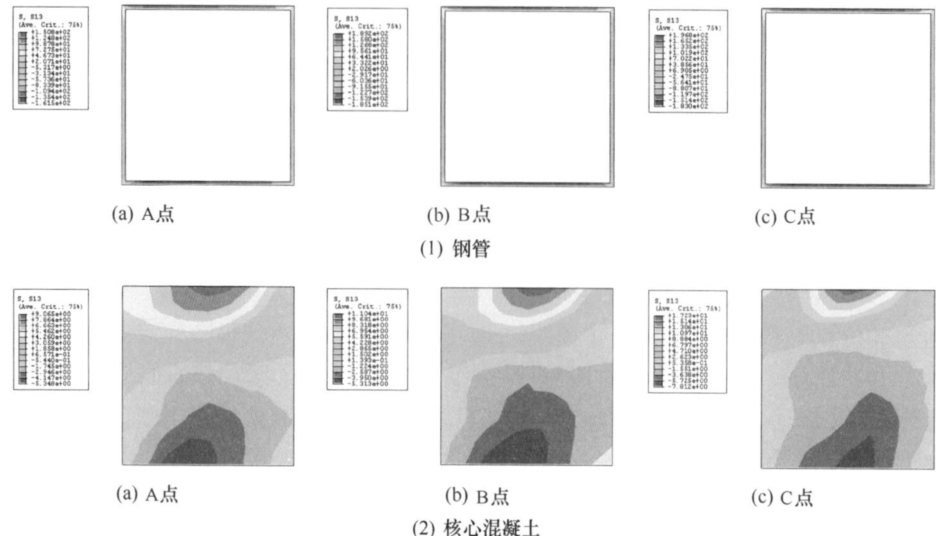

(a) A点　(b) B点　(c) C点

(1) 钢管

(a) A点　(b) B点　(c) C点

(2) 核心混凝土

图 4.67　方钢管混凝土弯扭构件截面剪应力 τ_{xz} 分布（M=400kN·m）

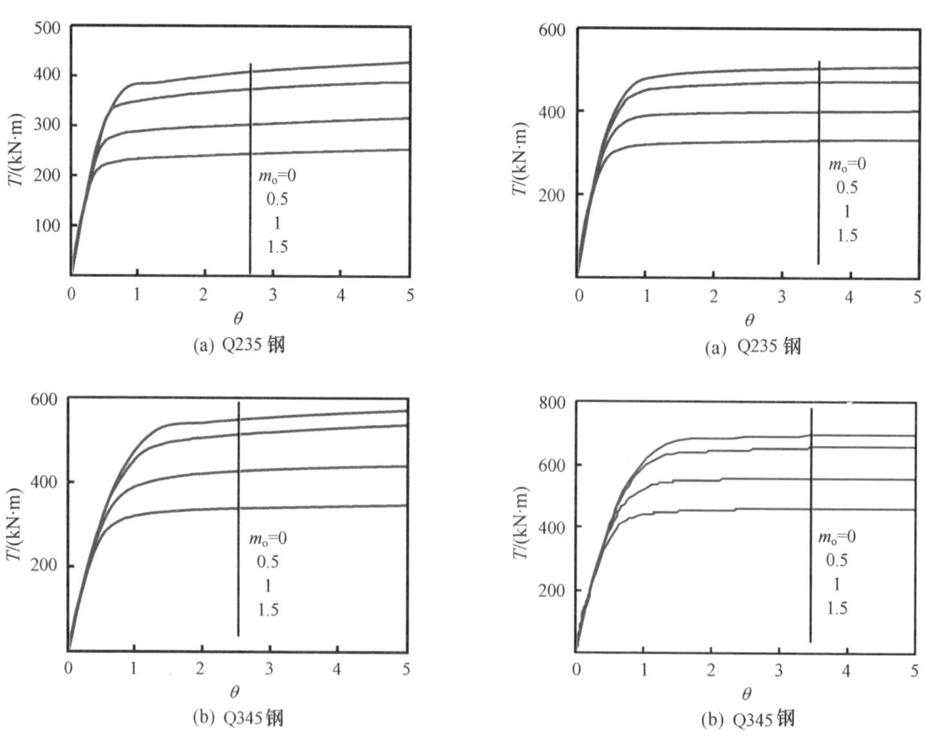

(a) Q235 钢　(a) Q235 钢

(b) Q345 钢　(b) Q345 钢

图 4.68　加载路径Ⅱ下弯扭构件 T-θ 关系曲线

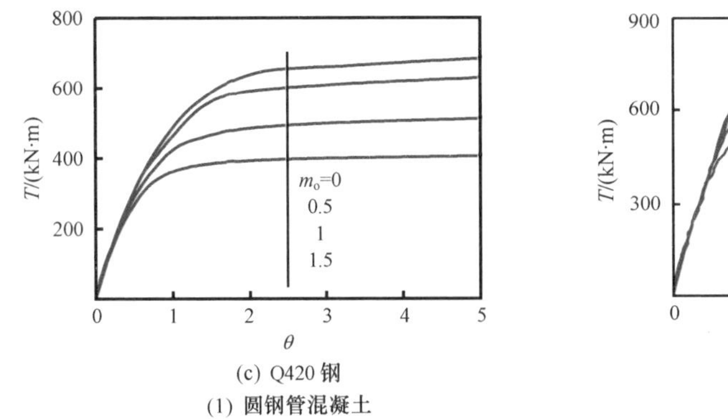

(c) Q420 钢

(1) 圆钢管混凝土

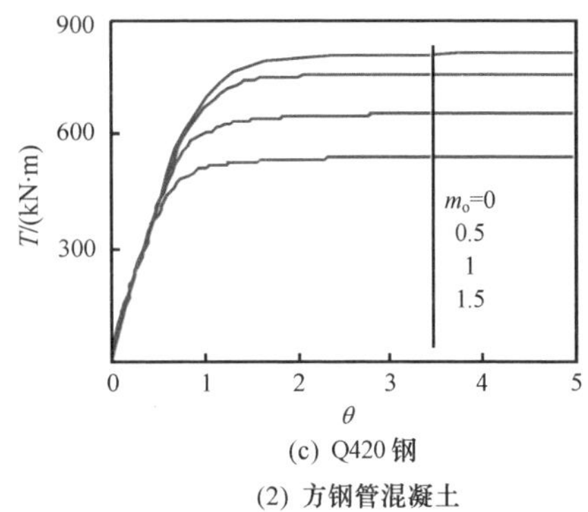

(c) Q420 钢

(2) 方钢管混凝土

图 4.68　加载路径Ⅱ下弯扭构件 T-θ 关系曲线（续）

可见，随着 m_o 的增加，构件的极限抗扭承载力在不断减小，T-θ 关系曲线族的幅值在不断下降，但 m_o 变化对弯扭构件 T-θ 关系曲线弹性阶段刚度影响很小。

（3）加载路径Ⅲ

加载路径Ⅲ是先作用扭矩 T，保持扭矩 T 值不变，不断增加截面沿弯曲方向的转角（θ_m），这样就可以得到 M-θ_m 或 M-u_m 关系曲线，图 4.69 给出钢管混凝土弯扭构件在不同扭矩 T 情况下的一组 M-θ_m 关系曲线。可见，随着 T 值的增加，构件的极限抗弯承载力在不断减小，表现为 M-θ 关系曲线族的幅值在不断下降，扭矩 T 的变化对弯扭构件 M-θ_m 关系曲线弹性阶段刚度影响不大。与加载路径Ⅰ类似，工作也可近似分为弹性阶段、弹塑性阶段和塑性阶段，且各阶段的工作特性与路径Ⅰ基本类似。

如果不断改变计算参数，可得到弯扭构件的 T/T_u-M/M_u 相关关系曲线，如图 4.70 所示，M_u 和 T_u 分别为抗弯承载力和抗扭强度承载力。图 4.70 给出了三种加载路径下钢管混凝土弯扭构件的 T/T_u-M/M_u 相关曲线计算结果的比较。可

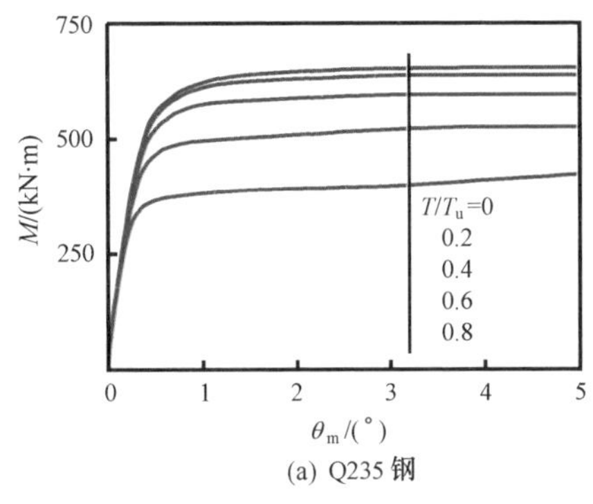

(a) Q235 钢

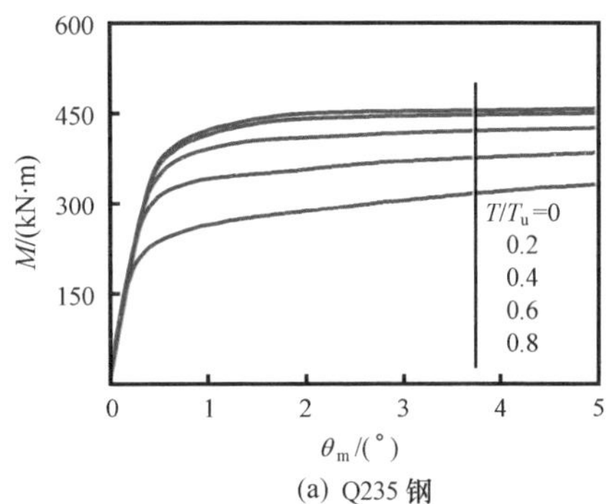

(a) Q235 钢

图 4.69　加载路径Ⅲ下弯扭构件 M-θ_m 关系曲线

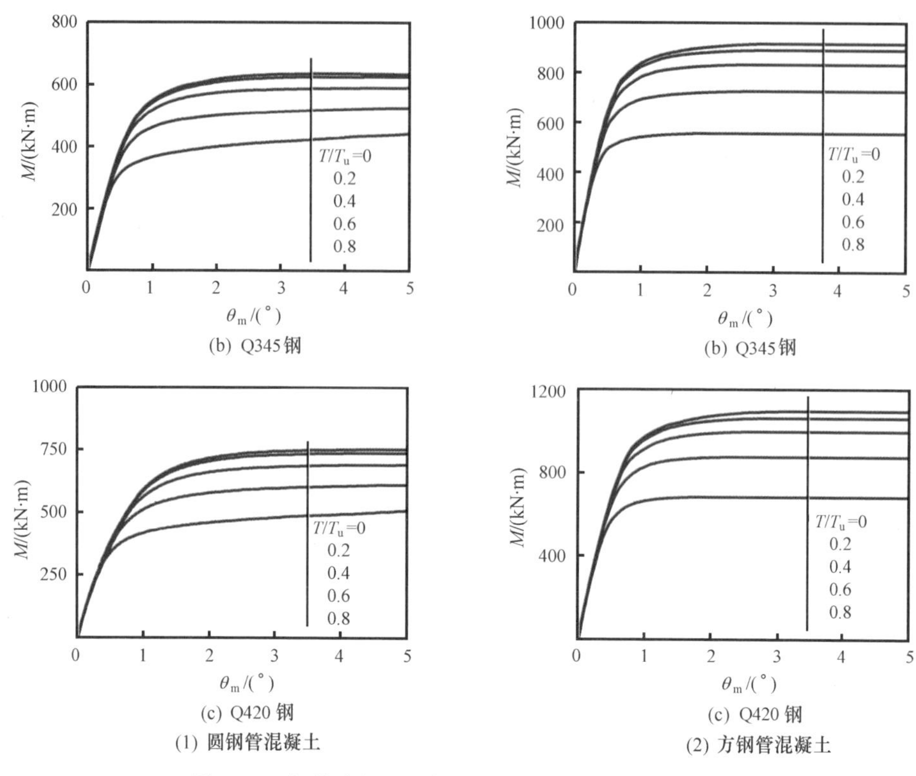

(1) 圆钢管混凝土　　(2) 方钢管混凝土

图 4.69　加载路径Ⅲ下弯扭构件 $M\text{-}\theta_m$ 关系曲线（续）

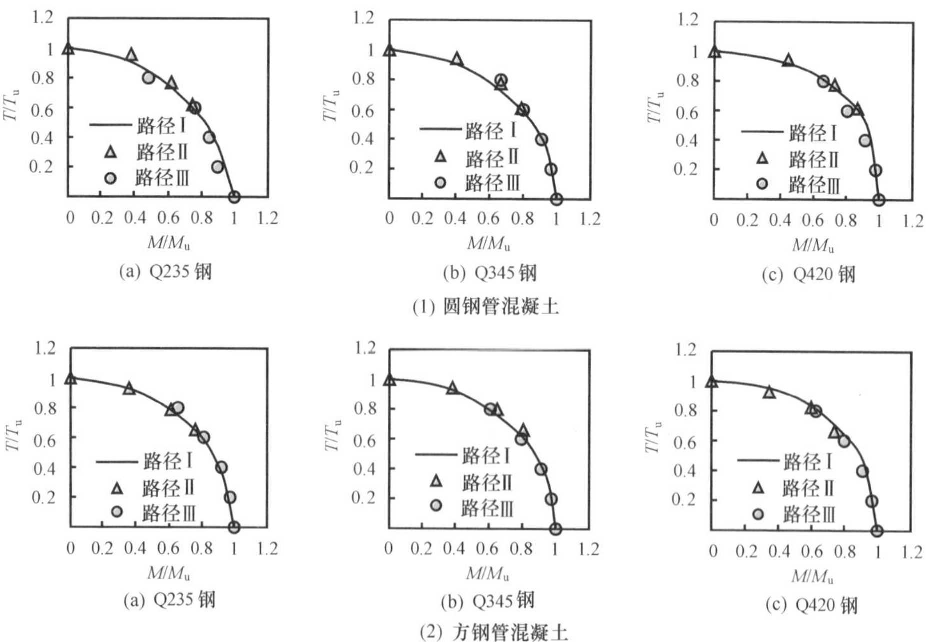

(2) 方钢管混凝土

图 4.70　不同加载路径下弯扭构件的 $T/T_u\text{-}M/M_u$ 关系

见，加载路径对弯扭构件的承载力影响不大。钢管混凝土在弯扭荷载作用下，钢管约束了核心混凝土，改善了其脆性；而核心混凝土的存在可延缓或避免钢管发生局部屈曲，从而使得钢管混凝土弯扭构件表现出较好的塑性性能。

4.5.2　计算结果和试验结果比较

为了验证有限元计算结果的准确性，对韩林海和钟善桐（1994a）进行的圆钢管混凝土弯扭构件试验曲线进行了验算。

韩林海和钟善桐（1994a）进行了十二个路径Ⅱ情况下钢管混凝土弯扭构件的试验研究。试验结果表明，在荷载加至极限荷载的 0.7 倍以前，构件变形较为缓慢，而临近极限荷载时，构件的转角急剧增大，在钢管表面出现大量明显滑移线。构件单位转角达到约 15°时，T-θ 关系曲线尚无下降段。试验后，将试件的钢管剥掉，观察核心混凝土的变化情况，发现混凝土并没有破碎，仍为一个完整的柱体，表面存有许多用裸眼很难观察到的微细斜裂缝，另外未发现钢管内壁有滑痕，核心混凝土的上下端与端板粘结良好，说明核心混凝土与钢管表面无错动滑移现象，基本上呈一整体（韩林海和钟善桐，1994a）。

表 4.5 给出了弯扭试件的具体参数。图 4.71 给出了圆钢管混凝土弯扭构件 T-θ 关系计算曲线与试验曲线的比较，可见计算结果与试验结果吻合较好。

表 4.5　钢管混凝土弯扭试件表（韩林海和钟善桐，1994a）

序号	试件编号	$D\times t\times L$ /(mm×mm×mm)	f_y/MPa	f_{cu}/MPa	弯扭比 $m_0(=M/T)$
1	TB1-1	133×4.5×2000	324.34	30.4	0
2	TB1-2	133×4.5×2000	324.34	30.4	0.3
3	TB1-3	133×4.5×2000	324.34	30.4	0.6
4	TB1-4	133×4.5×2000	324.34	30.4	0.9
5	TB1-5	133×4.5×2000	324.34	30.4	1.2
6	TB1-6	133×4.5×2000	324.34	30.4	1.5
7	TB2-1	130×3×2000	324.34	30.4	0
8	TB2-2	130×3×2000	324.34	30.4	0.3
9	TB2-3	130×3×2000	324.34	30.4	0.6
10	TB2-4	130×3×2000	324.34	30.4	0.9
11	TB2-5	130×3×2000	324.34	30.4	1.2
12	TB2-6	130×3×2000	324.34	30.4	1.5

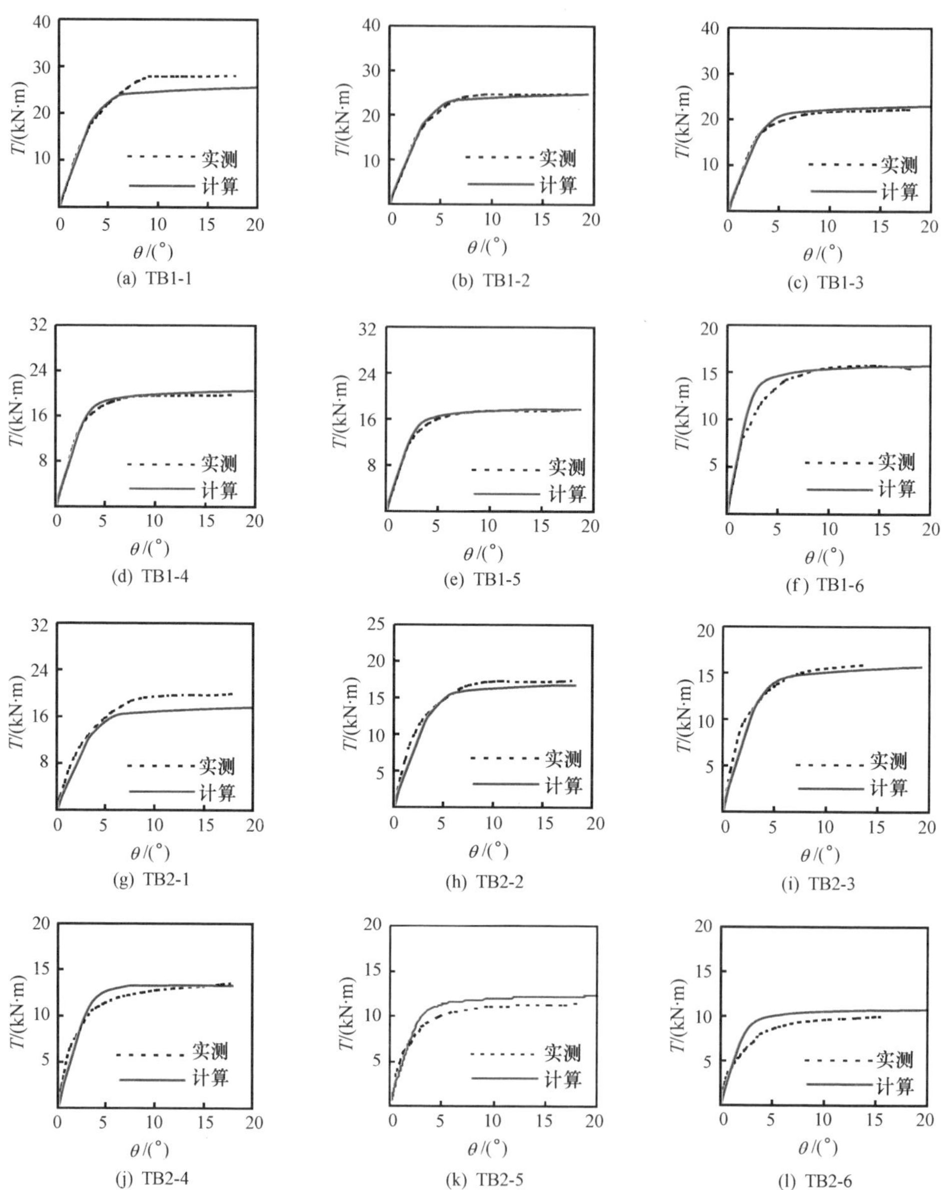

图 4.71　弯扭构件试验曲线与计算曲线的比较

图 4.72 给出了有限元计算获得的圆钢管混凝土弯扭构件扭矩（T）-弯矩（M）相关关系计算结果与试验结果的比较，可见二者吻合较好。

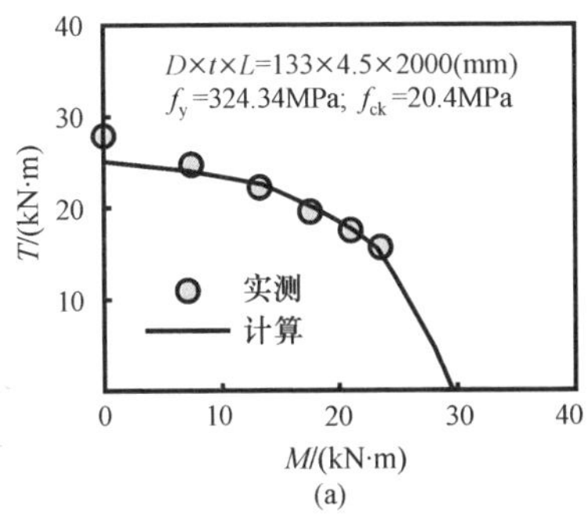

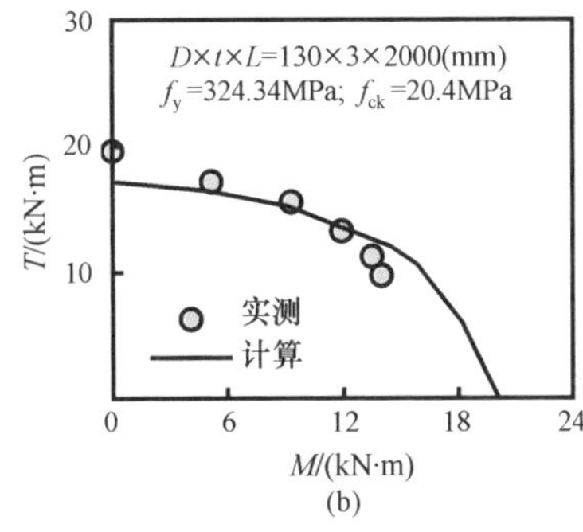

图 4.72　弯扭构件 T-M 相关曲线计算结果与试验结果的比较

4.5.3　工作机理分析

下面以加载路径Ⅰ为例，分析钢管混凝土弯扭构件在受力过程中钢管和核心混凝土各自承担的弯矩变化情况。

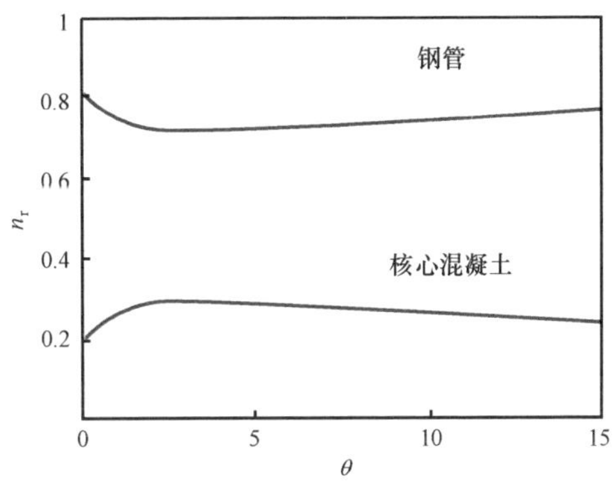

图 4.73　弯扭构件 n_r-θ 关系曲线

图 4.73 所示为一典型的钢管和核心混凝土各自 n_r-θ 关系曲线，其中 n_r 为各自承担的弯矩与钢管混凝土承担弯矩的比值。在受力初期，钢管和核心混凝土按抗弯刚度承担的弯矩，随着外加扭矩的增大，钢管与核心混凝土之间发生了内力重分布，即钢管承担的弯矩开始减小，核心混凝土承担的弯矩开始增加，当钢材进入强化阶段以后，钢管承担的弯矩又开始增加，但增加的幅度不大。

图 4.74 和图 4.75 分别给出了圆、方钢管混凝土弯扭构件在达到极限承载力时，钢管和核心混凝土截面剪应力 τ_{xz}（云图中的 S13 单位为 MPa）分布的比较，其中，算例的计算条件为：$D(B)=400$mm；$\alpha=0.1$；$L=1200$mm；C60 混凝土；Q345 钢。可见，对于不同的加载路径，当构件达到极限承载力时，钢管和核心混凝土截面剪应力的分布和数值基本相同。

图 4.76 给出加载路径Ⅰ(实线) 和加载路径Ⅱ(虚线) 情况下，钢管混凝土弯扭构件在受力过程中钢管与核心混凝土相互作用力 (p)-转角 (θ) 关系曲线的比较。由于弯扭构件中钢管与核心混凝土相互作用力沿构件截面和长度方向分布都不均匀，为了便于比较，比较时取构件中截面同一位置处的相互作用力。可见，由于加载路径的不同，p-θ 关系曲线的变化规律也不同，但构件达到极限承载力时的相互作用力基本相同。因此，加载路径对钢管混凝土弯扭构件的极限承

载力影响不显著。

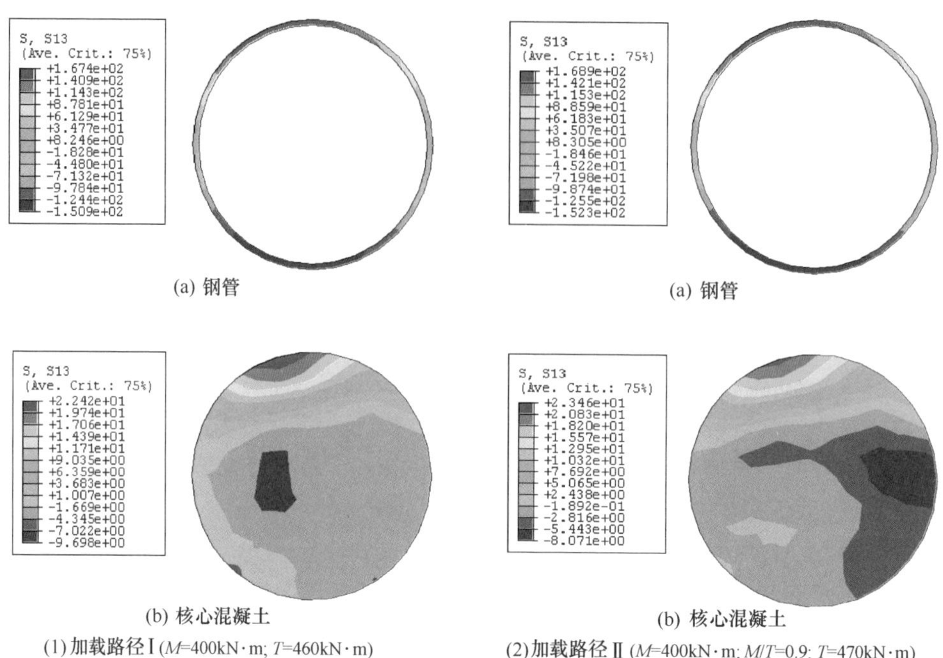

图 4.74　不同加载路径下圆钢管混凝土弯扭构件截面剪应力分布的比较

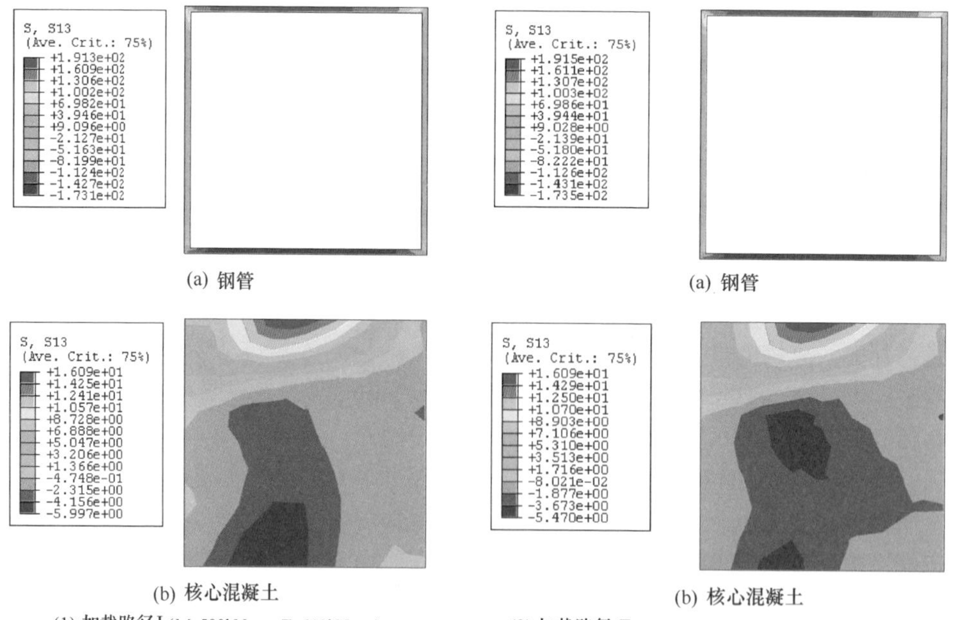

图 4.75　不同加载路径下方钢管混凝土弯扭构件截面应力分布

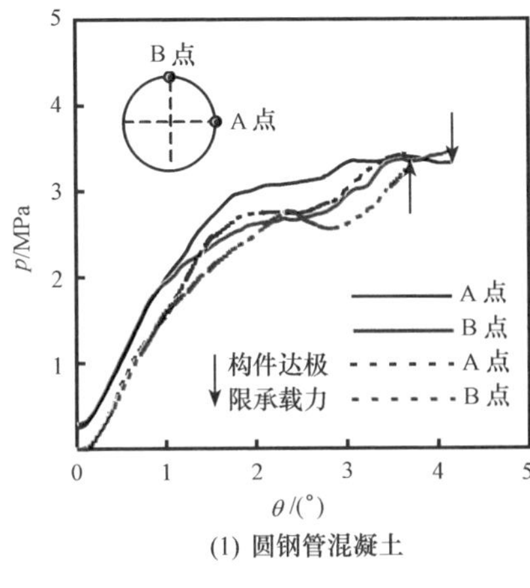

(1) 圆钢管混凝土

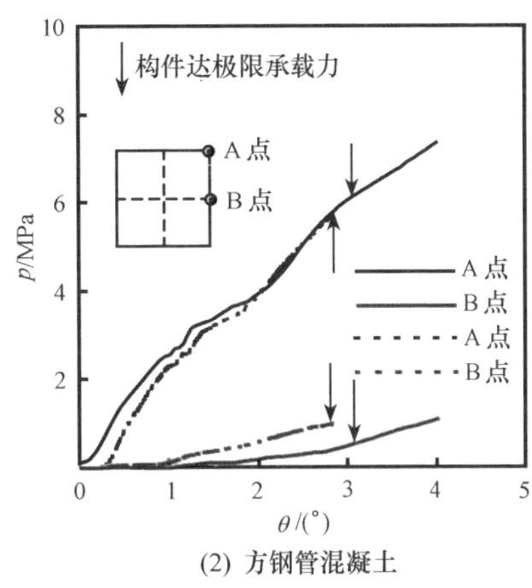

(2) 方钢管混凝土

图 4.76　不同加载路径下弯扭构件的 p-θ 关系曲线

4.5.4　承载力相关方程

采用有限元法计算弯扭构件的承载力是一条较为有效的途径，但不便于实际应用，因此，有必要提供承载力简化计算方法。

分析结果已表明，加载路径对弯扭构件的 T/T_u-M/M_u 相关曲线影响很小。

下面以加载路径Ⅰ为例推导弯扭构件承载力相关方程。图 4.77 给出了按加载路径Ⅰ计算获得的钢材屈服强度（f_y）、混凝土强度（f_{cu}）以及含钢率（α）对 T/T_u-M/M_u 相关曲线的影响规律，可见，这些参数变化对 T/T_u-M/M_u 相关曲线的影响不明显，为了简化计算，在推导弯扭承载力相关方程时忽略这些参数的影响。

根据图 4.77 中弯扭构件 T/T_u-M/M_u 相关曲线的形状和计算结果，可导出 T/T_u-M/M_u 关系的数学表达式如下：

$$\left(\frac{M}{M_u}\right)^{2.4}+\left(\frac{T}{T_u}\right)^{2}=1 \tag{4.20}$$

上式中，M_u 和 T_u 分别为抗弯承载力和抗扭承载力，按式（3.88）和式（4.3）计算。

由式（4.20）可见，采用相关方程计算弯扭构件的承载力使纯弯和纯扭构件的承载力计算公式相衔接，方法简便，符合实用原则。

对简化计算结果与数值计算结果进行了比较，吻合较好。图 4.78 给出一些算例的对比情况。图 4.79 给出了式（4.20）简化的计算结果与试验结果的对比，可见二者总体上吻合较好。

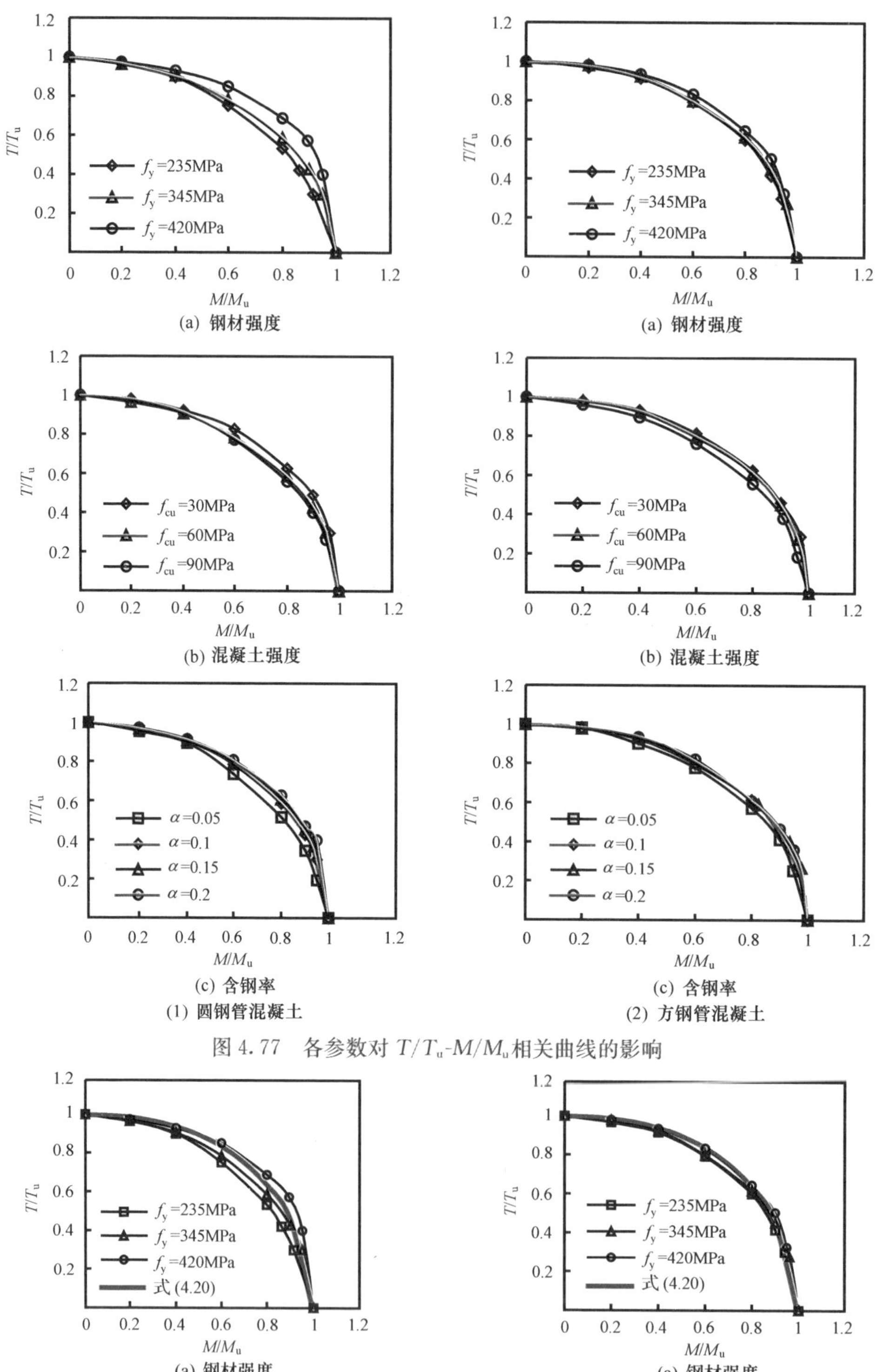

图 4.77 各参数对 T/T_u-M/M_u 相关曲线的影响

图 4.78 M/M_u-T/T_u 相关曲线简化计算结果与数值计算结果的比较

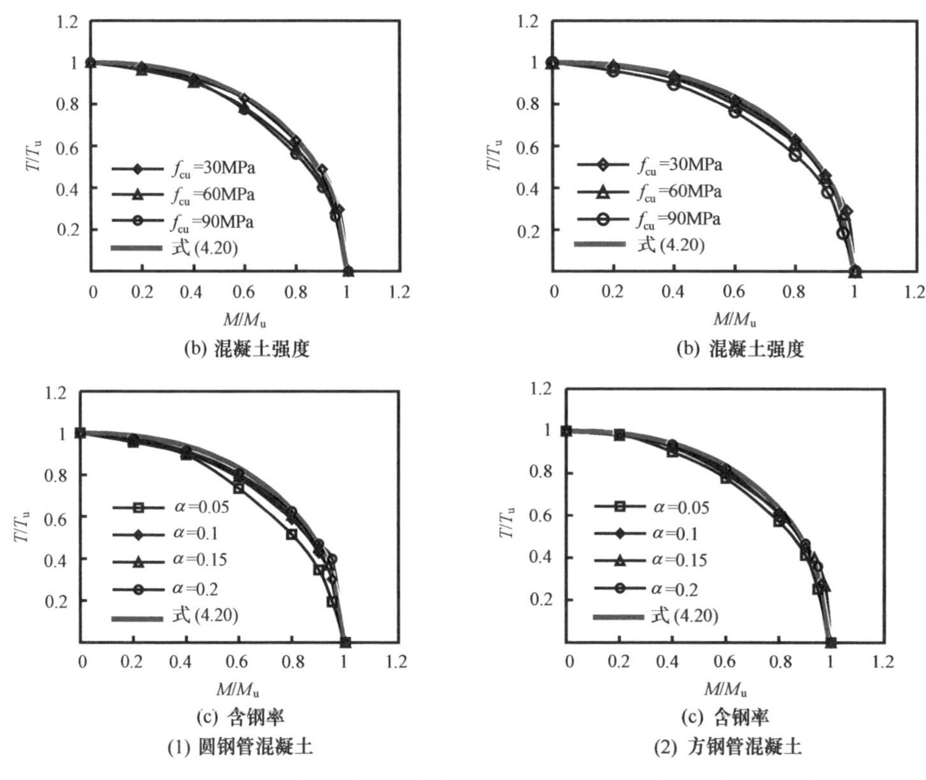

图4.78　M/M_u-T/T_u相关曲线简化计算结果与数值计算结果的比较（续）

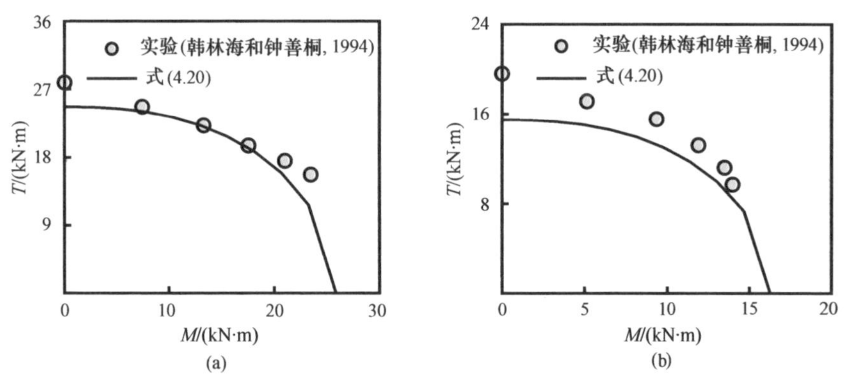

图4.79　钢管混凝土弯扭构件极限承载力计算结果与试验结果比较

4.6　钢管混凝土受压弯扭时的力学性能

4.6.1　荷载-变形关系计算和分析

图4.80所示为钢管混凝土压弯扭构件受力示意图，位移边界条件为一端固定、一端自由，且在自由边界施加轴力、弯矩和扭矩。有限元计算时，由于构件

是复合受力，需分步施加荷载，根据加载路径的不同来选择采用力加载或位移加载的方式（尧国皇，2006）。

由于荷载组合的不同，钢管混凝土压弯扭构件可能有不同的加载路径，例如达到图 4.81 上 A 点的受力状态（T，M，N）就可能有加载路径Ⅰ、Ⅱ、Ⅲ和Ⅳ。而实际工程中的加载路径往往还复杂得多。下面就常见的加载路径Ⅰ和Ⅱ情况下压弯扭构件的荷载-变形关系曲线进行计算和分析。

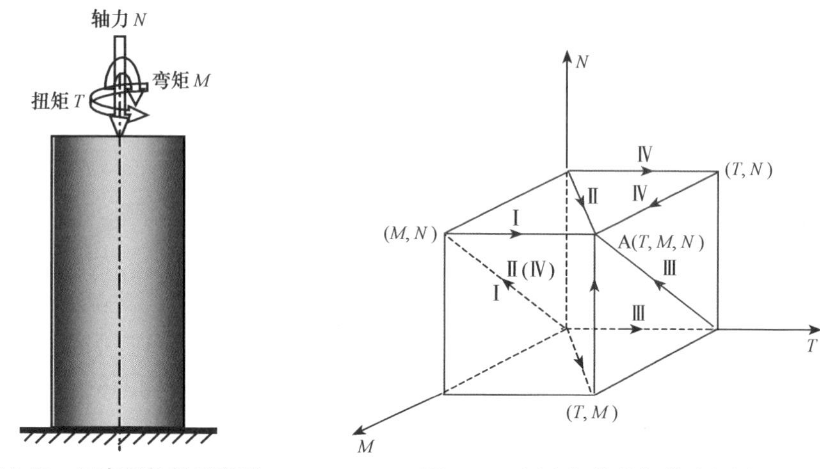

图 4.80　压弯扭构件示意图　　图 4.81　压弯扭构件加载路径图

（1）加载路径Ⅰ

先对构件施加纵向偏心压力 N，然后保持偏心力 N 的大小及方向不变逐渐施加扭矩 T，这种加载路径实际上是对偏压构件逐步施加扭矩 T。这也是实际结构中最常见的一种加载路径。例如，承受偏心压力的钢管混凝土构件在地震作用下产生扭矩就属于这种加载路径，施加偏心预应力的受扭构件也属于这种加载路径。

图 4.82 所示为不同轴力作用下的一组 T-θ 关系曲线，θ 为构件总扭转角。可

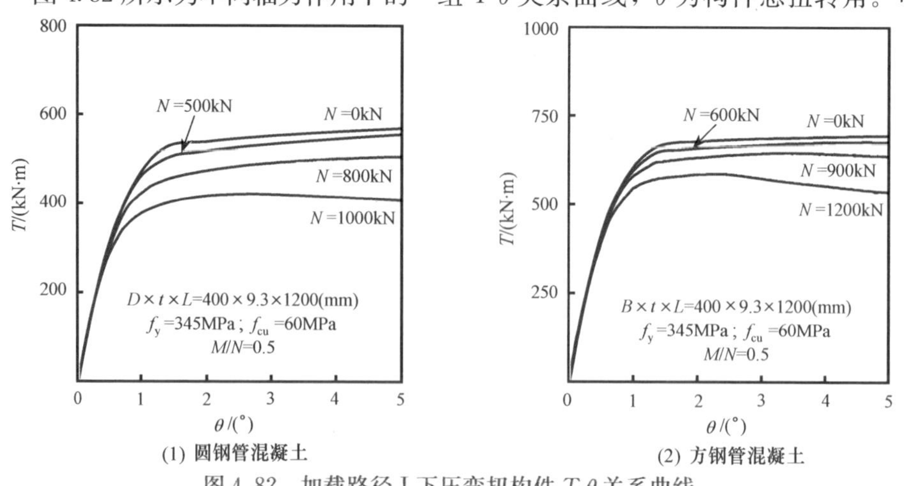

图 4.82　加载路径Ⅰ下压弯扭构件 T-θ 关系曲线

见，随着轴力 N 值的增大，构件的抗扭能力在不断减弱，表现为 T-θ 关系曲线的幅值随 N 值的增大而不断降低，而 N 的变化对压弯扭构件 T-θ 关系曲线弹性刚度的影响不大。

图 4.83 为这种加载路径的典型 T-θ 关系曲线，大致可分为三个阶段：

图 4.83　压弯扭构件 T-θ 关系典型曲线

1）弹性段 oa：在此阶段，钢管和混凝土一般为单独工作。a 点处受压区钢管最大纤维应力达钢材比例极限。

2）弹塑性段 ab。随着钢管受压最大纤维的屈服，核心混凝土也开始扩展微裂缝，b 点大致相当于受压区钢管最大纤维应力达屈服强度。

3）塑性阶段 bc。T-θ 关系过了 b 点后，随着钢管屈服区域由外向内扩展，抗扭承载力仍可稍有增加，对于长细比较大或约束效应系数较小的构件，有可能出现下降段，即 bd 段。在 c 点钢管并不一定全部发展塑性，c 点应力状态取决于构件长细比和约束效应系数等因素。

图 4.84 和图 4.85 分别给出了圆、方钢管混凝土压弯扭构件在 a 点、b 点和 c 点对应固定边界处的截面剪应力（云图中的 $S13$ 单位为 MPa）的分布情况。算例计算条件为：D（B）＝400mm；$\alpha=0.1$；L＝1200mm；C60 混凝土；Q345 钢；e＝500mm；N＝800kN（圆钢管混凝土）和 900kN（方钢管混凝土）。

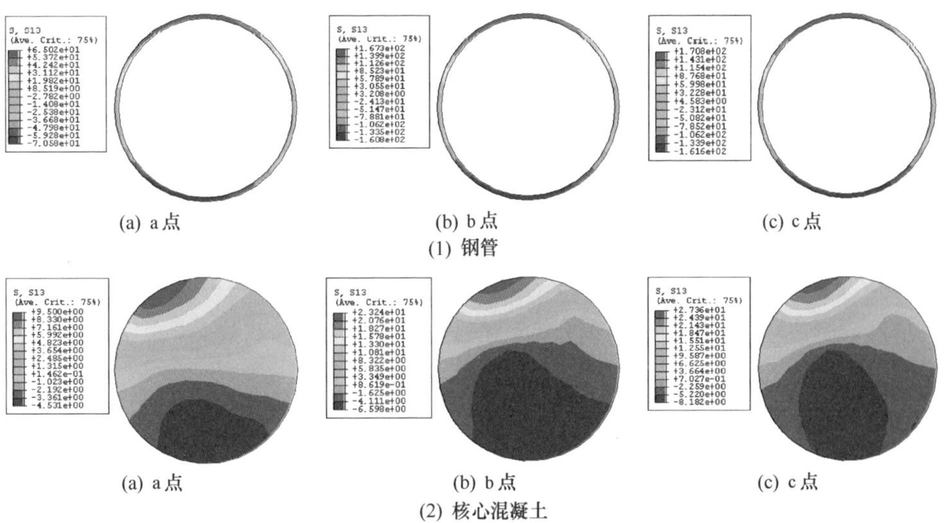

图 4.84　圆钢管混凝土压弯扭构件截面剪应力分布

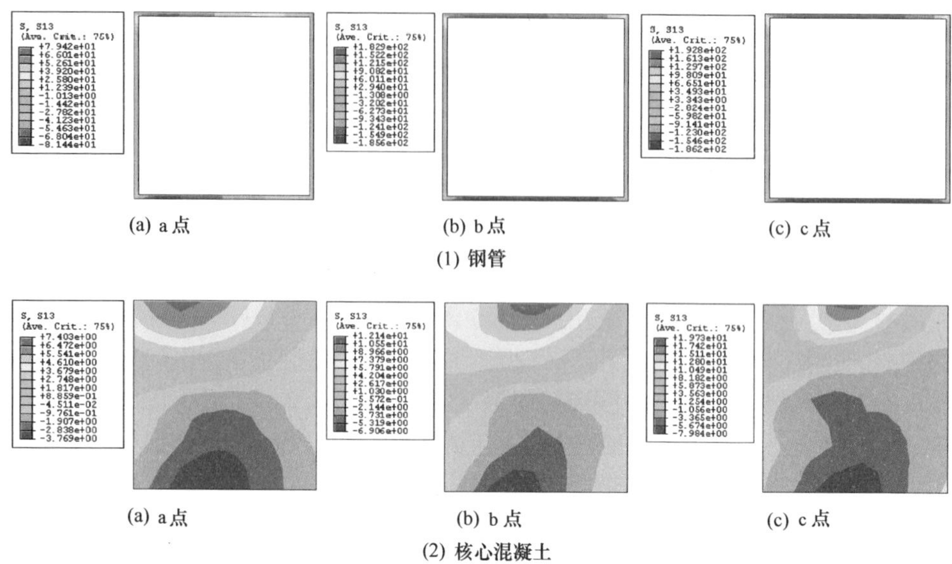

(a) a点　　(b) b点　　(c) c点

(1) 钢管

(a) a点　　(b) b点　　(c) c点

(2) 核心混凝土

图 4.85　方钢管混凝土压弯扭构件截面剪应力分布

(2) 加载路径Ⅱ

先对构件施加纵向轴向压力 N，然后保持 N 的大小及方向不变，再按比例施加扭矩 T 和弯矩 M。钢管混凝土轴心受压柱在地震作用下有可能产生该路径下的受力状态。图 4.86 所示为不同弯扭比情况下的一组 T-θ 关系曲线。

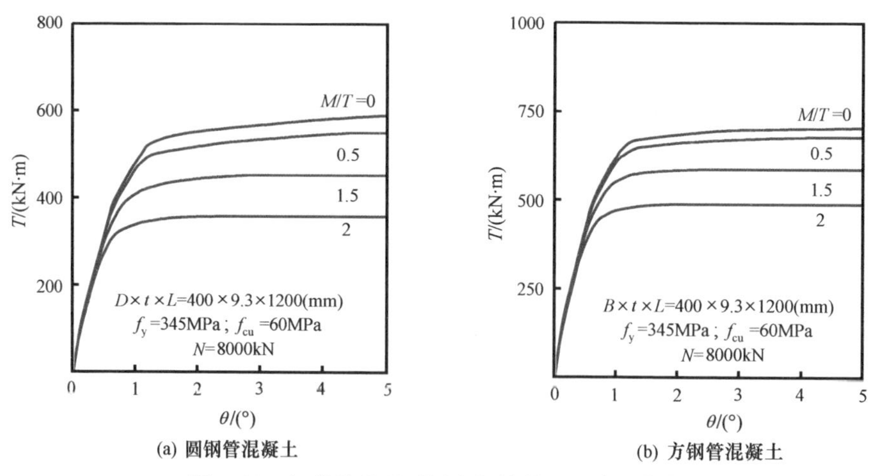

(a) 圆钢管混凝土　　(b) 方钢管混凝土

图 4.86　加载路径Ⅱ下压弯扭构件 T-θ 关系曲线

由图 4.86 可见，当轴力 N 一定时，随着 M/T 的增大，压弯扭构件的抗扭能力在不断减小，表现为 T-θ 关系曲线的幅值随 M/T 的增大而不断降低，但 M/T 的变化对压弯扭构件 T-θ 关系曲线弹性阶段刚度影响不大。

图 4.87 和图 4.88 分别给出了圆、方钢管混凝土压弯扭构件达到极限承载力时，钢管和核心混凝土截面剪应力（云图中的 S13 单位为 MPa）分布的比较。算

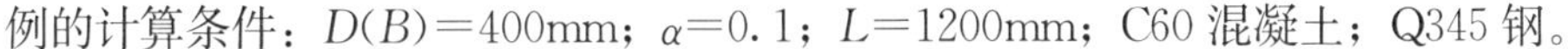

例的计算条件：$D(B)=400$mm；$\alpha=0.1$；$L=1200$mm；C60 混凝土；Q345 钢。

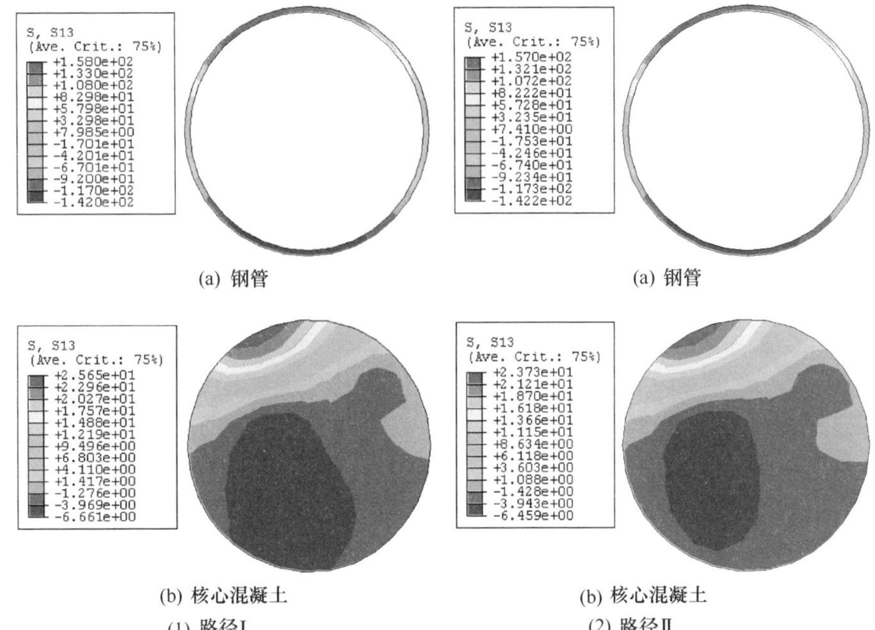

(a) 钢管　　(a) 钢管

(b) 核心混凝土　　(b) 核心混凝土

(1) 路径Ⅰ　　(2) 路径Ⅱ

(N=600kN; M=480kN·m; T=464kN·m)　　(N=600kN; M=470kN·m; T=470kN·m)

图 4.87　不同加载路径下圆钢管混凝土压弯扭构件截面剪应力分布的比较

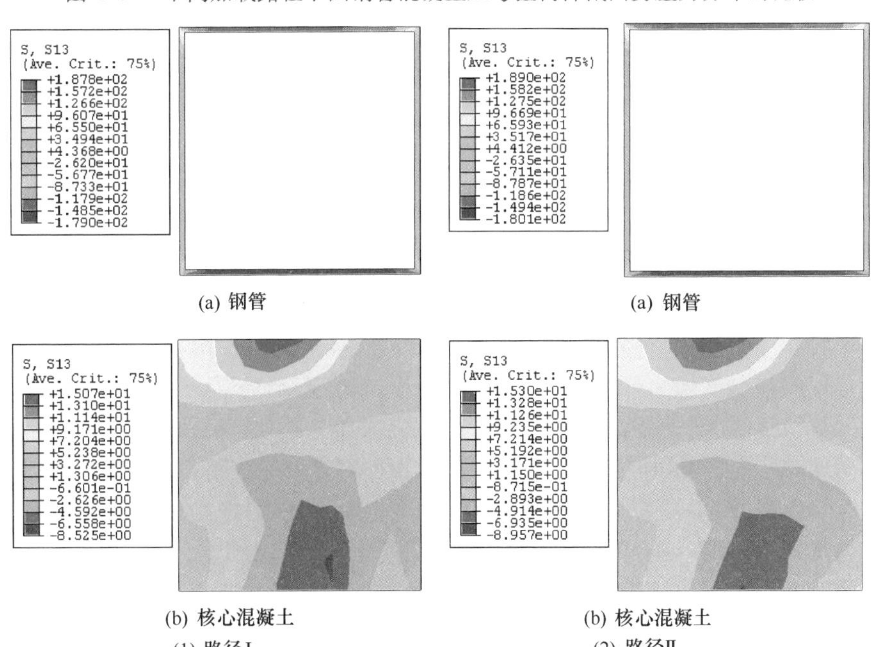

(a) 钢管　　(a) 钢管

(b) 核心混凝土　　(b) 核心混凝土

(1) 路径Ⅰ　　(2) 路径Ⅱ

(N=800kN; M=480kN·m; T=620kN·m)　　(N=800kN; M=480kN·m; T=627kN·m)

图 4.88　不同加载路径下方钢管混凝土压弯扭构件截面应力分布的比较

由图 4.87 和图 4.88 的比较结果可见，对于不同的加载路径，当构件达到极限承载力时，钢管和核心混凝土截面剪应力的分布和数值基本相同，说明两种加载路径情况下达极限状态时，压弯扭构件的工作特性非常接近。

图 4.89 给出路径Ⅰ（实线）和路径Ⅱ（虚线）情况下，钢管混凝土压弯扭构件在受力过程中钢管与核心混凝土相互作用力 p-θ 关系曲线的比较。压弯扭构件中钢管与核心混凝土相互作用沿构件截面和长度方向分布都不均匀，为了便于比较，取了构件中截面同一位置处的相互作用力。由图 4.89 可见，加载路径的不同，p-θ 关系曲线的变化规律也不同，但构件达到极限承载力时的相互作用力却基本相同。

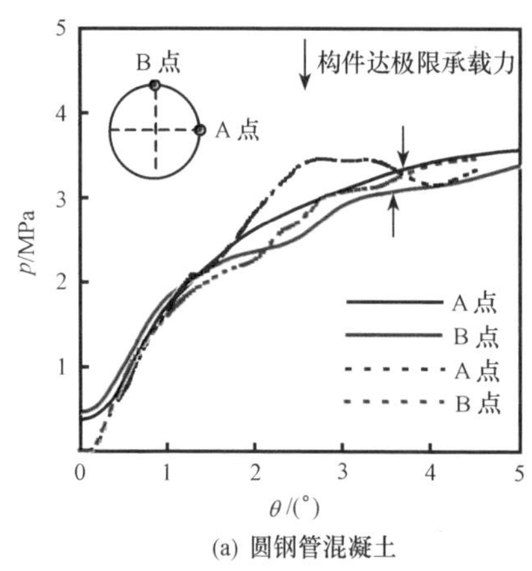

(a) 圆钢管混凝土

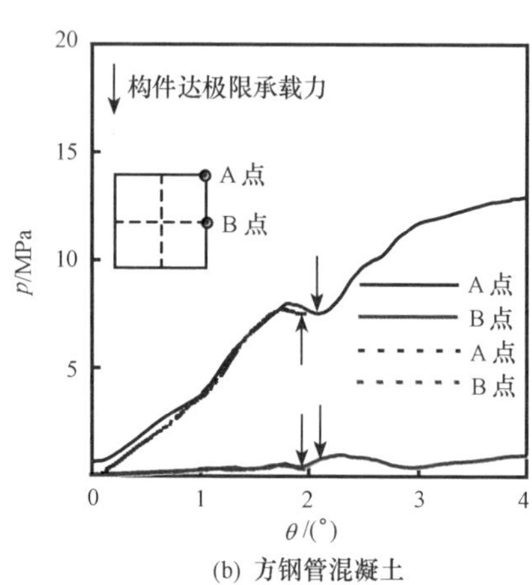

(b) 方钢管混凝土

图 4.89 不同加载路径下的 p-θ 关系曲线比较

4.6.2 计算结果和试验结果比较

韩林海（1993）、韩林海和钟善桐（1995c）进行了十二个圆钢管混凝土构件加载路径Ⅰ情况下的试验研究。试验表明，在荷载加至极限荷载的 0.7 倍以前，构件变形较为缓慢。临近极限荷载时，构件转角急剧增大，在钢管表面出现大量明显滑移线。构件单位转角约 15°，T-θ 关系曲线尚无下降段。试验后将钢管剥开后，发现核心混凝土并没有破碎，仍为一个完整的柱体，表面存有许多用裸眼很难观察到的微细斜裂缝，另外未发现钢管内壁有滑痕，核心混凝土的上下端与端板粘结良好，说明核心混凝土与钢管表面无错动滑移现象，基本上呈一整体。陈逸玮（2003）采用了一端固定一端自由的边界条件，先在构件自由端施加轴力，然后保持弯扭比不变，施加反复扭矩，测试了水平力（P）-水平位移（Δ）关系。

表 4.6 给出了钢管混凝土压弯扭试件的具体参数。

图 4.90 给出了对应于表 4.5 中的试件号有限元计算结果与试验结果的比较情况。其中，比较陈逸玮（2003）的试验数据时，取了实测滞回曲线的骨架线，可见二者总体上吻合较好。

表 4.6　压弯扭试件一览表

截面	序号	试件编号	$D(B)\times t\times L$ /(mm×mm×mm)	f_y/MPa	f_{cu}/MPa	e/mm	N/kN	数据来源
圆形	1	TCB1-1	133×4.5×450	324.34	33.3	250	0	韩林海和钟善桐（1995c）
	2	TCB1-2	133×4.5×450	324.34	33.3	250	15	
	3	TCB1-3	133×4.5×450	324.34	33.3	250	40	
	4	TCB1-4	133×4.5×450	324.34	33.3	250	65	
	5	TCB1-5	133×4.5×450	324.34	33.3	250	80	
	6	TCB1-6	133×4.5×450	324.34	33.3	250	95	
	7	TCB2-1	130×3×450	324.34	33.3	250	0	
	8	TCB2-2	130×3×450	324.34	33.3	250	30	
	9	TCB2-3	130×3×450	324.34	33.3	250	60	
	10	TCB2-4	130×3×450	324.34	33.3	100	50	
	11	TCB2-5	130×3×450	324.34	33.3	200	50	
	12	TCB2-6	130×3×450	324.34	33.3	300	50	
	13	C-MTP	216.3×4.5×1620	354.8	39	m=1.76	355	陈逸玮（2003）
方形	14	S-MTP	200×4.5×1620	261.4	39	m=1.76	397	陈逸玮（2003）

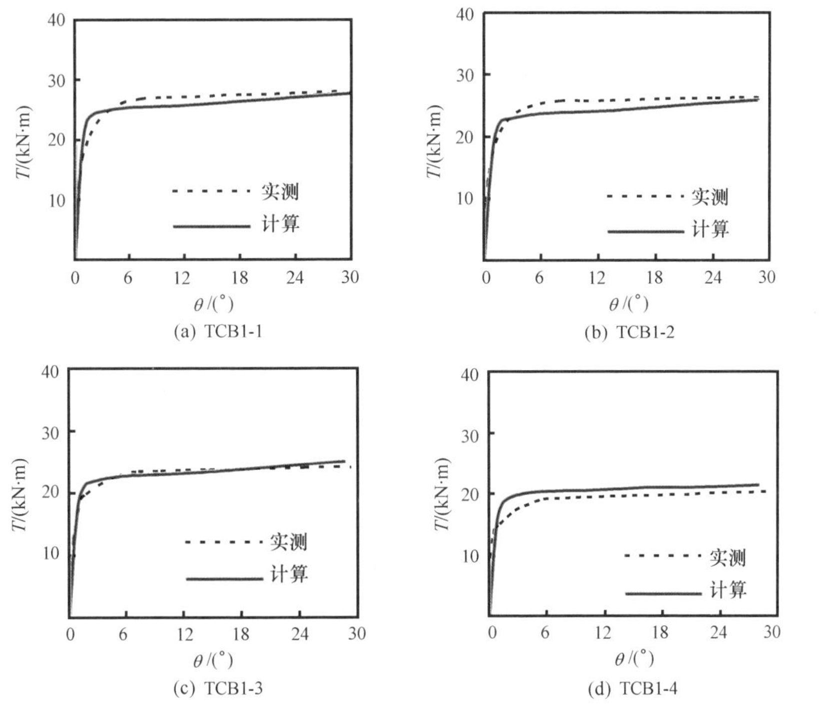

图 4.90　压弯扭构件荷载-变形关系试验与计算曲线比较

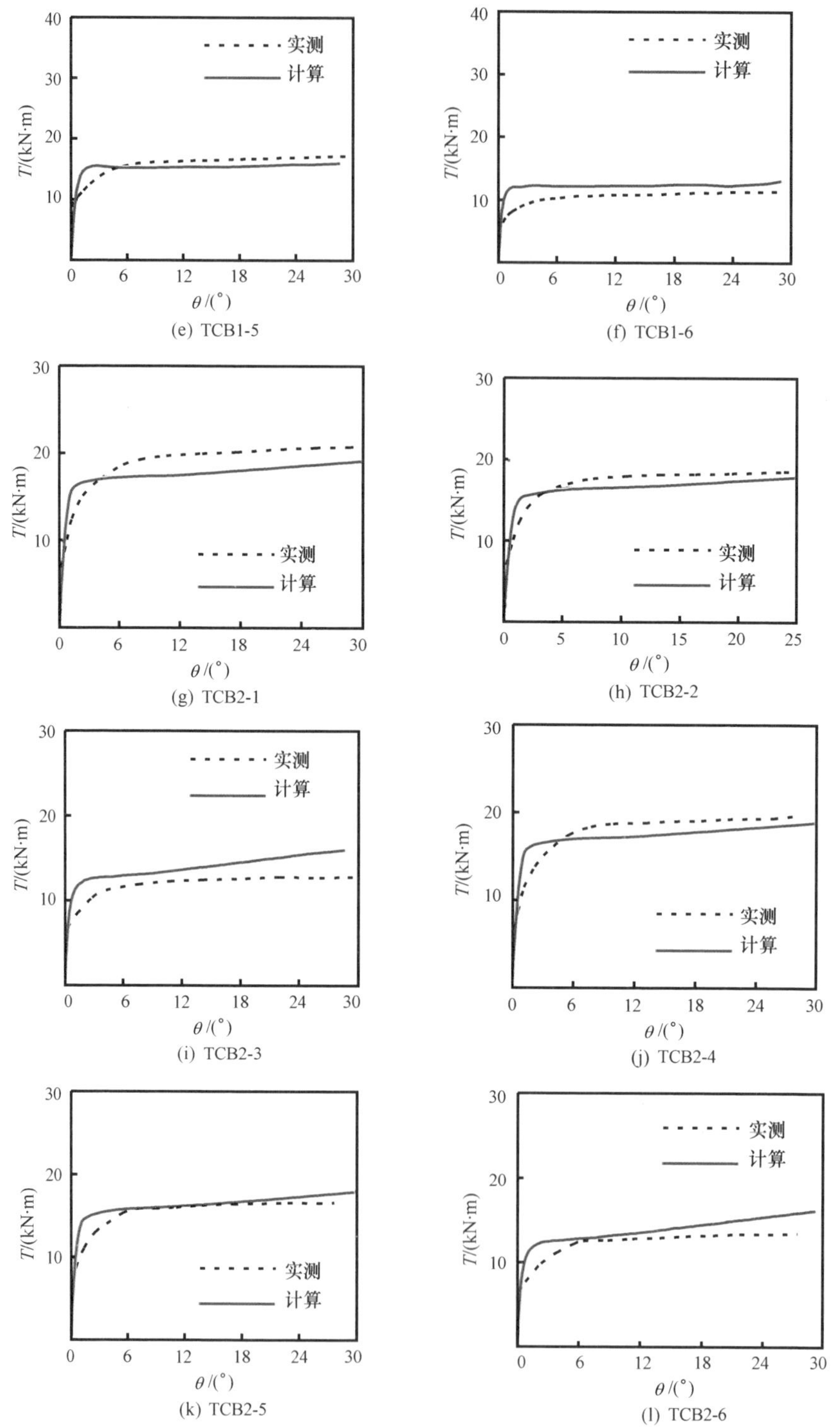

图 4.90　压弯扭构件荷载-变形关系试验与计算曲线比较（续）

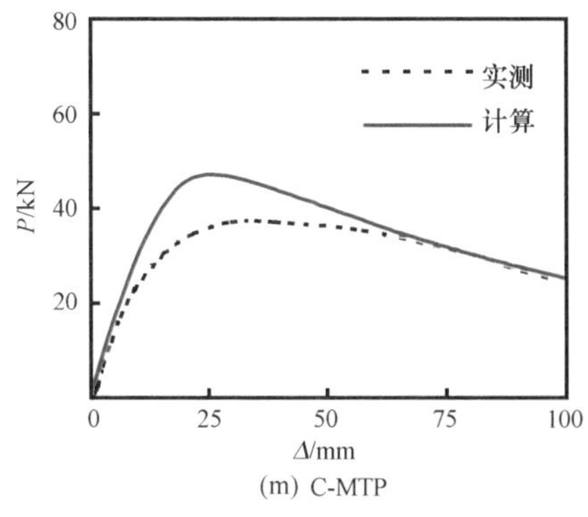

(m) C-MTP

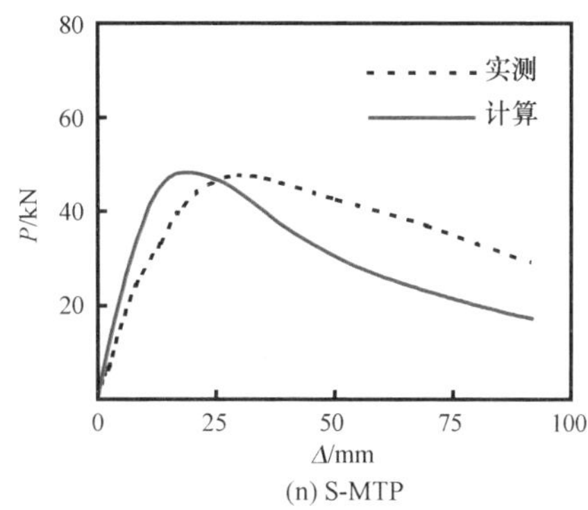

(n) S-MTP

图 4.90 压弯扭构件荷载-变形关系试验与计算曲线比较（续）

图 4.91 给出了有限元计算的钢管混凝土压弯扭构件的极限强度与试验结果的对比，可见计算结果与试验结果吻合较好。图 4.91 中，陈逸玮（2003）没有直接给出扭矩-转角的关系，给出的是横向荷载与位移的关系曲线，因此图 4.91 中给出的是其构件实测的极限横向荷载（P_{max}）。

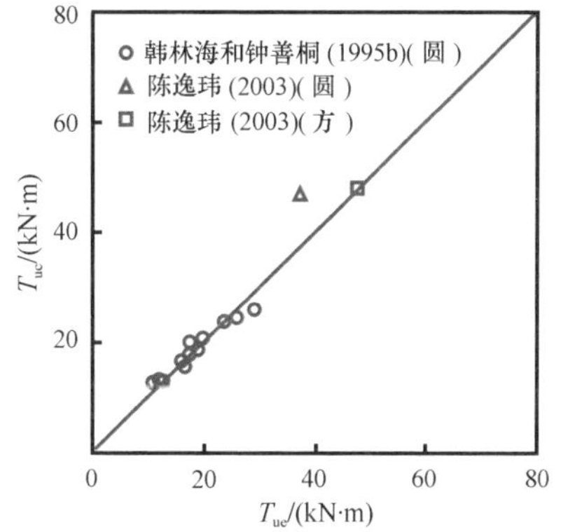

图 4.91 压弯扭构件承载力计算值与试验值比较

4.6.3 承载力相关方程

用有限元法可较为精确地计算出钢管混凝土压弯扭构件的承载力，但不便于实际应用，因此，有必要提供实用计算方法。

如前所述，加载路径不同，获得的压弯扭构件的 N/N_u-M/M_u-T/T_u 相关曲面也会有所不同，但大量计算表明，加载路径对钢管混凝土压弯扭转构件的 N/N_u-M/M_u-T/T_u 包络面影响总体上不显著。

图 4.92 给出了计算获得的不同 T/T_u 情况下钢管混凝土压弯扭构件的 N-M

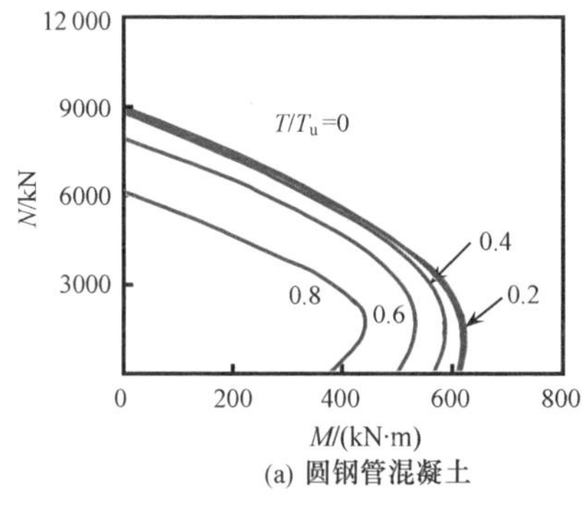

(a) 圆钢管混凝土

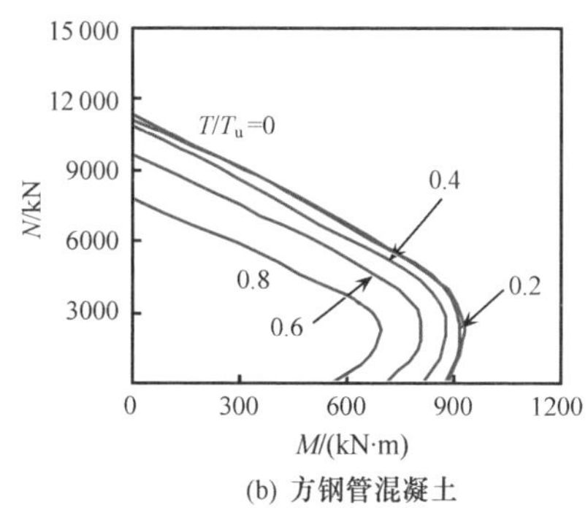

(b) 方钢管混凝土

图 4.92 压弯扭构件 N-M 相关曲线

相关曲线，算例的计算条件：$D(B)=400\text{mm}$；$\alpha=0.1$；$\lambda=40$；C60 混凝土；Q345 钢。从图 4.92 可见，随着 T/T_u 的增加，压弯扭构件的极限承载力不断减小，但随着 T/T_u 的变化，N-M 相关曲线的形状基本类似。

通过对钢管混凝土压弯扭构件的 $\frac{N}{N_u}(\eta)$-$\frac{M}{M_u}(\zeta)$-$\frac{T}{T_u}(\beta)$ 相关关系的计算分析，基于对钢管混凝土压、弯、扭及其两种荷载组合情况下力学性能的研究成果，参考韩林海（1993）、韩林海和钟善桐（1996）对圆钢管混凝土压弯扭构件的研究方法，下面推导 η-ζ-β 相关关系的实用计算方法。

图 4.93 给出典型的钢管混凝土压弯扭构件强度 η-ζ-β 相关曲面。经分析，发现图 4.93 所示的 η-ζ-β 关系曲线上存在一平衡点 A。令 A 点的坐标为（η_e，ζ_e，β）。

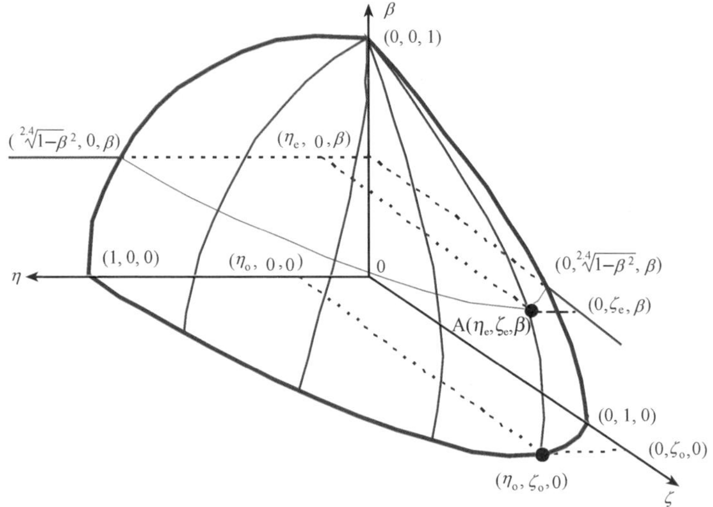

图 4.93　压弯扭构件 $\frac{N}{N_u}(\eta)$-$\frac{M}{M_u}(\zeta)$-$\frac{T}{T_u}(\beta)$ 关系示意图

通过对计算结果的计算分析，可导出 η_e 和 ζ_e 的计算公式为

$$\eta_e=\sqrt[2.4]{1-\beta^2}\cdot\eta_o \tag{4.21a}$$

$$\zeta_e=\sqrt[2.4]{1-\beta^2}\cdot\zeta_o \tag{4.21b}$$

式中：η_o 和 ζ_o 分别为钢管混凝土压弯构件相关曲线 η-ζ 上的平衡点横坐标和纵坐标，分别按式（3.97）和式（3.96）计算。

图 4.93 所示的 η-ξ-β 的相关曲面可用如下的函数表示为

$$\frac{M}{M_u}=a_1\cdot\left(\frac{N}{N_u}\right)^3+b_1\cdot\left(\frac{N}{N_u}\right)^2+c_1\cdot\left(\frac{N}{N_u}\right)+d_1 \tag{4.22}$$

计算系数 a_1、b_1、c_1 和 d_1 按式（4.23）确定，其计算公式为

$$a_1=\Delta_1/\Delta \tag{4.23a}$$

$$b_1=\Delta_2/\Delta \tag{4.23b}$$

$$c_1 = \Delta_3 / \Delta \tag{4.23c}$$

$$d_1 = \sqrt[2.4]{1-\beta^2} \tag{4.23d}$$

式中：$\Delta = t_2 \eta_e^2 (\eta_e - t_2)^2$；

$\Delta_1 = (\zeta_e - t_1) \cdot (t_2^2 - 2t_2 \cdot \eta_e) - t_1 \cdot \eta_e^2$；

$\Delta_2 = 2t_1 \cdot \eta_e^3 + (3t_2 \cdot \eta_e^2 - t_2^3) \cdot (\zeta_e - t_1)$；

$\Delta_3 = t_2^2 \cdot \eta_e \cdot (2t_2 - 3\eta_e) \cdot (\zeta_e - t_1) - t_1 \cdot \eta_e^4$。

上式中，$t_1 = \sqrt[2.4]{1-\beta^2}$，$t_2 = \sqrt[2.4]{1-\beta^2}$。

考虑构件长细比的影响，最终可导得钢管混凝土压弯扭构件相关方程的数学表达式为

$$\frac{1}{d} \cdot \frac{M}{M_u} = a_1 \left(\frac{N}{\varphi \cdot N_u}\right)^3 + b_1 \left(\frac{N}{\varphi \cdot N_u}\right)^2 + c_1 \left(\frac{N}{\varphi \cdot N_u}\right) + d_1 \tag{4.24}$$

式中：$d = \begin{cases} 1 - 0.4 \cdot \left(\dfrac{N}{N_E}\right) & \text{（圆钢管混凝土）} \\ 1 - 0.25 \cdot \left(\dfrac{N}{N_E}\right) & \text{（方钢管混凝土）} \end{cases}$，$1/d$ 是考虑由于二阶效应的弯矩放大系数。其中，$N_E = \pi^2 \cdot E_{sc} \cdot A_{sc} / \lambda^2$ 为欧拉临界力；E_{sc} 可按式（3.74）确定；φ 为轴心受压构件稳定系数，由式（3.83）确定；a_1、b_1、c_1 和 d_1 的计算公式与式（4.23）相同，只是将 Δ、Δ_1、Δ_2 和 Δ_3 中的 η_e 和 ξ_e 分别用 $\eta_e' = \varphi^{2.5} \cdot \eta_e$ 和 $\xi_e' = 1 + \varphi^5 \cdot (\zeta_e - 1)$ 代替。

为了便于计算，对式（4.24）进一步简化，即稍偏于安全地将钢管混凝土压弯扭构件的承载力相关方程用两段式来表示，即

当 $N/N_u \geqslant 2\varphi^3 \eta_0 \sqrt[2.4]{1-(T/T_u)^2}$ 时，

$$\left(\frac{1}{\varphi} \cdot \frac{N}{N_u} + \frac{a}{d} \cdot \frac{M}{M_u}\right)^{2.4} + \left(\frac{T}{T_u}\right)^2 = 1 \tag{4.25a}$$

当 $N/N_u < 2\varphi^3 \eta_0 \sqrt[2.4]{1-(T/T_u)^2}$ 时，

$$\left[-b \cdot \left(\frac{N}{N_u}\right)^2 - c \cdot \left(\frac{N}{N_u}\right) + \frac{1}{d} \cdot \frac{M}{M_u}\right]^{2.4} + \left(\frac{T}{T_u}\right)^2 = 1 \tag{4.25b}$$

对于强度问题，上式中稳定系数 $\varphi = 1$，且可忽略附加弯曲变形的弯矩放大系数 $1/d$，则可得到钢管混凝土压弯扭构件强度承载力相关方程如下：

当 $N/N_u \geqslant 2\eta_0 \sqrt[2.4]{1-(T/T_u)^2}$ 时，

$$\left(\frac{N}{N_u} + a \cdot \frac{M}{M_u}\right)^{2.4} + \left(\frac{T}{T_u}\right)^2 = 1 \tag{4.26a}$$

当 $N/N_u < 2\eta_0 \sqrt[2.4]{1-(T/T_u)^2}$ 时，

$$\left[-b \cdot \left(\frac{N}{N_u}\right)^2 - c \cdot \left(\frac{N}{N_u}\right) + \frac{M}{M_u}\right]^{2.4} + \left(\frac{T}{T_u}\right)^2 = 1 \tag{4.26b}$$

以上各式中系数 $a=1-2\varphi^{2}\cdot\eta_{0}$；$b=\dfrac{1-\zeta_{e}}{\varphi^{3}\cdot\eta_{e}^{2}}$；$c=\dfrac{2\cdot(\zeta_{e}-1)}{\eta_{e}}$；$d$ 的确定方法见式（3.99）。

式（4.25）和式（4.26）中，某一项力为零时，公式即成为另两种力，如压弯、弯扭或压扭复合受力下的承载力相关方程；当某两项为零时，即为单一荷载，如压、弯或扭作用下的承载力计算公式。也就是说，式（4.25）和式（4.26）使钢管混凝土轴压、纯弯、纯扭、压弯、压扭、弯扭及压弯扭构件承载力计算公式相互衔接。

图 4.94 给出了式（4.26）计算的钢管混凝土压弯扭构件 N-M 相关曲线与数值计算结果的比较，可见，简化计算结果与数值计算结果基本吻合。

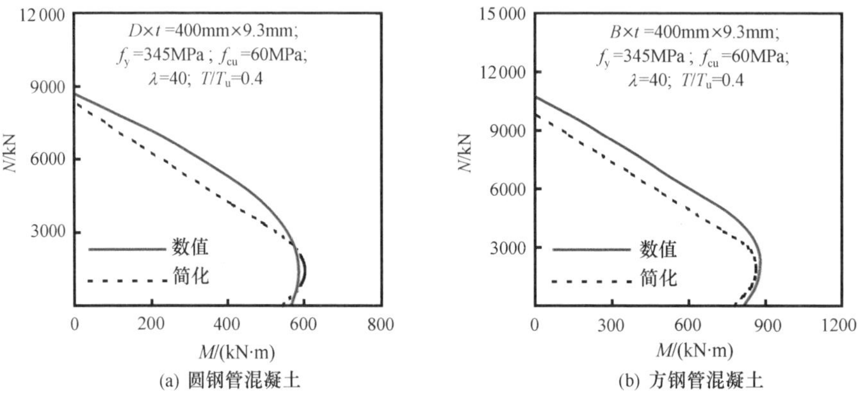

图 4.94　压弯扭构件 N-M 相关曲线简化计算与数值计算的对比

图 4.95 给出了以上简化公式计算的钢管混凝土压弯扭构件极限承载力与试验结果的比较，可见二者吻合较好。图中，陈逸玮（2003）的试验结果给出的是实测的极限横向荷载（P_{max}）。

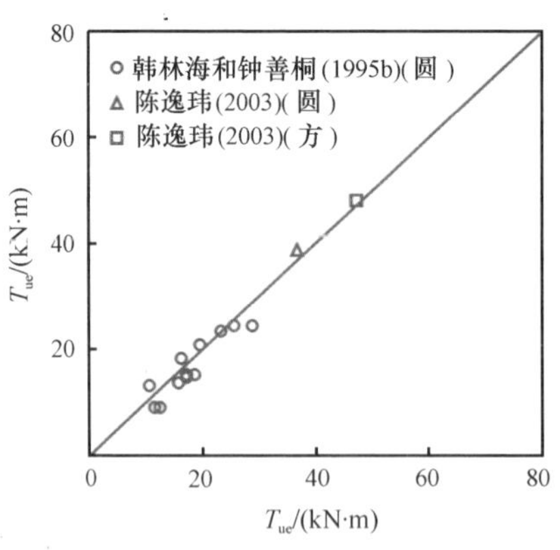

图 4.95　压弯扭构件承载力简化计算值与试验值的比较

4.7　钢管混凝土受压弯剪时的力学性能

4.7.1　荷载-变形关系计算

图 4.96 给出一种典型的压弯剪构件受力示意图，即构件首先轴心受压，然后再横向受剪的受力状态。构件的边界条件为一端固定，另一端自由。由于是复合受力，有限元计算时采用分步加载方式进行加载，即首先采用力加载方式对构件施加轴力，然后采用位移加载方式对构件施加横向位移。荷载均在非固定边界单元节点上施加，采用增量迭代法进行求解（尧国皇，2006）。

典型的钢管混凝土压弯剪构件的水平力（P)-横向位移（Δ）关系曲线如图 4.97 所示，该曲线大致可以分为以下几个阶段：

1）弹性阶段（OA)：在此阶段，P-Δ 关系曲线基本上呈直线关系，截面的一部分受压区处于卸载状态，混凝土的刚度较大，A 点处，压区钢管最外纤维处开始屈服，卸载区钢管出现拉应力。

2）弹塑性阶段（AB)：在此阶段，P-Δ 关系曲线不再呈线性关系。随着横向位移的增加，混凝土截面受拉区和钢管受压区域的面积不断增加，构件刚度不断下降。

3）塑性阶段（BC)：横向剪力增加到一定程度后，内弯矩的增长抵消不了压弯剪构件二阶效应的影响，表现为构件承受的横向剪力开始减小。对于轴压比较小的构件，P-Δ 关系曲线往往不会出现下降段，而是表现出一定的强化性质（如图 4.97 中 BC′段）。

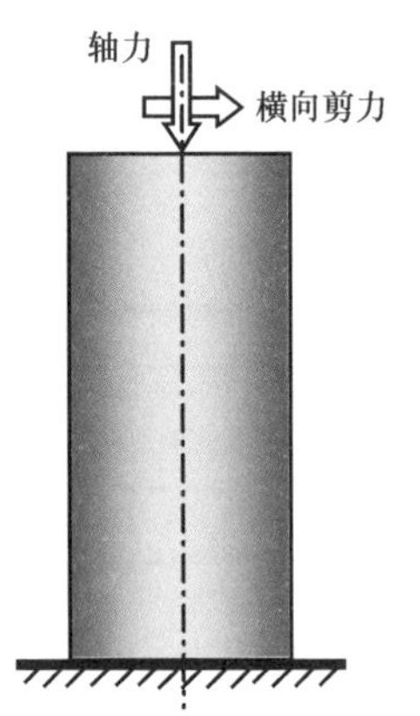

图 4.96　压弯剪构件示意图

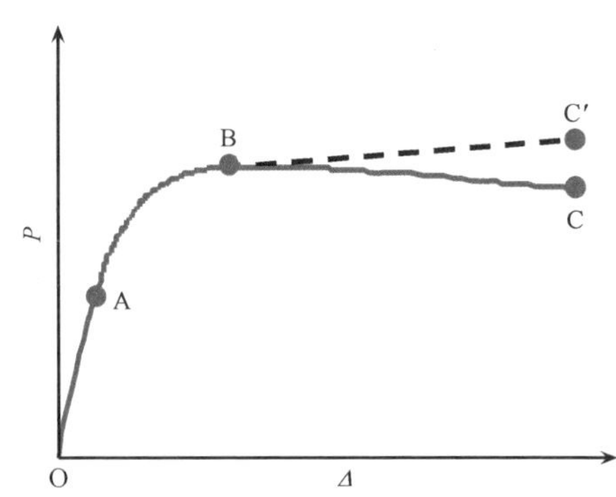

图 4.97　典型的压弯剪构件 P-Δ 关系曲线

对钢管和核心混凝土截面纵向应力分布规律的研究结果表明（尧国皇，2006），圆、方钢管混凝土构件截面纵向应力分布随位移增大而变化的规律基本类似。A 点处，钢管和核心混凝土截面就出现了受拉区。随着横向位移的增大，截面中和轴不断上移，混凝土受拉区面积也逐渐增加。B 点处，压、拉区钢管都开始进入屈服阶段。对于圆钢管混凝土，在混凝土截面受压区，截面边缘混凝土应变较大，已经进入软化段，但截面中心处应变较小，还处于上升段，且受到周围混凝土的约束，因此其纵向应力较大；对于方钢管混凝土，在截面受压区出现应力集中现象。

对于 N/N_u 较小、或截面约束效应系数 ξ 较大的构件，当“二阶效应”影响较小或外钢管在受压区对核心混凝土提供了更强的约束时，P-Δ 关系曲线往往不会出现下降段，表现出一定的强化性质（如图 4.97 中 BC′段）。

4.7.2 计算结果与试验结果比较

为了验证有限元法模型计算结果的准确性，将有限元计算曲线与有关研究者的钢管混凝土压弯剪构件试验曲线进行了比较。

图 4.98 和图 4.99 分别给出了圆、方钢管混凝土压弯剪试件的比较情况，图中，参数 $R=2\Delta/L$，N 为施加的轴向荷载，n（$=N/N_u$）为轴压比，m 为剪跨比。可见，计算曲线与试验曲线吻合较好。图中同时给出了钢管混凝土纤维模型法计算曲线，可见，由于该方法计算时忽略了剪切变形的影响，因此与试验结果相比，其计算结果总体上不如有限元法精确。

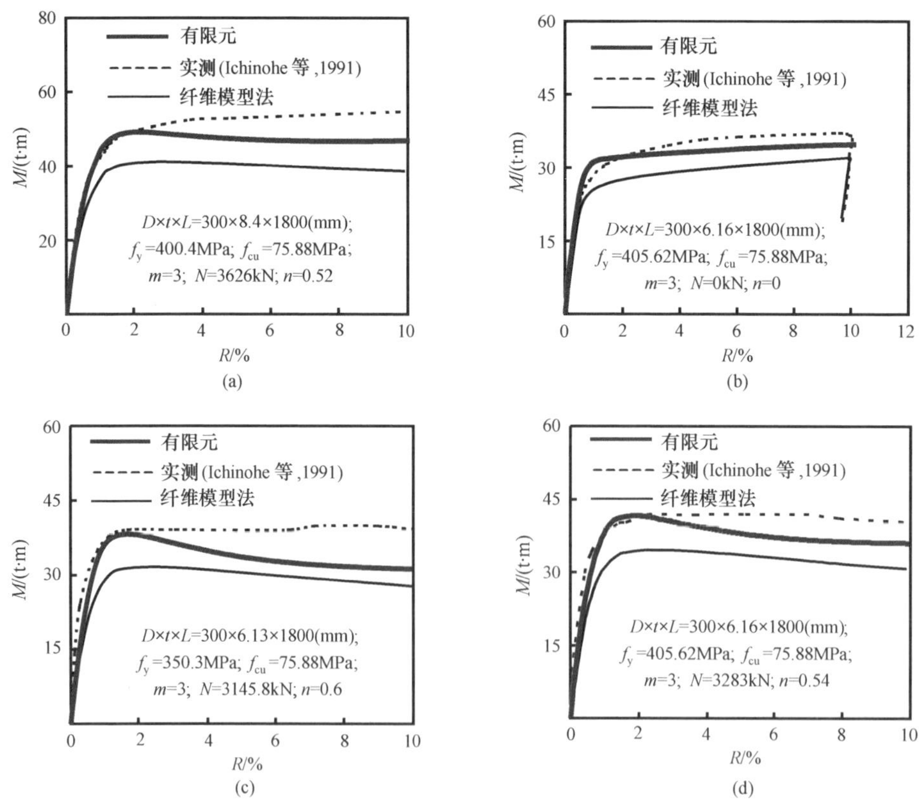

图 4.98 圆钢管混凝土压弯剪构件荷载-变形关系计算结果与试验结果比较

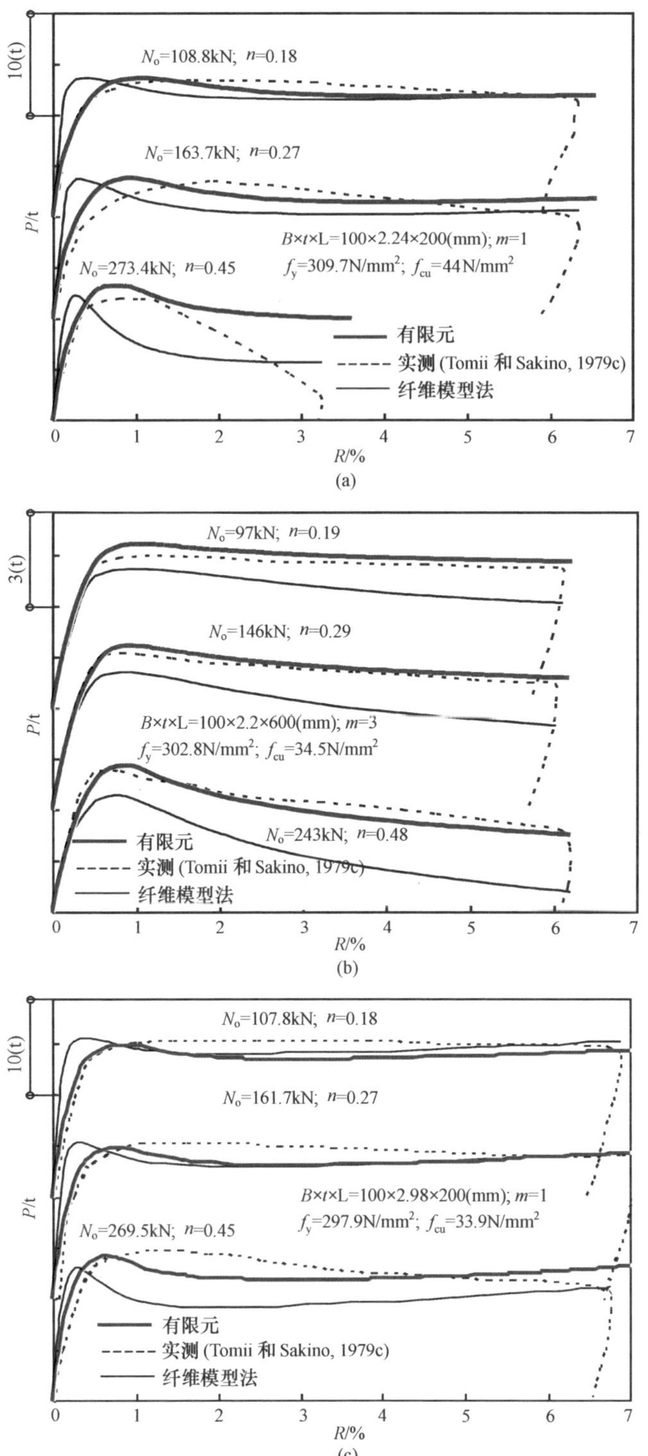

图 4.99　方钢管混凝土压弯剪构件荷载-变形关系计算结果与试验结果比较

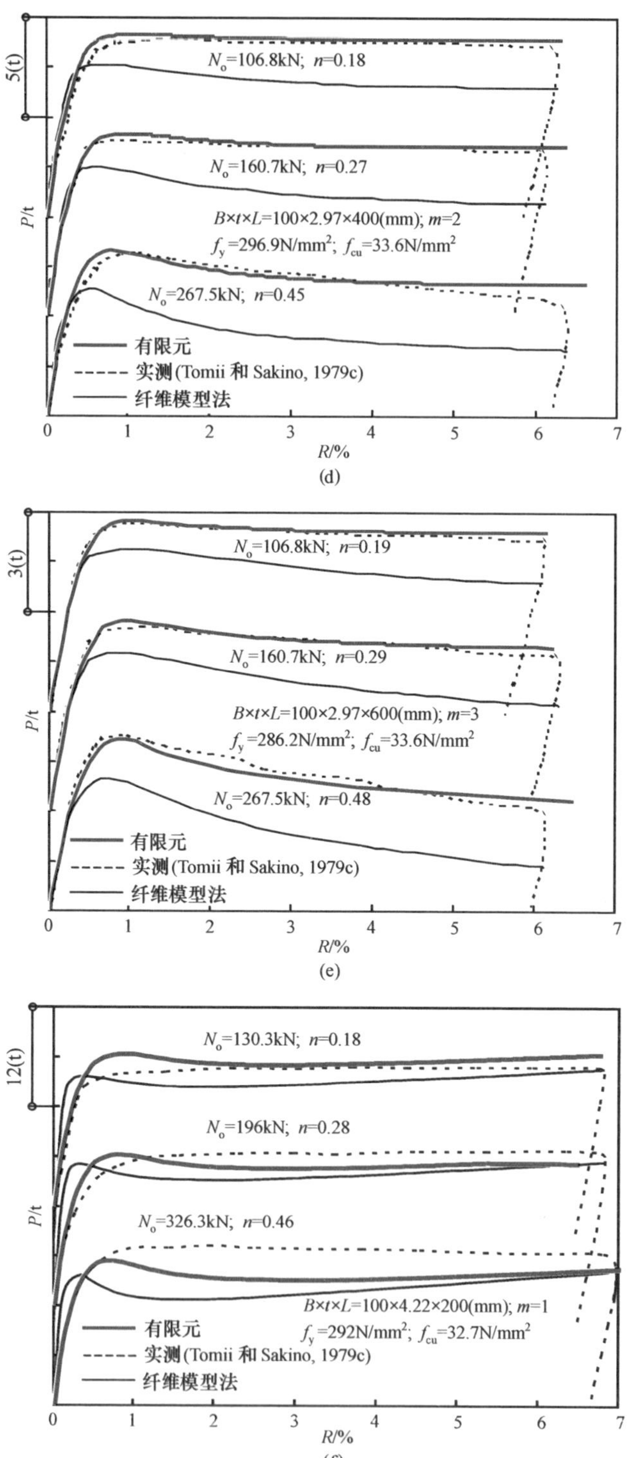

(d)

(e)

(f)

图 4.99　方钢管混凝土压弯剪构件荷载-变形关系计算结果与试验结果比较（续）

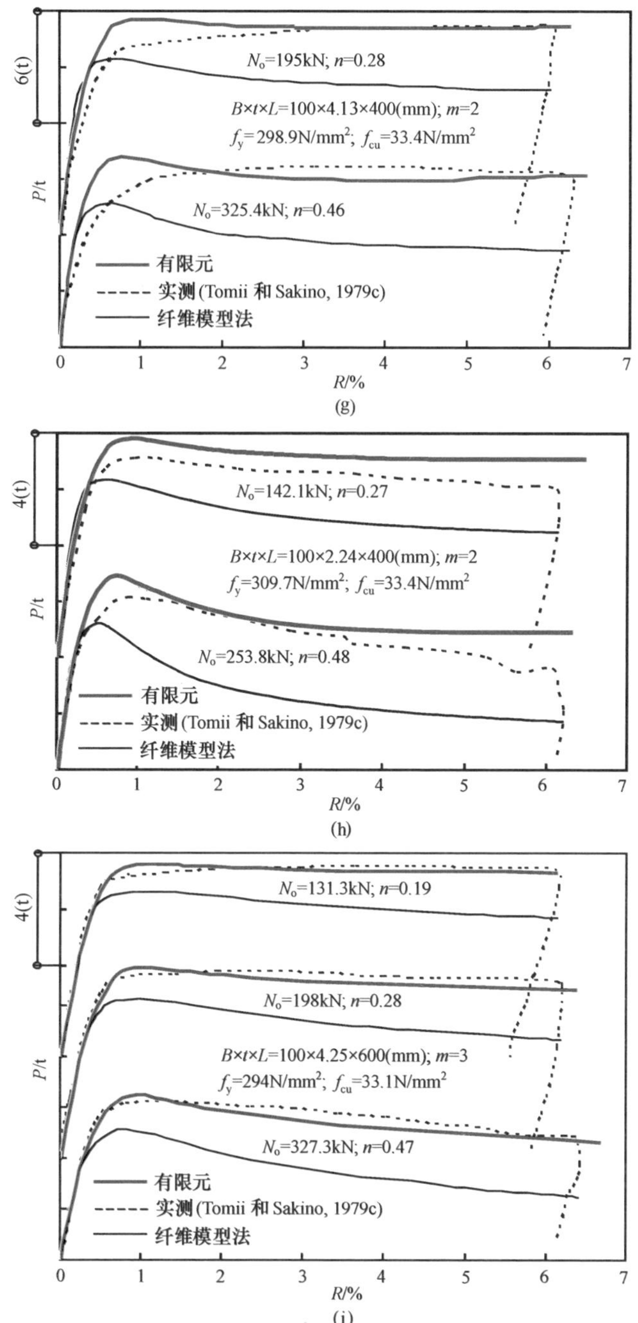

图 4.99　方钢管混凝土压弯剪构件荷载-变形关系计算结果与试验结果比较（续）

图 4.100 给出了有限元计算的压弯剪构件极限承载力与试验值的比较，图 4.100 中，V_{uc}为计算值，V_{ue}为试验值，Ichinohe 等（1991）试验数据给出的是极限弯矩值。可见，计算获得的极限承载力与试验结果吻合较好。

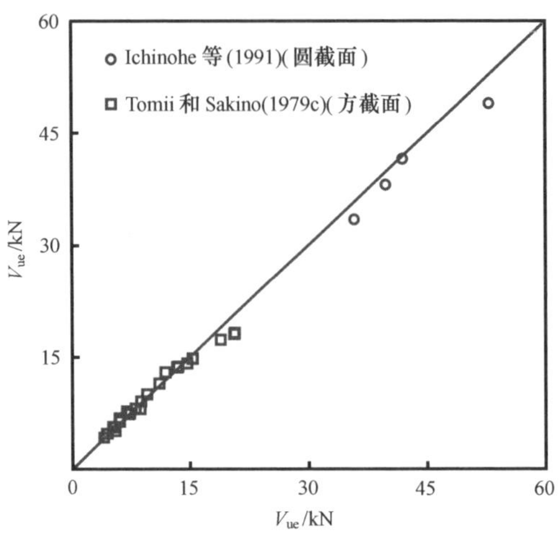

图 4.100　压弯剪构件承载力计算值与试验值比较

4.7.3　工作机理分析

图 4.101 给出了钢管混凝土压弯剪构件典型的破坏模态，可见压弯剪构件的破坏表现出弯曲和剪切破坏的特征，构件最终由钢管发生局部向外鼓屈而破坏。钢管混凝土压弯剪构件中核心混凝土由于受到钢管的约束，可有效地改善其脆性。钢管由于内填混凝土的存在，使其在受力过程避免或延缓了屈曲失稳的发生，使得钢管的材料性能得到更为充分的发挥。因此，由于钢管与核心混凝土之间的相互作用，协同工作，使得钢管混凝土压弯剪构件具有较好的塑性性能。安建利（1987）进行的圆钢管混凝土压弯剪构件试验结束后，剥开钢管，发现核心混凝土顺着钢管的变形趋势也形成了显著的鼓曲状态，但其表面仍光滑完整，并未粉碎松散。

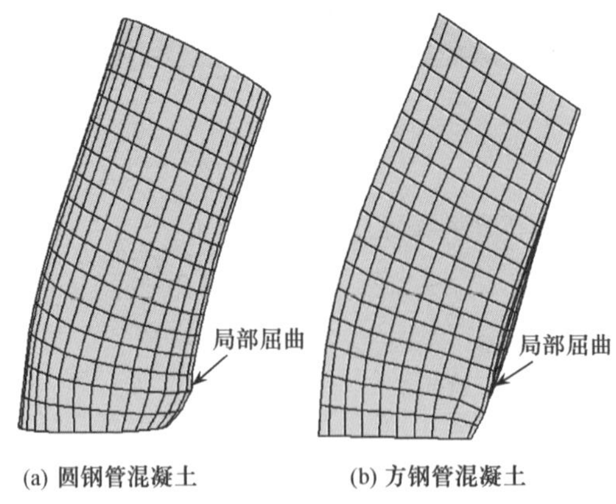

(a) 圆钢管混凝土　　(b) 方钢管混凝土

图 4.101　压弯剪构件典型的破坏模态

图 4.102 给出了不同轴压比（n）情况下压弯剪构件在受力过程中钢管混凝土、钢管与核心混凝土各自的 P-Δ 关系曲线，算例计算条件：$D(B)=400$mm；$\alpha=0.1$；Q345 钢；C60 混凝土；剪跨比 $m=2$。

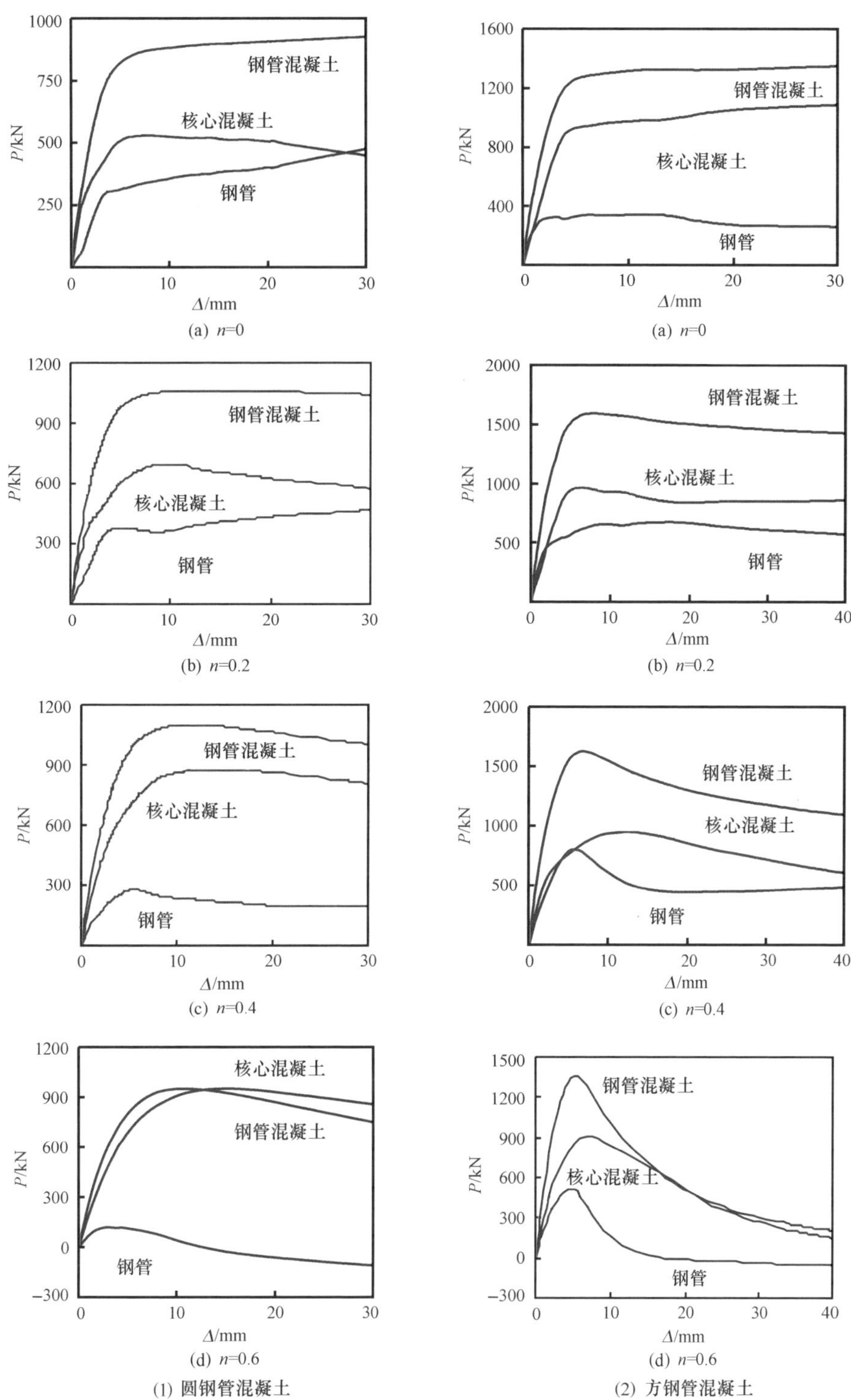

图 4.102　压弯剪构件 P-Δ 关系曲线

从图 4.102 可见，n 对圆、方钢管混凝土 P-Δ 关系曲线的影响规律类似。即 n 在 0.2 前，随着横向位移的增加，钢管承受的剪力逐渐增加，在后期剪力变化不大，对于圆钢管混凝土出现了强化段；n 在 0.4 左右时，随着横向位移的增加，钢管承受的剪力逐渐增加，随着横向位移的继续增加，钢管的 P-Δ 关系曲线出现明显的下降段。出现以上不同规律的原因在于：n 较小时，钢管和混凝土的纵向应变较小，随着横向位移的增加，钢管和核心混凝土承受的剪力逐渐增加，核心混凝土由于受到外钢管的约束，其抗剪强度得到较大提高，脆性性能得到改善，此时压弯剪构件的 P-Δ 关系曲线一般不出现下降段，表现出一定的强化性质。当 n 较大时，钢管和核心混凝土的纵向应变较大，随着横向位移的增加，受压混凝土的横向变形迅速增加，径向挤压钢管，使得钢管很快达到其抗剪强度；核心混凝土由于受到外钢管的约束，其抗剪强度还能继续增加；随着横向位移的继续增加，核心混凝土进入软化段，抗剪强度开始下降，压弯剪构件的 P-Δ 关系曲线也随之进入下降段。当 n 继续增大时，在轴压力作用下，钢管就可能进入屈服阶段，随着横向位移的增加，钢管很快失去抗剪承载能力。

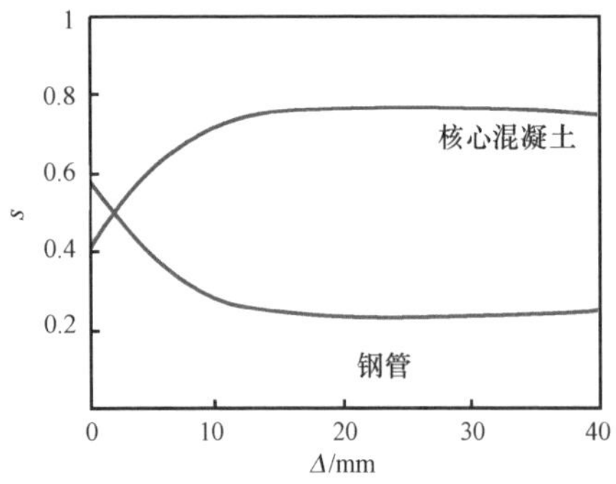

图 4.103 压弯剪构件 s-Δ 关系曲线

图 4.103 给出了一圆钢管混凝土压弯剪构件在受力过程中典型的钢管和核心混凝土承担轴力的变化情况。算例计算条件为：$D=400$mm；$\alpha=0.1$；Q345 钢；C60 混凝土；$m=2$，s 为钢管和核心混凝土各自承担的轴力与钢管混凝土承担的轴力的比值。可见，变形初期，随着横向位移的增加，钢管承担的轴力逐渐减小，核心混凝土承担的轴力逐渐增加。随着位移的继续增加，钢管和混凝土承担轴力变化趋于平缓。

计算结果表明，钢管混凝土在压弯剪复合受力状态下，钢管处于三向应力状态，即由于核心混凝土膨胀对钢管产生的侧压力、环向拉力和轴向压力。但侧压力与环向拉力和轴向压力相比小得多，因此，可近似认为钢管处于平面应力状态。处于平面应力状态的钢管，抗剪能力由于轴向压力的存在而降低，且轴力越大，降低的幅度也越大。不过由于钢管混凝土中钢管与核心混凝土之间的相互作用，使得轴向压力在钢管与核心混凝土发生轴力重分布，即核心混凝土承受的轴向压力增加而钢管承受的轴压力减小，这样又使得钢管的抗剪能力得以提高。因此，由于钢管与核心混凝土之间的相互作用使得钢管混凝土压弯剪构件具有较好的承载能力和塑性性能。

图 4.104 给出不同剪跨比（m）情况下压弯剪构件达极限承载力时从截面中心和荷载作用平面沿试件高度的剖面处核心混凝土截面横向应变（云图中的 LE22）沿构件高度分布情况。从图 4.104 可见，当 m 较小时，核心混凝土沿对

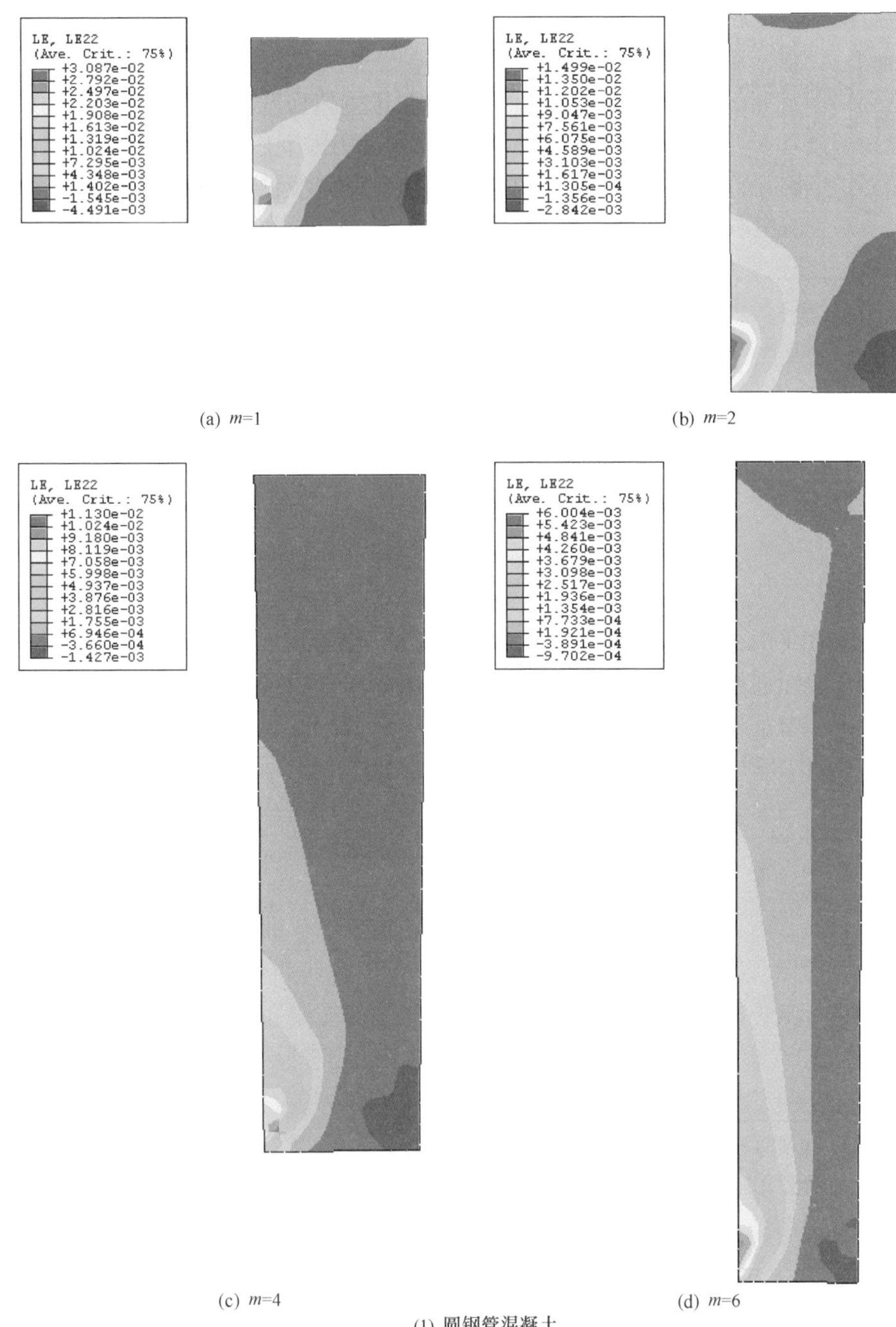

(a) m=1　(b) m=2

(c) m=4　(d) m=6

(1) 圆钢管混凝土

图 4.104　钢管混凝土压弯剪构件混凝土截面横向应变分布

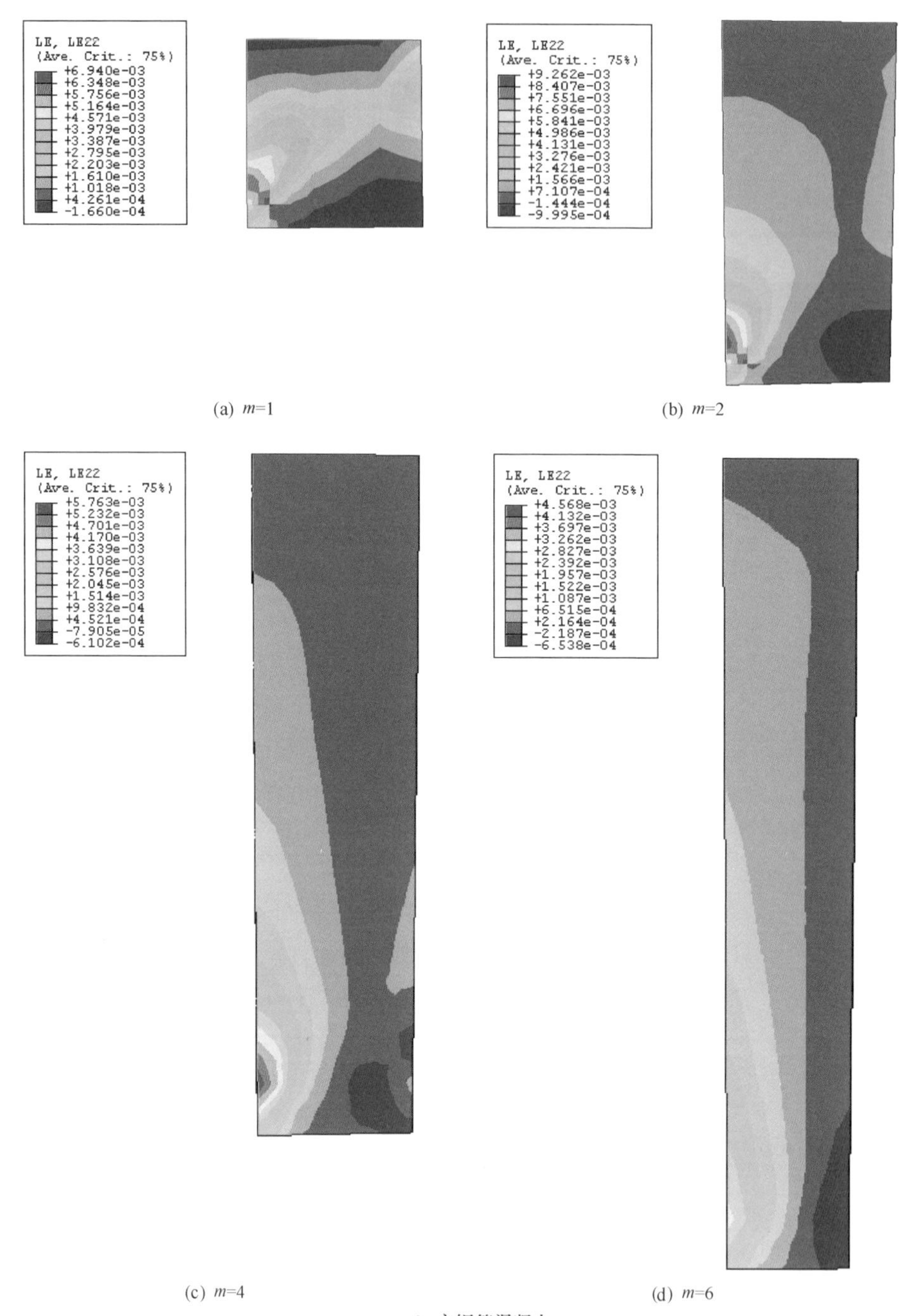

(a) m=1　　(b) m=2

(c) m=4　　(d) m=6

(2) 方钢管混凝土

图 4.104　钢管混凝土压弯剪构件混凝土截面横向应变分布（续）

角线方向应变较大，且分布大致均匀，而在相反对角线方向的应变很小，说明在极限承载力时，核心混凝土处于复杂受力状态，显现出斜压柱的传力性质，此时构件的破坏表现为钢管的剪切滑移和核心混凝土的斜向压溃。当 m 较大时，混凝土端部横向应变远大于其他区域应变，这表明当剪跨比较大时，其钢管混凝土的破坏性质发生了很大变化，由剪切型破坏转变为弯曲型破坏。

4.7.4　荷载-变形关系曲线的特点

下面通过典型算例来分析各参数对压弯剪构件 P-Δ 关系曲线的影响规律。长细比一定的条件下，影响压弯剪构件 P-Δ 关系曲线的可能因素有：混凝土强度（f_{cu}）、钢材屈服强度（f_y）、截面含钢率（α）和轴压比（n）。算例的基本计算条件：$D(B)=400$mm；Q345 钢；C60 混凝土；$\alpha=0.1$；$n=0.4$；剪跨比 $m=2$。

（1）混凝土强度（f_{cu}）

图 4.105 给出了不同混凝土强度时钢管混凝土压弯剪构件 P-Δ 关系曲线。可见，f_{cu}对圆、方钢管混凝土构件 P-Δ 关系曲线影响规律基本相同；在其他参数一定的情况下，随着 f_{cu}的逐渐提高，构件的极限承载力和弹性阶段刚度也逐渐增大。

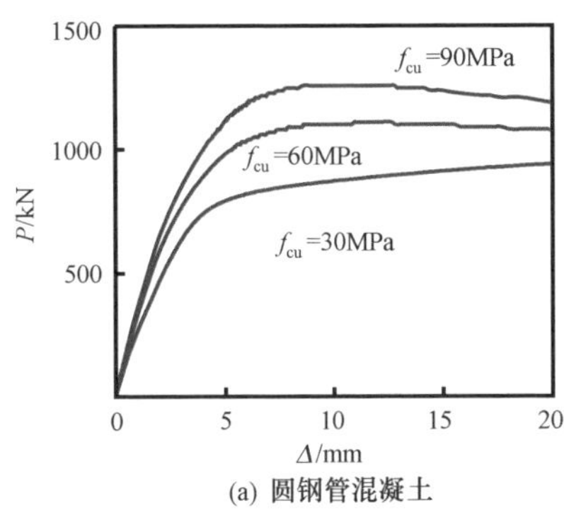

(a) 圆钢管混凝土

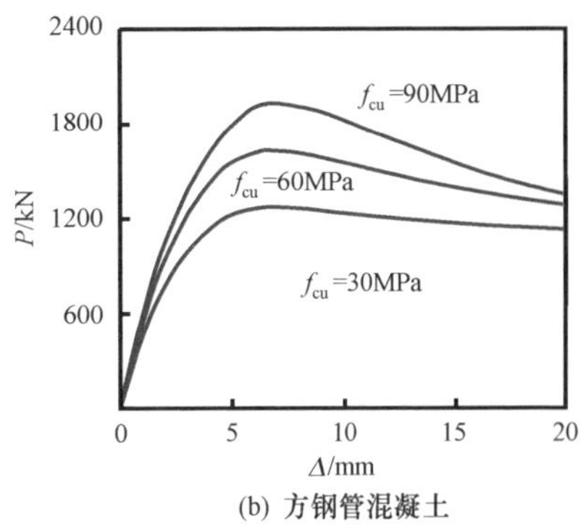

(b) 方钢管混凝土

图 4.105　混凝土强度（f_{cu}）的影响

（2）钢材屈服强度（f_y）

图 4.106 给出了不同钢材屈服强度时压弯剪构件 P-Δ 关系曲线。可见，f_y对圆、方钢管混凝土构件 P-Δ 关系曲线影响规律基本相同；在其他参数一定的情况下，随着 f_y的逐渐提高，构件的极限承载力也逐渐增大。此外，f_y的变化对 P-Δ 关系曲线弹性阶段的刚度影响很小。

（3）截面含钢率（α）

图 4.107 分别给出了不同含钢率（α）时钢管混凝土压弯剪构件 P-Δ 关系曲线。可见，α 对圆、方钢管混凝土构件 P-Δ 关系曲线影响规律基本相同；在其他参数一定的情况下，随着 α 的逐渐提高，构件的极限承载力和弹性阶段刚度也逐渐增大。

（4）轴压比（n）

图 4.108 分别给出了不同轴压比时钢管混凝土压弯剪构件 P-Δ 关系曲线。

可见，n 对圆、方钢管混凝土压弯剪构件 P-Δ 关系曲线影响规律基本相同。轴压比不仅影响 P-Δ 关系曲线的数值，而且影响 P-Δ 关系曲线的形状。

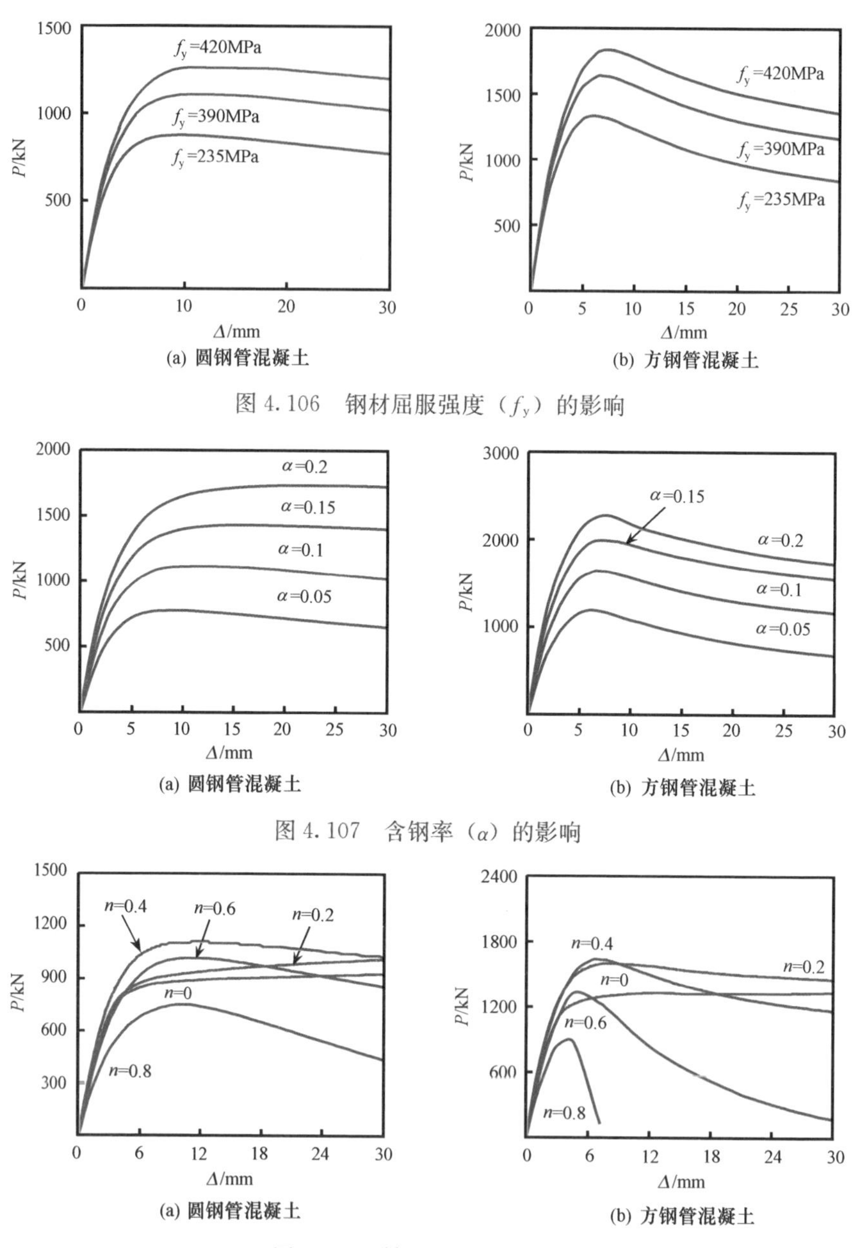

图 4.106　钢材屈服强度（f_y）的影响

图 4.107　含钢率（α）的影响

图 4.108　轴压比（n）的影响

4.7.5　承载力相关方程

钢管混凝土构件在压弯扭荷载作用下的承载力相关方程式（4.25）和式（4.26），

可近似地认为是钢管混凝土构件在正应力（由轴力 N 和弯矩 M 引起）和剪应力（由扭矩 T 引起）共同作用下的一种破坏准则。

参考韩林海和钟善桐（1996）的研究思路，钢管混凝土在压弯剪的受力状态下，在其截面也会引起正应力（由轴力 N 和弯矩 M 引起）和剪应力（由剪力 V 引起）。在压弯剪的受力状态下，构件的极限承载力同样应近似地遵循式（4.25）和式（4.26）给出的条件，只是将式中的参数（T/T_u）改成（V/V_u）即可。

这样，便可得到钢管混凝土压弯剪构件的承载力相关方程如下：

当 $N/N_u \geqslant 2\varphi^3\eta_0\sqrt[2.4]{1-\left(\frac{V}{V_u}\right)^2}$ 时

$$\left(\frac{1}{\varphi}\cdot\frac{N}{N_u}+\frac{a}{d}\cdot\frac{M}{M_u}\right)^{2.4}+\left(\frac{V}{V_u}\right)^2=1 \tag{4.27a}$$

当 $N/N_u < 2\varphi^3\eta_0\sqrt[2.4]{1-\left(\frac{V}{V_u}\right)^2}$ 时

$$\left[-b\cdot\left(\frac{N}{N_u}\right)^2-c\cdot\left(\frac{N}{N_u}\right)+\frac{1}{d}\cdot\frac{M}{M_u}\right]^{2.4}+\left(\frac{V}{V_u}\right)^2=1 \tag{4.27b}$$

对于强度问题，上式中稳定系数 $\varphi=1$，且可忽略附加弯曲变形的弯矩放大系数 $1/d$，则可得到钢管混凝土压弯剪构件强度承载力相关方程如下：

当 $N/N_u \geqslant 2\eta_0\sqrt[2.4]{1-\left(\frac{V}{V_u}\right)^2}$ 时

$$\left(\frac{N}{N_u}+a\cdot\frac{M}{M_u}\right)^{2.4}+\left(\frac{V}{V_u}\right)^2=1 \tag{4.28a}$$

当 $N/N_u < 2\eta_0\sqrt[2.4]{1-\left(\frac{V}{V_u}\right)^2}$ 时

$$\left[-b\cdot\left(\frac{N}{N_u}\right)^2-c\cdot\left(\frac{N}{N_u}\right)+\frac{M}{M_u}\right]^{2.4}+\left(\frac{V}{V_u}\right)^2=1 \tag{4.28b}$$

以上各式中系数 a、b、c、d 的确定方法见式（4.26）。

采用式（4.27）和式（4.28）对钢管混凝土压弯剪构件试验结果进行了计算，简化公式计算结果与试验结果的比较如图 4.109 所示，图中，V_{uc}为简化计算值，V_{ue}为试验值。可见，简化计算公式结果与试验结果总体上较为吻合。

4.7.6　剪切变形的影响分析

剪切变形对钢管混凝土压弯构件的影响一直是本领域研究者所关注的问题。

图 4.110 所示的钢管混凝土悬臂杆件受水平力 P 的作用，杆端位移 Δ 将由两部分组成，一部分是由弯曲变形引起的，记为 Δ_M，另一部分是由剪切变形引起的，记为 Δ_Q，由结构力学的知识可知：

$$\Delta_{\mathrm{M}}=\int\frac{\overline{M}M_{\mathrm{p}}}{EI}\mathrm{d}s=\frac{PL^{3}}{3E_{\mathrm{scm}}I_{\mathrm{scm}}} \tag{4.29}$$

$$\Delta_{\mathrm{Q}}=\int\frac{k\overline{Q}Q_{\mathrm{p}}}{GA}\mathrm{d}s=\frac{kPL}{G_{\mathrm{sc}}A_{\mathrm{sc}}} \tag{4.30}$$

式中：$\overline{M}$、$\overline{Q}$为虚设单位荷载引起的弯矩和剪力；M_{p}、Q_{p}分别为实际荷载引起的弯矩和剪力；k 为截面剪应力不均匀系数，对圆形截面 $k=10/9$；对方形截面 $k=1.2$；E_{scm}、I_{scm}为钢管混凝土弹性阶段抗弯刚度；G_{sc}、A_{sc}为钢管混凝土弹性剪切刚度。

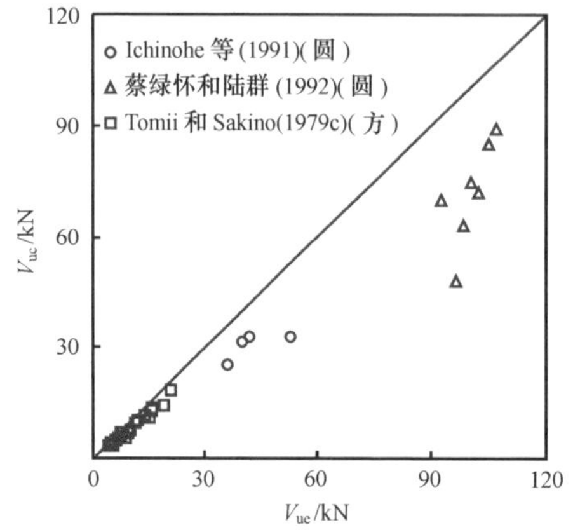

图 4.109 压弯剪构件承载力计算值与试验值比较

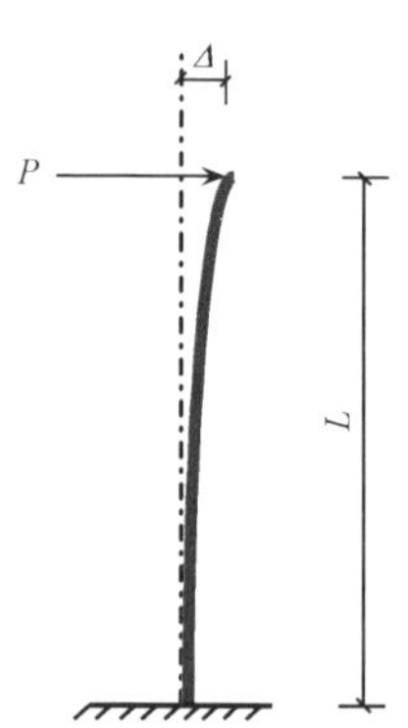

图 4.110 计算模型

令 $r=\Delta_{\mathrm{Q}}/\Delta_{\mathrm{M}}$，便可以绘出 r-m 关系曲线如图 4.111 所示，图中算例的计算条件为：$D(B)=400\mathrm{mm}$；C60 混凝土；Q345 钢；含钢率 $\alpha=0.1$。

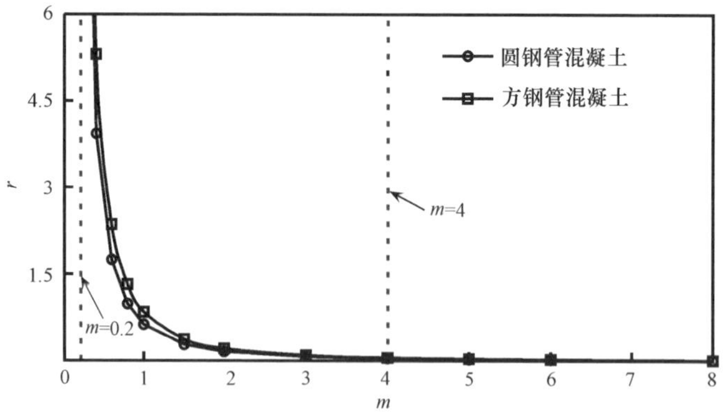

图 4.111 r-m 关系曲线

从图 4.111 可见，圆、方钢管混凝土的 r-m 关系曲线的变化规律相同。曲线在 m 小于 4 以前，r 值随 m 变化较快，在 m 大于 4 以后，曲线变化趋于平缓，表明，随着 m 的增加，剪切变形与弯曲变形的比值趋于减小。计算结果表明，当 $m=0.2$ 时，r 值在 15 以上，此时剪切变形占主要，弯曲变形可忽略；当 $m=$

4 时，r 值在 1%左右，表明此时弯曲变形占主要，剪切变形的影响可忽略。

虽然以上只是对钢管混凝土构件弹性阶段剪切变形影响进行探讨，但可以进一步说明 4.3.2 节确定的钢管混凝土构件剪切破坏、弯剪破坏和弯曲破坏剪跨比界限的合理性。

本书 3.2 节中介绍的钢管混凝土纤维模型法在计算压弯构件时，采用了正弦半波假设，同时忽略了剪切变形的影响等。下面简要分析这些假设对计算结果的影响。

图 4.112 给出了有限元计算的不同 m 情况下钢管混凝土压弯剪构件达极限承载力时，构件挠度沿试件高度分布曲线与正弦半波曲线的比较。

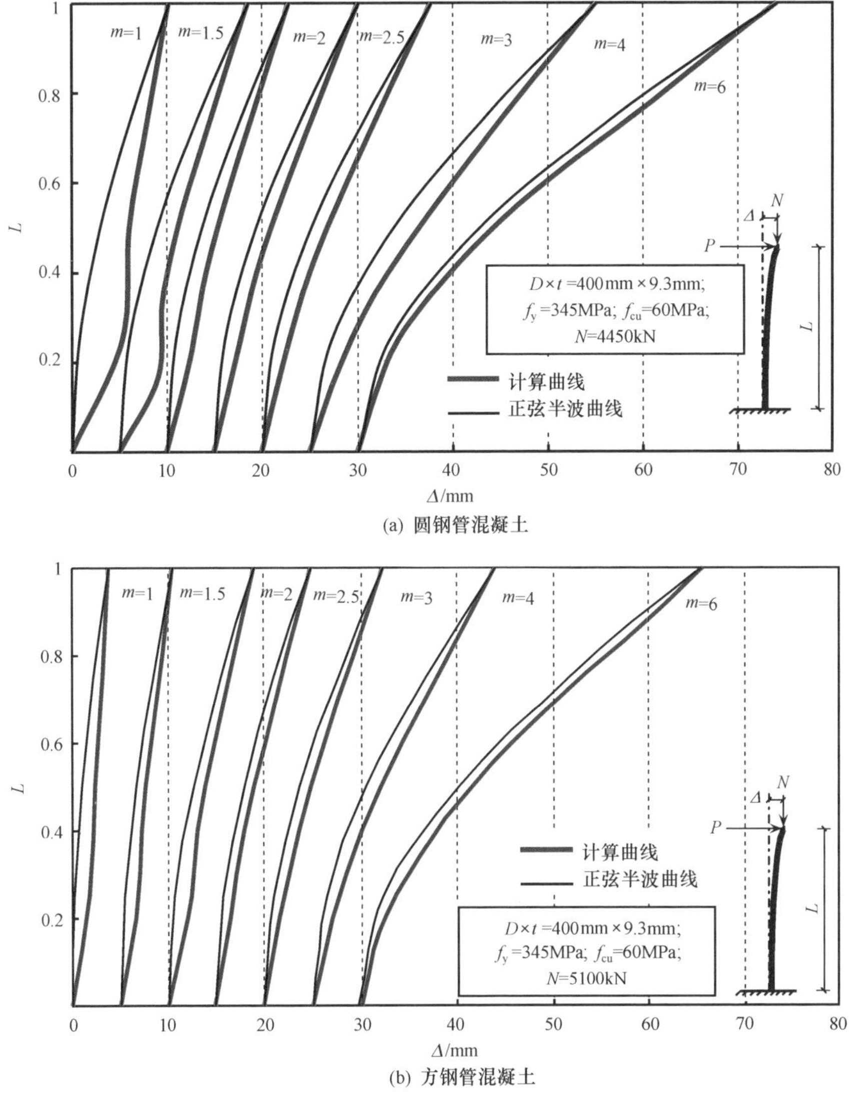

图 4.112　构件变形曲线比较

由图 4.112 可见，当 m 较小时，计算曲线与正弦半波曲线差别较大，当 m 较大（例如大于 4）时，计算曲线与正弦半波曲线较为接近。原因在于，m 较小时，构件因端部受压区钢管发生鼓曲而破坏，表现出剪切破坏的特征；当 m 较大时，构件因整体发生较大的弯曲变形并最终因受压区钢管鼓凸后丧失抗剪承载力而破坏，表现出弯曲破坏的特征，此时构件变形曲线与正弦半波曲线变化规律较为接近。

徐春丽（2004）进行的圆钢管混凝土抗剪试件的试验结果表明，对于 m 较大的试件，破坏表现为构件危险截面受压区钢管鼓凸，在受拉区断裂。试验后，将危险截面附近的钢管剥开，发现核心混凝土拉区出现了均匀致密的裂缝，受压区，混凝土随着钢管的外凸也发生凸起，且凸起的混凝土也基本压碎。对于 m 较小的试件，发现试件沿加载面被剪断，破坏面的骨料也被剪断，近似为直剪破坏。混凝土的破坏区域较小，且呈剪切型的破坏特征。安建利（1987）进行的圆钢管混凝土压弯剪的试验结果表明，当 m 小于 2 时，构件发生剪压破坏，外钢管沿对角线发生剪切滑移；当 m 大于 2 时，柱端弯曲破坏，外钢管在最大压应力区发生屈曲。Tomii 和 Saknio（1979c）进行的方钢管混凝土压弯剪构件的试验研究结果表明，对于 $m=0.83\sim1$ 的试件，破坏时呈现明显的剪切破坏特征；对于剪跨比为 2～3 的试件，破坏时呈现弯曲破坏的特征。本章有限元分析结果和这些现象基本吻合。

图 4.113 给出了不同剪跨比（$m=1\sim6$）情况下钢管混凝土压弯构件 P-Δ 关系曲线有限元计算结果与钢管混凝土纤维模型法计算结果的比较。

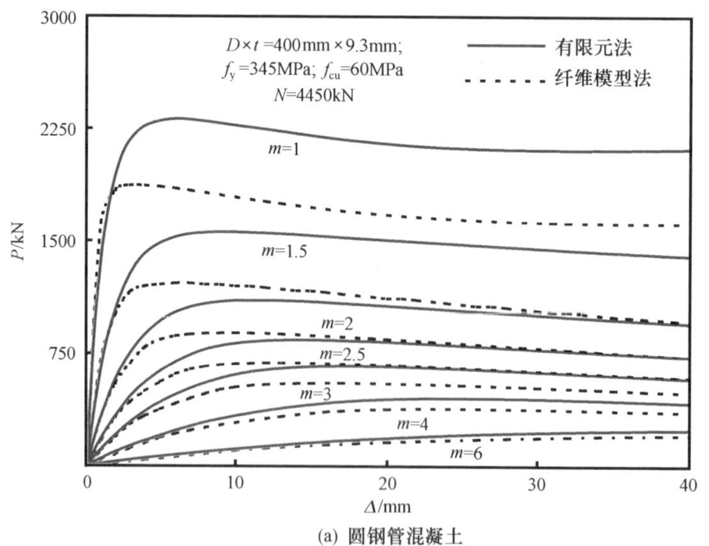

(a) 圆钢管混凝土

图 4.113　有限元法和纤维模型法计算结果的比较

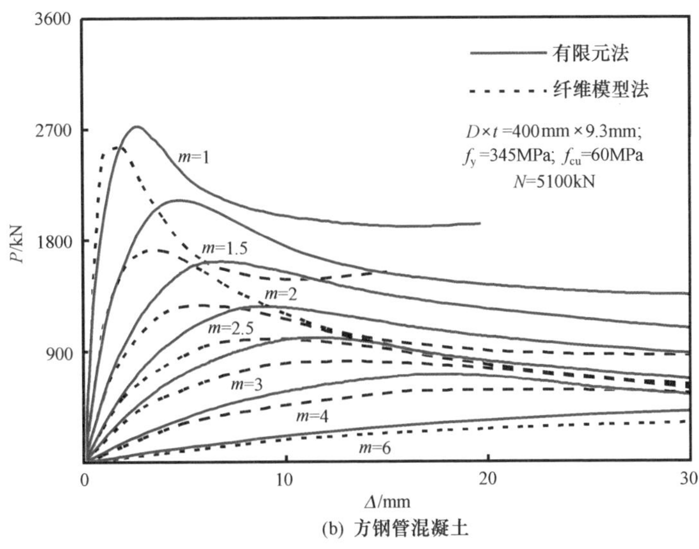

(b) 方钢管混凝土

图 4.113　有限元法和纤维模型法计算结果的比较（续）

可见，纤维模型法计算获得的极限承载力总体上比有限元法计算的低，且随着 m 的增大，二者计算结果的差异趋于减小。这是因为，纤维模型法计算时忽略了剪切变形的影响，且假设受力过程中构件的变形曲线符合正弦半波。当 m 较小时，正弦半波与构件实际的挠曲线差异较大（如图 4.112 所示），导致二者计算结果差异的增大。随着 m 的增加，构件的挠曲线与正弦半波曲线愈接近，且剪切变形的影响也随之减小，因此随着 m 的增大，两种计算方法计算结果的差异逐渐减小。计算结果表明，当 m 大于 6 后，两种方法的计算结果的差异很小。

因此，在进行钢管混凝土压弯构件的计算时，当 m 很小时，剪切变形的影响不能忽略，且变形符合正弦半波曲线的假设与构件的实际情况差异较大，会导致相对较大的计算误差。

4.8　钢管混凝土受压弯扭剪时的力学性能

在地震调查和观测中，发现建筑结构的破坏是由压、弯、扭、剪受力及其复合受力作用引起，因此研究钢管混凝土压弯扭剪构件的工作性能并确定压弯扭剪构件承载力计算方法十分必要。

4.8.1　荷载-变形关系计算和分析

图 4.114 给出一种典型的钢管混凝土构件在压弯扭剪作用下的受力示意图。构件边界条件为一端固定、一端自由，且在自由边界施加轴力、剪力和扭

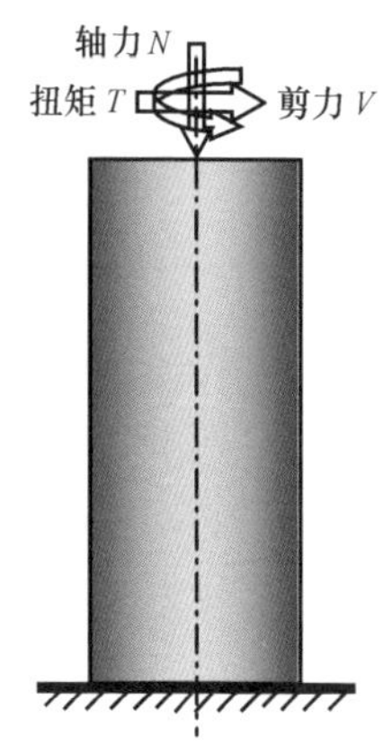

图 4.114　压弯扭剪构件示意图

矩。由于构件是复合受力，计算时需分步施加荷载，并采用增量迭代法求解（尧国皇，2006）。

作用在压弯扭剪构件上的轴力、弯矩、剪力和扭矩是不同的荷载引起的，就可能有不同的加载路径。实际工程中的加载路径往往比较复杂。为了说明问题，下面就如下四种加载路径进行分析，即：

1）加载路径Ⅰ：先作用扭矩 T，并保持 T 的大小和方向不变；然后施加轴力 N 并保持轴力的大小和方向不变，最后施加横向剪力。

2）加载路径Ⅱ：先作用轴压力 N，并保持 N 的方向不变；然后施加扭矩 T 并保持扭矩的大小和方向不变，最后施加横向剪力。

3）加载路径Ⅲ：先作用扭矩 T，并保持 T 的大小和方向不变；然后施加横向剪力和弯矩并保持其大小和方向不变，最后施加轴力 N。

4）加载路径Ⅳ：先作用横向剪力和弯矩并保持其大小和方向不变，然后施加扭矩 T，然后保持 T 的大小和方向不变，最后施加轴力 N。

下面采用典型算例进行计算，算例的基本计算条件：$D(B)=400$mm；Q345 钢；C60 混凝土；含钢率 $\alpha=0.1$；剪跨比 $m=2$。

（1）加载路径Ⅰ

图 4.115 给出了作用在构件上的扭矩相同时的一组圆、方钢管混凝土压弯扭剪构件在不同轴压比（$n=N/N_u$）情况下的 P-Δ 关系曲线。可见，在 T/T_u 一定的情况下，N/N_u 较小时，随着 N/N_u 的增加，构件的极限水平承载力变化不大（或略有增加），当 N/N_u 超过一定数值以后，随着 N/N_u 的增加，构件的极限水平承载力不断降低，且随着 N/N_u 的增加，压弯扭剪构件的延性随之降低。

从图 4.115 还可见，在本典型算例计算参数范围内，当轴压比小于 0.6 时，轴压比对压弯扭剪构件 P-Δ 关系曲线弹性刚度影响不大，当轴压比超过 0.6 后，P-Δ 关系曲线弹性刚度影响随轴压比的增加而减小。

图 4.116 给出了加载路径Ⅰ下钢管混凝土压弯扭剪构件典型的荷载-变形关系曲线，可见，该加载路径下压弯扭剪构件的 P-Δ 关系曲线与压弯剪构件基本类似，该曲线大致可以分为以下几个阶段：

1）弹性阶段（OA）：在此阶段，P-Δ 关系曲线基本上呈直线关系，在 A 点，混凝土受压区的最大纵向应力基本达到圆柱体抗压强度，受压区钢管也开始屈服。

2）弹塑性阶段（AB）：在此阶段，截面总体处于弹塑性状态，随着横向位移的增加，混凝土截面受拉区域的面积不断增加，钢管受压区屈服区域不断增加，

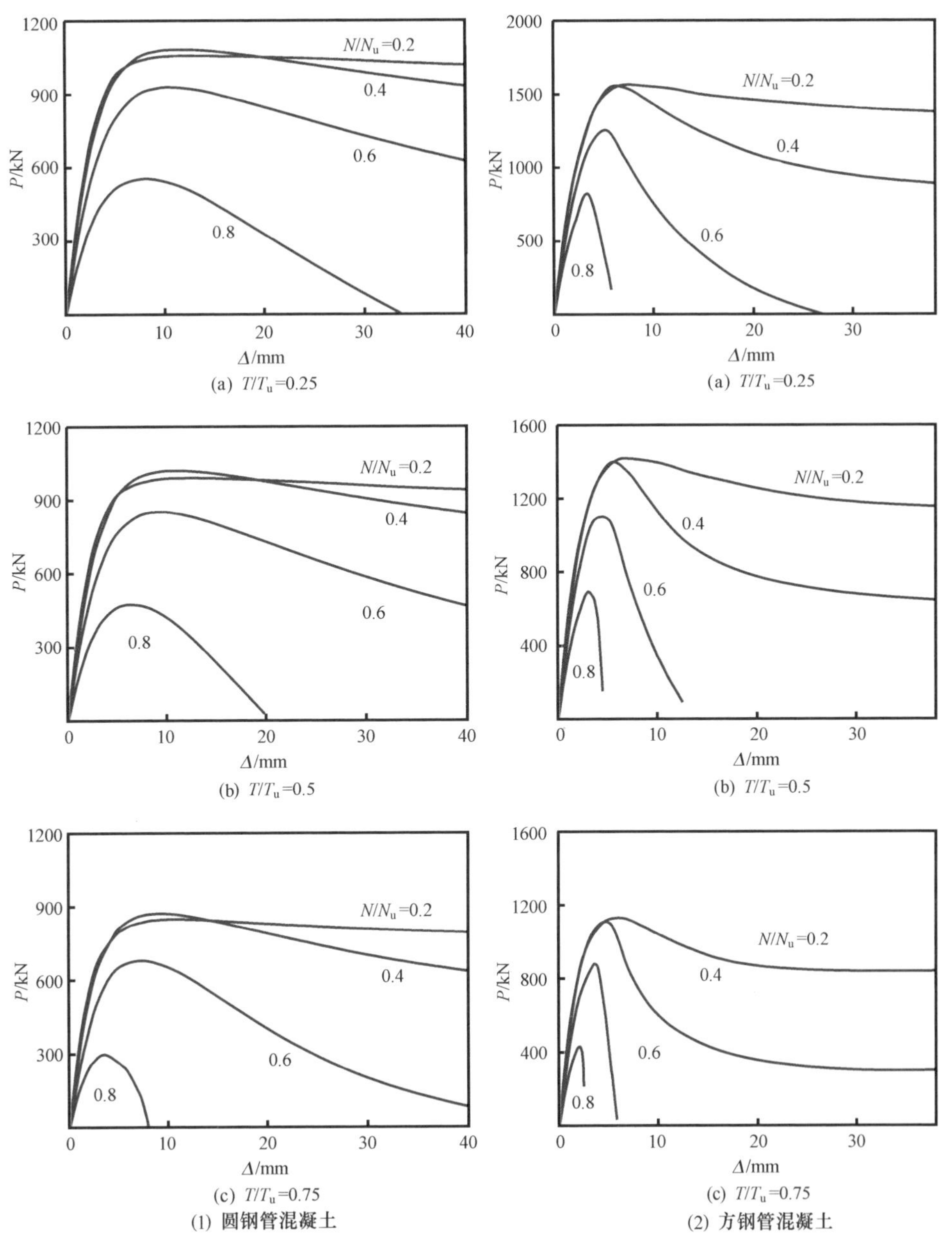

图 4.115　加载路径 I 下钢管混凝土压弯扭剪构件 P-Δ 关系曲线

构件刚度不断下降。

3）下降段（BC）：横向剪力达到峰值以后，内弯矩的增长抵消不了压弯扭剪构件二阶效应的影响，表现为构件承受的剪力开始减小。

在路径 I 的情况下，当轴压比（n）较小或截面约束效应系数（ξ）较大时，

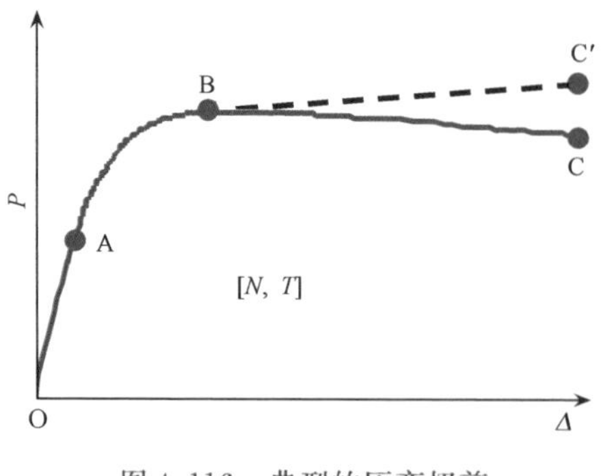

图 4.116 典型的压弯扭剪构件 P-Δ 关系曲线

由于“二阶效应”的影响较小，或外钢管在受压区可对核心混凝土提供足够的约束作用，此时的 P-Δ 关系曲线往往不会出现下降段，而表现出一定的强化性质（如图 4.116 中 BC′段）。这种情况下，受拉区钢管纵向应力增长相对更快，受压区的面积发展相对缓慢。

（2）加载路径Ⅱ

图 4.117 给出了作用在构件上的轴力相同时，圆、方钢管混凝土各一组压弯扭剪构件在不同扭矩情况下的 P-Δ 关系曲线。可见，随着扭矩 T 值的增加，构件的水平极限承载力在不断降低，扭矩 T 对 P-Δ 关系曲线弹性刚度影响不大，且随着扭矩 T 的增加构件的延性随之降低。

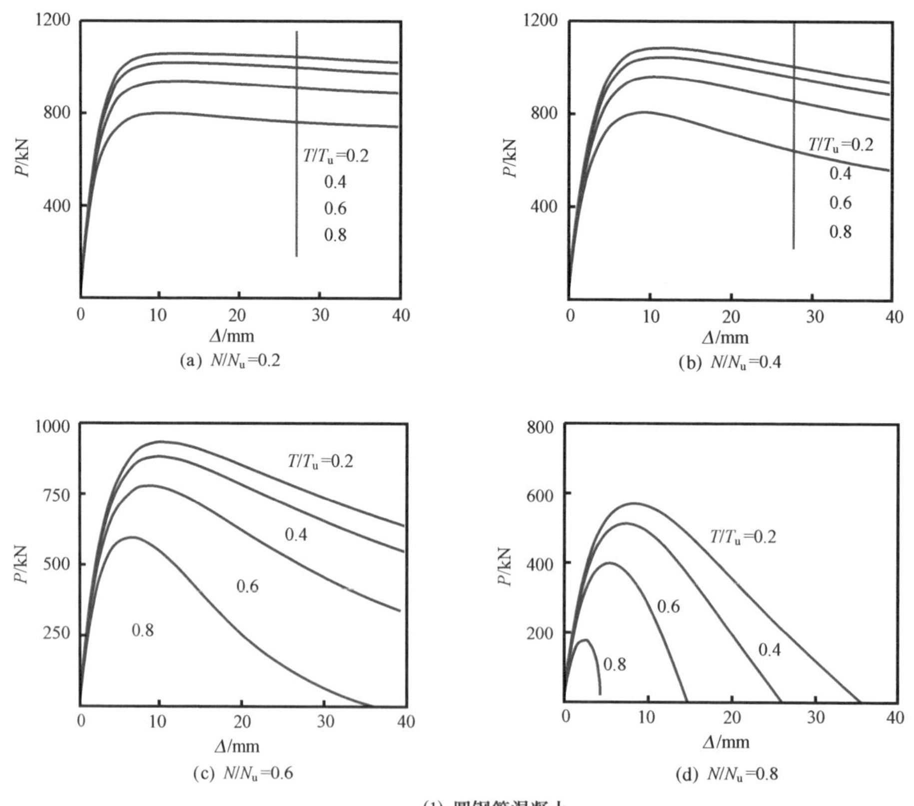

图 4.117 加载路径Ⅱ下压弯扭剪构件 P-Δ 关系曲线

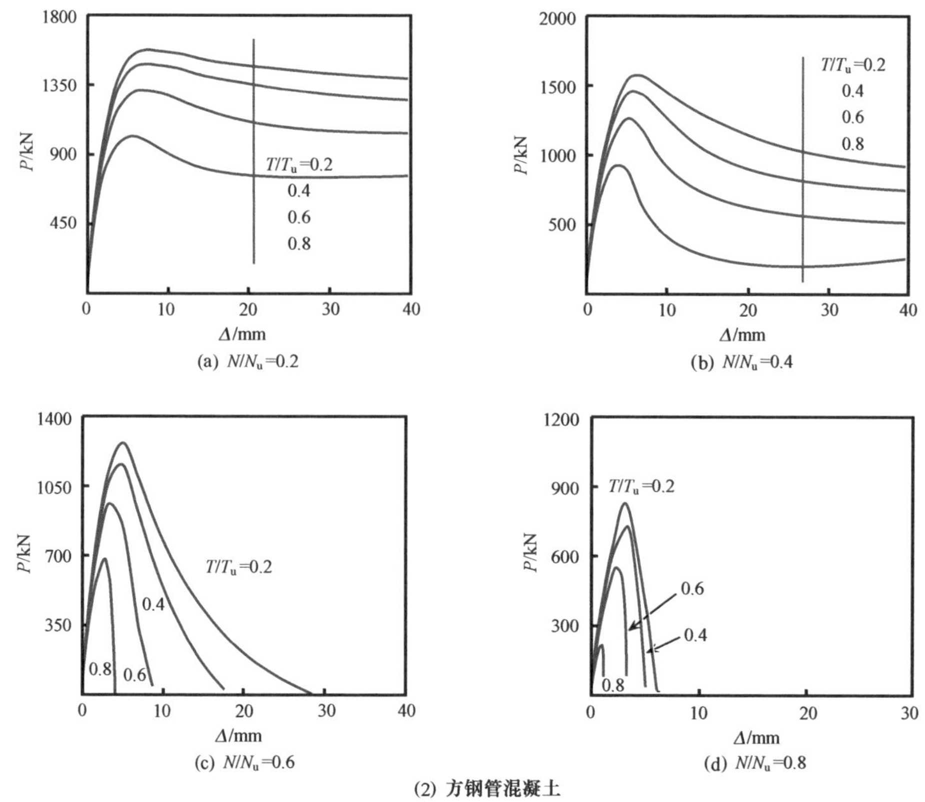

图 4.117　加载路径Ⅱ下压弯扭剪构件 P-Δ 关系曲线（续）

（3）加载路径Ⅲ

图 4.118 给出了作用在构件上的 $T/T_u=0.25$ 相同时的一组圆、方钢管混凝土压弯扭剪构件在受不同横向剪力情况下的 N-ε 关系曲线。可见，随着 V/V_u 的增加，构件的轴向极限承载力在不断降低，但 V/V_u 对 N-ε 关系曲线弹性刚度影响不大。

（4）加载路径Ⅳ

图 4.119 给出了作用在构件上的横向剪力相同时的一组圆、方钢管混凝土压弯扭剪构件在受不同 T/T_u 情况下的 N-ε 关系曲线。可见，随着 T/T_u 的增加，构件的轴向极限承载力在不断降低，而 T/T_u 值对 N-ε 关系曲线弹性刚度影响不大。

图 4.120 给出了不同加载路径情况下钢管混凝土压弯扭剪构件承载力的比较。可见，加载路径对压弯扭剪构件承载力的计算结果影响不显著。

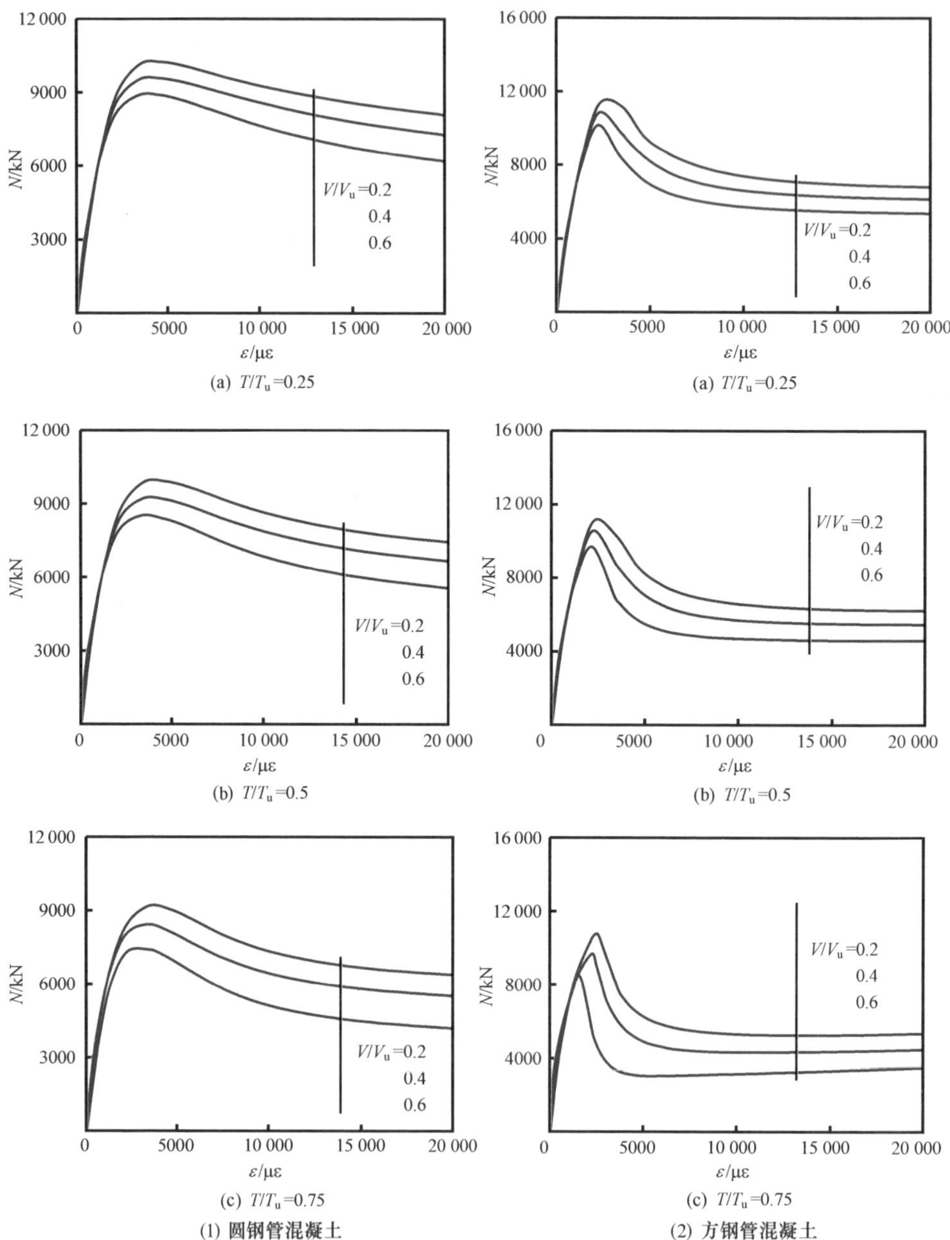

图 4.118　加载路径Ⅲ下压弯扭剪构件 N-ε 关系曲线

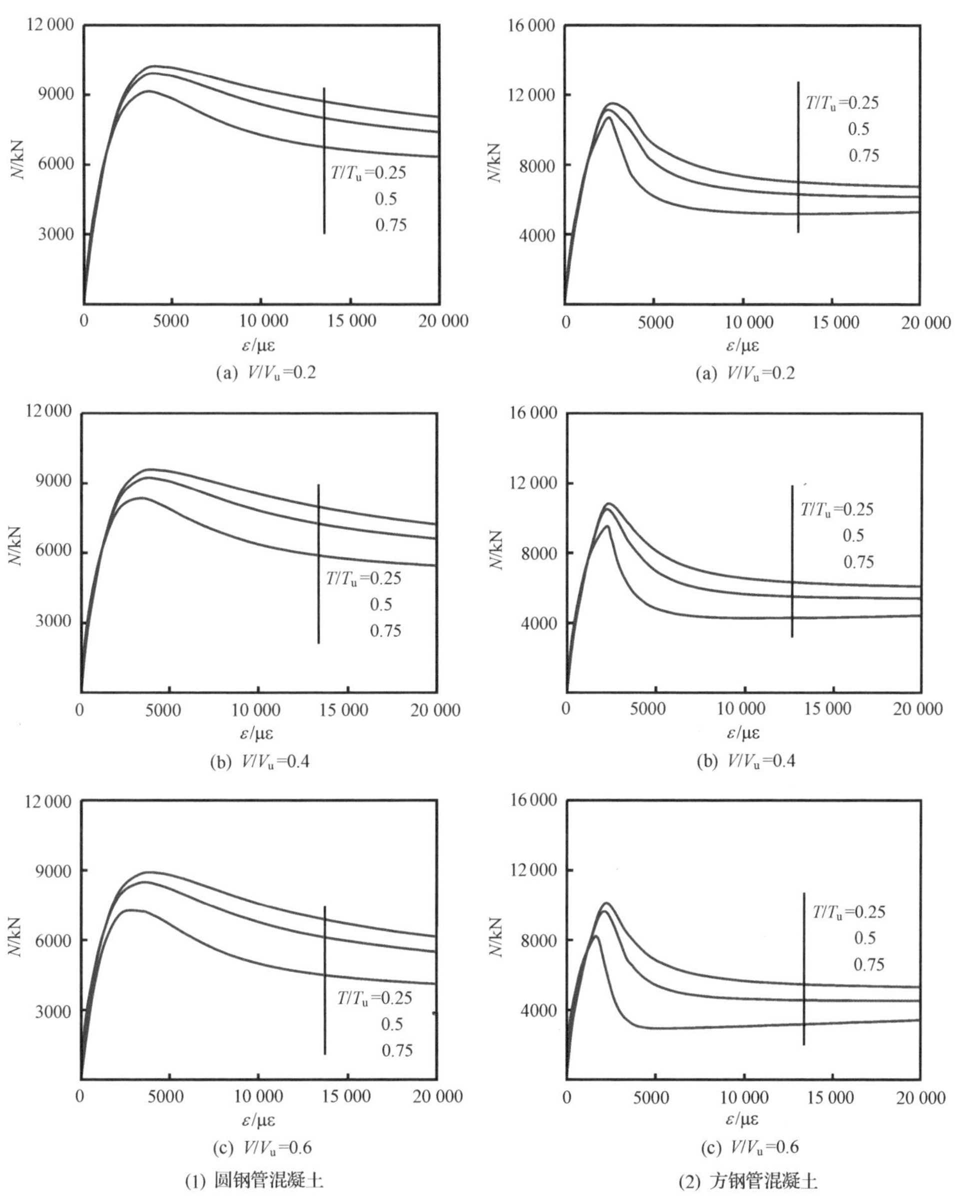

图 4.119　加载路径Ⅳ下压弯扭剪构件 N-ε 关系曲线

图 4.121 给出了加载路径Ⅰ（实线）和加载路径Ⅱ（虚线）情况下，钢管混凝土压弯扭剪构件在受力过程中，其钢管与核心混凝土之间的相互作用力 p-Δ 关系曲线的比较。由于压弯扭剪构件中钢管与核心混凝土的相互作用力沿构件截面和长度方向分布都不均匀，为了便于比较，取了构件中截面同一位置处的相互作用力。对于圆钢管混凝土，取截面受压区 1/3 试件高度处和 2/3 高度处位置；

对于方钢管混凝土，取试件中高度处截面受压区钢管角部和中部位置。

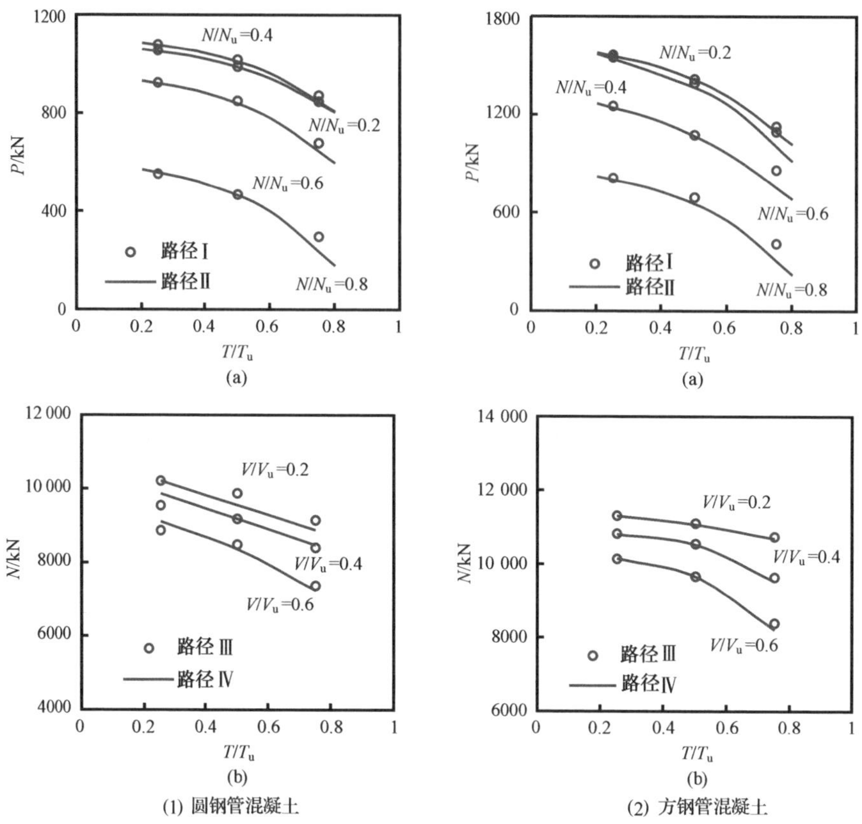

(1) 圆钢管混凝土　　(2) 方钢管混凝土

图 4.120　不同加载路径下压弯扭剪构件承载力的比较

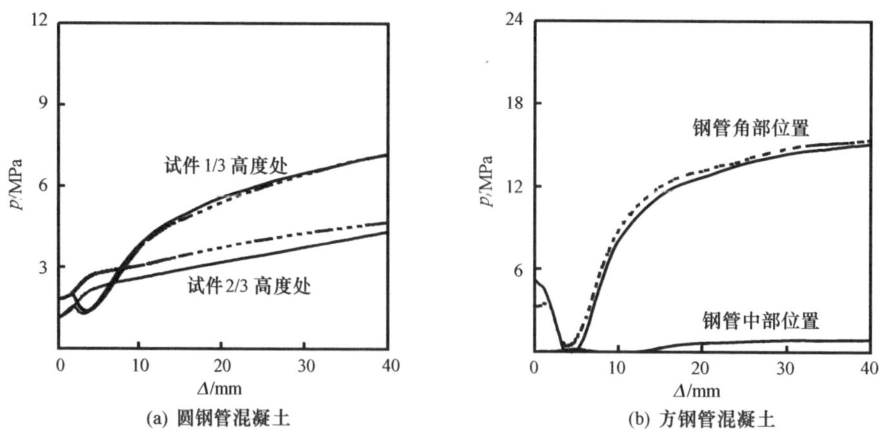

(a) 圆钢管混凝土　　(b) 方钢管混凝土

图 4.121　不同加载路径下压弯扭剪构件 p-Δ 关系曲线的比较

从图 4.121 可见，加载路径对压弯扭剪构件的 p-Δ 关系曲线影响不大。

总之，与压弯、压扭、弯扭、压弯扭和压弯剪构件类似，在常见参数范围内，钢管混凝土压弯扭剪构件的工作总体上表现出较好的塑性性能，呈现出延性破坏的特征，因此，加载路径对其极限承载力影响不显著。

4.8.2　承载力相关方程

图 4.122 给出了其他参数相同时，加载路径Ⅰ情况下钢管混凝土压弯扭剪构件极限承载力随 T/T_u 变化规律。算例的基本计算条件：$D(B)=400$mm；$\alpha=0.1$；C60 混凝土；Q345 钢；$m=2$。

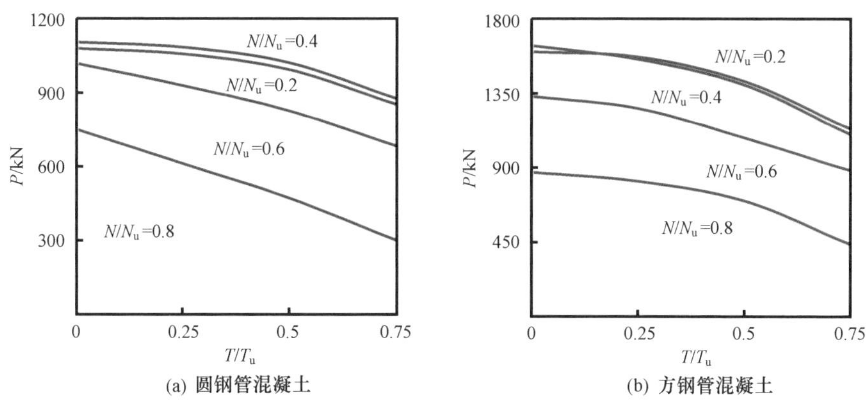

图 4.122　T/T_u对压弯扭剪构件承载力的影响

从图 4.122 可见，T/T_u的变化对圆、方钢管混凝土压弯扭剪构件承载力的影响规律基本类似，当 N/N_u一定的情况下，构件承载力随 T/T_u的增加而减小；当 T/T_u一定的情况下，N/N_u较小时，构件承载力随 N/N_u的增大而增大，当 N/N_u超过某一数值后，承载力随轴压比的增大而减小。

图 4.123 给出了加载路径Ⅲ情况下压弯扭剪构件极限承载力随 V/V_u变化规律。可见，V/V_u的变化对圆、方钢管混凝土压弯扭剪构件承载力的影响规律基本类似。当 V/V_u一定的情况下，压弯扭剪构件承载力随 T/T_u的增加而减小；当 T/T_u一定的情况下，压弯扭剪构件承载力随 V/V_u的增加而减小。

图 4.124 分别给出了不同 T/T_u情况下圆、方钢管混凝土压弯扭剪构件 N-M 相关曲线。可见，随着 T/T_u的增加，构件的极限承载力不断减小，且压弯扭剪构件的 N-M 相关曲线的基本形状和特征与压弯扭构件非常接近。

从图 4.122～图 4.124 的计算结果可见，在其他参数一定的情况下，钢管混凝土压弯扭剪构件的承载力随 T/T_u和 V/V_u的变化规律基本相同，且压弯扭剪构件 N-M 相关曲线与压弯扭构件 N-M 相关曲线变化规律基本类似。

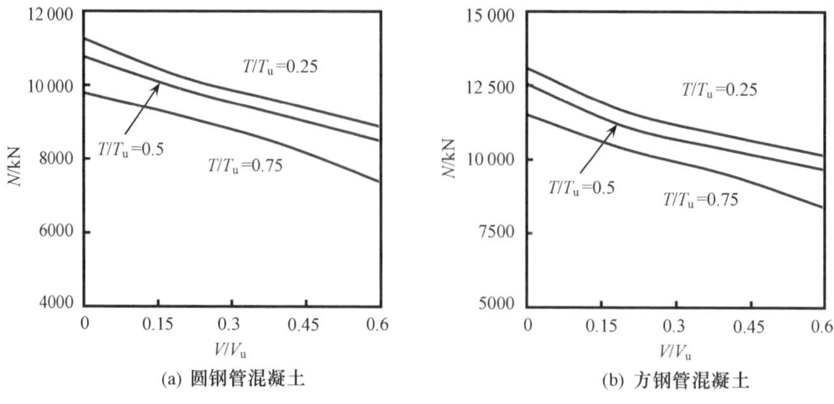

图 4.123　V/V_u对压弯扭剪构件承载力的影响

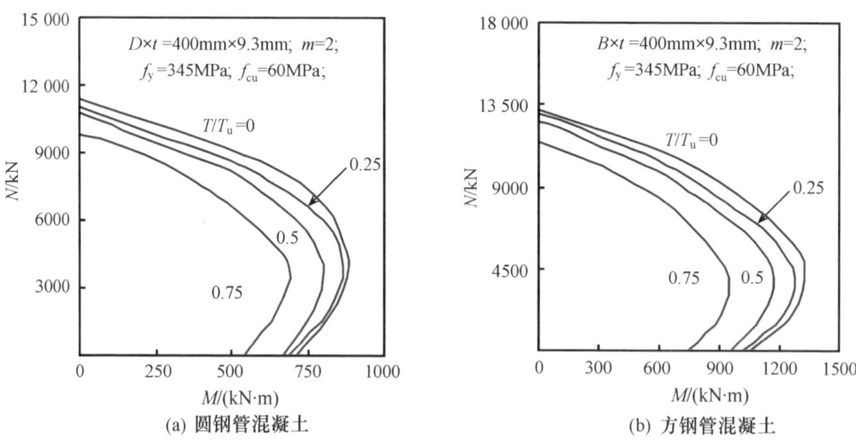

图 4.124　压弯扭剪构件 N-M 相关曲线

参考韩林海和钟善桐（1996）的研究方法，基于本章 4.6 节和 4.7 节对压弯扭和压弯剪构件承载力计算方法的研究结果，推出钢管混凝土压弯扭剪构件承载力相关方程可采用如下表达式为

当 $N/N_u \geqslant 2\varphi^3\eta_0 \sqrt[2.4]{1-\left(\frac{T}{T_u}\right)^2-\left(\frac{V}{V_u}\right)^2}$ 时

$$\left(\frac{1}{\varphi}\cdot\frac{N}{N_u}+\frac{a}{d}\cdot\frac{M}{M_u}\right)^{2.4}+\left(\frac{V}{V_u}\right)^2+\left(\frac{T}{T_u}\right)^2=1 \tag{4.31a}$$

当 $N/N_u < 2\varphi^3\eta_0 \sqrt[2.4]{1-\left(\frac{T}{T_u}\right)^2-\left(\frac{V}{V_u}\right)^2}$ 时

$$\left[-b\cdot\left(\frac{N}{N_u}\right)^2-c\cdot\left(\frac{N}{N_u}\right)+\frac{1}{d}\cdot\frac{M}{M_u}\right]^{2.4}+\left(\frac{V}{V_u}\right)^2+\left(\frac{T}{T_u}\right)^2=1 \tag{4.31b}$$

对于强度承载力问题，上式中轴压稳定系数 $\varphi=1$，且可忽略附加弯曲变形的弯矩放大系数 $1/d$，则可得到钢管混凝土压弯扭剪构件强度承载力相关方程如下：

当 $N/N_u \geqslant 2\eta_0 \sqrt[2.4]{1-\left(\frac{T}{T_u}\right)^2-\left(\frac{V}{V_u}\right)^2}$ 时，

$$\left(\frac{N}{N_u}+a\cdot\frac{M}{M_u}\right)^{2.4}+\left(\frac{V}{V_u}\right)^2+\left(\frac{T}{T_u}\right)^2=1 \tag{4.32a}$$

当 $N/N_u < 2\eta_0 \sqrt[2.4]{1-\left(\frac{T}{T_u}\right)^2-\left(\frac{V}{V_u}\right)^2}$ 时，

$$\left[-b\cdot\left(\frac{N}{N_u}\right)^2-c\cdot\left(\frac{N}{N_u}\right)+\frac{M}{M_u}\right]^{2.4}+\left(\frac{V}{V_u}\right)^2+\left(\frac{T}{T_u}\right)^2=1 \tag{4.32b}$$

以上各式中：φ 为轴心受压稳定系数，由式（3.83）确定；N_u和 M_u分别为钢管混凝土轴压强度承载力和抗弯强度，按式（3.72）和式（3.88）计算；T_u为钢管混凝土抗扭强度，按式（4.2）计算；V_u为钢管混凝土抗剪强度，按计算式（4.11）计算。系数 a、b、c、d 的确定方法见式（4.26）。

根据本章的计算条件，建议公式（4.32）的适用范围为：$\alpha=0.04\sim0.2$；$\lambda=10\sim120$；$f_y=235\sim420\text{MPa}$；$f_{cu}=30\sim90\text{MPa}$；$\xi=0.2\sim5$。

式（4.32）的特点是，当左边某一项荷载为 0 时，即为另外三种荷载作用下的承载力极限状态；当某两项荷载为 0 时，即为另外两种荷载作用下的承载力极限状态；当某三项荷载为 0 时，即为单一荷载作用下的极限承载力计算公式。例如，没有剪力或扭矩作用时，式（4.32）即退化为公式（4.25）或式（4.27）；没有剪力和扭矩作用时，式（4.32）即退化为压弯公式（3.99），依此类推，不再赘述。

利用式（4.31）和式（4.32），对搜集的钢管混凝土构件试验结果进行了验算，发现计算结果与试验结果总体上吻合较好。表 4.7 给出了各种受力情况情况下钢管混凝土构件极限承载力的计算值与试验值比值的平均值（μ）和均方差（COV）。

表 4.7　钢管混凝土构件承载力计算结果与试验结果比较汇总

受力状态	圆钢管混凝土			方钢管混凝土		
	μ	COV	试件数量	μ	COV	试件数量
轴压（短试件）	0.924	0.107	334	0.997	0.107	246
轴压（长试件）	0.917	0.111	293	0.945	0.110	67
轴拉	1.003	0.003	20	—	—	—
压弯	0.956	0.128	294	0.965	0.118	143
拉弯	0.979	0.004	10	—	—	—
纯扭	0.835	0.119	12	0.805	—	1
纯剪	1.174	0.072	11	1.142	—	2
压扭	0.802	0.115	22	0.650	—	2
弯扭	0.878	0.080	12	—	—	—
压弯扭	0.938	0.150	13	1.017	—	1
压弯剪	0.922	0.033	29	0.950	0.045	41

图 4.125 给出了圆、方钢管混凝土压弯扭剪构件极限承载力数值计算结果与简化计算结果的比较情况，可见，简化计算结果与数值结算结果总体上吻合且总体上稍偏于安全。

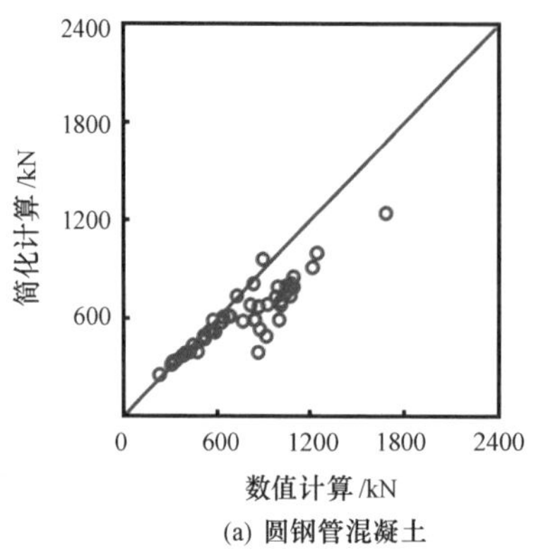

(a) 圆钢管混凝土

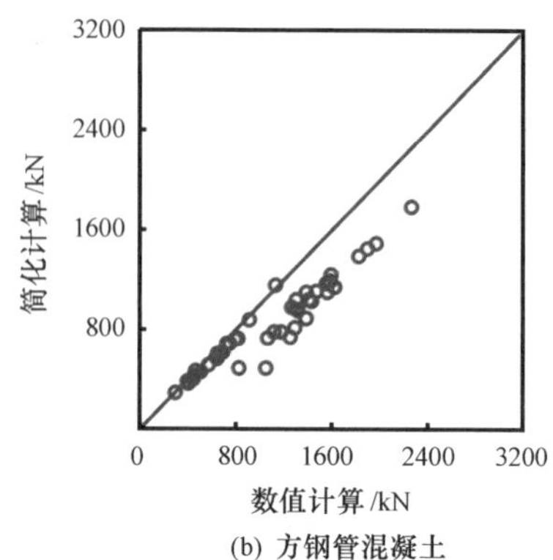

(b) 方钢管混凝土

图 4.125　压弯扭剪构件承载力简化计算结果与数值计算结果的比较
[$D(B)$=400mm；f_y=235-420MPa；f_{cu}=30-90MPa；α=0.04-0.2]

4.9　小　　结

本章采用有限元法对钢管混凝土纯扭构件的荷载-变形关系曲线进行计算，分析了受力各阶段构件截面的剪应力分布，研究了钢管混凝土纯扭构件的破坏模态及钢管与核心混凝土相互作用，较为深入地揭示了钢管混凝土纯扭构件的工作机理。最终在参数分析结果的基础上推导了钢管混凝土抗扭强度承载力实用计算方法。

本章分析了钢管混凝土横向受剪时的荷载-变形关系曲线，研究了钢管混凝土剪切破坏、弯剪破坏和弯曲破坏的剪跨比限值，提供了抗剪承载力和剪切刚度的实用计算方法。考虑不同加载路径的影响，对钢管混凝土压扭构件荷载-变形关系曲线进行了全过程分析。基于参数分析结果，推导了压扭构件承载力相关方程；考虑不同加载路径的影响，对钢管混凝土弯扭构件荷载-变形关系曲线进行了全过程分析，基于参数分析结果，提供了弯扭构件承载力相关方程；考虑不同加载路径的影响，对钢管混凝土压弯扭构件荷载-变形关系曲线进行了全过程分析，深入地认识了该类构件的工作机理，在此基础上提出了钢管混凝土压弯扭构件承载力相关方程。

本章对钢管混凝土压弯剪构件荷载-变形关系曲线进行了全过程分析，在此基础上提供了钢管混凝土压弯剪构件承载力相关方程。考虑不同加载路径的影响，对钢管混凝土压弯扭剪构件荷载-变形关系曲线进行计算和分析，提出了压弯扭剪构件承载力相关方程。上述理论模型、实用计算方法的计算结果得到不同研究者进行的试验结果的验证。

第 5 章　钢管混凝土受轴向局压时的力学性能

5.1 引　　言

当钢管混凝土充当桥墩，或作为刚架、网架或拱结构的下部承重构件，或在钢管混凝土构件变截面处通过法兰盘连接时，均可能出现局部受压的情况。

本章研究圆、方钢管混凝土受轴向局压荷载时的力学性能，且局压区截面与试件截面具有相同形状（圆形和方形）、相同形心和相同对称轴。

先后进行了两批试件的试验研究。第一批包括 28 个无端板的方钢管混凝土试件，重点考察局压面积比、截面含钢率和截面尺寸的影响规律；第二批试验则变换端板厚度进行圆截面与方截面钢管混凝土轴向局压试验研究，同时考察截面形状与局压面积比的影响规律。建立了有限元分析模型，对钢管混凝土轴心局部受压时的荷载-变形全过程关系曲线进行计算和分析。最后，在系统参数分析结果的基础上，提出钢管混凝土局压承载力实用计算方法（Han 等，2008b，2008c；刘威，2005；刘威和韩林海，2006）。本章拟介绍有关研究结果。

5.2 试验研究

由 1.2.1 节所述可知，以往对方钢管混凝土局部受压试验研究尚少见，因此，本章首先进行了不带端板方钢管混凝土试件的试验，以研究局压面积比、截面含钢率和截面尺寸等参数的影响规律，并考察钢管与混凝土界面剪应力的传递情况（Han 等，2008b，2008c；刘威，2005）。

众所周知，实际结构中钢管混凝土一般都是带端板工作的，端板的存在会显著地影响钢管混凝土受局压时的传力路径，从而影响其工作机理。因此，课题组在第二批试验中考察了带端板与否对试件力学性能的影响。

为了论述方便，下面按不带端板和带端板两种情况分别介绍有关试验结果。

5.2.1 不带端板的方钢管混凝土

（1）试验概况

共设计了 24 个方钢管混凝土试件，试件的长宽比均为 3。本次试验目的是考察钢管混凝土局压面积比 β（以下简称局压面积比，$\beta=A_c/A_L$，A_c为核心混凝土横截面面积，A_L为局压荷载作用面积）、截面含钢率（α）和截面尺寸的影响规律。

钢管混凝上试件总体分为四组，第一组试件的截面外边长为 100mm，变化的参数为局压面积比（β=1～16）；后三组试件的截面外边长为 200mm，按截面含钢率（α=0.04～0.08）分组，每组试件又变化了局压面积比。相同参数的钢管混凝土试件数为两个，相同参数的素混凝土试件数为三个。试件的汇总情况如表 5.1 所示。

表 5.1　不带端板的方钢管混凝土试件表

序号	试件号	$B\times t\times L$ /(mm×mm×mm)	α	f_y/MPa	b/mm	β	N_{ue}/kN	N_{uc}/kN
1	ls1-1-1	100×1.91×300	0.08	258.0	92	1	504	707
2	ls1-1-2	100×1.91×300	0.08	258.0	92	1	583	707
3	ls1-2-1	100×1.91×300	0.08	258.0	48	4	324	388
4	ls1-2-2	100×1.91×300	0.08	258.0	48	4	360	388
5	ls1-3-1	100×1.91×300	0.08	258.0	24	16	190	187
6	ls1-3-2	100×1.91×300	0.08	258.0	24	16	225	187
7	cfst1-1	100×1.91×300	0.08	258.0	—	—	708	801
8	cfst1-2	100×1.91×300	0.08	258.0	—	—	747	801
9	c1-1	100×0.00×300	—	—	48	4.33	184	182
10	c1-2	100×0.00×300	—	—	48	4.33	175	182
11	c1-3	100×0.00×300	—	—	48	4.33	236	182
12	ls2-1-1	200×1.91×600	0.04	258.0	188	1	2546	2721
13	ls2-1-2	200×1.91×600	0.04	258.0	188	1	2288	2721
14	ls2-2-1	200×1.91×600	0.04	258.0	96	4	1100	1233
15	ls2-2-2	200×1.91×600	0.04	258.0	96	4	1287	1233
16	ls3-1-1	200×2.84×600	0.06	317.4	188	1	2990	2786
17	ls3-1-2	200×2.84×600	0.06	317.4	188	1	2797	2786
18	ls3-2-1	200×2.84×600	0.06	317.4	96	4	1551	1326
19	ls3-2-2	200×2.84×600	0.06	317.4	96	4	1502	1326
20	ls4-1-1	200×3.84×600	0.08	325.1	188	1	3418	2901
21	ls4-1-2	200×3.84×600	0.08	325.1	188	1	3354	2901
22	ls4-2-1	200×3.84×600	0.08	325.1	96	4	1746	1402
23	ls4-2-2	200×3.84×600	0.08	325.1	96	4	1411	1402
24	ls4-3-1	200×3.84×600	0.08	325.1	48	16	782	631
25	ls4-3-2	200×3.84×600	0.08	325.1	48	16	706	631
26	cfst4-1	200×3.84×600	0.08	325.1	—	—	3590	3511
27	cfst4-2	200×3.84×600	0.08	325.1	—	—	3525	3511
28	c4-1	200×0.00×600	—	—	96	4.33	800	704
29	c4-2	200×0.00×600	—	—	96	4.33	794	704
30	c4-3	200×0.00×600	—	—	96	4.33	828	704

为了确定所用钢材的材性，首先将试件所用的钢板加工成每组三个的标准试件，按国家标准《金属材料室温拉伸试验方法》（GB/T228—2002）的有关规定进行拉伸试验，测得钢材的平均厚度 t、平均屈服强度 f_y、抗拉强度 f_u、弹性模量 E_s和泊松比 μ_s，详见表 5.2。

表 5.2　钢材材性一览表

序号	t/mm	f_y/MPa	f_u/MPa	E_s/(×10^5N/mm^2)	μ_s
1	3.84	325.1	502.3	2.06	0.276
2	2.84	317.4	486.3	2.05	0.274
3	1.91	258.0	377.4	2.07	0.317

混凝土的组成材料为：42.5 级普通硅酸盐水泥；Ⅱ级粉煤灰；花岗岩碎石，最大粒径 30mm；中砂，细度模数 2.6～2.9；UNF 萘系高效减水剂；普通自来水。每立方米混凝土的材料用量：水泥：粉煤灰：砂：石：水＝400kg：60kg：686kg：1171kg：152kg。水胶比为 0.33，砂率为 0.37，减水剂掺量为胶凝材料重量的 0.8%。依据《普通混凝土力学性能实验方法标准》(GB/T50081—2002)，测得混凝土 28 天立方体抗压强度 f_{cu}为 76.8MPa，弹性模量 E_c为 38 000N/mm^2。

混凝土从钢管顶部灌入，并用插入式振捣棒振捣直至密实，最后将混凝土表面与钢管截面抹平。试件采用自然养护的办法，试验前对全截面受压试件加焊了盖板，并用打磨机将所有试件的端面打磨平整。

（2）试验方法

混凝土养护到 28 天时即开始进行试验。试验在 500t 液压试验机上进行，试验加载和测量装置如图 5.1 所示。

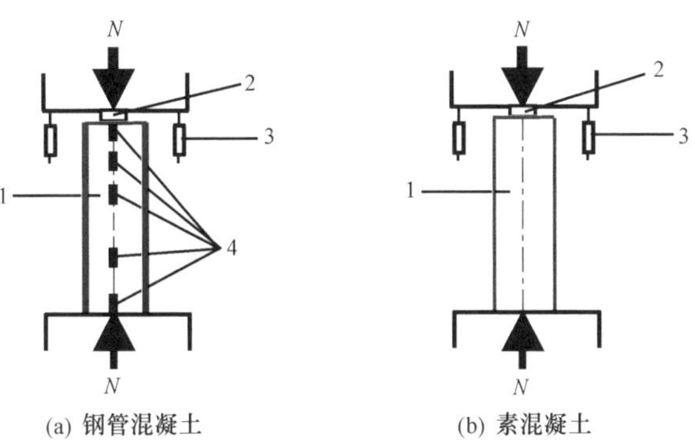

图 5.1　局压试验加载和测量装置示意图
1. 试件；2. 局压垫板；3. 位移计；4. 应变片

试验过程中荷载通过置于试件顶端正中的局压钢垫板施加到试件上，荷载直接由压力机指示盘读出。用两个位移计对称地布置在试验机的上下传力板上，局压位移由 IMP 数据采集系统采集。试件采用分级加载制，在小于 60%预计极限荷载的范围内，每级荷载为预计极限荷载的 1/10；超过此范围后，每级荷载约为预计极限荷载的 1/15。每级荷载的持续时间约为 2min，接近破坏时慢速连续加载。试验结束时，试件荷载-位移曲线通常会出现明显的下降，而对于局压面积比较大或钢管约束力较强的情况，局压垫板会完全压入混凝土中而局压承载力并不出现明显下降。

为考察钢管与核心混凝土之间界面剪应力的传递情况，以及钢管所承担的荷载，对局压面积比为 4 的试件，在钢管四面中部沿纵向的上端部及距上端分别为 $0.5B$、B、$2B$、$3B$ 的位置对称地贴纵向应变片。其余试件仅在试件中部位置贴纵向和横向应变片。

素混凝土构件局压试验的加载制度和荷载-位移曲线的测量方式与钢管混凝土局压试验类似，如图 5.1（b）所示，其主要目的是提供破坏模态以与钢管混凝土构件局压承载力的对比。

（3）试验结果与分析

1）素混凝土局压试验。试验结果表明，素混凝土试件在局压荷载作用下，裂缝首先出现在加载端面，并从加荷板边缘角部向试件边缘中部伸展（如图 5.2 所示），而后继续向试件下部开展。随着荷载的逐渐增大，裂缝逐渐伸长加宽，裂缝走向与压力扩散线的走向大体一致，最终裂缝贯通，试件发生劈裂破坏，且总体上可分为角部斜劈破坏和中部劈裂破坏两种情况，如图 5.3（a）和（b）所示。

图 5.2　混凝土端面开裂

(a) 角部劈裂

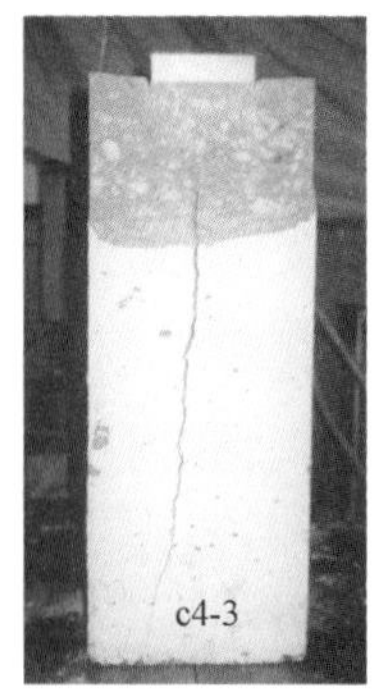

(b) 中部劈裂

图 5.3　素混凝土试件的破坏形态

图 5.4 所示为一组试件受局压破坏后的模态图。从劈裂的断面可以看到，在混凝土内部有数条与压力扩散线走向相同的扩散状裂缝，靠近局压垫板的高应力区，裂缝甚至将粗骨料穿透。由于局压垫板下的摩擦约束作用，劈裂裂缝往往不会穿越加载面积，而在其下形成一个倒角锥形体。

图 5.4　素混凝土试件局压破坏

图 5.5 所示为素混凝土局压试验的荷载-位移曲线。可见，变形曲线的下降段总体上较陡，试件呈现出脆性破坏特征。

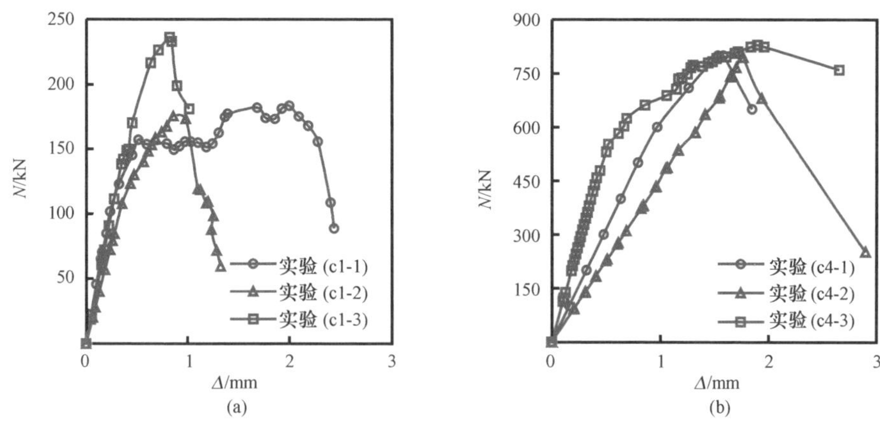

图 5.5　素混凝土局压试验荷载-位移曲线

对试验现象的观测发现，试件的极限荷载对应混凝土开裂的荷载非常接近，主要原因是本次试验采用的混凝土强度较高，因此脆性也较大。

2）钢管混凝土局压试验。图 5.6 所示为全部实测的钢管混凝土试件局压荷载-位移曲线。可见，随着局压面积比的增大，局压荷载作用下试件的极限承载力和弹性刚度有降低的趋势。

实测结果表明，局压荷载作用下，钢管混凝土中的钢管可对其核心混凝土提供一定的约束作用，从而改善核心混凝土的脆性，使得钢管混凝土试件的破坏模态与素混凝土不同。对于钢管混凝土，加荷板会出现连续下陷的过程，沿加荷板周边的混凝土被剪坏，骨料受挤压碾碎，核心混凝土内部的裂缝发展较为充分，端面加载板周围的混凝土破碎隆起。而素混凝土试件的裂缝发展则较为集中，脆性破坏特征明显。

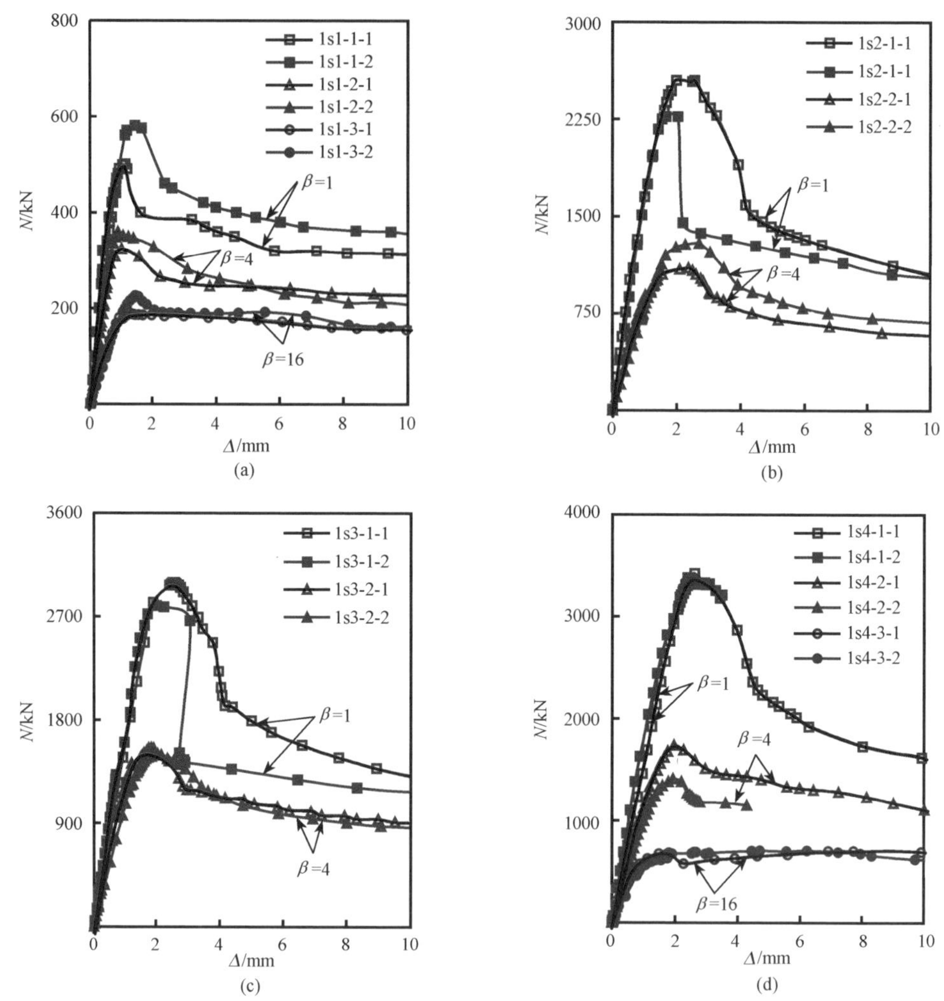

图 5.6　钢管混凝土试件局压荷载-位移曲线

基于实测结果，下面简要分析局压面积比、截面含钢率和截面尺寸对钢管混凝土局压破坏现象和局压承载力的影响规律。

图 5.7 所示为不同局压面积比情况下试件典型的破坏形态。可见，带端板的钢管混凝土全截面受压试件，钢管端部和中部局部鼓曲，而无端板的局部受压试件，钢管端部成花苞状鼓起；当β=16 时，钢管仅在端角部变形较为明显，β=4 时，四面钢板端部均有鼓起，β=1 时，钢管的鼓起范围增大，3/5 试件高度的范围发生了较明显的鼓起。由钢管混凝土全截面受压和局部受压时钢管鼓曲形式的差异可知，对于无端板的钢管混凝土局压试件，钢管承担的纵向力较小，因而其变形主要为环向变形；随着局压面积比的减小，钢管约束的混凝土范围扩大，约束作用发挥得更为充分，因此试件的极限承载力和弹性阶段的刚度也就越大（见图 5.6）。

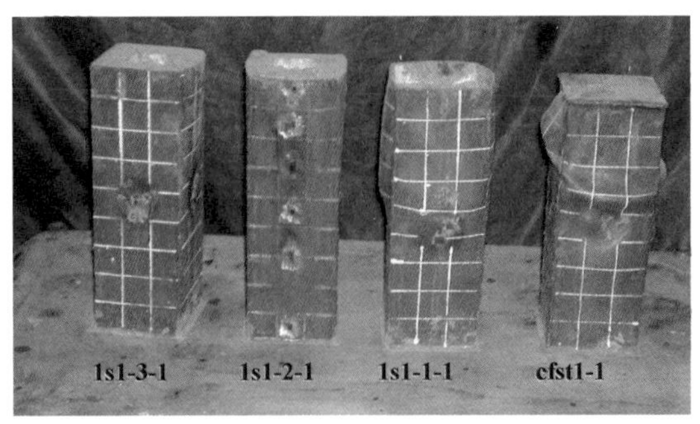

图 5.7　不同局压面积比试件破坏形态

图 5.8 所示为不同截面含钢率情况下钢管混凝土局压试件典型的破坏形态。可见，截面含钢率越大，钢管提供的约束作用越强，构件的变形越均匀。含钢率较小的试件，钢管对核心混凝土的约束较弱，构件的变形不均匀，局部变形较大。局压面积比越小，含钢率差异的影响越明显。

(a) 含钢率0.08

(b) 含钢率0.06

(c) 含钢率 0.04

图 5.8　含钢率对破坏形态的影响

将局压破坏的钢管混凝土试件剥去外钢管后发现，核心混凝土在局压破坏时，局压区附近的混凝土裂纹发展较为充分（如图 5.9 所示），但在钢管的约束作用下，仍能保持一定的整体性，而不像素混凝土会发生劈裂破坏，因而可以保持一定的承载力，且含钢率越大，承载力越高。因为在局部受压时，钢管承担的纵向力较小，钢管的局部鼓曲并不明显，在钢管管壁很薄时［如图 5.8（c）所示含钢率为 0.04 的试件］，在加载后期，局部压碎的混凝土向下部挤压，钢管局部与混凝土脱离，才可能出现较大的钢管局部鼓曲变形。

图 5.10 所示为钢管混凝土局压承载力试验值与相同截面的素混凝土局压承载力计算值的比值与截面含钢率的关系，其中，素混凝土局压承载力按《混凝土结构设计规范》（GB 50010—2002）计算，$N_{cc}=\beta_c \cdot f_{ck} \cdot A_L$。

从图 5.10 可以看出，局压承载力随着截面含钢率的增加而提高。在本次试验的含钢率范围内，方钢管混凝土的局压承载力提高近似与含钢率成线性关系。

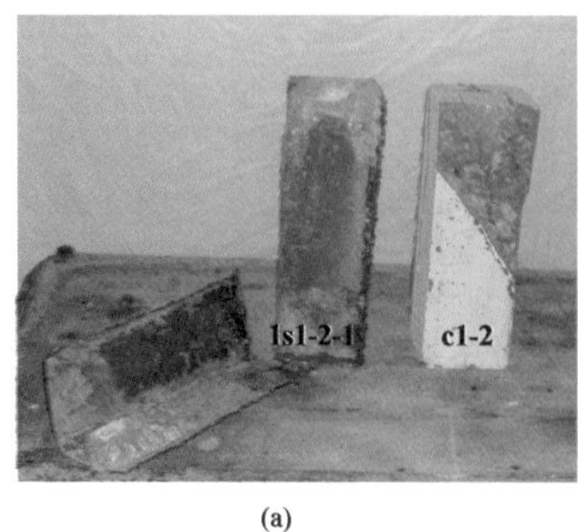

(a)

(b)

图 5.9　钢管混凝土的核心混凝土和素混凝土破坏形态对比

图 5.11 所示为中截面应变与$\sqrt{\beta}$的关系。可见，局压试件达到极限荷载时，中截面的钢管应变受局压面积比的影响较大，而不同尺寸试件在相同局压面积比情况下，中截面钢管应变几乎是一致的，表明截面尺寸对钢管约束作用的影响不明显。可能的原因是：钢管混凝土由于钢管对核心混凝土的约束作用，使混凝土的破坏形态发生变化，塑性性能提高，变形更为均匀，从而使得截面尺寸的影响并不显著。

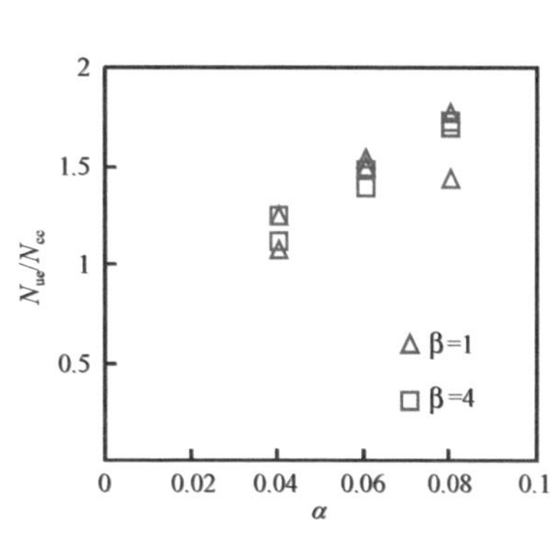

图 5.10　含钢率对局压承载力的影响

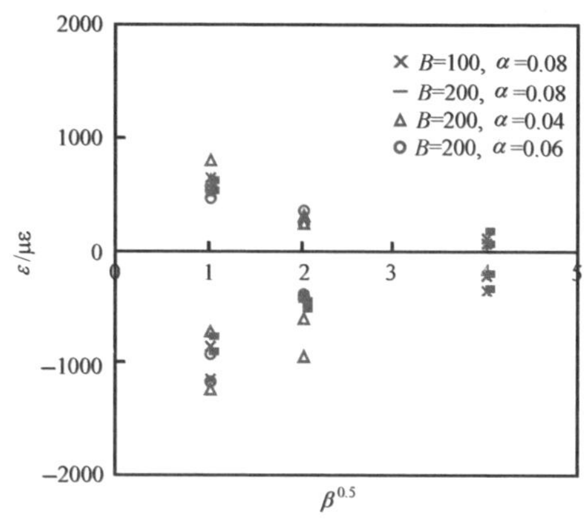

图 5.11　截面应变比较

图 5.12 所示为钢管混凝土局压面积比为 4 的两组试件，在不同加荷阶段（N/N_{ue}分别为 0.1、0.3、0.5、0.8 和 1）时，钢管纵向应变沿高度的分布情况。可见，在加荷初期，钢管自端部向下，纵向应变不断增加，到钢管中部变形逐渐稳定，下端部应变略有减小；在加荷后期，钢管端部变形增加较快，主要是受到端部钢管横向变形的影响，距离端部 B 以外的钢管变形基本稳定。

钢管的纵向变形主要由钢管与核心混凝土界面的剪应力引起，此外钢管横向变形会对纵向变形产生一定影响。假设钢管的纵向应变完全来自于界面剪应力传

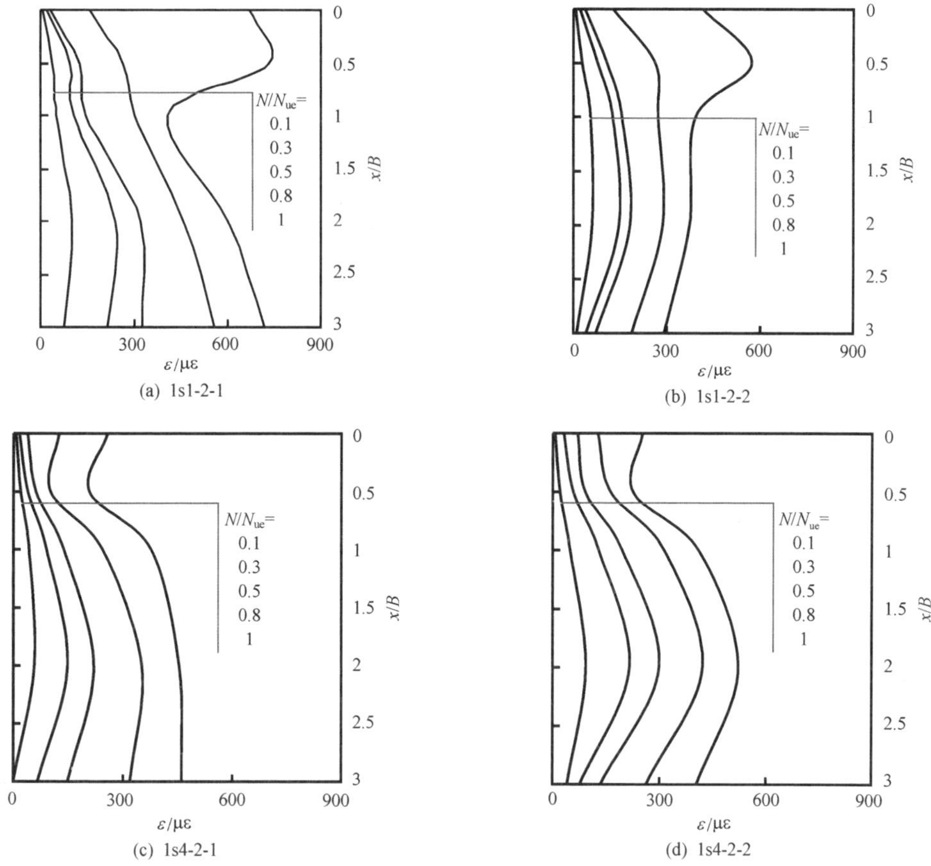

图 5.12　钢管混凝土局压试件变形沿纵向的分布

来的纵向应力，且每一段钢管内剪应力是均匀的，从图 5.12 可以得到钢管混凝土局压试件界面剪应力沿纵向的分布图（如图 5.13 所示），可见，按照假设计算得到的钢管端部 0～0.5B 的范围内剪应力分布规律不统一，小尺寸试件较大，大尺寸试件较小。其原因可能是由于小尺寸试件在端部的鼓起比较集中，横向变形的影响较大，而大尺寸试件的变形则反映了局部压力尚未扩散至界面处的情况。在距端部 0.5B～2B 的范围内，剪应力逐渐减小，因为试件上部的界面相对滑移趋势较大，因而剪应力也较大。在 2B～3B 的范围内，剪应力几乎为 0，即钢管与混凝土的变形是一致的。随荷载的增加，距钢管端部约 B 的范围内的剪应力增加较快，在极限承载力时局部剪应力最大处达到 1～1.5MPa，试件大部分的剪应力在 0.5MPa 左右。由前文钢管混凝土推出试验的结果可知，界面的粘结强度可以保证此时剪应力的传递及钢管与混凝土的共同工作。

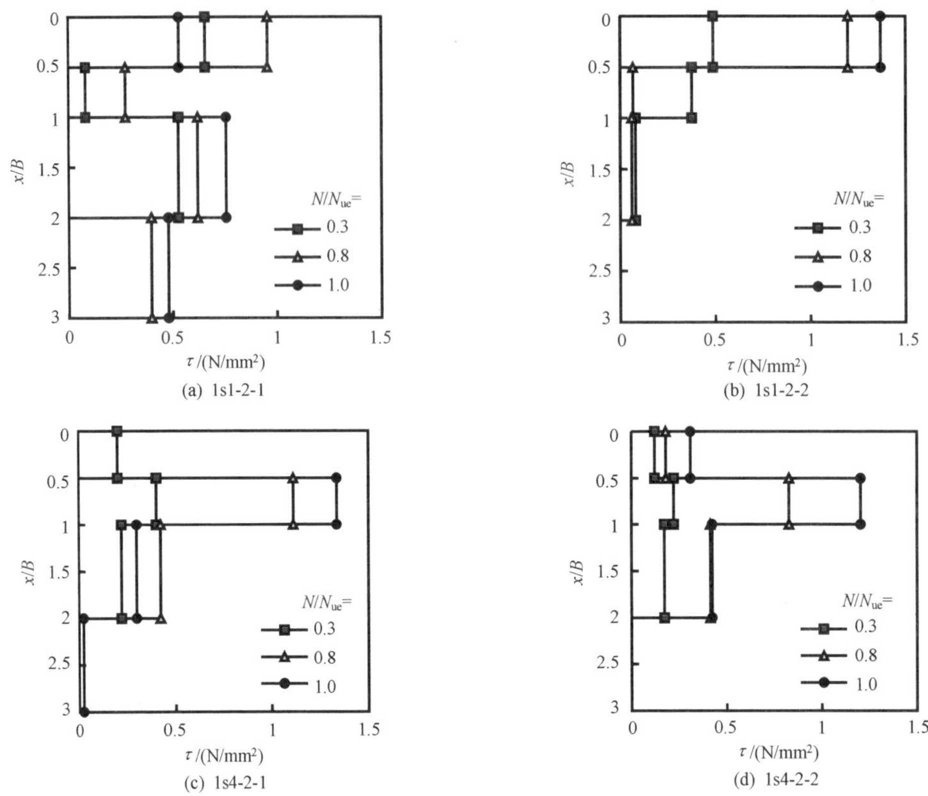

(a) 1s1-2-1 (b) 1s1-2-2 (c) 1s4-2-1 (d) 1s4-2-2

图 5.13 钢管混凝土局压试件界面剪应力沿纵向的分布

5.2.2 带端板的钢管混凝土

(1) 试验概况

为了考察带端板与否对试件力学性能的影响，进行了不同端板刚度、局压面积比分别为 1.44 和 25 的圆截面和方截面钢管混凝土试件的试验研究。

为使不同截面形状试件的力学性能有可比性，采用了等效截面的设计方法，即不同截面形状的试件，所用钢材和混凝土相同，且钢管的面积和混凝土的面积也相同，进而含钢率和约束效应系数相同。为使端板刚度的变化影响显著，试验中的端板厚度变化范围为 2～12mm。另进行了无端板的圆截面和方截面钢管混凝土局压试验各一组，一方面作为带端板的钢管混凝土局压试验的对比试件，另一方面借以考察截面形状的影响和扩大局压面积比的考察范围。每组试件以局压面积比（β）作为主要参数，变化范围为 1.44～25。同时还设计了素混凝土局部受压和钢管混凝土全截面受压的对比试件。相同参数的试件均为两个。试验中用于局压试验的垫板厚 30mm。试件的几何与材料相关参数详见表 5.3。

表 5.3　钢管混凝土局压试验试件表

序号	试件号	$B(D)\times t\times L$ /(mm×mm×mm)	α	t_a/mm	$b(d)$/mm	β	N_{ue}/kN	N_{uc}/kN
1	ls1-1	177×2.8×531	0.07	—	143	1.44	1685	1781
2	ls1-2	177×2.8×531	0.07	—	143	1.44	1830	1781
3	ls2-1	177×2.8×531	0.07	—	57	9	560	568
4	ls2-2	177×2.8×531	0.07	—	57	9	610	568
5	ls3-1	177×2.8×531	0.07	—	43	16	430	425
6	ls3-2	177×2.8×531	0.07	—	43	16	455	425
7	cs-1	177×0.0×531	—	—	43	16	238	243
8	cs-2	177×0.0×531	—	—	43	16	192	243
9	ls4-1	177×2.8×531	0.07	—	34	25	350	377
10	ls4-2	177×2.8×531	0.07	—	34	25	378	377
11	lc1-1	206×2.8×600	0.06	—	167	1.44	2860	2751
12	lc1-2	206×2.8×600	0.06	—	167	1.44	3080	2751
13	lc2-1	206×2.8×600	0.06	—	67	9	1330	1372
14	lc2-2	206×2.8×600	0.06	—	67	9	1320	1372
15	lc3-1	206×2.8×600	0.06	—	50	16	965	1039
16	lc3-2	206×2.8×600	0.06	—	50	16	1025	1039
17	cc-1	200×0.0×600	—	—	50	16	244	243
18	cc-2	200×0.0×600	—	—	50	16	217	243
19	lc4-1	206×2.8×600	0.06	—	40	25	840	833
20	lc4-2	206×2.8×600	0.06	—	40	25	730	833
21	lsp1-1-1	177×2.8×531	0.07	2	143	1.44	1850	1723
22	lsp1-1-2	177×2.8×531	0.07	2	143	1.44	1850	1723
23	lsp1-2-1	177×2.8×531	0.07	5	143	1.44	1985	1885
24	lsp1-2-2	177×2.8×531	0.07	5	143	1.44	1880	1885
25	lsp1-3-1	177×2.8×531	0.07	9.6	143	1.44	2205	1996
26	lsp1-3-2	177×2.8×531	0.07	9.6	143	1.44	2120	1996
27	lsp1-4-1	177×2.8×531	0.07	12	143	1.44	2300	2012
28	lsp1-4-2	177×2.8×531	0.07	12	143	1.44	2305	2012
29	lsp2-1-1	177×2.8×531	0.07	2	43	16	655	515
30	lsp2-1-2	177×2.8×531	0.07	2	43	16	736	515
31	lsp2-2-1	177×2.8×531	0.07	5	43	16	790	616
32	lsp2-2-2	177×2.8×531	0.07	5	43	16	781	616
33	lsp2-3-1	177×2.8×531	0.07	12	43	16	780	759
34	lsp2-3-2	177×2.8×531	0.07	12	43	16	780	759
35	scfst-1	177×2.8×531	0.07	—	—	—	2650	2464

续表

序号	试件号	$B(D)\times t\times L$ /(mm×mm×mm)	α	t_a/mm	$b(d)$/mm	β	N_{ue}/kN	N_{uc}/kN
36	scfst-2	177×2.8×531	0.07	—	—	—	2590	2464
37	lcp1-1-1	206×2.8×600	0.06	2	167	1.44	3110	2914
38	lcp1-1-2	206×2.8×600	0.06	2	167	1.44	3080	2914
39	lcp1-2-1	206×2.8×600	0.06	5	167	1.44	3178	3000
40	lcp1-2-2	206×2.8×600	0.06	5	167	1.44	3225	3000
41	lcp1-3-1	206×2.8×600	0.06	9.6	167	1.44	3220	3019
42	lcp1-3-2	206×2.8×600	0.06	9.6	167	1.44	3305	3019
43	lcp1-4-1	206×2.8×600	0.06	12	167	1.44	3230	3021
44	lcp1-4-2	206×2.8×600	0.06	12	167	1.44	3288	3021
45	lcp2-1-1	206×2.8×600	0.06	2	50	16	1072	1171
46	lcp2-1-2	206×2.8×600	0.06	2	50	16	1205	1171
47	lcp2-2-1	206×2.8×600	0.06	5	50	16	1270	1296
48	lcp2-2-2	206×2.8×600	0.06	5	50	16	1223	1296
49	lcp2-3-1	206×2.8×600	0.06	12	50	16	1365	1470
50	lcp2-3-2	206×2.8×600	0.06	12	50	16	1392	1470
51	ccfst-1	206×2.8×600	0.06	—	—	—	3190	3010
52	ccfst-2	206×2.8×600	0.06	—	—	—	3105	3010

说明：N_{ue}为相同试件承载力试验值的均值，t_a为端板厚度，b、d分别为局压垫板的边长和直径。

由钢材材性试验得到：钢板平均厚度 t 为 2.83mm，钢材平均屈服强度 f_y 为 362.9MPa，抗拉强度 f_u 为 449.8MPa，弹性模量 E_s 为 2.14×10^5N/mm^2，泊松比 μ_s 为 0.274。

采用了自密实混凝土，其用料如下：42.5 级普通硅酸盐水泥；Ⅱ级粉煤灰；碎石，石子粒径 5～16mm；中砂，细度模数 2.6～2.9；FDN 高效减水剂；水为普通自来水。每立方米混凝土的材料用量：水泥∶粉煤灰∶砂∶石∶水＝428∶160∶758∶925∶176，单位为 kg。水胶比为 0.3，砂率为 0.45，减水剂掺量为胶凝材料重量的 1.2%。平均塌落度 247mm；平均扩展度 670mm；平均 L 型流速 15mm/s；浇捣时室内温度 24℃，水温 31℃，混凝土拌和后温度 30.5℃，温差 6.5℃。混凝土浇灌过程中没有采用任何振捣方式。混凝土采用了自然养护的方式。

依据《普通混凝土力学性能试验方法标准》(GB/T 50081—2002) 测得：混凝土 28 天立方体抗压强度为 70.4MPa，棱柱体抗压强度为 58.3MPa，弹性模量为 35300N/mm^2，圆柱体抗压强度为 57.3MPa。进行试验时混凝土立方体抗压强度为 74.3MPa。

（2）试验方法

钢管混凝土局压试件直接放在 500t 液压试验机的钢台板上，试验过程中荷载通过置于试件上端正中的局压钢垫板施加于试件，试件上作用的压力荷载直接由压力机指示盘读出。两个位移计对称地安装在试验机的上下传力板上，以测量局压垫板相对于试件底端的位移。在距试件端部分别为 $0.5B$ 和 $1.5B$ 处的钢管四面布置纵向和横向应变片，考察钢管端部和中部的应变变化情况。位移计和应变计的读数均由 IMP 数据采集系统采集。

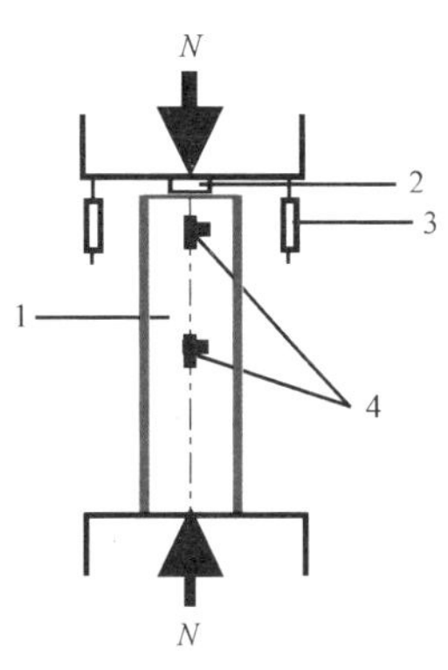

图 5.14　加载和测量装置示意图

1. 试件；2. 局压垫板；3. 位移计；4. 应变计

试件采用分级加载制，弹性范围内每级荷载为预计极限荷载的 1/10；超过弹性范围后，每级荷载约为预计极限荷载的 1/15。每级荷载的持荷时间约为 2min，接近破坏时慢速连续加载。试验加载和测量装置如图 5.14 所示。

素混凝土局压试验的装置和方法同本章 5.2.1 节所述。

（3）试验结果与分析

对于局压面积比为 16 的素混凝土试件，接近峰值荷载时，试件迅速出现数条粗而贯通的裂缝，将试件分成数块，几乎无法观测到裂缝开展的情况，试件开裂即破坏；局压垫板下形成倒角锥，因角锥高度较小，甚至可以完整地从试件上剥落下来。图 5.15 所示为圆截面素混凝土试件破坏时剥落的倒角锥，锥角约为 40°。

图 5.16 所示为素混凝土局压试验的荷载-位移曲线，与前文局压面积比为 4.33 的素混凝土局压试验结果相比，二者混凝土强度接近，前者接近局压承载力极限时，切线刚度有明显的减小，并可以测得较陡的下降段，而本节试件的破坏更为突然，荷载-位移曲线接近直线，无法得到下降段。从图 5.16 还可以看出，圆截面与方截面素混凝土局压试件的刚度与承载力几乎没有分别，可见截面形状对局压面积比为 16 的素混凝土试件影响不明显。

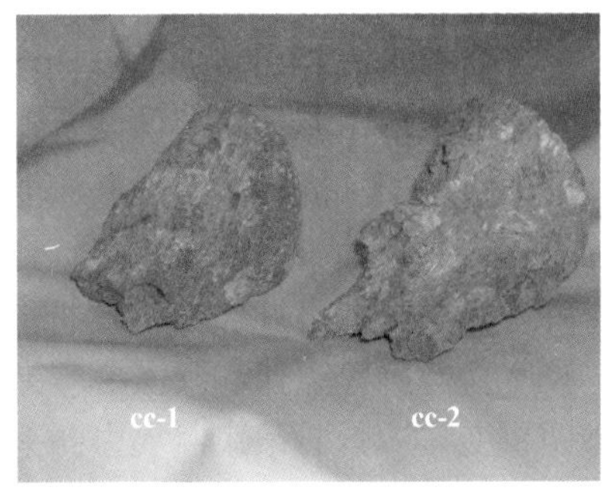

图 5.15　局压角锥

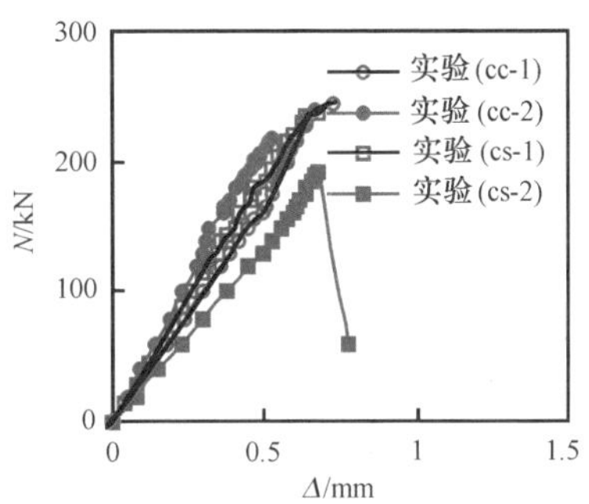

图 5.16　素混凝土局压试验荷载-位移曲线

图 5.17 所示为两组无端板的钢管混凝土局压试件荷载-位移试验曲线，试件局压承载力试验值见表 5.3。因为试件含钢率较小，因而对于局压面积比较小（β=1.44）的试件，达到局压承载力极限后会进入下降段，不同的是方钢管混凝土构件的承载力下降会更快一些；随着局压面积比增大，试件承载力的下降幅度减小；当局压面积比较大（β=25）时，钢管混凝土甚至保持局压承载力的增长趋势直至垫板完全压入混凝土中。

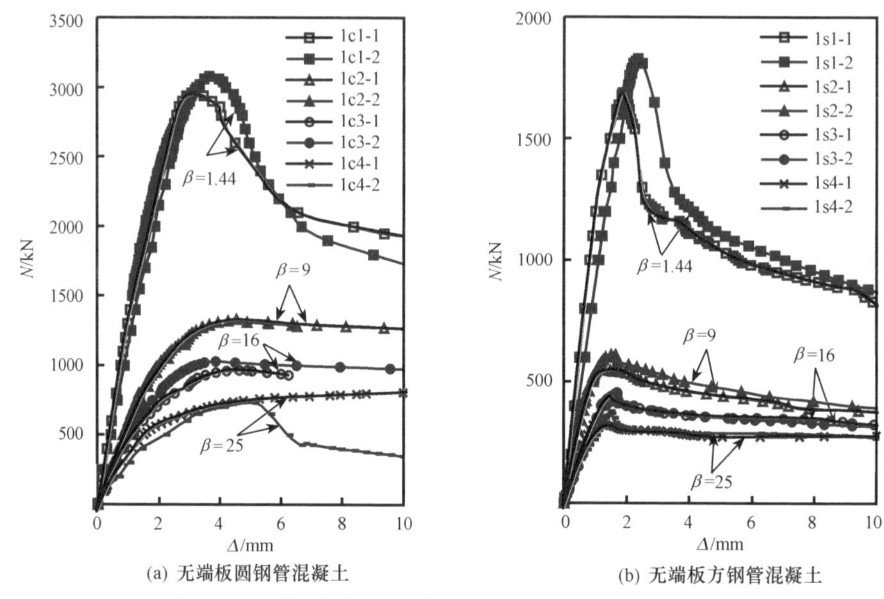

(a) 无端板圆钢管混凝土　　(b) 无端板方钢管混凝土

图 5.17　局压荷载-位移曲线（无端板钢管混凝土试件）

无端板钢管混凝土试件的局压荷载与钢管应变的关系见图 5.18，其中负值代表纵向压应变、正值代表横向拉应变，且以实线和虚线区分测得应变的位置。

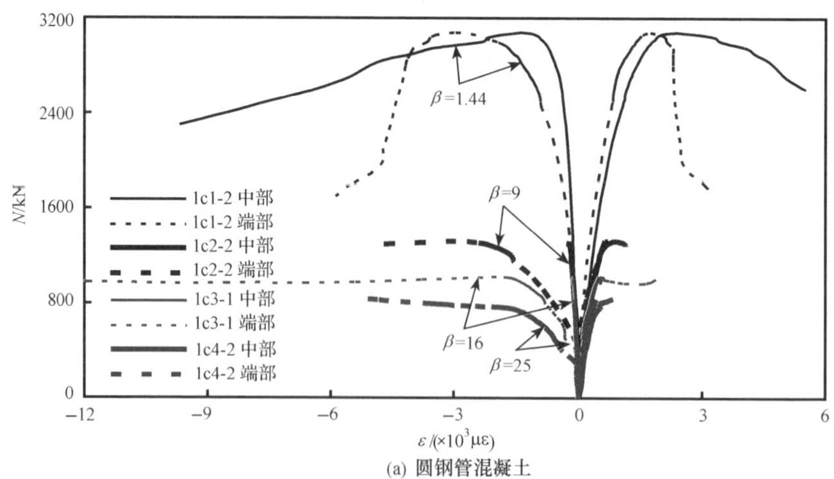

(a) 圆钢管混凝土

图 5.18　钢管混凝土局压应变（无端板钢管混凝土试件）

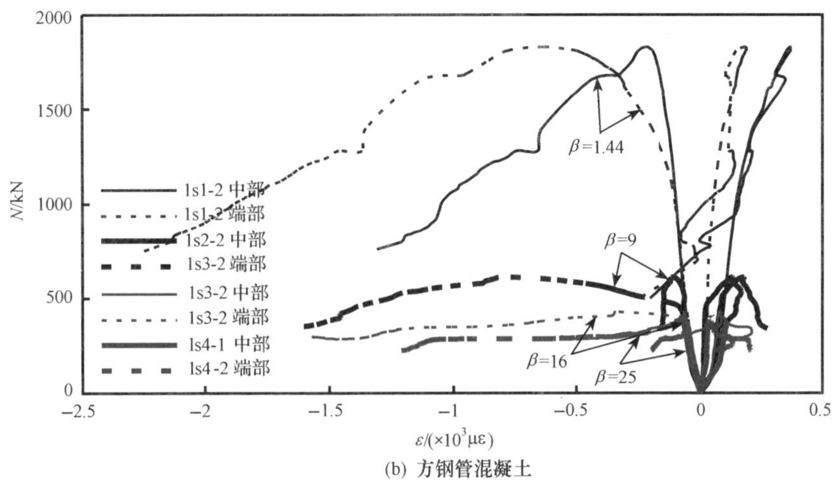

(b) 方钢管混凝土

图 5.18　钢管混凝土局压应变（无端板钢管混凝土试件）(续)

结合试验现象，首先从两组无端板的钢管混凝土局压试件考察截面形状与局压面积比的影响，进而分析端板刚度对钢管混凝土局压力学性能的影响。

方形钢管角部刚度较大，当四面钢板中部鼓起，角部焊接处仍保持直角的形状。图 5.19 (a) 所示为方钢管混凝土核心混凝土端面的裂缝发展情况。可见，裂缝自局压垫板的四角向钢管的四角延伸。对于素混凝土试件，其裂缝是向构件边缘中部开展的，方钢管的约束主要来自于角部，核心混凝土仅部分区域受到了钢管的有效约束。图 5.19 (b) 所示为圆钢管混凝土局压垫板附近的混凝土裂缝开展情况。可见，所有裂缝都是均匀发散的，圆钢管的约束作用是均匀的，对核心混凝土的约束范围比较大。因此，截面形状不同的钢管对核心混凝土产生的约束作用有差异，圆钢管的约束作用强于方钢管，从而圆钢管对核心混凝土局压强度的提高作用比方钢管更强。

从图 5.19 还可以看出，随着局压面积比的减小，端部局压区附近混凝土的裂缝变得细密，表明约束作用的发挥更为充分；局压面积比越大，破坏时的裂缝变得少而粗，与素混凝土的开裂情况越接近。但从图中局压面积比为 25 的试件破坏情况，即方钢管核心混凝土的裂缝发展方向和圆钢管核心混凝土的裂缝数量，可见，虽然局压面积已经比较小，局压区离钢管距离较远，但钢管对核心混凝土的约束作用还是有效的。

图 5.20 所示为不同局压面积比的无端板钢管混凝土构件在达到承载力极限时钢管中部与端部纵向与横向应变的情况，可见，钢管端部的横向应变最大，即钢管主要在端部起到对核心混凝土的约束作用，且局压面积比较小时，约束作用发挥得较为充分，局压面积比较大时，约束作用随着局压面积比的增加而呈现出降低的趋势（刘威，2005）。

(a) 方钢管混凝土

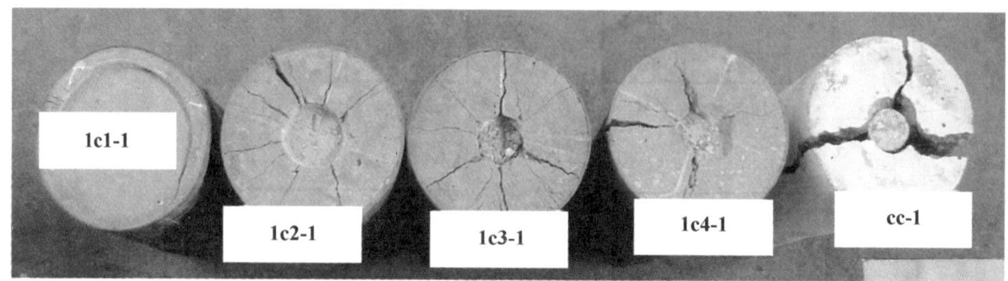

(b) 圆钢管混凝土

图 5.19　局压试件端面破坏对比

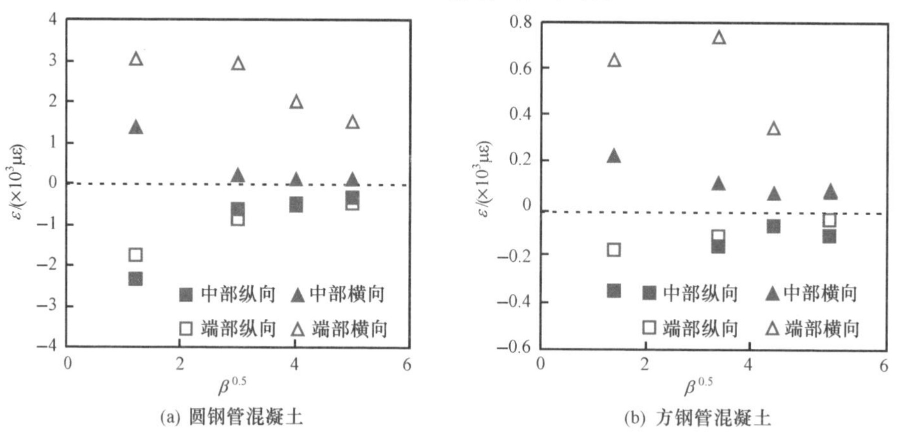

(a) 圆钢管混凝土　　(b) 方钢管混凝土

图 5.20　局压承载力极限时的钢管应变

由图 5.20 钢管端部横向应变与局压面积比的关系可知，局压面积比的平方根小于等于 3 时，钢管应变在承载力极限时几乎没有折减；局压面积比的平方根大于 3 时，钢管应变在承载力极限时近似以与 $\beta^{0.5}$ 呈直线关系降低（刘威，2005）。

图 5.21 所示为无端板圆截面和方截面钢管混凝土局压强度提高系数（β_c）试验值与局压面积比的关系。β_c 的表达式为

$$\beta_c = \frac{N_{uLe}/A_L}{N_u/A_{sc}} \tag{5.1}$$

式中：N_{uLe} 为无端板钢管混凝土构件局压承载力，N_u 为钢管混凝土构件的承载力，可按式（3.86）计算。可见，局压强度提高系数随局压面积比的增加而增

大，在局压面积比小于 25 的范围内，与局压面积比的平方根近似呈线性关系，且圆钢管混凝土的局压强度提高系数整体高于方钢管混凝土。

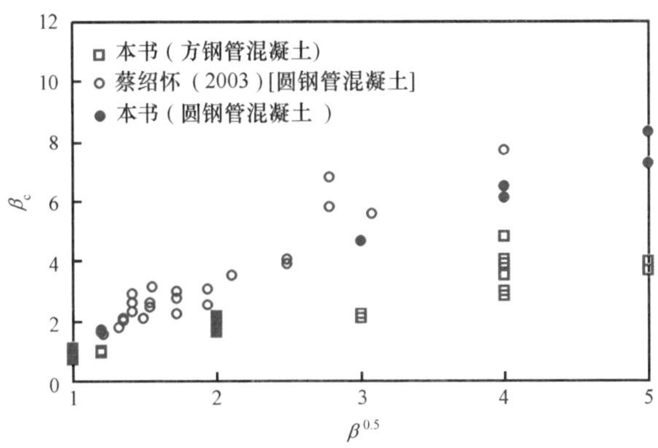

图 5.21　局压强度提高系数

在钢管混凝土构件端部设置一定刚度的端板可以提高钢管混凝土的整体受力性能。端板对钢管混凝土局压承载力的影响主要体现在两个方面，一是约束钢管端部的变形，有利于提高钢管的约束效果，这点对方钢管混凝土更为明显；二是端板对局部压力的扩散作用，使传至构件顶端的力更为均匀，增大了构件实际承载面积，钢管约束作用也更显著，从而提高承载力。需要指出的是，对端板刚度的考察应采用相对刚度的概念，即综合端板下钢管混凝土构件抗压弹性模量和截面尺寸进行考察才可以有效地反映端板的作用。因本章考察端板刚度的试验中，钢管混凝土构件的几何与材料参数是不变的，即排除了端板刚度相对值的影响，因此用更为直观的端板厚度作为衡量其刚度的参数。

图 5.22 所示为带端板的钢管混凝土试件局压荷载-位移曲线。可见，随着端板厚度的增加，试件的局压承载力有增大的趋势。对于局压面积比和截面形状不同的试件，其局压承载力随端板刚度的变化规律有差异。端板厚度的增加对试件局压刚度的影响不明显。

图 5.23 所示为带端板的钢管混凝土局压试件端部与中部钢管的应变，其中负值为纵向压应变、正值为环向拉应变。通过比较分析，可以得到以下结论：圆钢管混凝土局压面积比较小的试件（β=1.44），端部与中部的横向、纵向应变均较大，横向与纵向的应变值较为接近或横向应变值略大，在达到极限承载力时，钢管横向与纵向应变均达到屈服点，端板刚度越大，钢管在接近极限承载力时的塑性变形发展越充分；圆钢管混凝土局压面积比较大的试件（β=16），端部横向应变较大，中部横向应变则小得多，端部与中部的纵向应变值较为接近，或中部纵向应变值略大，在达到极限承载力时，钢管端部横向应变达到屈服点，未屈服的位置则出现弹性卸载，随着端板刚度的增加，钢管端部的横向应变变化较小，

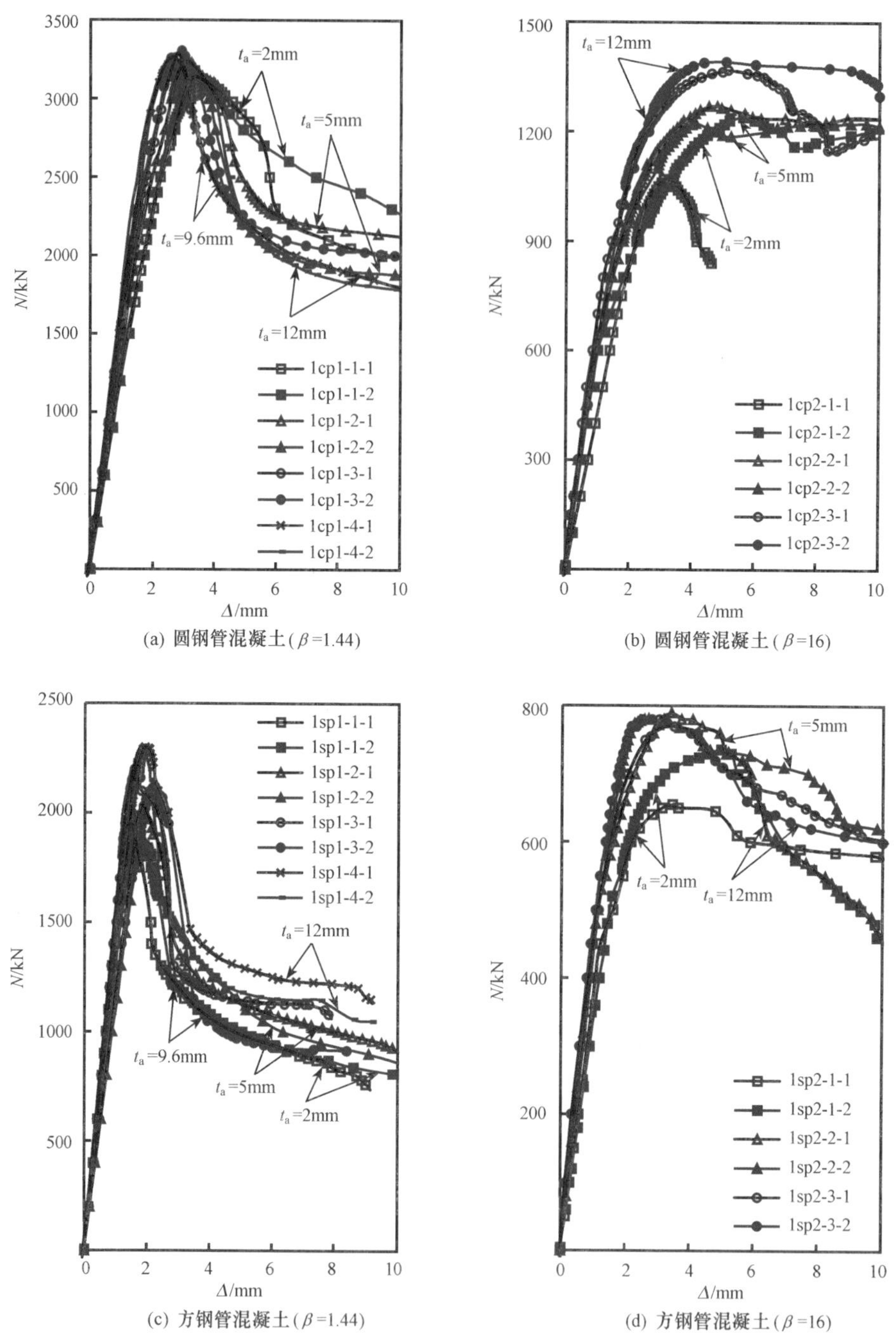

(a) 圆钢管混凝土(β=1.44)　　(b) 圆钢管混凝土(β=16)

(c) 方钢管混凝土(β=1.44)　　(d) 方钢管混凝土(β=16)

图 5.22　局压荷载-位移关系曲线（带端板的钢管混凝土试件）

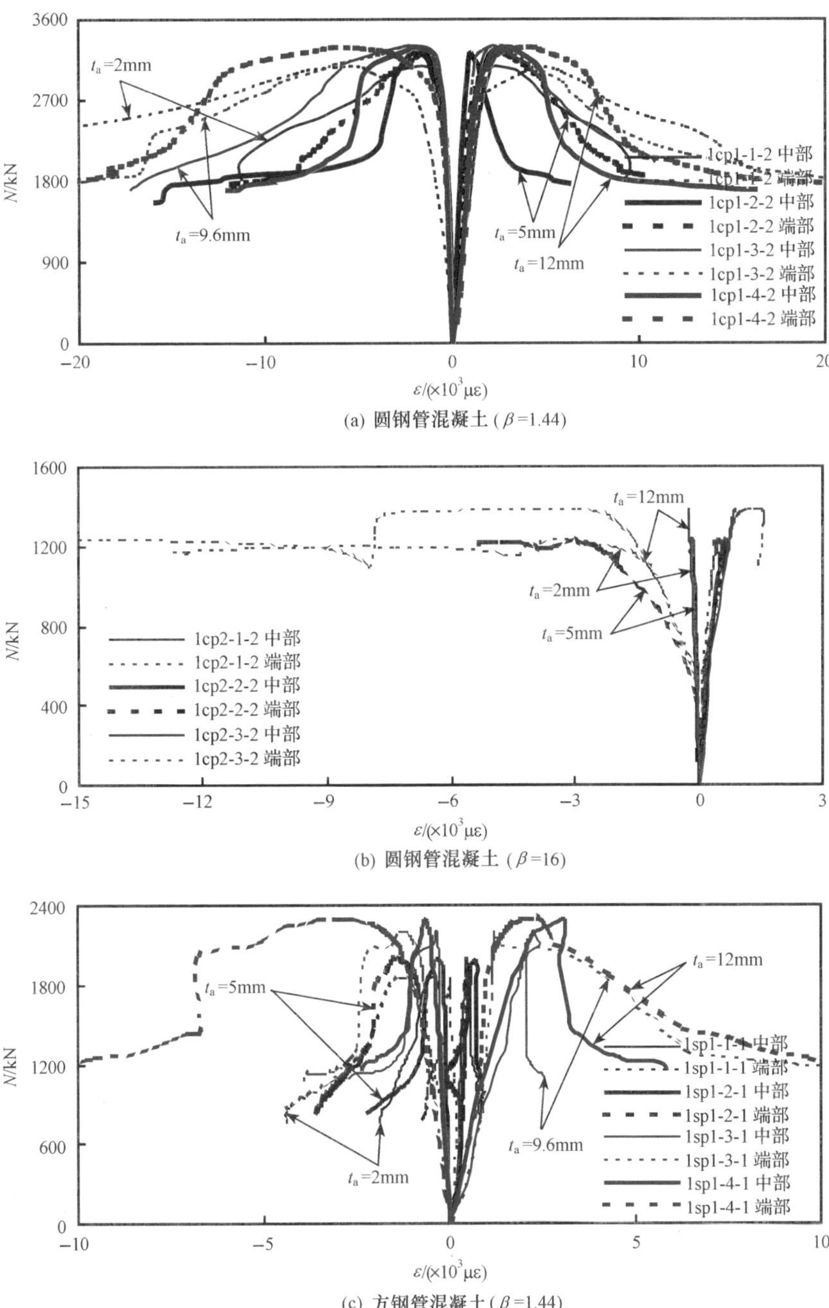

(a) 圆钢管混凝土 (β=1.44)

(b) 圆钢管混凝土 (β=16)

(c) 方钢管混凝土 (β=1.44)

图 5.23　局压荷载-应变关系（带端板的钢管混凝土试件）

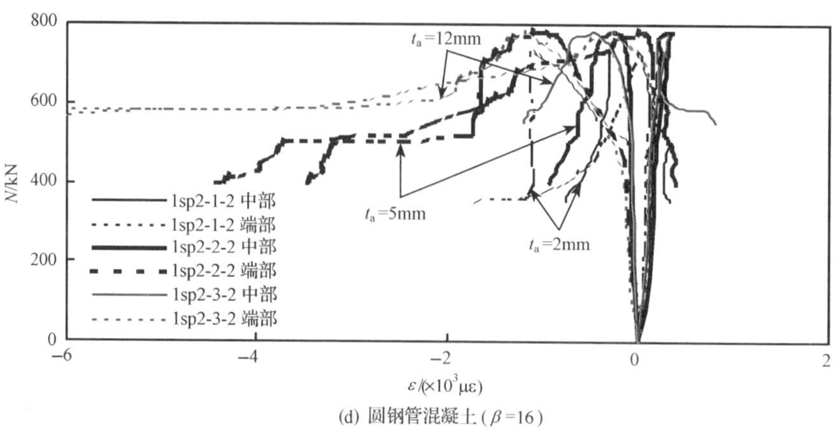

(d) 圆钢管混凝土（β=16）

图 5.23 局压荷载-应变关系（带端板的钢管混凝土试件）（续）

而端部纵向变形和中部横向、纵向变形则有所增加，对于端板厚度为 12mm 的情况，端部纵向应变在承载力极限时也会达到屈服点；方钢管混凝土局压面积比较小的试件（β=1.44），横向应变是端部较大，纵向应变则是中部较大，随着端板刚度的增加，钢管端部和中部的应变均增加较快；方钢管混凝土局压面积比较大的试件（β=16），也呈现出横向应变端部较大，纵向应变中部较大的规律，其端部纵向压应变较小，甚至会出现拉应变，随着端板刚度的增加，钢管横向应变增加较快，纵向压应变增加较慢。

从带端板钢管混凝土局压破坏形态可见，端板刚度越大，钢管分担的纵向力越大，钢管混凝土的局压受力性能越接近于全截面受力情况。例如局压面积比为 16 的方钢管混凝土试件（图 5.24），当无端板时，端部钢管变形很小，而对于有端板的试件，即使端板很薄（t_a=2mm），钢管上部的变形也比较明显，随着端板厚度的增加，试件端部的鼓曲越来越明显。由图 5.25 局压面积比为 1.44、端板厚度为 10mm 的方钢管混凝土试件的局压破坏模态可以看出，局压面积比越小，端板刚度越大，钢管的鼓曲形式越接近于全截面受压情况。

图 5.24 端板对局压破坏模态的影响（β=16）

图 5.25 钢管局压鼓曲

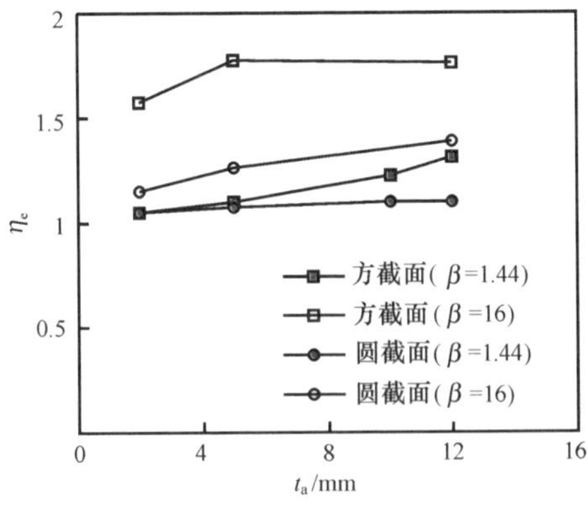

图 5.26　端板厚度对局压承载力的影响

图 5.26 所示为不同端板厚度的钢管混凝土与无端板的钢管混凝土的局压承载力试验值的比值 n_e 与端板厚度 t_a 的关系曲线。通过较大的局压面积比和较小的局压面积比两种工况，分析端板刚度变化的影响。

对于局压面积比较小（β=1.44）的情况，端板增加构件实际承载面积的潜力较小，但对钢管端部约束的作用很明显，随着端板厚度的增加，有效地提高了方钢管对核心混凝土的约束力，方钢管混凝土局压承载力提高较显著；而圆钢管端部为对称变形，即使没有端板的存在，圆钢管对核心混凝土的约束已使其承载潜力得到较充分的发挥，故端板厚度的增加对圆钢管混凝土局压承载力影响不明显。

对于局压面积比较大（β=16）的情况，局压承载力随端板厚度增加呈增长趋势。因局部压力较大，局压区内的端板会发生一定的塑性变形，因此局压面积比继续增加，承载力随端板厚度增加的提高幅度逐渐减小。

从图 5.27 钢管混凝土试件局压承载力极限时对应的钢管应变情况可见，钢管约束作用的发挥与图 5.26 中局压承载力提高的规律是一致的。局压面积比为 1.44 的方钢管混凝土试件和局压面积比为 16 的圆钢管混凝土试件，随着端板厚度的增加，钢管的纵向和横向应变均呈明显的增长趋势，表明钢管承担的纵向力和对核心混凝土的约束作用越来越显著，相应的局压承载力有明显提高。局压面积比为 16 的方钢管混凝土试件应变随端板厚度的增加而增大的趋势较缓，而局压面积比为 1.44 的圆钢管混凝土试件应变受端板厚度变化的影响不明显，其各自相应的局压承载力变化亦然。

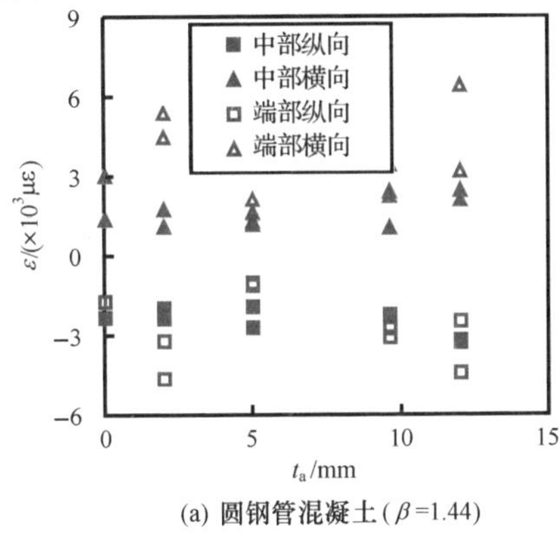

(a) 圆钢管混凝土(β=1.44)

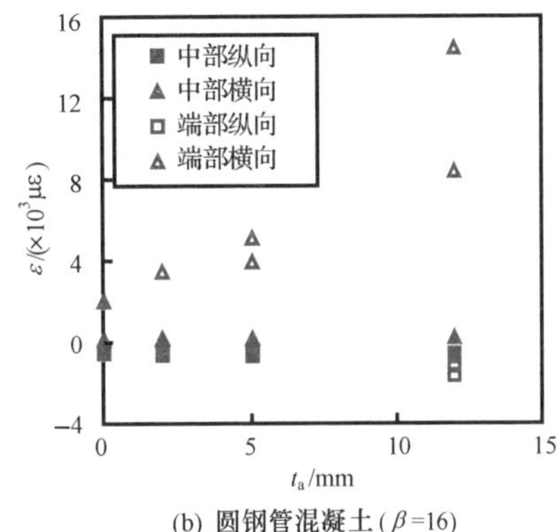

(b) 圆钢管混凝土(β=16)

图 5.27　局压承载力极限时的钢管应变

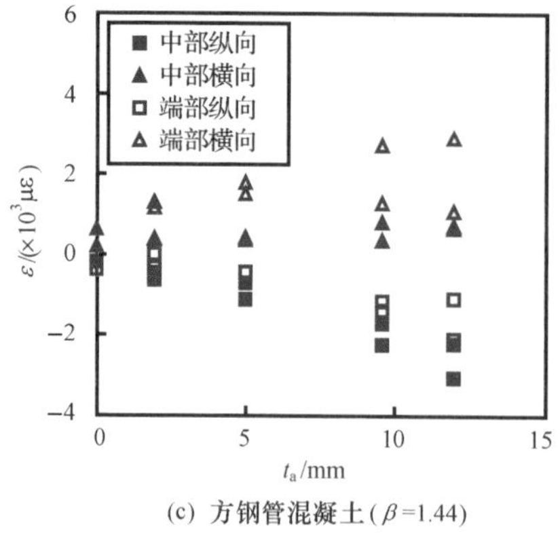

(c) 方钢管混凝土(β=1.44)

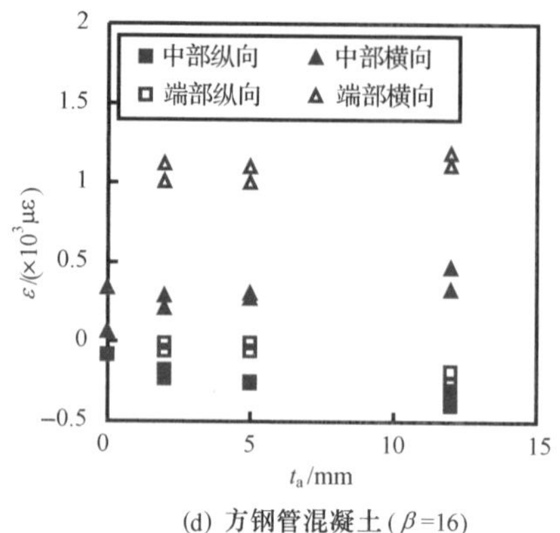

(d) 方钢管混凝土(β=16)

图 5.27　局压承载力极限时的钢管应变（续）

图 5.27 中端板厚度为 0 的情况即为无端板的钢管混凝土局压试件。可见，对于局压面积比较小的圆钢管混凝土试件，有无端板对钢管应变的影响并不明显，而对于局压面积比较大的圆钢管混凝土及方钢管混凝土试件，端板的影响较为显著，无端板的情况下，钢管端部和中部的应变有不同程度的减小。对于局压面积比较大的方钢管混凝土试件，虽然端板刚度的增加对于钢管应变及局压承载力的影响并不显著，但端板的存在却使钢管的应变明显地增加，使之与无端板的受力情况明显不同。

剖开钢管混凝土局压试件（图 5.28）可以看到，包括带端板的局压试件在内，局压垫板下的混凝土总是可以形成局压角锥，角锥周围的混凝土压碎，但在钢管的约束下仍能保持一定的整体性。

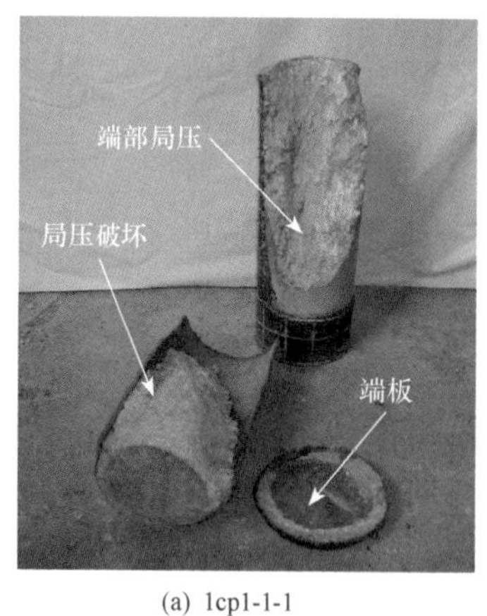

(a) 1cp1-1-1

(b) 1sp1-1-1

图 5.28　带端板试件的混凝土局压破坏

为考察各参数对局部受压钢管混凝土轴向变形特性的影响，定义局压轴向变形性系数 μ_L 如下为

$$\mu_L = \frac{\Delta_{85\%}}{\Delta_u} \tag{5.2}$$

式中：Δ_u 为构件极限承载力所对应的轴向变形；$\Delta_{85\%}$ 为构件承载力下降到极限承载力的 85%时所对应的轴向变形。

图 5.29 所示为局压面积比对 μ_L 的影响。可见，不论是不带端板还是带端板的试件，随着局压面积比的增大，μ_L 均有增大的趋势。

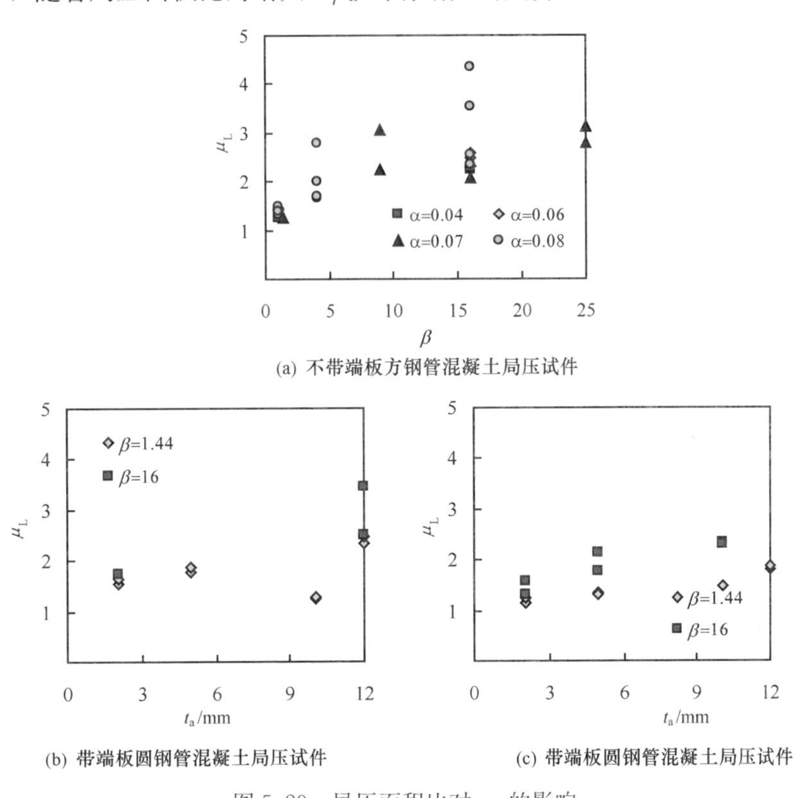

图 5.29　局压面积比对 μ_L 的影响

5.2.3　结果分析

对本节获得的主要试验结果归纳如下：

1）在本节研究的局压面积比范围内（$\beta \leqslant 25$），局压强度提高系数 β_c 随局压面积比的增加而增大，与局压面积比的平方根近似呈线性关系，且圆钢管混凝土的局压强度提高系数整体上高于方钢管混凝土。

2）钢管对核心混凝土的约束作用与局压面积比有关，在局压面积比较小（$\beta \leqslant 9$）时，约束作用发挥较为充分，局压面积比较大（$\beta > 9$）时，约束作用随着局压面积比的增加而降低。

3）截面含钢率的增加，提高了钢管对核心混凝土的约束作用，从而提高了钢管混凝土的局压承载力。

4）端板通过约束钢管端部变形和分散局部压力增加钢管混凝土的整体受力性

能，随着端板刚度的增加，钢管混凝土的局压力学性能趋近于其全截面受压的情况。

5）钢管对核心混凝土的约束作用，使其塑性性能提高，变形均匀，试验中截面尺寸对钢管混凝土局压力学性能的影响不明显。

5.3 理论分析模型

5.3.1 计算方法

基于有限元软件 ABAQUS（Hibbitt，Karlsson 和 Sorensen，Inc.，2003）建立了分析模型。建模过程与钢管混凝土全截面受压情况下的方法（见 3.2.3 节的论述）基本类似。下面简要论述局压性能分析时的有关方法。

（1）材料模型确定

钢材采用弹塑性模型，见 3.2.2 节中的论述。

混凝土的模型采用式（3.59）的形式。但对于无端板钢管混凝土局压的情况，钢管的约束作用会随局压面积比的增加而有所降低，因此在进行局压情况的计算时，将式（3.59）中的约束效应系数 ξ 乘以一个与局压面积比 β 有关的折减系数 γ 以考虑这种影响，γ 的表达式为

$$\gamma=\begin{cases}-0.25\cdot\beta^{0.5}+1.75 & (\text{圆钢管混凝土})\quad (\beta^{0.5}>3)\\ -0.45\cdot\beta^{0.5}+2.35 & (\text{方钢管混凝土})\quad (\beta^{0.5}>3)\\ 1 & (\beta^{0.5}\leqslant 3)\end{cases}\tag{5.3}$$

（2）单元选取和网格划分

单元选取和网格划分类似于对钢管混凝土全截面受压的分析，钢管采用四节点完全积分格式的壳单元来模拟，核心混凝土采用八节点缩减积分格式的三维实体单元。在局压分析中，局压荷载作用区的单元应是独立的，在网格划分前对模型加以分区，将局压区及局压区附近的网格细化。

（3）边界条件

钢管混凝土局部受压构件的几何模型为三轴对称，荷载边界条件则为两轴对称，因此取 1/4 模型进行模拟，分别在两个对称面上施加对称边界条件。构件底部应施加竖向位移约束，并考虑端板的约束作用，在底端钢管边缘施加法向位移约束。对于端部无端板的局压情况，顶端钢管边缘无约束；对于端部有端板存在的情况，应使端板与钢管的焊接处具有相同的位移和转角，图 5.30 为钢管混凝土局压构件划分网格与施加边界条件的示意图。在局压区采用位移加载，采用增量迭代法进行非线性方程组的求解。

钢管及其核心混凝土之间的界面接触处理方法类似于钢管混凝土全截面受压时的情况，不再赘述。

5.3.2 计算结果和试验结果比较

为了验证所建模型的可靠性，对无端板和带端板的圆钢管混凝土和方钢管混

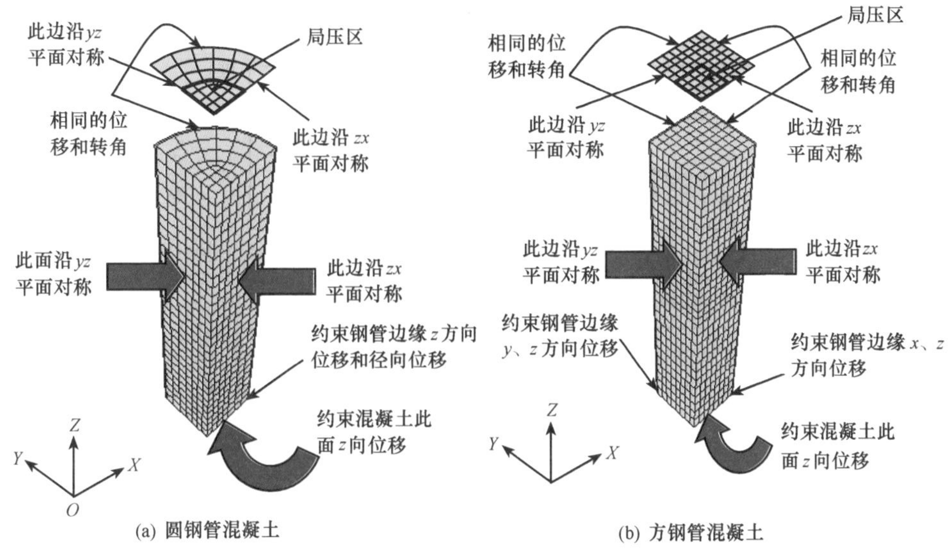

图 5.30　单元划分与边界条件示意图

凝土局压试验结果进行了验算（刘威，2005），发现计算曲线的刚度总体上比试验结果略偏大，但承载力和下降段曲线与试验结果总体上吻合较好。限于篇幅，图 5.31～图 5.35 给出了部分荷载-变形关系曲线比较结果。

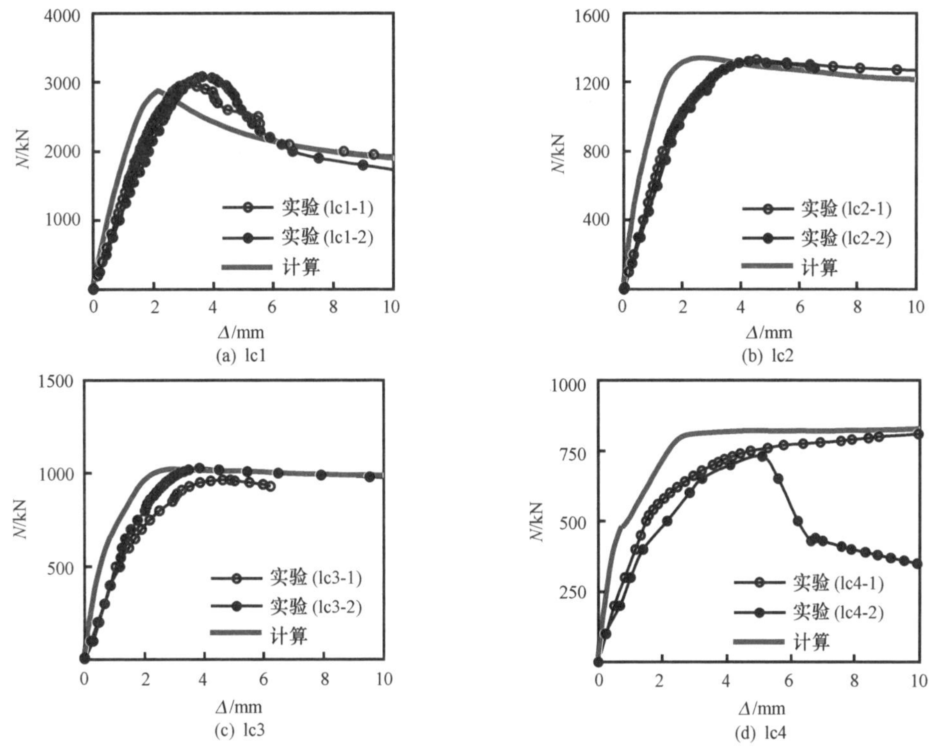

图 5.31　圆钢管混凝土局压荷载（N）-变形（Δ）关系曲线

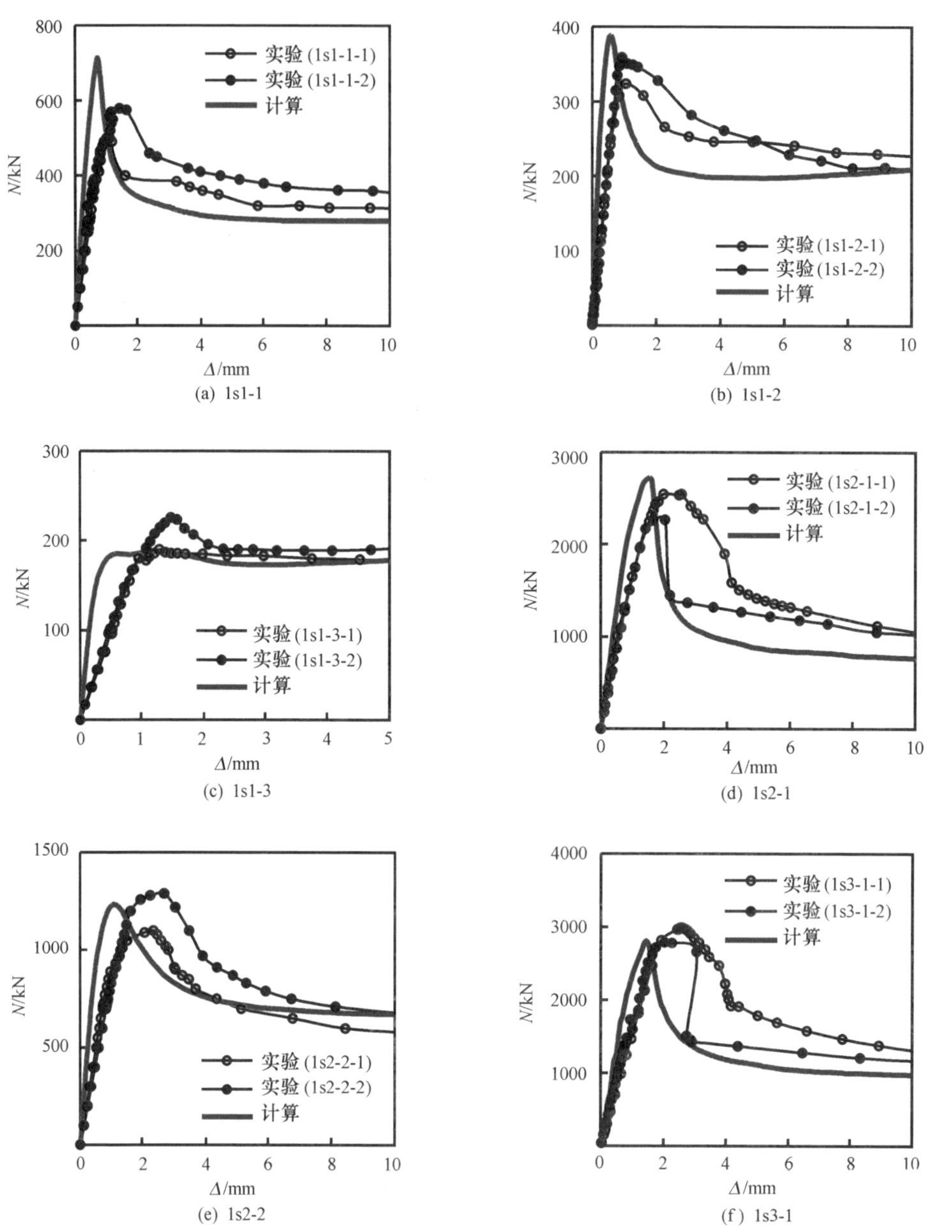

图 5.32 方钢管混凝土局压试件荷载（N）-变形（Δ）曲线

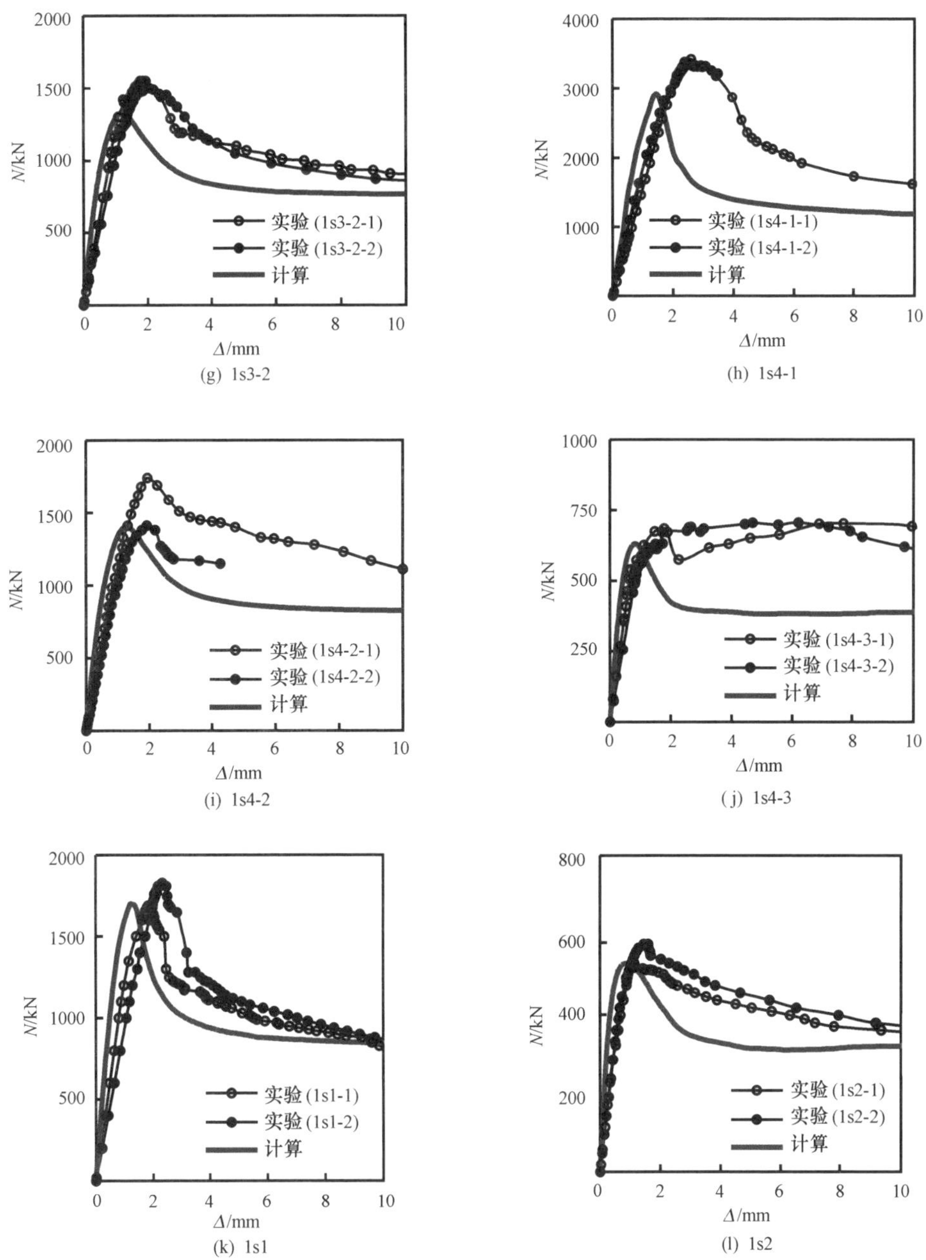

图 5.32 方钢管混凝土局压试件荷载（N)-变形（Δ）曲线（续）

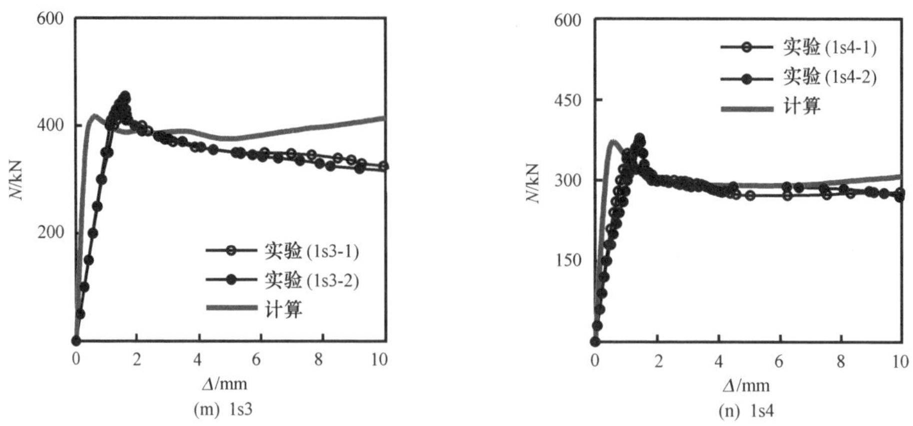

(m) 1s3　　(n) 1s4

图 5.32　方钢管混凝土局压试件荷载（N)-变形（Δ）曲线（续）

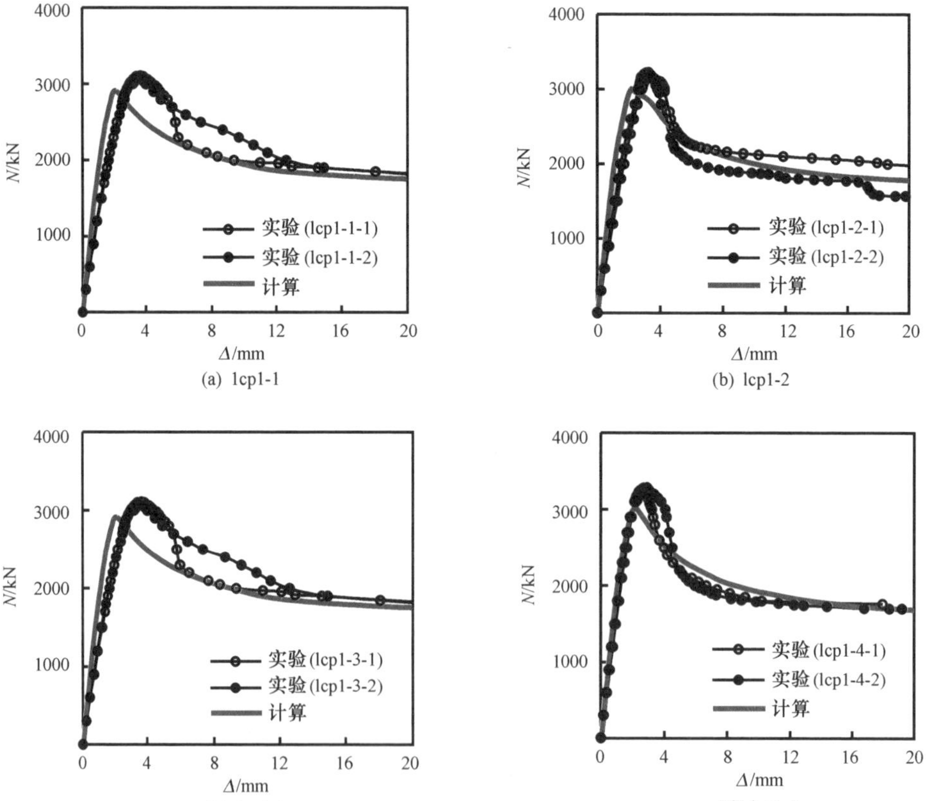

(a) 1cp1-1　　(b) 1cp1-2

(c) 1cp1-3　　(d) 1cp1-4

图 5.33　带端板圆钢管混凝土局压荷载（N）-变形（Δ）关系曲线

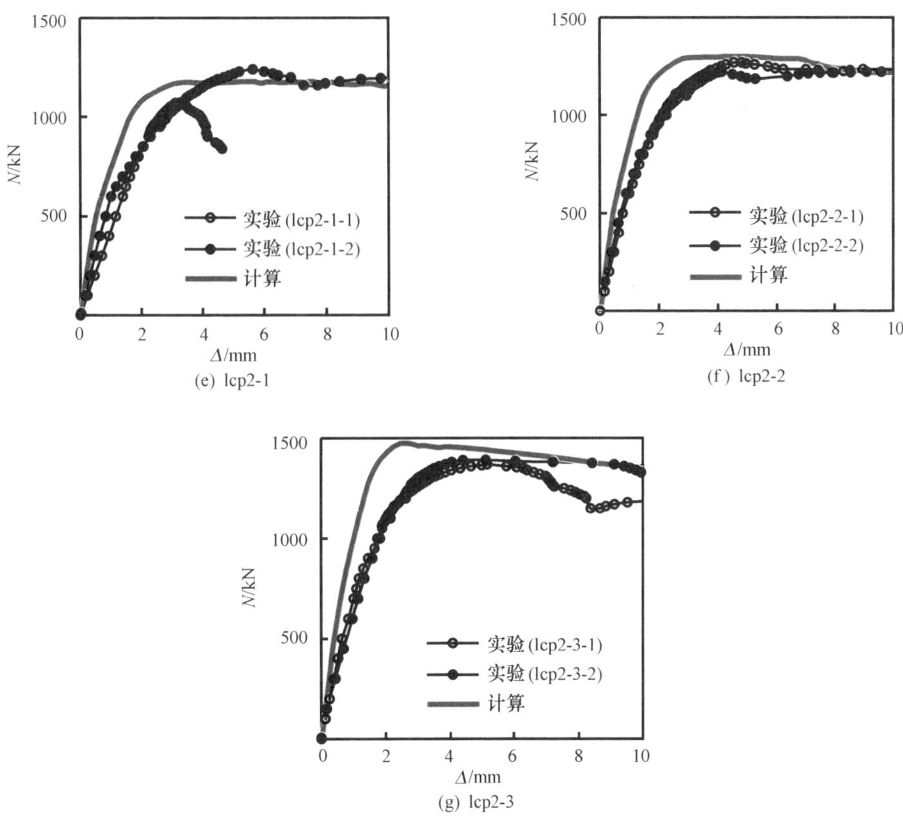

图 5.33　带端板圆钢管混凝土局压荷载（N）-变形（Δ）关系曲线（续）

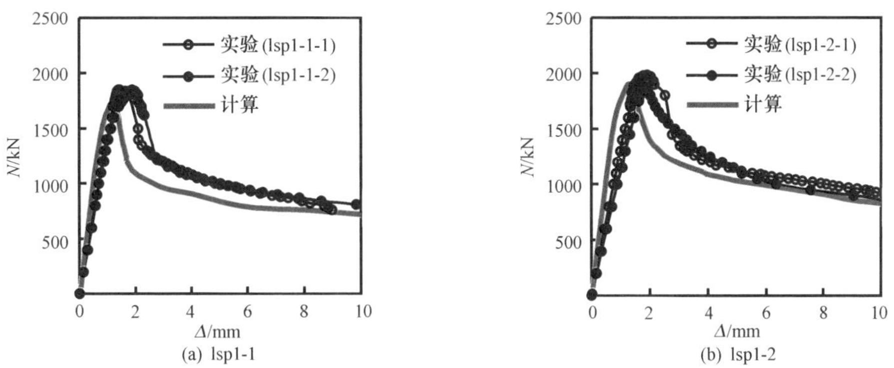

图 5.34　带端板方钢管混凝土局压荷载（N）-变形（Δ）关系曲线

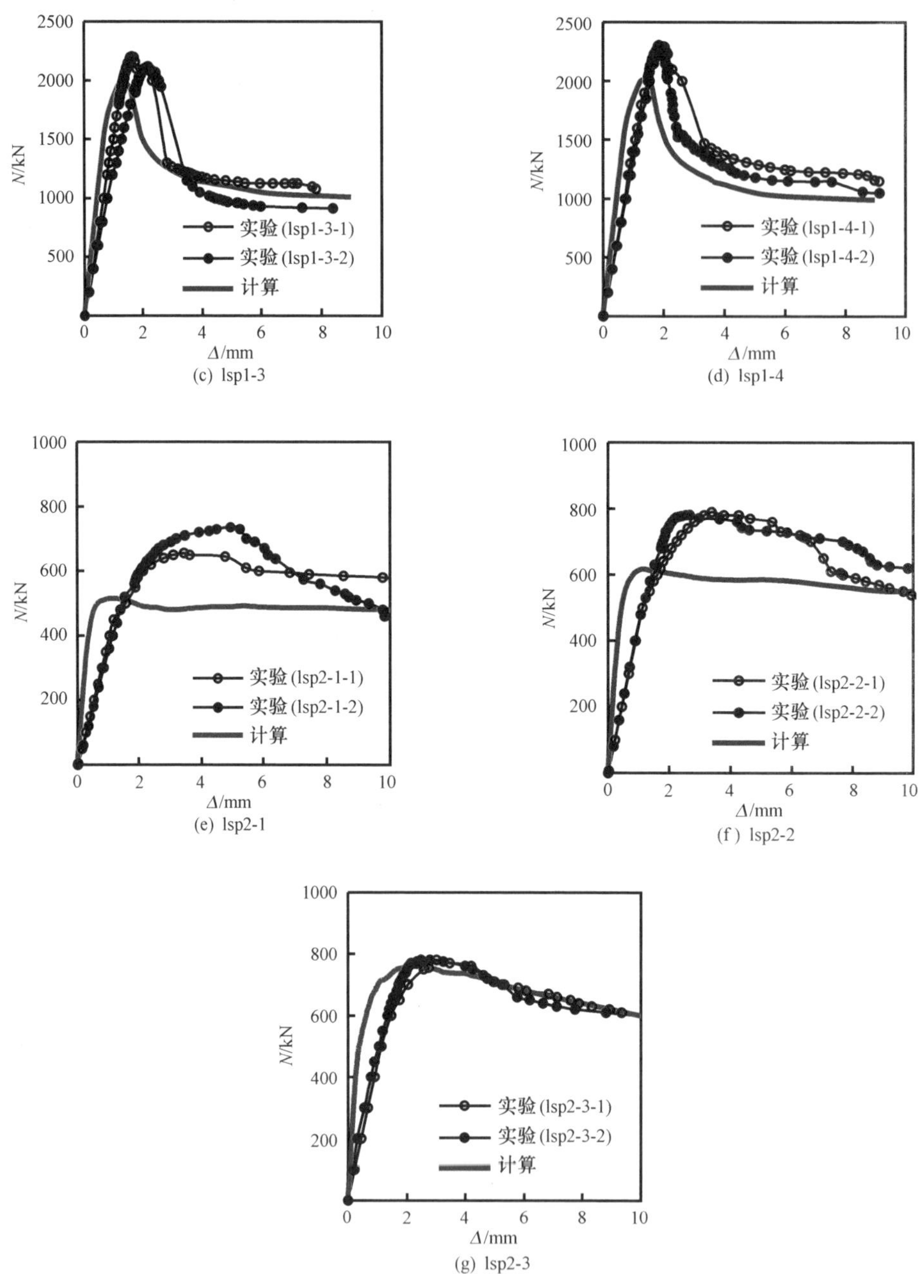

图 5.34　带端板方钢管混凝土局压荷载（N）-变形（Δ）关系曲线（续）

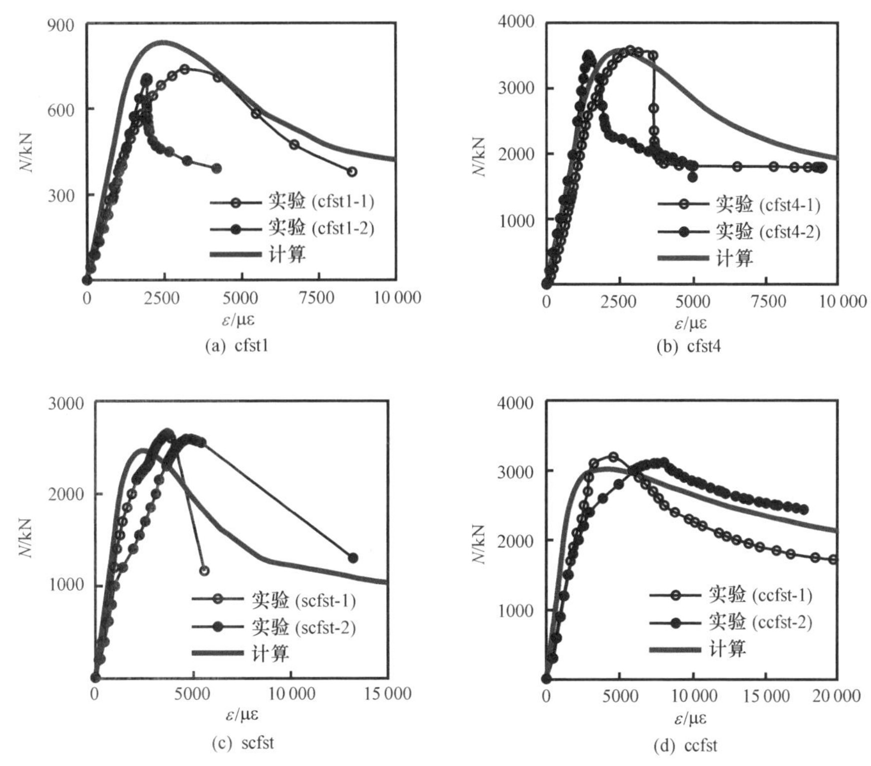

图 5.35　钢管混凝土全截面受压 N-ε 关系曲线

表 5.4 给出了钢管混凝土局压承载力的计算结果（N_{uc}）与收集到的试验结果（N_{ue}）比值的平均值和均方差。

表 5.4　局压承载力计算结果

截面形式	圆钢管混凝土		方钢管混凝土	
	无端板	带端板	无端板	带端板
试件数量	41	14	28	14
平均值	0.996	0.981	0.989	0.887
均方差	0.064	0.057	0.104	0.074

图 5.36 给出了 N_{uc}与 N_{ue}的比较情况。可见，有限元计算结果与试验结果总体上吻合较好。

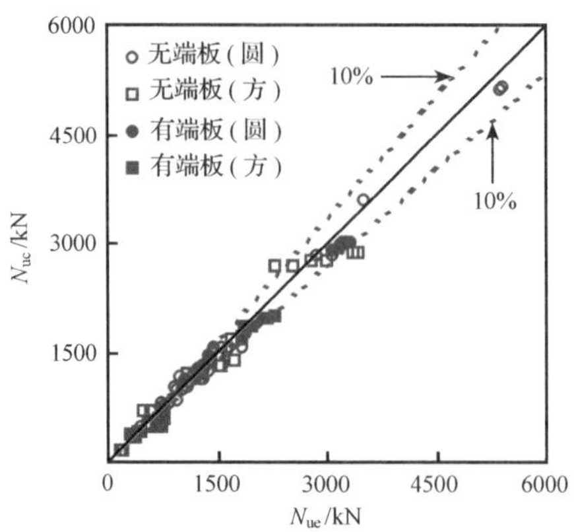

图 5.36　局压承载力计算值与试验值比较

5.4　工作机理分析

5.4.1　受力全过程分析

图 5.37 所示为计算获得的典型的钢管混凝土局压 N_{LC}-Δ 关系曲线，其中 N_{LC} 为钢管混凝土局压力，Δ 为局压区的纵向变形。

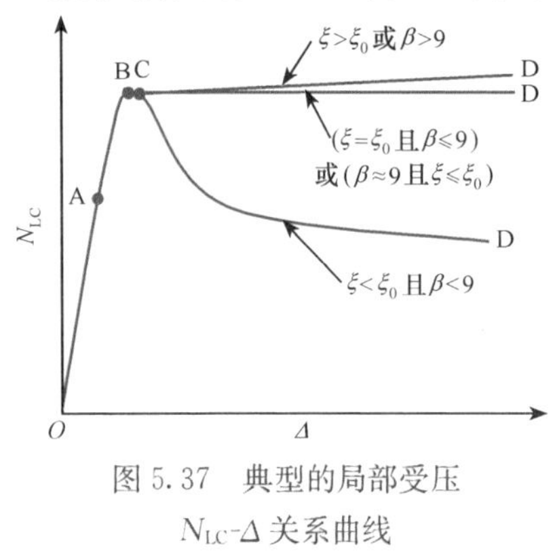

图 5.37　典型的局部受压 N_{LC}-Δ 关系曲线

计算结果表明，无论是圆、方形钢管混凝土局压 N_{LC}-Δ 关系曲线的基本形状除与约束效应系数 ξ 有关外，还与局压面积比 β 有很大关系。随着 β 的增加，曲线的下降段幅度减小，下降段出现得更晚，甚至不出现下降段。从素混凝土和钢管混凝土的局压试验研究可见，当 $\beta>9$ 时，试件局压承载力几乎不出现下降段，且与圆钢管混凝土相比，方钢管混凝土的下降幅度较大，下降段出现得较早。

局部受压 N_{LC}-Δ 关系曲线的特点如下：

①弹性段（OA）：钢管和核心混凝土处于弹性阶段。在此阶段，钢管对其核心混凝土基本没有约束力产生。A 点时，钢材达到了其比例极限。②弹塑性段（AB）：进入此阶段后，核心混凝土在纵向压力作用下，微裂缝会逐渐开展，横向变形系数有所增加，钢管对核心混凝土的约束作用会逐渐增强。B 点时局压区的钢管通常已进入塑性阶段，混凝土的纵向压应力也达到峰值。③塑性强化段（BC）：BC 段主要与约束情况有关，ξ 或 β 越小，B、C 点越接近。当 ξ 较大或 β 较大时，曲线强化阶段能保持持续增长的趋势。④下降段（CD）：β 越大，曲线

的下降段越平缓，甚至不出现下降段。与对图 3.9 的分析类似，图 5.37 中，ξ_0 的大小与钢管混凝土的截面形状有关：对于圆形截面构件，$\xi_0\approx 1$；对于方、矩形截面构件，$\xi_0\approx 4.5$。

5.4.2　影响因素分析

（1）局压面积比的影响

图 5.38 所示为不同局压面积比（β）情况下钢管混凝土局压荷载-变形关系计算曲线。算例计算条件：$D(B)=400$mm；$\alpha=0.1$；$L=1200$mm；Q345 钢；C60 混凝土。

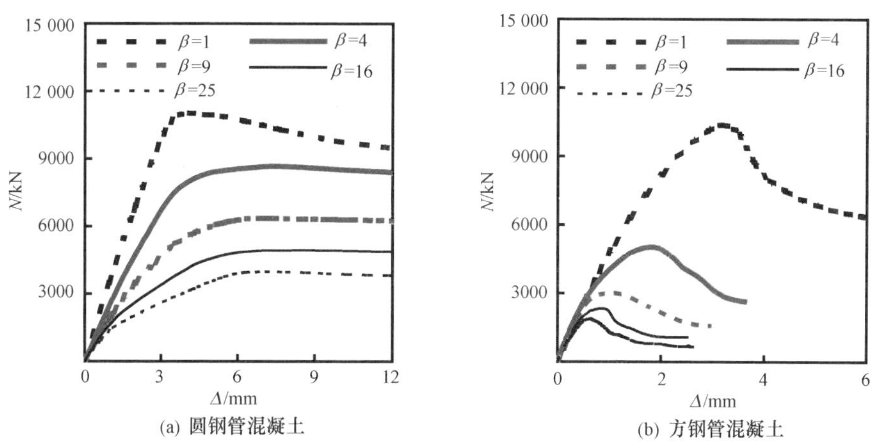

(a) 圆钢管混凝土　(b) 方钢管混凝土

图 5.38　β 对局压荷载-变形关系曲线

由图 5.38 可见，随着 β 的增加，构件刚度减小，峰值承载力降低，曲线下降段则趋于平缓。在 β 相同的情况下，圆钢管混凝土承载力峰值点对应的轴向位移要大于方钢管混凝土，且下降段更为平缓，方钢管混凝土的局压承载力降低得比圆钢管混凝土快。不同截面形状钢管对核心混凝土约束作用的差异，同样会影响整个构件的局压力学性能。

图 5.39 所示为不同 β 情况下钢管混凝土构件达承载力极限时构件中心轴处的横向应力，对于方试件，取垂直于边长方向的应力值。核心混凝土中心轴的横向应力来自于局部压力扩散产生的拉、压应力以及钢管和混凝土之间的相互作用力。图中，h 为沿试件方向到局压荷载作用平面的垂直距离。由图 5.39 可见，局压影响区的横向压应力较大，且从局压荷载作用平面开始沿试件方向减小较快。由于圆钢管对其核心混凝土约束效果好，因此拉应力区很小。方钢管对其核心混凝土的约束力不足以抵消局压力扩散产生的拉应力，因而拉应力区较大。从图 5.39 可见，局压影响对于圆、方钢管混凝土的范围大致分别在距局压荷载作用平面的 $0.8D$ 和 $1.0B$ 的范围内，且 β 越大，局压影响区越小。

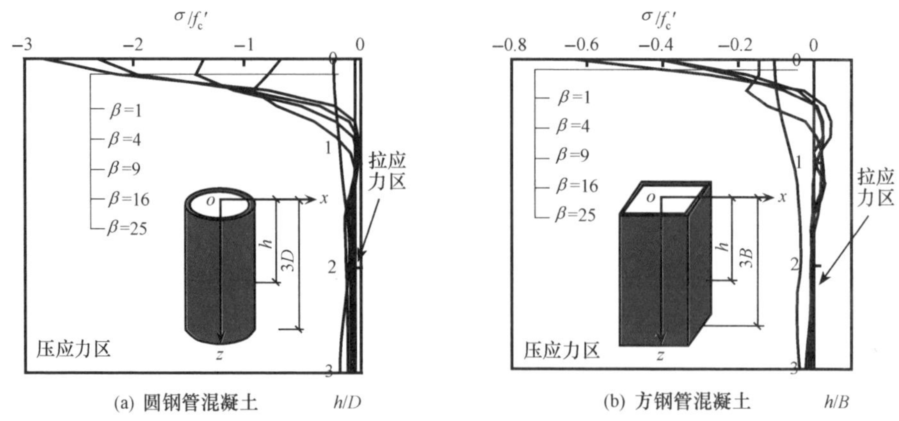

图 5.39　β对中心轴横向应力的影响

图 5.40 所示为圆钢管混凝土达到承载力极限时，钢管的横向应力（正值）与纵向应力（负值）。可见，纵向应力沿构件高度方向不断增加，且在构件上部增加较快，后逐渐趋于一定值。构件端部约 0.8D 的高度范围内，钢管的横向应力较大，下部钢管的横向应力基本保持不变。β越大，钢管的纵向应力越小，钢管端部横向应力区的范围越小，且钢管下部的横向应力值越小。从钢管的应力变化可知，局部受压时，在端部局压区局压力逐渐由核心混凝土向钢管传递，在局压区外，由于局压力的传递逐渐完成，钢管与核心混凝土变形趋于一致，承担力的大小不再变化。方钢管混凝土与圆钢管混凝土的力学性能变化规律基本类似。

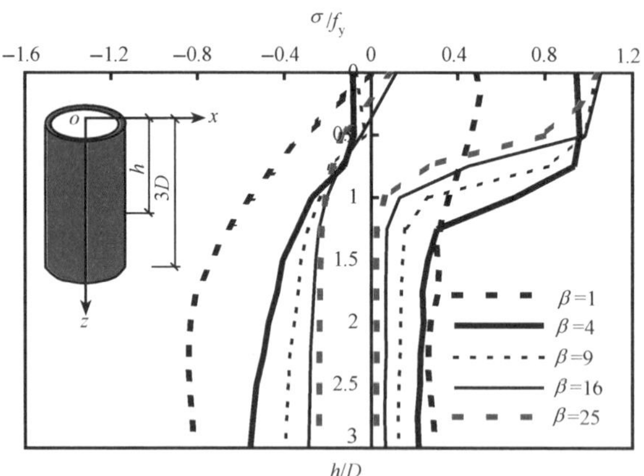

图 5.40　达到承载力极限时钢管的横向与纵向应力

（2）截面含钢率的影响

图 5.41 所示为截面含钢率（α）不同的情况下钢管混凝土的局压荷载-变形关系，本算例的计算条件：β=4；D（或 B）=400mm；L=1200mm；Q345 钢；C60 混凝土。可见，α 对曲线刚度的影响不明显，随着 α 的增加，极限承载力提高，曲线下降段更为平缓，素混凝土的局压刚度低于钢管混凝土。

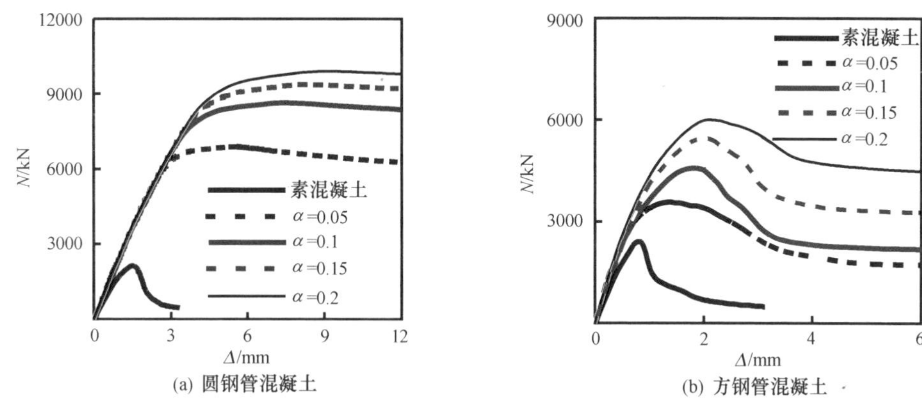

(a) 圆钢管混凝土　(b) 方钢管混凝土

图 5.41　α 对局压荷载-变形关系曲线

图 5.42 所示为 α 对构件中心轴横向应力的影响规律。可见，钢管混凝土试件达到承载力极限时，圆钢管混凝土的横向应力高于方钢管混凝土，且随着 α 的增加，约束作用越强，端部横向压应力增长得越快。

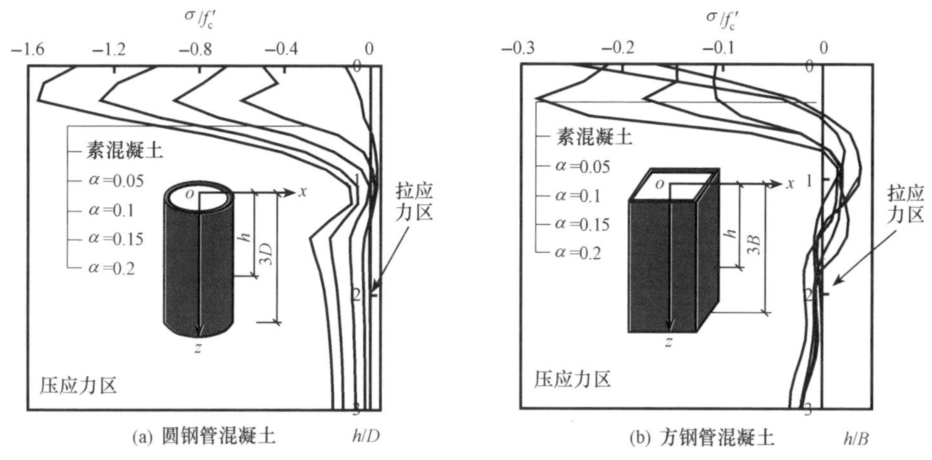

(a) 圆钢管混凝土　(b) 方钢管混凝土

图 5.42　α 对横向应力的影响

（3）钢材屈服强度的影响

图 5.43 所示为钢材屈服强度 f_y 不同时钢管混凝土的局压荷载-变形关系曲线。本算例的计算条件：$\beta=4$；D（或 B）$=400$mm；$L=1200$mm；$\alpha=0.1$；C60 混凝土。可见，f_y 对曲线刚度的影响不明显，但随着 f_y 的增加，承载力峰值点有所提高，下降段曲线更为平缓。f_y 的变化影响钢管的约束作用，由于方钢管的约束效果不及圆钢管，f_y 对方钢管混凝土的影响不如对圆钢管混凝土的显著。

图 5.44 所示为不同钢材强度的钢管混凝土局压构件，在达到承载力极限时，构件中心轴的横向应力。可见圆钢管混凝土的规律性较强，随着钢材强度的增加，约束作用增强，端部的横向压应力增加较快。

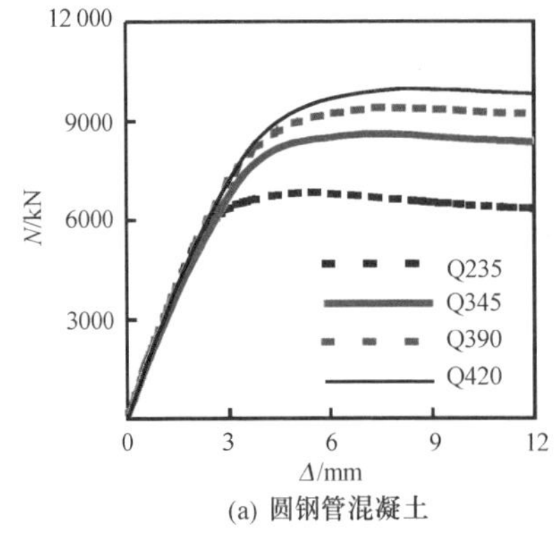

(a) 圆钢管混凝土

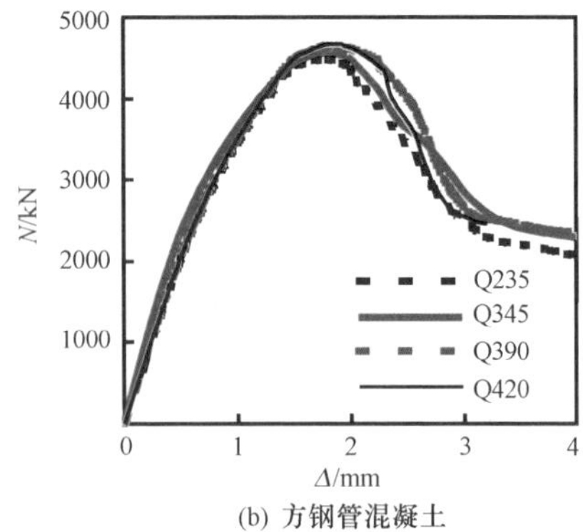

(b) 方钢管混凝土

图 5.43 钢材强度对局压荷载-变形关系的影响

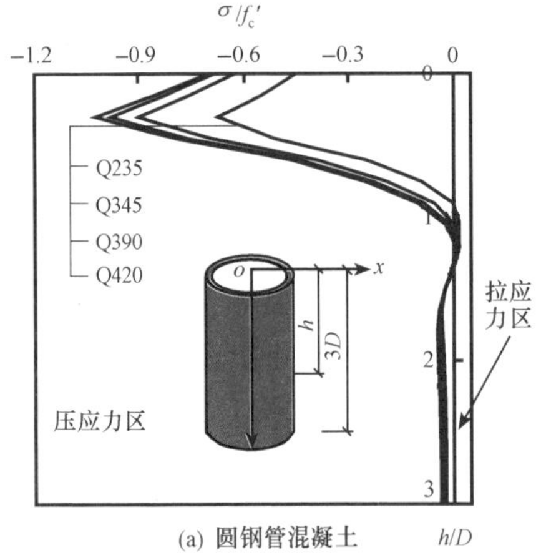

(a) 圆钢管混凝土

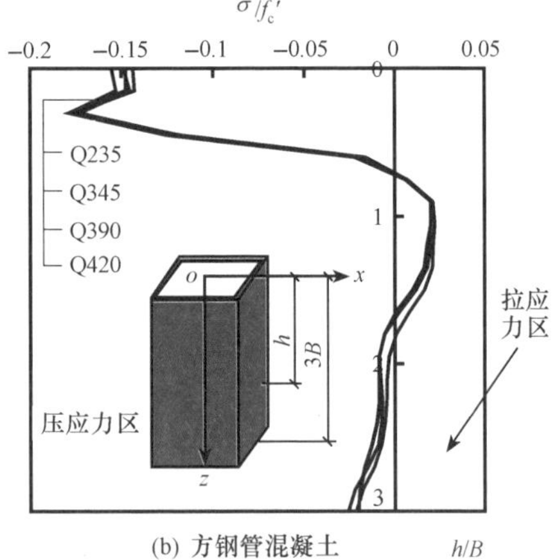

(b) 方钢管混凝土

图 5.44 钢材强度对横向应力的影响

(4) 混凝土强度的影响

图 5.45 所示为混凝土强度不同时钢管混凝土的局压荷载-变形关系曲线。本算例的计算条件为：$\beta=4$；D（或 B）$=400$mm；$L=1200$mm；$\alpha=0.1$；Q345 钢。可见，随着混凝土强度的提高，构件刚度有所增大，承载力峰值点提高，下降段曲线变陡。

图 5.46 所示为混凝土强度对横向应力的影响规律。可见，随着混凝土强度的减小，钢管对其核心混凝土的约束作用增加，端部的横向压应力增加较快。

(5) 端板刚度的影响

图 5.47 所示为的不同端板厚度（因端板刚度是其厚度 t_a 的函数，为表达方便，在分析中直接以 t_a 反映端板刚度的影响）情况下钢管混凝土的局压荷载-变形关系曲线。本算例的计算条件：$\beta=4$，D（或 B）$=400$mm；$\alpha=0.1$；$L=1200$mm；Q345 钢；C60 混凝土。可见随着 t_a 的增加，即端板刚度的增大，构件

的刚度有所提高，局压承载力提高，曲线下降段更为平缓，越来越接近全截面受压的荷载-变形关系曲线。

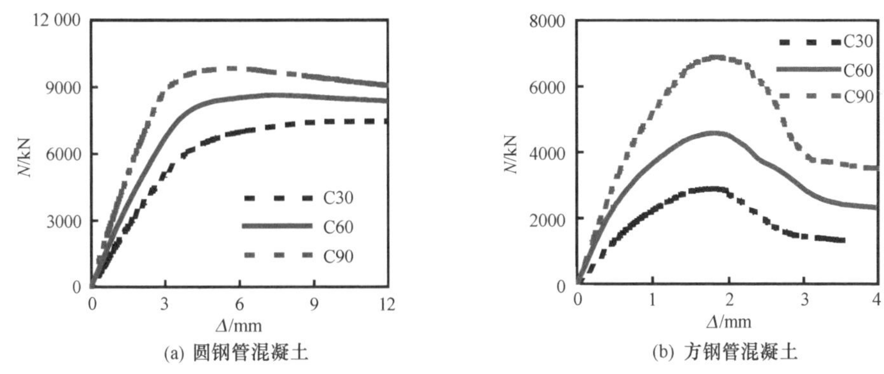

(a) 圆钢管混凝土　　(b) 方钢管混凝土

图 5.45　混凝土强度对局压荷载-变形关系的影响

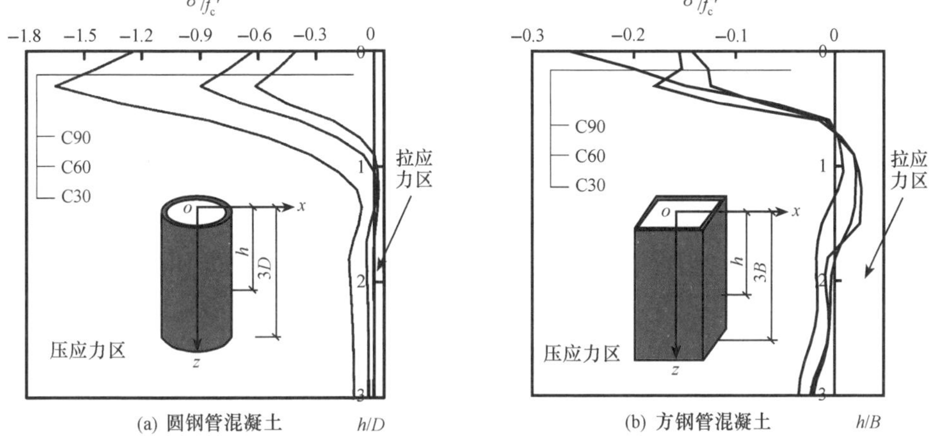

(a) 圆钢管混凝土　　(b) 方钢管混凝土

图 5.46　混凝土强度对横向应力的影响

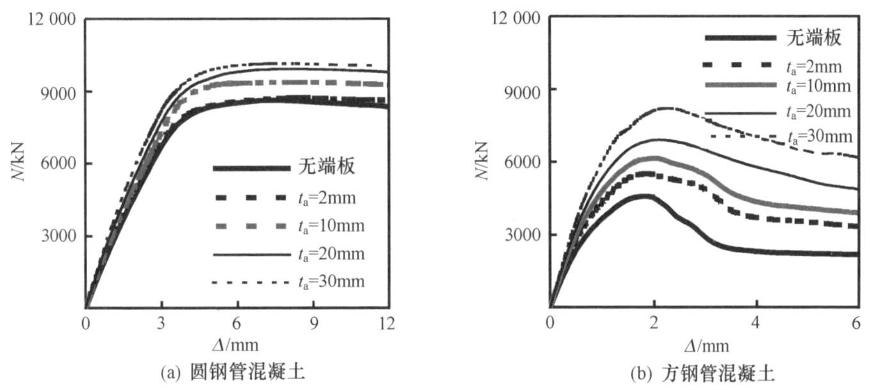

(a) 圆钢管混凝土　　(b) 方钢管混凝土

图 5.47　端板厚度对荷载-变形的影响

为了更好地说明受力过程中钢管混凝土截面上的应力变化规律，图 5.48 给出了荷载施加到极限承载力的三分之一时，核心混凝土截面的纵向应力（云图中的 S33 单位为 MPa）分布及局压应力在核心混凝土中的扩散情况，负值代表压应力。对于圆钢管混凝土取距离构件端部 0.2D 处的截面，x 代表截面上的点距截面形心的距离；对于方钢管混凝土取距离构件端部 0.2B 处的截面，x 代表截面上的点距截面对称轴的距离。可见，随着端板刚度的增加，核心混凝土截面应力差值越来越小，应力分布越来越均匀。从无端板和端板厚度 $t_a=30\text{mm}$ 两种情况时核心混凝土的纵向应力分布可见，端板刚度的增加使核心混凝土端面的受力范围增加，核心混凝土上的应力越来越接近于全截面受压的情况。

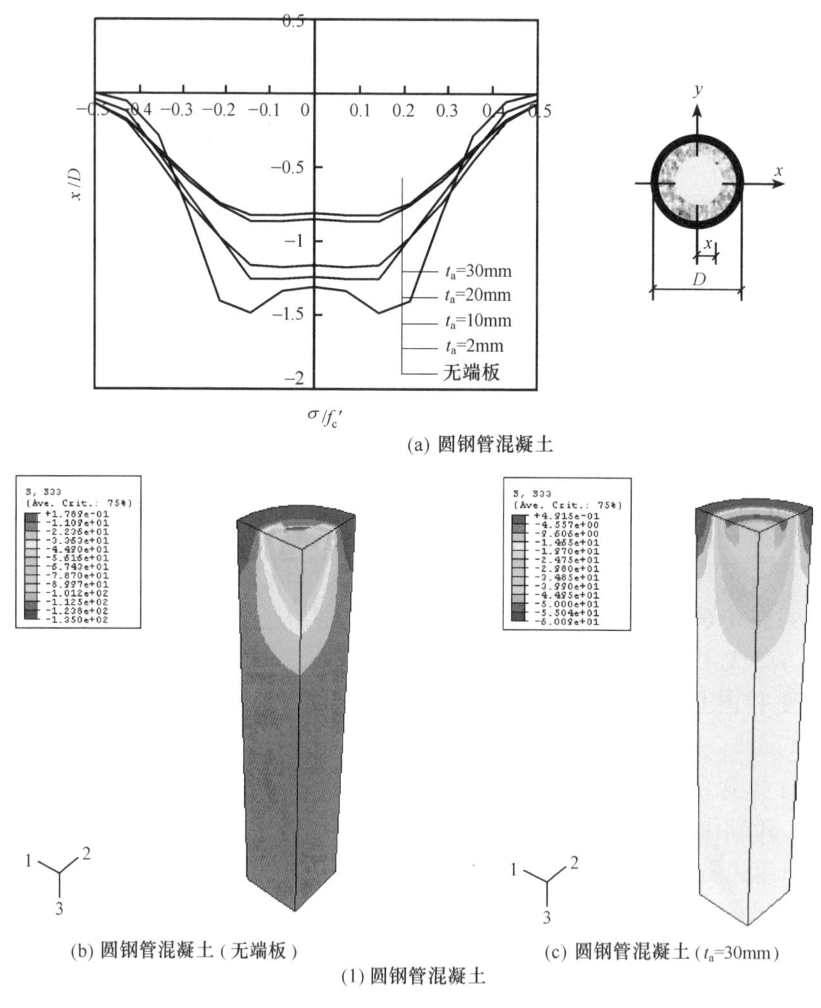

(a) 圆钢管混凝土

(b) 圆钢管混凝土（无端板）

(c) 圆钢管混凝土（t_a=30mm）

(1) 圆钢管混凝土

图 5.48 端板刚度的影响

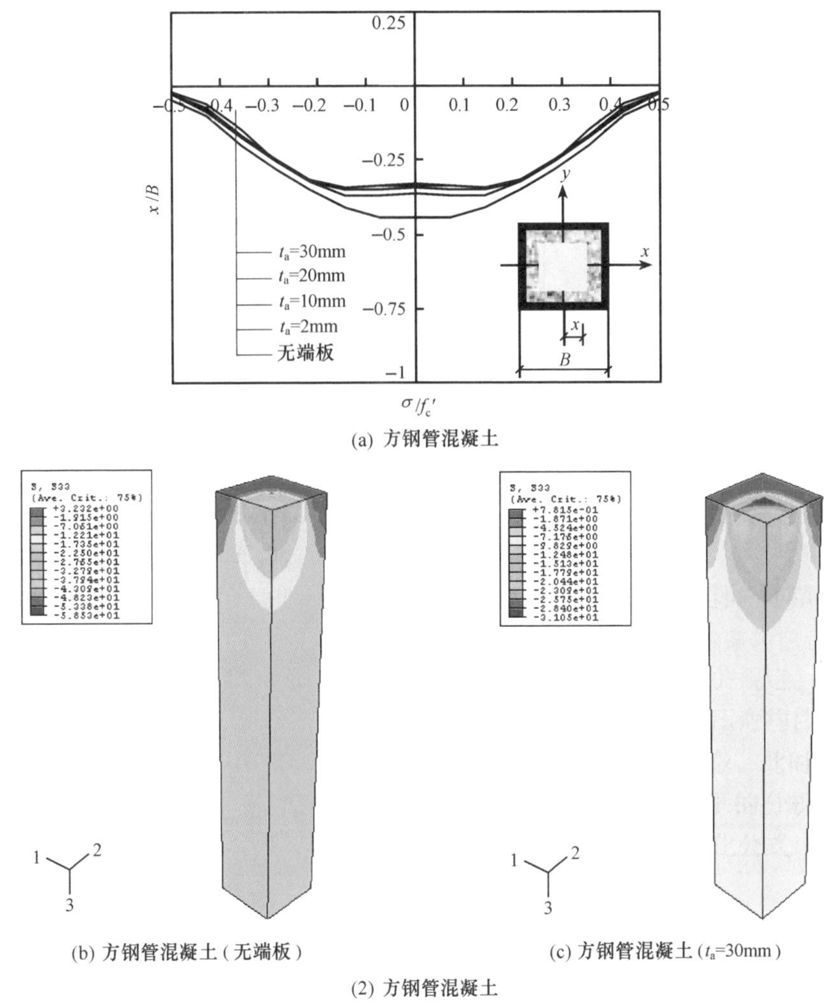

(a) 方钢管混凝土

(b) 方钢管混凝土（无端板）　　(c) 方钢管混凝土（t_a=30mm）

(2) 方钢管混凝土

图 5.48　端板刚度的影响（续）

图 5.49 所示为带不同刚度端板的圆钢管混凝土构件达到承载力极限时，钢管的横向应力（拉应力为正）与纵向应力（压应力为负）变化规律。可见，钢管的纵向力从端部向下逐渐增大，且随着端板刚度的增加，纵向力增大；钢管端部的横向应力较大，下部的横向应力较小，随着端板刚度的增加，钢管端部的横向应力减小但范围增大，下部的横向应力则无明显变化。从上述分析可知，钢管混凝土局压受力时，随着端板刚度的增加，通过端板传递到钢管上的纵向力增加，相应的端部钢管横向应力降低，钢管的应力分布越来越接近于钢管混凝土全截面受力的情况。方钢管混凝土的承载规律性与圆钢管混凝土基本类似。

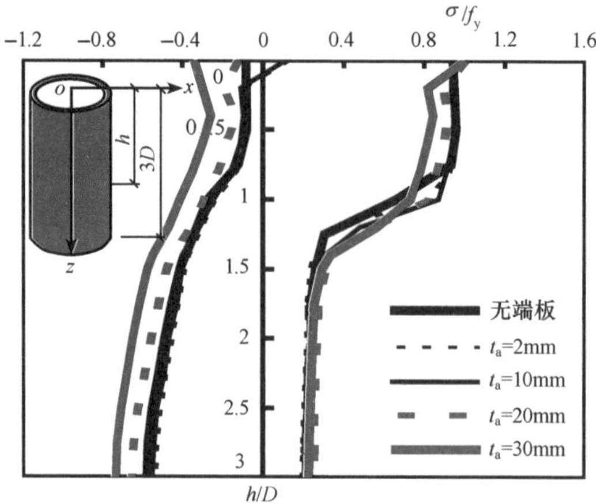

图 5.49　钢管的横向与纵向应力

5.5　承载力实用计算方法

5.5.1　局压承载力折减系数定义

钢管混凝土局压承载力折减系数 K_{LC} 为钢管混凝土局压承载力（N_{uL}）与钢管混凝土轴压承载力（N_u）的比值为

$$K_{LC}=\frac{N_{uL}}{N_u} \tag{5.4}$$

由此，钢管混凝土局压承载力可按下式计算为

$$N_{uL}=K_{LC}\cdot N_u \tag{5.5}$$

式中：N_u 为钢管混凝土轴压承载力，可按式（3.86）确定。

5.5.2　端板刚度影响指标定义

参考弹性地基板理论中反映集中力作用影响范围的刚度半径 r_0 的概念，定义钢管混凝土的端板刚度半径为

$$\gamma_0=\left(\frac{D_w}{k}\right)^{\frac{1}{4}}\quad (\text{mm}) \tag{5.6}$$

刚度半径是一个反映端板对力的传递作用的物理量，刚度半径越大，集中力通过端板传递到核心混凝土端面的范围就越大，力就越平均。

钢管混凝土端板的抗弯刚度 $D_w=\dfrac{E_s\cdot t_a{}^3}{12\cdot(1-\mu_s{}^2)}$。据 Winkler 假设，定义端板下钢管混凝土刚度系数为

$$k=\frac{E}{L_k} \tag{5.7}$$

式中：E 为钢管混凝土折算轴压弹性模量，$E=(E_s\cdot A_s+E_c\cdot A_c)/A_{sc}$，$A_{sc}$为钢管混凝土横截面面积；$L_K$为钢管端板挠度的影响高度，与构件的直径（或边长）有关，分别取为 D 或 B。

对于端板为实腹钢板的情况，刚度半径可写为

$$r_0=\left(\frac{D_w}{k}\right)^{\frac{1}{4}}=\left(\frac{E_s\cdot t_a{}^3\cdot D}{12\cdot(1-\mu_s{}^2)\cdot E}\right)^{\frac{1}{4}}\quad(\text{mm})\tag{5.8}$$

式中：E_s、μ_s分别为端板的弹性模量和泊松比。

为了进一步明确端板刚度对钢管混凝土截面的相对影响范围，定义相对刚度半径 n_r为刚度半径与端板半径 r 之比，即

$$n_r=\frac{r_0}{r}=\frac{\left(\frac{D_w}{k}\right)^{\frac{1}{4}}}{\frac{D}{2}}\tag{5.9}$$

对于方钢管混凝土，将式（5.8）中 D 替换为 B。相对刚度半径反映了端板传力的相对影响范围，可作为端板刚度影响对比分析的参照指标。对于端板为实腹钢板的情况，相对刚度半径可进一步写为

$$n_r=\left(\frac{16}{12\cdot(1-\mu_s{}^2)}\right)^{\frac{1}{4}}\cdot\left(\frac{E_s\cdot t_a{}^3\cdot D}{E\cdot D^4}\right)^{\frac{1}{4}}\tag{5.10}$$

5.5.3　参数分析

本节通过带端板的钢管混凝土局压算例分析局压面积比、含钢率、钢材和混凝土强度、以及端板刚度对圆钢管混凝土和方钢管混凝土局压承载力的影响规律。无端板的情况与带端板的情况相似，此处不再赘述。算例中试件的几何尺寸为：$D(B)=400$mm，$L=1200$mm。

（1）局压面积比与含钢率

图 5.50 所示为局压面积比与含钢率对 K_{LC} 的影响。算例计算条件：Q345 钢，C60 混凝土，端板厚度为 0.1mm，局压面积比 β 的变化范围为 1～25，含钢率 α 的变化范围为 0.04～0.2。

从图 5.50 可见，K_{LC}随着 β 的增加而降低，且下降的速率逐渐减小。方钢管混凝土 K_{LC}在 β 较小（$\beta\leqslant9$）时降低较快，而后趋于平稳，而圆钢管混凝土 K_{LC}在 $\beta\leqslant25$ 范围内的降低速率减小较慢。

从图 5.50 还可以看到，α 对圆钢管混凝土和方钢管混凝土的影响规律有所不同：圆钢管混凝土的 K_{LC}随着 α 的提高而增加，且增加幅度逐渐减小，α 为 0.15 和 0.2 的情况，K_{LC}的值已十分接近，且 β 较小（趋近于 1）和 β 较大（趋近于 25）的情况，α 的影响较小；方钢管混凝土的 K_{LC} 随 α 的变化较小，总体上随 α 的增加呈降低趋势。原因是方钢管混凝土因含钢率的增加、约束作用提高而提高的核心混

凝土承载力小于方钢管因局压受力而承担的纵向力降低，因而作为局压承载力与全截面轴压承载力的比值，方钢管混凝土的 K_{LC} 随含钢率的增加呈降低趋势。

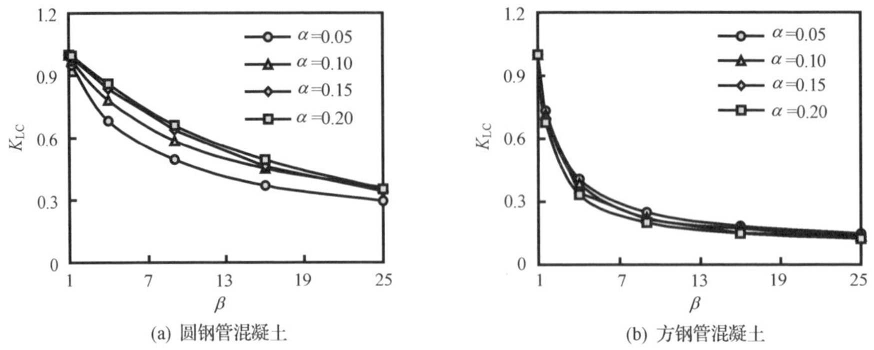

图 5.50　局压面积比和含钢率对 K_{LC} 的影响

（2）钢材屈服强度

图 5.51 所示为钢材屈服强度对 K_{LC} 的影响。本算例的计算条件是：C60 混凝土，含钢率 $\alpha=0.1$，端板厚度为 0.1mm，局压面积比 β 的变化范围为 1～25，钢材强度的变化范围为 Q235～Q420。

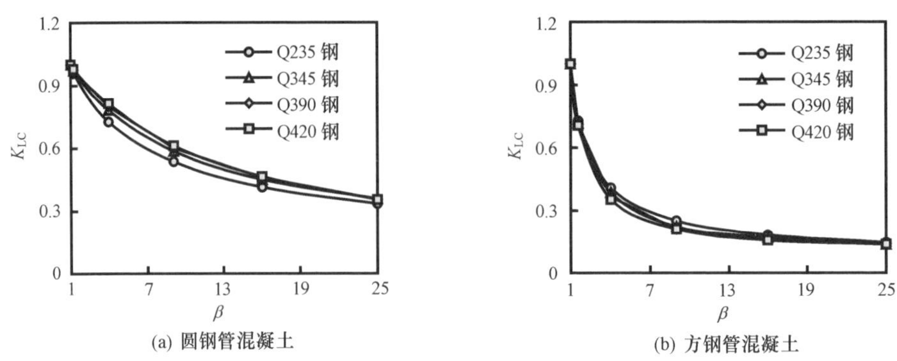

图 5.51　钢材屈服强度对 K_{LC} 的影响

从图 5.51 可见，钢材屈服强度对 K_{LC} 的影响规律与 α 相同。圆钢管混凝土的 K_{LC} 随着钢材屈服强度的提高而增加，增加幅度逐渐减小，如图中的 Q390 和 Q420 的曲线基本是重合的，且 β 较小（趋近于 1）和 β 较大（趋近于 25）的情况，钢材屈服强度的影响较小；钢材屈服强度对方钢管混凝土 K_{LC} 的影响较小，总体上 K_{LC} 随着钢材屈服强度的提高而减小。影响差别的产生原因是钢材屈服强度的增加一方面增加了对核心混凝土的约束作用，另一方面也增加了钢管承担纵向力的比例，二者对圆钢管混凝土和方钢管混凝土的影响不同。

（3）混凝土强度

图 5.52 所示为混凝土强度对 K_{LC} 的影响。算例中采用 Q345 钢，含钢率 $\alpha=$

0.1，端板厚度为0.1mm，局压面积比β的变化范围为1～25，混凝土强度的变化范围为C30～C90。

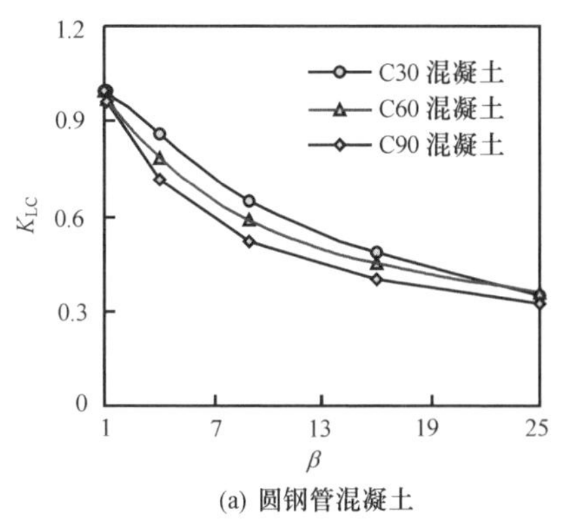

(a) 圆钢管混凝土

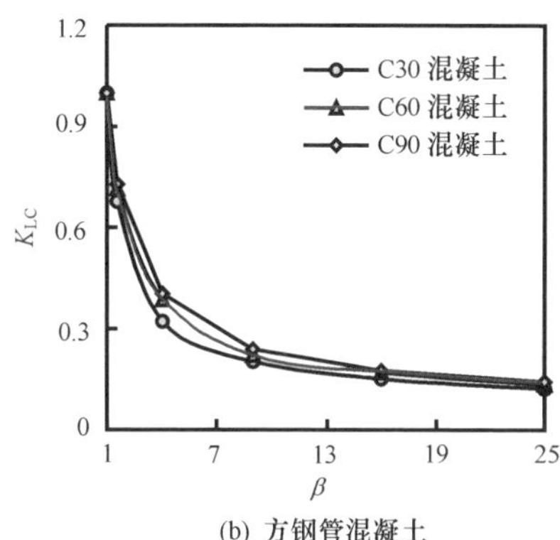

(b) 方钢管混凝土

图5.52 混凝土强度对K_{LC}的影响

从图5.52可见，混凝土强度对K_{LC}的影响规律与α和钢材强度的影响规律相反。圆钢管混凝土的K_{LC}随着混凝土强度的提高而减小，且β较小（趋近于1）和β较大（趋近于25）的情况，混凝土强度的影响较小；混凝土强度对方钢管混凝土K_{LC}的影响较小，总体上K_{LC}随着混凝土强度的提高而增加。影响差别的产生原因是混凝土强度的增加一方面降低了钢管的约束对混凝土承载力的提高幅度，另一方面也减小了钢管承担纵向力的比例，二者对圆钢管混凝土和方钢管混凝土的影响不同。

（4）端板刚度

图5.53所示为端板刚度对K_{LC}的影响。算例采用Q345钢，C60混凝土，含钢率α=0.1，局压面积比β的变化范围为1～25。从图5.53可见，K_{LC}随着n_r的增加而增大。圆钢管混凝土在n_r较小时K_{LC}增加较快，在K_{LC}值趋近于1时，增加较缓；β越大，K_{LC}值随n_r的增长越快；β越小，则K_{LC}达到1时的n_r值越小。β值不同的方钢管混凝土K_{LC}值随n_r的增长规律较为接近，直至K_{LC}值趋近于1时，增加较缓；β越小，则K_{LC}达到1时的n_r值越小。

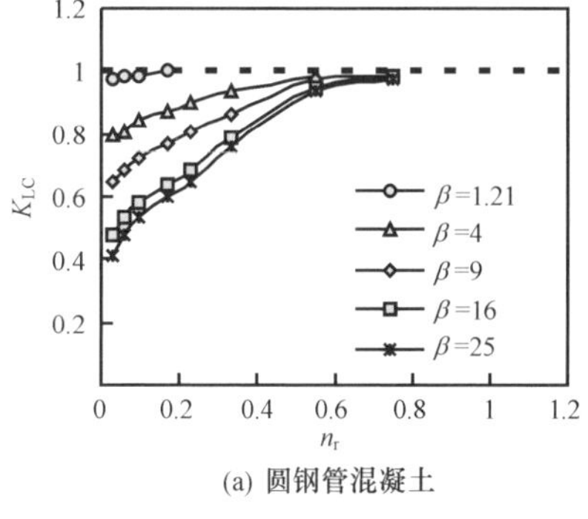

(a) 圆钢管混凝土

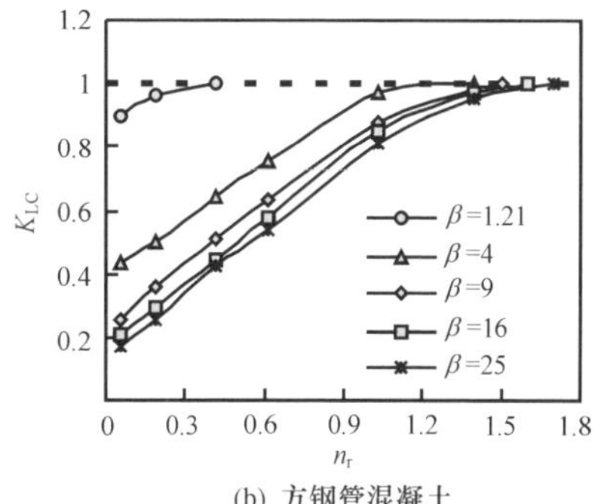

(b) 方钢管混凝土

图5.53 端板刚度对K_{LC}的影响

5.5.4 实用计算公式

根据参数分析的结果，综合各参数的影响规律，在含钢率 0.04～0.2、钢材 Q235～Q420、混凝土 C30～C90 的参数范围内，分别推导无端板和带端板钢管混凝土局压承载力折减系数 K_{LC}的计算公式。从参数分析结果可见含钢率与钢材强度的影响规律相同，混凝土强度的影响规律与前两者相反，综合几何参数与材料参数的影响，将含钢率、钢材强度和混凝土强度归为一个约束效应系数，进而在计算公式中用约束效应系数来反映几何参数与材料参数的影响规律（刘威，2005）。

（1）无端板钢管混凝土

无端板圆钢管混凝土的局压承载力折减系数计算公式如下，即

$$K_{LC} = A \cdot \beta + B \cdot \beta^{0.5} + C \tag{5.11}$$

式中：$A = (-0.18 \cdot \xi^3 + 1.95 \cdot \xi^2 - 6.89 \cdot \xi + 6.94) \cdot 10^{-2}$；

$B = (1.36 \cdot \xi^3 - 13.92 \cdot \xi^2 + 45.77 \cdot \xi - 60.55) \cdot 10^{-2}$；

$C = (-\xi^3 + 10 \cdot \xi^2 - 33.2 \cdot \xi + 150) \cdot 10^{-2}$。

从式（5.11）可见，K_{LC}将β的影响规律用其平方根的二次曲线的形式来描述，并将约束效应系数的影响体现于二次曲线的三个系数中。从图 5.54（a）可见，K_{LC}有限元计算值与公式计算值的符合情况较好。图 5.54（b）所示为无端板的圆钢管混凝土局压承载力试验值（N_{ue}）与公式计算值（N_{uc}）的比较。比较时，N_u取有限元计算结果，可见二者总体上吻合较好。

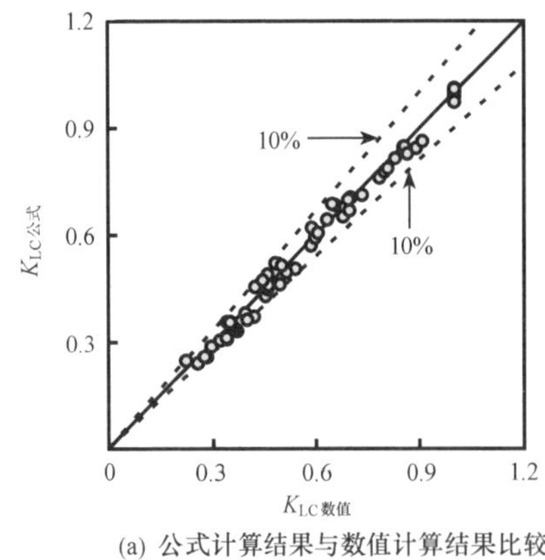

(a) 公式计算结果与数值计算结果比较

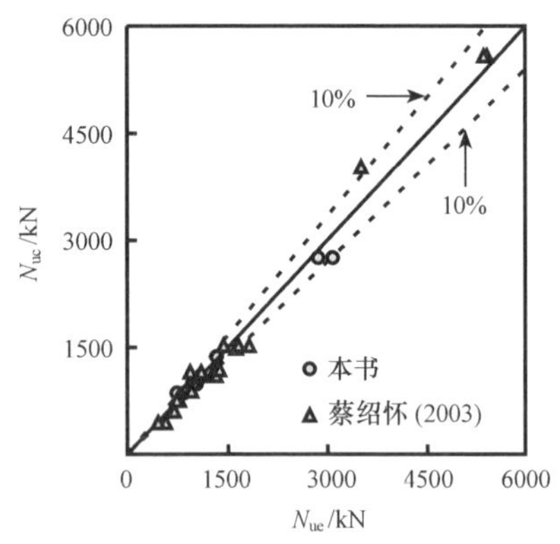

(b) 公式计算结果 (N_{uc})与实验结果 (N_{ue})比较

图 5.54 无端板圆钢管混凝土局压承载力折减系数 K_{LC}

无端板方钢管混凝土的局压承载力折减系数计算公式如下，即

$$K_{LC0} = A \cdot \beta^{-0.5} + B \tag{5.12}$$

式中：$A = (-1.38 \cdot \xi + 105) \cdot 10^{-2}$；$B = (1.5 \cdot \xi - 5.2) \cdot 10^{-2}$。

从式（5.12）可见，K_{LC}将β的影响规律用其平方根倒数的一次曲线的形式来描述，并将约束效应系数ξ的影响体现于曲线的两个系数中。

从图5.55（a）可见K_{LC}有限元计算值与公式计算值的符合情况良好，误差在10%以内。与无端板圆钢管混凝土试验相比，无端板方钢管混凝土的试验离散性较大。图5.55（b）所示为无端板的方钢管混凝土局压承载力试验值（N_{ue}）与公式计算值（N_{uc}）的比较，其中钢管约束混凝土轴压承载力N_u取有限元计算结果，可见除个别结果偏差较大外，误差基本在10%以内。

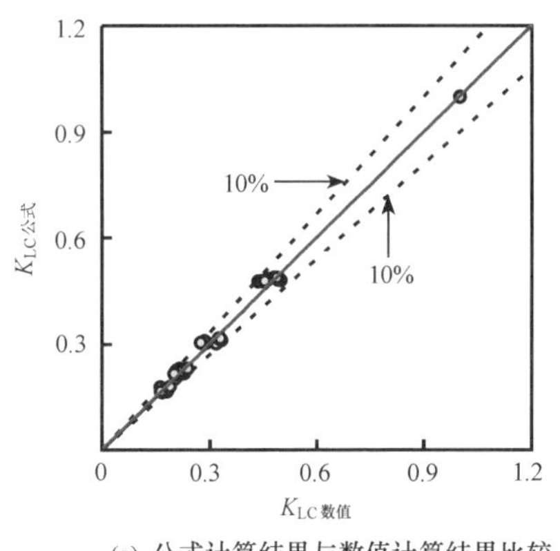

(a) 公式计算结果与数值计算结果比较

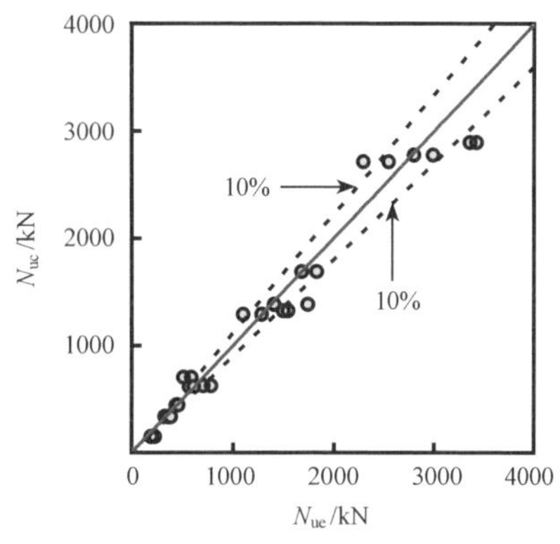

(b) 公式计算结果（N_{uc}）与实验结果（N_{ue}）比较

图5.55　无端板方钢管混凝土局压承载力折减系数K_{LC}

（2）带端板钢管混凝土

带端板圆钢管混凝土局压承载力折减系数K_{LC}计算公式为

$$K_{LC}=(A\cdot\beta+B\cdot\beta^{0.5}+C)\cdot(D\cdot n_r^2+E\cdot n_r+1)\leqslant 1 \tag{5.13}$$

式中：$A=(-0.17\cdot\xi^3+1.9\cdot\xi^2-6.84\cdot\xi+7)\cdot10^{-2}$；

$B=(1.35\cdot\xi^3-14\cdot\xi^2+46\cdot\xi-60.8)\cdot10^{-2}$；

$C=(-1.08\cdot\xi^3+10.95\cdot\xi^2-35.1\cdot\xi+150.9)\cdot10^{-2}$；

$D=(-0.53\cdot\beta-54\cdot\beta^{0.5}+46)\cdot10^{-2}$；

$E=(6\cdot\beta+62\cdot\beta^{0.5}-67)\cdot10^{-2}$。

从图5.56（a）可见，K_{LC}有限元计算值与公式计算值的符合情况良好。图5.56（b）所示为带端板的圆钢管混凝土局压承载力试验值（N_{ue}）与公式计算值（N_{uc}）的比较，可见二者符合较好，误差基本在10%以内。

带端板方钢管混凝土局压承载力折减系数K_{LC}公式为

$$K_{LC}=(A\cdot\beta^{-1}+B\cdot\beta^{-0.5}+C)\cdot(D\cdot n_r+1) \tag{5.14}$$

式中：$A=(35.45\cdot\xi+26.29)\times10^{-2}$；

$B=(-40.62\cdot\xi+74.58)\times10^{-2}$；

$C=(5.2\cdot\xi-0.93)\times10^{-2}$；

$D=(103.2\cdot\beta^{0.5}-53.11)\times10^{-2}$。

从图5.57（a）可见，K_{LC}有限元计算值与公式计算值的符合情况良好，误差在10%以内。图5.57（b）所示为带端板的方钢管混凝土局压承载力试验值

（N_{ue}）与计算值（N_{uc}）的比较，可见计算值与试验值整体上符合较好。

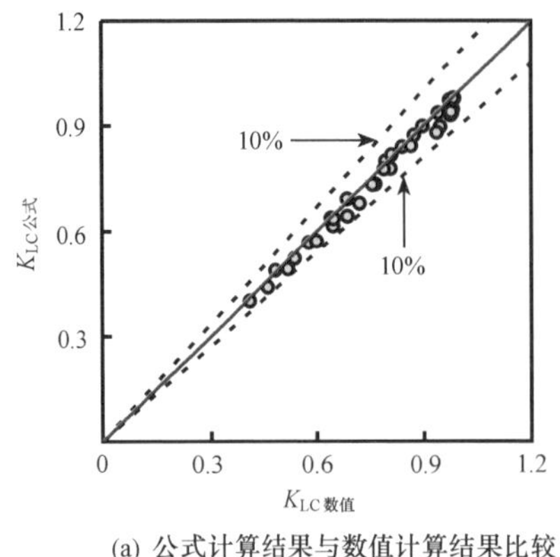

(a) 公式计算结果与数值计算结果比较

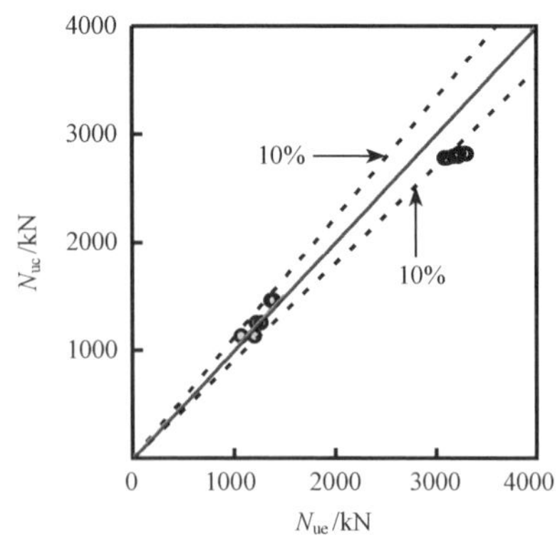

(b) 公式计算结果(N_{uc})与实验结果(N_{ue})比较

图 5.56　圆钢管混凝土局压承载力折减系数 K_{LC}

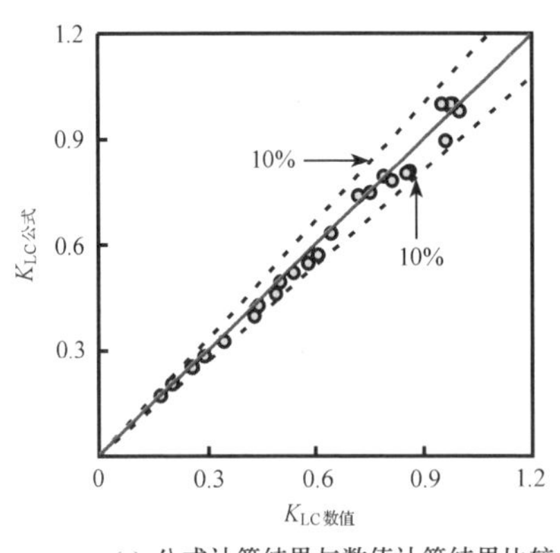

(a) 公式计算结果与数值计算结果比较

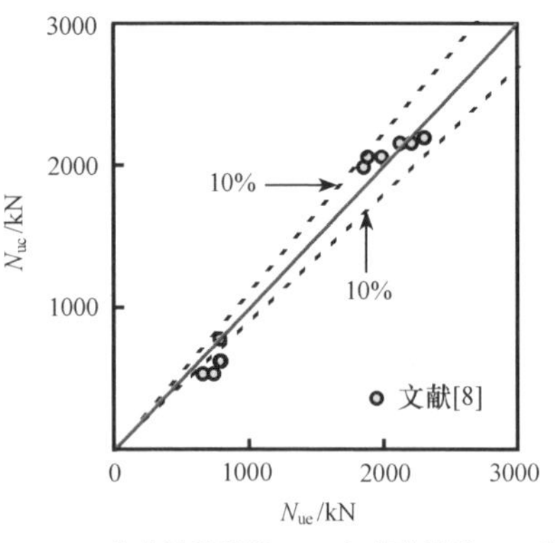

(b) 公式计算结果(N_{uc})与实验结果(N_{ue})比较

图 5.57　方钢管混凝土局压承载力折减系数 K_{LC}

5.6　小　　结

本章的研究结果表明，局压荷载作用下，含钢率越大，钢管对其核心混凝土提供的约束作用越明显，试件破坏时钢管的鼓曲较均匀，试件抵抗变形的能力和承载力越强。在本章试验的局压面积比范围内（$\beta \leqslant 25$），局压强度提高系数 β_c 随局压面积比的增加而增大，与局压面积比的平方根近似呈线性关系，且圆钢管混凝土的局压强度提高系数整体上高于方钢管混凝土。钢管对其核心混凝土的约束作用与局压面积比有关，在局压面积比较小（$\beta \leqslant 9$）时，约束作用发挥较为充分，局压面积比较大（$\beta > 9$）时，约束作用随着局压面积比的增加而降低。

端板通过约束钢管端部变形和分散局部压力增加钢管混凝土的整体受力性

能，随着端板刚度的增加，局压力学性能趋近于其全截面受压的情况。局压荷载仅影响钢管混凝土部分区域的力学性能。在本章试验参数范围内，此影响区对于圆钢管混凝土约在距局压端高度为 $0.8D$ 的范围内，对于方钢管混凝土约在距局压端高度为 $1.0B$ 的范围内，且局压面积比越大，局压影响区越小。在本章研究参数范围内，随着含钢率和钢材屈服强度的增加，核心混凝土中的横向压应力增大，钢管混凝土的局压承载力与塑性性能有所提高；随着混凝土强度的提高，钢管混凝土局压承载力提高，塑性性能降低；随着端板刚度的增加，核心混凝土端面的实际受力范围有所增加，受力趋于均匀，钢管承担的纵向应力增大，局压受力趋近于全截面受力的情况。基于参数分析结果，提出钢管混凝土局压承载力实用计算方法。

第6章 钢管混凝土中核心混凝土的水化热、收缩及徐变问题研究

6.1 引 言

钢管混凝土的核心混凝土的水化热和收缩特性是目前有关工程界所关注的热点，是基于全寿命周期的钢管混凝土结构设计原理的核心问题之一。

本章首先以构件截面尺寸和截面形式为基本参数，进行了钢管混凝土水泥水化阶段构件截面温度场和核心混凝土收缩性能的试验研究，考察了水泥水化阶段钢管混凝土构件温度场及其核心混凝土的收缩特性。在试验研究结果的基础上，通过对ACI209（1992）提供的普通混凝土收缩模型的修正，提出适合钢管混凝土中核心混凝土收缩变形的计算公式。

本章进行了大长期荷载比情况下钢管混凝土构件变形和承载力的试验，并研究长期荷载作用下钢管混凝土构件变形的计算方法，在此基础上，分析了加载龄期、持荷时间、长期荷载比、构件截面含钢率、钢材和混凝土强度、长细比及荷载偏心率等参数对长期荷载作用下钢管混凝土构件变形性能的影响规律。本章利用数值方法计算钢管混凝土构件的承载力，并在系统分析长细比、构件截面含钢率、钢材和混凝土强度，以及荷载偏心率等因素影响规律的基础上，提出长期荷载作用对钢管混凝土构件承载力影响系数的实用计算方法。

6.2 核心混凝土水化热和收缩的试验研究

本节研究钢管混凝土的核心混凝土的水化热和收缩特性。在研究核心混凝土水化热的变化规律时，以截面尺寸为主要考察参数。在进行核心混凝土收缩特性的研究时，则以试件截面形式和截面尺寸为主要参数，同时还考察钢管混凝土和素混凝土试件之间的差异。

6.2.1 试验概况

从2002年6月开始，作者领导的课题组进行了钢管高性能混凝土水泥水化阶段构件截面温度场和核心混凝土收缩性能的试验研究（冯斌，2004；韩林海等，2006）。共设计了4个钢管混凝土试件，包括2个圆试件和2个方试件，横截面尺寸分别为200mm和1000mm，钢管管壁厚度均为2.8mm。为了比较钢管

混凝土和素混凝土在收缩变形方面的差异，还设计了 2 个横截面尺寸分别为 200mm 和 1000mm 的圆形素混凝土试件。所有试件的高度均为 600mm，试件的设计情况如表 6.1 所示，其中 D（B）为构件截面外直径（外边长）。

表 6.1　水化热和收缩试件一览表

试件类型	截面形式	序号	编号	D（B)/mm	950 天时的纵向收缩值/$\mu\varepsilon$
钢管混凝土	圆形	1	CCFT-1	200	162.9
		2	CCFT-2	1000	70.3
钢管混凝土	方形	3	SCFT-1	200	175.8
		4	SCFT-2	1000	85.8
素混凝土	圆形	5	CPC-1	200	360.6
		6	CPC-2	1000	274.6

试件加工时，对于圆钢管混凝土试件，首先按所要求的长度和外直径加工空钢管，方钢管混凝土试件的钢管则由四块钢板拼焊而成。对应每个试件加工两个厚 3mm 的钢板作为盖板，先在空钢管一端将盖板焊上，另一端等混凝土浇灌且体积比较稳定（1 天）之后再焊接。对于素混凝土试件，采用的钢模由四块 1/4 圆钢板用螺栓拼接而成，混凝土浇灌完毕后 72 小时拆除。

钢材的屈服强度、抗拉强度、弹性模量及泊松比，分别为 340N/mm^2、439.6N/mm^2、2.07×10^5N/mm^2 及 0.267。混凝土采用 42.5 级普通硅酸盐水泥；花岗岩碎石，最大粒径 30mm；中砂，细度模数为 2.6；Ⅰ级粉煤灰；外加剂为 UNF－5 缓凝型高效减水剂，掺量为胶凝材料总量的 0.8%。混凝土的配合比为水泥∶粉煤灰∶砂∶石∶水＝400∶150∶816∶884∶160，单位为 kg/m^3，水胶比为 0.29，砂率为 0.48。混凝土出仓时内部平均温度为 29.7℃，新拌混凝土的坍落度为 280mm，水平铺展度为 670mm，流过 800mm L 型流动仪的时间为 14s，流速为 57mm/s，L 型流动仪最终流距为 1070mm。混凝土浇灌完毕后置于实验室中自然养护。混凝土材性试件与试件同条件下成型养护，材性测试方法依据国家标准《普通混凝土力学性能试验方法标准》（GB/T50081—2002）进行，测得混凝土 28 天抗压强度 f_{cu}＝69.6N/mm^2，弹性模量 E_c＝3.71×10^4N/mm^2。

首先进行了水泥水化阶段温度场测试，并同时开始进行核心混凝土的收缩测试。下面分别论述有关试验方法和试验过程。

（1）水泥水化阶段温度场测试

本次温度场测试的 4 个钢管混凝土试件截面均为对称平面，故取 1/4 截面进行量测，各试件测点的布置方式如图 6.1 所示。

本次试验采用的铜－康铜热电偶的规格为 $2\times\Phi0.5$mm。试验数据选用 IMP 数据采集系统 SI 35951A 板中的 T 形热电偶进行采集。相邻采样点的时间间隔

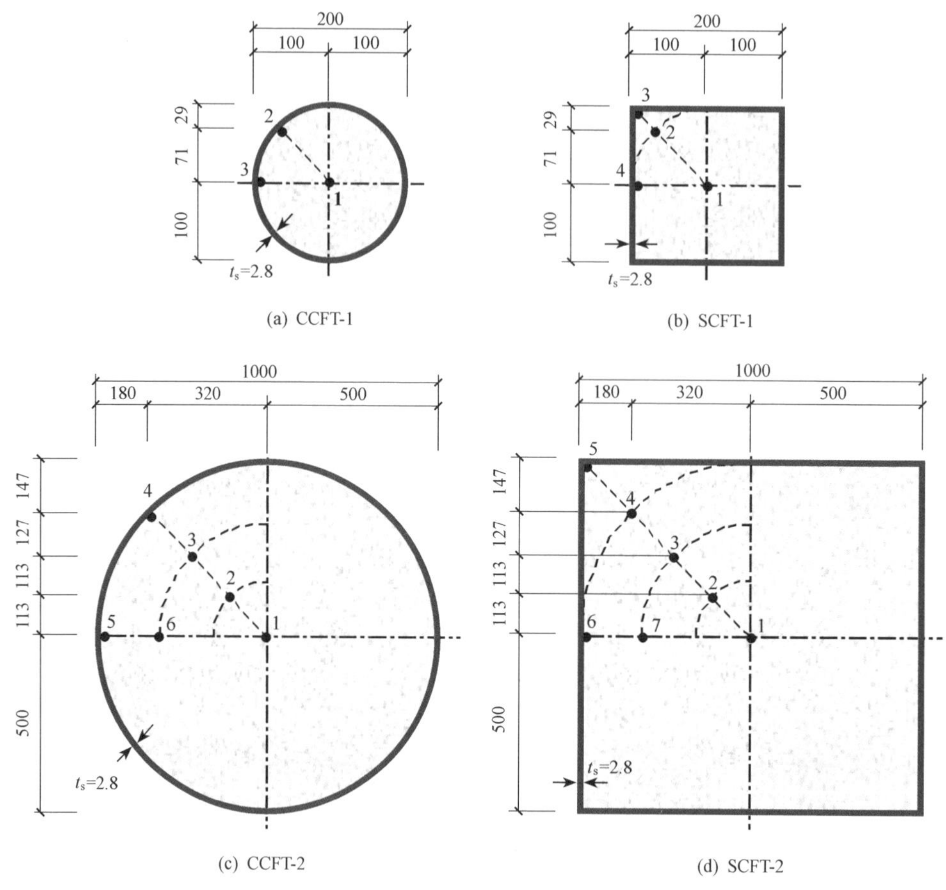

图 6.1　试件截面测点布置示意图（单位为 mm）

为 1 分钟。进行试验前，将作为温度测点的两根热电极一端相互连接，外敷焊锡，使之和数据采集系统组成一闭合回路。所有测点上的热电偶均布置在试件中部截面上。除了保证核心混凝土内部温度测点所需的热电偶外，还设置了一个测定室内大气温度的热电偶。

温度测试试验持续时间为 45 天。试验初期，水泥水化热释放量较大，混凝土温度变化较为剧烈，后期则趋于平缓。测试时，前 7 天为 24 个小时连续采集，7～28 天为每天采集两次，28～45 天为每三天采集一次。

（2）核心混凝土收缩变形的测试

本次试验测试了混凝土的纵向和横向收缩变形，测试装置如图 6.2 和图 6.3 所示。

对于钢管混凝土试件，在其钢管的顶部、中部和底部分别预留了 4 个、8 个和 4 个直径为 30mm 的孔，用来穿过直径为 10mm 的刚性钢杆，并与核心混凝土相锚固；对于素混凝土试件，其收缩量测装置与钢管混凝土试件相同。刚性钢

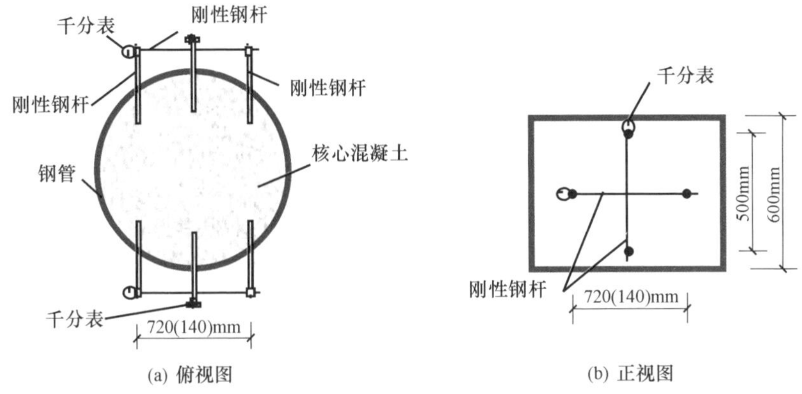

图 6.2　圆钢管混凝土试件收缩变形试验装置图

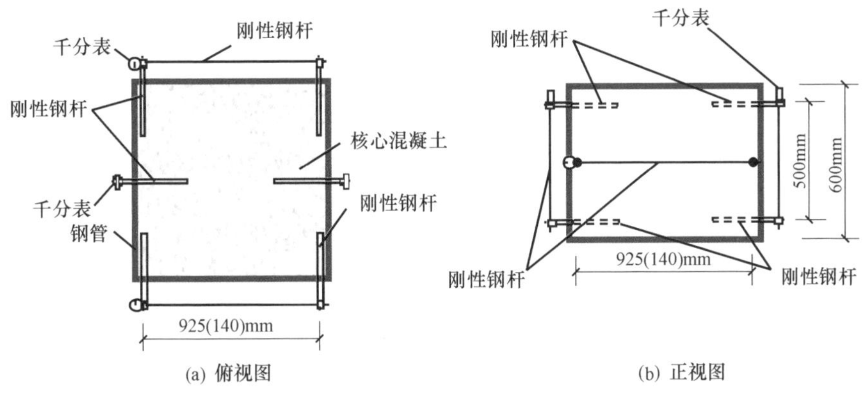

图 6.3　方钢管混凝土试件收缩变形试验装置图

杆一端埋置于混凝土中，另一端则与直径为 20mm 的螺栓相连。螺栓的顶面和底面穿有一直径为 6mm 的小孔，用来固定千分表和直径为 3mm 的刚性钢杆。螺栓的侧面设有一直径为 4mm 的小螺丝，用来卡紧千分表和刚性钢杆。

装置的组装在混凝土终凝前完成。埋置刚性钢杆时保证几何对中和水平放置，此外旋紧螺丝和卡紧刚性钢杆时保证刚性钢杆与核心混凝土成为整体产生自由体积变形而不施以外加约束，然后观察每个千分表的初始读数，将其调零。装置安装完毕后，对每组刚性钢杆的间距进行初始标定。

本次收缩变形测试工作为期 950 天。试验时，环境温度为室温，一年四季基本上在 10～26℃之间变化。试验初期试件收缩变形较大，试验的前 60 天每天观测一次，60～120 天每 2 天观测一次，120 天后每 4 天观测一次。

图 6.4 所示为所有试件进行收缩试验时的情景。

图 6.4　收缩试验时部分试件的情景

6.2.2　混凝土温度实测结果与分析

4 个钢管混凝土试件水泥水化阶段截面温度实测曲线如图 6.5 所示。

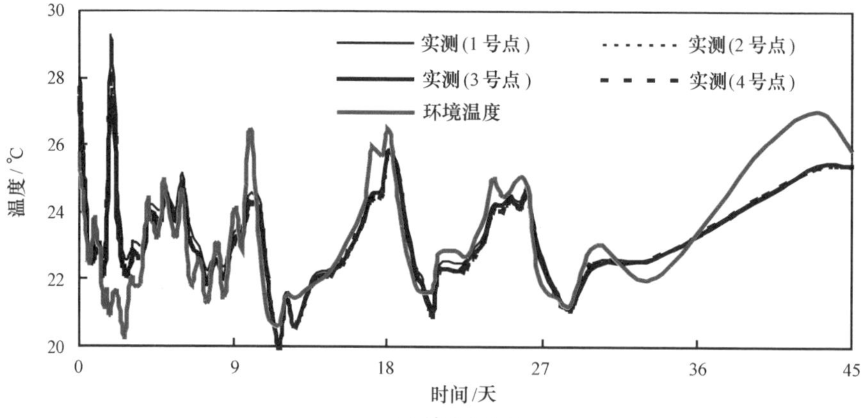

(a) 试件 SCFT-1

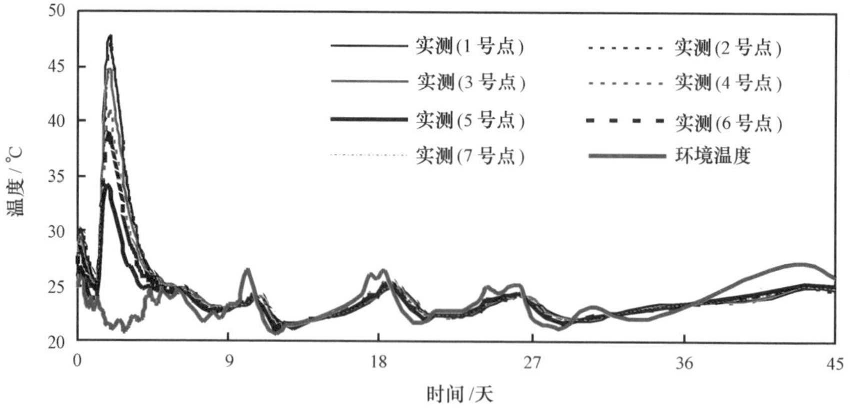

(b) 试件 SCFT-2

图 6.5　试件截面各测点温度实测曲线

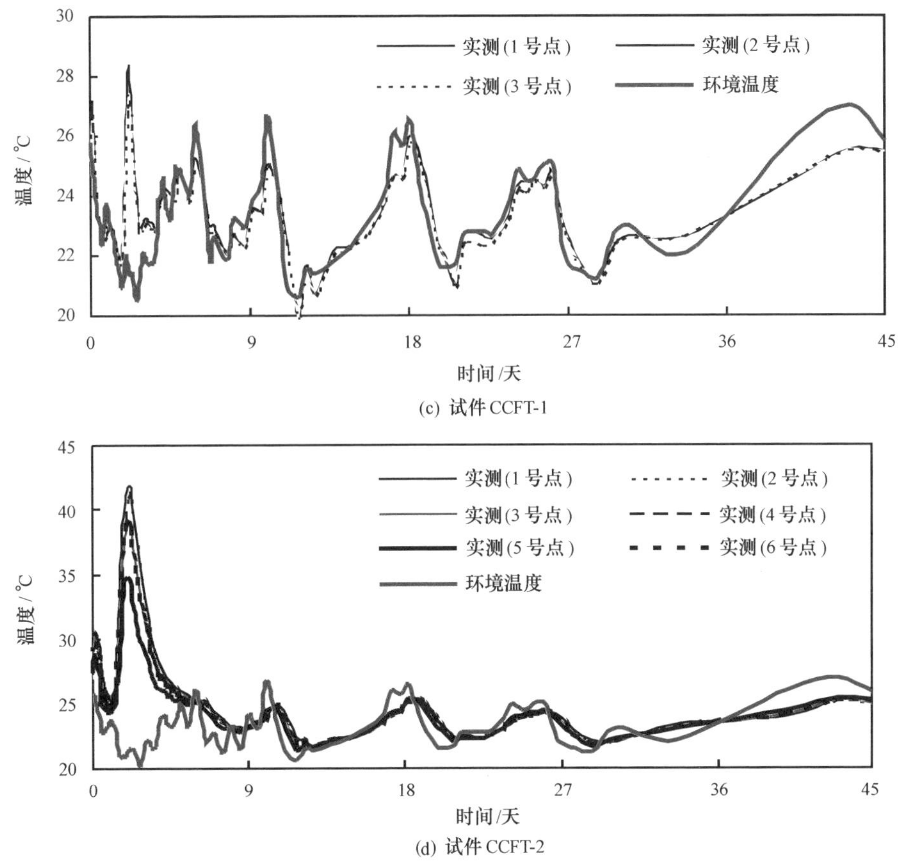

(c) 试件 CCFT-1

(d) 试件 CCFT-2

图 6.5　试件截面各测点温度实测曲线（续）

由图 6.5 可以看出，试件截面各测点的温度都是先下降，然后持续上升并达到峰值，接着急剧下跌直至趋近于室内环境温度。这主要是因为所配制的高性能混凝土中掺入了缓凝型高效减水剂，有效地延缓了水泥的早期水化作用，使得水泥水化热释放量直到浇灌混凝土后的 32 小时才开始增大，此时水化速率大于散热速率，核心混凝土的温度呈现急剧上升趋势，当水化速率和散热速率达到平衡时即为峰值出现的时间。

实测结果表明，在混凝土浇灌初期，试件截面温度场分布总体上呈现出内高外低的规律，截面中心和外缘的温差较大，且温差随着截面尺寸的增大而增大。对于试件 SCFT-1 和 SCFT-2，前者截面中心和外缘的最大温差为 2.2℃，而后者为 14.2℃；对于试件 CCFT-1 和 CCFT-2，前者截面中心和外缘的最大温差为 0.9℃，而后者为 7.4℃。可见，在截面尺寸（对于圆钢管混凝土，为截面直径；对于方钢管混凝土，为截面边长）相同的情况下，方钢管混凝土试件截面中心和外缘的最大温差大于圆钢管混凝土试件，这主要是因为截面尺寸相同的情况下，方钢管混凝土试件的体积更大，其水化放热量也比圆钢管混凝土试件大。在浇灌

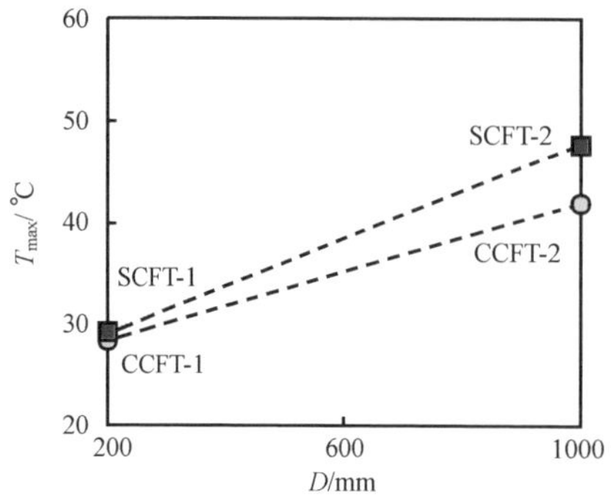

图 6.6　实测混凝土最高温度

完混凝土的初期，试件截面温度明显高于室内大气温度，两者的温差随截面尺寸的增大而增大。对于试件 SCFT-1 和 SCFT-2，前者截面中心和室内大气的最大温差为 8.4℃，而后者为 26.9℃；对于试件 CCFT-1 和 CCFT-2，前者截面中心和室内大气的最大温差为 7.1℃，而后者为 20.4℃。

实测混凝土内部的最高温度如图 6.6 所示。

从图 6.5 和图 6.6 还可以看出，试件截面温度的峰值出现在混凝土浇灌后的 43～53 小时，峰值及峰值区宽度随截面尺寸的增大而增大。

对于试件 SCFT-1 和 SCFT-2，前者截面中心温度的峰值为 29.3℃，而后者为 47.74℃；对于试件 CCFT-1 和 CCFT-2，前者截面中心温度的峰值为 28.4℃，而后者为 41.99℃。可见，在截面尺寸相同的情况下，方钢管混凝土试件截面中心温度的峰值也大于圆钢管混凝土试件。

钢管混凝土核心混凝土温度变化的规律与其普通混凝土基本类似，即混凝土内部各点的温度均是先上升然后下降，最后接近环境温度。在混凝土浇灌初期其温度上升较快，在 2～3 天内达到峰值，实际工程中普通混凝土的绝热温度常可达 35～40℃；由于混凝土的导热系数较小，水泥水化产生的大量水化热不易散发，从而在混凝土结构中沿构件厚度方向形成温差。

水泥水化阶段钢管混凝土试件截面温度场的边界条件可简化为核心混凝土表面和大气对流换热边界条件，即第三类边界条件，但与普通混凝土有所不同的是，钢管混凝土中尚须考虑钢管对于试件热传导过程的影响（冯斌，2004）。

水泥累积水化热是依赖于龄期的，朱伯芳（1999）根据试验资料，给出了三种水泥累积水化热模型，分别为：指数模型、双曲线模型和复合指数模型。由于篇幅所限，图 6.7 给出部分水泥水化阶段截面温度场数值计算结果与本书试验结果的比较。可见，三种模型的计算曲线与试验曲线具有类似的变化规律，其中，双曲线模型的计算结果总体上与试验结果最为吻合。

6.2.3　收缩变形实测结果及分析

（1）实测结果及分析

图 6.8 给出了实测的横向和纵向收缩变形（ε_{sh}）与时间之间的关系曲线。

由图 6.8 可见，钢管混凝土试件中核心混凝土的纵向和横向收缩变形随时间变化的规律类似。收缩变形早期发展很快，60 天的纵向收缩量约为 950 天收缩量的 62％～79％，而 60 天的横向收缩量约为 950 天收缩量的 59％～99％；钢管

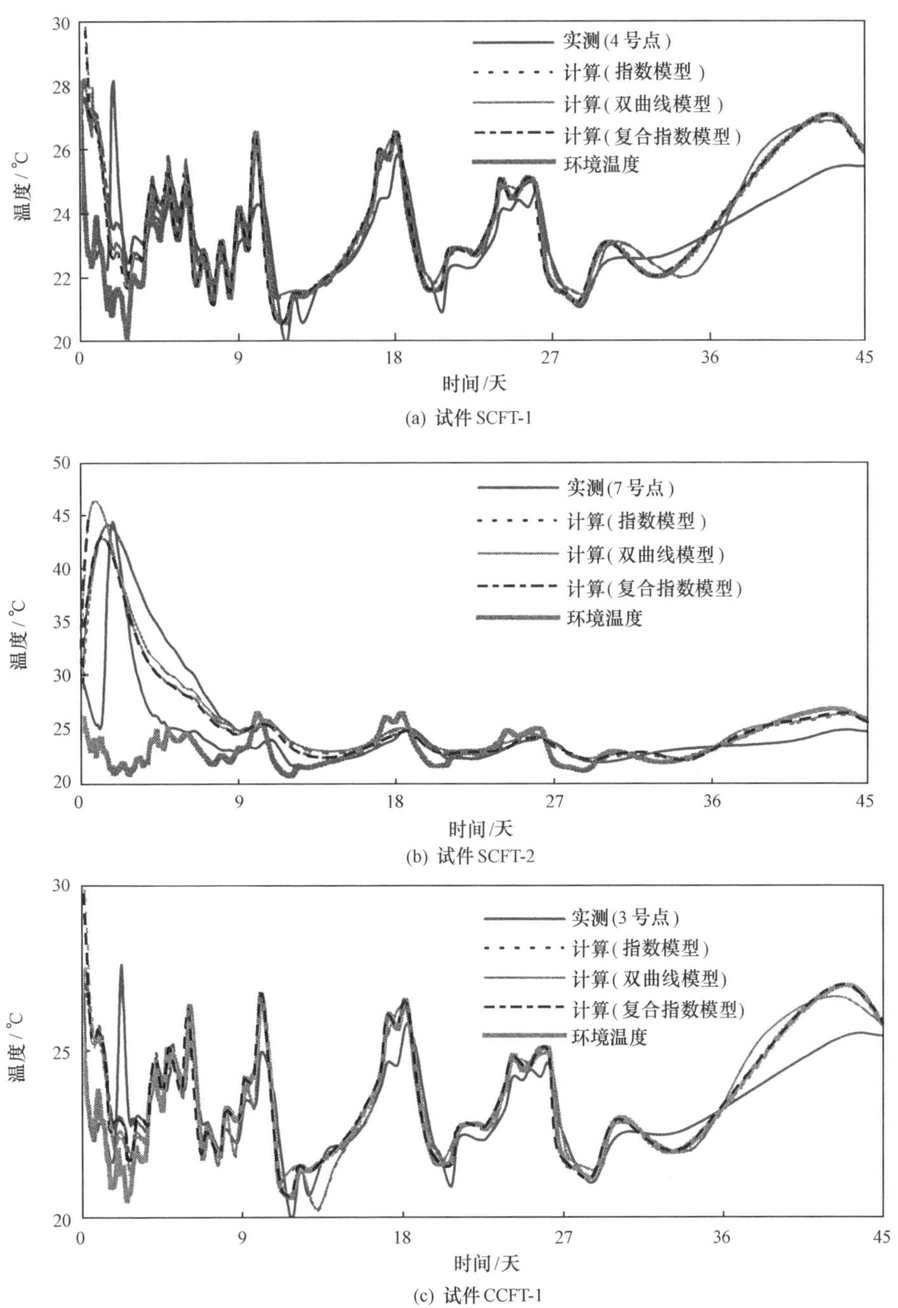

(a) 试件 SCFT-1

(b) 试件 SCFT-2

(c) 试件 CCFT-1

图 6.7　温度场数值计算结果与试验结果的对比

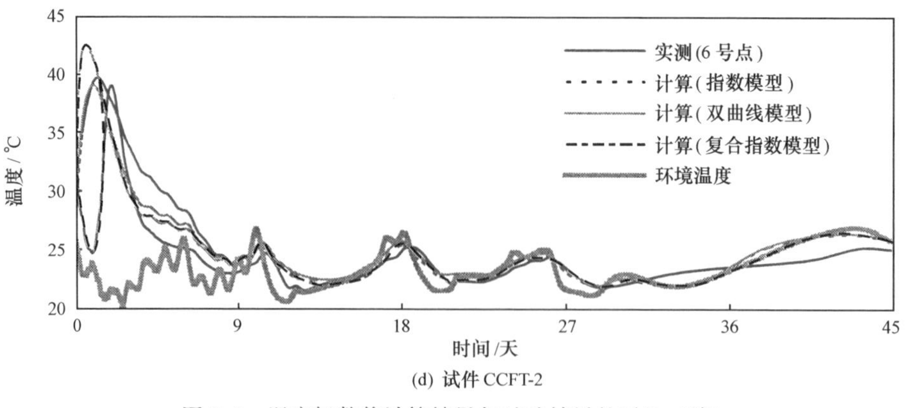

(d) 试件 CCFT-2

图 6.7　温度场数值计算结果与试验结果的对比（续）

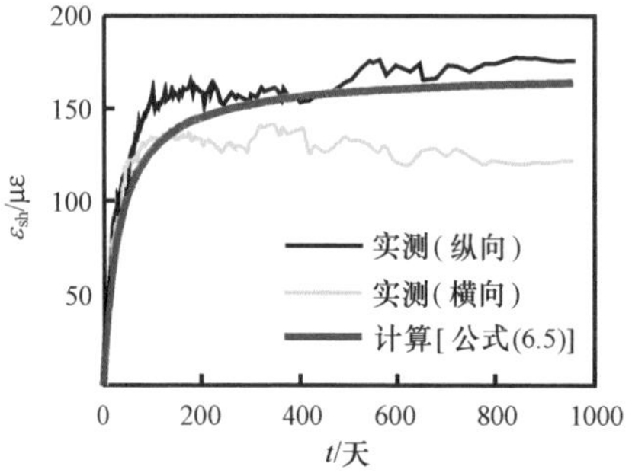

(a) 试件 SCFT-1

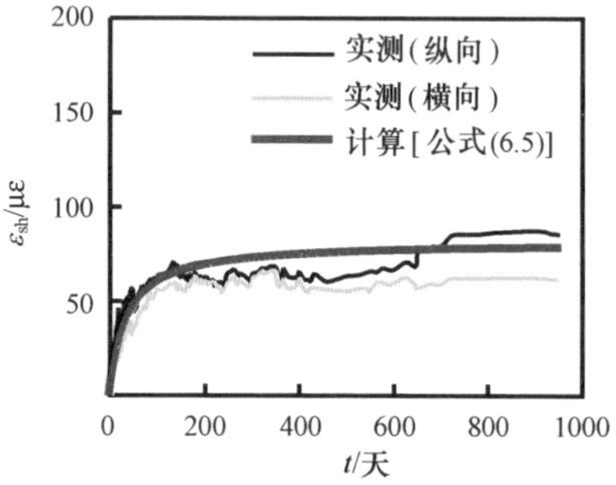

(b) 试件 SCFT-2

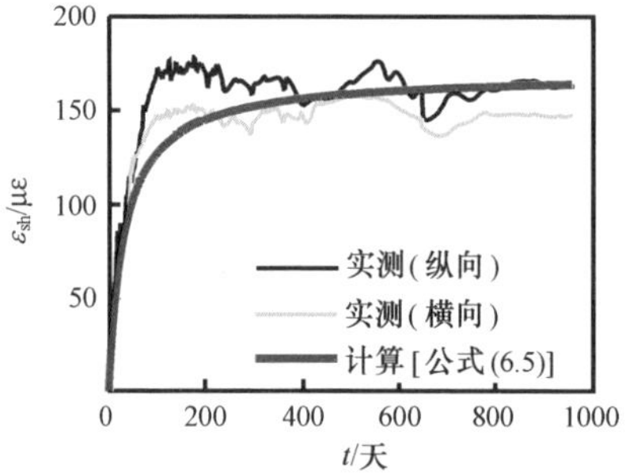

(c) 试件 CCFT-1

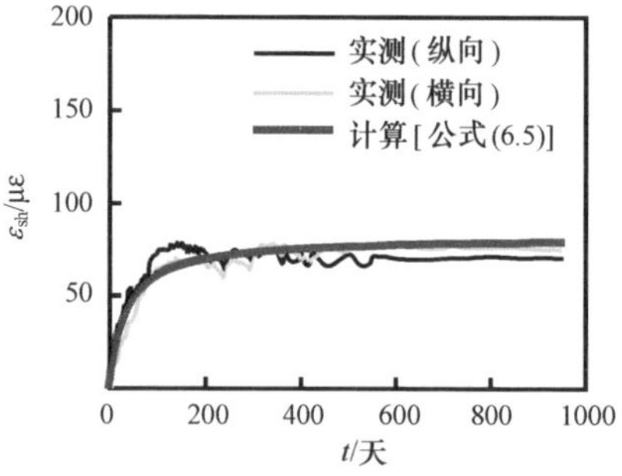

(d) 试件 CCFT-2

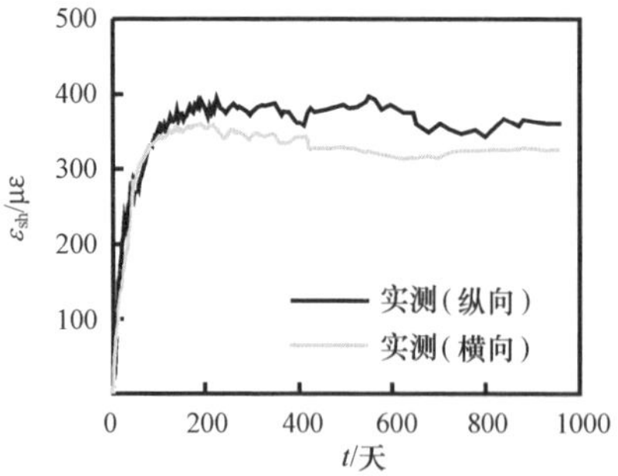

(e) 试件 CPC-1

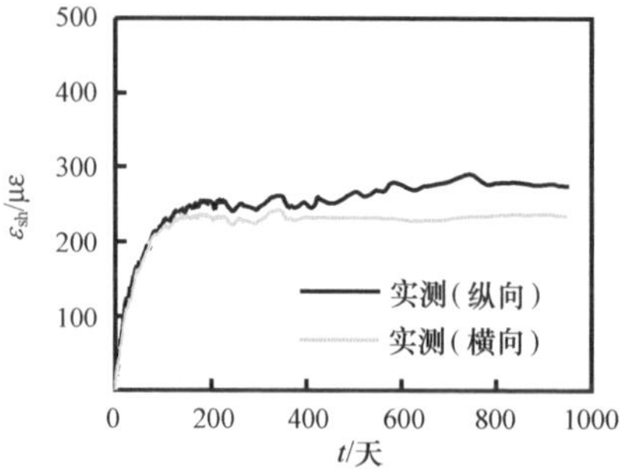

(f) 试件 CPC-2

图 6.8　混凝土收缩变形-持荷时间（t）实测曲线

混凝土的核心混凝土横向收缩比同期的纵向收缩略小，950 天的横向收缩量约为纵向收缩量的 69%～107%，这主要可能是因为混凝土自重对核心混凝土的纵向收缩具有一定的影响，因此其横向收缩和纵向收缩体现出一定的差异性。钢管混凝土的核心混凝土收缩变形速率随时间的增长而不断减小，100 天左右后收缩变形曲线渐趋水平，且收缩变形曲线趋于水平的时间随着截面尺寸的减小而有所延长。

图 6.9 所示为钢管高性能混凝土的核心混凝土和素混凝土试件收缩变形曲线的比较。可见，素混凝土的早期收缩变形速率远大于钢管混凝土中的核心混凝土，这和已有的钢管普通混凝土中核心混凝土沿构件轴向收缩变形的规律基本一致（Ichinose 等，2001；Terrey 等，1994；Uy，2001a）。例如当测试日期为 950 天时，试件 CCFT-1 中核心混凝土的纵向和横向收缩值是素混凝土试件 CPC-1 相应值的 45%；而试件 CCFT-2 中核心混凝土的纵向和横向收缩值分别是素混凝土试件 CPC-2 相应值的 26%和 32%。主要原因在于：①核心混凝土在养护成型和使用阶段均处于密闭状态，与周围环境基本上没有湿度交换，其收缩变形将主要是化学收缩及自收缩；②核心混凝土沿钢管混凝土构件的轴向收缩会受到其外包钢管的限制等。

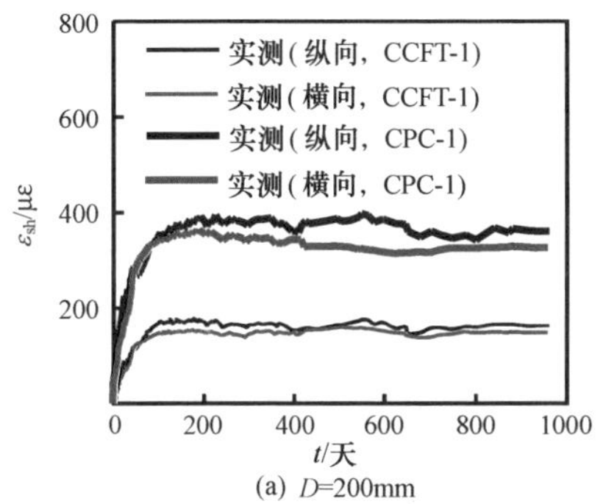

(a) D=200mm

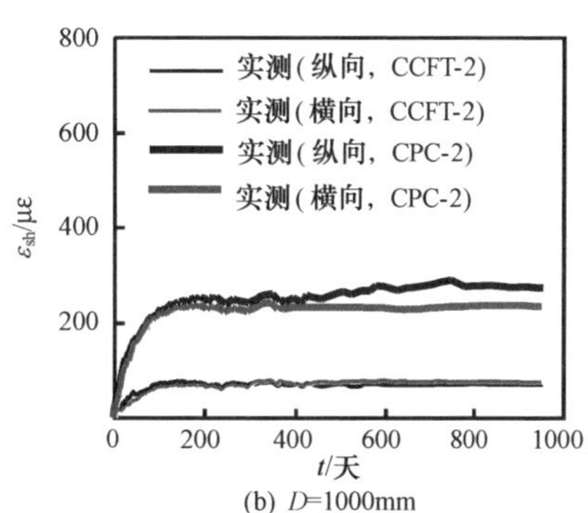

(b) D=1000mm

图 6.9　核心混凝土和素混凝土试件收缩变形曲线的比较

图 6.10 给出了不同时间情况下钢管混凝土截面形式对其核心混凝土收缩的影响，可见截面形式对混凝土的收缩变形有一定的影响，主要原因可能是截面形式对混凝土内部水分的迁移和向试件表面的扩散速率有一定的影响所致，但截面形状的影响总体不大。

图 6.11 所示为截面尺寸对试件收缩变形的影响。可以看出，截面尺寸的变化对钢管混凝土的核心混凝土的收缩变形影响很大，即随着截面尺寸的增大，收缩变形呈现减小的趋势。主要原因是试件截面尺寸对混凝土内部水分的迁移和向试件表面的扩散速率影响较大。

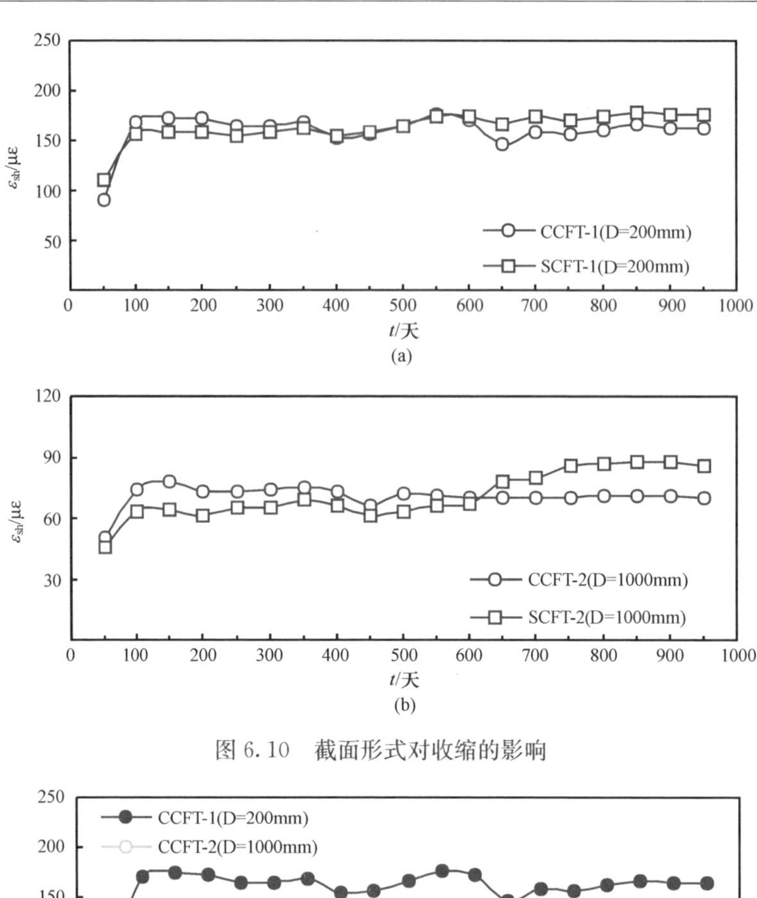

图 6.10　截面形式对收缩的影响

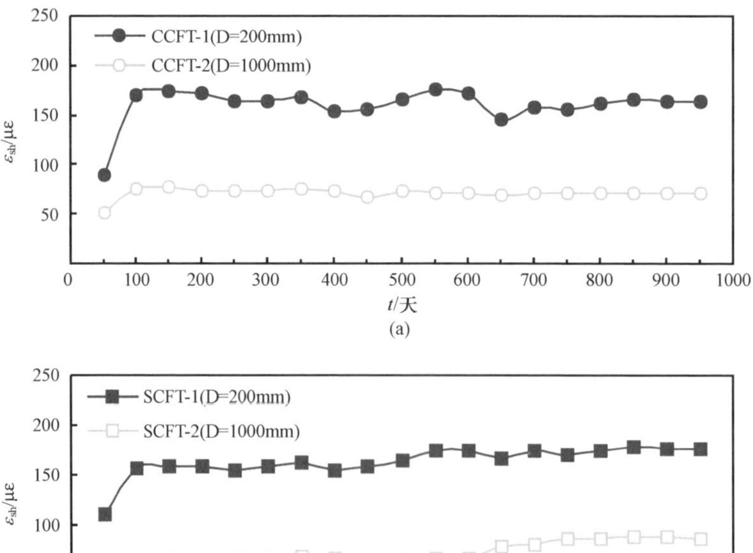

250
200
150
100
50
$\varepsilon_{sh}/\mu\varepsilon$
SCFT-1(D=200mm)
SCFT-2(D=1000mm)
0 100 200 300 400 500 600 700 800 900 1000
t/天
(b)

图 6.11　截面尺寸对收缩的影响

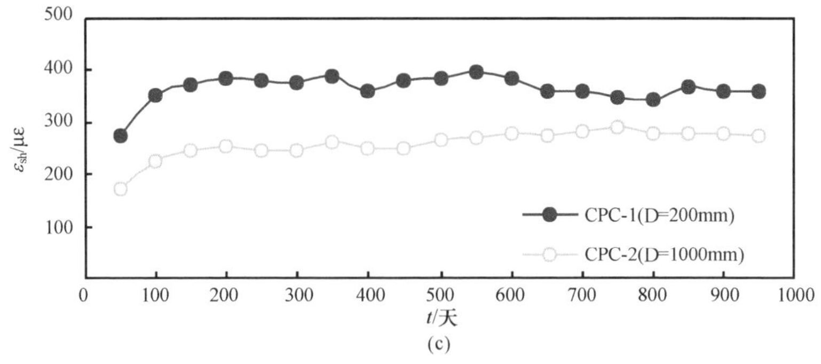

图 6.11　截面尺寸对收缩的影响（续）

需要说明的是，本节采用的收缩测试方法可能会导致初期混凝土收缩测试结果偏小。此外，收缩测试试验结束后剖开钢管混凝土试件的外包钢管，未观察到钢管和其核心混凝土之间有剥离现象发生。

（2）收缩的实用计算方法

常用的混凝土收缩计算模型有 ACI209（1992）、CEB-FIP（1990）和 Bazant 等（1993）等。冯斌（2004）基于试验结果对这些模型的计算结果进行了比较。结果表明，对于素混凝土的收缩值，总体上，ACI209（1992）模型的计算效果较好。

ACI209（1992）给出的普通混凝土收缩应变的计算公式为

$$(\varepsilon_{sh})_t = \left(\frac{t}{35+t}\right)\cdot(\varepsilon_{sh})_{max} \tag{6.1}$$

式中：t 为干燥时间；$(\varepsilon_{sh})_{max}$是干燥收缩最终值，按下式计算为

$$(\varepsilon_{sh})_{max} = 780\cdot\beta_{cp}\cdot\beta_H\cdot\beta_d\cdot\beta_s\cdot\beta_F\cdot\beta_{ce}\cdot\beta_{AC} \tag{6.2}$$

式中：β_{cp}为干燥前养护时间影响系数；β_H 为环境湿度影响修正系数，和相对湿度 H 有关，由于钢管混凝土中的混凝土受到其外包钢管的包裹，环境湿度较大，H 暂按 90%选取；β_d 为构件尺寸影响修正系数；β_s 为混凝土坍落度修正系数；β_F 为细骨料影响修正系数；β_{ce}为水泥用量影响修正系数；β_{AC}为混凝土含气量影响修正系数。上述各系数的具体计算公式参见 ACI209（1992）。

通过对试验结果的进一步整理和分析，发现采用式（6.1）计算出的钢管混凝土核心混凝土的收缩值总体上大于试验结果。

根据试验资料，对式（6.1）所示的普通混凝土的收缩模型进行了改进，即考虑核心混凝土的收缩会受到其外包钢管限制的因素，对公式（6.2）进行适当修正（冯斌，2004），提出钢管对混凝土收缩的制约影响系数 $\beta_u = \dfrac{(\varepsilon_{sh})_{max\text{-}CFST}}{(\varepsilon_{sh})_{max}}$，其中 $(\varepsilon_{sh})_{max\text{-}CFST}$ 为钢管混凝土核心混凝土的实测收缩值。

图 6.12 给出了 β_u-D 关系。通过回归分析，可得到 β_u 的表达式如下为

$$\beta_u = 0.0002D_{size} + 0.63 \tag{6.3}$$

式中：β_u 对于圆钢管混凝土，$D_{size}=D$；对于方钢管混凝土，$D_{size}=B$，D_{size}需以mm为单位带入。

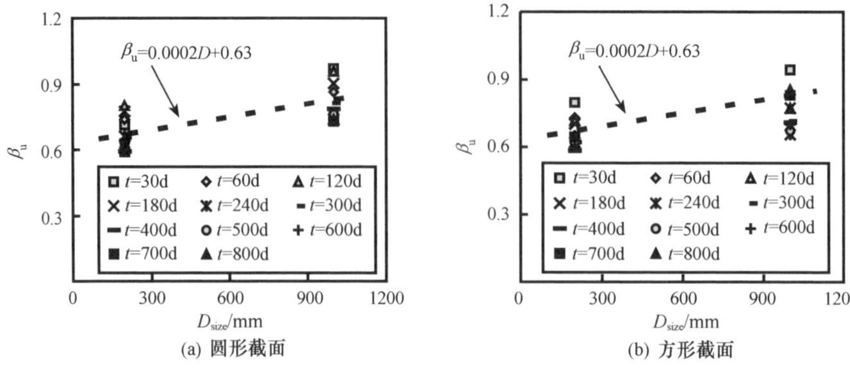

图 6.12　β_u-D 关系

这样可导出钢管混凝土的核心混凝土收缩终值 $(\varepsilon_{sh})_{max\text{-}CFST}$ 的计算公式为

$$(\varepsilon_{sh})_{max\text{-}CFST} = 780 \cdot \beta_{cp} \cdot \beta_H \cdot \beta_d \cdot \beta_s \cdot \beta_F \cdot \beta_{ce} \cdot \beta_{AC} \cdot \beta_u \tag{6.4}$$

由此得钢管混凝土中核心混凝土收缩应变 $(\varepsilon_{sh})_{t\text{-}CFST}$ 的计算公式为

$$(\varepsilon_{sh})_{t\text{-}CFST} = \left(\frac{t}{35+t}\right) \cdot (\varepsilon_{sh})_{max\text{-}CFST} \tag{6.5}$$

根据对现有实测结果的分析，建议公式（6.5）的适用范围是：100mm$<D_{size}<$1200mm，且公式（6.1）中的混凝土坍落度修正系数 $\beta_s \leqslant 1$。

利用上述模型获得的计算曲线和部分试验曲线的比较分别如图 6.8（a）～（d）及图 6.13 所示，可见计算结果和试验总体上较为吻合。

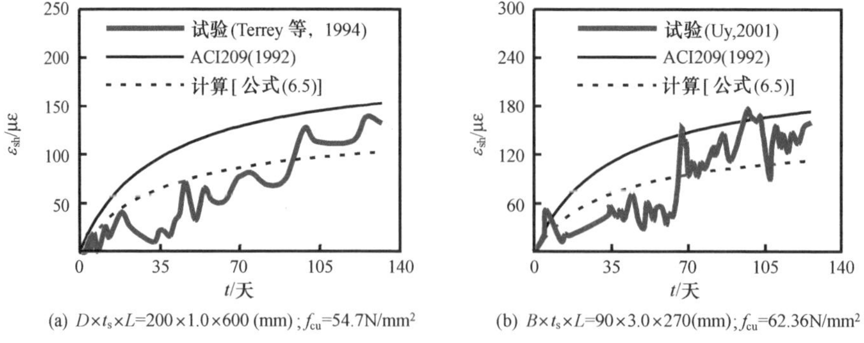

图 6.13　核心混凝土收缩计算曲线和试验曲线的比较

6.2.4　结果分析

在本节对核心混凝土水化阶段的温度及收缩测试和分析结果的基础上，在研究参数范围内可得到如下结论：

1）钢管混凝土试件截面各点的温度都是先下降然后持续上升达到峰值，接着急剧下跌直至趋近于室内大气温度。采用双曲线式水化热模型的计算结果和试验结果最为吻合。

2）钢管混凝土中核心混凝土的收缩变形早期发展较快，其横向收缩比同期的纵向收缩略小，变形速率随时间的增长而不断减小，100 天左右后的收缩变形曲线渐趋水平。

3）素混凝土构件的收缩变形规律与钢管混凝土中核心混凝土的收缩变形规律类似，但钢管混凝土中核心混凝土的收缩变形远小于素混凝土的收缩变形。

4）截面尺寸大小对核心混凝土的收缩变形值影响较大，随着截面尺寸的增大，核心混凝土的纵向和横向收缩变形均呈现减小的趋势。截面形式的变化对核心混凝土的收缩变形有一定的影响，方钢管混凝土试件中核心混凝土的收缩值总体上略小于圆钢管混凝土试件。

5）基于对 ACI209（1992）收缩计算模型的修正，本节提出了钢管混凝土核心混凝土收缩的计算公式，计算结果与试验结果总体上吻合较好。

6.3　长期荷载作用下构件的试验研究

6.3.1　试验概况

考虑长期荷载作用的影响，共进行了 14 个钢管混凝土轴心受压构件的试验研究（Han 等，2004b；Han 和 Yang，2003；刘威，2001；陶忠，2001），试件情况见表 6.2。表中，D 和 B 分别为矩形钢管横截面长、短边边长；t 为钢板厚度；L 为试件长度；λ（$=2\sqrt{3}L/B$）为长细比；N_L 为施加在构件上的长期荷载；t 为长期荷载持续时间；n[$=N_L/N_{u,cr}$，其中，$N_{u,cr}$ 为柱轴心受压时的极限承载力，按式（3.86）确定] 定义为长期荷载比。

表 6.2　长期荷载作用试验试件表

序号	试件编号	$D\times B\times t$ /(mm×mm×mm)	L/mm	D/B	λ	N_L/kN	持荷时间/天	n
1	S-1	100×100×2.93	600	1	21	—	—	—
2	S-2-1	100×100×2.93	600	1	21	360	120	0.62
3	S-2-2	100×100×2.93	600	1	21	360	120	0.62
4	S-3	120×120×2.93	600	1	17	—	—	—
5	S-4-1	120×120×2.93	600	1	17	470	120	0.62
6	S-4-2	120×120×2.93	600	1	17	470	120	0.62
7	R-1	100×60×2.93	600	1.67	35	—	—	0
8	R-2	100×60×2.93	600	1.67	35	304	180	0.68

续表

序号	试件编号	$D\times B\times t$ /(mm×mm×mm)	L/mm	D/B	λ	N_L/kN	持荷时间/天	n
9	R-3	100×80×2.93	600	1.25	26	—	—	0
10	R-4	100×80×2.93	600	1.25	26	382	180	0.67
11	R-5	120×60×2.93	600	2	35	—	—	0
12	R-6	120×60×2.93	600	2	35	338	180	0.65
13	R-7	120×90×2.93	600	1.33	23	—	—	0
14	R-8	120×90×2.93	600	1.33	23	424	180	0.58

钢管由四块钢板拼焊而成。钢材材性由标准拉伸试验确定，其屈服强度（f_y）、抗拉强度极限（f_u）及弹性模量（E_s）分别为 293.5MPa、371.6MPa 和 1.95×10^5 N/mm^2。测试方法依据国家标准《金属材料室温拉伸试验方法》（GB/T 228—2002）中的有关规定进行。

混凝土采用人工拌和，浇筑时将钢管竖立放置，从顶部灌入混凝土，同时用插入式振捣棒振捣，直至密实。试件自然养护，到两星期左右时用高强水泥砂浆抹平核心混凝土与钢管顶面，并焊上另一端板。

混凝土采用了普通硅酸盐水泥；石灰岩碎石，最大粒径 15mm；中粗砂，砂率为 0.35；配合比为：水泥 457kg/m^3；水 206kg/m^3；砂 608kg/m^3；碎石 1129kg/m^3。

混凝土强度由与试件同等条件下养护成型的 150mm 立方体试块得到，弹性模量由 150mm×150mm×300mm 的棱柱体测得，测试方法依据国家标准《普通混凝土力学性能试验方法标准》（GB/T 50081—2002）的规定进行。混凝土 28 天立方体抗压强度 $f_{cu}=34.3$MPa，弹性模量 $E_c=29200$N/mm^2。

试验总体上分为两个阶段，即长期荷载作用下构件的变形测试，以及随后的构件承载力试验，承载力试验开始时测得混凝土强度 $f_{cu}=58.9$MPa。

6.3.2 变形测试

（1）试验方法

混凝土养护到 28 天时即开始对试件 S-2-1、S-2-2、S-4-1、S-4-2、R-2、R-4、R-6 和 R-8 进行了长期荷载 N_L 作用下的变形测试，试件加载装置如图 6.14 所示。

在试件顶部和底部分别设置两块厚度为 20mm 的承力钢板，并在其上沿斜对角方向焊有高 100mm、厚 8mm 的交叉加劲肋，以保证钢承力板有足够的刚度。每块钢承力板上各设有 8 个直径为 22mm 的螺栓孔［如图 6.14（c）所示］，用来穿对试件施加长期荷载的钢拉杆。钢拉杆构造如图 6.14（b）所示，两端分别焊有 2 根直径为 20mm 螺丝杆，施加荷载即通过拧紧与螺丝杆相连的螺母进行。

钢拉杆中间部分为厚 20mm、宽 40mm 的钢板条，用来设置千分表以量测拉杆的整体变形。

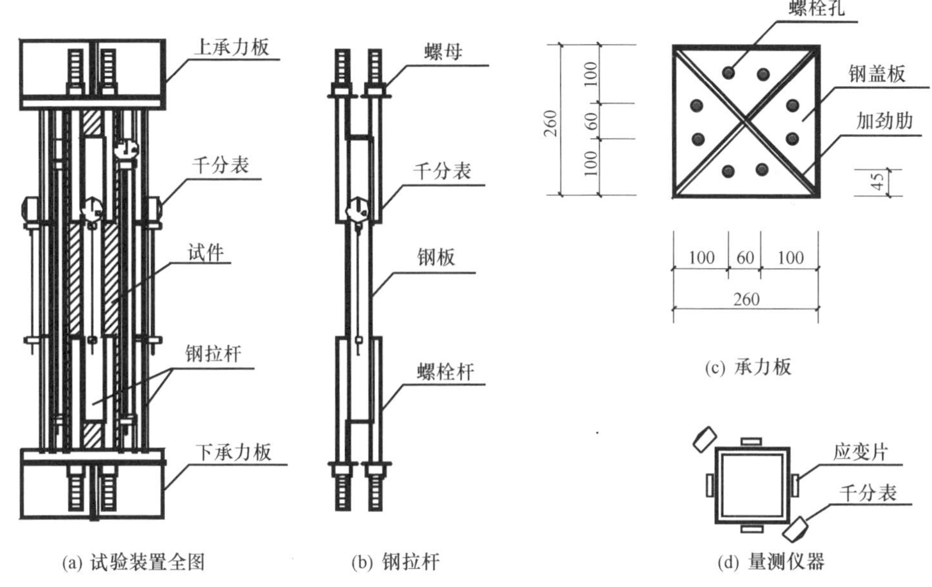

图 6.14　试验装置示意图

构件的轴向变形由设在试件两个对角方向的千分表进行量测，同时还在试件钢管的四个表面中间位置分别粘贴纵、横向应变片，以期校核位移计测量结果。千分表和应变片的布置如图 6.14（d）所示。施加到试件上的长期荷载由设置在拉杆上的千分表进行控制，试验前在万能试验机上对每根钢拉杆都进行了标定，以获得钢拉杆中部钢板的拉力和拉伸变形之间的关系，据此确定每根拉杆在提供设计的拉力（$N_L/4$）时的拉伸变形，作为标准控制施加到试件上荷载的大小。

施荷采用对称加载办法，具体方法是：先将试件进行几何对中，然后依次拧紧各钢拉杆螺丝杆上的螺母，同时观测设置在试件上的千分表和纵向应变片读数的变化，保证试件在加载过程中始终处于轴心受压状态。当各拉杆提供的拉力之和达到控制荷载值（N_L）时，结束加载。随着时间的推移当试件产生变形后，试件整体缩短，拉杆将会产生松弛现象，从而使施加到试件上的荷载不断减小，为了保持试件所受荷载值的恒定，需不定期通过拧紧拉杆上螺母对试件进行荷载补加。试验初期由于试件变形量较大，补加荷载的时间间隔大致为 3～5 天，随着变形的逐渐减小，补载频率也在逐渐降低。试验进行到两个月后，只需 10 天左右补载一次。图 6.15 所示为变形测试装置。

试验环境温度为室温，在 180 天的试验期间，室温基本在 15～20℃左右变化。实测环境平均温度（T）随持荷时间（t）变化的关系曲线如图 6.16 所示。

图 6.15　变形测试装置

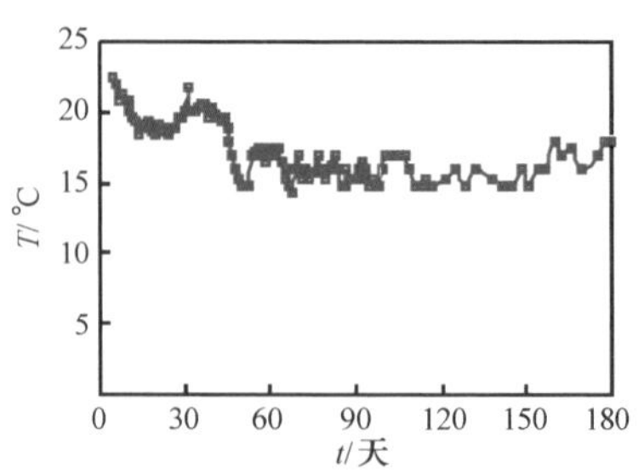

图 6.16　环境温度（T）-时间（t）关系

（2）试验结果

图 6.17 中的虚线为试验获得的纵向总应变（ε_o）随时间（t）的变化曲线，其中 ε_o 按试件角部两块千分表测得的纵向位移的平均值换算得到。

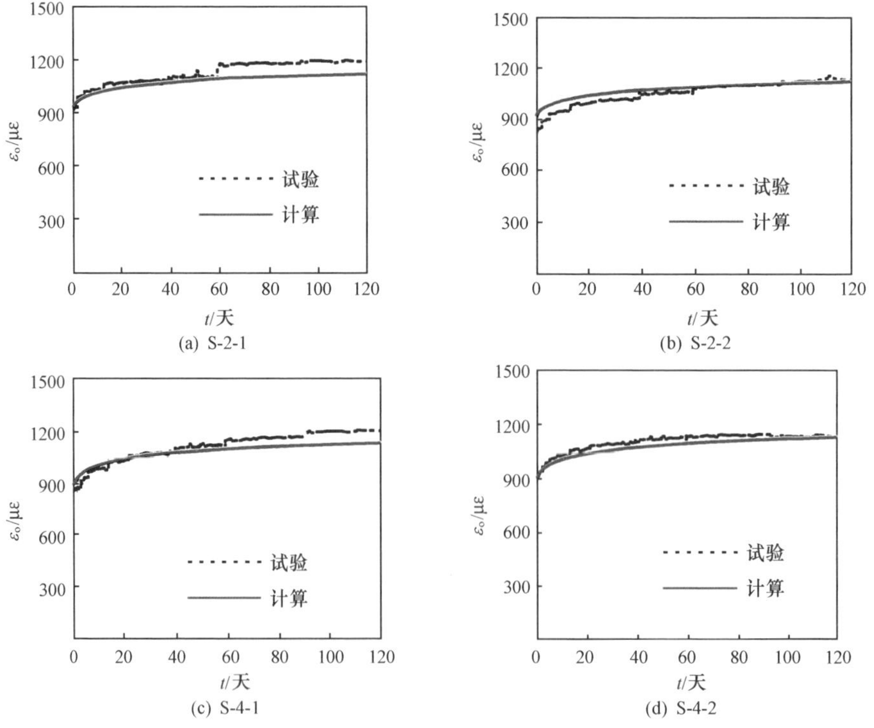

图 6.17　试验 ε_o-t 关系曲线

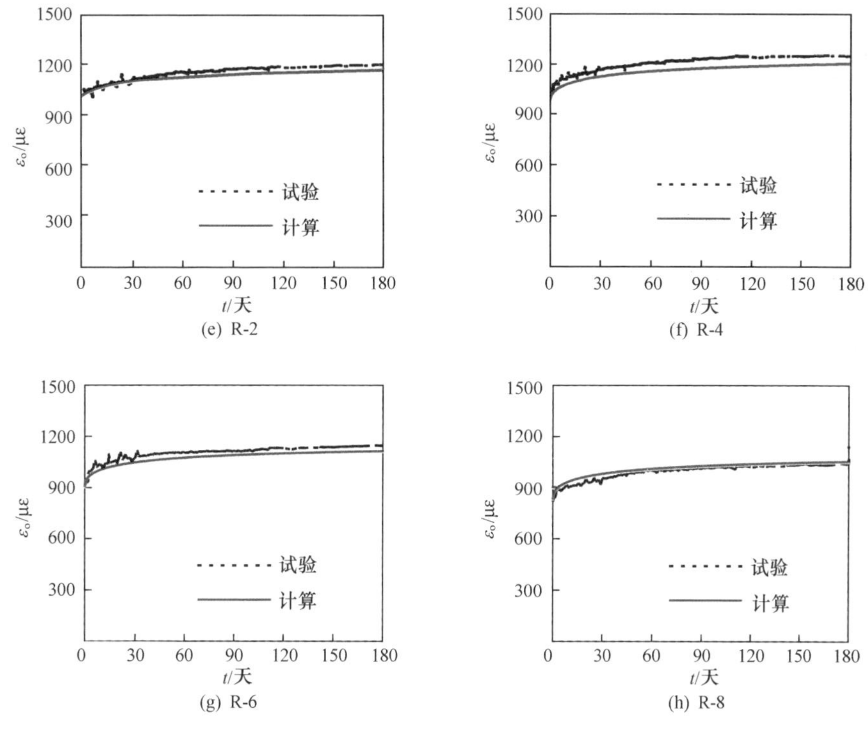

图 6.17　试验 ε_o-t 关系曲线（续）

从图 6.17 可以看出，钢管混凝土早期的变形发展很快。对于方钢管混凝土，持荷 1 个月的变形量为持荷 4 个月变形量的 60%左右，此后的变形则发展趋缓，表现为 ε_o-t 关系曲线渐趋水平。试验结束时，试件 S-2-1 和试件 S-2-2 的平均变形总量为 290$\mu\varepsilon$，试件 S-4-1 和试件 S-4-2 的平均变形总量为 321$\mu\varepsilon$。对于矩形钢管混凝土试件，持荷 30 天、60 天和 90 天的变形量分别为持荷 180 天变形量的 70%、80%和 95%左右。持荷 90 天之后的变形发展趋缓，表现为 ε_o-t 关系曲线渐趋水平。试验结束时，试件 R-2、R-4、R-6 和 R-8 的平均变形总量分别为 258$\mu\varepsilon$、268$\mu\varepsilon$、235$\mu\varepsilon$ 和 328$\mu\varepsilon$。

6.3.3　承载力试验

（1）试验方法

试件在恒定长期荷载 N_L作用下的变形测试结束后，先卸掉施加长期荷载的装置，随后进行一次加载试验。试验时，试件两端采用刀铰以模拟铰接的边界条件。试验装置如图 3.140 所示。

在每个试件中截面处钢板的中部每个侧面贴纵向及横向各一电阻应变片，以测量应变。在弯曲平面内沿柱高四分点处还设置了 3 个电测位移计以测定试件侧向挠度，在柱端设置 2 个电测位移计以量测试件纵向变形。变形数据均采用计算机自动采

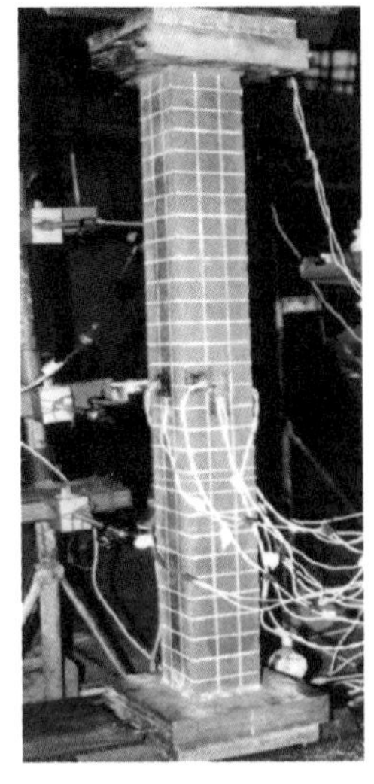

图 6.18　承载力试验时的情景

集。试验采用分级加载制，弹性范围内每级荷载为预计极限荷载的 1/10；钢管压区纤维开始屈服时，每级荷载约为预计极限荷载的 1/15。每级荷载的持荷时间为 1～2 分钟，当试件接近破坏时，慢速连续加载。试件试验时的情景如图 6.18 所示。

需要说明的是，由于试验条件所限，上述试验方法和实际工程中钢管混凝土有长期荷载作用时的受力特点有所差异，这也是研究该类问题的困难之一。Uy（2001a）也采用了类似的试验方法测试了长期荷载作用后方钢管混凝土柱的荷载-变形关系曲线。进行这些试验的目的是期望在现有条件下尽可能多地观测有关数据和现象，以期为同类研究提供参考，同时也为验证理论分析模型的合理与否提供试验结果。采用数值计算模型可较方便地模拟和分析实际工程中长期荷载作用对钢管混凝土柱力学性能的影响。

（2）试验结果

试验结果表明，钢管四个侧面上纵向应变变化基本一致，构件几乎没有侧向挠曲现象产生，且均表现为柱子截面发生外凸破坏的特征，这主要是由于试件长细比较小的缘故。

图 6.19 绘出进行过长期荷载作用下变形测试的试件与其对应的对比试件的

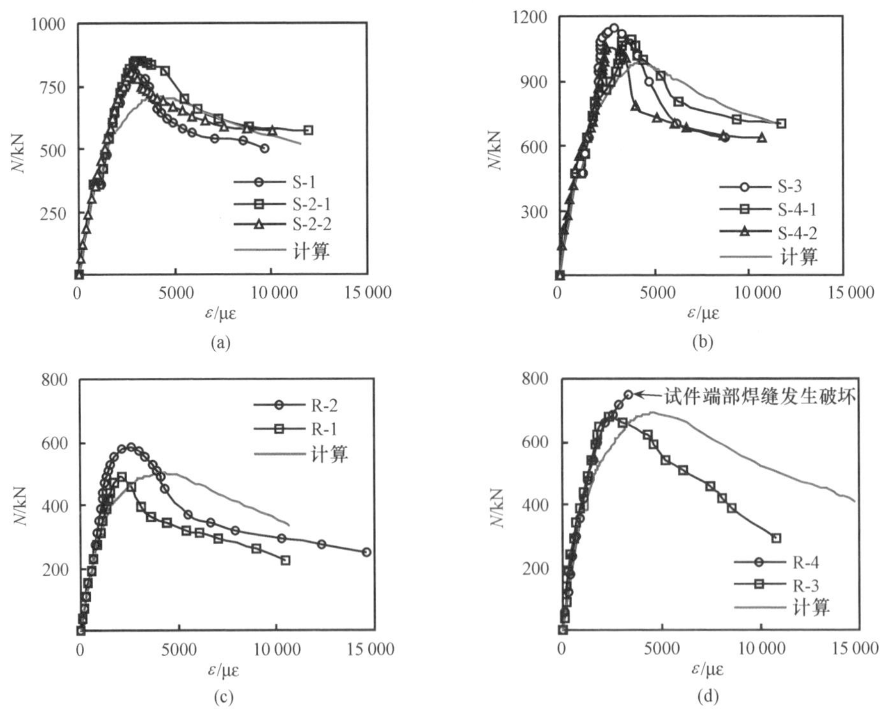

图 6.19　荷载-变形关系曲线

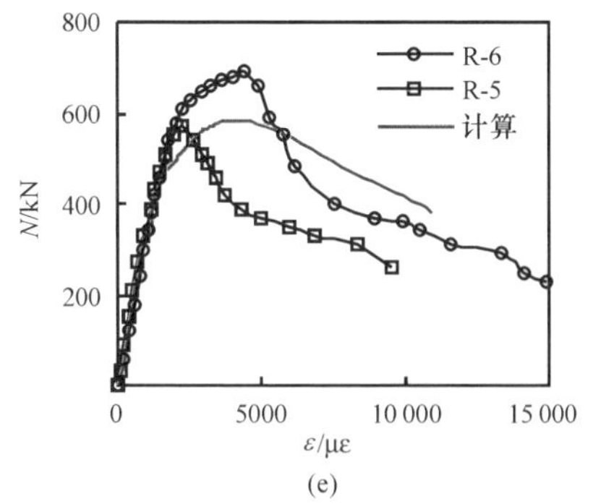

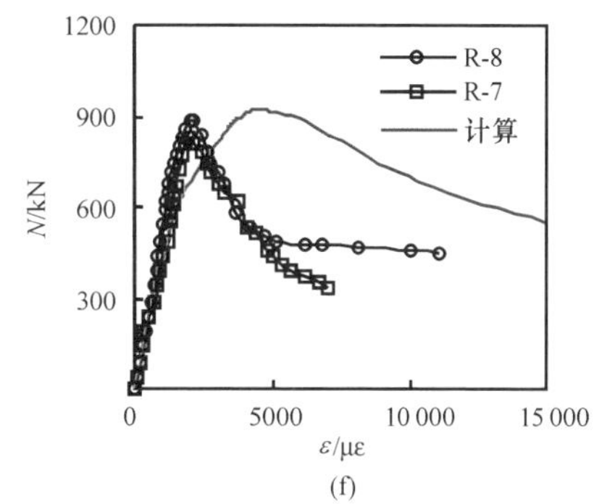

图 6.19 荷载-变形关系曲线（续）

荷载-纵向应变关系曲线。由于试件端部焊缝提早发生破坏，试件 R-4 的荷载-纵向应变关系曲线没有测得下降段。

由图 6.19 可见，进行过长期荷载作用下变形测试的试件峰值点对应的应变要较其对比试件的应变大，且有趣的是，经历过长期荷载 N_L 作用试件的极限承载力一般均高于其对比试件。

6.4 长期荷载作用下变形的计算

与钢筋混凝土类似，长期荷载作用下组成钢管混凝土的核心混凝土的变形包括收缩和徐变。但和普通钢筋混凝土结构中的混凝土相比，长期荷载作用下，组成钢管混凝土的核心混凝土的工作具有如下特点。

1）核心混凝土处于密闭状态，和周围环境基本没有湿度交换。

2）核心混凝土沿钢管混凝土构件轴向收缩将受到其外包钢管的限制。

由于上述原因，钢管混凝土的核心混凝土的收缩变形就有可能不如同条件下的普通混凝土显著。图 6.20 所示为 Nakai 等（1991）进行的同条件下素混凝土试件与钢管混凝土构件沿轴向收缩变形实测结果的对比情况，素混凝土构件和钢管混凝土构件均采用圆形截面，直径为 165.2mm，构件长度为 1000mm。由图 6.20 可见，钢管混凝土的核心混凝土沿构件轴向的收缩变形要远远小于素混凝土构件。本章 6.2 节的实测结果也得到了类似结论。

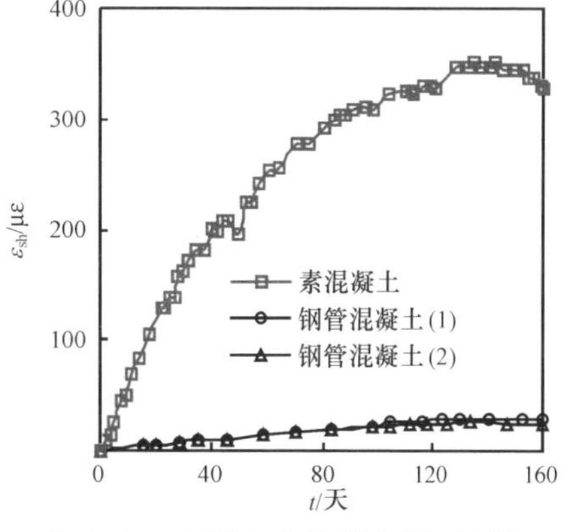

图 6.20 混凝土收缩变形实测结果

3）受力过程中，核心混凝土和其外包钢管存在相互作用问题。

在进行长期荷载作用下钢管混凝土构件变形性能的研究时应适当考虑上述因

素的影响（Han 等，2004b；Han 和 Yang，2003）。

6.4.1 徐变和收缩模型

要进行长期荷载作用下钢管混凝土构件变形的计算，必须首先确定其核心混凝土的徐变和收缩分析模型。式（6.5）已给出了钢管混凝土的核心混凝土的收缩模型。对于混凝土的徐变模型，其因素很多，内部因素有水泥品种、骨料含量和水灰比等。外部因素有加荷龄期、加荷应力比（加荷应力与混凝土强度之比）、持荷时间、环境相对湿度、结构尺寸等（ACI，ACI Committee 209，1992）。描述混凝土徐变的模型有多种，例如 ACI（ACI Committee 209，1992）、BP-KX（Bazant 等，1993）和 CEB-FIP（1993）等。通过对上述模型的比较和分析，发现 ACI（1992）模型可以更好地模拟组成钢管混凝土的核心混凝土的徐变特性。

ACI209 委员会（ACI Committee 209，1992）推荐的混凝土徐变系数 $\varphi(t,\tau_0)$ $[=\varepsilon_{cr}(t)/E_c(\tau_0)]$，其中，$\varepsilon_{cr}(t)$ 为混凝土的徐变应变；$E_c(\tau_0)$ 为施加长期荷载时混凝土的弹性模量（Neville，1970）；τ_0 为加载龄期。$\varphi(t,\tau_0)$ 的表达式为

$$\varphi(t,\tau_0)=\left[\frac{(t-\tau_0)^{0.6}}{10+(t-\tau_0)^{0.6}}\right]\cdot\varphi_{max}(\tau_0) \tag{6.6}$$

式中：$\varphi_{max}(\tau_0)$ 为徐变终值，按下式计算为

$$\varphi_{max}(\tau_0)=2.35\cdot K_1\cdot K_2\cdot K_3\cdot K_4\cdot K_5\cdot K_6 \tag{6.7}$$

式中：K_1 为环境湿度影响修正系数，和相对湿度 H 有关，本节的 H 暂按 90% 选取；K_2 为加荷龄期修正系数；K_3 为混凝土坍落度修正系数；K_4 为构件尺寸影响修正系数；K_5 为细骨料影响修正系数；K_6 为混凝土含气量影响修正系数。上述各系数的具体计算公式参见 ACI（ACI Committee 209，1992）。

核心混凝土的收缩应变采用式（6.5）进行计算。

6.4.2 计算方法

钢管混凝土在长期荷载作用下，核心混凝土承担的外荷载因钢管和核心混凝土之间的变形协调而不断发生改变，因而进行长期荷载作用下的变形分析时应当合理考虑这个因素。

进行钢筋混凝土构件在长期荷载作用下的计算方法主要有有效模量法、老化理论、弹性徐变理论、弹性老化理论、继效流动理论及龄期调整有效模量法等（Neville，1970）。本节选用龄期调整有效模量法进行钢管混凝土构件在长期荷载作用下变形的计算。

钢管混凝土在长期荷载作用下，其核心混凝土的纵向总应变可以表示为

$$\varepsilon_{total}(t)=\varepsilon_i+\varepsilon_{cr}(t)+\varepsilon_{sh}(t) \tag{6.8}$$

式中：ε_i 为施加长期荷载时混凝土产生的即时应变；$\varepsilon_{cr}(t)$ 和 $\varepsilon_{sh}(t)$ 分别为混凝

土随时间而发展的徐变应变和收缩应变。

如果采用龄期调整有效模量法计算徐变应变 $\varepsilon_{cr}(t)$（Chu 等，1986；Dezi 等，1993；Neville，1970），式（6.8）可以写成

$$\varepsilon_{\text{total}}(t)=\varepsilon_i+\frac{\sigma_0}{E_c(\tau_0)}\varphi(t,\tau_0)+\frac{\sigma(t)-\sigma_0}{E_c(\tau_0)}\left[1+\chi(t,\tau_0)\varphi(t,\tau_0)\right]+\varepsilon_{sh}(t) \quad (6.9)$$

式中：σ_0、$\sigma(t)$ 分别为混凝土在徐变开始和结束时的应力；$\chi(t,\tau_0)$ 为龄期调整系数，也称为老化系数，用来考虑混凝土在较长时期内不断变小的徐变能力。本书选用孙宝俊（1993）建议的模型，即

$$\chi(t,\tau_0)=\frac{1}{1-0.91e^{-0.686\varphi(t,\tau_0)}}-\frac{1}{\varphi(t,\tau_0)} \quad (6.10)$$

这样，就可由变形协调条件和内外力平衡条件计算出钢管混凝土柱在长期荷载作用下的变形。过程如下：

1）利用荷载-变形关系分析方法计算出钢管混凝土轴压构件在 N 作用下产生的即时应变 ε_i。

2）假设经过时间 t 后混凝土产生的变形量为 $\varepsilon_{cr}+\varepsilon_{sh}$，这时混凝土的总应变就成为 $\varepsilon_c(t)=\varepsilon_i+\varepsilon_{cr}+\varepsilon_{sh}$，由变形协调条件可知，钢材此时的应变 $\varepsilon_s(t)=\varepsilon_c(t)$，由钢材的应变 $\varepsilon_s(t)$ 即可求出其对应的应力；

3）计算钢材承担的轴向力 N_s，再由内外力平衡条件可求出混凝土承担的轴向力 $N_c=N-N_s$，此时混凝土应力为 $\sigma_c(t)=N_c/A_c$，将其代入式（6.9）就可计算出混凝土的总应变 $\varepsilon_{\text{total}}(t)$。如果初始假设的变形量 $\varepsilon_{cr}+\varepsilon_{sh}$ 足够准确，计算出的 $\varepsilon_{\text{total}}(t)$ 值和 $\varepsilon_c(t)$ 值应一致，否则，需通过迭代调整 $\varepsilon_{cr}+\varepsilon_{sh}$，使两者相吻合，最后得出的 $\varepsilon_{cr}+\varepsilon_{sh}$ 即为 N 作用时间 t 后构件产生的变形值。

在上述计算过程中，纵向应变 ε_i 可以按照 3.2.2 节中介绍的对钢管混凝土轴压构件荷载-变形全过程分析方法求得，由于该方法中已考虑了钢管对其核心混凝土的约束作用，因而本模型中也就自然考虑了钢管及其核心混凝土之间的组合作用问题。

图 6.21 所示为钢管混凝土轴压构件在长期荷载作用下典型的总应变 $\varepsilon(t)$-持荷时间（t）关系曲线。图 6.22 所示为核心混凝土所承受的荷载（N_c）及其外包钢管承受的荷载（N_s）随持荷时间 t 变化的关系曲线。由图 6.21 和图 6.22 可见，在长期荷载作用下，钢管混凝土轴压构件变形随时间的延长而增加，但变形量的大部分集中在持荷初始阶段，这一阶段也是混凝土卸荷极其剧烈的阶段；持荷后期构件的变形速率减小，$\varepsilon(t)$-t 关系曲线趋于水平，钢管和混凝土承担的轴向力变化也趋于稳定。

图 6.17、图 6.23 和图 6.24 所示分别计算结果与试验结果的对比情况。可见理论计算结果与试验结果基本吻合。图 6.23 中，ε_L 为实测纵向应变。

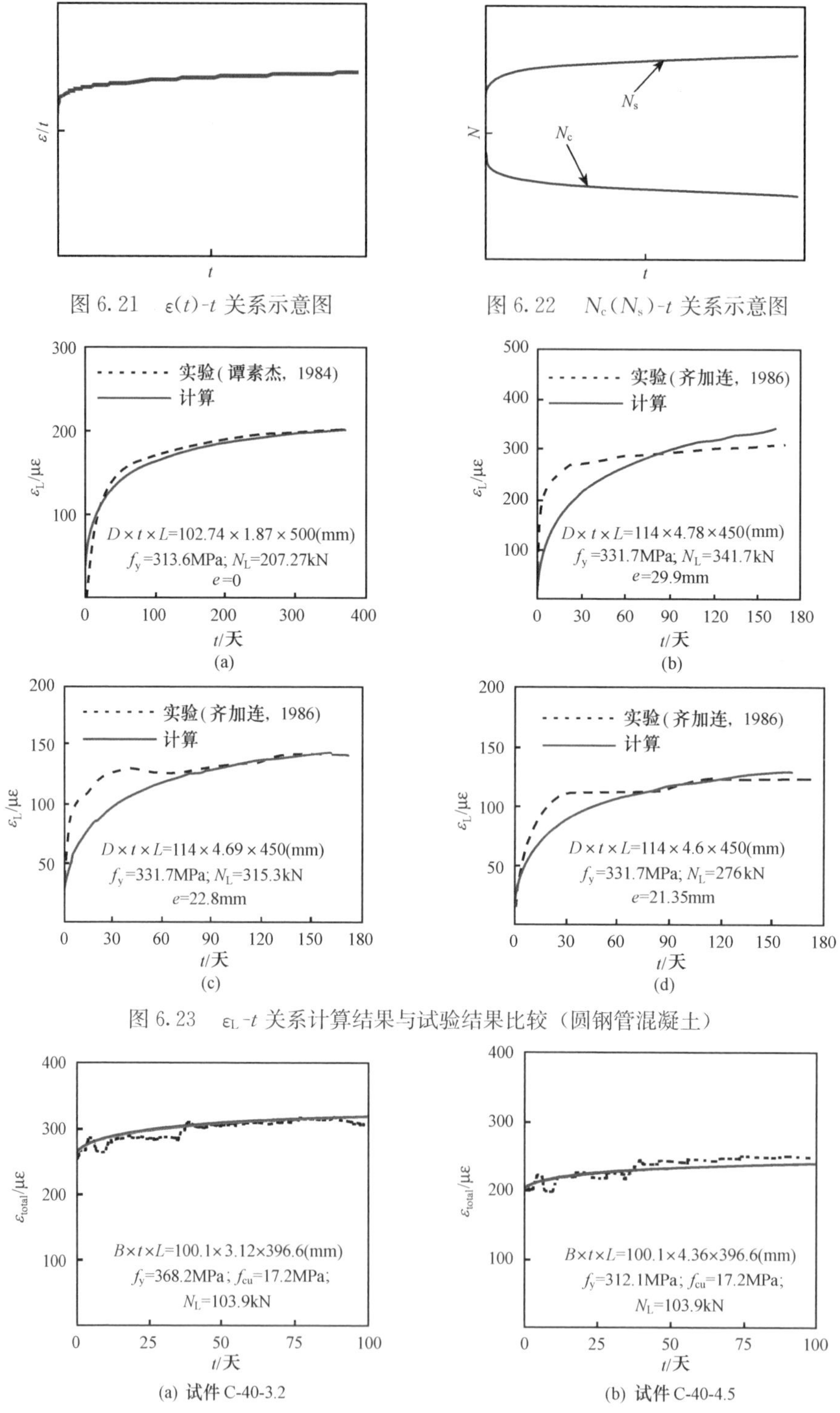

图 6.21　$\varepsilon(t)$-t 关系示意图

图 6.22　$N_c(N_s)$-t 关系示意图

图 6.23　ε_L-t 关系计算结果与试验结果比较（圆钢管混凝土）

(a) 试件 C-40-3.2　　(b) 试件 C-40-4.5

图 6.24　ε_L-t 关系计算结果与试验结果对比（Morino 等，1996）

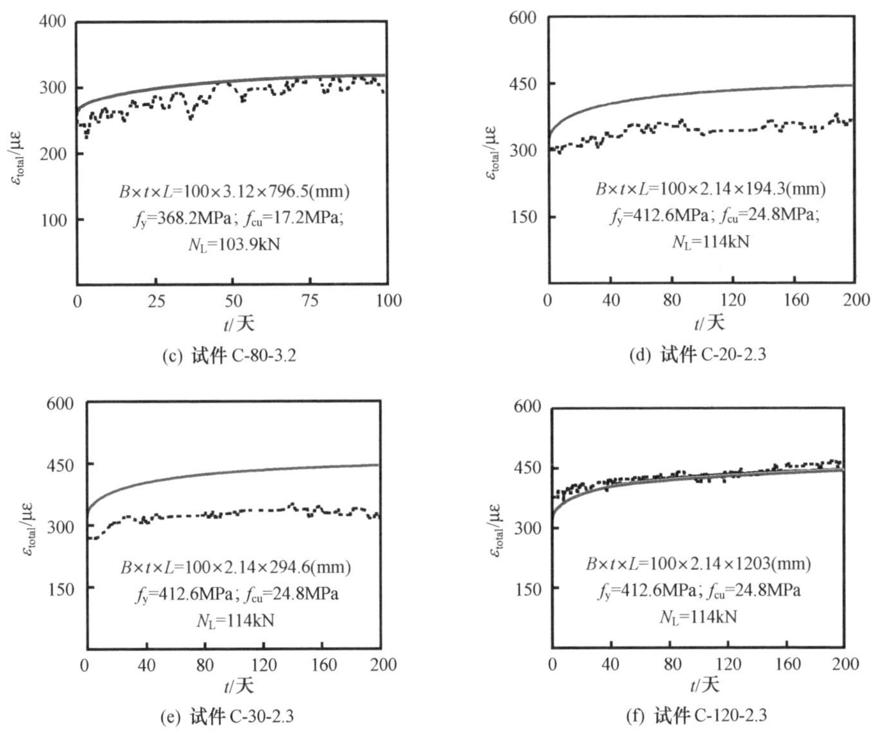

图 6.24　ε_L-t 关系计算结果与试验结果对比（Morino 等，1996）（续）

6.4.3　参数分析

在长期荷载作用下，钢管混凝土构件的挠度表现为随持荷时间的延长而不断增长，为便于分析，将压弯构件因长期荷载作用引起的挠度增量 Δu_m 除以施加长期荷载时的初始挠度 u_m 进行无量纲化，以分析各因素对构件荷载-变形关系的影响规律。下面以方钢管混凝土为例，通过典型算例分别分析各因素对长期荷载作用下钢管混凝土构件变形特性的影响规律。

影响长期荷载作用下钢管混凝土压弯构件变形的因素主要有加载龄期（τ_0）、持荷时间（t）、长期荷载比（n）、含钢率（α）、钢材和混凝土强度、长细比（λ）和荷载偏心率（e/r）。下面以方钢管混凝土为例分别进行分析。

（1）加载龄期（τ_0）和持荷时间（t）

图 6.25 所示为加载龄期和持荷时间对长期荷载作用下的钢管混凝土 $\Delta u_m/u_m$ 的影响，算例的计算条件为：B=600mm，α=0.1，n=0.6，e/r=0.5，λ=60，Q345 钢，C40 混凝土。由图 6.25 可见，$\Delta u_m/u_m$ 随加载龄期的增长而减小，随持荷时间的延长而增加。若取持荷时间为 10 年，则 10 年 Δu_m 的 73%在 3 个月内完成，88%在 1 年内完成，98%则在 5 年内完成。

（2）长期荷载比（n）

长期荷载比（n）对 $\Delta u_m/u_m$ 的影响如图 6.26 所示，算例的计算条件为：B=600mm，α=0.1，τ_0=28 天，e/r=0.5，λ=60，Q345 钢，C40 混凝土。可见，长期荷载比较小时，$\Delta u_m/u_m$ 和 n 基本呈正比；n 较大时，二者则呈非线性关系。线性变形与非线性变形的长期荷载比（n）界限值随加载龄期和持荷时间等因素的变化会有所不同，但基本上在 0.6 左右变化。

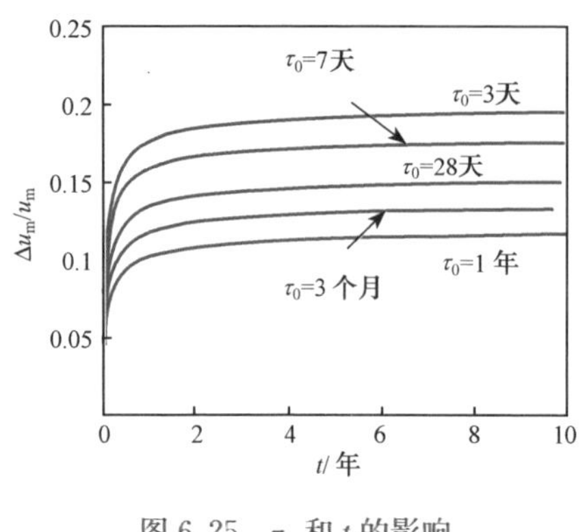

图 6.25　τ_0 和 t 的影响

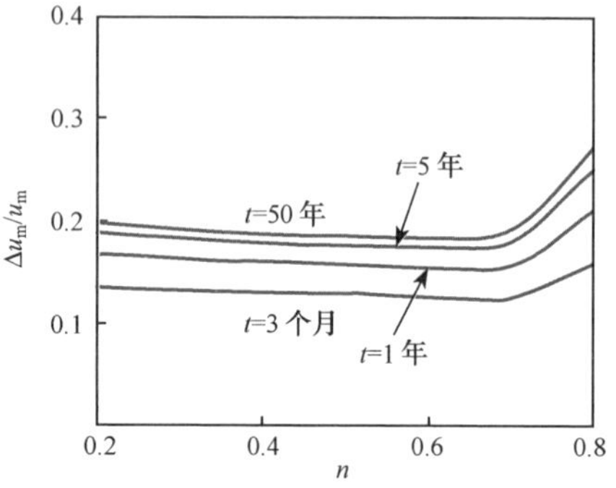

图 6.26　n 的影响

（3）含钢率（α）

图 6.27 所示为含钢率对 $\Delta u_m/u_m$ 的影响，算例的计算条件为：B=600mm，n=0.6，τ_0=28 天，e/r=0.5，λ=60，Q345 钢，C40 混凝土。可见，$\Delta u_m/u_m$ 值随含钢率的增大而减小。这是因为含钢率大的钢管混凝土构件，其钢管由于长期荷载作用引起的应力重分配过程中可能承担更多的由其混凝土卸下的荷载，从而使构件的整体变形趋于减小。

（4）钢材屈服强度

图 6.28 所示为不同钢材强度对 $\Delta u_m/u_m$ 的影响。算例的计算条件为：B=600mm，α=0.1，τ_0=28 天，e/r=0.5，λ=60，C40 混凝土。

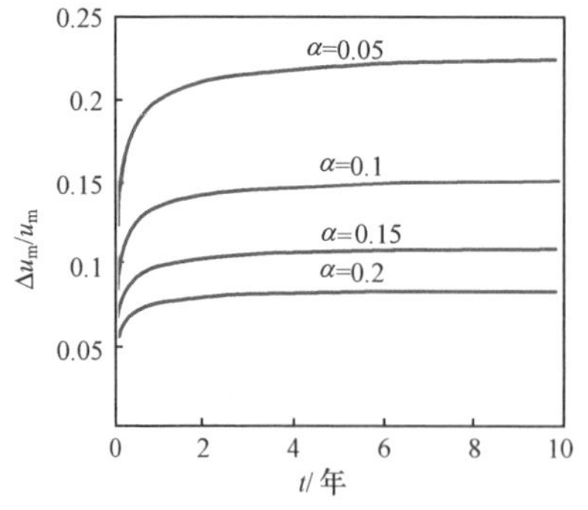

图 6.27　含钢率的影响

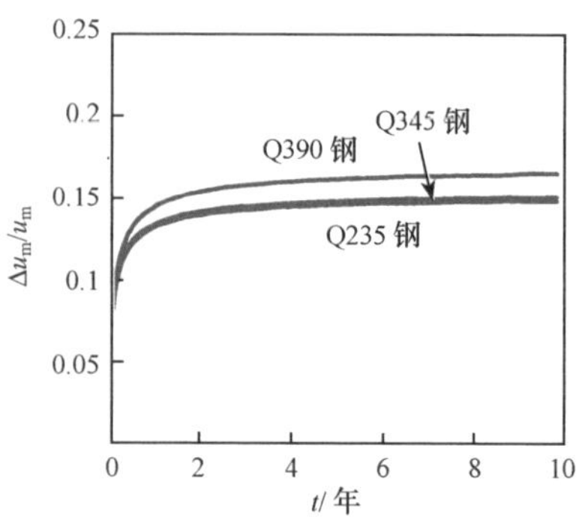

图 6.28　钢材屈服强度的影响

由图 6.28 可见，随着钢材强度的增大，$\Delta u_m/u_m$有增大的趋势，但钢材强度的影响总体不大，这是因为，虽然钢材强度的提高可以使钢管能够承担更多由混凝土卸下的荷载，从而减少长期荷载作用的影响，但在长期荷载比不变的情况下，钢材强度提高后，构件承受的轴压力也将随之增加，增大了长期荷载作用的影响。

（5）混凝土强度（f_{cu}）

图 6.29 所示为混凝土强度等级对 $\Delta u_m/u_m$的影响。算例的计算条件为：B=600mm，n=0.6，α=0.1，τ_0=28 天，e/r=0.5，λ=60，Q345 钢。可见，在其他参数一定的情况下，$\Delta u_m/u_m$随混凝土强度等级的提高而增加，这是因为长期荷载比一定时，核心混凝土强度越高，其对截面的“贡献”越大，所负担外加长期荷载的比例越大，混凝土的变形也就越大。

（6）长细比（λ）

图 6.30 所示为长细比对构件变形的影响。算例的计算条件为：B=600mm，n=0.6，α=0.1，τ_0=28 天，e/r=0.5，Q345 钢，C40 混凝土。可见，随着构件长细比的增大，$\Delta u_m/u_m$有增大的趋势，这是因为在长期荷载作用过程中，二阶效应对构件的影响随长细比的增大而增大。计算结果还表明，当构件长细比小于 60 时，$\Delta u_m/u_m$随长细比的变化趋于平缓。

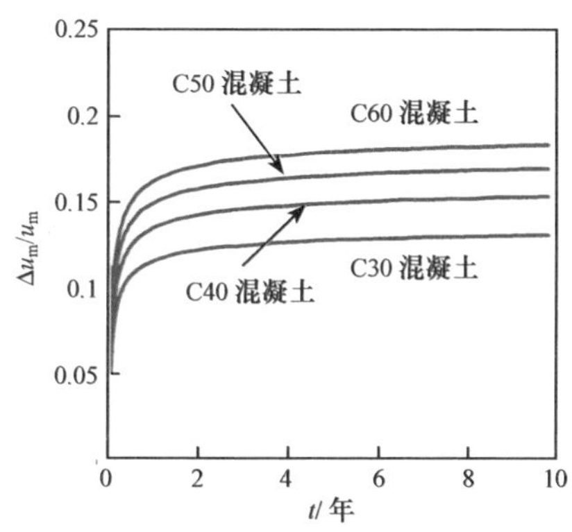

图 6.29　混凝土强度等级的影响

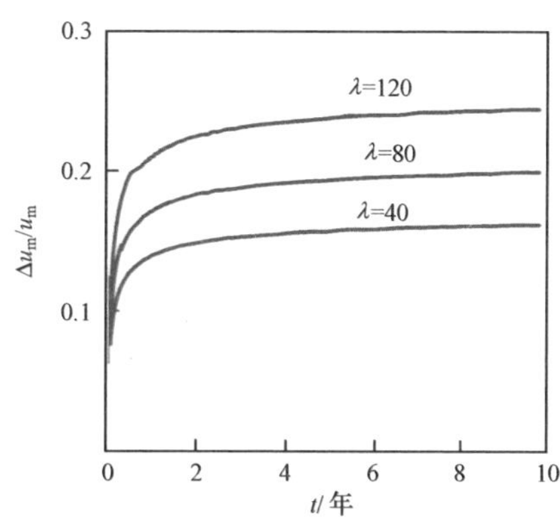

图 6.30　长细比的影响

（7）荷载偏心率（e/r）

图 6.31 所示为荷载偏心率对构件变形的影响。算例的计算条件为：B=600mm，n=0.6，λ=60，α=0.1，τ_0=28 天，Q345 钢，C40 混凝土。可见，当 e/r 为 0～0.5 时，e/r 的变化对 $\Delta u_m/u_m$影响较小；当 e/r 大于 0.5 后，$\Delta u_m/u_m$随 e/r 的增大而显著减小。这是因为在长期荷载作用下，压弯构件变形的发展主要源自于受压区核心混凝土的变形，当荷载偏心率较小时，截面基本处于全截面受压状态，因而变形发展相对较大；当荷载偏心率较大时，混凝土受压区面积减小，从而导致混凝土徐变对构件变形的影响减小。

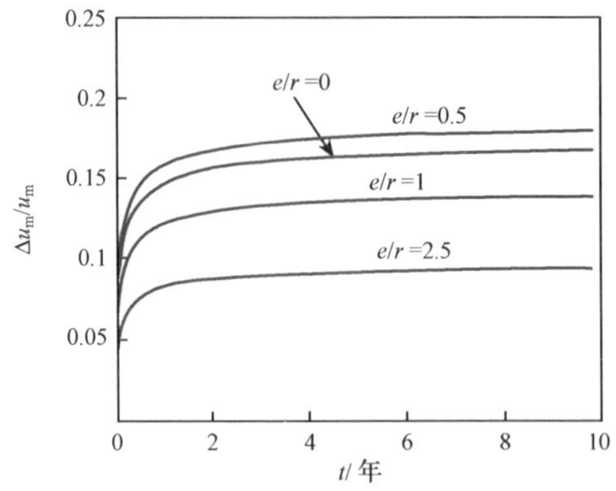

图 6.31　荷载偏心率的影响

对于矩形钢管混凝土，可能的影响因素还有截面高宽比（D/B）。分析结果表明，D/B 对 $\Delta u_m/u_m$的影响很小（Han 和 Yang，2003）。

6.5　考虑长期荷载作用影响时荷载-变形关系的计算

6.5.1　混凝土的应力-应变关系模型

考虑长期荷载作用影响时混凝土的应力-应变关系模型通常与一次加载时的情况不同。要进行考虑长期荷载作用影响时钢管混凝土构件荷载-变形关系和承载力的计算，必须首先确定考虑长期荷载作用影响时核心混凝土的应力-应变关系模型。当考虑长期荷载作用的影响，进行钢管混凝土构件荷载-变形全过程关系曲线的计算时，需对式（3.33）和式（3.34）所示的一次加载情况下混凝土的 σ-ε 模型进行修正。

Chovichien 等（1973）认为，长期荷载作用下混凝土的抗压强度（峰值应力）随长期荷载持荷时间的延长有逐渐降低的趋势，但有一下限值；峰值应力对应的应变随持荷时间的延长也在逐渐增大。

Chu 等（1986），Manuel 和 Macgregor（1967），Guyal 和 Jackson（1971）对混凝土 σ-ε 关系峰值应力对应应变的修正方法与 Chovichien 等（1973）类似，但认为峰值应力不受长期荷载作用的影响，考虑的根据在于：一方面，混凝土强度随龄期的增长会有所提高；但另一方面，混凝土强度在高应力比作用下又会有所降低。这样，就可能导致长期荷载作用后与作用前混凝土的抗压强度变化不大。

Chu 等（1986），Guyal 和 Jackson（1971）考虑徐变效应的影响，在对短期荷载作用下混凝土 σ-ε 关系模型的峰值应变修正时，将其乘以一系数［$1+\varphi(t,\tau_0)$］［其中，$\varphi(t,\tau_0)$ 为徐变系数］进行放大，应力坐标值则维持不变，从而得到修正后的混凝土应力-应变关系模型。由于在 $\varphi(t,\tau_0)$ 中考虑了长期荷载作用下的各影响因素，因而修正后的应力-应变关系模型中也就自然考虑了这些因素的影响。

本书在考虑长期荷载作用效应的影响时采用类似于 Chu 等（1986），Guyal 和 Jackson（1971）的方法对式（3.33）和式（3.34）所示的模型进行修正，即假设长期荷载作用不影响钢管混凝土中核心混凝土的强度，只影响应变的变化；收缩对应力-应变关系曲线的影响是使其产生沿应变轴的平移（平移量为收缩应变值 ε_{sh}）。综合徐变和收缩的影响，可得出考虑长期荷载作用影响时的应变 ε_t 与对应的短期荷载作用下 σ-ε 关系上应变 $\varepsilon_{\tau 0}$ 的关系为

$$\varepsilon_t = [1+\varphi(t,\tau)]\varepsilon_{\tau 0} + \varepsilon_{sh} \tag{6.11}$$

这样，即可方便地确定出考虑长期荷载作用影响时钢管混凝土核心混凝土的应力-应变关系模型。

考虑长期荷载作用影响的混凝土 σ-ε 关系模型的比较情况如图 6.32 所示。

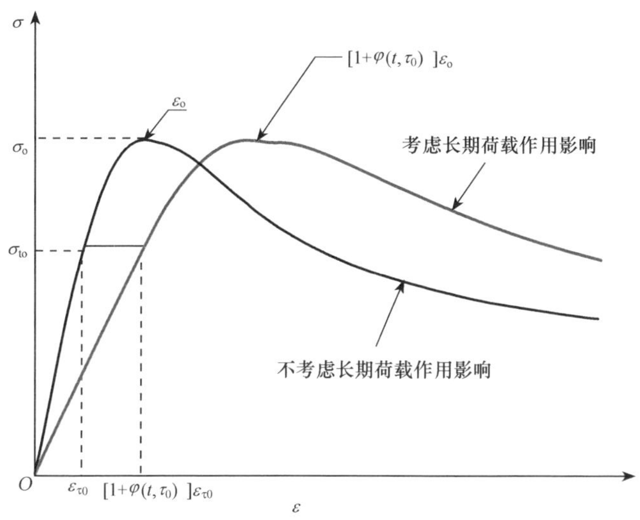

图 6.32　核心混凝土的应力-应变关系模型

6.5.2　荷载-变形关系和承载力的计算

确定了核心混凝土的应力-应变关系模型后，即可利用数值方法方便地计算出考虑长期荷载作用影响时钢管混凝土构件的荷载-变形全过程关系曲线（Han 等，2004b；Han 和 Yang，2003；刘威，2001；陶忠，2001）。计算时采用如下基本假设：

1）钢材的应力-应变关系模型按照 3.2.2 节中论述的方法确定；混凝土受压时的应力-应变关系按图 6.32 所示的方法确定；忽略混凝土对抗拉的贡献。

2）钢和混凝土之间无相对滑移，钢管混凝土构件在变形过程中始终保持为平截面。

3）忽略剪力对构件变形的影响。

4）构件挠曲线为正弦半波曲线，杆件存在千分之一杆长的初挠度。

5）钢管的残余应力分布可按 3.2.2 节中介绍的有关方法确定。

荷载-变形关系的计算过程如下：

1）与 3.2.2 节论述的计算钢管混凝土压弯构件一次加载时荷载-变形全过程关系的方法类似，计算出长期荷载 N_L 作用下构件的荷载-变形关系，确定挠度 u_m 及跨中截面各单元的应力 σ_i 和形心应变 ε_i。

2）假设构件在持荷 t 时间后有一挠度增量 Δu_m，由平截面假定可计算出跨中截面各单元对应的形心应变，由此确定出截面受压区各单元由于长期荷载作用产生的应变。

3）确定各单元的应力，通过迭代调整截面形心处应变 ε_0，使构件满足内外弯矩平衡条件。

4）调整 Δu_m，使构件满足内外轴力平衡条件，最终得到的 Δu_m 即为考虑长期荷载作用影响时构件实际的挠度增量。

5）重复 2）～4）即可计算出钢管混凝土压弯构件的荷载-变形全曲线。

6）在计算考虑长期荷载作用影响构件的荷载-变形关系曲线时，加载龄期取 28 天，持荷时间取 50 年（Khor 等，2001）。

图 6.33 所示为考虑长期荷载作用与否时钢管混凝土压弯构件典型的 N-u_m 关系曲线，其中，N_{uo} 和 u_{mo} 分别为不考虑长期荷载作用影响时构件的极限承载力及其对应的挠度；N_{uL} 和 u_{moL} 分别为考虑长期荷载作用影响时构件的极限承载力及其对应的挠度。由图 6.33 可见，两种情况下构件 N-u_m 关系曲线的变化规律基本类似，只是在考虑长期荷载作用的影响时，构件的极限承载力有所降低、对应的变形值也有所增大。

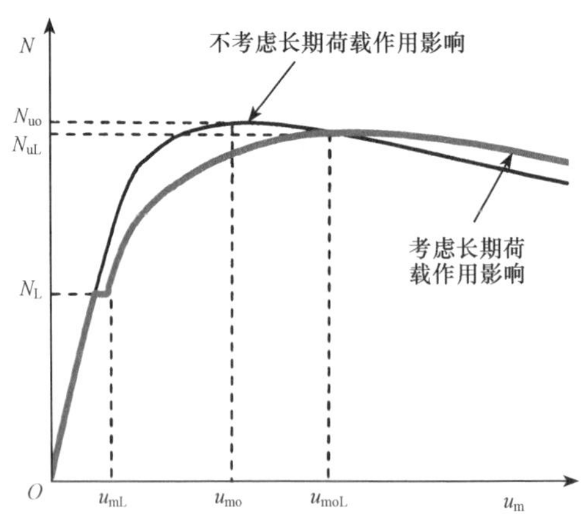

图 6.33　典型的 N-u_m 关系曲线

计算结果表明，考虑长期荷载作用的影响时，在如下参数范围，即 $f_y=200\sim500$MPa，C30～C90 混凝土，$\alpha=0.03\sim0.2$，构件长细比 $\lambda=10\sim120$，荷载偏心率 $e/r=0\sim3$ 的情况下，极限承载力降低的幅度在 1%～35%，极限承载力对应的变形值则比不考虑长期荷载作用影响时的情况大 20%～200%。

图 6.34 所示为考虑长期荷载作用与否时钢管混凝土的 N/N_u-M/M_u 关系。

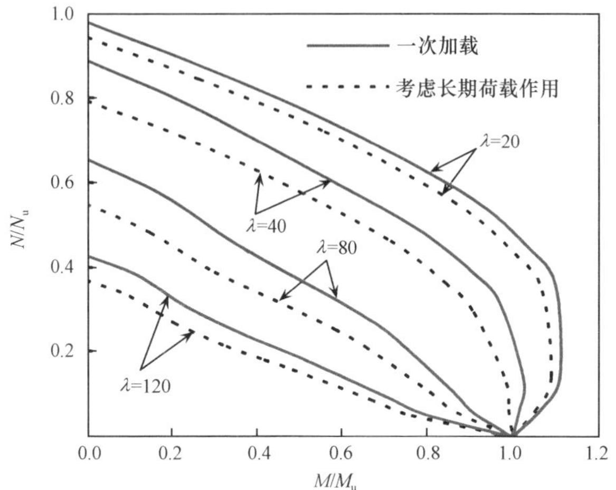

(a) 圆钢管混凝土(D=600mm;Q345 钢;C40 混凝土;α=0.1)

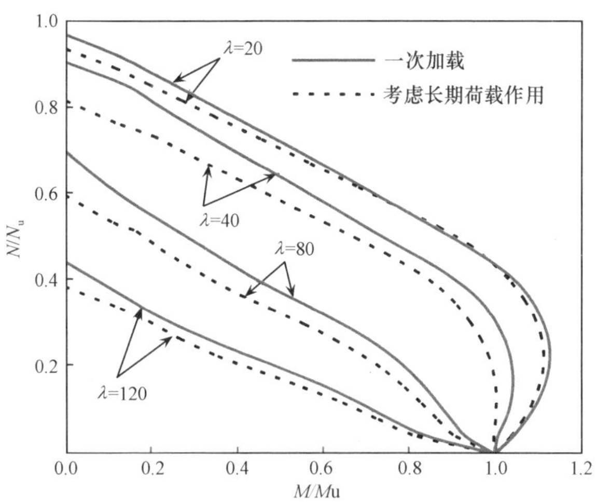

(b) 方钢管混凝土(B=600mm;Q345 钢;C40 混凝土;α=0.1)

图 6.34　考虑长期荷载作用与否时钢管混凝土的 N/N_u-M/M_u 关系

图 6.35 所示为理论计算极限承载力（N_{uc}）与齐加连（1986）、谭素杰（1984）、Uy（2001a）及本书实测的极限承载力（N_{ue}）的比较情况，可见，理论结果和试验结果基本吻合，且理论计算结果总体稍偏于安全。

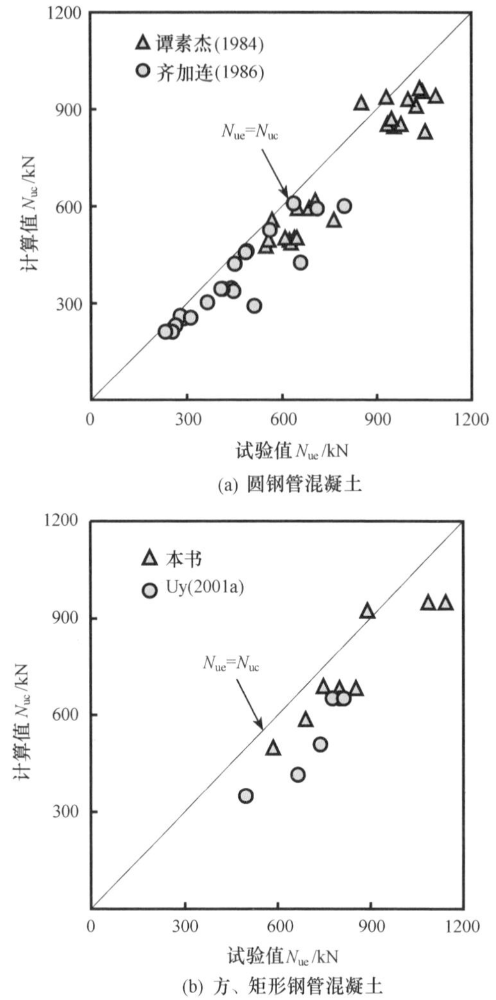

(a) 圆钢管混凝土

(b) 方、矩形钢管混凝土

图 6.35　极限荷载计算值（N_{uc}）与试验值（N_{ue}）比较

6.5.3　影响承载力的因素分析

下面以方钢管混凝土为例，通过典型算例分析各因素对考虑长期荷载作用影响时钢管混凝土构件承载力的影响规律。计算时，取加载龄期为 28 天，持荷时间为 50 年。

为便于分析，定义承载力影响系数 k_{cr} 的表达式为

$$k_{cr}=\frac{N_{uL}}{N_{uo}} \tag{6.12}$$

式中：N_{uL} 和 N_{uo} 分别为考虑长期荷载作用影响与否时钢管混凝土构件的极限承载力。

（1）长细比（λ）和含钢率（α）

图 6.36 所示为长细比和含钢率对 k_{cr} 的影响。本算例的计算条件是：Q345 钢，C40 混凝土，$e/r=0$，长期荷载比为 0.6。由图 6.36 可见，当长细比小于 60 时，k_{cr} 随长细比的增大而显著减小；当长细比大于 60 时，k_{cr} 的变化趋于平缓。产生以上现象的原因在于：当构件长细比较小时，构件达到极限承载力之前，跨中截面基本处于全截面受压状态；而当构件长细比较大时，构件跨中挠度也相应增大，使跨中截面作用的弯矩增大，构件在达到极限承载力时，跨中截面核心混凝土的受拉区在不断扩大，受压区面积则逐渐减小，从而可减小长期荷载作用的影响。

从图 6.36 还可以看出，当长细比小于 40 时，在一定的长细比下，含钢率的变化对 k_{cr} 的影响不明显；但随着长细比的增大，在一定长细比条件下，含钢率的变化对 k_{cr} 的影响逐渐趋于明显，且含钢率越大，k_{cr} 值也越大，即由于长期荷载作用对钢管混凝土构件承载力的影响趋于减小。

（2）钢材强度

图 6.37 所示为钢材强度对 k_{cr} 的影响，本算例的计算条件是：$\alpha=0.1$，C40 混凝土，$e/r=0$，长期荷载比为 0.6。由图 6.37 可见，钢材强度的变化对 k_{cr} 的影响主要在 $\lambda=60\sim180$ 的范围内，且钢材屈服强度越高，k_{cr} 值越大，即由于长期荷载作用对钢管混凝土构件承载力的影响趋于减小。

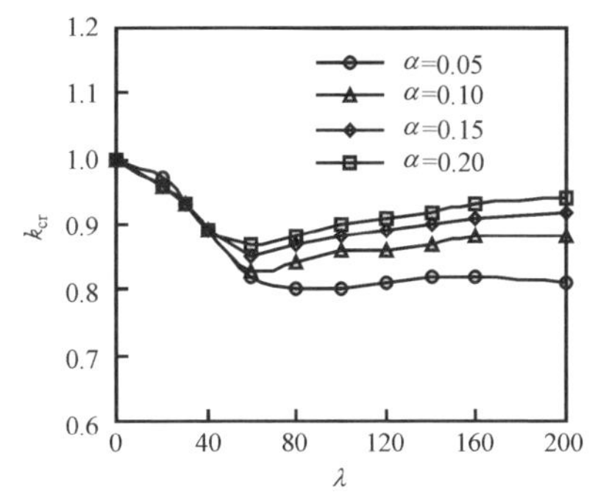

图 6.36　长细比和含钢率对 k_{cr} 的影响

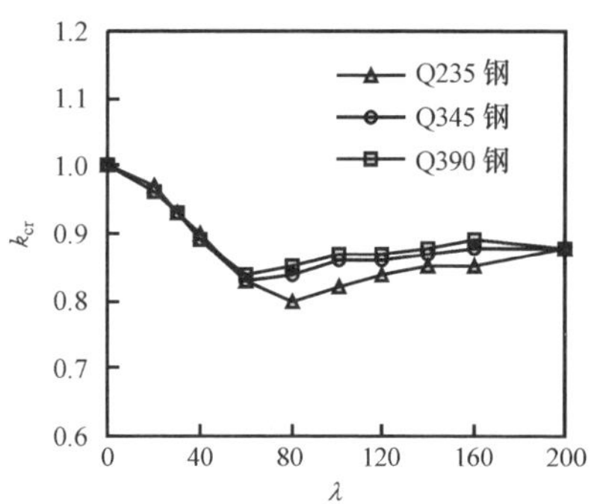

图 6.37　钢材强度对 k_{cr} 的影响

（3）混凝土强度

图 6.38 所示为混凝土强度对 k_{cr} 的影响。本算例的计算条件是：$\alpha=0.1$，Q345 钢，$e/r=0$，长期荷载比为 0.6。可见，当构件长细比小于 40 时，混凝土强度的变化对 k_{cr} 基本没有影响；当长细比大于 40 时，在一定长细比条件下，随着混凝土强度的提高，k_{cr} 逐渐趋于减小，即由于长期荷载作用对钢管混凝土构件承载力的影响趋于显著。

（4）荷载偏心率（e/r）

荷载偏心率对 k_{cr} 的影响如图 6.39 所示。本算例的计算条件是：$\alpha=0.1$，

Q345 钢，C40 混凝土，长期荷载比为 0.6。由图 6.39 可见，随着荷载偏心率的增大，k_{cr}有增长的趋势，且增长的幅度随荷载偏心率的增加而逐渐趋于稳定。

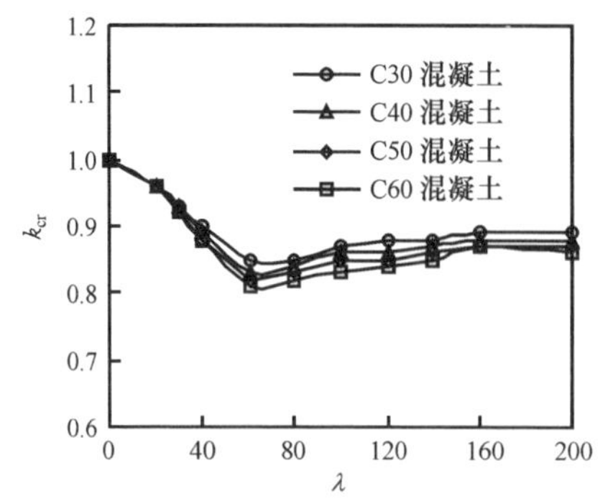

图 6.38　混凝土强度对 k_{cr}的影响

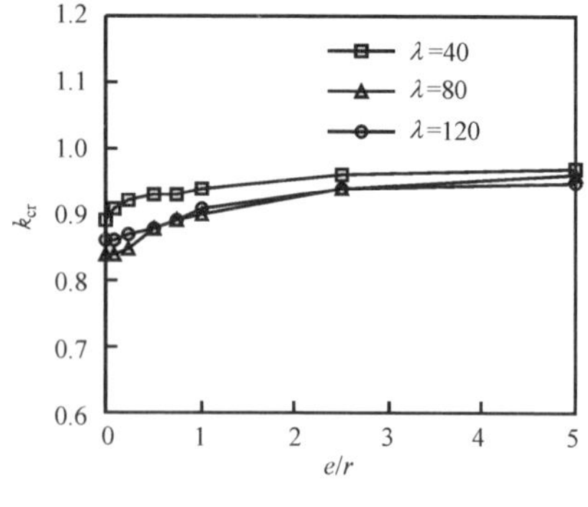

图 6.39　荷载偏心率对 k_{cr}的影响

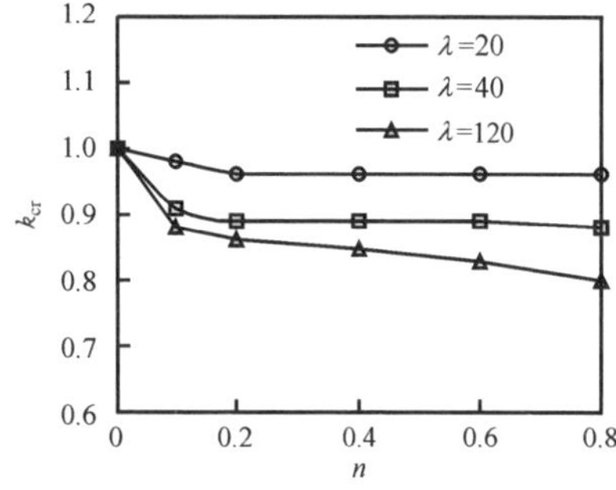

图 6.40　不同长期荷载比（n）情况下 k_{cr}的变化规律

（5）长期荷载比（n）

图 6.40 所示为不同长期荷载比（n）情况下 k_{cr}的变化规律。本算例的计算条件是：α＝0.1，Q345 钢，C40 混凝土，e/r＝0。可见，在长细比一定的条件下，随着 n 的增加，k_{cr}呈现出逐渐减小的趋势，且随着长细比的增大，这种减小的幅度在不断增加。主要原因是 n 越大，长期荷载作用引起的构件附加变形就越大，由于几何非线性对大长细比构件的影响更显著，因此，这样附加变形会导致大长细比构件承载力的降低更明显。

对于矩形钢管混凝土，可能的影响因素还有截面高宽比（D/B）。分析结果表明，D/B 对 k_{cr}的影响很小（Han 和 Yang，2003）。

6.6　承载力影响系数计算

上述分析结果表明，长期荷载作用对钢管混凝土构件的承载力有影响，因而在进行构件承载力的计算时应考虑这个因素。

为了便于实际应用，可通过对参数分析结果的整理，通过回归分析导出 k_{cr}的计算公式。

例如当 n＝0.6 时，在如下参数范围，即 f_y＝200～500MPa、C30～C90 混凝土、α＝0.03～0.2、λ＝10～150、e/r＝0～1、ξ＝0.2～4，D/B＝1～2（对于方、矩形钢管混凝土）时，k_{cr}可按下列公式计算：

1）对于圆钢管混凝土：

$$k_{cr}=\begin{cases}(0.2a^2-0.4a+1)\cdot b^{2.5a}\cdot[1+0.3a\cdot(1-c)] & (a\leqslant 0.4)\\ (0.2a^2-0.4a+1)\cdot b\cdot\left(1+\dfrac{1-c}{7.5+5.5a^2}\right) & (0.4<a\leqslant 1.2)\\ 0.808b\cdot\left(1+\dfrac{1-c}{7.5+5.5a^2}\right) & (a>1.2)\end{cases} \tag{6.13}$$

式中：$a=\lambda/100$；$b=\xi^{0.05}$；$c=(1+e/r)^{-2}$。

2）对于方、矩形钢管混凝土：

$$k_{cr}=\begin{cases}(1-0.25a)\cdot b^{a}\cdot[1+0.13a\cdot(1-c)] & (a\leqslant 0.4)\\ (0.13a^2-0.3a+1)\cdot b^{a}\cdot\left(1+\dfrac{1-c}{15+25a^2}\right) & (0.4<a\leqslant 1.2)\\ 0.83b^{1.2}\cdot\left(1+\dfrac{1-c}{15+25a^2}\right) & (a>1.2)\end{cases} \tag{6.14}$$

式中：$a=\lambda/100$，对于矩形钢管混凝土，当绕强轴 x-x 轴弯曲时，$\lambda=2\sqrt{3}L/D$，当绕弱轴 y-y 轴弯曲时，$\lambda=2\sqrt{3}L/B$；$b=\xi^{0.08}$；$c=(1+e/r)^{-2}$。

对于其他荷载比（n）下 k_{cr}的计算，可在式（6.13）或式（6.14）的基础上乘如下系数求得，即

$$k_{n}=\begin{cases}1-0.07n & (a\leqslant 0.4)\\ 0.98-0.07n+0.05a & (a>0.4)\end{cases} \tag{6.15}$$

k_{cr}简化计算结果与数值计算结果吻合良好，图 6.41 给出部分对比结果。

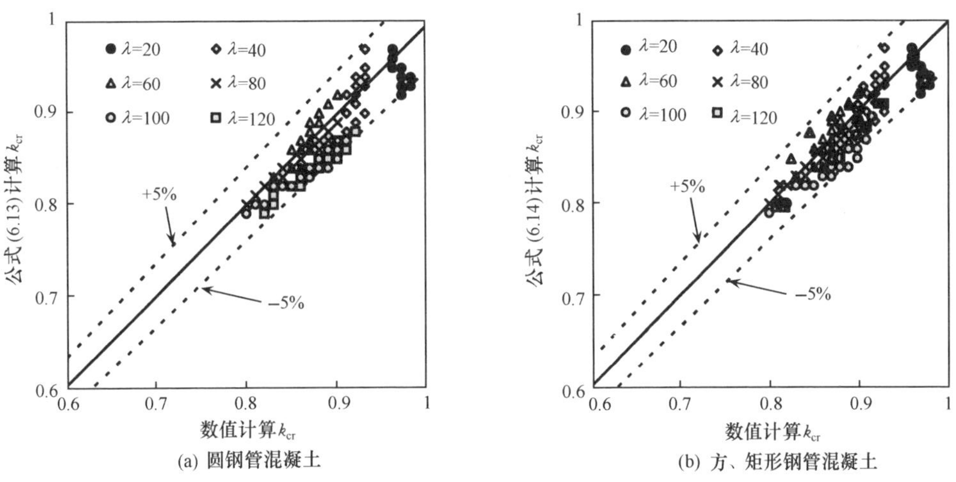

图 6.41　k_{cr}数值计算结果与简化计算结果对比

确定了 k_{cr} 的简化公式后，即可利用式（6.12）方便地计算出考虑长期荷载作用影响时钢管混凝土构件的承载力。

图 6.42 所示为按简化计算方法获得的承载力（N_{uc}）与齐加连（1986）、谭素杰（1984）、Uy（2001a）及本书试验结果（N_{ue}）的比较情况，计算时，式（6.12）中不考虑长期荷载作用影响时钢管混凝土构件的极限承载力 N_{uo} 按式（3.99）计算，可见简化计算结果与试验结果吻合较好，且总体上偏于安全。

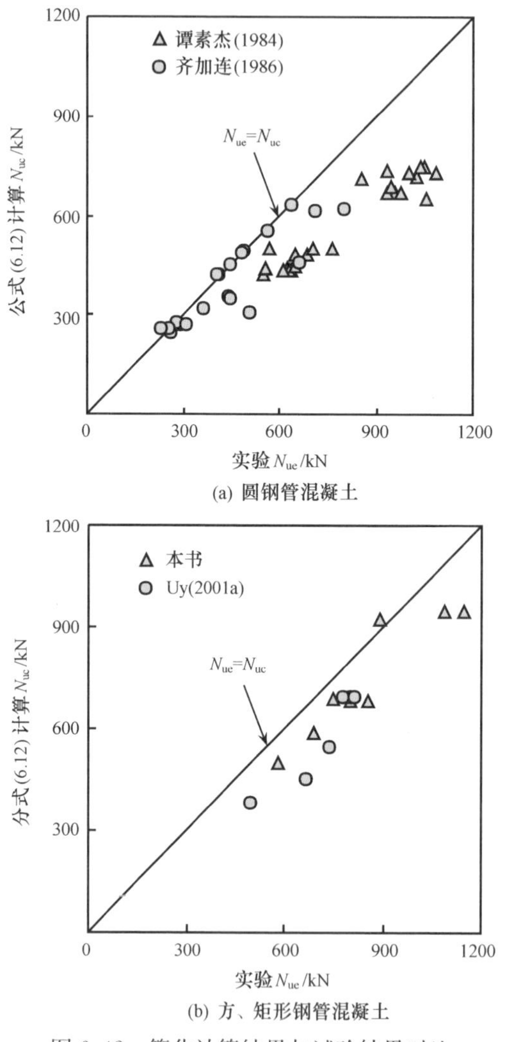

(a) 圆钢管混凝土

(b) 方、矩形钢管混凝土

图 6.42 简化计算结果与试验结果对比

6.7 小　　结

本章进行了水泥水化阶段钢管混凝土构件截面温度场、核心混凝土收缩性能，以及钢管混凝土轴心受压柱在长期荷载作用下变形和承载力的试验研究，提出了适合于钢管混凝土中核心混凝土收缩变形的计算公式，以及长期荷载作用下钢管混凝土构件变形特性的理论分析方法。

本章还分析了加载龄期和持荷时间、长期荷载比、含钢率、钢材和混凝土强度、长细比及荷载偏心率等因素对长期荷载作用下钢管混凝土构件变形特性的影响。考虑长期荷载作用的影响，对钢管混凝土柱的承载力进行了计算，分析了各参数的影响规律，最终提出承载力实用验算方法，可供有关工程设计时参考。

第 7 章　钢管混凝土构件的滞回性能

7.1 引　　言

地震是钢管混凝土结构在服役全寿命周期中可能遭受的荷载作用。深入研究钢管混凝土构件的弯矩（M）-曲率（ϕ）和水平荷载（P）-水平位移（Δ）滞回关系特性，确定其滞回模型是进行钢管混凝土结构弹塑性地震反应分析的重要前提之一。

本章利用数值方法分析钢管混凝土压弯构件的滞回性能，并进行构件在往复荷载作用下力学性能的试验研究。在参数分析结果的基础上，提出圆形和方、矩形钢管混凝土构件弯矩-曲率和水平荷载-水平位移滞回关系模型、以及位移延性系数的实用计算方法。

7.2 弯矩-曲率滞回性能

7.2.1 往复应力下钢材和混凝土的应力-应变关系模型

进行往复荷载作用下钢管混凝土弯矩-曲率滞回关系曲线全过程分析的必要前提是确定钢材和核心混凝土在往复应力作用下的应力-应变关系模型。

（1）钢材应力-应变关系模型

国内外有关钢材在往复应力下应力-应变关系模型的研究已取得实用性成果（潘士劼等，1990）。在进行钢管混凝土构件滞回性能的研究时，通过对试验结果的分析和试算（闫维波，1997；Han 等，2003b；Han 和 Yang，2005；黄宏，2006；黄宏等，2006；霍静思，2005；林晓康，2006；陶忠，2001；王文达，2006；杨有福，2003，2005），发现可采用如图 7.1 所示钢材的应力-应变关系滞回特性研究钢管混凝土构件的恢复力特性。

图 7.1 所示钢材的应力-应变滞回关系骨架线由两段组成，即弹性段（oa）和强化段（ab），其中，强化段的模量取值为 $0.01E_s$，E_s 为钢材的弹性模量。

在图 7.1 所示的模型中，加卸载刚度采用初始弹性模量 E_s。如果钢材在进入强化段 ab 前卸载，则不考虑 Bausinger 效应；反之，如果钢材在强化段 ab 卸载，则需考虑 Bausinger 效应。加、卸载过程中的软化段，即直线段 de 和 d′e′的模量（E_b）可按如下公式计算为

$$E_b = \begin{cases} \dfrac{f_y - |\sigma_d|}{|\varepsilon_d + \varepsilon_y|} & (1.65\varepsilon_y < |\varepsilon_d| \leqslant 6.11\varepsilon_y) \\ 0.1E_s & (|\varepsilon_d| > 6.11\varepsilon_y) \end{cases} \tag{7.1}$$

式中：σ_d 和 ε_d 分别为软化段起始点 d 和 d′点的应力和应变值。d 点和 d′点分别位于与 ab 和 a′b′线平行的直线上。

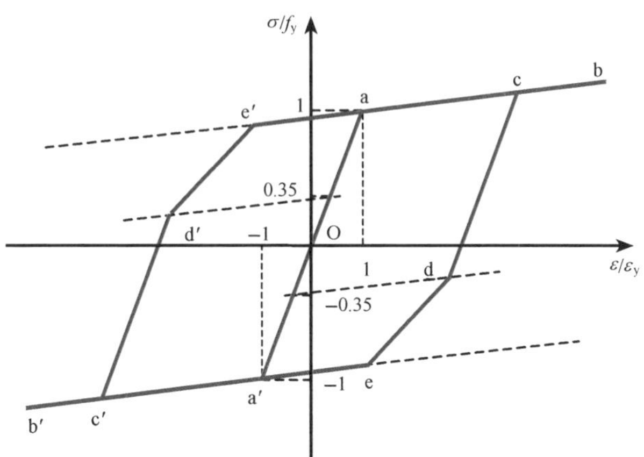

图 7.1　钢材的应力-应变关系模型示意图

(2) 混凝土应力-应变关系模型

以往，研究者们已对混凝土的应力-应变滞回关系进行过研究（朱伯龙和董振祥，1985；滕智明和邹离湘，1996），发现混凝土应力-应变滞回关系的骨架线基本上接近于其单向加载时的应力-应变关系曲线。在分析钢筋混凝土结构受往复循环荷载作用下的力学性能时，常用混凝土单向加载时的应力-应变曲线代替其应力-应变滞回关系的骨架线。

本章在研究钢管混凝土构件的滞回性能时，暂以核心混凝土单向加载时的应力-应变关系曲线代替其滞回关系的骨架线，即在受压区，对于圆钢管混凝土按式（3.33）确定，对于方、矩形钢管混凝土按式（3.34）确定；在受拉区，混凝土的应力-应变关系按式（3.41）确定。

滞回关系曲线除骨架曲线外，还要考虑卸载及再加载。由于混凝土截面在受拉开裂后重新受压时，开裂截面会产生骨料咬合的裂面效应，使开裂面在没有完全闭合的情况下就能传递相当的压应力，同时由于混凝土微裂缝的发展，混凝土滞回关系曲线上还存在着应变软化段和不同程度的刚度退化现象，这些都应在卸载及再加载曲线中加以考虑。

图 7.2 给出一核心混凝土应力-应变滞回关系曲线示意图。在混凝土由受压卸载、再反向加载时，卸载、再加载路径采用和普通混凝土类似的焦点法确定（滕智明和邹离湘，1996），以便在模型中考虑一定的卸载刚度退化和软化现象；

当混凝土由受拉卸载、再反向加载时，卸载、再加载路径可采用统一的曲线方程形式来表达。

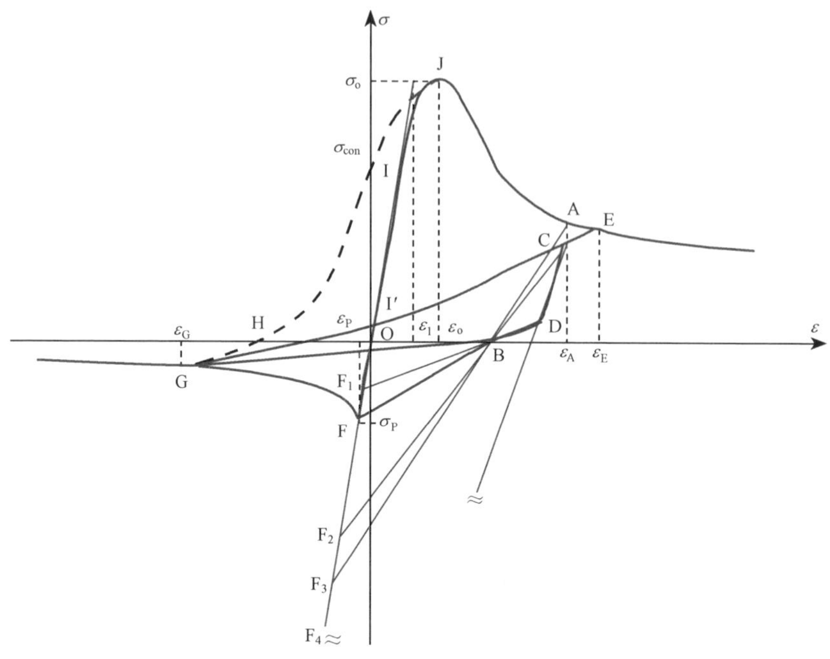

图 7.2 混凝土应力-应变滞回关系曲线示意图

下面介绍图 7.2 所示混凝土应力-应变滞回关系的加、卸载准则。

1）受压卸载、再加载准则。混凝土受压卸载时，当压应变小于等于 $0.55\varepsilon_o$ 时按弹性刚度卸载、再加载；当应变大于 $0.55\varepsilon_o$ 时，按“焦点法”考虑刚度退化现象来确定卸载、再加载途径，ε_o 为混凝土骨架线峰值点处应变，σ_o 为 ε_o 对应的应力。焦点 F_1、F_2、F_3 及 F_4 位于过原点的骨架曲线切线上，其 σ 轴坐标分别为 $0.2\sigma_o$、$0.75\sigma_o$、σ_o 和 $3\sigma_o$。设自骨架曲线上 A（ε_A，σ_A）点开始卸载（滕智明和邹离湘，1996），卸载线沿 A—D—B 进行，点 B（ε_B，0）为 AF_3 连线与 ε 轴的交点；点 D 为直线 CF_4 与 BF_1 延线的交点，点 C 为直线 BF_2 延线上应变等于 ε_A 的点。ε_B 为自卸载点卸载至 $\sigma=0$ 时的残余应变，表达式为

$$\varepsilon_B=\frac{\sigma_o\varepsilon_A-\sigma_A\varepsilon_1}{\sigma_o+\sigma_A} \tag{7.2}$$

式中：$\varepsilon_1=0.5\varepsilon_o$。

C 点的纵坐标值 σ_C 为

$$\sigma_C=\frac{0.75\sigma_o}{0.75\varepsilon_1+\varepsilon_B}(\varepsilon_A-\varepsilon_B) \tag{7.3}$$

D 点坐标值 ε_D 和 σ_D 的表达式分别为

$$\varepsilon_D = \frac{D_1 \cdot \varepsilon_A - D_2 \cdot \varepsilon_B - \sigma_C}{D_1 - D_2} \tag{7.4}$$

$$\sigma_D = D_2 \cdot (\varepsilon_D - \varepsilon_B) \tag{7.5}$$

式中：$D_1 = (3\sigma_o + \sigma_C)/(3\varepsilon_1 + \varepsilon_A)$；$D_2 = 0.2\sigma_o/(0.2\varepsilon_1 + \varepsilon_B)$。

如卸载超过 B 点后再加载时，再加载线将沿折线 B—C—E 进行，E 为骨架线上应变等于 $1.15\varepsilon_A$ 时对应的点。对于卸载至 B 点后再反向加载，当应变历史上出现的最大拉应变 $\varepsilon \leqslant \varepsilon_p$，即受拉混凝土尚未发生开裂时，则应力应变将沿直线 BF 发展，F（ε_p，σ_p）为骨架线上峰值拉应力的对应点；当应变历史上出现的最大拉应变 $\varepsilon > \varepsilon_p$ 时，则应力应变将沿直线 BG 发展，G（ε_G，σ_G）为骨架线上最大拉应变的对应点。

2）受拉卸载、再加载准则。混凝土受拉卸载时，当卸载点应变 $\varepsilon \leqslant \varepsilon_p$ 时混凝土未开裂，按弹性刚度卸载再反向加载；$\varepsilon > \varepsilon_p$ 时，采用曲线方程来描述卸载、再加载路径。设自下降段上 G 点卸载，考虑裂面效应，卸载首先按直线卸至 H 点，H 点为开始产生裂面效应的起始点，其应变值为

$$\varepsilon_H = \varepsilon_G \left(0.1 + \frac{0.9\varepsilon_o}{\varepsilon_o + |\varepsilon_G|}\right) \tag{7.6}$$

当再加载至 I 点或 I′点（再加载曲线和应力轴的交点）时，对应 $\varepsilon = 0$ 的接触压应力 σ_{con} 为

$$\sigma_{con} = 0.3\sigma_W \left(2 + \frac{|\varepsilon_H|/\varepsilon_o - 4}{|\varepsilon_H|/\varepsilon_o + 2}\right) \tag{7.7}$$

式中：σ_W 的确定方法是，当应力应变历史上出现的最大压应变 $\varepsilon \leqslant \varepsilon_o$ 时，$\sigma_W = \sigma_o$，此时卸载、再加载沿 G—I—J 进行；当最大压应变 $\varepsilon > \varepsilon_o$ 时 $\sigma_W = \sigma_A$，此时卸载、再加载沿 G—I′—C—E 进行。

以上描述的受拉卸载、再加载准则，其中 GI 和 GI′段方程为

$$\sigma = \sigma_{con}\left(1 - \frac{2\varepsilon}{\varepsilon_H + \varepsilon}\right) \qquad (\varepsilon_H \leqslant \varepsilon < 0) \tag{7.8}$$

IJ 段方程为

$$\sigma = \sigma_{con}(1 - \varepsilon/\varepsilon_o) + \frac{2\varepsilon}{\varepsilon_o + \varepsilon}\sigma_o \qquad (0 \leqslant \varepsilon < \varepsilon_o) \tag{7.9}$$

I′C 段方程为

$$\sigma = \sigma_{con}(1 - \varepsilon/\varepsilon_A) + \frac{2\varepsilon}{\varepsilon_A + \varepsilon}\sigma_C \qquad (0 \leqslant \varepsilon < \varepsilon_A) \tag{7.10}$$

如在 GI 曲线上任一点卸载，则卸载路径为卸载点和 G 点的连线。

7.2.2 弯矩-曲率滞回关系曲线的计算

（1）纯弯构件的弯矩-曲率滞回特性

为了便于计算，采用如下的基本假设：

1）钢材和混凝土在往复荷载作用下的应力-应变关系模型分别按图 7.1 和图 7.2 给出的确定。

2）构件在变形过程中始终保持为平截面。

3）钢和混凝土之间无相对滑移。

4）忽略剪力对构件变形的影响。

5）构件两端为铰接，挠曲线为正弦半波曲线。

6）钢管的残余应力分布可按 3.2.2 节中介绍的有关方法确定。

数值计算的步骤如下：

1）计算截面参数并进行截面单元划分；

2）计算曲率 $\phi=\phi+\Delta\phi$，假设截面形心处应变 ε_o。

3）计算各单元形心处的应变 ε_i，并确定钢材和混凝土的应力 σ_{sli} 和 σ_{cli}。

4）分别由式（3.45）和式（3.46）计算内弯矩 M_{in} 和内轴力 N_{in}。

5）如果不能满足 $N_{in}=0$，则调整截面形心处的应变 ε_o 并重复步骤 3）和 4），直至满足。

6）然后重复步骤 2）～5），直至计算出整个 M-ϕ 滞回曲线。

与一次加载情况不同的是，在往复荷载作用下，钢管混凝土构件截面各单元存在着加、卸载问题，即每一单元的当前应力状态需由该单元的应力-应变历史所决定，所以在计算过程中，需要记录截面单元的应力-应变历史，再由单元当前应变确定单元应力。

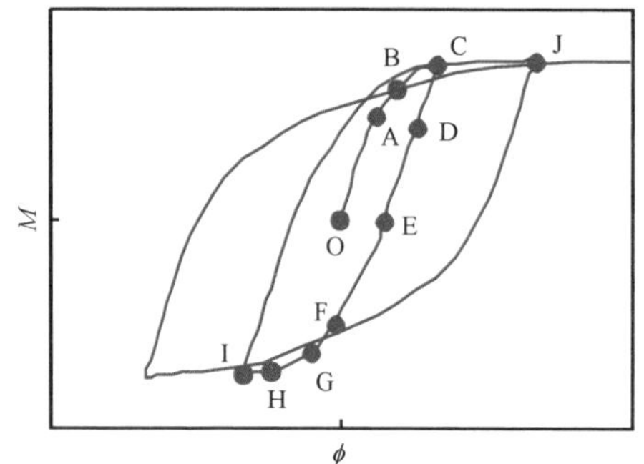

图 7.3　纯弯构件典型的 M-ϕ 滞回关系

图 7.3 所示为钢管混凝土纯弯曲构件典型的 M-ϕ 滞回曲线，该曲线大致可分为以下几个阶段：

1）OA 段。在此阶段，弯矩-曲率基本呈直线关系，钢管与核心混凝土间的相互作用力一般很小，可以近似地认为它们都处于单向应力状态。在 A 点受拉区钢管最外纤维开始屈服。

2）AB 段。在此阶段，弯矩-曲率呈曲线关系，截面进入弹塑性状态，受压区开始有约束效应产生。随着弯矩的增加，受拉区钢管屈服的区域逐渐增加，截面刚度逐渐降低。在 B 点受压区钢管最外纤维达到屈服。

3）BC 段。在此阶段，弯矩-曲率曲线又近似呈直线关系，但截面刚度远小于初始刚度，构件截面开始进入强化阶段，受压区和受拉区钢管的屈服面积不断增加，由于受压区核心混凝土所受钢管的约束不断增长，其强度有所缓慢地提高。

4）CD 段。从 C 点开始卸载，弯矩-曲率关系基本呈直线，卸载刚度与 OA

段刚度基本相同。在卸载线上某一点 D，混凝土残余变形大于钢管的残余变形，使原受压区核心混凝土部分转为受拉受力状态。

5）DE 段。在此阶段，截面继续卸载，弯矩-曲率仍然基本呈直线关系，这是因为此时混凝土单元均处于受拉状态，混凝土对截面刚度的贡献很小，外力主要由钢管承担；在 E 点截面卸载为零，核心混凝土和钢管的应力为零，但在这两种单元中都存在残余应变，所以在 E 点时截面上有残余正向曲率产生。

6）EF 段。在此阶段截面开始反向加载，弯矩-曲率仍然基本呈直线关系。混凝土处于受拉状态，截面刚度基本与 DE 段相同，原来受拉区钢管转为受压，而原处于受压状态的钢管变为受拉，并基本处于弹性状态，在 F 点钢管最外纤维达到屈服状态。

7）FG 段。在此阶段，弯矩-曲率呈曲线关系，随着弯矩的增加，钢管的屈服面积逐渐增加，截面的刚度逐渐降低，在 G 点受拉区混凝土逐渐转为受压状态。

8）GH 段。此阶段弯矩-曲率仍然呈曲线关系，由于部分混凝土开始受压，截面刚度在 G 点有一定程度的提高。曲线在 G 点出现拐点，但由于截面上钢管塑性区域的不断扩大，曲线的斜率仍然逐渐降低。

9）HI 段。此阶段的弯矩-曲率近似呈直线关系，但斜率很小，截面处于强化阶段，新受拉区钢管屈服面积和新受压区钢管屈服面积不断增加；受压区混凝土由于约束效应不断增大，强度缓慢提高。

（2）压弯构件的弯矩-曲率滞回特性

利用数值方法也可以计算出钢管混凝土压弯构件的弯矩-曲率滞回关系，计算方法和步骤与构件在纯弯状态下的弯矩-曲率滞回关系相同，只是在计算过程中需要满足 $N_{in}=N_o$ 的内外力平衡条件，其中，N_o 为钢管混凝土构件弯曲时作用在其上的恒定轴心压力。

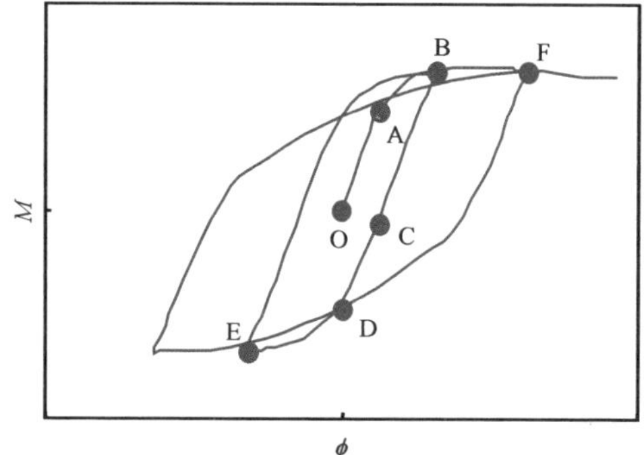

图 7.4　压弯构件典型的 M-ϕ 滞回曲线

图 7.4 为典型的在常轴压力 N_o 作用下钢管混凝土压弯构件典型的 M-ϕ 滞回曲线，该曲线大致可分为以下几个阶段：

1）OA 段。在此阶段，弯矩-曲率基本上呈直线关系，截面的一部分受压区处于卸载状态，混凝土刚度较大；处于加载状态的混凝土，由于其应力接近混凝土的轴压强度，已有约束效应产生。当轴压比［如式（7.11）所示］较小时，钢管往往处于弹性受力状态。在 A 点，压区钢管最外纤维开始屈服，卸载区开始出现拉应力。

2）AB 段。弯矩-曲率关系呈曲线，截面总体处于弹塑性状态，随着外加弯矩的增加，钢管受压区屈服的面积不断增加，刚度不断下降。

3）BC 段。从 B 点开始卸载，弯矩-曲率基本呈直线关系，卸载刚度与 OA 段的刚度基本相同。截面由于卸载而处于受拉状态的部分转为受压状态，而原来加载的部分现处于受压卸载状态。在 C 点截面卸载到弯矩为零，但由于轴向力作用，整个截面上钢管和混凝土均有应力存在，由于钢和混凝土都发生了塑性变形导致残余应变，在 C 点时截面上有残余正向曲率产生。

4）CD 段。截面开始反向加载，弯矩-曲率仍基本呈直线关系，钢管均处于弹性状态。D 点受压区钢管最外纤维开始屈服，截面部分混凝土开始出现拉应力。

5）DE 段。截面处在弹塑性阶段，随受压区钢管屈服面积的不断增加，截面刚度开始逐渐降低。

6）EF 段。工作情况类似于 BE 段，弯矩-曲率曲线斜率很小。虽然这时截面上仍然不断有新的区域进入塑性状态，但由于这部分区域离形心较近，对截面刚度影响不大。钢材进入强化阶段仍具有一定的刚度，受压区的混凝土由于约束效应的影响，也具有一定的刚度，所以整个截面仍可保持一定的刚度。

分析结果表明，钢管混凝土压弯构件弯矩-曲率骨架曲线的特点是无陡的下降段，转角延性好，其形状与不发生局部失稳钢构件的性能类似，这是因为钢管混凝土构件中的混凝土受到了钢管的约束，在受力过程中不会发生因混凝土过早地被压碎而导致构件破坏的情况。此外，混凝土的存在可以避免或延缓钢管过早地发生局部屈曲，这样，由于组成钢管混凝土的钢管和其核心混凝土之间相互贡献、协同互补、共同工作的优势，可保证钢材和混凝土材料性能的充分发挥，其 M-ϕ 滞回曲线表现出良好的稳定性，曲线图形饱满，呈纺锤形，基本没有刚度退化和捏缩现象，耗能性能良好。

与国内外研究者进行的试验结果对比情况表明，理论计算的钢管混凝土构件弯矩（M）-曲率（ϕ）关系与试验结果总体上吻合较好。

图 7.5 和图 7.6 所示分别为理论计算圆形和方形钢管混凝土单调加载时的 M-ϕ 关系与试验结果的比较情况（其中图 7.6 中 ϕ_B 为转角）；图 7.7 和图 7.8 所示分别为理论计算圆形和方形钢管混凝土构件在往复荷载作用下弯矩-位移关系与试验结果的比较，其中，参数 $R=2\Delta/L$；n 为钢管混凝土构件的轴压比，定义为

$$n=\frac{N_o}{N_{u,cr}} \tag{7.11}$$

式中：N_o 为作用在钢管混凝土柱上的轴压荷载；$N_{u,cr}$ 为钢管混凝土构件轴心受压时的极限承载力，可按式（3.86）确定，即 $N_{u,cr}=\varphi\cdot A_{sc}\cdot f_{scy}$。

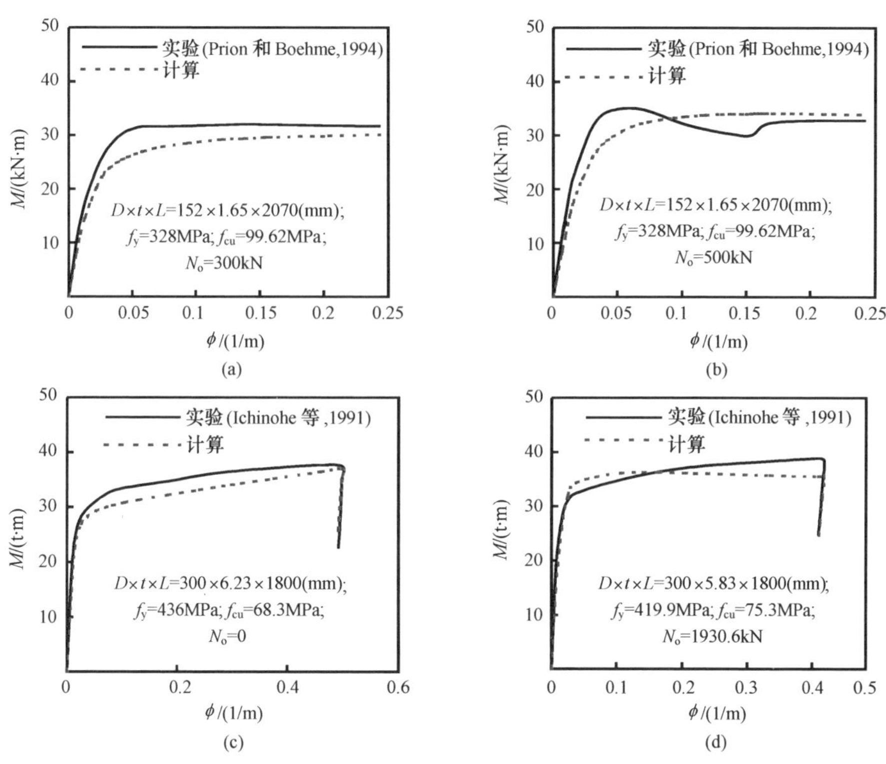

图 7.5　圆钢管混凝土单调加载时的 M-ϕ 关系

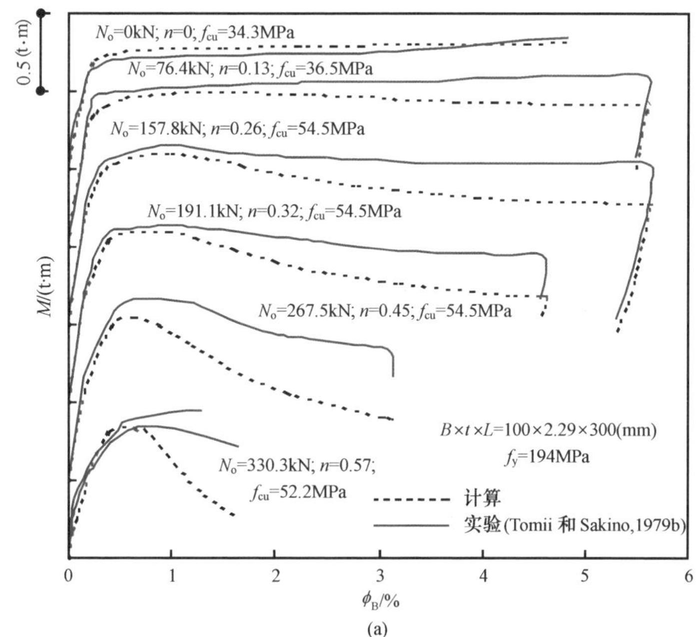

图 7.6　方钢管混凝土单调加载时的 M-ϕ 关系

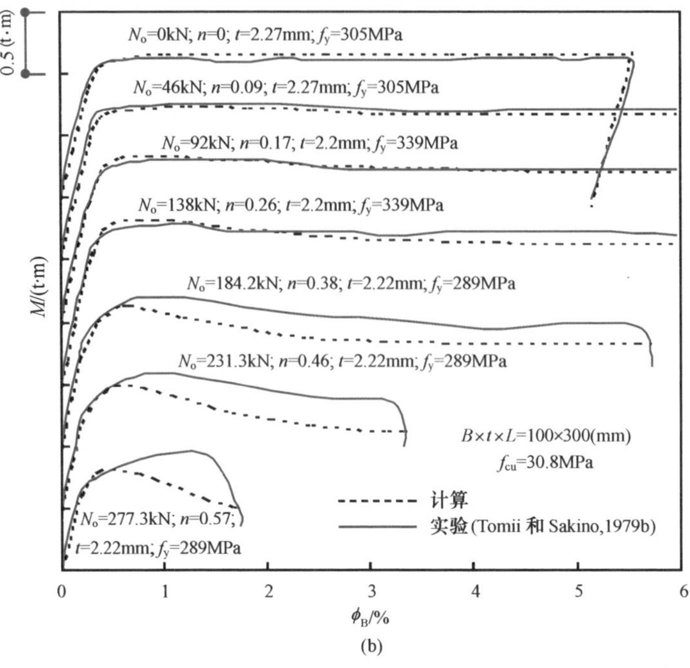

(b)

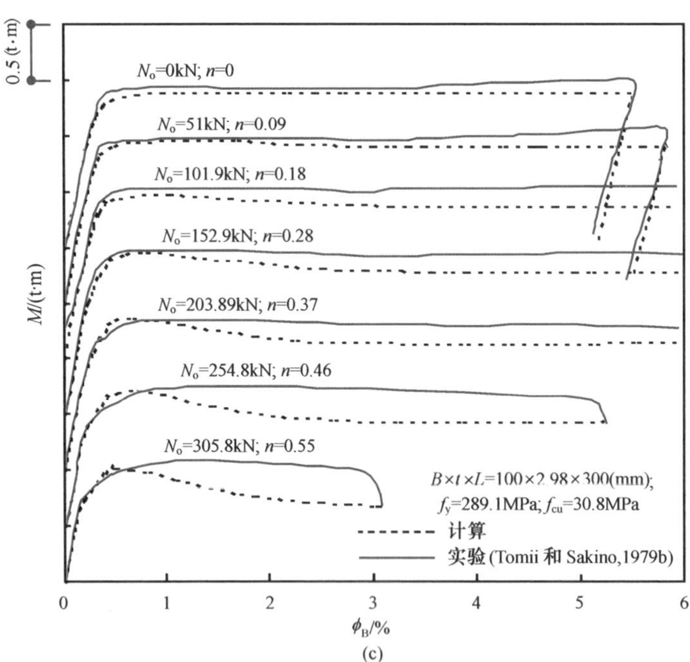

(c)

图 7.6　方钢管混凝土单调加载时的 M-ϕ 关系（续）

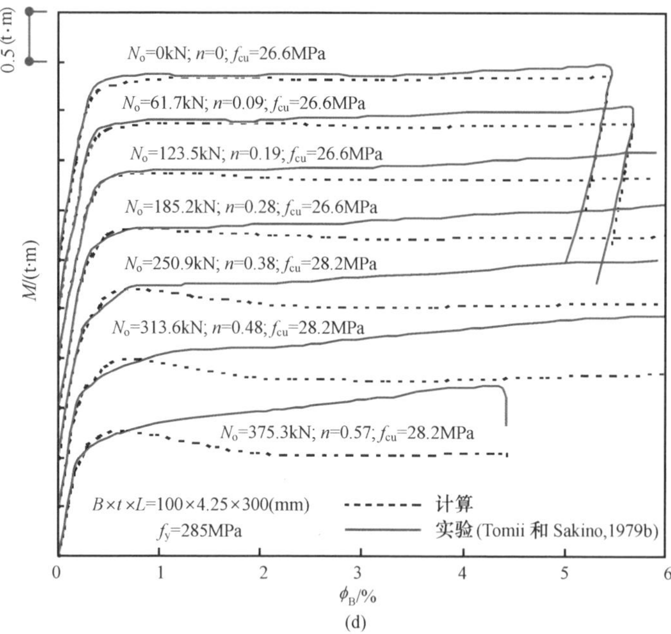

(d)

图 7.6　方钢管混凝土单调加载时的 M-ϕ 关系（续）

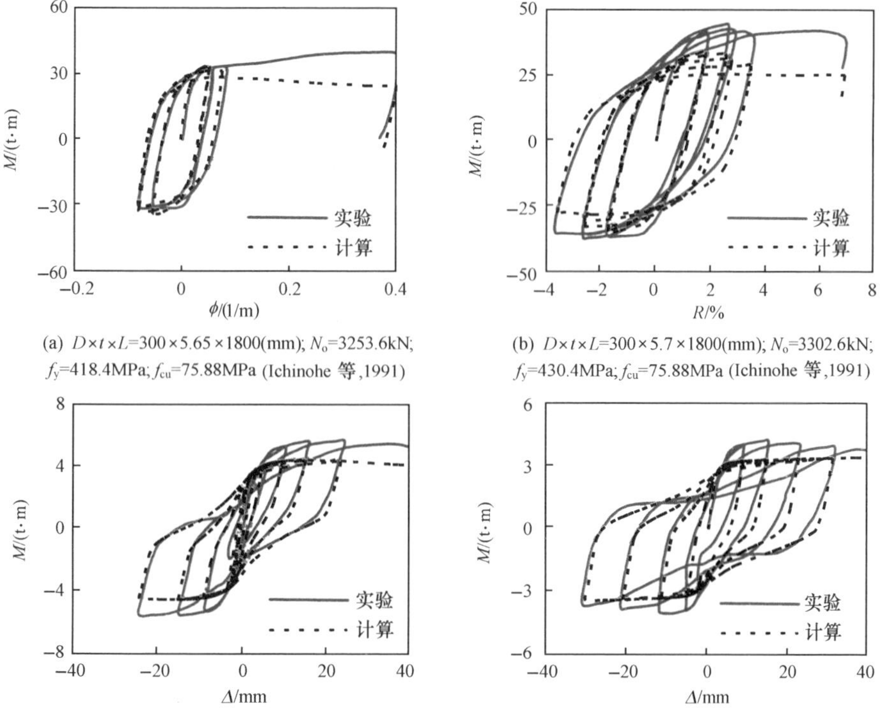

(a) $D \times t \times L$=300×5.65×1800(mm); N_o=3253.6kN; f_y=418.4MPa; f_{cu}=75.88MPa (Ichinohe 等,1991)

(b) $D \times t \times L$=300×5.7×1800(mm); N_o=3302.6kN; f_y=430.4MPa; f_{cu}=75.88MPa (Ichinohe 等,1991)

(c) $D \times t \times L$=140×2.4×724(mm); N_o=498.8kN; f_y=454.72MPa; f_{cu}=51.69MPa (Saisho 和 Mitsunari,1994)

(d) $D \times t \times L$=140×2.4×724(mm); N_o=257.7kN; f_y=454.72MPa; f_{cu}=63.44MPa (Saisho 和 Mitsunari,1994)

图 7.7　圆钢管混凝土往复加载时的弯矩-位移关系

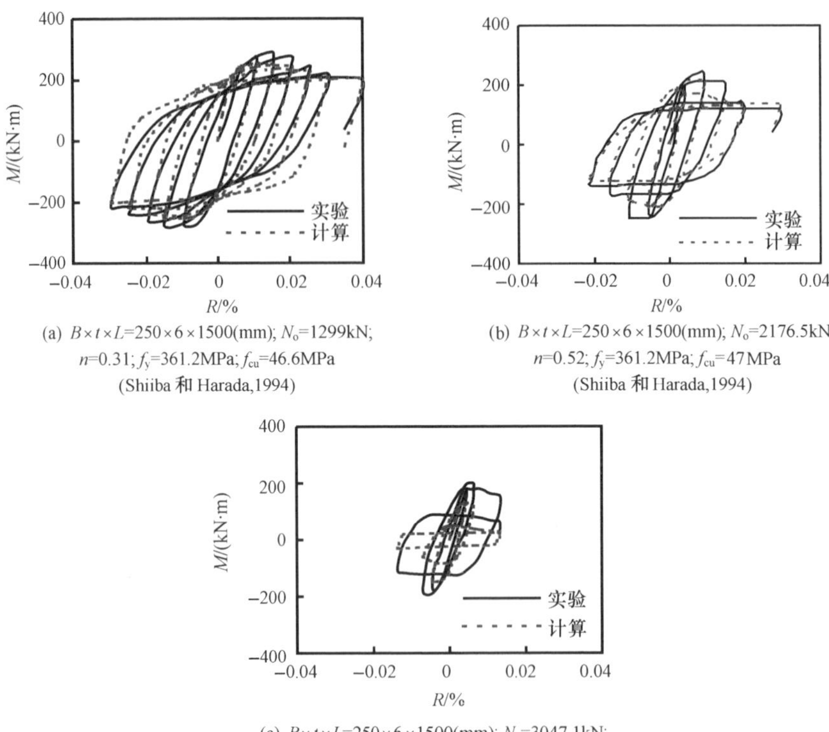

(a) $B\times t\times L$=250×6×1500(mm); N_o=1299kN; n=0.31; f_y=361.2MPa; f_{cu}=46.6MPa (Shiiba 和 Harada,1994)

(b) $B\times t\times L$=250×6×1500(mm); N_o=2176.5kN n=0.52; f_y=361.2MPa; f_{cu}=47MPa (Shiiba 和 Harada,1994)

(c) $B\times t\times L$=250×6×1500(mm); N_o=3047.1kN; n=0.73; f_y=361.2MPa; f_{cu}=47MPa (Shiiba 和 Harada,1994)

图 7.8 方钢管混凝土往复加载时的弯矩-位移关系

7.2.3 弯矩-曲率滞回关系骨架线的特点

骨架曲线就是连接各次循环加载峰值点的曲线。计算结果表明，钢管混凝土构件的弯矩-曲率滞回曲线的骨架线与单调加载时的弯矩-曲率关系曲线（虚线）基本重合。图 7.9 所示为圆钢管混凝土构件弯矩-曲率滞回曲线与单调加载时曲线的对比，基本计算条件为：D=400mm，Q345 钢，C60 混凝土，L=4000mm，n=0.4。

图 7.10 所示为方、矩形钢管混凝土构件弯矩-曲率滞回曲线与单调加载时曲

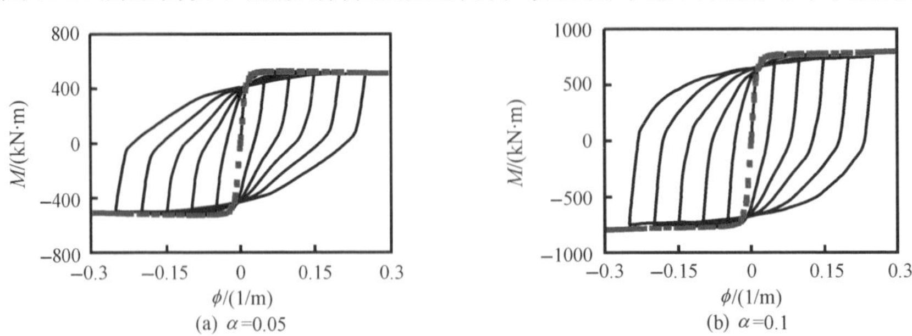

(a) α=0.05 (b) α=0.1

图 7.9 圆钢管混凝土 M-ϕ 滞回关系曲线与单调加载曲线对比

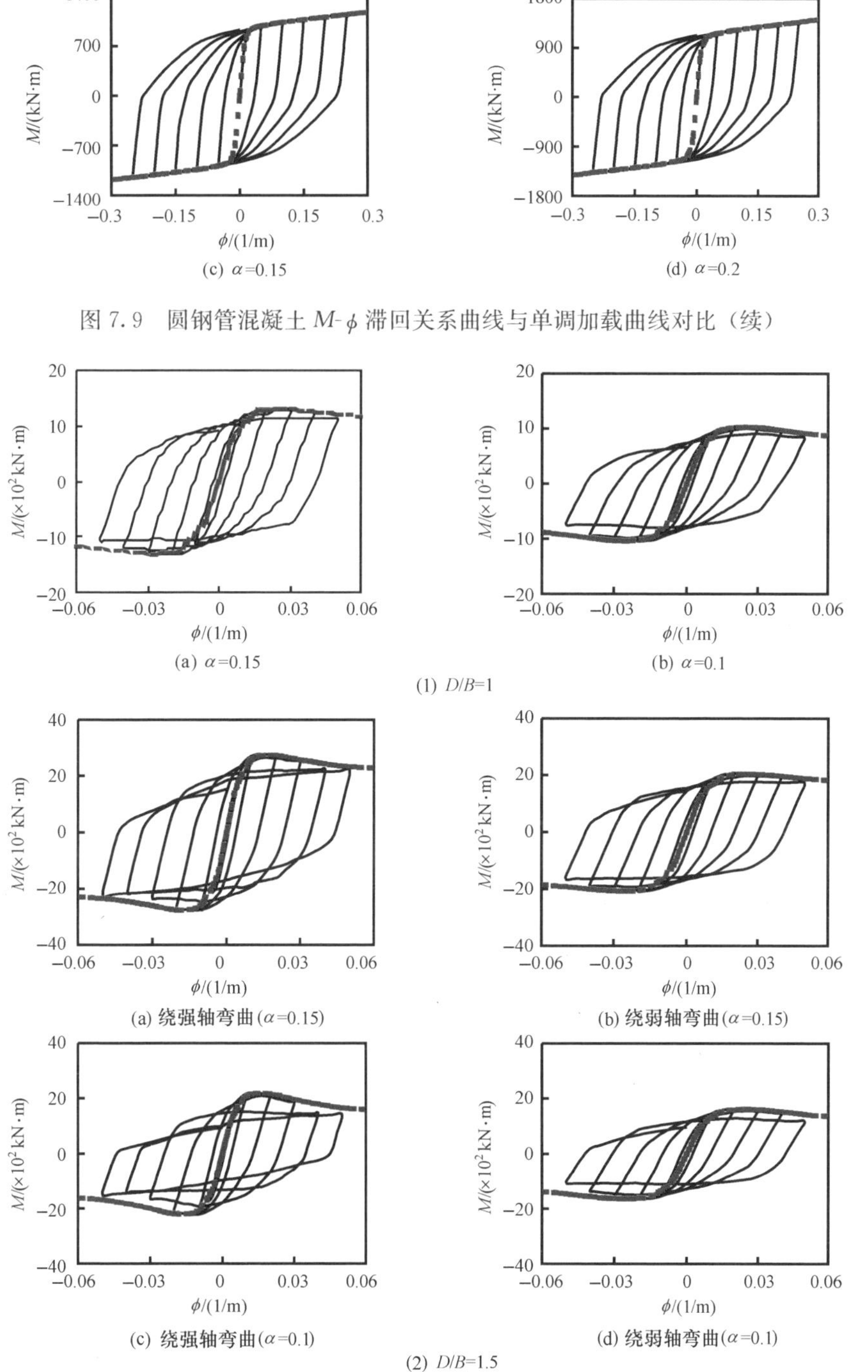

(c) α=0.15　　(d) α=0.2

图 7.9　圆钢管混凝土 M-ϕ 滞回关系曲线与单调加载曲线对比（续）

(a) α=0.15　　(b) α=0.1

(1) D/B=1

(a) 绕强轴弯曲(α=0.15)　　(b) 绕弱轴弯曲(α=0.15)

(c) 绕强轴弯曲(α=0.1)　　(d) 绕弱轴弯曲(α=0.1)

(2) D/B=1.5

图 7.10　方、矩形钢管混凝土 M-ϕ 滞回关系曲线与单调加载曲线对比

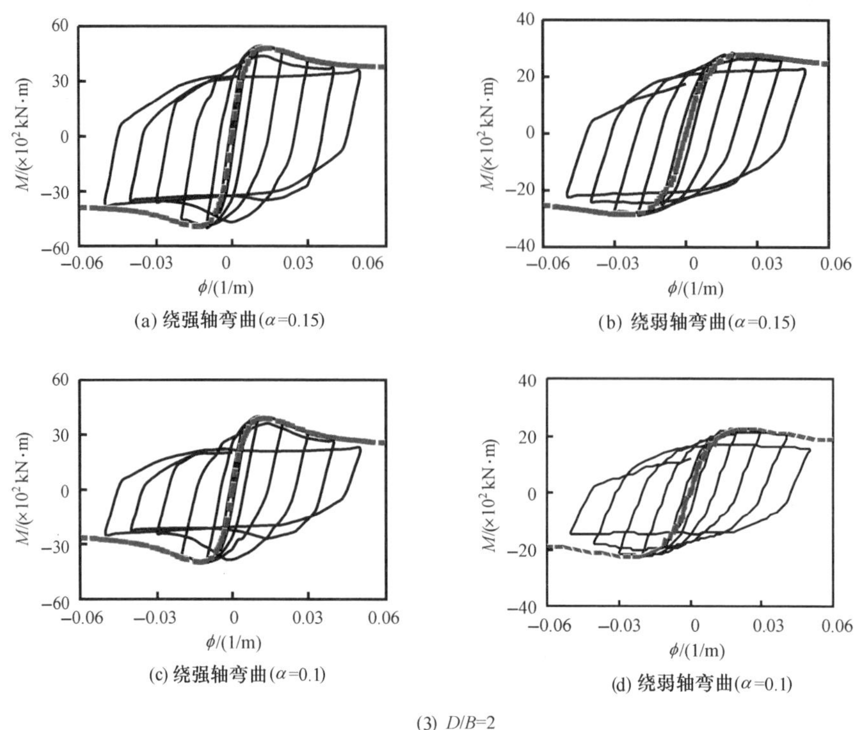

(a) 绕强轴弯曲(α=0.15)　(b) 绕弱轴弯曲(α=0.15)

(c) 绕强轴弯曲(α=0.1)　(d) 绕弱轴弯曲(α=0.1)

(3) D/B=2

图 7.10　方、矩形钢管混凝土 M-ϕ 滞回关系曲线与单调加载曲线对比（续）

线（虚线）的对比情况，基本计算条件为：B＝400mm，Q345 钢，C60 混凝土，L＝4000mm，n＝0.4。

影响钢管混凝土 M-ϕ 滞回关系曲线骨架线的可能因素主要有含钢率（α）、钢材屈服极限（f_y）、混凝土抗压强度（f_{cu}）和轴压比（n），对于矩形钢管混凝土还可能有截面高宽比（β）。

计算结果表明，含钢率（α）、钢材屈服极限（f_y）、混凝土强度（f_{cu}）和轴压比（n）等参数对圆钢管混凝土和方、矩形钢管混凝土弯矩-曲率滞回曲线骨架线的影响规律基本类似。

下面以矩形钢管混凝土构件为例，通过典型算例进行论述。算例的基本计算条件为：B＝400mm，Q345 钢，C60 混凝土，L＝4000mm，n＝0.4，α＝0.1。

（1）含钢率（α）

图 7.11 所示为钢管混凝土压弯构件在不同含钢率情况下的弯矩-曲率关系，可见，在其他条件相同的条件下，随着含钢率的提高，弯矩-曲率关系曲线弹性阶段的刚度都有所提高，屈服弯矩也越来越大。

（2）钢材屈服极限（f_y）

图 7.12 所示为钢材屈服极限对弯矩-曲率关系曲线的影响，可见，在其他条

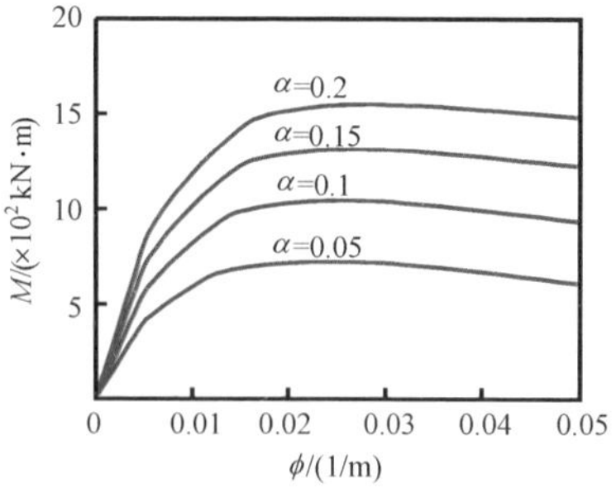

(a) D/B=1

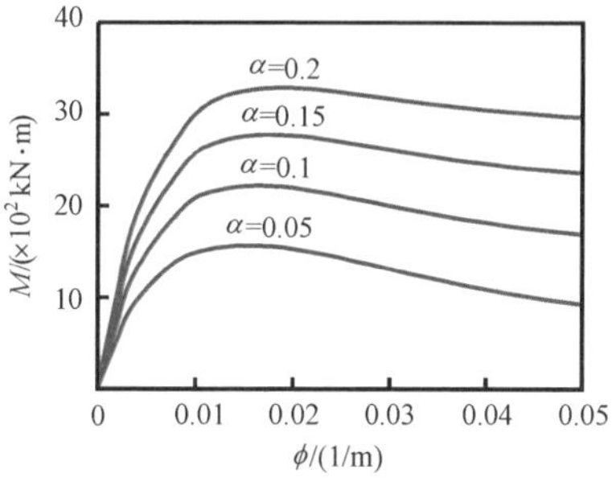

(b-1) D/B=1.5绕强轴弯曲

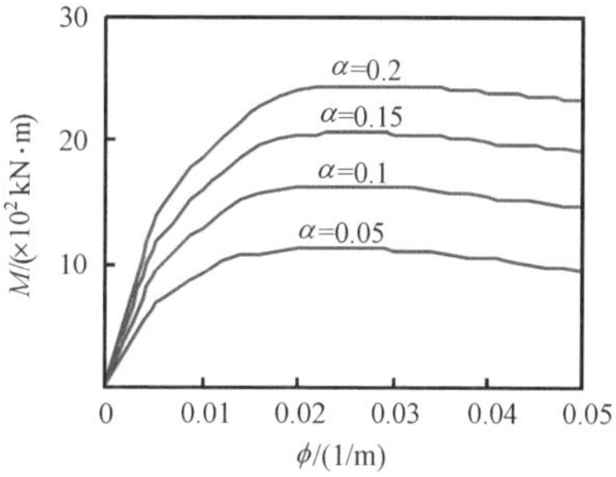

(b-2) D/B=1.5绕弱轴弯曲

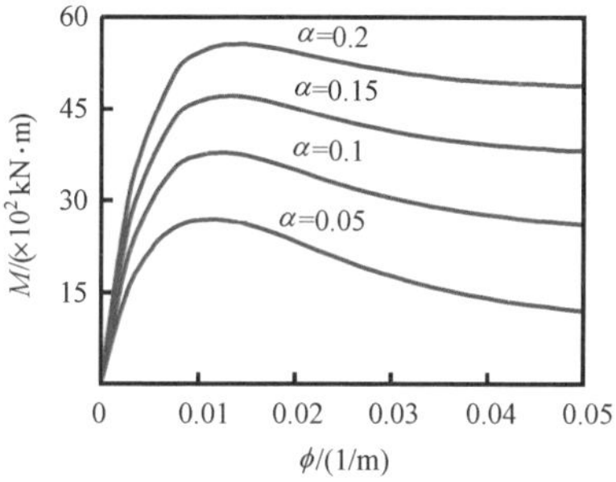

(c-1) D/B=2绕强轴弯曲

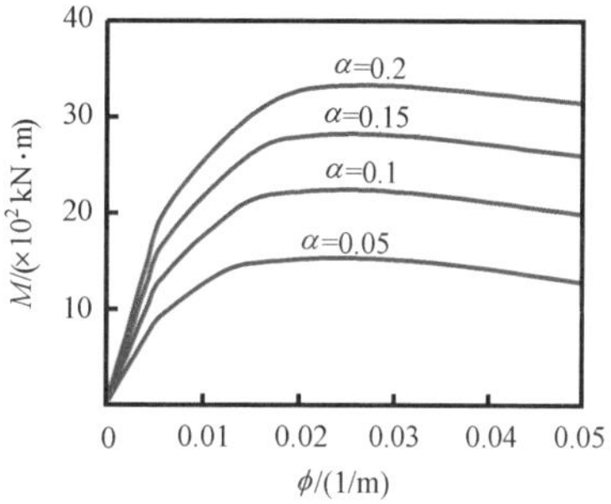

(c-2) D/B=2绕弱轴弯曲

图 7.11　含钢率对 M-ϕ 骨架线的影响

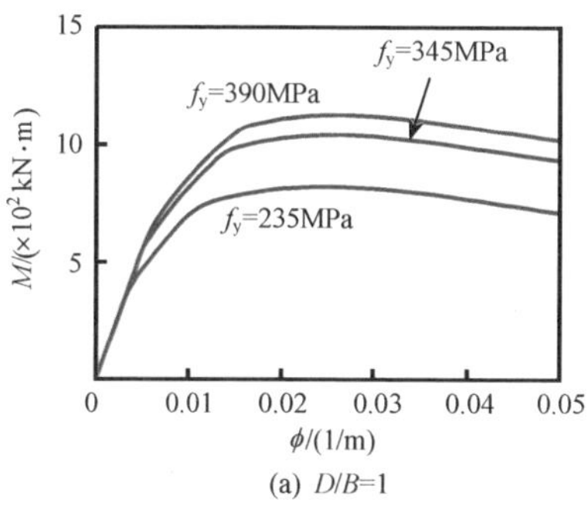

(a) D/B=1

图 7.12　钢材屈服极限对 M-ϕ 骨架线的影响

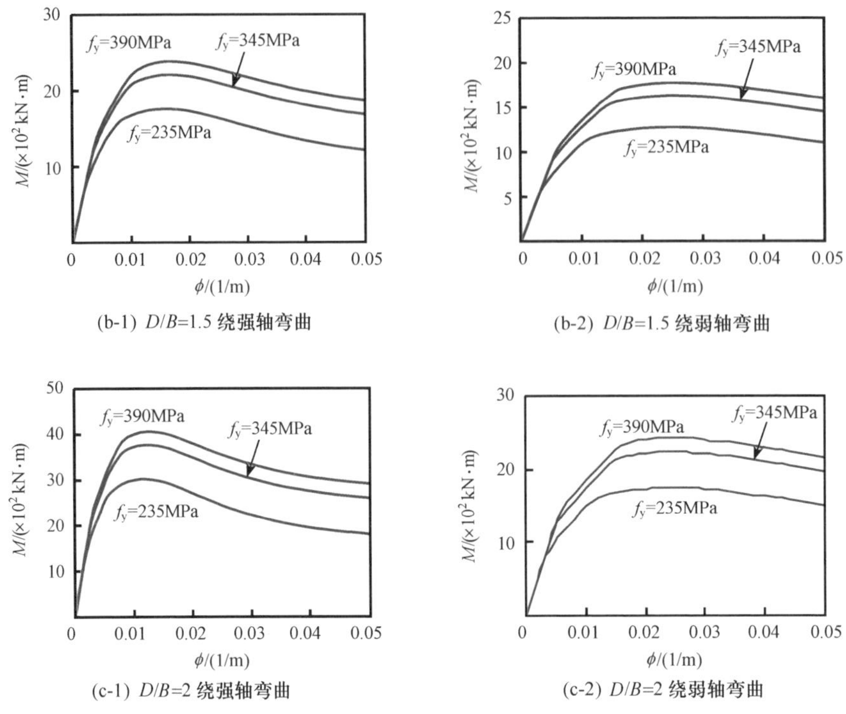

图 7.12　钢材屈服极限对 M-ϕ 骨架线的影响（续）

件相同的条件下，钢材屈服极限对曲线弹性阶段的刚度几乎没有影响，这是因为钢材的弹性模量与其强度无关；随着钢材屈服极限的提高，构件的屈服弯矩也逐渐增大。

（3）混凝土抗压强度（f_{cu}）

图 7.13 为不同混凝土抗压强度条件下矩形钢管混凝土压弯构件的弯矩-曲率关系曲线，可见，在其他条件相同的情况下，随着混凝土抗压强度的逐渐提高，构件的屈服弯矩和弹性阶段刚度等的变化幅度不大。

（4）轴压比（n）

图 7.14 给出了不同轴压比（n）情况下矩形钢管混凝土 M-ϕ 关系的变化规律，可见 n 对构件弹性阶段的刚度影响不大，这是因为，虽然随着 n 的增加，核心混凝土的受压面积不断增加，从而使截面的抗弯刚度有所提高，但是这种影响并不很大，原因在于：一方面，随着 n 的增大，核心混凝土的初始应力也增大，使混凝土的弹性模量有一定降低；另一方面，由于在常用约束效应系数 ξ 的范围内，核心混凝土对截面抗弯刚度的贡献只占一小部分，使混凝土受压面积的增加对截面抗弯刚度的影响不大。n 对截面屈服弯矩的影响是：当 n 较小时，n 的提高会使屈服弯矩有一定程度的增加；但当轴压比较大时，却随 n 的增加而减小。这一特点与钢筋混凝土构件类似。

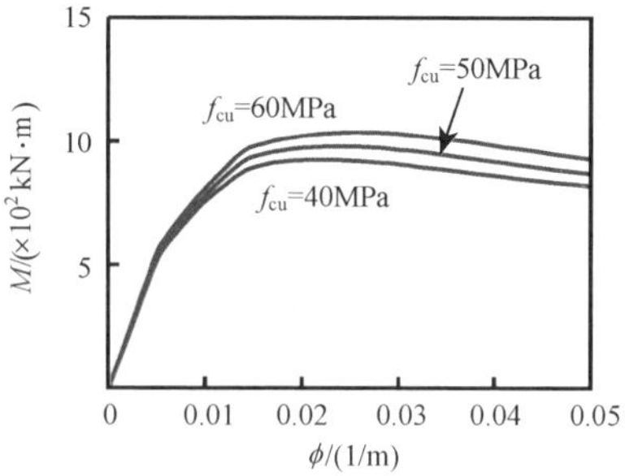

(a) $D/B=1$

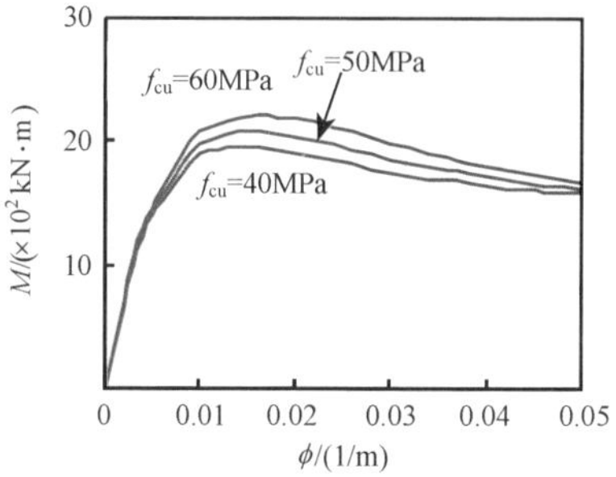

(b) $D/B=1.5$ 绕强轴弯曲

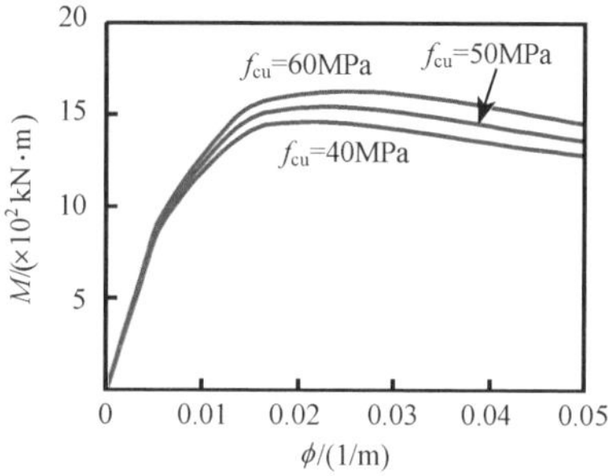

(c) $D/B=1.5$ 绕弱轴弯曲

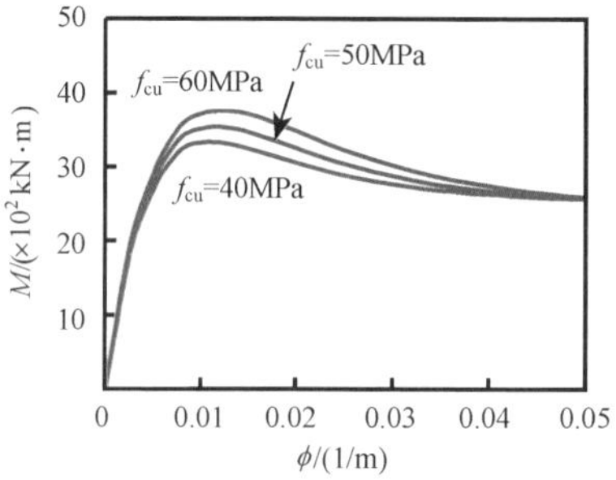

(d) $D/B=2$ 绕强轴弯曲

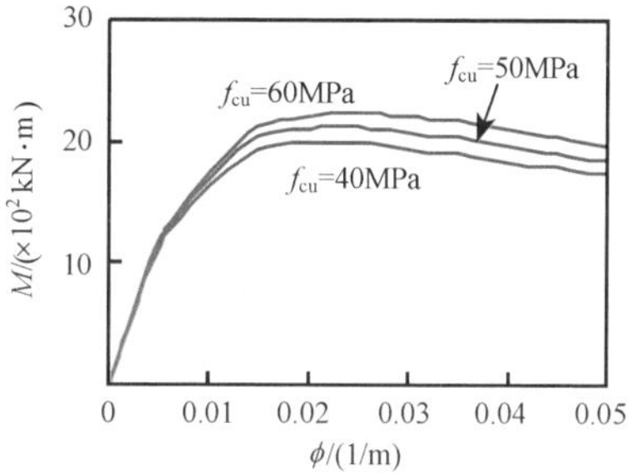

(e) $D/B=2$ 绕弱轴弯曲

图 7.13　混凝土抗压强度对 M-ϕ 骨架线的影响

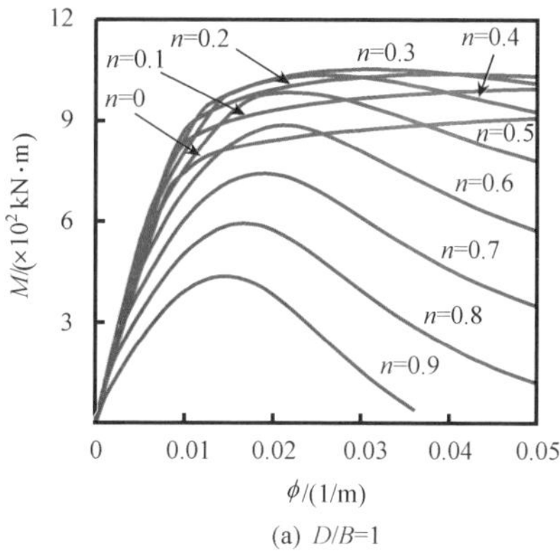

(a) $D/B=1$

图 7.14　轴压比对 M-ϕ 骨架线的影响

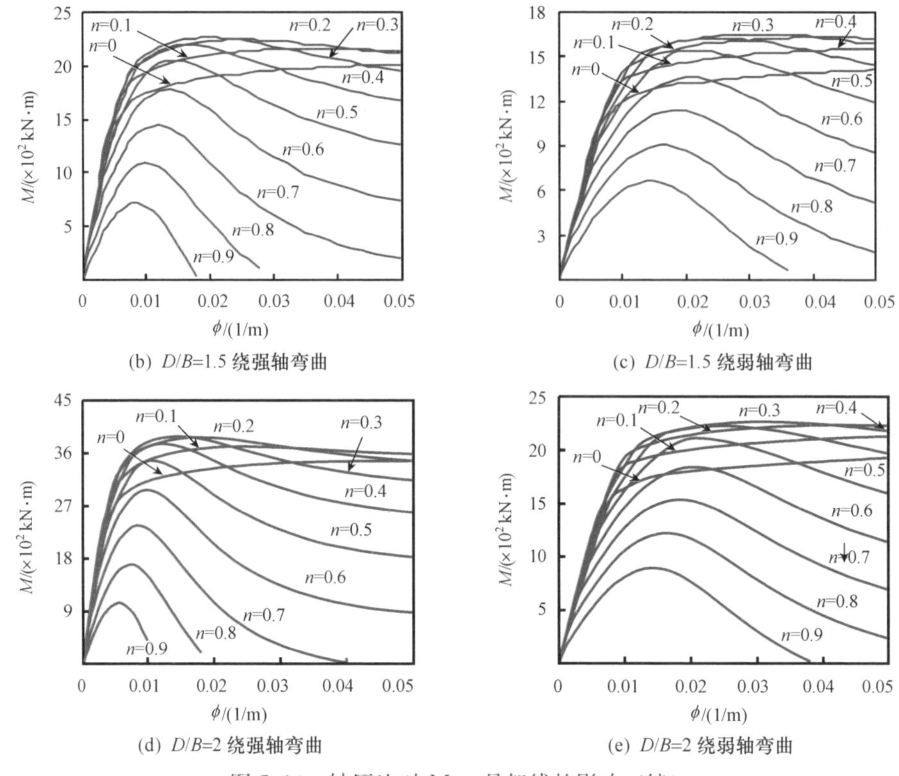

(b) D/B=1.5 绕强轴弯曲

(c) D/B=1.5 绕弱轴弯曲

(d) D/B=2 绕强轴弯曲

(e) D/B=2 绕弱轴弯曲

图 7.14 轴压比对 M-ϕ 骨架线的影响（续）

（5）截面高宽比（D/B）

图 7.15 为不同截面高宽比条件下矩形钢管混凝土构件的 M-ϕ 关系曲线，可见，在其他条件相同的情况下，随着截面高宽比的提高，弯矩-曲率关系曲线弹性阶段的刚度都有所提高，屈服弯矩也越来越大。这主要是因为，在截面宽度一致的情况下，截面高宽比越大，核心混凝土受压的面积就越大，其对抗弯刚度及屈服弯矩的贡献也越大。

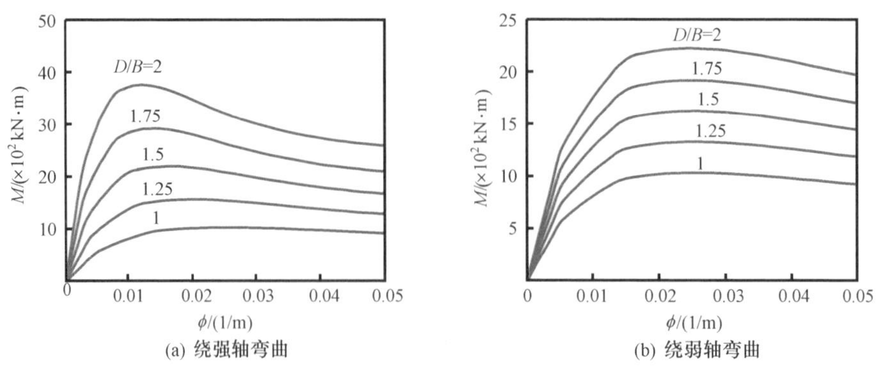

(a) 绕强轴弯曲

(b) 绕弱轴弯曲

图 7.15 截面高宽比对 M-ϕ 骨架线的影响

7.2.4　弯矩-曲率滞回模型

采用数值方法可以较为准确地计算出钢管混凝土压弯构件的 M-ϕ 关系曲线，从而可以较为深入地认识该类构件的工作特点，但不便于实际应用。在韩林海（2000）研究成果的基础上，下面确定钢管混凝土的 M-ϕ 滞回模型的简化计算方法。

（1）圆钢管混凝土

经对计算结果的系统分析，发现在如下参数范围内，即 $n=0\sim0.8$，$\alpha=0.03\sim0.2$，$f_y=200\sim500$MPa，$f_{cu}=30\sim90$MPa，圆钢管混凝土构件的 M-ϕ 滞回模型可采用图 7.16 所示的三线性模型，模型中有五个参数需要确定：弹性阶段刚度（K_e），屈服弯矩（M_y），A 点对应的弯矩（M_s），曲率（ϕ_y）和第三段刚度（K_p），下面分别进行论述。

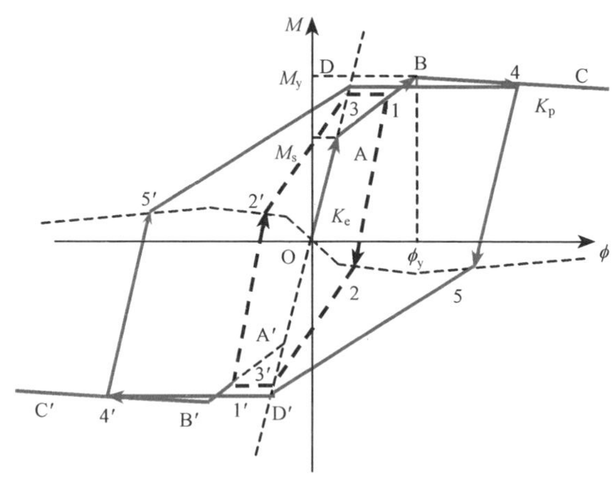

图 7.16　圆钢管混凝土 M-ϕ 滞回模型

1）弹性段刚度（K_e）。弹性段刚度 K_e 可按式（3.94）确定，为了简化计算，也可近似采用 EC4（2004）给出的公式（3.66），即 $K_e=E_s\cdot I_s+0.6\cdot E_c\cdot I_c$。

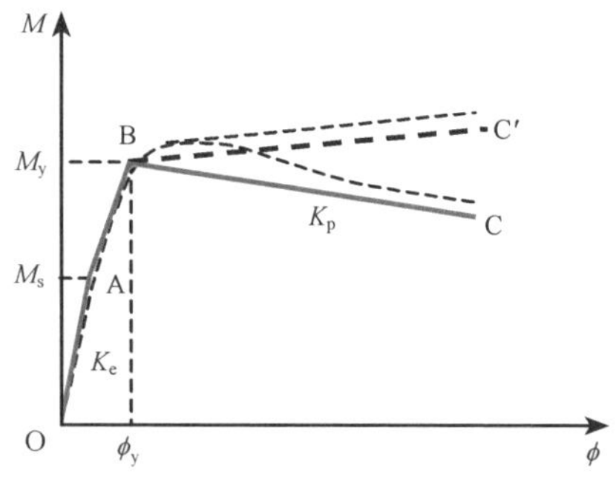

图 7.17　圆钢管混凝土屈服弯矩定义

2）屈服弯矩（M_y）。圆钢管混凝土 M-ϕ 关系曲线的特点是：当轴压比较小时，曲线有强化现象，而在其他情况下，曲线可能出现下降段，此时其 M_y 的取值即为峰值点处的弯矩值，如图 7.17 所示，图中虚线为数值计算结果。计算结果表明，圆钢管混凝土构件 M-ϕ 关系曲线上的屈服弯矩主要与含钢率（α）、混凝土强度（f_{cu}）和轴压比（n）有关，表达式为

$$M_y = \frac{A_1 \cdot c + B_1}{(A_1 + B_1) \cdot (p \cdot n + q)} \cdot M_{yu} \tag{7.12}$$

式中：$A_1 = \begin{cases} -0.137 & (b \leqslant 1) \\ 0.118 \cdot b - 0.255 & (b > 1) \end{cases}$；

$B_1 = \begin{cases} -0.468 \cdot b^2 + 0.8 \cdot b + 0.874 & (b \leqslant 1) \\ 1.306 - 0.1 \cdot b & (b > 1) \end{cases}$；

$p = \begin{cases} 0.566 - 0.789 \cdot b & (b \leqslant 1) \\ -0.11 \cdot b - 0.113 & (b > 1) \end{cases}$；

$q = \begin{cases} 1.195 - 0.34 \cdot b & (b \leqslant 0.5) \\ 1.025 & (b > 0.5) \end{cases}$；

$b=\alpha/0.1$；$c=f_{cu}/60$，f_{cu}需以 MPa 为单位代入。

圆钢管混凝土构件的极限弯矩 M_{uy}可按式（3.98）计算。

3）A 点对应的弯矩（M_s）。A 点对应的弯矩 M_s 的表达式为

$$M_s = 0.6M_y \tag{7.13}$$

4）曲率（ϕ_y）。屈服弯矩（M_y）对应的曲率（ϕ_y）主要与 f_{cu}和 n 有关，表达式为

$$\phi_y = 0.0135 \cdot (c + 1) \cdot (1.51 - n) \tag{7.14}$$

5）第三段刚度（K_p）。计算结果表明，圆钢管混凝土压弯构件弯矩-曲率关系曲线的第三段刚度 K_p分为大于零（正刚度）和小于零（负刚度）两种情况。参数分析结果表明，影响 K_p的主要参数包括约束效应系数（ξ）、轴压比（n）和混凝土强度（f_{cu}）。通过对数值结果的回归分析，给出 K_p的表达式为

$$K_p = \alpha_{do} \cdot K_e \tag{7.15}$$

式中：$\alpha_{do}=\alpha_d/1000$，系数 α_d 的确定方法如下。

当约束效应系数 $\xi>1.1$ 时：

$$\alpha_d = \begin{cases} 2.2 \cdot \xi + 7.9 & (n \leqslant 0.4) \\ (7.7 \cdot \xi + 11.9) \cdot n - 0.88 \cdot \xi + 3.14 & (n > 0.4) \end{cases} \tag{7.16a}$$

当约束效应系数 $\xi \leqslant 1.1$ 时：

$$\alpha_d = \begin{cases} A \cdot n + B & (n \leqslant n_o) \\ C \cdot n + D & (n > n_o) \end{cases} \tag{7.16b}$$

式中：$n_o=(0.245 \cdot \xi+0.203) \cdot c^{-0.513}$；

$A = 12.8 \cdot c \cdot (\ln\xi - 1) + 5.4 \cdot \ln\xi - 11.5$，

$B = c \cdot (0.6 - 1.1 \cdot \ln\xi) - 0.7 \cdot \ln\xi + 10.3$，

$C = (68.5 \cdot \ln\xi - 32.6) \cdot \ln c + 46.8 \cdot \xi - 67.3$，

$D = 7.8 \cdot \xi^{-0.8078} \cdot \ln c - 10.2 \cdot \xi + 20$。

6）模型软化段。图 7.16 所示的 M-ϕ 模型中，当从 1 点或 4 点卸载时，卸载线将按弹性刚度 K_e进行卸载，并反向加载至 2 点或 5 点，2 点和 5 点纵坐标荷

载值分别取 1 点和 4 点纵坐标弯矩值 0.2 倍；继续反向加载，模型进入软化段 23′或 5D′，点 3′和 D′均在 OA 线的延长线上，其纵坐标值分别与 1（或 3）点和 4（或 D）点相同。随后，加载路径沿 3′1′2′3 或 D′4′5′D 进行，软化段 2′3 和 5′D 的确定办法分别与 23′和 5D′类似。

计算结果表明，在如下参数范围，即 $n=0\sim0.8$，$\alpha=0.03\sim0.2$，$f_y=200\sim500$MPa 和 $f_{cu}=30\sim90$MPa，上述简化模型的计算结果与数值计算结果吻合较好。

图 7.18 给出典型的弯矩-曲率滞回模型与数值计算滞回曲线的对比情况，算例的基本计算条件为：$D=400$mm，Q345 钢，C60 混凝土，$L=4000$mm，$n=0.4$，$\alpha=0.1$。

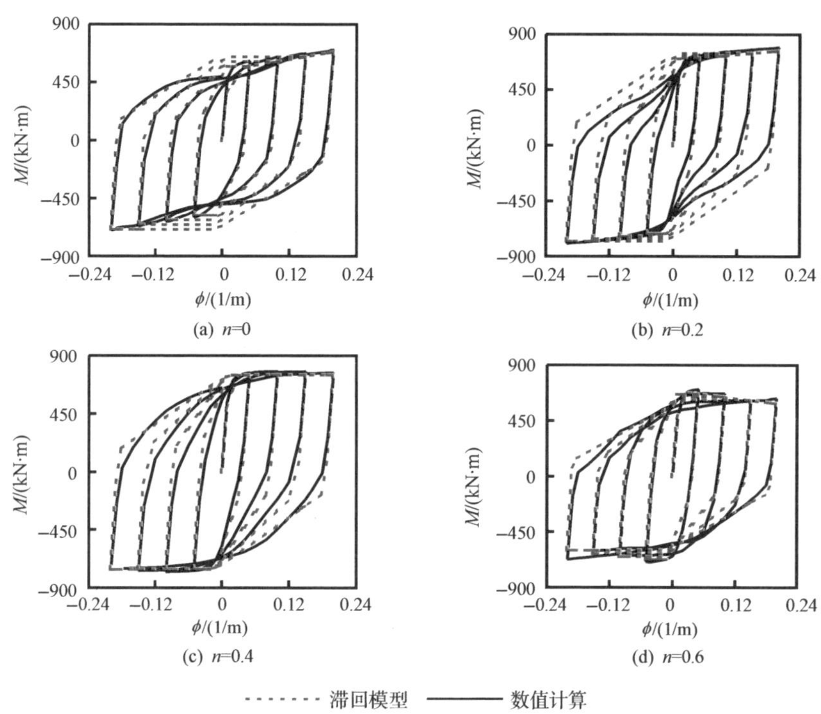

图 7.18　圆钢管混凝土 M-ϕ 滞回模型与数值计算结果对比

（2）方、矩形钢管混凝土

经对大量计算结果的分析，发现在如下参数范围内，即 $n=0\sim0.8$，$\alpha=0.03\sim0.2$，$f_y=200\sim500$MPa，$f_{cu}=30\sim90$MPa，$D/B=1\sim2$，方、矩形钢管混凝土构件的弯矩-曲率滞回模型，如图 7.19 所示。此模型有四个参数需要确定：弹性阶段的刚度（K_e），屈服弯矩（M_y）、B 点对应的弯矩（M_B）和曲率（ϕ_B）。

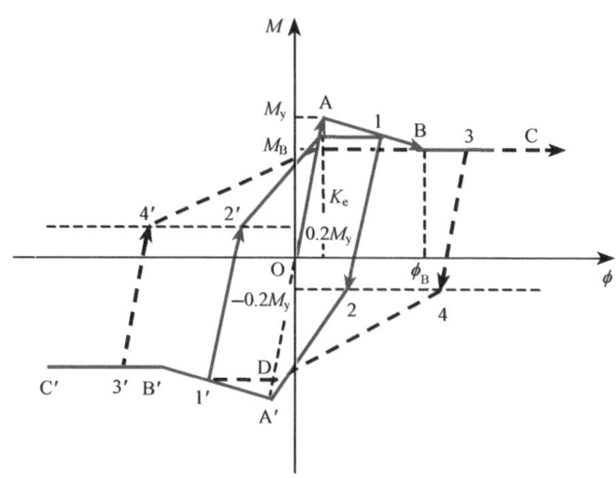

图 7.19　方、矩形钢管混凝土的 M-ϕ 滞回模型

1）弹性段刚度（K_e）。弹性段刚度 K_e 可按式（3.94）确定，为了简化计算，也可近似采用 AIJ（2008）给出的公式（3.64），即 $K_e = E_s \cdot I_s + 0.2E_c \cdot I_c$。

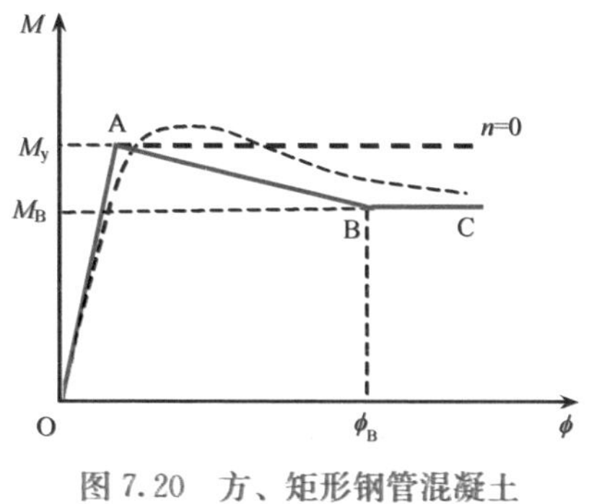

图 7.20　方、矩形钢管混凝土屈服弯矩定义

2）A 点屈服弯矩（M_y）。对于方、矩形钢管混凝土压弯构件，其弯矩-曲率关系曲线仅在轴压比较小的情况下才有较明显的强化现象，通常情况下，曲线上都存在着下降段，此时其 M_{yu} 的取值即为峰值点处的弯矩值，如图 7.20 所示。方、矩形钢管混凝土屈服弯矩 M_y 可表示为

$$M_y = M_{yu} \tag{7.17}$$

式中：方、矩形钢管混凝土受弯构件极限弯矩，对于纯弯构件 M_{yu} 由式（3.88）计算，对于压弯构件，M_{yu} 可由式（3.98）计算。

3）B 点弯矩、曲率（M_B，ϕ_B）。通过对方、矩形钢管混凝土往复荷载作用下弯矩-曲率关系骨架曲线的计算，发现 B 点对应的弯矩 M_B 和曲率 ϕ_B 可用如下表达式计算为

$$M_B = M_y \cdot (1 - n)^{k_o} \tag{7.18}$$

$$\phi_B = 20 \cdot \phi_e \cdot (2 - n) \tag{7.19}$$

式中：$k_o = (\xi + 0.4)^{-2}$，绕强轴 x-x 弯曲时，$\phi_e = 0.544 \cdot f_y/(E_s \cdot D)$；绕弱轴 y-y 弯曲时，$\phi_e = 0.544 \cdot f_y/(E_s \cdot B)$。

由式（7.18）可以看出，当轴压比 n 为 0 时，模型中 B 点弯矩取值 M_B 和屈

服弯矩 M_y 相等，此时骨架曲线将不存在下降段，如图 7.20 所示；同时还可以看出，随着轴压比的增大和约束效应系数的减小，M_B 的取值趋于减小，模型下降段的下降幅度趋于明显。

4）模型软化段。在方、矩形钢管混凝土弯矩-曲率滞回模型中，当从图 7.19 中的 1 点或 3 点卸载时，卸载线将按弹性刚度 K_e 进行卸载，并反向加载至 2 点或 4 点，2 点和 4 点纵坐标弯矩值取 $-0.2M_y$。继续反向加载，模型进入软化段，如果从 2 点进行加卸载历程上首次反向加载，模型沿 2A′进行反向加载。继续反向加载，加载路径沿骨架线 A′B′C′进行；如果加卸载过程中上次反方向加载超过 A′点，达到 1′点，其弯矩值为 M_1，则模型从 4 点沿直线 4D 进行，D 点为 OA 直线上弯矩值和 M_1 相等的点，然后沿水平线 D1′点达到骨架线上 1′点，再沿骨架线继续反向加载。当模型反向加载再正向卸载并加载时，模型的加卸载准则和正向加载的情况类似。

图 7.21 所示为采用简化模型计算获得的方、矩形钢管混凝土在往复荷载作用情况下 M-ϕ 模型与数值方法计算结果的对比情况，基本计算条件为：B=400mm，Q345 钢，C60 混凝土，L=4000mm，n=0.4，可见二者基本吻合。

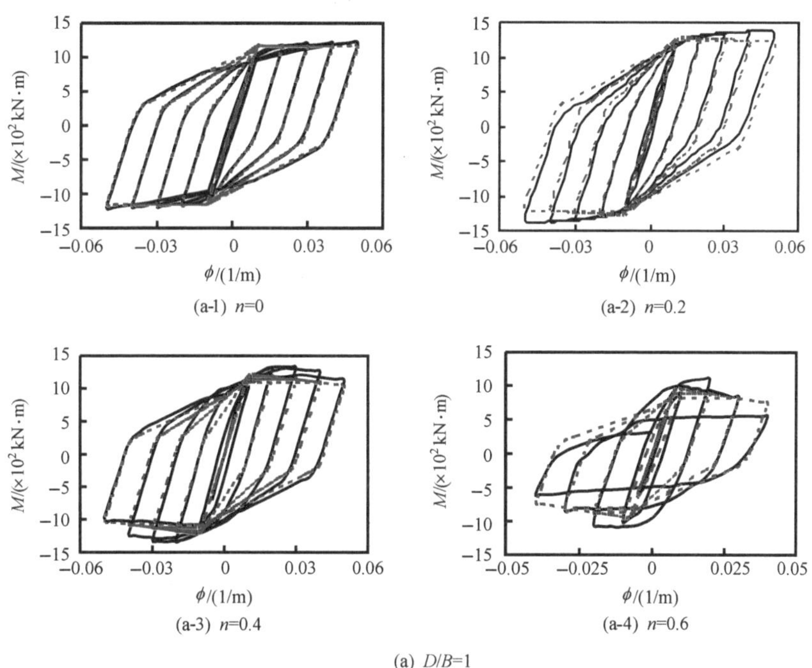

(a-1) n=0　(a-2) n=0.2

(a-3) n=0.4　(a-4) n=0.6

(a) D/B=1

图 7.21　方、矩形钢管混凝土 M-ϕ 滞回模型与数值计算结果对比

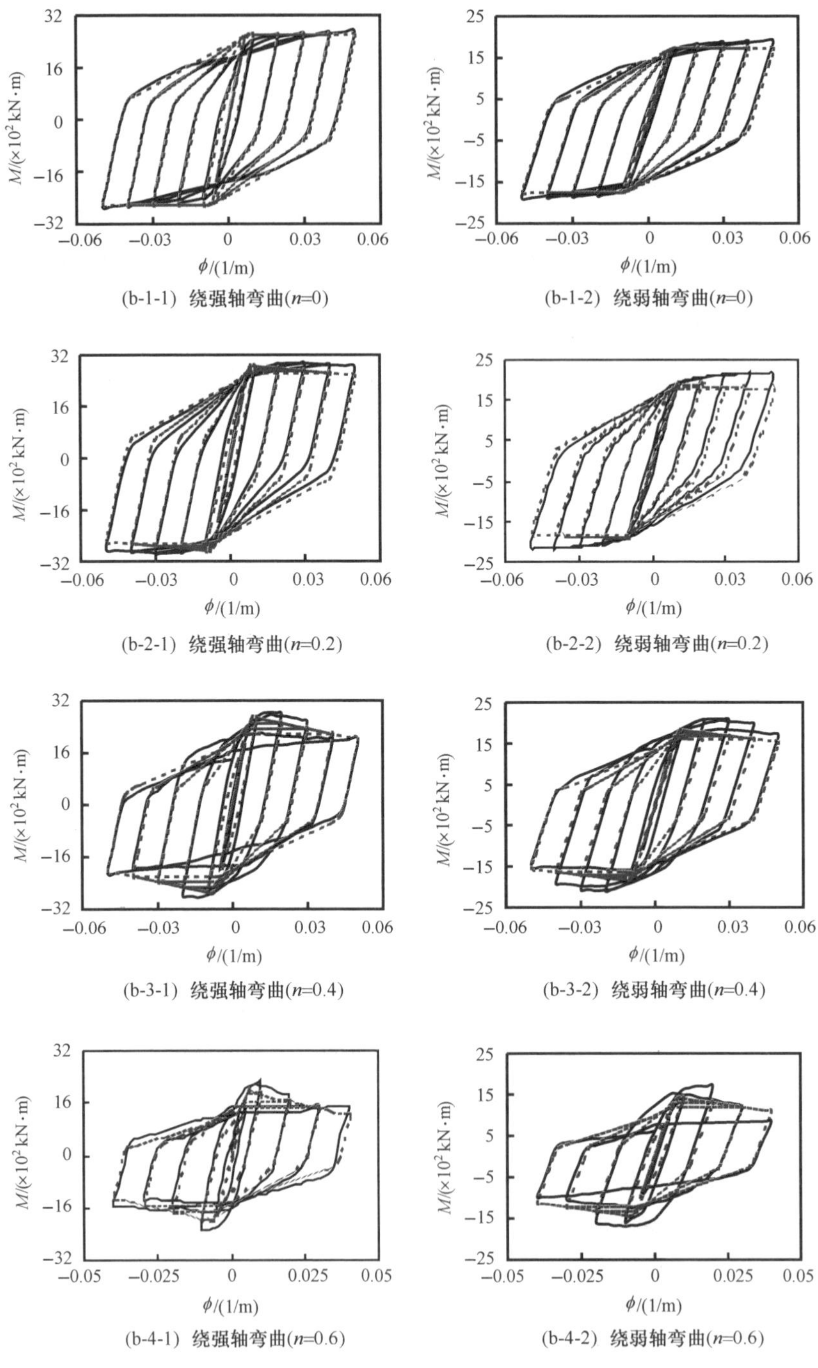

(b-1-1) 绕强轴弯曲(n=0)　(b-1-2) 绕弱轴弯曲(n=0)

(b-2-1) 绕强轴弯曲(n=0.2)　(b-2-2) 绕弱轴弯曲(n=0.2)

(b-3-1) 绕强轴弯曲(n=0.4)　(b-3-2) 绕弱轴弯曲(n=0.4)

(b-4-1) 绕强轴弯曲(n=0.6)　(b-4-2) 绕弱轴弯曲(n=0.6)

(b) D/B=1.5

图 7.21　方、矩形钢管混凝土 M-ϕ 滞回模型与数值计算结果对比（续）

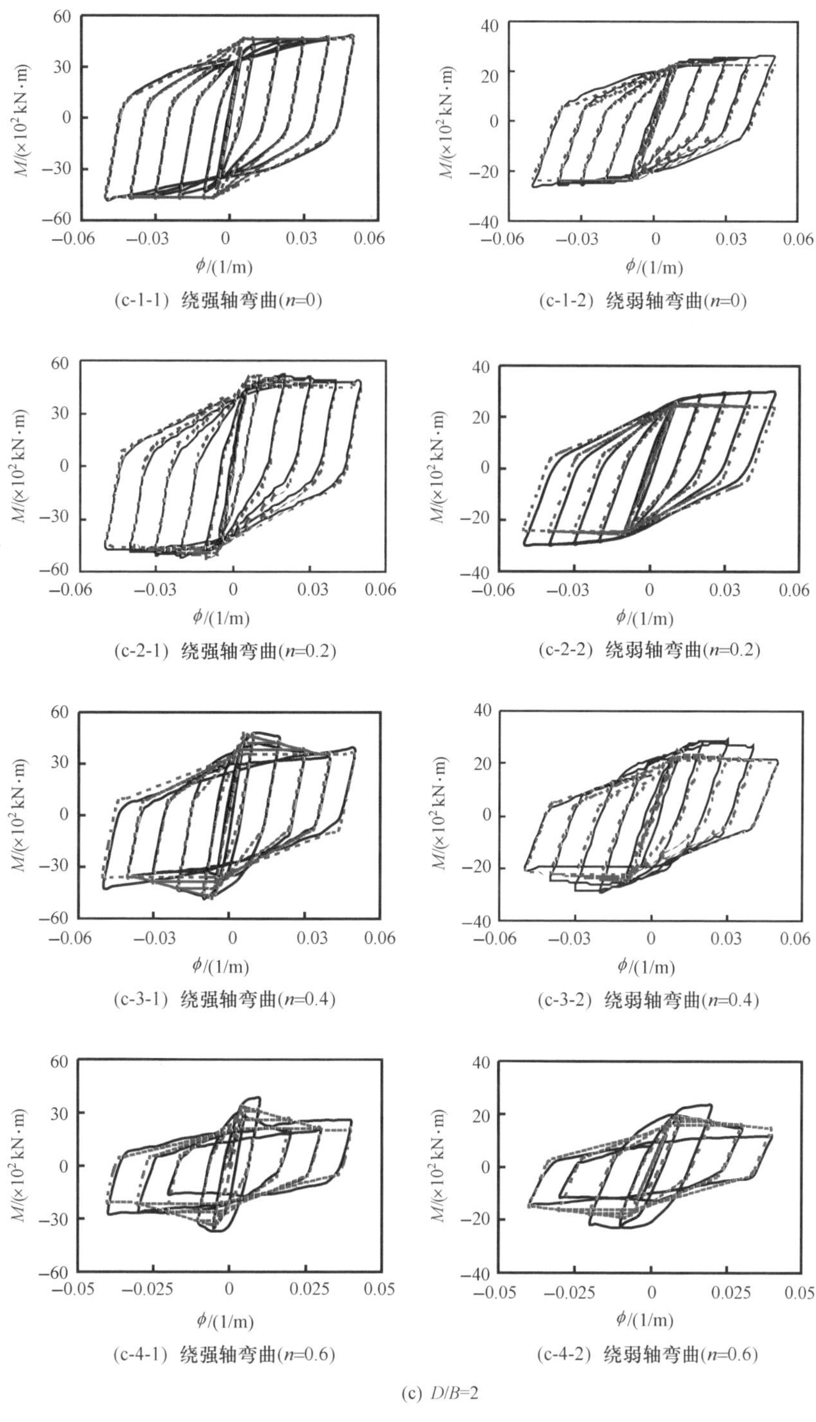

图 7.21　方、矩形钢管混凝土 M-ϕ 滞回模型与数值计算结果对比（续）

7.3　水平荷载-水平位移滞回性能

7.3.1　试验研究

如前所述，以往研究者们虽然已对钢管混凝土构件水平荷载-水平位移（以下简称荷载-位移）滞回性能进行了不少试验研究，但存在以下不足：①试验时作用在柱上的轴压比一般都小于 0.5，这和实际工程中钢管混凝土柱的工作情况有所差异；②尚未见到有关矩形钢管混凝土构件滞回性能试验研究方面的报道。根据上述情况，课题组进行了系列试验研究（Han 等 2003b；Han 和 Yang，2005；游经团，2002；杨有福，2003）。

（1）试验概况

先后分别进行了 8 个圆钢管混凝土和 30 个方、矩形钢管混凝土压弯构件荷载-位移滞回关系试验研究。对于圆钢管混凝土构件，考虑的参数主要是轴压比（n）；对于方、矩形钢管混凝土，主要以截面高宽比（D/B）、轴压比（n）和混凝土抗压强度（f_{cu}）为主要参数。圆钢管混凝土和方、矩形钢管混凝土构件的设计情况分别如表 7.1 和表 7.2 所示。

表 7.1　圆钢管混凝土试件表

序号	试件编号	$D\times t$/(mm×mm)	f_y/MPa	f_{cu}/MPa	N_o/kN	n	P_{ue}/kN
1	C108-1	108×4	356	22	0	0	45.46
2	C108-2	108×4	356	22	203	0.3	39.71
3	C108-3	108×4	356	22	338	0.5	31.33
4	C108-4	108×4	356	22	473	0.7	16.76
5	C114-1	114×3	308	38.9	0	0	37.21
6	C114-2	114×3	308	38.9	143	0.2	39.28
7	C114-3	114×3	308	38.9	286	0.4	37.97
8	C114-4	114×3	308	38.9	429	0.6	33.23

表 7.2　方、矩形钢管混凝土试件表

序号	试件编号	$D\times B\times t$ /(mm×mm×mm)	D/B	f_y/MPa	f_{cu}/MPa	N_o/kN	n	P_{ue}/kN
1	S100-1	100×100×2.65	1	340	20.1	23	0.05	38.60
2	S100-2	100×100×2.65	1	340	20.1	230	0.49	27.75
3	SH100-1	100×100×3	1	300	61.2	301	0.48	42.38
4	S120-1	120×120×2.65	1	340	20.1	30.5	0.05	58.01
5	S120-2	120×120×2.65	1	340	20.1	200	0.33	49.15
6	S120-3	120×120×2.65	1	340	20.1	300	0.49	42.18

续表

序号	试件编号	$D\times B\times t$ /(mm×mm×mm)	D/B	f_y/MPa	f_{cu}/MPa	N_o/kN	n	P_{ue}/kN
7	S120-4	120×120×2.65	1	340	20.1	330	0.54	36.24
8	S120-5	120×120×2.65	1	340	20.1	366	0.60	35.58
9	S120-6	120×120×2.65	1	340	20.1	366	0.60	38.45
10	S120-7	120×120×2.65	1	340	20.1	427	0.69	30.52
11	SH120-1	120×120×3	1	300	61.2	282	0.32	65.30
12	SH120-2	120×120×3	1	300	61.2	422	0.47	68.26
13	R100-1	150×100×2.65	1.5	340	20.1	120	0.18	66.68
14	R100-2	150×100×2.65	1.5	340	20.1	240	0.37	60.81
15	R100-3	150×100×2.65	1.5	340	20.1	300	0.46	55.37
16	RH100-1	150×100×3	1.5	300	61.2	461	0.47	88.80
17	R80-1	120×80×2.65	1.5	340	20.1	133	0.28	40.05
18	R80-2	120×80×2.65	1.5	340	20.1	222	0.46	38.20
19	R80-3	120×80×2.65	1.5	340	20.1	311	0.65	25.84
20	RH80-1	120×80×3	1.5	300	61.2	312	0.48	50.25
21	RH80-2	120×80×3	1.5	300	61.2	436	0.68	46.51
22	R70-1	140×70×2.65	2	340	20.1	89	0.18	50.91
23	R70-2	140×70×2.65	2	340	20.1	223	0.44	42.64
24	R70-3	140×70×2.65	2	340	20.1	312	0.62	33.90
25	RH70-1	140×70×3	2	300	61.2	336	0.48	62.68
26	R60-1	120×60×2.65	2	340	20.1	22.3	0.05	37.21
27	R60-2	120×60×2.65	2	340	20.1	104	0.25	32.71
28	R60-3	120×60×2.65	2	340	20.1	173	0.42	28.89
29	RH60-1	120×60×3	2	300	61.2	152	0.29	45.43
30	RH60-2	120×60×3	2	300	61.2	253	0.49	45.64

圆钢管采用了直缝焊接管，矩形钢管由四块钢板拼焊而成，焊缝按《钢结构设计规范》进行设计。加工钢管时，首先按所要求的截面形式和长度加工空钢管，并保证钢管两端截面平整。对每个试件加工两个厚度为 16mm 的钢板作为试件的盖板，先在空钢管一端将盖板焊上，另一端等混凝土浇灌之后再焊接。盖板及空钢管的几何中心对中。所有试件的长度均为 1500mm。

钢材材性由标准拉伸试验确定：将每类钢板都做成每组三个的标准试件，并进行拉伸试验，测试方法依据国家标准《金属材料室温拉伸试验方法》（GB/T228—2002）的有关规定进行，测得屈服强度（f_y）、抗拉强度（f_u）、弹性模量（E_s）和泊松比（μ_s）。各试件钢材实测的屈服强度 f_y 分别如表 7.1 和表 7.2 所示，其他材性参数见表 7.3。

表 7.3 钢材材性表

序号	屈服极限 f_y/MPa	抗拉强度 f_u/MPa	弹性模量 E_s/(N/mm²)	泊松比 μ_s
1	356	444.5	188000	0.275
2	308	454.9	200000	0.262
3	340	439.6	207000	0.267
4	300	405	215000	0.272

混凝土抗压强度（f_{cu}）由与试件同条件下养护成型的150mm立方试块测得，弹性模量（E_c）由150mm×150mm×300mm棱柱体轴心受压试验测得。各试件实测的混凝土强度 f_{cu} 分别如表7.1和表7.2所示，混凝土弹性模量（E_c）及其配合比如表7.4所示。

表 7.4 混凝土材性和配合比（单位：kg/m³）

立方体强度 f_{cu}/MPa	弹性模量 E_c/(N/mm²)	水	水泥	砂	骨料
22.0	25306	153	403	561	1283
38.9	40314	201	528	585	1086
20.1	25306	195	500	480	1225
61.2	40314	158	428	633	1181

混凝土配制采用人工拌和，浇灌时，先将钢管竖立，使未焊盖板的一端位于顶部，从开口处灌入混凝土。采用了分层灌入法，同时用 ϕ50 插入式振捣棒伸入钢管内部进行完全振捣，还在试件底部用振捣棒在钢管的外部进行侧振，以期保证混凝土的密实度。最后将核心混凝土顶部与钢管上表面抹平。试件自然养护两周后，用高强水泥砂浆将混凝土表面与钢管抹平，然后焊上另一盖板，以期尽可能保证钢管与核心混凝土在试验施荷初期就能共同受力。

（2）试验装置和试验方法

试验装置如图7.22所示。试验时的试件水平放置，其两端边界条件为铰接，轴压力由一水平放置的千斤顶施加，试验过程中由专门的油泵装置控制，以保持轴力恒定。往复荷载由一位于试件跨中位置的MTS伺服加载系统施加，MTS作动器与试件通过一刚性夹具连接。所有矩形试件都绕强轴 x-x 弯曲。

荷载-位移关系由MTS系统的数据自动采集系统采集，在试件四分点位置还各设置一个位移传感器，与跨中MTS系统的作动器位移进行同步采集。为了避免试验过程中试件发生面外失稳，设计了一种侧向支撑装置。该装置为一带垂直推力轴承的撑板，分别位于柱的左右四分点处，以和地锚刚接的刚架作为支撑，可以保证试件在平面内的自由垂直移动，并限制试件发生侧向位移。

进行试验时，先施加轴向压力至设计值 N_o，在试验过程中维持 N_o 恒定不变，然后通过MTS系统作动器对试件施加竖向位移。本次试验的加载程序采用荷载-位移双控制的方法，在加载初期，采用荷载控制并分级加载，每级荷载的增量为±10kN。随后，当试件接近屈服时，加载采用位移控制，并直至构件破坏。

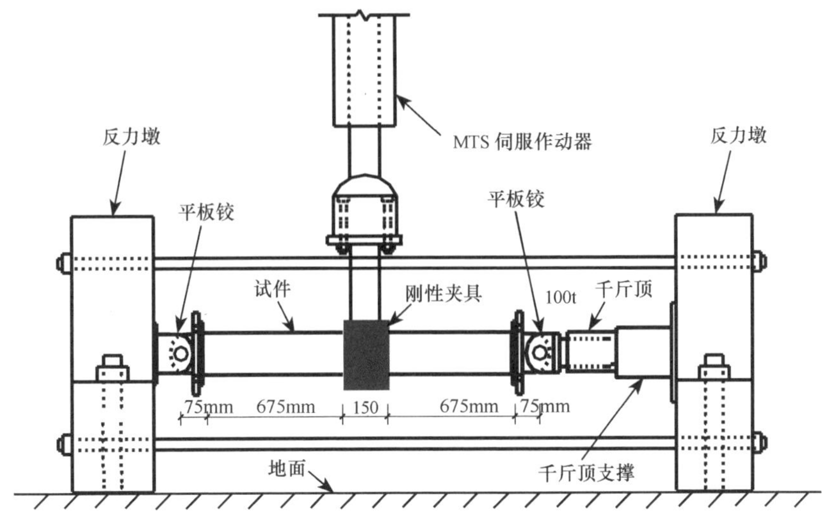

图 7.22　滞回性能试验装置示意图

圆试件 C108-1、C108-2、C108-3 和 C108-4，以及所有方、矩形钢管混凝土试件采用的加载方式如图 7.23 所示。圆试件 C114-1、C114-2、C114-3 和 C114-4 采用的加载按照 ATC-24（1992）建议的方式进行。在试件达到屈服前，按照荷载来控制，即采用 $0.25P_c$、$0.5P_c$、$0.7P_c$ 进行加载，P_c 按照式（3.99）计算的横向极限承载力。

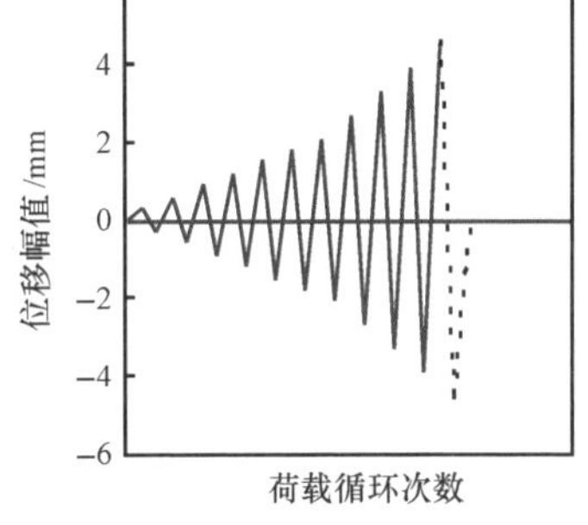

图 7.23　往复荷载加载示意图

试件达到屈服后按照变形来控制，即采用 $1\Delta_y$、$1.5\Delta_y$、$2\Delta_y$、$3\Delta_y$、$5\Delta_y$、$7\Delta_y$、$8\Delta_y$ 进行加载。$\Delta_y=P_c/K_{sec}$，其中 K_{sec} 为荷载达到 $0.7P_c$ 时荷载-变形曲线的割线刚度。每级荷载循环的圈数也不同，当按照荷载控制时，每级荷载分别循环 2 圈，当按照变形控制时，前面 3 级荷载（$1\Delta_y$、$1.5\Delta_y$ 和 $2\Delta_y$）循环 3 圈，其余的分别循环 2 圈。

（3）试验结果与分析

试验结果表明，试件的破坏形态基本一致，即均为压弯破坏。当荷载超过屈服荷载后，随着试件横向位移的逐级增大，在刚性夹具与试件连接处开始出现局部的微弯曲。随后在试件与刚性夹具连接处顺弯曲方向局部凸起的范围逐渐增大且渐渐沿环向发展。在往复荷载作用下，截面在上下部位都有鼓曲现象发生。试件接近破坏时，这种鼓曲急剧发展。试件典型的破坏模态如图 7.24 所示。

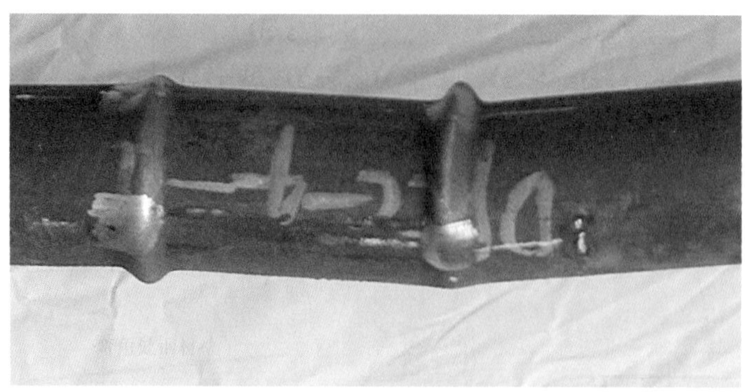

(1) 圆钢管混凝土

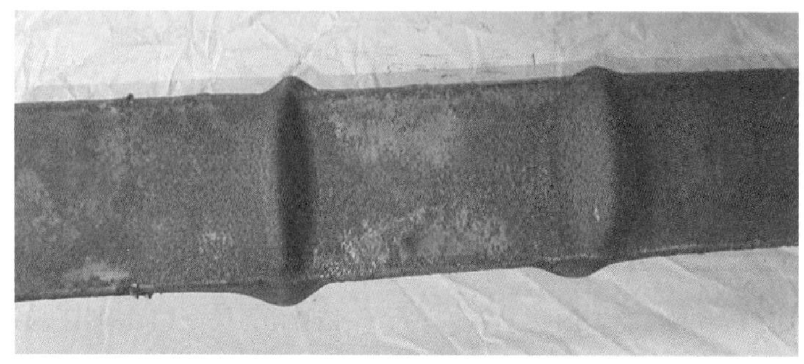

(a) 钢管

(b) 核心混凝土

(2) 方、矩形钢管混凝土

图 7.24　试件典型的破坏模态

本次试验实测的 8 个圆钢管混凝土以及 30 个方、矩形钢管混凝土试件的 P-Δ 滞回曲线分别如图 7.25 和图 7.26 中的实线所示。

由图 7.25 和图 7.26 可以看出，本次试验得出的 P-Δ 滞回曲线有以下特点：

1）当轴压比较小的时候，滞回曲线的骨架线在加载后期基本保持水平，不出现明显下降段；当轴压比较大的时候，则出现较明显的下降段，说明试件的延性随轴压比的增大而呈降低趋势。

2）P-Δ 滞回曲线的图形都较饱满，没有明显捏缩现象。

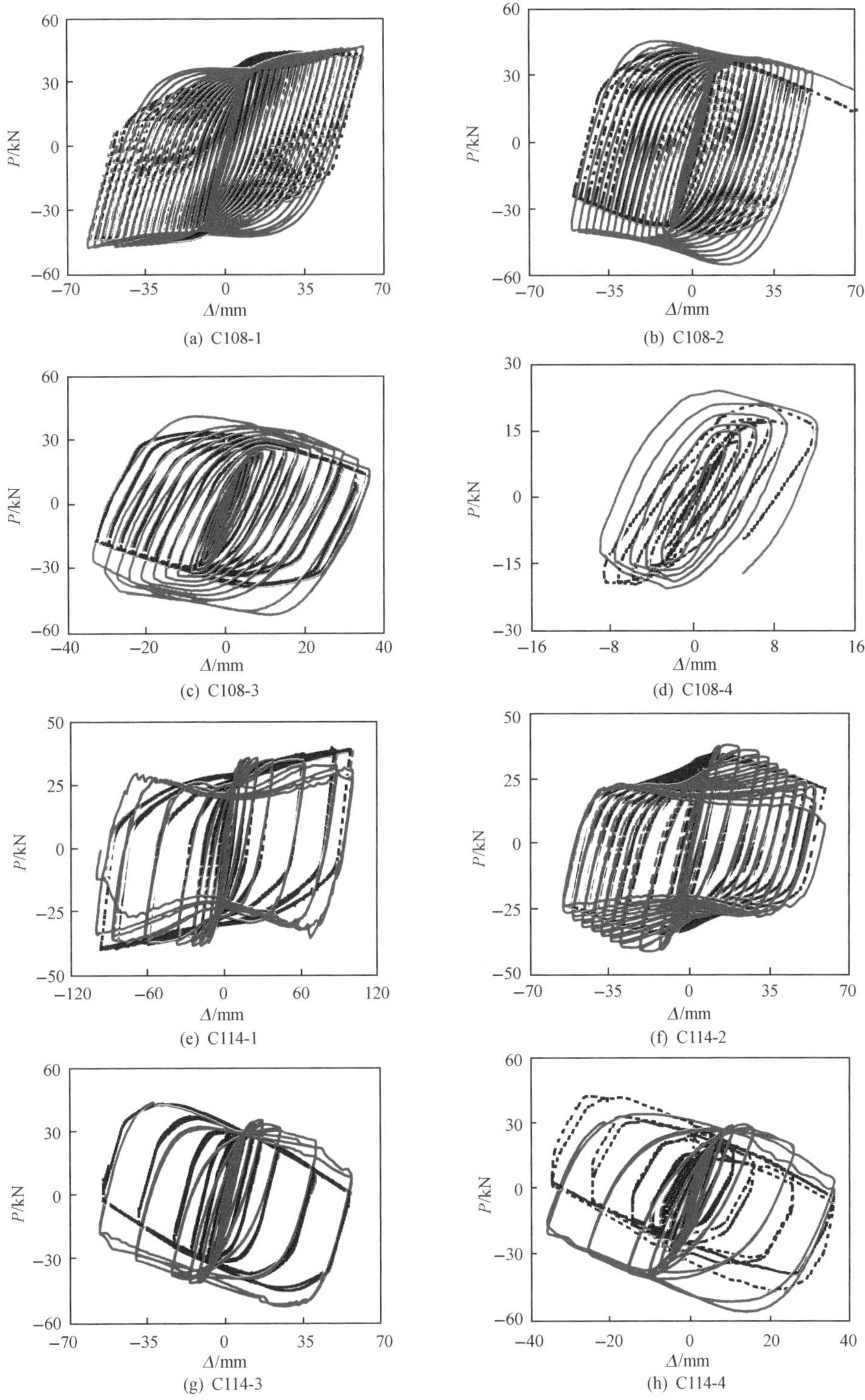

图 7.25　圆形钢管混凝土 P-Δ 滞回关系曲线

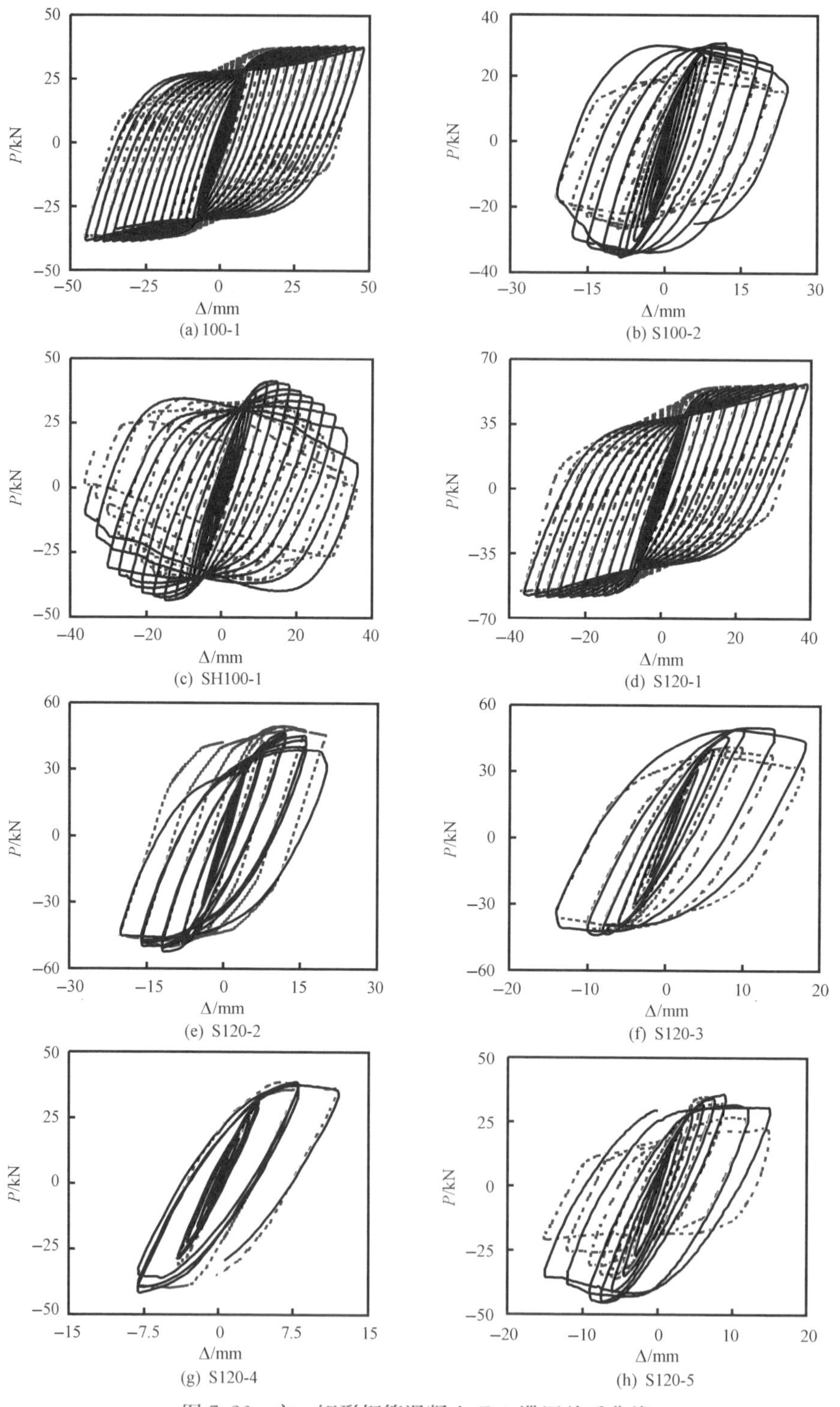

图 7.26　方、矩形钢管混凝土 P-Δ 滞回关系曲线

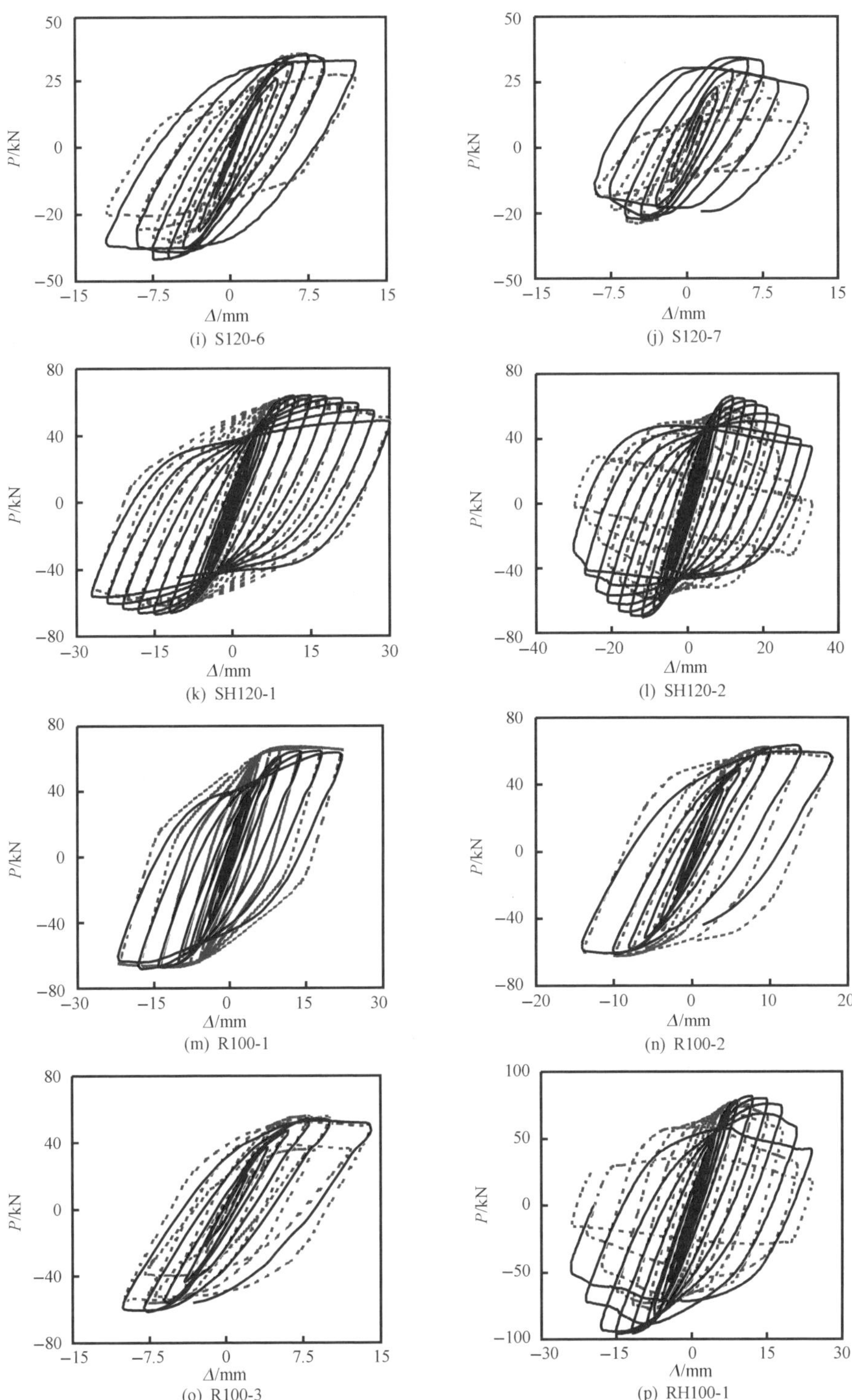

图 7.26　方、矩形钢管混凝土 P-Δ 滞回关系曲线（续）

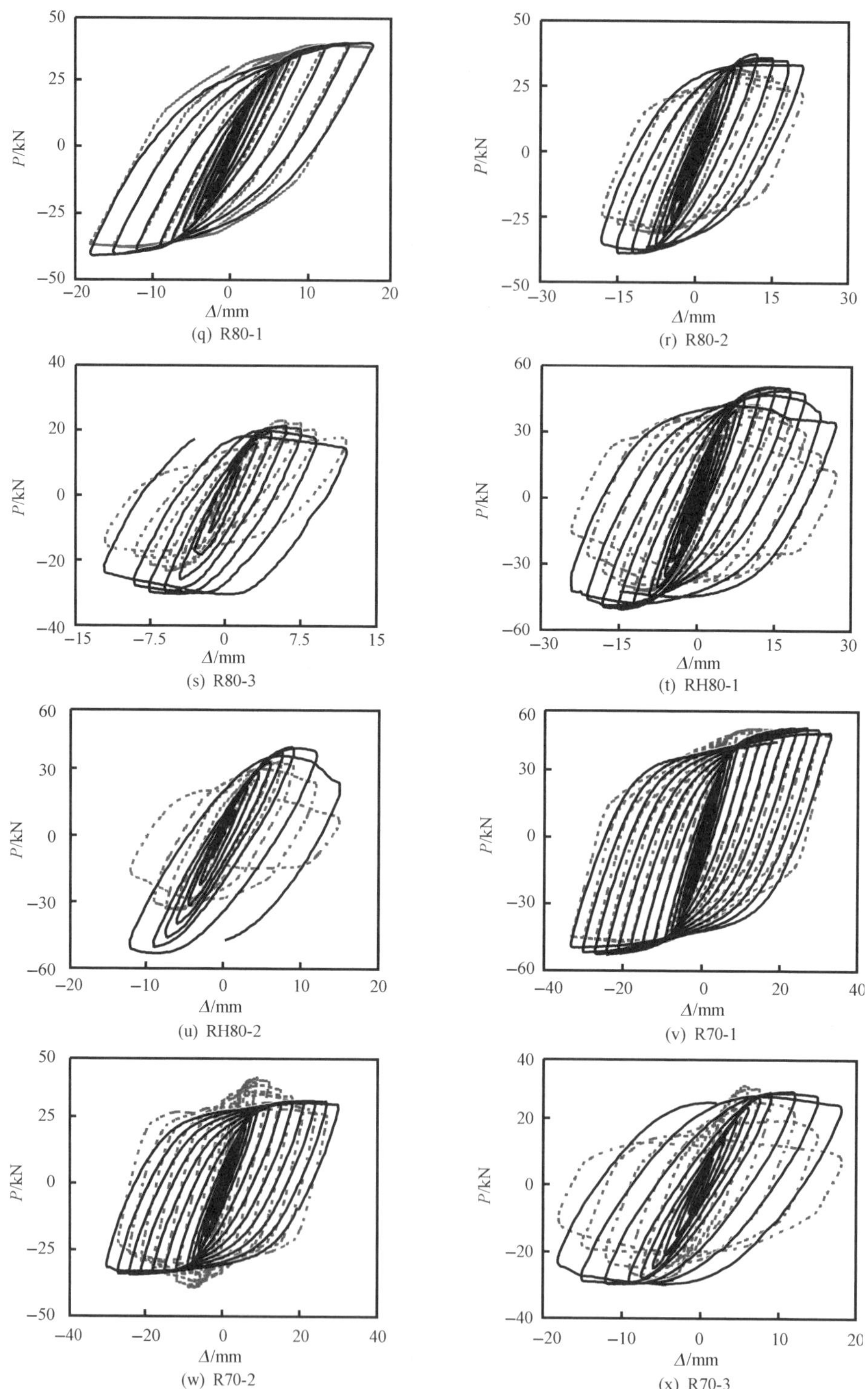

图 7.26　方、矩形钢管混凝土 P-Δ 滞回关系曲线（续）

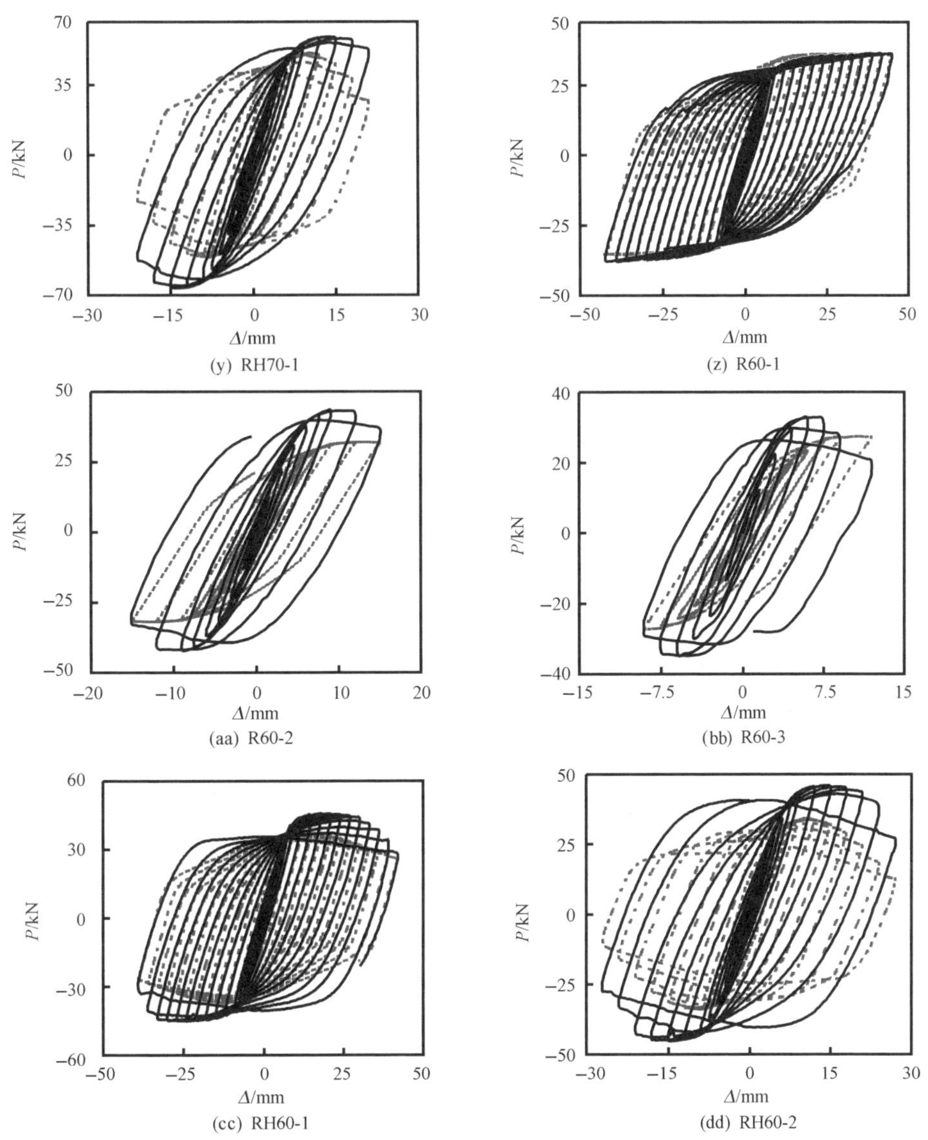

图 7.26　方、矩形钢管混凝土 P-Δ 滞回关系曲线（续）

实测的每条滞回曲线上峰值荷载的平均值（P_{ue}）分别列于表 7.1 和表 7.2。

试验结果与数值计算 N-M 相关曲线及不同计算方法计算的 N-M 相关曲线分别如图 7.27（1）和（2）所示。从图中可以看出，计算结果总体上偏于安全。对于圆钢管混凝土，数值方法、EC4（2004）和式（3.99）的计算结果与试验结果最接近；对于方、矩形钢管混凝土，数值方法、GJB4142—2000（2001）、式（3.99）和 EC4（2004）的计算结果与试验结果较为吻合，而 AISC（2010）和 AIJ（2008）的计算结果比试验结果总体上低 35%以上。

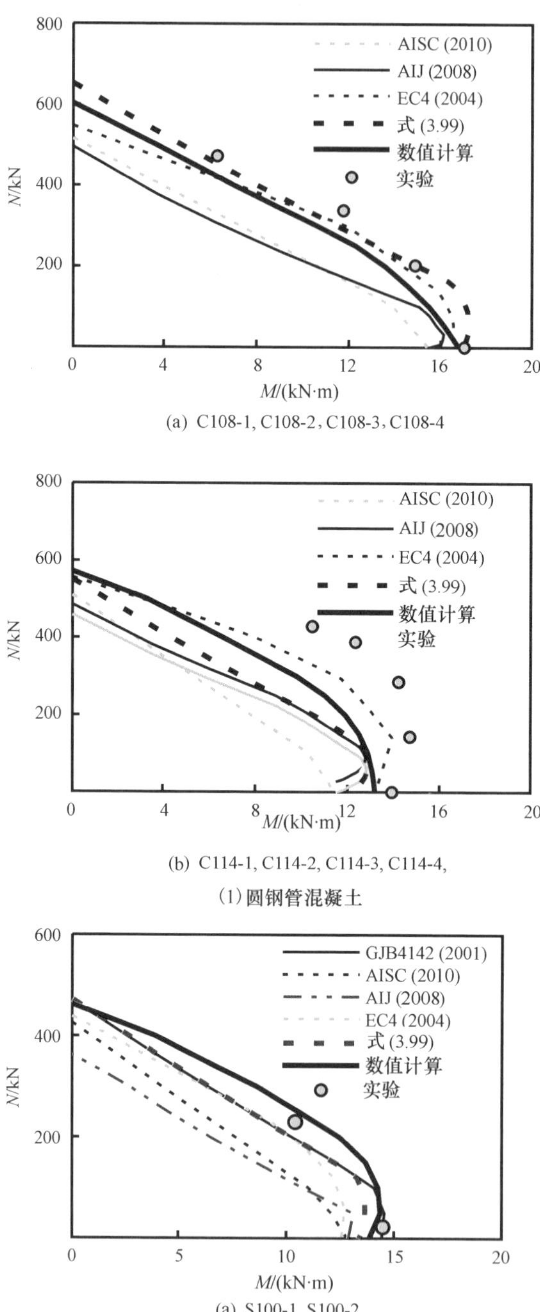

(a) C108-1, C108-2, C108-3, C108-4

(b) C114-1, C114-2, C114-3, C114-4,

(1)圆钢管混凝土

(a) S100-1, S100-2

图 7.27　钢管混凝土压弯构件试验结果与计算结果比较

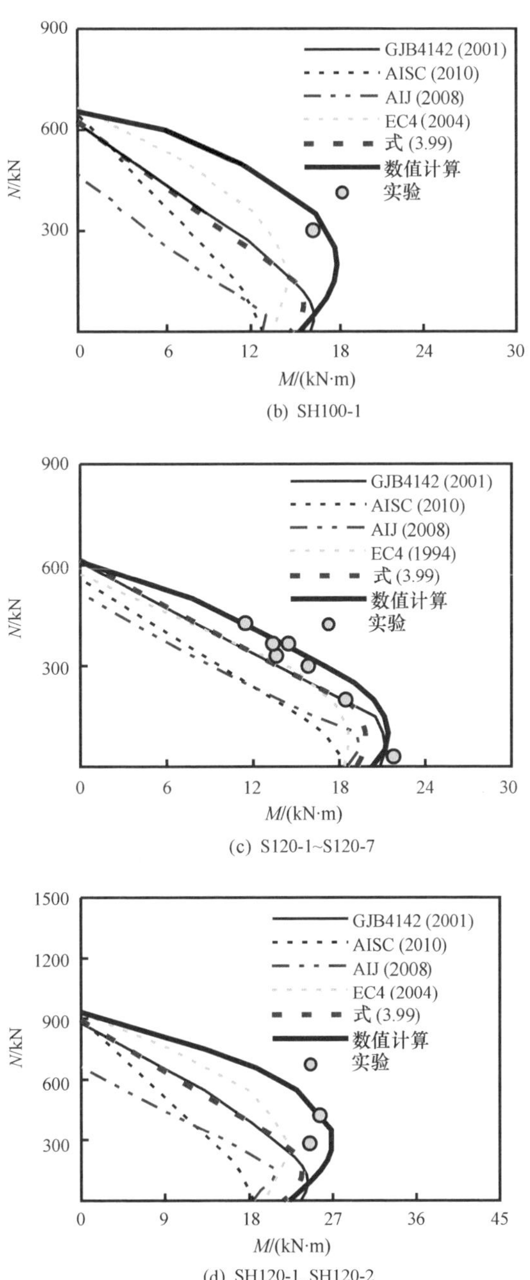

(b) SH100-1

(c) S120-1~S120-7

(d) SH120-1, SH120-2

图 7.27　钢管混凝土压弯构件试验结果与计算结果比较（续）

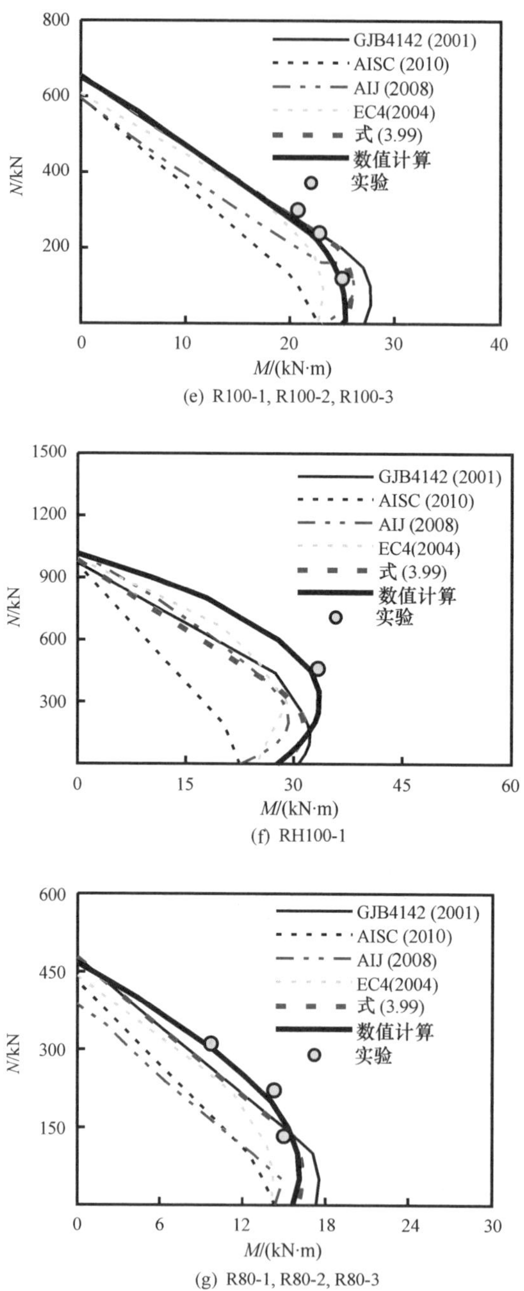

(e) R100-1, R100-2, R100-3

(f) RH100-1

(g) R80-1, R80-2, R80-3

图 7.27　钢管混凝土压弯构件试验结果与计算结果比较（续）

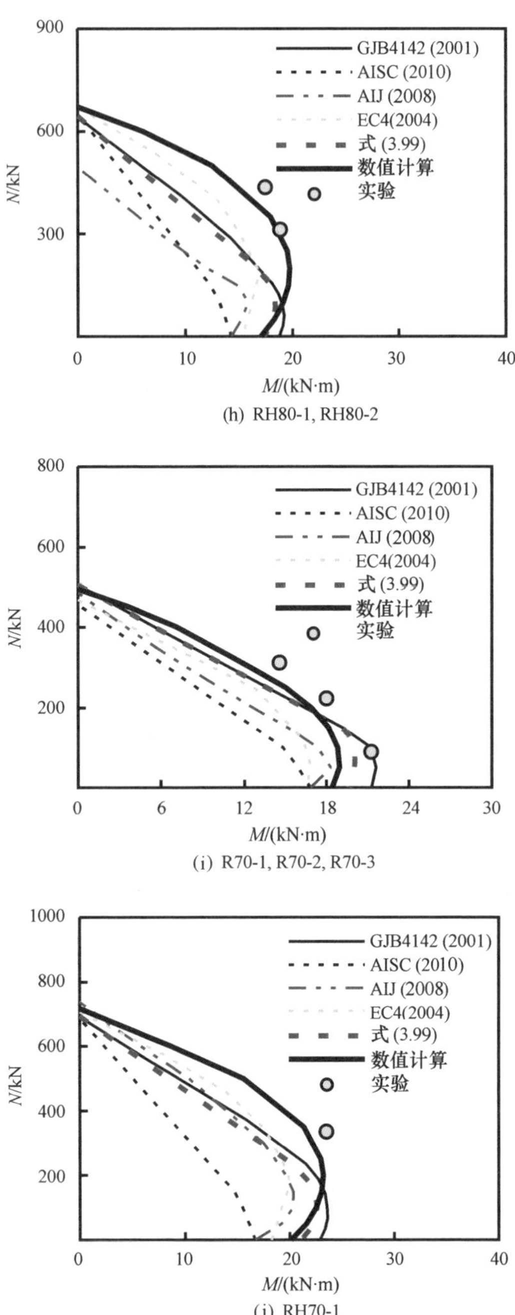

(h) RH80-1, RH80-2

(i) R70-1, R70-2, R70-3

(j) RH70-1

图 7.27　钢管混凝土压弯构件试验结果与计算结果比较（续）

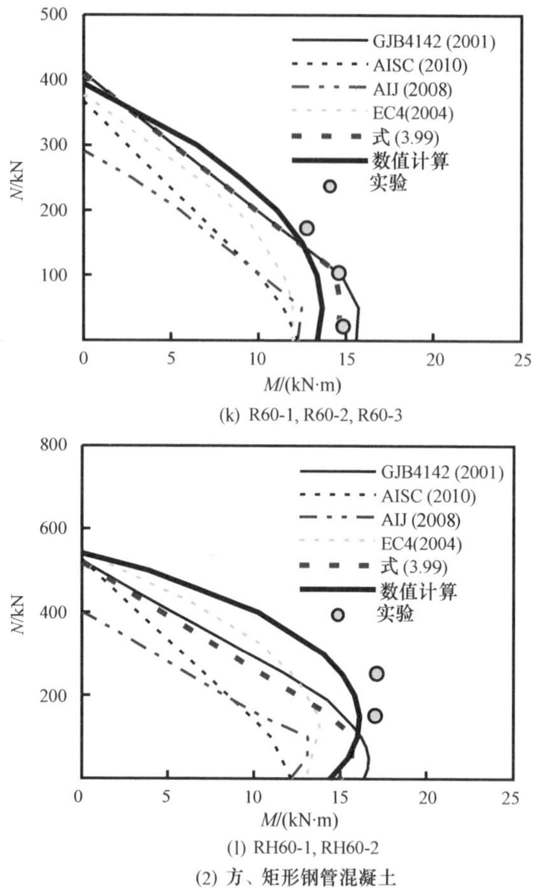

图 7.27 钢管混凝土压弯构件试验结果与计算结果比较（续）

图 7.28 所示为实测的圆钢管混凝土构件在不同轴压比（n）情况下的 P-Δ 滞回关系骨架线。可见，在其他条件相同的情况下，随着轴压比的增大，构件的延性总体上呈现降低的趋势，荷载极值点对应的位移变小。轴压比较小时，P-Δ 骨架线不出现明显的下降段；而当轴压比较大时，则出现较明显的下降段。

图 7.29 所示分别为实测的矩形钢管混凝土构件在不同轴压比（n）情况下的 P-Δ 滞回关系骨架线。可见，轴压比对方、矩形钢管混凝土构件的影响规律与圆钢管混凝土构件类似，但在相近轴压比的情况下，方、矩形钢管混凝土构件抵抗变形的能力相对要比圆钢管混凝土差。

图 7.30 所示为截面高宽比（D/B）不同，但轴压比（n）比较接近的三个矩形钢管混凝土试件的 P/P_{max}-Δ 骨架曲线，其中，P_{max} 为实测 P-Δ 滞回关系骨架线上对应峰值点的水平荷载。

由图 7.30 可见，在研究参数范围内，β 对 P/P_{max}-Δ 关系曲线的影响不大。

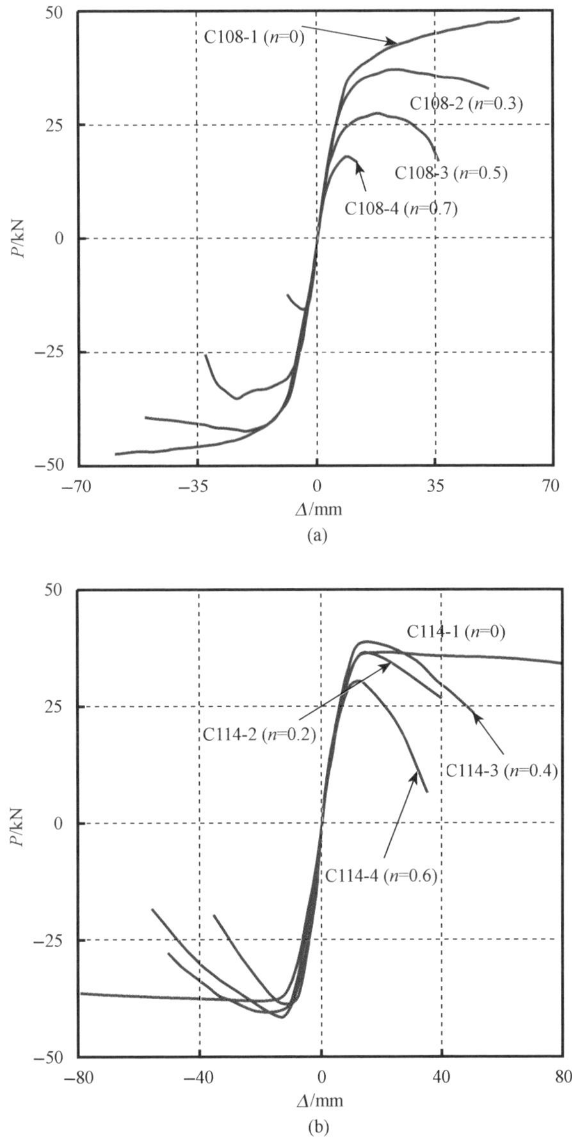

图 7.28　轴压比对圆钢管混凝土 P-Δ 骨架线的影响

作者领导的课题组还进行了采用高强高性能混凝土的圆形和方形钢管混凝土压弯构件滞回性能的试验研究（Han 等，2005c），试验参数包括轴压比：0～0.6；混凝土强度：90.4～121.6MPa；钢材屈服极限：282～404MPa。结果表明，所进行的钢管高强高性能混凝土构件的滞回性能与钢管普通混凝土基本类似。

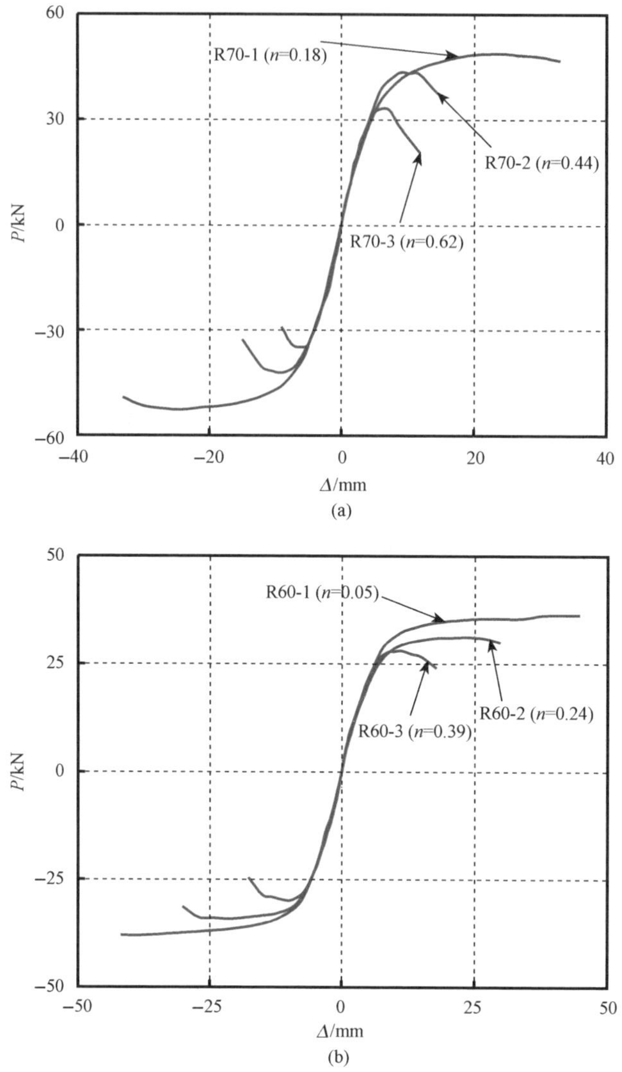

图 7.29　轴压比对方、矩形钢管混凝土 P-Δ 骨架线的影响

7.3.2　P-Δ 滞回关系曲线的计算

利用数值方法计算钢管混凝土压弯构件的 P-Δ 滞回关系曲线时，由于侧向荷载 P 和侧向位移 Δ 的关系受构件计算长度的影响很大，对于不同的边界条件，需合理确定构件的计算长度。在 7.2 节中进行钢管混凝土弯矩-曲率滞回性能研究时，假定构件挠曲线为正弦半波曲线，这种假定适用于构件两端铰接的情况，如图 7.31（a）所示。对于图 7.31（b）所示常见的在恒定轴向压力作用下的两端为嵌固支座、一端有水平侧移的框架柱，设其长度 $L=2L_1$，由于其反弯点在

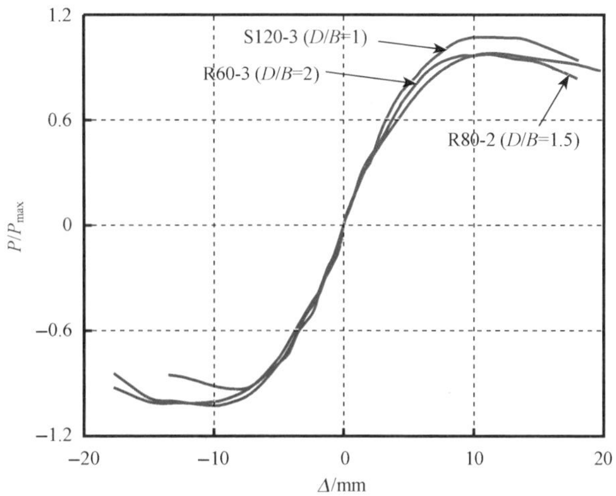

图 7.30　高宽比（D/B）对 P/P_{max}-Δ 骨架线的影响

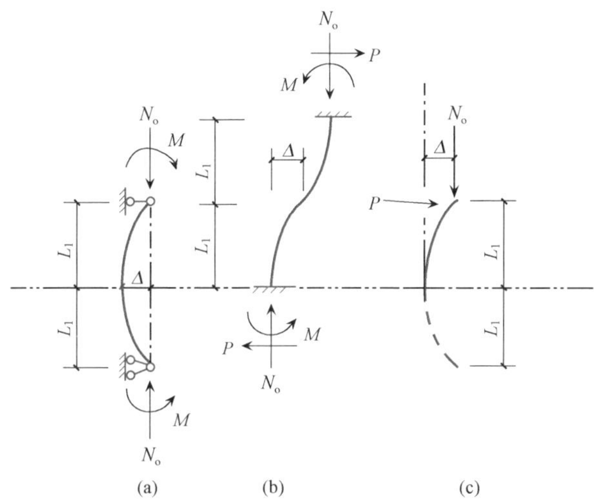

图 7.31　压弯构件计算长度

柱的中央，可以将其简化为从反弯点到固端长度为 L_1 悬臂构件，如图 7.31（c）所示，并反向对称延伸，当忽略侧向荷载 P 对构件挠曲线形状的影响时，就可将悬臂构件等效成长度为 $L=2L_1$ 的类似于图 7.31（a）所示的两端铰支构件。

如果忽略剪力对构件承载能力的影响，基于对压弯构件 M-ϕ 滞回关系的分析结果，可以很方便地计算出压弯构件的 P-Δ 滞回关系曲线。

对于图 7.31（c）所示的钢管混凝土悬臂柱，在恒定轴向压力 N_o 作用下，对于构件端部的每一级位移 Δ，按下式可计算出相应的侧向力。

$$P = (M - N_o\Delta)/L_1 = 2(M - N_o\Delta)/L \tag{7.20}$$

由此按给定的位移加载制度即可计算出 P-Δ 滞回关系全曲线，过程如下：

1）输入计算长度和截面参数，并进行截面单元划分。

2）位移幅 Δ 值由零开始，每一级加：$\Delta=\Delta+\delta\Delta$，由 Δ 计算中截面曲率 ϕ，假设截面形心处的应变 ε_o。

3）按 $\varepsilon_i=\varepsilon_o+\phi y_i$ 计算单元形心处的应变 ε_i，由加载历史计算出各单元的应力 σ_{sli} 和 σ_{cli}。

4）分别计算内弯矩 M_{in} 和内轴力 N_{in}。

5）判断 $N_{in}=N_o$ 的条件是否满足，如果不满足，则调整截面形心处的应变 ε_o 并重复步骤 3)～4)，直至满足 $N_{in}=N_o$ 的条件。

6）由式（7.20）计算侧向水平力 P；然后重复步骤 2)～5）直至计算出整个 P-Δ 滞回曲线。

计算结果表明，在如下参数范围，即 $n=0$-0.8，$\alpha=0.03$-0.2，$\lambda=10$-80，$f_y=200\sim500$MPa 和 $f_{cu}=30\sim90$MPa，钢管混凝土 P-Δ 滞回关系曲线的骨架线无论有无下降段，曲线形状都较为饱满，捏缩现象不明显。

以矩形钢管混凝土为例，图 7.32 所示为按以上数值方法计算获得的钢管混凝土受弯和压弯构件的 P-Δ 滞回关系曲线。

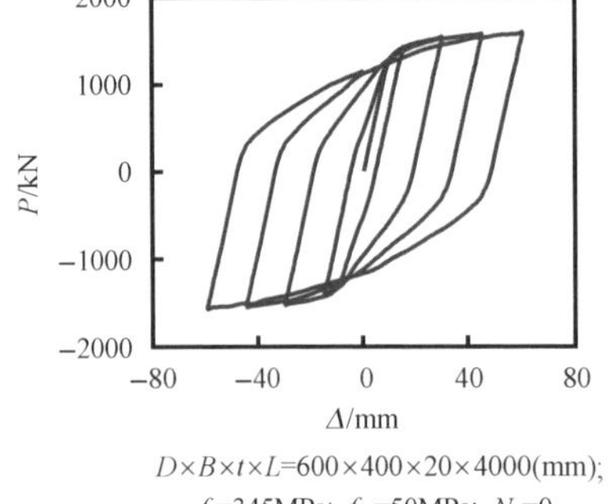

$D\times B\times t\times L$=600×400×20×4000(mm);
f_y=345MPa; f_{cu}=50MPa; N_o=0

(a) 受弯构件(绕强轴弯曲)

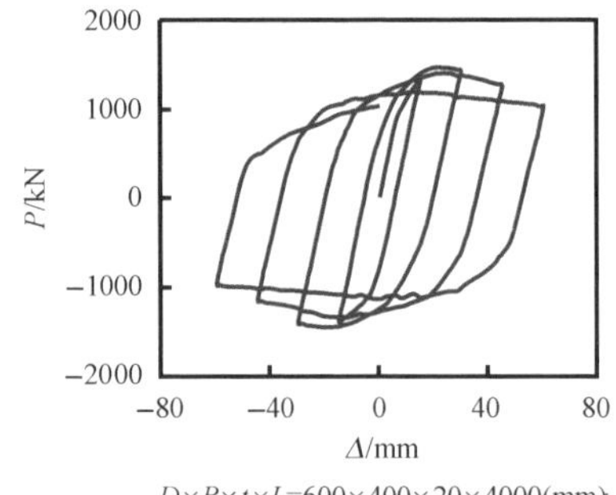

$D\times B\times t\times L$=600×400×20×4000(mm);
f_y=345MPa; f_{cu}=50MPa; N_o=8000kN

(b) 压弯构件(绕强轴弯曲)

图 7.32　理论计算 P-Δ 滞回关系曲线

理论计算 P-Δ 关系曲线与试验结果总体上吻合良好。图 7.25 和图 7.26 给出了数值计算曲线（虚线）和本书试验结果（实线）的比较情况。

图 7.33 和图 4.97 分别给出部分其他研究者进行的单调荷载作用下，圆钢管混凝土和方钢管混凝土构件 P-Δ 关系试验曲线（实线）与计算曲线（虚线）典型的对比情况。图中，参数 $R=2\Delta/L$。

部分往复荷载作用下圆、方钢管混凝土构件 P-$\Delta(R)$ 关系试验曲线（实线）与计算曲线（虚线）对比情况分别如图 7.34 和图 7.35 所示，图中，参数 $R=2\Delta/L$。

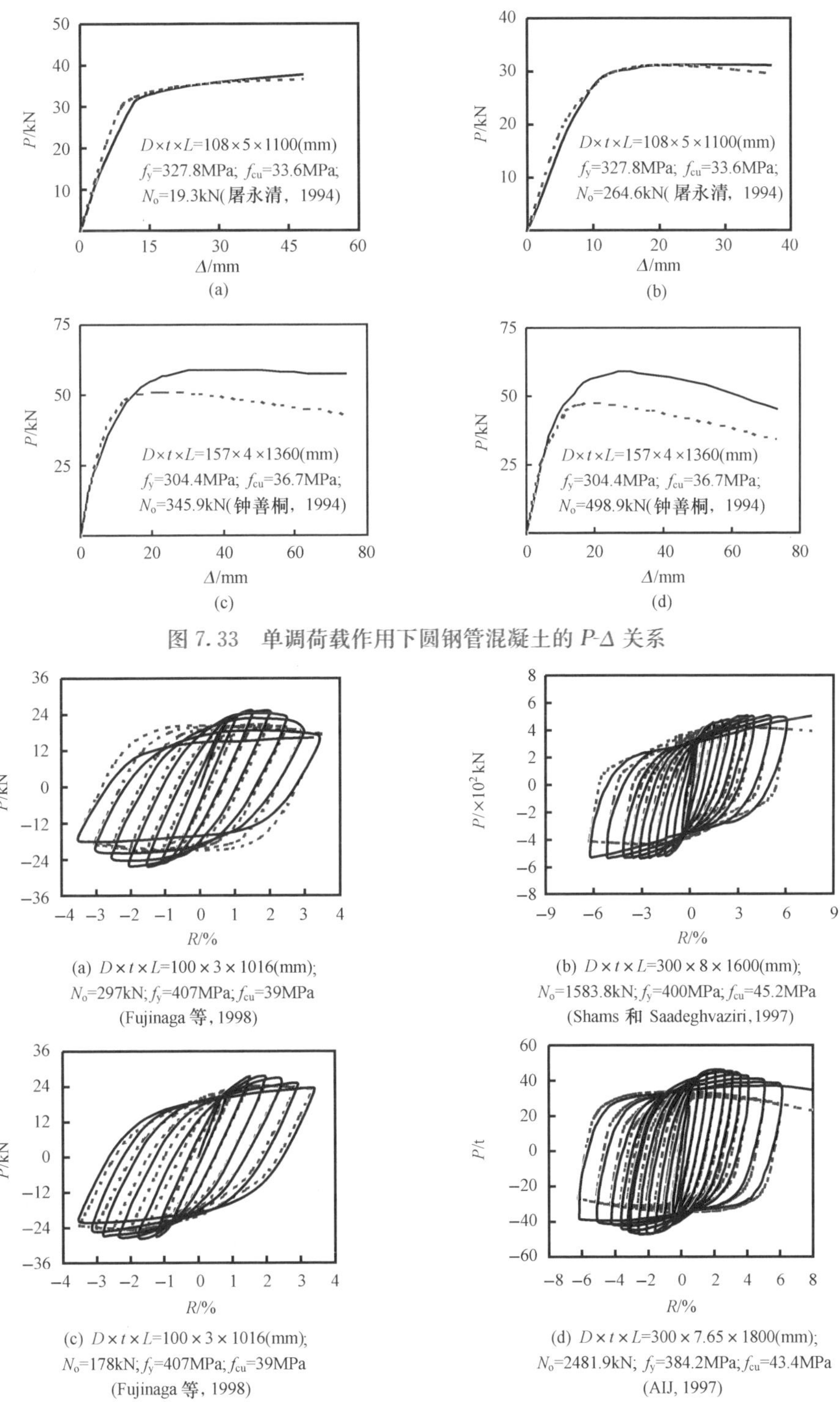

(a)　(b)　(c)　(d)

图 7.33　单调荷载作用下圆钢管混凝土的 P-Δ 关系

(a) $D\times t\times L$=100×3×1016(mm); N_o=297kN; f_y=407MPa; f_{cu}=39MPa (Fujinaga 等, 1998)

(b) $D\times t\times L$=300×8×1600(mm); N_o=1583.8kN; f_y=400MPa; f_{cu}=45.2MPa (Shams 和 Saadeghvaziri, 1997)

(c) $D\times t\times L$=100×3×1016(mm); N_o=178kN; f_y=407MPa; f_{cu}=39MPa (Fujinaga 等, 1998)

(d) $D\times t\times L$=300×7.65×1800(mm); N_o=2481.9kN; f_y=384.2MPa; f_{cu}=43.4MPa (AIJ, 1997)

图 7.34　往复荷载下圆钢管混凝土的 P-$\Delta(R)$ 关系

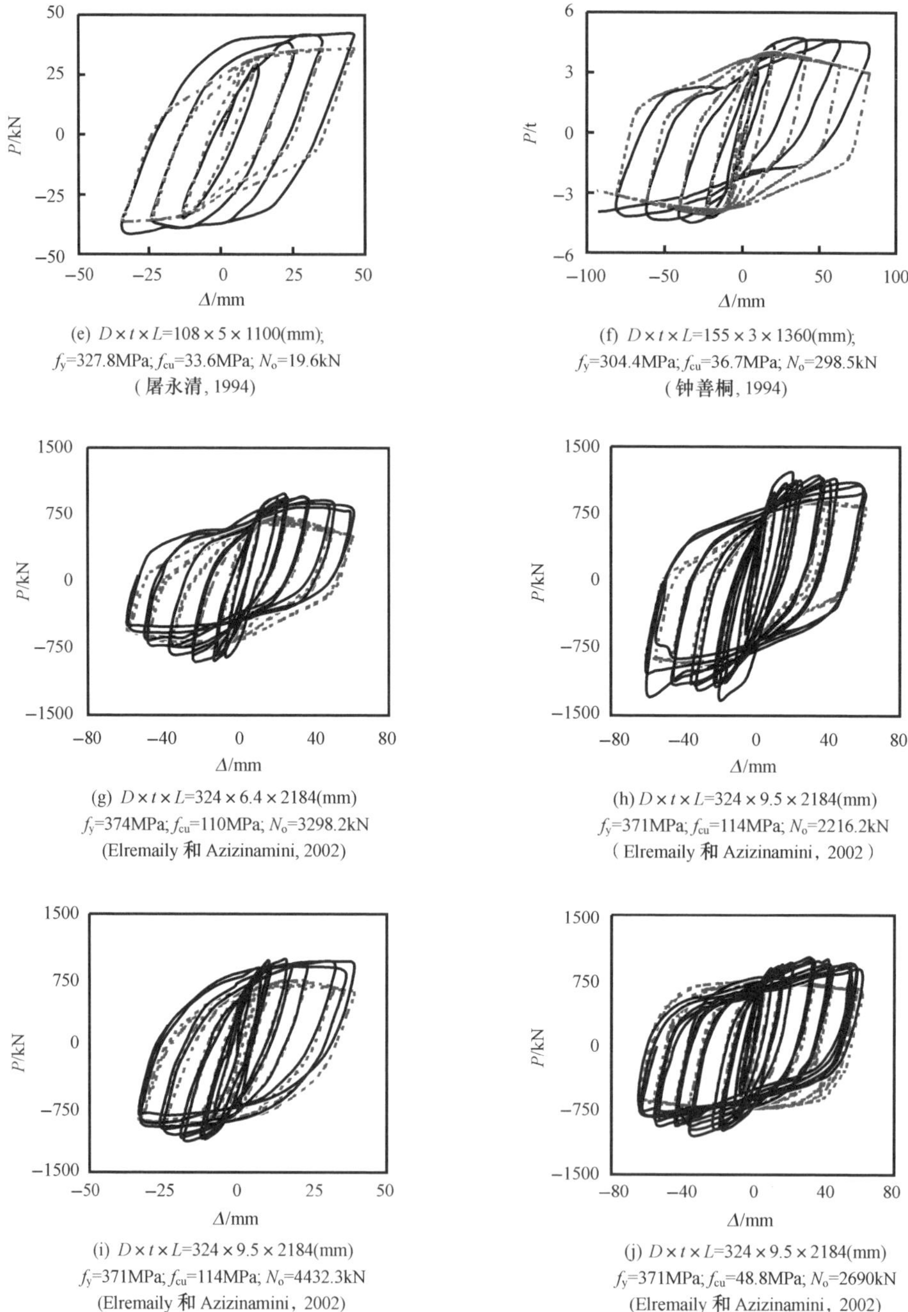

(e) $D\times t\times L$=108×5×1100(mm); f_y=327.8MPa; f_{cu}=33.6MPa; N_o=19.6kN (屠永清, 1994)

(f) $D\times t\times L$=155×3×1360(mm); f_y=304.4MPa; f_{cu}=36.7MPa; N_o=298.5kN (钟善桐, 1994)

(g) $D\times t\times L$=324×6.4×2184(mm) f_y=374MPa; f_{cu}=110MPa; N_o=3298.2kN (Elremaily 和 Azizinamini, 2002)

(h) $D\times t\times L$=324×9.5×2184(mm) f_y=371MPa; f_{cu}=114MPa; N_o=2216.2kN (Elremaily 和 Azizinamini, 2002)

(i) $D\times t\times L$=324×9.5×2184(mm) f_y=371MPa; f_{cu}=114MPa; N_o=4432.3kN (Elremaily 和 Azizinamini, 2002)

(j) $D\times t\times L$=324×9.5×2184(mm) f_y=371MPa; f_{cu}=48.8MPa; N_o=2690kN (Elremaily 和 Azizinamini, 2002)

图 7.34 往复荷载下圆钢管混凝土的 P-Δ(R) 关系（续）

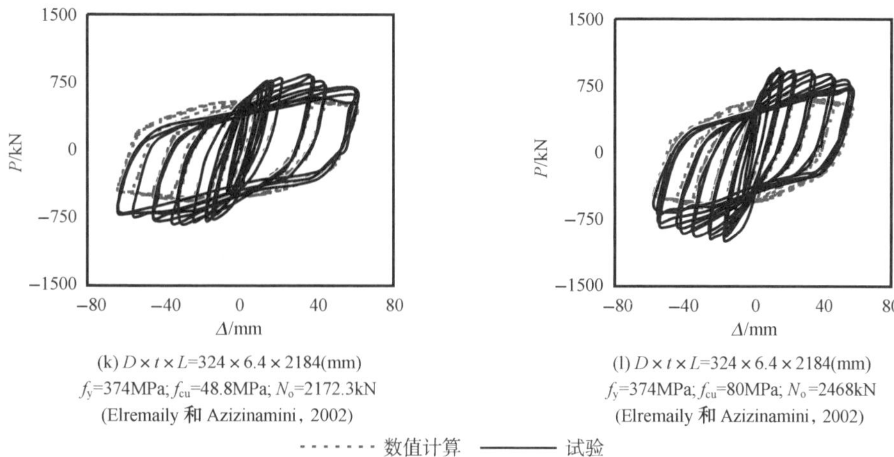

(k) $D\times t\times L$=324×6.4×2184(mm)
f_y=374MPa; f_{cu}=48.8MPa; N_o=2172.3kN
(Elremaily 和 Azizinamini，2002)

(l) $D\times t\times L$=324×6.4×2184(mm)
f_y=374MPa; f_{cu}=80MPa; N_o=2468kN
(Elremaily 和 Azizinamini，2002)

------- 数值计算 ——— 试验

图 7.34　往复荷载下圆钢管混凝土的 P-Δ(R) 关系（续）

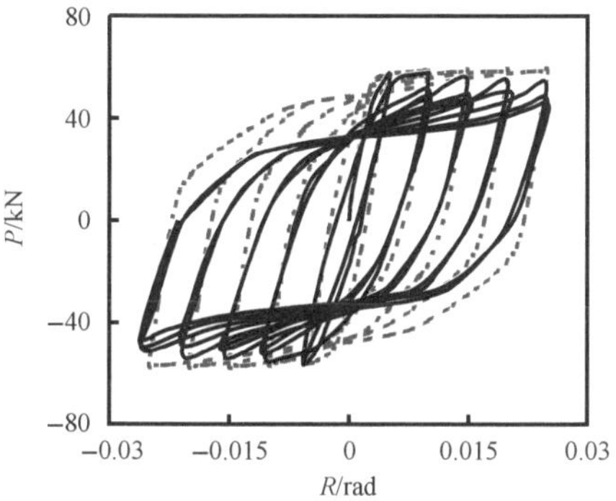

(a) $B\times t\times L$=100×2.24×400(mm)
f_y=309.7MPa; f_{cu}=36.6MPa; N_o=5.88kN
(Sakino 和 Tomii，1981)

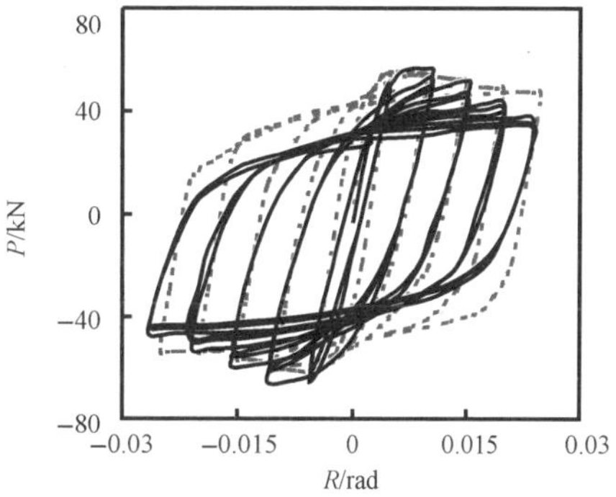

(b) $B\times t\times L$=100×2.24×400(mm)
f_y=309.7MPa; f_{cu}=36.6MPa; N_o=142.1kN
(Sakino 和 Tomii，1981)

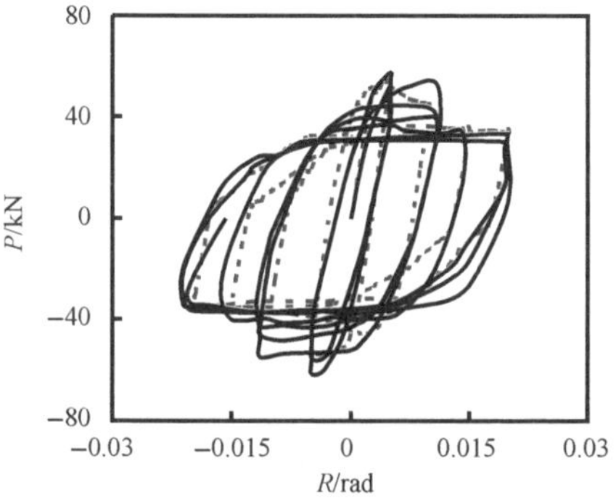

(c) $B\times t\times L$=100×2.24×400(mm)
f_y=309.7MPa; f_{cu}=36.6MPa; N_o=253.8kN
(Sakino 和 Tomii，1981)

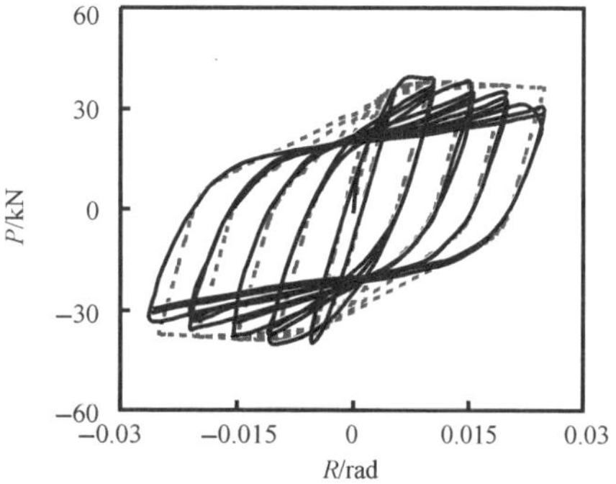

(d) $B\times t\times L$=100×2.17×600(mm)
f_y=295MPa; f_{cu}=31.8MPa; N_o=253.8kN
(Sakino 和 Tomii，1981)

图 7.35　往复荷载作用下方钢管混凝土的 P-Δ(R) 关系

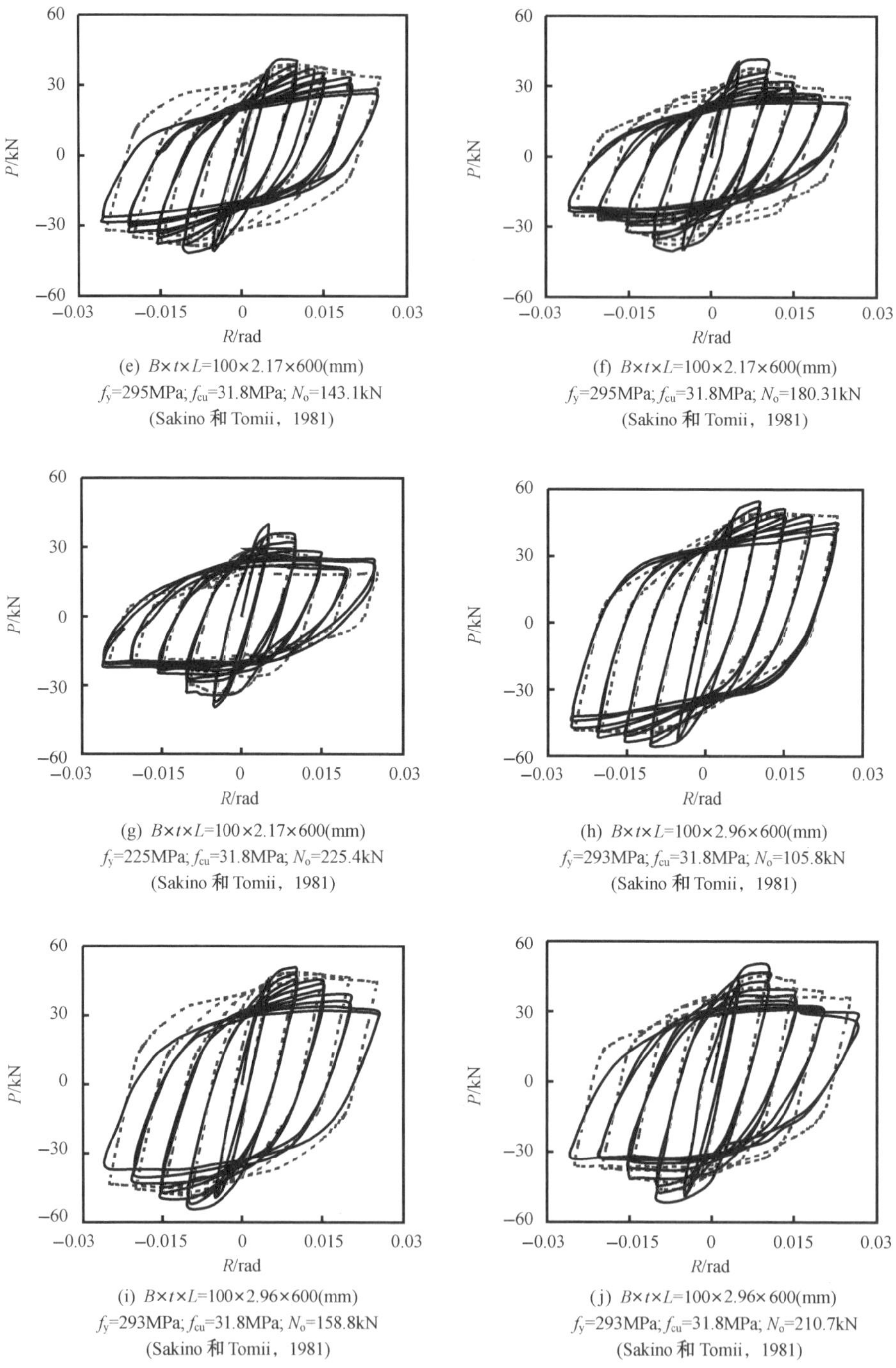

(e) $B\times t\times L$=100×2.17×600(mm)
f_y=295MPa; f_{cu}=31.8MPa; N_o=143.1kN
(Sakino 和 Tomii，1981)

(f) $B\times t\times L$=100×2.17×600(mm)
f_y=295MPa; f_{cu}=31.8MPa; N_o=180.31kN
(Sakino 和 Tomii，1981)

(g) $B\times t\times L$=100×2.17×600(mm)
f_y=225MPa; f_{cu}=31.8MPa; N_o=225.4kN
(Sakino 和 Tomii，1981)

(h) $B\times t\times L$=100×2.96×600(mm)
f_y=293MPa; f_{cu}=31.8MPa; N_o=105.8kN
(Sakino 和 Tomii，1981)

(i) $B\times t\times L$=100×2.96×600(mm)
f_y=293MPa; f_{cu}=31.8MPa; N_o=158.8kN
(Sakino 和 Tomii，1981)

(j) $B\times t\times L$=100×2.96×600(mm)
f_y=293MPa; f_{cu}=31.8MPa; N_o=210.7kN
(Sakino 和 Tomii，1981)

图 7.35　往复荷载作用下方钢管混凝土的 P-Δ(R) 关系（续）

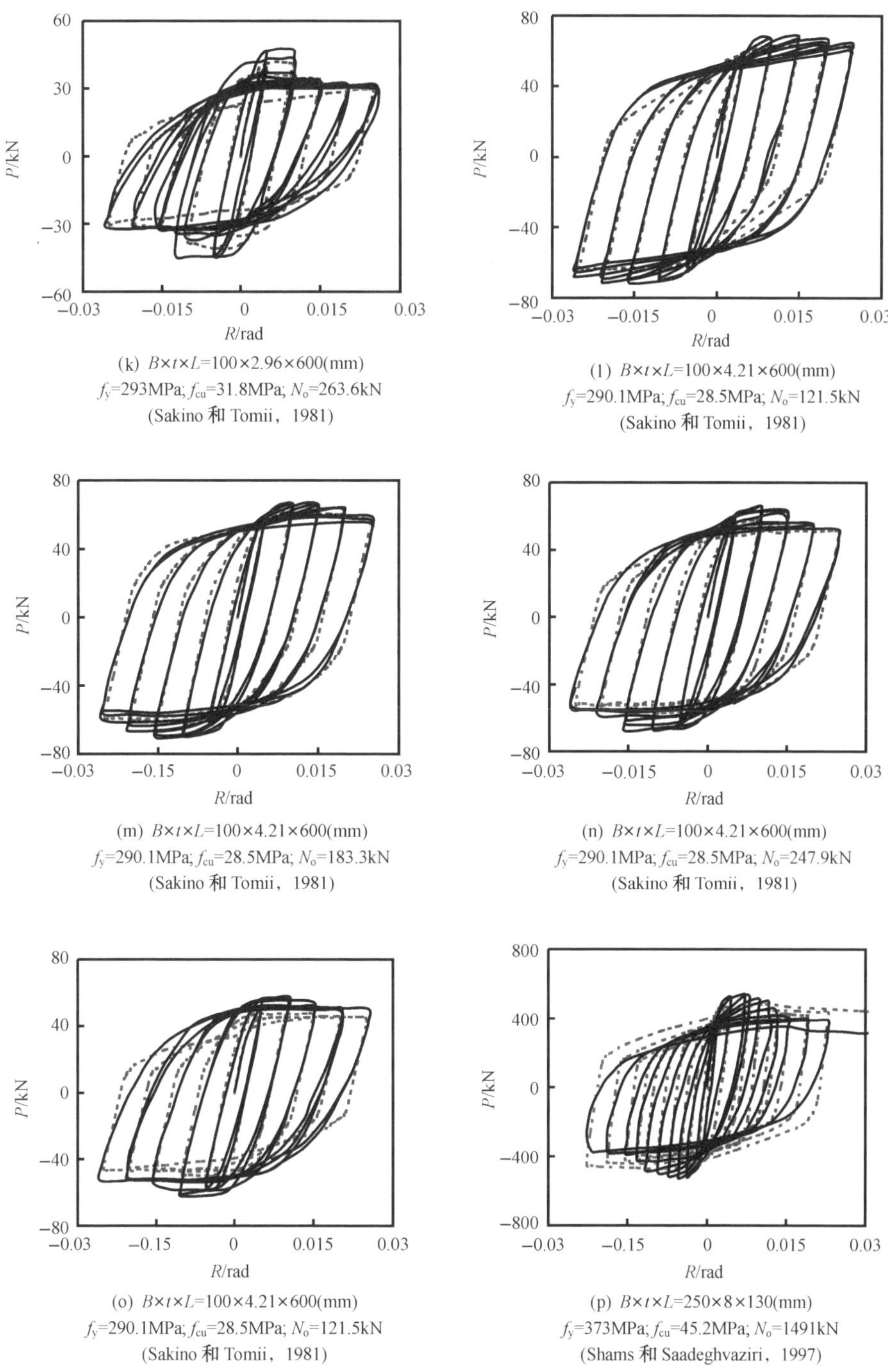

(k) $B\times t\times L$=100×2.96×600(mm)
f_y=293MPa; f_{cu}=31.8MPa; N_o=263.6kN
(Sakino 和 Tomii，1981)

(l) $B\times t\times L$=100×4.21×600(mm)
f_y=290.1MPa; f_{cu}=28.5MPa; N_o=121.5kN
(Sakino 和 Tomii，1981)

(m) $B\times t\times L$=100×4.21×600(mm)
f_y=290.1MPa; f_{cu}=28.5MPa; N_o=183.3kN
(Sakino 和 Tomii，1981)

(n) $B\times t\times L$=100×4.21×600(mm)
f_y=290.1MPa; f_{cu}=28.5MPa; N_o=247.9kN
(Sakino 和 Tomii，1981)

(o) $B\times t\times L$=100×4.21×600(mm)
f_y=290.1MPa; f_{cu}=28.5MPa; N_o=121.5kN
(Sakino 和 Tomii，1981)

(p) $B\times t\times L$=250×8×130(mm)
f_y=373MPa; f_{cu}=45.2MPa; N_o=1491kN
(Shams 和 Saadeghvaziri，1997)

图 7.35　往复荷载作用下方钢管混凝土的 P-Δ(R) 关系（续）

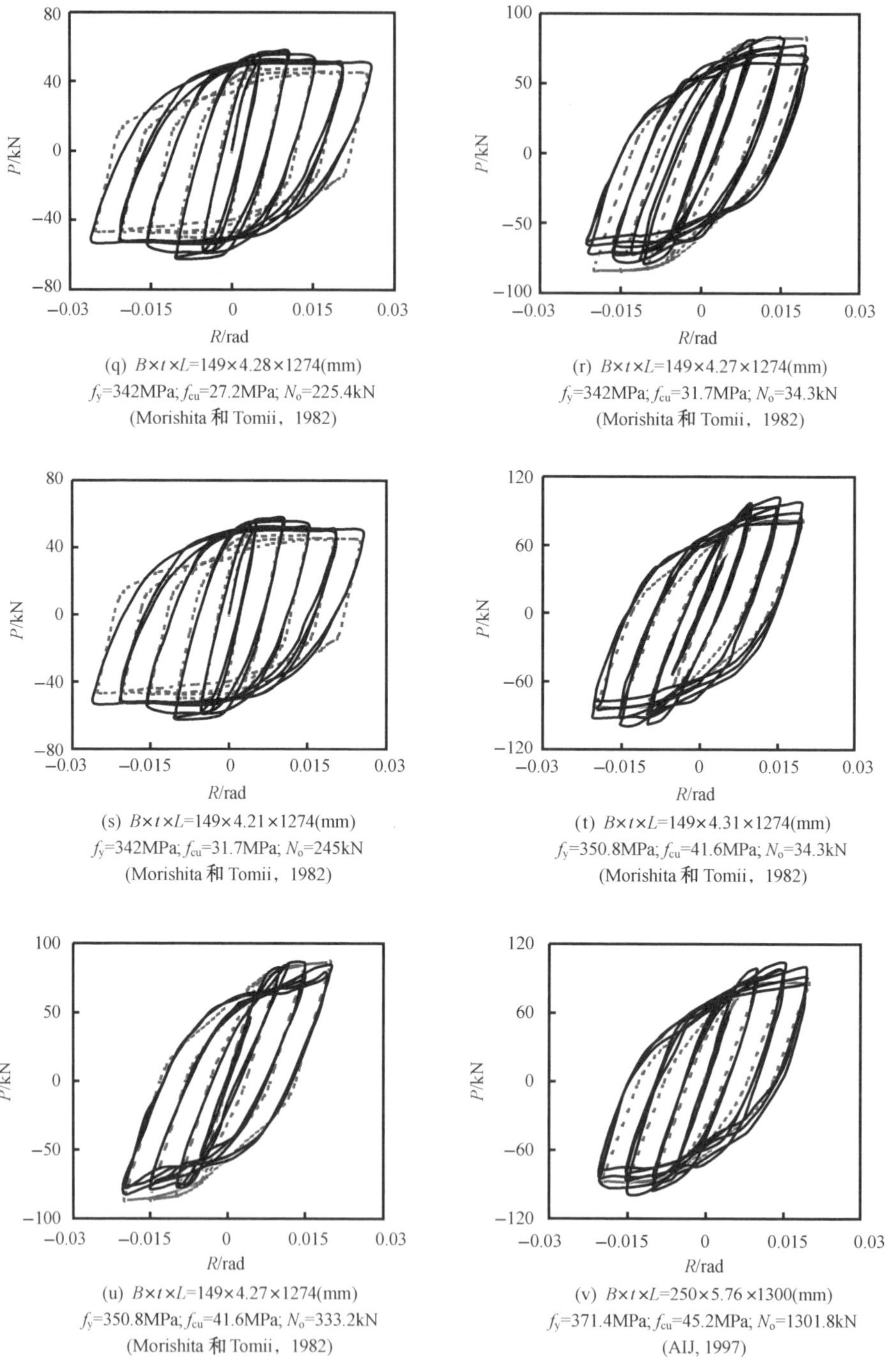

(q) $B \times t \times L$=149×4.28×1274(mm)
f_y=342MPa; f_{cu}=27.2MPa; N_o=225.4kN
(Morishita 和 Tomii，1982)

(r) $B \times t \times L$=149×4.27×1274(mm)
f_y=342MPa; f_{cu}=31.7MPa; N_o=34.3kN
(Morishita 和 Tomii，1982)

(s) $B \times t \times L$=149×4.21×1274(mm)
f_y=342MPa; f_{cu}=31.7MPa; N_o=245kN
(Morishita 和 Tomii，1982)

(t) $B \times t \times L$=149×4.31×1274(mm)
f_y=350.8MPa; f_{cu}=41.6MPa; N_o=34.3kN
(Morishita 和 Tomii，1982)

(u) $B \times t \times L$=149×4.27×1274(mm)
f_y=350.8MPa; f_{cu}=41.6MPa; N_o=333.2kN
(Morishita 和 Tomii，1982)

(v) $B \times t \times L$=250×5.76×1300(mm)
f_y=371.4MPa; f_{cu}=45.2MPa; N_o=1301.8kN
(AIJ, 1997)

图 7.35　往复荷载作用下方钢管混凝土的 P-Δ(R) 关系（续）

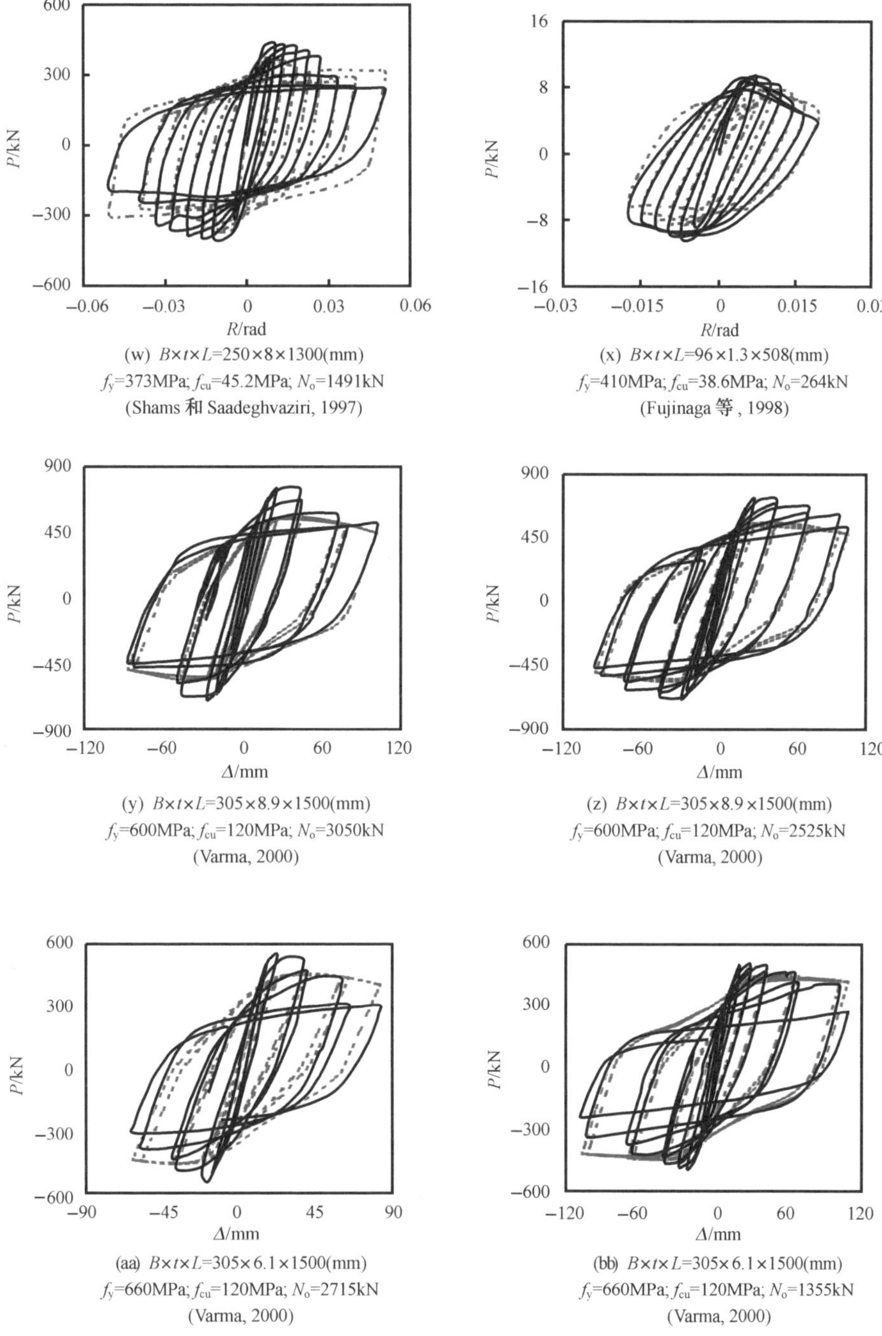

(w) $B\times t\times L$=250×8×1300(mm)
f_y=373MPa; f_{cu}=45.2MPa; N_o=1491kN
(Shams 和 Saadeghvaziri, 1997)

(x) $B\times t\times L$=96×1.3×508(mm)
f_y=410MPa; f_{cu}=38.6MPa; N_o=264kN
(Fujinaga 等, 1998)

(y) $B\times t\times L$=305×8.9×1500(mm)
f_y=600MPa; f_{cu}=120MPa; N_o=3050kN
(Varma, 2000)

(z) $B\times t\times L$=305×8.9×1500(mm)
f_y=600MPa; f_{cu}=120MPa; N_o=2525kN
(Varma, 2000)

(aa) $B\times t\times L$=305×6.1×1500(mm)
f_y=660MPa; f_{cu}=120MPa; N_o=2715kN
(Varma, 2000)

(bb) $B\times t\times L$=305×6.1×1500(mm)
f_y=660MPa; f_{cu}=120MPa; N_o=1355kN
(Varma, 2000)

图 7.35　往复荷载作用下方钢管混凝土的 P-Δ(R) 关系（续）

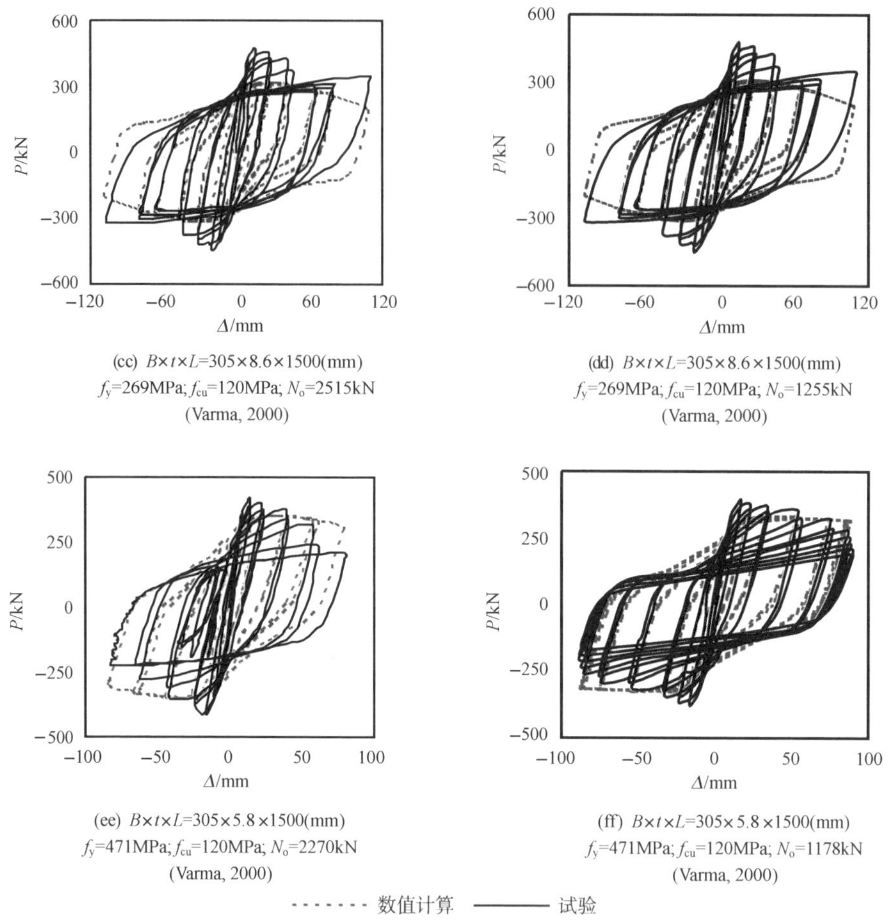

(cc) $B\times t\times L$=305×8.6×1500(mm)
f_y=269MPa; f_{cu}=120MPa; N_o=2515kN
(Varma, 2000)

(dd) $B\times t\times L$=305×8.6×1500(mm)
f_y=269MPa; f_{cu}=120MPa; N_o=1255kN
(Varma, 2000)

(ee) $B\times t\times L$=305×5.8×1500(mm)
f_y=471MPa; f_{cu}=120MPa; N_o=2270kN
(Varma, 2000)

(ff) $B\times t\times L$=305×5.8×1500(mm)
f_y=471MPa; f_{cu}=120MPa; N_o=1178kN
(Varma, 2000)

图 7.35　往复荷载作用下方钢管混凝土的 P-Δ(R) 关系（续）

理论计算结果与钢管高强高性能混凝土构件滞回性能的试验研究也总体上吻合较好（Han 等，2005c）。

准确地计算钢管混凝土压弯构件的滞回关系一直是该领域研究者们所关注的热点问题之一。本章采用纤维模型法方便地计算出了钢管混凝土构件的弯矩（M)-曲率（ϕ）和水平荷载（P)-水平位移（Δ）滞回关系曲线，计算模型得到大量试验结果的验证。

需要指出的是，本章提供的钢管混凝土纤维模型法是建立在一些基本假设的基础上，例如忽略剪力对构件变形的影响和构件的变形曲线符合正弦半波等。这些假设在构件剪跨比较小（例如 m 小于 2～3 时）的情况下，与构件的实际工作情况有所出差异（见本书 4.3.2 节和 4.7.6 节的相关讨论），因此，会导致计算结果和试验结果存在相对较大的差异（如图 4.99 所示），且纤维模型法总体上会计算出比试验曲线低的结果。

7.3.3　P-Δ 滞回关系骨架线特点

计算结果表明，单调加载时钢管混凝土构件的 P-Δ 关系曲线与往复加载时 P-Δ 关系骨架线基本重合。

图 7.36 所示为圆钢管混凝土构件二者的对比情况，算例的基本计算条件为：$D=400$mm，Q345 钢，C60 混凝土，$L=4000$mm，$n=0.4$。

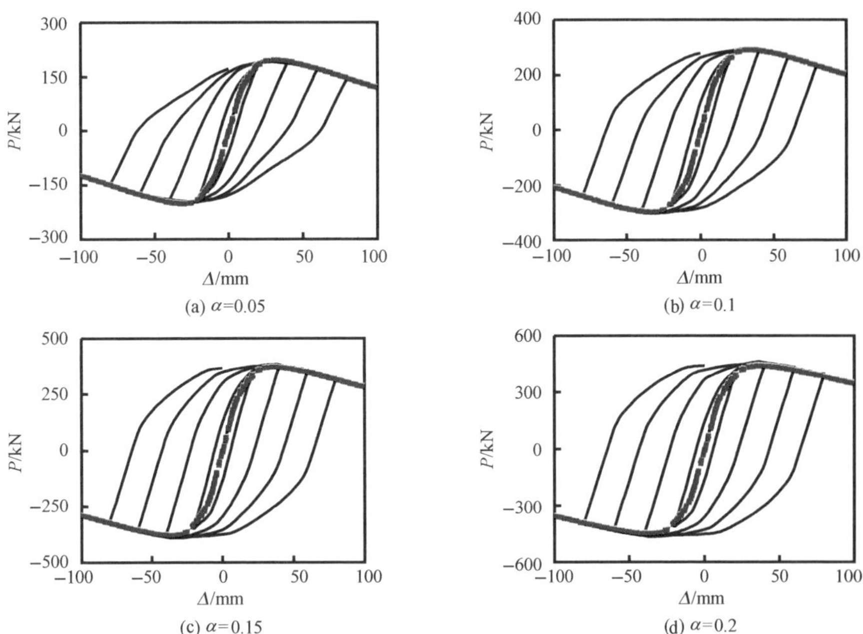

图 7.36　圆钢管混凝土 P-Δ 滞回关系曲线与单调加载曲线对比

图 7.37 所示为方、矩形钢管混凝土 P-Δ 滞回曲线与单调加载时曲线的对比情况，基本计算条件为：$B=400$mm，Q345 钢，C60 混凝土，$L=4000$mm，$n=0.4$。

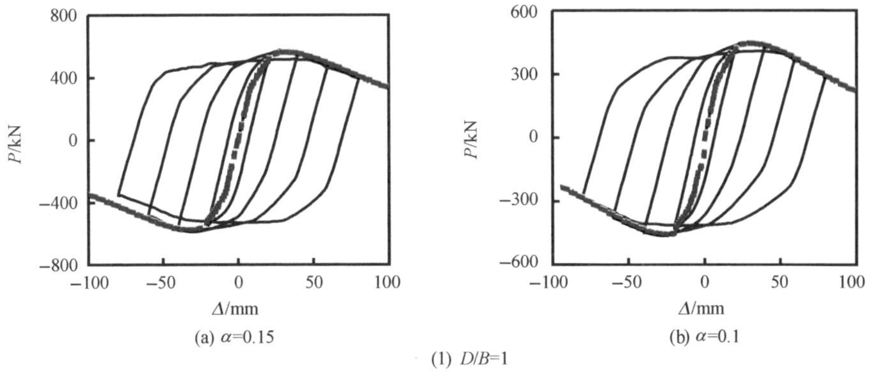

图 7.37　方、矩形钢管混凝土 P-Δ 滞回关系曲线与单调加载曲线对比

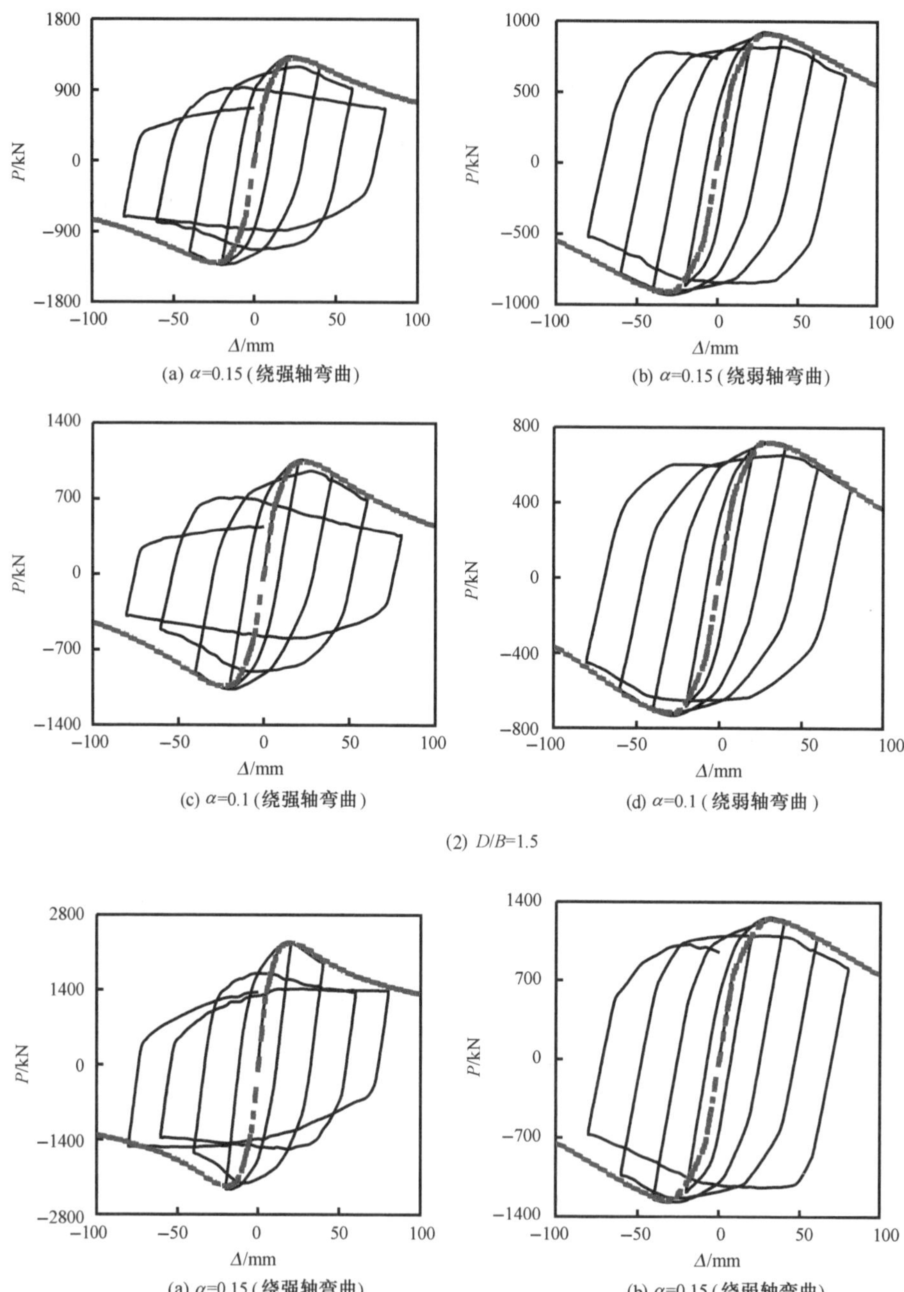

(a) α=0.15（绕强轴弯曲）　(b) α=0.15（绕弱轴弯曲）

(c) α=0.1（绕强轴弯曲）　(d) α=0.1（绕弱轴弯曲）

(2) D/B=1.5

(a) α=0.15（绕强轴弯曲）　(b) α=0.15（绕弱轴弯曲）

图 7.37　方、矩形钢管混凝土 P-Δ 滞回关系曲线与单调加载曲线对比（续）

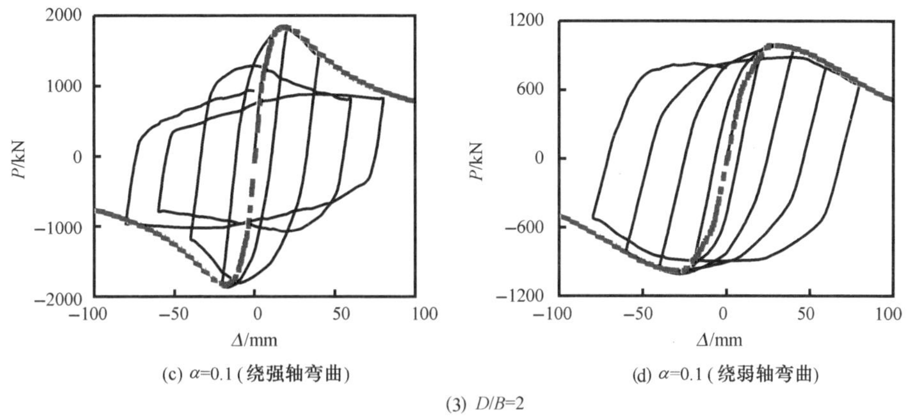

(c) α=0.1 (绕强轴弯曲)　　(d) α=0.1 (绕弱轴弯曲)

(3) D/B=2

图 7.37　方、矩形钢管混凝土 P-Δ 滞回关系曲线与单调加载曲线对比（续）

影响钢管混凝土 P-Δ 滞回关系曲线骨架线的可能因素主要有含钢率（α）、钢材屈服极限（f_y）、混凝土抗压强度（f_{cu}）、轴压比（n）和构件长细比（λ），对于矩形钢管混凝土还可能有截面高宽比（D/B）。

分析结果表明，含钢率（α）、钢材屈服极限（f_y）、混凝土抗压强度（f_{cu}）、轴压比（n）和构件长细比（λ）等参数对圆钢管混凝土和方、矩形钢管混凝土 P-Δ 滞回曲线骨架线的影响规律基本类似。下面以矩形钢管混凝土构件为例，通过典型算例进行论述。基本计算条件为：$B=400$mm，Q345 钢，C60 混凝土，$L=4000$mm，$n=0.4$，$\alpha=0.1$。

（1）含钢率（α）

图 7.38 所示为含钢率 α 对 P-Δ 关系曲线的影响。可以看出，随着含钢率的提高，构件弹性阶段刚度和水平承载力都有所提高，下降段的下降幅度也略有减小，但含钢率总体上主要影响曲线的数值，对 P-Δ 关系曲线的形状影响则很小。

（2）钢材屈服极限（f_y）

图 7.39 所示为钢材屈服极限对 P-Δ 骨架曲线的影响。可以看出，钢材屈服极限（f_y）对 P-Δ 骨架关系曲线的形状影响不大。

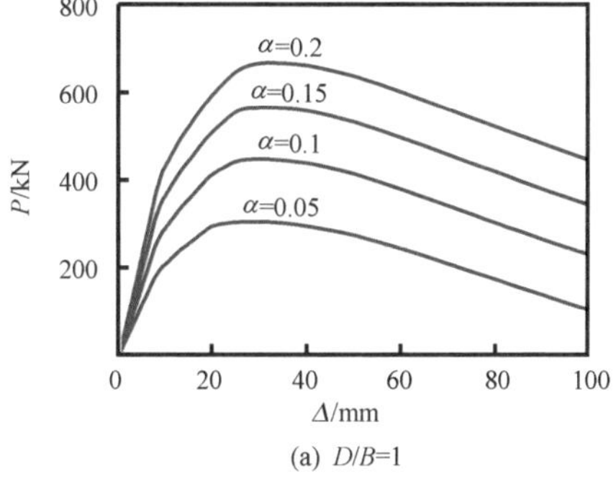

(a) D/B=1

图 7.38　含钢率对 P-Δ 骨架线的影响

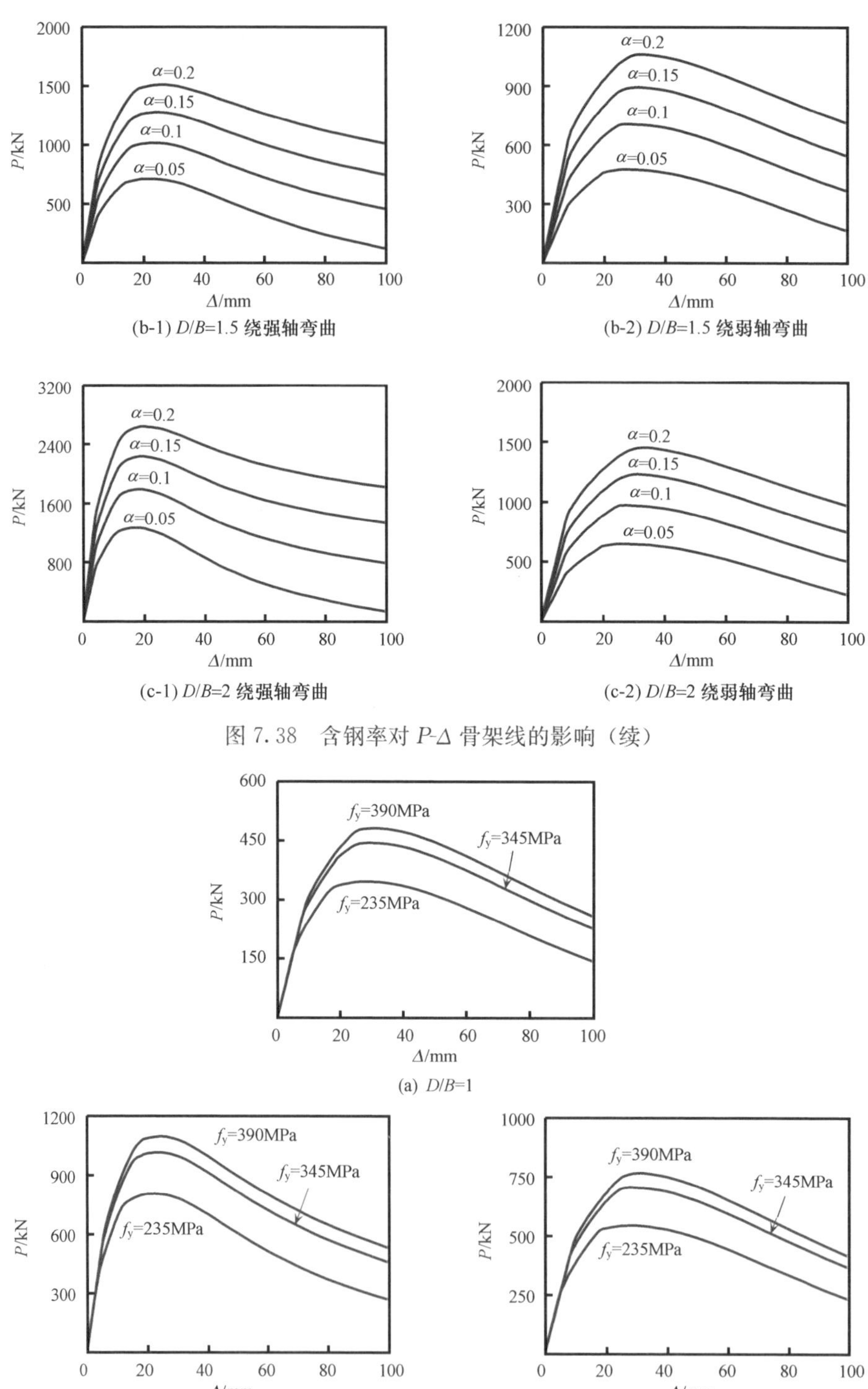

图 7.38 含钢率对 P-Δ 骨架线的影响（续）

图 7.39 钢材屈服极限对 P-Δ 骨架线的影响

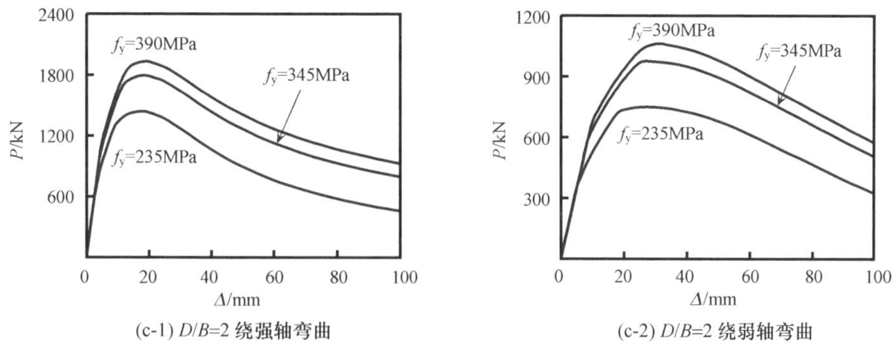

(c-1) D/B=2 绕强轴弯曲　　(c-2) D/B=2 绕弱轴弯曲

图 7.39　钢材屈服极限对 P-Δ 骨架线的影响（续）

（3）混凝土抗压强度（f_{cu}）

图 7.40 所示为混凝土抗压强度对 P-Δ 骨架曲线的影响。可以看出，混凝土强度的改变对构件在弹性阶段的刚度和水平承载力等的影响都较小，但随着 f_{cu} 的增大，构件的位移延性有减小的趋势。

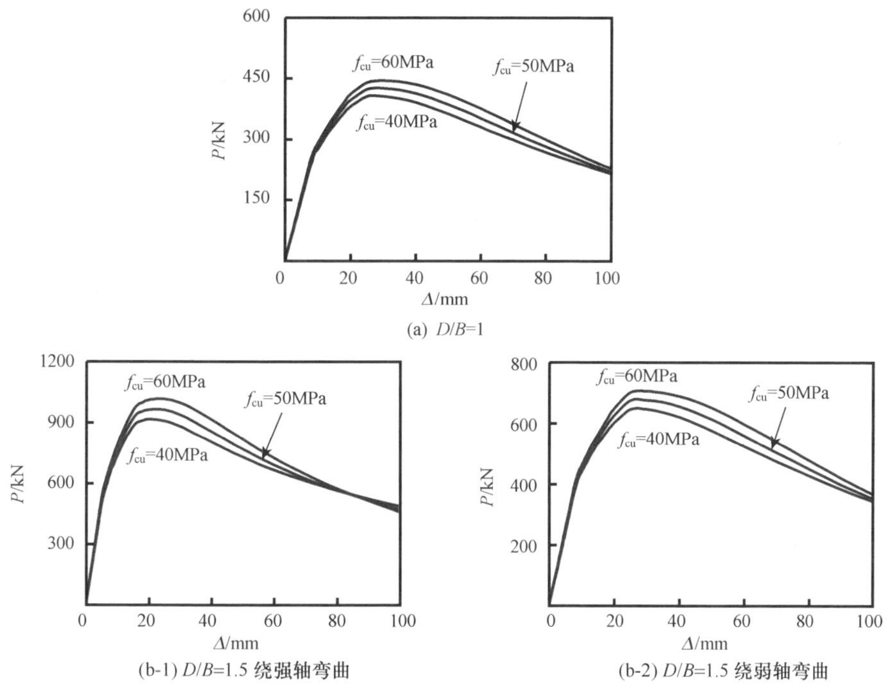

(a) D/B=1

(b-1) D/B=1.5 绕强轴弯曲　　(b-2) D/B=1.5 绕弱轴弯曲

图 7.40　混凝土强度对 P-Δ 骨架线的影响

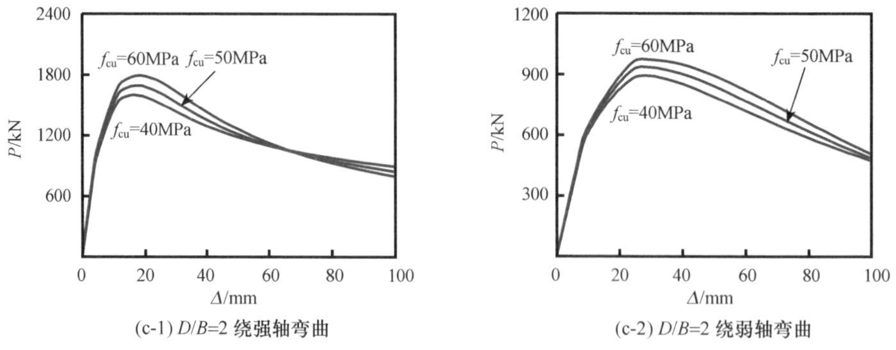

(c-1) D/B=2 绕强轴弯曲　　(c-2) D/B=2 绕弱轴弯曲

图 7.40　混凝土强度对 P-Δ 骨架线的影响（续）

(4) 轴压比（n）

图 7.41 给出了不同轴压比（n）情况下方、矩形钢管混凝土构件的 P-Δ 关系曲线。

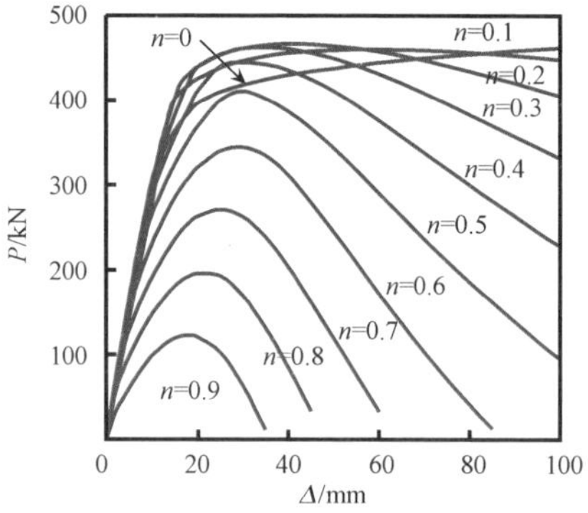

(a) D/B=1

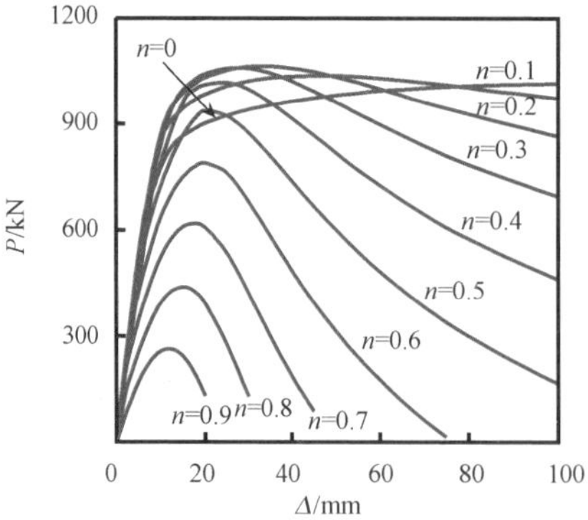

(b-1) D/B=1.5 绕强轴弯曲 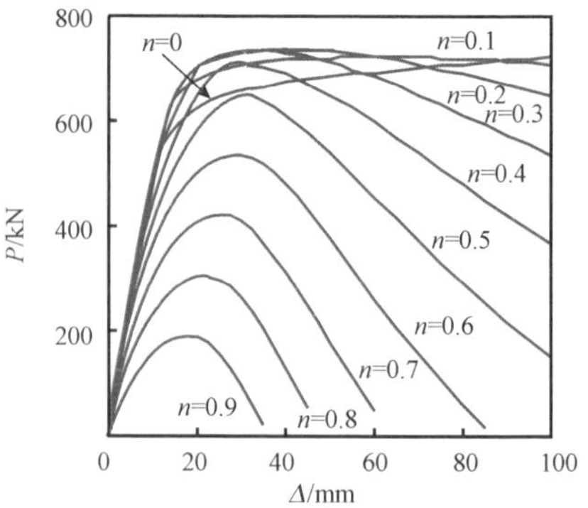　　(b-2) D/B=1.5 绕弱轴弯曲

图 7.41　轴压比对 P-Δ 骨架线的影响

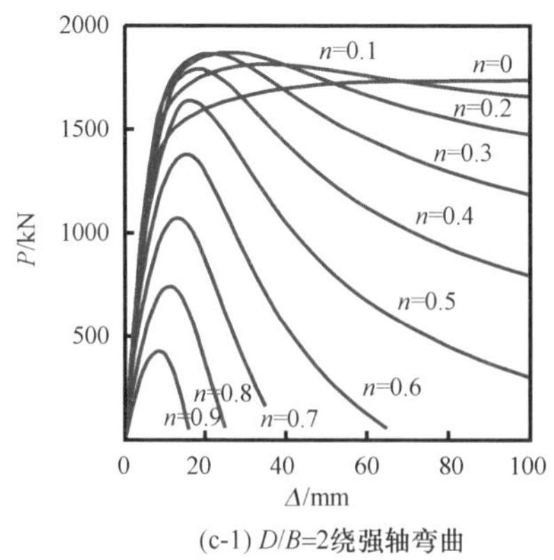

(c-1) D/B=2绕强轴弯曲

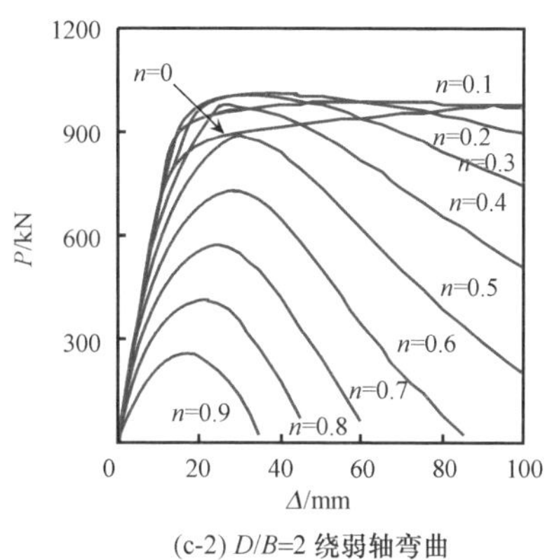

(c-2) D/B=2 绕弱轴弯曲

图 7.41　轴压比对 P-Δ 骨架线的影响（续）

由图 7.41 可见，轴压比 n 对曲线的形状影响较大：即轴压比越大，构件的水平承载力越小，强化阶段的刚度也越小。当轴压比达到一定数值时，其曲线将会出现下降段，而且下降段的下降幅度随轴压比的增加而增大，构件的位移延性则越来越小。

从图 7.41 还可以看出，轴压比对曲线弹性阶段的刚度几乎没有影响，这是因为在弹性阶段，构件的变形很小，P-Δ 效应并不明显，而且随着轴压比的增大，核心混凝土开裂面积会减少，这一因素又会使构件的刚度略有增加。

(5) 长细比（λ）

图 7.42 所示为不同长细比情况下的 P-Δ 关系曲线，可见，构件长细比 λ 不仅会影响曲线的数值，还会影响曲线的形状。随着 λ 的增加，弹性阶段和强化阶段的刚度越来越小，水平承载力也逐渐减小。

(6) 截面高宽比（D/B）

图 7.43 所示为截面高宽比 D/B 对方、矩形钢管混凝土构件 P-Δ 骨架曲线的影响。可以看出，随着截面高宽比的增大，方、矩形钢管混凝土压弯构件在弹性阶段的刚度和水平承载力也随之增大，这主要是由于，在截面宽度一致的情况下，截面高宽比越大，核心混凝土受压的面积就越大，其对抗弯刚度及屈服弯矩的贡献越大，所以弹性阶段的刚度和水平承载力也就越大，但随着截面高宽比的增大，构件的位移延性有减小的趋势。

7.3.4 P-Δ 滞回模型

在更大范围参数分析结果的基础上，对韩林海（2000）的研究结果进行了改进，提出了钢管混凝土构件 P-Δ 滞回关系模型的简化确定方法。

(1) 圆钢管混凝土

经对大量计算结果的分析（杨有福和韩林海，2003），发现在如下参数范围，即

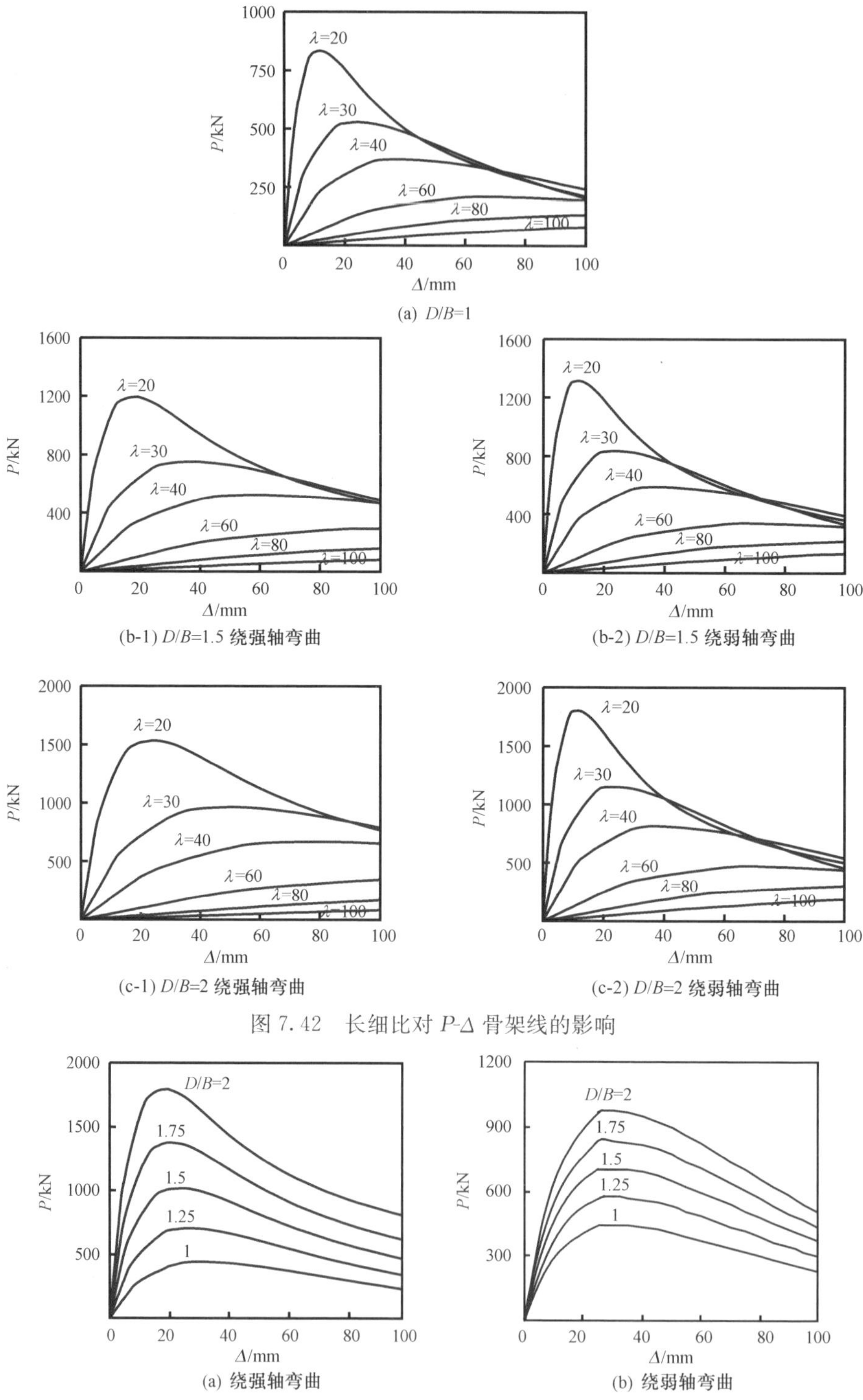

(a) D/B=1

(b-1) D/B=1.5 绕强轴弯曲

(b-2) D/B=1.5 绕弱轴弯曲

(c-1) D/B=2 绕强轴弯曲

(c-2) D/B=2 绕弱轴弯曲

图 7.42　长细比对 P-Δ 骨架线的影响

(a) 绕强轴弯曲

(b) 绕弱轴弯曲

图 7.43　截面高宽比对 P-Δ 骨架线的影响

$n=0\sim0.8$，$\alpha=0.03\sim0.2$，$\lambda=10\sim80$，$f_y=200\sim500$MPa，$f_{cu}=30\sim90$MPa，$\xi=0.2\sim4$，圆钢管混凝土构件的荷载-位移滞回模型可采用图 7.44 所示的三线性模型，其中，A 点为骨架线弹性阶段的终点，B 点为骨架线峰值点，其水平荷载值为 P_y，A 点的水平荷载大小取 $0.6P_y$。模型中尚需考虑再加载时的软化问题，模型参数包括弹性阶段的刚度（K_a）、B 点位移（Δ_p）和最大水平荷载（P_y）以及第三段刚度（K_T）。

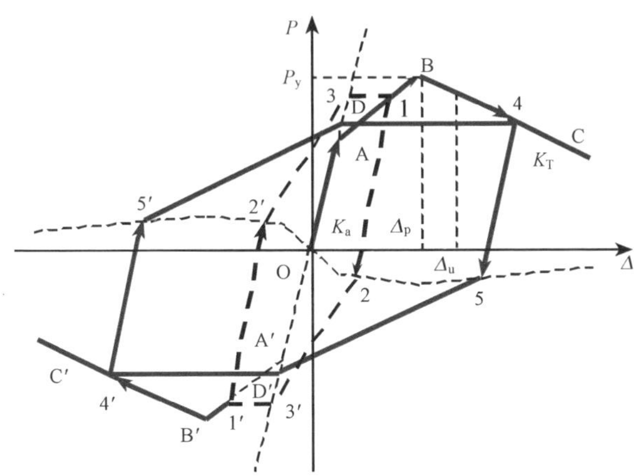

图 7.44　钢管混凝土 P-Δ 滞回模型示意图

1）弹性刚度（K_a）。由于轴压比对压弯构件弹性阶段的刚度影响很小，所以圆钢管混凝土压弯构件在弹性阶段的刚度可按与其相对应的纯弯构件刚度计算方法，圆钢管混凝土弹性阶段刚度 K_a 的表达式如下：

$$K_a = 3K_e/L_1^3 \tag{7.21}$$

式中：K_e 按 7.2.4 节中介绍的方法确定；$L_1=L/2$。

2）B 点位移（Δ_p）。计算结果表明：B 点位移（Δ_p）主要与钢材屈服极限（f_y）、长细比（λ）及轴压比（n）有关，具体表达式为

$$\Delta_p = \frac{6.74\cdot[(\ln r)^2 - 1.08\cdot\ln r + 3.33]\cdot f_1(n)}{(8.7-s)}\cdot\frac{P_y}{K_a} \tag{7.22}$$

式中：$s=f_y/345$，f_y 需以 MPa 为单位代入；

$$r=\lambda/40;\ f_1(n)=\begin{cases}1.336\cdot n^2-0.044\cdot n+0.804 & (0\leqslant n\leqslant 0.5)\\ 1.126-0.02\cdot n & (0.5<n<1)\end{cases}。$$

3）最大水平荷载（P_y）。P_y 的数值主要与轴压比（n）和约束效应系数（ξ）有关，即

$$P_y=\begin{cases}1.05\cdot a\cdot M_y/L_1 & (1<\xi\leqslant 4)\\ a\cdot(0.2\cdot\xi+0.85)\cdot M_y/L_1 & (0.2\leqslant\xi\leqslant 1)\end{cases} \tag{7.23}$$

式中：$a=\begin{cases}0.96-0.002\cdot\xi & (0\leqslant n\leqslant 0.3)\\(1.4-0.34\cdot\xi)\cdot n+0.1\cdot\xi+0.54 & (0.3<n<1)\end{cases}$；$M_y$为构件在一定轴压比 n 情况下的抗弯承载力，可按式（7.12）确定；$L_1=L/2$。

4）BC 段刚度（K_T）。BC 段段刚度 K_d 的表达式为

$$K_T=\frac{0.03\cdot f_2(n)\cdot f(r,\alpha)\cdot K_a}{c^2-3.39\cdot c+5.41}\tag{7.24}$$

式中：$c=f_{cu}/60$；

$$f_2(n)=\begin{cases}3.043\cdot n-0.21 & (0\leqslant n\leqslant 0.7)\\0.5\cdot n+1.57 & (0.7<n<1)\end{cases};$$

$$f(r,\alpha)=\begin{cases}(8\cdot\alpha-8.6)\cdot r+6\cdot\alpha+0.9 & (r\leqslant 1)\\(15\cdot\alpha-13.8)\cdot r+6.1-\alpha & (r>1)\end{cases}。$$

5）模型软化段。在圆钢管混凝土构件荷载-位移滞回模型中，当从图 7.44 中的 1 点或 4 点卸载时，卸载线将按弹性刚度 K_a进行卸载，并反向加载至 2 点或 5 点，2 点和 5 点纵坐标荷载值分别取 1 点和 4 点纵坐标荷载值的 0.2 倍；继续反向加载，模型进入软化段 23′或 5D′，点 3′和 D′均在 OA 线的延长线上，其纵坐标值分别与 1（或 3）点和 4（或 D）点相同。随后，加载路径沿 3′1′2′3 或 D′4′5′D 进行，软化段 2′3 和 5′D 的确定办法分别与 23′和 5D′类似。

图 7.45 所示为采用简化模型计算获得的圆钢管混凝土压弯构件 P-Δ 滞回模型与数值方法计算结果的对比情况，基本计算条件是：$D=400$mm，Q345 钢，C60 混凝土，$L=4000$mm 和 $\alpha=0.1$，可见二者基本上吻合。

（2）方、矩形钢管混凝土

经对大量计算结果的分析，发现在如下参数范围内，即 $n=0\sim0.8$，$\alpha=0.03\sim0.2$，$\lambda=10\sim80$，$f_y=200\sim500$MPa，$f_{cu}=30\sim90$MPa，$D/B=1\sim2$，$\xi=0.2\sim4$，可用类似于如图 7.44 所示的模型，其中 A 点为骨架线弹性阶段的终点，B 点为骨架线峰值点，其极限荷载为 P_y，A 点的水平荷载大小取 $0.6P_y$。模型中尚需考虑再加载时的软化问题，模型参数包括弹性阶段的刚度 K_a、B 点位移 Δ_p 和极限荷载 P_y 以及下降段刚度 K_d。

1）弹性阶段刚度（K_a）。由于轴压比对压弯构件弹性阶段的刚度影响很小，方、矩形钢管混凝土压弯构件在弹性阶段的刚度可按与其相对应的纯弯构件刚度计算方法，方、矩形钢管混凝土弹性阶段的刚度 K_a可按照式（7.21）计算，其中，K_e 按 7.2.4 节中介绍的方法计算，L 为柱计算长度。

2）极限荷载（P_y）及其对应的位移（Δ_p）。根据对计算结果的分析，导得极限荷载 P_y 及其对应位移 Δ_p 的表达式分别如下，即

$$P_y=\begin{cases}(2.5n^2-0.75n+1)\cdot M_y/L_1 & (0\leqslant n\leqslant 0.4)\\(0.63n+0.848)\cdot M_y/L_1 & (0.4<n<1)\end{cases}\tag{7.25}$$

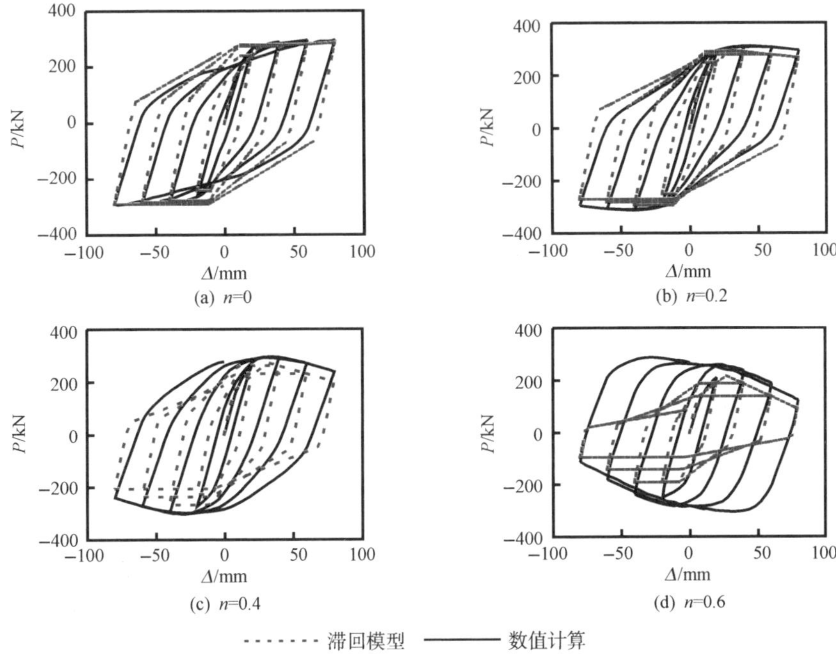

图 7.45　往复加载下水平荷载-水平位移滞回模型与数值计算结果对比

式中：M_y可按式（7.17）确定；$L_1=L/2$。

$$\Delta_p=\frac{(1.7+n+0.5\xi)\cdot P_y}{K_a} \tag{7.26}$$

3）下降段刚度（K_T）。数值计算结果表明，方、矩形钢管混凝土 P-Δ 滞回模型下降段刚度 K_T 可表示为

$$K_T=\frac{-9.83\cdot n^{1.2}\cdot\lambda^{0.75}\cdot f_y}{E_s\cdot\xi}\cdot K_a \tag{7.27}$$

当构件轴压比（n）较小或约束效应系数（ξ）较大时，K_T 的绝对值较小，图 7.44 所示曲线的 BC 段将趋于平缓。

4）模型软化段。对于方、矩形钢管混凝土，图 7.44 所示的方、矩形钢管混凝土 P-Δ 滞回模型的卸载段具有如下特点：当从 1 点或 4 点卸载时，卸载线将按弹性刚度 K_a进行卸载，并反向加载至 2 点或 5 点，2 点和 5 点纵坐标荷载值分别取 1 点和 4 点纵坐标荷载值的 0.2 倍；继续反向加载，模型进入软化段 23′或 5D′，点 3′和 D′均在 OA 线的延长线上，其纵坐标值分别与 1（或 3）点和 4（或 D）点相同。随后，加载路径沿 3′1′2′3 或 D′4′5′D 进行，软化段 2′3 和 5′D 的确定办法分别与 23′和 5D′类似。

图 7.46 所示为方、矩形钢管混凝土 P-Δ 滞回模型与数值计算滞回曲线的对

比情况，可见二者基本吻合。

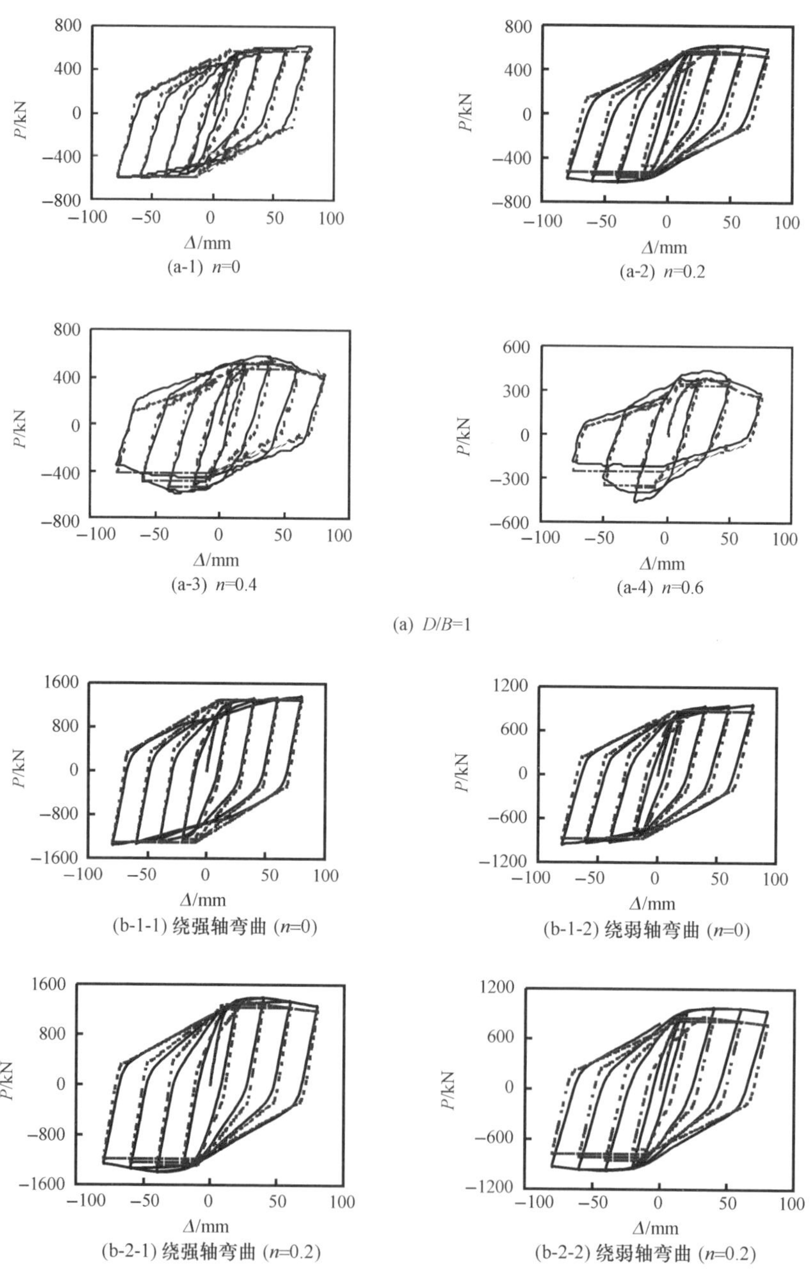

(a-1) n=0　(a-2) n=0.2

(a-3) n=0.4　(a-4) n=0.6

(a) D/B=1

(b-1-1) 绕强轴弯曲 (n=0)　(b-1-2) 绕弱轴弯曲 (n=0)

(b-2-1) 绕强轴弯曲 (n=0.2)　(b-2-2) 绕弱轴弯曲 (n=0.2)

图 7.46　往复加载 P-Δ 滞回模型与数值计算结果对比

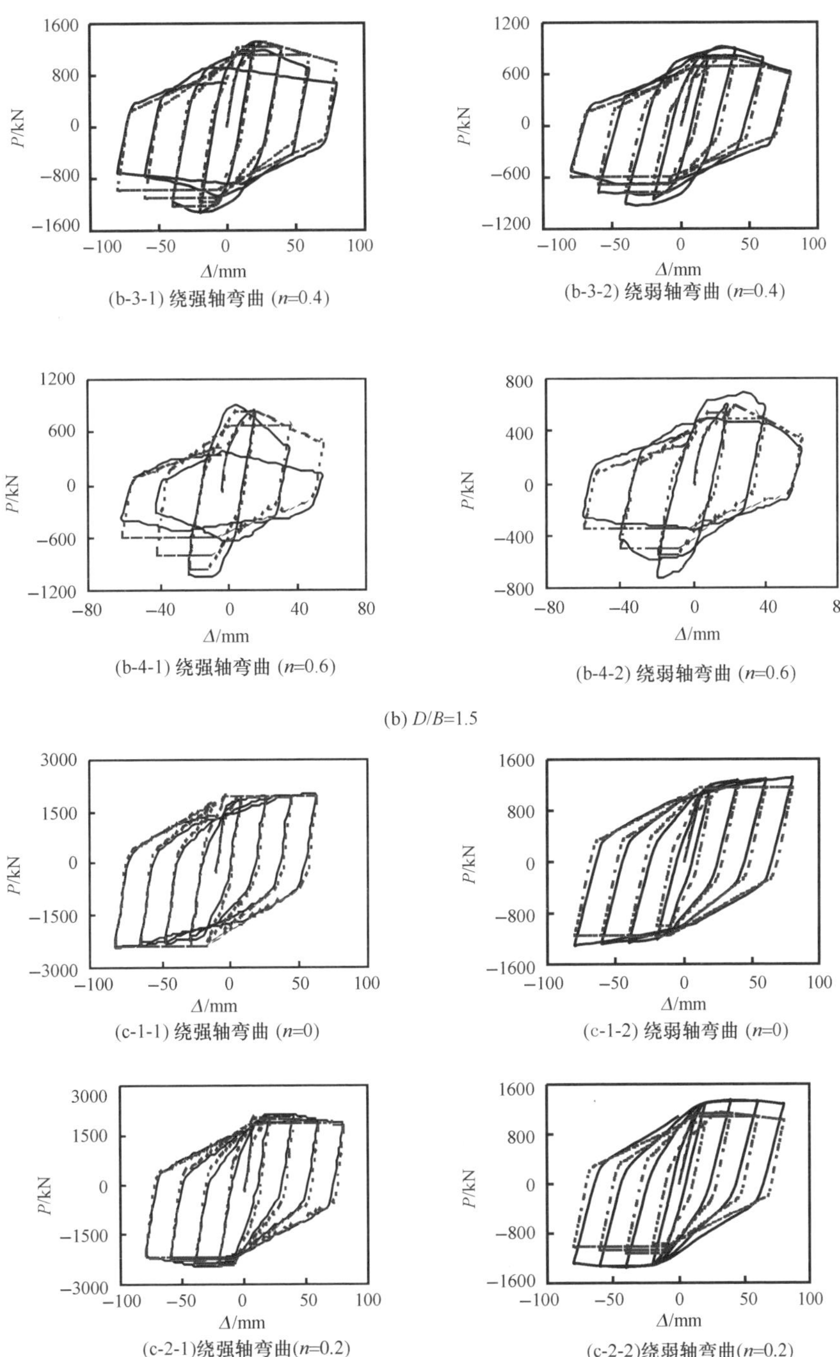

(b-3-1) 绕强轴弯曲 (n=0.4)　(b-3-2) 绕弱轴弯曲 (n=0.4)

(b-4-1) 绕强轴弯曲 (n=0.6)　(b-4-2) 绕弱轴弯曲 (n=0.6)

(b) D/B=1.5

(c-1-1) 绕强轴弯曲 (n=0)　(c-1-2) 绕弱轴弯曲 (n=0)

(c-2-1)绕强轴弯曲(n=0.2)　(c-2-2)绕弱轴弯曲(n=0.2)

图 7.46　往复加载 P-Δ 滞回模型与数值计算结果对比（续）

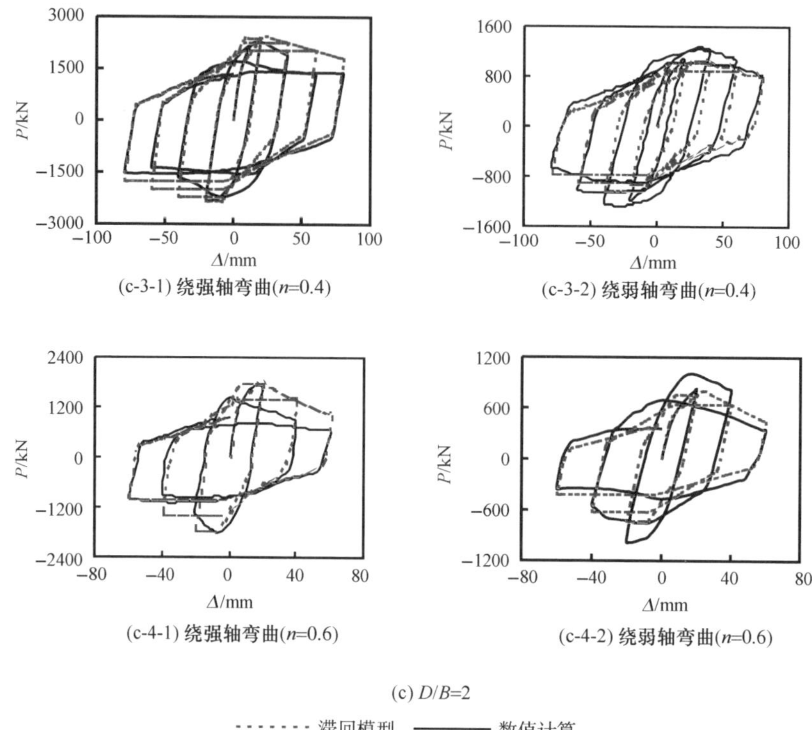

图 7.46 往复加载 P-Δ 滞回模型与数值计算结果对比（续）

7.3.5 位移延性系数简化计算

位移延性系数 μ 的定义为

$$\mu=\frac{\Delta_u}{\Delta_y} \tag{7.28}$$

式中：Δ_y 为屈服位移；Δ_u 为极限位移。

钢管混凝土构件荷载-位移曲线没有明显的屈服点，屈服位移 Δ_y 的取法是取 P-Δ 骨架线弹性段延线与过峰值点的切线交点处的位移；极限位移 Δ_u 取承载力下降到峰值承载力的 85%时对应的位移，如图 7.47 所示。

这样可导出 Δ_y 和 Δ_u 的计算公式为

$$\Delta_y=\frac{P_y}{K_a} \tag{7.29}$$

$$\Delta_u=\Delta_p-0.15\cdot\frac{P_y}{K_T} \tag{7.30}$$

将式（7.29）和式（7.30）中的 P_y 由式（7.23）带入，K_a 由式（7.21）带入，Δ_p 和 K_T 分别由式（7.22）和式（7.24）带入，则可导出圆钢管混凝土构件

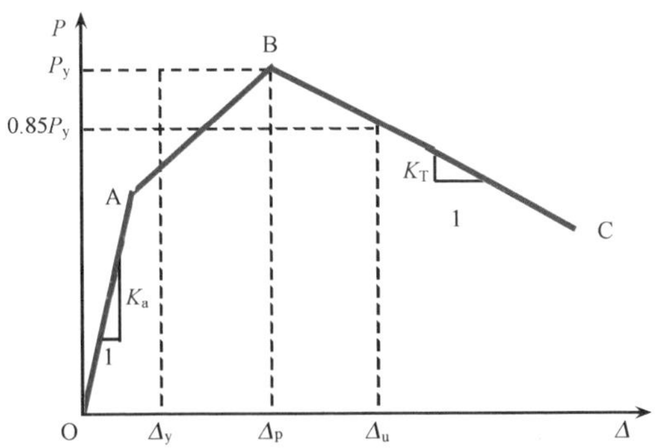

图 7.47　钢管混凝土典型的 P-Δ 关系

位移延性系数的计算公式为

$$\mu = \frac{6.74 \cdot [(\ln r)^2 - 1.08 \cdot \ln r + 3.33] \cdot f_1(n)}{8.7 - s} - \frac{5 \cdot (c^2 - 3.39 \cdot c + 5.41)}{f_2(n) \cdot f(r,\alpha)} \tag{7.31}$$

式（7.31）中各参数的确定方法见 7.3.4 节中的有关公式。式（7.31）的适用范围：n=0～0.8，α=0.03～0.2，λ=10～80，f_y=200～500MPa，f_{cu}=30～90MPa，ξ=0.2～4。

将式（7.29）和式（7.30）中的 P_y 由式（7.25）带入，K_a 由式（7.21）带入，Δ_p 和 K_T 分别由式（7.26）和式（7.27）带入，则可导出方、矩形钢管混凝土构件位移延性系数的计算公式为

$$\mu = 1.7 + n + 0.5\xi + \frac{E_s \cdot \xi}{65.3n^{1.2} \cdot \lambda^{0.75} \cdot f_y} \tag{7.32}$$

可见，位移延性系数 μ 只与材料强度，轴压比，长细比和含钢率有关，而与截面高宽比及绕强轴还是绕弱轴弯曲无关。

式（7.32）的适用范围：n=0～0.8，α=0.03～0.2，λ=10－80，f_y=200～500MPa，f_{cu}=30～90MPa，D/B =1～2，ξ=0.2～4。

下面以矩形钢管混凝土构件的典型算例为例，说明各因素对位移延性系数 μ 的影响规律。

（1）轴压比（n）和长细比（λ）

图 7.48 所示为位移延性系数 μ 与轴压比及长细比的关系，可见随着钢管混凝土轴压比和长细比的增大，位移延性系数逐渐减小。

（2）含钢率（α）

图 7.49 所示为含钢率对位移延性系数 μ 的影响，可见，随着含钢率的增大，位移延性系数有逐渐增大的趋势。

（3）钢材屈服极限（f_y）

图 7.50 所示为钢材屈服极限（f_y）对位移延性系数 μ 的影响，可见，f_y 对

位移延性系数的影响很小。

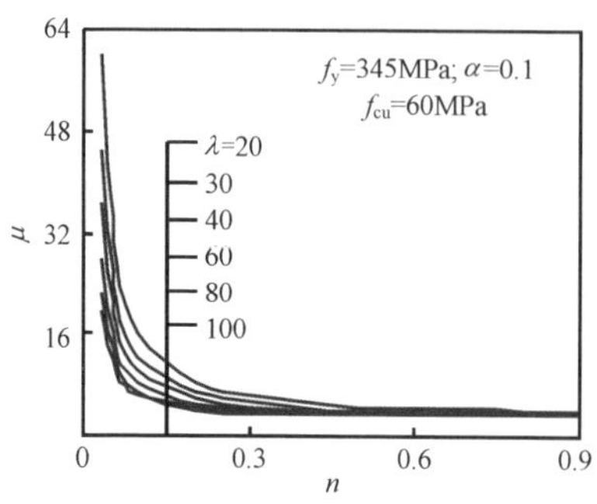

图 7.48　轴压比和长细比对 μ 的影响

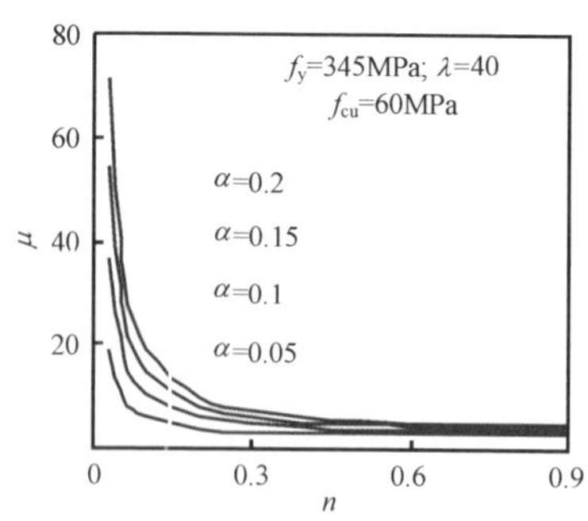

图 7.49　含钢率对 μ 的影响

（4）混凝土抗压强度（f_{cu}）

图 7.51 所示为混凝土强度对位移延性系数 μ 的影响，可见，随着混凝土强度的增大，位移延性系数有逐渐减小的趋势。

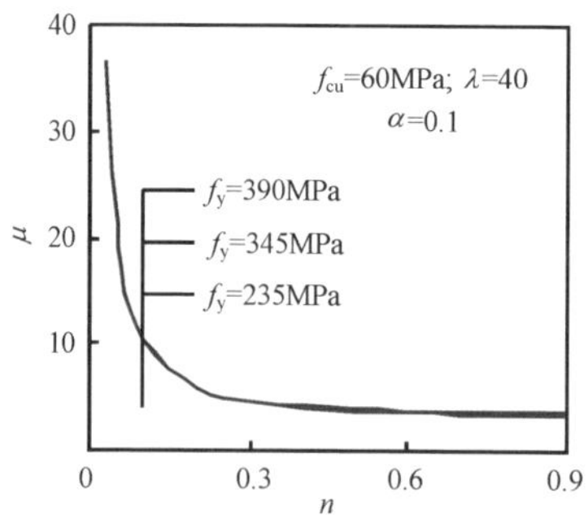

图 7.50　钢材屈服极限对 μ 的影响

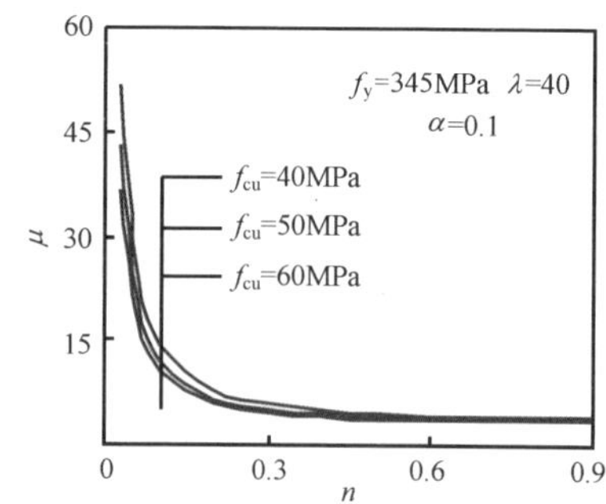

图 7.51　混凝土强度对 μ 的影响

通过对式（7.30）的分析可知，当钢管混凝土构件的几何尺寸和材料强度等参数确定后，只要给定一轴压比（n），即可计算出 n 对应的位移延性系数（μ）。

计算结果表明，在常见参数范围内，钢管混凝土柱的位移延性系数 μ 一般均大于 3，且大多数在 4 以上。

7.4 小　　结

本章首先确定了往复应力作用下组成钢管混凝土的钢材和核心混凝土的应力-应变关系模型，然后利用数值计算方法，对钢管混凝土构件弯矩-曲率及荷载-位移滞回关系曲线进行了理论分析，分析结果和试验结果吻合较好。本章进行了一系列钢管混凝土压弯构件的 P-Δ 滞回性能试验，试验结果表明：即使在轴压比较大的情况下，钢管混凝土构件的 P-Δ 滞回曲线图形也大都较为饱满，没有明显的捏缩现象，构件的耗能能力较好。在系统分析和研究轴压比、长细比、含钢率、截面高宽比、钢材屈服极限和混凝土强度等参数对滞回曲线骨架线影响规律的基础上，本章提供了钢管混凝土构件弯矩-曲率和 P-Δ 滞回关系模型以及位移延性系数实用计算方法。

第 8 章　钢管混凝土柱的耐火性能和抗火设计原理

8.1 引　　言

随着钢管混凝土柱在建筑工程中应用的日益增多，其在服役全寿命周期中可能遭受火灾的作用，深入研究其耐火性能，并基于此确定其抗火设计方法具有重要的理论意义和实用价值。

本章首先通过试验来研究火灾作用下钢管混凝土柱的耐火极限和温度场变化规律，然后利用有限元法计算分析了柱截面的温度场。在确定了组成钢管混凝土的钢材和核心混凝土受高温影响的应力-应变关系模型的基础上，建立了可考虑力、温度和时间不同路径情况下钢管混凝土柱荷载-变形关系和耐火极限的理论分析模型。

利用所建立的理论模型，分析了火灾作用下柱的荷载比、材料强度、截面含钢率、横截面尺寸、构件长细比和荷载偏心率等参数对火灾作用下钢管混凝土构件耐火极限和承载力的影响规律，最终提出承载力和防火保护层厚度实用计算方法。本章最后简要介绍了几个实际高层建筑中钢管混凝土柱防火工程的实例。

8.2 钢管混凝土柱耐火极限的试验研究

8.2.1 试验概况

如 1.2.3 节所述，不少研究者曾进行过钢管混凝土柱耐火极限的试验研究，如 Hass（1991）报道了 8 个方钢管混凝土柱耐火极限研究结果；Lie（1994）进行了 2 个在核心混凝土中配置钢筋的钢管混凝土柱耐火极限的试验研究；Lie 和 Chabot（1992）报道了 38 个圆钢管混凝土柱、6 个方钢管混凝土柱耐火极限研究结果；Kodur（1998b）报道了在核心混凝土中配置钢纤维的钢管混凝土柱耐火极限的研究结果等。上述试验研究具有如下特点：

1）进行耐火极限试验时，作用在柱子上的荷载水平 n（本章暂称为荷载比）大都小于 0.4。荷载水平 n 定义为

$$n = \frac{N_F}{N_d} \tag{8.1}$$

式中：N_F 为火灾下作用在钢管混凝土柱上的荷载；N_d 为常温下钢管混凝土柱的极限承载力。

2）对于钢管高强混凝土（本书暂以立方试块抗压强度 $f_{cu} \geqslant 60$MPa 的混凝土

为高强混凝土）柱耐火极限的研究尚少见。Lie 和 Chabot（1992）曾报道了 2 个钢管高强混凝土柱耐火极限试验研究结果（混凝土强度等级分别为 C70 和 C100）。

3）只进行了在裸钢管中浇灌素混凝土、钢纤维混凝土或在核心混凝土中配置钢筋的柱耐火极限研究，没有带防火保护层柱耐火极限研究方面的报道。

4）研究对象大多为轴心受压柱。Lie 和 Chabot（1992）曾报道了一个偏心受压柱耐火极限的研究结果。

5）只进行了圆钢管混凝土和方钢管混凝土柱耐火极限的试验研究，尚未见到矩形钢管混凝土柱耐火极限试验测定方面的报道。

在以往已取得研究结果的基础上，从 1995 年开始，作者领导的课题组先后分四次在位于天津市的公安部天津消防科学研究所“国家固定灭火系统和耐火构件质量监督检验测试中心”的“柱试验炉”中，进行了 25 个钢管混凝土柱耐火极限的试验研究。试件汇总于表 8.1，其中，f_y 和 f_{cu}分别为钢材屈服强度和混凝土立方体块抗压强度；a 为防火涂料保护层厚度；e 为荷载偏心距；N_F 为试验时实际作用在柱子上的轴向荷载；t_R 为柱实测的耐火极限；T_{cr}为构件达到耐火极限时钢管表皮的温度。

课题组在进行钢管混凝土柱耐火极限试验时考虑的主要因素有（冯九斌，2001；Han 等，2003c，2003d；贺军利，1998；徐蕾，2002；杨有福，2003）：

1）构件截面形式：有圆形、方形和矩形（D/B=1～2）三种。

2）构件横截面尺寸大小（如表 8.1 所示）。

3）钢管混凝土柱带或不带防火涂料保护层。

4）轴心受压柱和偏心受压柱。

5）混凝土强度：从 18.7MPa 到 68.8MPa。

6）荷载比 n：钢管混凝土柱实际的荷载比（n）如表 8.1 所示［式（8.1）中的 N_d 通过计算获得］。

表 8.1　耐火试验试件表*

截面形式	序号	试件编号	截面尺寸 /(mm×mm)	f_y /MPa	f_{cu} /MPa	a /mm	e /mm	N_F /kN	火灾荷载比 n	实测 t_R/min	T_{cr} /℃
圆形	1	C1-1	478×8	293	41.3	0	0	4700	0.590	29	567
	2	C1-2	478×8	293	41.3	0	71.70	2200	0.499	32	533
	3	CP1-1	478×8	293	41.3	15	0	4700	0.590	196	564
	4	C2-1	219×5	293	41.3	0	32.85	450	0.470	17	569
	5	C2-2	219×5	293	41.3	0	65.70	300	0.441	18	582
	6	CP2-1	219×5	293	41.3	15	0	960	0.565	132	555
	7	CP2-2	219×5	293	41.3	25	0	960	0.565	175	534
	8	C3-1	150×4.6	259	68.8	0	0	920	1.101	20	829
	9	CP3-1	150×4.6	259	68.8	18	0	460	0.551	177	434

续表

截面形式	序号	试件编号	截面尺寸/(mm×mm)	f_y/MPa	f_{cu}/MPa	a/mm	e/mm	N_F/kN	火灾荷载比 n	实测 t_R/min	T_{cr}/℃
圆形	10	C4-1	219×4.6	381	68.8	0	0	1800	0.713	20	804
	11	C4-2	219×4.6	381	68.8	0	42	1007	0.809	7	594
	12	C4-3	219×4.6	381	68.8	0	0	1800	0.713	20	753
	13	CP4-1	219×4.6	381	68.8	15	0	1800	0.713	120	537
	14	CP4-2	219×4.6	381	68.8	15	54	939	0.857	59	487
方形	15	SP-1	219×219×5.3	246	17.8	17	0	950	0.730	169	668
	16	SP-2	350×350×7.7	284	17.8	11	0	2700	0.725	140	504
	17	SP-3	350×350×7.7	284	17.8	7	54.2	1670	0.642	109	586
矩形	18	R×1	300×200×7.96	340.6	49	0	0	2486	0.873	21	639
	19	R-2	300×200×7.96	340.6	49	0	22.5*	2233	0.827	24	636
	20	R-3	300×150×7.96	340.6	49	0	0	1906	0.930	16	750
	21	R-4	300×150×7.96	340.6	49	0	22.5*	1853	0.904	20	786
	22	RP-1	300×200×7.96	340.6	49	13	0	2486	0.873	104	500
	23	RP-2	300×200×7.96	340.6	49	20	0	2486	0.873	146	506
	24	RP-3	300×150×7.96	340.6	49	13	0	1906	0.93	78	530
	25	RP-4	300×150×7.96	340.6	49	22.6	0	1906	0.93	122	529

注：矩形钢管混凝土柱荷载偏心距沿构件截面强轴（x-x）方向。

对于圆钢管混凝土，试件采用的是螺旋焊接管。对于方、矩形钢管混凝土，钢管由 4 块钢板拼焊而成，采用了坡口焊缝。钢材强度由拉伸试验确定，将钢板做成标准试件，标准试件每组三个，按国家标准《金属材料室温拉伸试验方法》(GB/T228—2002) 规定的方法进行拉伸试验，可测得其平均屈服强度、抗拉强度、弹性模量及泊松比，分别如表 8.2 所示。

表 8.2　钢材材性

序号	f_y/MPa	f_u/MPa	E_s/(N/mm^2)	μ_s
1	293.0	432.7	204 000	0.264
2	259.0	321.8	162 000	0.255
3	381.0	449.4	167 700	0.262
4	246.0	394.0	200 000	0.267
5	284.0	418.0	183 000	0.262
6	340.6	448.2	187 000	0.274

混凝土立方试块强度由同条件下成型养护的 150mm 立方试块按标准材料力学试验方法测得，28 天和耐火极限试验时的实测强度见表 8.3。弹性模量（E_c）由 150mm×150mm×300mm 棱柱体试件轴心受压试验测得，28 天时的 E_c 列于表 8.3。测试方法依据国家标准《普通混凝土力学性能试验方法标准》的有关规

定进行，所有试件的混凝土粗骨料均采用石灰岩碎石。

表 8.3　混凝土材性与材料用量（kg/m³）

序号	28 天时的 f_{cu}/MPa	试验时的 f_{cu}/MPa	E_c/(N/mm²)	水	硅酸盐水泥	砂	石灰岩碎石
1	39.6	41.3	27 800	449	713	224	1014
2	68.8	68.8	29 400	151	542	524	1183
3	18.7	18.7	26 700	171	318	636	1275
4	49.0	49.0	30 200	170	425	630	1175

在进行混凝土浇灌时，先将钢管竖立，使未焊盖板的截面位于顶部，从开口处灌入混凝土。混凝土采用分层灌入法，并用 ϕ50 振捣棒伸入钢管内部振捣，在试件的底部同时用振捣棒在钢管的外部进行侧振，以期保证混凝土的密实度。最后将核心混凝土顶部与钢管上截面抹平。

试件养护两星期左右后，测得核心混凝土沿纵向收缩量为 1.3～2mm，用高强水泥砂浆将混凝土表面与钢管抹平，然后焊上另一盖板，以期尽可能保证钢管与核心混凝土在试验施荷初期就能共同受力。混凝土采用自然养护的办法。

在进行试件加工时，首先做出长度为 3770mm 的空钢管，并保证钢管两端截面平整。为了便于试件安装，加工两个边长为 700mm、厚度为 20mm 的钢板作为试件两端的盖板，先在空钢管一端将盖板焊上，另一端等混凝土浇灌之后再焊接。盖板及空钢管的几何中心对中，并保证焊缝质量。在试件两端钢管与端板交界处，分别设计了一直径为 20mm 的半圆形排汽孔。所有试件的总长度均为 3810mm。以矩形截面试件为例，图 8.1 和图 8.2 分别给出轴心受压和偏心受压试件的设计情况。

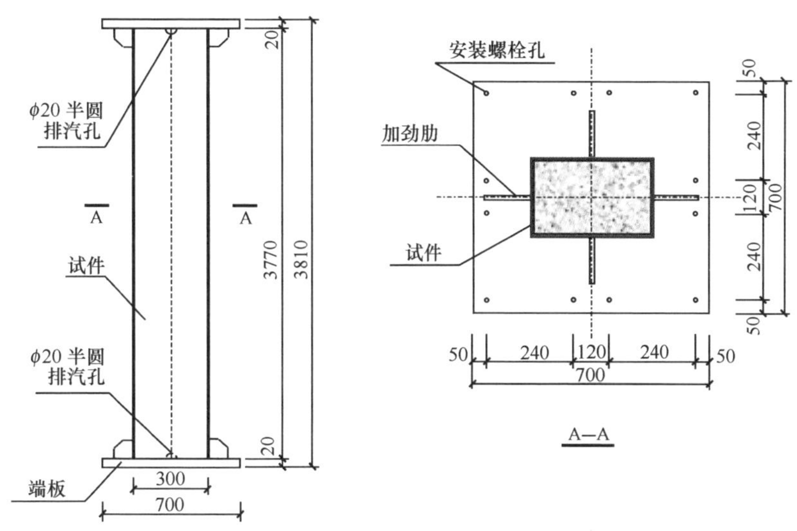

图 8.1　轴心受压柱构造示意图（尺寸单位：mm）

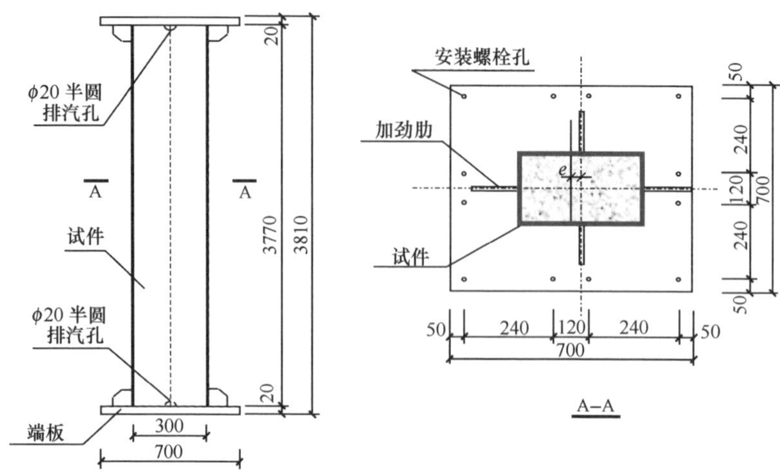

图 8.2　偏心受压柱构造示意图（尺寸单位：mm）

在钢管混凝土试件养护的过程中，对于有防火涂料的构件，由防火涂料的有关专业生产厂家协助按设计的厚度在试件表面喷涂涂料，并保证涂层平整和均匀。采用了厚涂型钢结构防火涂料，其性能符合标准 CECS 24：90（1990）、GB14907—2002（2002）和 GB50016—2006（2006）的有关规定。涂料的基本性能参数为：密度 $\rho=400\pm20\text{kg/m}^3$；导热系数 $\lambda=0.097\ \text{W/(m}\cdot\text{K)}$；比热 $c=1.047\times10^3\text{J/(kg}\cdot\text{K)}$。

试验过程中对试件的控制和数据采集均采用计算机进行。控制燃烧炉的升温按国际标准化委员会标准 ISO-834（1975）所规定的建筑火灾升温曲线进行，试件均四面均匀受火。测试内容包括试件的耐火极限、横截面典型点的温度变化和构件的轴向变形-升温时间关系。

对于圆钢管混凝土，测试了钢管表皮温度随升温时间的变化规律。进行方、矩形钢管混凝土柱耐火性能的试验时，在构件的中截面上设置了更多的热电偶，测点分别在钢管外表面（1 号点）、混凝土核心到钢管外表面一半处（2 号点）和混凝土核心处（3 号点），如图 8.3 所示。

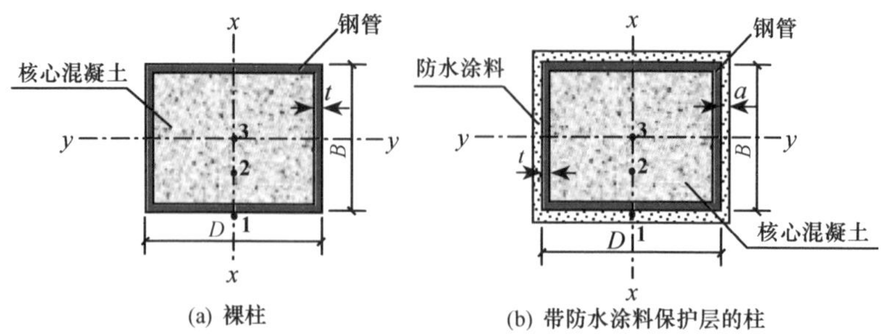

图 8.3　热电偶布置示意图

8.2.2　试验方法

“国家固定灭火系统和耐火构件质量监督检验测试中心”柱试验炉的平面尺寸为 2.6m×2.6m，最大受火高度可达 4.2m，本次试验构件的受火高度为 3m。

试验装置由加载框架、燃烧炉、液压、供水、供电、供风、控制及数据采集处理等系统组成，不仅能满足国际标准化委员会标准 ISO-834（1975）中各项技术要求进行柱构件耐火试验，而且能与加拿大的同类装置进行认证试验。该装置可进行轴心受压柱或偏心受压柱的耐火试验，最大加载能力为 5000kN。

炉体上设热电偶插孔 13 个，观测孔 5 个，氧含量测孔 1 个。燃烧炉分 4 排布置 16 个 F-50 型自动比例调节的柴油喷嘴，这些喷嘴呈螺旋线布置，可产生螺旋式火焰，以期保证生温过程中炉膛内温度的均匀性。

试验过程中对试件的控制和数据采集均采用计算机进行，控制燃烧炉内的升温按 ISO-834（1975）所规定的建筑火灾升温曲线方式进行，如图 8.4 所示。

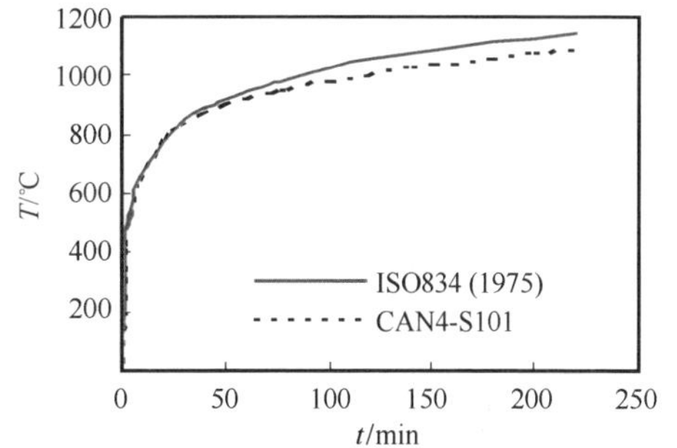

图 8.4　标准升温曲线

本次钢管混凝土柱耐火试验的过程如下：

1）用吊车将试件吊入炉中，定位后用螺栓将试件上下端板与炉内压力机的上下盖板连接好，两端的边界条件为铰接。

2）连接热电偶和测轴向位移传感器的连线。

3）施加轴向荷载至设计值 N_F。

4）点火升温，开始试验。测试过程中，测量钢管和混凝土的温度及试件的轴向变形，并通过电液比例阀和计算机实行自动调节，以保持施加在试件上荷载 N_F 的稳定不变。

5）当试验接近尾声时，试件的轴向变形急剧加快，此时柱已失去承载能力，表明已达到耐火极限，即停止试验。这时，柱构件一般都会达到 ISO-834（1975，1999）中给出的衡量柱构件是否达到耐火极限的标准，即：①构件的轴向压缩量达到 $0.01H$mm；②构件的轴向压缩速率超过 $3H/1000$mm/min（H 为构件的受火高度，以 mm 计）。

8.2.3　试验结果及分析

试验结果表明，对于无防火保护层的裸钢管混凝土柱，在升温初期，轴压和偏压柱的轴线都始终保持为直线状态。随着炉膛温度的不断升高，钢管表面逐渐由原色变为暗红色。在达到耐火极限之前，偏压构件出现明显的挠曲，而轴心受压构件的挠曲则出现得较为突然。

试件达到破坏时，局部出现鼓曲和褶皱，但试件整体性基本保持良好。对于带保护层的钢管混凝土构件，在升温至 30min 左右，试件的形态和表面颜色等几乎没有任何变化。随着温度的不断升高，先在防火涂料保护层表面逐渐出现暗色斑点，在 40min 左右时，迎火面出现光泽，即防火保护层局部出现融化现象。随着升温时间的进一步推移，这种融化现象逐渐在全柱身蔓延，防火保护层表面出现凹凸不平现象，但防火保护层并没有完全融化。当升温时间达到 60min 左右时，保护层表面开始有蒸汽逸出，颜色也逐渐由原来的暗红色变为浅红色。升温时间达到 70min 左右时，防火保护层的表面逐渐显得光滑，表面颜色也与火焰颜色趋于一致，但没有防火涂料融化流淌现象出现，直至构件达到耐火极限试验结束，基本保持为上述现象，保护层没有脱落现象发生。

试验停止时，保护层仍保持着较好的整体性，但随着试件的逐渐冷却，保护层开始收缩，在沿试件的纵向出现裂纹，并开始和钢管混凝土构件产生剥离，最终完全脱落。

图 8.5 所示为部分典型的构件破坏形态。

图 8.6 所示为带防火保护层试件冷却后的情形。

(a) CP 1-1

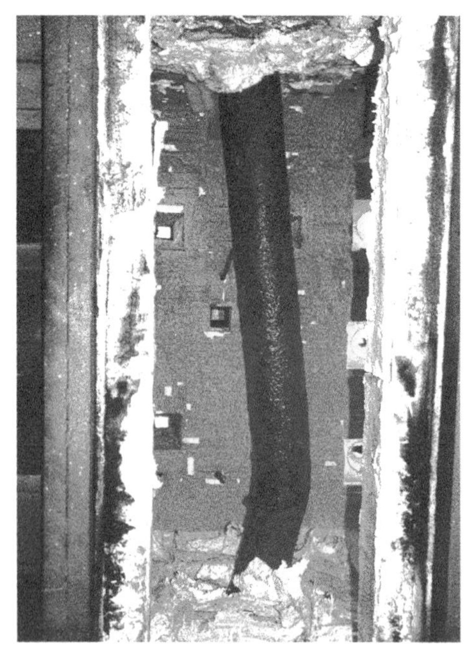

(b) CP 2-2

图 8.5　火灾下钢管混凝土柱典型的破坏形态

(c) RP-1

(d) RP-2

图 8.5　火灾下钢管混凝土柱典型的破坏形态（续）

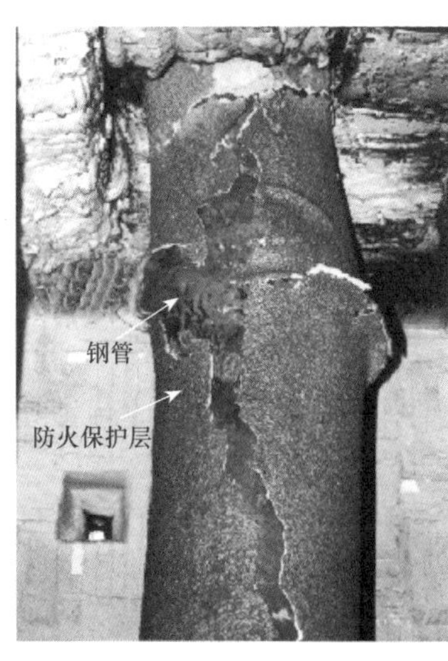

(a) 圆钢管混凝土

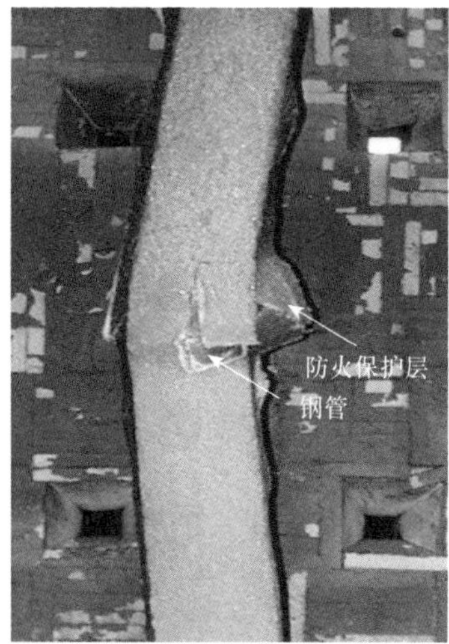

(b) 矩形钢管混凝土

图 8.6　带保护层试件冷却后的情景

钢管混凝土柱耐火极限试验结果还表明：

1）带保护层试件在达到耐火极限前大多没有明显的预兆，即破坏表现得较为突然。试件在达到破坏状态时，局部出现鼓曲和褶皱，但整体性保持良好。

2）其他参数一定时，荷载偏心率对耐火极限的影响不大，但耐火极限却随着试件横截面尺寸的增大而增大。

3）在表 8.1 所示试验参数范围内，只要对钢管混凝土柱进行适当防火涂料保护，钢管混凝土柱即可满足国家标准 GB 50045—95（2001）对柱构件耐火极限的要求。

图 8.7 所示为实测的圆钢管混凝土试件表面温度与火灾持续时间之间的关系曲线。图 8.8 给出了实测方、矩形钢管混凝土试件的截面温度随时间变化的关系曲线（黑实线）。图中，d 为测点距钢管外表面的垂直距离。可见，钢管混凝土柱外表皮温度随时间的增长而较快地升高，而混凝土内部的温度则随时间的增长变化缓慢。

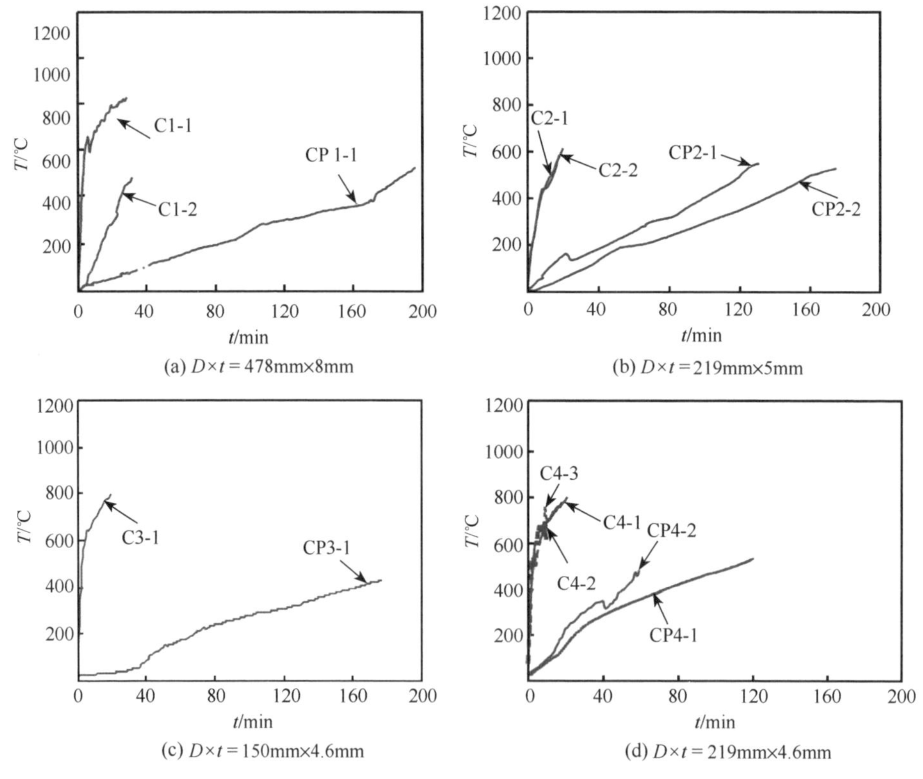

图 8.7 圆钢管混凝土实测钢管表面温度（T）-时间（t）关系

构件达到耐火极限时钢管表皮的温度 T_{cr} 列于表 8.1。可见，构件达耐火极限时，对于无保护层的构件，钢管表皮温度总体较高，而有保护层构件的钢管表皮温度则相对较低。

所有试件耐火极限（t_R）的实测结果汇总于表 8.1。

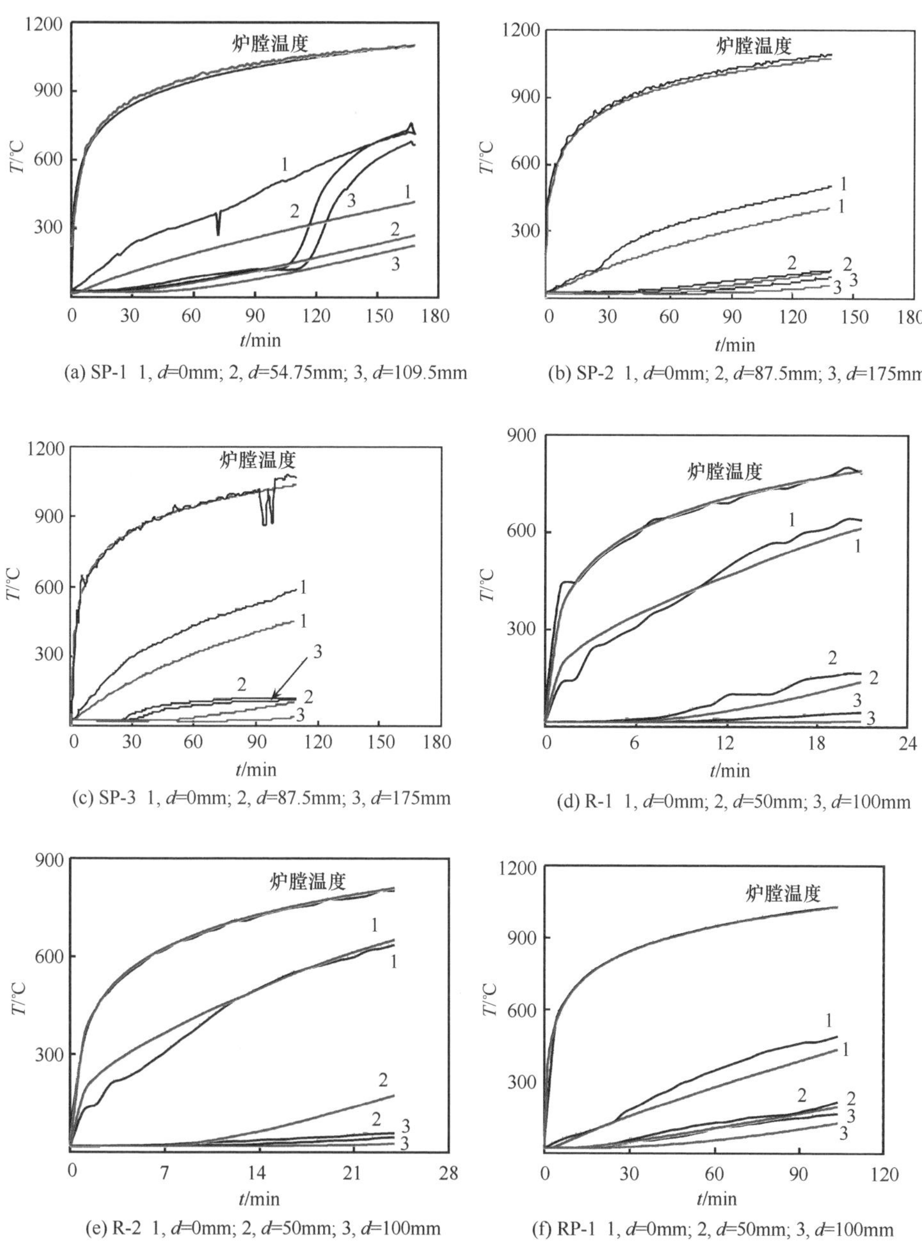

图 8.8　实测方、矩形钢管混凝土温度（T）-时间（t）关系

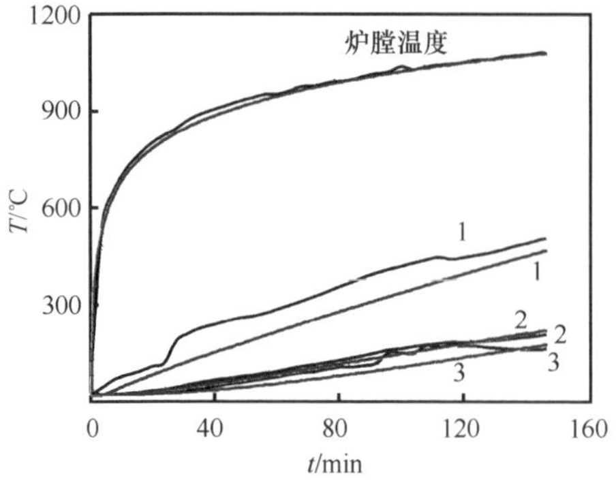

(g) RP-2　1, d=0mm; 2, d=50mm; 3, d=100mm

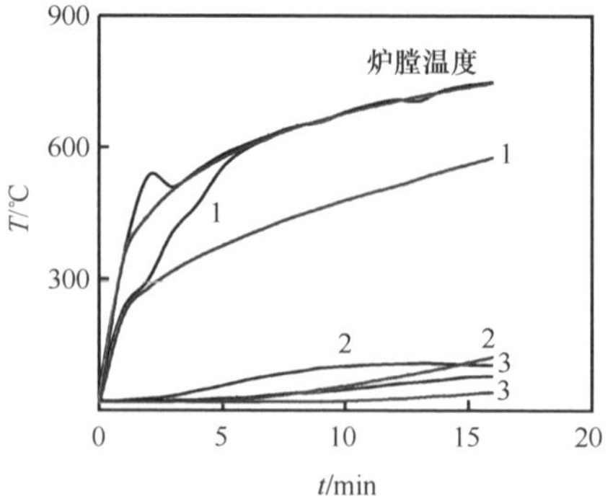

(h) R-3　1, d=0mm; 2, d=37.5mm; 3, d=75mm

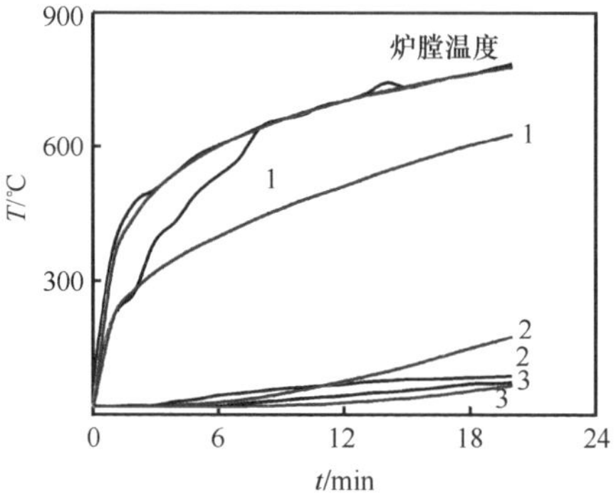

(i) R-4　1, d=0mm; 2, d=37.5mm; 3, d=75mm

-------- 试验结果　———— 计算结果

图 8.8　实测方、矩形钢管混凝土温度（T）-时间（t）关系（续）

图 8.9 和图 8.10 所示分别为实测的圆形和方、矩形钢管混凝土构件轴向变形（Δ）-升温时间（t）关系曲线。

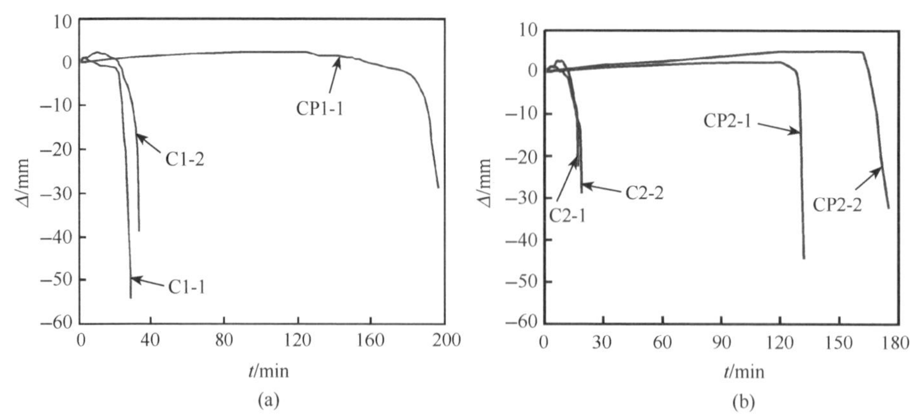

图 8.9　圆钢管混凝土柱轴向变形（Δ）-升温时间（t）关系

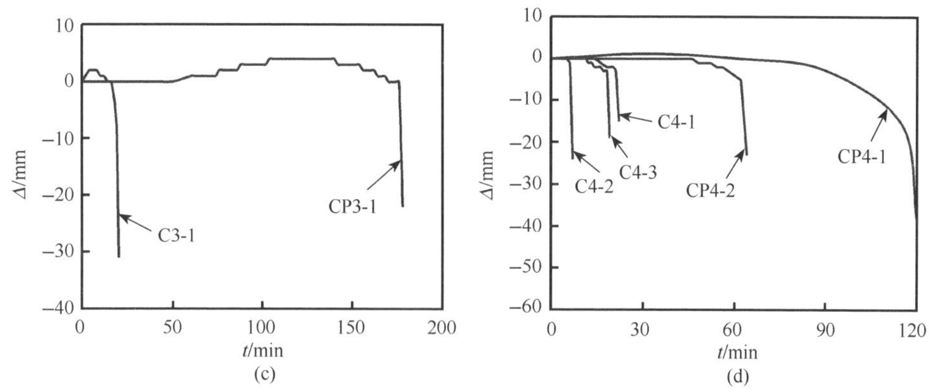

图 8.9　圆钢管混凝土柱轴向变形（Δ)-升温时间（t）关系（续）

可见，在受火初期，钢材和混凝土的膨胀变形比轴向荷载引起的压缩变形小，表现在变形曲线上为水平直线。随着时间的推移，膨胀变形将可能超过轴向压缩变形，变形曲线呈现出向上鼓曲的趋势。在试验的后期，由于钢材和混凝土的强度损失，构件接近破坏，轴向变形速率加快，轴向变形逐渐大于膨胀变形。构件最终破坏时，表现在变形曲线上为从位移零点开始的突然下降。

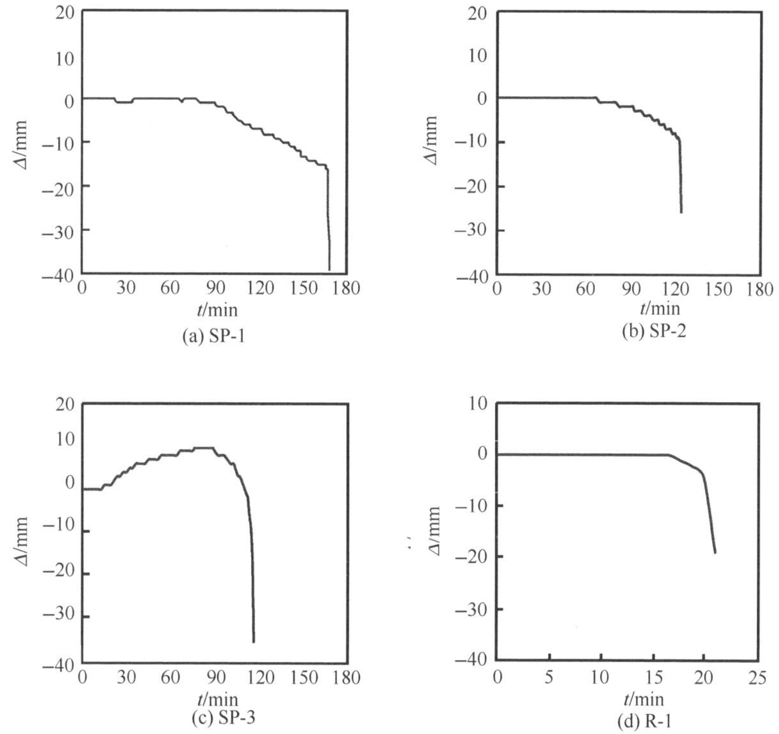

图 8.10　方、矩形钢管混凝土柱轴向变形（Δ)-升温时间（t）关系

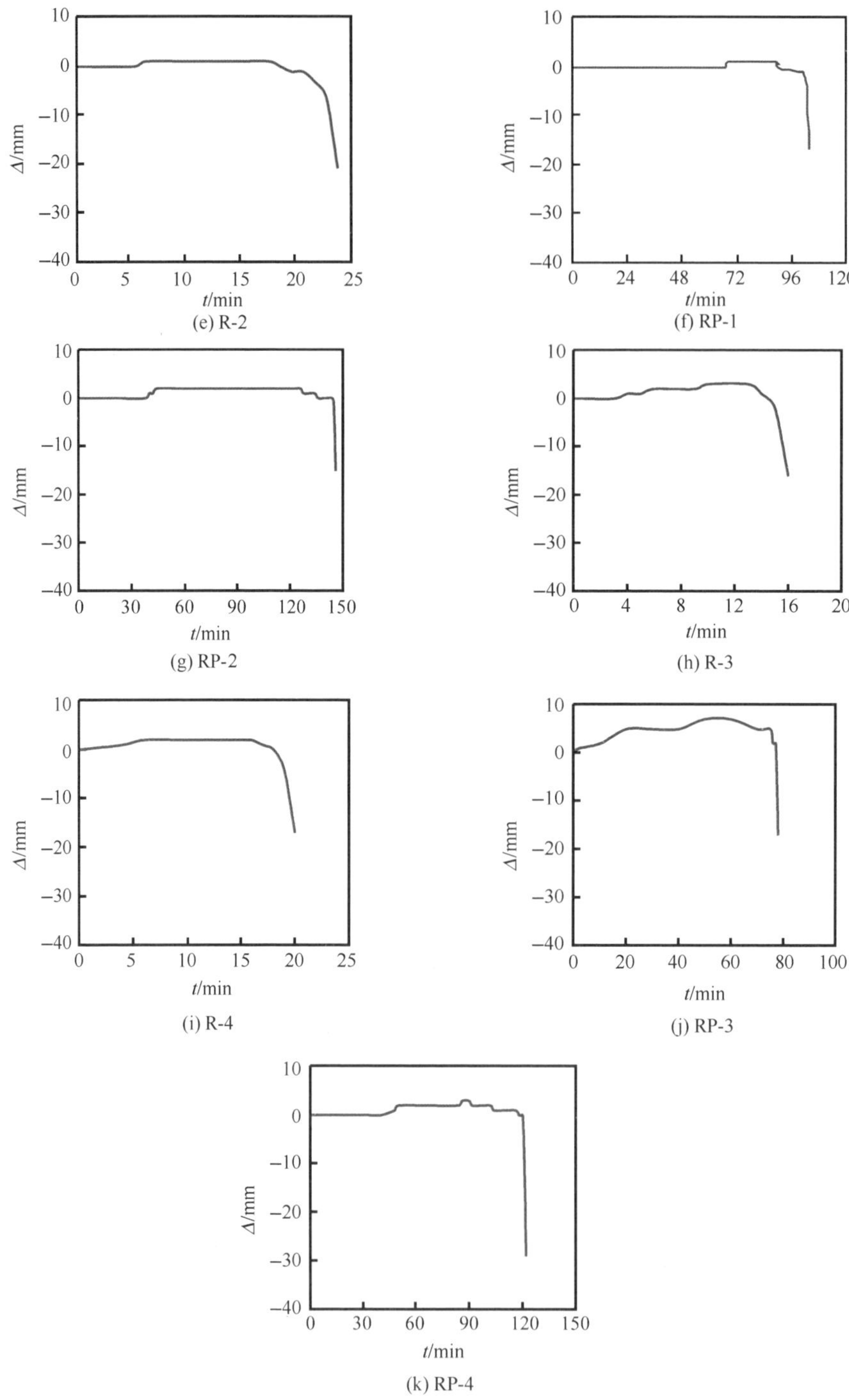

图 8.10　方、矩形钢管混凝土柱轴向变形（Δ）-升温时间（t）关系（续）

图 8.11 所示为荷载偏心率对钢管混凝土柱耐火极限的影响，可见荷载偏心率的变化对耐火极限的影响不明显。图 8.12 所示为在相同防火保护层情况下，构件截面尺寸（周长）对钢管混凝土柱耐火极限的影响，可见截面尺寸的大小对耐火极限有较大影响，即截面尺寸越大，耐火极限越大；尺寸越小，耐火极限也越小。

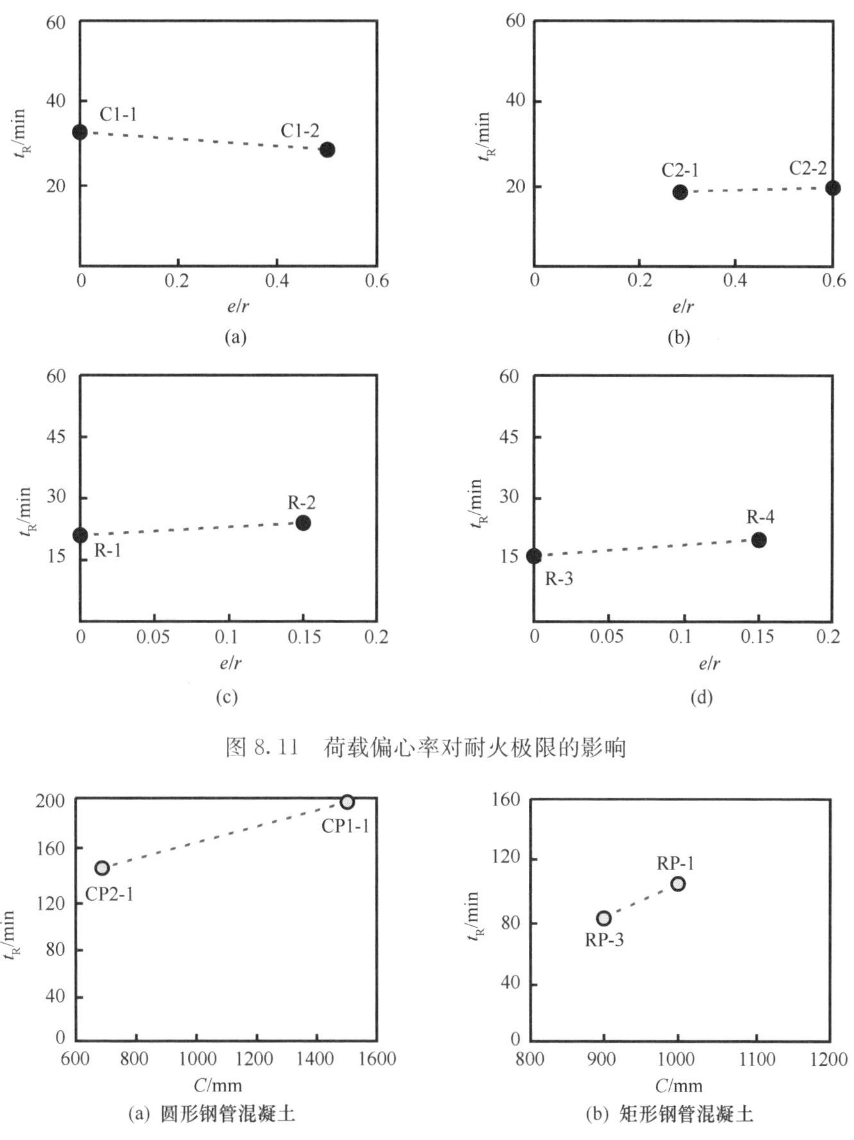

图 8.11　荷载偏心率对耐火极限的影响

图 8.12　构件截面周长对耐火极限的影响

图 8.13 所示为防火保护层厚度对钢管混凝土柱耐火极限的影响，可见保护层厚度对耐火极限影响较大。在其他条件相同的情况下，保护层厚度越大，耐火极限越大。

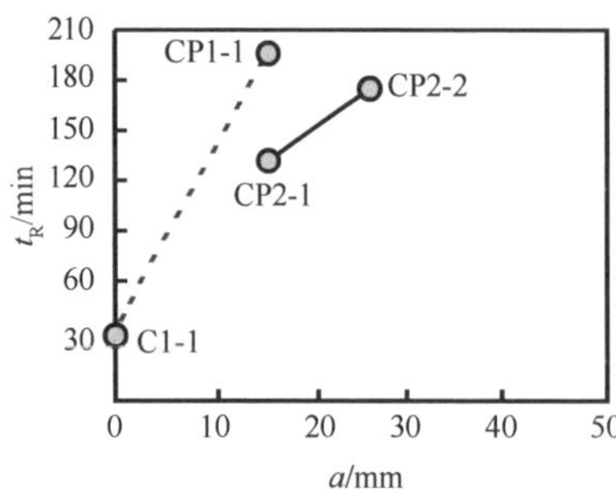

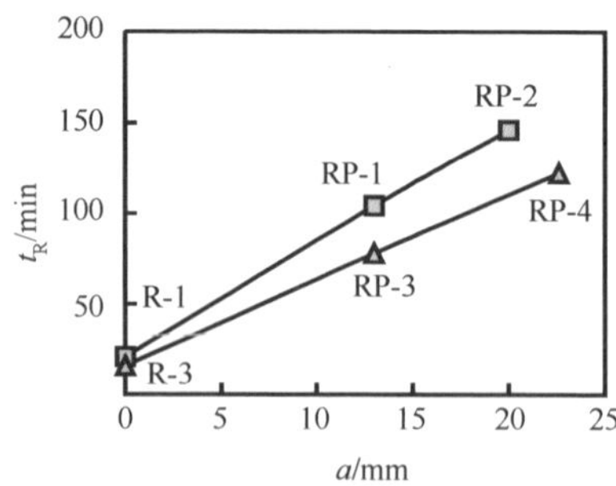

图 8.13　防火涂料保护层厚度对耐火极限的影响

根据国家标准 GB50045—95（2001），当采用厚涂型防火涂料作保护层时，钢结构柱耐火极限达三小时时要求的保护层厚度为 50mm。本次试验结果表明，对于直径为 478mm 的试件 CP1-1，当保护层厚度为 15mm 时，耐火极限可达到 196min。可见，较钢结构柱相比，钢管混凝土柱具有更好的抗火性能。

当采用标准 CECS24：90（1990）和 GB14907—2002（2002）中规定的厚涂型钢结构防火涂料时，如果按照国家标准 GB50045—95（2001）中对钢结构柱防火保护层厚度设计方法对钢管混凝土柱的防火保护层厚度进行设计，其计算厚度与表 8.1 中所示钢管混凝土柱试验结果的比较情况见图 8.14。

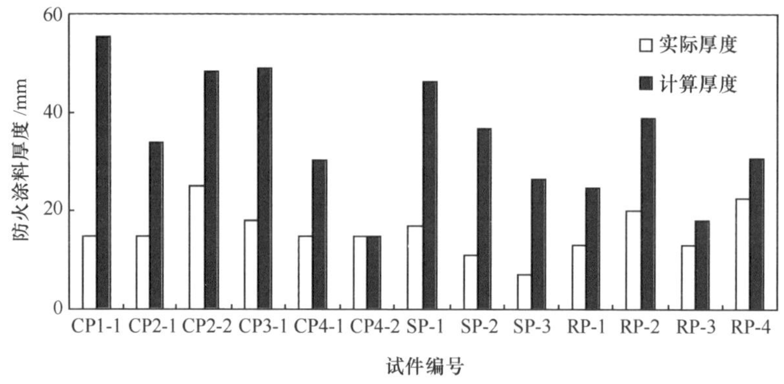

图 8.14　防火保护层厚度比较

由图 8.14 可见，与对纯钢结构柱相同耐火极限的要求相比，只有荷载比较大的试件，如 CP4-2（n=0.857），RP-3（n=0.93）和 RP-4（n=0.93）的保护层厚度试验结果与设计厚度较接近，其余试件的防火保护层厚度均小于计算值。

8.3　钢管混凝土柱截面温度场的计算

为了计算钢管混凝土构件的耐火极限，必须首先确定其截面的温度场分布。以往不少的研究结果表明，钢材和混凝土的导热系数、比热等热工参数在温度作用下往往不是常数，而是温度的函数。因此，火灾下钢管混凝土构件截面的热传导是一个非线性瞬态问题，其微分方程为非线性抛物线型，求解这类热传导问题一般可采用数值方法进行（孔祥谦，1998）。有限差分法是其中的一种，其优点是计算简便，但对复杂的几何形状处理起来不很方便。此外，有限差分法往往只考虑节点的作用，没有考虑节点连接起来的单元的特性。有限元法则可克服有限差分法的这些不足。结构构件截面的瞬态温度分布取决于此前的情况及边界条件，而与该瞬态以后将要发生的情形无关，是一个时间坐标步进问题。求解时，可从给定的初始值出发，层层推进，一直计算到所需时刻为止，因此，在时间域上采用有限差分法是比较方便的（时旭东，1992）。

目前，实际应用时常采用一种“混合法”来求解非线性抛物线型偏微分方程（孔祥谦，1998），即在空间域内用有限单元网格划分，而在时间域内则用有限差分网格划分，其实质是有限单元法和有限差分法的混合解法，它充分利用了有限单元法在空间域划分中的优点和有限差分法在时间推进中的优点。

8.3.1 钢材和混凝土的热工性能

钢材的热工性能参数主要包括导热系数、比热、密度和热膨胀系数等。

（1）钢材的导热系数（k_s）

导热系数是指单位温度梯度下通过等温面单位面积的热流速度，单位为 W/(m·K) 或 W/(m·℃)。一般来说，钢材的导热系数随着温度的升高而递减，但当温度超过一定的限值时，导热系数几乎变成了常数。另外，钢材的种类不同，导热系数也可能不同。

Lie (1994)、Lie 和 Chabot (1990) 给出的钢材导热系数表达式为

$$k_s = \begin{cases} -0.022T + 48 & [\mathrm{W/(m \cdot ^\circ C)}] \quad (0^\circ\mathrm{C} \leqslant T \leqslant 900^\circ\mathrm{C}) \\ 28.2 & [\mathrm{W/(m \cdot ^\circ C)}] \quad (T > 900^\circ\mathrm{C}) \end{cases} \tag{8.2}$$

式中：T 为温度（℃）。

（2）钢材的比热（c_s）和密度（ρ_s）

比热是指单位质量的物体温度升高一度时所需的热量，单位为 J/(kg·K) 或 J/(kg·℃)。

密度是指单位体积物体的质量，单位为 $\mathrm{kg/m^3}$。钢材的密度随温度变化较小，对于常用建筑钢材可取 $\rho_s = 7850\mathrm{kg/m^3}$。

Lie (1994)、Lie 和 Chabot (1990) 把钢材的比热（c_s）和密度（ρ_s）放在一起，用分段式给出与温度 T 的关系为

$$\left.\begin{aligned} \rho_s c_s &= (0.004T + 3.3) \times 10^6 [\mathrm{J/(m^3 \cdot ^\circ C)}] && (0^\circ\mathrm{C} \leqslant T \leqslant 650^\circ\mathrm{C}) \\ \rho_s c_s &= (0.068T - 38.3) \times 10^6 [\mathrm{J/(m^3 \cdot ^\circ C)}] && (650^\circ\mathrm{C} < T \leqslant 725^\circ\mathrm{C}) \\ \rho_s c_s &= (-0.086T + 73.35) \times 10^6 [\mathrm{J/(m^3 \cdot ^\circ C)}] && (725^\circ\mathrm{C} < T \leqslant 800^\circ\mathrm{C}) \\ \rho_s c_s &= 4.55 \times 10^6 [\mathrm{J/(m^3 \cdot ^\circ C)}] && (T > 800^\circ\mathrm{C}) \end{aligned}\right\} \tag{8.3}$$

（3）钢材的热膨胀系数（α_s）

热膨胀系数是指单位长度的物体温度升高一度时的伸长量，单位为 m/(m℃)。

Lie（1994）、Lie 和 Chabot（1990）按分段式给出钢材的热膨胀系数（α_s）与温度 T 之间的关系为

$$\left.\begin{aligned} \alpha_s &= (0.004T+12)\times 10^{-6}[\mathrm{m/(m\cdot ℃)}] \quad (T<1000℃) \\ \alpha_s &= 16\times 10^{-6}[\mathrm{m/(m\cdot ℃)}] \quad (T\geqslant 1000℃) \end{aligned}\right\} \tag{8.4}$$

与钢材类似，混凝土的热工参数包括导热系数、热容和密度、热膨胀系数等。

（1）混凝土的导热系数（k_c）

混凝土的导热系数取决于组成它的各成分的热传导系数，其中，主要的影响因素有水分含量和骨料类型等。

水分含量的影响是：当温度小于 100℃时，影响比较明显；当温度大于 100℃后，由于混凝土中自由水分的逐渐蒸发，其影响随时间和温度的持续和增加而越来越小。

Lie（1994）、Lie 和 Chabot（1990）给出 k_c 与 T 的关系式为

$$k_c = \begin{cases} 1.355[\mathrm{W/(m\cdot ℃)}] & (0℃\leqslant T\leqslant 293℃) \\ -0.001\,241T+1.7162[\mathrm{W/(m\cdot ℃)}] & (T>293℃) \end{cases} \tag{8.5}$$

（2）混凝土的热容（c_c）和密度（ρ_c）

混凝土的热容主要受其骨料类型，配合比和水分的影响。随着温度升高，热容缓慢增大。混凝土骨料类型的不同对比热的影响较小，混凝土配合比的影响较大。水含量的影响在低于 200℃时较大，100℃附近热容值有一突然增加，这主要是水分蒸发的原因（时旭东，1992）。总的来说，骨料类型、配合比和水分对热容的影响都不大。

Lie（1994）、Lie 和 Chabot（1990）把密度 ρ_c 与热容 c_c 放在一起给出它们与温度 T 的关系式为

$$\left.\begin{aligned}
\rho_c c_c &= 2.566\times 10^6 \quad [\mathrm{J/(m^3\cdot ℃)}] && (0℃\leqslant T\leqslant 400℃) \\
\rho_c c_c &= (0.1765T-68.034)\times 10^6 \quad [\mathrm{J/(m^3\cdot ℃)}] && (400℃<T\leqslant 410℃) \\
\rho_c c_c &= (-0.050\,43T+25.006\,71)\times 10^6 \quad [\mathrm{J/(m^3\cdot ℃)}] && (410℃<T\leqslant 445℃) \\
\rho_c c_c &= 2.566\times 10^6 \quad [\mathrm{J/(m^3\cdot ℃)}] && (445℃<T\leqslant 500℃) \\
\rho_c c_c &= (0.016\,03T-5.448\,81)\times 10^6 \quad [\mathrm{J/(m^3\cdot ℃)}] && (500℃<T\leqslant 635℃) \\
\rho_c c_c &= (0.166\,35T-100.902\,25)\times 10^6 \quad [\mathrm{J/(m^3\cdot ℃)}] && (635℃<T\leqslant 715℃) \\
\rho_c c_c &= (-0.221\,03T+176.073\,43)\times 10^6 \quad [\mathrm{J/(m^3\cdot ℃)}] && (715℃<T\leqslant 785℃) \\
\rho_c c_c &= 2.566\times 10^6 \quad [\mathrm{J/(m^3\cdot ℃)}] && (T>785℃)
\end{aligned}\right\} \tag{8.6a}$$

混凝土在受高温加热后，其所含的物质将发生变态或反应，与此相伴将发生

吸热与放热现象。100℃左右时产生的水分蒸发与由材质及环境条件决定的水分的含量有关，对构件的截面温度分布有一定影响。水分的蒸发现象伴有物质转化和热转移，情况比较复杂，因此，构件的温度分析一般采取下述方法。首先将材料分割成微小的部分，假定其中所含的水分将在温度达到 100℃时全部蒸发，而所产生的蒸汽与热转移无关（孙金香和高伟，1992）。

Lie（1994）、Lie 和 Chabot（1990）在计算钢管混凝土构件截面温度场时考虑了混凝土中水蒸气的影响，并给出了水分在 100℃以下时的热工参数为

$$\rho_w c_w = 4.2 \times 10^6 \quad [\mathrm{J/(m^3 \cdot ℃)}] \tag{8.7}$$

式中：ρ_w 和 c_w 分别为水的密度和比热。

由于水蒸气主要影响核心混凝土的热容（c_c）和密度（ρ_c），因此假设核心混凝土中所含水分的质量百分比为 5%（Lie，1994；Lie 和 Chabot，1990），然后对式（8.6a）所示的热工参数做了如下修正为

$$\begin{cases} \rho'_c c'_c = 0.95\rho_c c_c + 0.05\rho_w c_w & (T < 100℃) \\ \rho'_c c'_c = \rho_c c_c & (T \geqslant 100℃) \end{cases} \tag{8.6b}$$

式中：ρ'_c和 c'_c为考虑水蒸气影响时核心混凝土的密度和比热；ρ_c 和 c_c 为没有考虑水蒸气影响时核心混凝土的密度和比热。

（3）混凝土的热膨胀系数（α_c）

Harada 等（1972）的研究结果表明：由于混凝土的热惰性，整个试件截面的温度在短时间里很难处于稳定，试件的伸长实际上是其平均的膨胀变形。

Lie（1994）、Lie 和 Chabot（1990）给出混凝土的热膨胀系数 α_c 与温度 T 的关系式为

$$\alpha_c = (0.008T + 6) \times 10^{-6} [\mathrm{m/(m \cdot ℃)}] \tag{8.8}$$

8.3.2　温度场的计算

（1）钢管混凝土柱热传导方程及定解条件

1）热传导方程。

由热力学第一定律有

$$\Delta E = Q + W \tag{8.9}$$

式中：ΔE 为系统内能的增量；Q 为加入系统的热量（包括内热源）；W 为对系统做的功。

对于火灾作用下的钢管混凝土构件，$W=0$，因而式（8.9）可写为

$$-\frac{\partial}{\partial x_i} q_i + \dot{Q}_1 = \rho c \frac{\partial T}{\partial t} \tag{8.10}$$

式中：q_i 为热流密度；$\dot{Q}_1$ 为单位时间内单位体积热源生成的热量；ρ 为质量密度；c 为比热；T 为温度；t 为时间；x_i 为结构的空间坐标（i=1，2，3）。

根据傅里叶（Fourier）定律，对于各向异性材料的热流密度的表达式为

（孔祥谦，1998）

$$q_i = -k_{ij}\operatorname{grad}T = -k_{ij}\frac{\partial T}{\partial x_i} \tag{8.11}$$

式中：k_{ij}为热传导系数；$\operatorname{grad}T\left(=\frac{\partial T}{\partial x_i}\right)$为温度梯度。

组成钢管混凝土的钢材为各向同性材料，而混凝土则是一种各向异性的不均匀材料。但在工程实际问题中，从平均和宏观的观点可以假设其为各向同性材料，既简化了计算，又不致引起很大的误差。

这样，式（8.11）可写成

$$q_i = -k\frac{\partial T}{\partial x_i} \tag{8.12}$$

一般在火灾状态或高温状态工作时，钢管混凝土中的混凝土早已过了其凝固期，水化热量很少且已散发殆尽，可以认为它本身无内热源，即 $\dot{Q}_i=0$。

杆系结构的长度（假定是直角坐标系中的 Z 方向）尺寸比其截面尺寸要大得多，因此可将其三维温度场问题简化为沿截面的二维温度场问题，即 $q_z=0$。这样，式（8.10）可写作

$$\rho c\frac{\partial T}{\partial t} = k\left(\frac{\partial^2 T}{\partial x^2}+\frac{\partial^2 T}{\partial y^2}\right) \tag{8.13}$$

2）钢管混凝土热传导方程的定解条件。

式（8.13）的定解条件包括初始条件和边界条件，火灾前，钢管混凝土构件一般都处在环境温度状态下，假设整个结构杆件截面均匀，且等于环境温度 T_o，则初始条件可表示为

$$T(x,y,t=0) = T_o \tag{8.14}$$

温度边界条件一般可分为如下几种（孔祥谦，1998）：第一类是已知物体边界上的温度函数；第二类是已知物体边界上的热流密度；第三类是已知与物体相接触的流体介质的温度 T_f 和换热系数 α；第四类是已知固体与固体接触面上的换热条件。

火灾情况下，钢管混凝土构件受火面的边界条件一般为第三类，而未受火面可看作第一类边界条件。随着火灾温度的增加，火灾温度与结构受火面边界温度接近时，也可以将结构受火面边界条件看作第一类。

为了使问题分析简化，近似地认为温度沿钢管混凝土构件的长度方向不变化，只沿截面有变化。并假定在火灾燃烧的某一瞬间，柱表面温度 T_h 在热交换过程中保持不变。因此，此种柱的温度场可表示为柱内无热源的第一类边界条件的二维不稳定温度场。下面推导柱表面温度 T_h 的表达式。

发生火灾时，钢管混凝土柱处于火焰气流包围之中，柱形成随时间变化的不稳定对流和辐射综合传热与导热的过程。根据牛顿对流换热公式，对柱有三种热

流量传热过程。

第一种：火焰热流体传给柱表面的热流密度为

$$q_1 = \alpha_1 (T_B - T_h) \tag{8.15a}$$

第二种：柱直接受火焰面传给内部核心混凝土（当有保护层时，为钢管）的热流密度为

$$q_2 = \frac{k}{\delta}(T_h - T_h') \tag{8.15b}$$

第三种：钢管传给核心混凝土（当柱有防火保护层时，为保护层传给钢管）的热流密度为

$$q_3 = \alpha_2 (T_h' - T_W) \tag{8.15c}$$

上述式中：T_B 为环境温度（℃）；α_1 为火焰热流体对柱表面的综合传热系数，按表 8.4 采用（段文玺，1985）；T_W 为核心混凝土（当有保护层时，为钢管）表面温度（℃）；T_h' 为钢管（当有保护层时，为保护层）内表面温度（℃）；k 为钢材或保护层材料的导热系数；δ 为钢管壁或保护层厚度（m）；α_2 为钢管或保护层的放热系数 [kcal/(m^2 · h · ℃)]（1cal＝4.1868J），对不稳定的火灾热源：$\alpha_2 = \sqrt{kc\rho/\pi t}$，其中 c 和 ρ 为材料比热 [J/(kg · ℃)] 和密度（kg/m^3），t 为火灾燃烧时间（h）。

表 8.4　综合换热系数 α_1

火焰温度/℃	60～200	400	500	600	700	800	900	1000	1100	1200
α_1/(kJ/m^2 · h · ℃)	42	63	84	126	167	230	293	377	502	628

根据三种热流密度相等的条件，可把钢管混凝土热传导方程的边界条件按第一类边界条件表示为

$$T|_{\Gamma} = T_h = T_B - \frac{k_0 (T_B - T_W)}{\alpha_1} \tag{8.16}$$

式中：$k_0 = \dfrac{1}{\dfrac{1}{\alpha_1} + \dfrac{\delta}{k} + \dfrac{1}{\alpha_2}}$。

（2）有限单元法求解非线性瞬态温度场分布

为了使计算方法既适用于平面问题，又适用于轴对称问题，将平面划分为三角形单元。坐标系如图 8.15 所示。

三角形单元各节点的基本未知量是温度 T，设单元 e 上的温度 T 是 x、y 的线性函数，即

$$T = a_1 + a_2 x + a_3 y \tag{8.17}$$

式中：a_1、a_2、a_3 是待定常数，它们可由节点上的温度值来确定。

将节点的坐标及温度带入式（8.17）可得

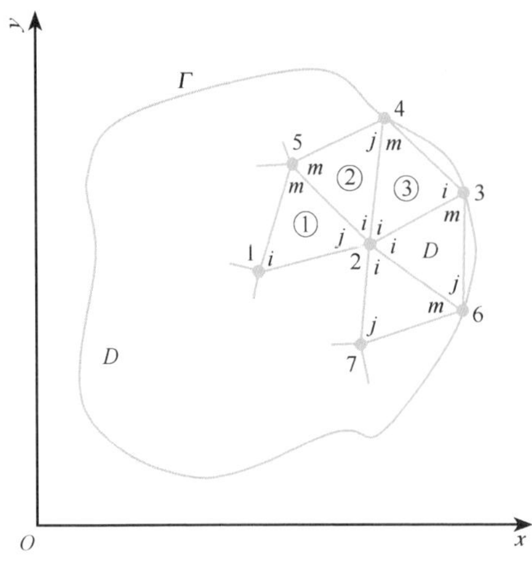

图 8.15　构件截面单元划分示意图

$$\begin{cases} T_i = a_1 + a_2 x_i + a_3 y_i \\ T_j = a_1 + a_2 x_j + a_3 y_j \\ T_m = a_1 + a_2 x_m + a_3 y_m \end{cases} \tag{8.18}$$

高温（火灾）情况下钢管混凝土柱截面温度场分布的平衡方程可表示（孔祥谦，1998）为

$$[K]\{T\} + [N]\left\{\frac{\partial T}{\partial t}\right\} = \{p\} \tag{8.19}$$

式中：$[K]$ 为温度矩阵；

$[N]$ 为变温矩阵，是考虑温度随时间变化的一个系数矩阵，是不稳定温度场计算特有的一项。

将上式按 Crank-Nicolson 差分格式展开（孔祥谦，1998），整理后得

$$\left([K] + \frac{2[N]}{\Delta t}\right)\{T\}_t = (\{P\}_t + \{P\}_{t-\Delta t}) + \left(\frac{2[N]}{\Delta t} - [K]\right)\{T\}_{t-\Delta t} \tag{8.20}$$

上式为计算高温（火灾）情况下钢管混凝土温度场分布的公式，式中：$\{P\}_t$ 和 $\{P\}_{t-\Delta t}$分别为 t 和 $t-\Delta t$ 时刻的方程右端项。如果边界条件随时间变化，则 $\{P\}_t$ 与 $\{P\}_{t-\Delta t}$是不相等的，但都是已知的。$\{T\}_{t-\Delta t}$为已知的初始温度场，由此式可求出 t 时刻的温度场 $\{T\}_t$，再把 $t+\Delta t$ 代替式中的 t，把 $\{T\}_t$ 作为初始温度场，就可求解出 $t+\Delta t$ 时刻的温度场 $\{T\}_{t+\Delta t}$，依此类推，可求得时间间隔为 Δt 的各个时刻的温度场。

建筑结构在火灾情况下的升温在初始阶段一般较剧烈，然后变化渐趋于平缓，例如国际标准 ISO-834（1975）和加拿大 CAN4-S101 升温曲线（Lie，1994；Lie 和 Chabot，1990），如图 8.4 所示。这种情况下，可采用变时间步长的算法，即在升温初期选取较小的时间步长，而在升温后期选取较大的时间步长，既节省机时，又可满足必要的计算精度。

ISO-834（1975）规定的升温曲线的数学表达式为

$$T = T_o + 345\log_{10}(8t+1) \tag{8.21}$$

式中：T_o 为环境初始温度；t 为火灾持续时间；t 以 min 计。

加拿大规程 CAN4-S101（Lie，1994；Lie 和 Chabot，1990）规定的升温曲线的数学表达式为

$$T = T_o + 750[1 - \exp(-3.79553\sqrt{t})] + 170.41\sqrt{t} \tag{8.22}$$

式中：T_o 为环境初始温度；t 为火灾持续时间，以 h 计。

基于上述方法，编制了计算钢管混凝土截面温度场的有限元程序，该程序具有较强的通用性，只要适当变化其中的某些参数，就可以进行平面问题或轴对称

问题的计算。该程序既适用于均匀温度场的分析，又适用于非均匀温度场的分析；既适用于圆形截面，又适用于多边形（例如正方形，矩形和六边形等）截面的温度场计算，既适用于有保护层的情况，又适用于无保护层的情况。

利用计算程序对本章进行的试验结果进行了计算，如图 8.8 所示（计算结果为灰色虚线）。此外，还对其他研究者进行的钢管混凝土和钢筋混凝土构件在不同截面尺寸下的温度场实测结果进行了验算，表明计算结果与试验总体吻合较好。

图 8.16 和图 8.17 所示为计算结果（实线）与其他研究者进行的钢管混凝土温度场试验结果（虚线）的对比情况，其中 d 为测点距钢管表面的垂直距离。构件升温按加拿大设计规程 CAN4-S101 规定的曲线进行。

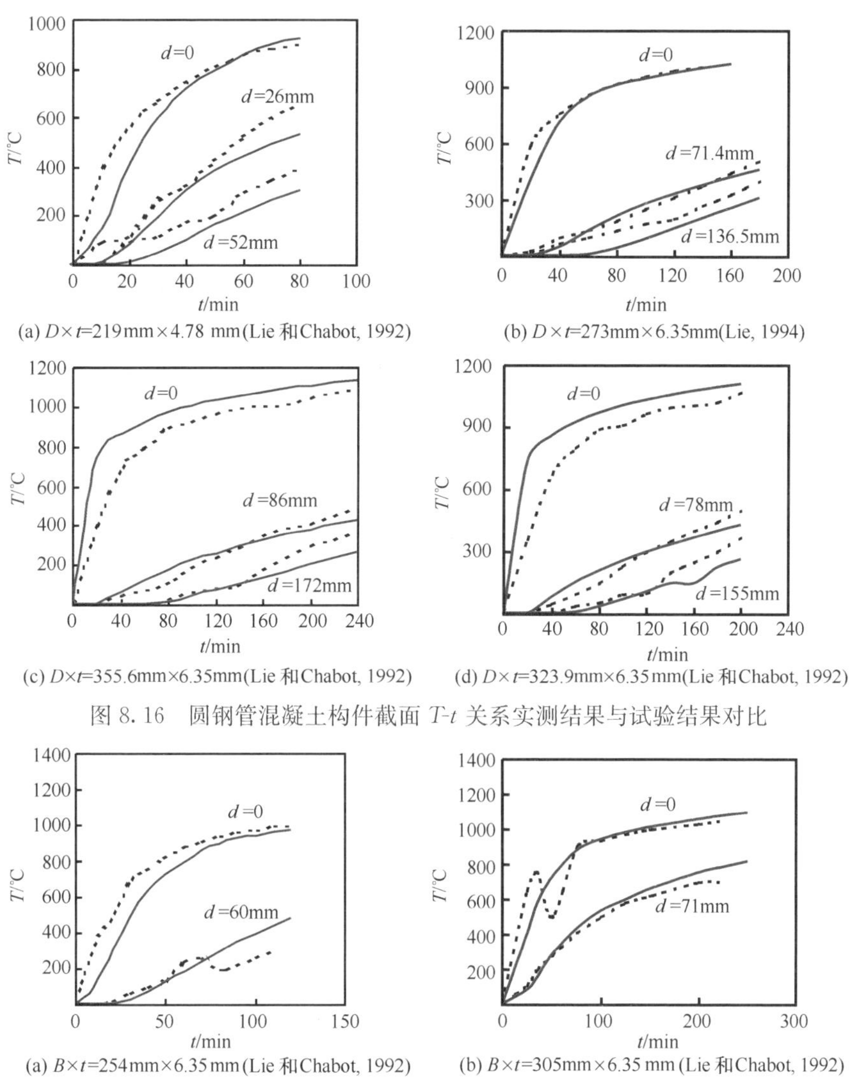

(a) $D\times t$=219mm×4.78 mm(Lie 和Chabot, 1992)　(b) $D\times t$=273mm×6.35mm(Lie, 1994)

(c) $D\times t$=355.6mm×6.35mm(Lie 和Chabot, 1992)　(d) $D\times t$=323.9mm×6.35mm(Lie 和Chabot, 1992)

图 8.16　圆钢管混凝土构件截面 T-t 关系实测结果与试验结果对比

(a) $B\times t$=254mm×6.35mm (Lie 和Chabot, 1992)　(b) $B\times t$=305mm×6.35 mm (Lie 和Chabot, 1992)

图 8.17　方钢管混凝土构件截面 T-t 关系实测结果与试验结果对比

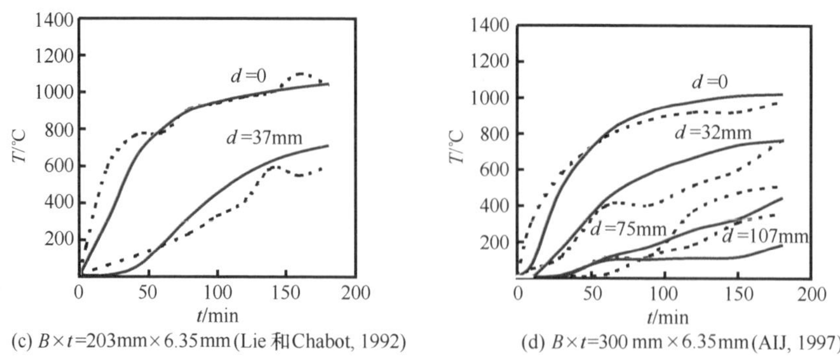

(c) $B\times t$=203mm×6.35mm (Lie 和Chabot, 1992)　(d) $B\times t$=300 mm×6.35mm (AIJ, 1997)

图 8.17　方钢管混凝土构件截面 T-t 关系实测结果与试验结果对比（续）

图 8.18（a）～（d）所示为矩形截面钢筋混凝土柱截面温度场实测结果（虚线）与计算结果（实线）的对比情况。图中，D、B 和 a_s 分别为构件截面长边和短边边长，以及钢筋的保护层厚度。热电偶的分布和构件的升温曲线等情况参见 Lie 和 Irwin（1990）。

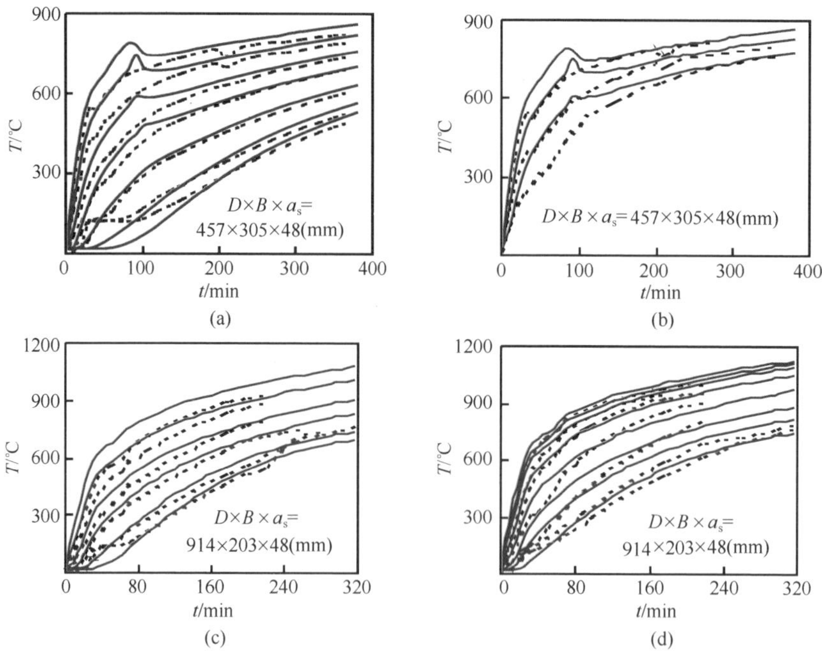

图 8.18　矩形截面钢筋混凝土柱 T-t 关系

图 8.19 所示为受 ISO-834（1975）规定的火灾作用时，钢管混凝土柱在不同防火涂料保护层厚度下钢管表面温度与时间的关系曲线。图中，a 为防火涂料保护层的厚度。涂料采用厚涂型钢结构防火涂料，其性能符合有关标准 CECS24：90（1990）和 GB14907—2002（2002）。

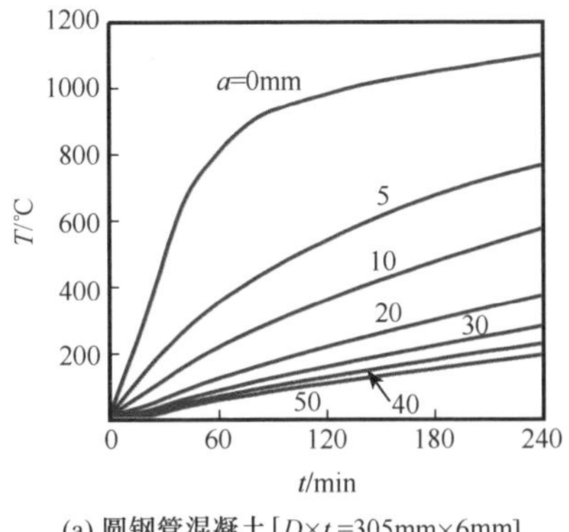

(a) 圆钢管混凝土[$D\times t$ =305mm×6mm]

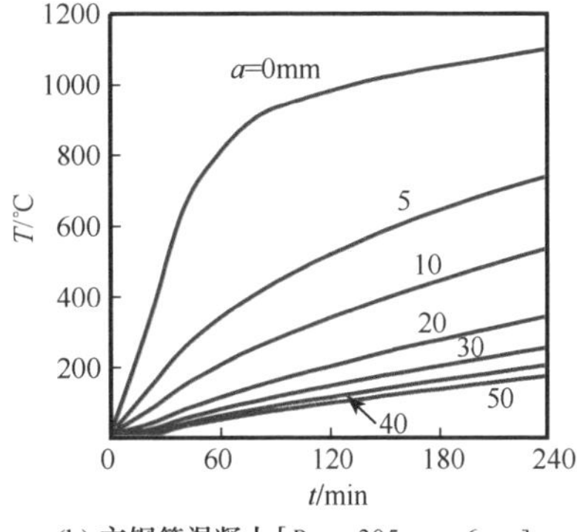

(b) 方钢管混凝土[$B\times t$ =305mm×6mm]

图 8.19　不同防火涂料保护层厚度下钢管混凝土的 T-t 关系

图 8.20 所示为钢管混凝土柱在不同水泥砂浆护层厚度下钢管表面温度与时间的关系曲线。图中，a 为水泥砂浆护层厚度。水泥砂浆的热工性能参数按孙金香和高伟（1992）提供的方法确定，即

$$\rho = 2150 \quad (\text{kg/m}^3) \tag{8.23}$$

$$\lambda = 1.86 - (3.55 \times 10^{-3})T + (2.66 \times 10^{-6})T^2 \quad [\text{kcal/(m} \cdot \text{h} \cdot ℃)] \tag{8.24}$$

$$c = 0.124 + (3.65 \times 10^{-4})T - (1.01 \times 10^{-7})T^2 \quad [\text{kcal/(kg} \cdot ℃)] \tag{8.25}$$

式中：ρ 为密度；λ 为导热系数；c 为比热；T 为温度，单位为℃。

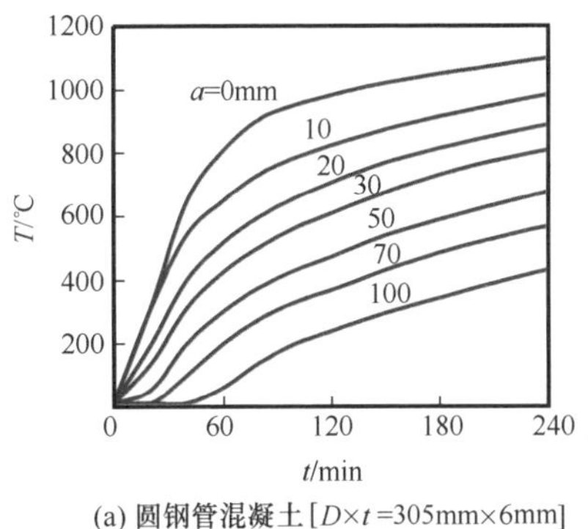

(a) 圆钢管混凝土[$D\times t$ =305mm×6mm]

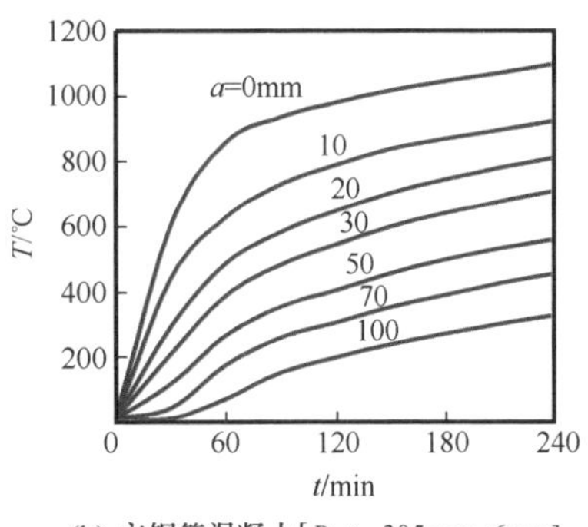

(b) 方钢管混凝土[$B\times t$ =305mm×6mm]

图 8.20　不同砂浆保护层厚度下钢管混凝土的 T-t 关系

由图 8.19 和图 8.20 可见，钢管混凝土的钢管表面温度随保护层厚度的增加而呈显著降低的趋势，且厚涂型钢结构防火涂料的效果最为显著。

图 8.21 和图 8.22 所示为受 ISO-834 规定的火灾作用时、不同截面尺寸情况下钢管混凝土柱的钢管表面温度（T_s）和混凝土核心温度（T_c）与时间（t）的关系曲线。可见，钢管混凝土构件截面尺寸大小对钢管和混凝土核心温度的变化影响较大，但当圆钢管直径或方钢管边长大于 400mm 后，这种影响则趋于平缓。

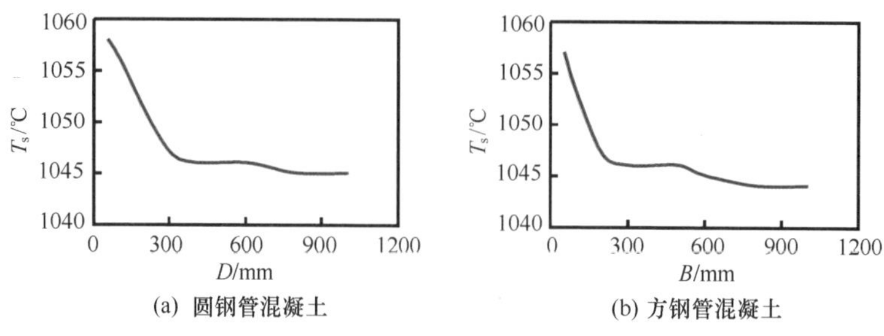

(a) 圆钢管混凝土　　(b) 方钢管混凝土

图 8.21　钢管表皮温度随截面直径变化的关系曲线

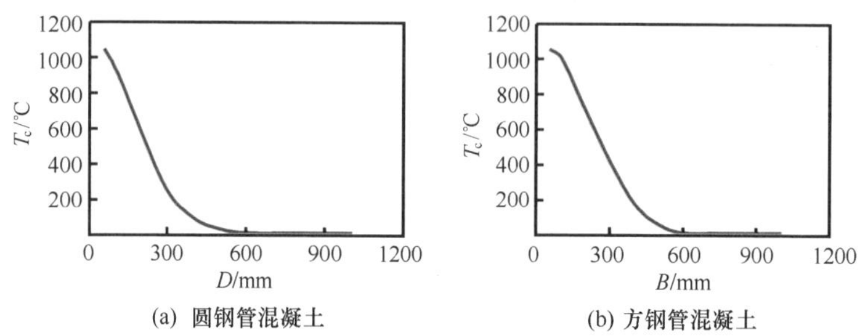

(a) 圆钢管混凝土　　(b) 方钢管混凝土

图 8.22　核心混凝土温度随截面尺寸变化的关系曲线

8.3.3　试验研究

为了进一步验证温度场理论计算方法的准确性，了解带防火保护层情况下大尺寸钢管混凝土柱温度场的变化规律，课题组先后进行了 8 个方钢管混凝土和 4 个圆钢管混凝土按 ISO-834（1975）标准规定的升温曲线升温下温度场的试验研究。

（1）试件设计和制作

试件设计时考虑的因素主要有：构件横截面尺寸（对于圆钢管混凝土，为构件截面直径 D；对于方钢管混凝土，为构件截面边长 B）和防火涂料保护层厚度（a）。表 8.5 给出了试件的详细设计资料，其中，t 为钢管壁厚。

表 8.5　温度场试验试件表

截面形式	序号	试件编号	$D(B)\times t$/(mm×mm)	a/mm
圆形	1	C400-25	400×6	25
	2	C400-30	400×6	30
	3	C400-35	400×6	35
	4	C800-30	800×6	30
方形	1	S299-0	299×5	0
	2	S299-14	299×5	14
	3	S299-16	299×5	16
	4	S299-19	299×5	19

续表

截面形式	序号	试件编号	$D(B)\times t/(\mathrm{mm}\times\mathrm{mm})$	a/mm
方形	5	S600-0	600×5	0
	6	S600-14	600×5	14
	7	S600-16	600×5	16
	8	S600-19	600×5	19

圆试件采用无缝钢管。方试件的钢管由四块钢板拼焊而成，焊缝采用坡口焊形式。

进行试件加工时，首先按所要求的截面形式和长度加工空钢管，并保证钢管两端截面平整。先在空钢管一端将盖板焊上，另一端等混凝土浇灌之后再焊接。盖板及空钢管的几何中心对中，并保证焊缝的质量。在试件两端钢管与盖板交界处，分别设置了一直径为 20mm 的半圆排汽孔，以期保证试件升温时核心混凝土内的水蒸气散发。

圆试件中混凝土的配合比为：水 224 kg/m^3；水泥 449 kg/m^3；砂 713 kg/m^3；碎石 1014 kg/m^3。所用材料为普通硅酸盐水泥；中砂；石灰岩碎石。方试件中混凝土的配合比为：水 171 kg/m^3；水泥 318 kg/m^3；砂 636 kg/m^3；碎石 1275 kg/m^3。所用材料为普通硅酸盐水泥；石灰岩碎石；最大粒径 15mm；中粗砂，砂率为 0.35。

在进行混凝土浇灌时，先将钢管竖立，使未焊盖板的截面位于顶部，从开口处灌入混凝土。混凝土采用分层灌入法，并用 ϕ50 振捣棒伸入钢管内部振捣，在试件的底部同时用振捣棒在钢管的外部进行侧振，以期保证混凝土的密实度，最后将核心混凝土顶部与钢管上截面抹平。试件自然养护两星期左右后，测得核心混凝土沿纵向的收缩量约为 2mm，用高强水泥砂浆将混凝土表面与钢管抹平，然后焊上另一盖板。

在钢管混凝土试件养护过程中，对于有防火涂料保护层的构件，由防火涂料有关生产厂家协助按设计的厚度在试件表面喷涂，并保证涂层的平整和均匀。试件的保护层采用了厚涂型钢结构防火涂料，涂料的基本热工参数为：密度 $\rho=(400\pm20)\mathrm{kg/m^3}$；导热系数 $\lambda=0.116\mathrm{W/(m\cdot K)}$；比热 $c=1.047\times10^3\ \mathrm{J/(kg\cdot K)}$。实际的防火涂料保护层厚度（$a$）列于表 8.5 中。

在沿试件纵向中截面设置了 3 个热电偶，分别位于钢管表面，即 1 号点；截面形心与钢管内表面距离 1/3（圆钢管）和 1/2 处（方钢管），即 2 号点；以及截面形心与钢管内表面距离 2/3（圆钢管）和截面形心处（方钢管），即 3 号点，如图 8.23 所示。

（2）试验方法

试验在我国天津市“国家固定灭火系统和耐火构件质量监督检验测试中心”进行。试验过程中对试件的控制和数据采集均采用计算机进行，控制燃烧炉的升温曲线为按 ISO-834（1975）规定的曲线。

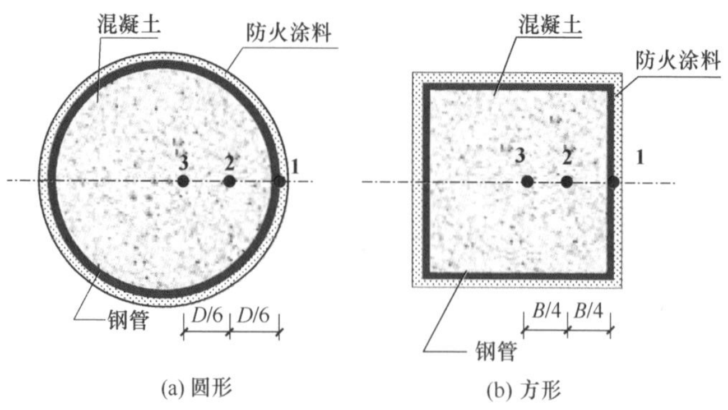

图 8.23　构件典型的截面形式

本次耐火试验的过程如下：①用吊车将试件吊入炉中；②连接热电偶连线；③用隔热材料对试件两端进行保护；④按标准升温曲线点火升温，开始进行温度测试工作。图 8.24 所示为试件放置在试验炉中试验前的情景。

图 8.24　试件在燃烧炉时的情景

（3）试验结果与分析

在升温至 30min 左右，试件表面颜色几乎没有变化。随着温度的不断升高，先在保护层表面逐渐出现暗色斑点，在 40min 左右时，迎火面出现光泽，保护层局部出现融化现象。随着升温时间的进一步推移，这种现象逐渐在整个柱身蔓延，保护层表面出现凹凸不平现象，但涂层没有完全融化。升温时间达到 50min 左右时，排汽孔处保护层表面开始有蒸汽逸出。此时，保护层颜色也由原来的暗红色逐渐变为浅红色。升温时间达 60min 左右时，保护层表面逐渐显得光滑，其颜色与火焰颜色趋于一致，但没有出现防火涂料融化流淌现象，上述现象一直保持到停止试验。停止试验时，保护层仍保持着较好的整体性，但随着试件的逐渐冷却，保护层开始收缩，在沿试件的纵向出现裂纹，并开始和钢管混凝土试件产生剥离。圆钢管混凝土和方钢管混凝土构件的现象基本类似。上述现象和 8.2 节中进行的带保护层钢管混凝土柱耐火极限试验时观测到的现象类似。

图 8.25 和图 8.26 所示分别为实测的圆钢管混凝土和方钢管混凝土试件的温度（T）-升温时间（t）关系曲线（实线），可见，本次试验试件钢表皮的升温大大滞后于炉膛温度的升高，主要由于保护层的隔热和核心混凝土的吸热所致。

在本次试验参数范围内可得到如下结论。

1）由于核心混凝土的吸热作用，使钢管表皮的升温大为滞后；钢管混凝土构件截面尺寸越大，钢管表皮和核心混凝土的温度升高越为迟缓。

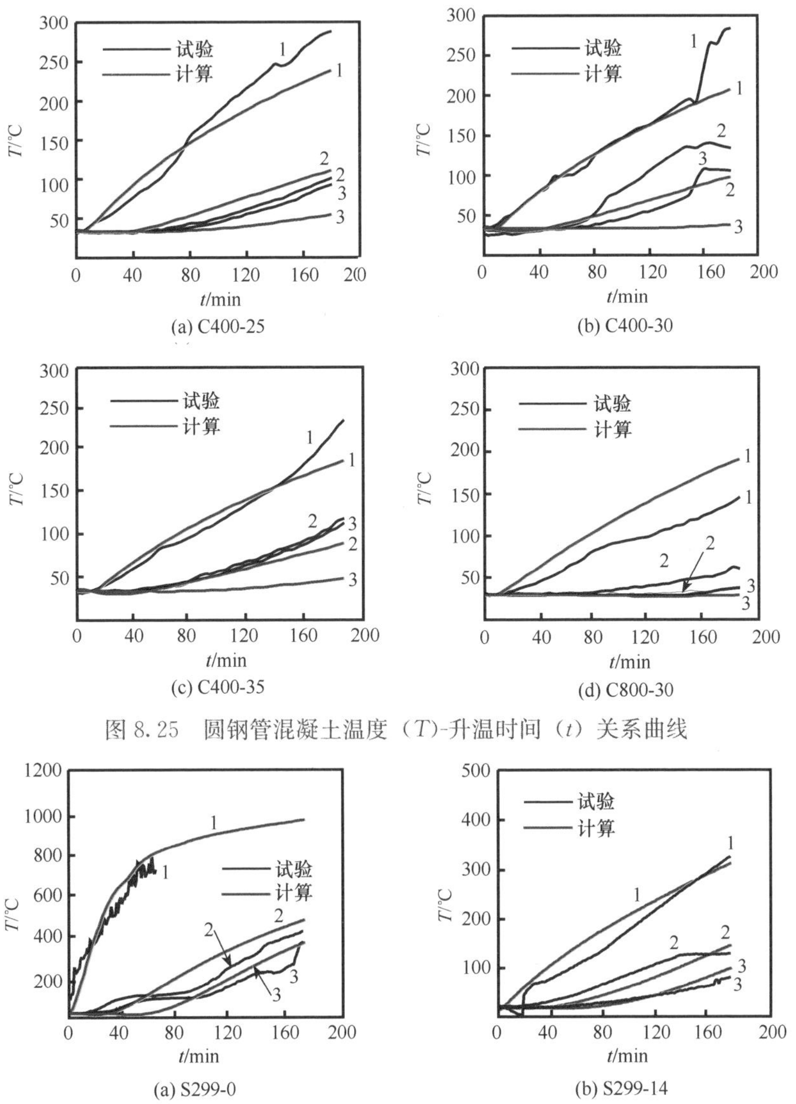

(a) C400-25　(b) C400-30　(c) C400-35　(d) C800-30

图 8.25　圆钢管混凝土温度（T）-升温时间（t）关系曲线

(a) S299-0　(b) S299-14

图 8.26　方钢管混凝土温度（T）-升温时间（t）关系曲线

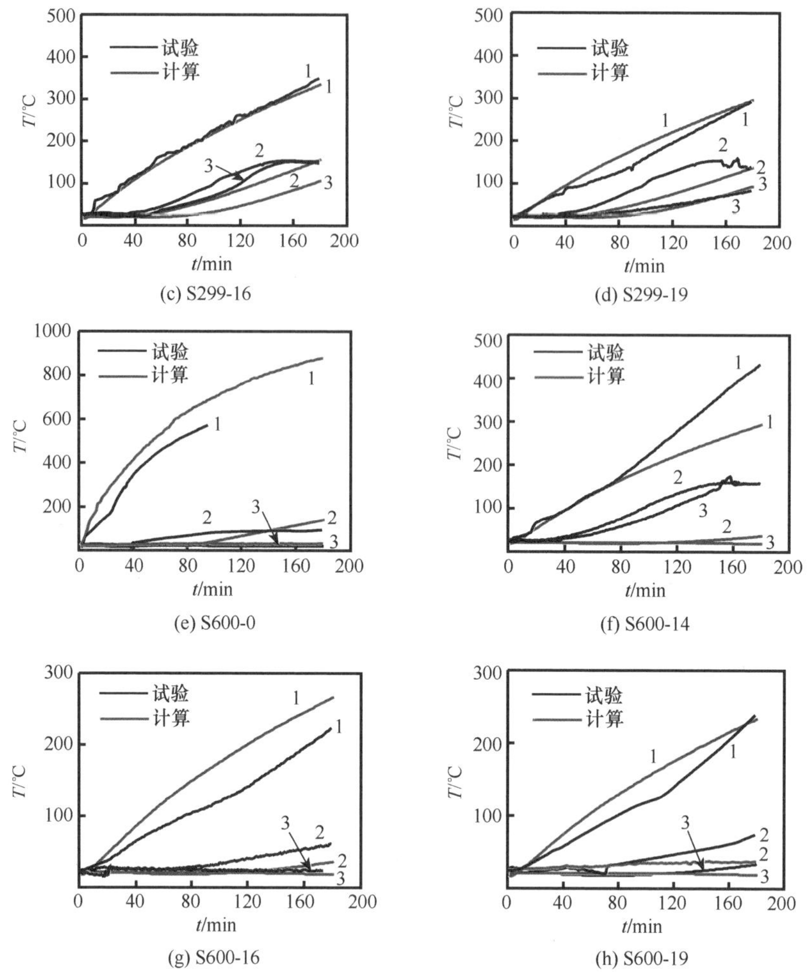

图 8.26　方钢管混凝土温度（T）-升温时间（t）关系曲线（续）

2）防火涂料厚度的大小对钢管混凝土构件截面温度变化具有显著影响。钢管混凝土温度（T）-升温时间（t）关系计算曲线和实测结果总体吻合较好。

3）对试验现象的观测结果表明，为了保证核心混凝土中水蒸气的及时散发，保证结构的安全工作，在钢管混凝土柱上设置排汽孔是必要的。

8.4　火灾作用下（后）钢管混凝土柱的理论分析模型

8.4.1　火灾模型，力、温度和时间路径

（1）火灾模型

建筑物室内火灾的温度-时间曲线有一定的随机性，这是因为室内可燃物的燃烧性能、数量（火灾荷载）、分布以及房间开口的面积和形状等因素都会影响

火灾温度曲线，因此，研究者们一直在探索合适的标准火灾温度-时间关系，以期供抗火试验和抗火设计时使用。

目前，在进行结构构件耐火性能的研究和设计时，国内外采用较多的是 ISO-834（1980）标准升（降）温曲线，如图 8.27 所示。

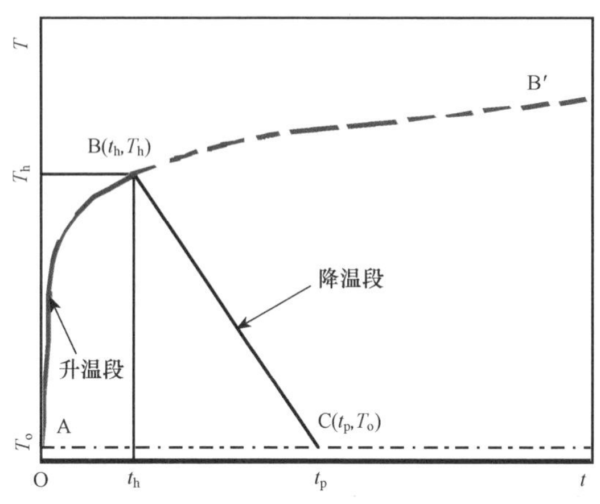

图 8.27　ISO-834 标准升、降温曲线

图 8.27 中，粗实线部分代表 ISO-834 升（降）温曲线。B 点为升温和降温的转折点，AB 段为升温段，BC 段为降温段，t_p 代表外界温度降至室温的时刻。当研究构件的耐火极限问题时，升温制度为 A→B→B′，即 ISO-834 曲线不出现下降段，我国《建筑构件耐火试验方法》（GB/T 9978—1999）采用了类似的升温曲线，也即本章第 8.2 和 8.3 节中介绍的钢管混凝土柱耐火极限和温度场试验均采用的升温曲线，如图 8.4 所示。

图 8.27 中各阶段的数学表达式如下。

1）升温段（ABB′）：

$$T = T_o + 345\log_{10}(8t+1) \tag{8.26a}$$

2）降温段（BC）：

$$T=\begin{cases} T_h - 10.417(t-t_h) & (t_h \leqslant 30) \\ T_h - 4.167\left(3-\dfrac{t_h}{60}\right)(t-t_h) & (30 < t_h < 120) \\ T_h - 4.167(t-t_h) & (t_h \geqslant 120) \end{cases} \tag{8.26b}$$

式中：T 为温度（℃）；t 为火灾作用时间（min）；t_h 为升降温临界时间（min）；T_h 为升降温临界温度（℃），$T_h = T_o + 345\log_{10}(8t_h+1)$；$T_o$ 为室温（℃），常取值为 20℃。

（2）力、温度和时间路径

火灾下，实际结构中的钢管混凝土柱都会承受一定的外荷载（N_F）。发生火灾时，随着室内温度（T）的升高，不仅钢材和核心混凝土的温度膨胀变形快速增加，而且材料的力学性能的劣化，也会导致钢管混凝土柱产生变形。随着可燃物的逐渐燃烧殆尽，即进入降温段，此时，随着受火时间（t）的增长，室内的温度不断降低。如果钢管混凝土柱在升温或降温过程中没有失去稳定性，当其表面的温度开始降低时，钢管的强度可逐渐得到不同程度的恢复，截面的力学性能会比高温下有所改善，火灾下钢管混凝土柱的变形也可能得到一定程度的恢复。随着时间的推移，柱截面上的温度会恢复到常温状态。这时，需要评估和了解火灾对柱构件的影响，包括承载力、刚度、位移延性等力学性能。

可见，研究火灾对钢管混凝土柱影响的过程比较复杂，需要考虑力、温度和时间路径。考虑到实际可能发生的情况，本章把这一过程总体上分成四阶段（如图 8.28 所示）。

1）常温段（AA′）：时间 t 为 0 时刻（$t=0$），温度 T 为室温 T_o（$T=T_o$），荷载 N 增至设计值 N_F（$N \rightarrow N_F$），如图 8.28 中 AA′段所示。

2）升温段（A′B′）：时间 t 从 0 时刻增至设定时刻 t_h（$t=0 \rightarrow t_h$），环境温度 T 按 ISO-834 标准升温曲线上升至 T_h（$T=T_o \rightarrow T_h$），荷载 N_F 保持不变（$N=N_F$），如图 8.28 中 A′B′段所示。

3）降温段（B′C′D′）：时间 t 从 t_h时刻增至 t_p（$t=t_h \rightarrow t_p$），温度 T 按 ISO-834 标准降温曲线下降至室温 T_o（$T=T_h \rightarrow T_o$），荷载 N 保持设计值 N_F不变（$N=N_F$），如图 8.28 中 C′D′段所示。

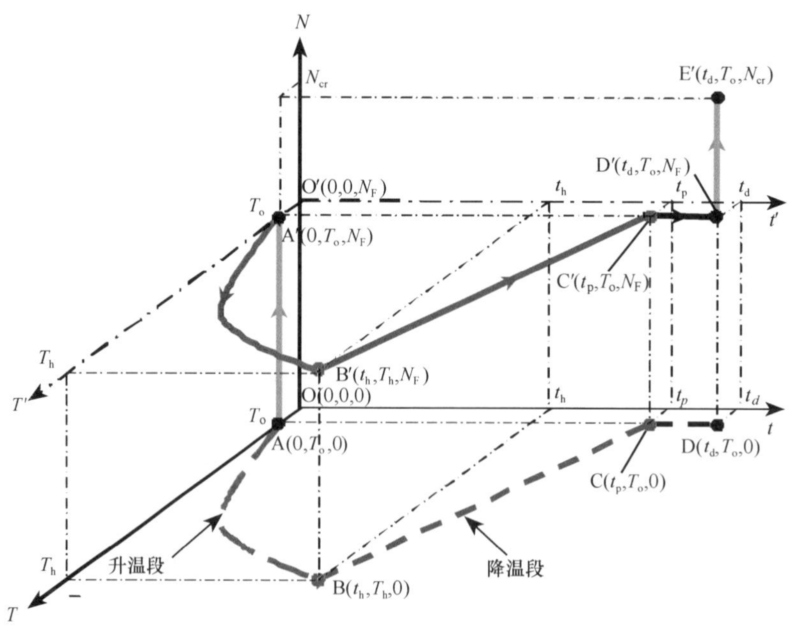

图 8.28　时间（t）-环境温度（T）-荷载（N）变化路径示意图

4）火灾后段（DE）：温度 T 保持室温 T_o 不变（$T=T_o$），继续施加外荷载直至构件破坏（外荷载达到 N_{cr}）如图 8.28 中 D′E′段所示。

由于条件所限，目前在进行火灾后钢管混凝土柱力学性能研究时，往往采用对构件先升温、降温、再加载（即图中粗虚线所示的路径 A→B→C→D→E′）的方法。林晓康（2006）和杨华（2003）则采用数值分析方法对上述力、温度和时间路径共同作用下钢管混凝土构件的力学性能进行了研究。

8.4.2　高温下（后）钢材和混凝土的材料特性

合理地确定组成钢管混凝土的钢材及其核心混凝土在高温下和高温后的材料特性，是进行该类构件耐火性能和火灾后力学性能研究的必要条件。

（1）恒高温下钢材和混凝土的应力-应变关系模型

1）钢材。

描述高温下钢材应力-应变关系的模型有多种，本章选用 Lie（1994），Lie 和 Chabot（1990）提出的模型，用应力强度（σ_s）和应变强度（ε_s）的形式表示为

当 $\varepsilon_s \leqslant \varepsilon_p$ 时：

$$\sigma_s = \frac{f(T,0.001)}{0.001}\varepsilon_s \tag{8.27a}$$

当 $\varepsilon_s > \varepsilon_p$ 时：

$$\sigma_s = \frac{f(T,0.001)}{0.001}\varepsilon_p + f[T,(\varepsilon_s-\varepsilon_p+0.001)] - f(T,0.001) \tag{8.27b}$$

式中：$\varepsilon_p = 4\times10^{-6}f_y$；$f(T,0.001)=(50-0.04T)\times\{1-\exp[(-30+0.03T)\sqrt{0.001}]\}\times6.9$；$f[T,(\varepsilon_s-\varepsilon_p+0.001)]=(50-0.04T)\times\{1-\exp[(-30+0.03T)\sqrt{\varepsilon_s-\varepsilon_p+0.001}]\}\times6.9$。

以 Q345 钢为例，图 8.29 所示为不同温度下钢材的 σ_s-ε_s 关系。

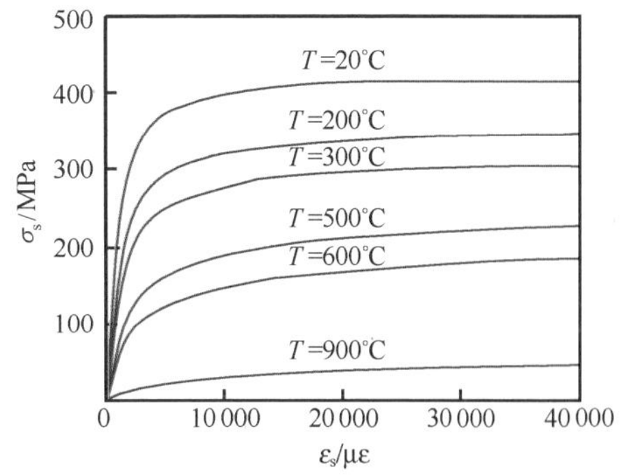

图 8.29　高温下钢材的 σ_s-ε_s 关系

2）混凝土。

对于描述混凝土在恒高温受压情况下的应力（σ_c）-应变（ε_c）关系模型，根据对钢管混凝土柱耐火极限试验结果的试算，发现仍可以采用常温下的表达式[见式（3.33）和式（3.34）]，只是其中的某些参数，如 f_y、f_c' 和 ε_o 等是随温度变化的。在确定高温下混凝土抗压强度 $f_c'(T)$ 及极限应变 ε_o 时，参考了时旭东（1992）和李华东（1994）给出的高温下混凝土棱柱体抗压强度及其对应应变的计算方法。

最终确定的高温下钢管混凝土的核心混凝土的应力-应变关系表达式如下。

① 圆钢管混凝土：

$$y = 2 \cdot x - x^2 \qquad (x \leqslant 1) \tag{8.28a}$$

$$y = \begin{cases} 1 + q \cdot (x^{0.1\xi} - 1) & (\xi \geqslant 1.12) \\ \dfrac{x}{\beta \cdot (x-1)^2 + x} & (\xi < 1.12) \end{cases} \qquad (x > 1) \tag{8.28b}$$

其中

$$x = \frac{\varepsilon}{\varepsilon_o} \quad y = \frac{\sigma}{\sigma_o}$$

其中

$$\sigma_o = \left[1 + (-0.054 \cdot \xi^2 + 0.4 \cdot \xi) \cdot \left(\frac{24}{f'_c}\right)^{0.45} \cdot (1 - T/1000)^{9.55}\right] \cdot f'_c(T)$$

$$f'_c(\mathrm{T}) = f'_c / [1 + 1.986 \cdot (T - 20)^{3.21} \times 10^{-9}]$$

$$\varepsilon_o = \varepsilon_{cc}(\mathrm{T}) + \left[1400 + 800 \cdot \left(\frac{f'_c}{24} - 1\right)\right] \cdot \xi^{0.2}$$

$$\cdot (1.03 + 3.6 \times 10^{-4} \cdot T + 4.22 \times 10^{-6} \cdot T^2)(\mu\varepsilon)$$

$$\varepsilon_{cc}(\mathrm{T}) = (1.03 + 3.6 \times 10^{-4} \cdot T + 4.22 \times 10^{-6} \cdot T^2) \cdot (1300 + 12.5 \cdot f'_c)(\mu\varepsilon)$$

$$q = \frac{\xi^{0.745}}{2 + \xi}$$

$$\beta = (2.36 \times 10^{-5})^{[0.25 + (\xi - 0.5)^7]} \cdot f'^2_c \cdot 3.51 \times 10^{-4}$$

$$\xi = \alpha \cdot f_y(\mathrm{T}) / f_{ck}$$

$$\alpha = A_s / A_c$$

$$f_y(T) = \begin{cases} f_y & (T < 200℃) \\ \dfrac{0.91 f_y}{1 + 6.0 \times 10^{-17}(T - 10)^6} & (T \geqslant 200℃) \end{cases}$$

② 方、矩形钢管混凝土：

$$y = 2 \cdot x - x^2 \qquad (x \leqslant 1) \tag{8.29a}$$

$$y = \frac{x}{\beta \cdot (x-1)^\eta + x} \qquad (x > 1) \tag{8.29b}$$

其中

$$x = \frac{\varepsilon}{\varepsilon_o}; y = \frac{\sigma}{\sigma_o}$$

$$\sigma_o = \left[1 + (-0.0135 \cdot \xi^2 + 0.1 \cdot \xi) \cdot \left(\frac{24}{f'_c}\right)^{0.45} \cdot (1 - T/1000)^{9.55}\right] \cdot f'_c(\mathrm{T})$$

$$f'_c(T) = f'_c / [1 + 1.986 \cdot (T - 20)^{3.21} \times 10^{-9}]$$

$$\varepsilon_o = \varepsilon_{cc}(T) + \left[1330 + 760 \cdot \left(\frac{f'_c}{24} - 1\right)\right] \cdot \xi^{0.2}$$

$$\cdot (1.03 + 3.6 \times 10^{-4} T + 4.22 \times 10^{-6} \cdot T^2)(\mu\varepsilon)$$

$$\varepsilon_{cc}(T) = (1.03 + 3.6 \times 10^{-4} \cdot T + 4.22 \times 10^{-6} \cdot T^2) \cdot (1300 + 12.5 \cdot f'_c)(\mu\varepsilon)$$
$$\eta = 1.6 + 1.5/x$$
$$\xi = \alpha \cdot f_y(T)/f_{ck}$$
$$\alpha = A_s/A_c$$
$$f_y(T) = \begin{cases} f_y & (T < 200℃) \\ \dfrac{0.91 f_y}{1 + 6.0 \times 10^{-17}(T - 10)^6} & (T \geqslant 200℃) \end{cases}$$

f'_c为常温下混凝土圆柱体轴心抗压强度，其与混凝土立方体抗压强度 f_{cu} 的换算关系见表 1.2。

$$\beta = \begin{cases} \dfrac{f'^{0.1}_c}{1.35\sqrt{1+\xi}} & (\xi \leqslant 3.0) \\ \dfrac{f'^{0.1}_c}{1.35\sqrt{1+\xi} \cdot (\xi - 2)^2} & (\xi > 3.0) \end{cases}$$

图 8.30 所示为 Q345 钢、C60 混凝土的含钢率分别等于 0.05 和 0.15 时核心混凝土不同温度下的 σ_c-ε_c 关系。

③ 恒高温下钢管混凝土的轴压荷载-变形关系。在分别确定了组成钢管混凝土的钢材和混凝土在高温下的应力-应变关系模型后，与常温下的方法类似，可计算出钢管混凝土在高温下的轴压 σ_{sc}-ε 关系曲线，如图 8.31（a）所示，计算条件为：$D \times t \times L = 133\text{mm} \times 4.5\text{mm} \times 399\text{mm}$；$f_y = 323.5\text{MPa}$；$f_{cu} = 41.2\text{MPa}$；$T = 20℃$，200℃、300℃、500℃、600℃和 900℃。

为了验证计算结果，进行了恒高温下圆钢管混凝土轴心受压短构件力学性能的试验研究，试件基本参数与图 8.31（a）所示曲线的计算条件相同。

试件的制作同 3.3.1 节中圆钢管混凝土短试件的制作方式，混凝土的用料：普通硅酸盐水泥；石灰岩碎石，最大粒径 22mm；中粗砂，砂率为 0.35。配合比按重量比为：水∶水泥∶砂∶石＝160∶530∶600∶1110，单位为 kg/m^3。

进行加载试验前，先将试件置于高温电炉内加热，当炉膛温度达到设定值后，继续保持温度恒定加热 2～3 小时，然后取出，置于珍珠岩保温套内，放在 200 吨压力机上进行加载试验，试件两端采用平板铰，试件的轴向变形由两个机电百分表测得，最后取平均值除以试件长度换算为应变。

试验结果表明，对于温度低于 300℃的试件，其破坏形态与常温下的情况基本相同；对于温度为 500℃、600℃和 900℃的试件，破坏模态总体上也与常温下的情况类似，只是在试件表面出现多处外凸现象，且随着温度的升高，外凸现象越来越明显。

实测的 $\sigma_{sc}(=N/A_{sc})$-ε 曲线如图 8.31（b）所示，可见计算结果与试验结果的趋势基本吻合。

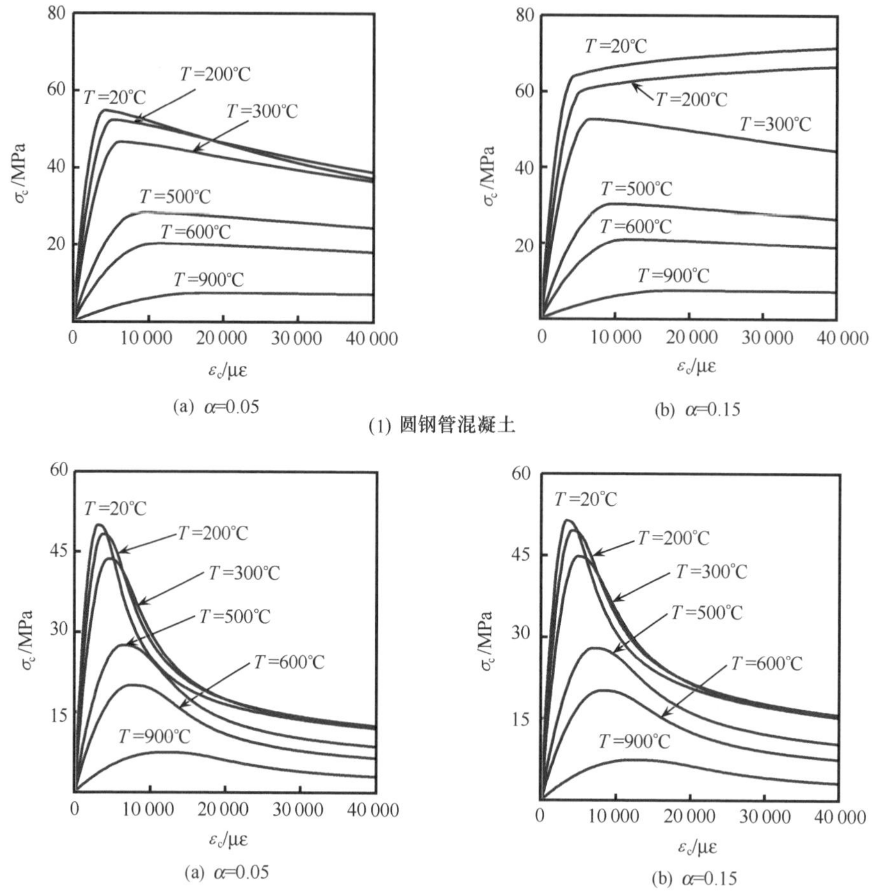

(a) α=0.05

(b) α=0.15

(1) 圆钢管混凝土

(a) α=0.05

(b) α=0.15

(2) 方、矩形钢管混凝土

图 8.30　高温下核心混凝土的 σ_c-ε_c 关系

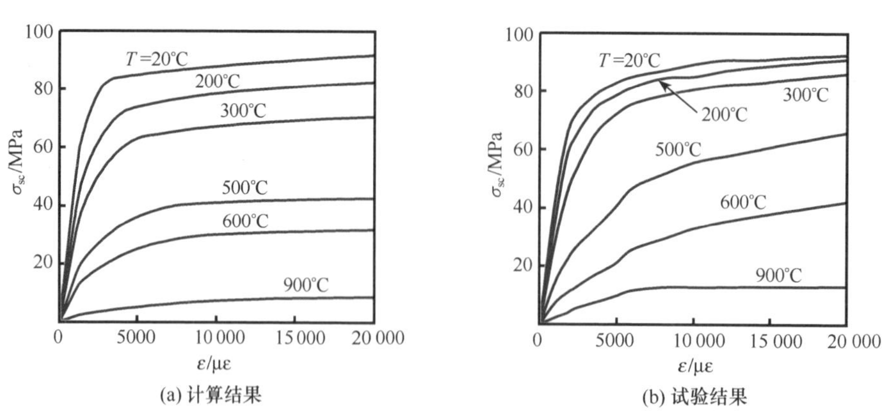

(a) 计算结果

(b) 试验结果

图 8.31　高温下钢管混凝土的 σ_{sc}-ε 关系关系

(2) 恒高温后钢材和混凝土的应力-应变关系模型

1) 钢材。

钢材的应力 (σ)-应变 (ε) 关系暂取双线性模型 [类似于图 3.1 (b) 所示的图形]，即

$$\sigma=\begin{cases} E_s(T)\cdot\varepsilon & [\varepsilon\leqslant\varepsilon_y(T)] \\ f_y(T)+E'_s(T)\cdot[\varepsilon-\varepsilon_y(T)] & [\varepsilon>\varepsilon_y(T)] \end{cases} \tag{8.30}$$

其中，高温作用后的屈服强度 $f_y(T)$ 按下式确定（曹文衔，1998）：

$$f_y(T)=\begin{cases} f_y & (T\leqslant 400℃) \\ f_y[1+2.33\times10^{-4}(T-20)-5.88\times10^{-7}(T-20)^2] & (T>400℃) \end{cases} \tag{8.31}$$

钢材弹性段的弹性模量取 $E_s(T)=E_s$；强化段取 $E'_s(T)=0.01E_s(T)$。式 (8.30) 中，$\varepsilon_y(T)=f_y(T)/E_s(T)$。

2) 混凝土。

高温作用后钢管混凝土核心混凝土的应力 (σ)-应变 (ε) 关系暂时按照常温下的形式选取，只是在其中考虑了温度作用的影响。

常温下钢管混凝土核心混凝土的 σ-ε 关系如式 (3.33) 和式 (3.34) 所示。考虑高温作用的影响时，只是对 ε_o 和 σ_o 进行了修正，将 ε_o 和 σ_o 分别按照考虑温度影响的 $\varepsilon_o(T)$ 和 $\sigma_o(T)$ 代入式 (3.33) 和式 (3.34) 中。确定 $\varepsilon_o(T)$ 和 $\sigma_o(T)$ 时参考了李卫和过镇海 (1993) 对混凝土高温作用后力学性能的研究成果，$\varepsilon_o(T)$ 和 $\sigma_o(T)$ 的计算公式分别如下：

$$\varepsilon_o(T)=\varepsilon_o\cdot[1+(1500T+5T^2)\times10^{-6}](\mu\varepsilon) \tag{8.32}$$

$$\sigma_o(T)=\frac{\sigma_o}{1+2.4(T-20)^6\times10^{-17}} \tag{8.33}$$

这样，就可很方便地计算出高温作用后钢管混凝土的核心混凝土随温度变化的 σ-ε 关系曲线。

图 8.32 所示为采用 C60 混凝土、$\xi=1$ 时钢管混凝土的核心混凝土在不同温度作用下 σ-ε 关系曲线。

(3) 降温过程中的钢材和混凝土的应力-应变关系

对于在降温过程中，即图 8.27 中的 CD 段，如何确定混凝土和钢材的应力-应变关系很重要。由于混凝土高温后的力学性能主要和其曾经经历过的最高温度有关，因此，在这一阶段，混凝土暂采用高温后的模型。

钢材的模型采用类似于高温后的模型，只是其屈服强度按照高温下方法确定。

对于降温段钢材的应力-应变关系模型，目前关于这方面的报道尚少见。杨华 (2003)、Yang 和 Han 等 (2008a) 假定钢材在降温段的应力-应变关系模型与高温后的形式相同，而屈服强度和屈服应变则以当前温度 T 为自变量在 T_o-T_{max} 之间插值获得，σ-ε 关系的表达式如下为

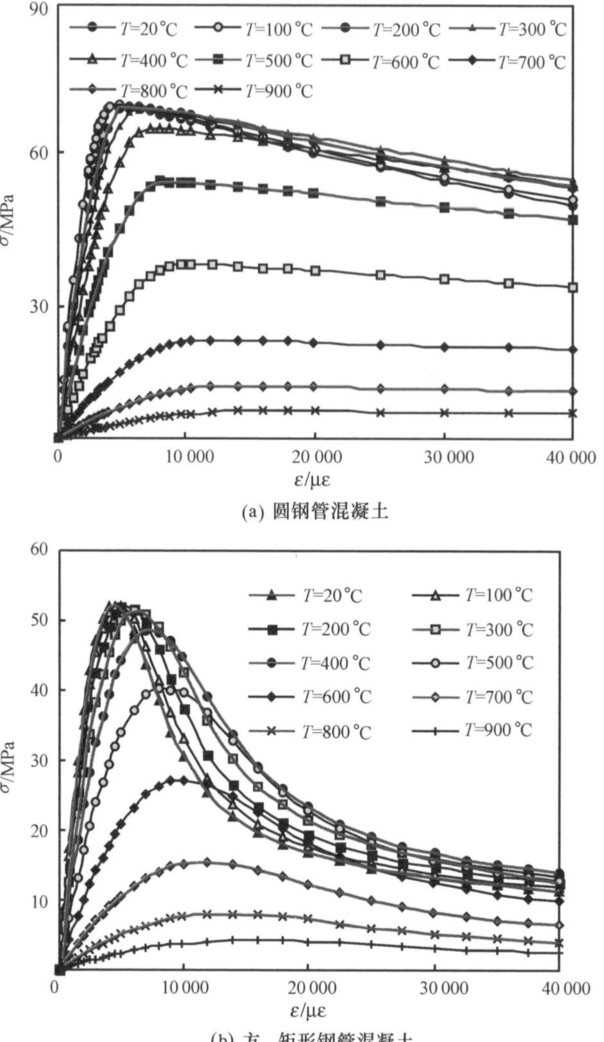

(a) 圆钢管混凝土

(b) 方、矩形钢管混凝土

图 8.32 高温后核心混凝土的 σ-ε 关系

$$\sigma = \begin{cases} E(T, T_{max})\varepsilon & [\varepsilon \leqslant \varepsilon_y(T, T_{max})] \\ f_y(T, T_{max}) + E'(T, T_{max})[\varepsilon - \varepsilon_y(T, T_{max})] & [\varepsilon > \varepsilon_y(T, T_{max})] \end{cases} \tag{8.34}$$

其中，$f_y(T, T_{max})$ 为降温过程中钢材的屈服强度，有

$$f_y(T, T_{max}) = f_{y1}(T_{max}) - \frac{T_{max} - T}{T_{max} - T_o}[f_{y1}(T_{max}) - f_{y2}(T_{max})]$$

$\varepsilon_y(T, T_{max})$ 为降温过程中钢材的屈服应变，有

$$\varepsilon_y(T, T_{max}) = \varepsilon_{y1}(T_{max}) - \frac{T_{max} - T}{T_{max} - T_o}[\varepsilon_{y1}(T_{max}) - \varepsilon_{y2}(T_{max})]$$

$E(T, T_{max})$ 为降温过程中钢材的弹性模量，有

$$E(T,T_{max}) = \frac{f_y(T,T_{max})}{\varepsilon_y(T,T_{max})}$$

$E'(T, T_{max})$ 为降温过程中钢材的强化模量，有

$$E'(T,T_{max}) = 0.01E(T,T_{max})$$

上述式中：$f_{y1}(T_{max})$、$\varepsilon_{y1}(T_{max})$ 为升温过程中钢材的屈服强度和屈服应变；

$f_{y2}(T_{max})$、$\varepsilon_{y2}(T_{max})$ 为高温作用后钢材的屈服强度和屈服应变；

T 为当前温度；T_{max} 为历史最高温度；T_o 为室温，本书计算时暂取 T_o=20℃。

8.4.3　理论模型和计算方法

（1）基本假定

在进行钢管混凝土柱耐火性能的计算分析时，采用了如下假设：

1）构件两端为铰接，变形曲线为正弦半波曲线。

2）忽略钢管残余应力的影响。

3）钢管和核心混凝土之间无相对滑移。

4）忽略剪力对构件变形的影响。

5）受力过程中构件截面总保持为平面。

6）钢材、核心混凝土在高温下、高温后的应力-应变关系模型按 8.4.2 节中介绍的相关方法确定。在高温下（包括升温和降温），暂不考虑混凝土抗拉强度的影响。

7）热应变只计入膨胀应变。

8）本书提供的核心混凝土的应力-应变本构关系模型与轴压试验结果进行了标定，故暂不考虑钢材蠕变和混凝土热徐变的影响。

（2）几何描述与结构离散

为了反映材料在构件长度和截面两个方向上性能的变化，在对钢管混凝土柱进行单元划分时，考虑了两个层次的划分。具体方法为：在构件长度方向上划分若干个梁-柱单元，将构件视为通过结点相连的梁-柱单元的集合，如图 8.33 所示。图中 1，2，…，$n-1$，n 表示节点编号，①，②，…，$\textcircled{n-1}$表示单元编号。单元划分的数目取决于计算要求的精度。在编制程序时，在钢管混凝土构件计算长度上共等分了 12 个单元。然后，将构件长度方向上各积分控制点处截面划分为若干微单元（如图 3.15 所示），确定微单元形心的几何特性和相应的材料切线模量，然后利用求得的材料切线模量和相应的单元几何特性确定各个单元的贡献，最后将各单元的贡献叠加，从而获得截面切线刚度矩阵 $[D_t]$。由于本章研究的截面形式为圆形、方形以及矩形，它们均是对称截面，且研究对象为四面均匀受火的情况，可取半个截面进行计算（杨华，2003）。

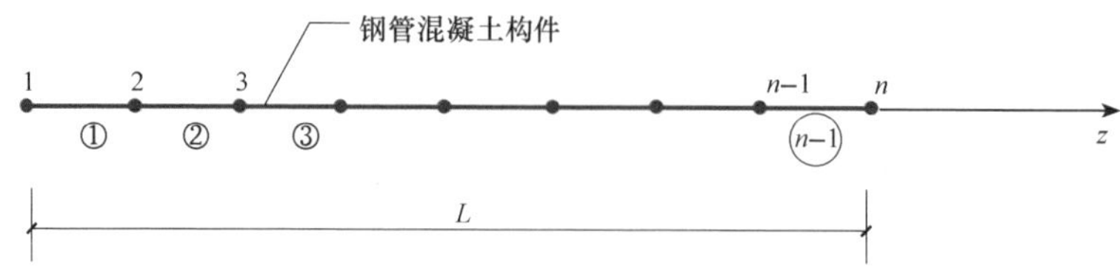

图 8.33　长度方向的单元

（3）截面切线刚度

对于构件的某一截面，其上任意一点的应变 ε_i 可表示为

$$\varepsilon_i = \varepsilon_o + y_i\phi + \varepsilon_T \tag{8.35}$$

式中：y_i 为计算点的坐标，如图 3.15 所示；ε_o 为截面形心处的应变；ϕ 为曲率；ε_T 为热膨胀应变（$=\alpha_T T$），对于钢材 α_T 按式（8.3）确定，对于混凝土 α_T 按式（8.8）确定。

参考张文福（2000）的推导过程，钢管混凝土构件截面切线刚度矩阵可表示为

$$[D_t] = \begin{bmatrix} EA & ES_x \\ ES_x & EJ_{xx} \end{bmatrix}_s + \begin{bmatrix} EA & ES_x \\ ES_x & EJ_{xx} \end{bmatrix}_c \tag{8.36}$$

由于钢材以及核心混凝土的应力-应变关系模型是非线性的，式（8.36）中的各个系数须采用积分的方法获得，即

$$\begin{aligned} EA &= \iint E_t(x,y)\mathrm{d}A \\ ES_x &= \iint E_t(x,y)y\mathrm{d}A \\ EJ_{xx} &= \iint E_t(x,y)y^2\mathrm{d}A \end{aligned} \tag{8.37}$$

式中：$E_t(x,\ y)$ 为材料的切线模量。可通过对相应的应力-应变关系模型的表达式求导确定；x、y 为截面单元形心的坐标；A 为面积。

（4）有限元基本方程及求解方法概述

在参考 Jetteur 等（1982）、王勖成和邵敏（2001）、张文福（2000）等有关方法和研究结果的基础上，杨华（2003）推导了钢管混凝土构件受力分析的非线性有限元基本方程。对于其推导过程此处不再赘述，下面仅简略介绍其中一些关键问题的考虑方法。

非线性单元特性矩阵和节点力向量通过数值积分的方法获得。在进行程序编制中，采用了两个级别的积分策略，即对截面级和单元长度方向级采用不同的数值积分方法（杨华，2003）。

在截面上采用合成法，即在截面上划分足够数目的微单元，将每个单元的贡献采用直接叠加的办法来实现积分的运算。在合成的截面切线刚度阵时，式（8.37）的积分形式可以写成

$$\left.\begin{aligned}EA &= \iint E_{\mathrm{t}}(x,y)\mathrm{d}A = \sum_{i=1}^{ns} E_{\mathrm{tsi}}(x_{\mathrm{si}},y_{\mathrm{si}})A_{\mathrm{si}} + \sum_{i=1}^{nc} E_{\mathrm{tci}}(x_{\mathrm{ci}},y_{\mathrm{ci}})A_{\mathrm{ci}} \\ ES_{\mathrm{x}} &= \iint E_{\mathrm{t}}(x,y)y\mathrm{d}A = \sum_{i=1}^{ns} E_{\mathrm{tsi}}(x_{\mathrm{si}},y_{\mathrm{si}})y_{\mathrm{si}}A_{\mathrm{si}} + \sum_{i=1}^{nc} E_{\mathrm{tci}}(x_{\mathrm{ci}},y_{\mathrm{ci}})y_{\mathrm{ci}}A_{\mathrm{ci}} \\ EJ_{\mathrm{xx}} &= \iint E_{\mathrm{t}}(x,y)y^2\mathrm{d}A = \sum_{i=1}^{ns} E_{\mathrm{tsi}}(x_{\mathrm{si}},y_{\mathrm{si}})y_{\mathrm{si}}^2A_{\mathrm{si}} + \sum_{i=1}^{nc} E_{\mathrm{tci}}(x_{\mathrm{ci}},y_{\mathrm{ci}})y_{\mathrm{ci}}^2A_{\mathrm{ci}}\end{aligned}\right\} \tag{8.38}$$

上述式中：ns、nc 为截面上钢、混凝土划分的单元总数；i 为单元序号；E_{tsi}，E_{tci} 为钢、混凝土 i 单元的切线模量；x_{si}、y_{si} 为钢 i 单元形心处的坐标；x_{ci}、y_{ci} 为混凝土 i 单元形心处的坐标；A_{si}、A_{ci} 为钢、混凝土 i 单元的面积；s 为下标，代表钢材单元；c 为下标，代表混凝土单元。

考虑了几何非线性的影响：一是轴力对结构刚度的影响，即在建立单元刚度矩阵时，引入几何刚度矩阵；二是大变形对内力的二阶效应（杨华，2003）。

钢管混凝土构件的平衡方程可用增量的形式表示为

$$[K_{\mathrm{t}}]^i\{\Delta u\}^i = \{R\}^i + \Delta\lambda\{P\} \tag{8.39}$$

式中：i 为迭代次数；$[K_{\mathrm{t}}]^i$ 为第 i 次迭代时的单元切线刚度矩阵；$\{\Delta u\}^i$ 为第 i 次迭代产生的位移增量；$\Delta\lambda$ 为结点力系数增量；$\{R\}^i$ 为第 i 次迭代后尚存的不平衡力向量；$\{P\}$ 为外荷载参考向量。

式（8.39）中，如果让 $\Delta\lambda$ 为常数，便成为常规的固定荷载水平的增量方程。如果 $\Delta\lambda$ 不固定，就不能仅靠式（8.39）求解，还需附加另外的条件。位移增量法就是在位移向量 $\{u\}$ 中，选取一个分量 u_{q} 作为控制变量，在每次荷载增量时，确定 u_{q} 的分量 Δu_{q}，使其固定为 u_{q}，通过式（8.39）反求荷载增量 $\Delta\lambda$。

如果联合选定的分量 u_{q} 和式（8.39）求解，会破坏刚度矩阵的带状性和对称性，从而给求解带来困难。为了不增加对总体刚度矩阵重新排序的工作量，避免编程的复杂性，采用了 Batoz 和 Dhatt 提供的双位移分量方法（Batoz 和 Dhatt，1979），直接用原始总体刚度矩阵来进行计算。

为了求解方程，将位移分为两种位移分量，按下式确定为

$$[K_{\mathrm{t}}]^i\{\Delta u^a\} = \{R\}^i \tag{8.40}$$

$$[K_{\mathrm{t}}]^i\{\Delta u^b\} = \{P\} \tag{8.41}$$

式中：$\{\Delta u^a\}$ 为对应于 $\{R\}^i$ 的位移增量；$\{\Delta u^b\}$ 为对应于 $\{P\}$ 的位移增量。

总体位移增量可以由这两种分量位移表达为

$$\{\Delta u\}^i = \{\Delta u^a\}^i + \Delta\lambda\{\Delta u^b\}^i \tag{8.42}$$

令第 q 个位移分量为所选择的位移控制点分量，在每步增量迭代初始产生位移增量 Δu_{q}，而在后续的迭代过程中，控制第 q 个位移分量不变直至迭代收敛。因此，对第 q 个分量来说，有

$$\Delta u_{\mathrm{q}}^{i}=(\Delta u_{\mathrm{q}}^{a})^{i}+\Delta\lambda(\Delta u_{\mathrm{q}}^{b})^{i} \tag{8.43}$$

$$\Delta u_{\mathrm{q}}^{i}=\begin{cases}\Delta u_{\mathrm{q}} & (i=1)\\ 0 & (i>1)\end{cases} \tag{8.44}$$

式中：q 为控制位移分量序号；$\Delta u_{\mathrm{q}}^{i}$ 为第 i 次迭代的控制位移分量；Δu_{q} 为设定的控制位移；$(\Delta u_{\mathrm{q}}^{a})^{i}$ 为第 i 次迭代的对应于 $\{R\}^{i}$ 的控制位移分量；$(\Delta u_{\mathrm{q}}^{b})^{i}$ 为第 i 次迭代的对应于 $\{P\}$ 的控制位移分量。

利用式（8.43）和式（8.44）可以解得

$$\Delta\lambda^{i}=\frac{\Delta u_{\mathrm{q}}^{i}-(\Delta u_{\mathrm{q}}^{a})^{i}}{(\Delta u_{\mathrm{q}}^{b})^{i}} \tag{8.45}$$

采用位移增量法作为非线性方程组的数值求解方法，即通过迭代不断调整所有其他位移分量，直到找到新的平衡位置。

对于每个增量步长，计算步骤可简要归纳为：

1）在迭代开始，确定一个控制点位移分量的增量 Δu_{q}。

2）计算不平衡力向量 $\{R\}^{i}$ 和切线刚度矩阵 $[K_{\mathrm{t}}]^{i}$。

3）利用式（8.76）和（8.77）解出 $\{\Delta u^{a}\}^{i}$ 和 $\{\Delta u^{b}\}^{i}$。

4）计算 $\{u\}^{i+1}$ 和 λ^{i+1}。

5）重复 2)～4）步，直到满足收敛准则，使本步不平衡力 $\{R\}^{i}\to 0$。

分析钢管混凝土柱在火灾下的力学性能时，假设作用在其上的荷载恒定不变，即相当于式（8.39）中 $\Delta\lambda$ 不变，可直接通过式（8.39）进行求解。

应该指出的是，此处讨论的位移增量法是基于平衡方程（8.39）得到的，其中外荷载是按照外荷载参考向量比例施加到结构上的，因而只适用于比例加载情况的分析。

实际结构中，荷载大多是按照非比例加载形式施加。对于非比例加载的情况，可采用双荷载向量的形式施加到所要分析的构件中，即其中一个荷载向量按比例增加，另外一个荷载向量维持恒定（杨华，2003）。如果假定 λ^{n} 为新的未知节点力系数，$\{P_{\mathrm{fix}}\}$ 为恒定的荷载向量，则此时总的外荷载向量为

$$\{F_{\mathrm{ext}}^{\mathrm{n}}\}=\{P_{\mathrm{fix}}\}+\lambda^{\mathrm{n}}\{P\} \tag{8.46}$$

式中：$\{F_{\mathrm{ext}}^{\mathrm{n}}\}$ 为非比例加载时的外荷载总向量；$\{P_{\mathrm{fix}}\}$ 为恒定的荷载向量；λ^{n} 为非比例加载时的节点力系数；$\{P\}$ 为按比例加载的荷载向量。

此时新的不平衡力向量可以写成如下的形式，即

$$\{R^{\mathrm{n}}\}=\{F_{\mathrm{ext}}^{\mathrm{n}}\}+\{F_{\mathrm{int}}^{\mathrm{o}}\} \tag{8.47}$$

式中：$\{R^{\mathrm{n}}\}$ 为非比例加载时的不平衡力向量；$\{F_{\mathrm{int}}^{\mathrm{o}}\}$ 为内力向量。

如果以 λ^{o} 代表旧的未知节点力系数，则式（8.47）还可以写成下面的形式：

$$\{R^{\mathrm{n}}\}=\{F_{\mathrm{int}}^{\mathrm{o}}\}+\{P_{\mathrm{fix}}\}+\lambda^{\mathrm{o}}\{P\}+\Delta\lambda\{P\} \tag{8.48}$$

式中：λ^{o} 为按比例加载时的未知节点力系数，或者

$$\{R^{\mathrm{n}}\}=\{R^{\mathrm{o}}\}+\Delta\lambda\cdot\{P\} \tag{8.49}$$

式中：$\{R^{o}\}$为按比例加载时的不平衡力向量，即

$$\{R^{o}\}=\{F_{int}^{o}\}+\{P_{fix}\}+\lambda^{o}\{P\} \tag{8.50}$$

根据式（8.49），结构的增量平衡方程可以表达为下面的形式，即

$$[K^{o}]\{\Delta U^{n}\}=\{R^{o}\}+\Delta\lambda\cdot\{P\} \tag{8.51}$$

式中：$[K^{o}]$为单元切线刚度矩阵；$\{\Delta U^{n}\}$为非比例加载时的变形向量。

对比式（8.39）和式（8.51）可见，只要将式（8.50）代替式（8.39）中的不平衡力向量，即可实现在非比例加载条件下的分析。

为了提高程序的收敛速度，当荷载为固定值不变时，求解非线性方程组采用修正的 Aitken 加速法进行收敛加速（王勖成，2003）。

Aitken 加速收敛方法每隔一次迭代进行一次加速，表达式为

$$\{\Delta\bar{u}\}_{i}^{k}=\omega^{k}\{\Delta u\}_{i}^{k} \tag{8.52}$$

式中：$\{\Delta\bar{u}\}_{i}^{k}$为加速后的变形增量向量；$\omega^{k}$为加速因子；$\{\Delta u\}_{i}^{k}$为加速前的变形增量向量；$i$为迭代次数；$k$为加速次数。

其中迭代第 m 次的加速因子 ω^{k} 表达式如下，即

$$\omega^{k}=\begin{cases}1 & (k=0,2,\cdots)\\ \dfrac{(\{\Delta u\}_{i}^{k-1}-\{\Delta u\}_{i}^{k})^{T}\{\Delta u\}_{i}^{k-1}}{(\{\Delta u\}_{i}^{k-1}-\{\Delta u\}_{i}^{k})^{T}(\{\Delta u\}_{i}^{k-1}-\{\Delta u\}_{i}^{k})} & (k=1,3,\cdots)\end{cases} \tag{8.53}$$

对于高温下钢材和混凝土应力-应变关系，当温度由 T_0 增加到 $T_0+\Delta T$，需要将温度 T_0 状态下应力应变轨迹上的应力应变点变化到 $T_0+\Delta T$ 温度状态下应力应变轨迹上来（过镇海和时旭东，2003；时旭东，1992；Shi 等，2002）。对钢管混凝土构件进行分析时，温度流动路径进行如下变换（林晓康，2006；杨华，2003）。

① 对于钢材：

$$\varepsilon'_{s,\sigma T}=\varepsilon_{\sigma A}-\frac{E_{s}(T_{0})\cdot(\varepsilon_{\sigma A}-\varepsilon_{s,\sigma T})+\left.\dfrac{\partial\sigma_{s}}{\partial T^{s}}\right|_{(\varepsilon_{\sigma A},T_{0})}\cdot\Delta T^{s}}{E_{s}(T_{0})+\left.\dfrac{\partial E_{s}}{\partial T^{s}}\right|_{T=T_{0}}\times\Delta T^{s}} \tag{8.54}$$

式中：$\varepsilon_{s,\sigma T}$为在温度 T_0 时刻，钢材应力-应变轨迹点上任一点的应力应变值，即图 8.34（a）中 C 点的应力应变；$\varepsilon'_{s,\sigma T}$为转化到 $T_0+\Delta T$ 时，钢材的应力应变值，即图 8.34（a）中 C′点的应力应变；$\varepsilon_{\sigma A}$为在温度 T_0 时刻，A 点的应力应变；$E_s(T_0)$为在温度 T_0 时刻原点的切线刚度，即钢材的初始弹性模量；σ_s 为不同温度下钢材的应力函数；T^s、ΔT^s 为钢材的温度及其增量。

② 对于混凝土：

$$\varepsilon'_{c,\sigma T}=\varepsilon_{\sigma B}-\frac{E_{c}(T_{0}^{c},T_{0}^{s})\cdot(\varepsilon_{\sigma A}-\varepsilon_{c,\sigma T})+\Delta\sigma_{AB}}{E_{c}(T_{0}^{c},T_{0}^{s})+\left.\dfrac{\partial E_{c}}{\partial T^{c}}\right|_{(T_{0}^{c},T_{0}^{s})}\times\Delta T^{c}+\left.\dfrac{\partial E_{c}}{\partial T^{s}}\right|_{(T_{0}^{c},T_{0}^{s})}\times\Delta T^{s}} \tag{8.55}$$

式中：$\varepsilon_{c,\sigma T}$为在温度 T_0 时刻，混凝土应力-应变轨迹点上任一点的应力应变值，即图 8.34（b）中 C 点的应力应变；$\varepsilon'_{c,\sigma T}$为转化到 $T_0+\Delta T$ 时，混凝土的应变值，即图 8.34（b）中 C′点的应变；$\varepsilon_{\sigma A}$为在温度 T_0 时刻，A 点的应力应变如图 8.34（b）所示；$\varepsilon_{\sigma B}$为在 $T_0+\Delta T$ 时刻，B 点的应力应变如图 8.34（b）所示；$\Delta\sigma_{AB}$为 A、B 两点的应力差；$E_c(T_0^c, T_0^s)$为在温度 T_0 时刻原点的切线刚度，即混凝土的初始弹性模量；T_0^c、T_0^s 为在温度 T_0 时刻核心混凝土和钢材的温度；T^c、ΔT^c 为核心混凝土的温度及其增量；T^s、ΔT^s 为钢材的温度及其增量。

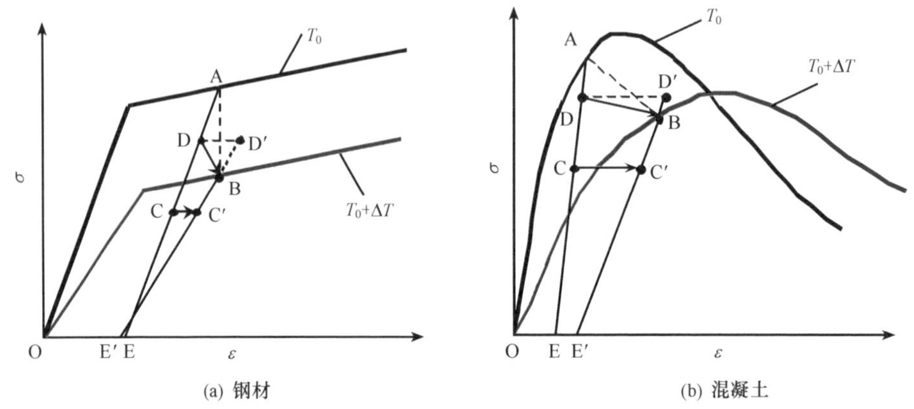

图 8.34　应力-应变点的轨迹转换示意图

下面简要论述采用的增量路径和迭代路径。

设当前增量步为 m，温度为 $\{T_2\}$，上一次增量步的温度为 $\{T_1\}$。在增量步 m 一开始时，按照式（8.54）和式（8.55），将上一步增量步最末一次迭代出来的应力应变向量由温度为 $\{T_1\}$ 状态变换到温度为 $\{T_2\}$ 状态。同时，定义每增量步开始的第一次迭代的路径为增量路径，其后在该增量步内迭代的路径为迭代路径（时旭东，1992）。

如前所述，火灾发生时有升温和降温的两个过程，这样截面温度也随外界温度的变化而存在升高和降低的两种趋势。当温度升高时，材料自身强度降低，应变增加，构件刚度下降，同时由于温度升高而引起的变形受到约束，导致构件承受温度和时间作用的附加内力，因此，即使外界作用的荷载维持不变，由于温度作用，构件整体上也有被加载趋势。当温度降低时，材料的力学性能与高温时相比有一定程度的改善，强度增加，刚度增大，作用其上的附加内力减小，构件又出现卸载现象。

由于截面内存在温度梯度，同一时刻高温区将出现压应力，低温区出现拉应力，这种温度作用会导致截面各点的应力变化程度比常温情况更加剧烈，不再是仅在中和轴附近狭小范围内存在卸载和再加载的情况。

综上所述，火灾状态下，由于温度作用的存在，钢管混凝土构件实际上处在热动力状态，故高温问题与常温状态下问题的分析有很大不同，考虑火灾下材料的卸载问题是十分必要的。

求解时，假设材料的应力、应变点处在屈服状态前时，增量路径与迭代路径方向是一样的，即不考虑卸载问题；当应力、应变点超过屈服状态时，则分为塑性加载和塑性卸载两种情况进行考虑。

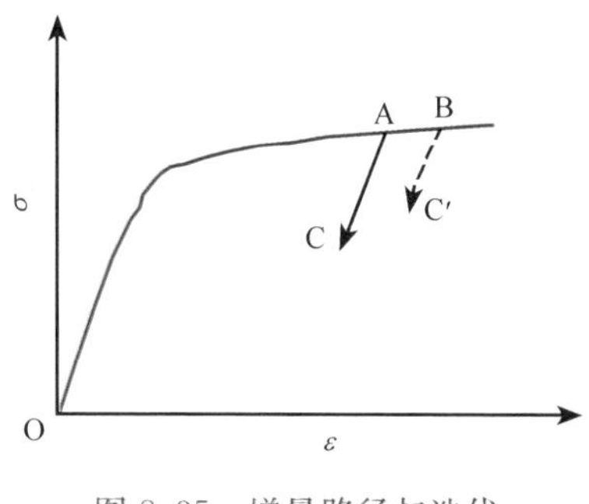

图 8.35　增量路径与迭代路径示意图

图 8.35 所示为截面上 i 单元第 m 增量步应力应变点所处的位置。A 点 m 增量步开始时位置，B 点是 m 增量步内第 n 次（$n \geqslant 1$）迭代后应力应变点位置。当进行下一步迭代时有两种情况，一种是塑性加载即 $\sigma_i d\varepsilon_i > 0$；另一种是塑性卸载即 $\sigma_i d\varepsilon_i < 0$。其中，$\sigma_i$ 为 B 点应力，$d\varepsilon_i$ 为应变增量。

1）塑性加载（$\sigma_i d\varepsilon_i > 0$）。

不论是增量路径还是迭代路径，都是沿着 T_{2i}（T_{2i} 为 $\{T_2\}$ 温度状态下 i 单元的温度）温度下应力-应变曲线方向。

2）塑性卸载（$\sigma_i d\varepsilon_i < 0$）。

在这种情况下，增量路径和迭代路径是不同的。增量路径沿着 AC 方向卸载，迭代路径则不沿 BC′方向卸载，而是沿 BA 方向卸载，当沿 BA 方向卸载达到 A 点时，再沿 AC 方向卸载。

为了计算方便，假设材料的卸载刚度为常温时的原点切线刚度。

（5）考虑升、降温时截面温度场的计算

确定升、降温过程中钢管混凝土构件截面的温度分布是进行其力学性能研究的前提，采用类似 8.3 节中介绍的方法方便地进行有关计算，此时外界温度不仅有升温段，还有降温段，计算中需要考虑这一过程（杨华，2003）。

图 8.36 所示为外界温度按照 ISO-834 标准升降温曲线变化时，圆钢管混凝土柱截面温度场分布示意图。算例的计算条件为：直径 400mm，钢管壁厚 9.31mm，骨料类型为钙质，升降温临界时间为 60min。从中可以看出：随着外界温度的变化，截面各位置的温度也相应出现了上升和下降两个变化形式，但由于混凝土是热惰性材料，截面内部温度不是随着外界温度的降低而立即降低，而是逐渐上升，降温时刻出现了较为明显的滞后，离外表面越远的位置，这种滞后现象越明显。

（6）计算过程（杨华，2003）

对数值计算的过程简要归纳如下：

1）划分长度单元及截面单元，输入构件总体控制信息，几何、材料信息。

2）初始化时刻 t，温度 T，线性总刚 $[K_t]$，参考荷载矢量 $\{P\}$，设定荷载 N_F 及控制点位移增量 Δu_q。

3）给定位移增量，分解总刚。

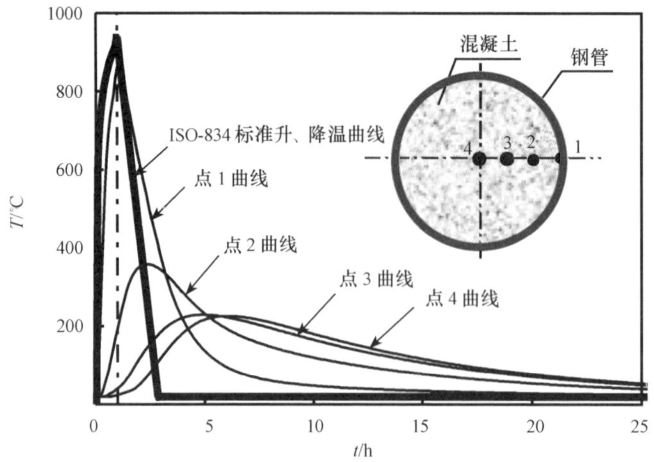

图 8.36 钢管混凝土截面内温度（T）-时间（t）关系

4）根据式（8.41）求解 $\{\Delta u^{\mathrm{b}}\}$，迭代次数 i 赋值为 0。

5）根据式（8.40）求解 $\{\Delta u^{\mathrm{a}}\}$。

6）迭代次数 $i=i+1$，分别求解出 $\Delta\lambda^i=\dfrac{\Delta u_{\mathrm{q}}^i-(\Delta u_{\mathrm{q}}^a)^i}{(\Delta u_{\mathrm{q}}^b)^i}$ 和 $\{\Delta u\}^i=\{\Delta u^a\}^i+\Delta\lambda\{\Delta u^b\}^i$，从而可获得新的 λ 和 $\{u\}$，即 $\lambda^{i+1}=\lambda^i+\Delta\lambda^i$，$\{u\}^{i+1}=\{u\}^i+\{\Delta u\}^i$。

7）求解截面上单元应变，对应应力-应变关系求解截面上各单元的应力 σ。

8）集成非线性刚度阵 $[K_{\mathrm{t}}]$；求解内部节点力向量 $\{f\}$（杨华，2003）。

9）求解不平衡力向量 $\{R\}$。

10）判断是否收敛，如果收敛或迭代次数 $i>i_{\max}$，输出位移向量 $\{u\}^i$ 和荷载系数 λ^i。判断时间 t 是否为零，如果 $t=0$，且参考荷载小于设定荷载 N_{F}（$N<N_{\mathrm{F}}$），则程序认为处于常温加载阶段，回到第 3）步；如果 $t=0$，且 $N>N_{\mathrm{F}}$，则程序进入火灾下阶段，转入第 11）步；如果 $t\neq0$，程序为火灾后阶段，回到第 3）步，直至构件发生破坏，程序终止。如果不收敛，且 $i<i_{\max}$，程序回到第 5）步。

11）给定时间增量 Δt，$t=t+\Delta t$，计算此时的温度场。

12）将上一次增量步最末一次迭代后的应变变换到当前增量步的温度状态下，如式（8.54）和式（8.55）所示。

13）计算构件节点变形增量向量 $\{\Delta u\}$。

14）增量步内采用修正的 Aitken 加速收敛方法。$\{\Delta\bar{u}\}_i^k$ 如式（8.52）所示。

15）求解截面上单元应变，对应应力-应变关系求解截面上各单元的应力 σ。

16）求解内部节点力向量 $\{f\}^i$ 和不平衡力向量 $\{R\}^i$。

17）如果不平衡力大于允许值，转入第 13）步，否则进入下一增量（转入第 11 步）；如果迭代次数 $i>i_{\max}$，转入下一增量（第 11 步）。如果 $t>t_{\mathrm{p}}$，程序进入火灾后加载部分，转入第 3）步，直至试件发生破坏，求得的最大荷载就是构件火灾后的极限承载力 N_{cr}。

根据以上过程，编制了不同力、温度和时间路径下钢管混凝土构件受力性能分析的计算程序 NFEACFST（杨华，2003）。该程序可适用于不同升、降情况（包括图 8.24 所示的 ISO-834 标准升、降温曲线）下钢管混凝土柱的研究分析。

该程序也可计算常温状况钢管混凝土压弯构件的荷载-变形关系曲线，这时只需将恒定的荷载值 N_F 设得足够大即可实现有关计算。计算结果表明，该程序计算结果与试验结果总体上吻合较好，且与本书 3.2 节中介绍的钢管混凝土纤维模型法计算结果非常接近（杨华，2003）。

NFEACFST 还可进行钢管混凝土柱耐火极限的计算，计算时，需将升温时间 t_h 设为足够大，若满足了耐火极限判断条件，则认为构件达到耐火极限 t_R。ISO-834 标准中规定柱构件耐火极限判断条件为，在柱耐火试验中，如果其支承力减小造成倒塌，或者抗变形能力减小造成轴向压缩变形速度或压缩量超过范围，则认为柱构件达到耐火极限。

8.4.4　荷载-变形关系及耐火极限的计算

图 8.37 所示为利用程序 NFEACFST 计算获得的典型的钢管混凝土柱在火灾和力作用下（即图 8.28 所示的 OAA′B′C′D′段）的荷载-变形（跨中挠度）关系曲线（杨华，2003）。

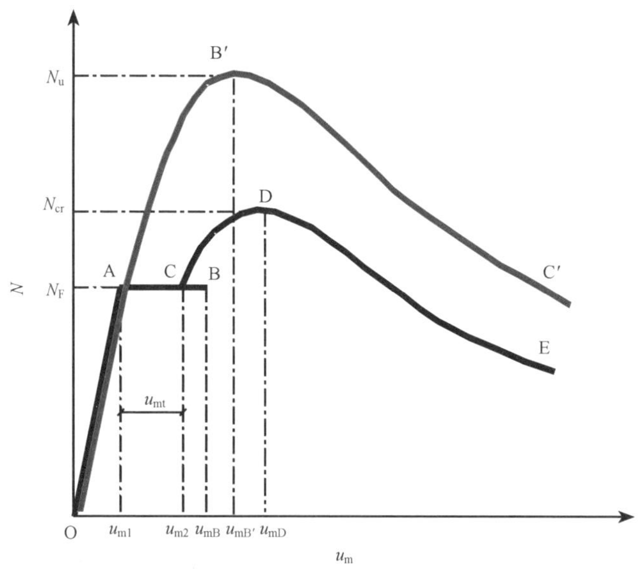

图 8.37　典型的荷载（N）-变形（u_m）关系曲线

按照火灾的阶段划分，该曲线可分为三个阶段：

1）常温段（OA）：常温加载段。此时，外部荷载 N 由 0 开始增至 N_F，时

间 t 从 0 开始增至 t_h。此阶段，如果 N_F较小，则钢管混凝土柱处于弹性段，如果 N_F较大，则钢管混凝土柱可能进入塑性段。

2）火灾下段（AB 和 BC）：在此阶段，外界温度按 ISO-834 升降温曲线作用给钢管混凝土柱。当外界温度升高时，出现了膨胀应变，同时由于柱截面各处温度的升高，材料的热力学性能发生了改变。这样，即使外荷载在这阶段一直没有发生变化，钢管混凝土柱的挠度也在不断地发生变化。当外界温度降低时，膨胀应变减小，钢材的材料性能得到一定程度的改善，因此在降温的过程中，大多数的构件变形有所恢复。

需要指出的是，在升温段，钢管混凝土柱的跨中挠度不一定始终增大，当火灾荷载比较小时，在升温段的某些时刻也可能出现变形有所恢复的现象。B 点对应的时间也不意味着是外界温度升降的临界时刻，因为由于混凝土有较大的热容，当外界温度开始降低时，截面各点的温度不是同时下降，而是发生不同程度的滞后。

3）火灾后段（CDE）：在该阶段外界温度 T 由 T_h降至室温 T_o，钢管混凝土柱荷载-变形关系表现出与常温状态时一次加载的曲线形式类似。D 点为经历火灾后钢管混凝土柱的极值点，此时对应的荷载为钢管混凝土柱的极限承载力 N_{cr}。

需要注意的是，由于本节研究的路径不是常温状态下简单的一次加载，该曲线的形状与构件的外界作用条件有直接关系，不能从图中曲线的形状上判断构件处于什么样的物理状态。比如，图中的 AB 段，不代表构件进入屈服状态，曲线出现平台是因为温度升高但外荷没有增加，而不一定是构件进入了塑流状态。事实上，当 N_F值较小，且外界升温时间较短时，构件还可能处在弹性状态（杨华，2003）。

图 8.37 还给出了常温状态下典型的钢管混凝土柱荷载-变形（跨中挠度）曲线（OAB′C′段，即图中灰色粗实线）。可见，经历火灾作用后，钢管混凝土柱极限承载力 N_{cr}与常温下的极限承载力 N_u 相比有所降低。当构件截面各处的温度降至室温时，产生变形 u_{m2}，与常温下承受同样荷载水平的构件发生的变形 u_{m1} 相比，存在一定的相对初始变形 u_{mt}（$=u_{m2}-u_{m1}$），这对构件继续承载是不利的。

N_{cr}和 u_{mt}是反映火灾后钢管混凝土柱力学性能的重要指标，其影响因素和计算方法拟在 9.4 节中讨论和介绍。

为了验证程序的正确性，杨华（2003）将程序包括的三个部分，即常温部分、火灾下和火灾后部分分别进行了验算加以验证。

如前所述，只需令初始荷载 N_F足够大的值，程序就可以进行常温状态下钢管混凝土柱的静力性能计算。为了验证程序在常温部分的准确性，进行了大量的算例验算。计算结果具有较好的精度。

对不同研究者进行的钢管混凝土柱耐火极限试验结果对程序进行了验算。参数包括：圆钢管混凝土，共 44 个试件，直径 $D=141.3\sim478$mm，含钢率 $\alpha=0.04\sim0.13$，柱长 $L=2480\sim3810$mm，钢材屈服强度 $f_y=290\sim381$MPa，混凝

土抗压强度标准值 f_{ck}=20.4～65.8MPa；方、矩形钢管混凝土，共 18 个试件，D=152.4～350mm，α=0.04～0.13，L=2480～5800mm，f_y=246～350MPa，f_{ck}=12.5～47.1MPa，D/B=1～2。图 8.38 所示为钢管混凝土柱耐火极限理论计算结果与试验结果对比情况，可见计算结果与试验结果之间虽然存在一定的差异，但总体吻合较好。

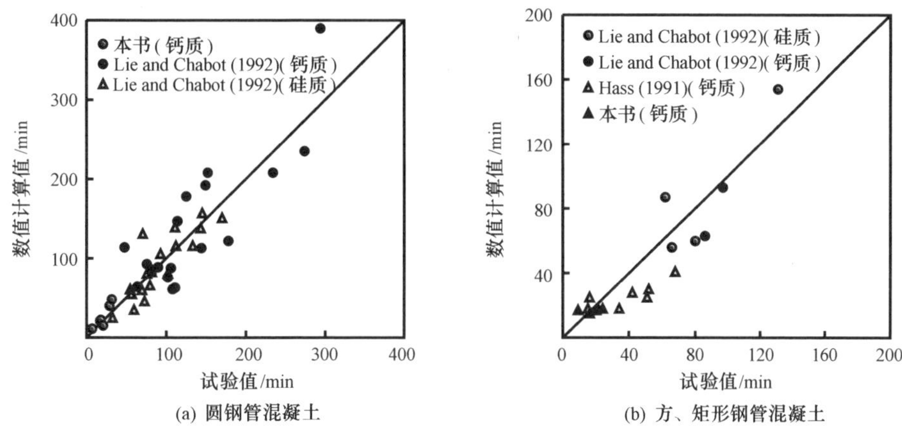

图 8.38　耐火极限计算值与试验值的比较

8.4.5　耐火极限简化的数值计算方法

韩林海（2004）给出了一种钢管混凝土柱耐火极限计算的简化数值模型。

计算时采用了如下基本假设：

1）钢管混凝土柱受压弯作用时，截面可分为受压区和受拉区，在受压区，钢材的应力-应变关系按式（8.27）确定，混凝土受压区的应力-应变关系按式（8.28）或式（8.29）确定；在受拉区，钢材的应力-应变关系按式（8.27）确定，忽略混凝土对抗拉的贡献。

2）构件在变形过程中始终保持为平截面，只考虑跨中截面的内外力平衡。

3）钢和混凝土之间无相对滑移。

4）忽略剪力对构件变形的影响。

5）构件两端为铰接，挠曲线为正弦半波曲线。

6）忽略钢管残余应力的影响。

截面单元划分示意图如图 3.15 所示，计算时，假设每个单元内的温度均匀分布。

由假设 5）可得构件中截面的曲率 $\phi=\frac{\pi^2}{L^2}u_m$。则截面上任一点的应变 ε_i 为

$$\varepsilon_i = \phi \cdot y_i + \varepsilon_o + \varepsilon_T \tag{8.56}$$

式中：y_i 为所计算单元的形心坐标，如图 3.15 所示；ε_o 为截面形心处应变；ε_T 为热膨胀应变（$=\alpha_T \cdot T$）。

根据应变 ε_i，即可计算出其所对应的钢单元应力 σ_{sli} 和混凝土单元应力 σ_{cli}，则可得内弯矩 $M_{in}=\sum_i(\sigma_{sli}y_iA_{si}+\sigma_{cli}y_iA_{ci})$；内轴力 N_{in} 为 $N_{in}=\sum_i(\sigma_{sli}A_{si}+\sigma_{cli}A_{ci})$，其中，$\sigma_{sli}$ 和 σ_{cli} 分别为钢材和混凝土单元的纵向应力：在拉区，对于圆钢管混凝土和方、矩形钢管混凝土，根据假设 1)，σ_c 取为零，σ_{sl} 可根据式（8.27）确定；在压区：对于方、矩形钢管混凝土，σ_c 可由式（8.29）确定，σ_{sl} 可根据式（8.27）按单向应力状态确定。对于圆钢管混凝土，σ_c 可由式（8.28）确定，σ_{sl} 可由下式确定为

$$\sigma_{sl}=[\sigma_{sc}(A_s+A_c)-\sigma_cA_c]/A_s=[\sigma_{sc}(1+\alpha)-\sigma_c]/\alpha \tag{8.57}$$

其中，σ_{sc} 为高温作用下圆钢管混凝土轴心受压时的名义平均应力，可按类似于 3.2.2 节中介绍的常温情况下的数值计算方法计算获得，只是钢材和混凝土的应力-应变关系按照本章介绍的高温下的模型确定。

火灾下，具有初始缺陷 u_o 和荷载偏心距 e_o 钢管混凝土柱的荷载-变形关系及耐火极限的计算步骤如下：

1）计算截面参数，进行截面单元划分，确定钢管混凝土横截面的温度场分布。

2）给定中截面挠度 u_m，计算中截面曲率 ϕ，并假设截面形心处的应变 ε_o。

3）由式（8.57）计算单元形心处的应变 ε_i，计算钢单元应力 σ_{sli} 和混凝土单元应力。

4）计算内弯矩 M_{in} 和轴力 N_{in}。

5）判断是否满足 $M_{in}/N_{in}=e_o+u_o+u_m$ 的条件，如果不满足，则调整截面形心处的应变 ε_o 并重复步骤 3)-4)，直至满足。

6）判断是否满足 $N_F=N_{max}(t)$ 的条件，$N_{max}(t)$ 为在 t 时刻温度场情况下，钢管混凝土柱荷载-变形关系曲线上峰值点对应的轴力。如果不满足，则给定下一时刻的截面温度场，并重复步骤 3)～5)，直至满足，则此时刻 t 即为构件的耐火极限。

对于轴心受压柱，e_o 等于零，初始缺陷 u_o 可取杆件计算长度的千分之一进行计算。

利用上述方法可方便地计算出钢管混凝土柱的耐火极限及其火灾下的荷载-变形关系，其结果与 8.4.3 节中介绍的程序 NFEACFST 的计算结果总体上一致。

钢管混凝土柱在火灾作用下，其极限承载力随火灾持续时间（t）的延长而降低。图 8.39 所示为计算获得的按 ISO-834（1975）升温曲线情况下，矩形钢管混凝土柱在不同升温时间（t）时的轴力（N)-跨中挠度（u_m）和轴力（N)-弯

矩（M）关系曲线，算例的计算参数为：$D\times B\times t=600\text{mm}\times 400\text{mm}\times 12\text{mm}$，$L=4000\text{mm}$，Q345 钢，C60 混凝土，构件初始中截面挠度 u_0 取杆件计算长度（L）的千分之一。

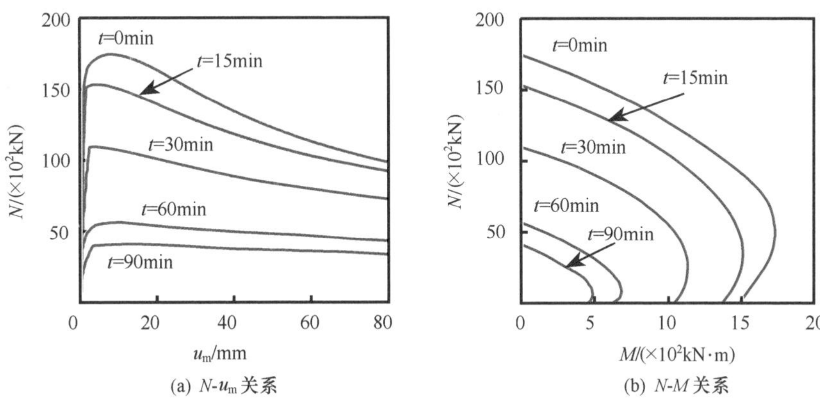

图 8.39　受火时间对构件变形及限承载力的影响

8.5　耐火极限影响因素分析

8.5.1　火灾下钢管混凝土柱“有效荷载”的确定

实际结构中，如教室、会议室等，当钢管混凝土柱以活载为主时，火灾时人群自动疏散，有效荷载小，构件耐火稳定性好；当构件以恒荷载为主时，如仓库等，火灾时存贮物品不能主动疏散，有效荷载大，构件耐火性能差。因此，确定作用在构件上的有效荷载的大小（以下简称为“有效荷载”）成为钢管混凝土柱耐火研究与抗火计算的关键问题之一。

图 8.40 所示为按国际标准化委员会标准 ISO-834（1975）规定标准升温曲线升温情况下矩形钢管混凝土轴心受压构件绕弱轴弯曲时耐火极限（t_R）随荷载的变化规律，计算条件为：$D\times B\times t=480\text{mm}\times 320\text{mm}\times 10\text{mm}$，$L=4000\text{mm}$，Q345 钢，C60 混凝土。可见在火灾情况下，钢管混凝土柱承受的荷载对其耐火极限有很大影响，作用在柱子上的荷载大，耐火极限低；荷载小，耐火极限则高。

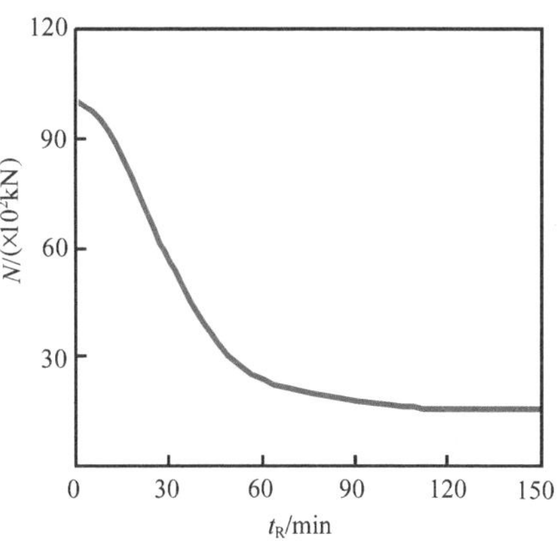

图 8.40　荷载对耐火极限的影响

根据国家标准 GB 50009—2001（2002），建筑结构的设计应根据使用过程中可能同时出现的荷载，按承载能力极限状态和正

常使用极限状态进行荷载（效应）组合，并取各自的最不利的效应组合进行设计。对于基本组合，荷载效应组合的设计值 S 是从下列组合值中取最不利值确定：

1）由可变荷载效应控制的组合

$$S = \gamma_{G} S_{GK} + \gamma_{Q1} S_{Q1K} + \sum_{i=2}^{n} \gamma_{Qi} \Psi_{ci} S_{Qik} \tag{8.58}$$

2）由永久荷载效应控制的组合

$$S = \gamma_{G} S_{GK} + \sum_{i=1}^{n} \gamma_{Qi} \Psi_{ci} S_{Qik} \tag{8.59}$$

式中：γ_G 为永久荷载的分项系数，当其效应对结构不利时，对由可变荷载效应控制的组合，取 1.2，对由永久荷载效应控制的组合，取 1.35；γ_{Qi} 为第 i 个可变荷载的分项系数，其中，γ_{Q1} 为可变荷载 Q_1 的分项系数，一般情况下取 1.4；S_{Gk} 为按永久荷载标准值 G_k 计算的荷载效应值；S_{Qik} 为按可变荷载标准值 Q_{ik} 计算的荷载效应值，其中，S_{Q1k} 为诸可变荷载效应中起控制作用者；Ψ_{ci} 为可变荷载 Q_i 的组合值系数；n 为参与组合的可变荷载数。

设钢管混凝土柱的抗力为 R，则其承载能力极限状态可表示为

$$S = R \tag{8.60}$$

考虑到火灾是构件在使用期内可能遭受到的偶然和短期作用，且火灾中人群的主动疏散等因素，参考国家标准 GB 50009—2001（2002），火灾荷载标准值可不再考虑各荷载的分项系数。

对给定某一钢管混凝土柱进行耐火极限计算时，由于不知道它承受的永久荷载和可变荷载究竟有多大，所以无法直接通过式（8.58）或式（8.59）计算出火灾下的有效荷载 S_L，但钢管混凝土柱的抗力 R 是已知的，因此可能通过式（8.60）近似推得 S_L 值。

比较式（8.58）、式（8.59）和式（8.60），若近似将 γ_G、γ_{Q1}（γ_{Qi}）统一取为永久荷载和可变荷载分项系数的平均值，即可变荷载效应控制的组合情况下的平均值为 1.3，永久荷载效应控制的平均值为 1.375，此处暂取小值 1.3，则可近似导得火灾下钢管混凝土柱“有效荷载”的表达式如下为

$$S_L = \frac{R}{1.3} \tag{8.61}$$

8.5.2　参数分析

利用 8.4 节提供的钢管混凝土柱耐火极限理论计算模型，可以分析截面周长、截面含钢率、构件长细比、荷载偏心率、材料强度、防火保护层厚度（对于矩形钢管混凝土还有截面高宽比）等参数对钢管混凝土柱耐火极限的影响规律，从而可以深入地了解钢管混凝土柱的耐火性能。

需要注意的是，目前有关设计规程在确定结构构件的耐火极限时，大多数是基

于外界温度制度为升温曲线确定的，并没有直接考虑降温过程。如果采用 ISO-834 升（降）温曲线、即图 8.27 中粗实线给出的火灾曲线计算钢管混凝土柱的耐火极限，当时间到达外界温度升降温临界时刻（$t=t_h$）时，钢管混凝土柱截面的温度不是立即随之降低，而是会发生不同程度的滞后，此时对应的钢管混凝土柱截面上各单元的温度不一定是最高温度，也就是说 t_h时刻往往不一定是钢管混凝土柱的“最危险”时刻，升温过程中没有破坏的钢管混凝土柱有可能在降温过程中破坏。因此，如果考虑降温过程，计算出的耐火极限 t_R'满足：$t_h \leqslant t_R' < t_R$。计算结果表明，对于裸钢管混凝土柱，t_R'和 t_R 的差别相对较大，在本节计算参数范围内，t_R'比 t_R小 10%～25%左右。对于带保护层的钢管混凝土柱，二者的差别则会变小。可见，合理地确定火灾情况下结构周围环境的升、降温模型是准确地计算其耐火极限的重要前提。

下面以矩形钢管混凝土柱为例，通过典型算例说明各参数对耐火极限的影响规律。计算时，作用在钢管混凝土柱上的“有效荷载”按式（8.61）确定，采用图 8.27所示的 ISO-834 标准升温曲线，且暂不考虑降温段的影响（韩林海，2004）。

（1）截面周长（C）

图 8.41 所示为钢管混凝土柱的耐火极限随截面周长的变化规律。可见，柱截面周长的大小对其耐火极限的影响较大，截面周长越小，核心混凝土的尺寸越小，吸热能力越差，耐火极限越低；反之，截面周长越大，吸热能力越好，耐火极限也随之升高。

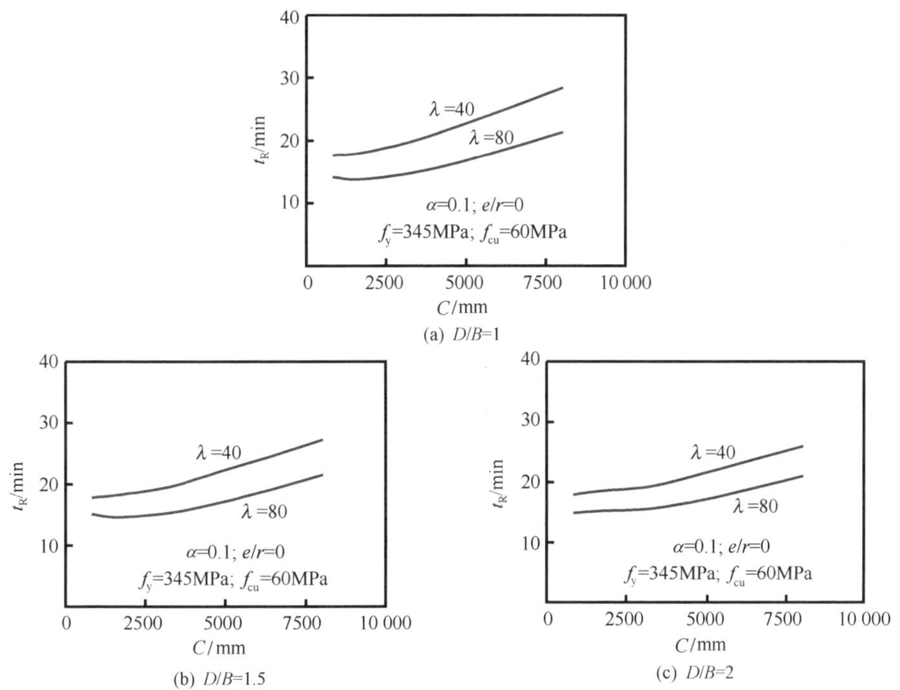

图 8.41　截面周长对耐火极限的影响

（2）含钢率（α）

图 8.42 所示为钢管混凝土柱截面含钢率对耐火极限的影响，可见随着含钢率的增大，耐火极限有降低的趋势，但变化的幅度不大。

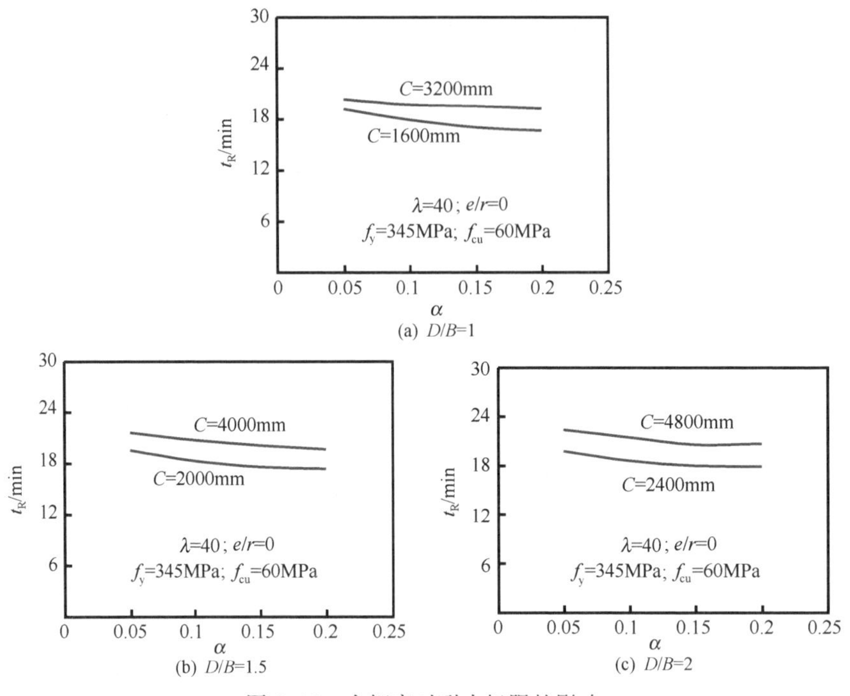

图 8.42　含钢率对耐火极限的影响

（3）长细比（λ）

长细比对钢管混凝土柱耐火极限影响较大，如图 8.43 所示。可见，当长细比小于 40 时，随着长细比的增大，耐火极限有增大的趋势，但增加的幅度不大；对于长细比大于 40 的情况，长细比越大，耐火极限越低。

（4）荷载偏心率（e/r）

在荷载偏心率（e/r）小于 0.15 时，随着荷载偏心率的增大，钢管混凝土柱的耐火极限有增大的趋势，但幅度不是很大；当荷载偏心率（e/r）大于 0.15 时，随着荷载偏心率的增大，钢管混凝土柱的耐火极限有减小的趋势，总体来看，荷载偏心率对钢管混凝土柱耐火极限的影响不大，如图 8.44 所示。

（5）钢材屈服强度（f_y）

图 8.45 所示为钢管混凝土柱耐火极限随钢材屈服强度（f_y）的变化规律。可见，随着 f_y 的增加，钢管混凝土柱的耐火极限有减小的趋势，但总体影响不大。

（6）混凝土强度（f_{cu}）

图 8.46 所示为耐火极限随混凝土强度的变化规律。可见，随着混凝土强度的增加，钢管混凝土柱的耐火极限有增大的趋势，但这种影响总体上不大。

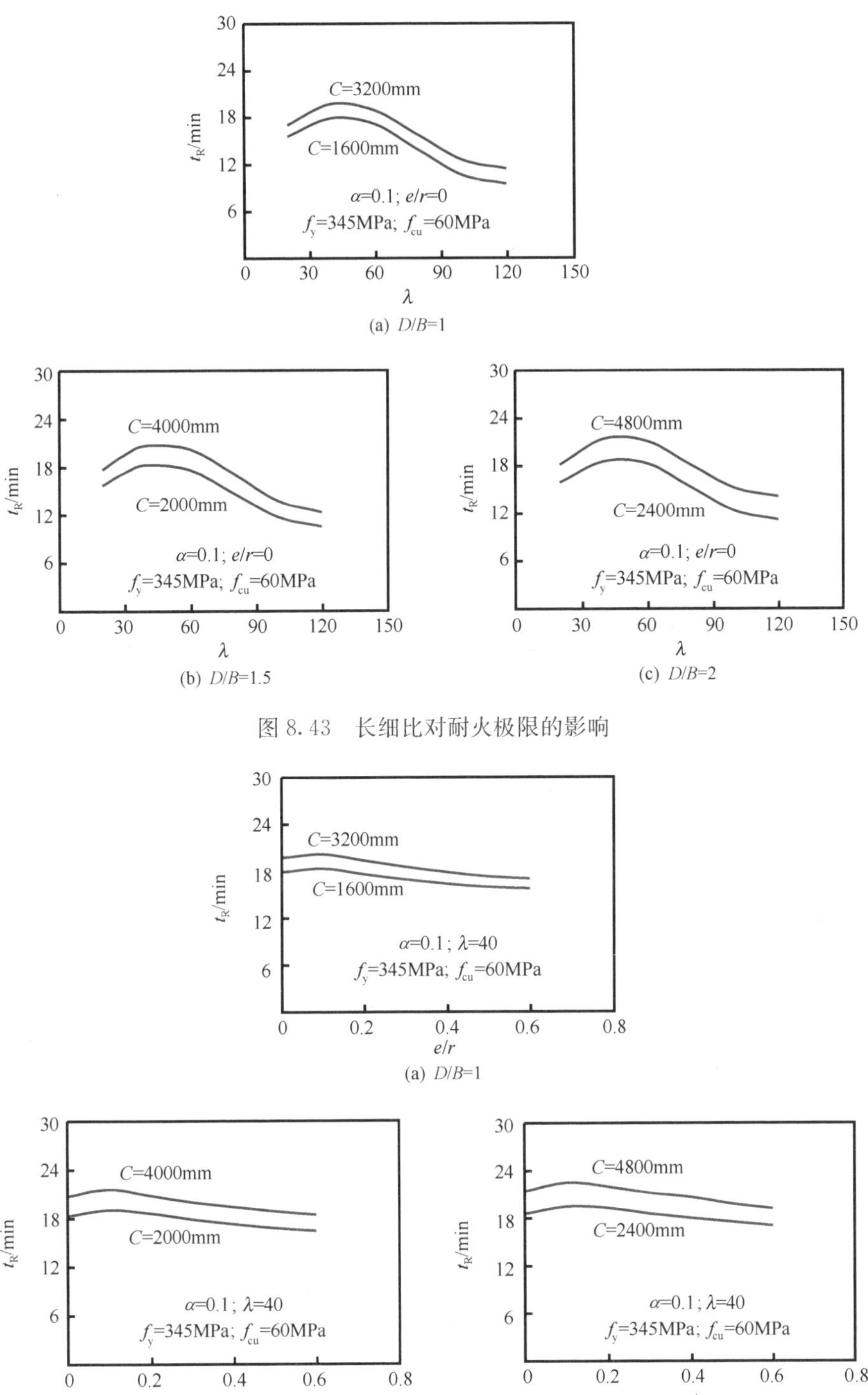

图 8.43 长细比对耐火极限的影响

图 8.44 荷载偏心率对耐火极限的影响

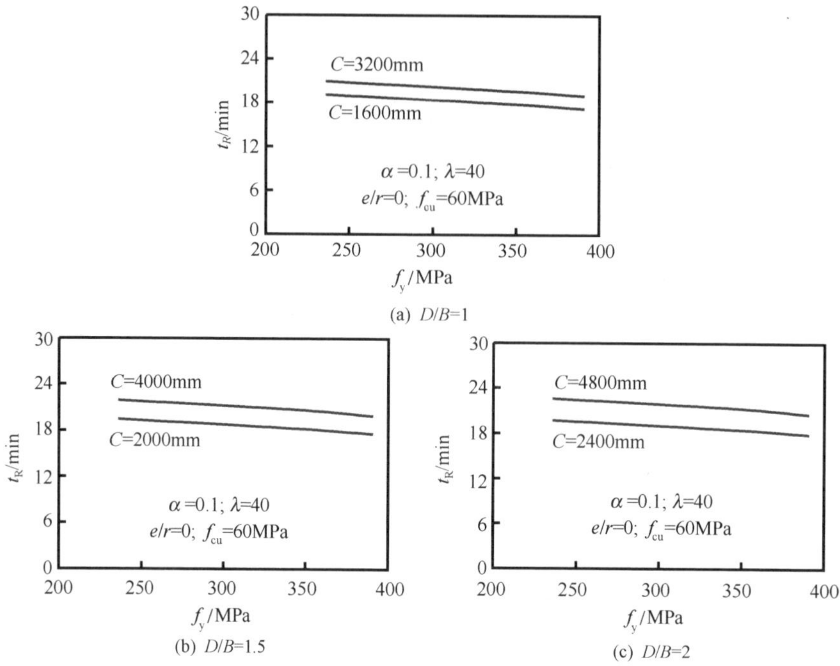

图 8.45　钢材屈服强度对耐火极限的影响

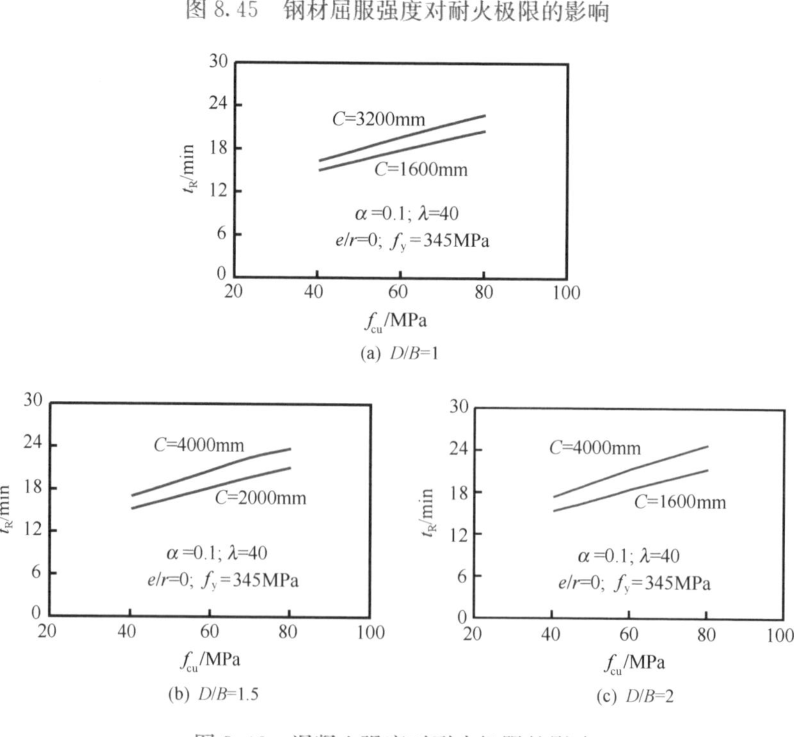

图 8.46　混凝土强度对耐火极限的影响

（7）防火保护层厚度（a）

钢管混凝土柱在式（8.61）所示的“有效荷载”作用下，如果不进行防火保护，耐火极限一般均不能满足实际要求，为了使其耐火极限达到设计要求，需要对其进行防火保护。图 8.47 所示为不同截面周长情况下钢管混凝土柱耐火极限与厚涂型钢结构防火涂料保护层厚度（a）之间关系，涂料性能符合标准 CECS24：90（1990）和 GB14907—2002（2002）的有关规定。可见，随着 a 的增加，钢管混凝土柱的耐火极限呈显著增大的趋势。

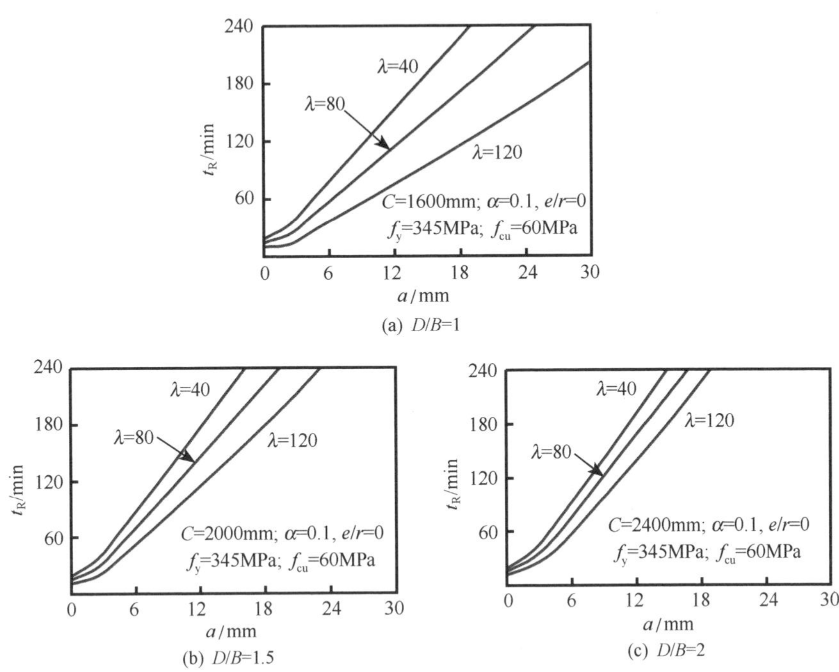

图 8.47　防火保护层厚度对耐火极限的影响

需要说明的是，本书所述的防火保护层是指在升温过程中，保护层材料厚度和热工性能参数变化不大的情况。当保护层材料为薄涂型（膨胀发泡型）材料时，由于在加热升温过程中，保护层材料的厚度和热工性能参数随温度和周围环境等因素的影响较大，上述方法将不再适用。

（8）截面高宽比（D/B）

图 8.48 所示为矩形钢管混凝土柱截面高宽比对耐火极限的影响，可见随着截面高宽比的增大，耐火极限有降低的趋势，但总体变化幅度不大；而且，在按照式（8.61）定义的“有效荷载”作用下，矩形钢管混凝土柱绕强轴弯曲和绕弱轴弯曲两种情况下的耐火极限差别不大。

以上分析的结果表明，在式（8.61）所示的“有效荷载”作用下，截面高宽比、截面含钢率、钢材屈服强度、混凝土强度和荷载偏心率对钢管混凝土柱的耐火极限影响不大，而构件截面周长、长细比和防火保护层厚度的影响则较为显著。

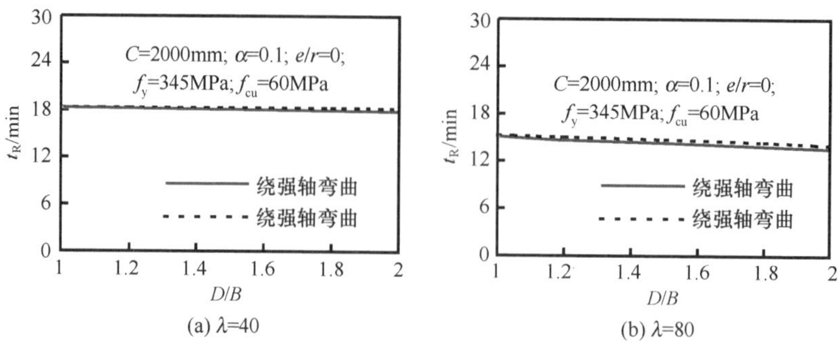

(a) λ=40　(b) λ=80

图 8.48　截面高宽比对耐火极限的影响

8.6　火灾下构件承载力的计算

8.6.1　火灾下构件承载力影响系数及参数分析

影响火灾下裸钢管混凝土柱承载力的可能因素主要有：钢材屈服强度（f_y）、混凝土强度（f_{cu}）、含钢率（α）、构件截面尺寸（例如横截面周长 C）、构件长细比（λ）、荷载偏心率（e/r）和受火时间（t），对于矩形钢管混凝土还有截面高宽比（D/B）等。利用数值分析方法分析了上述各参数对火灾下钢管混凝土柱承载力 $N_u(t)$ 的影响规律。计算时，火灾曲线按 ISO-834 所规定的方法确定。

为便于分析，定义火灾下钢管混凝土柱承载力的影响系数 k_t 表达式为

$$k_t = \frac{N_u(t)}{N_{uo}} \tag{8.62}$$

式中：$N_u(t)$ 和 N_{uo} 分别为对应火灾持续时间 t 时刻和常温下时钢管混凝土压弯构件的极限承载力。

对不同参数情况下，即 $D(B)=200\sim2000$mm、$f_y=200\sim500$MPa、$f_{cu}=30\sim90$MPa、$\alpha=0.03\sim0.2$、$\lambda=10\sim120$、$e/r=0\sim3$ 时钢管混凝土柱的 k_t 进行了计算和分析，发现上述参数对圆形和方、矩形钢管混凝土柱承载力系数 k_t 的影响规律基本类似，下面仍以矩形钢管混凝土柱为例进行分析。

图 8.49～图 8.55 所示为各参数对 k_t 影响的典型曲线。算例的基本计算条件是：Q345 钢，C60 混凝土，$\alpha=0.1$，$C=2000$mm，$\lambda_y=40$，$e/r=0$。

（1）截面周长（C）

图 8.49 所示为构件截面周长对 k_t 的影响，可见，周长 C 对 k_t 有很大影响，周长越大，承载力影响系数 k_t 越大；反之，周长越小，承载力影响系数 k_t 越小。这是因为周长越大，核心混凝土的面积越大，构件的吸热能力越强，k_t 就越大；周长越小，核心混凝土面积越小，构件吸热能力越差，耐火极限越短，k_t 就越小。

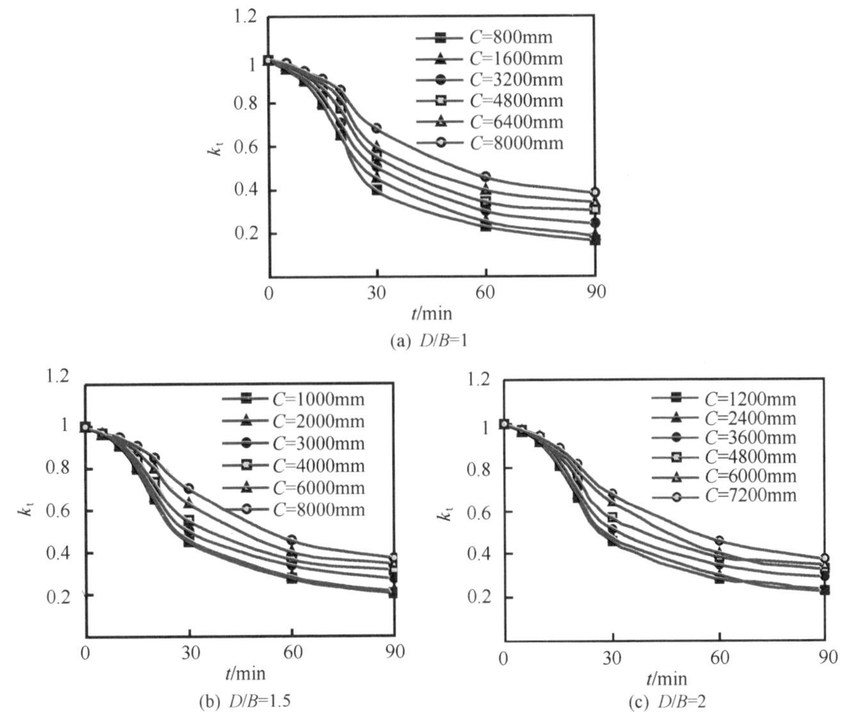

(a) D/B=1

(b) D/B=1.5

(c) D/B=2

图 8.49 截面周长对 k_t 的影响

(2) 构件长细比（λ）对 k_t 的影响

图 8.50 所示为构件长细比对 k_t 的影响，可见，长细比对 k_t 影响总体上较大。对于长细比小于 60 的情况，当受火时间小于 20min 时，长细比对 k_t 的影响相对较小，当受火时间大于 20min 时，随着长细比的增大，k_t 呈现出迅速减小的趋势。对于长细比大于 60 的情况，随着受火时间及长细比的增大，系数 k_t 总体上均呈现出减小的趋势。

(3) 含钢率（α）对 k_t 的影响

图 8.51 为含钢率对 k_t 的影响，可见，当受火时间小于 20min 时，含钢率越大，k_t 越大；当受火时间大于 20min 时，含钢率越大，k_t 越小，但总体上 α 对 k_t 的影响不大。

(4) 荷载偏心率（e/r）对 k_t 的影响

图 8.52 所示为荷载偏心率对 k_t 的影响，可见，荷载偏心率越大，剩余承载力系数 k_t 越小，但总体上荷载偏心率对 k_t 的影响并不显著。

(5) 钢材屈服强度（f_y）对 k_t 的影响

图 8.53 所示为钢材屈服强度对 k_t 的影响，可见，随着 f_y 的增大，系数 k_t 有减小的趋势，但 f_y 对 k_t 的影响总体上不大。

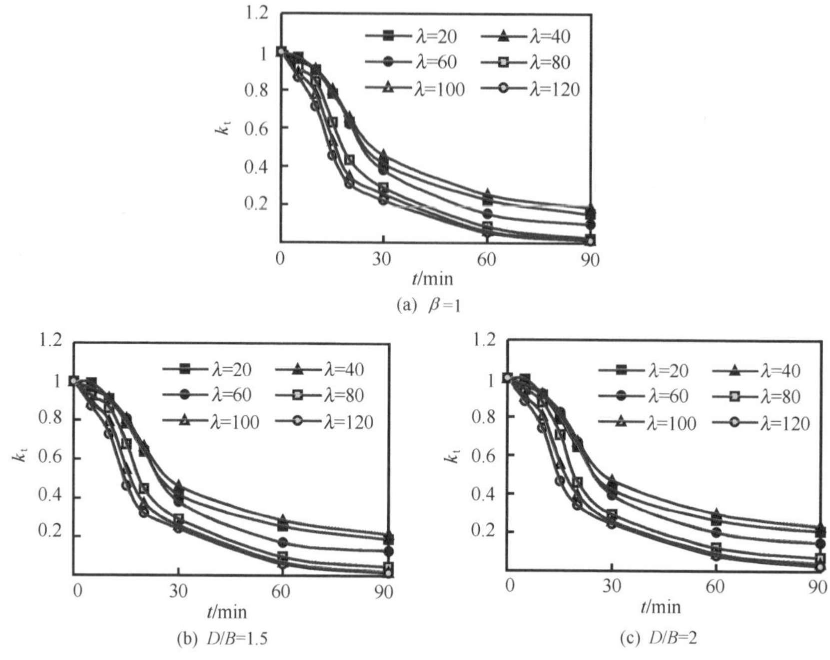

(a) $\beta=1$　(b) $D/B=1.5$　(c) $D/B=2$

图 8.50　构件长细比对 k_t 的影响

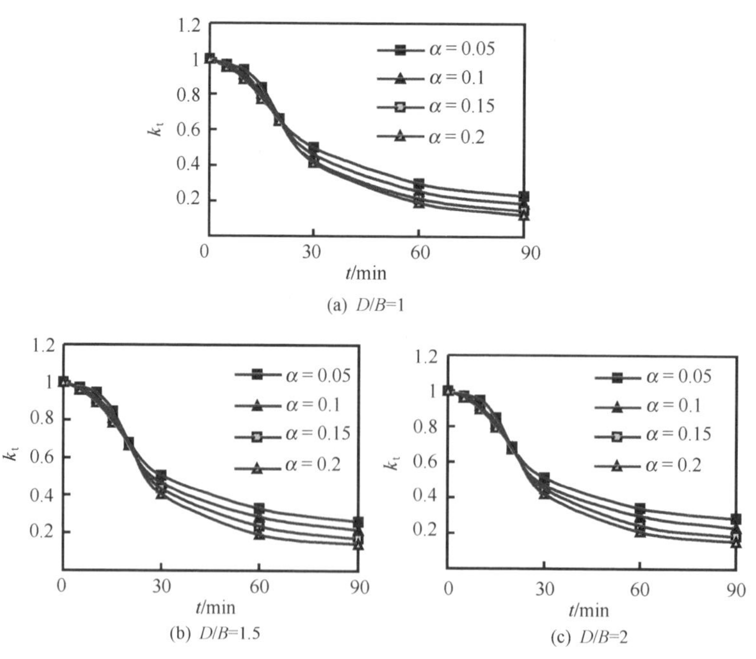

(a) $D/B=1$　(b) $D/B=1.5$　(c) $D/B=2$

图 8.51　截面含钢率对 k_t 的影响

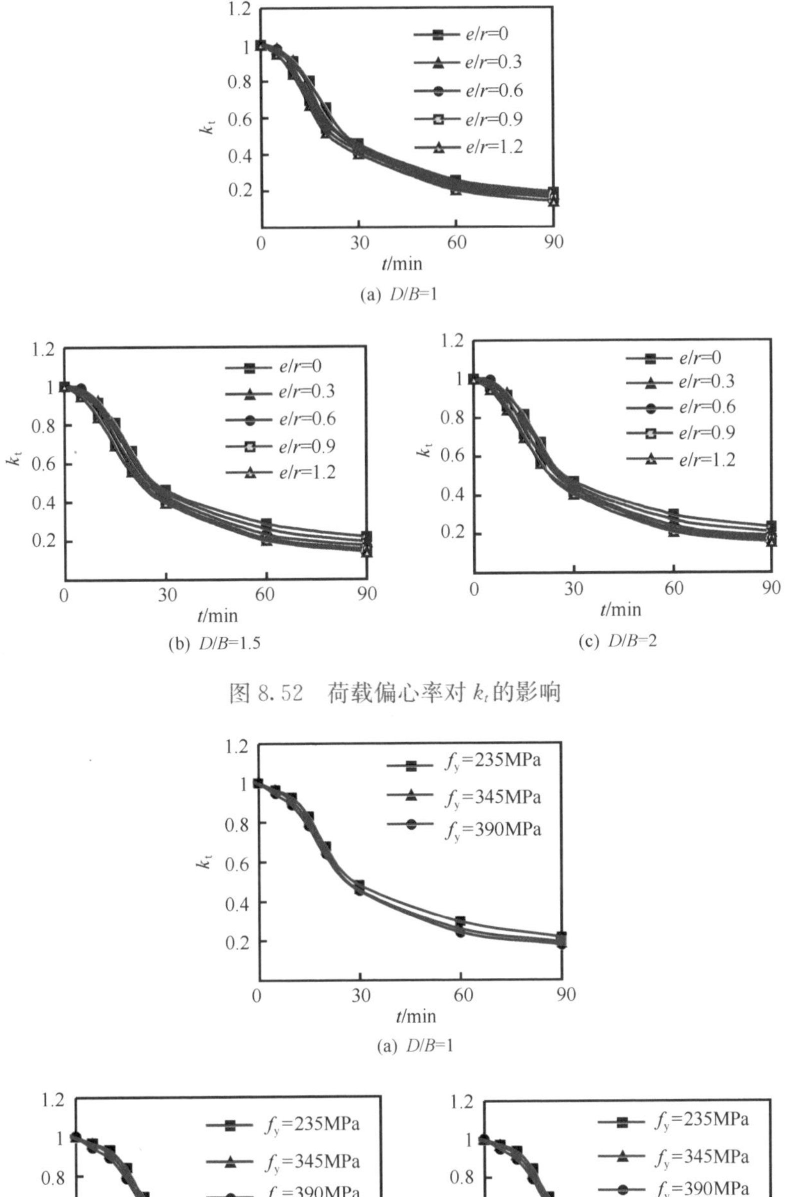

(a) D/B=1

(b) D/B=1.5　　(c) D/B=2

图 8.52　荷载偏心率对 k_t 的影响

(a) D/B=1

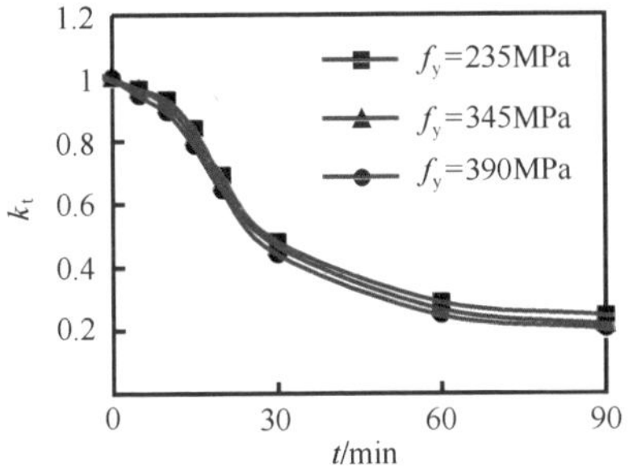

(b) D/B=1.5 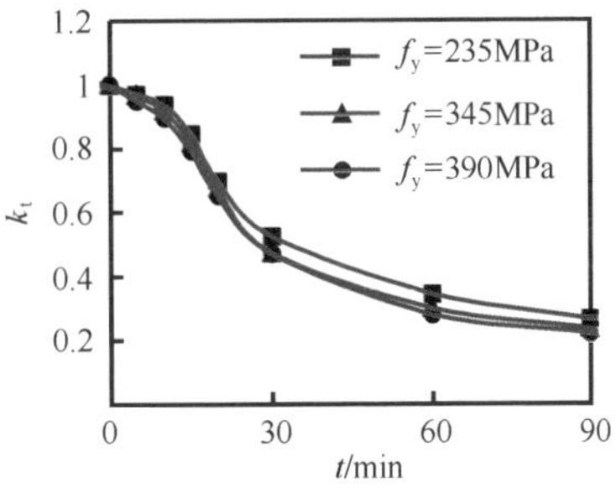　　(c) D/B=2

图 8.53　钢材屈服强度对 k_t 的影响

（6）混凝土强度（f_{cu}）对 k_t 的影响

图 8.54 所示为 f_{cu}对 k_t 的影响，可见，随着混凝土强度的增加，k_t 有增大的趋势，但 f_{cu}对 k_t 的影响很小。

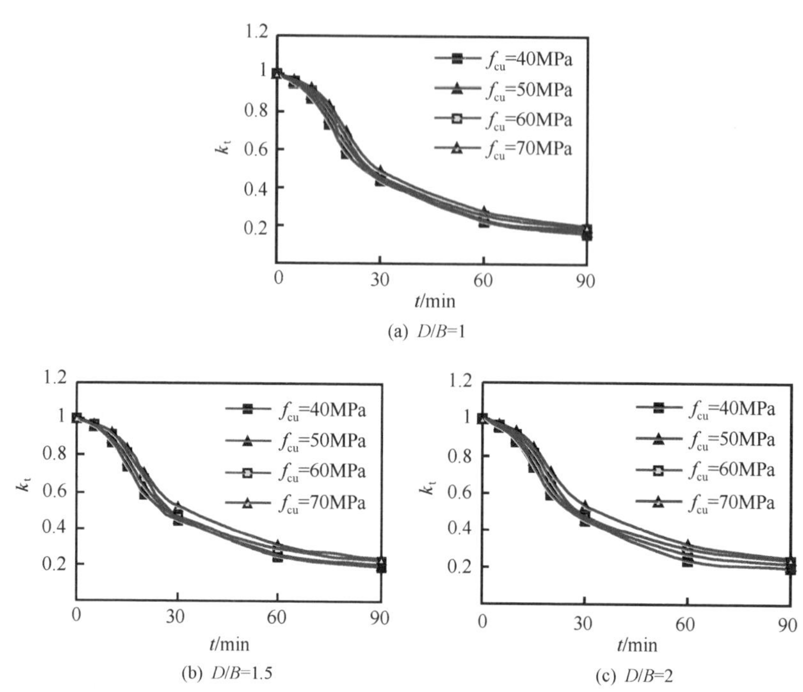

图 8.54　混凝土强度对 k_t 的影响

（7）截面高宽比（D/B）对 k_t 的影响

图 8.55 所示为截面高宽比（D/B）对 k_t 的影响，可见 D/B 对 k_t 几乎没有影响。

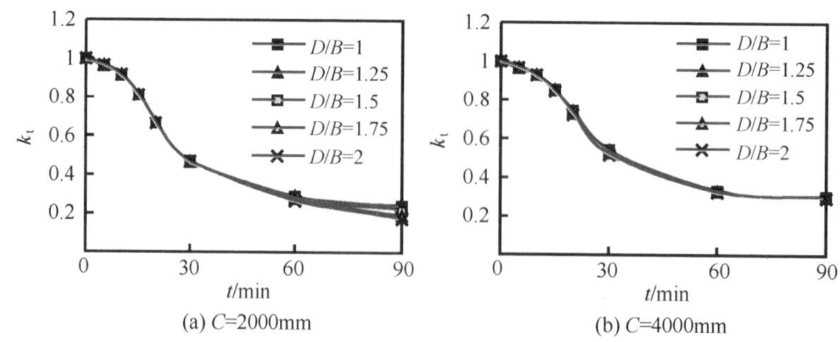

图 8.55　截面高宽比对 k_t 的影响

8.6.2　承载力影响系数实用计算方法

为了便于实际应用，通过对如下参数范围，即 $D(B)=200\sim2000$mm 、$f_y=$

200～500MPa、f_{cu}＝30～90MPa、α＝0.03～0.2、λ＝10～120 和 e/r＝0～3 情况下 k_t 数值计算结果的分析，可回归出按 ISO-834（1975）标准规定的火灾曲线作用下钢管混凝土柱 k_t 的计算公式如下：

1）圆钢管混凝土柱。

$$k_t=\begin{cases}\dfrac{1}{1+a\cdot t_0^2} & (t_0\leqslant t_1)\\[2ex] \dfrac{1}{b\cdot t_0^2+c} & (t_1<t_0\leqslant t_2)\\[2ex] k\cdot t_0+d & (t_0>t_2)\end{cases}\tag{8.63}$$

式中：$a=(-0.13\lambda_0^3+0.92\lambda_0^2-0.39\lambda_0+0.74)\cdot(-2.85C_0+19.45)$；

$b=C_0^{-0.46}\cdot(-1.59\lambda_0^2+13\lambda_0-3)$；

$c=1+a\cdot t_1^{2.5}-b\cdot t_1$；

$d=\dfrac{1}{b\cdot t_2+c}-k\cdot t_2$；

$k=(-0.1\lambda_0^2+1.36\lambda_0+0.04)\cdot(0.0034C_0^3-0.0465C_0^2+0.21C_0-0.33)$；

$t_1=(7.2\times10^{-3}C_0^2-0.02C_0+0.27)\cdot(-1.31\times10^{-2}\lambda_0^3+0.17\lambda_0^2-0.72\lambda_0+1.49)$；

$t_2=(0.006C_0^2-0.009C_0+0.362)\cdot(0.007\lambda_0^3+0.209\lambda_0^2-1.035\lambda_0+1.868)$；

$t_0=t/100$；$C_0=C/1256$；$\lambda_0=\lambda/40$。

2）方、矩形钢管混凝土柱。

$$k_t=\begin{cases}\dfrac{1}{1+a\cdot t_0^2} & (t_0\leqslant t_1)\\[2ex] \dfrac{1}{b\cdot t_0^2+c} & (t_1<t_0\leqslant t_2)\\[2ex] k\cdot t_0+d & (t_0>t_2)\end{cases}\tag{8.64}$$

式中：$a=(0.015\lambda_0^2-0.025\lambda_0+1.04)\cdot(-2.56C_0+16.08)$；

$b=(-0.19\lambda_0^3+1.48\lambda_0^2-0.95\lambda_0+0.86)\cdot(-0.19C_0^2+0.15C_0+9.05)$；

$c=1+(a-b)\cdot t_1^2$；

$d=\dfrac{1}{b\cdot t_2^2+c}-k\cdot t_2$；

$k=0.042\cdot(\lambda_0^3-3.08\lambda_0^2-0.21\lambda_0+0.23)$；

$t_1=0.38\cdot(0.02\lambda_0^3-0.13\lambda_0^2+0.05\lambda_0+0.95)$；

$t_2=(0.022C_0^2-0.105C_0+0.696)\cdot(0.03\lambda_0^2-0.29\lambda_0+1.21)$；

$t_0=t/100$，$C_0=C/1600$，$\lambda_0=\lambda_x/40$ 或 $\lambda_0=\lambda_y/40$。

式中：t 为火灾持续时间（min）；C 为截面周长（mm）；λ_x 为绕强轴（x-x 轴）

弯曲时的长细比，λ_y 为绕弱轴（y-y 轴）弯曲时的长细比。

从式（8.63）或式（8.64）可以看出，对应特定的火灾下的承载力系数 k_t（即火灾下与常温时钢管混凝土柱极限承载力的比值），均有对应的火灾持续时间 t。参考 8.5.1 节可知，该时间即为对应荷载比 $n=k_t$ 时钢管混凝土柱的耐火极限 t_R。

图 8.56 给出不同参数情况下部分简化计算结果与数值计算结果的对比情况。可见简化结果与数值计算结果符合较好。

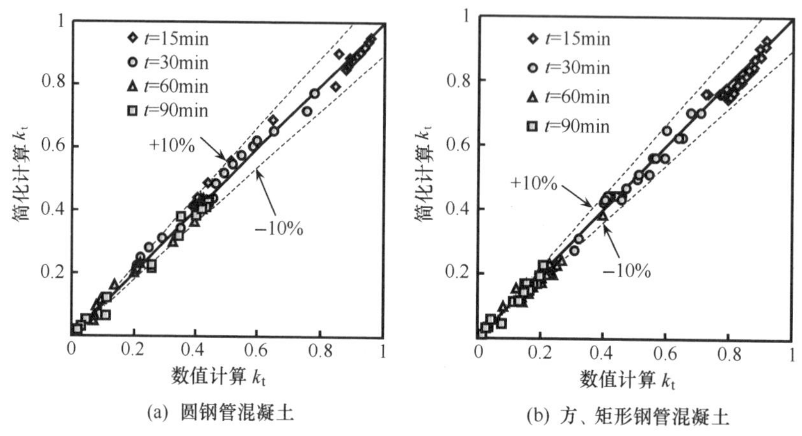

图 8.56 不同受火时间下系数 k_t 简化结果与数值结果比较

图 8.57 为收集到的耐火极限实测结果与式（8.63）和式（8.64）计算结果的对比情况，可见计算结果与大多数实测结果基本吻合，部分结果差别较大，这和耐火极限实测结果本身离散性大有关系。

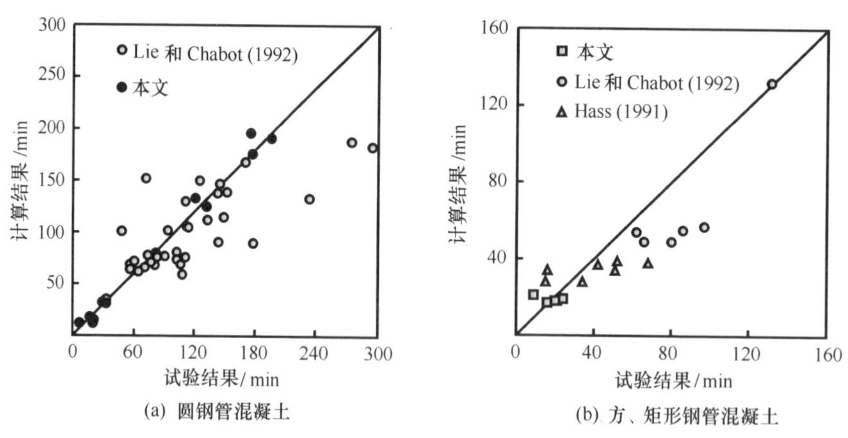

图 8.57 耐火极限简化计算结果与试验结果比较

由式（8.63）和式（8.64）可见，只要给定钢管混凝土构件的横截面尺寸、长细比和火灾持续时间（t），即可方便地计算出构件的承载力影响系数 k_t，进而利用式（8.62）确定出火灾作用下构件的承载力。同样，利用式（8.63）或式（8.64）也可以计算出一定荷载比情况下的火灾持续时间（t），该时间即为是钢管混凝土柱的耐火极限 t_R 。

Lie 和 Stringer（1994）基于试验结果提出了钢管混凝土柱耐火极限的计算公式。经分析比较，与耐火极限实测结果相比，本章基于理论分析结果推导出的计算公式（8.63）和式（8.64）较 Lie 和 Stringer（1994）提供的计算公式具有更好的计算精度。

8.7　防火保护层厚度实用计算方法

8.7.1　“有效荷载”作用下的防火保护层厚度

高层建筑中的钢管混凝土柱在式（8.61）所示的“有效荷载”作用下，如果不进行防火保护，耐火极限一般均不能满足实际要求，为了使钢管混凝土柱的耐火极限达到设计要求，需要对其进行适当的防火保护。

目前实际工程中对钢管混凝土柱进行防火保护时，最常用的是厚涂型钢结构防火涂料，也有采用抹金属网水泥砂浆作防火保护层的。后者的优点是造价低、取材方便，但由于其导热性能比厚涂型钢结构防火涂料强，所需要的保护层厚度相对较大。

对上述两种防火保护层进行了计算，最后在参数分析结果的基础上，通过回归分析给出了实用计算公式。

图 8.58 给出矩形钢管混凝土柱耐火极限达 180min、150min、120min、90min 和 60min 时，厚涂型钢结构防火涂料厚度（a）随构件截面尺寸和长细比的变化规律，涂料性能符合国家的有关标准，柱所承受的荷载按式（8.61）计算。

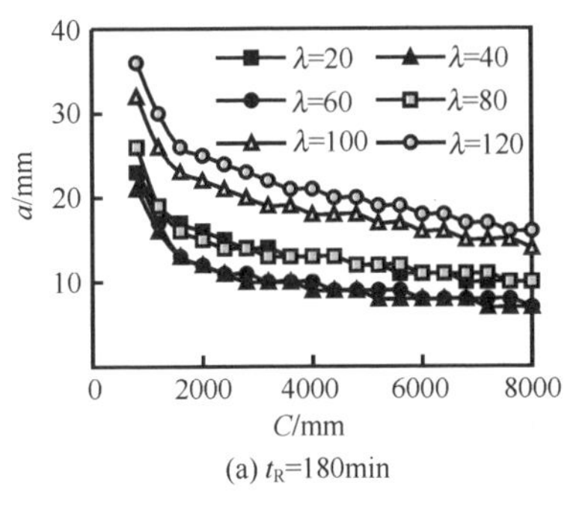

(a) t_R=180min

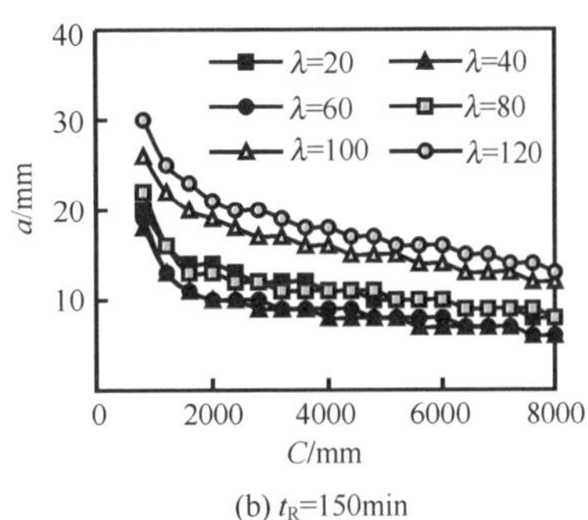

(b) t_R=150min

图 8.58　厚涂型钢结构防火涂料保护层厚度

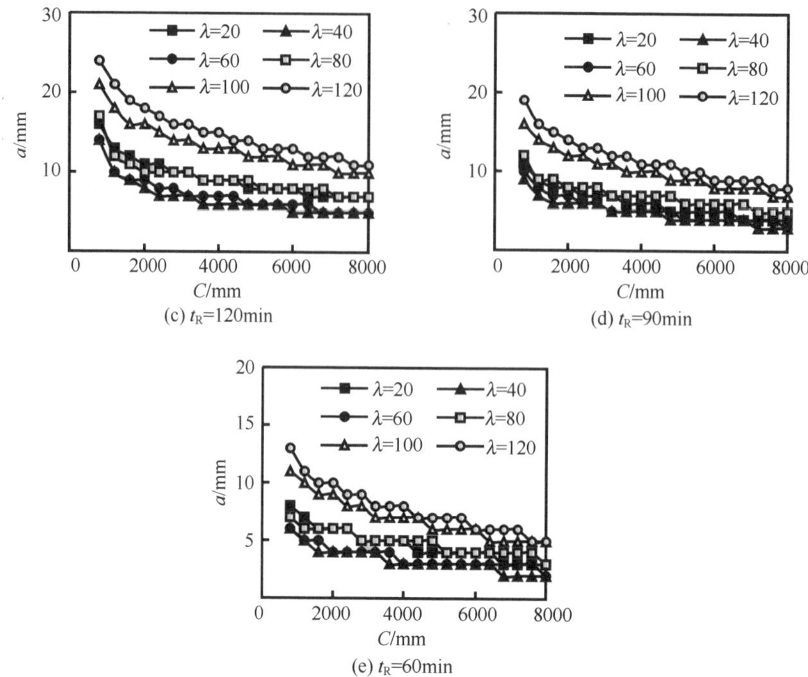

(c) t_R=120min　　(d) t_R=90min

(e) t_R=60min

图 8.58　厚涂型钢结构防火涂料保护层厚度（续）

图 8.59 给出数值计算获得的矩形钢管混凝土柱耐火极限 t_R 分别为 180min、150min、120min、90min 和 60min 时水泥砂浆保护层厚度 a 与柱周长 C 及构件长细比 λ 之间的关系，材料热工性能按式（8.23）～式（8.25）确定，柱所承受的荷载按式（8.61）计算。

计算结果表明，钢管混凝土柱保护层厚度 a 主要和耐火极限、构件截面尺寸和长细比有关。在一定耐火极限要求的条件下，保护层厚度随构件直径的增大和长细比的减小而总体呈降低的趋势。

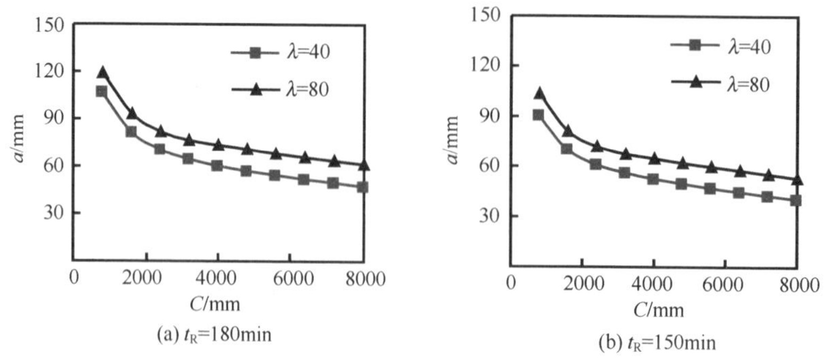

(a) t_R=180min　　(b) t_R=150min

图 8.59　水泥砂浆防火保护层厚度

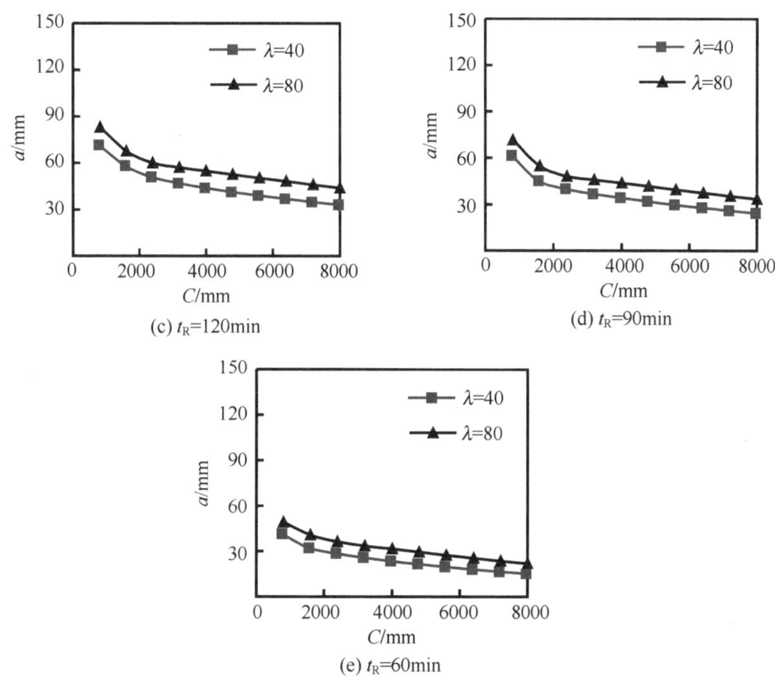

图 8.59　水泥砂浆防火保护层厚度（续）

通过对数值计算曲线的分析和拟合，且适当考虑安全度，最终可给出以耐火极限（t_R）、构件截面尺寸［为了便于分析，此处以截面周长 C 考虑截面尺寸的影响，对于圆钢管混凝土，$C=\pi \cdot D$；对于方钢管混凝土，$C=4B$，其中，B 为方钢管混凝土截面边长；对于矩形钢管混凝土，$C=2(B+D)$，其中，B 和 D 分别为矩形钢管混凝土截面短边和长边边长］和长细比（λ）为基本参数的防火保护层厚度 a 的简化计算公式如下。

对于圆钢管混凝土柱：

$$a=(19.2t+9.6)\cdot C^{-(0.28-0.0019\lambda)}\quad(\text{mm})\tag{8.65}$$

对于方、矩形钢管混凝土柱：

$$a=(149.6t+22)\cdot C^{-(0.42+0.0017\lambda-2\times10^{-5}\lambda^2)}\quad(\text{mm})\tag{8.66}$$

式（8.65）和式（8.66）中，耐火极限 t 以小时（h）计；截面周长 C 以 mm 计。

计算结果表明，防火保护层厚度简化计算结果与数值计算结果基本吻合，且总体上稍偏于安全，如图 8.60 所示。

利用式（8.65）和式（8.66）对表 8.1 给出的带保护层钢管混凝土柱的试验结果进行了验算，保护层对比结果见图 8.61，可见简化计算结果与试验结果总体上较为吻合。

钢管混凝土柱采用水泥砂浆进行防火保护时保护层厚度 a 的简化计算公式如下。

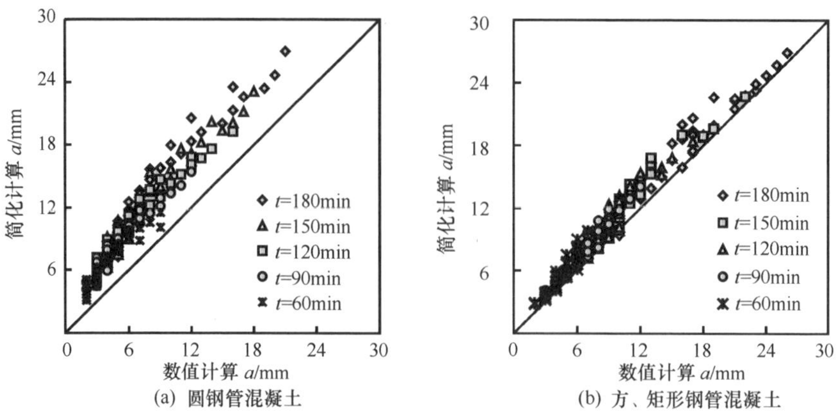

图 8.60　保护层厚度数值计算结果与简化计算结果对比（防火涂料）

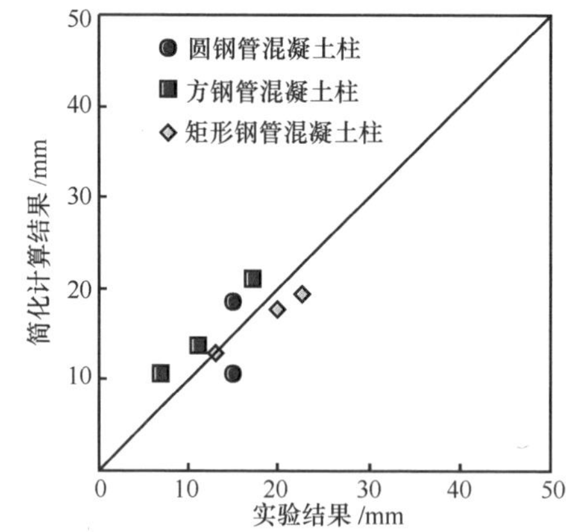

图 8.61　实验结果与简化计算结果对比

1）对于圆钢管混凝土：

$$a = k_1 \cdot k_2 \cdot C^{-(0.396-0.0045\lambda)} \quad (\text{mm}) \tag{8.67}$$

式中：$k_1=135-1.12\lambda$；$k_2=1.85t-0.5t^2+0.07t^3$。

2）对于方、矩形钢管混凝土：

$$a = (220.8t+123.8) \cdot C^{-(0.3075-3.25\times10^{-4}\lambda)} \quad (\text{mm}) \tag{8.68}$$

式中：耐火极限 t 以小时计；截面周长 C 以 mm 计。

图 8.62 给出常见参数范围内，采用水泥砂浆防火保护层时部分简化计算结果与数值计算结果的对比情况，二者总体吻合良好，且计算结果总体上偏于安全。

需要说明的是，公式（8.65）～（8.68）的适用范围是：C＝800～8000mm，f_y＝200～500MPa，f_{cu}＝30～90MPa，α＝0.03～0.2，λ＝10～80，e/r＝0～3 和 $t\leqslant$3h。对于矩形钢管混凝土，D/B＝1～2。

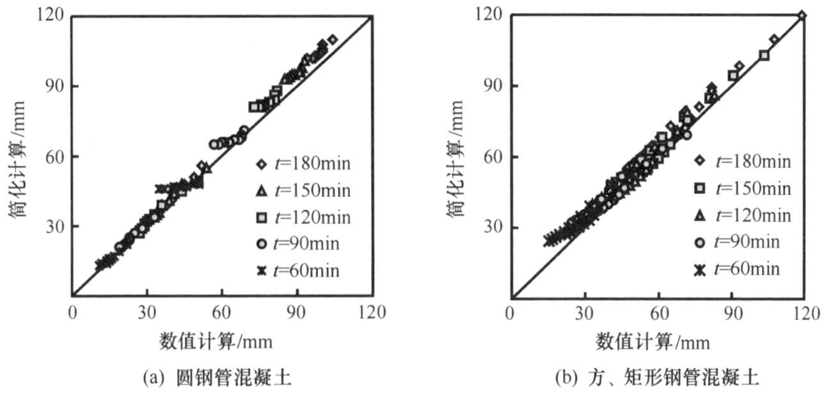

图 8.62　保护层厚度数值计算结果与简化计算结果对比（水泥砂浆）

8.7.2　不同荷载比下的防火保护层厚度

式（8.65）～式（8.68）给出的是按式（8.61）所示的“有效荷载”作用下钢管混凝土柱的防火保护层厚度。如前所述，荷载比对柱的耐火极限和防火保护层厚度有很大影响，为了便于实际工程应用，有必要提供不同荷载比情况下钢管混凝土柱防火保护层厚度的实用计算方法。

图 8.63 和图 8.64 所示分别为数值计算获得的不同耐火极限 t 情况下，保护层厚度 a 与荷载比 n 之间的关系。算例的计算条件为：对于圆钢管混凝土，外直径 D=400mm（即周长 C=1256mm），α=0.1，Q345 钢，C60 混凝土，长细比 λ=40；对于方、矩形钢管混凝土，长边边长 D=600mm，短边边长 B=400mm，α=0.1，Q345 钢，C60 混凝土，长细比 λ=40。防火保护层材料分别采用厚涂型钢结构防火涂料和水泥砂浆。厚涂型钢结构防火涂料性能符合标准 CECS24：90（1990）和 GB 14907—2002（2002）的有关规定。

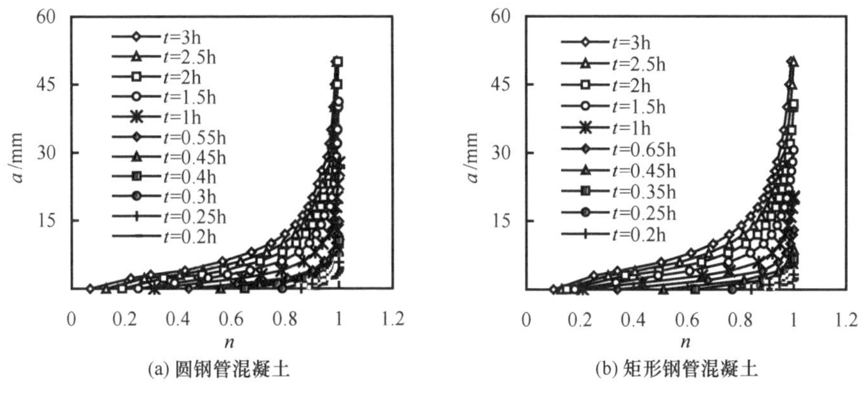

图 8.63　不同 n 情况下的厚涂型钢结构防火涂料厚度

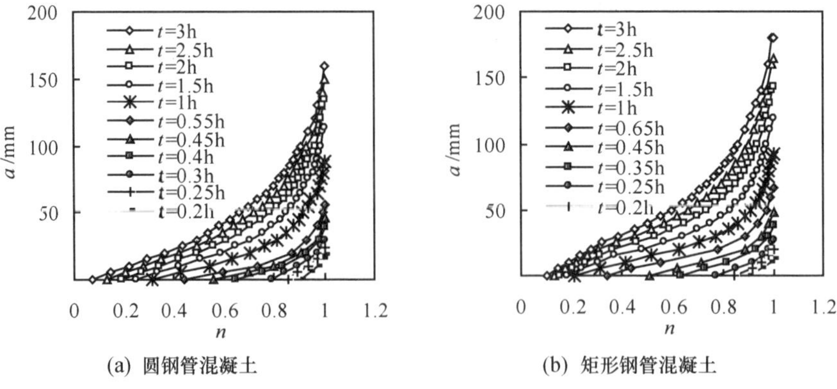

(a) 圆钢管混凝土　　(b) 矩形钢管混凝土

图 8.64　不同 n 情况下的水泥砂浆厚度

由图 8.63 和图 8.64 可见，随着荷载比和耐火极限的增大，防火保护层厚度逐渐增大。当 n 小于 0.8 时，a 随 n 变化的趋势比较平缓；当 n 大于 0.8 时，a 随 n 的增大而呈现出显著增大的趋势。通过对不同参数情况下计算结果的回归分析，可导得不同 n 情况下保护层厚度 a 的计算公式。

（1）当采用厚涂型钢结构防火涂料时

1）对于圆钢管混凝土：

$$a = k_{\mathrm{LR}} \cdot (19.2t + 9.6) \cdot C^{-(0.28-0.0019\lambda)} \tag{8.69}$$

2）对于方、矩形钢管混凝土：

$$a = k_{\mathrm{LR}} \cdot (149.6t + 22) \cdot C^{-(0.42+0.0017\lambda-2\times10^{-5}\lambda^2)} \tag{8.70}$$

式中：$k_{\mathrm{LR}} = \begin{cases} \left.\begin{array}{ll} p \cdot n + q & (k_{\mathrm{t}} \leqslant n < 0.77) \\ 1/(3.695 - 3.5 \cdot n) & (n \geqslant 0.77) \end{array}\right\} & (k_{\mathrm{t}} < 0.77) \\ \omega \cdot (n - k_{\mathrm{t}})/(1 - k_{\mathrm{t}}) & (k_{\mathrm{t}} \geqslant 0.77) \end{cases}$，

其中，$p = 1/(0.77 - k_{\mathrm{t}})$；$q = k_{\mathrm{t}}/(k_{\mathrm{t}} - 0.77)$；对于圆钢管混凝土，$\omega = 7.2 \cdot t$，对于方、矩形钢管混凝土，$\omega = 10 \cdot t$。

（2）当采用水泥砂浆时

1）对于圆钢管混凝土：

$$a = k_{\mathrm{LR}} \cdot k_1 \cdot k_2 \cdot C^{-(0.396-0.0045\lambda)} \tag{8.71}$$

式中：$k_1 = 135 - 1.12\lambda$；$k_2 = 1.85t - 0.5t^2 + 0.07t^3$。

2）对于方、矩形钢管混凝土：

$$a = k_{\mathrm{LR}} \cdot (220.8t + 123.8) \cdot C^{-(0.3075-3.25\times10^{-4}\lambda)} \tag{8.72}$$

式（8.59）和式（8.60）中，$k_{\mathrm{LR}} = \begin{cases} \left.\begin{array}{ll} p \cdot n + q & (k_{\mathrm{t}} \leq n < 0.77) \\ 1/(r - s \cdot n) & (n \geqslant 0.77) \end{array}\right\} & (k_{\mathrm{t}} < 0.77) \\ \omega \cdot (n - k_{\mathrm{t}})/(1 - k_{\mathrm{t}}) & (k_{\mathrm{t}} \geqslant 0.77) \end{cases}$，

其中，$p=1/(0.77-k_t)$，$q=k_t/(k_t-0.77)$；对于圆钢管混凝土，$r=3.618-0.154\cdot t$，$s=3.4-0.2\cdot t$，$\omega=2.5\cdot t+2.3$；对于方、矩形钢管混凝土，$r=3.464-0.154\cdot t$，$s=3.2-0.2\cdot t$，$\omega=5.7\cdot t$。

上述式中：k_{LR}为考虑荷载比（n）影响的系数；k_t 为火灾下构件承载力影响系数，k_t 按照式（8.63）或式（8.64）计算，耐火极限 t 以小时计；截面周长 C 以 mm 计。

由式（8.69）～式（8.72）可见，当荷载比小于承载力影响系数 k_t 时，构件不需进行防火保护。

式（8.69）～式（8.72）的适用范围是：$n=0\sim0.9$，$t\leqslant3$h，$\lambda=10\sim80$，$\alpha=0.03\sim0.2$，$\lambda=10\sim80$，$f_y=200\sim500$MPa，$f_{cu}=30\sim90$MPa，$C=800\sim8000$mm。对于方、矩形钢管混凝土，$D/B=1\sim2$。

图 8.65 所示为采用厚涂型钢结构防火涂料时，按式（8.69）和式（8.70）计算获得的钢管混凝土柱防火保护层厚度与数值计算结果的比较，可见，二者吻合较好，且简化计算结果总体上偏于安全。

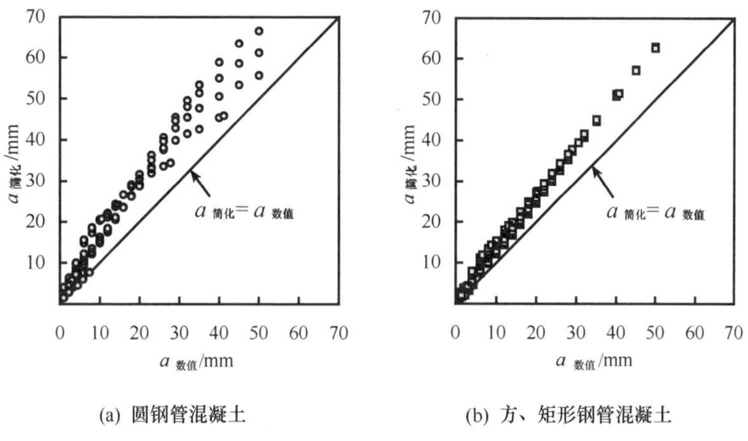

图 8.65　厚涂型钢结构防火涂料厚度数值计算结果与简化计算结果比较

图 8.66 所示为采用水泥砂浆时，按式（8.71）和式（8.72）计算获得的钢管混凝土柱防火保护层厚度与数值计算结果的比较，可见二者吻合较好，且简化计算结果总体上稍偏于安全。

图 8.67 所示为按式（8.69）和式（8.70）计算获得的钢管混凝土柱防火保护层厚度与表 8.1 列出的带保护层试件试验的比较，可见，二者基本吻合。

上述研究成果先后被中国工程建设协会标准 CECS261：2009，CECS28：2012；辽宁省 DB21/T1746—2009 和福建省 DBJ/T13-51—2010 等多部地方工程建设标准采纳，并被国家规范《建筑设计防火规范》（GB 50016—2006）、《建筑设计防火规范》GB 50016—2014 采用。

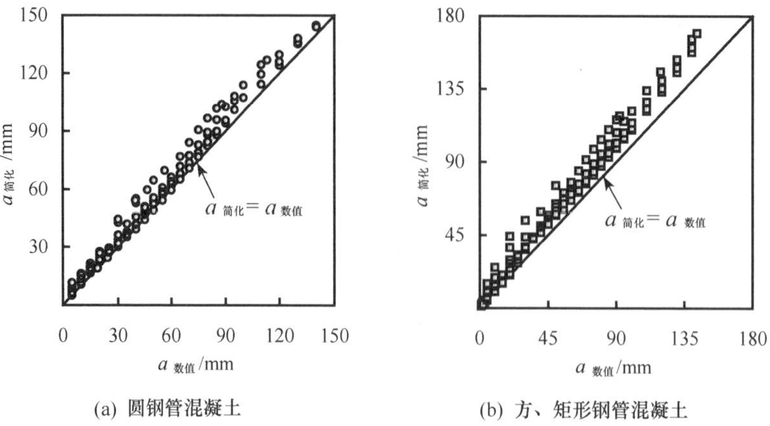

图 8.66 水泥砂浆厚度数值计算结果与简化计算结果比较

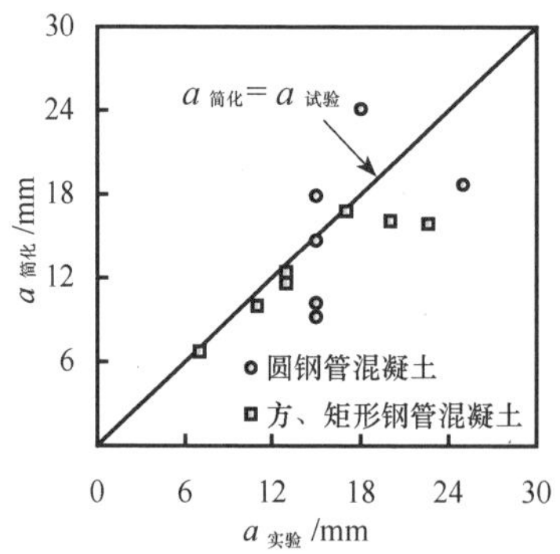

图 8.67 保护层厚度简化计算结果与试验结果对比

8.8 工 程 应 用

上述钢管混凝土柱耐火性能和抗火设计方法方在一些典型工程应用，取得了良好的经济效益和建筑效果。

1999 年建成的深圳赛格广场大厦是以高科技电子配套市场为主，集办公、会展、商贸、金融、证券和娱乐为一体的超高层建筑，该工程占地面积 9653m^2，地下 4 层，地上 72 层，总建筑面积 166 700m^2；地上建筑高度为 291.6m，为框筒结构体系，其框架柱及抗侧力体系内筒的 28 根密排柱均采用了圆钢管混凝土，该建筑于 1997 年 1 月动工，1999 年 4 月结构封顶。根据国家标准 GB50045—95（2001）的有关规定，赛格广场大厦钢管混凝土柱的耐火极限要求达到 3h（钟善桐，1999）。

对赛格广场大厦钢管混凝土柱的防火保护层厚度进行了设计（Han，2001），保护层采用了我国自行生产的某类厚涂型钢结构防火涂料，其性能符合标准

CECS24：90（1990）和 GB 14907—2002（2002）的有关规定。表 8.6 给出了赛格广场大厦钢管混凝土柱实际采用的防火保护层厚表。

表 8.6　赛格广场大厦钢管混凝土柱防火保护层厚度

柱别	柱段长度/m	$D\times t$/(mm×mm)	层高/m	钢材种类	混凝土强度等级	防火保护层厚度/mm	防火涂料喷涂面积/m²
1	30	1300×18	3.7	Q345	C40	15	2600
	32	1300×20	3.7	Q345	C40	12	6200
	69	1400×20	3.7	Q345	C40	12	
	30.8	1500×22	3.7	Q345	C40	8	9300
	22	1500×24	3.7	Q345	C60	8	
	23.6	1600×26	4.8	Q345	C60	8	
	52	1600×28	4.8	Q345	C60	8	
2	49.5	900×14	4.7	Q345	C60	12	4700

根据深圳市赛格广场投资有限公司的分析计算结果，如果参考采用《高层民用建筑设计防火规范》（GB 50045—95）中有关钢柱防火保护层设计方面的规定要求，大厦柱结构可节约涂料 78.6%，柱子截面增加也不大，经济效果和建筑效果显著。

图 8.68 所示为赛格广场钢管混凝土柱正在进行防火涂料施工时的情景。

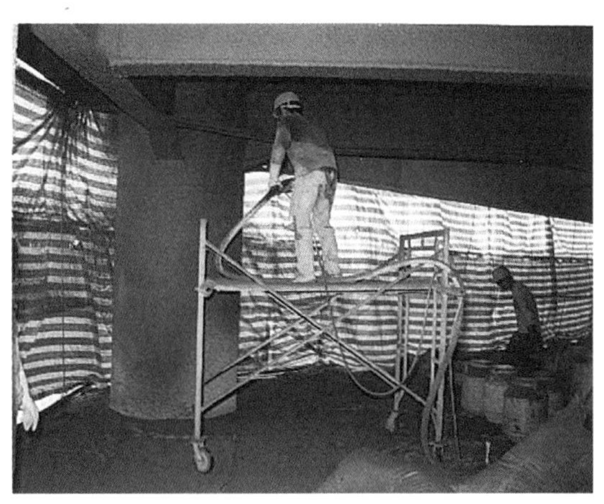

图 8.68　赛格广场圆钢管混凝土柱正在进行防火涂料施工

图 8.69 所示的钢管混凝土柱正在进行防火涂料施工，其中上部已施工完毕，下部尚未施工，通过对比可以看出防火涂料的厚度很小。

图 8.70 所示为赛格广场钢管混凝土柱防火涂料施工完毕后的情景。

2001 年建成的杭州瑞丰国际商务大厦总建筑面积 51 095m²。西楼为 24 层，建筑总高度为 89.7m；东楼为 15 层，建筑总高度为 59.10m，裙房 5 层，高度为

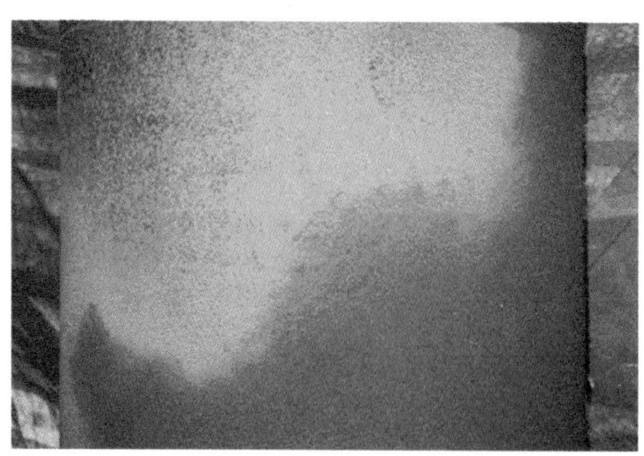

图 8.69 防火涂料厚度对比图

图 8.70 赛格广场圆钢管混凝土柱防火涂料施工完毕后的情景

23.90m（杨强跃，2006）。瑞丰国际商务大厦为框架-剪力墙结构体系，采用了方钢管混凝土柱，焊接工字钢梁，压型钢板组合楼板和钢筋混凝土剪力墙。

根据国家规范 GB 50045—95 的有关规定，瑞丰国际商务大厦的耐火等级应为一级，其钢管混凝土柱的耐火极限要求达到 3h。大厦采用了与赛格广场类似的厚涂型钢结构防火涂料。基于本章取得的研究成果，可以很方便地计算出瑞丰国际商务大厦钢管混凝土柱的防火保护层厚度。

柱保护层厚度实际施工时的取法是：地下两层到地上一层采用了 70mm 厚的水泥砂浆；地上二层到二十八层采用了 20mm 的厚涂型钢结构防火涂料，均小于 GB 50045—95（2001）中有关钢结构柱防火保护层设计方法确定的厚度。

图 8.71 给出该工程方钢管混凝土柱防护保护层施工完毕后的情景。

2003 年建成的武汉国际证券大厦，主楼地下 3 层，地上 68 层，楼层总标高 242.9m（杨强跃，2006），采用了用了方、矩形钢管混凝土柱。根据设计要求，大厦钢管混凝土柱的耐火极限要求达到 3h，采用了厚涂型钢结构防火涂料。

基于本章取得的研究结果，可方便地计算出武汉国际证券大厦钢管混凝土柱的防火保护层厚度（韩林海等，2002b；韩林海和杨有福，2004）。图 8.72 为武汉国际证券大厦钢管混凝土柱防火保护层施工完毕后的情景。

(a) 防火涂料

(b) 水泥砂浆

图 8.71　瑞丰国际商务大厦方钢管混凝土柱防火保护层施工完毕后的情景

(a)

图 8.72　武汉国际证券大厦钢管混凝土柱防火保护层施工完毕后的情景

(b)

图 8.72　武汉国际证券大厦钢管混凝土柱防火保护层施工完毕后的情景（续）

8.9 小　结

本章对钢管混凝土柱在火灾下的力学性能和截面温度进行了试验研究，试验参数为构件截面尺寸、荷载偏心率、截面高宽比和防火保护层厚度等。本章建立了可考虑图 8.28 所示的力、温度和时间路径的钢管混凝土柱荷载-变形关系和耐火极限的理论模型，并分析了荷载比、材料强度截面含钢率、横截面尺寸、构件长细比和荷载偏心率等参数对钢管混凝土柱耐火极限和承载力的影响规律。分析结果表明，在式（8.61）所示的火灾荷载作用下，截面高宽比、截面含钢率、荷载偏心率、钢材和混凝土强度对钢管混凝土柱耐火极限的影响不大；而构件截面周长、长细比及保护层厚度对钢管混凝土柱耐火极限的影响较为显著。在参数分析结果的基础上，导出了火灾下钢管混凝土柱承载力影响系数和防火保护层厚度实用计算方法。本章介绍了钢管混凝土柱耐火性能理论研究成果在一些典型高层房屋建筑结构中的应用情况。

基于本章理论和试验研究结果推导出的钢管混凝土防火保护设计方法被多部工程建设标准采纳，如福建省 DBJ13-51—2003 和 DBJ/T13-51—2010、天津市 DB29-57—2003、江西省 DB36/J001—2007、内蒙古 DBJ03-28—2008、甘肃省 DB62/T25-3041—2009、河北省 DB13（J）/T84—2009、辽宁省 DB21/T1746—2009、安徽省 DB34/T1262—2010 等十余部地方工程建设标准，中国工程建设标准化协会标准 CECS 159：2004、CECS 200：2006、CECS261：2009 和 CECS28：2012，并被国家规范《建筑设计防火规范》(GB 50016—2014）采纳。

第 9 章　火灾作用后钢管混凝土构件的力学性能

9.1　引　　言

研究钢管混凝土柱火灾后的特性是评估其在火灾后的力学性能和工作行为，并进而制定合理的火灾后修复加固措施的重要前提和基础。以往，国内外对火灾作用后钢管混凝土力学性能研究的报道尚少见。

本章以均匀受火后的钢管混凝土柱为研究对象，首先进行了两类试验，即：①恒高温作用后钢管混凝土的轴心受压力学特性；②按 ISO-834 标准规定的升温曲线（ISO-834，1975）升温作用后钢管混凝土压弯构件的力学性能。试验结果进一步验证了 8.4 节提供的理论分析模型。利用理论模型，本章系统分析火灾持续时间、构件截面含钢率、钢材和混凝土强度、荷载偏心率和构件截面尺寸等因素对火灾作用后钢管混凝土构件承载力及变形的影响规律，并在此基础上提出构件承载力和变形的实用计算方法。

本章对火灾作用后钢管混凝土构件的滞回性能进行了试验研究和理论分析，提供了火灾作用后压弯构件恢复力模型的计算方法。

9.2　恒高温后钢管混凝土的轴压力学性能

9.2.1　试验研究

（1）试验概况

近年来，课题组分三次共进行了 49 个轴心受压钢管混凝土短试件在不同恒定高温作用后的试验研究，试件截面类型有圆形、方形和矩形（程树良，2001；Han 等，2002a；杨华，2000）。

圆钢管混凝土试件采用的是无缝钢管。方、矩形钢管由四块钢板用贴角焊缝拼焊而成。所有试件两端均设有 10mm 厚的钢盖板。在试件两端靠近盖板的管壁上沿纵向轴线反对称设置两个直径为 20mm 的半圆孔，作为试件升温时释放水蒸气的排汽孔。试件设计情况见表 9.1，表中，T_e 为试件曾经经历过的最高温度。

表 9.1　恒高温后力学性能试验试件表

截面形式	组别	序号	试件编号	截面尺寸/mm	L/mm	T_e/℃	$N_{upe}(T)$/kN	$E_{sce}(T)$/(N/mm^2)
圆形	Ⅰ	1	C1-20	133×4.5	399	20	1692	51 281
		2	C1-200	133×4.5	399	200	1425	42 928
		3	C1-300	133×4.5	399	300	1352	37 655
		4	C1-400	133×4.5	399	400	1321	34 604
		5	C1-500	133×4.5	399	500	927	34 404
		6	C1-600	133×4.5	399	600	893	29 639
		7	C1-700	133×4.5	399	700	732	30 100
		8	C1-800	133×4.5	399	800	647	28 114
		9	C1-900	133×4.5	399	900	615	25 604
	Ⅱ	1	C2-20	133×4.5	399	20	1080	47 293
		2	C2-300	133×4.5	399	300	1080	30 526
		3	C2-500	133×4.5	399	500	785	25 931
		4	C2-800	133×4.5	399	800	561	23 156
方形	—	1	S-20-1	120×120×6	360	20	1090	51 760
		2	S-20-2	120×120×6	360	20	1017	57 471
		3	S-200	120×120×6	360	200	1018	42 409
		4	S-300	120×120×6	360	300	995	50 505
		5	S-400	120×120×6	360	400	858	44 326
		6	S-500	120×120×6	360	500	918	43 133
		7	S-600	120×120×6	360	600	897	42 604
		8	S-700	120×120×6	360	700	673	37 481
		9	S-800	120×120×6	360	800	668	38 314
		10	S-900	120×120×6	360	900	541	38 760
矩形	Ⅰ	1	R1-20-1	100×75×2.86	300	20	637	50 793
		2	R1-20-2	100×75×2.86	300	20	665	43 298
		3	R1-100	100×75×2.86	300	100	578	46 852
		4	R1-200	100×75×2.86	300	200	530	51 981
		5	R1-300	100×75×2.86	300	300	491	46 457
		6	R1-400-1	100×75×2.86	300	400	469	37 771
		7	R1-400-2	100×75×2.86	300	400	430	45 121
		8	R1-500	100×75×2.86	300	500	433	33 333

续表

截面形式	组别	序号	试件编号	截面尺寸/mm	L/mm	T_e/℃	$N_{upe}(T)$/kN	$E_{sce}(T)$/(N/mm^2)
矩形	Ⅰ	9	R1-600-1	100×75×2.86	300	600	365	35 508
		10	R1-600-2	100×75×2.86	300	600	390	37 348
		11	R1-700	100×75×2.86	300	700	325	31 373
		12	R1-800	100×75×2.86	300	800	265	28 294
		13	R1-900	100×75×2.86	300	900	230	27 350
	Ⅱ	1	R2-20-1	130×85×2.86	390	20	711	43 613
		2	R2-20-2	130×85×2.86	390	20	810	47 708
		3	R2-100	130×85×2.86	390	100	720	36 844
		4	R2-200	130×85×2.86	390	200	675	45 706
		5	R2-300	130×85×2.86	390	300	620	40 221
		6	R2-400-1	130×85×2.86	390	400	569	38 924
		7	R2-400-2	130×85×2.86	390	400	535	32 465
		8	R2-500	130×85×2.86	390	500	500	28 391
		9	R2-600-1	130×85×2.86	390	600	433	20 280
		10	R2-600-2	130×85×2.86	390	600	410	27 082
		11	R2-700	130×85×2.86	390	700	358	25 403
		12	R2-800	130×85×2.86	390	800	333	23 660
		13	R2-900	130×85×2.86	390	900	270	25 673

将每种试件所用的钢材做成标准试件，按国家标准 GB/T 228—2002 的有关规定进行拉伸试验，测得钢材的屈服强度（f_y）、抗拉强度极限（f_u）、弹性模量（E_s）和泊松比（μ_s）等力学性能指标，如表 9.2 所示。

表 9.2　钢材材性

试件截面形式	f_y/MPa	f_u/MPa	f_u/f_y	E_s/(N/mm^2)	μ_s
圆形（Ⅰ）	433	504	1.16	179 634	0.264
圆形（Ⅱ）	324	473	1.46	197 000	0.268
方形	265	388	1.46	168 170	0.291
矩形	228	294	1.29	182 000	0.276

混凝土采用了普通硅酸盐水泥；石灰岩碎石（钙质），最大粒径 15mm；中粗砂，砂率为 0.35。组成混凝土的各材料用量和试验时的 f_{cu} 值如表 9.3 所示。混凝土强度由与试件同等条件下进行养护而成的 150mm 立方体试块得到，弹性模量由 150mm×150mm×300mm 的棱柱体测得，测试方法依据国家标准《普通混凝土力学性能试验方法标准》(GB/T 50081—2002) 进行。混凝土 28 天时的

f_{cu}和 E_c 如表 9.3 所示。

表 9.3　混凝土强度及材料用量

试件截面形式	f_{cu}/MPa	混凝土各材料用量/(kg/m³)			
		水泥	水	砂	粗骨料
圆形（Ⅰ）	72.4	550	165	620	1150
圆形（Ⅱ）	40.8	376	173	621	1262
方形	31.5	376	173	621	1262
矩形	48.3	460	170	602	1168

混凝土浇筑前先将试件一端的盖板焊好，将钢管竖立，从顶部灌入混凝土，并用 ϕ50 插入式振捣棒进行均匀振捣，直至混凝土密实。自然养护至两星期左右基本无干缩时，用高强水泥砂浆将核心混凝土截面与钢管截面抹平，再焊接另一个盖板，以期保证钢管与核心混凝土在施荷初期就共同受力。

钢管混凝土试件养护 28 天后即采用电加热炉对其逐个加热。采用的电加热炉的型号是 SRJX-12-9，炉膛尺寸为 200mm×300mm×500mm。升温前，先将试件置于炉膛内，并用耐火砖将其架空，使试件纵向的轴线基本上与炉膛的轴线一致，以期保证试件沿截面均匀受热。

Mohamedbhai（1986）对直径为 100mm 的混凝土圆柱体在恒定高温作用后强度的试验研究结果表明，火灾后混凝土强度的损失在保持温度恒定时间 1～2h 内最为显著，且在恒温 2h 左右基本趋于稳定，为此，课题组在进行钢管混凝土研究时暂取试件在炉膛中的恒温时间为 3h。对钢管混凝土试件采用的升温方法是：先按 8～10℃/min 的升温速率将炉膛加热至设定温度 T_e，然后保持炉膛温度恒定并持续加热 3h，随后敞开炉门，冷却 1h 后将试件取出，置于炉外自然冷却 24h 左右至常温并进行承载力试验。

试验过程中，试验室环境温度基本上在 20℃±3℃左右变化，故将试件在常温下温度近似取为 20℃。

在试件升温过程中发现，当炉膛温度约达 200℃，可见有少量水蒸气从炉膛排汽孔逸出。温度在 300～500℃时，逸出现象较为明显，之后逐渐减少，约 700℃，不再观察到有水蒸气逸出现象发生。

试件经过高温作用后，未出现扭曲变形，也没有鼓曲现象发生，整体性保持良好。当升温在 500℃以下时，试件的外观和常温下的情况差别不大；当超过 500℃时，试件冷却后表面的颜色与常温下的情况有较大差别，其中，600℃时试件为砖红色，700℃时为棕红色，800℃和 900℃为青黑色并出现局部氧化层剥落现象。

（2）试验现象

钢管混凝土试件经过加热并冷却后，将其放置在 5000kN 液压压力机上进行一次轴压试验，试验装置如图 3.121 所示。

在每一个试件的中截面沿环向每隔 90°贴纵向和环向各一共计八片电阻应变计。同时在试件的纵向设置两个电测位移计以测定试件的总变形。

荷载采用分级加载制，弹性范围内每级荷载为预计极限荷载的 1/10，当钢管屈服后每级荷载约为预计极限荷载的 1/15，每级荷载的持荷时间为 2～3min。当应变超过 10 000$\mu\varepsilon$ 后，慢速连续加载，同时连续记录各级荷载所对应的变形值，直至试件最终破坏。

试验过程中发现，所有试件在受荷初期时外形都没有明显变化，荷载-变形关系基本呈线性。随着荷载的逐步增加，可观察到钢管管壁端部出现斜向剪切滑移线，且滑移线随荷载的增大而由少变多，并逐渐布满管壁，直至试件破坏。对于温度为 500℃以下的试件，开始出现剪切滑移线的荷载约为极限荷载的 60%～70%；当温度高于 500℃时，则为极限荷载的 30%～50%，且荷载-变形关系的弹性段随温度的升高而逐渐缩短，弹塑性阶段却逐渐增长，随后荷载-变形关系曲线的变化趋于平缓。对于温度高于 500℃的试件，钢管表面的氧化层随滑移线的出现而发生脱落，且温度越高，脱落现象越为明显。

试件最终破坏时，钢管均呈现外凸现象。以方钢管混凝土试件为例，图 9.1 给出不同温度情况下试件的破坏形态。

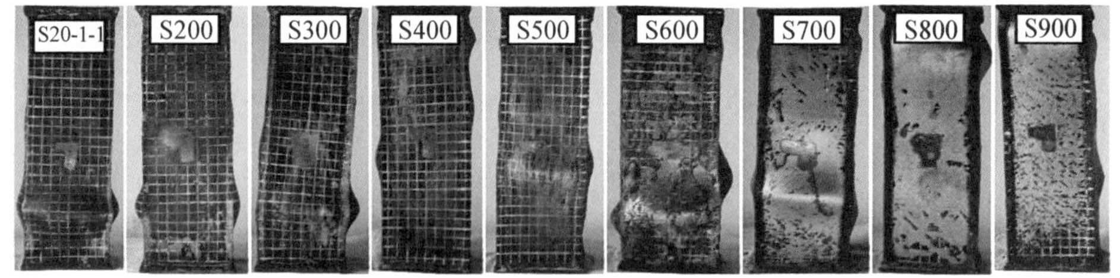

图 9.1　轴压试件典型的破坏形态

(3) 试验结果

图 9.2 (a)、图 9.3 (a) 和图 9.4 (a) 所示为试验获得的圆钢管混凝土、方钢管混凝土和矩形钢管混凝土试件轴心压力 (N)-纵向应变 (ε) 关系曲线，可见，恒高温作用后的钢管混凝土试件仍具有较高的轴压强度承载力和较强的抵抗变形能力。

(4) 分析与讨论

1) 强度承载力。

由图 9.2～图 9.4 所示的 N-ε 关系曲线可见，随着温度的变化，钢管混凝土轴压荷载-变形关系总体上呈上升、平缓或下降趋势。为了便于分析，暂取 N-ε 关系曲线上纵向应变等于 3000$\mu\varepsilon$ 时对应的荷载为强度承载力 $N_{upe}(T)$，这时的 N-ε 关系曲线趋于平缓。试验获得的 $N_{upe}(T)$ 值（对于有两个试件的情况取其试验值的平均值）如表 9.1 所示。

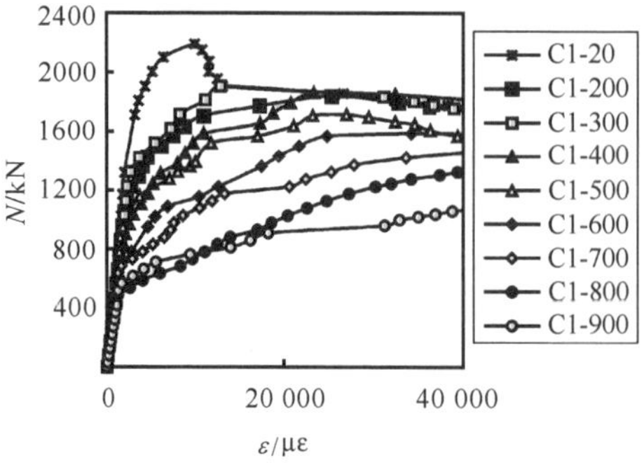

(a) 试验曲线

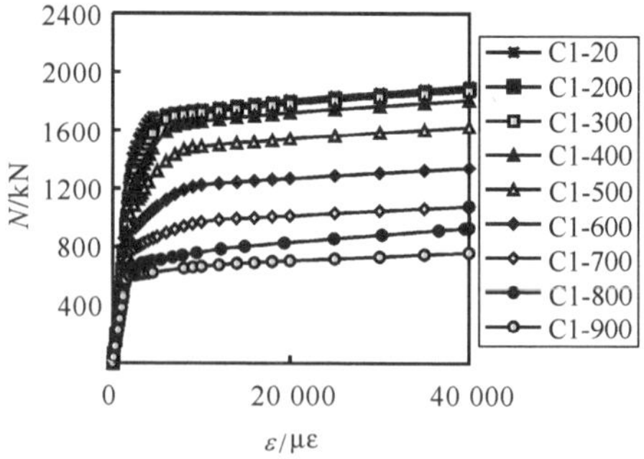

(b) 计算曲线

(1) 第Ⅰ组

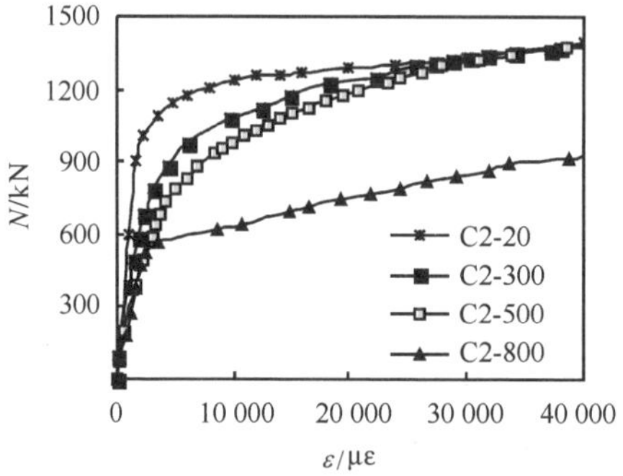

(a) 试验曲线

(b) 计算曲线

(2) 第Ⅱ组

图 9.2 N-ε 关系曲线（圆钢管混凝土）

(a) 试验曲线

(b) 计算曲线

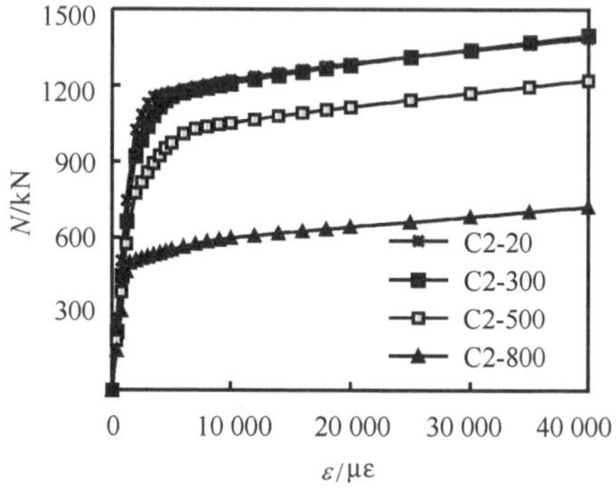

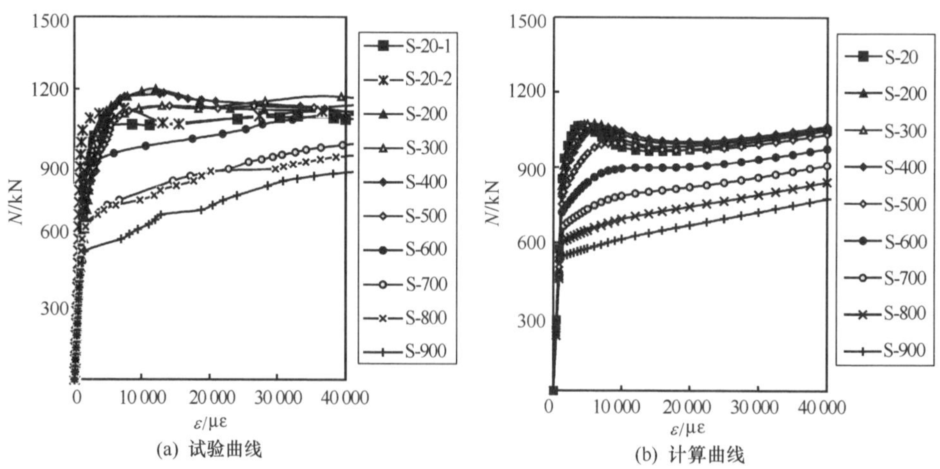

图 9.3 N-ε 关系曲线（方钢管混凝土）

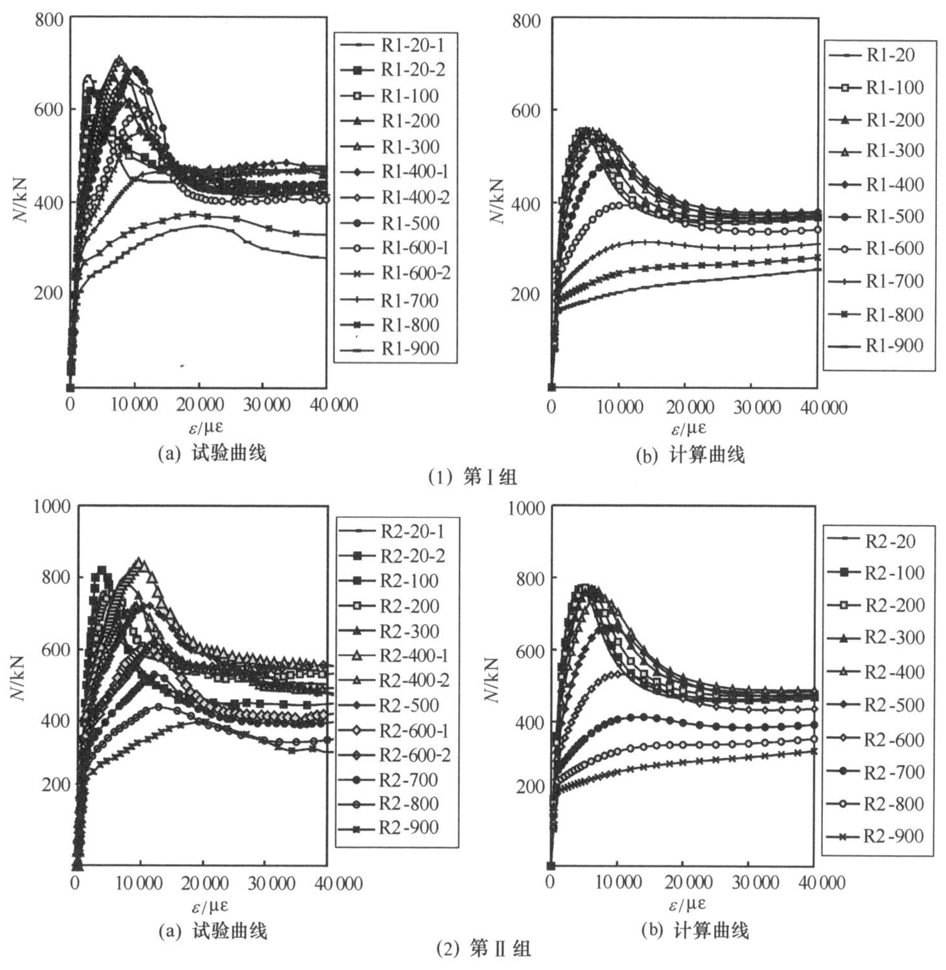

(a) 试验曲线　(b) 计算曲线

(1) 第Ⅰ组

(a) 试验曲线　(b) 计算曲线

(2) 第Ⅱ组

图 9.4　N-ε 关系曲线（矩形钢管混凝土）

定义高温后钢管混凝土的强度承载力系数 k_{rs} 为

$$k_{rs} = \frac{N_{up}(T)}{N_u} \tag{9.1}$$

式中：$N_{up}(T)$ 和 N_u 分别为钢管混凝土在高温后和常温下的强度承载力。

试验获得的 k_{rs} 随温度的变化规律如图 9.5～图 9.7 所示。

由图 9.5～图 9.7 可见，钢管混凝土试件的强度承载力总体随着温度的升高而呈不断降低的趋势，当温度小于 300℃时，和常温下的情况相比，强度承载力损失在 25%以内；当温度达 500℃时，承载力损失 35%～45%；当温度达 900℃时，承载力损失达 50%～65%。

2）轴压弹性模量。

试验获得的温度对钢管混凝土轴压弹性模量的影响系数 k_{re}［本章定义 k_{re}＝

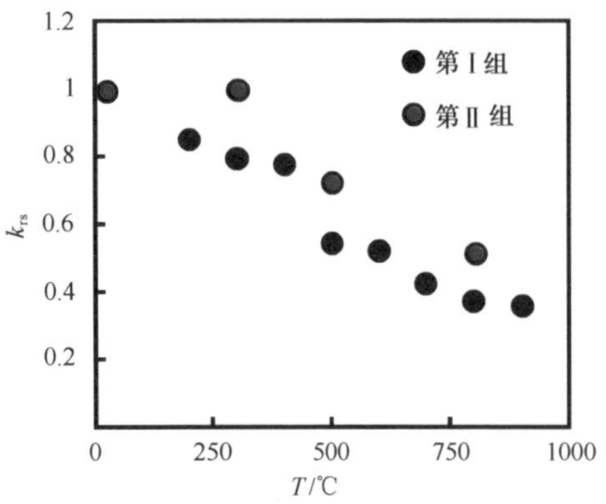

图 9.5 圆钢管混凝土的 k_{rs}-T 关系

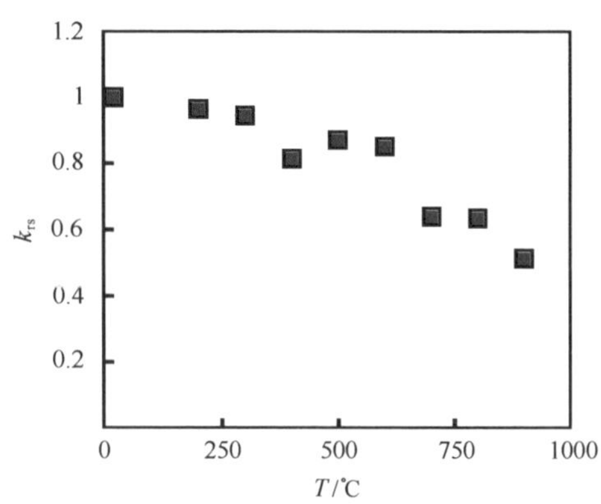

图 9.6 方钢管混凝土 k_{rs}-T 关系

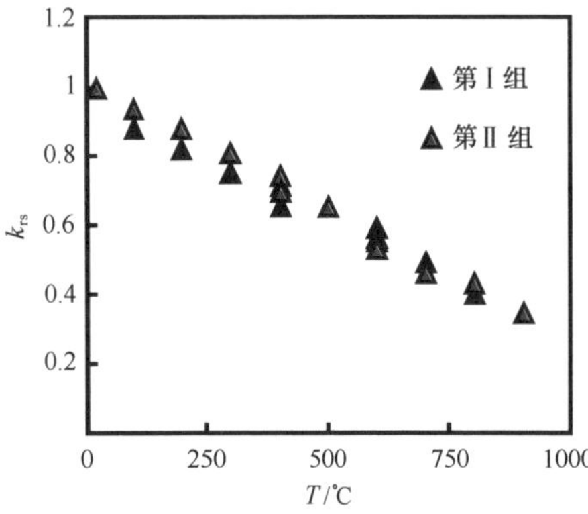

图 9.7 矩形钢管混凝土的 k_{rs}-T 关系

$E_{sce}(T)/E_{sce}$，其中，E_{sce} 为钢管混凝土在常温下的弹性模量，对于有两个试件的情况取其试验值的平均值］的变化规律如图 9.8～图 9.10 所示，可见，除了矩形钢管混凝土试件 R1-200 测得的弹性模量比常温下的情况略高外，与温度对承载力的影响类似，钢管混凝土试件的轴压弹性模量总体随着温度的升高而呈不断降低的趋势，当温度小于 300℃时，和常温下的情况相比，弹性模量的损失在 35%以内；当温度达 500℃时，弹性模量损失最大达 48%；当温度达 900℃时，弹性模量损失最大达 50%。

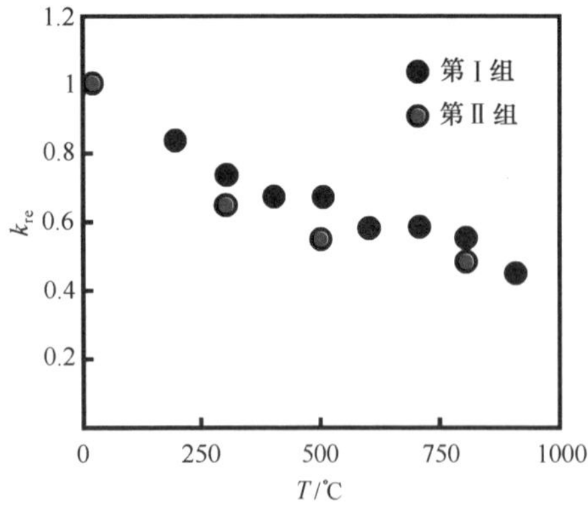

图 9.8 圆钢管混凝土 k_{re}-T 关系

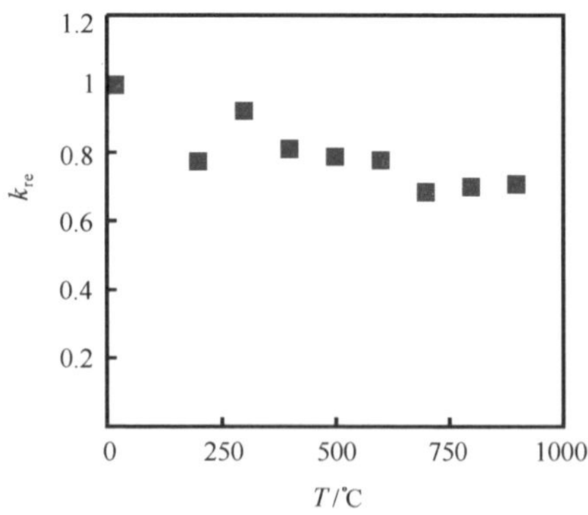

图 9.9 方钢管混凝土 k_{re}-T 关系

9.2.2 理论分析

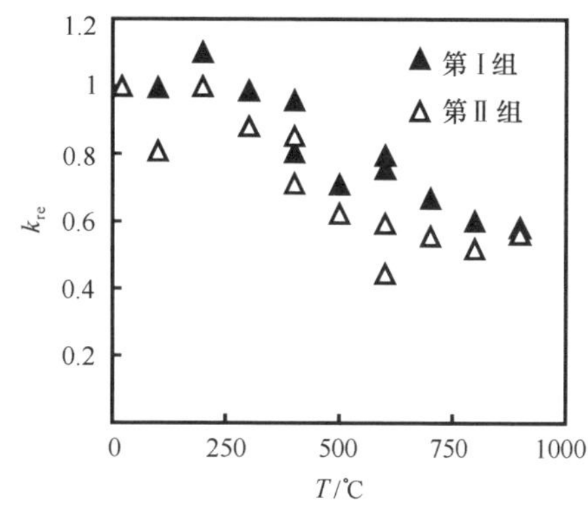

图 9.10 矩形钢管混凝土 k_{re}-T 关系

利用 8.4 节介绍的模型，可方便地计算出高温作用后钢管混凝土轴压荷载-变形关系。

对计算结果的分析表明，N（σ_{sc}）-ε 曲线形状随约束效应系数 ξ 和温度 T 的不同而有明显的区别（韩林海，2004）。当 $\xi > \xi_o$ 时（ξ_o 的大小与钢管混凝土的截面形状有关：对于圆钢管混凝土，$\xi_o \approx 1$；对于方、矩形钢管混凝土，$\xi_o \approx 4.5$）曲线具有强化段，且 ξ 越大，强化现象越明显；当 $\xi \approx \xi_o$ 时，曲线基本趋于平缓；当 $\xi < \xi_o$ 时，曲线在达到某一峰值点后进入下降段，且 ξ 越小，下降的幅度越大，下降段出现得也越早。在同一 ξ 值的情况下，温度 T 越高，曲线的弹性段越短，弹塑性阶段越长，峰值点出现得越晚，峰值应力越小，峰值应变越大；反之，温度 T 越低，曲线弹性段越长，弹塑性阶段越短，峰值点出现得越早，峰值应力越大，峰值应变越小。

图 9.2（b）、图 9.3（b）和 9.4（b）所示为数值计算曲线。与试验曲线的比较可见，二者的变化趋势基本一致。

图 9.11 所示为高温后轴压强度承载力数值计算结果 $N_{upc}(T)$ 和试验结果 $N_{upe}(T)$ 的对比情况。对于圆钢管混凝土，$N_{upc}(T)/N_{upe}(T)$ 的平均值为 1.039，

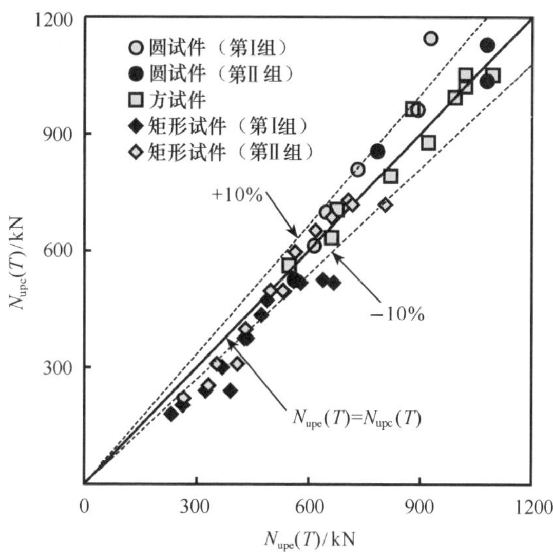

图 9.11 强度承载力数值计算结果和试验结果比较

标准差为 0.076；对于方钢管混凝土，$N_{upc}(T)/N_{upe}(T)$ 的平均值为 1.001，标准差为 0.064。对于矩形钢管混凝土，$N_{upc}(T)/N_{upe}(T)$ 的平均值为 0.908，标准差为 0.102。

图 9.12 所示为轴压弹性模量数值计算结果 $E_{scc}(T)$ 和试验结果 $E_{sce}(T)$ 的对比情况。对于圆钢管混凝土，$E_{scc}(T)/E_{sce}(T)$ 的平均值为 1.097，标准差为 0.124；对于方钢管混凝土，$E_{scc}(T)/E_{sce}(T)$ 的平均值为 1.003，标准差为 0.073。对于矩形钢管混凝土，$E_{scc}(T)/E_{sce}(T)$ 的平均值为 0.957，标准差为 0.112。数值计算结果与试验结果基本吻合。

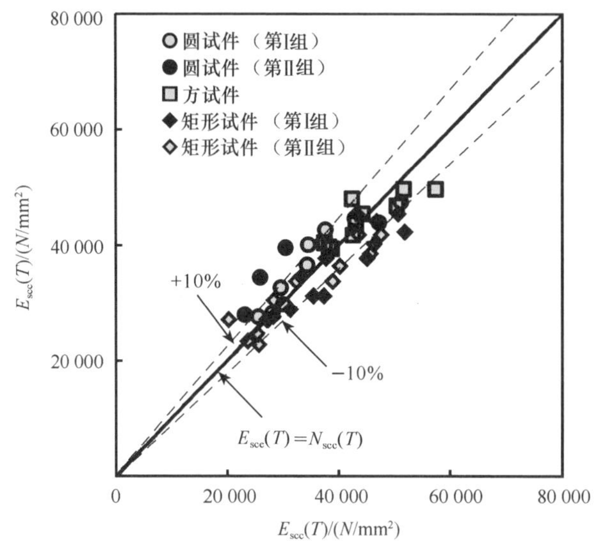

图 9.12 弹性模量数值计算结果和试验结果比较

图 9.13 所示为不同温度情况下钢管混凝土典型的 σ_{sc}-ε 关系曲线（其中，$\sigma_{sc}=N/A_{sc}$，定义为钢管混凝土名义压应力），该算例的计算条件是：核心混凝土为 C60，约束效应系数 $\xi=0.5$。

由图 9.13 所示的 σ_{sc}-ε 关系曲线可见，随着温度的变化，σ_{sc}-ε 关系曲线总体上呈上升、平缓或下降趋势，因此，存在抗压承载力的定义问题。根据对一千余个计算结果（计算参数为：$T=20\sim900$℃，$f_y=200\sim500$MPa，$f_{cu}=30\sim90$MPa，$\alpha=0.03\sim0.2$）的分析，暂与常温下的情况类似，即取 σ_{sc}-ε 关系曲线上应变为 ε_{scy}［如式（3.69）所示］对应的名义应力为钢管混凝土轴压强度承载力指标 $f_{scy}(T)$。

(1) 轴压强度承载力简化计算

通过对数值计算结果的回归分析，可确定出对应纵向应变为 ε_{scy} 时的轴压强度承载力指标 $f_{scy}(T)=N_u(T)/A_{sc}$，$f_{scy}(T)$ 可表示为

$$f_{scy}(T)=k_{rs}\cdot f_{scy} \tag{9.2}$$

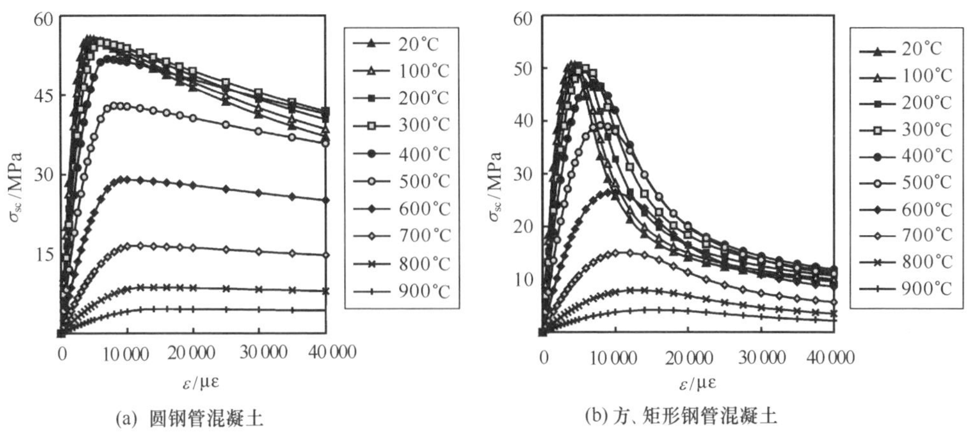

图 9.13　钢管混凝土 σ_{sc}-ε 关系曲线

式中：f_{scy}为常温下钢管混凝土轴压强度承载力指标，如式（3.71）所示；k_r 为温度对轴压强度的影响系数，可按下式确定。

① 对于圆钢管混凝土：

$$k_{rs}=\frac{1}{1+6.5\xi^{-0.54}\cdot(T-20)^{2.6}\times10^{-8}} \tag{9.3}$$

② 对于方、矩形钢管混凝土：

$$k_{rs}=\frac{1}{1+3.9\xi^{-0.54}\cdot(T-20)^{2.6}\times10^{-8}} \tag{9.4}$$

这样，钢管混凝土在恒高温后的轴压强度承载力可按下式确定为

$$N_u(T)=A_{sc}f_{scy}(T) \tag{9.5}$$

图 9.14 所示为按如式（9.5）所示的简化公式计算获得的强度承载力［$N_{upc}(T)$］和本章试验结果［$N_{upe}(T)$］的对比情况。对于圆钢管混凝土，$N_{upc}(T)/N_{upe}(T)$ 的平均值为 0.943，标准差为 0.101；对于方钢管混凝土，$N_{upc}(T)/N_{upe}(T)$ 的平均值为 0.959，标准差为 0.077。对于矩形钢管混凝土，$N_{upc}(T)/N_{upe}(T)$ 的平均值为 0.997，标准差为 0.099。简化结算结果和试验结果吻合较好。

（2）轴压弹性模量简化计算

通过对数值计算结果的比较，可得到恒高温作用后名义弹性模量 $E_{sc}(T)$ 的表达式如下为

$$E_{sc}(T)=k_{re}\cdot E_{sc} \tag{9.6}$$

式中：E_{sc}为常温名义弹性模量，可按式（3.74）计算；k_{re}为温度对钢管混凝土轴压弹性模量的影响系数，可按下式确定。

① 对于圆钢管混凝土：

$$k_{re}=1-9(T-20)\times10^{-4} \tag{9.7}$$

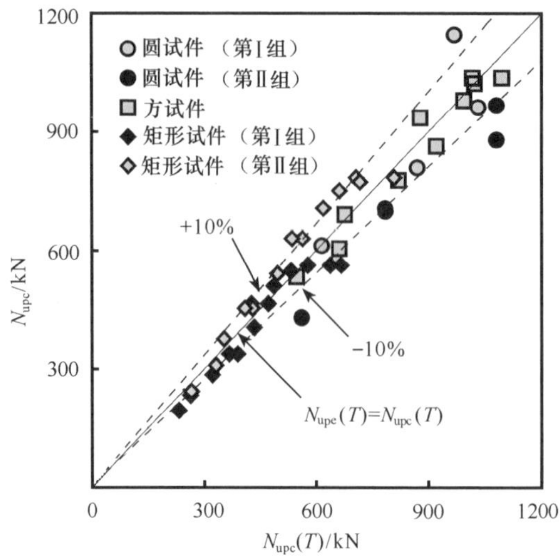

图 9.14　强度承载力简化计算结果和试验结果比较

② 对于方、矩形钢管混凝土：

$$k_{re}=1-7.5(T-20)\times10^{-4} \tag{9.8}$$

图 9.15 所示为按式（9.6）所示的简化公式计算获得的弹性模量 $E_{scc}(T)$ 和试验结果 $E_{sce}(T)$ 的对比情况。对于圆钢管混凝土，$E_{scc}(T)/E_{sce}(T)$ 的平均值为 1.029，标准差为 0.087；对于方钢管混凝土，$E_{scc}(T)/E_{sce}(T)$ 的平均值为 0.966，标准差为 0.099。对于矩形钢管混凝土，$E_{scc}(T)/E_{sce}(T)$ 的平均值为 1.026，标准差为 0.145。

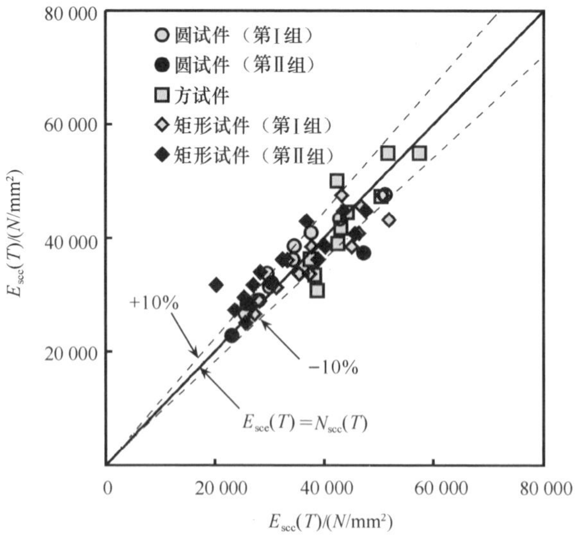

图 9.15　弹性模量简化计算结果和试验结果比较

9.3　标准火灾作用后钢管混凝土构件试验研究

课题组先后进行了 18 个钢管混凝土柱按 ISO-834（1975）规定的标准升温曲线升温作用后的试验，探讨该类构件受火后力学性能和剩余承载力的变化规律（Han 和 Huo，2003；Han 等，2002b；霍静思，2001）。

9.3.1　试验概况

（1）试件的设计及制作

本次试验考虑的参数主要有构件横截面形式，长细比（λ）、荷载偏心率（e/r）和防火涂料保护层厚度（a）。分别进行了 6 个圆形、方形和矩形钢管混凝土构件，共计 18 个试件的试验研究。表 9.4 给出了试件的详细资料，其中矩形钢管混凝土构件的长细比和荷载偏心距都按绕强轴弯曲的情况确定。

表 9.4　标准火灾后力学性能试验试件表

截面类型	序号	试件编号	截面尺寸和长度 $D\times(B)\times t\times L$/mm	λ	e/mm	f_y/MPa	a/mm	受火时间/min	N_{ue}/kN
圆形	1	C1	108×4.32×600	22.2	0	355.7	0	90	632.1
	2	C2	108×4.32×600	22.2	15	355.7	0	90	387.1
	3	C3	108×4.32×1200	44.4	0	355.7	0	90	362.2
	4	C4	108×4.32×1200	44.4	15	355.7	0	90	227.4
	5	CP1	108×4.32×900	33.3	0	355.7	25	180	779.1
	6	CP2	108×4.32×900	33.3	15	355.7	25	180	485.1
方形	1	S1	100×2.93×600	20.8	0	293.8	0	90	415.5
	2	S2	100×2.93×600	20.8	15	293.8	0	90	258.7
	3	S3	100×2.93×1200	41.6	0	293.8	0	90	227.4
	4	S4	100×2.93×1200	41.6	15	293.8	0	90	157.8
	5	SP1	100×2.93×900	31.2	0	293.8	25	180	454.7
	6	SP2	100×2.93×900	31.2	15	293.8	25	180	298.9
矩形	1	R1	100×80×2.93×1200	41.6	0	293.8	0	90	214
	2	R2	100×80×2.93×1200	41.6	15	293.8	0	90	148
	3	R3	120×90×2.93×1200	34.6	0	293.8	0	90	218
	4	R4	120×90×2.93×1200	34.6	18	293.8	0	90	209
	5	RP1	100×80×2.93×900	32.1	0	293.8	25	180	398
	6	RP2	120×90×2.93×900	26	0	293.8	25	180	358

圆试件采用了无缝钢管。方、矩形试件的钢管则分别由四块钢板拼焊而成。

进行试件加工时，首先按所要求的截面形式和长度加工空钢管，并保证钢管两端截面平整。对每个试件加工两个厚度为10mm的钢板作为试件的盖板，先在空钢管一端将盖板焊上，另一端等混凝土浇灌之后再焊接。盖板及空钢管的几何中心对中，并保证焊缝的质量。在试件两端钢管与盖板交界处，分别设置了一直径为20mm的半圆排气孔，以期保证试件升温时核心混凝土内的水蒸气散发。

钢材强度由拉伸试验确定。对于圆钢管，在进行钢材材性试验前，将钢管沿纵向剖开，做成标准试件；对于方、矩形钢管，则直接将钢板做成标准试件，标准试件每组三个，按国家标准《金属材料室温拉伸试验方法》（GB/T 228—2002）规定的方法进行拉伸试验，可测得钢材的平均屈服强度、抗拉强度及弹性模量：对于圆钢管，分别为355.7MPa、471.5MPa和2.01×10^5 N/mm^2；对于方钢管，分别为293.8MPa、371.6MPa和1.95×10^5 N/mm^2。

混凝土采用了普通硅酸盐水泥；石灰岩碎石（钙质），最大粒径15mm。对于圆试件，配合比为：水泥536 kg/m^3；水176 kg/m^3；砂589kg/m^3；碎石1099kg/m^3，硅灰和Ⅱ级磨细粉煤灰的掺量各61kg/m^3。混凝土强度由与试件同等条件下养护成型的150mm立方体试块得到，弹性模量由150mm×150mm×300mm的棱柱体测得，测试方法依据国家标准《普通混凝土力学性能试验方法标准》的规定进行。混凝土28天立方体抗压强度f_{cu}=70.2MPa，弹性模量E_c=31 100N/mm^2，进行承载力试验时的f_{cu}为71.3MPa。

方、矩形试件中混凝土的配合比为：水泥457kg/m^3；水206kg/m^3；砂608kg/m^{3}和碎石1129kg/m^3。混凝土28天立方体抗压强度f_{cu}=34.4MPa，弹性模量E_c=31 100N/mm^2。进行方、矩形钢管混凝土柱承载力试验时的f_{cu}分别为34.8MPa和36.2MPa。

在进行混凝土浇灌时，先将钢管竖立，使未焊盖板的一端位于顶部，然后从开口处灌入混凝土。浇筑混凝土时，采用分层灌入法，并用ϕ50振捣棒伸入钢管内部振捣，在试件的底部同时用振捣棒在钢管的外部进行侧振，以保证混凝土的密实度，最后将核心混凝土顶部与钢管上截面抹平。试件自然养护20天后，测得核心混凝土沿纵向的收缩量约为1.4mm，用高强水泥砂浆将混凝土表面与钢管抹平，然后焊上另一盖板，以期保证受荷试验时钢管与核心混凝土在施荷初期就能共同受力。

在钢管混凝土试件养护过程中，对于有防火涂料保护层的构件，由防火涂料有关生产厂家协助按设计的厚度在试件表面喷涂，并保证涂层的平整和均匀。试件的保护层采用了厚涂型钢结构防火涂料，其性能符合国家有关标准（CECS24：90，1990；GB14907—2002，2002)。涂料的基本热工参数为：密度ρ=(400±20)kg/m^3；导热系数λ=0.116 W/(m·K)；比热$c=1.047\times10^3$ J/(kg·K)。图9.16所示为带有保护层构件的典型截面形式。

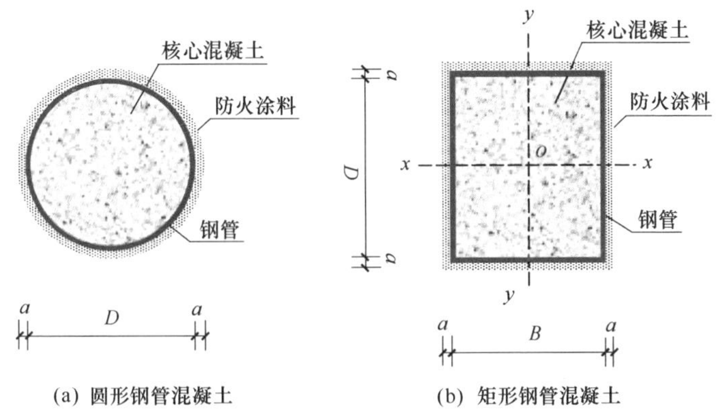

图 9.16 带有保护层构件的典型截面形式

(2) 试验方法

1) 构件升温。所有试件养护到 28 天时，即在我国天津市“国家固定灭火系统和耐火构件质量监督检验测试中心”的试验炉中进行升温，该燃烧炉的平面尺寸为 2.6m×2.6m，最大受火高度可达 4.2m。该装置由加载框架及荷载传递、燃烧炉、液压、供水、供电、供风、控制及数据采集处理等系统组成。燃烧炉分 4 排布置 16 个 F-50 型自动比例调节的柴油喷嘴，这些喷嘴呈螺旋线布置，可以产生螺旋式火焰，从而使炉内温度更均匀（Han 等，1993）。

试验过程中对温度的控制和数据采集均采用计算机，控制燃烧炉的升温曲线按国际标准化委员会标准 ISO-834（1975）规定的曲线进行，如图 8.4 所示。

所有试件均直立置于炉膛中。裸钢管混凝土构件的最长升温时间设定为 90min（如表 9.4 所示），且升温时不承受荷载。在升温初期约 25min，试件表面的颜色几乎没有任何变化，也未见有水蒸气逸出。随着炉膛温度的升高，钢管表面逐渐由原色变为暗红色。达到 30min 左右时，可观察到明显的水蒸气逸出现象，并一直持续到 50min 左右才逐渐消失。当升温时间达到 90min 时，试件表面呈浅红色。

所有带保护层构件的最长升温时间设定为 180min（如表 9.4 所示）。在升温至 30min 左右，试件表面颜色几乎没有变化。随着温度的不断升高，先在保护层表面逐渐出现暗色斑点，在 40min 左右时，迎火面出现光泽，保护层局部出现融化现象。随着升温时间的进一步推移，这种现象逐渐在整个柱身蔓延，保护层表面出现凹凸不平现象，但涂层没有完全融化。升温时间达到 50min 左右时，保护层表面开始有蒸汽逸出，颜色也由原来的暗红色逐渐变为浅红色。升温时间达 60min 左右时，水蒸气逸出现象也开始逐渐消失。70min 左右时，保护层表面逐渐显得光滑，其颜色与火焰颜色趋于一致，但没有出现防火涂料融化流淌现象。上述现象一直保持到停止升温时的 180min。升温过程中，保护层整体性保持良好，没有脱落现象发生。停止升温后，随着试件的逐渐冷

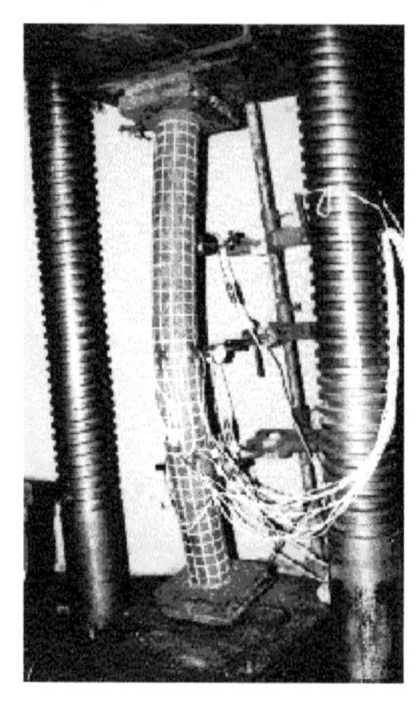

图 9.17　构件试验时情景

却，保护层也逐渐收缩，并沿试件纵向出现裂纹，和钢管混凝土构件逐渐剥离，最终完全脱落。试件升温后自然冷却，随后进行荷载-变形关系的试验研究。

2）承载力试验。承载力试验在 500t 压力试验机上进行，试件两端采用刀铰加载以模拟铰接的边界条件。图 9.17 所示为试件试验时的情景。由于各试件的截面尺寸和荷载偏心距不尽相同，为此在试件的两端设置了加荷板。加荷板由高强钢材制成，在其上按预定偏心距设置相应的条形凹槽，与刀口铰的刀口相吻合，刀口铰通过螺栓固定在压力试验机的上下端板上。为保证试验安全以及试验过程中构件的对中准确，在加荷板的中心位置处设置一孔径为 21mm、深为 40mm 的圆孔。试验时在试件两端板中心处各焊一直径为 20mm、长 35mm 的凸榫，凸榫与加荷板上的圆孔相吻合。

为了准确地测量试件的变形，在每个试件中截面处钢板的中部贴纵向及环向共八片电阻应变片，同时在试件弯曲平面内沿柱高四分点处还设置了三个电测位移计以测定试件侧向挠度，在柱端设置两个电测位移计以量测试件纵向变形。所有试验数据均采用计算机自动采集。矩形钢管混凝土构件都绕强轴弯曲。

试验采用分级加载制，弹性范围内每级荷载为预计极限荷载的 1/10；钢管压区纤维开始屈服时，每级荷载约为预计极限荷载的 1/15。每级荷载的持荷时间约为 2min，当试件接近破坏时，慢速连续加载直至试验结束。

9.3.2　试验结果与分析

（1）试件破坏形态及特征

本次进行的所有轴压和偏压试件，均表现为柱子发生挠曲、丧失稳定而破坏。试件在达到破坏状态时，局部出现鼓曲和褶皱，破坏形态与常温下的情况基本类似。对于矩形钢管混凝土试件，实测弯曲平面外的变形值很小。

图 9.18 给出所有矩形钢管混凝土试件试验完毕后的情景。

（2）试验结果

图 9.19 所示为所有试件的荷载（N）与中截面挠度（$u_{\rm m}$）关系曲线，可见，当轴压荷载较小时，跨中挠度较小，轴压荷载-变形关系基本呈线性。当荷载达到极限荷载的 60%～70%时，跨中挠度的变化逐渐加剧。由于二阶效应的影响，当跨中挠度达到某一临界值，二阶弯矩的增长速度开始大于截面抵抗弯矩增长的速度，这时表现为轴压荷载开始下降，而变形则迅速发展。

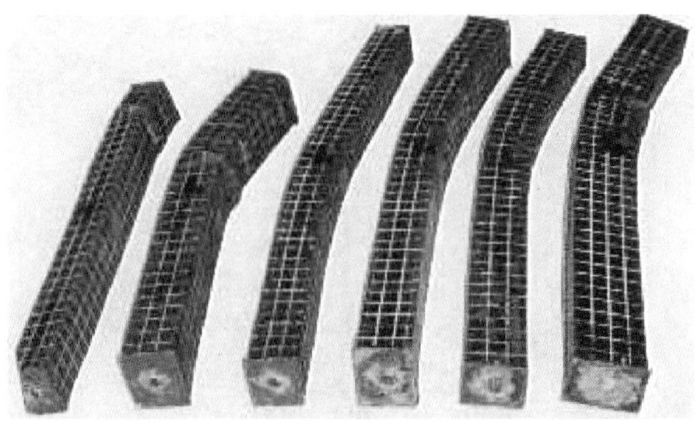

图 9.18　压弯构件的破坏形态

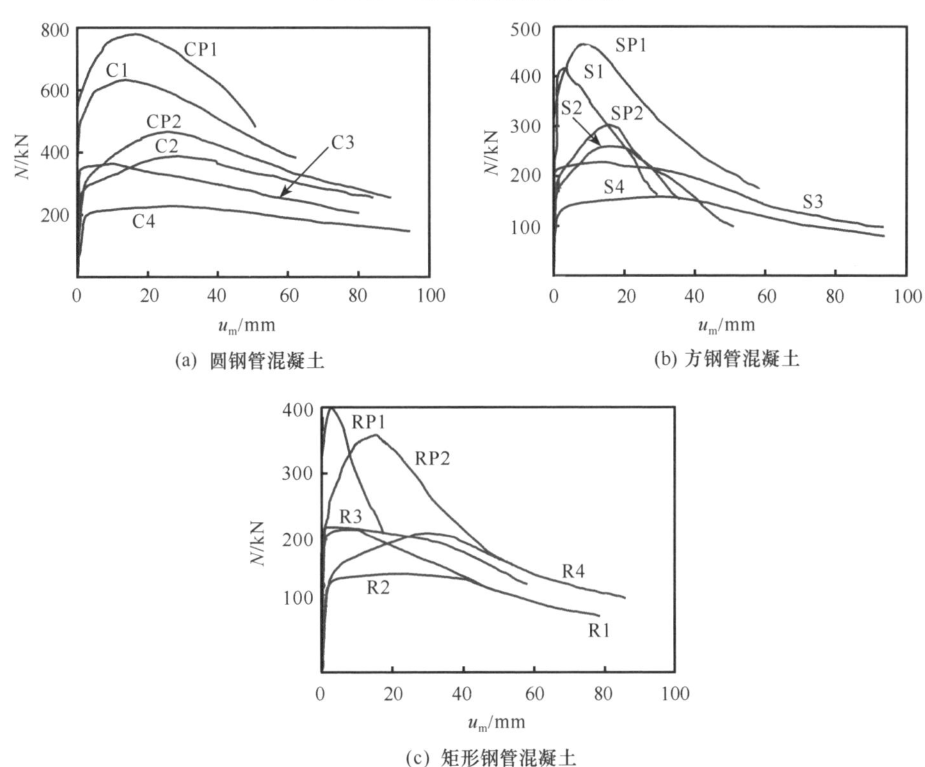

图 9.19　荷载-挠度关系曲线

图 9.20 所示为试件轴压荷载（N）- 纵向最大拉应变和压应变（ε）的关系。从图 9.20 可知，对于圆钢管混凝土试件，极限荷载对应的压应变在 7680～14 800$\mu\varepsilon$ 范围内变化，拉应变在-630～$-14\ 700\mu\varepsilon$ 范围内变化；对于方试件，极限荷载对应的压应变在 7930～11 800$\mu\varepsilon$ 范围内变化，拉应变在-1470～$-4270\mu\varepsilon$ 范围内变化。对于矩形试件，极限荷载对应的受压区应变在 1779～15 280$\mu\varepsilon$ 变化，受拉区应变在-2819～$-6200\mu\varepsilon$ 范围内变化。试件实测的极限承载力 N_{ue}列于表 9.4。

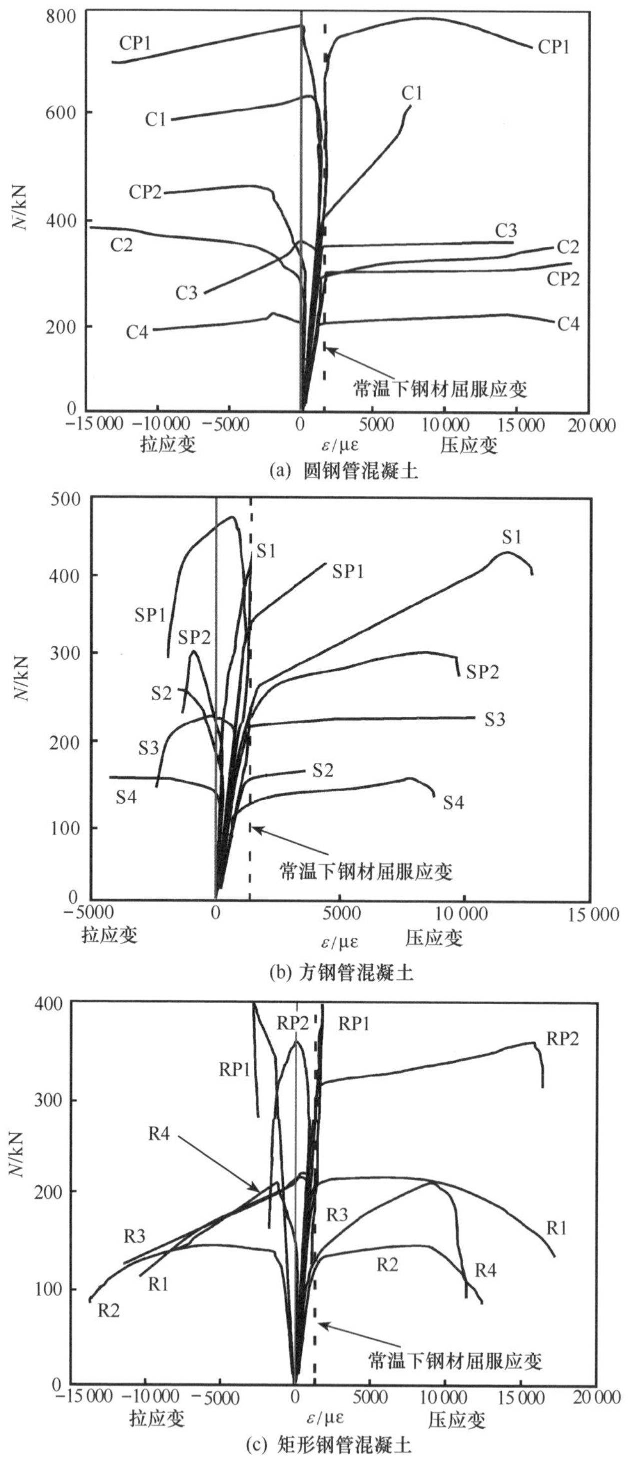

(a) 圆钢管混凝土

(b) 方钢管混凝土

(c) 矩形钢管混凝土

图 9.20　荷载-应变关系曲线

(3) 试验结果分析

为了便于分析火灾后构件承载力的变化规律，将构件实测承载力和设计规程的计算结果进行了比较。

表 9.5 列出了与 EC4（2004）计算结果的比较，其中，N_{uc}为计算获得的极限承载力，计算指标均采用标准值。

表 9.5　火灾后和常温下的承载力比较

截面形式	序号	试件编号	N_{ue}/kN	EC4（2004）	
				N_{uc}/kN	N_{ue}/N_{uc}
圆形	1	C1	632.1	923.8	0.684
	2	C2	387.1	572.7	0.676
	3	C3	362.2	789.6	0.459
	4	C4	227.4	505	0.45
	5	CP1	779.1	822.8	0.947
	6	CP2	485.1	525.3	0.923
方形	1	S1	415.5	536.6	0.774
	2	S2	258.7	330.6	0.783
	3	S3	227.4	505.6	0.45
	4	S4	157.8	308.9	0.511
	5	SP1	454.7	518.2	0.877
	6	SP2	298.9	318.3	0.939
矩形	1	R1	214	429.8	0.498
	2	R2	148	253.4	0.584
	3	R3	218	537.2	0.406
	4	R4	209	309.6	0.675
	5	RP1	398	442	0.9
	6	RP2	358	550	0.651

由表 9.5 可见，按标准升温曲线作用 90min 后裸钢管混凝土柱的承载力损失严重，约损失 20%～60%。带防火护保护层的构件升温 180 分钟后，圆钢管混凝土柱基本没有损失，方、矩形钢管混凝土柱则损失 6%～35%。

圆试件和方试件的长细比（λ）与承载力比值 N_{ue}/N_{uc}的关系分别如图 9.21（a）和（b）所示。可见，在其他条件相同的情况下，长细比越大，承载力比值 N_{ue}/N_{uc}趋于减小，即火灾后钢管混凝土柱承载力的损失率越大。

圆试件和方试件的荷载偏心率（e/r）与承载力比值 N_{ue}/N_{uc}的关系分别如图 9.22（a）和（b）所示。可见不论试件有无保护层，在其他条件相同的情况下，随着 e/r 的变化，承载力比值 N_{ue}/N_{uc}变化幅度不大，即 e/r 对钢管混凝土柱火灾后承载力的损失率影响不大。

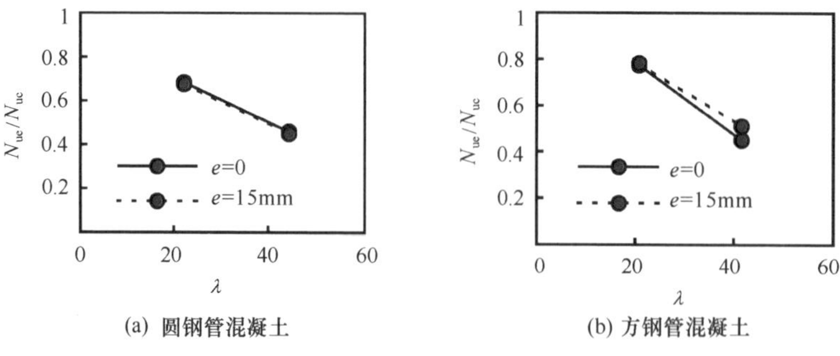

图 9.21 长细比（λ）的影响

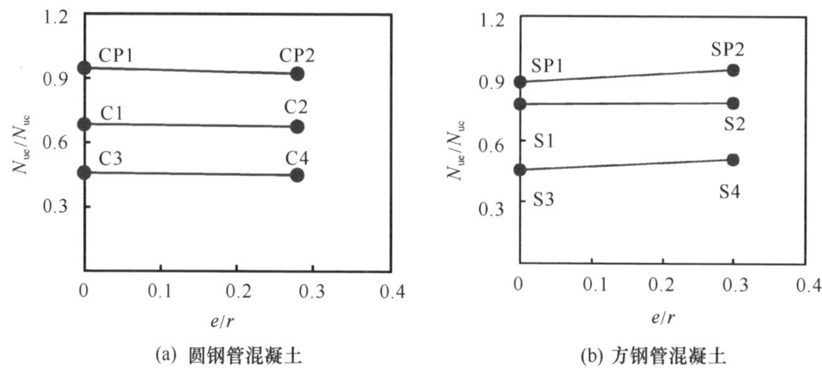

图 9.22 偏心率（e/r）的影响

需要说明的是，由于试验条件所限制，本节进行的火灾后钢管混凝土试件在升温时均没有承受荷载，这和实际工程中火灾作用后钢管混凝土柱的工作有所差异。但通过这些试验结果可以了解火灾作用后钢管混凝土构件力学性能的变化规律，并可进一步验证 8.4 节提出的可考虑力、温度和时间路径影响的数值计算模型的正确与否。

(4) 结语

通过以上试验研究，在本次试验参数范围内，可得到如下结论：

1）火灾后钢管混凝土轴压和偏压试件的破坏形态与常温下基本类似。

2）火灾后裸钢管混凝土柱的承载力损失严重，带保护层的构件次之。

3）在其他条件相同的情况下，长细比越大，火灾后钢管混凝土柱承载力的损失率越大。荷载偏心率的对承载力的损失率影响不明显。

9.3.3 荷载-变形关系计算与试验结果比较

利用 8.4 节介绍的数值模型和编制的 NFEACFST 程序，可方便地进行不同力、温度和时间路径情况下钢管混凝土构件力学性能的计算分析。

图 9.23（1）、（2）和（3）所示分别为圆形和方、矩形钢管混凝土构件轴力（N）-跨中挠度（u_m）关系的试验曲线（实线）与 NFEACFST 计算曲线（虚线）

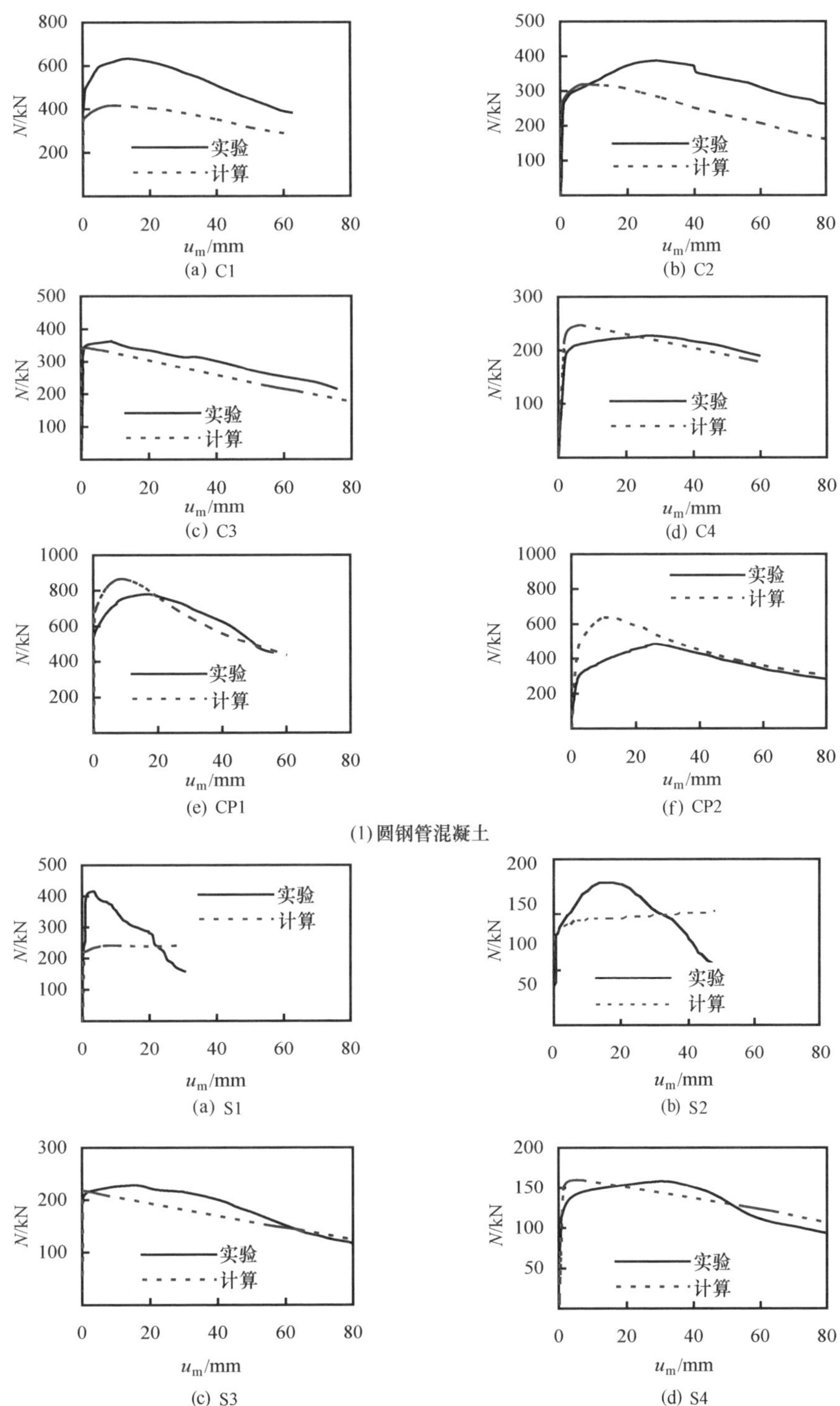

图 9.23　N-u_m关系试验曲线和计算曲线对比

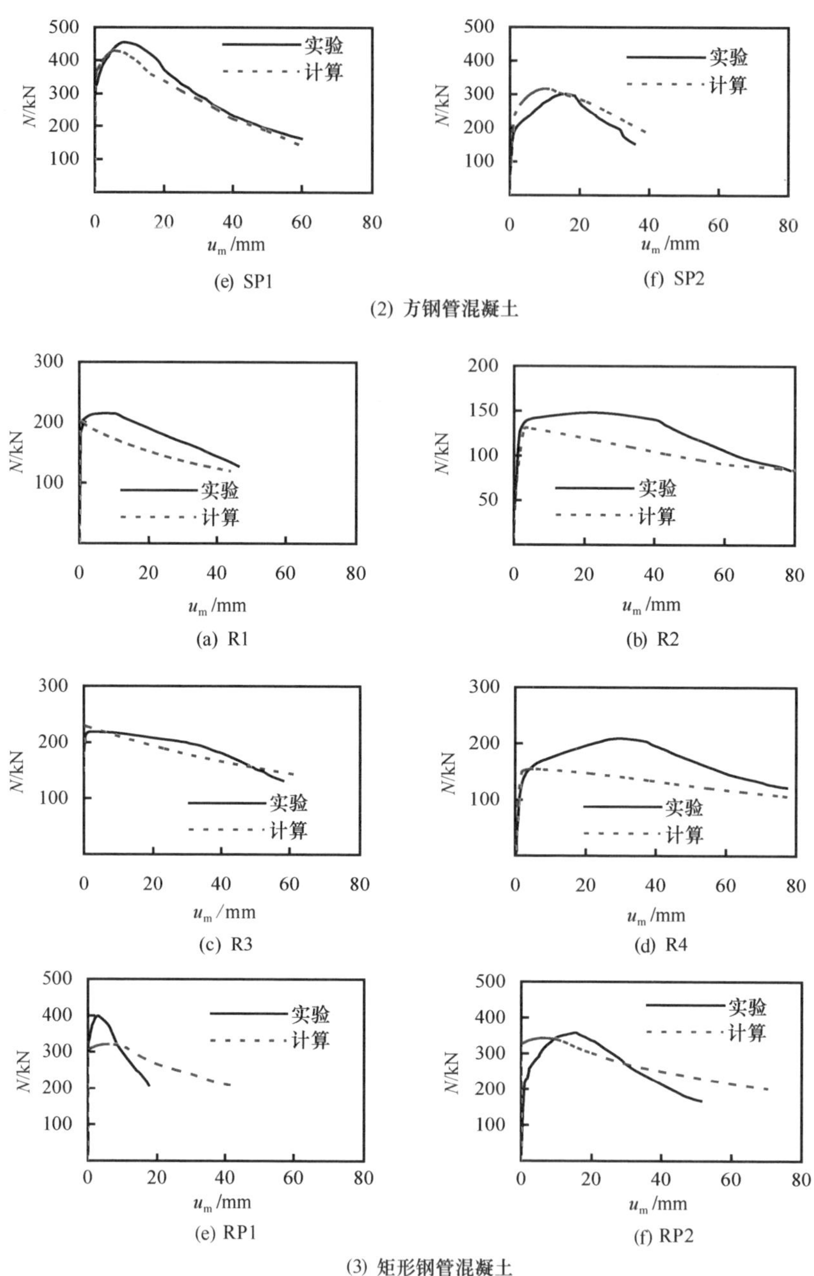

图 9.23 N-u_m关系试验曲线和计算曲线对比（续）

的对比情况。图 9.24 给出火灾后钢管混凝土柱剩余承载力计算结果和试验结果的比较情况。可见，二者总体上吻合较好。

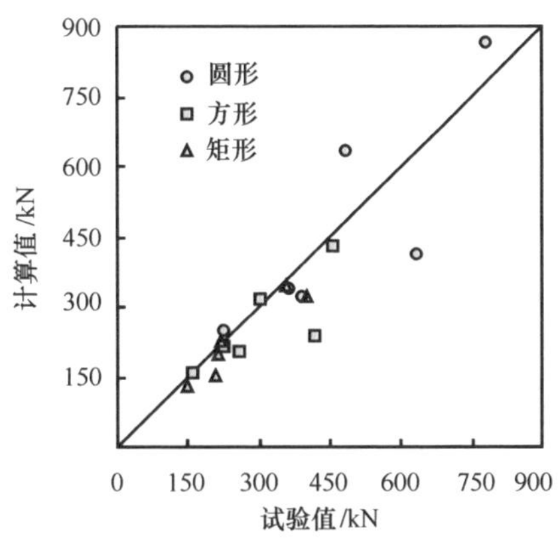

图 9.24　极限承载力计算结果与试验结果比较

9.4　承载力和变形影响因素分析及其实用计算方法

9.4.1　概述

分析结果表明，火灾作用对圆形和方、矩形钢管混凝土柱剩余承载力的影响规律类似。

图 9.25 和图 9.26 为不同长细比 λ 情况下、火灾持续时间（t）对钢管混凝土压弯构件承载力 N-M 相关关系的影响（韩林海，2004；霍静思，2001），其中，N 和 M 分别为轴力和弯矩。

图 9.25 和图 9.26 所示算例的计算条件是：$D(B)=600\text{mm}$，$\alpha=0.1$，Q345 钢，C40 混凝土。可见，随着火灾持续时间 t 的延长，钢管混凝土压弯构件的承载力在不断降低。

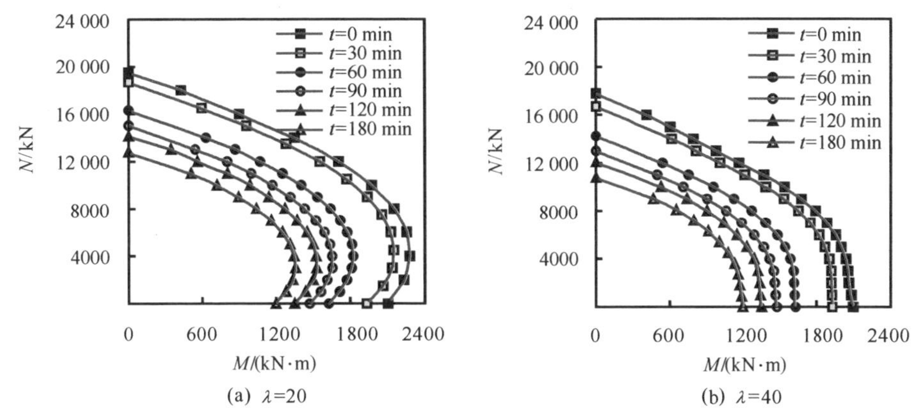

(a) λ=20　　(b) λ=40

图 9.25　N-M 相关曲线（圆钢管混凝土）

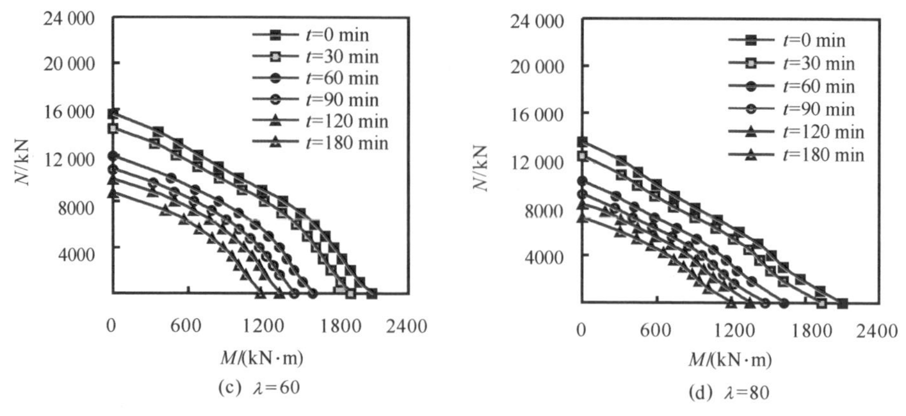

(c) $\lambda=60$　　(d) $\lambda=80$

图 9.25　N-M 相关曲线（圆钢管混凝土）（续）

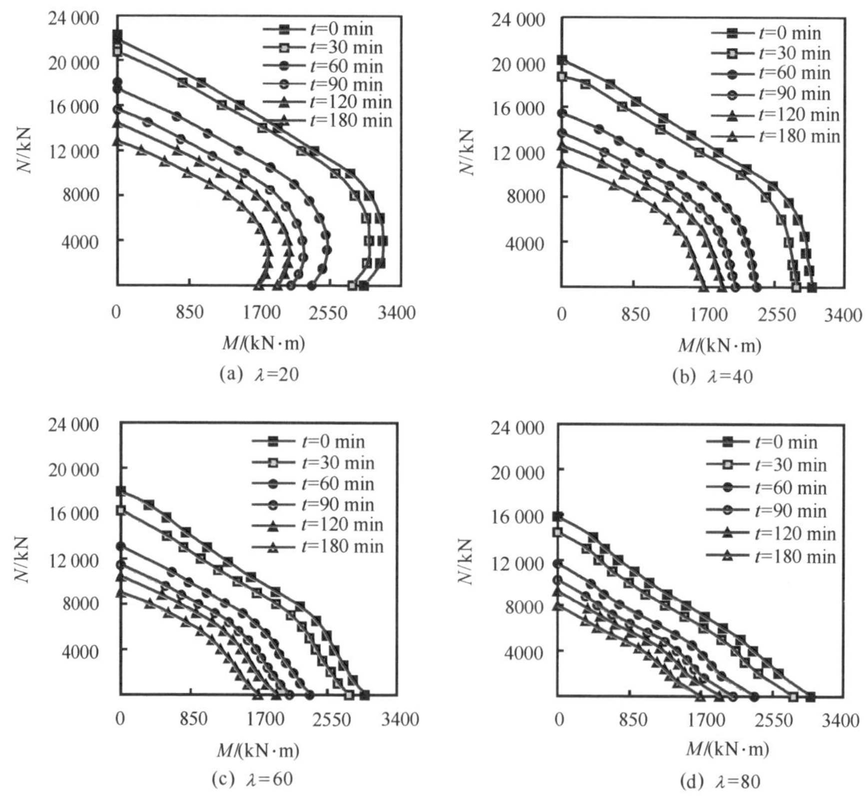

(a) $\lambda=20$　　(b) $\lambda=40$

(c) $\lambda=60$　　(d) $\lambda=80$

图 9.26　N-M 相关曲线（方钢管混凝土）

通过对典型的火灾作用下（后）钢管混凝土柱荷载-变形（跨中挠度）曲线（如图 8.37 所示）的分析，可发现剩余承载力 N_{cr} 和残余变形 u_{mt} 是反映火灾作用后钢管混凝土柱力学性能的重要指标（杨华，2003）。

为了便于分析，定义 k_r 为图 8.28 所示的力、温度和时间路径 A→A′→C′→

B′→ D′→ E′作用后钢管混凝土柱剩余承载力影响系数，即

$$k_{\mathrm{r}}=\frac{N_{\mathrm{cr}}}{N_{\mathrm{u}}} \tag{9.9}$$

式中：N_{cr}为火灾作用后钢管混凝土柱的剩余承载力；N_{u}为常温下钢管混凝土柱极限承载力。

残余变形 u_{mt}（如图 8.37 所示）的表达式为

$$u_{\mathrm{mt}}=u_{\mathrm{m2}}-u_{\mathrm{m1}} \tag{9.10}$$

式中：u_{m2}为截面温度均降至室温时钢管混凝土柱对应的跨中挠度；u_{m1}为常温下钢管混凝土柱受到的外荷为 N_{F}时产生的跨中挠度。

影响剩余承载力影响系数 k_{r}和残余变形 u_{mt}的可能参数有升温时间比（t_{o}）、火灾荷载比（n）、截面尺寸（D 或 B）、截面含钢率（α）、构件长细比（λ）、荷载偏心率（e/r）、材料强度（f_{y}和 f_{cu}）、保护层厚度（a）。对于矩形钢管混凝土尚有其截面高宽比（D/B）。

升温时间比（t_{o}）定义为

$$t_{\mathrm{o}}=\frac{t_{\mathrm{h}}}{t_{\mathrm{R}}} \tag{9.11}$$

式中：t_{h} 为升、降温临界时间（如图 8.27 所示）；t_{R} 为耐火极限，对于圆形和方、矩形钢管混凝土柱，可分别按式（8.63）或式（8.64）计算。

9.4.2　剩余承载力系数的影响因素分析

（1）荷载比（n）

图 9.27 所示为火灾荷载比 n 对钢管混凝土柱剩余承载力影响系数 k_{r}的影响。可见，圆、方钢管混凝土柱的剩余承载力影响系数 k_{r}随 n 的变化规律类似。

本算例中，$D(B)=400\mathrm{mm}$，$\alpha=0.1$，Q345 钢，C60 混凝土，$\lambda=40$，$e/r=0$，$a=0$。

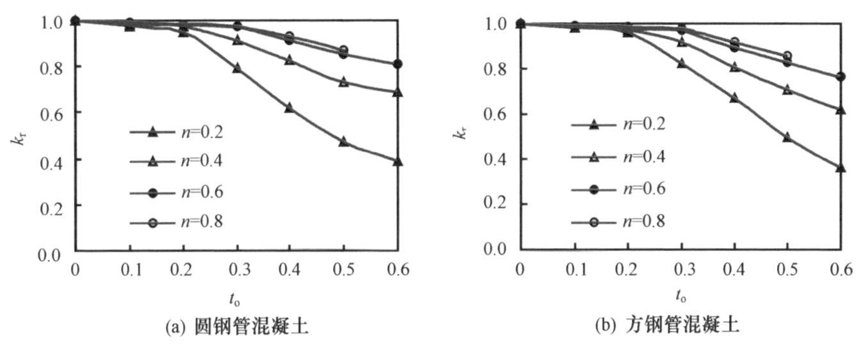

图 9.27　荷载比对 k_{r}的影响

升温时间比 t_o 对 k_r 的影响较大，即：对于相同的荷载比 n，t_o 越大，系数 k_r 越小。当 $t_o \leqslant 0.2$ 时，系数 k_r 变化不大，当 $t_o > 0.2$ 时，系数 k_r 降低幅度加剧。这是因为：当其他参数不变时，钢管混凝土的耐火极限 t_R 相同，故对应升温时间比 t_o 越大，则升温时间 t_h 越长，进而构件截面上各点经历的最高温度越高，材料损伤越严重，构件的力学性能指标也越低。也即 t_o 越大，构件材料的损伤就越大，剩余承载力 k_r 降低得较多。

荷载比 n 对 k_r 的影响较大。对于相同的 t_o，n 越大，k_r 越大。这是因为在其他条件（材料强度、长细比等）相同时，对于无保护层的钢管混凝土，当 $n \geqslant 0.2$ 时，耐火极限随 n 的增大而急剧降低，所以对于同样的 t_o，n 较小的构件，其升温时间 t_h 比 n 大的构件大。当 n 很大时（如 $n=0.8$ 时），虽然其在火灾下的应力水平很高，但由于其内部温度不高，构件性能更接近与常温的情况，因此承载力影响系数 k_r 降低得也较少，而对于荷载比 n 较小的情况，虽然在火灾作用下构件应力水平较低，但由于内部温度高，使得材料本身强度损失较大，系数 k_r 较小。当然，对于相同的升温时间 t_h，如果钢管混凝土柱升降温过程中不发生破坏，火灾荷载比 n 越大的构件，其剩余承载力影响系数 k_r 越小。

(2) 截面尺寸［$D(B)$］

图 9.28 所示为截面尺寸对 k_r 的影响。可见，圆、方钢管混凝土柱的 k_r 随截面尺寸的变化规律基本类似。

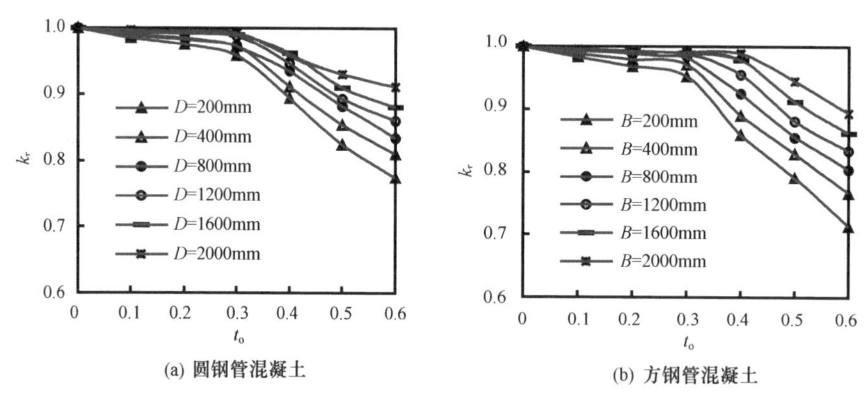

图 9.28　截面尺寸对 k_r 的影响

在本算例中，$n=0.6$，$\alpha=0.1$，Q345 钢，C60 混凝土，$\lambda=40$，$e/r=0$，$a=0$。

对于相同截面尺寸的情况，t_o 越大，钢管混凝土柱剩余承载力影响系数 k_r 越小。当 $t_o \leqslant 0.2$ 时，系数 k_r 变化不大，当 $t_o > 0.2$ 时，系数 k_r 降低幅度加剧。

对于相同的 t_o，截面尺寸对 k_r 的影响较大。随着截面尺寸的增大，系数 k_r 不断增大。这是因为，在其他条件（如火灾荷载比 n、长细比 λ 等参数）相同时，构件的耐火极限 t_R 随着构件尺寸的增大而增大，但幅度不是很大，即尺寸不同的构件在相同升温时间比 t_o 的情况下，其升温时间 t_h 相差相对不多。而截面尺寸大的构件，其核心混凝土的容积也大，吸热能力较强，在升温时间 t_h差距不大的情况下，大截面的构件整体温度较低，材料强度损失较小，系数 k_r较低得较少。反之，构件截面尺寸越小，其剩余承载影响系数 k_r降低得越显著。

(3) 含钢率 (α)

图 9.29 所示为含钢率 α 对 k_r的影响。可见，圆、方钢管混凝土柱的剩余承载力影响系数 k_r随 α 的变化规律类似。

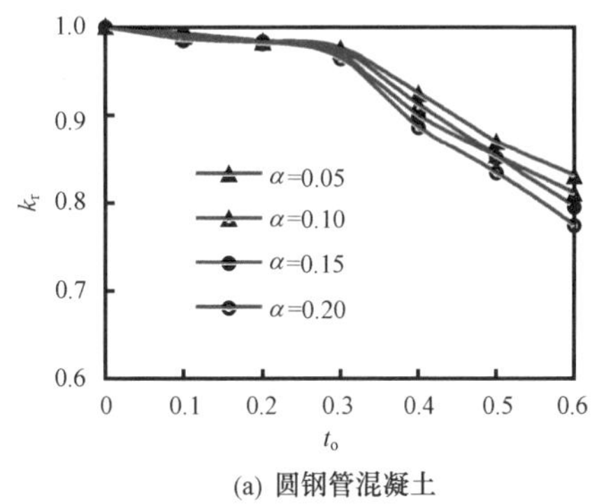

(a) 圆钢管混凝土

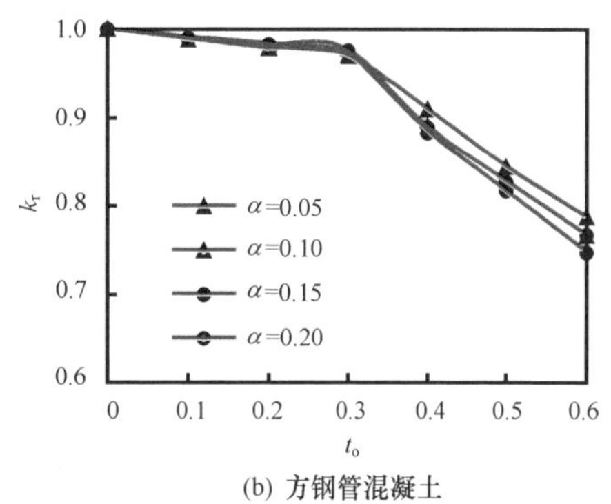

(b) 方钢管混凝土

图 9.29　含钢率对 k_r的影响

在本算例中，$n=0.6$，$D(B)=400\text{mm}$，Q345 钢，C60 混凝土，$\lambda=40$，$e/r=0$，$a=0$。

对于相同的含钢率 α，t_o越大，钢管混凝土柱剩余承载力影响系数 k_r越小。当 $t_o\leqslant 0.3$ 时，系数 k_r变化不大，当 $t_o>0.3$ 时，影响系数 k_r降低幅度加剧。

对于相同的升温时间比 t_o，k_r随含钢率 α 的增大而降低，但这种变化不显著。这是因为与混凝土相比，钢材的热容相对较小，钢材在钢管混凝土中的比重越大，其整体温度越高，构件的性能越差，所以含钢率 α 越高，k_r越低；在其他条件（如火灾荷载比 n、长细比 λ 等参数）相同时，α 对耐火极限 t_R影响很小，使得升温时间 t_h在 t_o相同的情况下相差很小，所以 α 对 k_r的影响很小。

(4) 钢材屈服强度 (f_y)

图 9.30 所示为钢材屈服强度 f_y对 k_r的影响。可见，圆、方钢管混凝土柱的剩余承载力影响系数 k_r随 f_y的变化规律类似。

在本算例中，$n=0.6$，$\alpha=0.1$，$D(B)=400\text{mm}$，C60 混凝土，$\lambda=40$，$e/r=0$。

对于相同的钢材屈服强度 f_y，t_o越大，钢管混凝土柱剩余承载力影响系数 k_r越小。当 $t_o\leqslant 0.3$ 时，系数 k_r变化不大，当 $t_o>0.3$ 时，影响系数 k_r降低幅度加剧。

对于相同的升温时间比 t_o，k_r随钢材屈服强度 f_y的增加而降低，但 f_y对 k_r的影响不明显。这是因为与混凝土相比，钢材的热容相对较小，钢材在钢管混凝土中的比重越大，其整体温度越高，构件的力学性能越差，所以钢材屈服强度

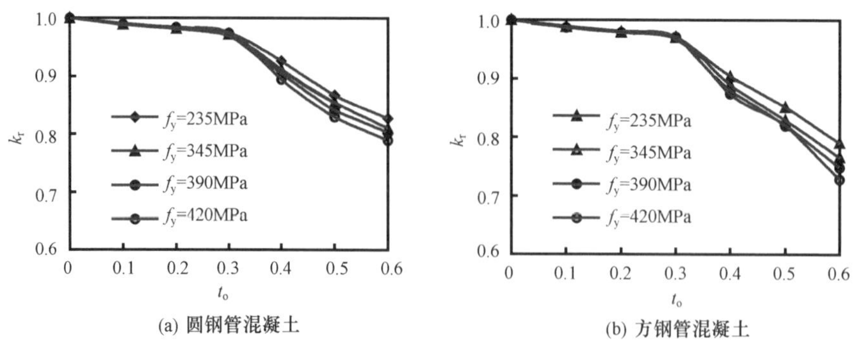

图 9.30 钢材屈服强度对 k_r 的影响

f_y越高，k_r越低；在其他条件（如火灾荷载比 n、长细比 λ 等参数）相同时，f_y对耐火极限 t_R影响很小，使得升温时间 t_h在 t_o相同的情况下相差很小，所以屈服强度 f_y对 k_r的影响总体上很小。

(5) 混凝土强度（f_{cu}）

在本算例中，$n=0.6$，$\alpha=0.10$，$D(B)=400$mm，Q345 钢，$\lambda=40$，$e/r=0$，$a=0$。

图 9.31 所示为混凝土强度 f_{cu}对 k_r的影响。由图 9.31 可见，圆、方钢管混凝土柱剩余承载力影响系数 k_r随 f_{cu}的变化规律基本类似。

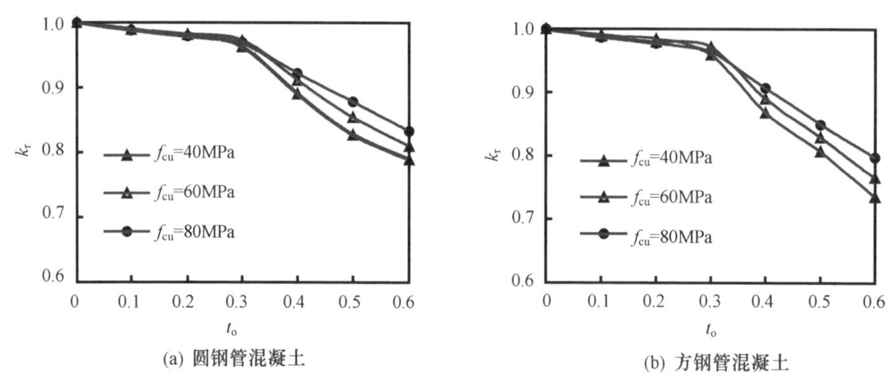

图 9.31 混凝土强度对 k_r的影响

对于相同的混凝土立方体抗压强度 f_{cu}，t_o越大，钢管混凝土柱剩余承载力影响系数 k_r越小。当 $t_o \leqslant 0.3$ 时，系数 k_r变化不大，当 $t_o > 0.3$ 时，影响系数 k_r降低幅度加剧。

对于相同的升温时间比 t_o，k_r随混凝土抗压强度 f_{cu}的增加而增加，且 f_{cu}对 k_r的影响不明显。这是因为混凝土的热容相对较大，混凝土在钢管混凝土中的比重越大，其整体温度越低，构件的力学性能越好，所以混凝土强度 f_{cu}越高，k_r越大；在其他条件（如火灾荷载比 n、长细比 λ 等参数）相同时，混凝土的抗压

强度 f_{cu}对耐火极限 t_R影响很小，使得升温时间 t_h在 t_o相同的情况下相差很小，所以 f_{cu}对 k_r的影响总体上不大。

(6) 荷载偏心率 (e/r)

图 9.32 所示为荷载偏心率 e/r 对 k_r的影响。由图 9.32 可见，圆、方钢管混凝土柱剩余承载力影响系数 k_r随 e/r 的变化规律基本类似。

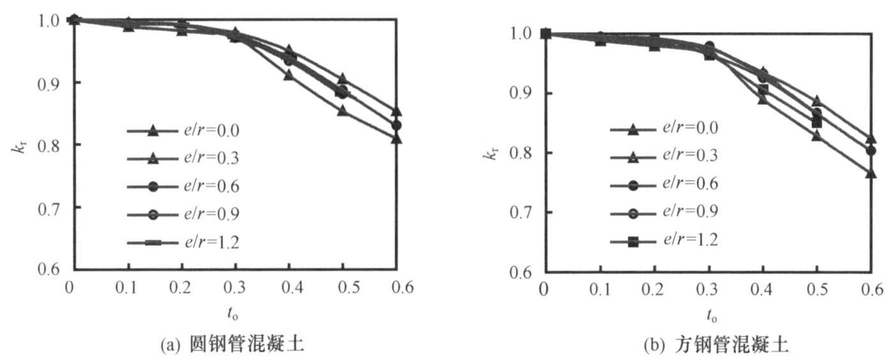

(a) 圆钢管混凝土　　(b) 方钢管混凝土

图 9.32　偏心率对 k_r的影响

在本算例中，$n=0.6$，$\alpha=0.1$，$D(B)=400$mm，Q345 钢，C60 混凝土，$\lambda=40$，$a=0$。

对于相同的偏心率 e/r，t_o越大，k_r越小。当 $t_o\leqslant0.3$ 时，钢管混凝土柱的剩余承载力影响系数 k_r变化不大，当 $t_o>0.3$ 时，系数 k_r降低的幅度加剧。

对于同样的升温时间比 t_o，荷载偏心率 e/r 对系数 k_r有影响，但这种影响不是很显著。k_r的变化规律是：当 $e/r=0\sim0.3$ 时，呈上升规律，之后在其间波动。

(7) 构件长细比 (λ)

图 9.33 所示为长细比 λ 对 k_r的影响。由图 9.33 可见，圆、方钢管混凝土柱剩余承载力影响系数 k_r随 λ 的变化规律基本类似。

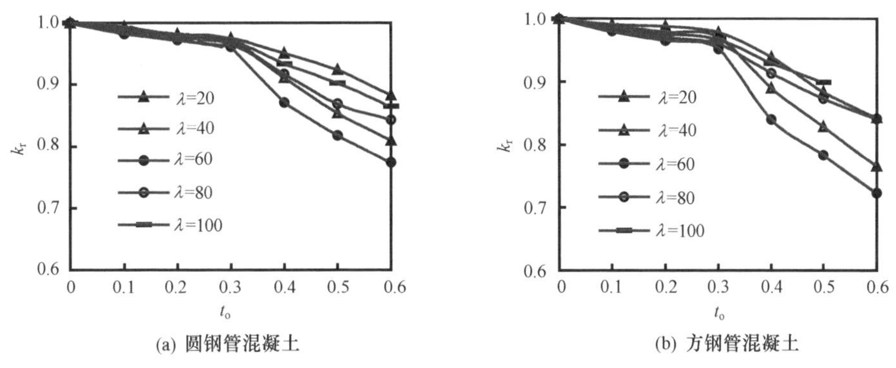

(a) 圆钢管混凝土　　(b) 方钢管混凝土

图 9.33　长细比对 k_r的影响

本算例中，n=0.6，α=0.1，$D(B)$=400mm，α=0.1，Q345 钢，C60 混凝土，e/r=0，a=0。

对于相同的长细比 λ，t_o越大，k_r越小。当 $t_o \leqslant 0.3$ 时，k_r随 λ 的变化不大，当 $t_o > 0.3$ 时，影响系数 k_r降低幅度加剧。

对于相等的升温时间比 t_o，长细比 λ 对 k_r的影响较大且较为复杂。当长细比 λ 从 20 增至 60 时，k_r随着长细比 λ 的增大而减小，当长细比 λ 大于 60 时，构件随着长细比 λ 的增大而增大。这是因为，长细比 λ 的逐渐增大（$20<\lambda<60$），中截面上应力分布也不同，从全截面受压过渡到受压侧单侧发展塑性变形，最后发展为压拉两侧都发展塑性变形；同时中截面上中和轴不断移向受压侧，使受压区面积不断减小，核心混凝土的贡献减小，结果稳定承载力不断降低。但随着长细比的继续增加（$\lambda>60$），由荷载作用引起的二阶效应对承载力的影响越来越起控制作用，即二阶弯矩增长速度远大于截面抵抗矩的增长速度，荷载进一步降低，但失稳破坏形式从弹塑性失稳过渡到弹性失稳形式，混凝土对钢管混凝土构件承载力的提高作用大大减小，高温作用使混凝土强度降低而对长细比较大（$\lambda>60$）的构件承载力降低的影响减小，因此系数 k_r又有回升的趋势。

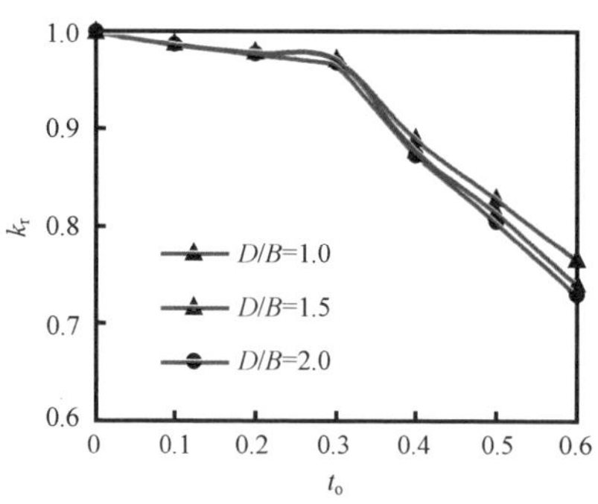

图 9.34　矩形钢管混凝土高宽比对 k_r的影响

(8) 矩形截面的高宽比（D/B）

图 9.34 所示为矩形钢管混凝土柱截面高宽比（D/B）对 k_r的影响。在本算例中，n=0.6，α=0.1，B=400mm，Q345 钢，C60 混凝土，e/r=0，λ=40，a=0。

对于相同的高宽比（D/B），t_o越大，钢管混凝土柱剩余承载力影响系数 k_r越小。当 $t_o \leqslant 0.3$ 时，系数 k_r变化不大，当 $t_o > 0.3$ 时，系数 k_r降低幅度加剧。

对于相同的升温时间比 t_o，截面高宽比（D/B）对 k_r的影响不大。这是因为，在其他条件（如火灾荷载比 n、长细比 λ 等参数）相同时，高宽比（D/B）对构件的耐火极限 t_R影响不大，所以升温时间 t_h相差不大，因此高宽比（D/B）对系数 k_r的影响不大。

(9) 防火保护层厚度（a）

以上的参数分析是基于无防火保护层（a=0）的钢管混凝土柱进行的。对于没有保护层的情况，构件的耐火极限 t_R一般较小。钢管混凝土柱在式（8.61）所示的火灾荷载作用下，如果不进行防火保护，其耐火极限 t_R一般均不能满足国家规范 GB50045—95（2001）对高层房屋建筑中柱结构耐火极限的要求。为了使钢管混凝土柱达到所要求的耐火极限，一般要对其进行防火保护。

对于钢管混凝土，在已建成结构中，常用的防火保护材料是厚涂型钢结构防火涂料和水泥砂浆。本章对这两种情况分别进行了计算。计算时，取厚涂型钢结构防火涂料的基本性能参数为：密度 $\rho=(400\pm20)\text{kg/m}^3$；导热系数 $\lambda=0.097\text{W/(m·K)}$；比热 $c=1.047\times10^3\ \text{J/(kg·K)}$；$\rho=400\text{kg/m}^3$；$k=0.116\text{W/(m·K)}$；对于水泥砂浆，则暂按式（8.23）～式（8.25）确定其有关热工性能参数，

图 9.35 所示为厚涂型钢结构防火涂料保护层厚度 a 对剩余承载力影响系数 k_r 的影响。图 9.36 所示为水泥砂浆保护层厚度 a 对剩余承载力影响系数 k_r 的影响。在本算例中，$n=0.6$，$\alpha=0.1$，$D(B)=400\text{mm}$，Q345 钢，C60 混凝土，$e/r=0$，$\lambda=40$。

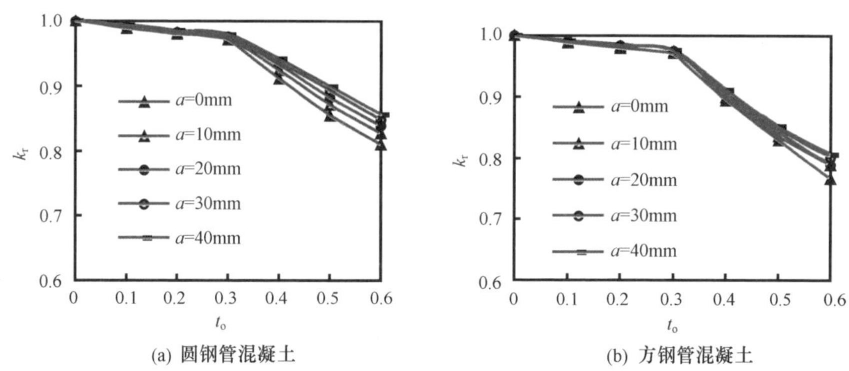

图 9.35　保护层厚度对 k_r 的影响（厚涂型钢结构防火涂料）

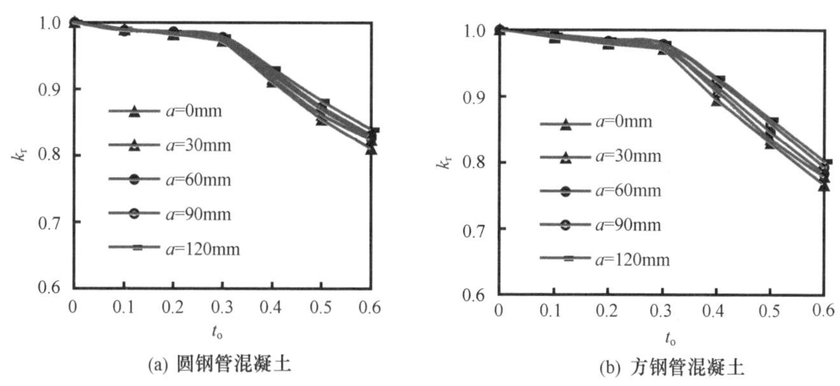

图 9.36　保护层厚度对 k_r 的影响（水泥砂浆）

由图 9.35 和图 9.36 可见，圆、方钢管混凝土柱的剩余承载力影响系数 k_r 随防火保护层厚度 a 的变化规律类似。

对于相同的保护层种类和保护层厚度 a，t_o 越大，钢管混凝土柱剩余承载力影响系数 k_r 越小。当 $t_o\leqslant0.3$ 时，系数 k_r 变化不大，当 $t_o>0.3$ 时，系数 k_r 降低幅度加剧。

对于相同的升温时间比 t_o，随着保护层厚度 a 的增大，系数 k_r 也逐渐增大，

但总体影响不大。对于相同的保护层厚度 a，厚涂型钢结构防火涂料保护下的钢管护凝土柱，由于其隔热性能比水泥砂浆优越，其 k_r 值要远大于水泥砂浆保护的情况。

9.4.3　残余变形的影响因素分析

（1）荷载比（n）

图 9.37 所示为荷载比 n 对钢管混凝土柱残余变形 u_{mt} 的影响。可见，圆钢管混凝土柱残余变形 u_{mt} 的变化规律与方钢管混凝土柱类似。本算例中，$D(B)=400$mm，$\alpha=0.1$，Q345 钢，C60 混凝土，$\lambda=40$，$e/r=0$，$a=0$。

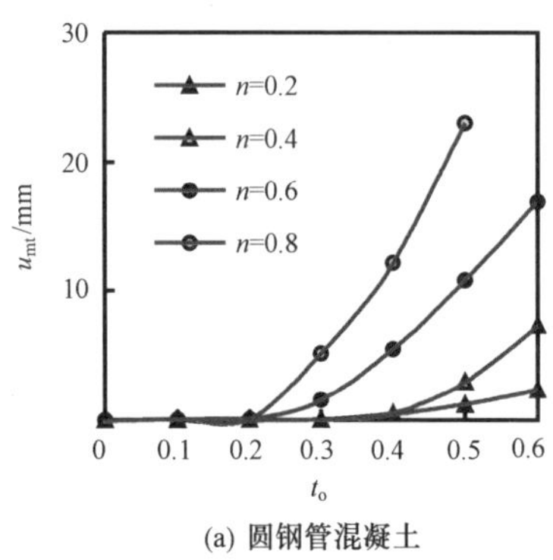

(a) 圆钢管混凝土

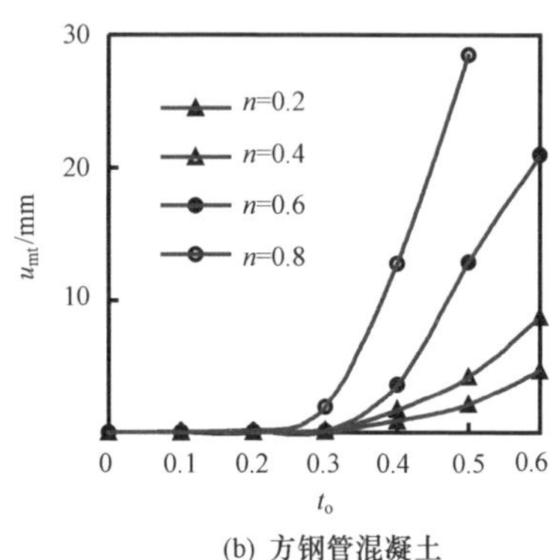

(b) 方钢管混凝土

图 9.37　荷载比对 u_{mt} 的影响

对于相同的荷载比 n，随着升温时间比 t_o 的增加，残余变形 u_{mt} 逐渐增大。对于圆钢管混凝土柱，当 $t_o\leqslant 0.2$ 时，钢管混凝土柱的残余变形 u_{mt} 变化不大，当 $t_o>0.2$ 时，u_{mt} 增加幅度加剧。对于方钢管混凝土柱，当 $t_o\leqslant 0.3$ 时，u_{mt} 变化不大，当 $t_o>0.3$ 时，u_{mt} 增加幅度加剧。这是因为随着 t_o 的增大，t_h 也随之增大，构件内部温度较高，材料力学性能劣化，构件整体刚度降低，u_{mt} 增大。

对于相同的升温时间比 t_o，u_{mt} 随 n 的增大而增大。这是因为，当 n 较大时，钢管混凝土柱在受火前就已经承受较大的应力。当火灾发生时，温度促使其刚度进一步降低，变形加剧，即使在降温段，变形也很难有所恢复。n 较小时，钢管混凝土柱受火前大部分处于弹性状态。在降温段，构件变形恢复程度较高，构件的残余变形 u_{mt} 较小。

（2）截面尺寸［$D(B)$］

图 9.38 所示为截面尺寸对残余变形 u_{mt} 的影响。可见，圆钢管混凝土柱残余变形 u_{mt} 的变化规律与方钢管混凝土柱类似。

在本算例中，$n=0.6$，$\alpha=0.1$，Q345 钢，C60 混凝土，$\lambda=40$，$e/r=0$，$a=0$。

对于相同的截面尺寸，随着升温时间比 t_o 的增加，残余变形 u_{mt} 逐渐增大。对于圆钢管混凝土柱，当 $t_o\leqslant 0.2$ 时，u_{mt} 变化不大，当 $t_o>0.2$ 时，残余变形

u_{mt}增加幅度加剧。对于方钢管混凝土柱，当 $t_o \leqslant 0.3$ 时，u_{mt}变化不大，当 $t_o > 0.3$ 时，u_{mt}增加幅度加剧。

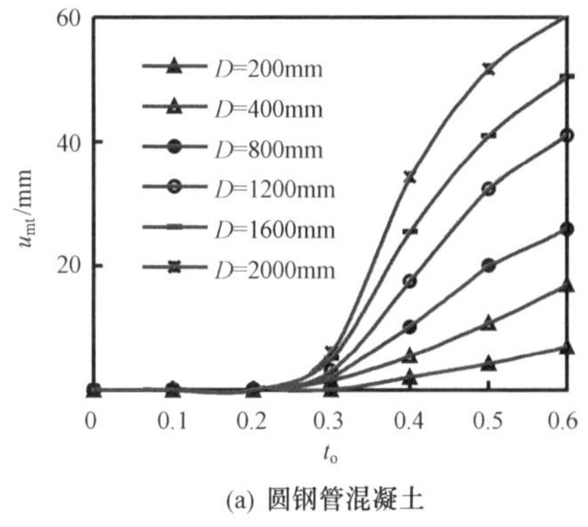

(a) 圆钢管混凝土

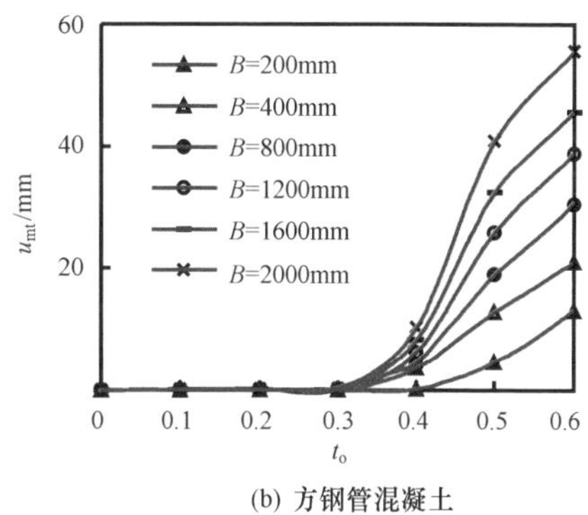

(b) 方钢管混凝土

图 9.38　截面尺寸对 u_{mt}的影响

对于相同的升温时间比 t_o，随着截面尺寸的增大，残余变形 u_{mt}逐渐增大。这主要是因为虽然截面尺寸大的试件，整体温度较低，导致构件刚度较大，但由于本算例对应着相同的长细比，当构件的截面较大时，构件的绝对长度 L 也较大，而挠度的大小与计算长度关系很大，因此，构件的截面越大，u_{mt}也越大。

(3) 含钢率 (α)

图 9.39 所示为含钢率 α 对残余变形 u_{mt}的影响。可见，圆钢管混凝土柱残余变形 u_{mt}的变化规律与方钢管混凝土柱类似。在本算例中，$n=0.6$，$D(B)=400$mm，Q345 钢，C60 混凝土，$\lambda=40$，$e/r=0$，$a=0$。

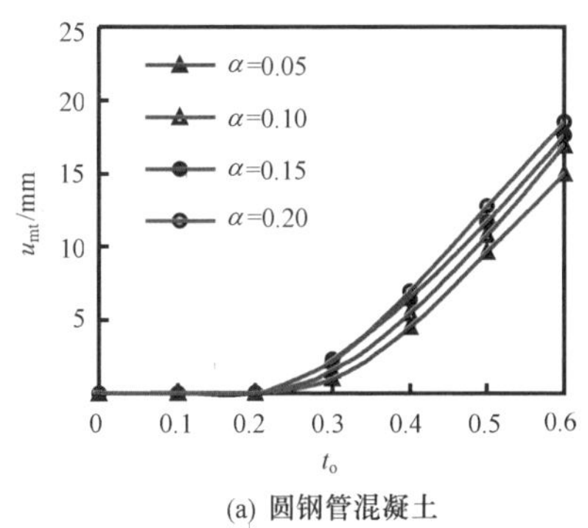

(a) 圆钢管混凝土

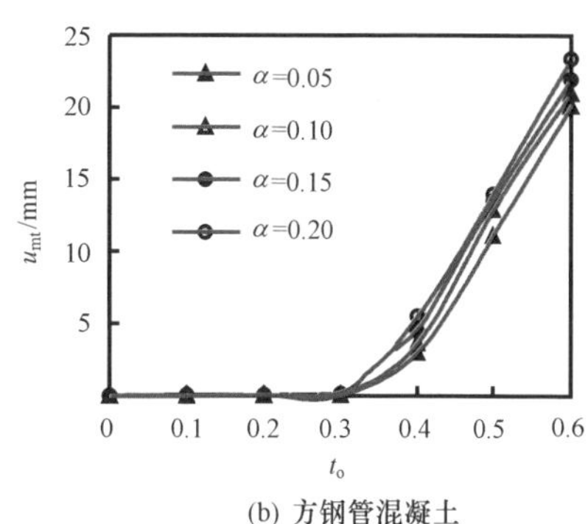

(b) 方钢管混凝土

图 9.39　含钢率对 u_{mt}的影响

对于相同的含钢率 α，随着升温时间比 t_o的增加，u_{mt}逐渐增大。对于圆钢管混凝土柱，当 $t_o \leqslant 0.2$ 时，u_{mt}变化不大，当 $t_o > 0.2$ 时，u_{mt}增加幅度加剧。对于方钢管混凝土柱，当 $t_o \leqslant 0.3$ 时，残余变形 u_{mt}变化不大，当 $t_o > 0.3$ 时，u_{mt}增

加的幅度加剧。

对于相同的升温时间比 t_o，随着含钢率 α 的增大，钢管混凝土柱的残余变形 u_{mt} 逐渐增大。不过，这种变化幅度不大。这是因为含钢率 α 越大，钢材在钢管混凝土截面中所占比重越大，构件的温度越高，整体刚度越差，所以变形越大；同时，在工程常用的范围内，含钢率 α 对耐火极限以及内部的温度场分布影响不是很大，故残余变形 u_{mt} 随含钢率 α 的变化而波动幅度较小。

(4) 钢材屈服强度（f_y）

图 9.40 所示为钢材屈服强度 f_y 对残余变形 u_{mt} 的影响。可见，圆钢管混凝土柱残余变形 u_{mt} 的变化规律与方钢管混凝土柱类似。本算例中，$n=0.6$，$\alpha=0.1$，$D(B)=400$mm，C60 混凝土，$\lambda=40$，$e/r=0$，$a=0$。

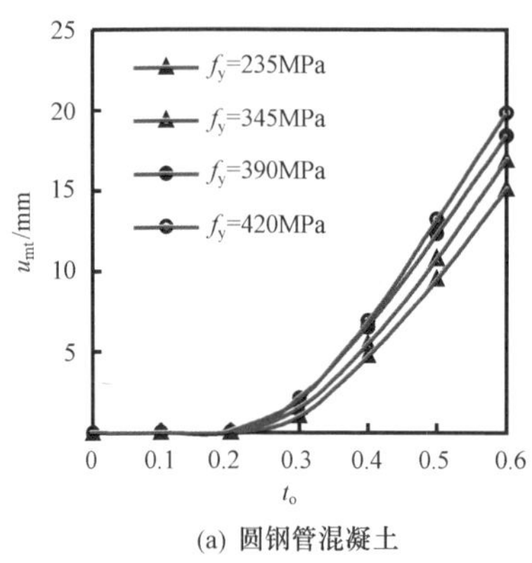

(a) 圆钢管混凝土

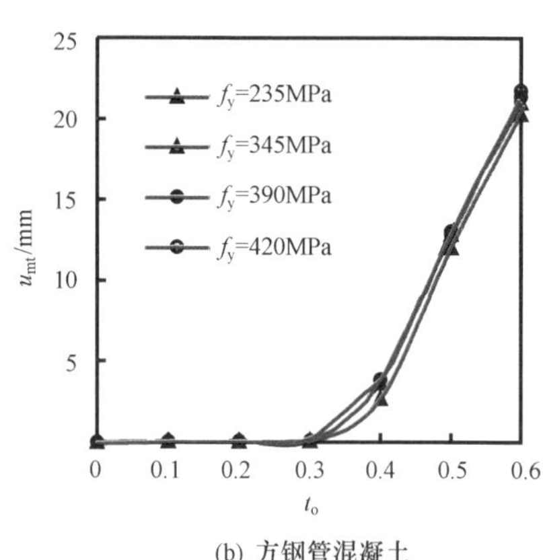

(b) 方钢管混凝土

图 9.40　钢材屈服强度对 u_{mt} 的影响

对于相同的钢材屈服强度 f_y，随着升温时间比 t_o 的增加，残余变形 u_{mt} 逐渐增大。对于圆钢管混凝土柱，当 $t_o \leqslant 0.2$ 时，u_{mt} 变化不大，当 $t_o > 0.2$ 时，残余变形 u_{mt} 增加幅度加剧。对于方钢管混凝土柱，当 $t_o \leqslant 0.3$ 时，u_{mt} 变化不大，当 $t_o > 0.3$ 时，u_{mt} 增加的幅度加剧。

对于相同的升温时间比 t_o，随着屈服强度 f_y 的增大，残余变形 u_{mt} 逐渐增大。不过，这种变化幅度不大。这是因为钢材屈服强度 f_y 越大，钢材在钢管混凝土截面中所占的比重越大，构件的温度越高，整体刚度越差，所以变形增大；同时，本节分析参数范围内，f_y 对耐火极限以及内部的温度场分布影响不是很大，所以 u_{mt} 随 f_y 的变化而波动的幅度较小。

(5) 混凝土强度（f_{cu}）

图 9.41 所示为混凝土强度 f_{cu} 对残余变形 u_{mt} 的影响。可见，圆钢管混凝土柱残余变形 u_{mt} 的变化规律与方钢管混凝土柱类似。

在本算例中，$n=0.6$，$\alpha=0.1$，$D(B)=400$mm，Q345 钢，$\lambda=40$，$e/r=0$，$a=0$。

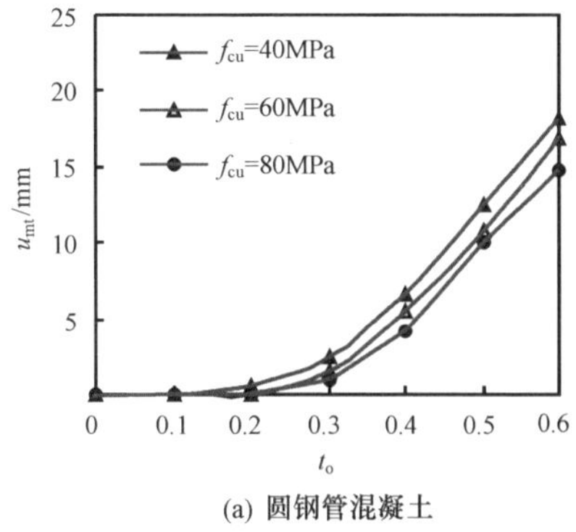

(a) 圆钢管混凝土

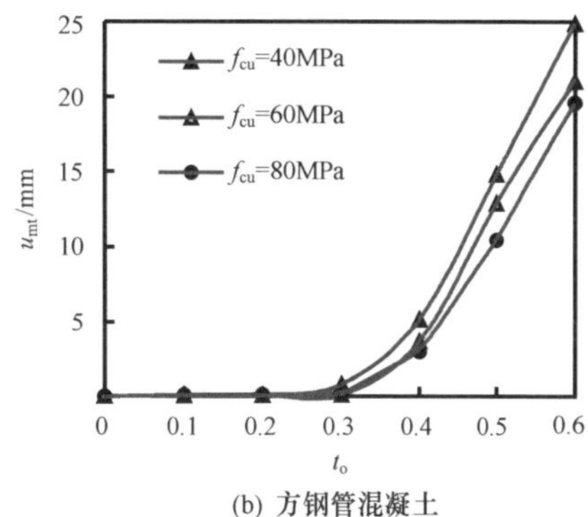

(b) 方钢管混凝土

图 9.41　混凝土强度对 u_{mt} 的影响

对于相同的混凝土抗压强度 f_{cu}，随着升温时间比 t_o 的增加，残余变形 u_{mt} 逐渐增大。对于圆钢管混凝土柱，当 $t_o \leqslant 0.2$ 时，u_{mt} 变化不大，当 $t_o > 0.2$ 时，u_{mt} 增加幅度加剧。对于方钢管混凝土柱，当 $t_o \leqslant 0.3$ 时，u_{mt} 变化不大，当 $t_o > 0.3$ 时，u_{mt} 增加幅度加剧。

对于相同的升温时间比 t_o，随着 f_{cu} 的增大，u_{mt} 逐渐减小。不过，这种变化幅度不大。这是因为 f_{cu} 越大，混凝土在钢管混凝土截面中所占的比重越大，构件的温度越低，整体刚度越好，所以变形越小；同时，在本节分析的参数范围内，f_{cu} 对耐火极限以及内部的温度场分布影响不是很大，故 u_{mt} 随 f_{cu} 的变化而波动的幅度较小。

(6) 荷载偏心率 (e/r)

在本算例中，$n=0.6$，$\alpha=0.1$，$D=400$mm，Q345 钢，C60 混凝土，$\lambda=40$，$a=0$。

图 9.42 所示为荷载偏心率 (e/r) 对残余变形 u_{mt} 的影响。可见，圆钢管混凝土柱残余变形 u_{mt} 的变化规律与方钢管混凝土柱类似。

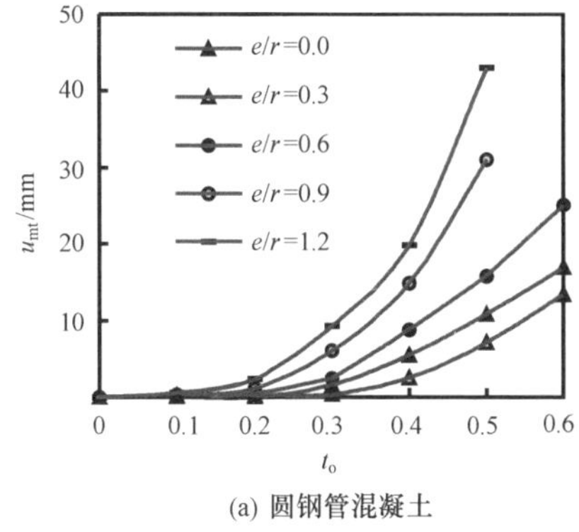

(a) 圆钢管混凝土

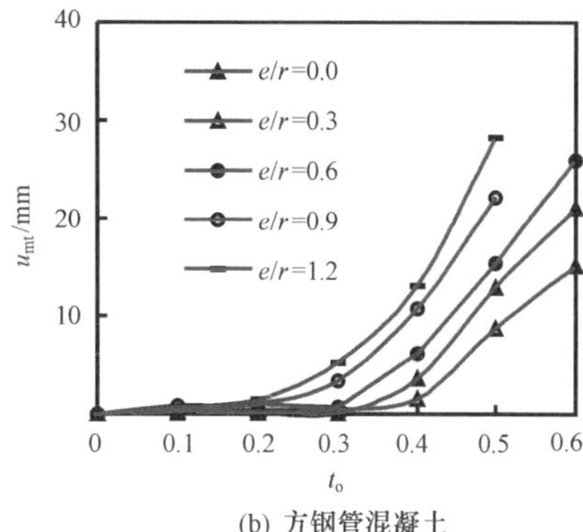

(b) 方钢管混凝土

图 9.42　偏心率对 u_{mt} 的影响

对于相同的荷载偏心率（e/r），随着升温时间比 t_o 的增加，u_{mt} 逐渐增大。当 $t_o \leqslant 0.2$ 时，u_{mt} 变化不大，当 $t_o > 0.2$ 后，u_{mt} 增加幅度加剧。

对于相同升温时间比 t_o，荷载偏心率（e/r）对钢管混凝土柱的残余变形 u_{mt} 有一定的影响：当 $e/r = 0-0.3$ 时，u_{mt} 随着偏心率（e/r）的增大而减小；当 $e/r > 0.3$ 时，u_{mt} 随 e/r 的增大而增大。

（7）长细比（λ）

图 9.43 所示为长细比 λ 对残余变形 u_{mt} 的影响。可见，圆钢管混凝土柱残余变形 u_{mt} 的变化规律与方钢管混凝土柱类似。

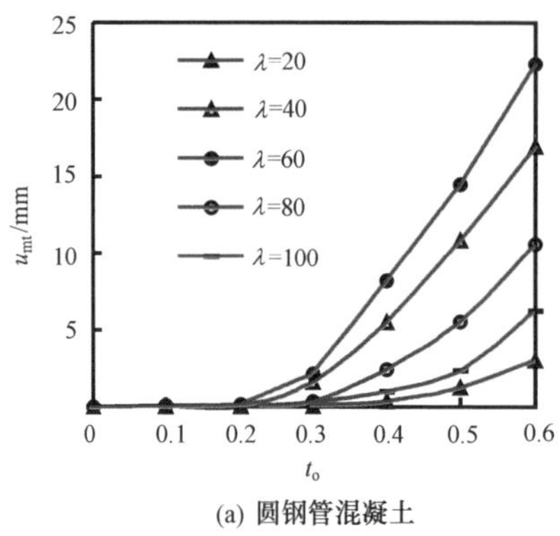

(a) 圆钢管混凝土

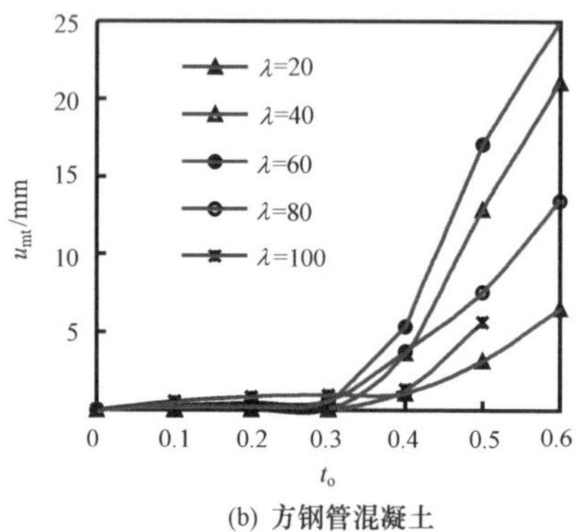

(b) 方钢管混凝土

图 9.43　长细比对 u_{mt} 的影响

在本算例中，$n=0.6$，$\alpha=0.1$，$D(B)=400$mm，Q345 钢，C60 混凝土，$e/r=0$，$a=0$。

对于相同的长细比 λ，随着升温时间比 t_o 的增加，残余变形 u_{mt} 逐渐增大。对于圆钢管混凝土柱，当 $t_o \leqslant 0.2$ 时，u_{mt} 变化不大，当 $t_o > 0.2$ 后，u_{mt} 增加的幅度加剧。对于方钢管混凝土柱，当 $t_o \leqslant 0.3$ 时，u_{mt} 变化不大，当 $t_o > 0.3$ 时，u_{mt} 增加幅度加剧。

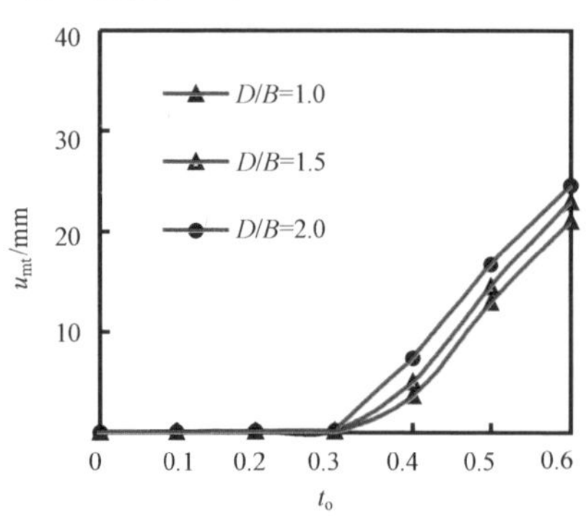

图 9.44　D/B 对 u_{mt} 的影响

对于相同升温时间比 t_o，长细比 λ 对 u_{mt} 有一定的影响：当 $\lambda = 20\text{-}60$ 时，u_{mt} 随着长细比的增大而增大；当 $\lambda > 60$ 时，u_{mt} 随长细比的增大而减小。这主要是由于长细比较大时，“二阶效应”的影响趋于明显所致。

（8）矩形截面高宽比（D/B）

图 9.44 所示为高宽比（D/B）对 u_{mt} 的影响。本算例中，$n=0.6$，$\alpha=0.1$，$B=400$mm，Q345 钢，C60 混凝土，$e/r=0$，$\lambda=40$，$a=0$。

对于相同的高宽比（D/B），随着升温时间比 t_o 的增加，u_{mt} 逐渐增大。当 $t_o \leqslant$

0.3 时，u_{mt}变化不大，当 t_o>0.3 时，u_{mt}增加的幅度加剧。

对于相同升温时间比 t_o，截面高宽比（D/B）越大，残余变形 u_{mt}越大，但这种影响不大。这是因为高宽比（D/B）越大，构件内部温度越高，刚度越小，所以变形较大。

(9) 防火保护层厚度（a）

图 9.45 和图 9.46 所示分别为厚涂型钢结构防火涂料保护层和水泥砂浆保护层厚度（a）对残余变形 u_{mt}的影响。可见，圆钢管混凝土柱残余变形 u_{mt}的变化规律与方钢管混凝土柱类似。本算例中，n=0.6，α=0.1，$D(B)$=400mm，D/B=1，Q345 钢，C60 混凝土，e/r=0，λ=40。

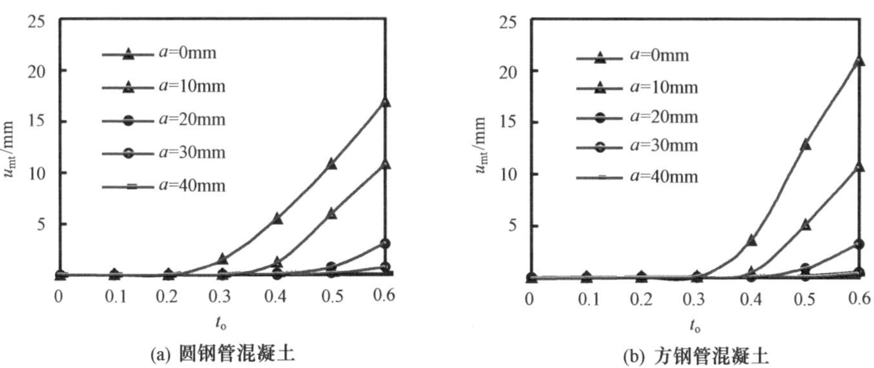

图 9.45　防火保护层厚度对 u_{mt}的影响（厚涂型钢结构防火涂料）

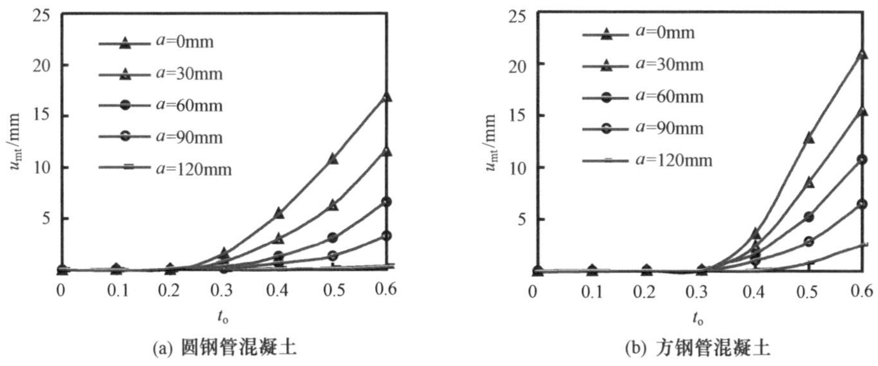

图 9.46　防火保护层厚度对 u_{mt}的影响（水泥砂浆）

对于相同的保护层类型以及保护层厚度 a，随着升温时间比 t_o的增加，u_{mt}逐渐增大。对于圆钢管混凝土柱，当 t_o≤0.2 时，u_{mt}的变化不大，当 t_o>0.2 时，u_{mt}增加的幅度加剧。对于方钢管混凝土柱，当 t_o≤0.3 时，u_{mt}变化不大，当 t_o>0.3 时，u_{mt}增加幅度加剧。

对于相同升温时间比 t_o，随着保护层厚度 a 的增大，钢管混凝土柱的残余变形 u_{mt}逐渐减小。这是因为保护层厚度 a 越大，内部温度越低，构件刚度损失越小，变形越小。对于相同的保护层厚度 a，厚涂型钢结构防火涂料保护的钢管混凝土柱，其残余变形 u_{mt} 要小于水泥砂浆的情况。

9.4.4 剩余承载力系数和残余变形的实用计算方法

(1) 剩余承载力系数

1) 圆钢管混凝土柱。由 9.4.2 节的分析结果可知，剩余承载力影响系数 (k_r) 与钢材屈服强度 (f_y)、混凝土立方体抗压强度 (f_{cu})、截面含钢率 (α)、荷载偏心率 (e/r) 以及保护层厚度 (a) 关系不大，而与升温时间比 (t_o)、截面尺寸 (D)、构件长细比 (λ) 及火灾荷载比 (n) 关系较大，即其他参数一定时，随着升温时间比的增大，钢管混凝土柱剩余承载力影响系数不断降低；当其他参数固定时，随着构件截面尺寸的不断增大，钢管混凝土柱承载力影响系数不断增大；当其他参数一定时，当构件长细比 $\lambda<60$ 时，剩余承载力影响系数随长细比的增加而降低，当长细比 $\lambda>60$ 时，剩余承载力影响系数 k_r 又有所回升；当其他参数一定时，随着火灾荷载比的增大，构件剩余承载力影响系数不断增大。在对数值计算结果整理分析，并综合考虑以上四个因素对 k_r 影响的基础上，可方便地回归出以 t_o、D、λ、n 为参数的火灾后圆钢管混凝土柱剩余承载力影响系数 k_r 的简化计算公式（杨华，2003）。在如下参数范围，即 Q235～Q420 钢，C30～C90 混凝土，$\alpha=0.04\sim0.2$，$D=200\sim2000\text{mm}$，$\lambda=20\sim120$，$n=0.2\sim0.8$，$t_o=0\sim0.6$，$e/r=0\sim1.2$，对于厚涂型钢结构防火涂料保护层：$a=0\sim40\text{mm}$；对于水泥砂浆保护层：$a=0\sim120\text{mm}$ 的情况下，k_r 可用下式来表示为

$$k_r=\begin{cases}(1-0.09t_o)\cdot f(D_o)\cdot f(\lambda_o)\cdot f(n_o) & t_o\leqslant 0.3\\(-0.56t_o+1.14)\cdot f(D_o)\cdot f(\lambda_o)\cdot f(n_o) & t_o>0.3\end{cases}\tag{9.12}$$

式中

$$f(D_o)=\begin{cases}k_1(D_o-1)+1 & D_o\leqslant 1\\k_2(D_o-1)+1 & D_o>1\end{cases}\tag{9.13a}$$

$$f(\lambda_o)=\begin{cases}k_3(\lambda_o-1)+1 & \lambda_o\leqslant 1.5\\k_4\lambda_o+k_5 & \lambda_o>1.5\end{cases}\tag{9.13b}$$

$$f(n_o)=\begin{cases}k_6(1-n_o)^2+k_7(1-n_o)+1 & n_o\leqslant 1\\1 & n_o>1\end{cases}\tag{9.13c}$$

其中

$$k_1=0.13t_o$$
$$k_2=0.14t_o^3-0.03t_o^2+0.01t_o$$
$$k_3=-0.08t_o$$
$$k_4=0.12t_o$$
$$k_5=1-0.22t_o$$

$$k_6 = \begin{cases} -0.4t_o & t_o \leqslant 0.2 \\ -2.7t_o^2 + 0.64t_o - 0.1 & t_o > 0.2 \end{cases}$$

$$k_7 = \begin{cases} 0.06t_o & t_o \leqslant 0.2 \\ 1.2t_o^2 - 1.83t_o + 0.33 & t_o > 0.2 \end{cases}$$

$$t_o = \frac{t_h}{t_R}, D_o = \frac{D}{400}, \lambda_o = \frac{\lambda}{40}, n_o = \frac{n}{0.6}$$

D 以 mm 计。

图 9.47 和图 9.48 给出的是圆钢管混凝土柱剩余承载力影响系数简化计算结果与理论计算结果的比较。可见，简化计算结果与理论计算结果符合良好，说明简化计算公式可以很好地反映系数 k_r 的变化规律，并且总体上偏于安全。

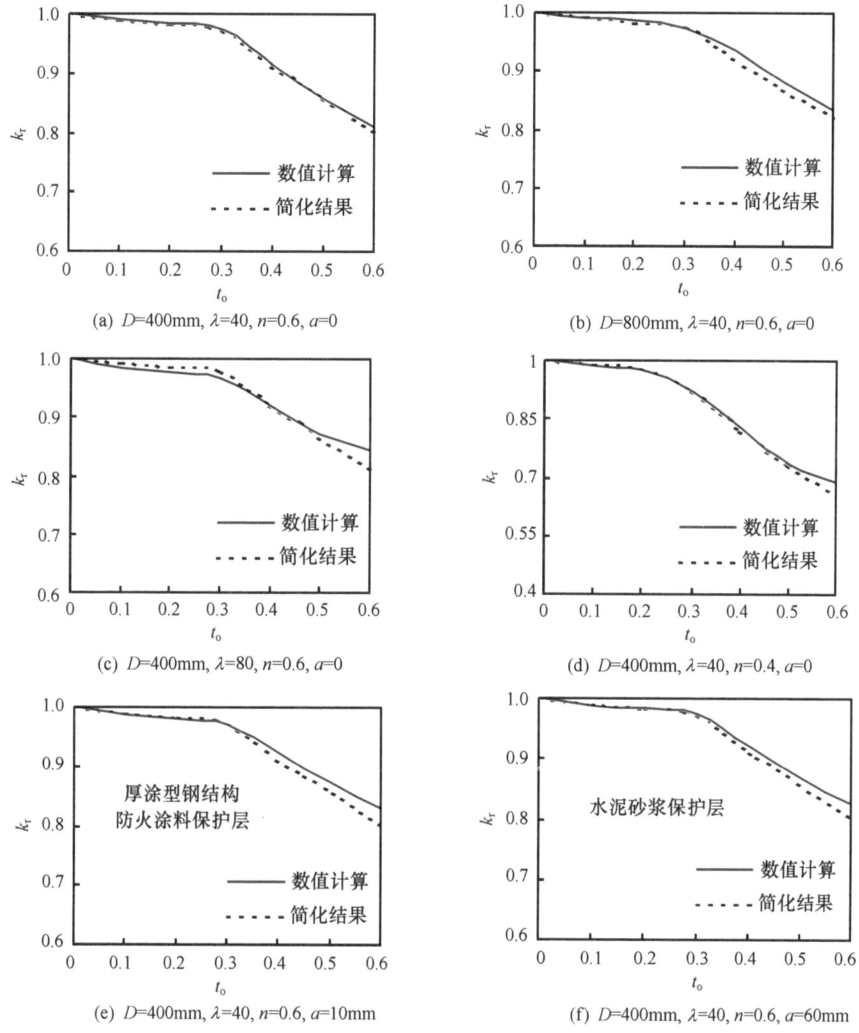

图 9.47　圆钢管混凝土 k_r-t_o 曲线简化计算结果与理论计算结果的比较

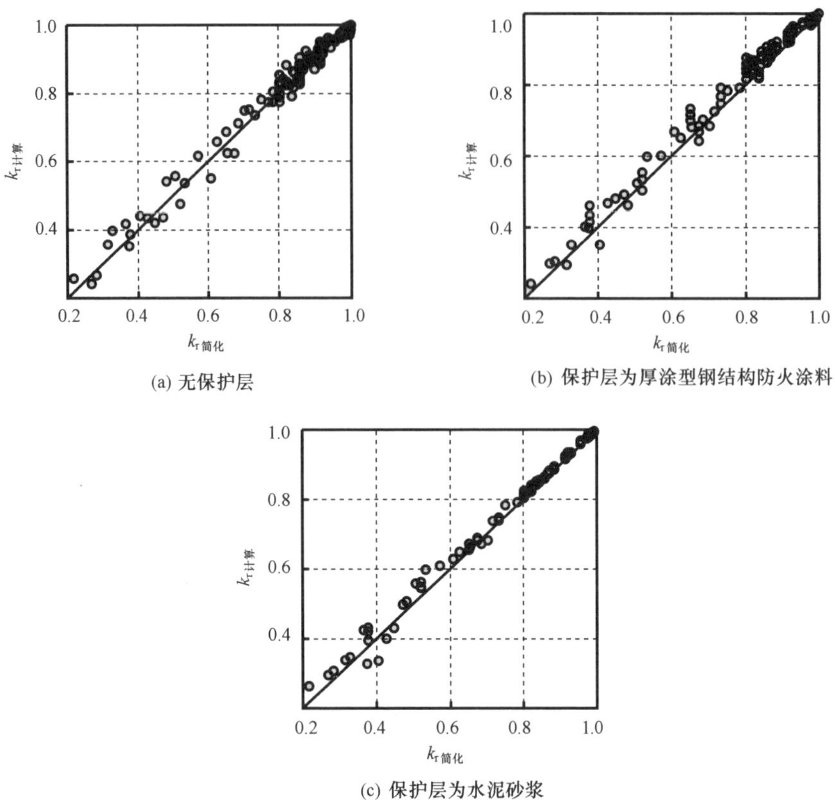

图 9.48　圆钢管混凝土 k_r简化计算结果与理论计算结果的比较

利用式（3.99）计算出钢管混凝土柱常温下的极限承载力 N_u后，将其乘以系数 k_r，即可获得经历图 8.28 所示的力、温度和时间路径 A→ A′→ B′→C′→D′→E′后圆钢管混凝土柱的剩余承载力 N_{cr}。

2）方、矩形钢管混凝土柱。

由 9.4.2 节参数分析可知，方、矩形钢管混凝土柱剩余承载力影响系数变化规律与圆钢管混凝土柱类似，采用同样的分析方法，可回归出以 t_o、D 或 B（对于方钢管混凝土，B 为边长；对于矩形钢管混凝土，D 为长边边长，B 为短边边长），λ、n 为参数的标准火灾后方、矩形钢管混凝土柱剩余承载力影响系数 k_r的简化计算公式（杨华，2003）。在常见参数范围，即 Q235～Q420 钢，C30～C90 混凝土，$\alpha=0.04\sim0.2$，D 或 $B=200\sim2000$mm，$D/B=1\sim2$，$\lambda=20\sim120$，$n=0.2\sim0.8$，$t_o=0\sim0.6$，$e/r=0\sim1.2$，对于厚涂型钢结构防火涂料保护层：$a=0\sim40$mm；对于水泥砂浆保护层：$a=0\sim120$mm 的情况下，k_r可用下式表示为

$$k_r=\begin{cases}(1-0.13t_o)\cdot f(D_o)\cdot f(\lambda_o)\cdot f(n_o) & t_o\leqslant 0.3\\(-0.66t_o+1.16)\cdot f(D_o)\cdot f(\lambda_o)\cdot f(n_o) & t_o>0.3\end{cases}\tag{9.14}$$

式中

$$f(D_o)=\begin{cases}k_1(D_o-1)+1 & (D_o\leqslant 1)\\ k_2(D_o-1)+1 & (D_o>1)\end{cases} \tag{9.15a}$$

$$f(\lambda_o)=\begin{cases}k_3(\lambda_o-1)+1 & (\lambda_o\leqslant 1.5)\\ k_4\lambda_o+k_5 & (\lambda_o>1.5)\end{cases} \tag{9.15b}$$

$$f(n_o)=\begin{cases}k_6(1-n_o)^2+k_7(1-n_o)+1 & (n_o\leqslant 1)\\ 1 & (n_o>1)\end{cases} \tag{9.15c}$$

其中

$$k_1=0.16t_o$$

$$k_2=0.10t_o^2-0.01t_o$$

$$k_3=-0.12t_o$$

$$k_4=0.08t_o$$

$$k_5=1-0.18t_o$$

$$k_6=\begin{cases}-0.4t_o & (t_o\leqslant 0.2)\\ -2.7t_o^2+0.64t_o-0.1 & (t_o>0.2)\end{cases}$$

$$k_7=\begin{cases}0.06t_o & (t_o\leqslant 0.2)\\ 1.2t_o^2-1.83t_o+0.33 & (t_o>0.2)\end{cases}$$

$$t_o=\frac{t_h}{t_R},D_o=\begin{cases}\dfrac{B}{400} & \text{方钢管混凝土}\\ \dfrac{D}{400} & \text{矩形钢管混凝土}\end{cases},\lambda_o=\frac{\lambda}{40},n_o=\frac{n}{0.6}$$

D 或 B 的单位为 mm。

图 9.49 和图 9.50 给出的是矩形钢管混凝土柱剩余承载力影响系数简化计算结果与理论计算结果的比较。可见，简化计算结果与理论计算结果符合良好，说明简化计算公式可以很好地反映系数 k_r 的变化规律，且总体上偏于安全。

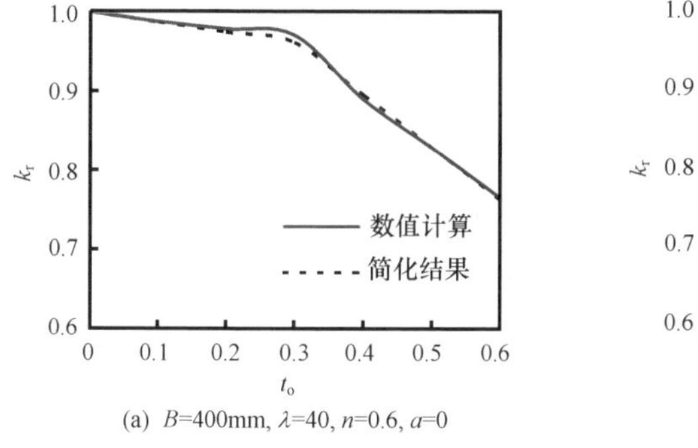

(a) B=400mm, λ=40, n=0.6, α=0

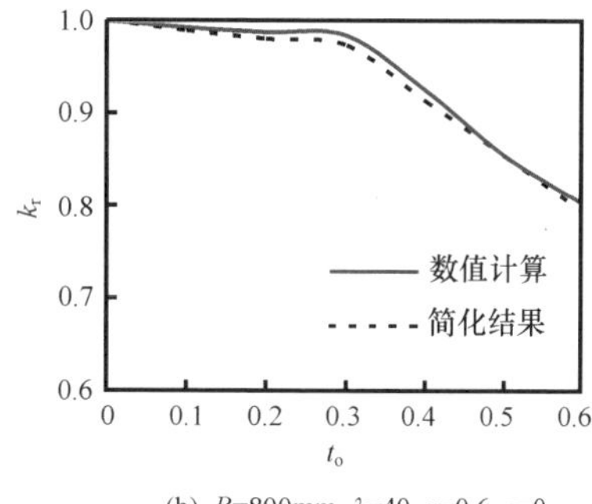

(b) B=800mm, λ=40, n=0.6, α=0

图 9.49　方钢管混凝土 k_r-t_o 曲线简化计算结果与理论计算结果的比较

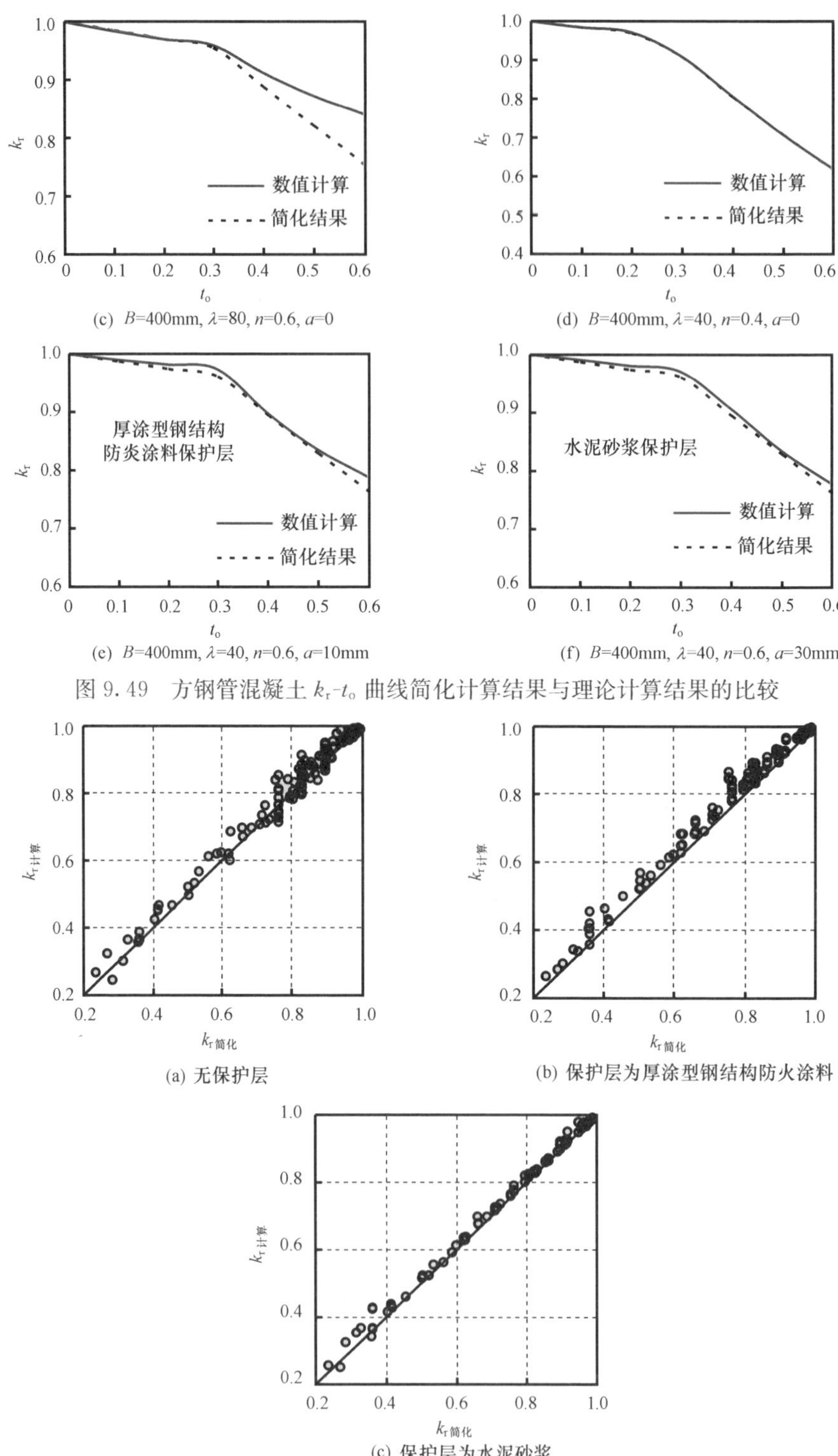

图 9.49　方钢管混凝土 k_r-t_o 曲线简化计算结果与理论计算结果的比较

图 9.50　方钢管混凝土 k_r 简化计算结果与理论计算结果的比较

利用式（3.99）计算出方、矩形钢管混凝土柱常温下的极限承载力 N_u 后，将其乘以系数 k_r，即可获得经历图 8.28 所示的力、温度和时间路径 A→A′→B′→C′→D′→E′后方、矩形钢管混凝土柱的剩余承载力 N_{cr}。

图 9.51 为极限承载力简化计算结果（N_{uc}）与 9.3 节试验结果（N_{ue}）的比较。计算时，式（9.13）中所示的钢管混凝土压弯构件在常温下的承载力 N_u 按照式（3.99）计算。由图 9.51 可见，简化计算结果与试验结果总体上较吻合。

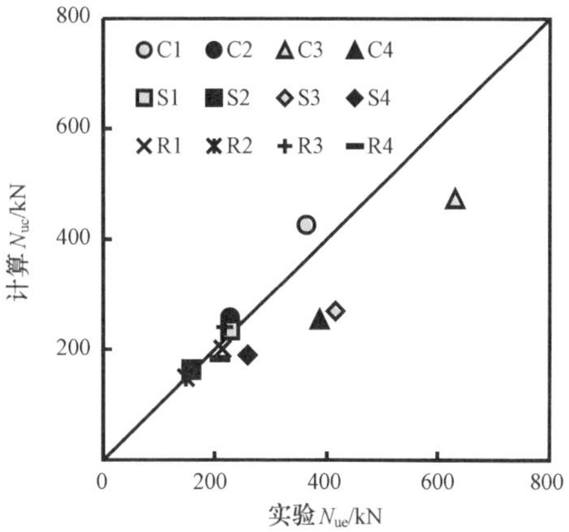

图 9.51　承载力简化计算结果与试验结果比较

（2）残余变形

1）圆钢管混凝土柱。

基于 9.4.3 节的分析结果，残余变形（u_{mt}）与钢材屈服强度（f_y）、混凝土立方体抗压强度（f_{cu}）、截面含钢率（α）的关系不大，而与升温时间比（t_o）、截面尺寸（D）、构件长细比（λ）、荷载偏心率（e/r）、火灾荷载比（n）以及保护层厚度（a）有关，即当其他参数一定时，随着升温时间比的增大，钢管混凝土柱残余变形不断增大；当其他参数一定时，随着构件截面尺寸的不断增大，钢管混凝土柱残余变形不断增大；当其他参数一定，且当构件长细比 $\lambda \leqslant 60$ 时，随着长细比的增加，残余变形随长细比的增加而增加，当长细比 $\lambda > 60$ 时，随着长细比的增加，残余变形又随长细比的增加而有所降低；其他参数一定，且当荷载偏心率 $e/r \leqslant 0.3$ 时，残余变形随荷载偏心率的增大而降低，当 $e/r > 0.3$ 时，残余变形随荷载偏心率的增大而增大；当其他参数一定时，随着火灾荷载比的增大，构件残余变形不断增大；当其他参数一定时，随着保护层厚度的增大，构件残余变形不断减小。在对数值计算结果整理分析，并综合考虑以上几个因素对 k_r 影响的基础上，可方便地回归出以 t_o、D、λ、e/r、n、a 为参数的标准火灾后圆钢管混凝土柱残余变形 u_{mt} 的简化计算公式，在常见参数范围，即 Q235～Q420 钢，C30～C90 混凝土，$\alpha = 0.04 \sim 0.2$，$D = 200 \sim 2000$mm，$\lambda = 20 \sim 120$，$n = 0.2 \sim 0.8$，$t_o = 0 \sim 0.6$，$e/r = 0 \sim 1.2$，对于厚涂型钢结构防火涂料保护层：$a = 0 \sim 40$mm；对于水泥砂浆保护层：$a = 0 \sim 120$mm 的情况下，u_{mt} 可用式（9.16）来表示（单位为 mm）。

$$u_{mt} = f(t_o) \cdot f(\lambda_o) \cdot f(D_o) \cdot f(n_o) \cdot f(a) + f(e_o) \tag{9.16}$$

式中

$$f(t_o) = \begin{cases} 0 & (t_o \leqslant 0.2) \\ 77.25t_o^2 - 19.1t_o + 0.73 & (0.2 < t_o \leqslant 0.6) \end{cases} \tag{9.17a}$$

$$f(\lambda_o) = \begin{cases} -1.05\lambda_o^2 + 3.3\lambda_o - 1.25 & (\lambda_o \leqslant 1.5) \\ u_1\lambda_o^2 + u_2\lambda_o + u_3 & (\lambda_o > 1.5) \end{cases} \tag{9.17b}$$

$$f(D_o)=\begin{cases}u_4(D_o-1)+1 & D_o\leqslant 1\\ u_5(D_o-1)+1 & D_o>1\end{cases} \tag{9.17c}$$

$$f(n_o)=\begin{cases}2.34n_o^2-1.8n_o+0.46 & (n_o\leqslant 1)\\ 2.1(n_o-1)+1 & (n_o>1)\end{cases} \tag{9.17d}$$

对于厚涂型钢结构防火涂料保护层，有

$$f(a)=-6.35\left(\frac{a}{100}\right)^3+12.04\left(\frac{a}{100}\right)^2-6.29\left(\frac{a}{100}\right)+1 \tag{9.17e-1}$$

对于水泥砂浆，有

$$f(a)=-0.24\left(\frac{a}{100}\right)^3+0.97\left(\frac{a}{100}\right)^2-1.64\left(\frac{a}{100}\right)+1 \tag{9.17e-2}$$

$$f(e_o)=\begin{cases}u_6e_o & (e_o\leqslant 0.3)\\ u_7e_o+u_8 & (e_o>0.3)\end{cases} \tag{9.17f}$$

其中

$$u_1=-2.77t_o+2.49$$

$$u_2=11.78t_o-11.38$$

$$u_3=-11.44t_o+12.81$$

$$u_4=-2.2t_o+2.44$$

$$u_5=\begin{cases}6t_o-1.2 & (t_o\leqslant 0.4)\\ -2.78t_o+2.32 & (0.6\geqslant t_o>0.4)\end{cases}$$

$$u_6=\begin{cases}4.85t_o & (t_o\leqslant 0.2)\\ -46.3t_o+10.23 & (0.6\geqslant t_o>0.2)\end{cases}$$

$$u_7=171.03t_o^2-12.72t_o$$

$$u_8=0.3(u_6-u_7)$$

$$t_o=\frac{t_h}{t_R},D_o=\frac{D}{400},\lambda_o=\frac{\lambda}{40},n_o=\frac{n}{0.6},e_o=\frac{e}{r}(D\text{以 mm 计})$$

图 9.52 和图 9.53 给出的是圆钢管混凝土柱残余变形简化计算结果与理论计算结果的比较。可见，简化计算结果与理论计算结果符合良好，说明简化计算公式可以很好地反映 u_{mt} 的变化规律。

2）方、矩形钢管混凝土柱。

由 9.4.3 节参数分析可知，方、矩形钢管混凝土柱残余变形的变化规律与圆钢管混凝土柱类似，采用同样的分析方法，可回归出以 t_o，D 或 B、λ、e/r、n、a 为参数的标准火灾后矩形钢管混凝土柱残余变形 u_{mt} 的简化计算公式，在常见参数范围，即 Q235～Q420 钢，C30～C90 混凝土，$\alpha=0.04\sim0.2$，D 或 $B=200\sim2000$mm，$D/B=1\sim2$，$\lambda=20\sim120$，$n=0.2\sim0.8$，$t_o=0\sim0.6$，$e/r=0\sim1.2$，对于厚涂型钢结构防火涂料保护层：$a=0\sim40$mm；对于水泥砂浆保护层：$a=0\sim120$mm 的情况下，u_{mt} 可用式（9.18）来表示（单位为 mm）。

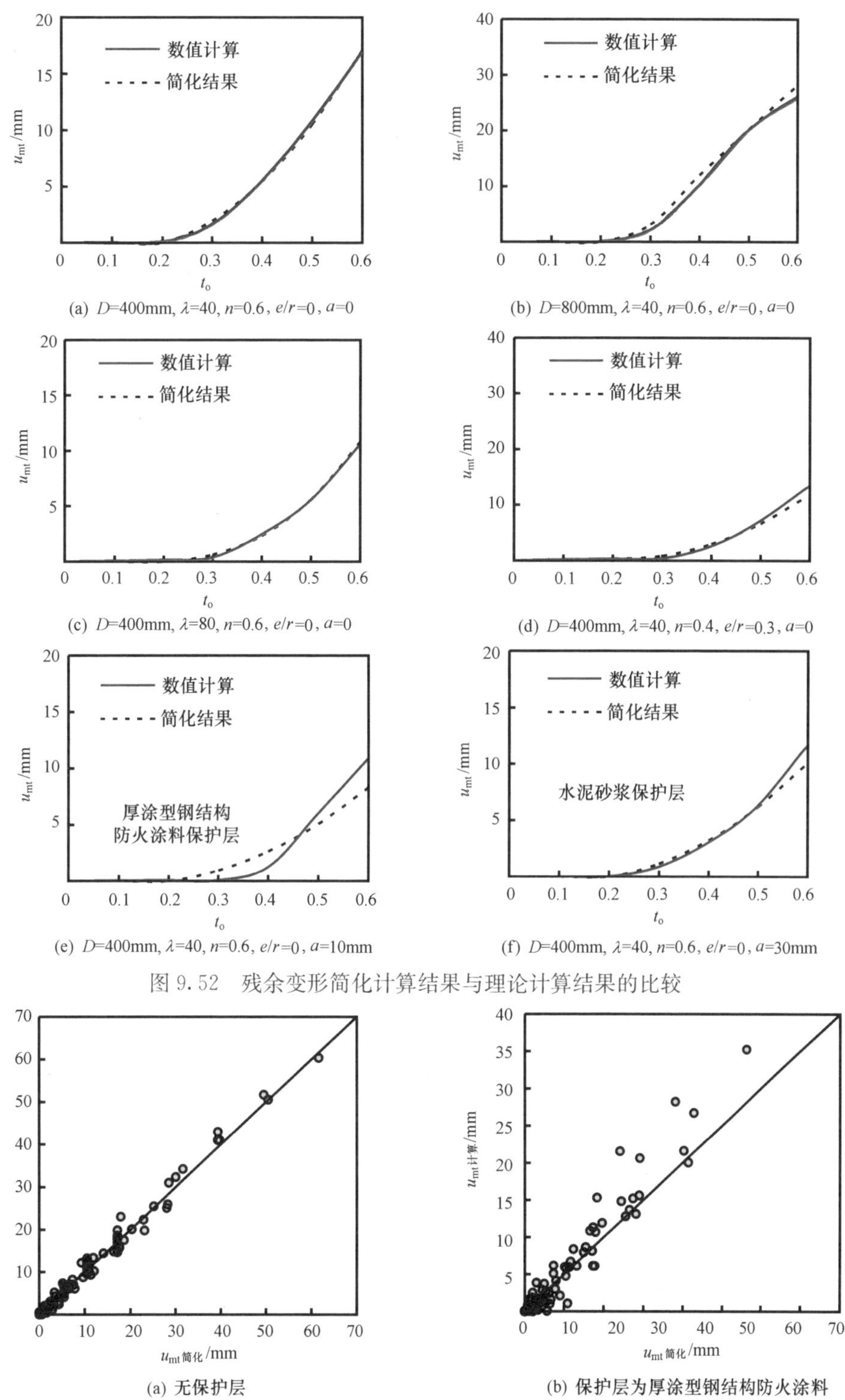

(a) D=400mm, λ=40, n=0.6, e/r=0, a=0

(b) D=800mm, λ=40, n=0.6, e/r=0, a=0

(c) D=400mm, λ=80, n=0.6, e/r=0, a=0

(d) D=400mm, λ=40, n=0.4, e/r=0.3, a=0

(e) D=400mm, λ=40, n=0.6, e/r=0, a=10mm

(f) D=400mm, λ=40, n=0.6, e/r=0, a=30mm

图 9.52　残余变形简化计算结果与理论计算结果的比较

(a) 无保护层

(b) 保护层为厚涂型钢结构防火涂料

图 9.53　残余变形简化计算结果与理论计算结果的比较

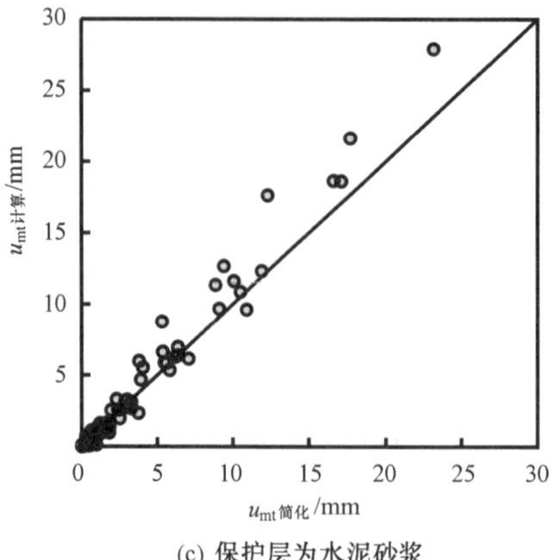

(c) 保护层为水泥砂浆

图 9.53　残余变形简化计算结果与理论计算结果的比较（续）

$$u_{mt} = f(t_o) \cdot f(\lambda_o) \cdot f(D_o) \cdot f(n_o) \cdot f(a) + f(e_o) \tag{9.18}$$

式中

$$f(t_o) = \begin{cases} 0 & (t_o \leqslant 0.3) \\ 121.55t_o^2 - 38.12t_o + 0.5 & (t_o > 0.3) \end{cases} \tag{9.19a}$$

$$f(\lambda_o) = \begin{cases} -1.05\lambda_o^2 + 2.96\lambda_o - 0.91 & (\lambda_o \leqslant 1.5) \\ 0.74\lambda_o^2 - 3.65\lambda_o + 4.98 & (\lambda_o > 1.5) \end{cases} \tag{9.19b}$$

$$f(D_o) = \begin{cases} u_1(D_o - 1) + 1 & D_o \leqslant 1 \\ u_2(D_o - 1) + 1 & D_o > 1 \end{cases} \tag{9.19c}$$

$$f(n_o) = \begin{cases} 2.02(n_o - 1)^2 + 2.57(n_o - 1) + 1 & (n_o \leqslant 1) \\ 3(n_o - 1) + 1 & (n_o > 1) \end{cases} \tag{9.19d}$$

对于厚涂型钢结构防火涂料保护层，有

$$f(a) = -12.49a^3 + 16.35a^2 - 7.02a + 1 \tag{9.19e-1}$$

对于水泥砂浆，有

$$f(a) = 0.28a^2 - 1.08a + 1 \tag{9.19e-2}$$

$$f(e_o) = \begin{cases} u_3 e_o & (e_o \leqslant 0.3) \\ u_4 e_o + u_5 & (e_o > 0.3) \end{cases} \tag{9.19f}$$

其中

$$u_1 = -5.6t_o + 4.1$$

$$u_2 = -9.55t_o^2 + 9.54t_o - 1.84$$

$$u_3 = \begin{cases} 0 & (t_o \leqslant 0.3) \\ -68.7(t_o - 0.3) & (t_o > 0.3) \end{cases}$$

$$u_4 = \begin{cases} 15.7t_o & (t_o \leqslant 0.3) \\ 98.2(t_o - 0.3) + 4.7 & (t_o > 0.3) \end{cases}$$

$$u_5 = 0.3(u_3 - u_4)$$

$$t_o = \frac{t_h}{t_R}, \lambda_o = \frac{\lambda}{40}, D_o = \begin{cases} \dfrac{B}{400} & \text{（方钢管混凝土）} \\ \dfrac{D}{400} & \text{（圆钢管混凝土）} \end{cases}$$

$$n_o = \frac{n}{0.6}, a_o = \frac{a}{100}, e_o = \frac{e}{r}$$

D、a 的单位是 mm。

图 9.54 和图 9.55 给出的是方、矩形钢管混凝土柱残余变形简化计算结果与理论计算结果的比较。可见，简化计算结果与理论计算结果符合良好，说明简化计算公式可以很好地反映 u_{mt} 的变化规律。

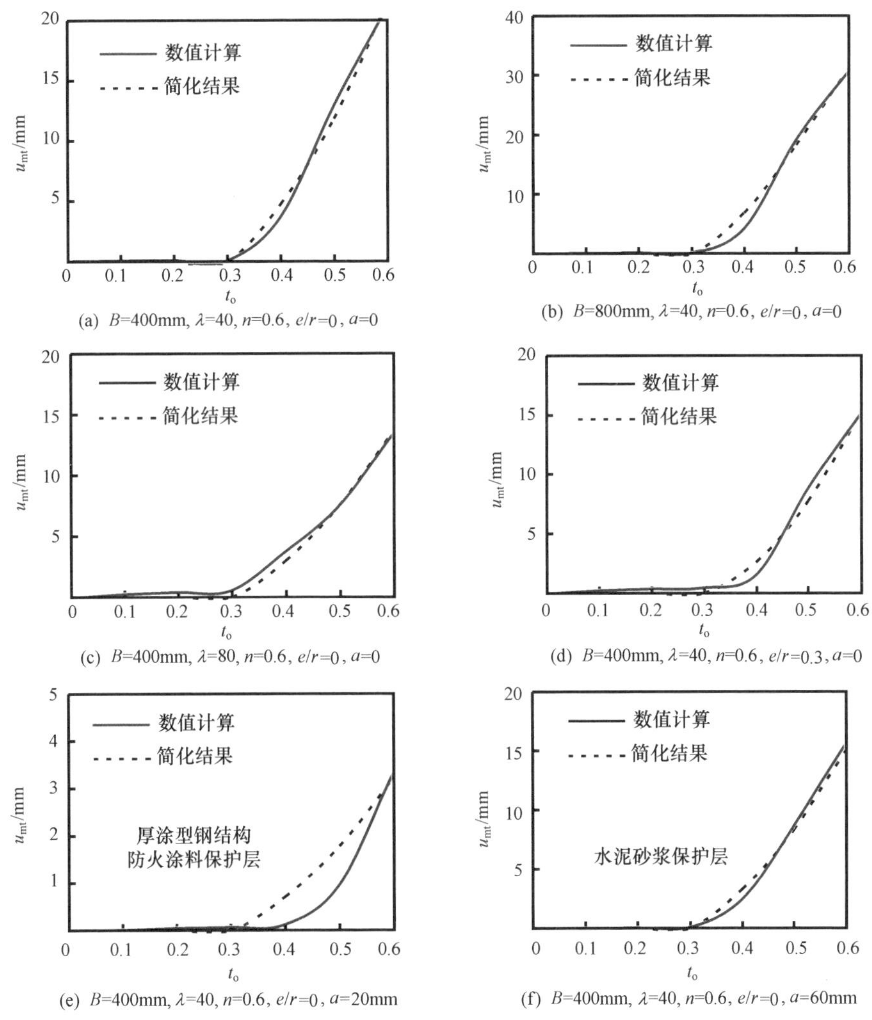

图 9.54　残余变形简化计算结果与理论计算结果的比较

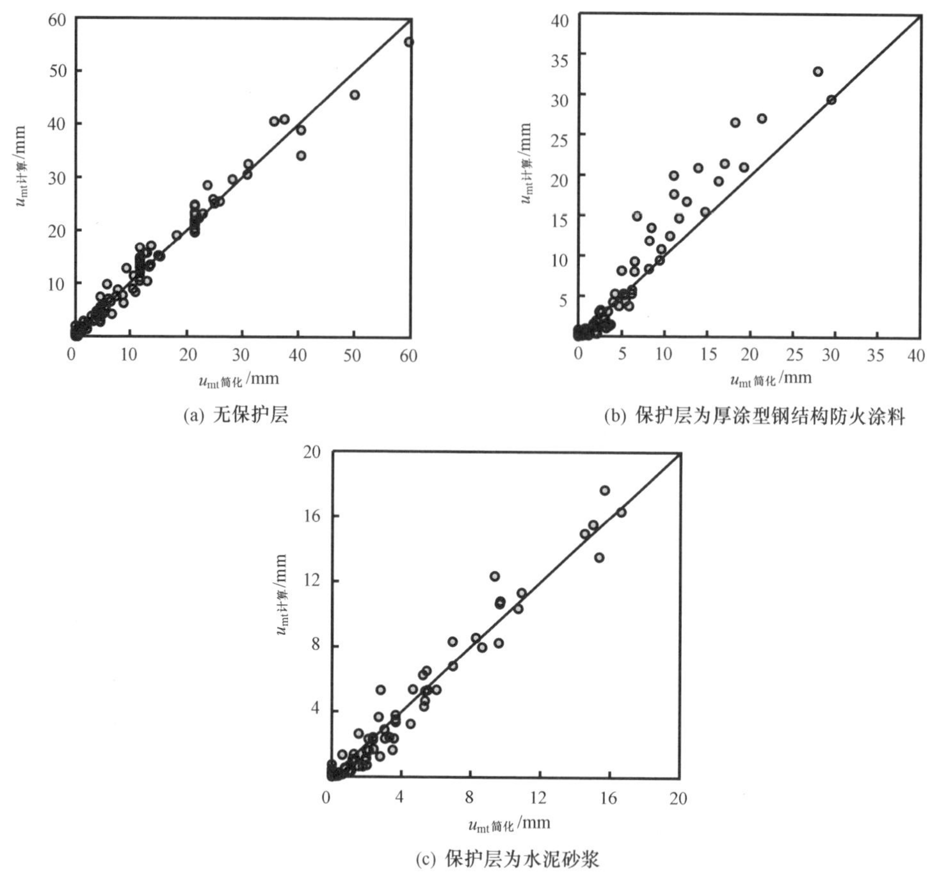

图 9.55　残余变形简化计算结果与理论计算结果的比较

9.5　火灾后钢管混凝土柱的滞回性能

9.5.1　概述

研究火灾后钢管混凝土结构的抗震性能，对于合理进行该类结构火灾后的抗震修复具有重要意义，以往尚没有该方面研究工作的报道。本节通过对钢管混凝土柱按 ISO-834（1975）规定的标准升温曲线作用后滞回性能的试验研究和理论分析，探讨该类构件火灾作用后的抗震性能。

9.5.2　试验研究

（1）试件设计与制作

课题组先后分别进行了 7 个圆钢管混凝土和 6 个方钢管混凝土压弯构件在火灾作用后的荷载-位移滞回关系的试验研究（Han 和 Lin，2004；林晓康，

2006)。试验参数主要是构件轴压比（n），n 按下式确定：

$$n = \frac{N_o}{N_u(t)} \tag{9.20}$$

式中：N_o 为作用在钢管混凝土柱上的轴压荷载，$N_u(t)$ 为考虑火灾作用后钢管混凝土构件的极限承载力。

表 9.6 给出了试件的详细资料。

表 9.6　火灾后钢管混凝土滞回性能试验试件表

截面类型	序号	试件编号	$D(B)\times t$ /(mm×mm)	受火时间/min	N_F/kN	n	P_{ue}/kN	K_{ie}/(kN·m²)	K_{se}/(kN·m²)	耗能/(m·kN)
圆形	1	CF1	133×4.7	90	0	0	92.93	565	542	118.7
	2	CF2	133×4.7	90	80	0.15	74.91	621	479	104.4
	3	CF3	133×4.7	90	160	0.3	72.78	722	592	93.1
	4	CF4-1	133×4.7	90	240	0.45	72.25	768	548	100.8
	5	CF4-2	133×4.7	90	240	0.45	64.61	788	495	103.9
	6	C2	133×4.7	0	200	0.15	111.49	925	759	108.9
	7	C4	133×4.7	0	600	0.45	131.90	1086	868	74.5
方形	1	SF1	120×2.9	90	0	0	46.21	576	545	5.9
	2	SF2	120×2.9	90	60	0.15	41.48	580	422	5.4
	3	SF3	120×2.9	90	120	0.3	38.21	500	377	11.8
	4	SF4-1	120×2.9	90	180	0.45	38.03	570	429	11.2
	5	SF4-2	120×2.9	90	180	0.45	47.75	534	341	6.6
	6	S2	120×2.9	0	170	0.15	68.18	753	692	13.5

圆试件采用了无缝钢管，方试件的钢管则由四块钢板拼焊而成。对每个试件加工两个厚度为 10mm 的钢板作为试件的盖板，在试件两端钢管与盖板交界处，分别设置了一直径为 20mm 的半圆排汽孔，以期保证试件升温时核心混凝土内的水蒸气散发。钢材的强度由拉伸试验确定。将钢板做成标准试件，标准试件每组三个，按国家标准《金属材料室温拉伸试验方法》(GB/T 228—2002）规定的方法进行试验，可测得钢材的平均屈服强度、抗拉强度及弹性模量，对于圆试件分别为：511MPa、606.2MPa 和 2.08×10^5 N/mm²；对于方试件分别为：330.2MPa、446.9MPa 和 2.01×10^5 N/mm²。

混凝土采用了普通硅酸盐水泥；石灰岩碎石（钙质），最大粒径 15mm。其配合比为：水泥 425kg/m³；水 170kg/m³；砂 630kg/m³和碎石 1175 kg/m³。混凝土强度由与试件同等条件下养护成型的 150mm 立方体试块得到，弹性模量由 150mm×150mm×300mm 的棱柱体测得，测试方法依据国家标准《普通混凝土力学性能试验方法标准》的规定进行。混凝土 28 天立方体抗压强度 f_{cu}=49.3MPa，弹性模量

E_c=30 200N/mm^2，进行滞回性能试验时的 f_{cu}为 56.2MPa。

浇筑混凝土时先将钢管竖立，从顶部灌入混凝土，并采用插入式振捣棒在钢管内部进行振捣，在试件的底部同时用振捣棒在钢管的外部进行侧振，以保证混凝土的密实度。最后将核心混凝土顶部与钢管上截面抹平。试件自然养护两星期左右后，用高强水泥砂浆将混凝土表面与钢管抹平以弥补核心混凝土的纵向收缩，然后焊上另一盖板，以期保证滞回性能试验时钢管与核心混凝土在施荷初期就能共同受力。

(2) 试验方法

试件养护到 28 天时，即在位于天津市的"国家固定灭火系统和耐火试件质量监督检验测试中心"对其进行升温，燃烧炉升温按照 ISO-834（1975）规定标准升温曲线进行控制，如图 8.4 所示。试件受火时间均设定为 90 分钟。试件升温后在炉膛中自然冷却，随后进行滞回性能试验。

试验时，先给试件施加轴向荷载至 N_F，然后保持 N_F 恒定，在试件中部施加往复荷载。轴力由液压千斤顶施加，中部的往复荷载由 MTS 液压伺服作动器施加，作动器的最大静态加载值为 250kN，试件加载装置如图 7.22 所示。在试件中部设置了曲率仪，用以测量试件中截面的曲率，试验数据由 IMP 数据采集系统自动采集。

试件 SF3 和 SF4－1 采用了如图 7.23 所示的加载方式。其余试件的加载方法按照 ATC-24（1992）建议的方式进行，即在试件达到屈服前，按照荷载来控制，采用 0.25P_c、0.5P_c、0.7P_c 进行加载，P_c 按照式（3.99）和式（9.9）计算的横向极限承载力。试件达到屈服后按照变形来控制，即采用 1Δ_y、1.5Δ_y、2Δ_y、3Δ_y、5Δ_y、7Δ_y、8Δ_y 进行加载。$\Delta_y=P_c/K_{sec}$，其中 K_{sec} 为荷载达到 0.7P_c 时荷载-变形曲线的割线刚度。每级荷载循环的圈数也不同，当按照荷载控制时，每级荷载分别循环 2 圈，当按照变形控制时，前面 3 级荷载（1Δ_y、1.5Δ_y 和 2Δ_y）循环 3 圈，其余的分别循环 2 圈。

(3) 试验结果

1) 试件破坏形态。

试验结果表明，试件最终的破坏形态基本一致，即当施加 2～3 倍屈服位移时，夹具附近约 20mm 处的受压翼缘发生微小的鼓曲，在随后的卸载及反向加载过程中，鼓曲部分又重新被拉平并引起另一侧受压翼缘的微小鼓曲。随着加卸载位移的不断增大，腹板处开始出现局部鼓曲。当施加到 5～7 倍的屈服位移时，翼缘和腹板的鼓曲现象开始加剧。对于圆钢管混凝土，此时仍具有较强的承载能力；对于方钢管混凝土，焊缝开始发生断裂，构件迅速破坏。试件实测的极限承载力 P_{ue}汇总于表 9.6，P_{ue}取的是正向加载和反向加载极限荷载的平均值。

图 9.56 和图 9.57（a）所示分别为圆形和方形钢管混凝土试件破坏后的情形；图 9.57（b）所示为核心混凝土破坏后的情景。可见，虽然经历了高温和往复荷

图 9.56　圆形钢管混凝土试件破坏后的情形

(a) 钢管混凝土

(b) 核心混凝土

图 9.57　方形钢管混凝土试件和核心混凝土破坏后的情形

载的作用，但由于钢管的有效约束，核心混凝土并没有完全破碎。

Han 等（2005a）观测了高温作用后核心混凝土由外到里显微结构的变化规律，发现经历了高温作用后的核心混凝土仍具有较好的完整性。

2）试验荷载-变形曲线。

图 9.58 和图 9.59 所示为所有试件实测的荷载（P）与变形（Δ）关系曲线。

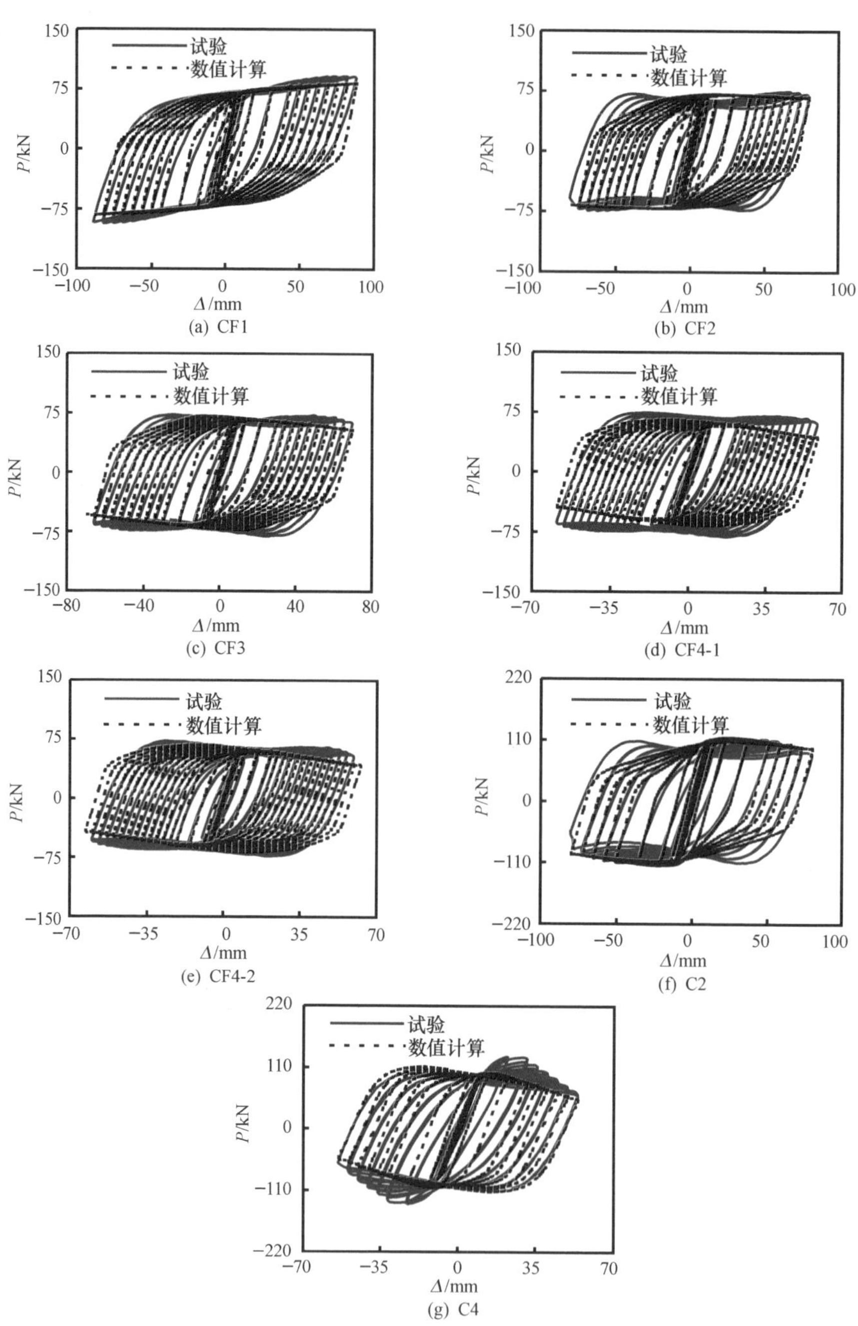

图 9.58　P-Δ 滞回曲线（圆钢管混凝土）

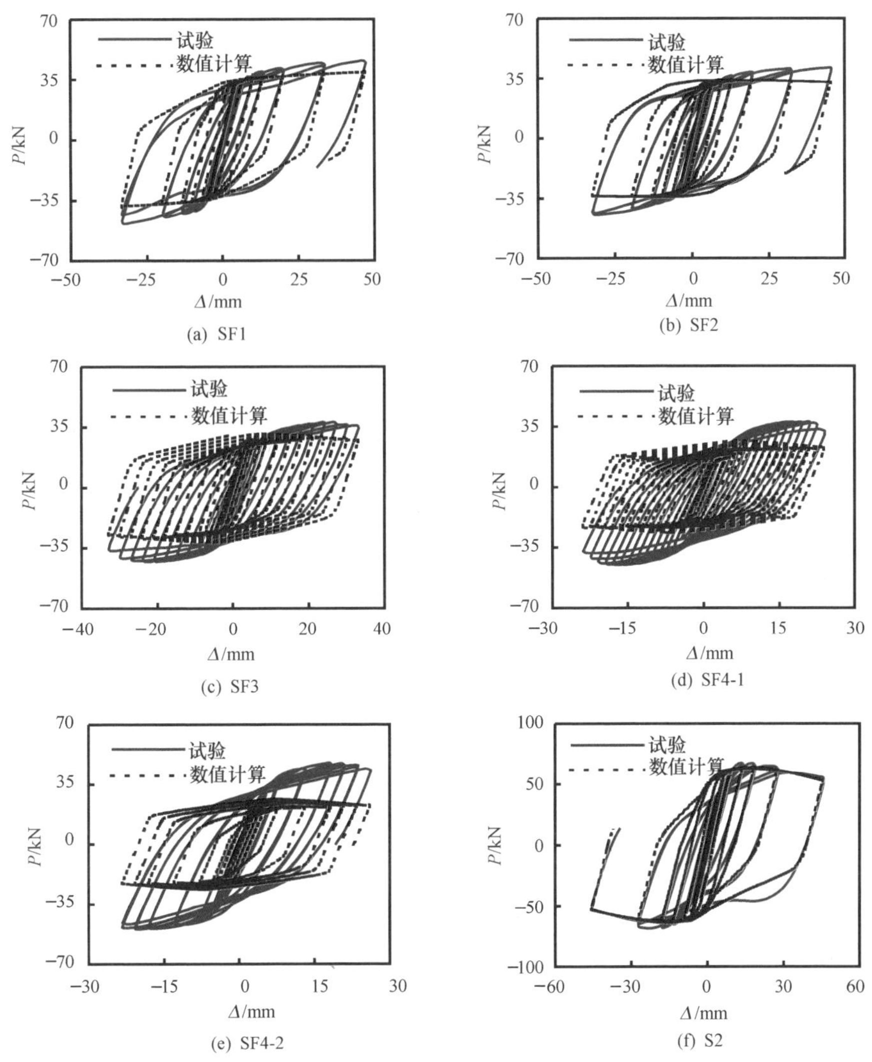

图 9.59　P-Δ 滞回曲线（方钢管混凝土）

（4）试验结果分析

从图 9.58 和图 9.59 可以看出，火灾后钢管混凝土的滞回曲线较为饱满，没有明显的捏缩现象，表现出较好的耗能能力。对于方钢管混凝土，只有焊缝断裂后，构件的承载力才呈现出较明显的下降趋势。

1）火灾后构件的极限承载力。

为了分析火灾后钢管混凝土构件极限承载力的变化规律，将实测的极限承载力和不同规程，例如 AIJ（2008），AISC（2010）、BS5400（1979）、DL/T 5085—1999（1999），EC4（2004）和 GJB 4142—2000（2001）的计算结果进行了比较，计算结果［$P_{uc}(t)$］与试验结果（P_{ue}）的比较结果列于表 9.7。

表 9.7 火灾后承载力比较

截面类型	试件编号	P_{ue}/kN	AIJ (2008)		BS5400 (1979)		EC4 (2004)		AISC (2010)		DL/T5085—1999 (1999)	
			$P_{uc}(t)$/kN	$P_{uc}(t)/P_{ue}$	$P_{uc}(t)$/kN	$P_{uc}(t)/P_{ue}$	$P_{uc}(t)$/kN	$P_{uc}(t)/P_{ue}$	$P_{uc}(t)$/kN	$P_{uc}(t)/P_{ue}$	$P_{uc}(t)$/kN	$P_{uc}(t)/P_{ue}$
圆形	CF1	92.93	50.71	0.546	55.12	0.593	56.46	0.608	50.31	0.541	63.82	0.687
	CF2	74.91	54.22	0.724	54.61	0.729	56.76	0.758	48.74	0.651	50.33	0.672
	CF3	72.78	53.93	0.741	51.62	0.709	57.06	0.784	47.13	0.648	48.34	0.664
	CF4-1	72.25	47.88	0.663	48.62	0.673	57.38	0.794	45.54	0.630	46.37	0.642
	CF4-2	64.61	47.88	0.741	48.62	0.753	57.38	0.888	45.54	0.705	46.37	0.718
	C2	111.49	110.76	0.993	105.28	0.944	119.94	1.076	97.25	0.872	99.40	0.892
	C4	131.90	50.55	0.383	74.33	0.564	105.79	0.802	63.22	0.479	74.54	0.565
	平均值		0.684		0.709		0.816		0.647		0.691	
	均方差		0.189		0.125		0.142		0.125		0.100	

截面类型	试件编号	P_{ue}/kN	AIJ (2008)		BS5400 (1979)		EC4 (2004)		AISC (2010)		GJB4142—2000 (2001)	
			$P_{uc}(t)$/kN	$P_{uc}(t)/P_{ue}$	$P_{uc}(t)$/kN	$P_{uc}(t)/P_{ue}$	$P_{uc}(t)$/kN	$P_{uc}(t)/P_{ue}$	$P_{uc}(t)$/kN	$P_{uc}(t)/P_{ue}$	$P_{uc}(t)$/kN	$P_{uc}(t)/P_{ue}$
方形	SF1	46.21	23.08	0.499	26.57	0.575	26.99	0.584	22.90	0.496	28.36	0.614
	SF2	41.48	25.80	0.622	27.52	0.663	27.82	0.671	22.13	0.534	29.80	0.718
	SF3	38.21	26.86	0.703	26.25	0.687	28.64	0.750	21.37	0.559	30.47	0.797
	SF4-1	38.03	26.61	0.700	24.16	0.635	29.47	0.775	20.57	0.541	30.42	0.800
	SF4-2	47.75	26.61	0.557	24.16	0.506	29.47	0.617	20.57	0.431	30.42	0.637
	S2	68.18	61.23	0.898	55.98	0.821	67.36	0.988	47.45	0.696	69.88	1.025
	平均值		0.663		0.648		0.731		0.543		0.765	
	均方差		0.140		0.107		0.146		0.088		0.149	

规程 AIJ（2008）、AISC（2010）、BS5400（1979）、DL/T 5085—1999（1999）、EC4（2004）和 GJB 4142—2000（2001）并没有直接给出火灾后钢管混凝土构件极限承载力的计算方法。

表 9.7 中，$P_{uc}(t)$ 按下式确定为

$$P_{uc}(t) = k_r \cdot P_{uc} \tag{9.21}$$

式中：P_{uc}为常温下按上述各规程计算获得钢管混凝土柱的极限承载力，计算时，钢材和混凝土强度指标均取为标准值；k_r 为火灾作用后钢管混凝土压弯构件承载力影响系数，可按式（9.12）或式（9.14）计算。

由表 9.7 可见，计算结果总体上都低于试验结果，其中以 EC4（2004）的计算结果与试验结果最为吻合。

2）火灾后钢管混凝土弯矩-曲率关系和抗弯刚度的计算。

① 典型的 M-ϕ 滞回曲线

图 9.60 所示为试验获得的典型的 M-ϕ 滞回曲线，其中 ϕ 为试验测得试件中截面的曲率，M 为对应的弯矩。

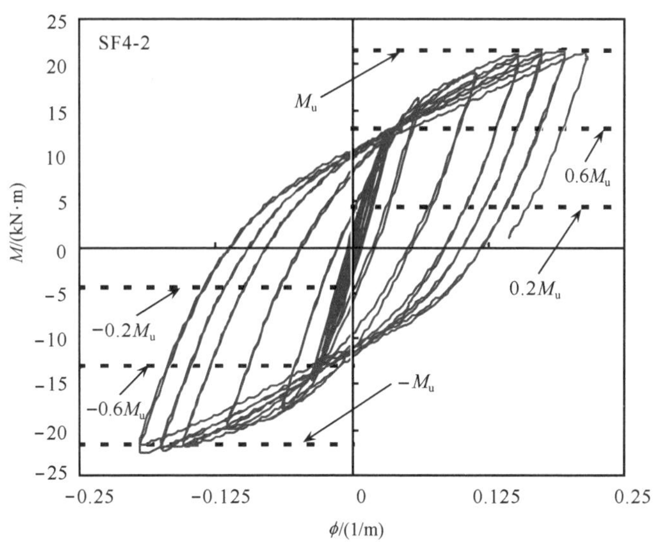

图 9.60　试验典型的 M-ϕ 滞回曲线

由图 9.60 可见，火灾后钢管混凝土构件的 M-ϕ 滞回关系曲线形状较为饱满。从 M-ϕ 滞回关系曲线上可以确定出构件的刚度、极限弯矩等指标。

② 火灾后钢管混凝土的抗弯刚度。

由实测的 M-ϕ 关系，可以获得火灾后钢管混凝土抗弯刚度，为了便于分析，暂按 3.4.2 节中论述的方法，取 $0.2M_u$对应的割线刚度为初始抗弯刚度 K_{ie}，$0.6M_u$对应的割线刚度为使用阶段抗弯刚度 K_{se}，其中，M_u为实测的极限弯矩。

按照上述方法确定的火灾后钢管混凝土构件的初始刚度（K_{ie}）和使用阶段的刚度（K_{se}）列于表 9.6。

为了分析火灾后钢管混凝土抗弯刚度的变化规律，将实测的抗弯刚度和不同规程，例如 AIJ（2008），AISC（2010）、BS5400（1979）和 EC4（2004）的计算结果进行了比较。

上述规程并没有直接给出火灾后钢管混凝土抗弯刚度 $K_c(t)$ 的计算方法。$K_c(t)$ 的计算公式为

$$K_c(t) = k_B \cdot K_c \tag{9.22}$$

式中：K_c 为常温下各规程计算的抗弯刚度，可按上述规程提供的计算方法确定；K_B 为火灾后钢管混凝土抗弯刚度影响系数。

研究结果表明，ISO－834 标准火灾作用下，影响 K_B 的参数是火灾持续时间、钢管混凝土构件的横截面尺寸和含钢率（霍静思和韩林海，2002）。

以圆钢管混凝土为例，图 9.61 给出典型算例，可见，随着构件截面尺寸和含钢率的增大，K_B 呈现出增长的趋势。

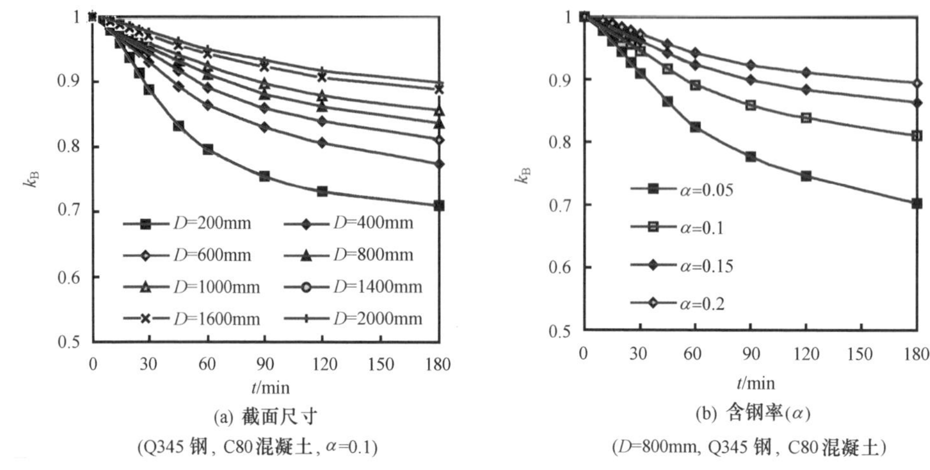

(a) 截面尺寸
(Q345 钢，C80 混凝土，α=0.1)

(b) 含钢率(α)
(D=800mm，Q345 钢，C80 混凝土)

图 9.61　抗弯刚度系数（k_B）与火灾持续时间（t）的关系

在系统参数分析结果的基础上，通过对计算结果的整理和回归分析（霍静思和韩林海，2002），可推导出系数 k_B 的表达式为

$$k_B=\begin{cases}(1-0.18t_o-0.032\cdot t_o^2)\cdot f(\alpha_o)\cdot f(C_o) & (t_o\leqslant 0.6)\\(-0.077\ln t_o+0.842)\cdot f(\alpha_o)\cdot f(C_o) & (t_o>0.6)\end{cases}\tag{9.23}$$

式中

$$f(\alpha_o)=\begin{cases}a\cdot(\alpha_o-1)+1 & (\alpha_o\leqslant 1)\\1+b\cdot\ln(\alpha_o) & (\alpha_o>1)\end{cases}\tag{9.24}$$

其中，

$$a=\begin{cases}0.3\cdot t_o^2+0.17t_o & (t_o\leqslant 0.3)\\0.11\cdot\ln(100t_o)-0.296 & (t_o>0.3)\end{cases};$$

$$b=\begin{cases}0.17\cdot t_o^2+0.09\cdot t_o & (t_o\leqslant 0.3)\\0.059\cdot\ln(100t_o)-0.159 & (t_o>0.3)\end{cases}。$$

$$f(C_o)=\begin{cases}c\cdot(C_o-1)^2+d\cdot(C_o-1)+1 & (C_o\leqslant 1)\\e\cdot\ln(C_o)+1 & (C_o>1)\end{cases}\tag{9.25}$$

其中，

$$c=\begin{cases}5\cdot t_o^3-3.3\cdot t_o^2+0.1\cdot t_o & (t_o\leqslant 0.3)\\0.12\cdot t_o^2-0.32\cdot t_o-0.047 & (t_o>0.3)\end{cases};$$

$$d=\begin{cases}0.16\cdot t_o^2-0.026\cdot t_o & (t_o\leqslant 0.45)\\ 0.018\cdot t_o+0.013 & (t_o>0.45)\end{cases};$$

$$e=\begin{cases}0.039\cdot t_o^2+0.07\cdot t_o & (t_o\leqslant 0.45)\\ 0.034\cdot \ln(100t_o)-0.09 & (t_o>0.45)\end{cases};$$

$\alpha_o=\dfrac{\alpha}{0.1}$；$t_o=\dfrac{t}{100}$；$C_o$ 为与截面周长有关系的系数，对于圆钢管混凝土，$C_o=C/1884$；对于方、矩形钢管混凝土 $C_o=C/2400$。

上述各式中，火灾持续时间（t）和截面周长（C）分别以 min 和 mm 带入。

表 9.8 和表 9.9 分别给出按式（9.22）计算获得的火灾后钢管混凝土初始刚度和使用阶段刚度与试验结果的比较情况。

表 9.8　火灾后初始刚度比较

截面类型	试件编号	K_{ie} /(kN·m²)	AIJ（2008）		BS5400（1979）		EC4（2004）		AISC（2010）	
			$K_{ic}(t)$ /(kN·m²)	$\frac{K_{ic}(t)}{K_{ie}}$	$K_{ic}(t)$ /(kN·m²)	$\frac{K_{ic}(t)}{K_{ie}}$	$K_{ic}(t)$ /(kN·m²)	$\frac{K_{ic}(t)}{K_{ie}}$	$K_{ic}(t)$ /(kN·m²)	$\frac{K_{ic}(t)}{K_{ie}}$
圆形	CF1	565	652	1.154	813	1.439	788	1.395	801	1.418
	CF2	621	652	1.050	813	1.309	788	1.269	801	1.290
	CF3	722	652	0.903	813	1.126	788	1.091	801	1.109
	CF4-1	768	652	0.849	813	1.059	788	1.026	801	1.043
	CF4-2	788	652	0.827	813	1.032	788	1.000	801	1.016
	C2	925	878	0.949	1094	1.183	1061	1.147	1078	1.165
	C4	1086	878	0.808	1094	1.007	1061	0.977	1078	0.993
	平均值		0.934		1.165		1.129		1.148	
	均方差		0.127		0.159		0.154		0.157	
方形	SF1	576	515	0.894	703	1.220	669	1.161	697	1.210
	SF2	580	515	0.888	703	1.212	669	1.153	697	1.202
	SF3	500	515	1.030	703	1.406	669	1.338	697	1.394
	SF4-1	570	515	0.904	703	1.233	669	1.174	697	1.223
	SF4-2	534	515	0.964	703	1.316	669	1.253	697	1.305
	S2	753	732	0.972	999	1.327	951	1.263	990	1.315
	平均值		0.942		1.286		1.224		1.275	
	均方差		0.056		0.077		0.073		0.076	

表 9.9　火灾后使用阶段刚度比较

截面类型	试件编号	K_{se} /(kN·m²)	AIJ（2008）		BS5400（1979）		EC4（2004）		AISC（2010）	
			$K_{sc}(t)$ /(kN·m²)	$K_{sc}(t)/K_{se}$	$K_{sc}(t)$ /(kN·m²)	$K_{sc}(t)/K_{se}$	$K_{sc}(t)$ /(kN·m²)	$K_{sc}(t)/K_{se}$	$K_{sc}(t)$ /(kN·m²)	$K_{sc}(t)/K_{se}$
圆形	CF1	542	652	1.203	813	1.500	788	1.454	801	1.478
	CF2	479	652	1.361	813	1.697	788	1.645	801	1.672
	CF3	592	652	1.101	813	1.373	788	1.331	801	1.353
	CF4-1	548	652	1.190	813	1.484	788	1.438	801	1.462
	CF4-2	495	652	1.317	813	1.642	788	1.592	801	1.618
	C2	759	878	1.157	1094	1.441	1061	1.398	1078	1.420
	C4	868	878	1.012	1094	1.260	1061	1.222	1078	1.242
	平均值		1.192		1.485		1.440		1.464	
	均方差		0.120		0.150		0.145		0.148	
方形	SF1	545	515	0.945	703	1.290	669	1.228	697	1.279
	SF2	422	515	1.220	703	1.666	669	1.585	697	1.652
	SF3	377	515	1.366	703	1.865	669	1.775	697	1.849
	SF4-1	429	515	1.200	703	1.639	669	1.559	697	1.625
	SF4-2	341	515	1.510	703	2.062	669	1.962	697	2.044
	S2	692	732	1.058	999	1.444	951	1.374	990	1.431
	平均值		1.217		1.661		1.580		1.647	
	均方差		0.204		0.278		0.265		0.276	

由表 9.8 可见，对于圆钢管混凝土，BS5400（1979）、AISC（2010）和 EC4（2004）计算的初始刚度比试验结果都高 12%以上；对于方钢管混凝土，BS5400（1979）、AISC（2010）和 EC4（2004）的计算结果比试验结果高 20%以上。AIJ（2008）的计算结果与试验结果则较为吻合。

由表 9.9 可见，对于圆钢管混凝土，BS5400（1979）、AISC（2010）和 EC4（2004）计算的使用阶段刚度比试验结果高 40%以上，AIJ（2008）的计算结果比试验结果约高 20%；对于方钢管混凝土，BS5400（1979）、AISC（2010）和 EC4（2004）的计算结果比试验结果高 50%以上。AIJ（2008）的计算结果比试验结果约高 20%。

3）各参数对 P-Δ 滞回关系曲线骨架线的影响。

① 轴压比（n）。

图 9.62 所示为轴压比对 P-Δ 滞回关系曲线骨架线的影响规律，可见随着轴

压比的增大，构件的承载力总体上呈降低的趋势，强化阶段的刚度也越小。当轴压比增大到一定数值时，曲线将会出现下降段，而且下降段的下降幅度随轴压比的增加而增大，构件的位移延性则越来越小。

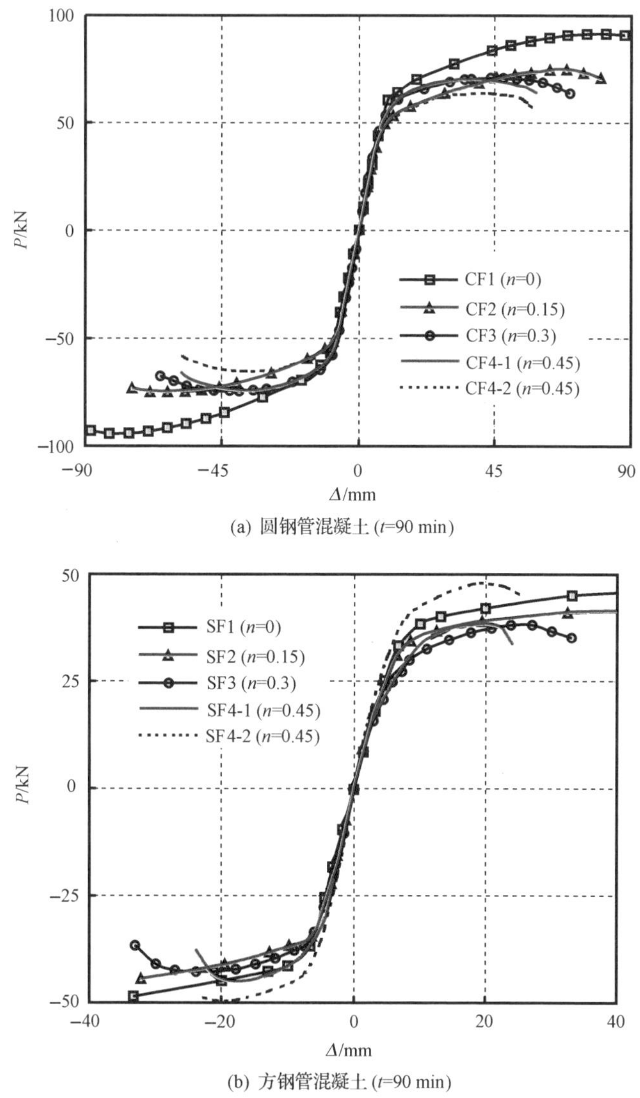

(a) 圆钢管混凝土 (t=90 min)

(b) 方钢管混凝土 (t=90 min)

图 9.62　轴压比对 P-Δ 滞回关系曲线骨架线的影响

从图 9.62 还可以看出，轴压比对火灾后 P-Δ 骨架曲线弹性阶段的刚度几乎没有影响，这是因为在弹性阶段，构件的变形很小，P-Δ 效应并不明显，而且随着轴压比的增大，核心混凝土开裂面积会减少，这一因素又会使构件的刚度略有增加。

② 受火时间（t）。

图 9.63 所示为受火时间（t）对 P-Δ 滞回关系曲线骨架线的影响规律，可见，受火时间对火灾后 P-Δ 骨架曲线的形状影响较大：受火时间越长，构件的承载力越小，强化阶段的刚度也越小。当受火时间增大到一定数值时，曲线将会出现下降段，而且下降段的下降幅度随受火时间的增加而增大，构件的位移延性则越来越小。

从图 9.63 中还可以看出，受火时间对火灾后 P-Δ 骨架曲线弹性阶段的刚度有影响，随着受火时间的增长，弹性段的刚度不断降低，这是由于高温作用后，钢材和核心混凝土发生不同程度劣化所致。

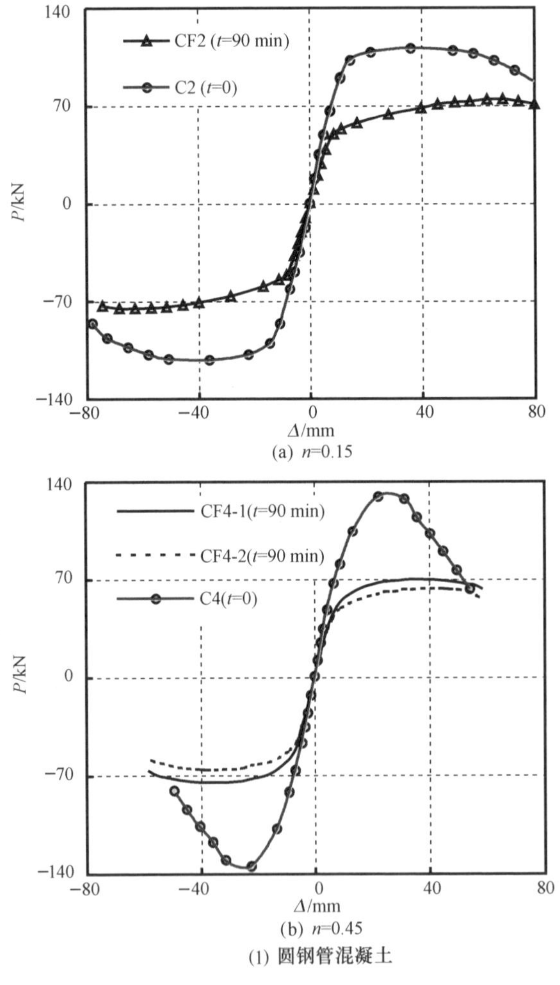

图 9.63　受火时间对 P-Δ 滞回关系曲线骨架线的影响

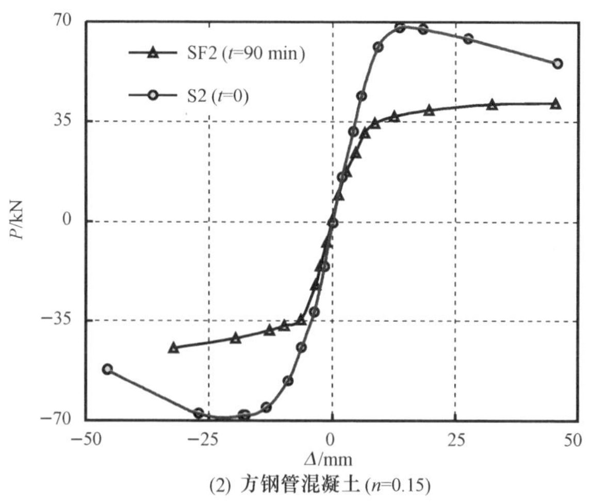

(2) 方钢管混凝土 (n=0.15)

图 9.63　受火时间对 P-Δ 滞回关系曲线骨架线的影响（续）

图 9.64 和图 9.65 所示分别为火灾持续时间（t）和构件轴压比（n）对试件实测水平荷载极限值（P_{ue}）的影响规律，可见，在其他条件相同的情况下，随着 t 的增大，P_{ue} 呈现出显著降低的趋势；随着 n 的增大，P_{ue} 也总体上呈现出降低的趋势。

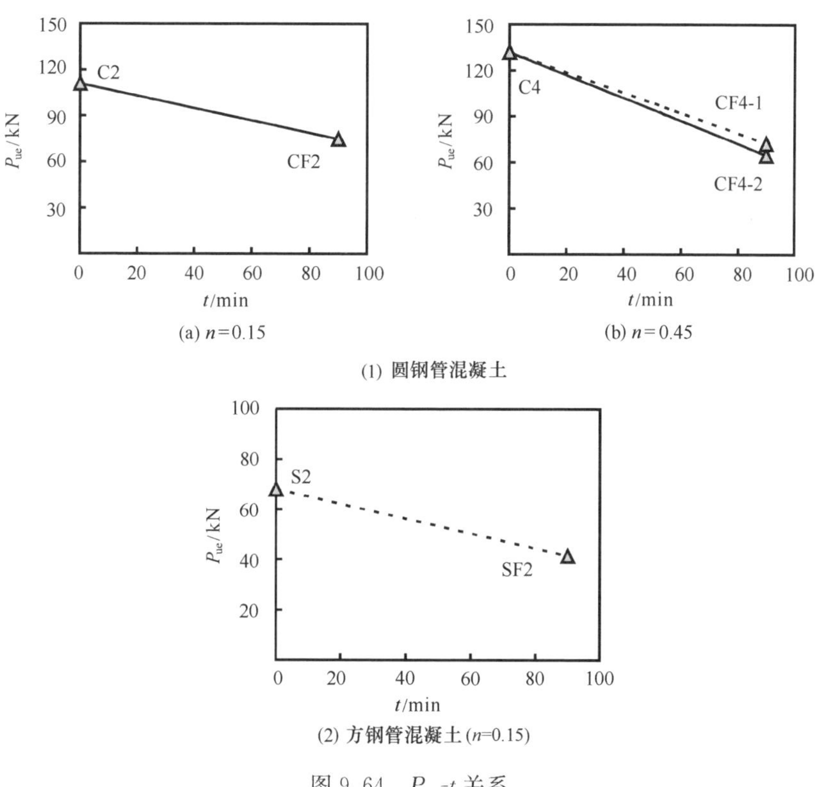

(a) n=0.15　(b) n=0.45

(1) 圆钢管混凝土

(2) 方钢管混凝土 (n=0.15)

图 9.64　P_{ue}-t 关系

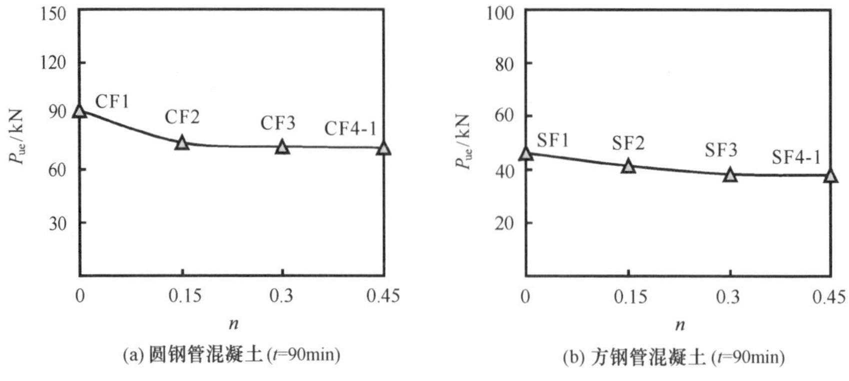

图 9.65　P_{ue}-n 关系

4）刚度退化曲线。

图 9.66 所示为火灾后钢管混凝土构件在往复荷载作用下刚度的变化规律，图中，$E \cdot I_{trans}(T)_e = k_B \cdot (E \cdot I_{trans})$，$E \cdot I_{trans} = E_c \cdot I_c + E_s \cdot I_s$；$k_B$按式（9.23）计算。跨中受集中荷载的压弯构件，在考虑轴力引起的二阶效应的基础上，满足下列方程（Elremaily 和 Azizinamini，2002）：

$$\Delta = \frac{PL^3}{48EI}\left(\frac{3(\tan u - u)}{u^3}\right) \tag{9.26}$$

$$u = \frac{1}{2}\sqrt{\frac{NL^2}{EI}} \tag{9.27}$$

式中：P、Δ 分别表示跨中的荷载及其相应的位移；N 为轴力；L 为构件的计算长度。

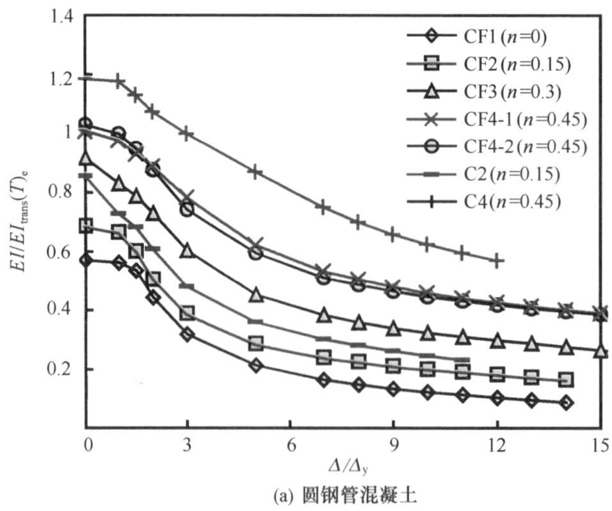

图 9.66　钢管混凝土刚度退化关系曲线

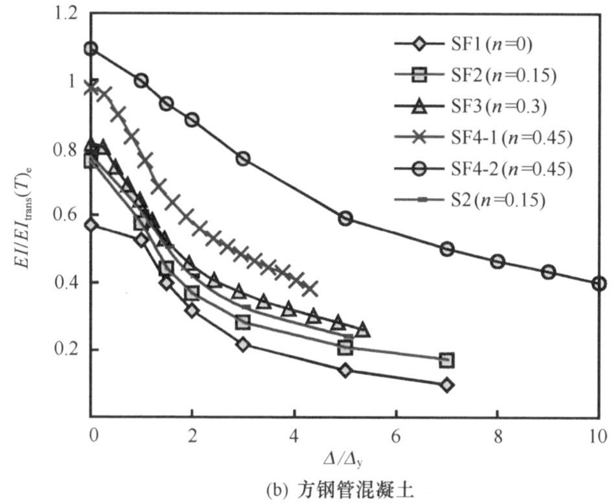

(b) 方钢管混凝土

图 9.66　钢管混凝土刚度退化关系曲线（续）

将试验测得荷载-变形滞回曲线初始段的荷载（P）与变形（Δ）带入上述公式，经过反复迭代，便可计算出构件的初始刚度（EI），后面每级荷载或变形对应的刚度也可按照同样的方法计算，只要把每次循环的峰值荷载与变形代替初始段的荷载与变形。

由图 9.66 可见，对于圆钢管混凝土构件，初始刚度（EI）与 EI_{trans}（T）$_e$的比值从 0.70～1.19，平均值为 0.90；对于方钢管混凝土构件，初始刚度（EI）与 EI_{trans}（T）$_e$的比值从 0.57～1.09，平均值为 0.83。随着位移的增大，刚度下降较为明显，退化最明显的试件 SF1，当横向位移达到 $7\Delta_y$时，刚度下降为初始刚度的 17%。

通过以上试验研究，在本次试验参数范围内，可初步得到如下结论：

① 火灾作用后钢管混凝土滞回曲线较为饱满，没有明显的捏缩现象，具有较好的抗震性能，但与常温下构件相比，其极限承载力以及弹性阶段刚度均有一定幅度的降低。

② 轴压比影响 P-Δ 骨架曲线的形状，当轴压比增大到一定数值时，曲线将会出现下降段，且下降段的下降幅度随轴压比的增加而有所增大，构件的位移延性则有所减小。

9.5.3　理论分析模型

（1）力、温度和时间路径

为了准确地了解实际结构中的钢管混凝土柱受火后的滞回性能，首先需要考察力、温度和时间路径过程中柱构件的工作特点。

考虑到实际可能发生的情况，图 8.28 给出一种典型的力、温度和时间路径，可分为四阶段。本节分析的前三个阶段和图 8.28 类似，第四个阶段的特点是：降温后，温度 T 保持室温 T_o 不变（$T=T_o$），荷载 N 保持不变（$N=N_F$），在试件跨中进行往复加载直至破坏。

（2）高温后钢材和混凝土的滞回特性

合理地确定往复受力情况下钢管混凝土的钢材及其核心混凝土在高温下和高温后的应力-应变关系模型，是进行该类构件火灾后弯矩-曲率、荷载-位移滞回关系曲线的分析计算的必要条件。

以往，国内外很多学者对常温下钢材和混凝土在往复应力下应力-应变关系模型进行了研究，取得了实用性的成果（滕智明和邹离湘，1996；Mansour 等，2001；Légeron 等，2005；Shao 等，2005），对于高温下钢材和混凝土应力-应变滞回模型的报道较少。

对于高温后钢材在往复应力下的应力-应变关系模型，本章暂借用常温下钢材的恢复力模型，但骨架线考虑温度的影响。骨架曲线由两段组成，即弹性段（oa）和强化段（ab），如图 7.1 所示。高温后钢材弹性模量 $E_s(T_{max})=2.06\times10^5\mathrm{N/mm^2}$，强化段模量 $E_s'(T_{max})=0.01\cdot E_s(T_{max})$。$a$ 点对应的为高温后钢材的屈服强度，可按式（8.31）确定（Han 等，2008a；林晓康，2006）。

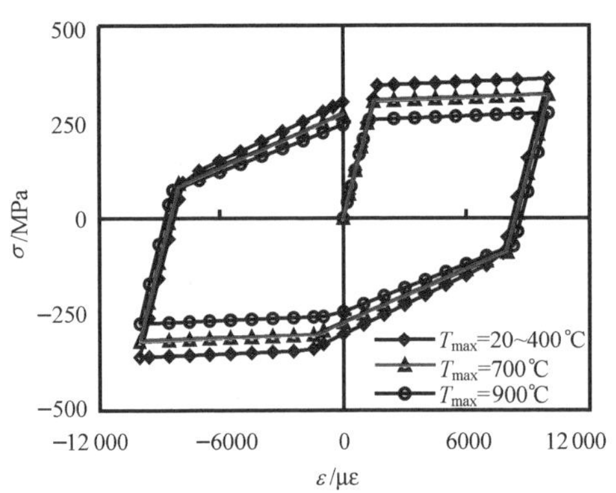

图 9.67　高温后钢材的应力-应变关系曲线

图 9.67 所示为按照上述模型确定的钢材在不同温度作用后的应力-应变滞回关系曲线，从中可见，随着温度的升高，屈服强度降低，软化段缩短，强化段变长，整个滞回曲线趋于扁平。

高温后核心混凝土滞回关系曲线的骨架线暂采用单向加载时的应力-应变关系（如 8.4.2 节所述）。而加、卸载准则与常温下核心混凝土类似，如图 7.2 所示。

图 9.68 为按照上述滞回模型确定的不同温度作用后核心混凝土的应力-应变滞回关系曲线。算例的基本条件为：圆钢管混凝土，Q345 钢，C60 混凝土，$\alpha=0.1$。可见随着温度的升高，混凝土峰值应力降低，峰值应变增加，同时弹性模量也不断降低，呈现不同程度的软化，整个滞回曲线趋于扁平（林晓康，2006）。

（3）滞回关系曲线的计算方法

对于承受一恒定轴向荷载的钢管混凝土柱，考虑火灾全过程（包括升温、降温）作用后，构件会有残余变形，截面上也存在着残余应力，二者对火灾后的柱子的抗震性能有较大的影响。

林晓康（2006）对火灾作用后钢管混凝土柱的抗震性能进行了理论分析，考

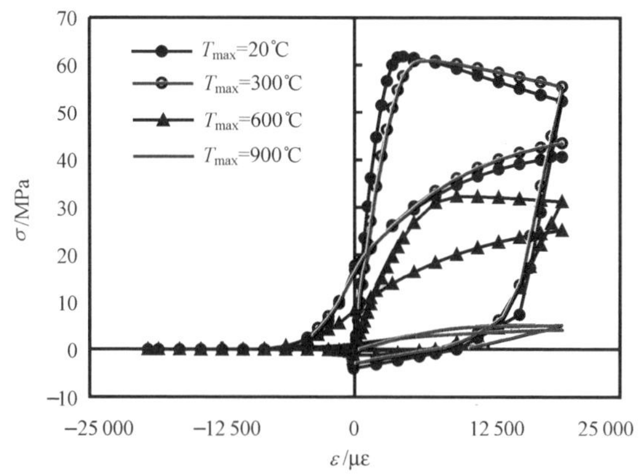

图 9.68　核心混凝土应力-应变滞回关系曲线

察了火灾作用下（后）钢管混凝土柱残余变形以及截面上的残余应力对钢管混凝土柱剩余抗震性能的影响规律，分析比较了不同的力-温度作用路径下钢管混凝土柱承载力、刚度、延性之间的差异。

1）基本假定。

① 构件两端为铰接，变形曲线为正弦半波曲线。

② 钢管和核心混凝土之间无相对滑移。

③ 忽略剪力对构件变形的影响。

④ 受力过程中构件截面保持为平面。

⑤ 在高温下（包括升温和降温），不考虑混凝土的抗拉强度的影响。

⑥ 钢材、核心混凝土在高温下、高温后的应力-应变关系模型按本节所述方法确定。

⑦ 热应变只计入膨胀应变。

⑧ 不考虑焊接残余应力和冷弯残余应力的影响。

⑨ 火灾作用下钢管混凝土截面温度场的计算按照 8.3 节确定。

2）单元划分、截面内力计算。

本章研究的钢管混凝土柱的截面形式为圆形、方形和矩形，它们均是对称截面，且研究的对象均为四面受火，因此取一半截面进行计算。单元划分类似于图 3.15。

如前所述，考虑火灾作用影响时钢管混凝土滞回性能的研究可以分为三个阶段：一是常温加载阶段（轴力由 0 加至 N_F）；二是恒载升温、降温阶段；三是高温后往复加载阶段。

① 常温加载阶段。此时构件还没有进行升温处理，截面上不存在由于温度引起的应变，由荷载引起的应变就是截面的总应变，根据假定④，此时截面上每个单元处的应变可以表示为

$$\varepsilon_i = \varepsilon_o + \phi y_i \tag{9.28}$$

式中：ε_o 为截面形心处的应变；ϕ 为构件跨中截面的曲率；y_i 为计算单元形心处的坐标。

② 恒载升温、降温阶段。随着外界温度发生变化，构件截面存在不均匀的温度场。钢材和混凝土在温度和应力共同作用下，有着复杂的耦合关系。核心混凝土的总应变可以表示为

$$\varepsilon_c = \varepsilon_o + \phi y_i = -\varepsilon_{c,\sigma} + \varepsilon_{c,th} \tag{9.29}$$

式中：ε_c 为混凝土单元总应变；$\varepsilon_{c,\sigma}$为混凝土应力作用产生的应变；$\varepsilon_{c,th}$为混凝土自由膨胀应变。

与核心混凝土类似，钢材的总应变可以用以下形式表示为

$$\varepsilon_s = \varepsilon_o + \phi y_i = -\varepsilon_{s,\sigma} + \varepsilon_{s,th} \tag{9.30}$$

式中：ε_s 为钢材单元总应变；$\varepsilon_{s,\sigma}$为钢材应力作用产生的应变；$\varepsilon_{s,th}$为钢材自由膨胀应变。

③ 高温后往复加载阶段。截面的温度降至常温，此时总应变主要是由荷载引起的应力应变，每个单元处的应变可以用式（9.28）来表示。

在确定截面单元的应变分布后，可以方便地计算出在不同状态下单元的应力值。对于常温加载阶段和高温后往复加载阶段，由式（9.28）可以确定每个单元形心处的应力-应变，带入相应的应力-应变关系中，即可分别求出钢材和核心混凝土单元形心处的应力 σ_{sli}或 σ_{cli}。对于恒载升温、降温阶段，由式（9.29）、式（9.30）可以得出核心混凝土与钢材的应力-应变为

$$\varepsilon_{c,\sigma} = \varepsilon_{c,th} - (\varepsilon_o + \phi y_i) \tag{9.31}$$

$$\varepsilon_{s,\sigma} = \varepsilon_{s,th} - (\varepsilon_o + \phi y_i) \tag{9.32}$$

将上述应变带入相应的应力-应变关系中，可求出钢材和核心混凝土单元形心处的应力 σ_{sli}或 σ_{cli}。

由此可以得到截面的内弯矩（M_{in}）、内轴力（N_{in}）为

$$M_{in} = 2 \times \sum_{i=1}^{n} (\sigma_{sli} y_i A_{si} + \sigma_{cli} y_i A_{ci}) \tag{9.33}$$

$$N_{in} = 2 \times \sum_{i=1}^{n} (\sigma_{sli} A_{si} + \sigma_{cli} A_{ci}) \tag{9.34}$$

3）钢材和混凝土应力-应变关系的转换。

钢管混凝土柱从常温加载到恒载升温、降温过程中，钢材及其核心混凝土都可能经历了一个复杂的温度-应力途径，如图 9.69 中 OAB 所示。对于任意的温度-应力路径，都可用若干个温度增量（ΔT）和应力增量（$\Delta\sigma$）的台阶逼近（过镇海和李卫，1993）。

升降温计算过程中，选取合适的时间步长，由此可确定适当的温度增量（ΔT）。

由于高温下材料的应力-应变模型适用于某一恒定温度下的钢材或混凝土，

因此在某一增量步中，当温度由 T_o 增加到 $T_o+\Delta T$ 时，应将温度 T_o 状态下应力应变轨迹上的点转换到 $T_o+\Delta T$ 状态下，如图 8.34 所示。

4）计算过程。

常温加载阶段：

荷载由 0 增加至 N_F，构件的变形曲线如图 9.70 所示。图中，e_o为轴向荷载 N 的初始偏心距，L 为构件的计算长度，u_{m1}为构件中截面挠度（如图 8.37 所示）。在计算过程中，对于轴心受压柱，取计算长度的千分之一作为初始缺陷（u_o）。

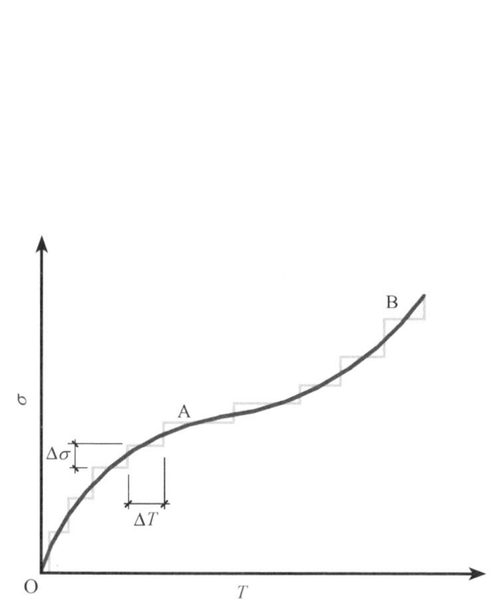

图 9.69　温度-应力路径示意图

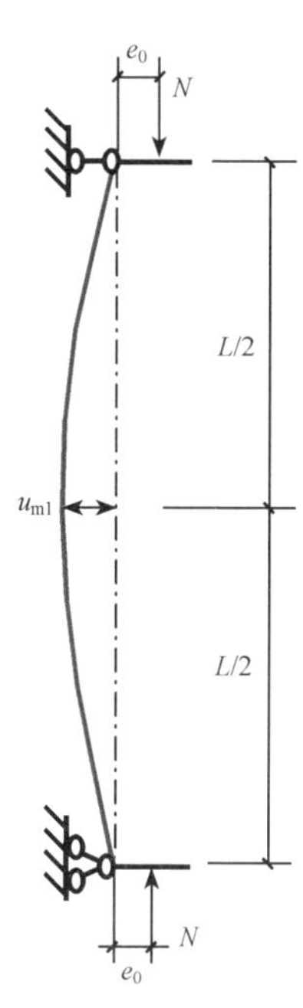

图 9.70　常温加载阶段构件变形示意图

由假定①可得构件中截面的曲率 ϕ 为

$$\phi=\frac{\pi^2}{L^2}u_{m1} \tag{9.35}$$

确定了构件中截面的曲率，就可以通过数值计算获得构件的荷载-变形曲线，具体的计算步骤如下：

① 输入计算长度和截面参数，并进行截面单元划分。

② 给定初始曲率 ϕ 值，假设截面形心处应变 ε_o，由式（9.29）计算各单元应变，确定钢材和核心混凝土的应力 σ_{sli}和 σ_{cli}。

③ 按式（9.33）、式（9.34）计算出内弯矩 M_{in}和内轴力 N_{in}。

④ 判断 $M_{in}/N_{in}=e_o+u_o+u_{m1}$条件是否满足，如果不满足，则调整形心处应变 ε_o，重复步骤②、③，直至满足。

⑤ 判断 $N_{in}<N_F$条件是否满足，如果满足，增加一个曲率增量 $\Delta\phi$，即 $\phi=\phi+$

$\Delta\phi$，重复步骤②～④；如果 $N_{in}=N_F$，输出变形 u_{m1}。

恒载升温、降温阶段：

如前所述，高温状态下，钢管及其核心混凝土的本构关系是应力、应变、温度三个因素间耦合的复杂函数关系，且随着温度-应力途径的不同而变化。在恒定的荷载（N_F）作用下，截面各单元可能出现较多的加载、卸载情况。本节在计算时假定在不同的温度下，钢材和混凝土卸载时的刚度等于它的初始切线刚度，如图 9.71 所示。

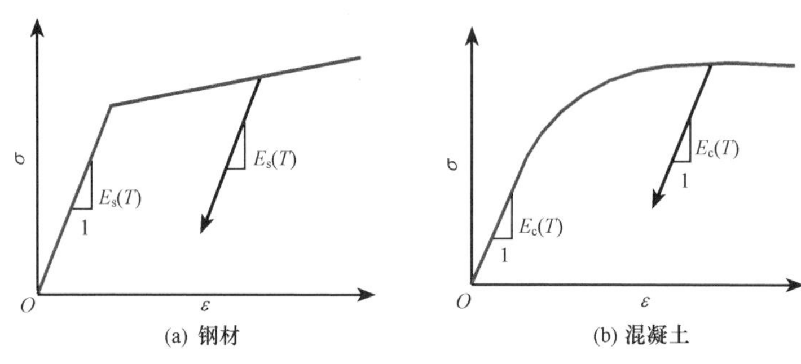

图 9.71　卸载刚度示意图

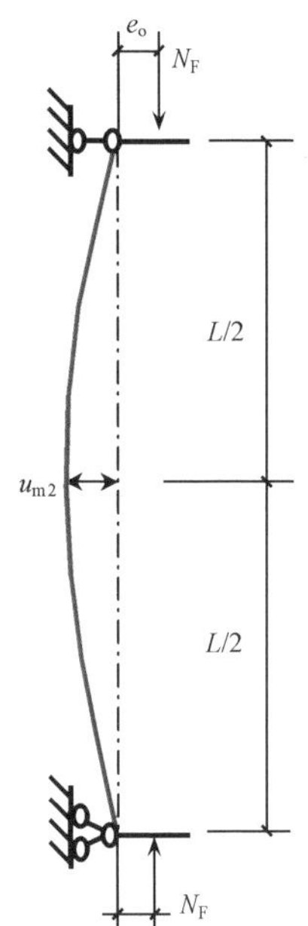

图 9.72　恒载升、降温阶段构件变形示意图

在常温加载阶段结束后，构件截面各单元存在着不同的应力-应变状态，同时还产生了一个初始挠度 u_{m1}，二者对恒载升、降温阶段中钢管混凝土柱的受力性能有较大影响。在进行升降温处理之前，要赋予截面各单元初始应力-应变状态，以考虑常温加载阶段产生的变形对升、降温阶段钢管混凝土柱的影响。构件在此阶段的变形曲线如图 9.72 所示。

受力过程中，在某一温度状态下，构件必须同时满足内外轴力和内外弯矩相等这个条件，即

$$\begin{cases} N_{in}=N_F \\ M_{in}=N_F\cdot(e_o+u_o+u_{m2}) \end{cases} \tag{9.36}$$

当不满足该条件时，须调整曲率 ϕ 和截面形心处应变 ε_o，即

$$\begin{cases} \phi=\phi+\Delta\phi \\ \varepsilon_o=\varepsilon_o+\Delta\varepsilon_o \end{cases} \tag{9.37}$$

式中：$\Delta\phi$ 和 $\Delta\varepsilon_o$ 分别为曲率 ϕ 的增量和形心处应变 ε_o 的增量。

从式（9.33）、式（9.34）可以看出，N_{in} 和 M_{in} 是各单元应力的多项式，且各单元应力都是基本变量 ε_o 和 ϕ 的连续可导的方程，因此在求解曲率增量 $\Delta\phi$ 和形心处应变增量 $\Delta\varepsilon_o$ 的时候，可以采用切线模量法进行，参考朱可善和刘西拉（1982）对钢筋混凝土柱研究时的方法，给出具体推导过程如下。

首先定义系数 α 和 β，即

$$\begin{cases}\alpha = N_{in} - N_F \\ \beta = M_{in} - M_{out}\end{cases} \tag{9.38}$$

式中：M_{out} 为外弯矩。

调整 ε_o 和 ϕ 使 α、β 满足允许的精度。

设 $\Delta\varepsilon_o$ 和 $\Delta\phi$ 为 ε_o 和 ϕ 的调整值，为使 α、β 尽快趋于 δ，不难列出

$$\begin{cases}\dfrac{\partial\alpha}{\partial\varepsilon_o}\cdot\Delta\varepsilon_o + \dfrac{\partial\alpha}{\partial\phi}\cdot\Delta\phi = -\alpha \\ \dfrac{\partial\beta}{\partial\varepsilon_o}\cdot\Delta\varepsilon_o + \dfrac{\partial\beta}{\partial\phi}\cdot\Delta\phi = -\beta\end{cases} \tag{9.39}$$

对式（9.39）微分得

$$\begin{cases}\dfrac{\partial\alpha}{\partial\varepsilon_o} = \dfrac{\partial(N_{in})}{\partial\varepsilon_o};\dfrac{\partial\alpha}{\partial\phi} = \dfrac{\partial(N_{in})}{\partial\phi}; \\ \dfrac{\partial\beta}{\partial\varepsilon_o} = \dfrac{\partial(M_{in})}{\partial\varepsilon_o};\dfrac{\partial\beta}{\partial\phi} = \dfrac{\partial(M_{in})}{\partial\phi};\end{cases} \tag{9.40}$$

对式（9.33）和式（9.34）求导，可以得到

$$\begin{cases}\dfrac{\partial(N_{in})}{\partial\varepsilon_o} = 2\times\sum\limits_{i=1}^{n}\{A_{si}\,[E_s(T)]_i + A_{ci}\,[E_c(T)]_i\} \\ \dfrac{\partial(N_{in})}{\partial\phi} = 2\times\sum\limits_{i=1}^{n}\{A_{si}y_i\,[E_s(T)]_i + A_{ci}y_i\,[E_c(T)]_i\} \\ \dfrac{\partial(M_{in})}{\partial\varepsilon_o} = 2\times\sum\limits_{i=1}^{n}\{A_{si}y_i\,[E_s(T)]_i + A_{ci}y_i\,[E_c(T)]_i\} \\ \dfrac{\partial(M_{in})}{\partial\phi} = 2\times\sum\limits_{i=1}^{n}\{A_{si}y_i^2\,[E_s(T)]_i + A_{ci}y_i^2\,[E_c(T)]_i\}\end{cases} \tag{9.41}$$

式中：$[E_s(T)]_i$、$[E_c(T)]_i$ 为钢材和核心混凝土单元高温下的切线模量，可以由相应的本构关系通过应力对应变求导而得。

将式（9.38）、式（9.40）和式（9.41）带入式（9.39）可以得出：

$$\begin{cases}\Delta\varepsilon_o = \dfrac{(M_{out}-M_{in})\dfrac{\partial(N_{in})}{\partial\phi} - (N_F - N_{in})\dfrac{\partial(M_{in})}{\partial\phi}}{\dfrac{\partial(M_{in})}{\partial\varepsilon_o}\cdot\dfrac{\partial(N_{in})}{\partial\phi} - \dfrac{\partial(M_{in})}{\partial\phi}\cdot\dfrac{\partial(N_{in})}{\partial\varepsilon_o}} \\ \Delta\phi = \dfrac{(M_{out}-M_{in})\dfrac{\partial(N_{in})}{\partial\varepsilon_o} - (N_F - N_{in})\dfrac{\partial(M_{in})}{\partial\varepsilon_o}}{\dfrac{\partial(M_{in})}{\partial\phi}\cdot\dfrac{\partial(N_{in})}{\partial\varepsilon_o} - \dfrac{\partial(M_{in})}{\partial\varepsilon_o}\cdot\dfrac{\partial(N_{in})}{\partial\phi}}\end{cases} \tag{9.42}$$

计算结果表明，按照切线模量法进行调整 $\Delta\phi$ 和 $\Delta\varepsilon_o$ 时，在满足计算精度的

同时，可以大大加快计算速度。

对该阶段的数值计算过程归纳如下：

① 计算 t 时刻温度场。

② 赋予截面各单元初始应力-应变状态。

③ 假定构件中截面曲率 ϕ 值和截面形心处应变 ε_o，计算跨中挠度 u_{m2} 和截面外弯矩 M_{out}。

④ 由式（9.31）和式（9.32）计算各单元的应力应变。

⑤ 根据单元的应力-应变历史确定核心混凝土和钢材的应力 σ_{cli}，σ_{sli}。

⑥ 分别由式（9.33）和式（9.34）计算内弯矩 M_{in} 和内轴力 N_{in}。

⑦ 判断是否同时满足 $N_{in}=N_F$ 和 $M_{in}=M_{out}$，如果不能满足，调整中截面曲率 ϕ 值和截面形心处应变 ε_o，并重复步骤②～⑥，直至满足。

⑧ 分别由式（8.54）和式（8.55）把当前增量步中截面各单元的应力应变点转换到 $t+\Delta t$ 时刻温度状态下。

⑨ 判断 $t<t_{max}$ 条件是否满足，t_{max} 为单元温度降至常温的时间。如果不满足，计算 $t+\Delta t$ 时刻的温度场，重复步骤②～⑧，如果 $t=t_{max}$，输出构件的变形 u_{m2}。

图 9.73 为按照上述方法计算获得的钢管混凝土柱在恒载升温、降温阶段跨中挠度（u_m）与时间（t）的关系曲线。

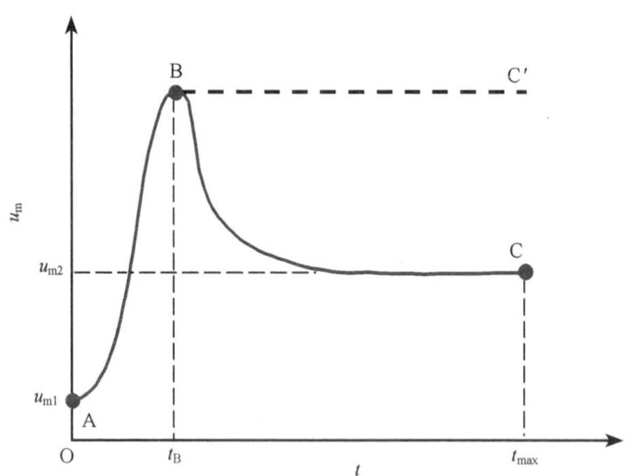

图 9.73　恒载下升、降温阶段构件跨中挠度-时间关系示意图

从图 9.73 可见，在常温加载阶段，构件产生了一个初始的变形 u_{m1}，恒载升温阶段，随着外界温度的升高，截面各单元温度也先后升高，材料的强度和弹性模量逐渐降低。虽然此时轴力保持 N_F 不变，但跨中变形逐渐增大，如图 9.73 中 AB 段所示。外界温度降低时，膨胀变形变小，材料的力学性能也可以得到一定程度的恢复，因此在这一阶段构件跨中的变形有所恢复，如图 9.73 中 BC 段所示。当截面

单元的温度降至常温时（此时对应的时间为 t_{max}），构件跨中存在一变形 u_{m2}。但当火灾下构件承受较大的荷载比（n）时，即使在降温阶段，跨中的变形也可能不会出现恢复的现象，如图 9.73 中 BC′所示。

冷却后往复加载阶段：

钢管混凝土柱在经历恒载升温、降温后，构件跨中会产生一个变形 u_{m2}（如图 8.37 所示），截面各单元也存在着初始应力和应变。在进行往复加载之前，要把这些应力和应变赋予截面各单元，同时把变形（u_{m2}）的状态作为初始状态，以考虑恒载升温、降温阶段产生的挠度对往复加载阶段钢管混凝土柱的影响。

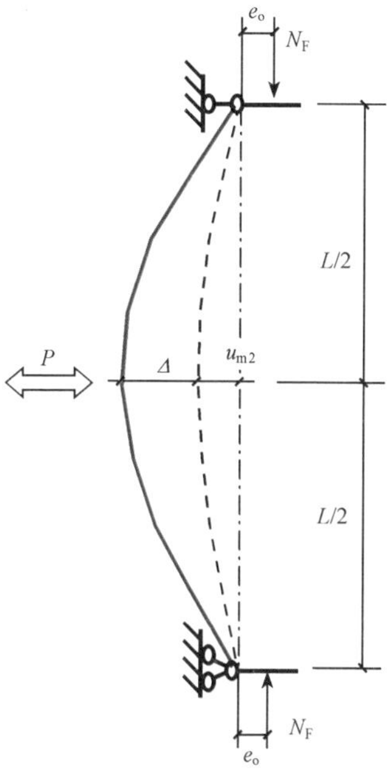

构件在此阶段的变形曲线如图 9.74 所示。

构件在这一阶段保持恒定的轴力（N_F），然后在跨中施加往复水平荷载（P），相应地在跨中产生一个水平位移（Δ）。

图 9.74　往复加载阶段构件变形示意图

受力过程中，构件在某一位移幅值（Δ）下，须始终满足内外轴力相等的条件，即

$$N_{in} = N_F \tag{9.43}$$

当不满足时，须调整截面形心处应变 ε_o，即

$$\varepsilon_o = \varepsilon_o + \Delta\varepsilon_o \tag{9.44}$$

式中：$\Delta\varepsilon_o$ 分别为形心处应变 ε_o 的增量。

为了加快程序收敛速度，在调整形心处应变增量 $\Delta\varepsilon_o$ 时，同样可以采用切线模量法，$\Delta\varepsilon_o$ 的表达式为

$$\Delta\varepsilon_o = \frac{N_F - N_{in}}{\dfrac{\partial(N_{in})}{\partial\varepsilon_o}} \tag{9.45}$$

式中：$\dfrac{\partial(N_{in})}{\partial\varepsilon_o}$按照式（9.41）确定。

计算结果表明，经过数次的 $\Delta\varepsilon_o$ 调整，很快就可以找到平衡点，使得构件内外力相等，此时再由截面内外弯矩平衡这个条件，可以计算出对应某一位移幅值（Δ）的水平荷载（P），即

$$P = \frac{4 \times [M_{in} - N_F \times (e_o + u_o + u_{m2} + \Delta)]}{L} \tag{9.46}$$

对往复加载阶段数值计算的步骤简要归纳如下：

① 由截面温度场判断各单元历史最高温度（T_{max}）。

② 给定一位移幅值 Δ，并根据构件变形为正弦半波假定，计算中截面曲率 ϕ 值。

③ 赋予截面各单元初始应力-应变状态。

④ 假设截面形心处的应变 ε_o，由式（9.29）计算各单元的应力应变。

⑤ 根据单元的应力-应变历史和单元历史最高温度确定核心混凝土和钢材的应力 σ_{cli}，σ_{sli}。

⑥ 分别由式（9.33）和式（9.34）计算内弯矩 M_{in}和内轴力 N_{in}。

⑦ 判断是否满足 $N_{in}=N_F$，如果不能满足，调整截面形心处应变 ε_o，并重复步骤②～⑥，直至满足。

⑧ 根据内外弯矩平衡这个条件，由式（9.46）计算水平荷载 P。

重复步骤②～⑧，直至计算出整个荷载（P）-位移（Δ）滞回曲线。

基于以上介绍的方法，编制了可考虑力、温度和时间路径，计算分析火灾后钢管混凝土滞回性能的计算程序。该程序有类似于 8.4.3 节中介绍的程序 NFEACFST 的功能，可适用于不同升、降情况（包括图 8.24 所示的 ISO-834 标准升、降温曲线）。计算结果表明，对于单调加载的情况，采用该程序获得的结果与程序 NFEACFST 的计算结果类似（林晓康，2006）。

图 9.58 和图 9.59 给出了 P-Δ 实测曲线（实线）与理论计算曲线（虚线）的比较情况，可见二者总体上吻合较好。

5）典型的 P-Δ 滞回关系曲线。

在恒载升温、降温结束后，构件跨中会存在一变形（u_{m2}），因此在进行往复加载时，就有一个初始加载方向的问题。设水平荷载初始作用方向与残余变形一致的为初始正向加载，反之为初始负向加载（林晓康，2006）。

图 9.75 所示为考虑火灾作用后钢管混凝土柱典型的荷载（P)-位移（Δ）滞回曲线，计算条件为：$D=400$mm，$\alpha=0.1$，$\lambda=40$，$n=0.6$，$t_o=0.6$，Q345 钢，C60 混凝土。

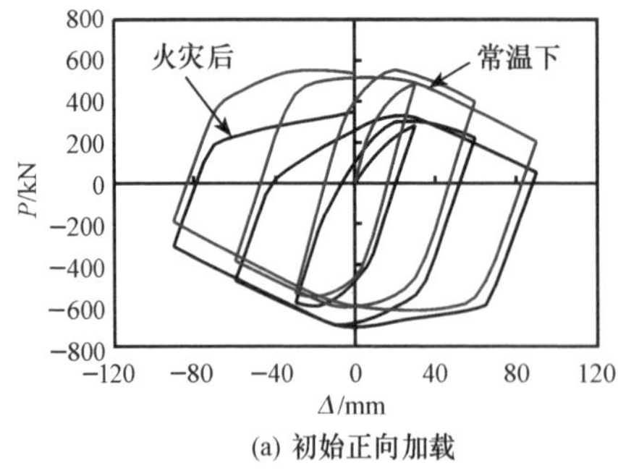

(a) 初始正向加载

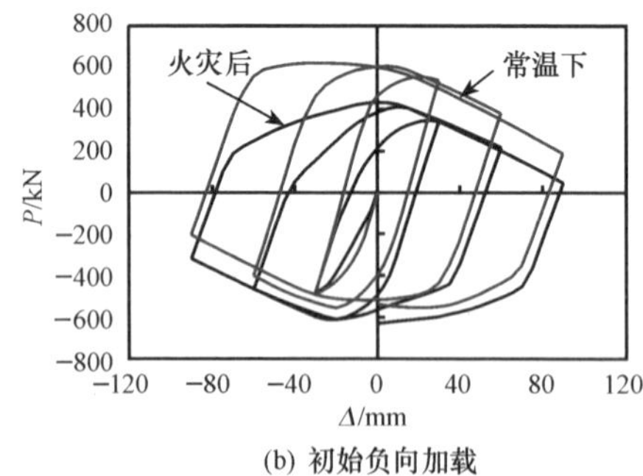

(b) 初始负向加载

图 9.75　火灾作用后典型的 P-Δ 滞回关系曲线

由图 9.75 可见，火灾后钢管混凝土柱滞回曲线总体上较为饱满，没有明显的捏缩现象，但水平极限承载力和弹性阶段刚度发生了较大的变化，滞回曲线也不再对称：对于初始正向加载，其初始阶段刚度较常温下降低许多，而对于初始负向加载，其初始阶段刚度和常温下相比降低不很明显。不论是初始正向加载还是初始负向加载，其有残余变形方向的水平极限承载力总是较低。这是因为构件初始阶段刚度受材料损伤程度和外荷载两个因素共同影响，对于初始正向加载：一方面，高温作用后，钢材和混凝土发生不同程度的劣化；另一方面，水平荷载（P）作用的方向与残余变形的方向一致，相应位移（Δ）产生的二阶弯矩使得构件的刚度进一步降低。对于初始负向加载：一方面，高温作用后材料力学性能的降低使得初始阶段刚度呈现降低的趋势，但另一方面，水平荷载（P）作用的方向与残余变形方向相反，使得构件跨中的变形减小，对初始阶段刚度产生“有利”的作用，因而总体上初始负向加载的刚度和常温下相比降低的并不是十分明显。无论是初始正向加载，还是初始负向加载，在往复加载过程中，施加相同的位移幅值（Δ），残余变形方向的二阶弯矩总是大于另一方向，所以其水平极限承载力低于另一方向的水平极限承载力，使得整个滞回曲线呈现出不对称的现象。

6）不同力-温度路径对 P-Δ 关系的影响。

骨架曲线就是连接各次循环加载峰值点的曲线，计算结果表明，火灾后钢管混凝土压弯构件荷载-位移滞回曲线的骨架线与单调加载时荷载-位移关系曲线（虚线）基本重合，如图 9.76 所示。

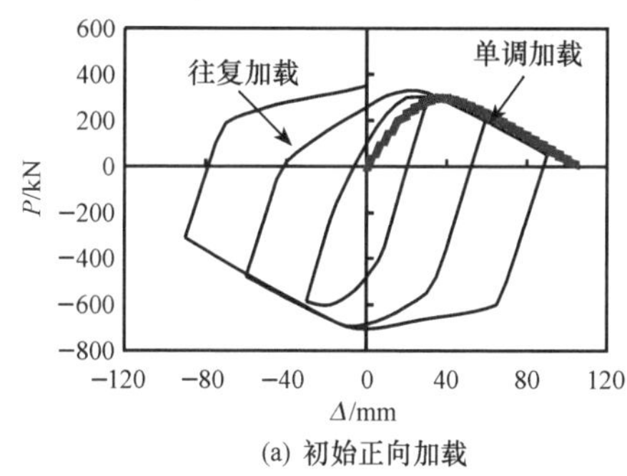

(a) 初始正向加载

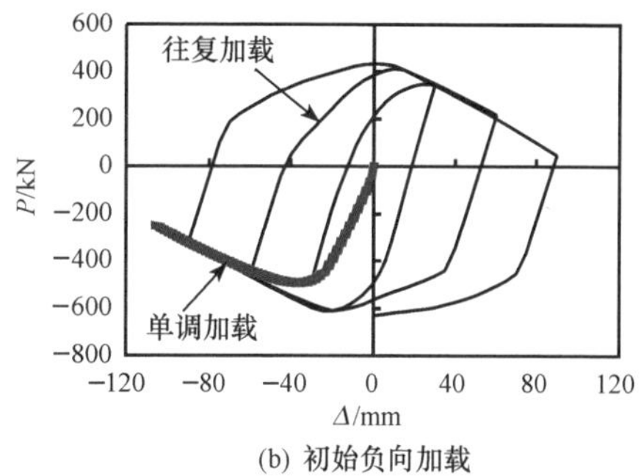

(b) 初始负向加载

图 9.76　P-Δ 滞回关系曲线与单调加载曲线对比

基于以上分析可知，初始正向加载使得构件处于更危险的工作状态（刚度、承载力降低的程度更加明显）。下面以方、矩形钢管混凝土初始正向加载为例，对影响火灾作用后钢管混凝土构件 P-Δ 的可能因素进行分析，这些因素主要包括火灾下作用的荷载比（n）、升温时间比（t_o）、含钢率（α）、钢材屈服强度（f_y）、混凝土抗压强度（f_{cu}）、荷载偏心率（e/r）、长细比（λ）和截面高宽比（D/B）等。

计算分析时，分别给出了两种不同温度、力的路径，即 T-σ 路径和 σ-T 路径。

① 火灾荷载比（n）。图 9.77 给出了不同火灾荷载比（n）情况下钢管混凝土构件的 P-Δ 关系曲线。本算例计算条件：$D\times B=400\text{mm}\times 400\text{mm}$，$\alpha=0.1$，

$\lambda=40$，Q345 钢，C60 混凝土，$e/r=0$，$t_o=0.5$。

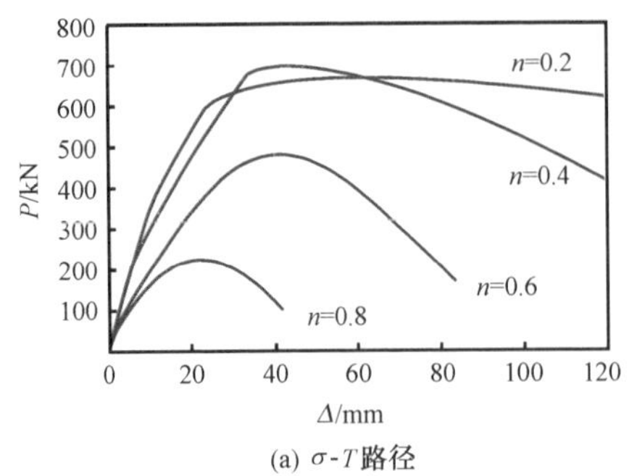

(a) σ-T 路径

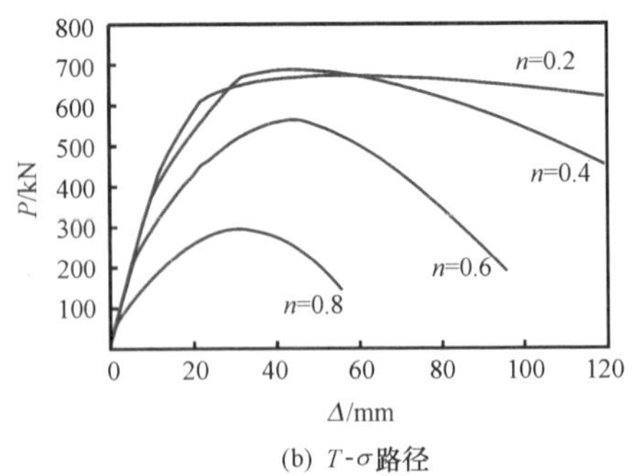

(b) T-σ 路径

图 9.77　火灾荷载比对 P-Δ 骨架线的影响

由图 9.77 可见，n 对曲线的形状影响较大：即火灾荷载比越大，构件的水平极限承载力越小。当轴压比达到一定数值时，曲线将会出现下降段，而且下降段的下降幅度随着火灾荷载比的增加而增大，构件的位移延性则越来越小。当火灾荷载比较小时，两种火灾作用路径下构件的水平极限承载力等较为接近，随着火灾荷载比的增加，σ-T 路径下的水平极限承载力低于 T-σ 路径下的水平极限承载力。造成这种差异的原因在于：σ-T 路径下，构件跨中会产生一残余变形，且与火灾荷载比（n）有很大关系，当 n 较小时，构件受火前大部分处于弹性状态，在降温阶段，随着截面温度的降低，构件的变形大部分可以得到恢复，因此残余变形较小。当 n 较大时，构件在受火前就已经承受较大的应力，截面单元大部分处于塑性状态，当火灾发生时，材料强度降低，变形不断增大，即使在降温段，变形也很难发生恢复。因此在 σ-T 路径下，随着 n 的增加，残余变形的增大使得二阶弯矩加大，水平极限承载力的降低程度大于 T-σ 路径的情况。

② 升温时间比（t_o）。图 9.78 给出了不同升温时间比（t_o）情况下钢管混凝土构件的 P-Δ 关系曲线。本算例计算条件：$D\times B=400\text{mm}\times400\text{mm}$，$\alpha=0.1$，$\lambda=40$，Q345 钢，C60 混凝土，$e/r=0$，$n=0.6$。

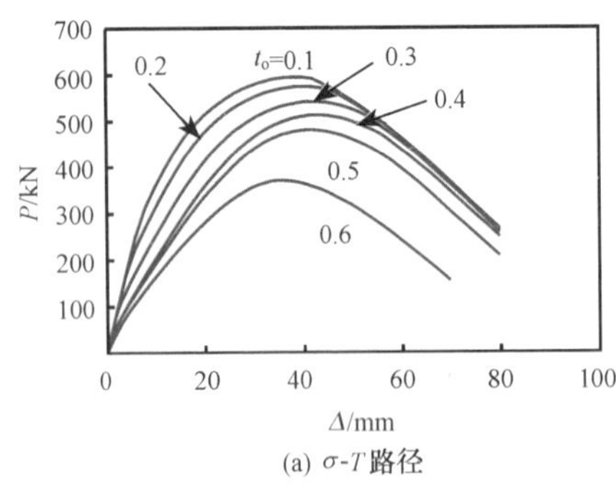

(a) σ-T 路径

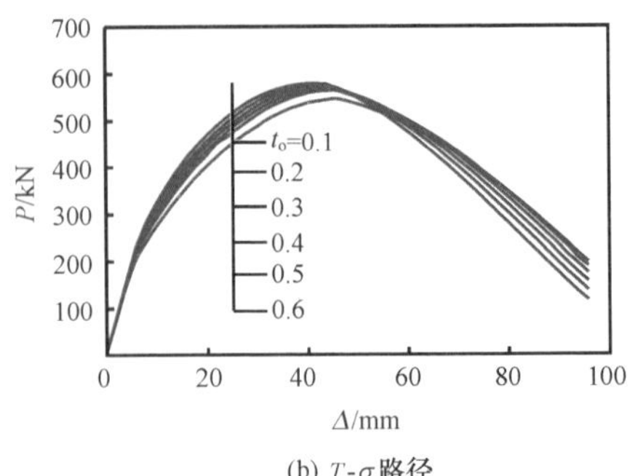

(b) T-σ 路径

图 9.78　升温时间比对 P-Δ 骨架线的影响

由图9.78可见，对于σ-T路径，随着升温时间比的增大，水平极限承载力与曲线的初始阶段刚度不断降低，且下降的幅度随着升温时间比的增加而增大；对于T-σ路径，升温时间比对水平极限承载力等的影响并不是十分明显。这是因为：在σ-T路径下，随着t_o的增大，升温时间t_h也随之增大，截面各单元的温度较高，材料的恶化程度加重，构件整体上刚度降低，残余变形也不断增大，残余变形大的构件承受的二阶弯矩也较大（在本算例中，构件承受着相同的轴向荷载N_F），因而其水平极限承载力呈现出不断降低的趋势；在T-σ路径下，一方面构件在升温、降温阶段没有承受荷载，因此不会产生残余变形，另一方面，由于升温时间较短（$t_o<0.6$），截面内材料温度不会太高，高温后钢材和混凝土的力学性能可以得到较大程度的恢复，因此随着升温时间比的增加，构件水平极限承载力降低的趋势并不是十分明显。

③ 含钢率（α）。本算例计算条件：$D\times B=400\text{mm}\times400\text{mm}$，$\lambda=40$，Q345钢，C60混凝土，$e/r=0$，$n=0.6$，$t_o=0.5$。

图9.79给出了不同含钢率（α）情况下钢管混凝土构件的P-Δ关系曲线。可以看出，总体上含钢率主要影响P-Δ骨架线的数值，对曲线的形状影响很小，随着含钢率的提高，构件的弹性阶段刚度和水平极限承载力都有所提高，但σ-T路径下构件水平极限承载力等的提高幅度要小于T-σ路径下的情况。

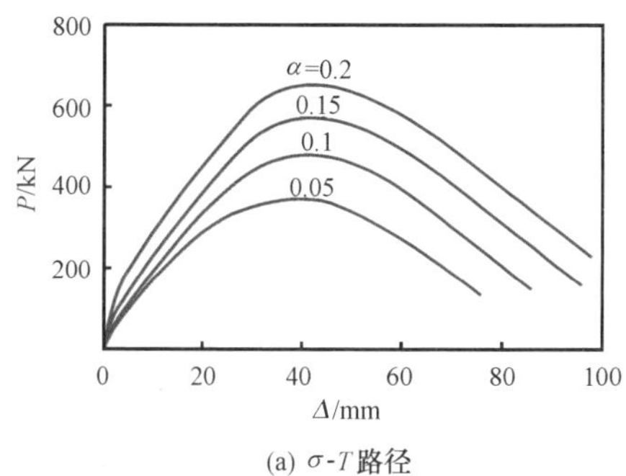

(a) σ-T路径

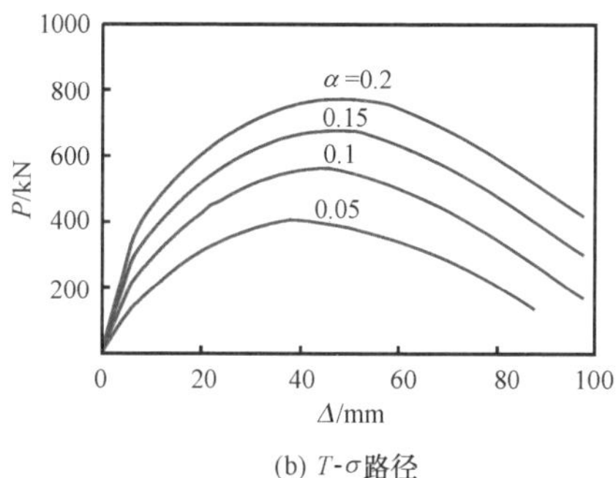

(b) T-σ路径

图9.79　含钢率对P-Δ骨架线的影响

在σ-T路径下，构件跨中会有一残余变形产生，且随着含钢率的增加，残余变形也逐渐增大，这是因为含钢率越大，钢材在整个截面中所占比重越大，构件的温度越高，整体刚度越差，所以残余变形就越大。因此在σ-T路径下，一方面，随着含钢率的提高，构件的水平极限承载力有所提高，另一方面，随着含钢率的提高，构件的残余变形也逐渐增大，相应增加的二阶弯矩使得构件水平极限承载力呈现降低的趋势，二者共同作用的结果使得其水平极限承载力随着含钢率的增加而提高的幅度不如T-σ路径下的明显。

④ 钢材屈服强度（f_y）。图9.80给出了不同钢材屈服强度（f_y）情况下钢管混凝土构件的P-Δ关系曲线。本算例计算条件：$D\times B=400\text{mm}\times400\text{mm}$，$\alpha=$

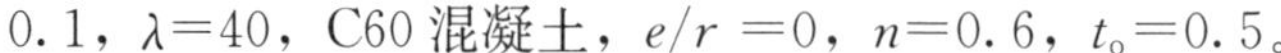

0.1，$\lambda=40$，C60 混凝土，$e/r=0$，$n=0.6$，$t_o=0.5$。

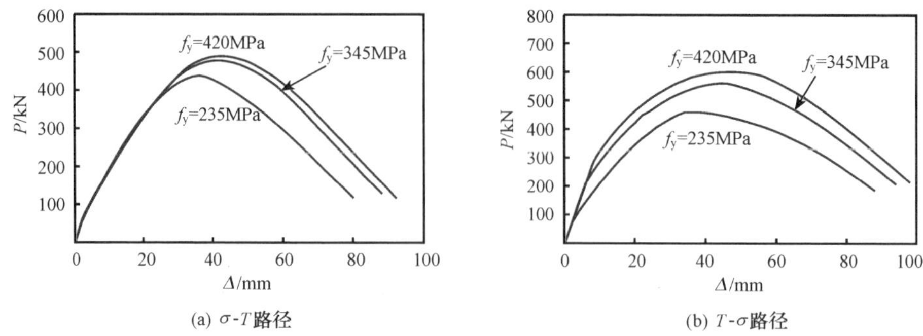

(a) σ-T 路径 (b) T-σ 路径

图 9.80 钢材屈服强度对 P-Δ 骨架线的影响

由图 9.80 可见，σ-T 路径下构件的水平极限承载力总体上低于 T-σ 路径。但不论哪种火灾作用路径，随着钢材屈服强度的提高，构件的水平极限承载力都呈现出不断提高的趋势，但是σ-T 路径下水平极限承载力提高的幅度不如 T-σ 路径下的明显。

在σ-T 路径下，构件跨中会有一残余变形产生，且在其他情况相同的条件下，随着钢材屈服强度的提高，钢管混凝土柱的残余变形逐渐增大：这是因为钢材屈服强度越大，钢材在钢管混凝土截面中所占的比重越大，构件的温度越高，整体刚度越差，所以变形增大。因此在σ-T 路径下，一方面，随着钢材屈服强度的提高，水平极限承载力和刚度有提高的趋势，另一方面，钢材屈服强度的提高，构件的残余变形也不断增大，增加的二阶弯矩使得水平极限承载力等又呈现出下降的趋势。二者共同作用的结果使得其水平极限承载力随着钢材屈服强度的增加而提高的幅度不如 T-σ 路径下的明显。

⑤ 混凝土强度（f_{cu}）。图 9.81 给出了不同混凝土强度（f_{cu}）情况下钢管混凝土构件的 P-Δ 关系曲线。本算例计算条件：$D\times B=400\text{mm}\times400\text{mm}$，$\alpha=0.1$，$\lambda=40$，Q345 钢，$e/r=0$，$n=0.6$，$t_o=0.5$。

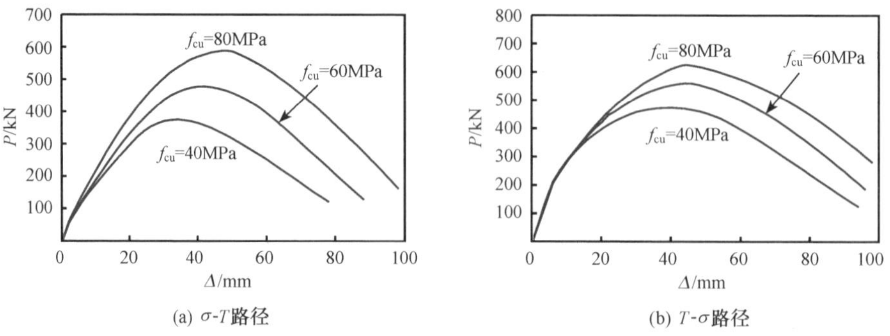

(a) σ-T 路径 (b) T-σ 路径

图 9.81 混凝土强度对 P-Δ 骨架线的影响

由图 9.81 可见，随着 f_{cu}的提高，构件的水平极限承载力都呈现出不断提高的趋势，但 σ-T 路径下水平极限承载力提高的幅度大于 T-σ 路径下水平极限承载力提高的幅度。这是因为，在 σ-T 路径下，构件跨中会有一残余变形产生，在其他情况相同的条件下，随着 f_{cu}的提高，钢管混凝土柱的残余变形逐渐减小：这是因为 f_{cu}越大，混凝土在钢管混凝土截面中所占的比重越大，构件的温度越低，整体刚度越好，所以变形越小。因此在 σ-T 路径下，一方面，随着 f_{cu}的提高，水平极限承载力和刚度有提高的趋势，另一方面，随着 f_{cu}的提高，构件的残余变形也不断变小，减少的二阶弯矩使得水平极限承载力等又呈现出提高的趋势。二者共同作用的结果使得其水平极限承载力提高的幅度大于 T-σ 路径下水平极限承载力提高的幅度。

⑥ 荷载偏心率（e/r）。图 9.82 给出了不同荷载偏心率（e/r）情况下钢管混凝土构件的 P-Δ 关系曲线。本算例计算条件：$D\times B$=400mm×400mm，α=0.1，λ=40，Q345 钢，C60 混凝土，n=0.6，t_o=0.5。

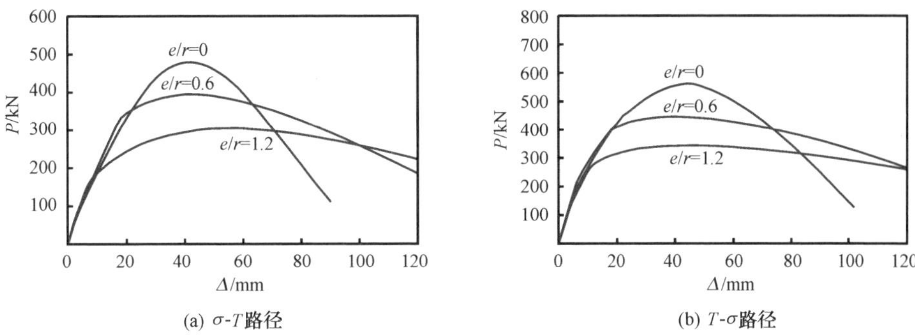

图 9.82　荷载偏心率对 P-Δ 骨架线的影响

由图 9.82 可见，随着荷载偏心距的增大，试件的水平极限承载力和位移延性越来越小。这是因为在 σ-T 路径下，构件跨中会产生一残余变形，但是和荷载偏心率的变化相比，这种残余变形引起的水平极限承载力的变化不是很明显，所以两种火灾作用路径下构件的水平极限承载力的变化规律相似。

⑦ 长细比（λ）。图 9.83 给出了不同长细比（λ）情况下钢管混凝土构件的 P-Δ 关系曲线。在本算例中，$D\times B$=400mm×400mm，α=0.1，Q345 钢，C60 混凝土，e/r=0，n=0.6，t_o=0.5。

由图 9.83 可见，总体上 σ-T 路径下构件的水平极限承载力低于 T-σ 路径下构件的水平极限承载力，随着长细比的增加，弹性阶段和强化阶段的刚度越来越小，水平极限承载力也逐渐减小。

在 σ-T 路径下，当其他条件相同时，随着构件长细比的增加，残余变形不断增大。但是，和构件本身长细比的变化相比，这种残余变形的增加而引起的水平极限承载力的变化不是很明显，所以两种火灾作用路径下构件的水平极限承载力的变化规律相似。

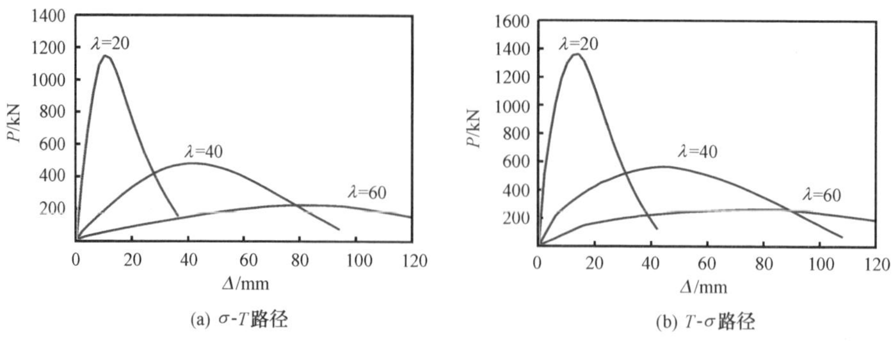

图 9.83　长细比对 P-Δ 骨架线的影响

⑧ 高宽比（D/B）。图 9.84 给出了不同高宽比（D/B）情况下钢管混凝土构件的 P-Δ 关系曲线。本算例计算条件：$D=400$mm，$\alpha=0.1$，$\lambda=40$，Q345 钢，C60 混凝土，$e/r=0$，$n=0.6$，$t_o=0.5$。

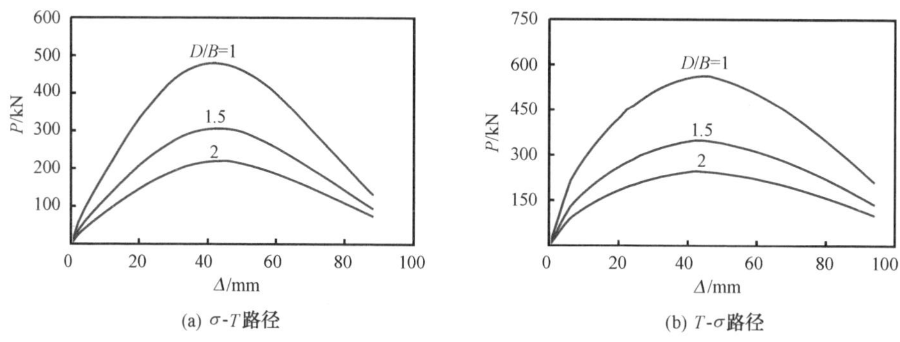

图 9.84　高宽比对 P-Δ 骨架线的影响

从图 9.84 中可以看出，总体上 σ-T 路径下构件的水平极限承载力低于 T-σ 路径下构件的水平极限承载力，且随着高宽比的增大，构件的水平极限承载力不断降低，位移延性有增大的趋势。这是因为，在 σ-T 路径下，构件跨中会产生残余变形，这一残余变形使得构件在往复加载时承受更大的二阶弯矩，从而使得水平极限承载力较 T-σ 路径下低。同时在截面高度一致的情况下，截面的高宽比越大，核心混凝土的受压面积就越小，其对抗弯刚度及屈服弯矩的贡献越小，所以构件的水平极限承载力也就越小。

9.5.4　M-ϕ 和 P-Δ 关系影响因素分析

（1）M-ϕ 关系的特点

计算结果表明，火灾后钢管混凝土压弯构件 M-ϕ 滞回曲线的骨架线与单调加载时弯矩-曲率关系曲线（虚线）基本重合。

图 9.85 所示为火灾后钢管混凝土构件弯矩-曲率滞回曲线与单调加载时曲线

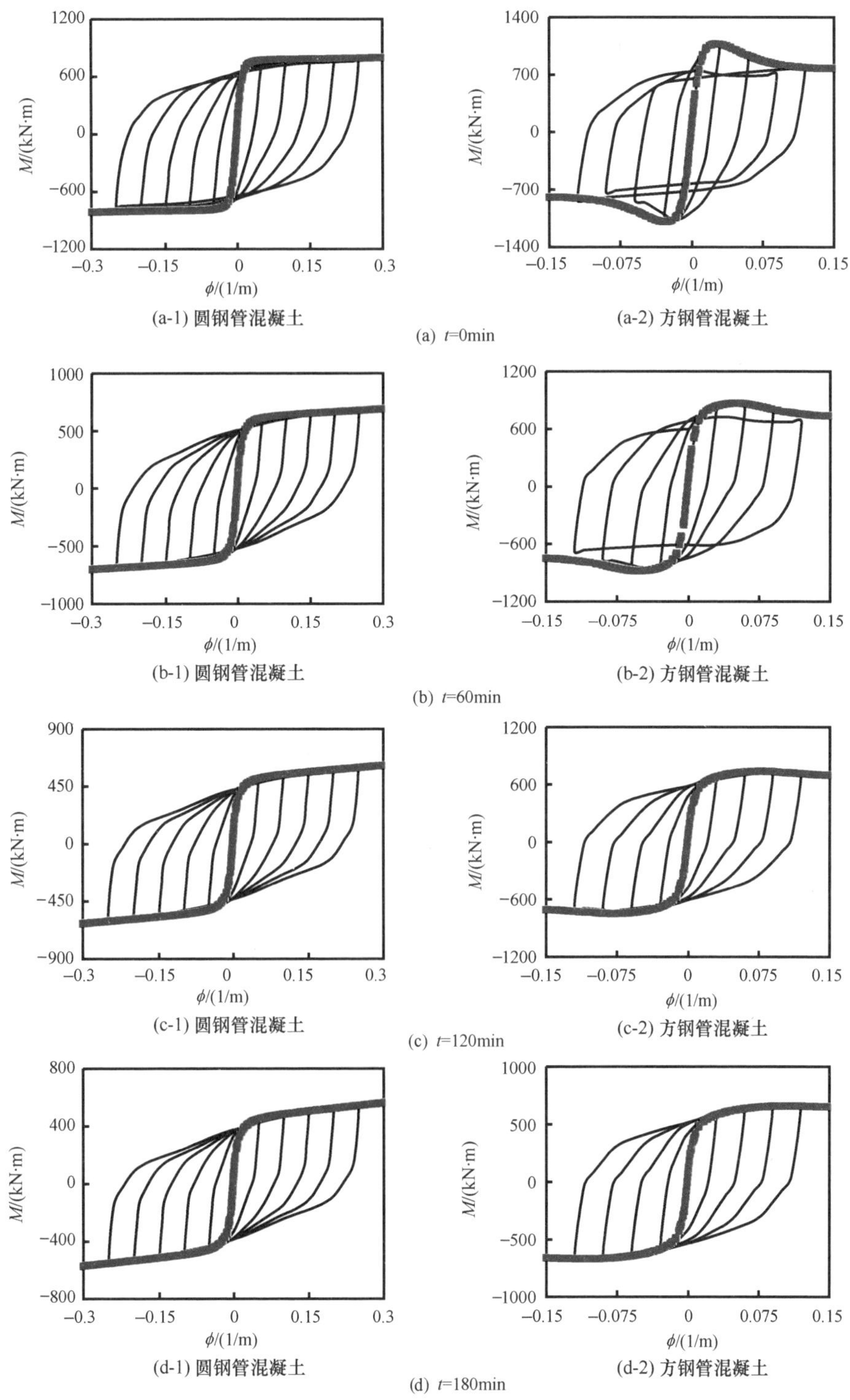

图 9.85　火灾后 M-ϕ 滞回曲线与单调加载曲线对比

的对比，基本计算条件为：$D(B)$=400mm，Q345 钢，C60 混凝土，含钢率 α=0.1，λ=40，n=0.4。

影响火灾后钢管混凝土 M-ϕ 滞回关系曲线骨架线的可能因素主要有含钢率（α）、钢材屈服强度（f_y）、混凝土抗压强度（f_{cu}）、轴压比（n）和受火时间（t），对于矩形钢管混凝土还可能有截面高宽比（D/B）。下面分别以圆钢管混凝土、方钢管混凝土构件为例，通过典型算例进行论述。算例计算的基本条件：$D(B)$=400mm，Q345 钢，C60 混凝土，含钢率 α=0.1，λ=40，n=0.4，t=60min。

1）轴压比（n）。

图 9.86 所示为火灾后钢管混凝土压弯构件在不同轴压比情况下的 M-φ 曲线，从中可以看出，轴压比对构件弹性阶段的刚度影响不大，这是因为，虽然随着轴压比的增加，核心混凝土的受压面积会不断增加，从而使截面的抗弯刚度有所提高，但是这种影响并不很大。轴压比对截面屈服弯矩的影响是：轴压比较小时，轴压比的提高会使屈服弯矩有一定程度的增加；但轴压比较大时，却随轴压比的增加而减小。这一特点与钢筋混凝土构件类似。

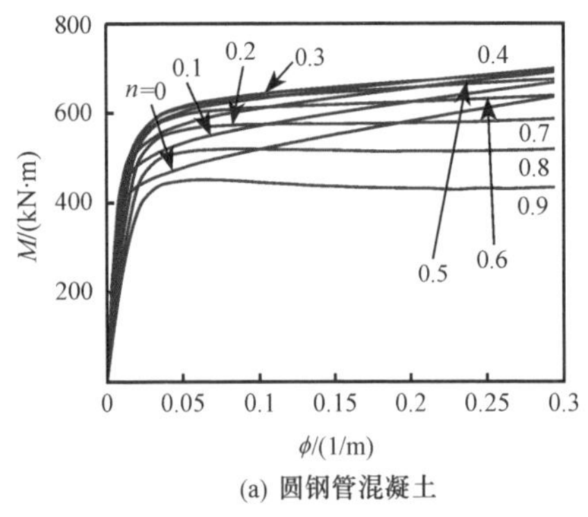

(a) 圆钢管混凝土

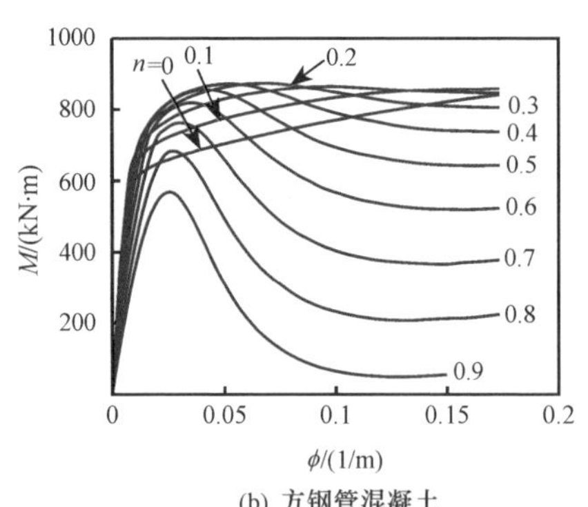

(b) 方钢管混凝土

图 9.86 轴压比对 M-ϕ 骨架线的影响

从图 9.86 还可以看出，轴压比对曲线的形状有较大的影响：对于圆钢管混凝土，当轴压比较小时，曲线呈上升的趋势，随着轴压的增加，M-φ 曲线将会出现下降段，但这种下降趋势并不明显。对于方钢管混凝土，轴压比的增加对曲线下降段的影响尤为明显，下降段的下降幅度随着轴压比的增加不断增大，而对于有下降段的曲线，随着曲率的增加，下降段的下降趋势趋于平缓，曲线存在水平段。

轴压比对屈服曲率（屈服弯矩所对应的曲率）的影响是：当轴压比较小时，屈服曲率随着轴压比的增加而不断增大，当轴压比增大到一定数值时，屈服曲率随着轴压比的增大逐渐减小。

2）含钢率（α）。

图 9.87 所示为不同含钢率情况下的 M-ϕ 关系曲线，可以看出，随着含钢率

的提高，M-ϕ 关系曲线弹性阶段的刚度有所提高，屈服弯矩也越来越大。

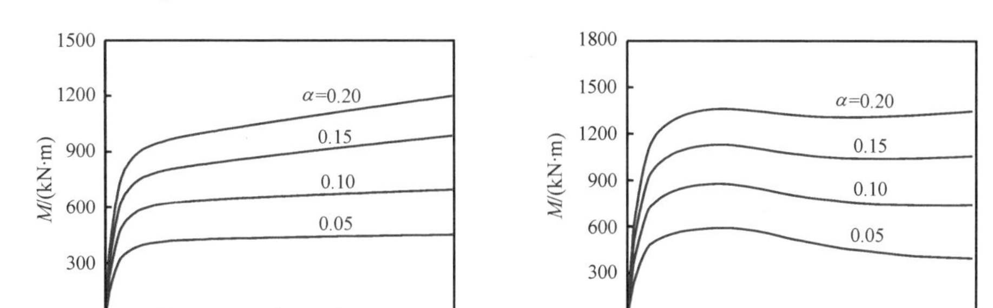

图 9.87　含钢率对 M-ϕ 骨架线的影响

3）钢材屈服强度（f_y）。

图 9.88 所示为钢材屈服强度对 M-ϕ 关系曲线的影响。可见，在其他条件相同时，钢材屈服强度对曲线弹性阶段的刚度几乎没有影响，这是因为钢材的弹性模量与其强度无关；随着钢材屈服强度的提高，构件的屈服弯矩也逐渐增大。

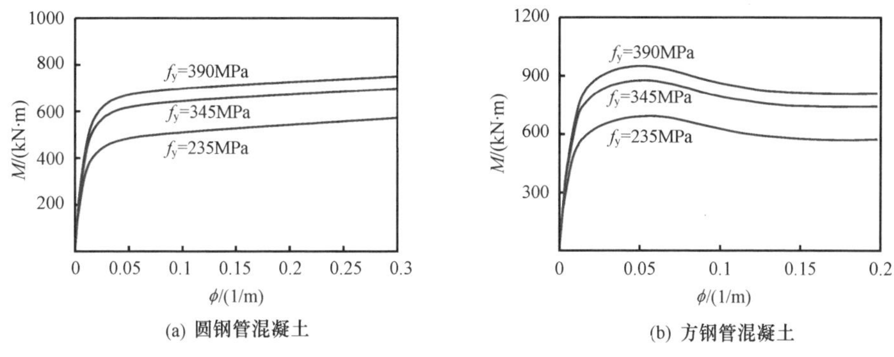

图 9.88　钢材屈服强度对 M-ϕ 骨架线的影响

4）混凝土抗压强度（f_{cu}）。

图 9.89 所示为不同混凝土抗压强度条件下钢管混凝土压弯构件的 M-φ 关系曲线。可以看出，在其他条件相同时，随着混凝土抗压强度的逐渐提高，构件的屈服弯矩和弹性阶段刚度的变化幅度不大。从图 9.89 中还可以看出，随着混凝土抗压强度的提高，屈服曲率有增加的趋势。

5）受火时间（t）。

图 9.90 所示受火时间对 M-ϕ 关系曲线的影响。从中可以看出，受火时间的影响是：随着受火时间的增长，曲线弹性阶段的刚度越来越小，构件的屈服弯矩呈下降的趋势，屈服曲率有一定程度的增加。

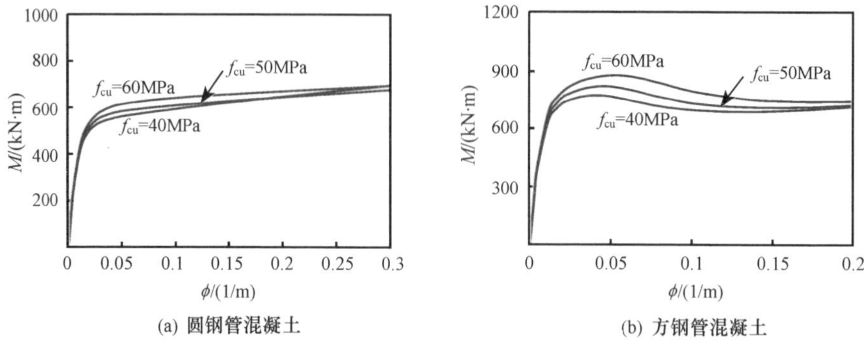

图 9.89 混凝土抗压强度对 M-ϕ 骨架线的影响

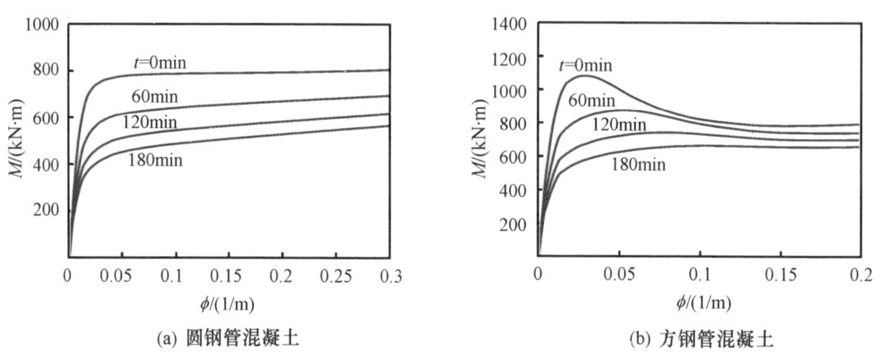

图 9.90 受火时间对 M-ϕ 骨架线的影响

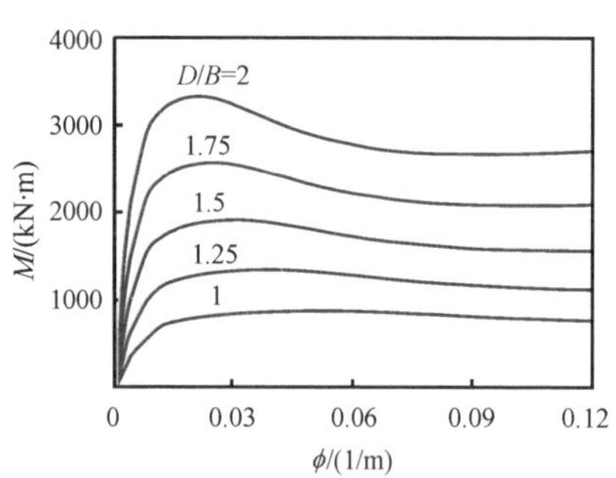

图 9.91 高宽比对 M-ϕ 骨架线的影响（矩形钢管混凝土）

6）截面高宽比（D/B）。

图 9.91 所示为不同截面高宽比条件下矩形钢管混凝土构件的 M-ϕ 关系曲线。可见，在其他条件相同的情况下，随着截面高宽比的提高，弯矩-曲率关系曲线弹性阶段刚度都有所提高，屈服弯矩也越来越大。这主要是因为，在截面宽度一致的情况下，截面高宽比越大，核心混凝土的受压面积就越大，其对抗弯刚度及屈服弯矩的贡献也越大。截面高宽比总体上对屈服曲率影响不大。

构件的弯矩-曲率关系一般与其长度无关，故长细比对钢管混凝土弯矩-曲率关系曲线没有影响。

（2）P-Δ 关系

计算结果表明，单调加载时钢管混凝土压弯构件 P-Δ 关系曲线与往复加载时 P-Δ 关系骨架曲线基本重合。图 9.92 所示为火灾后钢管混凝土构件荷载-位移滞回曲线与单调加载时曲线的对比，算例计算的基本条件：$D(B)=400$mm，

Q345 钢，C60 混凝土，含钢率 $\alpha=0.1$，$\lambda=40$，$n=0.4$。

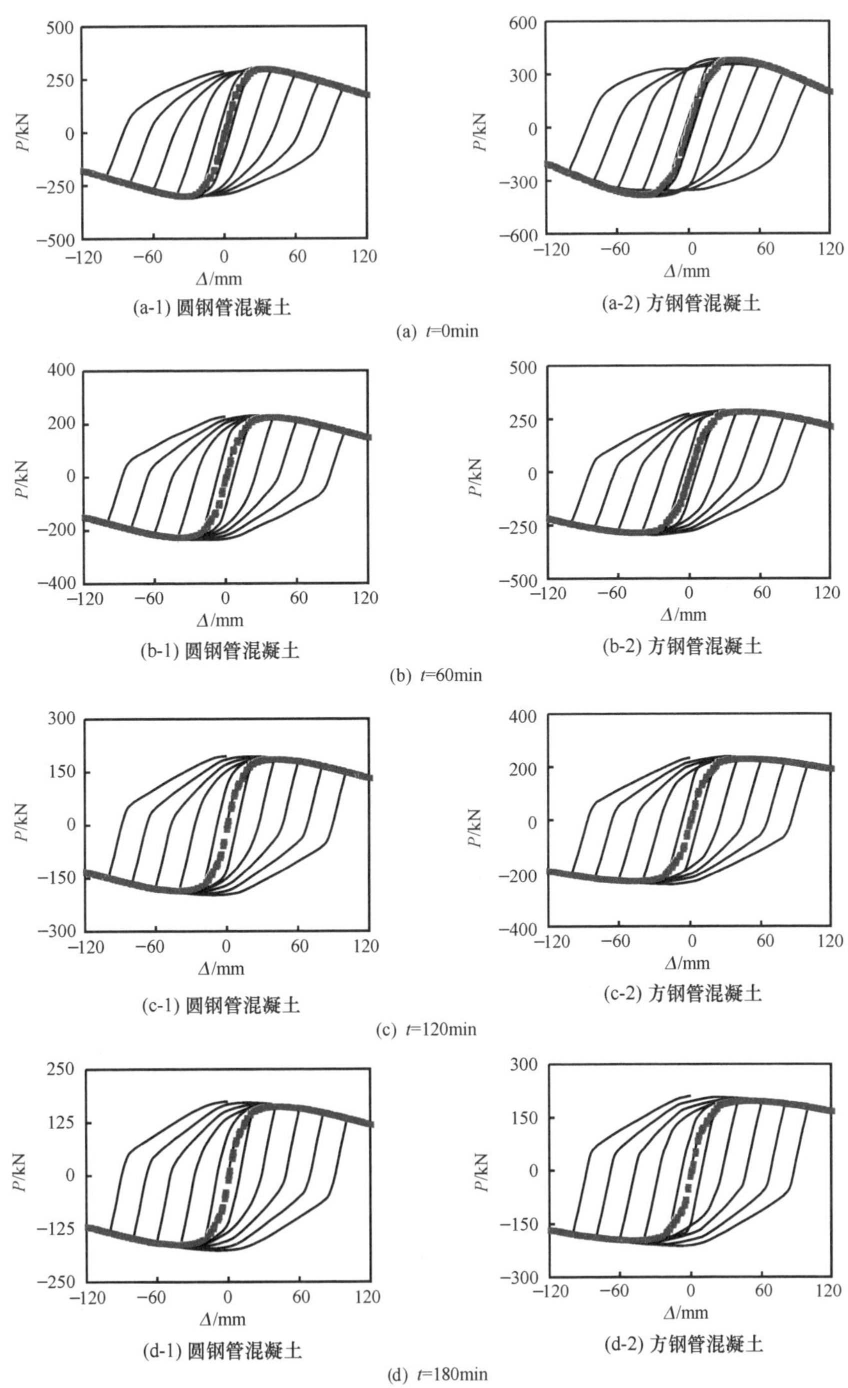

图 9.92　火灾后 P-Δ 滞回关系曲线与单调加载曲线对比

影响火灾后钢管混凝土 $P\text{-}\Delta$ 滞回关系曲线骨架线的可能因素主要有含钢率（α）、钢材屈服强度（f_y）、混凝土抗压强度（f_{cu}）、轴压比（n）、构件长细比（λ）和受火时间（t），对于矩形钢管混凝土还可能有截面高宽比（D/B）。下面分别以圆钢管混凝土、方钢管混凝土构件为例，通过典型算例进行论述。算例的基本条件：$D(B)=400\text{mm}$，Q345 钢，C60 混凝土，含钢率 $\alpha=0.1$，$\lambda=40$，$n=0.4$，$t=60\text{min}$。

1）轴压比（n）。

图 9.93 给出了不同轴压比情况下的 $P\text{-}\Delta$ 关系曲线。从图中可以看出，轴压比的影响是：轴压比越大，构件的水平承载力越小，当轴压比达到一定数值时，曲线将会出现下降段，而且下降段的下降幅度随轴压比的增加而增大，构件的位移延性则越来越小；轴压比对曲线弹性阶段的刚度几乎没有影响，这是因为在弹性阶段，构件的变形很小，$P\text{-}\Delta$ 效应并不明显，而且随着轴压比的增大，核心混凝土开裂面积会减少，这一因素又会使构件的刚度略有增加。

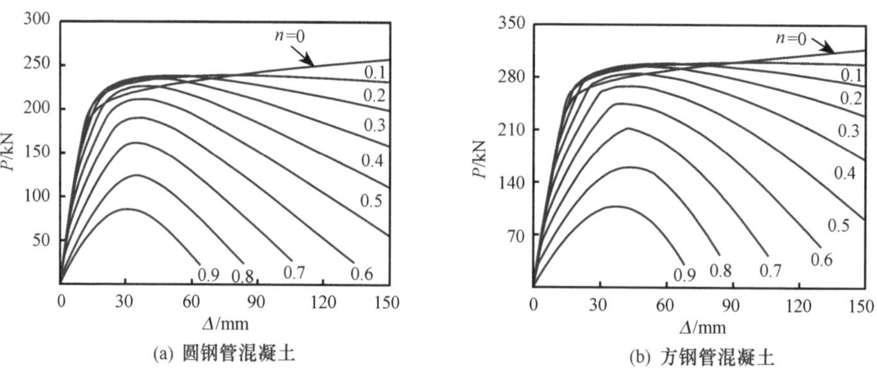

图 9.93　轴压比对 $P\text{-}\Delta$ 骨架线的影响

2）长细比（λ）。

图 9.94 所示为不同长细比情况下的 $P\text{-}\Delta$ 关系曲线。可见，构件长细比 λ 不仅影响曲线的数值，还会影响曲线的形状。随着长细比的增加，弹性阶段和强化阶段的刚度越来越小，水平承载力也逐渐减小。

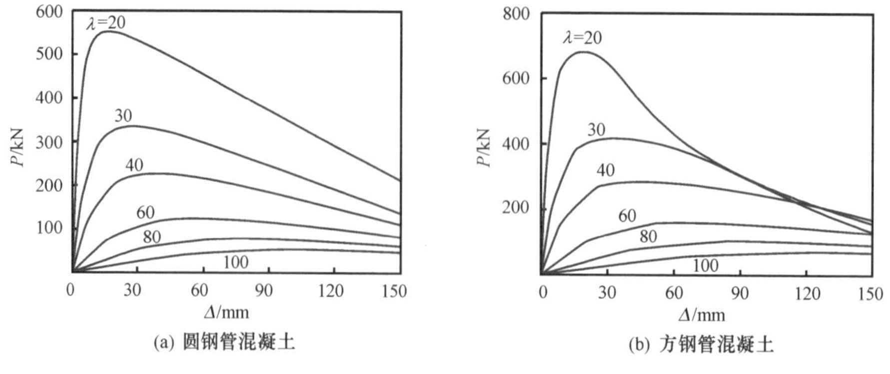

图 9.94　长细比对 $P\text{-}\Delta$ 骨架线的影响

3）含钢率（α）。

图 9.95 所示为含钢率对 P-Δ 关系曲线的影响。可以看出，随着含钢率的提高，构件弹性阶段刚度和水平承载力都有所提高，但含钢率总体上主要影响曲线的数值，对 P-Δ 关系曲线的形状影响不大。

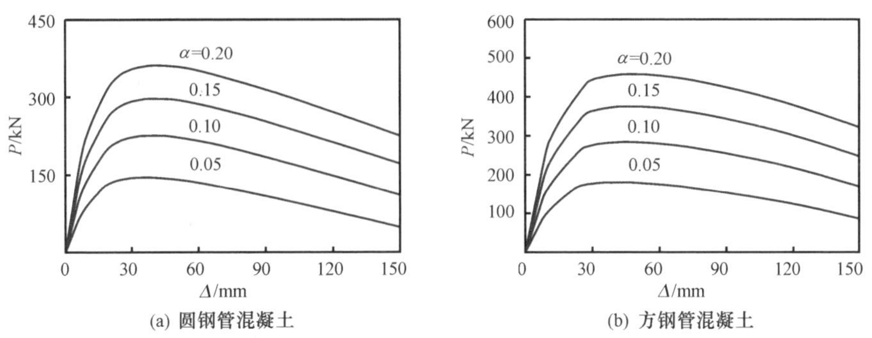

图 9.95　含钢率对 P-Δ 骨架线的影响

4）钢材屈服强度（f_y）。

图 9.96 所示为钢材屈服强度对 P-Δ 关系曲线的影响。可以看出，钢材屈服强度对曲线形状影响不大，随着钢材屈服强度的提高，构件水平承载力有所提高。

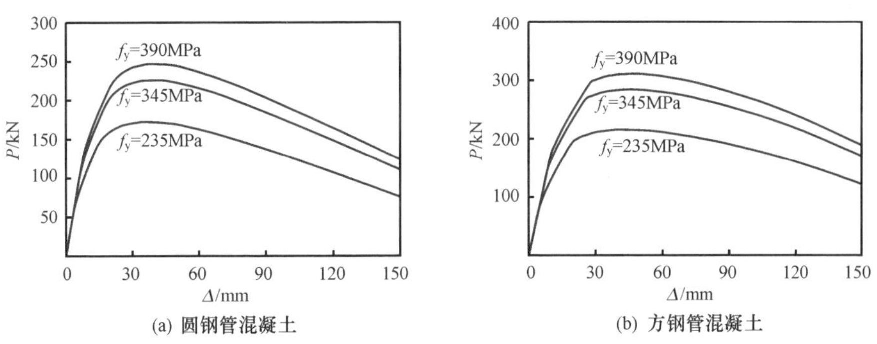

图 9.96　钢材屈服强度对 P-Δ 骨架线的影响

5）混凝土抗压强度（f_{cu}）。

图 9.97 所示混凝土强度对 P-Δ 关系曲线的影响。可以看出，混凝土强度的改变对弹性阶段的刚度和水平承载力等的影响都较小，但随着 f_{cu} 的增大，构件的位移延性有减小的趋势。

6）受火时间（t）。

图 9.98 所示为受火时间对 P-Δ 关系曲线的影响。从图中可以看出，受火时间的影响是：随着受火时间的增长，构件的水平承载力呈下降的趋势，曲线弹性阶段的刚度越来越小，整个曲线趋于扁平，位移延性有增大的趋势。

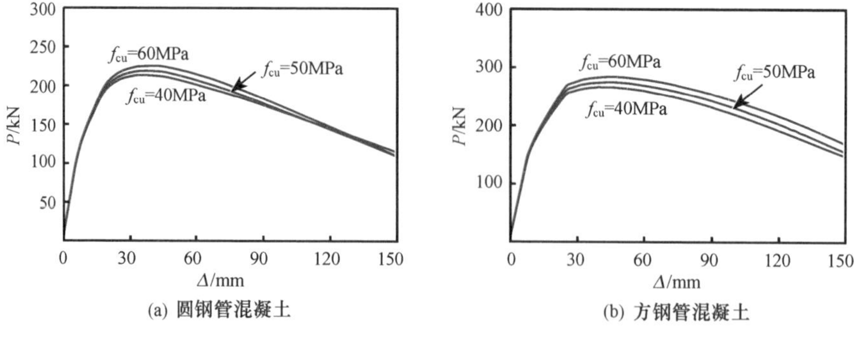

图 9.97 混凝土抗压强度对 P-Δ 骨架线的影响

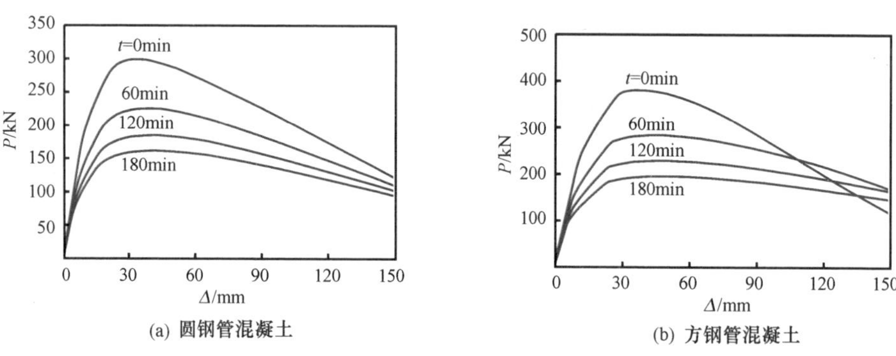

图 9.98 受火时间对 P-Δ 骨架线的影响

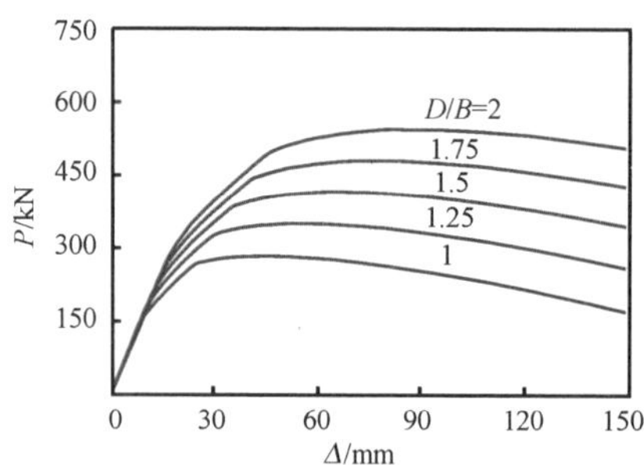

图 9.99 截面高宽比对 P-Δ 骨架线的影响（矩形钢管混凝土）

7）截面高宽比（D/B）。

图 9.99 所示为截面高宽比对火灾后矩形钢管混凝土构件 P-Δ 骨架曲线的影响。可以看出，随着截面高宽比的增大，矩形钢管混凝土压弯构件的水平承载力也随之增大，这主要是由于，在截面宽度一致的情况下，截面高宽比越大，核心混凝土受压面积就越大，其对屈服弯矩的贡献越大，所以水平承载力也就越大。

9.5.5 恢复力模型简化计算方法

采用数值方法可以较为准确地计算出钢管混凝土压弯构件的 M-ϕ 关系曲线，从而可以较为深入地认识该类构件的工作特点，但不便于实际应用。在 9.5.4 节参数分析的基础上，下面给出火灾后钢管混凝土弯矩-曲率滞回模型的简化计算方法（林晓康，2006）。

(1) M-ϕ 关系

1) 圆钢管混凝土。

经过计算结果分析，发现在如下参数范围内，即 $n=0\sim0.8$，$\alpha=0.04\sim0.2$，$\lambda=10\sim80$，Q235～Q420 钢，C30～C90 混凝土，$\xi=0.2\sim4$，$t=0\sim180$min，火灾后圆钢管混凝土构件的弯矩-曲率模型可采用图 9.100 所示的三线性模型。

图 9.100 所示模型中有五个参数需要确定：弹性阶段刚度（K_e），屈服弯矩（M_y），A 点对应的弯矩（M_s），屈服曲率（ϕ_y）和第三段刚度（K_p），取初始屈服弯矩（M_s）为屈服弯矩 M_y 的 0.6 倍，下面分别进行论述。

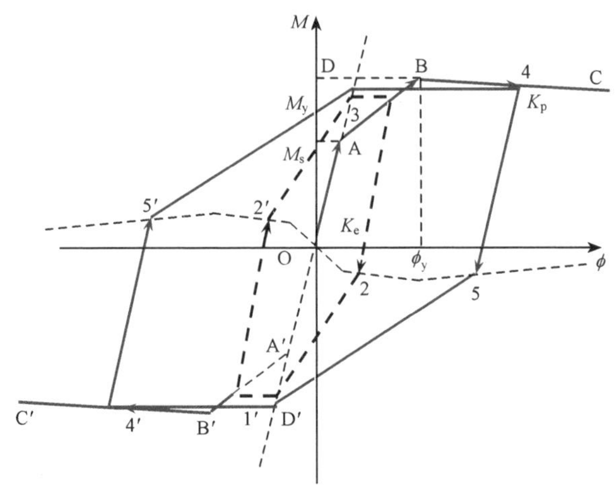

图 9.100　火灾后圆钢管混凝土 M-ϕ 滞回模型

① 弹性阶段刚度（K_e）。火灾后圆钢管混凝土弹性阶段刚度（K_e）基于 EC4（2004）中的公式，并进行修正，即

$$K_e = k_B(E_sI_s + 0.6E_cI_c) \tag{9.47}$$

式中：E_s、E_c 分别为钢材和混凝土的弹性模量，I_s、I_c 分别为钢管和混凝土的截面惯性矩，k_B 为火灾后钢管混凝土弹性抗弯刚度影响系数，如式（9.23）所示。

② 屈服弯矩（M_y）。火灾后圆钢管混凝土 M-ϕ 关系曲线的特点是：当轴压比较小或者受火时间较长时，曲线有强化现象，而在其他情况下，曲线可能出现下降段，此时其 M_y 的取值即为峰值点处的弯矩值，如图 9.101 所示，图中虚线为数值计算结果。计算结果表明，火灾后圆钢管混凝土构件 M-ϕ 关系曲线上的屈服弯矩可以表示为含钢率（α）、混凝土强度

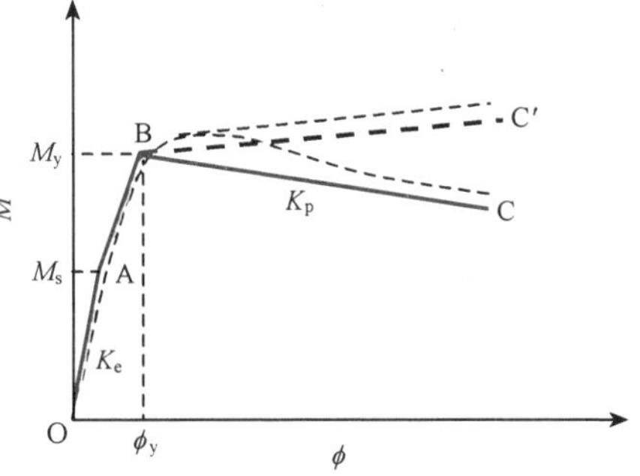

图 9.101　圆钢管混凝土屈服弯矩定义

（f_{cu}）和轴压比（n）的函数，具体为

$$M_y = \frac{(Ac+B)[p\ln(\alpha_o)+q]}{(A+B)}M_{yu} \tag{9.48}$$

式中：$A=-1.26n^2+0.31n-0.08$；

$B=1.98n^2-0.4n+1.07$；

$p=0.78n^2-0.31n+0.03$；

$q=0.61n^2-0.05n+0.99$。

式中：$\alpha_o=\alpha/0.1$，$c=f_{cu}/60$，f_{cu}需以 MPa 为单位代入。M_{yu}为火灾后圆钢管混凝土构件的极限弯矩，可按火灾后钢管混凝土 N-M 强度关系曲线确定，即

$$\begin{cases} \dfrac{N}{N_u(T)} + a\left(\dfrac{M}{M_u(T)}\right) = 1 & N/N_u(T) \geqslant 2\eta_o \\ -b\left(\dfrac{N}{N_u(T)}\right)^2 - c\left(\dfrac{N}{N_u(T)}\right) + \dfrac{M}{M_u(T)} = 1 & N/N_u(T) < 2\eta_o \end{cases} \tag{9.49}$$

其中，

$$a = 1-2\eta_o, b = \frac{1-\zeta_o}{\eta_o^2}, c = \frac{2(\zeta_o-1)}{\eta_o}, N_u(T) = k_N N_u, M_u(T) = k_M M_u$$

式中：ζ_o、η_o 为火灾后钢管混凝土 N-M 强度关系曲线上平衡点的横、纵坐标，确定方法如下。

对于圆钢管混凝土：

$$\zeta_o = 1+0.18\xi^{-1.15}\exp\left[\left(0.22-\frac{0.18}{C_o^2}\right)t_o\right]$$

$$\eta_o = \begin{cases} 0.5-0.245\xi & (\xi \leqslant 0.4) \\ 0.1+0.14\xi^{-0.84} & (\xi > 0.4) \end{cases}$$

对于方、矩形钢管混凝土：

$$\zeta_o = 1+0.14\xi^{-1.3}\exp\left[\left(0.2-\frac{0.23}{C_o^2}\right)t_o\right]$$

$$\eta_o = \begin{cases} 0.5-0.318\xi & (\xi \leqslant 0.4) \\ 0.1+0.13\xi^{-0.81} & (\xi > 0.4) \end{cases}$$

式中：$t_o=\dfrac{t}{100}$，对于圆钢管混凝土 $C_o=\dfrac{C}{1256}$，对于方、矩形钢管混凝土 $C_o=\dfrac{C}{1600}$；$N_u(T)$ 为火灾后钢管混凝土轴压强度承载力；N_u为常温下钢管混凝土轴压强度承载力，按 3.4.2 节确定；k_N为火灾后轴压强度承载力影响系数（霍静思，2005）；$M_u(T)$ 为火灾后钢管混凝土抗弯承载力；M_u为常温下钢管混凝土抗弯承载力，按 3.4.2 节确定；k_M为火灾后纯弯构件抗弯承载力影响系数（霍静思，2005）。

③ A 点对应的弯矩（M_s）。A 点对应的弯矩 M_s的表达式为

$$M_s = 0.6M_y \tag{9.50}$$

④ 屈服曲率（ϕ_y）。在参数分析结果的基础上，可以给出屈服曲率的表达式，具体如下为

$$\phi_y = f(t_o) \cdot f(c) \cdot f(n) \cdot f(C_o) / \left(\frac{D}{1000}\right) \tag{9.51}$$

式中：$f(t_o) = 0.005t_o + 0.038$；

$f(c) = 0.47c + 0.53$；

$f(n) = -1.07n^2 + 1.22n + 0.64$；

$f(C_o) = 0.14\ln C_o + 0.39$。

式中：$t_o = t/100$，$C_o = C/1256$，t 需以 min 为单位代入，C 需以 mm 为单位代入。

⑤ 第三段刚度（K_p）。计算结果表明，圆钢管混凝土压弯构件弯矩-曲率关系曲线的第三段刚度 K_p分为大于零（正刚度）和小于零（负刚度）两种情况，因而如何区分刚度的正负成为确定第三段刚度的关键。参数分析结果表明，影响 K_p的主要参数包括：受火时间（t），截面尺寸（C），约束效应系数（ξ）、轴压比（n）和混凝土强度（f_{cu}）和含钢率（α）。通过对数值结果的回归分析，可以给出 K_p的表达式如下：

$$K_p = \alpha_{do} K_e \tag{9.52}$$

式中：$\alpha_{do} = \alpha_d / 1000$，系数 α_d 的确定方法如下。

当约束效应系数 $\xi \leqslant 1.1$ 时，有

$$\alpha_d = A\ln(t_o^2 + 0.01) + B \tag{9.53}$$

其中

$$A = [A_1 \exp(B_1 n)](1.27C_o^{-0.34})(-0.24\alpha_o + 1.05)$$

$$B = (C_1 n^2 + D_1 n + E_1)(2.51/C_o + 5.34)(0.026\ln\alpha_o + 0.12)$$

上述式中：$A_1 = 0.1f_o + 0.45$；

$B_1 = 2.55\ln f_o + 2.02$；

$C_1 = -28.15f_o^2 + 20.59f_o + 8.47$；

$D_1 = 18.03f_o^2 - 28.51f_o - 1.91$；

$E_1 = 1.74\ln f_o + 12.51$。

当约束效应系数 $\xi > 1.1$ 时，有

$$\alpha_d = A_2 n^2 + B_2 n + C_2 \tag{9.54}$$

式中：$A_2 = (-0.7t_o + 4.07)\xi + (-2.33t_o + 14.57)$；

$B_2 = (-1.15t_o + 3.98)\xi + (2.02t_o - 15.83)$；

$C_2 = (0.2t_o^2 - 0.7t_o + 0.53)\xi + (-t_o^2 + 3.22t_o + 9.54)$。

⑥ 模型软化段。在图 9.100 所示的滞回模型中，当从 1 点或 4 点卸载时，

卸载线将按弹性刚度 K_e 进行卸载，并反向加载至 2 点或 5 点，2 点和 5 点纵坐标荷载值分别取 1 点和 4 点纵坐标弯矩值 0.2 倍；继续反向加载，模型进入软化段 23′或 5D′，点 3′和 D′均在 OA 线的延长线上，其纵坐标值分别与 1（或 3）点和 4（或 D）点相同。随后，加载路径沿 3′1′2′3 或 D′4′5′D 进行，软化段 2′3 和 5′D 的确定办法分别与 23′和 5D′类似。

图 9.102 给出典型的火灾后圆钢管混凝土弯矩-曲率滞回模型与数值计算结果的对比情况，可见二者基本吻合。算例计算条件：$D\times L=400\text{mm}\times 4000\text{mm}$，$\alpha=0.1$，Q345 钢，C60 混凝土。

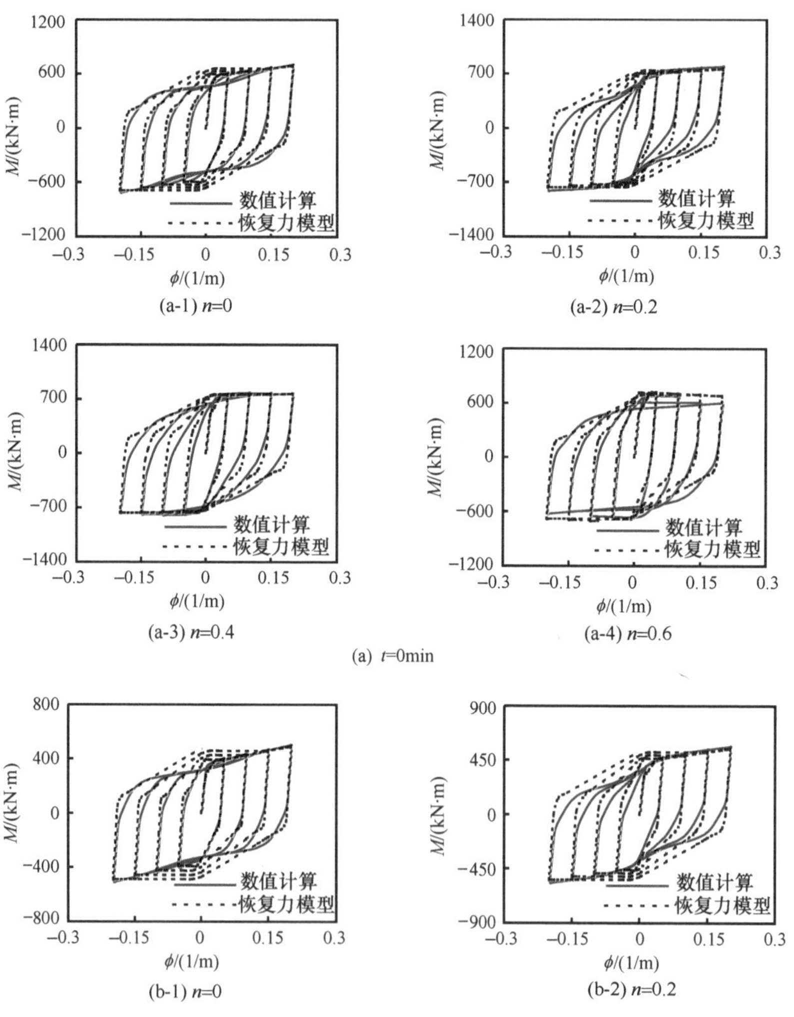

图 9.102 圆钢管混凝土 M-ϕ 滞回模型与数值计算结果比较

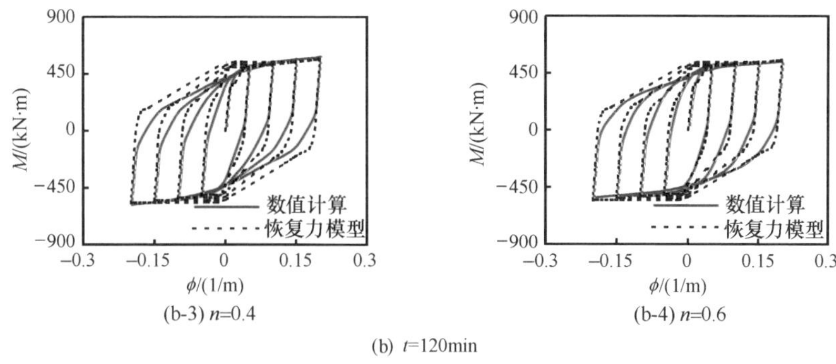

图 9.102　圆钢管混凝土 M-ϕ 滞回模型与数值计算结果比较（续）

2）方、矩形钢管混凝土。

经过计算结果分析，发现在如下参数范围内，即 $n=0\sim0.8$，$\alpha=0.04\sim0.2$，$f_y=200\sim500\text{MPa}$，$f_{cu}=30\sim90\text{MPa}$，$t=0\sim180\text{min}$，$D/B=1\sim2$，火灾后方、矩形钢管混凝土构的弯矩-曲率模型可采用图 9.103 所示的三（四）线性模型。此模型有六个参数需要确定：弹性阶段的刚度（K_e）、屈服弯矩（M_y），屈服曲率（ϕ_y），A 点对应的弯矩（M_s），水平段曲率（ϕ_c）和第三段刚度（K_p），下面分别进行论述。

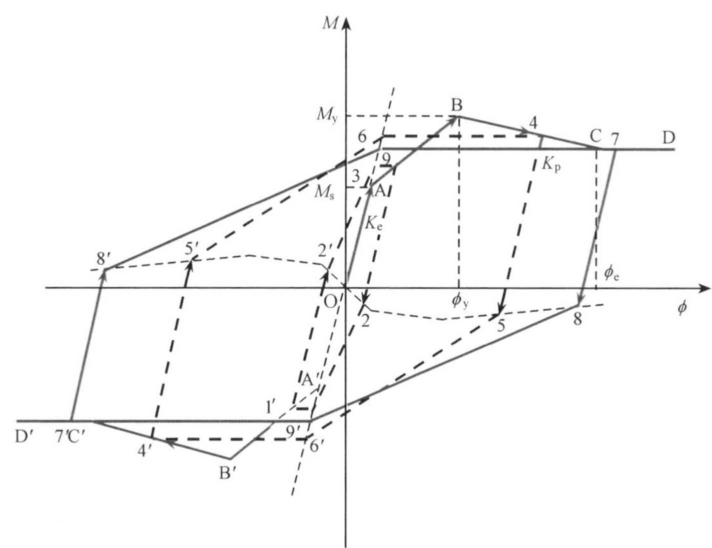

图 9.103　火灾后方、矩形钢管混凝土 M-ϕ 滞回模型

① 弹性阶段刚度（K_e）。火灾后方、矩形钢管混凝土弹性阶段刚度（K_e）基于 AIJ（2008）中的公式，并进行修正，即

$$K_e=k_B(E_sI_s+0.2E_cI_c) \tag{9.55}$$

式中：E_s、E_c 分别为钢材和混凝土的弹性模量；I_s、I_c 分别为钢管和混凝土的

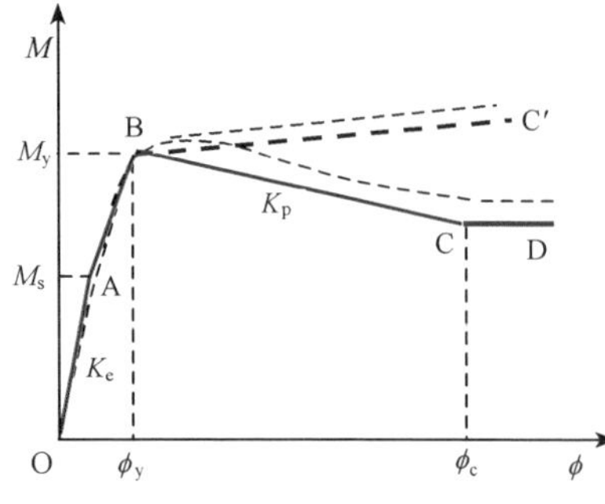

图 9.104　钢管混凝土屈服弯矩定义

截面惯性矩；k_B 为火灾后钢管混凝土弹性抗弯刚度影响系数（霍静思，2005）。

② 屈服弯矩（M_y）。与圆钢管混凝土类似，当轴压比较小或者受火时间较长时，火灾后方、矩形钢管混凝土 M-ϕ 曲线有强化现象，而在其他大部分情况下，曲线将会出现下降段，此时其 M_y的取值即为峰值点处的弯矩值，如图 9.104 所示。计算结果表明，火灾后方、矩形钢管混凝土构件 M-ϕ 关系曲线上的屈服弯矩主要与含钢率（α）、混凝土强度（f_{cu}）和轴压比（n）有关，表达式为

$$M_y = \frac{(A \cdot c + B) \cdot [p \cdot \ln(\alpha_o) + q]}{(A + B)} \cdot M_{yu} \tag{9.56}$$

式中：$A = -0.74n^2 + 0.21n - 0.081$；

$B = 0.96n^2 - 0.045n + 1.14$；

$p = 0.74n^2 - 0.35n + 0.081$；

$q = 0.34n + 1.02$。

其中，$\alpha_o = \alpha/0.1$，$c = f_{cu}/60$，f_{cu}以 MPa 为单位代入。M_{yu}为火灾后方、矩形钢管混凝土构件的极限弯矩，可按式（9.49）计算。

③ A 点对应的弯矩（M_s）。A 点对应的弯矩 M_s 的表达式如下：

$$M_s = 0.6M_y \tag{9.57}$$

④ 屈服曲率（ϕ_y）。屈服弯矩（M_y）对应的曲率（ϕ_y）主要与受火时间（t）、截面尺寸（C）、混凝土强度（f_{cu}）和轴压比（n）有关，表达式如下：

$$\phi_y = f(t_o) \cdot f(c) \cdot f(n) \cdot f(C_o) / \left(\frac{C}{1000}\right) \tag{9.58}$$

式中：$f(t_o) = 0.031t_o + 0.028$；

$f(c) = 0.75c + 0.27$；

$$f(n) = \begin{cases} 2.92n + 0.64 & (n \leqslant 0.2) \\ -1.13n + 1.45 & (n > 0.2) \end{cases}；$$

$f(C_o) = 1.53\,(C_o - 0.4)^{-0.2}$。

其中，$t_o = t/100$，$C_o = C/1256$，t 需以 min 为单位代入，C 需以 mm 为单位代入。

⑤ 第三段刚度（K_p）。

参数分析结果表明，影响 K_p 的主要参数包括：受火时间（t）、截面尺寸（C）、轴压比（n）、含钢率（α）和混凝土强度（f_{cu}），通过对数值结果的回归分析，可以给出 K_p的表达式为

$$K_p = \alpha_{do} K_e \tag{9.59}$$

其中，$\alpha_{do} = \alpha_d/100$，系数 α_d 的确定方法为

$$\alpha_{\mathrm{d}} = A\ln(t_{\mathrm{o}}^{2} + 0.05) + B \tag{9.60}$$

其中

$$A = [-1.33\ln(\alpha_{\mathrm{o}}) + 1.59] \cdot (en^{2} + f) \cdot [-0.16\ln(C_{\mathrm{o}}) + 0.65]$$

$$B = (-2.13/\alpha_{\mathrm{o}} + 0.42) \cdot (gn^{2} + h) \cdot [-0.31\ln(C_{\mathrm{o}} - 0.4) - 0.81)]$$

式中：$e = \begin{cases} -10.76c^{2} + 21.9c - 4.055 & (c \leqslant 1) \\ -14.16c^{2} + 40.91c - 19.665 & (c > 1) \end{cases}$；

$f = \begin{cases} 0.35 & (c \leqslant 1) \\ 0.35c^{-6.31} & (c > 1) \end{cases}$；

$g = 9.18c^{2} - 27.28c + 0.91$；

$h = 0.57\ln(c) + 1.05$。

⑥ 水平段曲率（ϕ_{c}）。数值计算结果表明，当轴压比较小或受火时间较长时，火灾后方、矩形钢管混凝土 M-ϕ 曲线有强化现象（即 $K_{\mathrm{p}} \geqslant 0$），此时模型骨架线用三折线来表示，如图 9.104 中 OABC′所示，当轴压比较大时，曲线可能出现下降段（即 $K_{\mathrm{p}} < 0$），且随着曲率的增加，曲线下降的趋势会趋于平缓，此时模型骨架线用四折线来表示，如图 9.104 中 OABCD 所示，其水平段曲率（ϕ_{c}）的表达式为

$$\varphi_{\mathrm{c}} = (-0.69t_{\mathrm{o}} + 3.11) \cdot (0.42n + 0.77) \cdot [0.19\ln(C_{\mathrm{o}}) + 0.99] \cdot \phi_{\mathrm{y}} \tag{9.61}$$

⑦ 模型软化段。在火灾后方、矩形钢管混凝土弯矩-曲率滞回模型中，当从图 9.103 中的 1 点、4 点或 7 点卸载时，卸载将按弹性刚度 K_{e}进行卸载，并反向加载至 2 点、5 点或 8 点，2 点、5 点和 8 点纵坐标荷载值分别取 1 点、4 点和 7 点纵坐标弯矩值 0.2 倍；继续反向加载，模型进入软化段 23′、56′或 89′，点 3′、6′和 9′均在 OA 线的延长线上，其纵坐标值分别与 1（或 3）点、4（或 6）和 7（或 9）点相同。随后，加载路径沿 3′1′2′3、6′4′5′6 或 9′7′8′9 进行，软化段 2′3、5′6 和 8′9 的确定办法分别与 23′、56′和 89′类似。

图 9.105 所示为采用简化模型计算获得的火灾后方钢管混凝土弯矩-曲率模型与数值计算结果的对比情况，可见二者基本吻合。算例的计算条件为：B=400mm，λ=40，α=0.1，Q345 钢，C60 混凝土。

（2）P-Δ 关系

采用数值方法可较准确地计算出钢管混凝土压弯构件的 P-Δ 关系曲线，从而可以较为深入地认识该类构件的工作特点，但不便于实际应用。在 9.5.4 节参数分析的基础上，下面给出火灾后钢管混凝土荷载-位移滞回模型的简化计算方法。

1）圆钢管混凝土。

经过大量计算结果分析，发现在如下参数范围内，即 n=0～0.8，α=0.04～0.2，λ=10～80，Q235～Q420 钢，C30～C90 混凝土，ξ=0.2～4，t=0～180min，火灾后圆钢管混凝土构件的荷载-位移滞回模型可采用图 9.106 所示的三折线模型，其中，A 点为骨架线弹性阶段的终点，B 点为骨架线的峰值点，其水平荷载

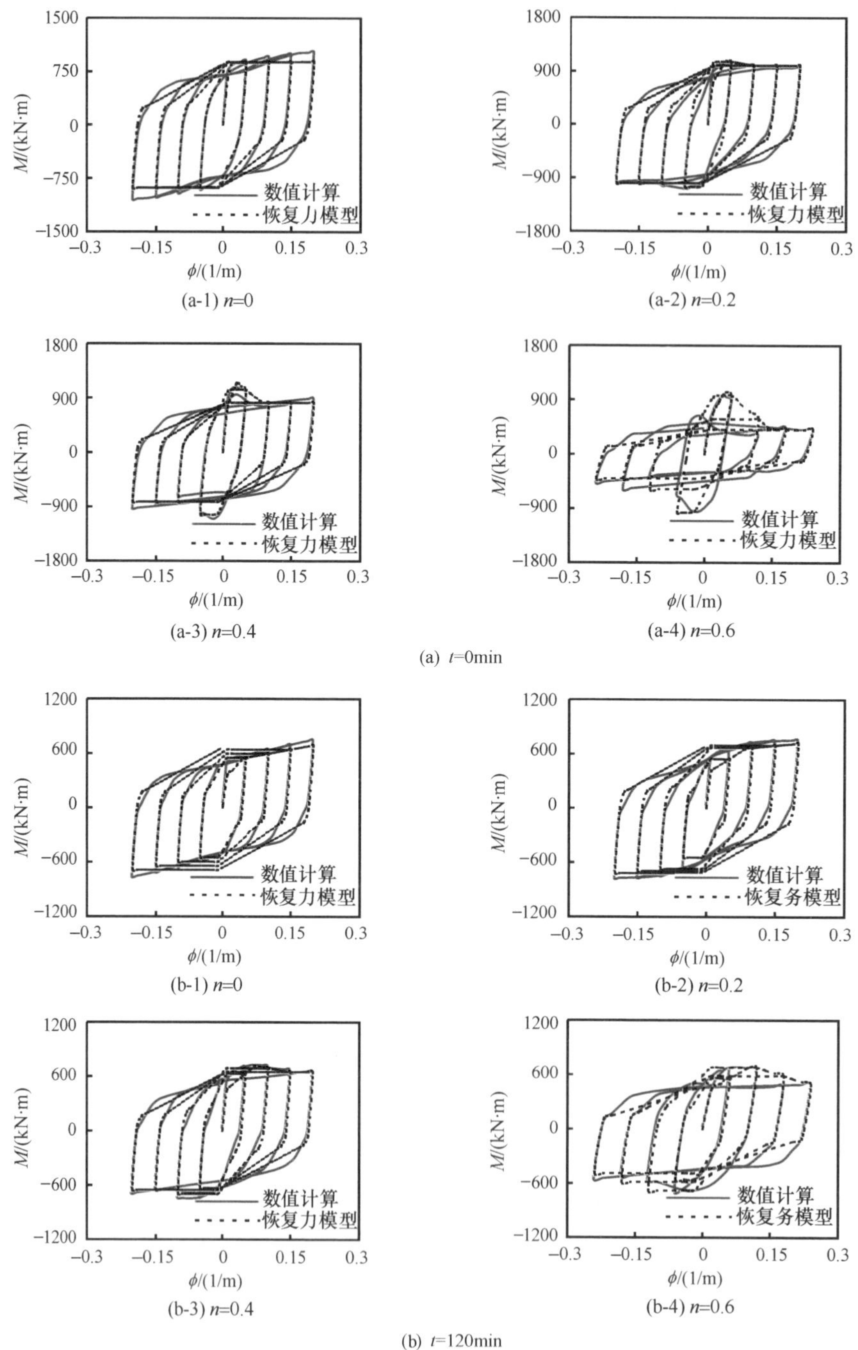

图 9.105　方钢管混凝土 M-ϕ 滞回模型与数值计算结果比较（往复加载）

值为 P_y，A 点的水平荷载大小取 $0.6P_y$，模型中还考虑了再加载时的软化问题。模型参数包括：弹性阶段的刚度（K_a）、B 点位移（Δ_p）和最大水平荷载（P_y）以及第三段刚度（K_T）。

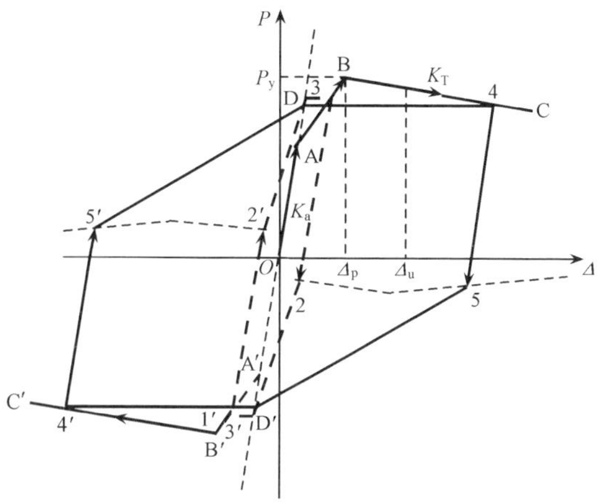

图 9.106　火灾后钢管混凝土 P-Δ 滞回模型

① 弹性刚度（K_a）。由于轴压比对压弯构件弹性阶段的刚度影响很小，所以，火灾后圆钢管混凝土压弯构件在弹性阶段的刚度可按与其相对应的纯弯构件刚度计算方法，圆钢管混凝土弹性阶段刚度 K_a 表达式为

$$K_a = 3K_e/L_1^3 \tag{9.62}$$

式中：K_e 按照式（9.47）确定，$L_1=L/2$。

② 最大水平荷载（P_y）。P_y 的数值主要与轴压比（n）、约束效应系数（ξ）以及长细比（λ）有关，即

$$P_y = \begin{cases} af_1(r)(0.2\xi+0.78)M_y/L_1 & (0.2<\xi\leqslant 1.1) \\ af_1(r)M_y/L_1 & (1.1<\xi<4) \end{cases} \tag{9.63}$$

其中

$$a = (-0.59n^3-0.025)\xi+(1.85n^2+0.94)$$

$$f_1(r) = \begin{cases} d_1 r+e_1 & (r\leqslant 0.75) \\ d_2 r+e_2 & (r>0.75) \end{cases}$$

上述式中：$d_1 = \begin{cases} -0.212 & (n\leqslant 0.2) \\ 0.84n-0.38 & (n>0.2) \end{cases}$；

$$e_1 = \begin{cases} 1.192 & (n\leqslant 0.2) \\ -0.59n+1.31 & (n>0.2) \end{cases};$$

$$d_2 = \begin{cases} -0.072 & (n\leqslant 0.4) \\ -0.83n+0.26 & (n>0.4) \end{cases};$$

$$e_2 = \begin{cases} 1.082 & (n\leqslant 0.4) \\ 0.78n+0.77 & (n>0.4) \end{cases}。$$

其中，M_y 为构件在一定轴压比 n 下的抗弯承载力，按式（9.64）确定，$r=\lambda/40$，$L_1=L/2$。

$$\begin{cases} \dfrac{1}{\varphi}\cdot\dfrac{N}{N_u(T)}+\dfrac{a}{d}\left(\dfrac{M}{M_u(T)}\right)=1 & \left[\dfrac{N}{N_u(T)}\geqslant 2\varphi^3\eta_o\right] \\ -b\left(\dfrac{N}{N_u(T)}\right)-c\left(\dfrac{N}{N_u(T)}\right)+\dfrac{1}{d}\left(\dfrac{M}{M_u(T)}\right)=1 & \left[\dfrac{N}{N_u(T)}<2\varphi^3\eta_o\right] \end{cases} \tag{9.64}$$

其中

$$a=1-2\varphi^2\eta_o, b=\frac{1-\zeta_o}{\varphi^3\eta_o^2}, c=\frac{2(\zeta_o-1)}{\eta_o}, N_u(T)=k_r N_u,$$

$$d=\begin{cases}1-0.4\left(\dfrac{N}{N_E}\right) & \text{（圆钢管混凝土）}\\ 1-0.25\left(\dfrac{N}{N_E}\right) & \text{（方、矩形钢管混凝土）}\end{cases}$$

式中：φ 为钢管混凝土轴心受压柱的稳定系数，按式（3.81）确定；k_r 为火灾后压弯构件承载力影响系数，按式（9.12）、式（9.14）确定；$N_E[=\pi^2(k_c E_{sc})A_{sc}/\lambda^2]$ 为欧拉临界力［其中，k_c 为火灾后轴压刚度影响系数（霍静思，2005）；E_{sc} 为钢管混凝土轴压弹性模量，按式（3.74）确定］。

③ B 点位移（Δ_p）。计算结果表明：B 点位移（Δ_p）主要与长细比（λ）、钢材屈服强度（f_y）、轴压比（n）、受火时间（t）和截面尺寸（C）有关，具体表达式为

$$\Delta_p=f(n)f_1(s)f_2(r)(pt_o+q)\times\frac{P_y}{K_a} \tag{9.65}$$

式中：$f(n)=7.96n^2-3.47n+3.5$；

$f_1(s)=-0.5s+1.5$；

$f_2(r)=0.9(r-0.1)^{-0.49}$；

$p=0.28(C_o-0.4)^{-0.21}$；

$q=0.11\ln(C_o)+0.8$。

其中，$t_o=t/100$，$s=f_y/345$，$r=\lambda/40$，$C_o=C/1256$，t 需以 min 为单位代入，f_y 需以 MPa 为单位代入，C 需以 mm 为单位代入。

④ BC 段刚度（K_T）。BC 段刚度 K_T 的表达式如下：

$$K_T=\alpha_{do}K_a \tag{9.66}$$

其中，$\alpha_{do}=\alpha_d/100$，系数 α_d 的确定方法为

$$\alpha_d=A\ln(t_o^2+0.1)+B \tag{9.67}$$

其中

$$A=(-0.083\alpha_o+0.95)\cdot(0.63c+0.25)\cdot(0.18r^2+0.83r-0.076)\cdot(3.61n+0.093)\cdot f_2(s)\cdot f_1(C_o)$$

$$B=[1.5\ln(\alpha_o)-4.1]\cdot(0.91c^2-2.69c-2.39)\cdot[-1.94\ln(s)-4.14]\cdot(-6.4r+1.81)\cdot(1.04n-0.12)\cdot f_2(C_o)\times 10^{-2}$$

式中：$f_2(s)=\begin{cases}-1.28s^2+2.19s-0.014 & (s\leqslant 1)\\ -2.5s^2+6.15s-2.754 & (s>1)\end{cases}$；

$f_1(C_o)=\begin{cases}0.28C_o^2-1.18C_o+1.862 & (C_o\leqslant 2.5)\\ -0.033C_o^2+0.14C_o+0.518 & (C_o>2.5)\end{cases}$；

$$f_2(C_o)=\begin{cases}-0.61C_o-3.77 & (C_o\leqslant 2.5)\\ 0.026C_o-5.36 & (C_o>2.5)\end{cases}$$。

其中，$s=f_y/345$，$c=f_{cu}/60$，$r=\lambda/40$，$t_o=t/100$，$C_o=C/1256$，f_y 和 f_{cu}需以 MPa 为单位代入，t 需以 min 为单位代入，C 需以 mm 为单位代入。

⑤ 模型软化段。在圆钢管混凝土压弯构件荷载-位移滞回模型中，当从图 9.106中的 1 点或 4 点卸载时，卸载线将按弹性刚度 K_a进行卸载，并反向加载至 2 点或 5 点，2 点和 5 点纵坐标荷载值分别取 1 点和 4 点纵坐标荷载值的 0.2 倍；继续反向加载，模型进入软化段 23′或 5D′，点 3′和 D′均在 OA 线的延长线上，其纵坐标值分别与 1（或 3）点和 4（或 D）点相同。随后，加载路径沿 3′1′2′3 或 D′4′5′D 进行，软化段 2′3 和 5′D 的确定办法分别与 23′和 5D′类似。

图 9.107 所示为采用简化模型计算获得的火灾后圆钢管混凝土构件的荷载-位移模型与数值方法计算结果的对比情况，可见二者基本吻合。算例的计算条件为：D=400mm，λ=40，α=0.1，Q345 钢，C60 混凝土。

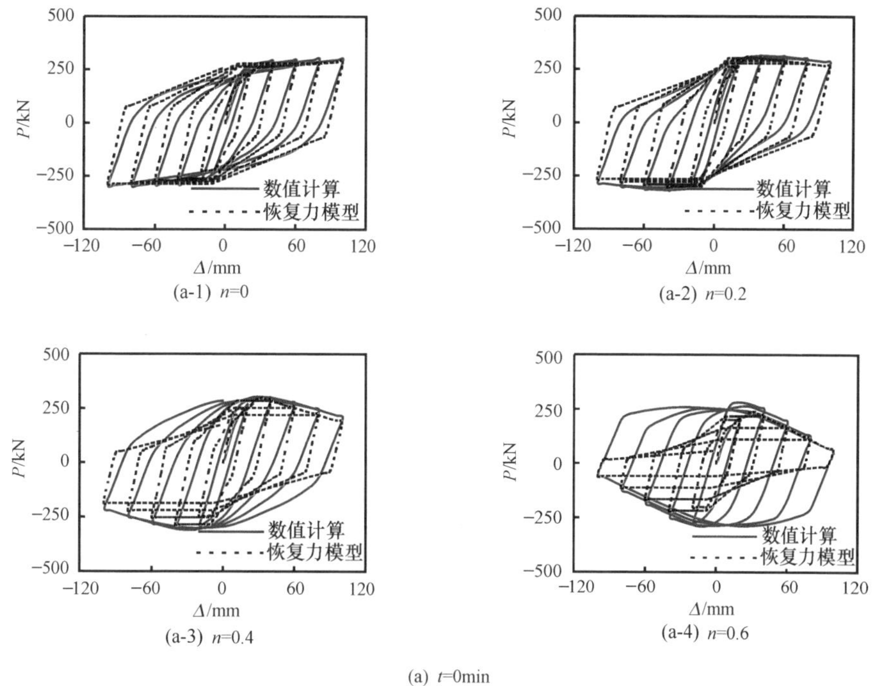

图 9.107　圆钢管混凝土 P-Δ 滞回模型与数值计算结果比较（往复加载）

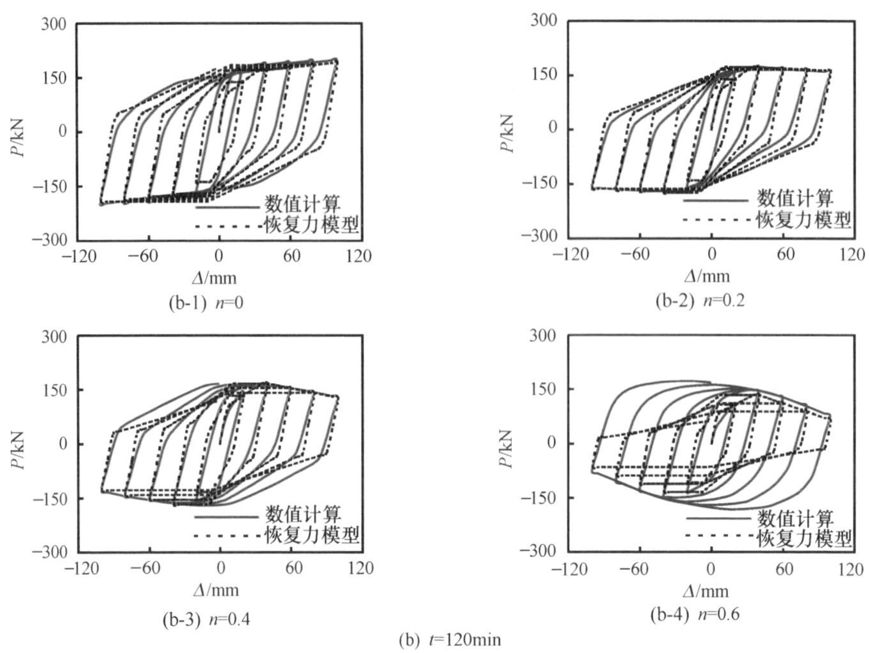

图 9.107 圆钢管混凝土 P-Δ 滞回模型与数值计算结果比较（往复加载）（续）

2）方、矩形钢管混凝土。

计算分析结果表明，如下参数范围内，即 $n=0\sim0.8$，$\alpha=0.04\sim0.2$，$\lambda=10\sim80$，Q235～Q420 钢，C30～C90 混凝土，$D/B=1\sim2$，$\xi=0.2\sim4$，$t=0\sim180$min，火灾后方、矩形钢管混凝土构件的荷载-位移滞回模型可采用图 9.106 所示的三折线模型描述，图中，A 点为骨架线弹性阶段的终点，B 点为骨架线的峰值点，对应的水平荷载值为 P_y；A 点的水平荷载取 $0.6P_y$。模型参数包括：弹性阶段的刚度（K_a）、B 点位移（Δ_p）和最大水平荷载（P_y）以及第三段刚度（K_T）。

① 弹性刚度（K_a）。由于轴压比对压弯构件弹性阶段的刚度影响很小，火灾后方、矩形钢管混凝土压弯构件在弹性阶段的刚度可按与其相对应的纯弯构件刚度计算方法，方、矩形钢管混凝土弹性阶段刚度 K_a 可按式（9.62）确定，K_e 按照式（9.55）确定，$L_1=L/2$。

② 最大水平荷载（P_y）。P_y 的数值主要与轴压比（n）、约束效应系数（ξ）以及长细比（λ）有关，即

$$P_y=\begin{cases}af_1(r)\cdot(0.23\xi+0.747)\cdot M_y/L_1 & (0.2<\xi\leqslant1.1)\\ a\cdot f_1(r)\cdot M_y/L_1 & (1.1<\xi<4)\end{cases}\tag{9.68}$$

其中

$$a=(-0.51n^3-0.024)\xi+(1.78n^2+1)$$

$$f_1(r)=\begin{cases}d_1r+e_1 & (r\leqslant 0.75)\\ d_2r+e_2 & (r>0.75)\end{cases}$$

式中：$d_1=\begin{cases}-0.234 & (n\leqslant 0.2)\\ 1.08n-0.45 & (n>0.2)\end{cases}$；

$e_1=\begin{cases}1.208 & (n\leqslant 0.2)\\ -0.81n+1.37 & (n>0.2)\end{cases}$；

$d_2=\begin{cases}-0.08 & (n\leqslant 0.4)\\ -0.75n+0.22 & (n>0.4)\end{cases}$；

$e_2=\begin{cases}1.078 & (n\leqslant 0.4)\\ 0.67n+0.81 & (n>0.4)\end{cases}$。

其中，M_y为构件在一定轴压比 n 下的抗弯承载力，按式（9.64）确定，$r=\lambda/40$，$L_1=L/2$。

③ B 点位移（Δ_p）。计算结果表明：B 点位移（Δ_p）主要与长细比（λ）、钢材屈服强度（f_y）、轴压比（n）、受火时间（t）和截面尺寸（C）有关，具体表达式为

$$\Delta_p=f(n)\cdot f(s)\cdot f_2(r)\cdot(pt_o+q)\cdot\frac{P_y}{K_a}\tag{9.69}$$

式中：$f(n)=8.3n^2-3.27n+2.54$；

$f(s)=-0.46s+1.47$；

$f_2(r)=-0.5\ln(r)+0.98$；

$p=0.39(C_o-0.4)^{-0.11}$；

$q=0.05\ln(C_o)+0.76$。

其中，$t_o=t/100$，$s=f_y/345$，$r=\lambda/40$，$C_o=C/1600$。t 需以 min 为单位代入，f_y 需以 MPa 为单位代入，C 需以 mm 为单位代入。

④ BC 段刚度（K_T）。BC 段刚度 K_T 的表达式如下：

$$K_T=\alpha_{do}K_a\tag{9.70}$$

式中：$\alpha_{do}=\alpha_d/100$，系数 α_d 的确定方法为

$$\alpha_d=A\ln(t_o^2+0.01)+B\tag{9.71}$$

其中

$$A=[-0.94\ln(\alpha_o)+1.97]\cdot(A_1n^3+B_1n^2+C_1n+D_1)\cdot[1.19\exp(0.28r)]\cdot(0.046s+0.093)\cdot f_1(C_o)$$

$$B=(-2.16/\alpha_o-2.4)\cdot(E_1n^2+F_1n+G_1)\cdot(-3.58r^2+2.5r-3.85)\cdot(-0.56s-0.41)\cdot f_2(C_o)\times 10^{-2}$$

上述式中：$A_1=\begin{cases}-47.04c+19.91 & (c\leqslant 1)\\ 46.38c-73.51 & (c>1)\end{cases}$；

$$B_1 = \begin{cases} 62.26c - 31.145 & (c \leqslant 1) \\ -28.23c + 59.345 & (c > 1) \end{cases};$$

$$C_1 = \begin{cases} -13.26c + 10.555 & (c \leqslant 1) \\ 13.33c^2 - 31.79c + 15.755 & (c > 1) \end{cases};$$

$$D_1 = 0.021c + 0.049;$$

$$E_1 = -11.28\ln(c) - 18.16;$$

$$F_1 = 6.52\ln(c) - 8.22;$$

$$G_1 = -0.5c + 1.96;$$

$$f_1(C_o) = \begin{cases} -0.38C_o + 2.424 & (C_o \leqslant 3) \\ -0.034C_o + 1.386 & (C_o > 3) \end{cases};$$

$$f_2(C_o) = \begin{cases} -2.14C_o - 2.375 & (C_o \leqslant 3) \\ 0.27C_o - 9.605 & (C_o > 3) \end{cases}。$$

其中，$s=f_y/345$，$c=f_{cu}/60$，$r=\lambda/40$，$t_o=t/100$，$C_o=C/1600$。f_y和f_{cu}以MPa为单位代入，t以min为单位代入，C以mm为单位代入。

⑤ 模型软化段。对于方、矩形钢管混凝土，图9.106所示的P-Δ滞回模型的卸载段具有如下特点：当从1点或4点卸载时，卸载将按弹性刚度K_a进行卸载，并反向加载至2点或5点，2点和5点纵坐标荷载值分别取1点和4点纵坐标荷载值的0.2倍；继续反向加载，模型进入软化段23′或5D′，点3′和D′均在OA线的延长线上，其纵坐标值分别与1（或3）点和4（或D）点相同。随后，加载路径沿3′1′2′3或D′4′5′D进行，软化段2′3和5′D的确定办法分别与23′和5D′类似。

图9.108所示为采用简化模型计算获得的火灾后方钢管混凝土的荷载-位移模型与数值方法计算结果的对比情况，可见二者基本吻合。算例条件为：$B=400$mm，$L=4619$mm，$\alpha=0.1$，Q345钢，C60混凝土。

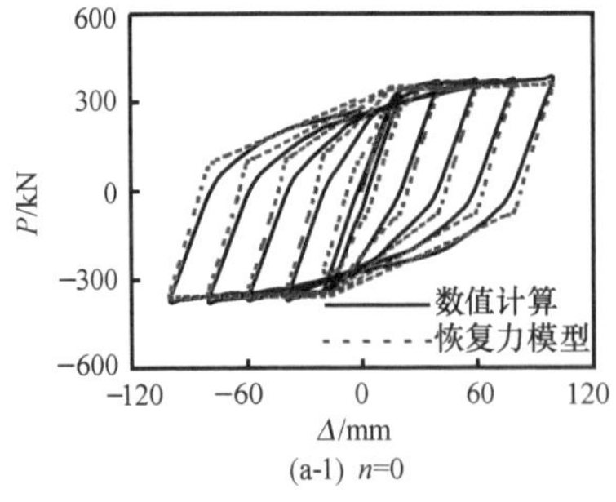

(a-1) n=0

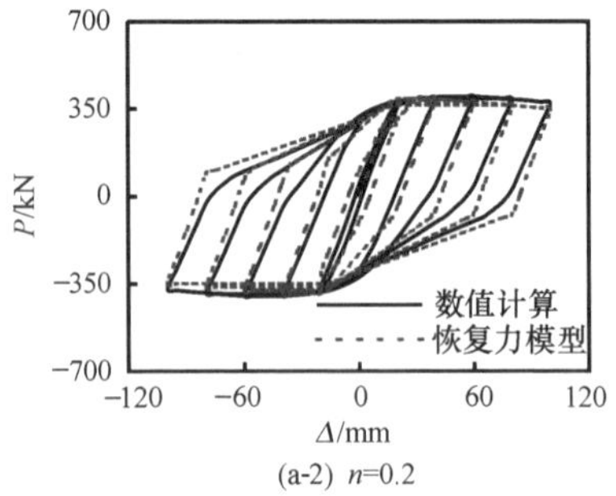

(a-2) n=0.2

图9.108　方钢管混凝土P-Δ滞回模型与数值计算结果比较（往复加载）

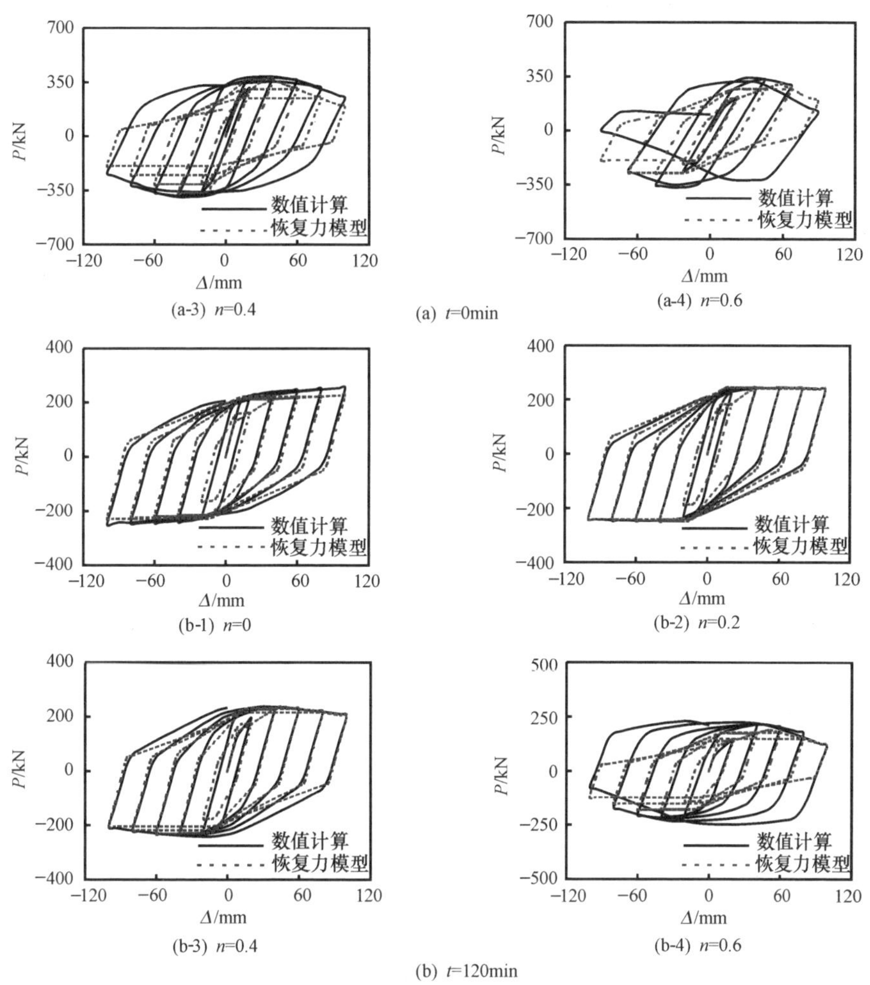

图 9.108　方钢管混凝土 P-Δ 滞回模型与数值计算结果比较（往复加载）（续）

9.5.6　延性系数的简化计算

火灾后钢管混凝土压弯构件的位移延性系数的定义按照 7.3.5 节确定。将式（7.29）和式（7.30）中的 P_y 由式（9.63）代入，K_a 由式（9.62）代入，Δ_p 和 K_T 分别由式（9.65）和式（9.66）代入，则可导出火灾后圆钢管混凝土构件位移延性系数的计算公式（林晓康，2006）为

$$\mu = f(n) \cdot f_1(s) \cdot f_2(r) \cdot (pt_o + q) - \frac{0.15}{\alpha_{d_o}} \tag{9.72}$$

式（9.72）的适用范围：$n=0\sim0.8$，$\alpha=0.04\sim0.2$，$\lambda=10\sim80$，Q235～Q420 钢，C30～C90 混凝土，$\xi=0.2\sim4$，$t=0\sim180\text{min}$。

将式（7.29）和式（7.30）中的 P_y 由式（9.68）代入，K_a 由式（9.62）代

入，Δ_p 和 K_T 分别由式（9.69）和式（9.70）代入，则可导出火灾后方、矩形钢管混凝土构件位移延性系数的计算公式为

$$\mu = f(n) \cdot f(s) \cdot f_2(r) \cdot (pt_o + q) - \frac{0.15}{\alpha_{d_o}} \tag{9.73}$$

式（9.73）的适用范围：$n=0\sim0.8$，$\alpha=0.04\sim0.2$，$\lambda=10\sim80$，Q235～Q420 钢，C30～C90 混凝土，$D/B=1\sim2$，$\xi=0.2\sim4$，$t=0\sim180$min。

从式（9.72）和式（9.73）可以看出，火灾后钢管混凝土构件的位移延性系数 μ 与材料强度、轴压比、长细比、含钢率、受火时间和截面尺寸等都有关系。

9.6 小　　结

本章对恒高温作用后钢管混凝土轴心受压力学特性进行理论分析和试验研究，确定了组成钢管混凝土的钢材和混凝土在高温作用后的应力-应变关系模型。在此基础上，利用数值分析方法进行了火灾后钢管混凝土压弯构件的荷载-变形关系曲线全过程分析。在系统分析了火灾持续时间、构件截面含钢率、钢材和混凝土强度、荷载偏心率和构件截面尺寸等因素对火灾作用后钢管混凝土构件承载力及残余变形影响规律的基础上，提出构件承载力和变形的实用计算方法。

本章还对火灾后钢管混凝土构件的滞回性能进行了研究，结果表明，火灾作用后钢管混凝土滞回曲线较为饱满，没有明显的捏缩现象，构件仍具有较好的抗震性能，但与常温下的构件相比，其极限承载力以及弹性阶段刚度均有一定幅度的降低。在系统参数分析结果的基础上，本章提出了火灾作用后钢管混凝土压弯构件的恢复力模型计算方法。

本书第 8 章和第 9 章提出并实现了可考虑力、温度和时间路径的钢管混凝土柱荷载-变形关系和耐火极限的研究方法和思路，为进一步深入地进行钢-混凝土组合结构的抗火设计原理创造了条件。在此基础上，作者领导的课题组进一步研究了组合构件，如型钢混凝土、中空夹层钢管混凝土、不锈钢管混凝土和 FRP（Fiber Reinforced Polymer）约束钢管混凝土等的耐火性能；钢-混凝土组合框架梁-柱连接节点的耐火性能；火灾后钢-混凝土组合框架梁-柱连接节点的力学性能，以及钢-混凝土组合平面框架结构的耐火性能（韩林海和宋天诣，2012）。

第 10 章　钢管初应力对钢管混凝土柱力学性能的影响

10.1　引　　言

众所周知，钢管混凝土是一种组合结构，基于全寿命周期的钢管混凝土结构设计方法中需综合考虑结构建造阶段和使用阶段的荷载作用效应。

实际的多、高层建筑中采用钢管混凝土柱时，往往是先安装空钢管，然后再安装梁，并进行楼板的施工。为了加快施工进度，提高工作效率，通常是先安装若干层空钢管柱，然后再在空钢管中浇灌混凝土。图 10.1 所示为一种典型的多、高层建筑中钢管混凝土柱施工方式示意图（韩林海，2004；Uy 和 Das，1997b）。这样，在混凝土凝固并与其外包钢管共同组成钢管混凝土之前，由于施工荷载和湿混凝土自重等，会在钢管内产生沿纵向的初压应力（以下简称钢管初应力）。钢管混凝土拱桥施工时，往往也是先安装空钢管拱肋，然后再浇筑钢管内的混凝土，同样也会产生钢管初应力。上述初应力对钢管混凝土结构力学性能的影响问题一直是工程界关注的热点问题之一。合理确定钢管初应力对钢管混凝土构件力学性能的影响将对更安全合理地应用钢管混凝土结构和施工组织具有重要意义。

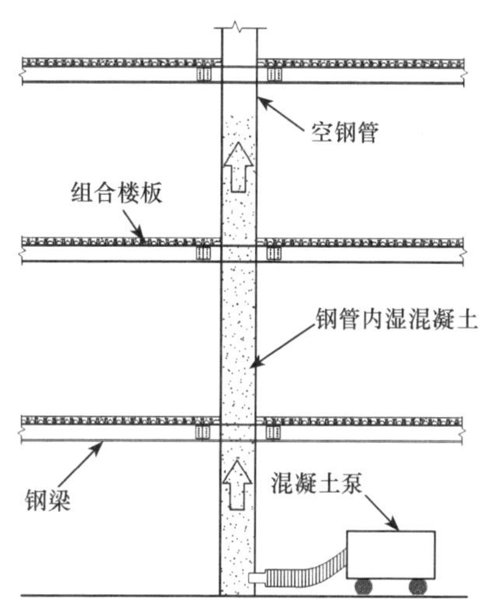

图 10.1　核心混凝土泵送浇灌方式示意

黄世娟（1995）进行了钢管初应力对圆钢管混凝土轴压力学性能影响的理论分析和试验研究，结果表明钢管初应力对圆钢管混凝土轴压力学性能有一定影响，但对轴压强度承载力影响不大。张晓庆（1995）进行了 29 个圆钢管混凝土偏压构件的试验研究，结果表明，初应力对圆钢管混凝土偏压构件的承载力有较大影响。查晓雄（1996）采用有限元法对钢管带初应力的钢管混凝土压弯扭构件荷载-变形关系进行了分析，并建议了有钢管初应力情况下圆钢管混凝土构件的承载力验算方法。黄霭明和李少云（1998）研究了钢管初应力对圆钢管混凝土短柱极限承载力的影响。

以上成果为进一步深入研究钢管初应力的影响问题创造了条件。为了适应钢管混凝土技术发展的要求，该课题仍有待于深入进行，尤其以往对方、矩形钢管混凝土构件中钢管初应力的影响问题尚少见相关的研究报道。

为了全面深入地认识钢管初应力的影响规律，需研究钢管初应力的存在对钢管及其核心混凝土之间相互作用的影响规律，及对钢管混凝土构件工作机理的影响，并最终在深入分析影响该问题各个可能因素的基础上提供实用验算方法。

本章进行了考虑钢管初应力影响时方钢管混凝土压弯构件力学性能的试验研究，利用数值方法对钢管混凝土压弯构件的荷载-变形关系全过程进行了分析，研究了钢管初应力的存在对钢管混凝土构件工作机理的影响规律，在此基础上，分析了初应力系数、构件长细比、截面含钢率、荷载偏心率、钢材和混凝土的强度等因素的影响规律，推导出考虑初应力影响时钢管混凝土压弯构件承载力的实用验算方法。

10.2　试验研究

10.2.1　试验概况

共进行了 19 个方钢管混凝土试件的试验（Han 和 Yao，2003b；尧国皇，2002）研究，试件详细参数见表 10.1。

本次试验考虑的因素主要有构件长细比（$\lambda=2\sqrt{3}L/B$，其中，L 为试件长度，B 为截面外边长）、荷载偏心率（e/r，其中，e 为荷载偏心距，$r=B/2$）、混凝土强度（f_{cu}）和初应力系数（β），β 按下式计算为

$$\beta=\frac{\sigma_{so}}{\varphi_s\cdot f_y} \tag{10.1}$$

式中：σ_{so}为钢管初应力，$\sigma_{so}=N_p/A_s$，其中 N_p为施加在钢管上的初始荷载，其值大小见表 10.1，A_s为钢管横截面面积；φ_s 为空钢管构件轴心受压稳定系数，可按国家标准《钢结构设计规范》（2003）的有关规定确定；f_y 为钢材的屈服强度。表 10.1 中，t 为钢管壁厚度。

10.2.2　试件制作

方钢管由四块钢板拼焊而成。加工钢管时，首先按所要求的截面形式和长度加工空钢管，并保证钢管两端截面平整。对每个试件加工两个厚度为 3mm 的钢板作为试件的盖板，先在空钢管一端将盖板焊上，另一端等混凝土浇灌之后再焊接。盖板及空钢管的几何中心对中。

钢材材性由标准拉伸试验确定测得平均屈服强度（f_y）、抗拉强度（f_u）、弹性模量（E_s）和泊松比（μ_s）分别为：$f_y=340$MPa，$f_u=439.6$MPa，$E_s=2.07\times$

$10^5 N/mm^2$，$\mu_s = 0.267$。

混凝土水灰比为 0.39，配合比按重量比为水：水泥：砂：石＝195：500：480：1225，单位为 kg/m^3。混凝土 28 天抗压强度（f_{cu}）由与试件同条件下成型养护的边长为 150mm 的立方试块测得；弹性模量（E_c）由 150mm×150mm×300mm 棱柱体轴心受压试验测得，f_{cu} 和 E_c 的实测值如表 10.1 所示。混凝土采用了普通硅酸盐水泥；中粗砂，砂率为 0.28；卵石，最大粒径为 25mm。

表 10.1　钢管初应力影响试验试件表

序号	试件编号①	$B\times t\times L$ /(mm×mm×mm)	λ	e/mm	e/r	N_p/kN	β	f_{cu} /MPa	E_c/ (N/mm²)	N_{ue} /kN
1	S-1	120×2.65×360	10	0	0	0	0	20.1	25 306	640
2	SP-1	120×2.65×360	10	0	0	211	0.5	20.1	25 306	664
3	S-2	120×2.65×360	10	14	0.23	0	0	20.1	25 306	533
4	SP-2	120×2.65×360	10	14	0.23	211	0.5	20.1	25 306	538
5	S-3	120×2.65×360	10	0	0	0	0	36	27 102	816
6	SP-3	120×2.65×360	10	0	0	211	0.5	36	27 102	812
7	S-4	120×2.65×360	10	14	0.23	0	0	36	27 102	600
8	SP-4	120×2.65×360	10	14	0.23	211	0.5	36	27 102	622
9	SP-5	120×2.65×360	10	14	0.23	127	0.3	36	27 102	650
10	SP-6	120×2.65×360	10	31	0.52	198	0.5	36	27 102	500
11	L-1	120×2.65×1400	40	14	0.23	0	0	36	27 102	590
12	LP-1	120×2.65×1400	40	14	0.23	194	0.5	36	27 102	560
13	L-2	120×2.65×1400	40	0	0	0	0	36	27 102	769
14	LP-2	120×2.65×1400	40	0	0	194	0.5	36	27 102	730
15	LP-3	120×2.65×1400	40	14	0.23	272	0.7	36	27 102	552
16	LP-4	120×2.65×1400	40	31	0.52	194	0.5	36	27 102	452
17	L-5	120×2.65×1400	40	31	0.52	0	0	30	26 819	412
18	LP-6	120×2.65×1400	40	31	0.52	117	0.3	30	26 819	397
19	LP-7	120×2.65×1400	40	31	0.52	272	0.7	30	26 819	390

① S 表示短试件；P 表示有钢管初应力；L 表示长试件。

浇灌混凝土时，先将钢管竖立，使未焊盖板的一端位于顶部，从开口处灌入混凝土。采用了分层灌入法，同时用 $\phi50$ 振捣棒伸入钢管内部进行完全振捣，还在试件底部用振捣棒在钢管的外部进行侧振，以期保证混凝土的密实度。最后将核心混凝土顶部与钢管上截面抹平。试件自然养护两星期左右后，用高强水泥砂浆将混凝土表面与钢管抹平，然后焊上另一盖板，以期尽可能保证钢管与核心混凝土在试验施荷初期就能共同受力。

在试件顶部和底部分别设置厚度为 20mm 的承力端板，并在其上沿斜对角方向焊有高 100mm、厚 8mm 的加劲肋，以保证钢承力板有足够的刚度。每块钢承力板上各设有 4 个直径为 22mm 的螺栓孔，用来穿对试件施加初应力的钢螺丝杆。螺丝杆直径为 20mm，施加初始荷载即通过拧紧与螺丝杆相连的螺母进行。施荷采用对称加载办法，即先将试件行几何对中，然后依次拧紧各钢拉杆螺丝杆上的螺母，同时观测设置在试件上的千分表和纵向应变片读数的变化，保证试件在加载过程中始终处于轴心受压状态。当各拉杆提供的拉力之和达到 N_p 后结束加载。随着时间的推移当试件产生变形后，试件整体缩短，拉杆将会产生松弛现象，从而使施加到试件上的荷载不断减小，为了保持试件所受荷载值的恒定，需不定期通过拧紧拉杆上螺母对试件进行荷载补加。荷载大小由和拉杆相连的拉压传感器控制。初应力施加完毕后的前三天每天补一次荷载，之后每隔一天补一次荷载。本次试验过程中发现荷载施加 4 天左右后基本稳定。施荷 6 天后浇灌管内混凝土。混凝土养护过程中，经测量发现施加在钢管上的初应力基本不会变化。

钢管初应力施加后短试件和长试件的情景如图 10.2 所示。

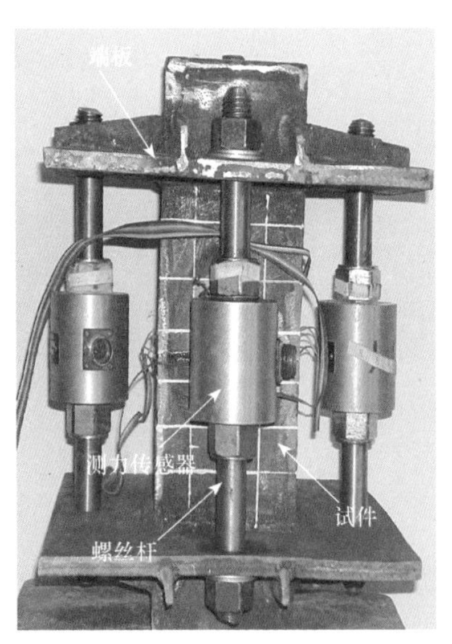

(a) 短试件

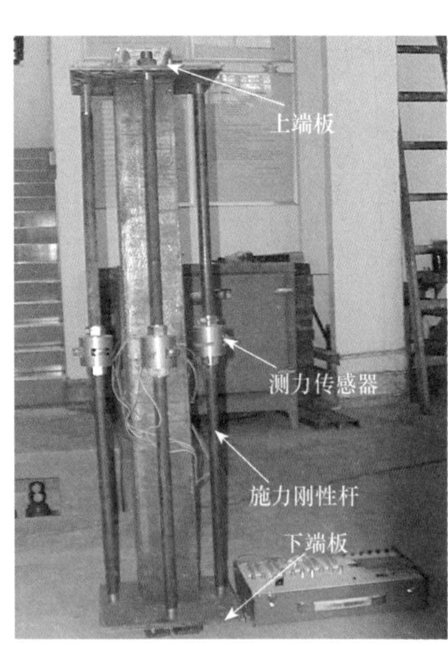

(b) 长试件

图 10.2　钢管初应力施加后试件的情景

10.2.3　试验结果

混凝土养护 28 天后即进行一次压缩试验。试验开始时先不撤除施加初应力的螺丝杆，以期尽可能模拟钢管混凝土柱实际的受力情况。

试件两端采用刀口铰加载以模拟铰接的边界条件（如图 3.140 所示）。由于各试件的截面尺寸和设计荷载偏心距不尽相同，为此在试件的两端设置了加荷板，加荷板由高强钢材制成，在其上按预定偏心距设置相应条形凹槽。试验过程中压力机的荷载通过刀口铰传到试件上，刀口铰的刀口与设置在试件两端的加荷板的条形凹槽相吻合，刀口铰通过螺栓固定在压力机的两端板上。为保证试验安全及试验过程中试件的对中准确，在加荷板的中心位置处设置一孔径为 21mm、深为 13mm 的圆孔。试验时在试件两端板中心各焊一直径为 20mm、长为 10mm 的凸榫，和加荷板上的圆孔相吻合。

为了测量试件的变形，除在每个试件中截面钢板中部沿纵向和环向粘贴 8 片电阻应变片外，还在试件弯曲平面内沿柱高四分点处还设置了 3 个电测位移计以测量试件侧向挠度变化，同时在柱端设置 2 个电测位移计以监测试件的纵向变形。数据由 IMP 自动采集系统采集。试验采用分级加载制，弹性范围内每级荷载为预计极限荷载的 1/10，当钢管压区纤维屈服后每级荷载约为预计极限荷载的 1/15，每级荷载的持荷时间约为 2min。在承载力试验过程中，发现传感器中的力在不断减小，该力完全消失后即撤除螺丝杆，并继续进行承载力试验。当接近破坏时慢速连续加载，同时连续记录各级荷载所对应的变形值，直至试件最终破坏时停止试验。

对试验全过程观测表明，轴压短试件破坏时钢管表面出现若干处局部凸曲，且沿四个方向的凸曲程度基本相同。而轴压长柱和偏压试件破坏均表现为柱子发生挠曲，最终丧失稳定而破坏。当荷载较小时，跨中挠度变化不大，当达到极限荷载的 60%～70%时，跨中挠度明显增加。当跨中挠度达某一临界值后，荷载开始下降，而变形迅速增大。试件在达到破坏状态时，局部出现鼓曲和褶皱，鼓曲主要位于试件受压区，侧面也有较轻微地鼓起，柱中截面鼓起最为严重，但主要分布在柱中截面上下四分之一区段内。在试件的变形过程中，其挠曲线上下基本对称。

从钢管中有、无初应力的钢管混凝土试件破坏过程和破坏特征的对比发现，对于短试件，有无初应力试件的极限荷载和破坏特征基本相同，对于长试件，有初应力试件的极限承载力和无初应力的试件相比会有所降低，而且跨中挠度增长也比无初应力试件的情况要快。

图 10.3 中虚线所示为试件实测的荷载（N）与中截面挠度（u_m）关系。实测的极限承载力（N_{ue}）列于表 10.1。

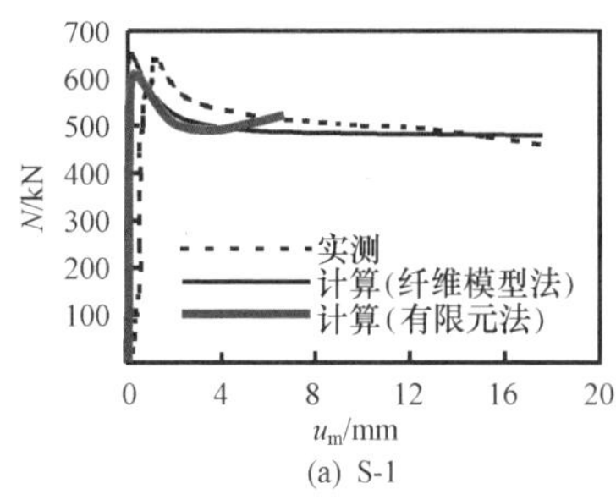

(a) S-1

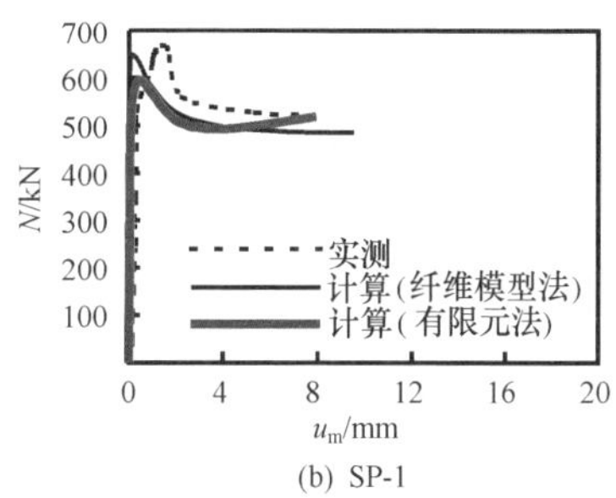

(b) SP-1

图 10.3　荷载（N）-挠度（u_m）关系曲线

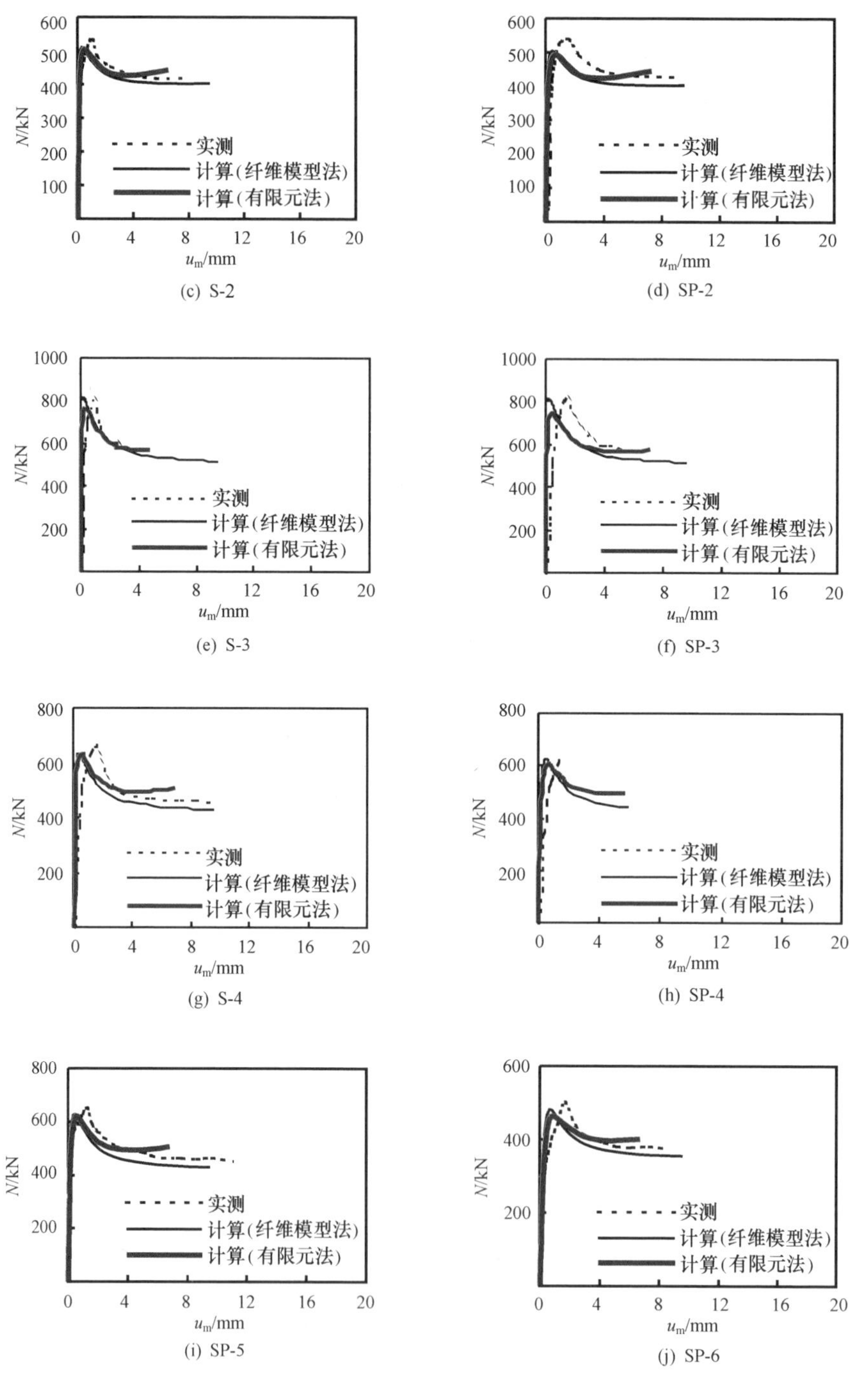

(c) S-2　(d) SP-2　(e) S-3　(f) SP-3　(g) S-4　(h) SP-4　(i) SP-5　(j) SP-6

图 10.3　荷载（N）-挠度（u_m）关系曲线（续）

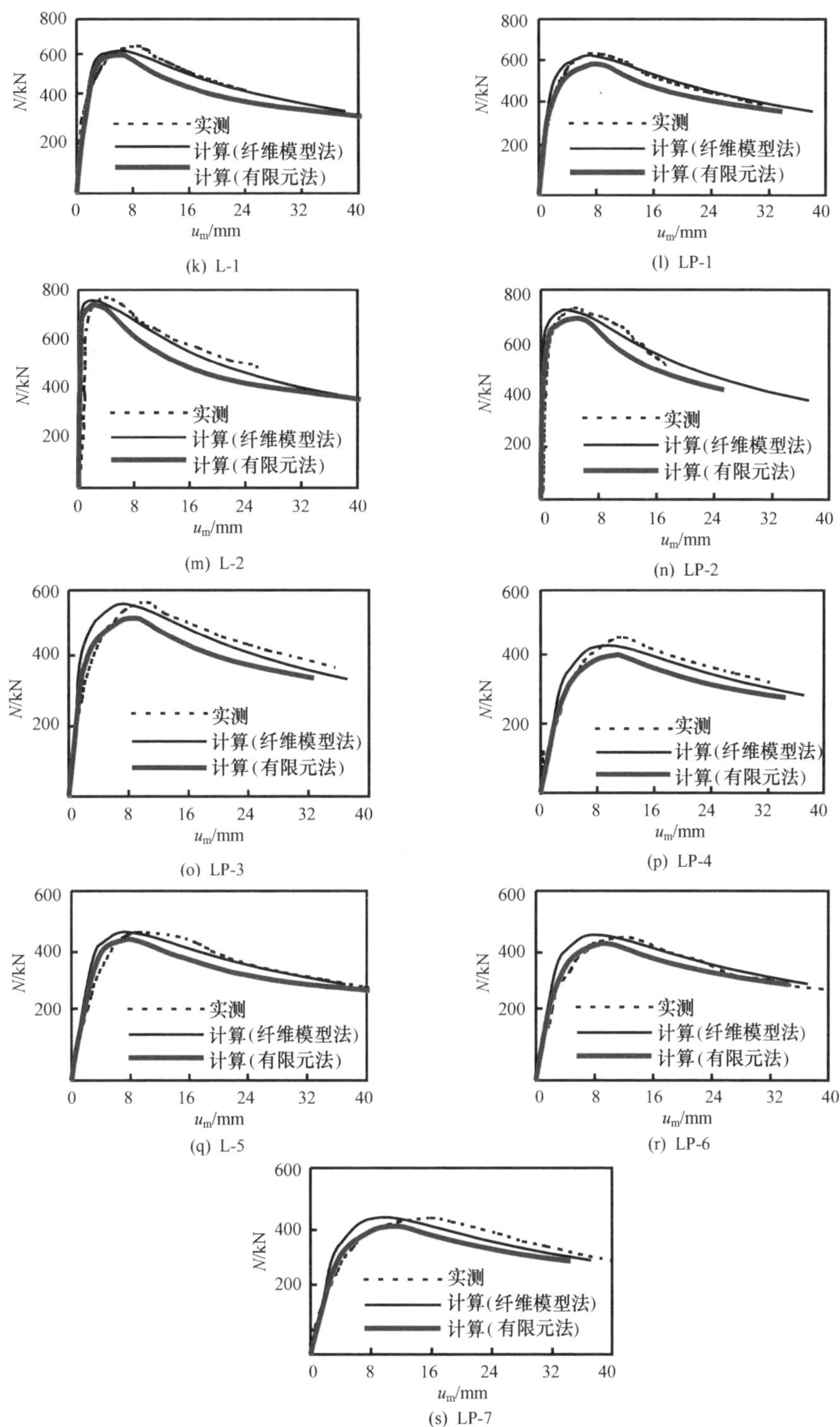

图10.3　荷载（N）-挠度（u_m）关系曲线（续）

图 10.4 所示为实测的不同初应力系数情况下轴力（N）与纤维最大拉应变和最大压应变（ε）之间的关系。可见，除个别试件例外，其他条件相同时，初应力的存在有使钢管混凝土构件达极限承载力状态时对应的受压区极限应变增大的趋势，且初应力系数越大，增长的幅度越大。在本次试件参数范围内，对于无初应力的情况，极限荷载对应的压应变在 4150～8580με 范围内变化，拉应变在 33～3961με 范围内变化；对于有初应力的情况，极限荷载对应的压应变在 3687～9022με 范围内变化，拉应变在 80～6854με 范围内变化。

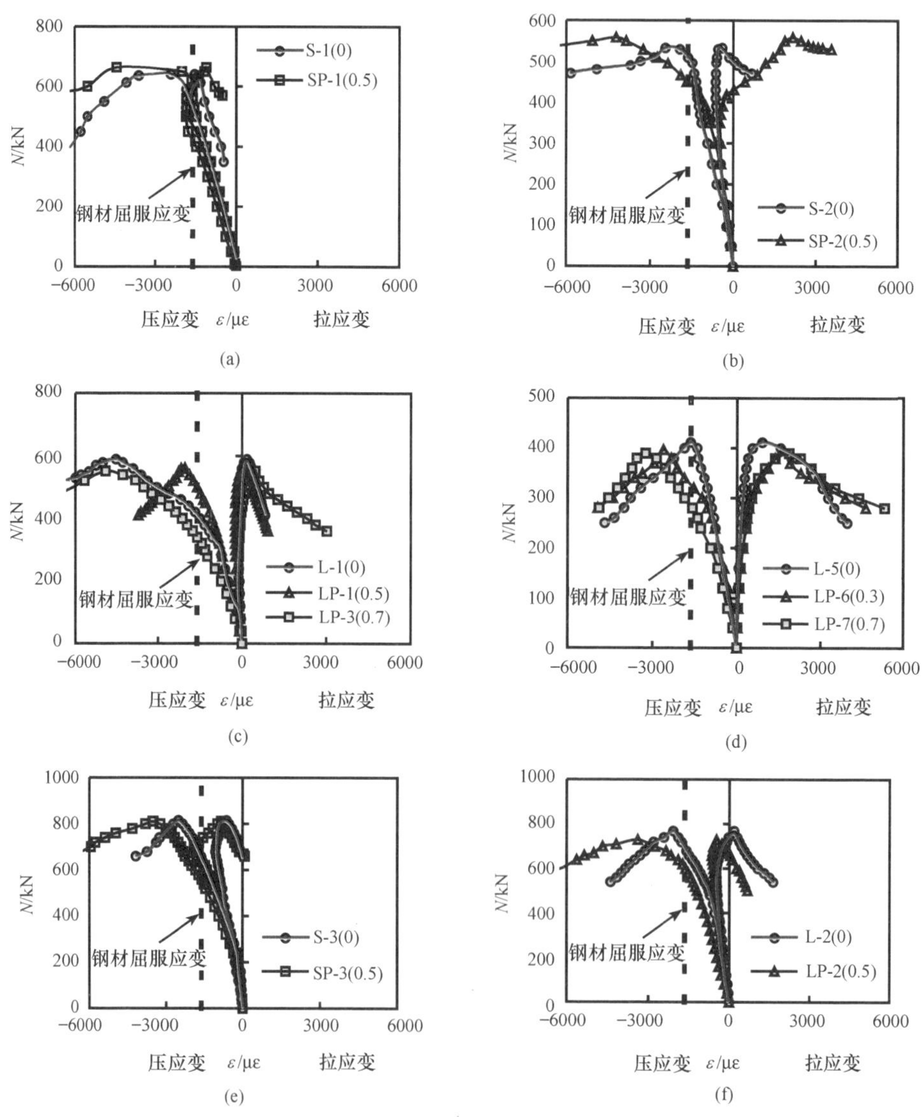

图 10.4　不同初应力系数情况下的 N-ε 关系

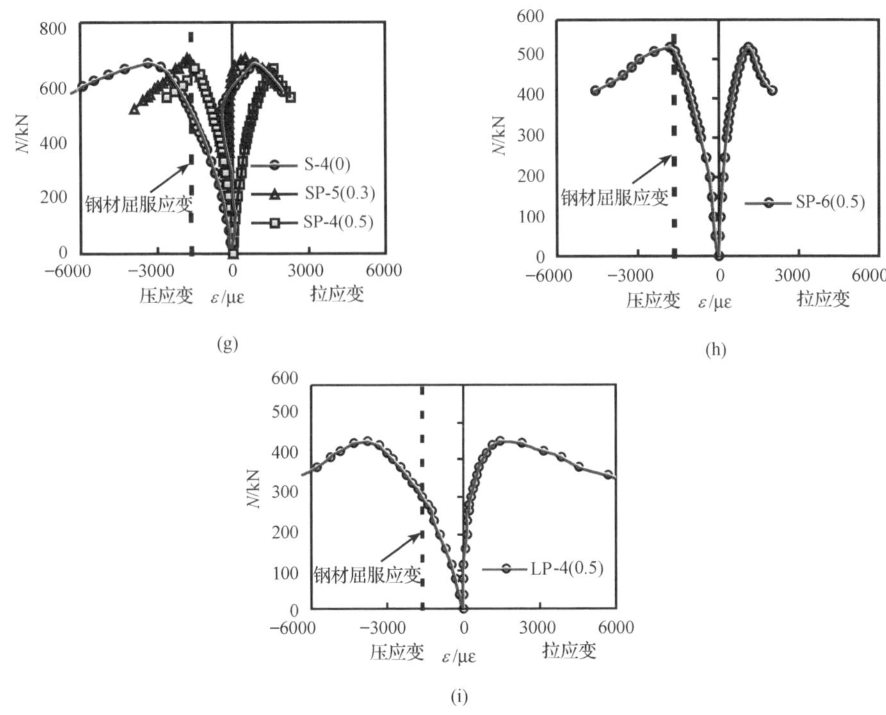

图 10.4　不同初应力系数情况下的 N-ε 关系（续）

10.3　考虑钢管初应力影响时压弯构件荷载-变形关系的分析

10.3.1　纤维模型法

在本书 3.2.2 节对钢管混凝土压弯构件一次加载情况下荷载（N）-中截面挠度（u_m）关系分析的基础上，可方便地计算分析钢管初应力对钢管混凝土构件承载力的影响（Han 和 Yao，2003b；尧国皇，2002）。计算时采用如下基本假设：

1）钢材和混凝土的应力-应变关系模型按 3.3.2 节介绍的有关方法确定。

2）钢和混凝土之间无相对滑移。

3）构件在变形过程中始终保持为平截面。

4）忽略剪力对构件变形的影响。

5）构件挠曲线符合正弦半波曲线，杆件存在千分之一杆长的初挠度。

6）钢管初应力（σ_{so}）沿钢管横截面均匀分布。

7）钢管的残余应力分布可按 3.2.2 节中介绍的有关方法确定。

N-u_m关系的计算过程如下：

1）与 3.2.2 节计算钢管混凝土压弯构件一次加载时荷载-变形全过程关系的方法类似，先对构件横截面进行单元划分。

2）确定钢管初应力 σ_{so}对应的应变 ε_{so}。

3）假定一挠度增量Δu_m，总挠度为 $u_{mi}+\Delta u_m$，由平截面假定可计算出跨中截面钢材和混凝土各单元对应的应变分别为 ε_{si}和 ε_{ci}，则钢材单元的总应变为 $\varepsilon_{si}+\varepsilon_{so}$。

4）根据钢管和混凝土的应力计算内力 N_s和 N_c，求得 N 值，由此得到 N 和 ε 的一组值，依次类推，可计算出有初应力的钢管混凝土轴心受压时的荷载-变形曲线。

5）重复步骤 3）和 4），最终可计算出考虑钢管初应力的影响时钢管混凝土压弯构件的 N-u_m关系曲线。

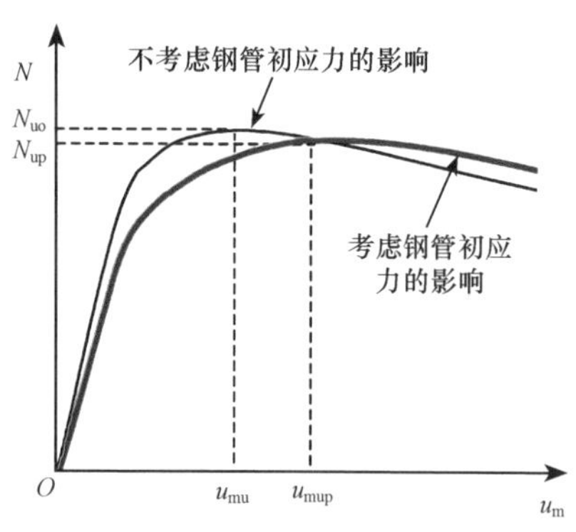

图 10.5 典型的 N-u_m 关系曲线

图 10.5 所示为考虑钢管初应力影响与否时钢管混凝土压弯构件典型的 N-u_m关系曲线，其中，N_{uo}和 u_{mu}分别为不考虑钢管初应力影响时构件的极限承载力及其对应的挠度；N_{up}和 u_{mup}分别为考虑钢管初应力影响时构件的极限承载力及其对应的挠度。由图 10.5 见，两种情况下构件 N-u_m关系曲线的变化规律基本类似，只是在考虑钢管初应力的影响时，构件的极限承载力有所降低、对应的变形值也有所增大，构件在弹性阶段的刚度也有所降低。

分析结果还表明，考虑钢管初应力的影响时，在如下参数范围，即 $\beta=0\sim0.9$，$f_y=200\sim500$MPa，C30～C90 混凝土，截面含钢率 $\alpha=0.03\sim0.2$，构件长细比 λ（对于方钢管混凝土构件：$\lambda=2\sqrt{3}L/B$；对于圆钢管混凝土构件：$\lambda=4L/D$）$=10\sim160$，荷载偏心率 e/r（对于方钢管混凝土，$r=B/2$；对于圆钢管混凝土，$r=D/2$）$=0\sim3$ 的情况下，极限荷载降低的幅度最大在 20%左右，极限荷载对应的变形值则比不考虑钢管初应力影响时的情况最大约高出两倍左右。

图 10.3 和图 10.6 分别给出了数值计算 N-u_m关系曲线与本书进行的方钢管混凝土构件试验结果，以及黄世娟（1995）和张晓庆（1995）进行的圆钢管混凝土试件试验结果的比较。

图 10.7 给出数值计算极限承载力（N_{uc}）与试验结果（N_{ue}）的对比情况，可见二者吻合较好。

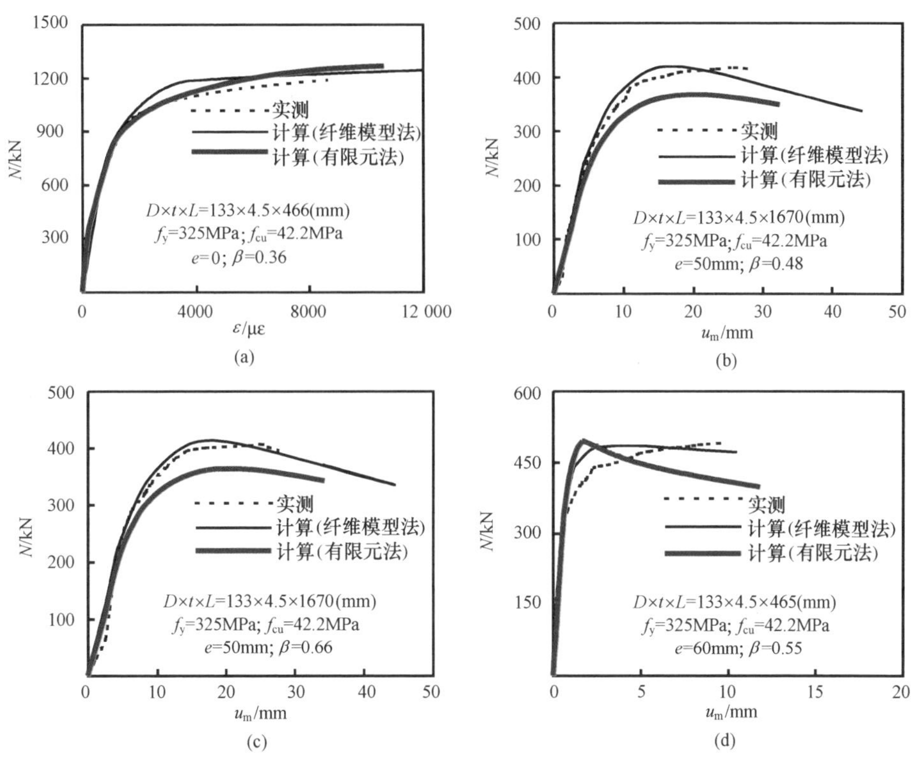

图 10.6　计算荷载-变形关系曲线与试验结果比较

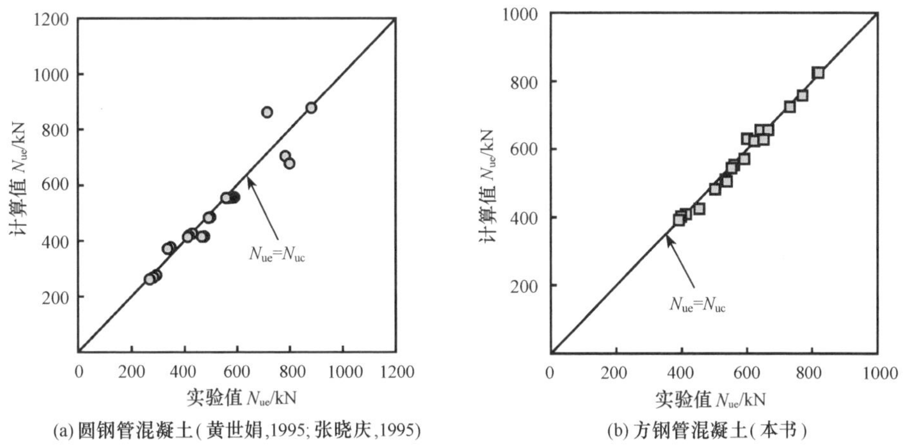

图 10.7　极限荷载试验值（N_{ue}）与数值计算结果（N_{uc}）对比

10.3.2　有限元法

本节介绍采用有限元法分析钢管初应力影响时的有关结果。采用 ABAQUS 建模时，钢材和混凝土本构关系模型、单元类型选取和划分方法、钢管与核心混凝土之间界面模型的确定以及边界条件等均与本书 3.2.3 节中对钢管混凝土轴压和压弯构件分析时的方法类似，此处不再赘述。

计算时，为了分析钢管初应力的影响规律，在钢管与混凝土共同受荷之前，首先给钢管横截面施加预定的初始压应力（尧国皇，2006）。

图 10.3 和图 10.6 分别给出了纤维模型法与有限元法计算结果与试验结果的比较情况，可见两种方法的计算结果总体上吻合较好。

（1）轴压短试件

图 10.8 给出了有限元计算获得的不同初应力系数情况钢管混凝土轴压荷载-变形关系曲线。计算条件是：D（B）=400mm，α=0.1，L=1200mm，Q345 钢，C60 混凝土。由图 10.8 可见，由于钢管初应力的存在，缩短了钢管混凝土轴压试件弹性工作阶段，钢管初应力对钢管混凝土轴压强度承载力影响很小。从前文无初应力的钢管混凝土轴压工作机理分析可知，核心混凝土 N-ε 关系曲线的峰值应变与钢管混凝土的峰值应变基本相同，计算结果表明，有初应力情况规律相同，然而由于钢管初应力使得钢管中产生了初始压应变，因此，有初应力轴压试件达极限承载力的应变值增加，且增加值为钢管初始应变的大小，例如，当 β=0.4 时，为 670με；当 β=0.8 时，为 1340με。

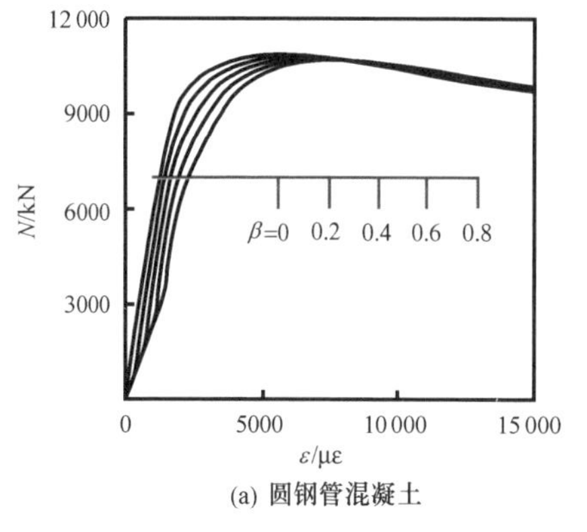

(a) 圆钢管混凝土

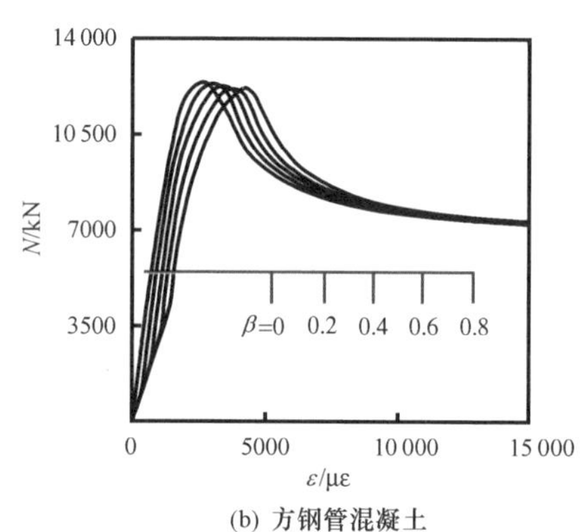

(b) 方钢管混凝土

图 10.8　不同初应力系数情况下的 N-ε 关系曲线

图 10.9 给出了钢管混凝土轴压短试件在不同初应力系数下的一组钢管对核心混凝土的平均约束力（p）-纵向平均应变（ε）关系曲线。从图 10.9 可见，由于钢管初应力的存在，使得钢管与核心混凝土共同受荷之前钢管中产生了初始的压应变，与无钢管初应力情况相比，初应力的存在推迟了钢管与核心混凝土相互作用的产生。对于圆钢管混凝土，钢管初应力对平均约束力的峰值影响很小，对于方钢管混凝土，随着初应力系数的增加，平均约束力的峰值也随之减小，在本算例计算参数范围内，减小幅度在 8%左右。

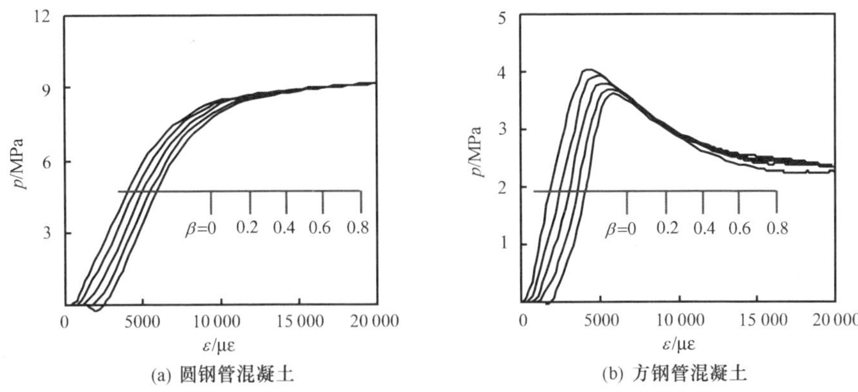

图 10.9　初应力系数对 p-ε 关系曲线的影响

图 10.10 给出了不同钢管初应力系数情况下，钢管混凝土轴压试件在达到极限承载力时核心混凝土截面纵向应力分布。可见，当试件达到极限承载力时，钢管初应力的存在对核心混凝土截面纵向应力的分布影响不大，但纵向应力数值随着初应力系数的增加有下降的趋势。

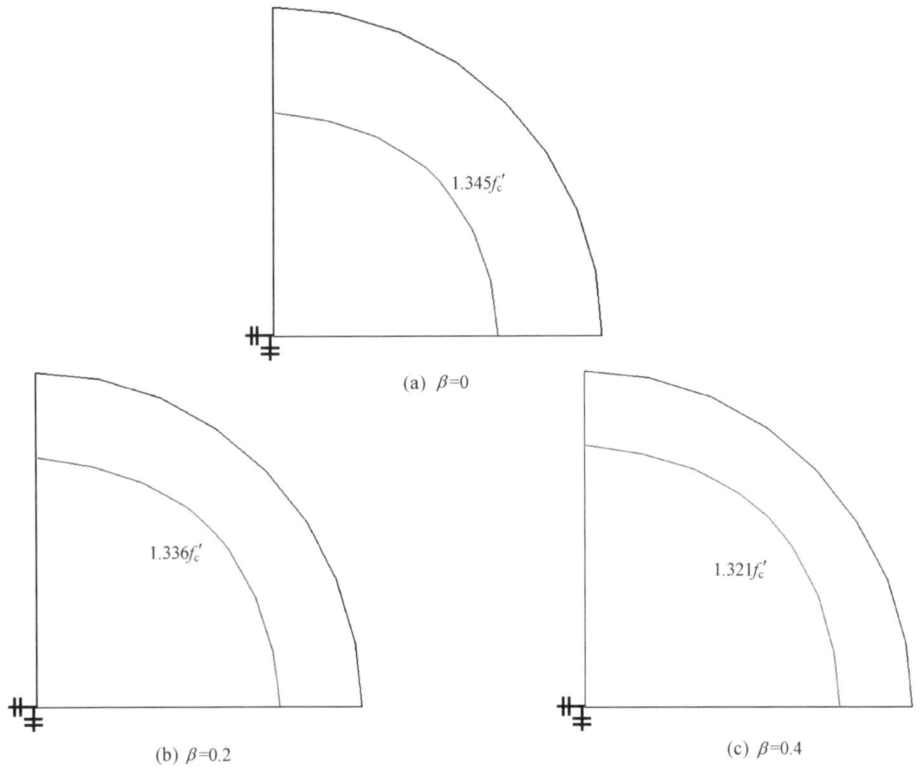

图 10.10　核心混凝土截面的纵向应力分布

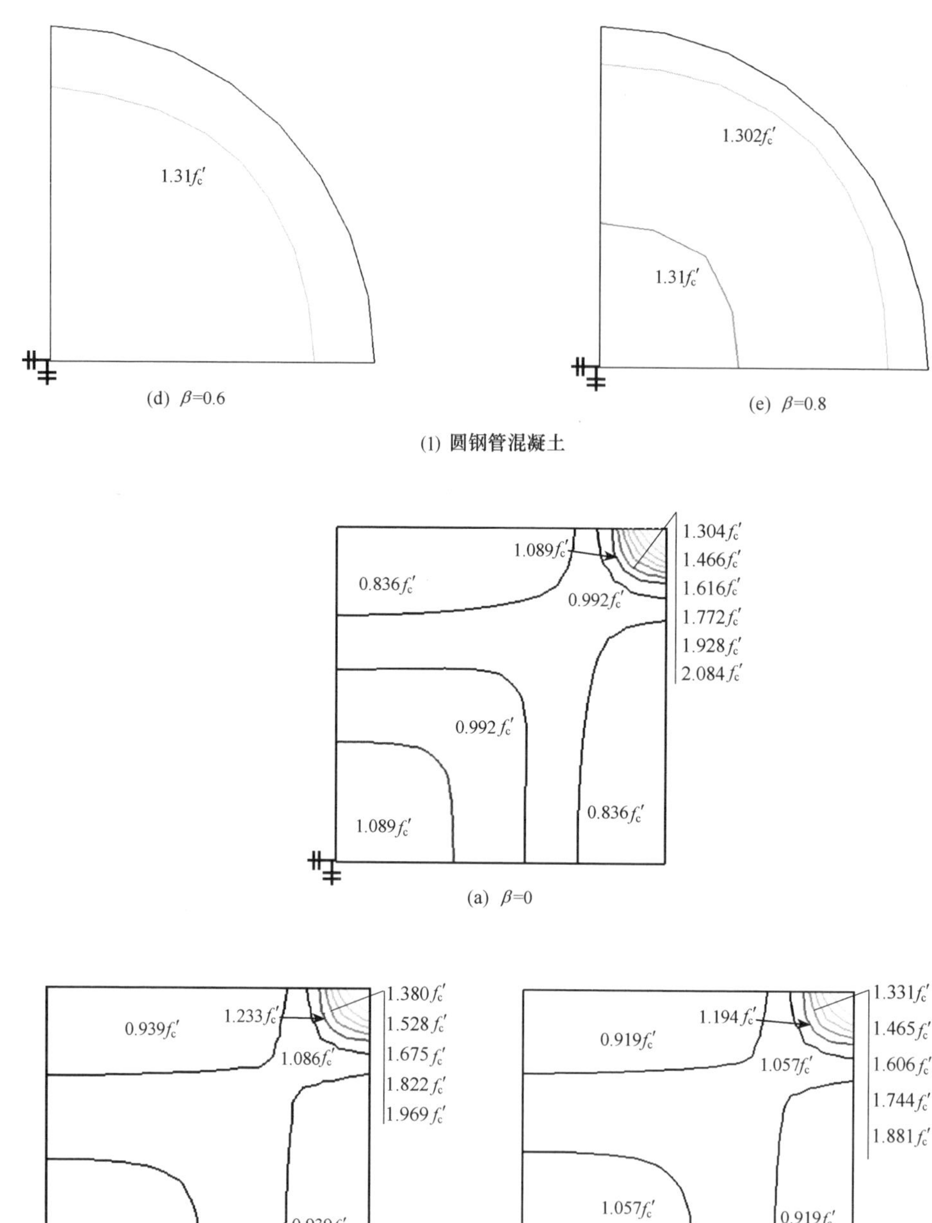

(d) β=0.6　　(e) β=0.8

(1) **圆钢管混凝土**

(a) β=0

(b) β=0.2　　(c) β=0.4

图 10.10　核心混凝土截面的纵向应力分布（续）

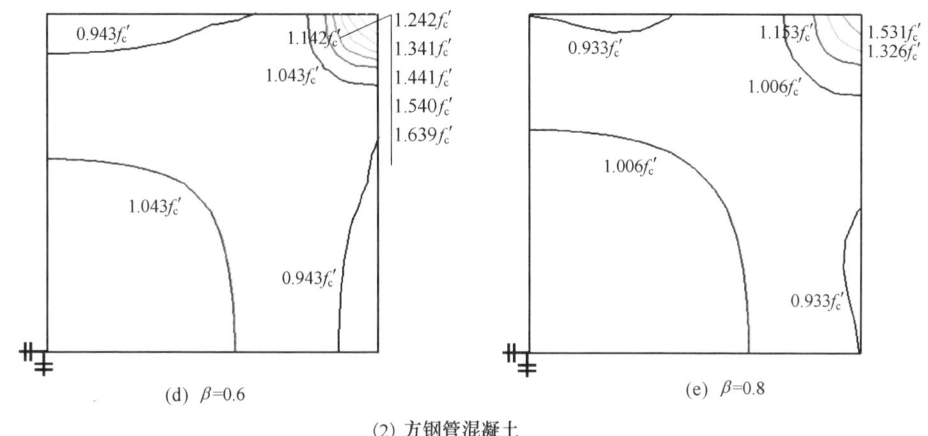

(d) β=0.6　　(e) β=0.8

(2) 方钢管混凝土

图 10.10　核心混凝土截面的纵向应力分布（续）

综上分析可见，钢管初应力推迟了钢管与核心混凝土相互作用的产生，使钢管混凝土轴压试件提前进入弹塑性阶段，初应力对轴压强度承载力基本没有影响，但使得轴压强度承载力对应的应变值增大。

(2) 压弯构件

图 10.11 给出了不同初应力系数情况下，钢管混凝土压弯构件的 N-u_m 关系曲线的比较。算例计算条件：D（B）=400mm；α=0.1，λ=40，Q345 钢，C60 混凝土，e/r=0.5。

由图 10.11 可见，随着钢管初应力系数的增加，构件的极限承载力不断降低。当初应力系数较小时，钢管初应力对 N-u_m 关系曲线弹性阶段刚度的影响不大，当初应力系数较大时，N-u_m 关系曲线弹性阶段刚度降低较为明显。

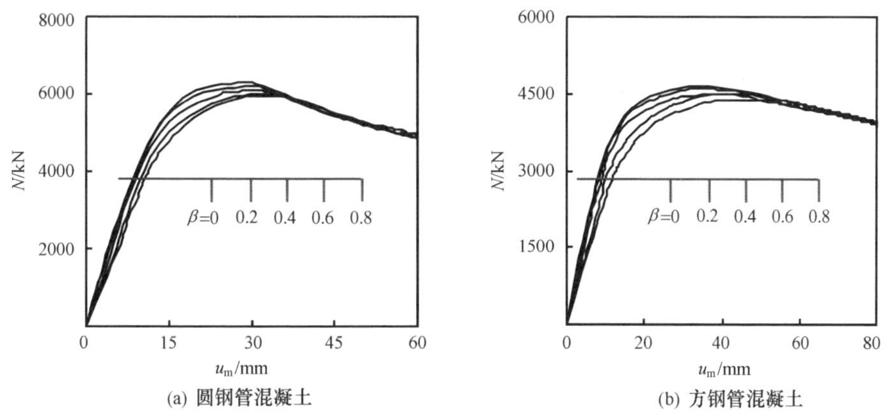

(a) 圆钢管混凝土　　(b) 方钢管混凝土

图 10.11　不同初应力系数下压弯构件的 N-u_m 关系

图 10.12 给出了不同初应力系数情况下，压弯构件的荷载（N）-最大纵

向压应变和拉应变（ε）关系曲线的比较。可见，随着钢管初应力系数的增加，压弯构件极限承载力对应的压应变随之增加，即由于钢管初应力的存在，加快了受压区钢管截面应变的发展，这与 10.2.3 节中试验观测到的试验结果一致。

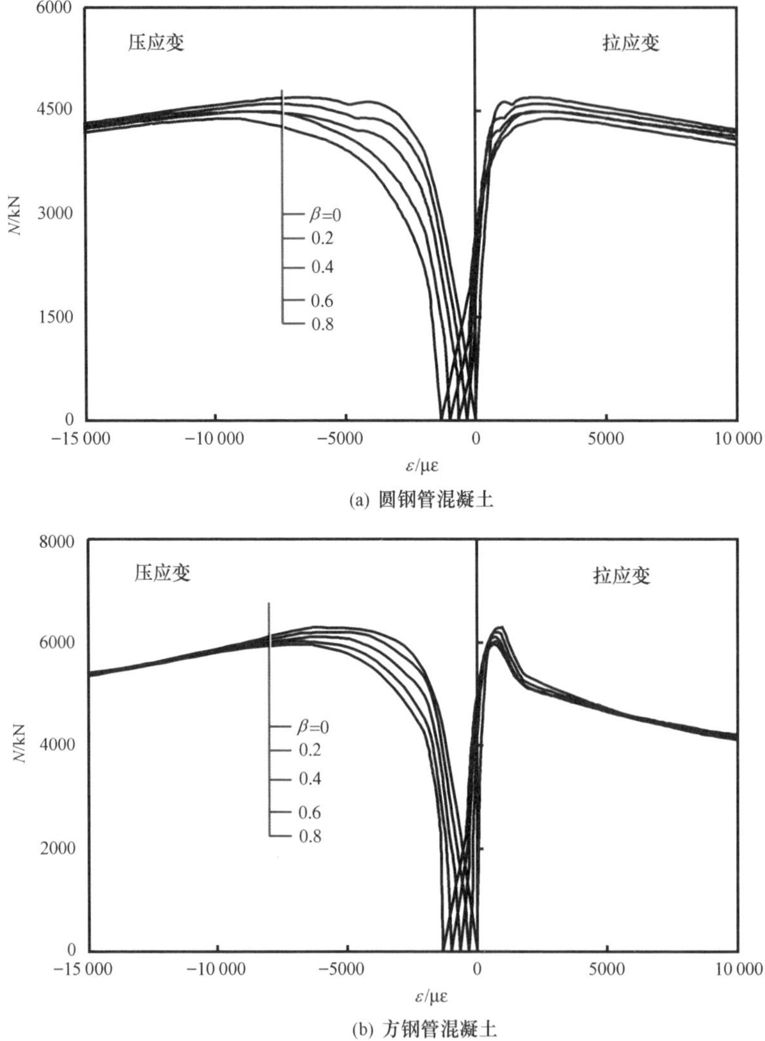

图 10.12 不同初应力系数下压弯构件的 N-ε 关系

图 10.13 给出了不同初应力系数情况下，压弯构件在达极限承载力时核心混凝土截面纵向应力分布情况。可见，随着初应力系数（β）的增加，受拉区（截面图右侧）混凝土面积及受压区（截面图左侧）混凝土的极值应力随（β）的增大呈现出增大的趋势。

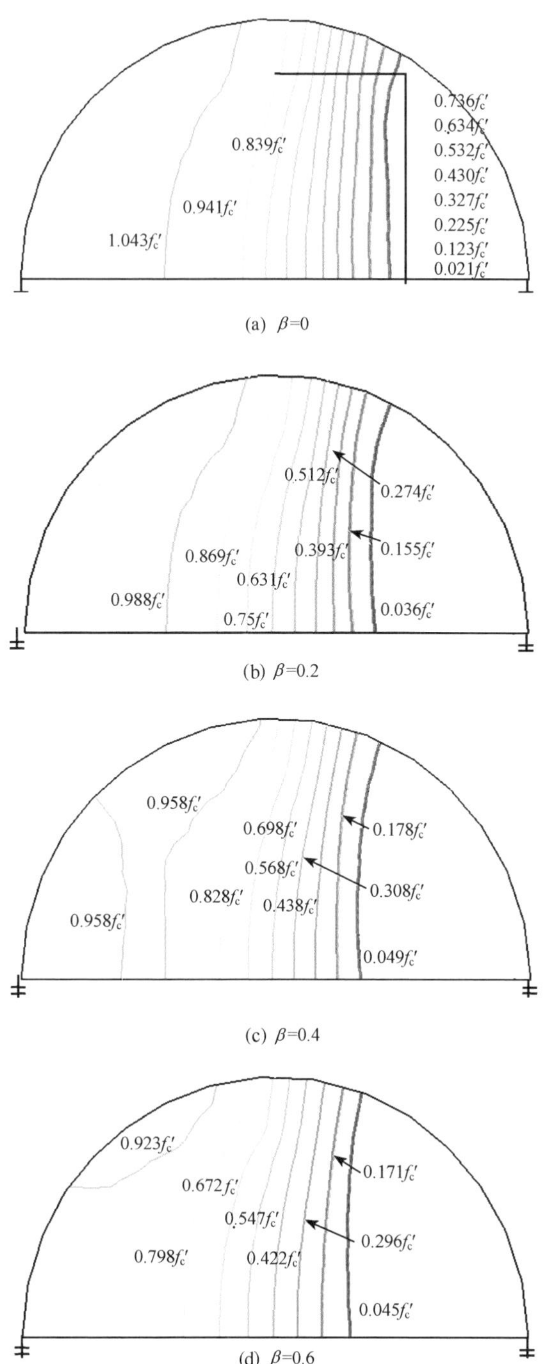

图 10.13　不同初应力系数下核心混凝土截面的纵向应力分布（压弯构件）

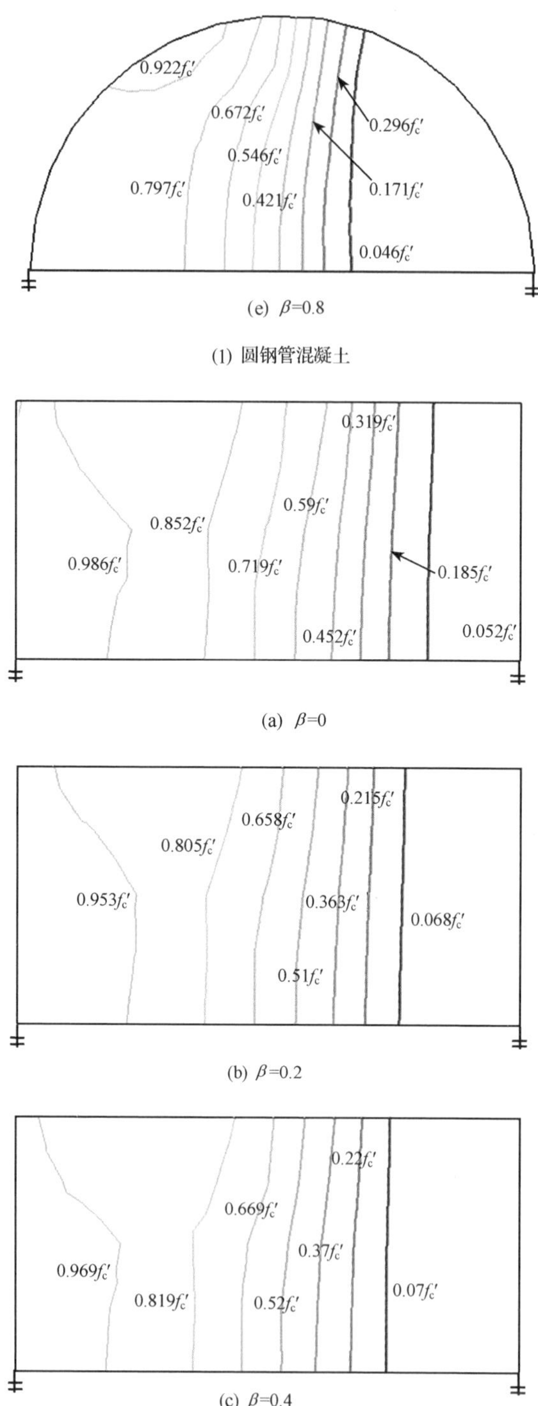

(e) β=0.8

(1) 圆钢管混凝土

(a) β=0

(b) β=0.2

(c) β=0.4

图 10.13　不同初应力系数下核心混凝土截面的纵向应力分布（压弯构件）（续）

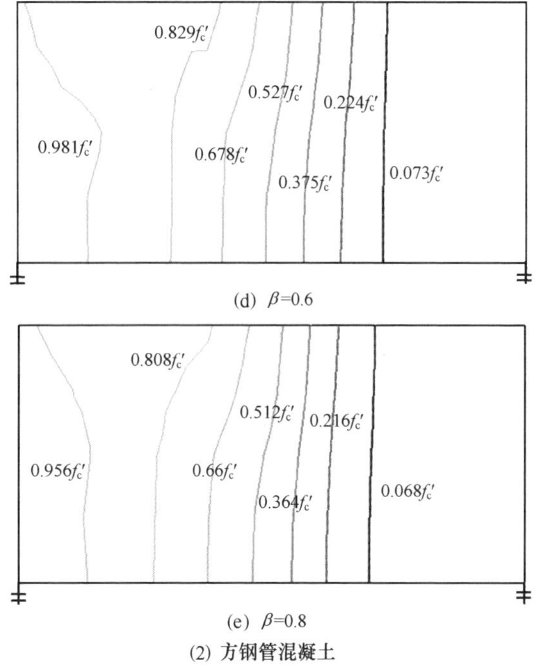

(d) β=0.6

(e) β=0.8

(2) 方钢管混凝土

图 10.13　不同初应力系数下核心混凝土截面的纵向应力分布（压弯构件）（续）

总之，钢管初应力的存在加快了钢管混凝土压弯构件受压区钢管截面应变的发展，加剧了“二阶效应”的影响，最终导致压弯构件极限承载力有所降低。

10.4　参 数 分 析

为便于分析，定义承载力影响系数 k_p 的表达式为

$$k_p = \frac{N_{up}}{N_{uo}} \tag{10.2}$$

式中：N_{up}和 N_{uo}分别为考虑钢管初应力影响与否时钢管混凝土构件的极限承载力，如图 10.5 所示。

分析结果表明，各参数对圆钢管混凝土和方、矩形钢管混凝土 k_p 的影响规律类似（Han 和 Yao，2003b；尧国皇，2002）。下面以典型算例进行论述。

（1）钢管初应力系数（β）和构件长细比（λ）

图 10.14 所示为钢管混凝土构件在不同长细比（λ）情况下其承载力影响系数（k_p）随钢管初应力系数（β）的变化规律。本算例中钢管混凝土构件的计算条件是：D（B）=600mm，α=0.1，Q345 钢，C40 混凝土，e/r=0。由图 10.14 可见，k_p 随β的增大而逐渐降低。由图 10.14 还可以看出，对于λ小于 80 的情况，当β一定时，k_p 值随λ的增大总体上呈减小的趋势，也即β的影响在逐步显

著；对于λ大于80的情况，当β一定时，k_p值随λ的增大有逐步增加的趋势，也即β的影响呈现逐步减小的趋势。产生这种现象的原因在于：λ较小时，钢管混凝土构件受力时其跨中截面受压区域大，钢管中的初压应力会加剧“二阶效应”的影响，且λ越大，这种影响越明显，因此β一定时的k_p值会随λ的增大总体上呈减小的趋势；而当构件长细比较大时，钢管混凝土构件受力时其跨中截面受拉区域大，钢管中的初压应力又可能延缓截面受拉区域的发展，从而可能延缓构件发生破坏，表现为λ一定时β的影响有逐步减小趋势。

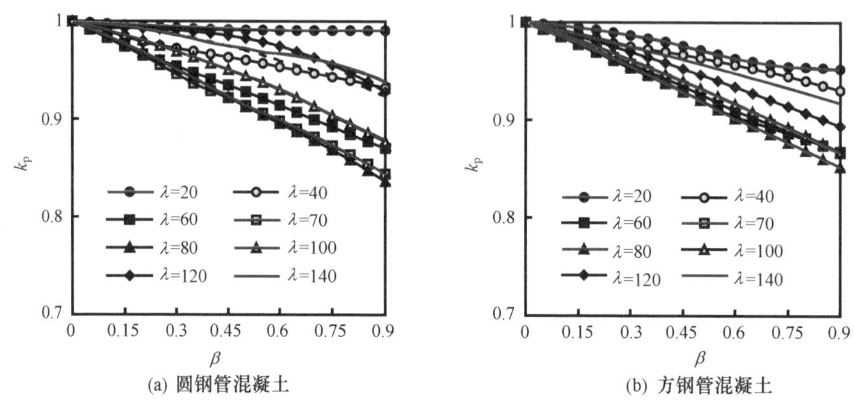

(a) 圆钢管混凝土　　(b) 方钢管混凝土

图 10.14　β和λ对k_p的影响

分析结果还表明，对于构件长细比λ小于20的情况，β的变化对k_p的影响在1%左右，可以忽略钢管初应力对钢管混凝土构件承载力的影响。

(2) 含钢率（α）

图 10.15 所示为含钢率（α）对k_p的影响。本算例中钢管混凝土构件的计算条件是：D（B）=600mm，$\lambda=40$，Q345钢，C40混凝土，$e/r=0$。由图 10.15 可见，β一定时，k_p随α变化的幅度很小。

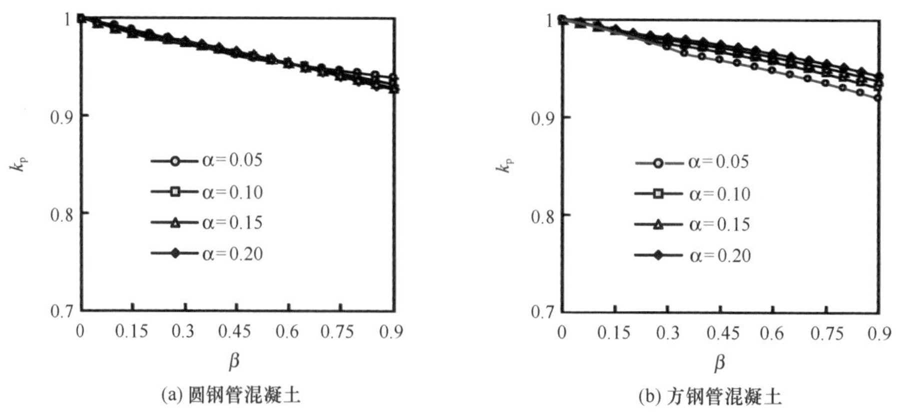

(a) 圆钢管混凝土　　(b) 方钢管混凝土

图 10.15　含钢率（α）对k_p的影响

(3) 荷载偏心率 (e/r)

图 10.16 所示为钢管混凝土构件在不同荷载偏心率 (e/r) 情况下其承载力影响系数 (k_p) 随钢管初应力系数 (β) 的变化规律。本算例中钢管混凝土构件的计算条件是：D (B) = 600mm，α = 0.1，Q345 钢，C40 混凝土，λ = 40。由图 10.16可见，对于 e/r 小于 0.4 情况，当 β 一定时，k_p 值随 e/r 的增大总体上呈减小的趋势，也即 β 的影响在逐步显著；对于 e/r 大于 0.4 的情况，当 β 一定时，k_p 值随 e/r 的增大有逐步增加的趋势，也即 β 的影响在逐步减小的趋势。产生这种现象的原因在于：e/r 较小时，钢管混凝土构件受力时其跨中截面受压区域大，钢管中的初压应力会加剧"二阶效应"的影响，且 λ 越大，这种影响越明显，因此 β 一定时的 k_p 值会随 e/r 的增大总体上呈减小的趋势；而当 e/r 较大时，钢管混凝土构件受力时其跨中截面受拉区域大，钢管中的初压应力又可能延缓截面受拉区域的发展，从而可能延缓构件发生破坏，表现为 e/r 一定时 β 的影响有逐步减小趋势。

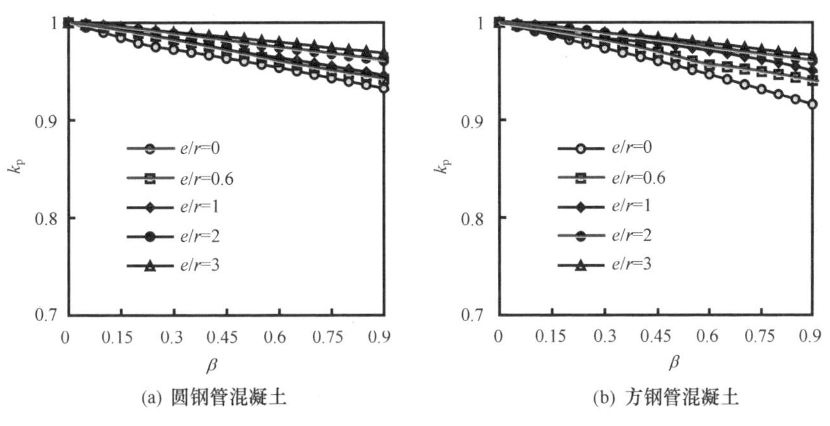

图 10.16　荷载偏心率 (e/r) 对 k_p 的影响

(4) 钢材屈服强度 (f_y)

图 10.17 所示为钢材屈服强度 (f_y) 对 k_p 的影响。本算例中钢管混凝土构件的计算条件是：D (B) = 600mm，λ = 40，α = 0.1，C40 混凝土，e/r = 0。从图 10.17 可见，β 一定时，k_p 随 f_y 的增大有减小的趋势。原因在于：钢材屈服强度越高，意味着钢管对钢管混凝土构件的"贡献"越多，钢管初应力的影响也就会越显著。分析结果表明，在常见参数范围内，f_y 的变化对 k_p 的影响在 3%左右，总体不大。

(5) 混凝土强度

图 10.18 所示为混凝土抗压强度对 k_p 的影响。本算例中钢管混凝土构件的计算条件是：D (B) = 600mm，λ = 40，α = 0.1，Q345 钢，e/r = 0。从图 10.18 可见，β 一定时，k_p 随混凝土强度的增大有减小的趋势。原因在于：混凝土强度越高，意味着混凝土对钢管混凝土构件的"贡献"越大，钢管初应力的影响也就会

越小。分析结果表明，在工程常见参数范围内，混凝土强度的变化对 k_p 的影响很小，在2%左右变化。

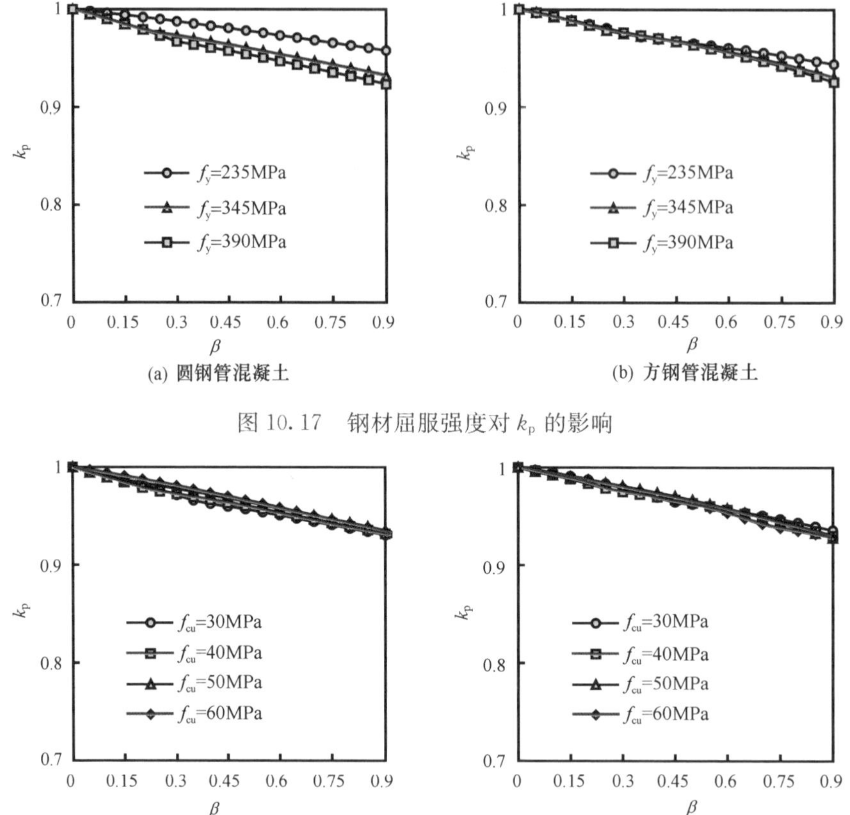

图 10.17　钢材屈服强度对 k_p 的影响

图 10.18　混凝土强度对 k_p 的影响

以上分析结果表明：影响钢管混凝土构件承载力影响系数 k_p 变化的主要参数是钢管初应力系数（β）、构件长细比（λ）和荷载偏心率（e/r）。在进行有钢管初应力的钢管混凝土构件承载力验算时应当充分考虑这三个参数的影响。

10.5　承载力实用验算方法

10.5.1　承载力影响系数

数值分析和试验结果均表明，钢管初应力对钢管混凝土构件的承载力有影响。钢管初应力的存在可使钢管混凝土构件的极限承载力最大降低20%左右，因此应合理考虑钢管初应力对钢管混凝土构件承载力的影响。

参数分析结果表明，影响承载力系数 k_p 变化的主要参数是钢管初应力系数

(β)、构件长细比（λ）和荷载偏心率（e/r）。通过对计算结果的分析和整理，可用回归分析法推导出如下参数范围，即 $\beta=0\sim0.9$，$f_y=200\sim500$MPa、C30～C90 混凝土、$\alpha=0.03\sim0.2$、$\lambda=10\text{-}160$、$e/r=0\text{-}3$ 情况下 k_p 的计算公式为

$$kp = 1 - f(\lambda) \cdot f(e/r) \cdot \beta \tag{10.3}$$

式中：f（λ）为考虑构件长细比（λ）影响的函数，可按下式确定。

对于方、矩形钢管混凝土：

$$f(\lambda) = \begin{cases} 0.14\lambda_o + 0.02 & (\lambda_o \leqslant 1) \\ -0.15\lambda_o^2 + 0.42\lambda_o - 0.11 & (\lambda_o > 1) \end{cases} \tag{10.4a}$$

对于圆钢管混凝土：

$$f(\lambda) = \begin{cases} 0.17\lambda_o - 0.02 & (\lambda_o \leqslant 1) \\ -0.13\lambda_o^2 + 0.35\lambda_o - 0.07 & (\lambda_o > 1) \end{cases} \tag{10.4b}$$

其中，$\lambda_o=\lambda/80$。

f（e/r）为考虑构件荷载偏心率（e/r）影响的函数，可按下式确定。

对于方、矩形钢管混凝土：

$$f(e/r) = \begin{cases} 1.35\,(e/r)^2 - 0.04(e/r) + 0.8 & (e/r \leqslant 0.4) \\ -0.2(e/r) + 1.08 & (e/r > 0.4) \end{cases} \tag{10.5a}$$

对于圆钢管混凝土：

$$f(e/r) = \begin{cases} 0.75\,(e/r)^2 - 0.05(e/r) + 0.9 & (e/r \leqslant 0.4) \\ -0.15(e/r) + 1.06 & (e/r > 0.4) \end{cases} \tag{10.5b}$$

k_p 的简化公式计算结果与数值计算结果吻合良好，图 10.19 给出二者部分结果的对比情况。

10.5.2　承载力计算方法

确定了 k_p 的简化公式后，即可利用式（10.2）方便地计算出考虑钢管初应力影响时钢管混凝土构件的承载力。图 10.20 所示为按简化计算方法获得的承载力与本书及黄世娟（1995）和张晓庆（1995）进行的试验结果的对比情况，可见二者吻合较好，且计算结果总体上稍偏于安全。计算时，式（10.2）中不考虑钢管初应力影响时钢管混凝土构件的极限承载力 N_{uo} 根据式（3.99）确定。

Li 和 Han 等（2012）采用本章的方法，实现了综合考虑施工初应力的影响对中空夹层钢管混凝土构件力学性能的全过程分析。

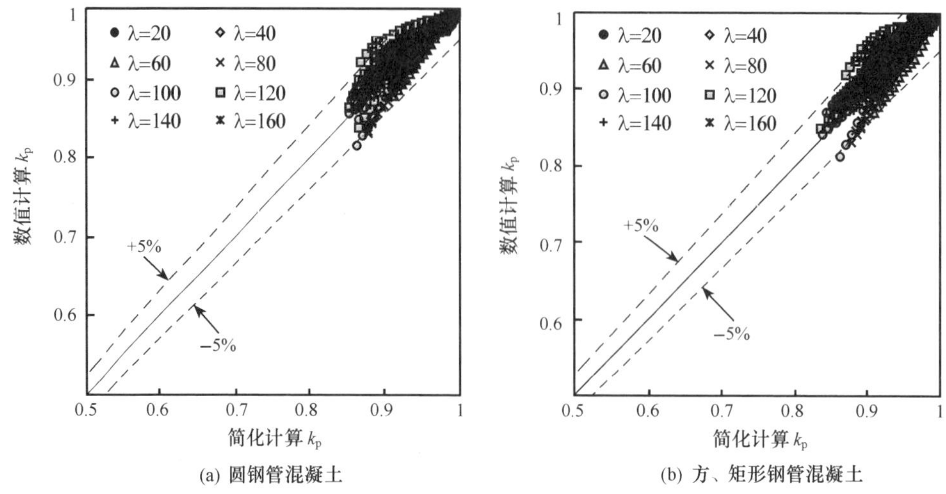

(a) 圆钢管混凝土　　(b) 方、矩形钢管混凝土

图 10.19　k_p 的简化公式计算结果与数值计算结果对比

（f_y=345MPa，f_{cu}=60MPa，e/r=0-3，α=0.1）

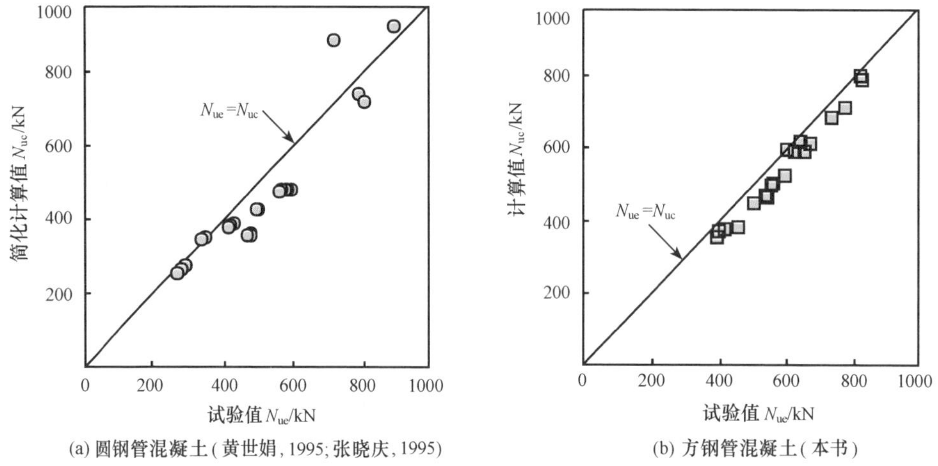

(a) 圆钢管混凝土(黄世娟,1995;张晓庆,1995)　　(b) 方钢管混凝土(本书)

图 10.20　简化计算结果与试验结果对比

10.6　小　　结

基于本章的研究结果可得到如下结论：①本章提供的分析钢管初应力对钢管混凝土构件受力性能影响的理论模型计算结果与试验结果吻合良好；②在工程常见参数范围内，钢管初应力的存在可使钢管混凝土构件的极限承载力最大降低 20%左右；③影响钢管混凝土构件承载力影响系数 k_p 变化的主要参数是钢管初应力系数（β）、构件长细比（λ）和荷载偏心率（e/r）；④基于参数分析结果推导出的考虑钢管初应力时钢管混凝土构件承载力的验算方法可供有关工程实践时参考。

第 11 章　氯离子腐蚀作用下钢管混凝土构件的工作机理

11.1 引　　言

如前所述，结构的耐久性能是结构抵抗荷载和环境长期耦合作用的能力，一直是土木工程技术人员关注的重点问题。在钢管混凝土服役全寿命周期中，核心混凝土受到其外围钢管的保护；钢管壁内表面由于处在混凝土的封闭环境中，排除了连续的氧气供应，其腐蚀不会持续（Packer 和 Henderson，1996），但钢管外壁（表面）则不可避免地存在腐蚀等耐久性问题。对于在海洋环境或近海环境中服役的钢管混凝土桥梁、塔架等结构，荷载和氯离子腐蚀的共同作用直接影响结构的长期工作性能。氯离子腐蚀会导致钢管的横截面积减小，钢管对核心混凝土的约束作用也会随着腐蚀进程的发展而有所降低。

本章进行钢管混凝土构件在荷载和氯离子腐蚀共同作用下的试验研究，并建立有限元分析模型，对构件的受力全过程进行分析，研究荷载和腐蚀共同作用下构件的破坏形态、承载能力和变形特性，明晰荷载和腐蚀的耦合作用对钢管混凝土构件工作机理和力学实质的影响以及钢管与核心混凝土之间的相互作用。在此基础上，分析重要参数的影响规律，研究考虑荷载和腐蚀共同作用的钢管混凝土轴压、轴拉、纯弯或压弯构件承载力计算方法。

11.2 轴心受压构件

11.2.1 试验研究

以钢管混凝土柱的长期荷载比［$n=N_L/N_u$，其中 N_L为柱所受的轴向长期荷载，N_u为柱轴心受压时的极限承载力，按式（3.86）确定］和钢管外壁腐蚀厚度为主要研究参数，进行了钢管混凝土轴心受压短构件（Han 等，2012b，2014a；Hou 和 Han 等，2013b）在长期荷载和氯离子腐蚀共同作用下的试验研究。

试验包括三个阶段。第一阶段为初始加载阶段：对构件施加相应荷载。第二阶段为长期持荷与腐蚀阶段：维持构件承受的荷载，将其浸于氯离子溶液中，根据设计的腐蚀速率进行通电加速腐蚀，以模拟构件在氯离子腐蚀环境中长期持荷服役的过程。试验过程中，采用力传感器检测荷载的变化，当荷载下降超过 5%时需进行补载。本书第 5.2 节和 6.2 节进行的钢管混凝土构件试验结果表明，核心混凝土的收缩，以及组合构件在长期荷载作用下的变形均在100天左右趋于稳定，因此本节所述试验在第二阶段长期持荷和腐蚀的设计时长为120天，试验过程中腐蚀速率保持恒定。第三阶段为破坏加载阶段：维持构件的初始荷载，在不卸荷的情况下进行破坏加载，对构件的变形、应变等数据进行全程记录。

钢管外壁腐蚀深度的计算公式为

$$h = 28i \cdot t/(96490\gamma) \tag{11.1}$$

式中：h 为钢管外壁腐蚀深度，以cm计；i 为通电电流密度，以 A/cm^2 计；t 为腐蚀时间，以秒计；γ 为钢材密度，以 g/cm^3 计。

在本节所述的试验过程中，保持环境温度、湿度、NaCl溶液中氯离子的浓度以及通电电流尽可能恒定，以期实现钢管的均匀腐蚀。

（1）试验概况

根据实际钢管混凝土构件可能的外部环境，将腐蚀条件分为无腐蚀、全腐蚀和半高腐蚀三种，其中全腐蚀和半高腐蚀分别为构件轴向全部高度和中截面高度浸没在氯离子溶液中通电腐蚀。钢管设计腐蚀深度（h）为0.6 mm；NaCl溶液浓度为3.5%。进行了方形和圆形钢管混凝土试件，以及对比空钢管试件的试验。

1）方形截面试件。轴心受压短构件长度 L＝480mm，外截面尺寸 $B \times t$＝160mm×3.83mm，其中 B、t 分别为方形截面边长和钢管壁厚。表11.1给出试件的详细参数，试件编号中，“s”表示构件截面为方形，“c”表示短柱，“c”其后的“h”（若有）表示构件为空钢管构件，编号的最后一个字母“h”（若有）表示构件为半高腐蚀构件。

表 11.1　方形截面轴压短柱构件参数

序号	试件编号	ρ/%	腐蚀时间/天	N_L/kN	n	N_{ue}/kN		N_{uc}/N_{ue}	
						实测值	平均值	本书	EC4(2004)
1	sc0	—	—	0	0	2223	2223	0.933	0.899
2	sch0	—	—	0	0	729	729	—	—
3	sc1-1	—	—	1205	0.54	2160	2101	0.921	0.951
4	sc1-2	—	—	1210	0.54	2042			
5	sch1-1	—	—	535	0.73	767	709	—	—
6	sch1-2	—	—	550	0.75	690			
7	sc2	3.5	120	0	0	2022	2022	0.890	0.870
8	sch2	3.5	120	0	0	481	481	—	—
9	sc3-1	3.5	120	600	0.27	1827	1856	0.921	0.948
10	sc3-2	3.5	120	590	0.27	1885			

续表

序号	试件编号	ρ/%	腐蚀时间/天	N_L/kN	n	N_{ue}/kN		N_{uc}/N_{ue}	
						实测值	平均值	本书	EC4(2004)
11	sc4-1	3.5	120	1212	0.55	1500	1540	1.086	1.142
12	sc4-2	3.5	120	1160	0.52	1581			
13	sch4-1	3.5	120	520	0.71	571	536	—	—
14	sch4-2	3.5	120	440	0.60	502			
15	sc5-h	3.5	120	0	0	2280	2280	0.789	0.771
16	sc6-1-h	3.5	120	1218	0.55	1842	1905	0.878	0.923
17	sc6-2-h	3.5	120	1190	0.54	1968			

表 11.1 中，ρ 为 NaCl 溶液的浓度；N_L为腐蚀过程中轴向长期荷载的大小；t 为腐蚀和长期荷载持续的时长。

2）圆形截面试件

圆形截面轴心受压短构件长度 $L=480$mm，外截面尺寸 $D\times t=160\text{mm}\times 3.83\text{mm}$，其中 D 和 t 分别为圆形截面直径和钢管壁厚。表 11.2 给出了构件的详细参数，构件编号中，第一个“c”表示构件截面为方形。第二个“c”表示构件为短柱构件，其后的“h”（若有）表示构件为空钢管构件，末尾的“h”（若有）表示构件为半高腐蚀构件。

表 11.2　圆形截面轴压短柱构件参数

序号	试件编号	ρ/%	腐蚀时间/天	N_L/kN	n	N_{ue}/kN		N_{uc}/N_{ue}	
						实测值	平均值	本书	EC4(2004)
1	cc0	—	—	0	0	2010	2010	0.898	0.955
2	cch0	—	—	0	0	710	710	—	—
3	cc1-1	—	120	1084	0.54	2034	1998	0.903	0.961
4	cc1-2	—	120	1095	0.54	1962			
5	cch1-1	—	120	422	0.59	636	648	—	—
6	cch1-2	—	120	420	0.59	659			
7	cc2	3.5	120	0	0	1804	1804	0.822	0.888
8	cch2	3.5	120	0	0	340	340	—	—
9	cc3-1	3.5	120	533	0.27	1786	1782	0.833	0.899
10	cc3-2	3.5	120	539	0.27	1777			
11	cc4-1	3.5	120	1080	0.54	1745	1724	0.860	0.929
12	cc4-2	3.5	120	1070	0.53	1703			
13	cch4-1	3.5	120	420	0.59	541	527	—	—
14	cch4-2	3.5	120	425	0.60	513			
15	cc5-h	3.5	120	0	0	1917	1917	0.774	0.836
16	cc6-1-h	3.5	120	1066	0.53	1897	1878	0.790	0.853
17	cc6-2-h	3.5	120	1062	0.53	1858			

对部分参数设置进行了两个相同试件试验，以检查试验数据的离散误差。此

类构件在表 11.1 和表 11.2 中，均采用“－1”和“－2”进行区分。

（2）试件材性和试验装置

根据材性试验结果，方形截面试件钢管钢材的屈服强度和极限强度分别为 372.8MPa 和 531.5MPa，弹性模量为 2.02×10^5 N/mm^2，泊松比为 0.244；圆形截面试件钢管的屈服强度和极限强度分别为 408.8MPa 和 531.5MPa，弹性模量为 2.02×10^5 N/mm^2，泊松比为 0.244。试件混凝土抗压强度在腐蚀开始前和破坏加载时的实测值分别为 58.0MPa 和 59.1MPa，相应的弹性模量分别为 3.32×10^4 N/mm^2 和 3.39×10^4 N/mm^2。

试验装置如图 11.1 所示。在初始加载阶段，通过高强螺栓与螺杆系统对构件施加长期荷载，荷载大小通过与加载杆连接的荷载传感器读取，通过控制各加载杆的荷载一致，使构件处于轴心加载状态。在维持荷载稳定的同时，将构件浸入设计浓度的 NaCl 溶液中，通过构件钢管外壁与特制的铁质水箱形成电流回路，按照设计的腐蚀速率确定电流强度并进行通电加速腐蚀。

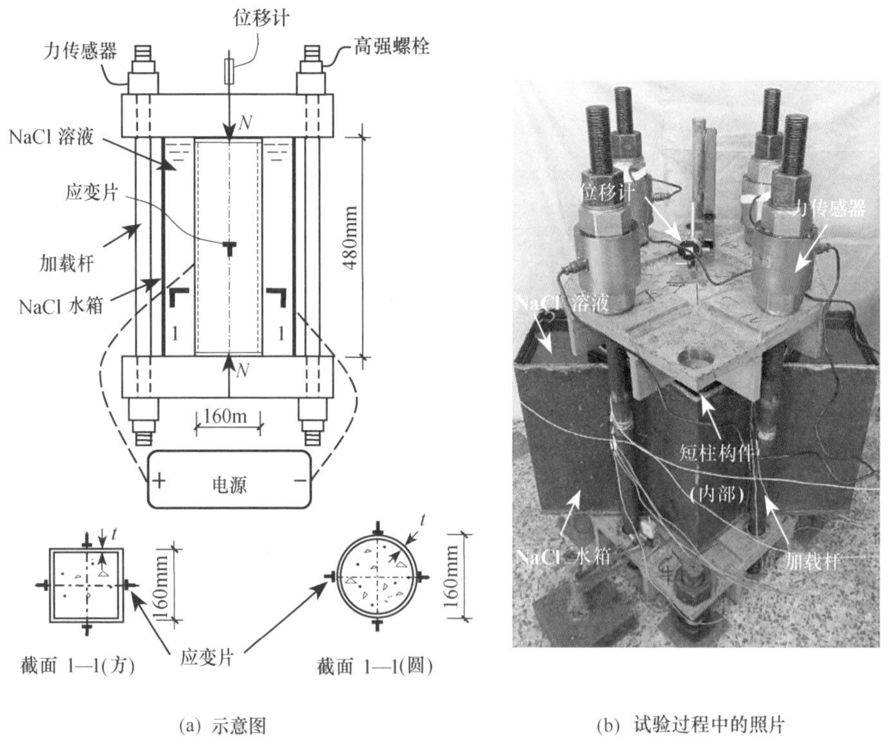

(a) 示意图　　(b) 试验过程中的照片

图 11.1　轴压短柱试验装置图

在构件四边的中截面分别设置横向和纵向应变片，用于测量长期加载过程以及破坏加载过程中构件的应变发展规律。

（3）试验结果与分析

1）方形截面构件。

在长期加载和氯离子腐蚀的过程中对构件的变形进行监测。图 11.2 为构件轴向变形随时间的变化规律。长期荷载和腐蚀作用下，构件轴向变形随时间逐渐增大，且变形增加的幅度由无腐蚀→半高腐蚀→全腐蚀依次增加。图中，Δ_{lc}为试件轴向变形在持荷与腐蚀过程中的变化量（正值为压缩）。

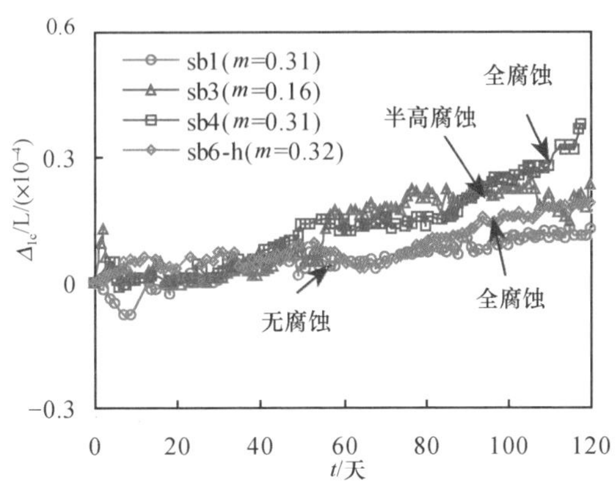

图 11.2　方形截面轴压短柱构件 Δ_{lc}/L-t 关系曲线

长期持荷阶段结束后，进行试件的破坏性试验，图 11.3 所示为构件破坏后的情形。方形截面钢管混凝土构件在破坏时，外钢管发生外凸屈曲（部分构件发生钢管焊缝破坏），而空钢管构件同时出现外凸和内凹局部屈曲。

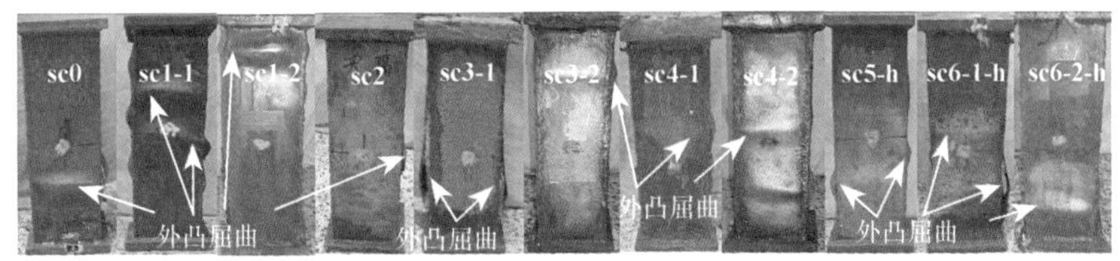

(a) 钢管混凝土

(b) 空钢管

图 11.3　方形截面轴压短柱构件破坏形态

试验后，切开外钢管观察内部混凝土的破坏情况。如图 11.4 所示，在钢管向外鼓曲的位置附近可观察到混凝土的压溃现象。

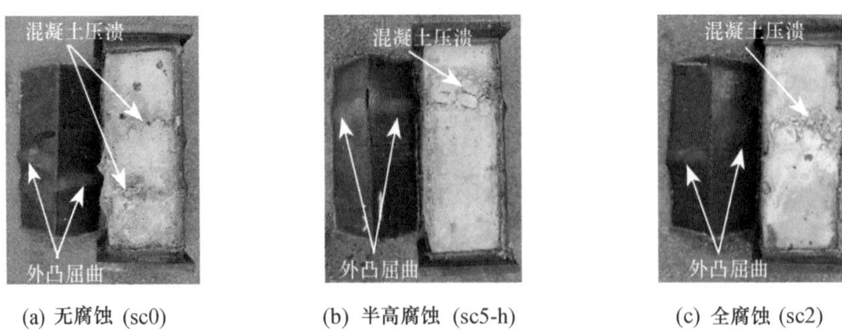

(a) 无腐蚀 (sc0)　　(b) 半高腐蚀 (sc5-h)　　(c) 全腐蚀 (sc2)

图 11.4　方形截面轴压短柱构件核心混凝土破坏形态

图 11.5 给出了典型构件在破坏加载过程中的荷载（N）-变形（Δ）关系曲线。由图可见，腐蚀降低了构件的极限承载力和轴向刚度；在相同腐蚀速率的情况下，全腐蚀构件受力性能的劣化程度明显高于半高腐蚀构件。

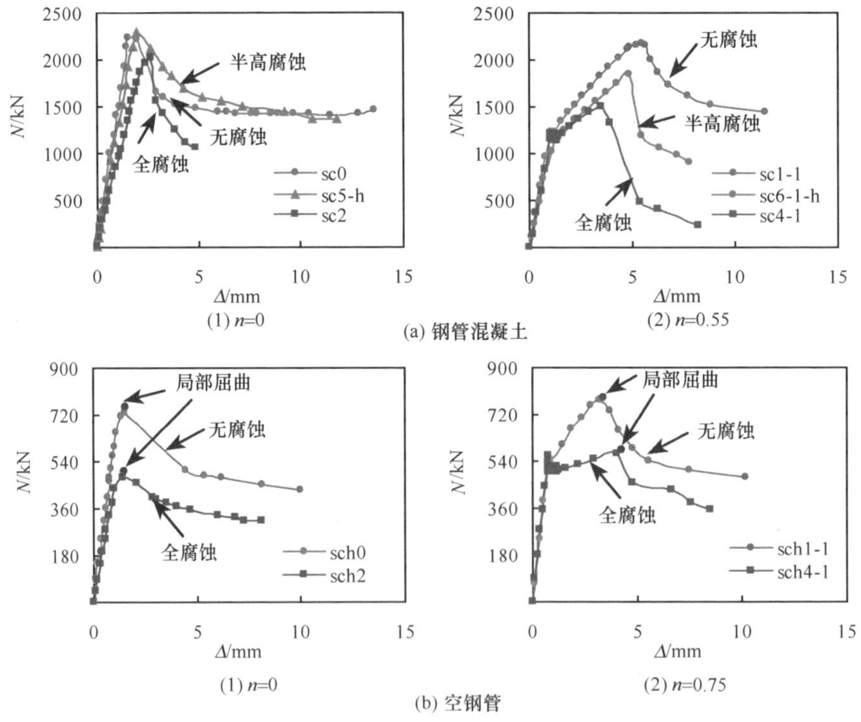

图 11.5　方形截面轴压短柱构件荷载（N）-位移（Δ）关系

图 11.6 给出了典型构件的荷载（N）-钢管应变（ε_s）关系曲线。对于钢管混

凝土构件，钢管轴向应变在承载力接近峰值点时就已达到屈服应变，其横向应变在承载力超过峰值点后达到屈服应变；对于空钢管构件，由于屈曲的过早发生，达到极限承载力时钢管的轴向应变和横向应变均未达到屈服应变。

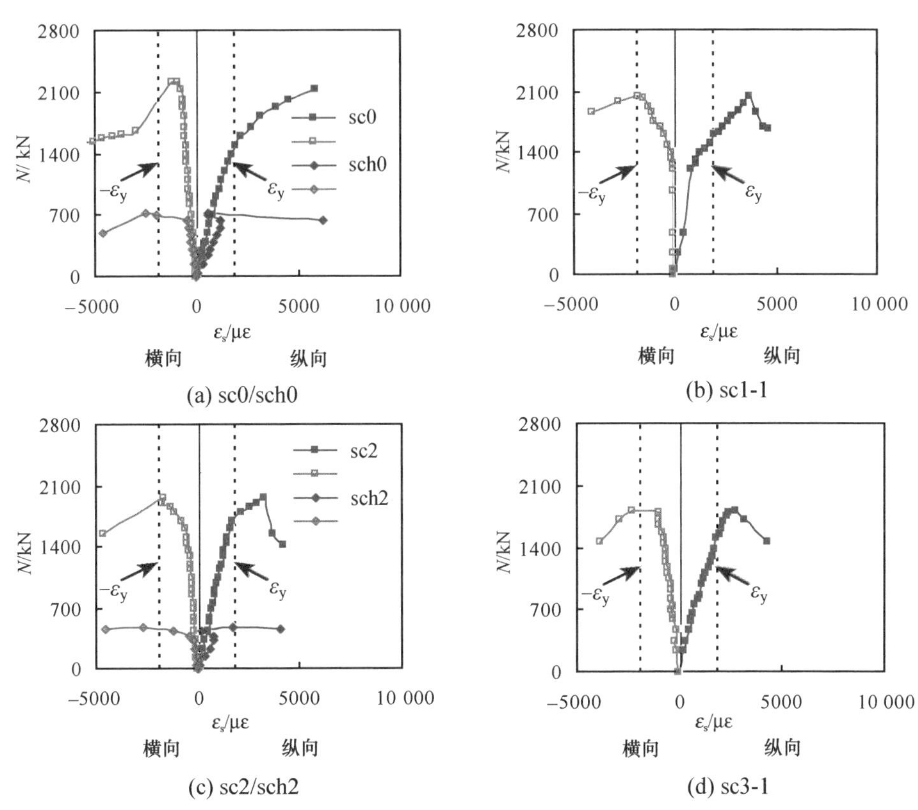

(a) sc0/sch0　(b) sc1-1

(c) sc2/sch2　(d) sc3-1

图 11.6　方形截面轴压短柱构件荷载（N）-应变（ε_s）关系

根据本书 1.3.2 节关于约束效应系数 ξ 的定义，腐蚀降低了外钢管和核心混凝土之间的组合作用，导致腐蚀构件承载力峰值点对应的轴向应变较之无腐蚀构件有所降低。

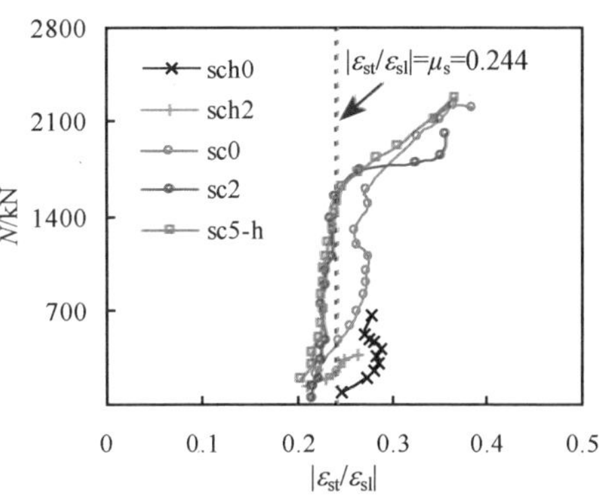

图 11.7　方形截面轴压短柱典型 N-$|\varepsilon_{st}/\varepsilon_{sl}|$ 关系

构件的荷载（N）-钢管横、纵向应变比值（$|\varepsilon_{st}/\varepsilon_{sl}|$）关系曲线如图 11.7 所示。可见，初始阶段时 $|\varepsilon_{st}/\varepsilon_{sl}|$ 接近于钢材泊松比 0.244。对于空钢管构件，$|\varepsilon_{st}/\varepsilon_{sl}|$ 随荷载的增加基本保持在初始值附近；对于钢管混凝土构件，$|\varepsilon_{st}/\varepsilon_{sl}|$

在荷载接近构件极限承载力时迅速增加。达到极限承载力时，钢管混凝土的 $|\varepsilon_{st}/\varepsilon_{sl}|$ 值超过 0.36，而空钢管构件相应的数值低于 0.27，这是由于钢管混凝土构件中的核心混凝土与钢管之间的相互作用使得钢管的横向应变发展较快。在腐蚀作用下的构件，其 $|\varepsilon_{st}/\varepsilon_{sl}|$ 值增长相对更快。

图 11.8 为构件在不同工况下承载力的比较。当长期荷载比为 0.54（sc1-1 和 sc1-2）时，无腐蚀钢管混凝土短柱的极限承载力下降 5.5%，主要原因是混凝土徐变的影响；对于全腐蚀且无长期荷载作用的构件（sc2），承载力降低约 9.0%，这是由于腐蚀导致的钢管截面积减小和钢-混凝土组合作用减弱造成。当腐蚀程度不变、引入长期荷载的影响时，构件承载力的下降幅度更大，如当管壁腐蚀厚度为 1.2mm、长期荷载比为 0.27（sc3-1 和 sc3-2）时，构件极限承载力下降 15%～18%；当长期荷载比增大到 0.55（sc4-1 和 sc4-2）时，构件承载力下降的幅度达到 29%～33%，可见长期荷载加强了腐蚀对构件承载力的影响。对于半高腐蚀工况，其承载力降低幅度小于全腐蚀工况，以半高腐蚀构件 sc6-1-h 为例，长期持荷比为 0.55，其极限承载力约下降 17.1%。

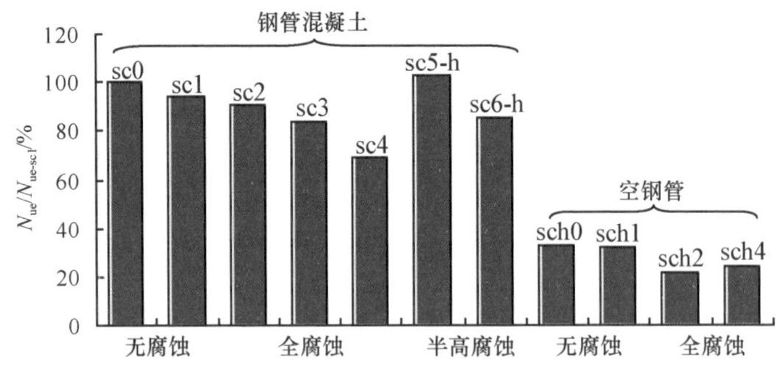

图 11.8　方形轴压短柱构件相对极限承载力（N_{ue}/N_{ue-sc1}）

对于空钢管构件，长期荷载的影响较小。当长期荷载比为 0.75 时（sch1-1 和 sch1-2），构件的极限承载力与短期加载下（sch0）基本一致。而腐蚀对于空钢管构件的影响则比钢管混凝土构件显著，如对于空钢管构件 sch2，其承载力下降幅度为 34%，而相应钢管混凝土构件的承载力下降幅度为 9.4%。这是由于在钢管混凝土中，核心混凝土可有效分担由于其外钢管壁受到腐蚀而“卸”下的荷载，同时也可避免钢管过早地发生局部屈曲，两种材料在组合构件的受力全过程中体现了协同工作作用。

采用式（5.2）延性指标的定义，根据 $DI=\varepsilon_{85\%}/\varepsilon_u$ 对构件的延性进行评价，$\varepsilon_{85\%}$ 为荷载下降到极限荷载 85%时对应的应变，ε_u 为极限荷载对应的轴向应变。图 11.9 给出了长期荷载和氯离子腐蚀对构件延性的影响。可以看出，腐蚀和长期荷载的共同作用降低了构件延性，且其程度越深，延性指标降低越明显。对于空钢管构件，其延性指标的最大降低幅度为 40.4%，而钢管混凝土构件为 29.8%。

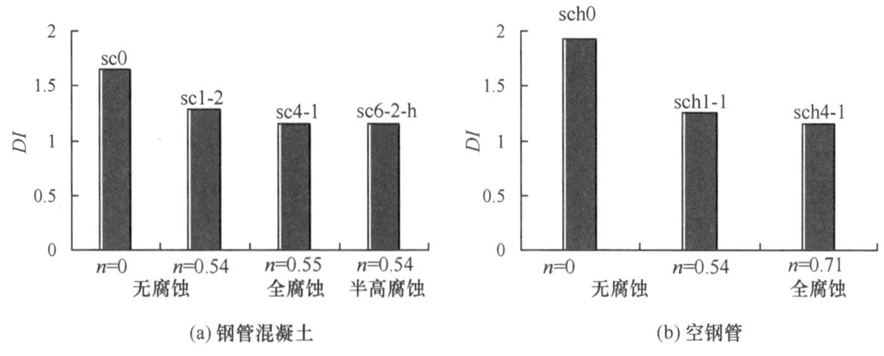

(a) 钢管混凝土　　(b) 空钢管

图 11.9　方形截面轴压短构件延性指标（*DI*）

2）圆形截面试件。

圆形截面构件与方形截面构件的试验方法类似，在长期持荷和腐蚀阶段完成后，不卸载并进行破坏加载。图 11.10 所示为试验后构件的破坏形态。

(a) 空钢管构件

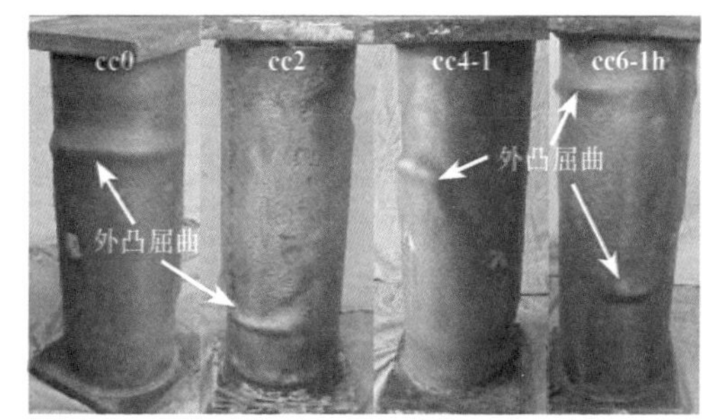

(b) 钢管混凝土构件

图 11.10　圆形截面轴压短构件典型破坏形态

圆形截面钢管混凝土构件的外钢管产生向外鼓曲，且不同工况下构件的破坏形态基本一致；对于空钢管构件，钢管向外和向内屈曲均有发生。上述现象表明，与空钢管相比，圆截面钢管混凝土在腐蚀和长期荷载的作用下同样具有更好的延性。

图 11.11 给出了将外钢管剥离后观察到的核心混凝土破坏形态。钢管向外鼓曲处的混凝土发生压溃。

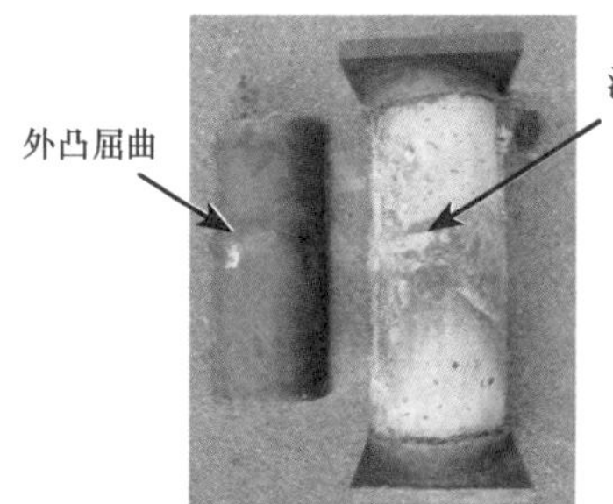

图 11.11　圆形柱核心混凝土破坏形态

图 11.12 给出了不同腐蚀条件下试件的荷载（N）-位移（Δ）曲线。当长期荷载比（n）为 0 时[图 11.12（a1）]，钢管混凝土构

件的 N-Δ 曲线较为平滑；随着腐蚀损伤因子的增大，构件的极限承载力和刚度出现下降。当构件承受长期荷载作用时[图 11.12（a2）]，其 N-Δ 曲线呈现出较明显的三阶段形式：第一阶段为特定荷载的初始加载，此阶段各条曲线的规律基本一致；第二阶段为构件进入长期持荷和腐蚀的作用过程，在长期荷载作用下，构件 cc4-1 和 cc6-1-h 的变形不断发展；第三阶段为构件的破坏加载。

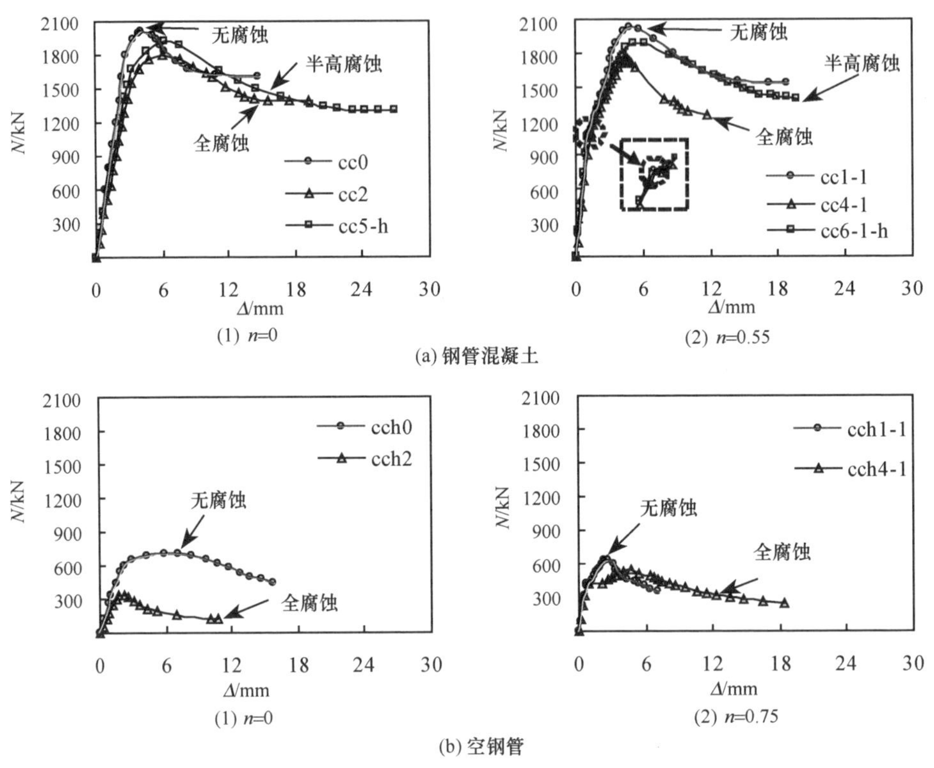

图 11.12　圆形截面轴压短构件荷载（N）-位移（Δ）关系

对于空钢管构件[图 11.12（b）]，腐蚀导致构件的极限承载力和刚度均出现较大程度的降低，这是因为腐蚀使钢管壁有效厚度减小，钢管径厚比增大所致。

图 11.13 给出构件在腐蚀和长期荷载共同作用下的承载力（N_{ue}）与短期加载下承载力（N_{ue0}）的比值。长期荷载影响下钢管混凝土构件（c1）承载力下降的幅度较小，仅为 0.6%；腐蚀和长期荷载共同作用下，构件承载力下降幅度较大，且全腐蚀构件承载力的下降幅度大于半高腐蚀构件；腐蚀程度相同的情况下，长期荷载比的变化对构件承载力的影响较小。对于空钢管构件，腐蚀导致的承载力降低幅度明显大于相应的钢管混凝土构件。

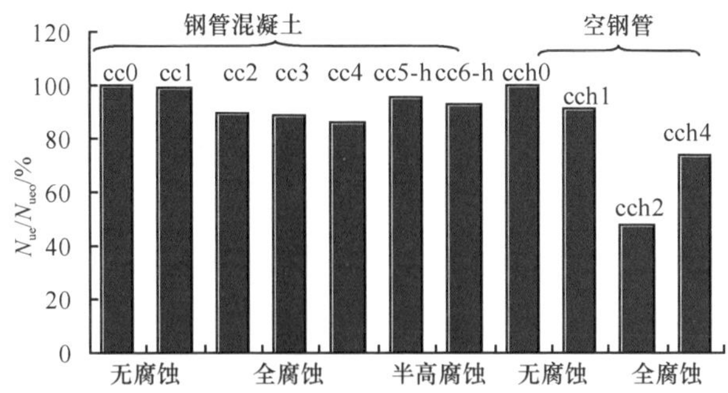

图 11.13　圆形轴压短柱相对极限承载力（N_{ue}/N_{ue0}）

图 11.14 给出不同工况下构件延性指标 DI 的比较。与方形截面构件相同，腐蚀降低了钢管混凝土构件的约束效应系数，使得构件的延性呈现降低的趋势。

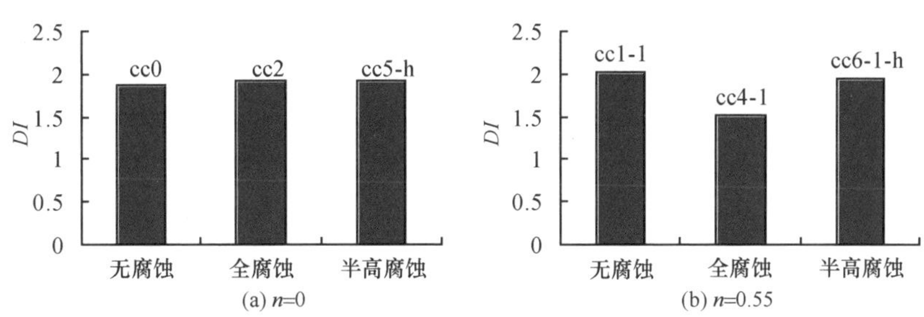

图 11.14　圆形截面轴压短柱延性指标（DI）

11.2.2　有限元分析

钢管混凝土的耐久性问题是长期服役情况下构件受荷载和环境共同作用产生的材料和受力性能的变化。为分析长期荷载和腐蚀作用对钢管混凝土轴压构件力学性能的影响，建立了长期荷载与氯离子腐蚀共同作用下构件受力全过程分析的有限元模型。

建立的模型中，通过修正材料本构以模拟长期荷载效应，采用“生死单元法”模拟氯离子对钢管的腐蚀作用。长期荷载作用下核心混凝土的收缩和徐变是钢管混凝土构件耐久性研究的关键问题之一，核心混凝土收缩徐变模型及应力-应变关系模型如 6.4.2 节所述。模拟氯离子腐蚀时，首先通过切割，将腐蚀的部分单元切割为一层或多层附着在钢管表面的薄管，然后进行网格划分，使腐蚀部分成为独立的单元。定义好腐蚀单元的集合后，在需要考虑腐蚀的分析步中加入命令，程序在计算中将把此部分单元的刚度逐渐缩减至接近零，从而对此部分单元的移除进行模拟。钢管、混凝土和端板均采用八节点缩减积分的三维实体元进行模拟。

计算时采用分段加载的方法，以获得其应力变化历史。将钢管混凝土构件的受力全过程分为四个分析步。在分析步 1 中，采用力加载方式，使构件承受使用条件下的荷载；在分析步 2 中，保持使用荷载不变，应用混凝土在长期荷载下的本构模型，以考虑混凝土的收缩徐变；在分析步 3 中，维持荷载大小不变，考虑腐蚀作用的影响，通过“生死单元法”模拟外钢管壁厚的逐层减小；在分析步 4 中，采用位移加载方式，将构件加载至破坏。

（1）方形钢管混凝土

图 11.15 为有限元模型示意图，模型中的边界条件与本节进行的试验条件一致。采用刚性垫块模拟试验中的支座。

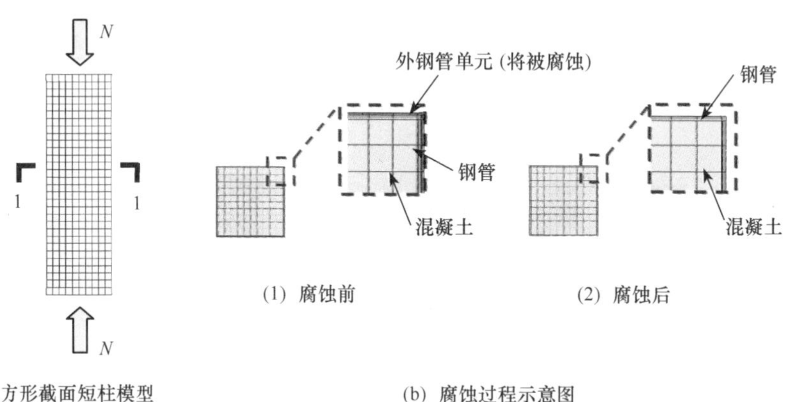

图 11.15　方钢截面轴压短柱构件有限元模型示意图

有限元模型计算结果和实测结果总体吻合良好。图 11.16 给出钢管混凝土和空钢管短柱试件的荷载（N）-轴向变形（Δ）关系的计算值和实测值的典型比较。图 11.17 所示为构件极限承载力有限元计算值（N_{uc}）和实测值（N_{ue}）的对比。可见有限元计算结果和试验结果总体吻合良好。

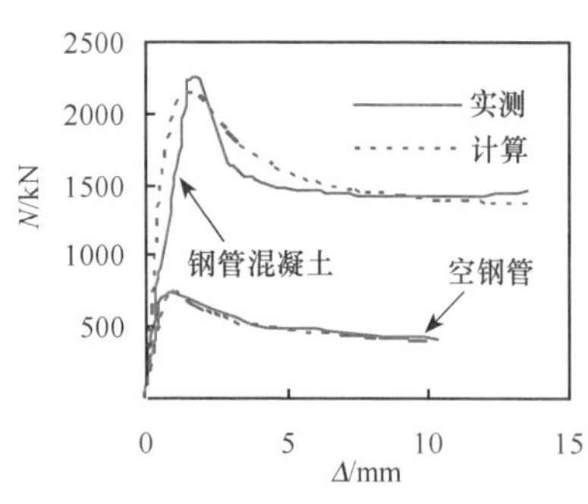

图 11.16　方形轴压短柱荷载（N）-轴向变形（Δ）关系对比

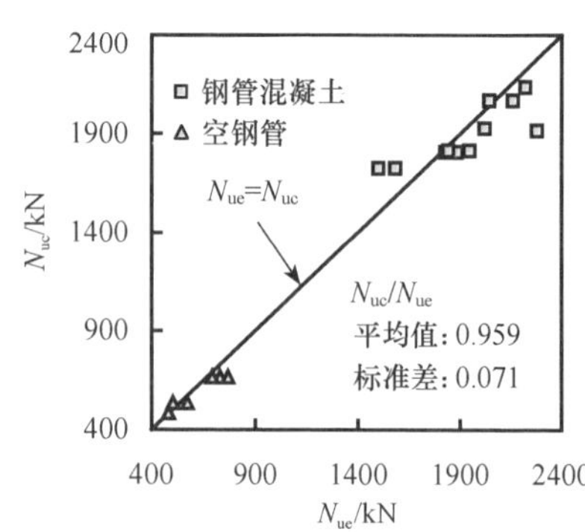

图 11.17　方形轴压短柱承载力对比

图 11.18 对腐蚀影响下钢管混凝土短柱构件的荷载（N）-应变（ε_s）关系计算值与实测值进行了对比，其中 ε_s、ε_y 分别为钢材应变和屈服应变。

图 11.19（a）和（b）给出了典型钢管混凝土和空钢管构件破坏形态的计算结果和试验结果对比。图 11.19（c）比较了核心混凝土破坏形态计算结果与试验后剖开钢管观察到的混凝土实际破坏形态。可见在模拟的钢管屈曲形式和混凝土压溃位置等与试验现象均总体上相吻合。

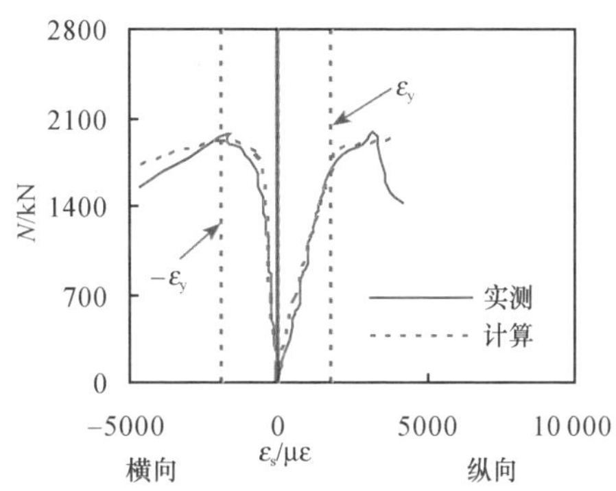

图 11.18　方形轴压短柱荷载（N）-应变（ε）关系对比

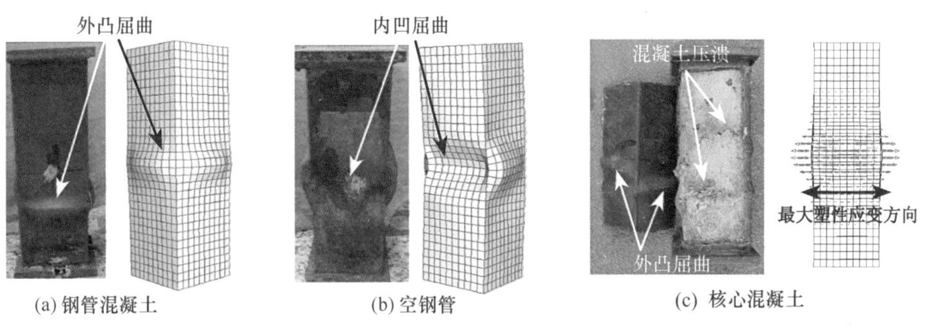

图 11.19　方形截面轴压短柱典型破坏形态

图 11.20（a）给出钢管混凝土短柱在有无长期荷载与腐蚀影响下的破坏形态示意图。可见，长期荷载和腐蚀作用下的荷载重分布效应使得钢管混凝土柱的局部屈曲更为明显。与短期加载类似，长期荷载作用下，由于核心混凝土提供的有效支撑作用，钢管发生腐蚀的钢管混凝土短柱构件仅发生钢管局部外凸屈曲。

对于空钢管短柱构件，外凸屈曲和内凹屈曲同时存在，如图 11.20（b）所示，图中，L 为试件长度。短期加载下和长期荷载与腐蚀共同作用下构件的屈曲破坏形态明显不同，这主要是由于腐蚀作用使得钢管厚度减小，导致宽厚比增大，屈曲变形更为显著。

图 11.21 给出了普通钢管混凝土短柱试件在三种不同工况下的典型荷载（N）-变形（Δ）关系。三种工况分别为短期加载、长期加载、长期加载和氯离子腐蚀共同作用。图 11.21 中，各曲线对应的工况及特征如下。

① 曲线 O—A—B—C 为短期加载下钢管混凝土短柱的荷载-变形关系。②曲线 O—A—A_1—B_1—C_1 为长期荷载下构件的荷载-变形关系。加至 A 点时，荷载保持不变，在恒定荷载 N_1 的作用下，由于核心混凝土的收缩徐变，构件变形持

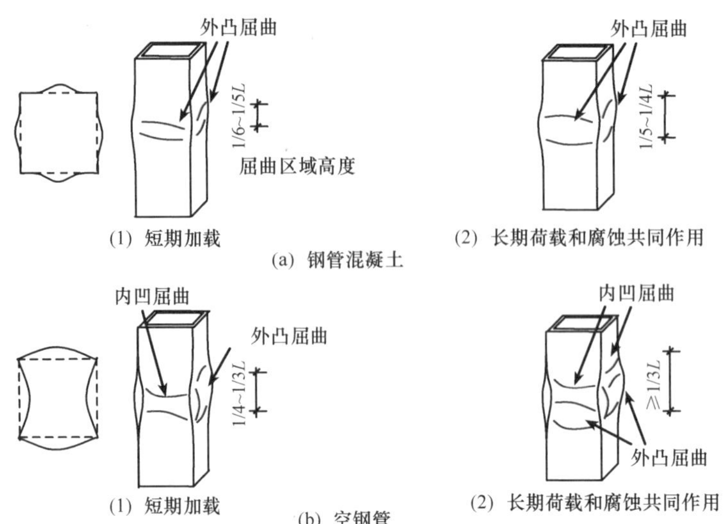

图 11.20 方形截面轴压短柱构件典型破坏形态

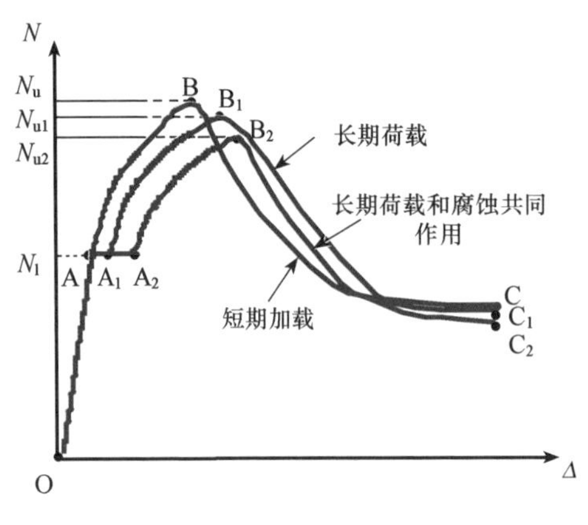

图 11.21 方形截面轴压短柱构件典型的 N-Δ 关系

续发展。A—A_1 表征长期荷载导致的构件变形增量，增量的大小与长期荷载比和持荷时间有关。一般情况下，长期荷载比增大、持荷时间延长都会导致 A—A_1 段的增长，即产生更大的变形增量。在 A_1 点以后，轴向荷载逐渐增加至 B_1 点的极限荷载 N_{u1}，N_{u1} 相比于短期荷载下（B 点处的 N_u）有所降低。A_1—B_1 段的构件刚度相比于 A—B 段也有所下降。从 O—A—A_1—B_1—C_1 段整体来看，在长期荷载作用下，钢管混凝土短柱受力过程表现出平滑、延性良好的特征。③曲线 O—A—A_2—B_2—C_2 为长期荷载和氯离子腐蚀共同作用下构件的荷载-变形关系。曲线大致可分为四个阶段。阶段 1（O—A）：在进入腐蚀之前，长期荷载值 N_1 缓慢加载至钢管混凝土短柱，试件的荷载-变形关系大致呈线性。阶段 2（A—A_2）：保持长期荷载值 N_1，同时将短柱构件置于氯离子腐蚀环境中，在此阶段，氯离子腐蚀和长期荷载共同作用在短柱构件上，导致钢管腐蚀，引起钢管和混凝土之间的内力重分布。同时试件的变形逐渐增加，其增量大小与荷载比、时间以及腐蚀因素均相关。阶段 3（A_2—B_2）：轴向荷载持续增加，直至达到极限荷载 N_{u2}，短柱构件发生塑性变形。相比于曲线 O—A—A_1—B_1—C_1，此阶段中极限承载力下降明显。阶段 4（B_2—C_2）：在荷载-变形曲线到达顶点后，随着变形的持续发展，轴向荷载逐渐下降，下降段与腐蚀的程度及钢管混凝土构件的组合作用相关。在腐蚀轻微、组合作用仍较强的情况下，下降段 B_2—C_2 仍较为平滑。

图 11.22 将图 11.21 曲线中 A、A_1、A_2 点对应的跨中截面荷载分布情况进行了比较，研究加载全过程中截面材料间的荷载分布情况。

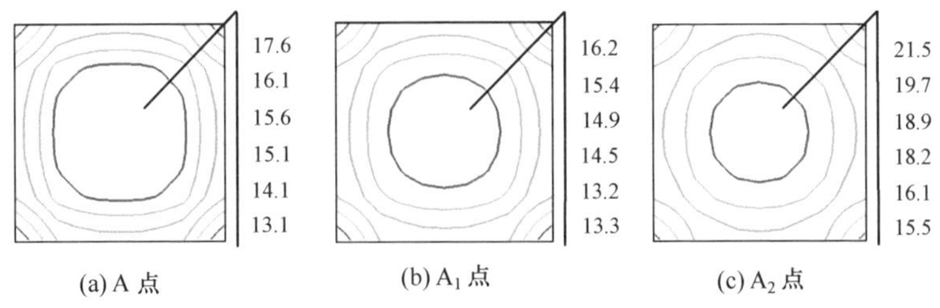

图 11.22　方形截面轴压短柱核心混凝土应力分布（应力单位：MPa）

从图 11.22（a）和（b）可以看出，相比于 A 点，A_1 点处的混凝土应力下降约 5%，这是由于长期荷载的作用导致混凝土应力-应变关系发生改变，使得钢管部分承受更多荷载。从图 11.22（a）和（c）可见，相比于 A 点，A_2 点处的混凝土应力有所提高，这是由于腐蚀导致钢管削弱，荷载向核心混凝土部件发生了转移。此外，在经历长期荷载和氯离子腐蚀共同作用后，截面混凝土部分的平均应力上升 18.9%，钢管应力上升 12.6%，表明混凝土和钢管之间的组合作用导致内力重分布，核心混凝土承受更多荷载。

图 11.23 给出三种工况下构件的荷载（N）-变形（Δ）关系对比，取极限承载力 60%对应的割线斜率作为构件刚度。可见，在长期持荷的情况下，钢管混凝土短柱的极限承载力下降 3.7%，弹性段刚度下降 25.3%。对于在长期荷载和腐蚀共同作用下的短柱构件，极限承载力下降 9.2%，弹性段刚度下降 30.1%。

图 11.23 同样对比了空钢管考虑腐蚀与否时的 N-Δ 关系曲线。受腐蚀影响，空钢管构件的极限承载力和弹性段刚度分别下降 40.9%和 28.4%，下降幅度显著高于相应的钢管混凝土构件。这是由于在钢管混凝土中，核心混凝土可有效防止或者延缓钢管发生局部屈曲，且在腐蚀过程中可承受钢管转移的荷载。因此，核心混凝土的存在降低了腐蚀对钢管混凝土承载力的影响。

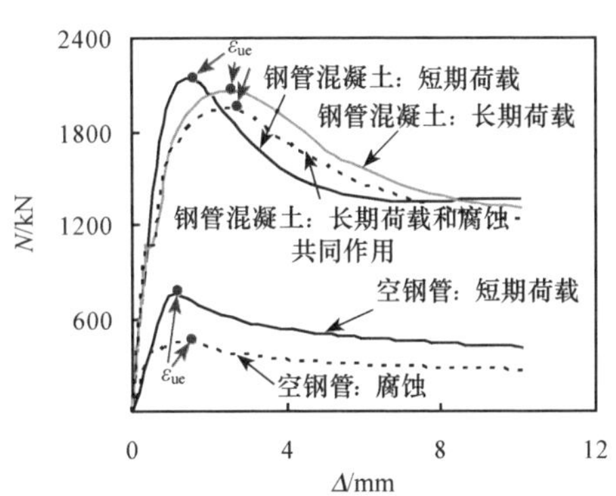

图 11.23　方形轴压构件三种工况下的典型 N-Δ 关系

图 11.24 给出不同条件下钢管混凝土柱中部截面的钢管和核心混凝土的内力分配图，其中 N_s和 N_c分别为钢管和核心混凝土承担的轴向荷载。可以看出，核心混凝土和外钢管对于截面承载力均有较大贡献。当荷载和腐蚀条件发生改变时，两种材料对承载力的贡献也随之发生变化。

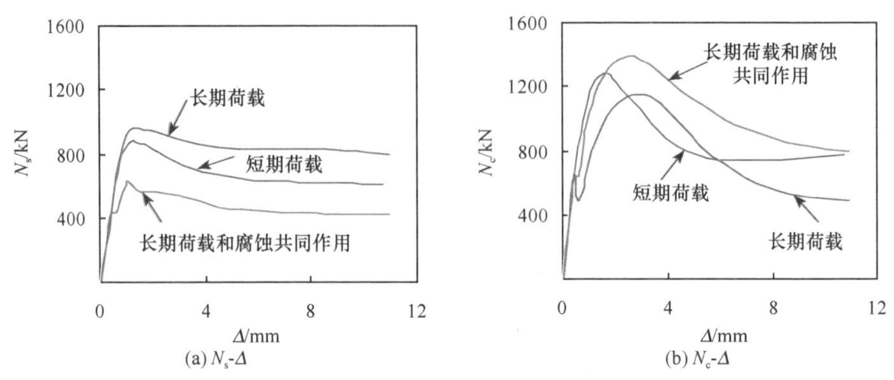

图 11.24 方形轴压构件中钢管与核心混凝土的荷载分配

图 11.25 对钢管混凝土柱在不同条件下的 $N/N_{short\ term}$值进行比较，其中 N 为各部分承担的荷载值，$N_{short\ term}$为短期加载下相应的荷载值。

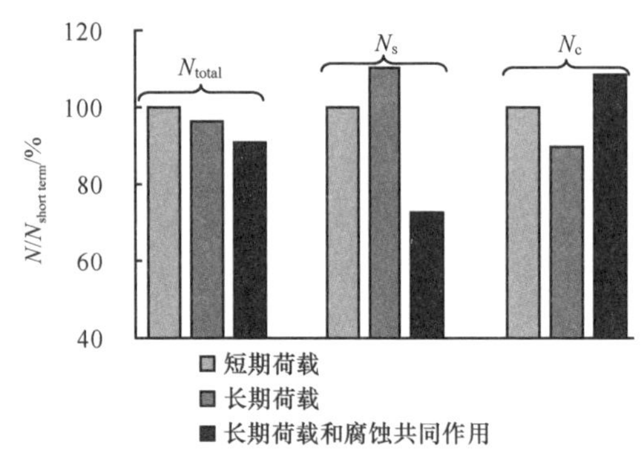

图 11.25 方形轴压构件不同工况下的相对承载力（$N/N_{short\ term}$）

当荷载达到短期加载的截面承载力时，钢管和核心混凝土对承载力贡献的比率分别为 41%和 59%；当施加长期荷载时，钢管部分的贡献增大至 45%，混凝土部分相应地减为 55%。长期荷载作用使混凝土部分发生卸载，钢管承担更多荷载。

在长期荷载和腐蚀共同作用下，钢管和核心混凝土对承载力的贡献分别为 29%和 71%。腐蚀作用导致组合截面材料间发生内力重分布，在外钢管发生腐蚀之后，核心混凝土承受更多的荷载，这与图 11.22 所示的现象吻合。

延性：

图 11.26 给出荷载和腐蚀对钢管混凝土和空钢管构件延性指标 *DI* 的影响。对于钢管混凝土构件，在长期荷载作用下，*DI* 值从 1.95 降至 1.91，考虑腐蚀作用则进一步降至 1.79。对于空钢管构件，在长期荷载和腐蚀共同作用下，*DI* 值从 1.87 降至 1.68。可见，长期荷载和腐蚀对于钢管混凝土的影响小于空钢管。

(2) 圆形钢管混凝土

采用与上述方形截面钢管混凝土构件类似的建模方法，可获得圆形截面钢管混凝土短柱在长期荷载和氯离子腐蚀共同作用下的有限元分析模型，如图 11.27 所示。

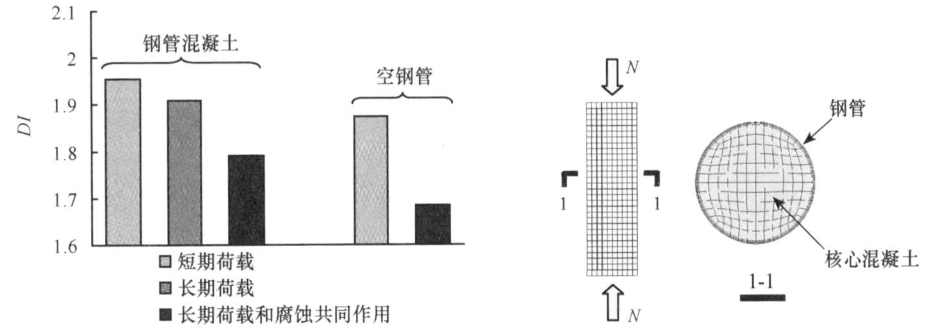

图 11.26　方形轴压构件不同工况下的延性指标 (*DI*)

图 11.27　圆形截面轴压短柱有限元模型

图 11.28 为构件轴向荷载 (*N*) -变形 (Δ) 关系的试验结果和计算结果比较。可见，实测值和计算值整体吻合良好。图 11.29 为构件极限承载力的比较。构件极限承载力的计算值和实测值的差异在 10%以内。

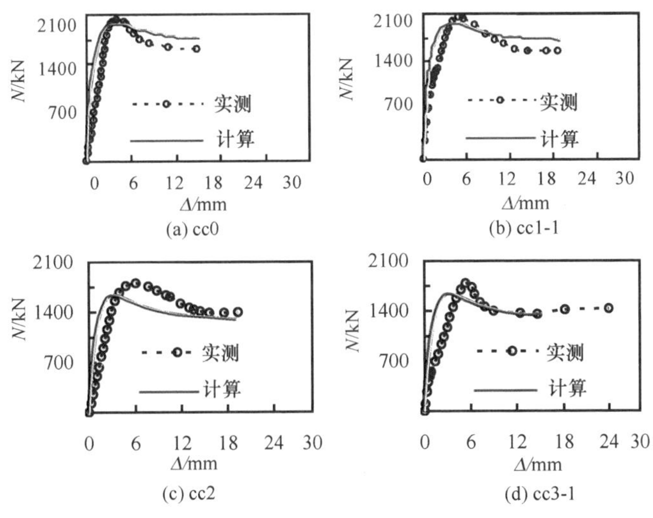

图 11.28　圆形轴压短柱构件荷载 (*N*)-位移 (Δ) 关系对比

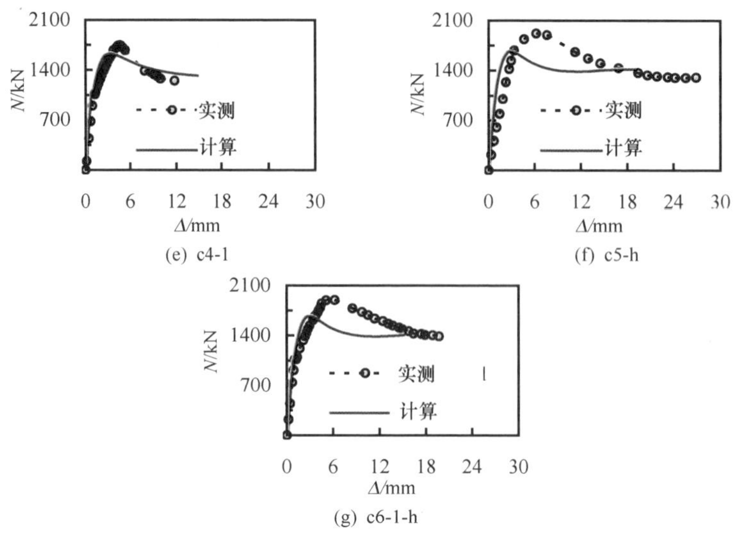

图 11.28　圆形轴压短柱构件荷载（N）-位移（Δ）关系对比（续）

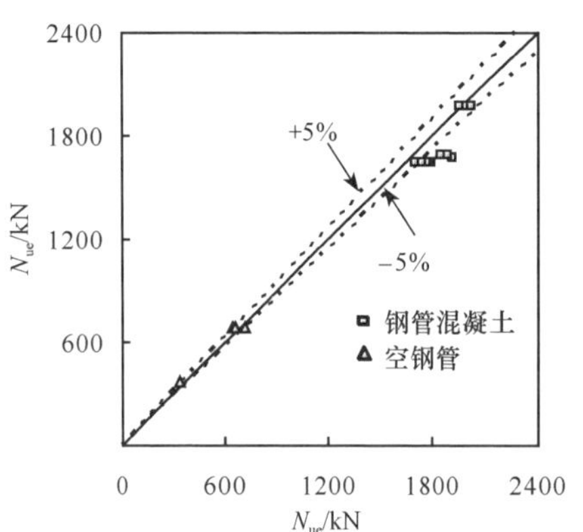

图 11.29　圆形轴压短柱构件极限承载力对比

为了便于定量研究腐蚀和长期荷载沟通作用下方钢管混凝土短柱承载力的变化规律，定义无量纲参数腐蚀损伤因子 β 为

$$\beta = \frac{\Delta t}{t} \tag{11.2}$$

式中：t 为腐蚀前的钢管壁厚；Δt 为腐蚀导致的钢管壁厚损失。

利用有限元模型进行了构件受力特性分析。计算参数为：$L \times D \times t =$ 1200mm×400mm×9.3mm；$\alpha = A_s/A_c =$ 0.1；f_y = 345MPa；f_{cu} = 60MPa；n = 0.5；β=0、0.25、0.5。图 11.30 为不同腐蚀程度下钢管混凝土和相应空钢管构件破坏形态的对比。

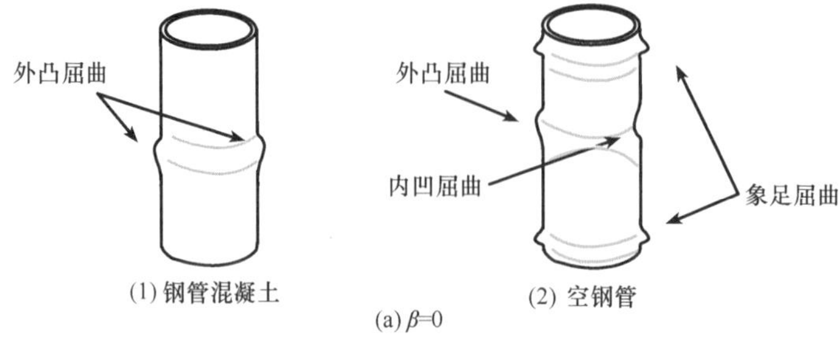

图 11.30　圆形轴压短柱构件破坏形态示意图

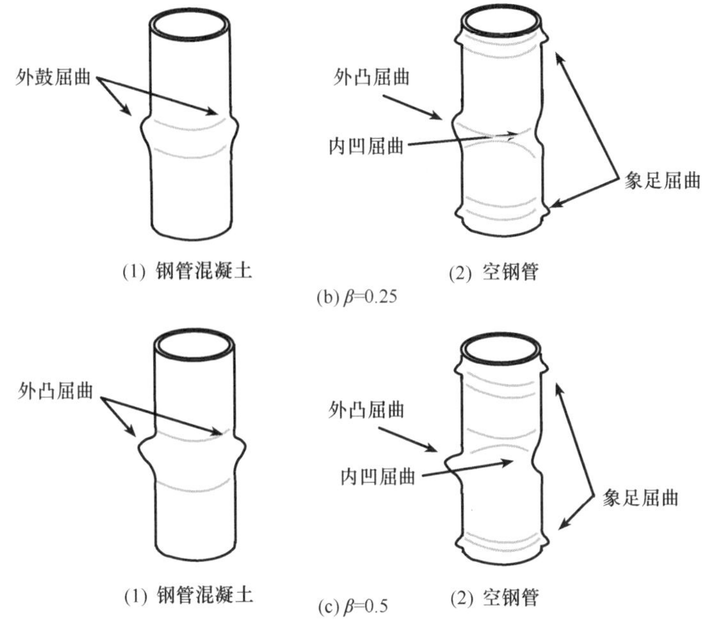

图 11.30　圆形轴压短柱构件破坏形态示意图（续）

实际结构中，由于材料初始缺陷的随机分布，构件可能在任何位置发生局部屈曲。钢管混凝土构件的局部屈曲主要为外凸屈曲；空钢管构件则同时存在外凸和内凹屈曲，且在端部出现象足屈曲。对比可知，钢管混凝土中的核心混凝土为外钢管提供了有效的支撑作用，防止钢管过早发生局部屈曲破坏。

图 11.30 还显示了不同腐蚀程度对构件破坏形态的影响。可见，随着腐蚀程度的提高，局部屈曲更显著，且发生的位置越多。与方形截面构件相比，圆形截面构件的外钢管与核心混凝土可更好地协同工作，其局部屈曲的程度相对较轻。

图 11.31（a）为钢管混凝土构件的荷载（N）-位移（Δ）曲线，其中 O—A_0—A_1—B_1—C_1 和 O—A_0—A_2—B_2—C_2 分别为构件在长期荷载和两种程度腐蚀共同作用下的曲线，其 β 取值分别为 0.25 和 0.5；曲线 O—A_0—B_0—C_0 为无腐蚀工况下短期加载的曲线。从图 11.31（a）可以看出：①在短期加载阶段 O—A_0 段，三条曲线基本重合。②短期加载阶段结束后，在长期荷载和腐蚀共同作用下的构件，其轴向荷载不变，位移持续发展（β=0.25 时，为 A_0—A_1 段；β=0.50 时，为 A_0—A_2 段）。腐蚀程度越重，轴向变形越大。③长期持荷阶段结束后，构件荷载持续增加至构件破坏、丧失承载力。腐蚀程度较重时，构件较早达到极限承载力，延性也有所下降。

图 11.31（b）和（c）分别给出构件受力全过程中核心混凝土和外钢管的荷载分配情况，可见：①长期持荷下的腐蚀阶段（A_0—A_1 和 A_0—A_2），外钢管承受的轴向荷载由于壁厚的减小而逐渐降低，且腐蚀程度越重，外钢管部分荷载下

降幅度越大；相应地，外钢管荷载向核心混凝土转移，使得核心混凝土承担的轴向荷载有所增加，发挥了材料间的组合作用。②破坏加载阶段（A_0—B_0—C_0、A_1—B_1—C_1和 A_2—B_2—C_2），外钢管承担的轴向荷载最大值随腐蚀程度的加重而降低。③核心混凝土的轴向承载力随腐蚀程度的加重而降低。

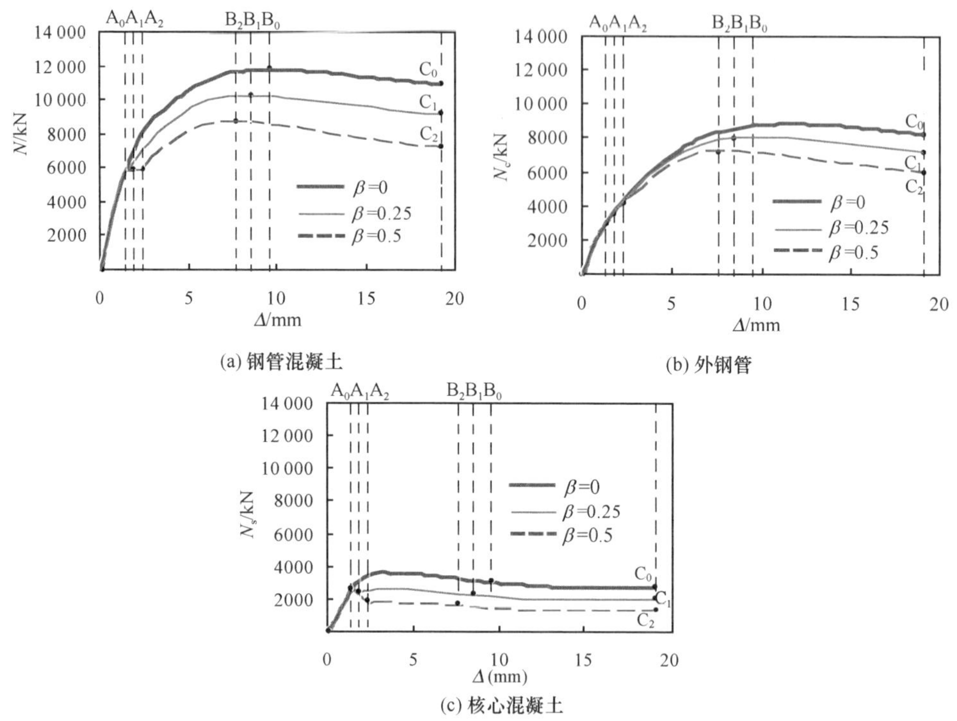

(a) 钢管混凝土 (b) 外钢管

(c) 核心混凝土

图 11.31 圆形轴压短柱各部件 N-位移 Δ 关系

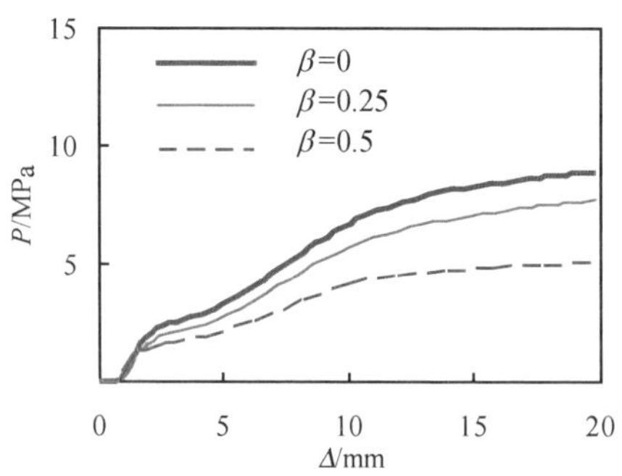

图 11.32 圆形轴压短柱材料间接触压力

图 11.32 为不同腐蚀损伤因子下外钢管和核心混凝土之间的接触压力（P）随轴向位移（Δ）变化的关系曲线。

由图 11.32 可见，在加载初期，随轴向荷载的增大，由于泊松效应，钢管和核心混凝土之间的接触压力线性增加；随着钢管和混凝土开始出现塑性变形，曲线呈非线性发展。当腐蚀程度加重时，材料间的接触压力有所减小，即钢管对核心混凝土的约束作用减弱，进而导致核心混凝土的轴向承载力下降。

图 11.33 所示为圆形截面钢管混凝土构件和相应的方形截面构件在长期荷载和腐蚀作用下强度折减率的对比，对比规律均与前文分析结论基本吻合。

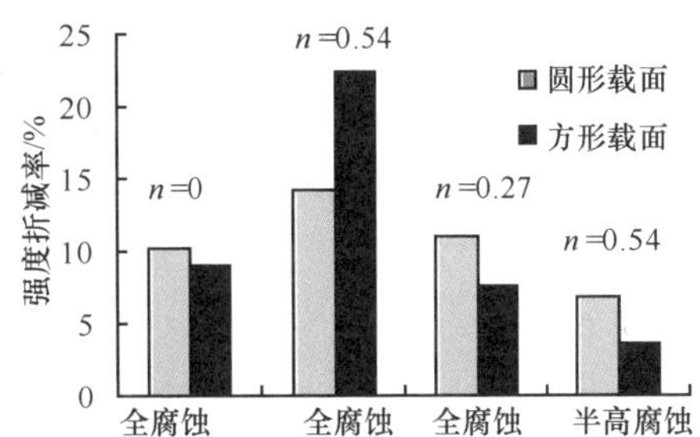

图 11.33　圆形/方形截面轴压短柱构件强度折减率比较

11.2.3　参数分析和实用计算方法

(1) 方形钢管混凝土

影响钢管混凝土短柱在荷载和腐蚀作用下极限承载力的主要参数有：腐蚀损伤因子 β［如式（11.2）所示］、截面含钢率 α、钢材屈服强度 f_y和混凝土强度 f_{cu}。本节通过有限元分析，研究这些参数对长期荷载和氯离子腐蚀共同作用下方形截面钢管混凝土承载力的影响规律。计算的基本参数如下：$B\times t=160\text{mm}\times 4\text{mm}$，$\alpha=0.1$，$f_y=345\text{MPa}$，$f_{cu}=45\text{MPa}$，$\beta=0.125$，$L=480\text{mm}$，$n=0.5$。

图 11.34 给出不同参数对短柱构件剩余强度比 $RS_{\text{-Nu}}$（$RS_{\text{-Nu}}=N_{\text{u-lc}}/N_{\text{u-shortterm}}$，其中 $N_{\text{u-lc}}$为长期荷载和腐蚀共同作用下构件的极限承载力；$N_{\text{u-shortterm}}$为短期荷载下构件的极限承载力）的影响。可见，随腐蚀损伤因子 β 的增加，短柱构件的剩余强度比逐渐减小。含钢率 α 降低时，剩余强度比随之减小，这是由于含钢率较小时，钢管对核心混凝土的约束作用相对较小，在相同的钢管厚度损失情况下，截面的组合作用降低更多，从而导致承载力能力降低。钢材屈服强度 f_y提高时，$RS_{\text{-Nu}}$逐渐减小。混凝土强度 f_{cu}提高时，$RS_{\text{-Nu}}$逐渐增加。

在腐蚀发生后，钢管混凝土构件外钢管壁厚变薄，有效截面变小，对核心混凝土的约束作用减弱。分析结果表明，可采用“有效截面法”，即用腐蚀后的实际几何参数计算构件的有效截面积和对应的有效约束效应系数，据此计算腐蚀后的试件承载力。钢管壁腐蚀厚度为 Δt 时，钢管混凝土的相关有效几何参数的确定方法归纳如下：

钢管壁厚：
$$t_e=t-\Delta t \tag{11.3}$$

方形钢管混凝土横截面外变长：
$$B_e=B-2\Delta t \tag{11.4}$$

圆形钢管混凝土横截面外直径：
$$D_e=D-2\Delta t \tag{11.5}$$

含钢率：
$$\alpha_e=\frac{A_{se}}{A_c} \tag{11.6}$$

约束效应系数：
$$\xi_e=\frac{A_{se}f_y}{A_c f_{ck}} \tag{11.7}$$

式（11.6）和式（11.7）中，A_{se}为腐蚀后钢管的有效横截面面积。

整理式（3.71）和式（3.72），可得长期荷载和腐蚀共同作用下方形钢管混凝土短柱轴压承载力的简化计算公式如下：

$$N_u=(1.18+0.85\xi_e)f_{ck}(A_{se}+A_c) \tag{11.8}$$

式中：f_{ck}为混凝土抗压强度标准值；A_{se}为腐蚀后钢管的截面积；A_c为核心混凝土的截面积。

以上计算方法的有效参数范围为：α=0.05～0.2，f_y=235～420MPa，f_{cu}=30～60MPa。

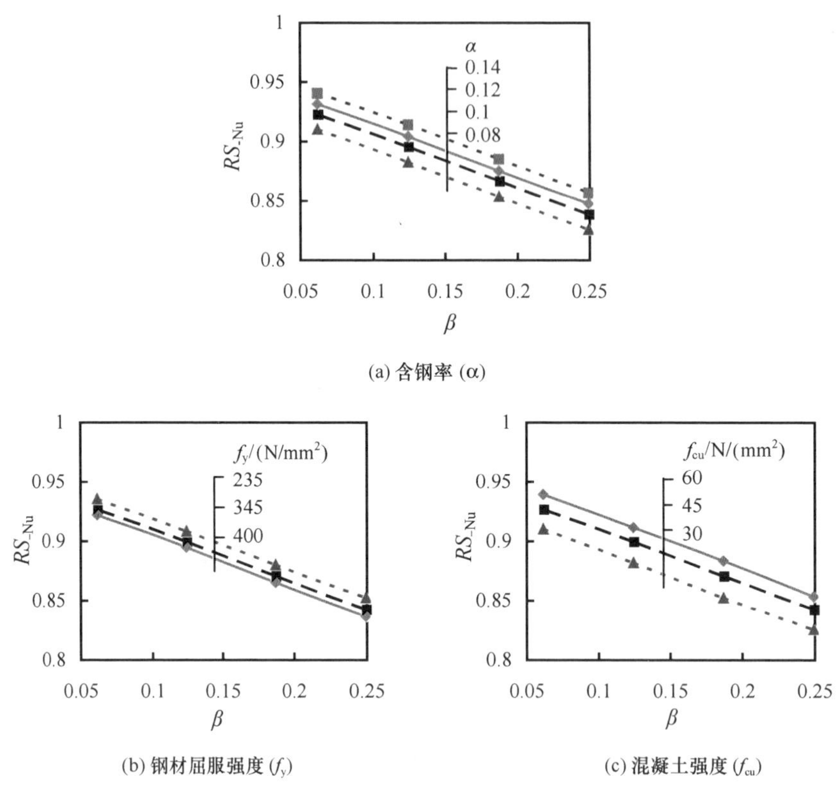

图 11.34　不同参数对腐蚀环境下方形轴压构件 $RS_{\text{-Nu}}$ 的影响

当采用 EC4（2004）进行计算时，可通过定义腐蚀后的有效截面参数来计算钢管混凝土的承载力，N_{uc}可表示为

$$N_{uc} = f_y A_{se} + f'_c A_c \tag{11.9}$$

其中，f'_c为混凝土圆柱体抗压强度。

图 11.35 将使用两种规范计算得到的钢管混凝土柱的极限承载力 N_{uc}和试验结果 N_{ue}进行了比较。可见，本书和 EC4（2004）给出的计算方法对于钢管混凝土柱的承载力预测值均偏于保守，给出的承载力计算值比实测值均略低。

（2）圆形钢管混凝土

对影响圆形钢管混凝土短柱剩余强度比 $RS_{\text{-Nu}}$的影响参数进行了分析。

参数分析的计算条件为：$L \times D \times t$=1200mm×400mm×9.3mm；α=0.1；f_y=345MPa；f_{cu}=60MPa；n=0.5；β=0.5。参数变化范围为：腐蚀损伤因子

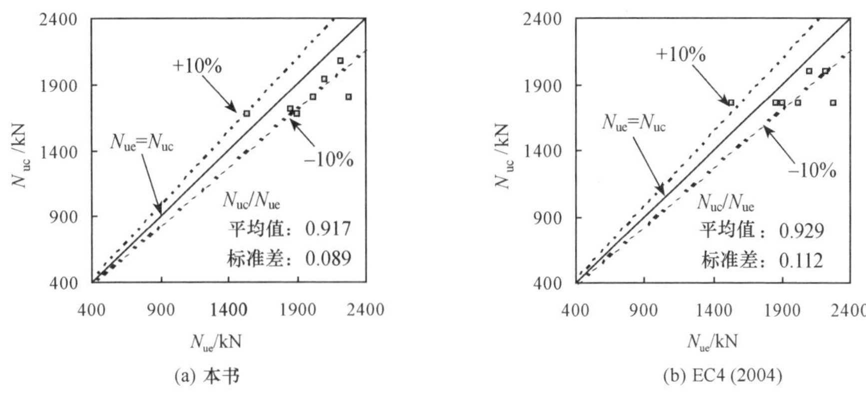

图 11.35　方形轴压构件承载力计算值与实测值对比

β=0～0.5（全腐蚀）；含钢率 α=0.05～0.2；截面尺寸 D=300～500mm；钢管屈服强度 f_y=235～420MPa；核心混凝土强度 f_{cu}=40～60MPa；长期荷载比 n=0.3～0.6。图 11.36 给出了参数分析的结果。

由图 11.36 可见，随着含钢率和钢材强度的提高，腐蚀对于构件剩余强度比 $RS_{\text{-Nu}}$ 的影响逐渐增大；随着核心混凝土强度的提高，腐蚀对于 $RS_{\text{-Nu}}$ 的影响逐渐降低；随着腐蚀损伤因子 β 的提高，$RS_{\text{-Nu}}$ 显著下降；截面尺寸和长期荷载比对 $RS_{\text{-Nu}}$ 的影响较小，其中含钢率、钢材强度和核心混凝土强度均可通过约束效应系数 ξ 来表征。

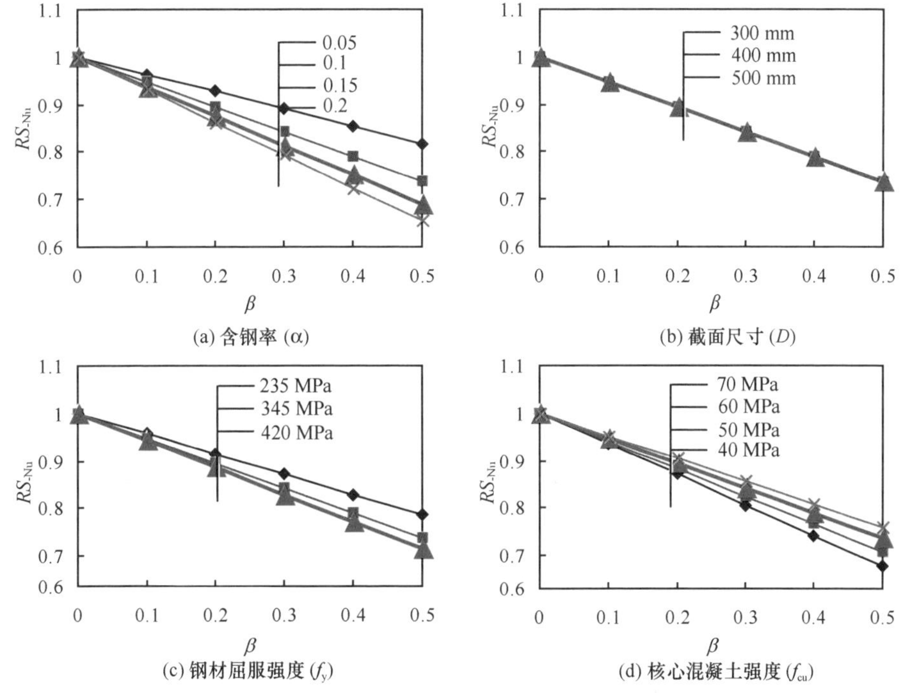

图 11.36　不同参数对腐蚀环境下圆形轴压构件 $RS_{\text{-Nu}}$ 值的影响

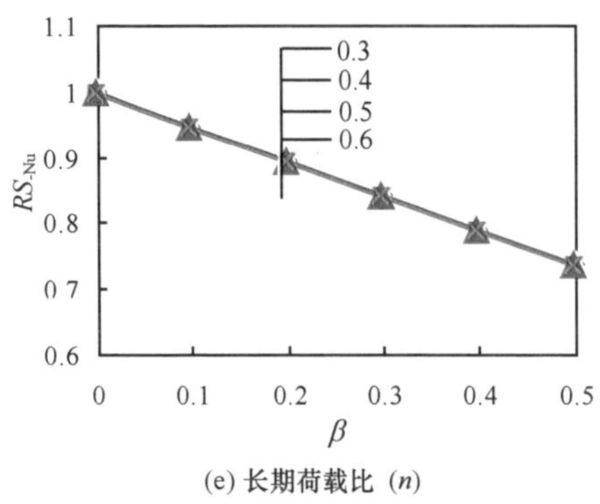

(e) 长期荷载比（n）

图 11.36 不同参数对腐蚀环境下圆形轴压构件 $RS_{\text{-Nu}}$ 值的影响（续）

以上分析结果表明，约束效应系数 ξ 和腐蚀损伤因子 β 是影响 $RS_{\text{-Nu}}$ 的两个主要参数。因此与方截面构件类似，同样可采用“等效截面法”计算长期荷载和腐蚀作用下圆钢管混凝土短柱的轴压承载力。腐蚀后圆截面有效约束效应系数 ξ_e 采用式（11.7）进行计算。

整理式（3.71）和式（3.72），可得长期荷载和腐蚀共同作用下圆形钢管混凝土短柱承载力的简化计算公式为

$$N_u = (1.14 + 1.02\xi_e) f_{ck} (A_{se} + A_c) \tag{11.10}$$

式中：f_{ck} 为混凝土抗压强度标准值；A_{se} 为腐蚀后圆钢管的截面积；A_c 为核心混凝土的截面积。

以上计算方法的有效参数范围为：$\alpha = 0.05 \sim 0.2$，$f_y = 235 \sim 420\text{MPa}$，$f_{cu} = 30 \sim 60\text{MPa}$。

同样可采用“有效截面法”，应用欧洲规范 EC4（2004）计算腐蚀后圆形截面钢管混凝土短柱构件轴压承载力，如式（11.9）所示。

采用式（11.10）和式（11.9）的计算结果和试验结果的对比如图 11.37 所示，可见计算结果总体上偏于安全。Han 等（2014a）中通过参数分析获得的长期荷载和腐蚀共同作用后圆钢管混凝土强度承载力系数法，其计算结果与上述“有效截面法”的计算结果总体一致。

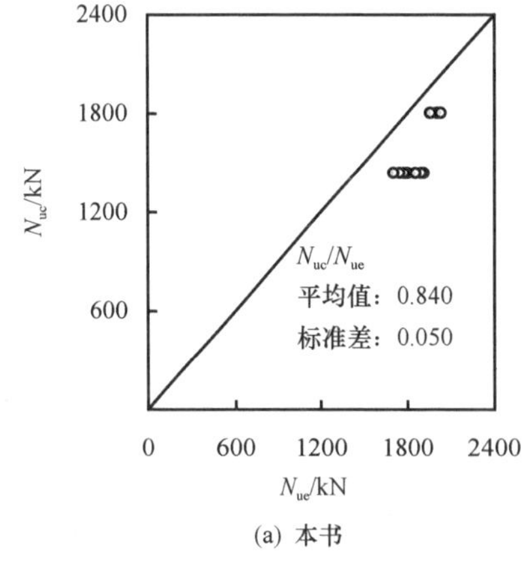

(a) 本书

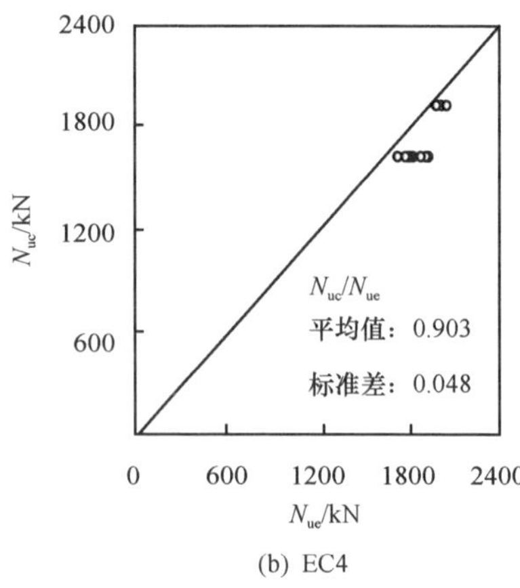

(b) EC4

图 11.37 圆形轴压构件承载力实测值与计算值对比

11.3　轴心受拉构件

11.3.1　试验研究

本节拟通过试验研究钢管混凝土构件在腐蚀环境和拉应力共同作用下的力学性能，并基于试验结果进行深入的理论分析。

(1) 试验概况

以腐蚀条件（无腐蚀、全腐蚀、腐蚀厚度减半）和持荷等级（0、0.15、0.3）为参数，共进行 17 个轴拉构件（包括 6 个空钢管构件）的试验工作，试件参数见表 11.3。表 11.3 中，n_t [$=N_L/N_{ut}$，其中 N_L为构件所受的轴向长期荷载；N_{ut}为构件轴拉极限承载力，对于钢管混凝土，按式（3.110a）计算，对于空钢管试件，$N_{ut}=f_yA_s$]；i 为通电电流密度。

表 11.3　轴拉构件参数

序号	试件编号	试件类别	L/mm	D/mm	t/mm	Δt/mm	i/mA · cm^{-2}	n_t	腐蚀时间/天
1	ct1-1	钢管混凝土	560	160	3.92	1.59	0.3	0.14	120
2	ct1-2	钢管混凝土	560	160	3.92	1.07	0.3	0.14	120
3	ct2-1	钢管混凝土	560	160	3.92	1.79	0.3	0.28	120
4	ct2-2	钢管混凝土	560	160	3.92	1.14	0.3	0.29	120
5	ct3-1	钢管混凝土	560	160	3.92	—	—	0.29	—
6	ct3-2	钢管混凝土	560	160	3.92	—	—	0.28	—
7	ct4-1	空钢管	560	160	3.92	1.80	0.3	0.28	120
8	ct4-2	空钢管	560	160	3.92	1.47	0.3	0.28	120
9	ct5-1	空钢管	560	160	3.92	—	—	0.27	—
10	ct5-2	空钢管	560	160	3.92	—	—	0.28	—
11	ct6-1	钢管混凝土	560	160	3.92	0.73	0.15	0.28	120
12	ct6-2	钢管混凝土	560	160	3.92	0.71	0.15	0.28	120
13	ct7	钢管混凝土	560	160	3.92	1.30	0.3	—	120
14	ct8	钢管混凝土	560	160	3.92	—	—	—	—
15	ct9	空钢管	560	160	3.92	1.26	0.3	—	120
16	ct10	空钢管	560	160	3.92	—	—	—	—
17	ct11	钢管混凝土	560	160	3.92	0.65	0.15	—	120

(2) 试件材性和试验装置

钢管采用 Q345B 钢板卷制、焊接而成。实测得到的腐蚀前、后钢管材性如表 11.4 所示。

表 11.4 轴拉试件钢管材性参数

f_y/MPa	f_u/MPa	E_s/(×10³) 或 (×10³N/mm²)	v_s	δ/%	$\varepsilon_y/\mu\varepsilon$
408.8	500.7	174.1	0.320	21.7	3619

试件采用了自密实混凝土，普通硅酸盐水泥（C）、粉煤灰（FA）和减水剂（固含量 30%、减水率 35%）；河砂（S）细度模数 2.95；花岗岩石子（G）粒径为 5～20mm；自来水（W）。混凝土配比为 C∶FA∶S∶G：W＝0.7∶0.3∶1.5∶2.5∶0.35，减水剂掺量为 0.8%。新拌混凝土的流速为 46mm/s，坍落度为 23mm，扩展度为 48mm×53mm。不同龄期混凝土的抗压强度 f_{cu} 和弹性模量 E_c 如表 11.5 所示。

表 11.5 轴拉试件混凝土在不同龄期的指标

天数	28 天（初始加载）	63 天（腐蚀开始）	196 天（破坏开始）	289 天（破坏结束）
f_{cu}/MPa	43.9	53.6	56.1	57.5
E_c/（×10³N/mm²）	32.1	32.2	32.5	32.7

（3）试验过程

初始加载装置如图 11.38 所示。管内混凝土浇筑方法及腐蚀回路的组成均与轴压试件一致。为了实现均匀腐蚀，阴极板与试件外表面等距离布置。

轴拉试件布置及初始加载方法可简要归纳为：①将试件通过地锚杆固定在试验室地面上。每个试件的荷载均由 4 个 1000kN 拉压传感器测量得到；②通过人工拧螺母对试件施加荷载，螺母与荷载传感器连接。4 根高强螺杆的中心共圆，且与试件中心的连线互成 90°角，故其合力即为试件的轴心拉力；③按照预设长期荷载的 1/5 施加并持荷 2～3min，同时记录相应的荷载、应变、变形数值。

圆形轴拉构件的 N-Δ 全过程曲线见图 11.39。

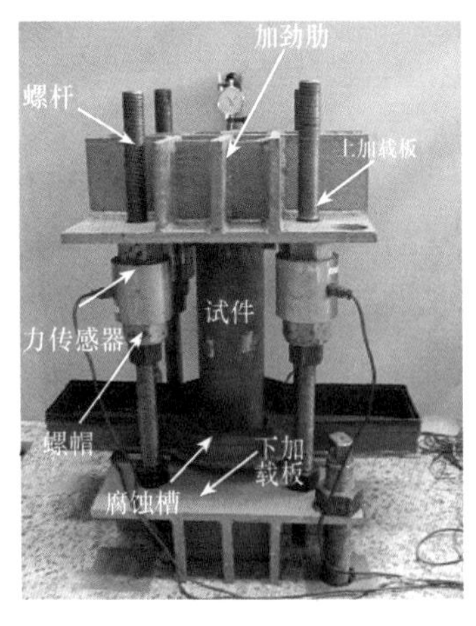

图 11.38 轴拉构件试验装置图

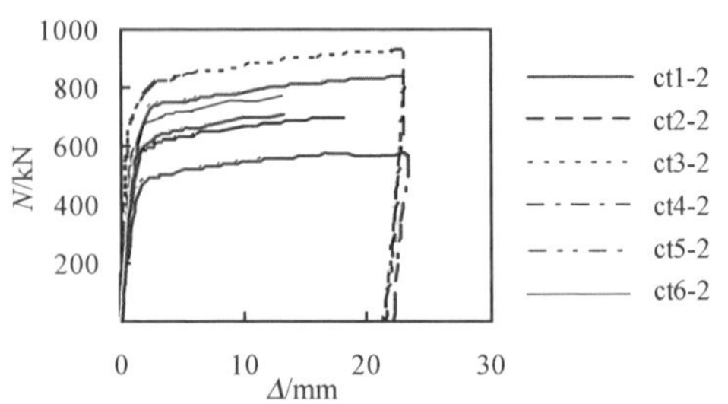

图 11.39 轴拉构件实测的 N-Δ 关系

保持初始加载的荷载不变，在通电腐蚀过程中，腐蚀槽加盖塑料薄膜以减少空气的干扰。试验过程中的空气湿度、温度、溶液温度及其 pH 监测情况分别如图 11.40（a）～(d) 所示。

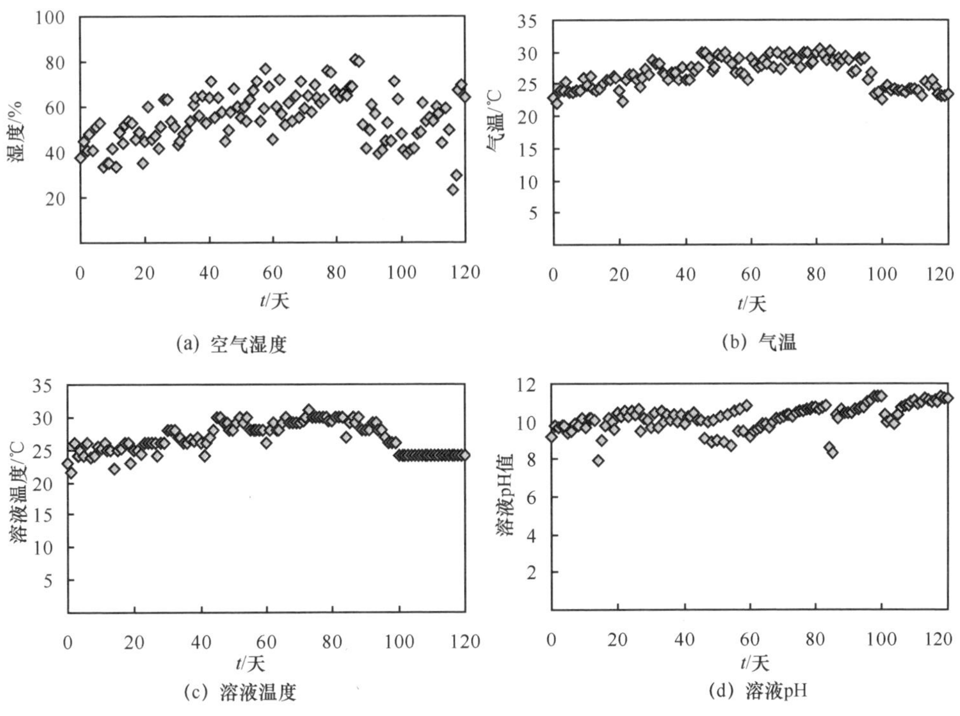

图 11.40　实测腐蚀试验环境参数-时间（t）关系

圆形轴拉构件长期加载过程中的 Δ-t 曲线如图 11.41 所示。可以看出，构件在长期荷载作用的变形随时间逐渐增大，但变形增量一般均小于 0.2mm。

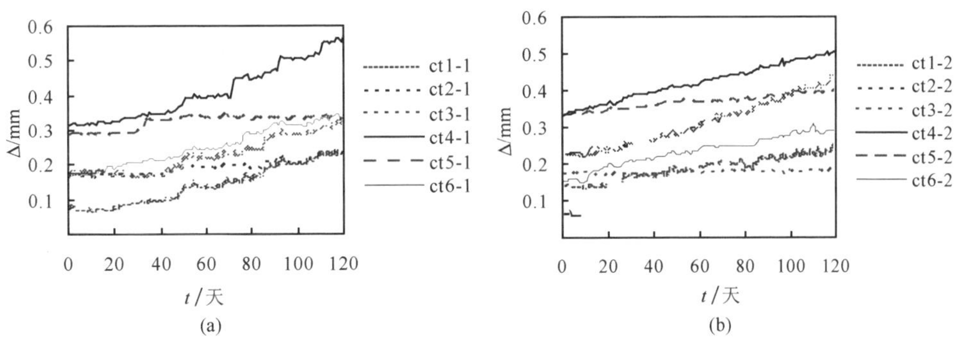

图 11.41　轴拉构件长期加载阶段的 Δ-时间（t）关系

破坏加载过程如下：

① 对于长期加载-腐蚀的试件，拆除腐蚀槽，将试件表面清洗干净后在钢管外壁粘贴应变片。将试件连同自反力装置整体（不卸载）运至破坏加载装置上，进行一次性破坏加载。对于无长期加载的试件，直接在破坏加载装置上进行一次性破坏试验（如图 11.42 所示）。

(a) 整体

(b) 局部

图 11.42 轴拉构件的破坏加载装置

② 采用分级加载，初始阶段荷载级差约为 1/10 极限荷载，持荷 2min 后进行下一级加载；当试件屈服后，采用位移控制慢速连续加载，直至试件破坏或伸长量超过 $L/25$。

(4) 试验结果与分析

图 11.43 为将伸长量起始点移至原点后的长期加载 Δ-时间（t）曲线。由图可以看出，无腐蚀构件、半腐蚀构件、全腐蚀构件的变形速度依次增快，表明腐蚀降低了钢管混凝土轴拉构件和空钢管轴拉构件的刚度。

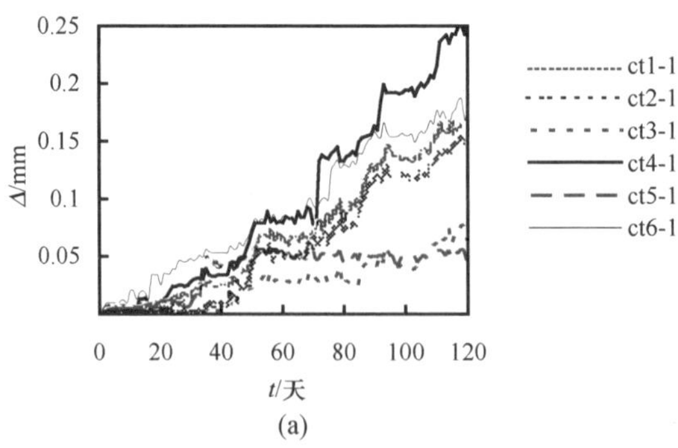

(a)

图 11.43 轴拉构件长期加载阶段实测的 Δ-t 关系

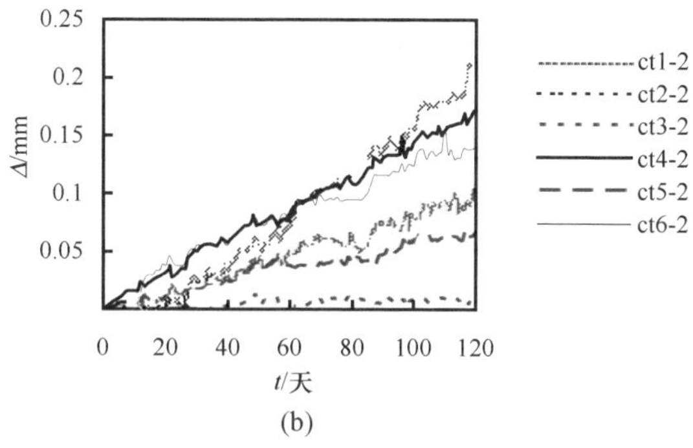

(b)

图 11.43　轴拉构件长期加载阶段实测的 Δ-t 关系（续）

腐蚀后继续加载，可得到构件的全过程 N-Δ 曲线如图 11.44 所示。可以看出，空钢管的承载力小于同等条件下的钢管混凝土；腐蚀损伤因子越高，承载力越低；持荷等级对空钢管承载力的影响较小。

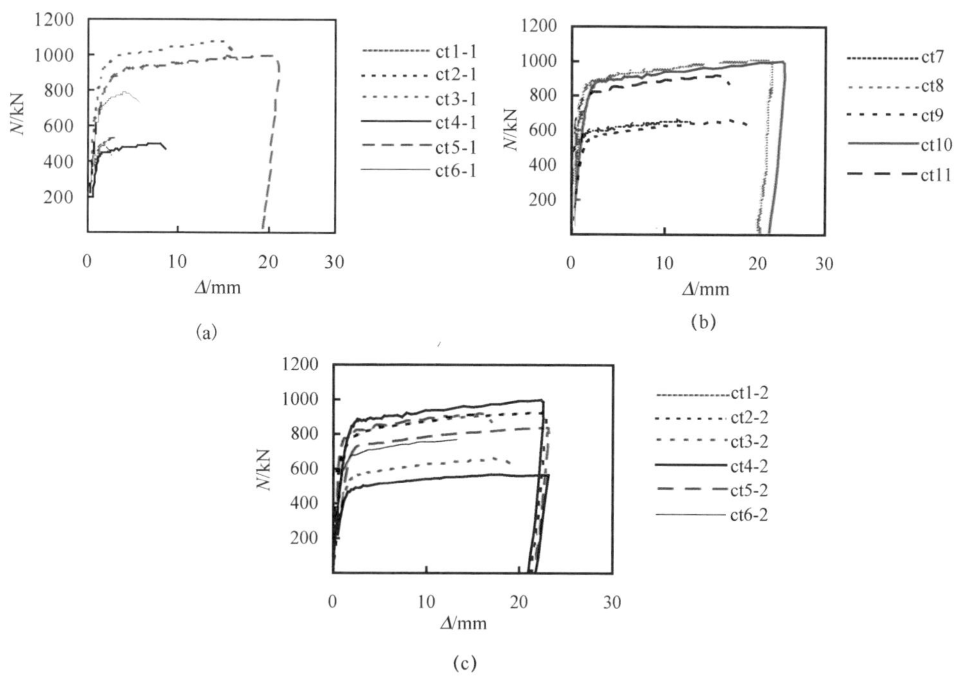

图 11.44　实测的轴拉全过程 N-Δ 关系

钢管混凝土轴拉构件的破坏形态如图 11.45 所示。对于长期荷载和腐蚀共同作用的轴拉构件，混凝土在靠近构件端部处出现一条明显的主裂缝，构件整体发生断裂破坏。对于只承受腐蚀作用和无腐蚀的构件，混凝土在整个构件长度方向均匀布满细而密的裂缝，最后在一条较大的裂缝处断裂。

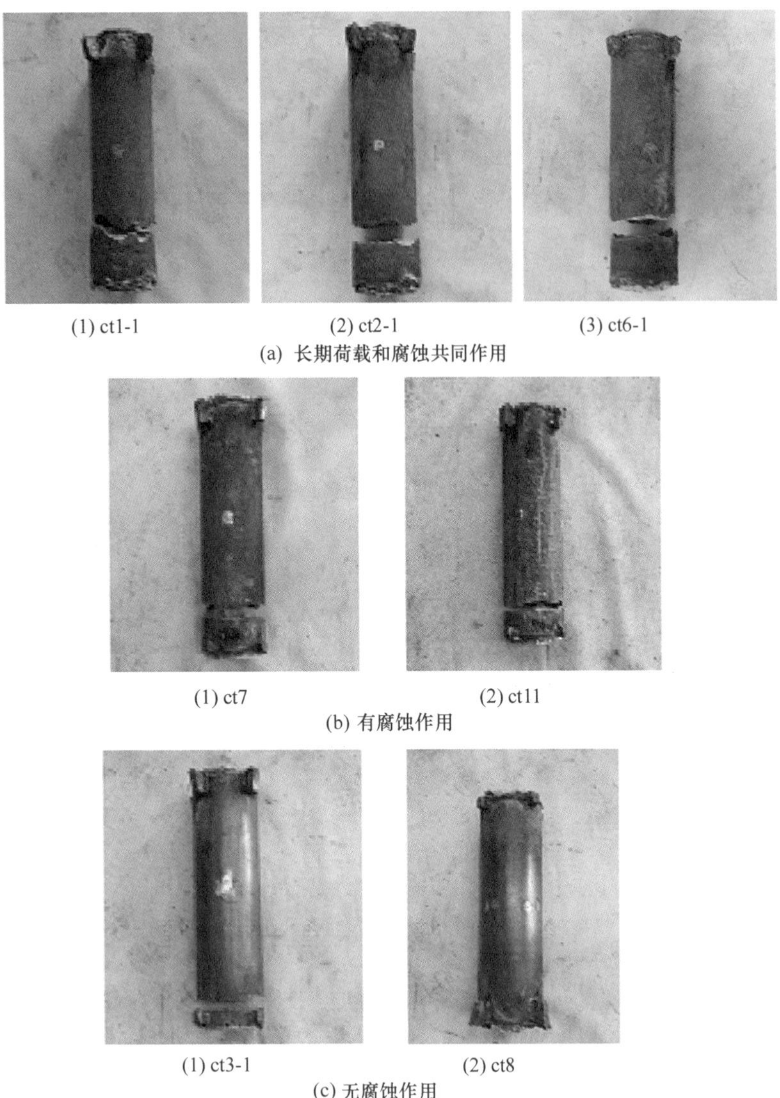

(1) ct1-1　(2) ct2-1　(3) ct6-1

(a) 长期荷载和腐蚀共同作用

(1) ct7　(2) ct11

(b) 有腐蚀作用

(1) ct3-1　(2) ct8

(c) 无腐蚀作用

图 11.45　钢管混凝土轴拉构件破坏形态

空钢管轴拉构件的破坏形态和图 11.46 所示。可见，受腐蚀作用以及长期荷载和腐蚀共同作用的空钢管构件均发生“颈缩”现象，最终钢管整体断裂导致试件破坏。无腐蚀作用的构件则在较大的轴向变形（$L/25$）下仍未断裂。

受长期轴拉荷载和氯离子腐蚀共同作用的钢管混凝土构件，少数试件由于钢管的焊缝断裂发生破坏，其余构件的破坏主要发生在中部或中下部，出现较为规则的垂直于轴线的断裂面。钢管没有发生明显的“颈缩”现象，混凝土部分沿轴线存在多处细密的裂缝，可见核心混凝土承担了一定的轴拉力，且构件受力较为均匀。上述现象与 3.3.5 节所进行的钢管混凝土轴拉试验现象一致。

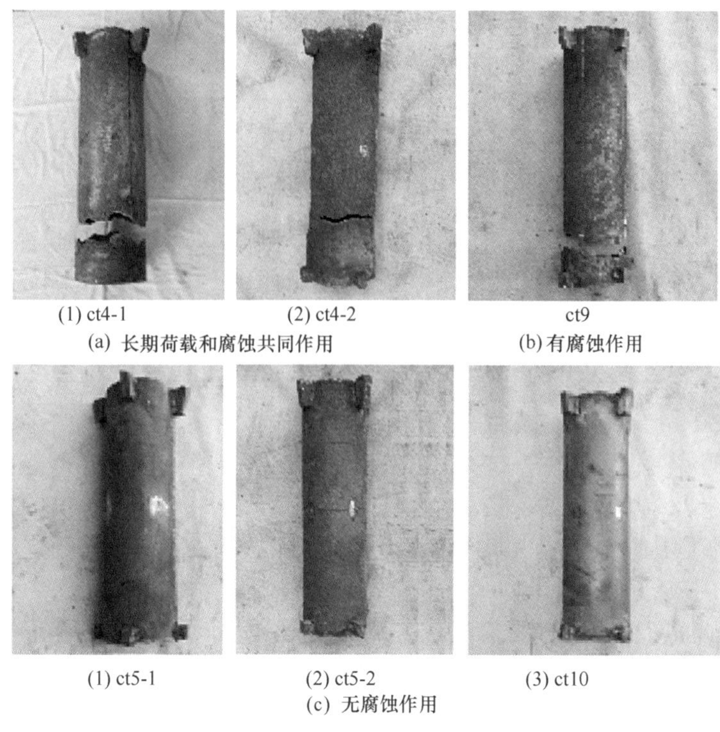

(1) ct4-1　(2) ct4-2　ct9

(a) 长期荷载和腐蚀共同作用　(b) 有腐蚀作用

(1) ct5-1　(2) ct5-2　(3) ct10

(c) 无腐蚀作用

图 11.46　空钢管轴拉构件破坏形态

构件的承载力 N_{ue}取纵向应变 $\varepsilon_{scy}=5000\mu\varepsilon$ 时对应的轴力，如表 11.6 所示。表中，N_{uc}为承载力计算值；N_{ue}为承载力实测值；ε_u为极限荷载对应的应变；ε_y为屈服应变；$N_{\varepsilon y}$为屈服应变对应的荷载；ξ 为腐蚀发生前钢管混凝土的约束效应系数；ξ_e为腐蚀发生后钢管混凝土的有效约束效应系数［如式（11.7）所示］。

表 11.6　轴拉构件承载力计算和实测结果比较

试件编号	N_{uc}/kN	N_{ue}/kN	$\varepsilon_u/\mu\varepsilon$	$\varepsilon_y/\mu\varepsilon$	$N_{\varepsilon y}$/kN	ξ	ξ_e	N_{uc}/N_{ue}
ct1-1	483.4	586.8	1868	1964	—	1.179	0.643	0.824
ct2-1	441.3	542.0	1541	1964	—	1.179	0.587	0.814
ct3-1	863.9	987.0	5000	2348	918	1.179	1.150	0.875
ct4-1	399.3	467.0	5000	1964	451	—	—	0.855
ct5-1	785.4	880.6	5000	2348	811	—	—	0.892
ct6-1	671.8	764.0	5000	1869	616	1.179	0.894	0.879
ct1-2	593.3	581.4	5000	1964	460	1.199	0.803	1.020
ct2-2	578.4	597.2	5000	1964	517	1.199	0.783	0.969
ct3-2	863.9	817.0	5000	2348	733	1.199	1.169	1.057
ct4-2	462.4	447.3	5000	1964	375	—	—	1.034

续表

试件编号	N_{uc}/kN	N_{ue}/kN	$\varepsilon_u/\mu\varepsilon$	$\varepsilon_y/\mu\varepsilon$	$N_{\varepsilon y}$/kN	ξ	ξ_e	N_{uc}/N_{ue}
ct5-2	756.0	735.9	5000	2348	687	—	—	1.027
ct6-2	676.1	618.4	5000	1869	511	1.199	0.915	1.093
ct7	544.6	675.2	5000	1964	624	1.179	0.725	0.807
ct8	863.9	981.0	5000	2348	930	1.179	1.150	0.881
ct9	502.8	574.0	5000	1964	441	—	—	0.876
ct10	785.4	873.7	5000	2348	729	—	—	0.899
ct11	689.1	836.0	5000	1869	756	1.179	0.917	0.824

以试件 ct3-2（无腐蚀，长期荷载比 n_t=0.28）为比较对象，图 11.47 给出各个构件承载力的比例关系，以直观地反映长期荷载和腐蚀对轴拉构件承载力的影响规律。由图 11.47 可见，氯离子腐蚀降低了构件的轴拉承载力，且腐蚀损伤因子越大，承载力降低越显著，如试件 ct1-2，管壁腐蚀厚度 Δt 为 1.07mm，其承载力为试件 ct3-2 的 78.2%，而试件 ct1-1，管壁腐蚀厚度 Δt 提高到 1.59mm，承载力则降至试件 ct3-2 的 72.3%；持荷等级对腐蚀构件承载力的影响则不显著。

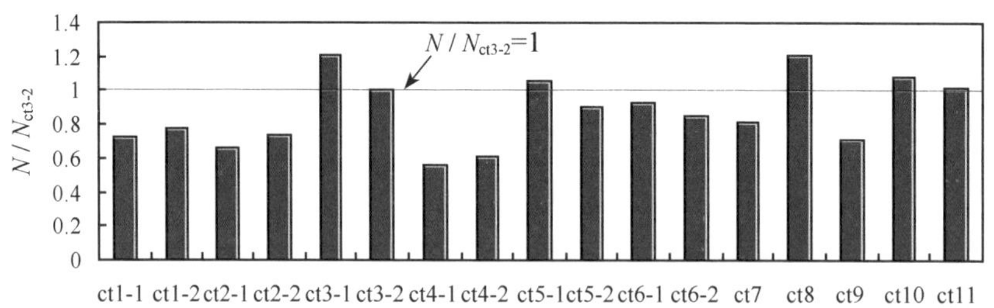

图 11.47 轴拉构件相对承载力关系

试验过程中对构件钢管表面的轴向和环向应变进行了量测，其荷载（N）-应变（ε_s）关系曲线如图 11.48 所示。可见，各构件钢管的应变发展趋势大致相近。

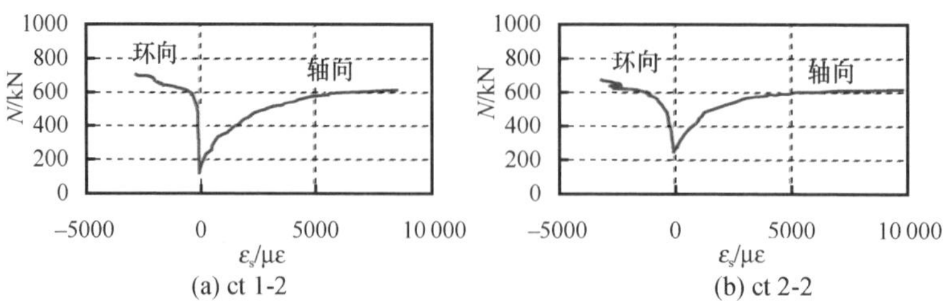

图 11.48 轴拉构件典型 N-ε_s 关系

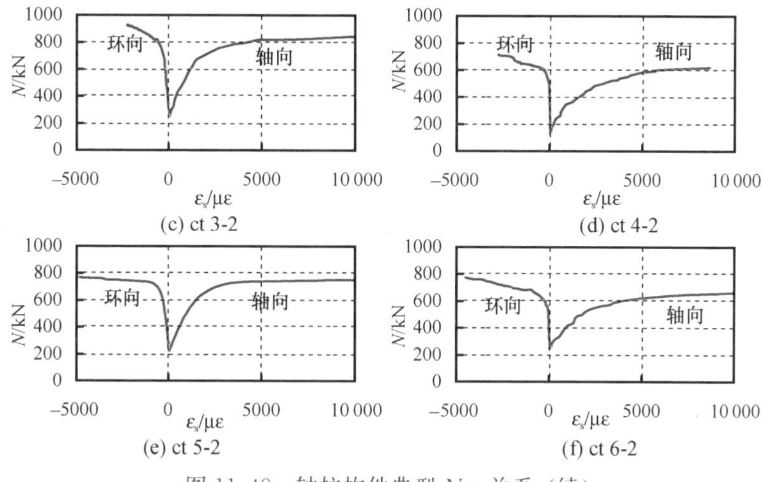

图 11.48　轴拉构件典型 N-ε_s 关系（续）

11.3.2　有限元分析

（1）模型的建立和验证

与轴压构件的建模方法一致，在短期轴拉加载模型的基础上，通过采用长期荷载下的材料本构及“生死单元法”，形成了用于模拟长期荷载与腐蚀共同作用下的钢管混凝土轴拉构件有限元分析模型。通过试验结果和有限元计算结果的对比，对模型的准确性和合理性进行了验证。图 11.49 为构件荷载（N_t）-变形（Δ）关系曲线的试验结果和有限元计算结果对比，两者总体吻合较好。

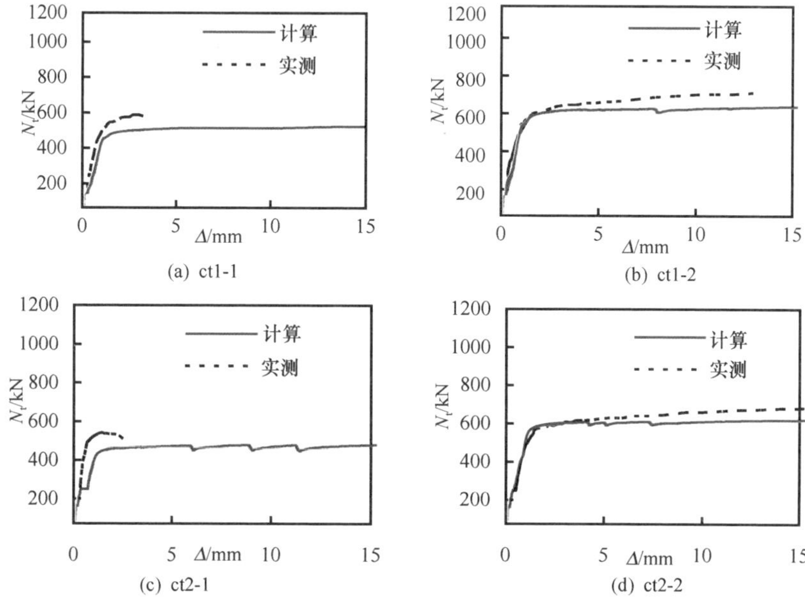

图 11.49　轴拉构件 N_t-Δ 关系对比

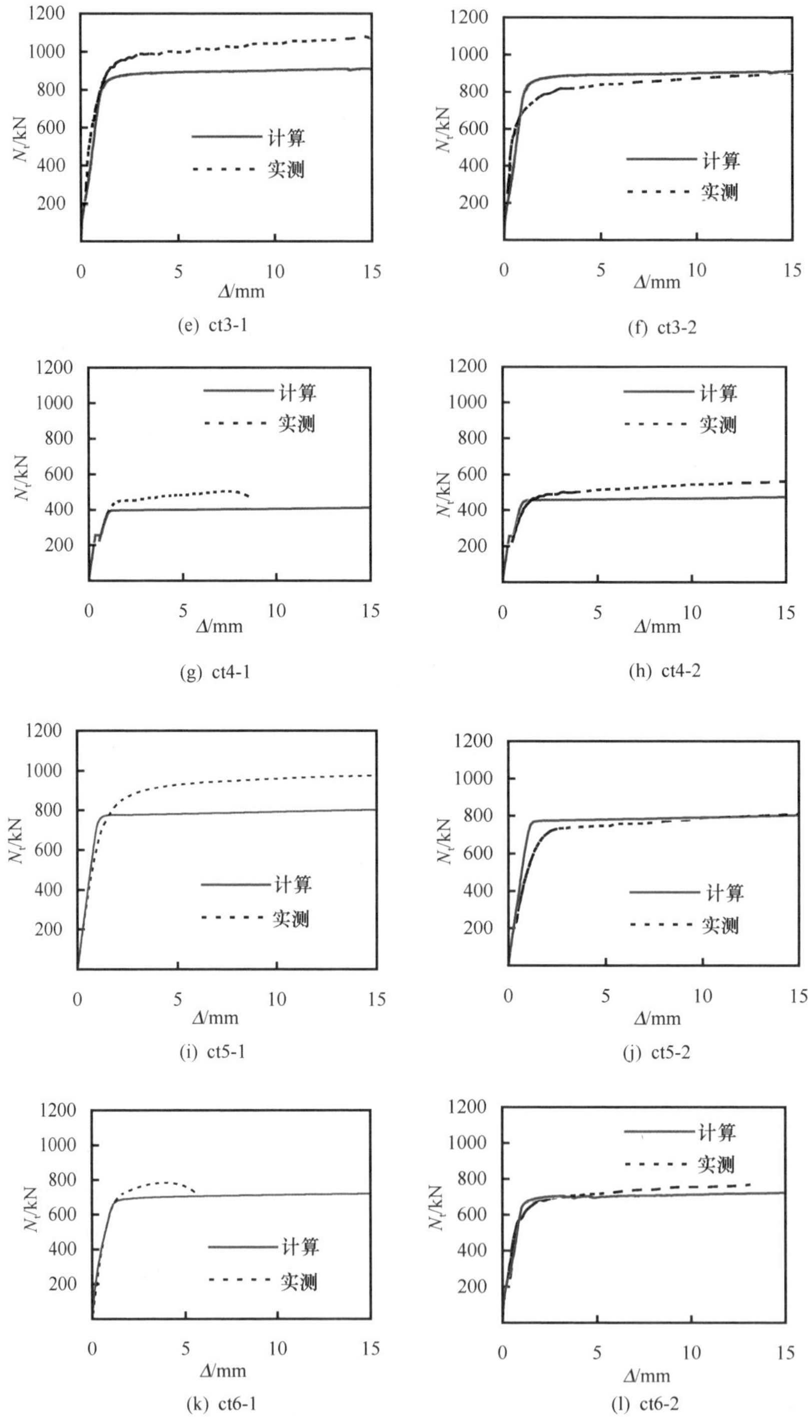

(e) ct3-1
(f) ct3-2
(g) ct4-1
(h) ct4-2
(i) ct5-1
(j) ct5-2
(k) ct6-1
(l) ct6-2

图 11.49　轴拉构件 N_t-Δ 关系对比（续）

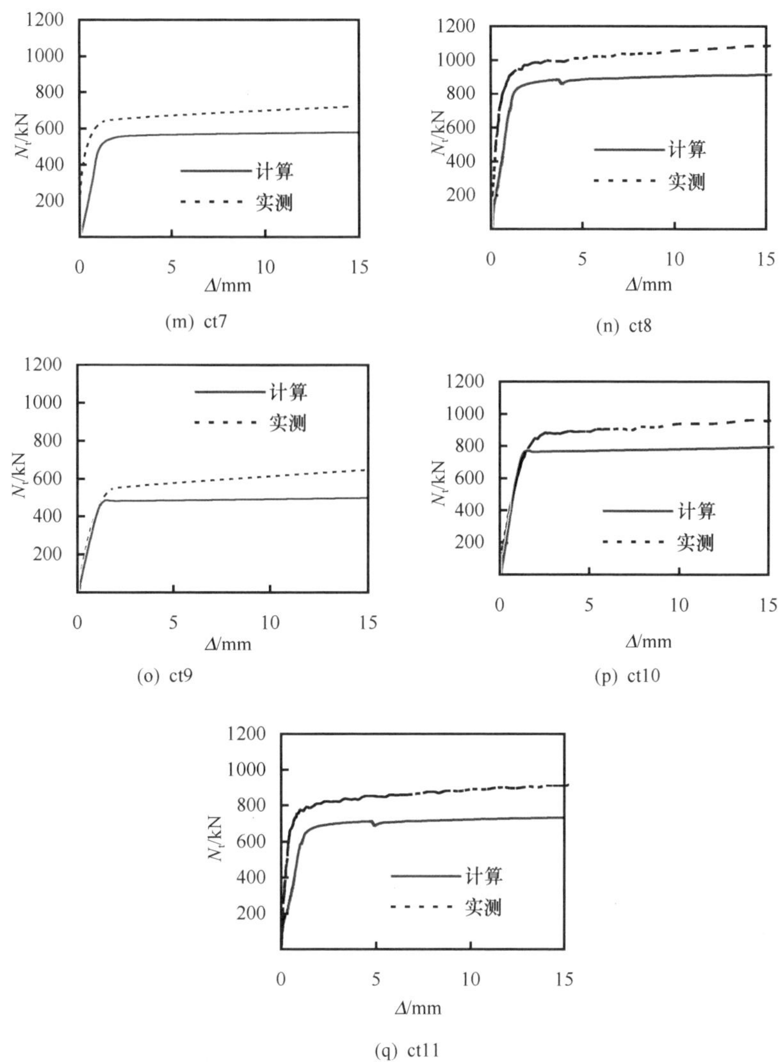

(m) ct7

(n) ct8

(o) ct9

(p) ct10

(q) ct11

图 11.49　轴拉构件 N_t-Δ 关系对比（续）

构件破坏形态的对比如图 11.50 所示，可见，核心混凝土开裂的有限元模拟结果（最大主拉应力方向）和试验结果总体趋势较为吻合。外钢管的变形（为了便于观察，适当进行了放大）与图 3.57 一致。

（2）受力全过程分析

为明晰钢管混凝土构件在轴拉荷载下的受力全过程性能，以试件 ct1-c 为例进行了计算，并提取构件在受力全过程中钢管部分与核心混凝土部分承受的轴拉荷载，从而分析材料间的内力重分布情况，如图 11.51 所示。可见，在加载中后期，轴向拉力基本由外钢管承担，核心混凝土不再直接承受轴拉力。

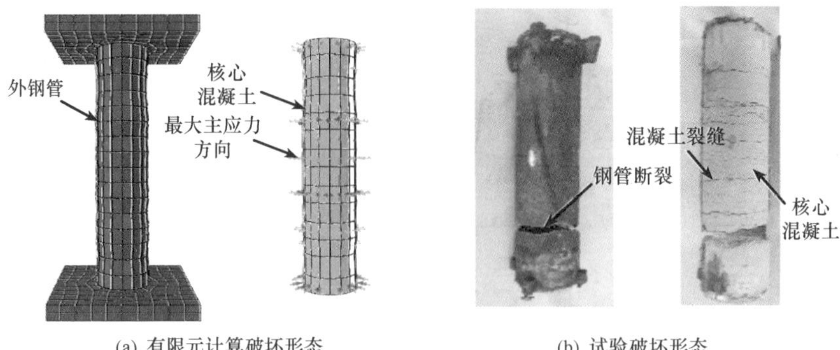

图 11.50 轴拉构件破坏形态对比

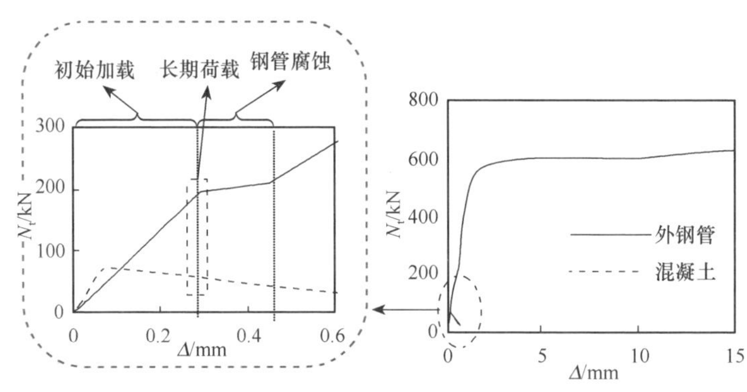

图 11.51 长期荷载与腐蚀共同作用下轴拉构件全过程内力分布

在第一个初始加载分析步中，随着变形的增大，钢管承担的轴拉力逐渐增加，核心混凝土承担的轴拉力很快达到峰值并开始下降，即在初始加载段施加长期荷载的过程中，混凝土部分已产生裂缝；在腐蚀阶段（轴拉力保持恒定），由于钢管截面的减小，组合截面刚度下降。在荷载保持不变的情况下，构件变形有所增加，使得混凝土裂缝进一步发展、承担的轴拉荷载下降，钢管部分承担的荷载则相应提高；破坏加载阶段，混凝土很快形成贯穿裂缝，不再承受轴拉荷载，荷载全部转移至钢管；核心混凝土则主要起到对外钢管的支撑作用。

11.3.3 轴拉承载力分析

采用有限元法，对典型算例进行对比分析，试件参数如表 11.7 所示，试件长度 L 为 560mm，钢管外径 D 为 160mm，钢管原始壁厚 t 为 3.92mm。

表 11.7　钢管混凝土轴拉构件分析算例

试件编号	Δt/mm	n	混凝土	f_{cu}/MPa	f_y/MPa	f_u/MPa	E_s/($\times10^3$ N/mm^2)
ct1	—	—	有	55.1	388.8	463.2	198
ct1 _ c	1.14	0.3	有	55.1	388.8	463.2	198
ct1 _ h	—	—	无	—	388.8	463.2	198
ct1 _ c _ h	1.14	0.3	无	—	388.8	463.2	198

表 11.7 的试件编号中，“ _ c”表示试件承受腐蚀和长期荷载的作用；“ _ h”表示试件为空钢管试件。即：ct1 和 ct1 _ c 为钢管混凝土构件，两者的区别在于有无承受长期荷载和腐蚀作用，其余参数均一致；ct1 _ h 和 ct1 _ c _ h 为空钢管构件。对算例进行有限元计算分析，得到荷载（N_t)-位移（Δ）关系的计算结果，如图 11.52 所示。

图 11.53 所示为构件极限承载力（N_{tu}）对比情况。钢管混凝土构件由于核心混凝土的存在，其承载力得到提高。在无腐蚀的情况下，承载力相比于相应的空钢管构件提高 14.9%，在有腐蚀和长期荷载的情况下，钢管混凝土承载力提高 17.1%，表明在长期荷载和腐蚀共同作用下，空钢管构件的承载力下降 29.8%，相应的钢管混凝土构件承载力下降 28.4%。钢管混凝土构件的承载力下降幅度略低于空钢管，表明钢管混凝土可通过材料间的组合作用，抵消腐蚀导致的部分承载力损失。

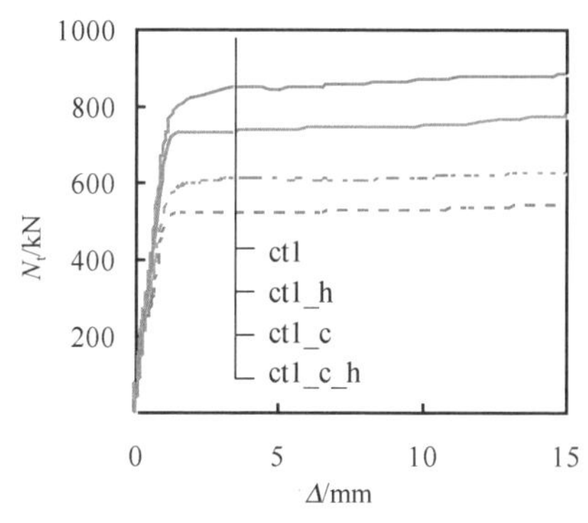

图 11.52　轴拉构件典型 N_t-Δ 曲线

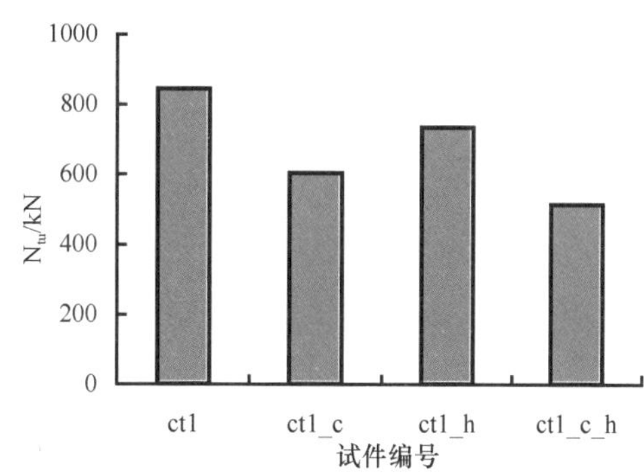

图 11.53　轴拉构件极限承载力（N_{tu}）对比

11.4　纯弯构件

11.4.1　试验研究

（1）试验概况

为研究荷载和氯离子腐蚀共同作用对钢管混凝土纯弯构件力学性能的影响规

律，开展了腐蚀环境下钢管混凝土纯弯构件的试验。腐蚀条件分为无腐蚀、全腐蚀和半高腐蚀三种，其中全腐蚀和半高腐蚀分别为构件横向全宽和梁中截面浸没在氯离子溶液中通电腐蚀。钢管设计腐蚀深度（h）为 0.6 mm；NaCl 溶液浓度为 3.5%。

1）方形截面构件。

方形截面纯弯构件共 11 个，包括 7 个钢管混凝土构件和 4 个空钢管构件。构件实际长度 $L=1250$mm，计算长度 $L_0=1050$mm，所有截面均为 $B\times t=160$mm$\times3.83$mm，其中 B 和 t 分别为方形截面的边长和钢管壁厚。表 11.8 给出了纯弯构件的详细参数，构件编号中，“s”表示构件截面为方形，“b”表示纯弯构件，其后的“h”（若有）表示构件为空钢管构件，末尾的“h”（若有）表示构件为半高腐蚀构件。表 11.8 中，ρ 表示 NaCl 溶液的浓度；P_L表示腐蚀过程中侧向长期荷载的大小；腐蚀和长期荷载持续的天数一致；m 为受弯构件的长期持荷比（$m=M_L/M_u$，其中，M_L为所施长期荷载 P_L产生的弯矩值，M_u为构件抗弯承载力）。

表 11.8　方形截面纯弯构件参数

编号	试件编号	ρ/%	腐蚀时间/天	M_L/(kN·m)	m	M_{ue}/(kN·m)	M_{uc}/M_{ue} 本书	M_{uc}/M_{ue} EC4（2004）
1	sb0	—	—	0	0	77.9	0.753	0.789
2	sbh0	—	—	0	0	42.4	—	—
3	sb1	—	—	24.2	0.31	77.0	0.761	0.798
4	sbh1	—	—	15.4	0.36	45.7	—	—
5	sb2	3.5	120	0	0	59.5	0.847	0.888
6	sbh2	3.5	120	0	0	38.0	—	—
7	sb3	3.5	120	12.1	0.16	56.9	0.886	0.929
8	sb4	3.5	120	24.2	0.31	50.9	0.990	1.038
9	sbh4	3.5	120	14.9	0.35	34.3	—	—
10	sb5-h	3.5	120	0	0	62.3	0.809	0.848
11	sb6-h	3.5	120	25.2	0.32	60.6	0.832	0.873

2）圆形截面构件。

圆形截面纯弯构件共 11 个，包括 7 个钢管混凝土构件和 4 个空钢管构件。所有构件尺寸均为 $L\times D\times t=1250$mm$\times160$mm$\times3.83$mm，其中 L、D 和 t 分别为构件长度、截面直径和钢管壁厚。表 11.9 给出了圆截面构件的详细参数，构件编号中，“c”表示截面形状为圆形，“b”表示纯弯构件，其后的“h”（若有）表示构件为空钢管构件，末尾的“h”（若有）表示构件为半高腐蚀构件，其余参数意义与表 11.8 相同。

表 11.9　圆形截面纯弯构件参数

编号	试件编号	ρ/%	腐蚀时间/天	M_L/kN · m	m	M_{ue}/kN · m	M_{uc}/M_{ue}	
							本书	EC4 (2004)
1	cb0	—	—	0	0	53.2	0.784	0.835
2	cbh0	—	—	0	0	31.5	—	—
3	cb1	—	—	24.0	0.40	47.2	0.883	0.941
4	cbh1	—	—	8.6	0.27	32.4	—	—
5	cb2	3.5	120	0	0	43.4	0.809	0.862
6	cbh2	3.5	120	0	0	24.5	—	—
7	cb3	3.5	120	12.4	0.20	40.5	0.868	0.924
8	cb4	3.5	120	23.8	0.39	37.6	0.935	0.996
9	cbh4	3.5	120	8.8	0.28	21.9	—	—
10	cb5-h	3.5	120	0	0	45.1	0.778	0.830
11	cb6-h	3.5	120	23.6	0.39	42.3	0.830	0.884

(2) 试件材性和试验装置

对于方形试件，钢材的屈服强度和极限强度分别为 372.8MPa 和 531.5MPa，弹性模量为 2.02×10^5 N/mm^2，泊松比为 0.244；混凝土强度在腐蚀开始前和破坏加载开始前的实测值分别为 58.0MPa 和 59.1MPa，相应的弹性模量分别为 3.33×10^4 N/mm^2 和 3.39×10^4 N/mm^2；对于圆形试件，钢材的屈服强度和极限强度分别为 408.8MPa 和 531.5MPa，弹性模量为 2.02×10^5 N/mm^2，泊松比为 0.244；混凝土强度在腐蚀开始前和破坏加载时的实测值分别为 57.8MPa 和 59.1MPa，相应的弹性模量分别为 3.32×10^4 N/mm^2 和 3.38×10^4 N/mm^2。

试验包括初始加载及长期持荷（stage Ⅰ）和破坏加载（stage Ⅱ）两个阶段。试验装置如图 11.54 所示。在第一阶段，通过液压千斤顶及加载梁、分配梁系统对构件施加荷载，荷载大小由布置在分配梁上的荷载传感器读取。在维持长期荷载的同时，将构件浸入设计浓度的 NaCl 溶液中，通过构件钢管外壁与特制的铁质水箱形成电流回路，按照设计的腐蚀速率确定电流强度并进行通电加速腐蚀。

(3) 试验结果与分析

1) 方形截面构件。

试验过程中，对构件变形进行监测。图 11.55 为典型梁构件在荷载和腐蚀共同作用下挠度变形随时间的变化规律。图中，u_{mlc} 为梁的跨中挠度在持荷过程中的变形增量。可见，在长期荷载和腐蚀共同作用下，构件跨中挠度随时间逐渐增大，变形量随着腐蚀程度的加重而增大。

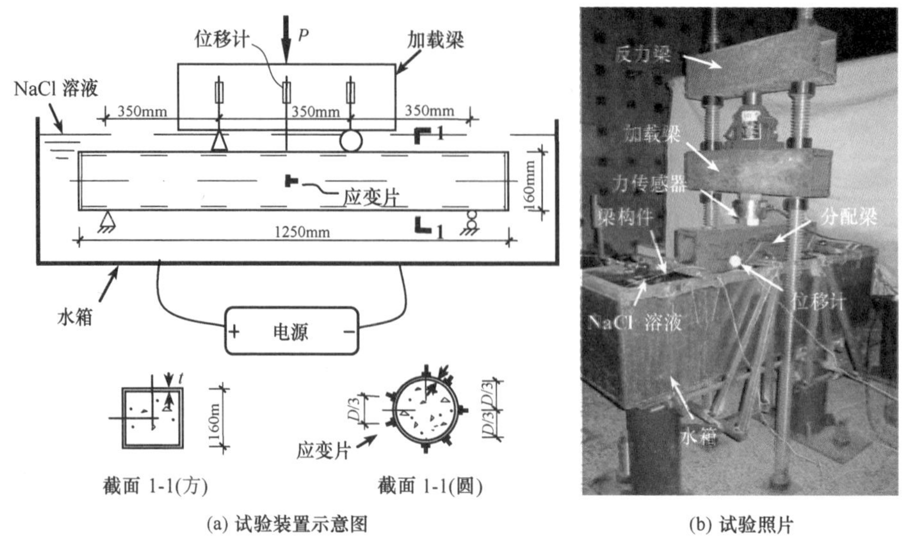

(a) 试验装置示意图　　(b) 试验照片

图 11.54　纯弯构件试验装置图

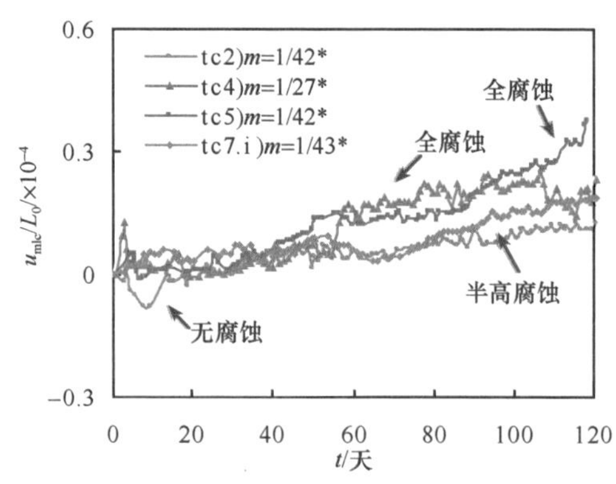

图 11.55　方形纯弯构件 u_{mlc}/L_0-腐蚀时间（t）关系

图 11.56 为试验后构件的破坏形态，可见钢管混凝土纯弯构件呈现整体弯曲的破坏形态，受压区可见钢管外凸屈曲，构件的破坏形态与短期加载下钢管混凝土纯弯构件的破坏形态基本一致。对于空钢管构件，钢管同时存在向内和向外的局部屈曲，且相较于钢管混凝土构件更早发生局部屈曲。

图 11.57 给出了核心混凝土的破坏形态。混凝土受压区发生压溃，受拉区出现裂缝，破坏形态与短期荷载下钢管混凝土纯弯构件破坏形态一致。可见，腐蚀作用下方形截面钢管混凝土纯弯构件仍发生延性破坏形态。

图 11.58 为构件的弯矩（M）-跨中挠度（u_m）关系曲线。可以看出，腐蚀降低了构件的抗弯刚度和承载力，全腐蚀构件的性能劣化程度高于半高腐蚀构件。此外，钢管混凝土构件的延性明显优于相应的空钢管构件。

(a) 钢管混凝土

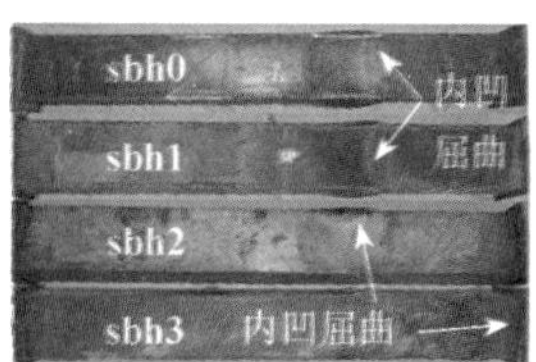

(b) 空钢管

图 11.56　方形纯弯构件破坏形态

(a) 无腐蚀(sb1-1)

(b) 半高腐蚀(sb6-1-h)

(c) 全腐蚀(sb3-1)

图 11.57　方形纯弯构件核心混凝土典型破坏形态

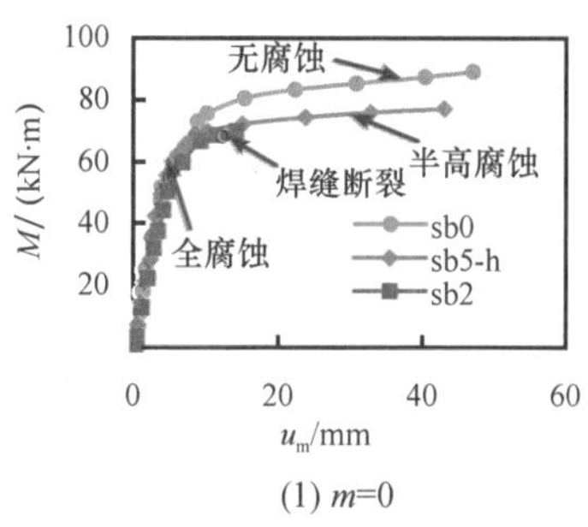

(1) m=0

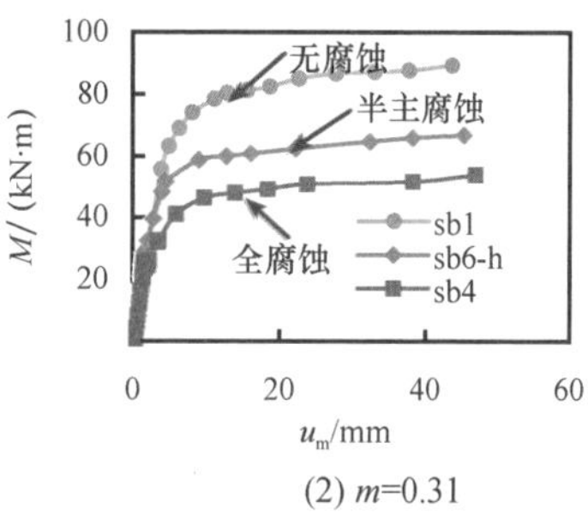

(2) m=0.31

(a) 钢管混凝土

图 11.58　方形纯弯构件弯矩（M）-挠度（u_m）关系

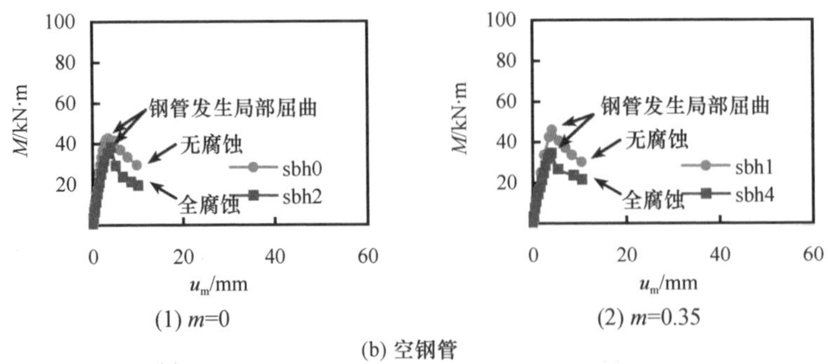

(b) 空钢管

图 11.58　方形纯弯构件弯矩（M）-挠度（u_m）关系（续）

图 11.59 为构件的弯矩（M）-应变（ε_s）关系曲线，定义构件受拉区钢管应变达到 0.01 时的荷载为极限荷载。

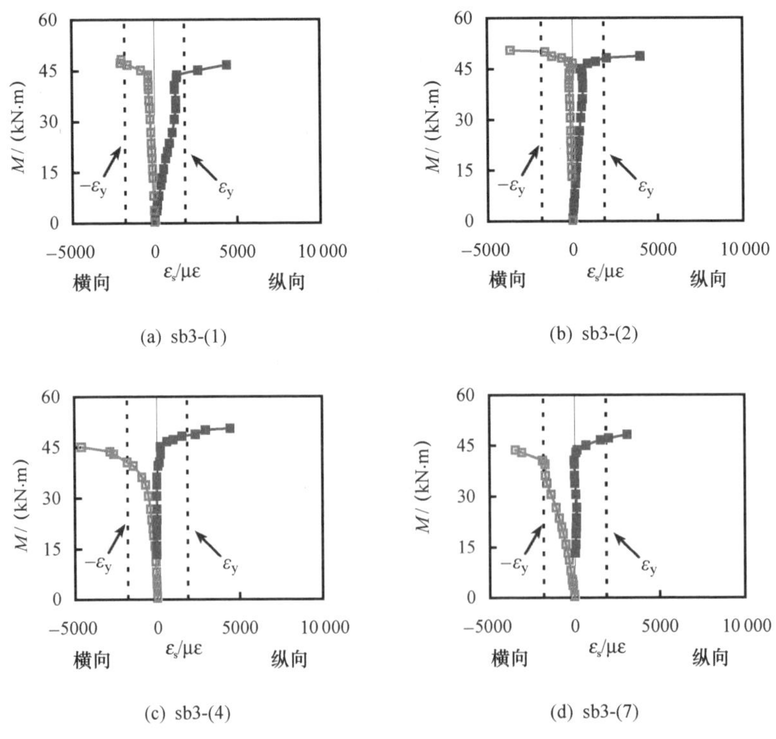

图 11.59　方形纯弯构件弯矩（M）-应变（ε_s）关系（sb3）

图 11.60 为试件 sb3 在试验过程中的截面应变分布。可以看出，应变分布基本满足平截面假定。当构件荷载低于 0.6M_{ue}时，中和轴稳定在 y=101mm；当荷载达到 0.8M_{ue}和 0.9M_{ue}时，中和轴移动到 y=106mm 和 112mm；当荷载达到 M_{ue}时，中和轴移动到 y=122mm，该现象与短期加载下的钢管混凝土纯弯构件

基本一致。

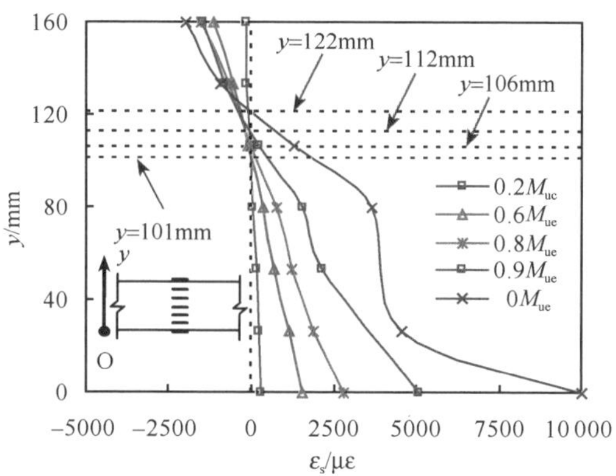

图 11.60　方形纯弯构件（sb3）截面高度（y）-应变（ε_s）关系

图 11.61 给出了构件承载力与 sb0（短期加载下钢管混凝土）承载力的比值。长期荷载作用导致构件承载力降低 1.1%，表明长期荷载对钢管混凝土纯弯构件承载力的影响较小。腐蚀和长期荷载的共同作用使得构件承载力降低显著：当腐蚀厚度为 0.6mm，长期荷载比为 0.31 时，抗弯承载力降低 35%；当腐蚀为半高腐蚀时，抗弯承载力降低 23%。对于空钢管构件，长期荷载对构件承载力的影响不大。

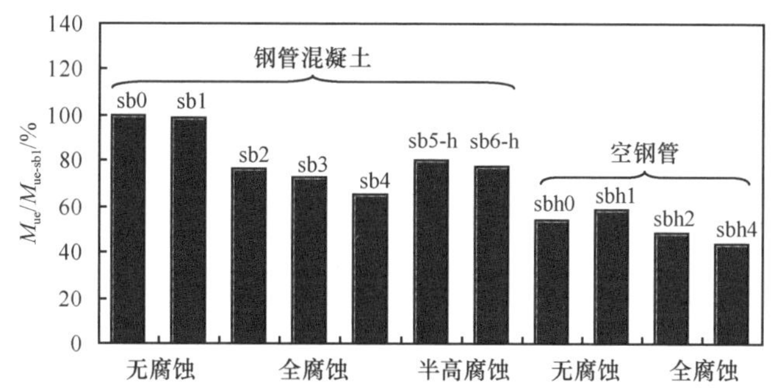

图 11.61　方形纯弯构件相对抗弯承载力（$M_{ue}/M_{ue\text{-}sb1}$）

2）圆形截面构件。

图 11.62 给出试验构件的破坏形态。圆形截面钢管混凝土纯弯构件的破坏同样表现出延性特征，钢管未见明显的屈曲现象，表明腐蚀作用下构件保持了较好的延性。

图 11.63 为切开外包钢管后观察到的核心混凝土破坏形态，其中，受拉区混凝土出现弯曲裂缝，与短期加载下钢管混凝土典型纯弯构件的破坏形态规律一致。

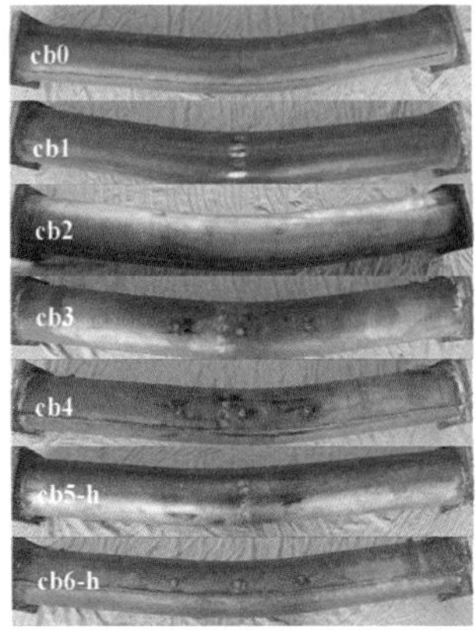

试验结果

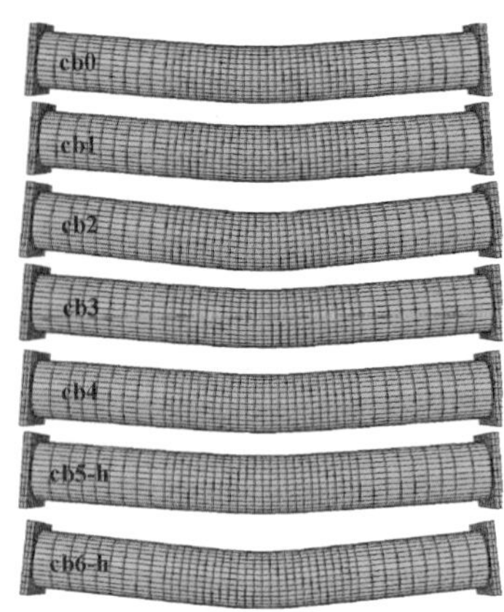

模拟结果

(a) 钢管混凝土

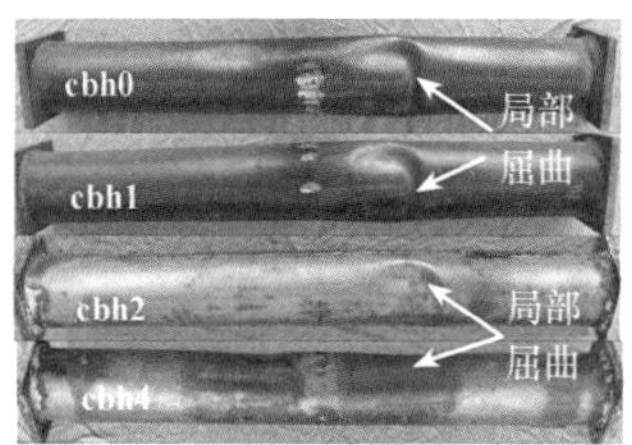

(b) 空钢管

图 11.62　圆形纯弯构件破坏形态

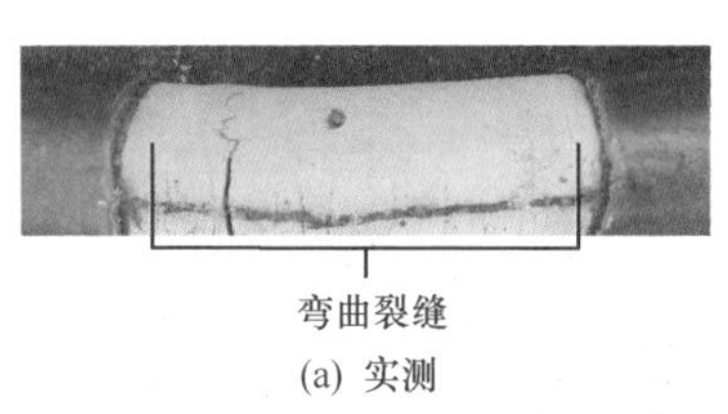

(a) 实测

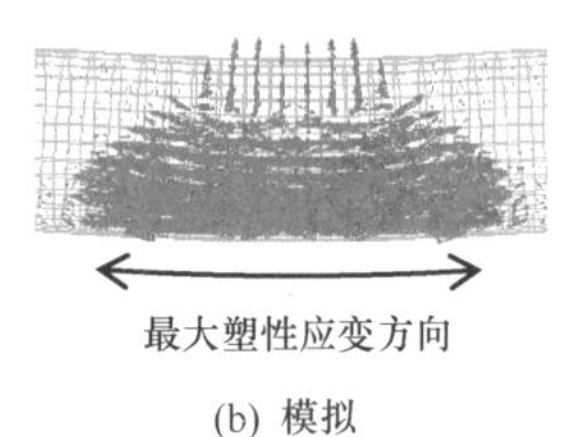

(b) 模拟

图 11.63　圆形纯弯构件核心混凝土破坏形态

图 11.64 给出构件的弯矩（M）-跨中挠度（u_{m}）相关曲线。图 11.64（a1）对应无长期荷载工况，构件破坏呈现明显的延性特征，M-u_{m}曲线可分为三部分，即弹性段、弹塑性段和塑性段。腐蚀降低了构件的抗弯刚度和承载力，且腐蚀程度越大，力学性能劣化越严重。图 11.64（a2）为引入长期荷载影响后的 M- u_{m} 曲线。可见，初始加载段各构件基本一致；长期荷载下，由于腐蚀的影响和混凝土的长期效应，变形缓慢发展。腐蚀和长期荷载降低了构件的抗弯刚度和承载力，而对构件延性的影响较小。对于空钢管构件［图 11.64（b)］，腐蚀在削弱构件的抗弯刚度和承载力的同时，也降低了构件延性。

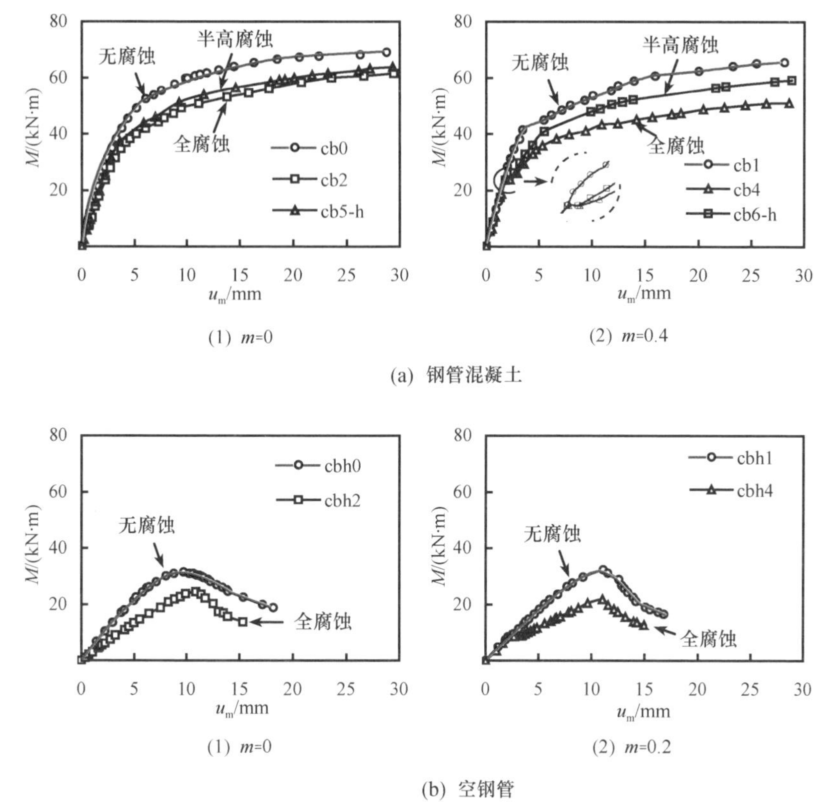

图 11.64　圆形纯弯构件弯矩（M）-跨中挠度（u_m）关系曲线

图 11.65 为试验构件相对承载能力的比较。与方形截面纯弯构件相一致，承载力取受拉区钢管应变达到 0.01 时对应的荷载。图中纵轴数值为构件承载力（M_{ue}）与相应短期加载下构件承载力（M_{ue0}）的比值。

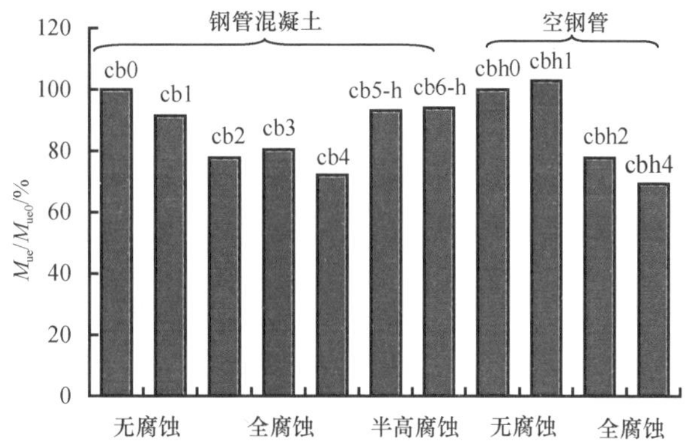

图 11.65　圆形纯弯构件相对抗弯承载力（M_{ue}/M_{ue0}）

11.4.2　有限元分析

（1）方形截面

建立有限元模型，模拟构件在长期荷载和腐蚀共同作用下的受力全过程。有限元模型如图 11.66 所示，钢管的底部采用铰接边界条件，与试验边界相一致。长期荷载在第一个分析步中施加到构件上，其后通过“生死单元法”模拟氯离子腐蚀的作用，具体处理方法与轴压构件一致。

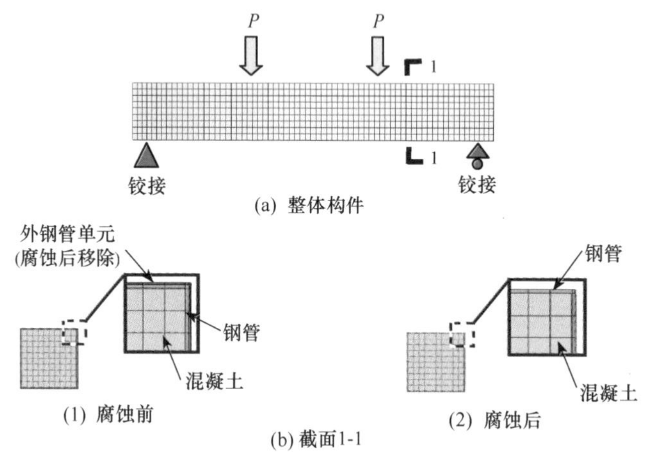

图 11.66　方形纯弯构件有限元模型示意图

图 11.67 对比了钢管混凝土和空钢管纯弯构件弯矩（M）-跨中挠度（u_m）关系的计算值和实测值，图 11.68 给出了极限承载力计算值和实测值的对比。图 11.69对比了构件荷载（M)-应变（ε_s）关系计算值与实测值，其中 ε_s 为钢材应变，ε_y 为钢材屈服应变。由以上各图可见，有限元模型计算结果和实测结果吻合较好。

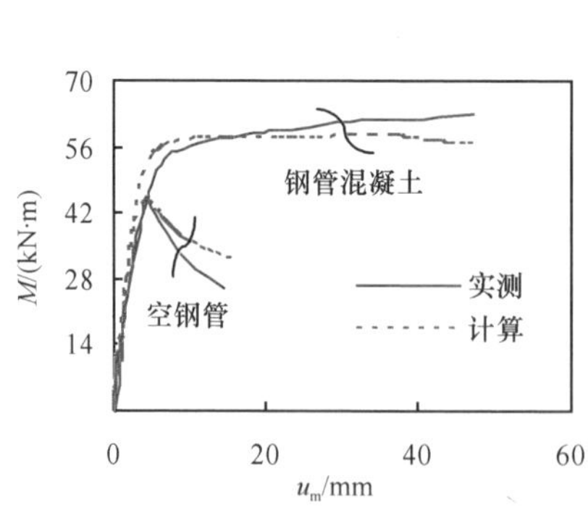

图 11.67　方形纯弯构件弯矩（M)-跨中挠度（u_m）关系

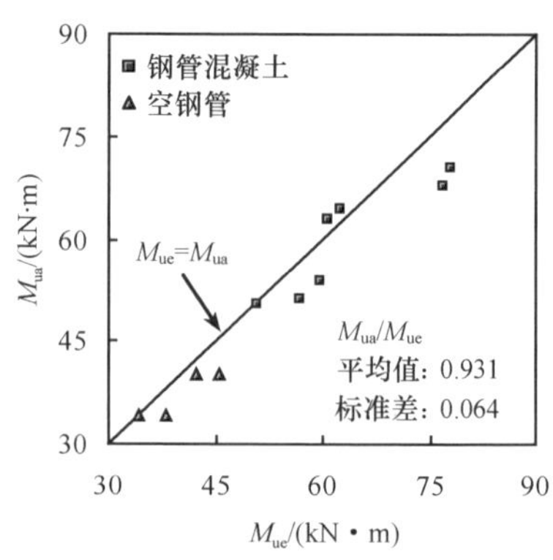

图 11.68　方形纯弯构件承载力对比

图 11.70 对比了典型钢管混凝土和空钢管构件破坏形态的计算结果和试验结果。图 11.71 为构件核心混凝土破坏形态计算结果与试验后剖开钢管观察到的混凝土破坏形态。可见，在外钢管屈曲位置处，核心混凝土发生破坏，与试验结果吻合；混凝土塑性应变较大的位置也与实际中观察到的压溃位置基本一致。

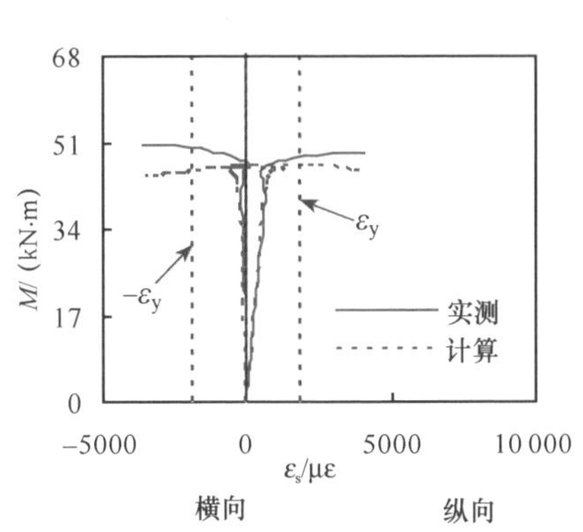

图 11.69　方形纯弯构件典型荷载（N）-应变（ε_s）关系对比

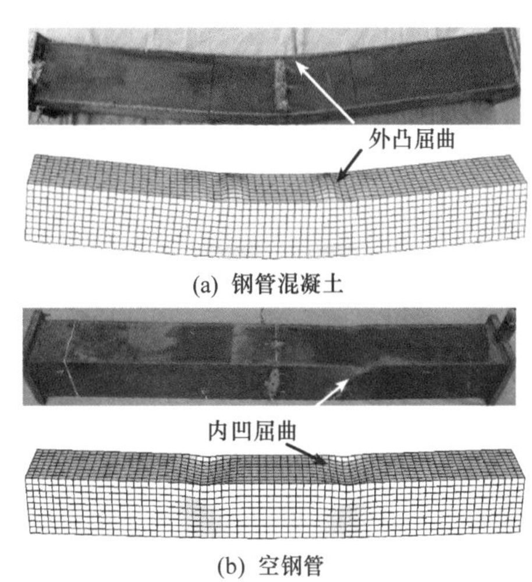

图 11.70　方形纯弯构件破坏形态对比

(a) 试验

(b) 有限元模拟

图 11.71　方形纯弯构件核心混凝土破坏形态对比

图 11.72（a）给出了构件在有无长期荷载与腐蚀影响下的破坏形态示意。腐蚀后钢管混凝土构件的破坏形态与短期荷载下基本类似，但腐蚀后钢管受压区的局部屈曲现象更明显；由于核心混凝土的支撑作用，构件仅出现钢管外凸屈曲现象。如图 11.72（b）所示，空钢管构件同时发生外凸和内凹屈曲破坏，且构件在长期荷载和腐蚀共同作用下的屈曲形态相较短期荷载下更为复杂。

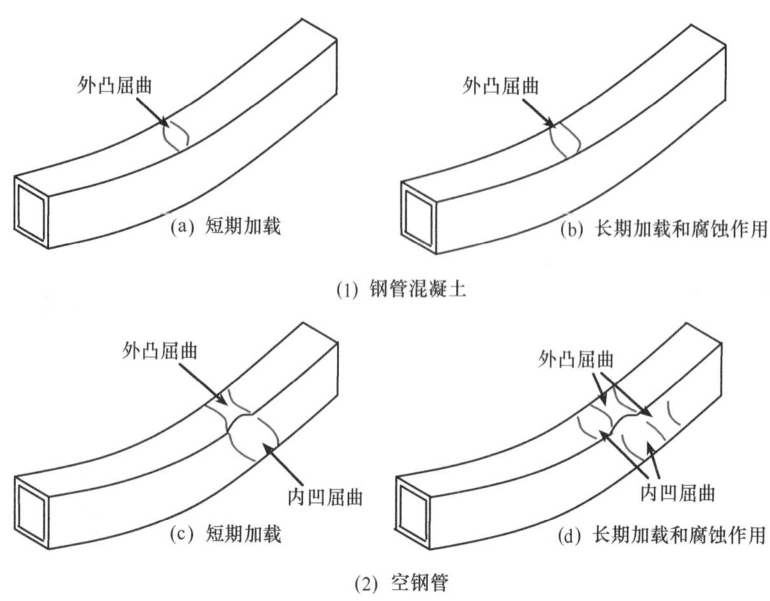

图 11.72　方形纯弯构件典型破坏形态示意图

图 11.73 给出了两种工况下典型钢管混凝土纯弯构件的跨中弯矩（M）-挠度（u_m）关系曲线，可见：

① 曲线 O—A—B—C 为短期荷载下钢管混凝土纯弯构件的 M-u_m关系，由曲线可见，钢管混凝土纯弯构件具备较好的延性。

② 曲线 O—A—A_1—B_1—C_1 为长期荷载和腐蚀共同作用下钢管混凝土纯弯构件的 M-u_m关系。曲线可分为四个阶段：阶段 1（O—A）：加载初始弯矩 M_1，M-u_m关系大致呈线性；阶段 2（A—A_1）：在腐蚀发生的同时，M_1保持不变，在钢管和混凝土之间发生内力重分布，跨中挠度增加；阶段 3（A_1—B_1）：荷载逐渐加至构件极限承载力 M_{u1}，构件发生塑性变形，其极限承载力和刚度相比短期加载均有所下降；阶段 4（B_1—C_1）：峰值点 B_1 过后，弯矩不再增加而挠度变形持续发展。

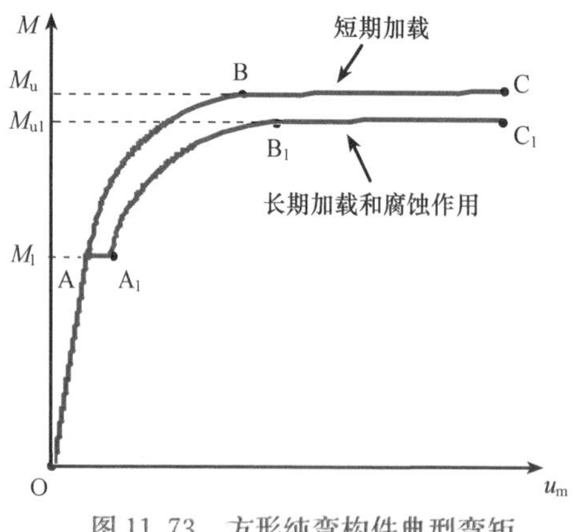

图 11.73　方形纯弯构件典型弯矩（M）-跨中挠度（u_m）关系

图 11.74 将图 11.73 曲线中 A、A_1 点对应的跨中截面应力分布进行了比较。在长期荷载和氯离子腐蚀的共同作用下，混凝土有效受压区的平均应力提高了 16.9%，表明在腐蚀过程中，钢管和混凝土之间的组合作用引起截面上

的应力重分布，从而使核心混凝土承担了更多的荷载。

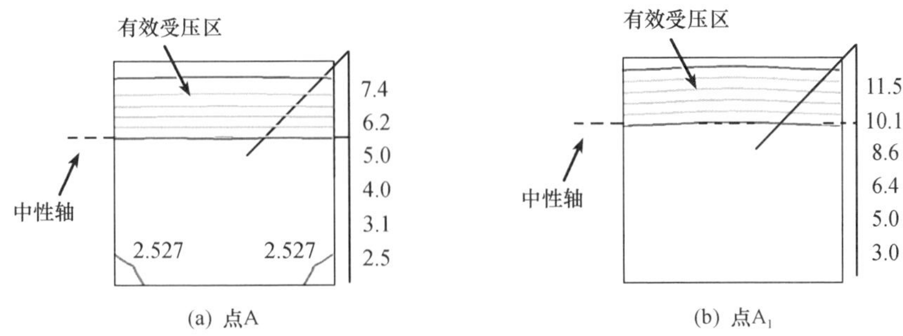

图 11.74　方形纯弯构件截面应力分布（单位：MPa）

采用有限元模型，分析了不同加载方案下典型钢管混凝土纯弯构件的全过程受力性能。构件参数如下：B=160mm，钢管壁厚 t=4mm，f_y=345MPa，f_{cu}=50MPa，L_0=1150mm，m=0.3，Δt=0.5mm（β=0.125）。图 11.77 对不同工况钢管混凝土纯弯构件的跨中弯矩（M）-挠度（u_m）关系进行了对比。在长期荷载和氯离子腐蚀作用的影响下，钢管混凝土纯弯构件的抗弯承载力和弹性段刚度分别下降了 11.6%和 9.7%。

图 11.75 同时给出了有无腐蚀作用影响的空钢管纯弯构件 M-u_m关系曲线。研究结果表明，腐蚀作用下空钢管构件的极限承载力降低 16.9%，弹性段刚度降低 14.7%，降低程度高于同等工况下的钢管混凝土构件。Lu 等（2009）的研究表明，对于空钢管纯弯构件，钢管的局部屈曲将导致构件丧失承载力，阻碍钢管的全截面塑性发展，而腐蚀则进一步加剧了构件的局部屈曲破坏。

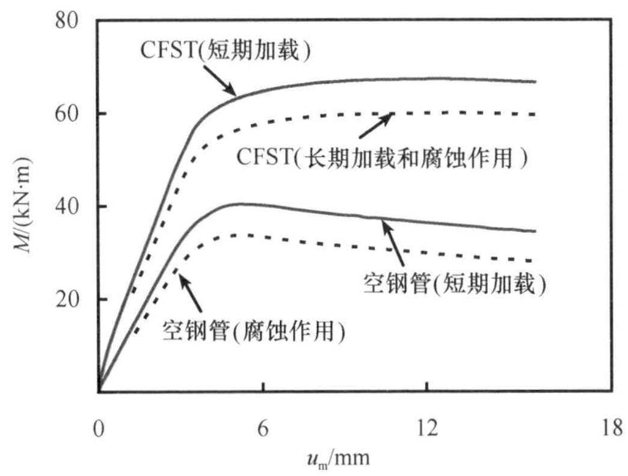

图 11.75　不同工况下方形纯弯构件的 M- u_m关系

图 11.76 给出了不同条件下钢管混凝土纯弯构件跨中截面各组成部分的抵抗弯矩。图中，M_s和 M_c分别为外钢管和核心混凝土承担的弯矩。可见，外钢管和核心

混凝土对构件的抗弯承载力均有一定贡献。当荷载和腐蚀条件发生改变时，两种材料对于承载力的贡献也发生变化。图 11.77 对构件在不同条件下的 $M/M_{shortterm}$ 值进行了比较，其中 M 为各部分的抵抗弯矩，$M_{shortterm}$ 为短期加载下相应的抵抗弯矩。

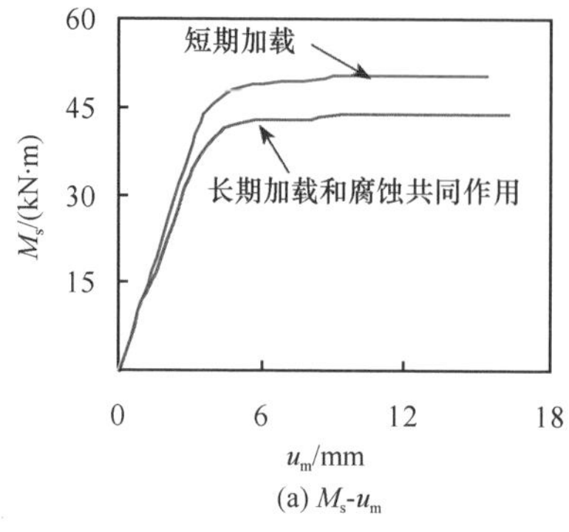

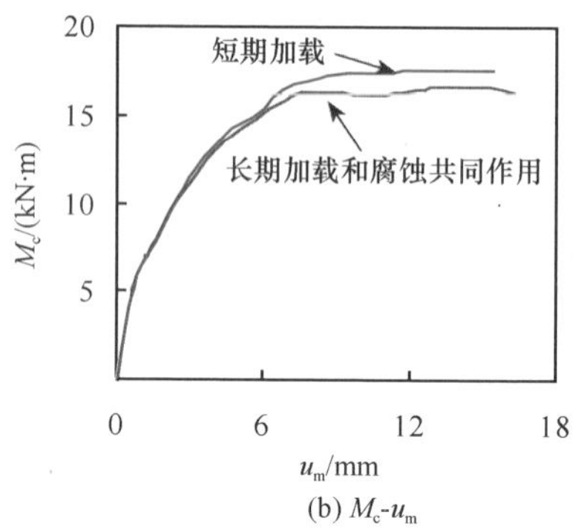

图 11.76　方形纯弯构件 M_s（M_c）-u_m 关系

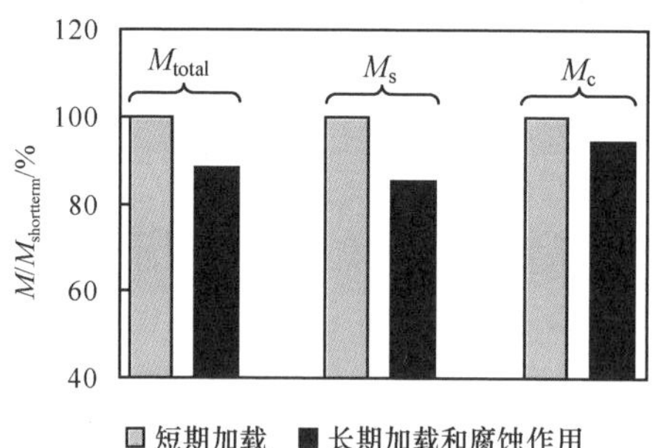

图 11.77　方形纯弯构件相对抗弯承载力（$M/M_{short\ term}$）

在短期加载下，荷载达到钢管混凝土构件的抗弯承载力时，钢管和核心混凝土对于承载力的贡献率分别为 75%和 25%；在长期荷载和腐蚀共同作用下，荷载达到抗弯承载力时，钢管和混凝土的贡献率则分别为 72%和 28%。由于腐蚀的劣化作用，钢管和混凝土抵抗的弯矩均有所下降，钢管部分下降 13%，混凝土部分则下降 6%。可见，腐蚀导致的组合作用减弱和截面材料间的内力重分布使得外钢管逐渐劣化的过程中核心混凝土承担了更多荷载。

（2）圆形截面

为进行深入分析，基于试验结果，建立了圆形截面钢管混凝土在荷载和氯离子腐蚀共同作用下的有限元模型，如图 11.78 所示。

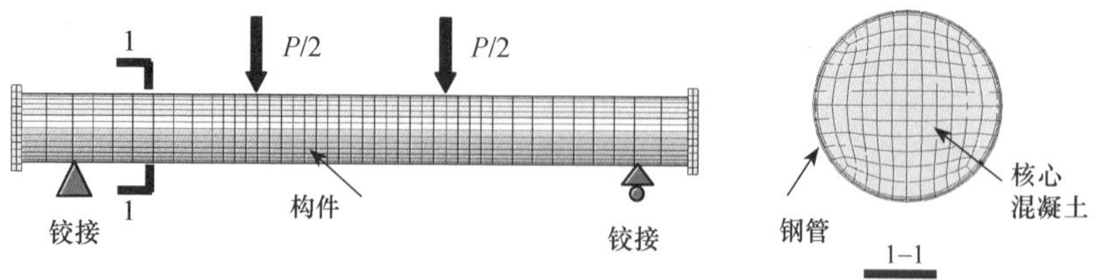

图 11.78　圆形纯弯构件有限元模型示意图

建模方法与方形截面试件一致。在采用“生死单元法”进行钢管腐蚀的模拟时，外钢管沿直径方向划分多层，腐蚀过程中逐层剥离。对于全腐蚀构件，钢管表面被完全腐蚀；对于半高腐蚀构件，仅梁中截面以下部分的钢管外表面被腐蚀。

如图 11.62 所示为试验观察到的构件破坏形态和有限元计算结果的比较。图 11.63为核心混凝土破坏形态的对比，构件底部受拉区均发生了明显的开裂现象，两者吻合较好。图 11.79 给出了构件跨中弯矩（M）-挠度（u_m）关系曲线计算值和实测值的比较。图 11.80 对构件极限承载力的实测值（M_{ue}）和计算值（M_{uc}）进行了对比。由以上对比分析可见，有限元计算结果与试验结果吻合较好。

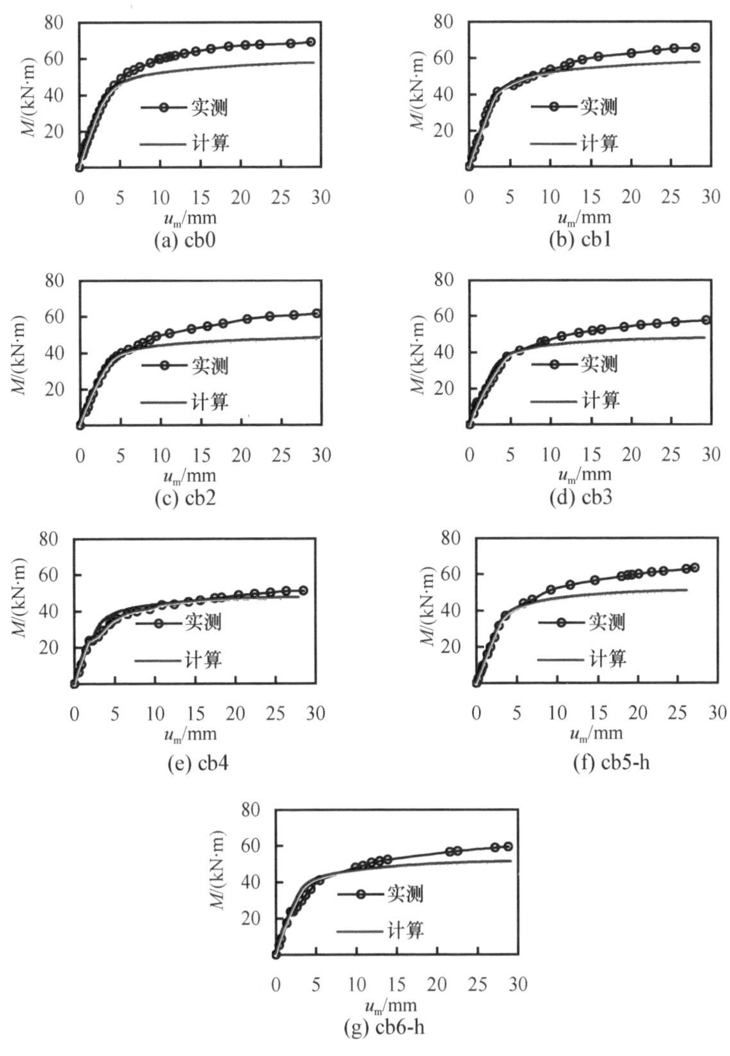

图 11.79　圆形纯弯构件弯矩（M）-跨中挠度（u_m）关系对比

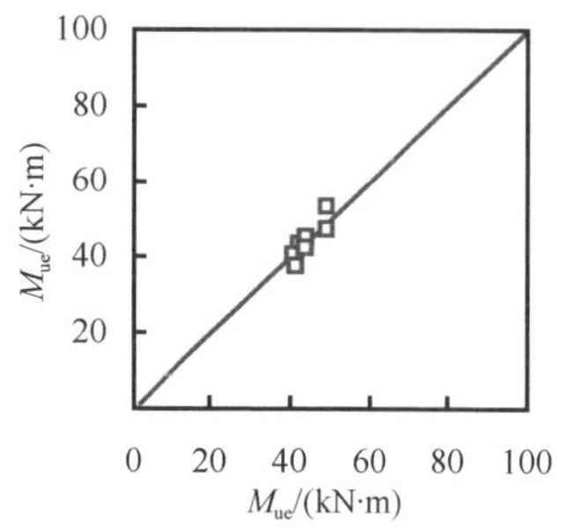

图 11.80　圆形纯弯构件抗弯承载力对比

有限元模型的计算结果显示，与试验观测到的结果一致，腐蚀和无腐蚀构件的破坏形态类似。图 11.81为 β=0.5 时构件的破坏形态，可见构件发生典型的弯曲破坏，同时在截面受压区未见明显的局部屈曲，表明在研究参数范围内，腐蚀并未改变圆形截面钢管混凝土纯弯构件的延性破坏形态。

图 11.82 为构件的跨中弯矩（M)-应变（ε）关系曲线。其中，O—A_0—B_0—C_0 对应 β=0，O—A_0—A_1—B_1—C_1 对应 β=0.25，O—A_0—A_2—B_2—C_2 对应 β=0.5。对图 11.82（a）中不同腐蚀损伤因子构件的 M—ε 曲线进行分段比较：①初始加载段（O—A_0），三条曲线基本呈线性。②腐蚀阶段（β=0.25：A_0—A_1；β=0.5：A_0—A_2），弯矩不变，应变持续发展，且腐蚀越重，应变发展越快。③破坏加载阶段（β=0：A_0—B_0—C_0；β=0.25：A_1—B_1—C_1；β=0.5：A_2—B_2—C_2），荷载不断增加直至构件破坏，随着腐蚀损伤因子的提高，构件极限承载力显著下降，但延性得到较好的保持。

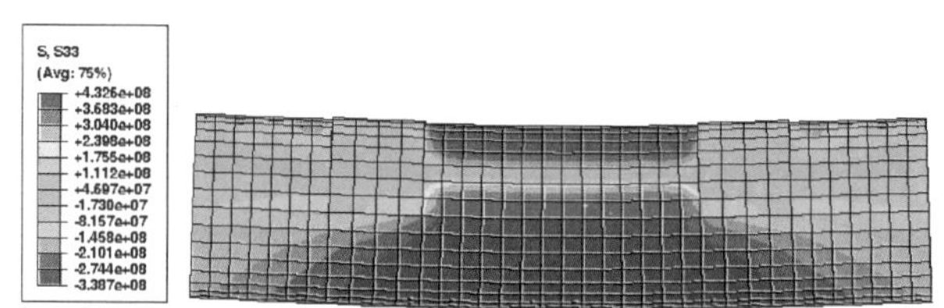

图 11.81　圆形纯弯构件典型破坏形态（β=0.5）

本章前文对钢管混凝土轴压短柱进行了类似研究，短柱构件的截面尺寸、材料属性和腐蚀损伤因子与本节纯弯构件相同，因此对两者在腐蚀环境下承载力的下降幅度进行对比：β=0.25 时，构件的轴压承载力下降 15%，受弯承载力下降 20%；β=0.5 时，构件的轴压承载力下降 25%，受弯承载力下降 50%。可见，相同腐蚀损伤因子下，纯弯构件承载力下降幅度明显大于短柱构件，即纯弯构件对腐蚀更加敏感。该现象可从荷载分配的角度进行分析：轴压构件中，核心混凝土承担约 2/3 轴压荷载，钢管承担约 1/3，即混凝土为主要受力部分；对于纯弯构件，由于混凝土抗拉强度较低，因此核心混凝土承担的弯矩远小于外钢管，即外钢管为主要受力部分，因而钢管壁的腐蚀对构件纯弯承载力的影响更大。

图 11.82（b）和（c）给出了外钢管和核心混凝土的荷载分配，可得以下结论：

① 外钢管承受的弯矩在腐蚀阶段有所下降，降低幅度随腐蚀程度的加重而增大。由于截面总弯矩不变，腐蚀过程中核心混凝土部分承受的弯矩增大，即荷载由钢管向混凝土转移。

② 核心混凝土的抗弯承载力随腐蚀程度的加大而降低。

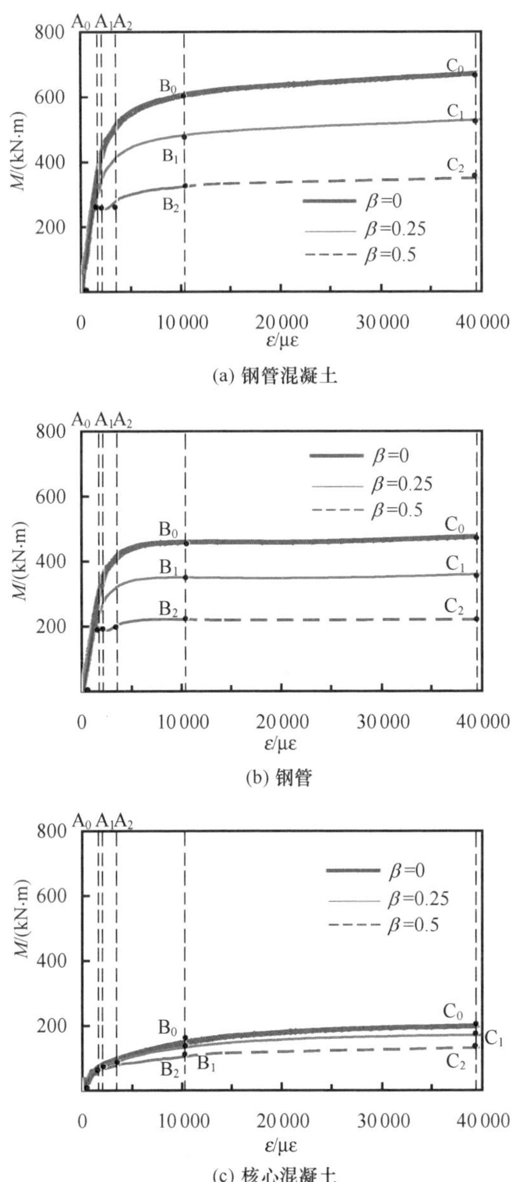

(a) 钢管混凝土

(b) 钢管

(c) 核心混凝土

图 11.82　圆形纯弯构件跨中弯矩（M)-应变（ε）关系

图 11.83 为不同腐蚀损伤因子下构件接触应力（P)-跨中挠度（u_m）关系曲线。由于钢管混凝土纯弯构件的接触应力在截面各个位置不同，考虑到核心混凝土上部受压，受外钢管约束较明显，因此给出跨中受压区顶部位置的钢-混凝土接触应力。可见，在初始阶段，接触应力线性发展，三条曲线基本重合；此后，腐蚀构件的接触应力由于腐蚀的发生而下降，且下降幅度随腐蚀程度的加重而增大，当 β=0.5

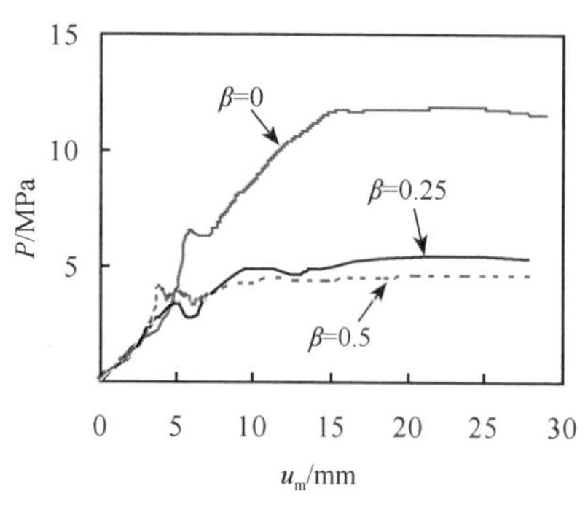

图 11.83 圆形纯弯构件材料间接触应力（P）

时，后期的接触应力下降约 50%。

11.4.3 抗弯承载力实用计算方法

（1）方形钢管混凝土

图 11.84 为基于 Lu 和 Han 等（2009）提出的钢管混凝土受弯构件的荷载传递机理模型得到的腐蚀前、后纯弯构件拉压杆模型。模型中，构件的荷载传递路径简化为拉压杆模型。纯弯段截面底部和顶部分别采用拉杆和压杆表示；剪跨段以三个压杆（AB、BC 和 AD）模拟混凝土受压的贡献，其中 A 和 C 分别表示加载点和支座点，对角拉杆 BD 用以体现剪跨段钢管斜向拉应力的贡献。

Lu 和 Han 等（2009）的研究表明，剪跨段的剪力主要由钢管部分承担，表明图 11.84 中对角拉杆 BD 可有效承担剪力并对所在范围内的混凝土提供有效约束，从而防止混凝土受剪开裂。腐蚀发生后，钢材的劣化导致钢管部分削弱，从而使拉杆的作用减弱。在纯弯段，拉杆承受的拉力减小，导致腐蚀后构件的抗弯承载力下降；在剪跨段，对角拉杆的受剪能力在腐蚀后有所下降，导致混凝土受剪开裂的可能性增大。同时，腐蚀后拉杆倾斜角 θ 减小，θ 减小时剪跨段有所增加，提高了核心混凝土发生破坏的可能性。

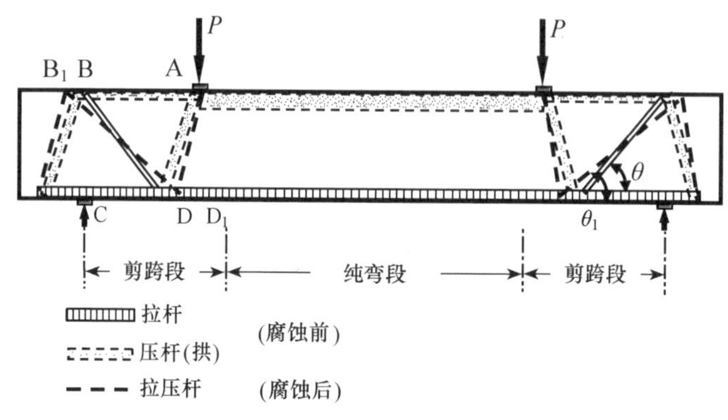

图 11.84 钢管混凝土纯弯构件的拉压杆模型

可能影响钢管混凝土纯弯构件在长期荷载和氯离子腐蚀共同作用下极限承载力的参数有：腐蚀损伤因子 β、含钢率 α、钢材屈服强度 f_y 和混凝土强度 f_{cu}。采用有限元模型进行参数分析，分析了各参数对荷载和氯离子腐蚀共同作用下构件承载力的影响。计算的基本参数为：$B\times t=160\text{mm}\times 4\text{mm}$，$\alpha=0.1$，$f_y=345\text{MPa}$，$f_{cu}=45\text{MPa}$，$\beta=0.125$，$L_0=1150\text{mm}$，$m=0.3$。

计算结果如图 11.85 所示，图中，$RS_{\text{-Mu}}$ 为构件剩余抗弯强度比（$RS_{\text{-Mu}}=$

$M_{u\text{-}lc}/M_{u\text{-}shortterm}$，其中 $M_{u\text{-}lc}$ 为长期荷载和腐蚀共同作用下构件的极限承载力；$M_{u\text{-}shortterm}$ 为短期荷载下构件的极限承载力。与短构件的参数影响规律类似，四种情况下腐蚀将产生更显著的影响：程度更重的腐蚀、更小的含钢率、更高的钢材屈服强度和更低的混凝土强度，而这四种情况均会导致约束效应系数 ξ 减小，表明腐蚀对钢管混凝土的影响可通过约束效应系数 ξ 的变化来反映。

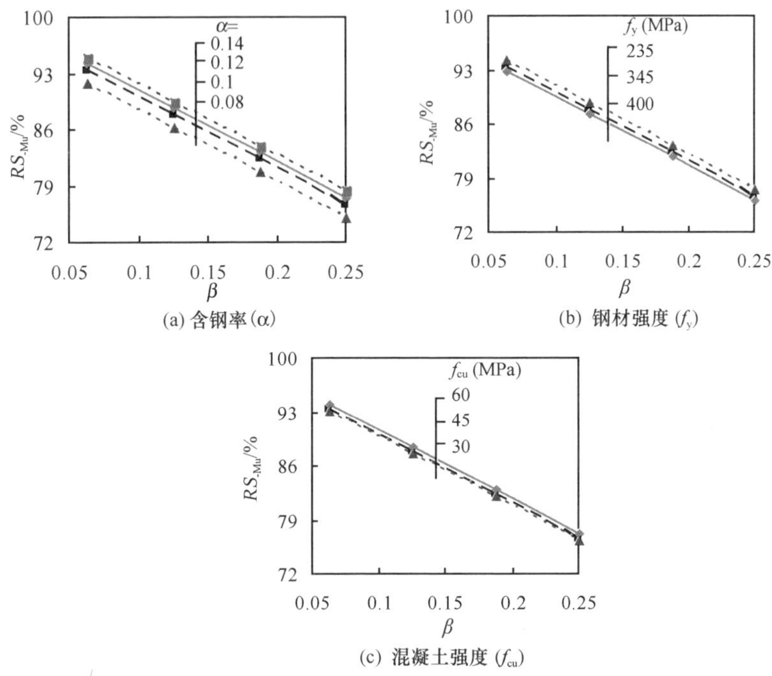

图 11.85　不同参数对方形纯弯构件 $RS_{\text{-Mu}}$ 值的影响

分析结果表明，为了计算钢管混凝土构件的抗弯承载力，类似于轴压构件，采用“有效截面法”，将有效约束效应系数 ξ_e 替换原始数值 ξ。整理式（3.87）、式（3.88），可得到腐蚀后钢管混凝土构件的 M_{uc} 计算公式为

$$M_{uc} = [1.04 + 0.48\ln(\xi_e + 1)](1.18 + 0.85\xi_e) f_{ck} B_e^3/6 \qquad (11.11)$$

式中：f_{ck} 为混凝土抗压强度特征值；B_e 为腐蚀后钢管宽度；ξ_e 为有效约束效应系数，按式（11.7）计算。

当采用 EC4（2004）计算时，腐蚀后构件的承载力 M_{uc} 可采用下式计算为

$$M_{uc} = f_y t_e (1.5B_e^2 - 3B_e t_e + 2t_e^2) + 0.5\,(B_e - 2t_e)^2 \cdot \frac{f_y f'_c t_e B_e}{4 f_y t_{se} + f'_c B_e} \qquad (11.12)$$

式中：f'_c 为混凝土圆柱体抗压强度，t_e 为钢管壁有效厚度，按式（11.3）所示计算。

图 11.86 比较了使用上述两种方法计算得到的钢管混凝土纯弯构件抗弯承载力 M_{uc}和试验结果 M_{ue}。可见，两种方法计算结果均偏于保守，M_{uc}/M_{ue}的平均值约为 0.860，标准差为 0.085。

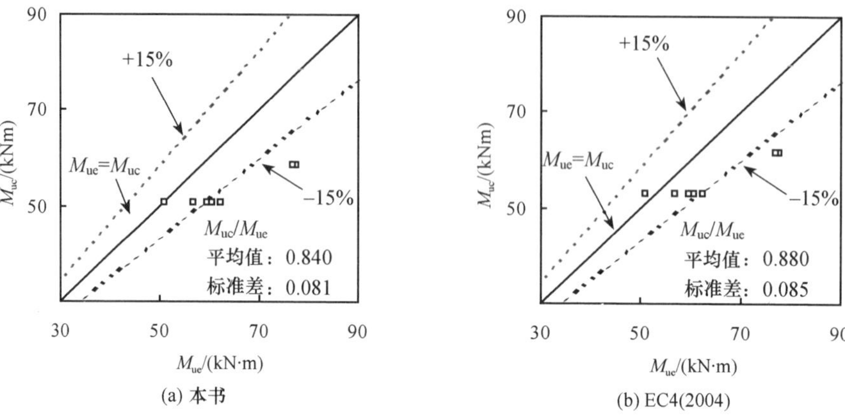

图 11.86　方形纯弯构件抗弯承载力计算值和实测值对比

（2）圆形钢管混凝土

进行了参数分析，计算的基本参数为：$L\times D\times t=1200\text{mm}\times400\text{mm}\times9.3\text{mm}$；$\alpha=0.1$；$f_y=345\text{MPa}$；$f_{cu}=60\text{MPa}$；$m=0.5$；$\beta=0.5$。参数变化范围为：腐蚀因子 $\beta=0\sim0.5$（全腐蚀）；含钢率 $\alpha=0.05\sim0.2$；截面尺寸 $D=300\sim500\text{mm}$；钢材屈服强度 $f_y=235\sim420\text{MPa}$；核心混凝土强度 $f_{cu}=40\sim60\text{MPa}$；长期荷载比 $m=0.2\sim0.5$。

图 11.87 给出了参数分析的结果。可见，剩余强度比 $RS_{\text{-Mu}}$和 β 基本呈线性关系，曲线斜率近似为−1。含钢率、钢材屈服强度、混凝土强度、截面尺寸和长期荷载比对剩余强度比的影响都较小，这与轴压短柱构件有较大差异。

同样采用“有效截面法”计算腐蚀作用下圆钢管混凝土构件的抗弯强度。整理式（3.87）和式（3.88），可得到腐蚀后圆形钢管混凝土构件的 M_u计算公式为

$$M_u=[1.1+0.48\ln(\xi_e+0.1)](1.14+1.02\xi_e)f_{ck}\cdot\pi D_e^3/32 \tag{11.13}$$

式中：f_{ck}为混凝土抗压强度特征值；D_e为腐蚀后钢管直径；ξ_e为有效约束效应系数，按式（11.7）计算。

基于 EC4（2004）计算得到的腐蚀后圆钢管混凝土 M_u结果为

$$M_u=A_{ste}y_{ste}f_y+A_{sce}y_{sce}f_y+0.85A_{cce}y_{cce}f'_c \tag{11.14}$$

式中：A_{ste}为钢管受拉区面积；y_{ste}为钢管受拉区形心高度；A_{sce}为钢管受压区面积；y_{sce}为钢管受压区形心高度；A_{cce}为混凝土受拉区面积；y_{cce}为混凝土受压区形心高度；以上所有参数均按腐蚀后钢管截面参数进行计算。

图 11.88 给出试验结果和式（11.13）及式（11.14）计算结果的对比。可见计算结果总体上偏于安全。

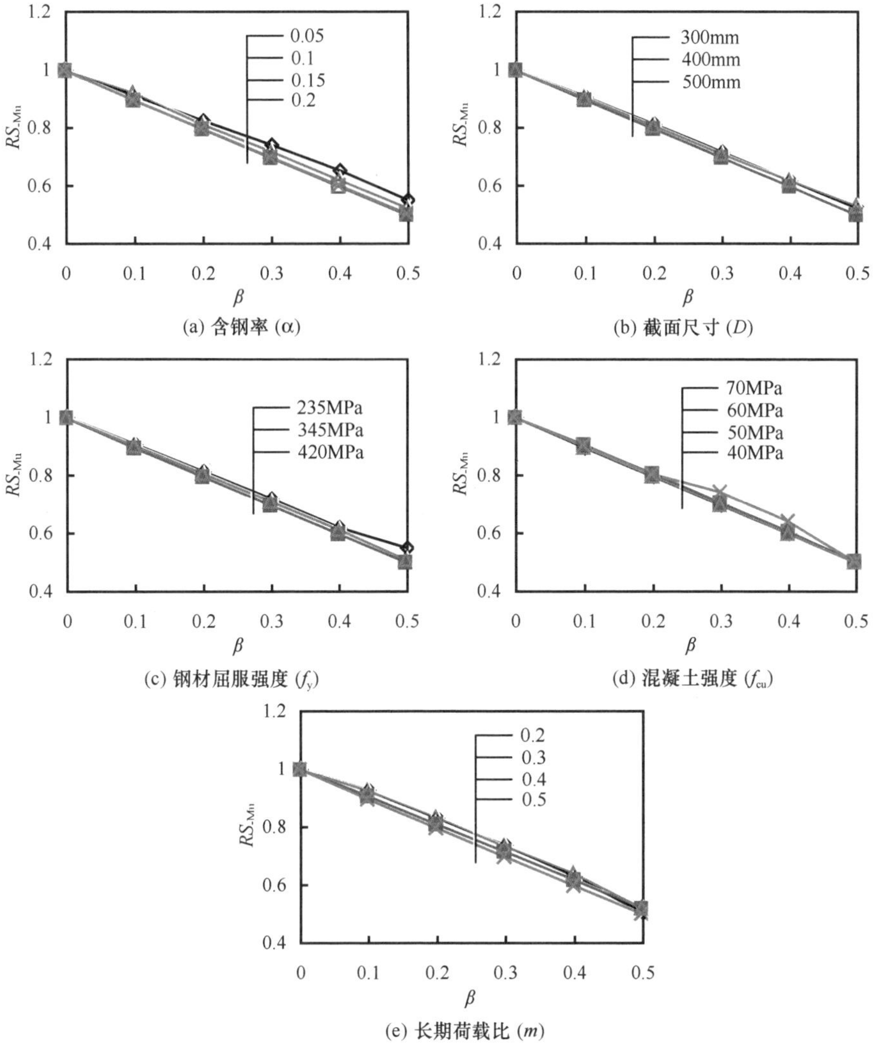

(a) 含钢率 (α)　　(b) 截面尺寸 (D)

(c) 钢材屈服强度 (f_y)　　(d) 混凝土强度 (f_{cu})

(e) 长期荷载比 (m)

图 11.87　不同参数对圆形纯弯构件 RS_{-Mu} 值的影响

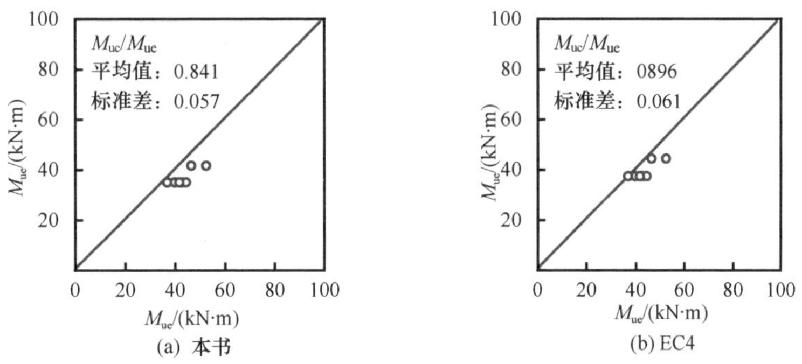

(a) 本书　　(b) EC4

图 11.88　圆形纯弯构件抗弯承载力计算值和实测值对比

11.5 压弯构件

11.5.1 试验研究

（1）试验概况

腐蚀条件包括无腐蚀、全腐蚀、腐蚀厚度减半三种情况，其中全腐蚀试件的钢管设计腐蚀厚度为 1.20mm，半腐蚀为 0.60mm。变化以上参数，共进行 17 个压弯构件（包括 6 个空钢管构件）的试验工作，构件参数见表 11.10，构件编号中，“bc”表示压弯构件，其后的“h”（若有）表示构件为空钢管构件。试件的腐蚀时间均为 120 天。

表 11.10 中，n 为以长期荷载比 $\{n[=N_L/N_u$，其中 N_L 为柱所受的轴向长期荷载，N_u 为柱轴心受压时的极限承载力，按式（3.86）确定$]\}$；D 为试件钢管外径；t 为钢管初始壁厚；L 为试件长度；L_0 为计算长度；Δt 为腐蚀厚度；i 为电流密度，P_{uc} 为压弯承载力计算值；P_{ue} 为压弯承载力实测值。

表 11.10 压弯构件参数

序号	试件编号	D/mm	t/mm	L/mm	L_0/mm	Δt/mm	i/(mA·cm^{-2})	n	P_{uc}/kN	P_{ue}/kN
1	bc1-1	160	3.92	1440	1600	0.58	0.3	0.13	105.3	111.6
2	bc1-2	160	3.92	1440	1600	1.18	0.3	0.13	93.3	86.5
3	bc2-1	160	3.92	1440	1600	0.61	0.3	0.25	102.3	121.4
4	bc2-2	160	3.92	1440	1600	1.14	0.3	0.25	87.2	118.1
5	bc3-1	160	3.92	1440	1600	—	—	0.25	125	155.7
6	bc3-2	160	3.92	1440	1600	—	—	0.25	124.6	159.6
7	bch1-1	160	3.92	1440	1600	—	0.3	0.28	—	—
8	bch1-2	160	3.92	1440	1600	1.18	0.3	0.28	34.9	47.8
9	bch2-1	160	3.92	1440	1600	—	—	0.27	63	69
10	bch2-2	160	3.92	1440	1600	—	—	0.28	66.2	60.2
11	bc4-1	160	3.92	1440	1600	0.28	0.15	0.25	112.6	135.6
12	bc4-2	160	3.92	1440	1600	0.62	0.15	0.25	102.5	149.1
13	bc5	160	3.92	1440	1600	0.59	0.3	0	95.1	97.3
14	bc6	160	3.92	1440	1600	—	—	0	124.8	160.2
15	bch3	160	3.92	1440	1600	0.58	0.3	0	48.3	50.8
16	bch4	160	3.92	1440	1600	—	—	0	67.1	70.6
17	bc7	160	3.92	1440	1600	0.29	0.15	0	112.1	151.4

腐蚀后对钢管壁厚进行了测量，得到钢管壁厚沿长度方向的分布，如图 11.89 所示。可见，构件中部的腐蚀厚度较大，两端较小。

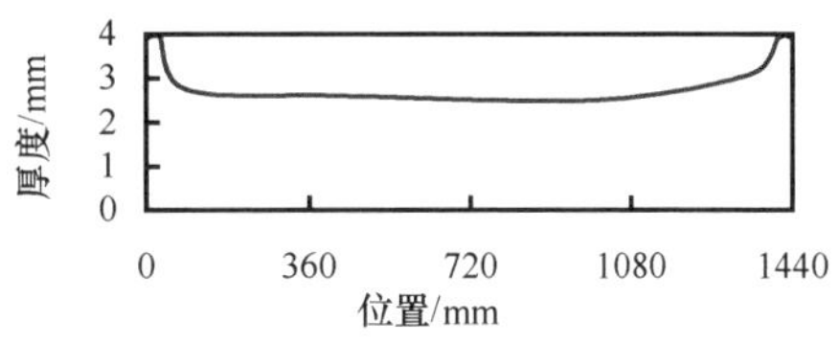

图 11.89 钢管壁厚沿长度方向分布图（试件 bc1-2）

压弯试验的试件制作方式、腐蚀过程和腐蚀装置均与本章前文轴压、轴拉、纯弯试验一致。

（2）试验过程

1）长期加载。

长期加载装置如图 11.90 所示。试件的安装过程如下：①将制作好的 6 对等高钢管混凝土支座（如图 11.90）置于设计位置，固定端铰支座通过 4 个高强反力螺杆与钢管混凝土支座相连。将试件通过平板铰与固定端铰支座相连。对需要进行腐蚀测试的试件，将其沿水槽组件两侧预留孔穿过，通过销轴连接试件与滑动铰支座，同时在滑动铰支座上下表面各布置 3 个直径为 20mm 的滚轴，通过螺杆使压顶钢板、钢管混凝土支座将滑动铰支座夹住。调整试件位置，使跨中截面与试验室地锚孔中心在同一直线上，利用地锚杆完成试件定位；②在施加长期荷载的两根高强拉杆上分别安装荷载传感器，加载时可由此获得荷载数值。同时确保两杆到试件中心线等距且在高度方向等高，以便施加长期荷载时两杆均匀对称。在滑动铰支座一侧，加载杆需预留一定长度，为后续“荷载替换”时的千斤顶、传感器、一次性加载板预留位置。调整水槽的位置，使试件的两侧平板铰与水槽两侧开孔同心。旋紧螺帽进行加载，通过螺杆上的荷载传感器获得荷载大小，同时记录各级荷载对应的位移，直至达到设计荷载。压弯构件试验与前文所述的轴拉构件试验同期开展，持荷过程中的空气湿度、温度、溶液温度、pH 监测情况可见图 11.40。

2）破坏加载。

压弯构件破坏加载阶段的试验操作步骤如下：

① 腐蚀试验持续 120 天后，清理试件表面并粘贴应变片。长期加载的试件直接在持荷装置上安装加载装置进行破坏加载；对于不持荷的试件，首先将其焊接在持荷装置的端板上，然后安装相同的破坏加载装置进行破坏加载。

② 由于在破坏加载过程中需要保持轴压比不变，故需将水平加载杆上的轴力替换到能够保持荷载恒定的千斤顶上。因此，压弯试件加载装置分为替换加载装置和破坏加载装置两部分，如图 11.91 所示。

③ 加载采用分级加载制。前期加载时，荷载级差约为 1/10 极限荷载，持荷 2min；当试件屈服后，采用位移控制慢速连续加载，直至试件破坏或跨中挠度超过 $L/40$。

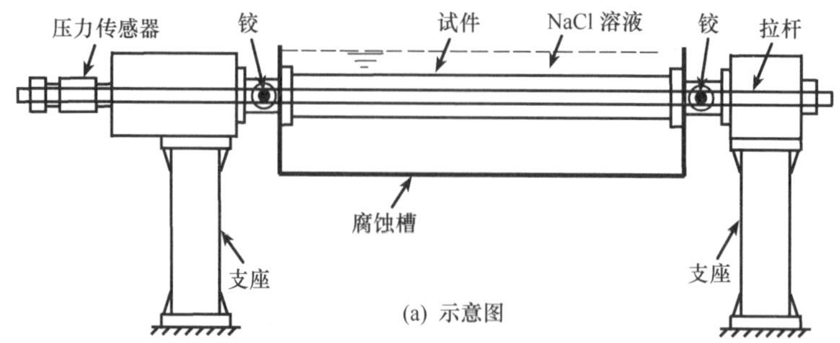

(a) 示意图

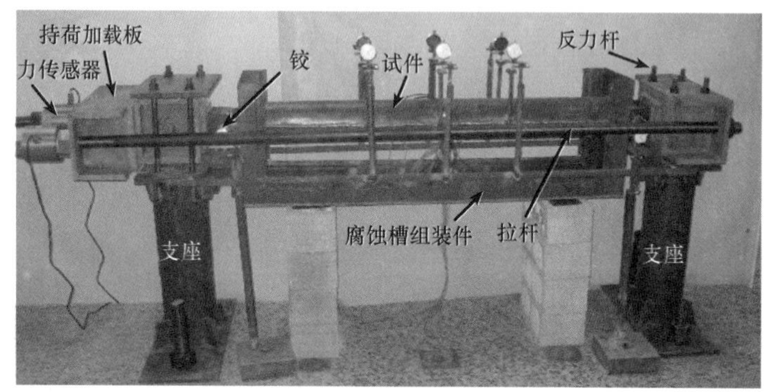

(b) 装置照片

图 11.90　压弯构件试验装置图

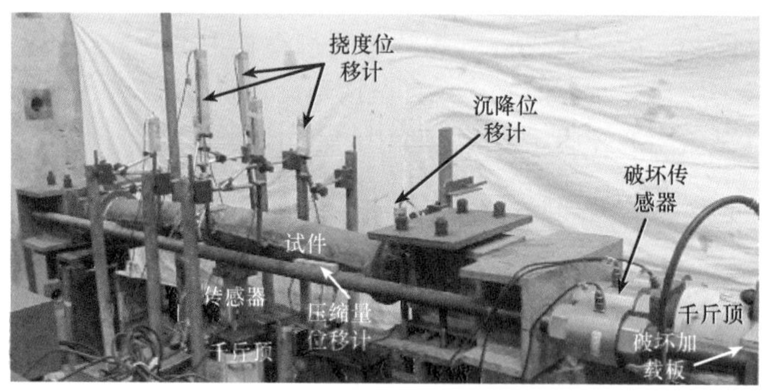

图 11.91　压弯试件破坏试验加载装置

（3）试验结果与分析

实测结果表明，长期持荷阶段构件的变形总量基本小于 0.5mm。破坏后的压弯构件如图 11.92 所示。在氯离子腐蚀影响下，钢管混凝土压弯构件的破坏形态与短期加载下基本一致，跨中位置处核心混凝土受压区发生混凝土压溃导致构件失去承载力，钢管受压区未见明显的屈曲鼓起。而相应的空钢管构件在压弯荷载下受压区发生了明显的局部屈曲变形。

图 11.92　压弯构件破坏形态

试件的荷载（P）-侧向挠度（u_m）曲线如图 11.93 所示。由图可见，腐蚀对空钢管试件的承载力和刚度的削弱程度高于钢管混凝土试件；长期加载与腐蚀的耦合作用对试件承载力和刚度的影响随持荷等级和腐蚀程度的加重而更加显著。图 11.93 同时给出了部分试件的有限元计算结果。

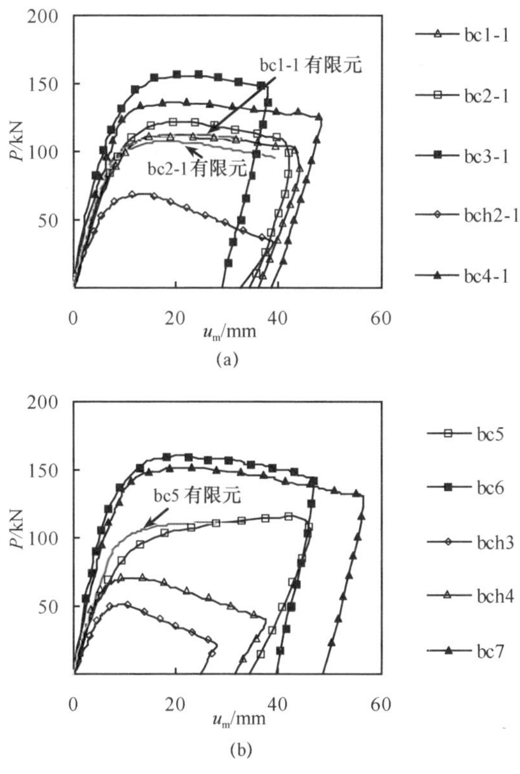

图 11.93　压弯构件 P-u_m 关系

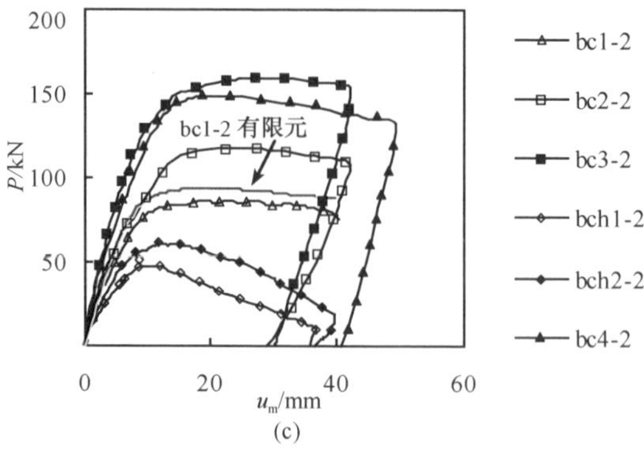

图 11.93　压弯构件 P-u_m 关系（续）

图 11.94 以 bc6 构件为标准，说明各个构件的承载力比例关系，可见，腐蚀对钢管混凝土压弯构件承载力有明显的劣化作用，如试件 bc1-2，管壁腐蚀厚度 $\Delta t=1.18$mm，其压弯承载力仅为试件 bc3-2 的 54.2%；长期荷载同样对压弯构件承载力有显著的影响，如在管壁腐蚀厚度基本一致的情况下，试件 bc1-2（长期荷载比 $n=0.13$）与 bc2-2（$n=0.25$）的相对承载力分别为 54.2%和 74.0%，承载力下降程度随长期荷载的增大而变大。

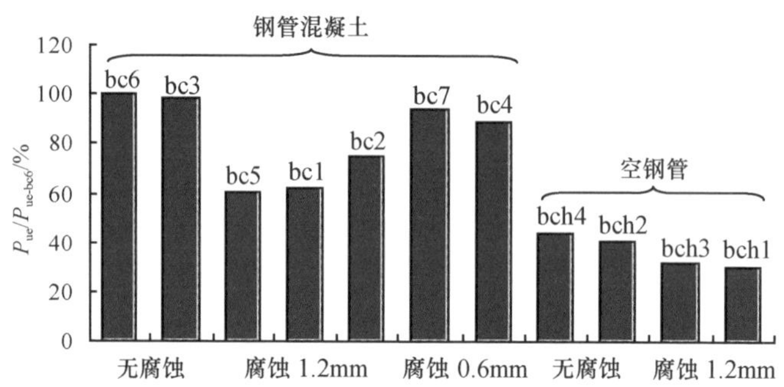

图 11.94　圆截面压弯构件相对极限承载力（$P_{ue}/P_{ue\text{-}bc6}$）

11.5.2　有限元分析

（1）模型的建立

采用与轴压、轴拉、纯弯构件相似的建模方法，建立了钢管混凝土压弯构件在长期荷载和腐蚀共同作用下的全过程有限元分析模型（Hua，Hou，Wang 和 Han，2015），如图 11.95 所示。构件两端均通过端板水平向中线的集合来定义边界条件，通过在端板施加水平压力、跨中施加竖向集中力以实现对构件施加压弯荷载。

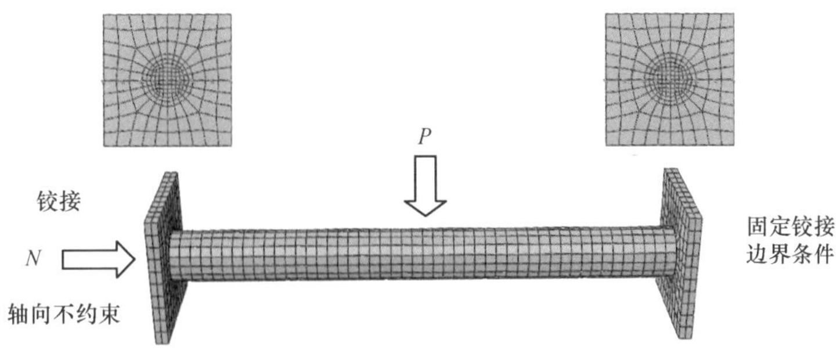

图 11.95　压弯构件有限元模型示意图

对于钢管混凝土压弯构件，当构件长度较大时，加工过程中的初始缺陷将影响构件的受力，产生附加弯矩，故模型中采用偏心加载的方法考虑构件的初始缺陷。在无实际构件初始缺陷实测数据的情况下，初始偏心距取为 $L/1000$，其中 L 为构件长度。计算结果对比如图 11.93 所示。可见，试验结果和计算结果整体吻合良好。

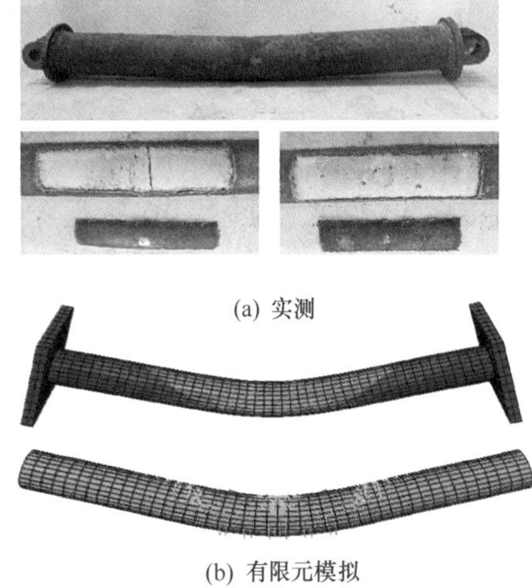

图 11.96　压弯构件破坏形态对比（试件 bc2）

以试件 bc2 为例比较计算和实测的构件破坏形态，如图 11.96 所示。短期加载下钢管混凝土压弯构件的破坏形态类似，构件外钢管未见明显的局部屈曲现象，跨中位置处混凝土受拉区出现裂缝；有限元计算结果和试验结果吻合较好。

（2）压弯构件工作机理分析

为明晰长期荷载和腐蚀共同作用对钢管混凝土压弯构件承载力的影响，进行了典型算例的计算分析，分析腐蚀作用对构件承载力的影响，并与相应的空钢管构件进行对比。构件的计算参数为：$L=1440\text{mm}$，$L_0=1600\text{mm}$，$D=160\text{mm}$，$t=3.92\text{mm}$，$\Delta t=1.18\text{mm}$，$f_{cu}=55.2\text{MPa}$，$f_y=388.8\text{MPa}$，$f_u=462.3\text{MPa}$。

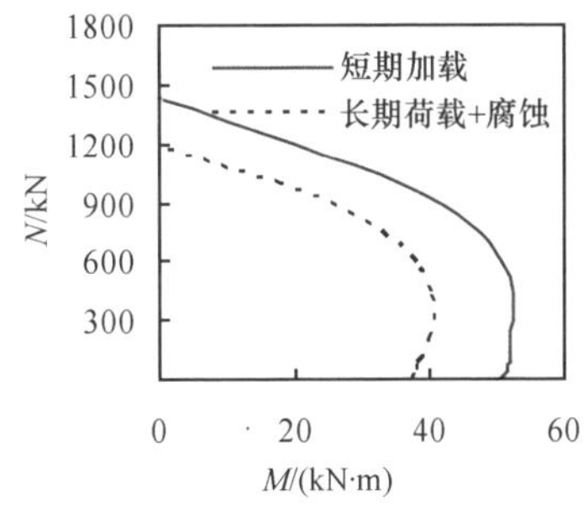

图 11.97　钢管混凝土压弯构件 N-M 关系对比

受长期荷载和腐蚀共同作用的构件在不同轴压荷载下具有不同的弯矩极限值，计算得到其轴力（N）-弯矩（M）关系曲线，并与短期加载下构件的相应曲线进行比较，如图 11.97 所示。可见，长期荷载和腐蚀影响下，构件承载力明显降低，但 N-M 相关关系曲线形状基本保持不变。

将不同长期荷载比（n）下钢管混凝土、空钢管构件承受弯矩极限值的变化情况列于表 11.11，表中 M_u为短期加载下构件的纯弯承载力，M_s和 M_c分别为短期加载以及长期荷载和腐蚀共同作用下构件的压弯承载力。

由表 11.11 可见，考虑长期荷载和腐蚀共同作用时钢管混凝土构件承载力的下降比率低于相应的空钢管试件。

表 11.11 压弯构件承载力下降比率

$n=N/N_u$	构件类型	M_s/M_u	M_c/M_u	承载力下降比率
0.2	钢管混凝土	1.045	0.818	22%
	空钢管	0.964	0.736	24%
0.4	钢管混凝土	1.017	0.774	24%
	空钢管	0.856	0.565	34%
0.6	钢管混凝土	0.853	0.546	36%
	空钢管	0.665	0.368	45%

在长期荷载与腐蚀共同作用下，钢管混凝土压弯构件的破坏形态与短期加载下基本一致，跨中位置处核心混凝土受压区混凝土发生压溃破坏，钢管受压区未见明显的屈曲鼓起。

1）腐蚀和长期荷载对压弯承载力影响的机理分析。

利用有限元模型，对典型构件在三种工况（短期加载、长期加载、荷载和腐蚀共同作用）下的承载能力进行计算，得到了相应的轴力（N)-弯矩（M）关系曲线，如图 11.98 所示。钢管混凝土压弯构件的 N-M 关系与钢筋混凝土压弯构件的 N-M 关系相似。

图 11.99 所示为不同情况下的 N/N_u-M/M_u关系对比，可见：①长期荷载作用下，平衡点对应的轴力有所提高；②长期荷载和腐蚀共同作用下，平衡点对应的轴力提高，同时曲线外鼓更加明显。这是因为：①短期荷载下由于受压区压溃易发生小偏压破坏，而在混凝土长期荷载效应的影响下，荷载可由混凝土部分向钢管部分转移，从而一定程度上避免了小偏压破坏的发生，使得部分短期荷载下的小偏压破坏表现为大偏压破坏，因此 N-M 曲线上平衡点对应的轴压力提高；②在受压区，长期荷载下混凝土的收缩徐变使得压力由混凝土向钢管部分转移，大偏压破坏更易发生，钢管的腐蚀则使得压力由钢管向混凝土部分转移，大偏压发生的概率减小，两种机制所导致的荷载转移方向相反；在受拉区，腐蚀作用使钢管截面变小，受拉能力降低，则使得大偏压更易发生。在本算例中，钢管腐蚀对受拉区的影响起到主导作用，使得部分长期荷载下的小偏压破坏在腐蚀影响下转变为大偏压破坏。同时，钢管的腐蚀使得混凝土部分的贡献更大，破坏时混凝土外鼓更加明显，这种现象与钢筋混凝土构件相似。

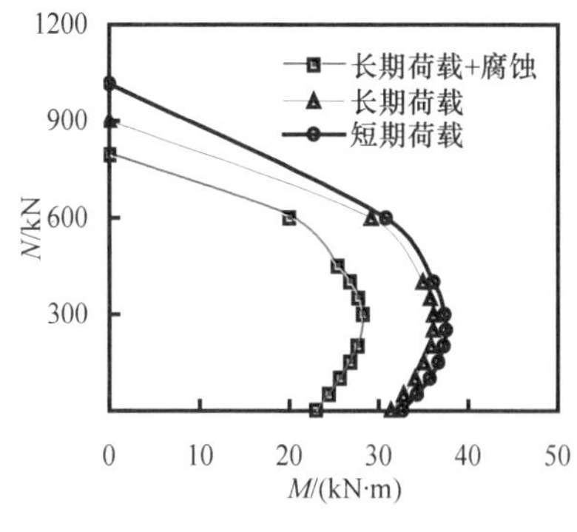

图 11.98 压弯构件在不同情况下的 N-M 关系对比

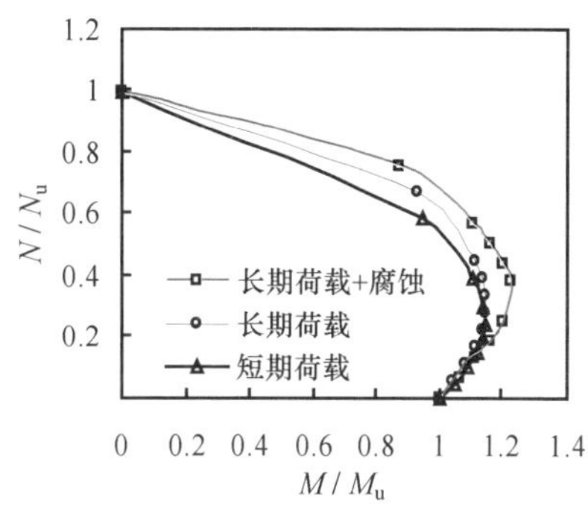

图 11.99 压弯构件在不同情况下的 N/N_u-M/M_u 关系对比

2）特征点分析。

利用有限元计算结果，对钢管混凝土压弯构件受力全过程的特征点进行比较分析。以钢管混凝土试件 bc2 为例，在轴压荷载为 450kN（$n\approx0.3$）时比较短期加载工况以及长期荷载和腐蚀共同作用工况下的力学性能，计算结果如图 11.100所示。图 11.100（a）可见，在长期荷载和腐蚀的共同作用下，构件刚度和极限承载力有所下降。图 1.100（b）可见，极限荷载下，受长期荷载和腐蚀作用的构件相比于短期加载构件的跨中挠度增大了 23%，受拉区钢管应变增大了 67%，即长期荷载和腐蚀的作用，降低了构件的刚度，增大了外钢管的应变。

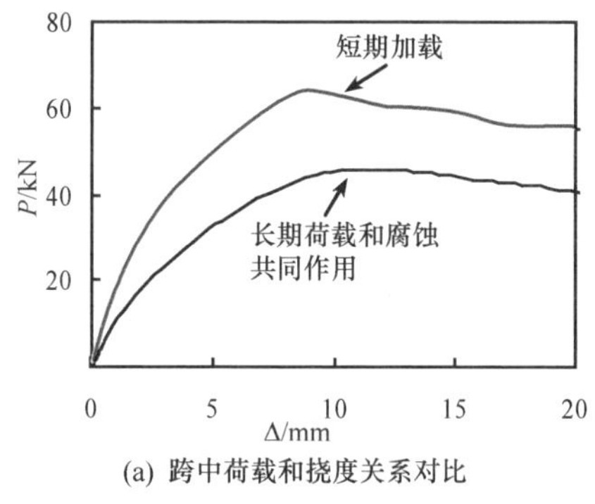

(a) 跨中荷载和挠度关系对比

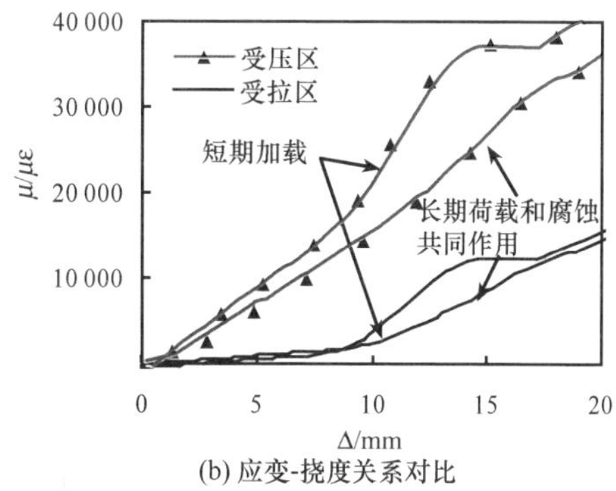

(b) 应变-挠度关系对比

图 11.100 有无腐蚀作用的特征点工作特性

3）腐蚀对构件延性的影响。

参考 An 和 Han（2014）定义的描述钢管混凝土压弯构件延性的指标 DI 为

$$DI=\frac{u_{\mathrm{m},85\%}}{u_{\mathrm{my}}} \tag{11.15}$$

式中：$u_{my}=u_{75\%}/0.75$，$u_{75\%}$为荷载上升到 75％极限荷载时对应的构件跨中挠度；$u_{m,85\%}$为荷载降低至极限承载力 85％时的钢管跨中挠度。将钢管混凝土和相应的空钢管构件进行计算和比较，结果如图 11.101 所示。图中，a 代表构件处于力和腐蚀环境的耦合作用；b 代表短期加载工况。

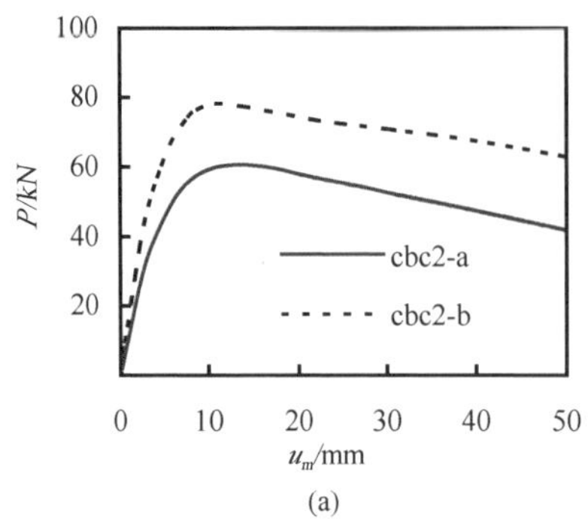

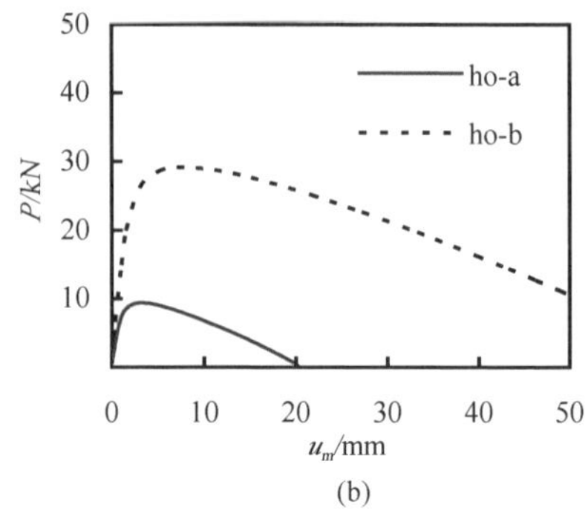

图 11.101　钢管混凝土和相应空钢管 N-u_m的关系

对比钢管混凝土和空钢管构件的延性指标，可以发现，在长期荷载和腐蚀共同作用下，钢管混凝土压弯构件的延性有所下降。在相同程度的钢管腐蚀情况下，与相应的空钢管构件相比，钢管混凝土构件延性下降比例更小。

4）钢管和核心混凝土之间的相互作用。

为明晰长期荷载与腐蚀作用下钢管混凝土构件受力的全过程力学性能，需要对其受力不同阶段的截面应力分布情况进行分析，并与其他工况进行对比。本节进行典型构件在不同工况下的全过程分析，典型构件的计算参数为：$L=1440$mm，$L_0=1600$mm，$D=160$mm，$t=3.92$mm，$\Delta t=1.18$mm，$f_{cu}=55.2$MPa，$f_y=388.8$MPa，$f_u=462.3$MPa，$N=100$kN。构件受力全过程的截面轴向正应力分布情况如图 11.102 所示（图中应力受拉为正，单位为 MPa）。

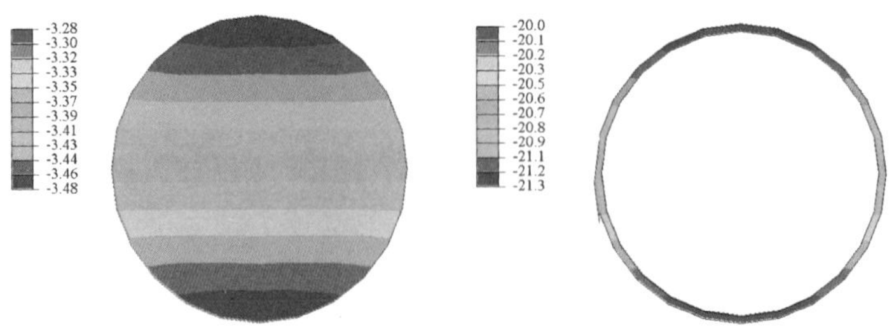

(a) 初始加载阶段完成

图 11.102　压弯构件受力全过程截面应力分布

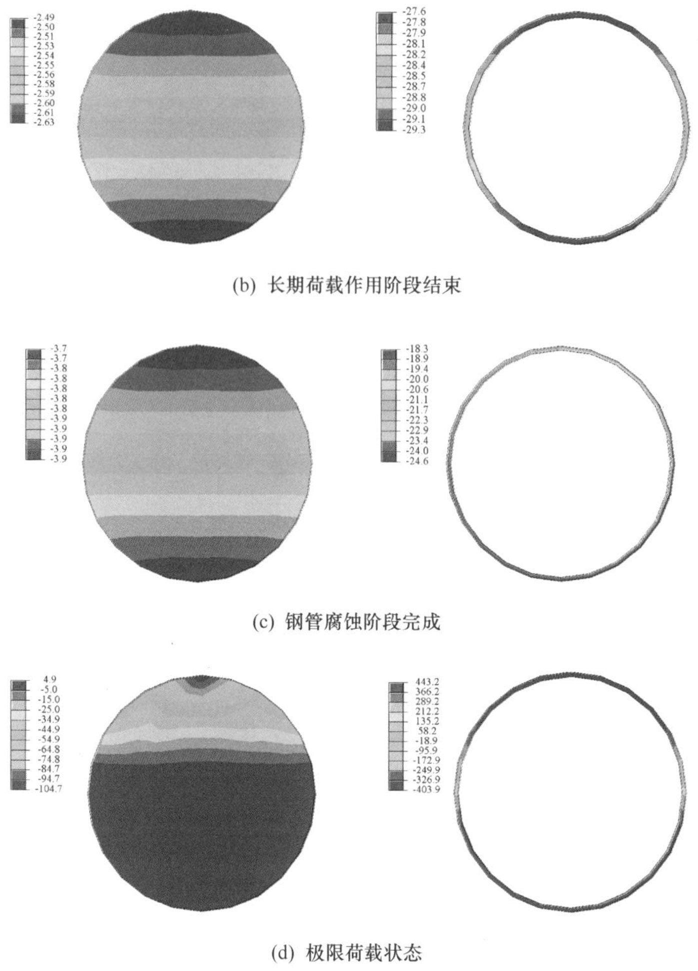

(b) 长期荷载作用阶段结束

(c) 钢管腐蚀阶段完成

(d) 极限荷载状态

图 11.102　压弯构件受力全过程截面应力分布（续）

短期加载下，由于初始偏心的影响，钢管和混凝土截面均存在一定的应力梯度。长期荷载影响下，混凝土发生收缩徐变，荷载逐渐向钢管部分转移，但荷载分布的变化尚不明显。腐蚀作用下，由于外钢管壁厚的减小，钢管部分承受的荷载逐渐转移回核心混凝土。破坏加载阶段，大部分混凝土已受拉退出工作，而钢管则同时存在受拉与受压两种状态。

11.5.3　参数分析和实用计算方法

（1）腐蚀速率的影响

明确外钢管的腐蚀速率对钢管混凝土受力性能的影响具有重要意义。为此，建立两种相对极端工况进行对比分析，即利用有限元模型，研究相比于核心混凝土收缩徐变的发展速度，钢管腐蚀速率较快和较慢两种情况下其受力性能的区别。具体方法为：工况 A 模拟钢管腐蚀速率极快的情况，即在极短的时间内将钢管腐蚀至一定厚度；此时混凝土的收缩徐变基本还未发展，即先发生钢管腐蚀，后发生混凝土收缩徐变；工况 B 模拟钢管腐蚀速率极慢的情况，在混凝土的收缩徐变基本达到终值后，钢管开始腐蚀，即先发生混凝土收缩徐变，后发生钢管腐蚀。本节的试验中，腐蚀时间为 120 天，与钢管混凝土内核心混凝土收缩徐变发展至稳定的时间基本一致，即腐蚀速率介于极快和极慢之间，处于中间水平。

对两种工况下钢管混凝土组合截面全过程的内力分布进行比较，如图 11.103 所示。两种工况下，钢管部分承受的弯矩有一定的差别，工况 A 相比于工况 B 承受较小的弯矩，而混凝土部分承受的弯矩无明显差别，综合可得工况 A 构件的承载能力降低约 5%。因此，腐蚀速率对钢管混凝土压弯构件的承载力有一定影响，且腐蚀速率越快，承载力越低。

（2）加载路径的影响

计算得到不同加载路径（图 3.22）钢管混凝土在长期荷载和腐蚀作用下的 N-M 曲线，如图 11.104 所示。不同加载路径下构件的 N-M 曲线基本相同。分析结果表明，不同加载路径对于长期荷载和腐蚀作用下钢管混凝土压弯构件承载力的影响较小（小于 5%）。

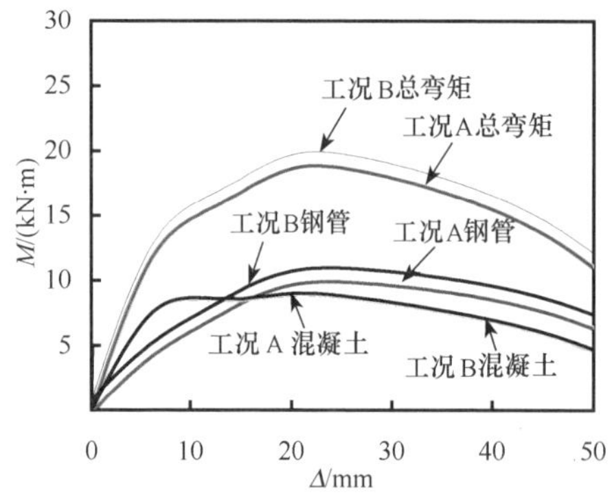

图 11.103　压弯构件腐蚀速率极限工况对比

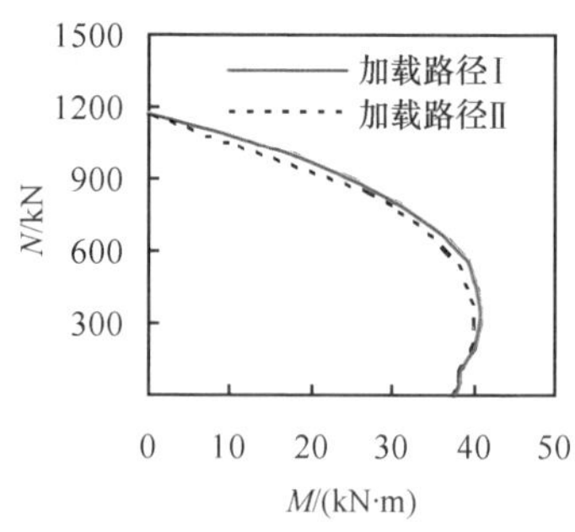

图 11.104　不同加载路径下压弯构件的 N-M 关系对比

（3）材料、几何参数影响

为分析长期荷载和腐蚀作用对压弯构件承载力的影响，对不同参数下构件的 N-M 曲线进行计算。表 11.12 为对含钢率、长细比和腐蚀厚度三个参数进行计算分析的算例列表。数值算例基本参数为：f_y=390MPa，f_{cu}=50MPa。其中 Δt 为钢管的腐蚀厚度，α 为含钢率，λ 为构件的长细比。

表 11.12　算例参数汇总

试件编号	L/mm	D/mm	t_s/mm	$\Delta t/t$	t'_s/mm	α	λ
1	1600	160	3.65	—	3.65	0.1	40
2	1600	160	3.65	0.15	3.10	0.1	40
3	1600	160	3.65	0.3	2.56	0.1	40
4	1600	160	6.75	—	6.75	0.20	40
5	1600	160	6.75	0.15	5.74	0.20	40
6	1600	160	6.75	0.3	4.73	0.20	40
7	800	160	3.65	—	3.65	0.1	20
8	800	160	3.65	0.15	3.10	0.1	20
9	3200	160	3.65	—	3.65	0.1	80
10	3200	160	3.65	0.15	3.10	0.1	80

图 11.105 为构件在不同腐蚀厚度下构件的 N-M 曲线对比。在腐蚀和长期荷载作用下，随腐蚀厚度的增加，构件承载力显著下降。

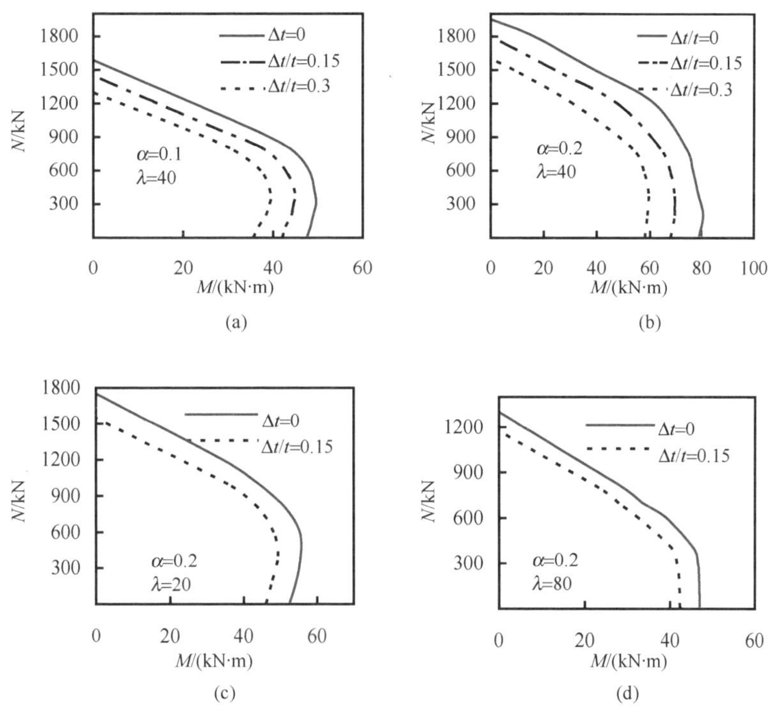

图 11.105　不同腐蚀厚度下压弯构件的 N-M 关系

在含钢率（α）较大时，相同比例的钢管厚度减小造成更高的承载力损失，这是由于钢管部分在截面承载力中所占比例越高，对构件整体影响越大；相同比例的钢管腐蚀，构件长细比越小，承载力下降越大，这是由于长细比增大时，压弯荷载下的二阶效应对构件承载力起到更大的影响，构件本身截面承载力的影响则相应减小。

为比较各参数对钢管混凝土压弯构件在腐蚀和长期荷载共同作用以及短期加载下受力性能的影响规律，分别对不同情况下构件的 N-M 曲线进行计算对比。对不同含钢率构件的 N-M 曲线形状进行比较，并对比腐蚀作用下各曲线的相对变化情况，如图 11.106 所示。长期荷载与腐蚀作用下，构件腐蚀后的含钢率对其受力性能的影响规律与无腐蚀的短期加载基本一致。

对不同长细比构件的 N-M 曲线进行对比，如图 11.107 所示。可见，在腐蚀和长期荷载共同作用下，长细比对构件受力的影响规律与无腐蚀的短期加载基本一致。

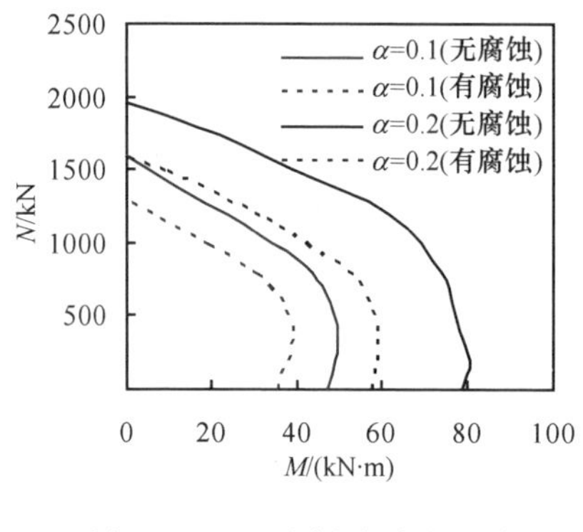

图 11.106　不同含钢率的压弯构件 N-M 关系

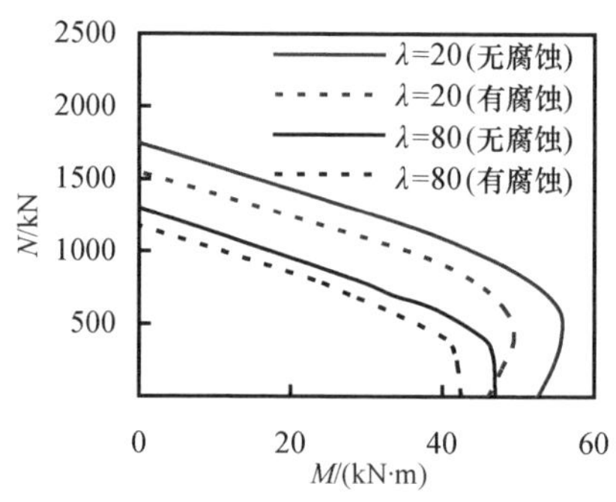

图 11.107　不同长细比下的压弯构件 N-M 关系

根据有限元计算结果，对不同的钢材强度、混凝土强度下钢管混凝土压弯构件的承载力变化进行对比，算例中试件的几何尺寸为：$D=400$mm，$L=1200$mm，$t=3.650$mm。

计算结果如图 11.108 所示。可见，钢材强度的提高，导致同等程度腐蚀作用下承载力降低的幅度更高；而混凝土强度对于钢管腐蚀导致的承载力降低幅度影响较小。

（4）构件承载力实用计算方法

本书式（3.99）给出了无腐蚀短期加载下单向压弯构件的承载力计算方法。前文的参数分析表明，长期加载和腐蚀共同作用下，腐蚀后含钢率和长细比对构件承载力的影响规律与短期加载下一致。在两种情况下，腐蚀将产生更加显著的影响：含钢率更高、长细比更小。

腐蚀除影响构件的钢管部分截面积，同时影响截面的约束效应系数，因此，腐蚀的影响可通过对截面积和约束效应系数的影响来反映。

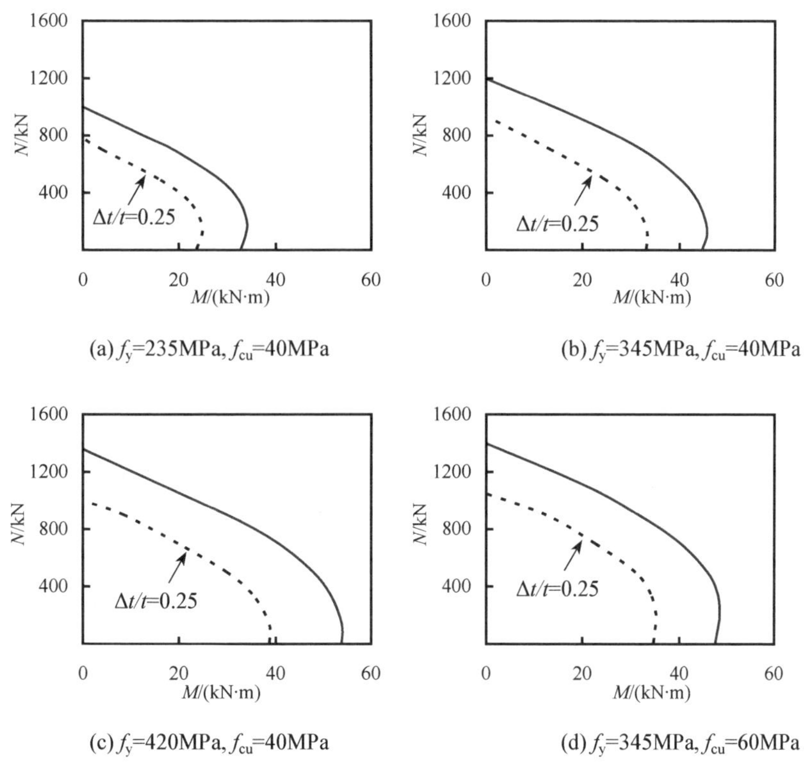

图 11.108　不同钢管和混凝土强度下的压弯构件 N-M 关系

采用式（3.99）所示的公式计算长期荷载和腐蚀共同作用后钢管混凝土压弯构件的承载力时，发生腐蚀后钢管的有效厚度（t_e）、含钢率（α_e）和约束效应系数（ξ_e）等参数分别如式（11.3）、式（11.6)和式（11.7）所示；钢管混凝土的轴压强度承载力（N_u）和抗弯承载力（M_u）可分别按式（11.10）和式（11.13）计算得到。

图 11.109 所示为采用简化公式计算值（P_{uc}）与试验值（P_{ue}）的比较，可见二者总体吻合，且计算结果总体上偏于安全。

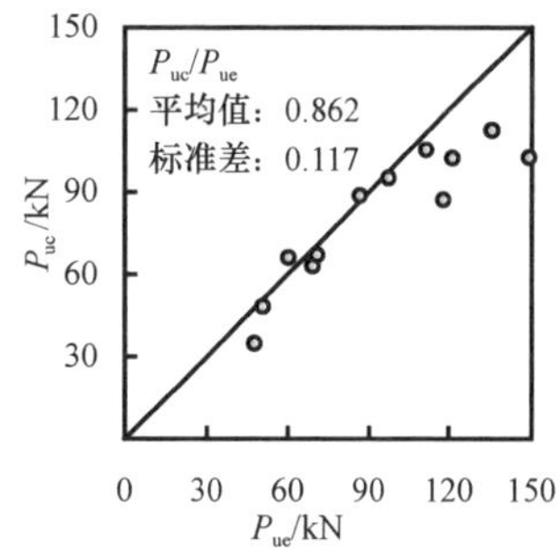

图 11.109　压弯构件承载力计算值（P_{uc}）和试验值（P_{ue}）比较

11.6　小　　结

本章通过试验和有限元分析，研究了钢管混凝土构件在轴压、轴拉、纯弯或压弯以及氯离子腐蚀共同作用下的工作机理和设计原理。研究结果表明，在长期荷载和氯离子腐蚀的共同作用下，钢管和其核心混凝土能够协调互补，共同工作，从而提高其耐久性能。与短期加载相比，长期荷载和腐蚀的共同作用下的钢管混凝土构件的承载能力有所降低，但其降低幅度要明显小于相应的空钢管构件。

本章通过对钢管混凝土构件的受力全过程分析，研究了荷载和腐蚀共同作用下构件的破坏形态、承载能力和变形特性，明晰了荷载和腐蚀的耦合作用对钢管混凝土构件工作机理和力学实质的影响以及钢管与核心混凝土之间的相互作用。在此基础上，本章分析了重要参数的影响规律，提出了考虑荷载和腐蚀共同作用的钢管混凝土构件承载力计算方法，可为氯离子腐蚀环境下钢管混凝土结构的耐久性设计提供参考依据。

第 12 章　撞击荷载作用下钢管混凝土构件的工作机理

12.1 引　　言

如前所述，钢管混凝土结构在服役全寿命周期中可能遭受撞击荷载，因此，深入研究钢管混凝土结构在撞击作用下的工作机理和设计方法非常必要。

本章以圆形截面钢管混凝土构件为例进行该类组合构件在撞击荷载作用下性能的研究。进行了钢管混凝土构件在低速横向撞击荷载作用下力学性能的试验研究，建立了钢管混凝土构件在横向撞击荷载作用下的有限元分析模型，在此基础上，深入研究了钢管混凝土构件在横向撞击荷载作用下的工作机理，明晰了其荷载-变形全过程关系的力学实质以及构件的典型破坏形态；分析了长期荷载、氯离子腐蚀作用和撞击荷载耦合对钢管混凝土柱承载力的影响。基于参数分析，给出钢管混凝土构件在横向撞击荷载作用下的设计方法。

12.2 试 验 研 究

本节通过试验，研究撞击能量、落锤质量和边界条件等对钢管混凝土在横向撞击荷载作用下力学性能的影响，并对钢管混凝土和空钢管试件进行对比分析。

12.2.1　试验设计

共设计了 12 个试件，包括 9 根钢管混凝土和 3 根空钢管（侯川川，2012；Han 等，2014b）。试件均采用直径 D 为 180mm，壁厚为 3.65mm 的圆截面钢管。试件信息如表 12.1 所示，其中 L 为试件长度，H 为落锤高度，V_0 为撞击试件瞬间的落锤速度，m_0 为落锤质量，E_0 为撞击能量，Δ_u 为试件残余侧向变形。

表 12.1　试件信息表

序号	试件编号	边界条件	L/mm	H/m	V_0/(m/s)	m_0/kg	E_0/kJ	Δ_u/mm	
								实测	计算
1	CC1	两端固定	1940	5.5	9.21	465	19.72	64	63
2	CC2	两端固定	1940	2.5	6.40	920	18.84	70	65
3	CC3	两端固定	1940	8.0	9.67	465	21.73	91	70
4	HCC①	两端固定	1940	5.5	7.73	465	13.89	32	41

续表

序号	试件编号	边界条件	L/mm	H/m	V_0/(m/s)	m_0/kg	E_0/kJ	Δ_u/mm	
								实测	计算
5	CS1	固简支	2400	5.0	9.00	465	18.83	90	95
6	CS2	固简支	2400	2.5	6.48	920	19.32	103	105
7	CS3	固简支	2400	4.0	7.97	465	14.77	78	76
8	HCS①	固简支	2400	4.0	7.56	465	13.29	164	106
9	SS1	两端简支	2800	4.0	8.05	465	15.07	140	139
10	SS2	两端简支	2800	2.0	5.69	920	14.89	158	155
11	SS3	两端简支	2800	5.0	8.93	465	18.54	167	174
12	HSS①	两端简支	2800	1.2	4.25	465	4.20	79	83

① 为空钢管试件。

图 12.1 所示为试件钢材实测的应力-应变关系曲线。钢材的屈服强度、抗拉强度和弹性模量分别为 247MPa、363MPa 和 1.94×10^5 N/mm^2。

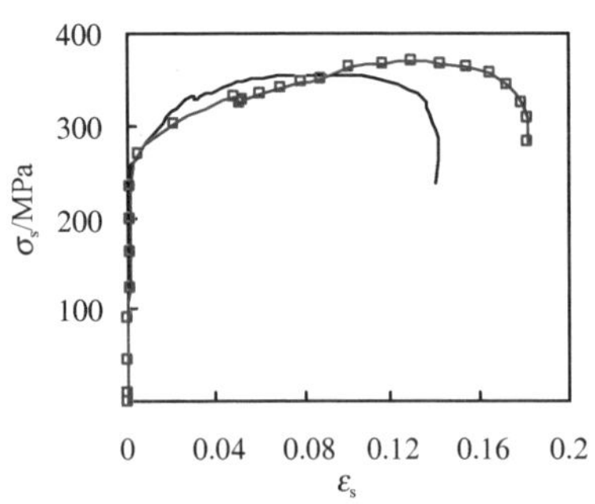

图 12.1　钢材实测的 σ_s-ε_s 关系

核心混凝土配合比为：水 170kg/m^3；水泥 380kg/m^3；粉煤灰 170kg/m^3；中砂 835kg/m^3；石灰岩碎石（其最大粒径为 20mm）835kg/m^3。采用了高效减水剂，其掺量为胶凝材料质量的 1.2%。混凝土立方体试块 28 天的强度 $f_{cu\text{-}28}$=68.3MPa；试验当天混凝土立方体试块的强度 f_{cu}=75.1MPa，弹性模量 $E_c=3.68\times10^4$ N/mm^2。

试件及支座构造详如图 12.2 所示。试件钢结构部分在加工厂直接加工完成，为方便灌注混凝土，在一端端板开孔。

试验装置如图 12.3 所示，主要由试验底座、试件支座、落锤导轨和落锤构成。锤头底部撞击面尺寸为 200mm×50mm。安装试件后其净跨度（L_0）分别为 1940mm（两端固定），2161mm（固简支）和 2382mm（两端简支）。

试验过程中，撞击力采用安装在锤头上的压电传感器测量；试件跨中侧向位移（Δ）采用量程为 400mm 的 LTM-400s 拉杆式位移传感器测量。试验时，提升锤头至设计高度，然后释放落锤，对试件跨中部位进行撞击。对于边界条件为固简支的试件，由于支座条件不对称和试验条件的限制，撞击位置在距离跨中 $0.11L_0$ 的部位。

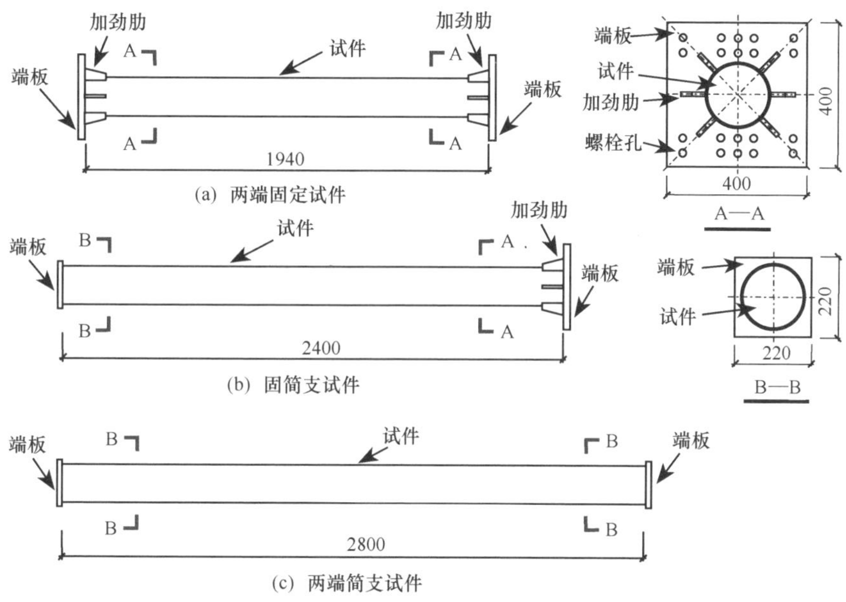

图 12.2　试件构造示意图（单位：mm）

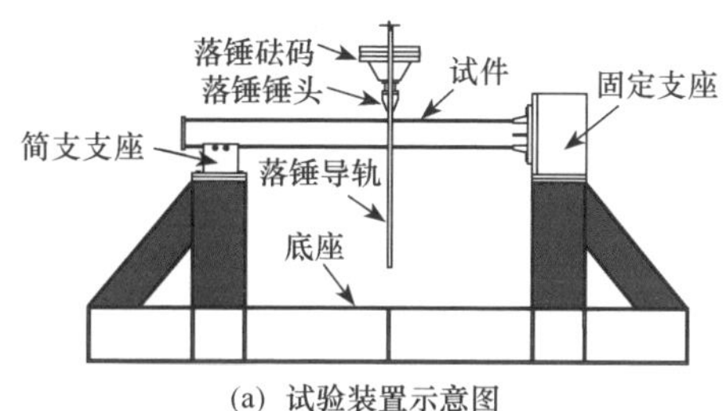

(a) 试验装置示意图

(b) 试验进行时的情形

图 12.3　落锤撞击试验装置

12.2.2 试验结果及分析

（1）破坏形态

图 12.4 给出不同边界条件试件的破坏形态。可以观察到，所有钢管混凝土试件均发生了明显的整体侧向弯曲变形。两端简支试件在跨中部位出现塑性铰；固简支试件在跨中撞击部位和固定支座附近共出现两个塑性铰；两端固定试件在跨中撞击部位和两个固定支座附近共出现三个塑性铰，即钢管混凝土构件在侧向撞击荷载作用下将在撞击区域和固定支座附近区域出现塑性铰，在跨中撞击部位顶部和固定支座底部的受压区外钢管出现局部屈曲。而空钢管对比试件的整体侧向弯曲变形较小，在撞击区域附近局部变形很大，甚至整个截面被撞平。对于钢管混凝土试件，由于核心混凝土对外钢管的支撑，撞击过程中试件上形成塑性铰，使其呈现出良好的延性，从而更有效地消耗撞击能量。

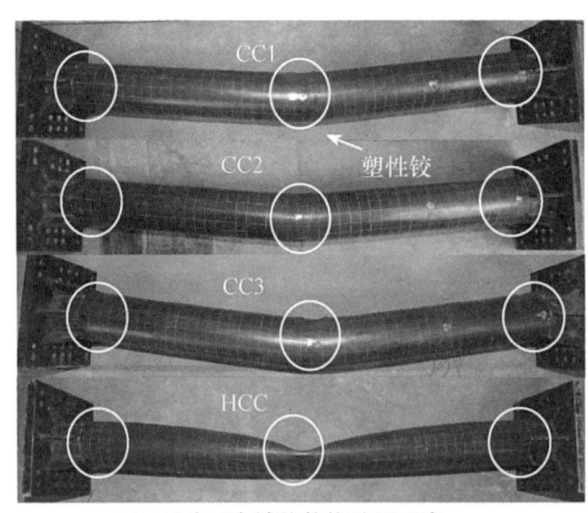

(a) 两端固定试件整体破坏形态

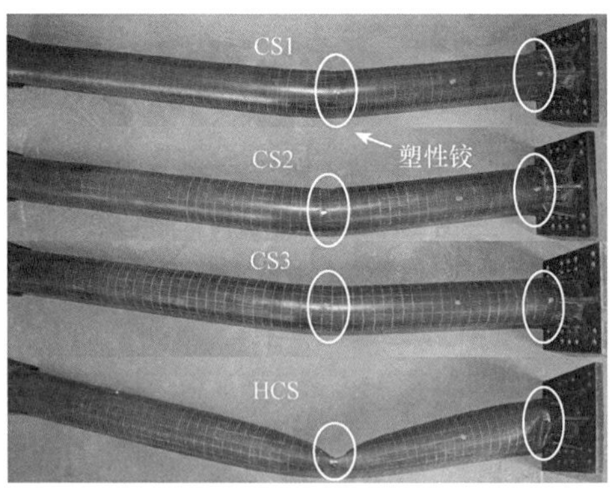

(b) 固简支试件整体破坏形态

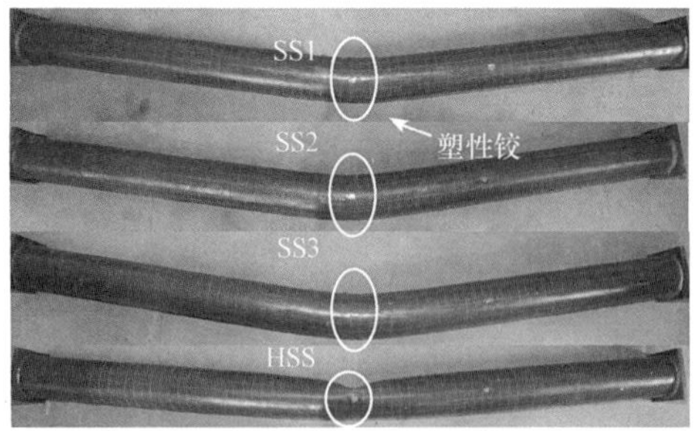

(c) 两端简支试件整体破坏形态

图 12.4　试件的破坏形态

由表 12.1 可见，当边界条件和落锤重量相同时，钢管混凝土试件的跨中挠度随撞击高度的增加而增大；当边界条件和撞击能量相同时，钢管混凝土试件的跨中挠度随落锤重量的增加基本保持不变。而当撞击能量相同，但边界条件不同时，两端简支钢管混凝土试件的侧向挠度最大，两端固定试件的侧向挠度最小，一端固定一端简支试件的挠度介于两者之间（如试件 CC1，CS1 和 SS3)。试验结束后，移除外钢管，核心混凝土的破坏形态如图 12.5 所示，可见在撞击部位的基面顶部和固定支座底部截面附近的混凝土受压破碎，而在撞击部位截面底部和固定支座顶部截面的混凝土受拉开裂，其他区域核心混凝土并未发生明显的破坏损伤。

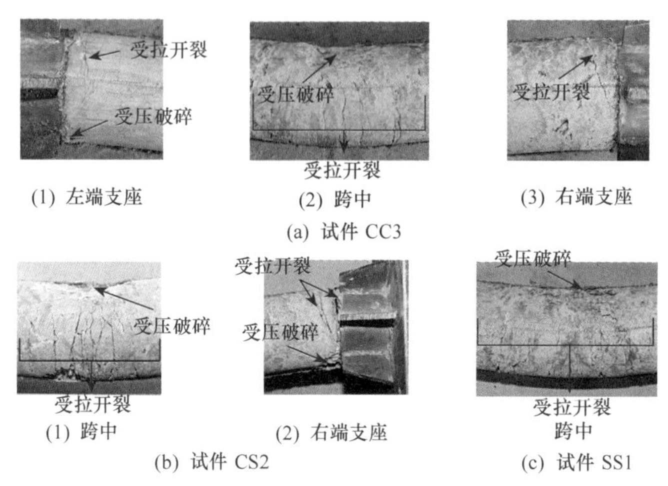

图 12.5　核心混凝土的破坏形态

钢管混凝土试件的破坏形态明确地展现出在经受侧向撞击荷载作用下钢管和核心混凝土之间的协同互补：一方面，由于核心混凝土的支撑作用可延缓或避免钢管过早发生局部屈曲，使得钢管的力学性能得到充分发挥，构件具有明显的塑性铰区域，有效耗散了撞击能量；另一方面，由于外钢管的约束作用，核心混凝土不至过早发生严重破坏，也可提高试件的变形能力和耗能能力。

（2）撞击力时程曲线

实测的落锤和试件之间的撞击力时程如图 12.6 所示，为了便于观察时程曲线，图中曲线起始时刻均置于 0.01s 处。对于两端固定的钢管混凝土试件，撞击力时程曲线可以分为三个阶段。首先，撞击力在很短的时间内增长到一个较大值，然后又迅速减小到几乎为零，此阶段定义为“峰值”阶段。随后，试件侧向变形开始增加，同时撞击力在相对长的一段时间内近似固定，此阶段定义为“平台”阶段；随后，曲线进入下降阶段，撞击力逐渐减小为零。固简支钢管混凝土试件的撞击力时程曲线体现了相似的趋势。然而，两端简支试件的撞击力时程曲线，在达到峰值点后很快降到零点，如图 12.6（i）～（k）所示。这是因为，支座的边界约束条件较弱，使得两端简支的试件与两端固定和固简支试件相比，在受到撞击后得到了更大的速度。试验中可以观察到，这一速度甚至比落锤速度还大，从而引起了试件与落锤发生了短暂的分离。

空钢管试件的撞击力时程曲线呈现出不同的发展趋势，如图 12.6（d）、（h）和（l）所示[其中，图 12.6（h）中试件 HCS 试验中由于信号记录持时设定错误导致曲线不完整]。可见曲线没有明显的峰值点，但同样具有平台阶段和卸载阶段，只是其撞击力时程曲线的平台值与对应的钢管混凝土试件相比大幅减小。

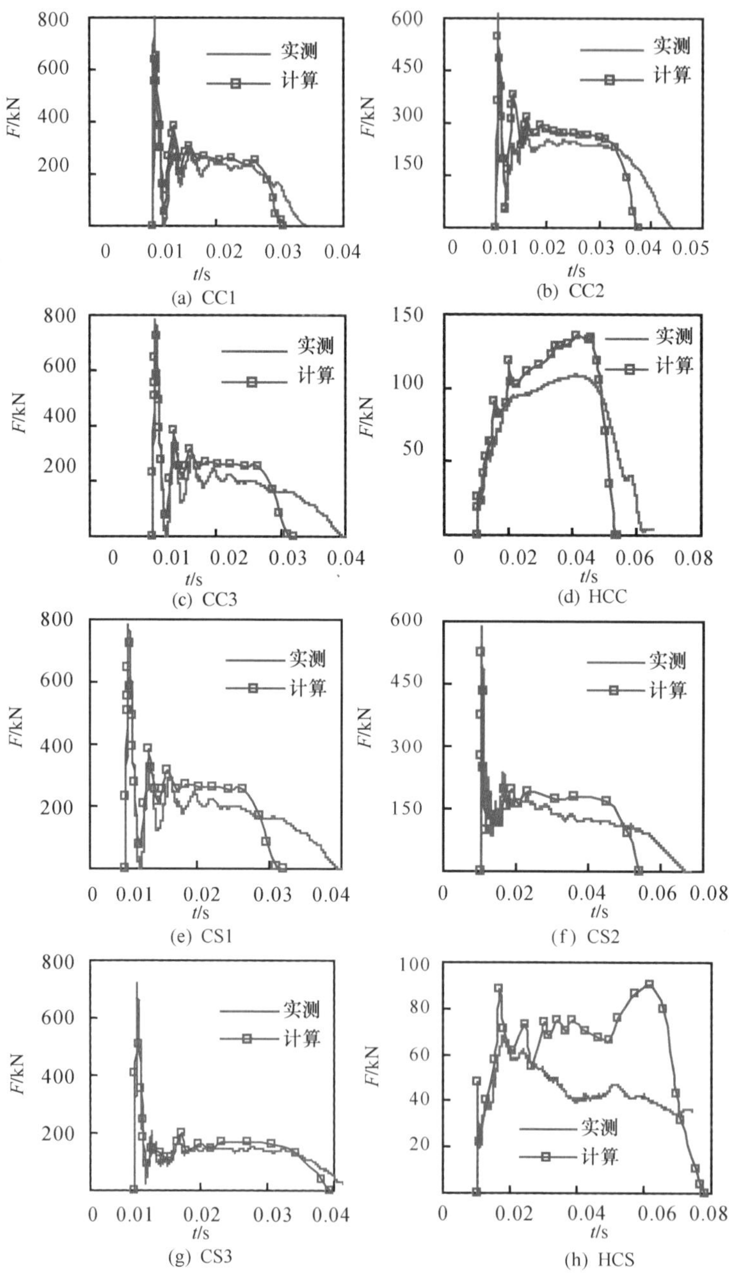

图 12.6　撞击力（F）时程曲线

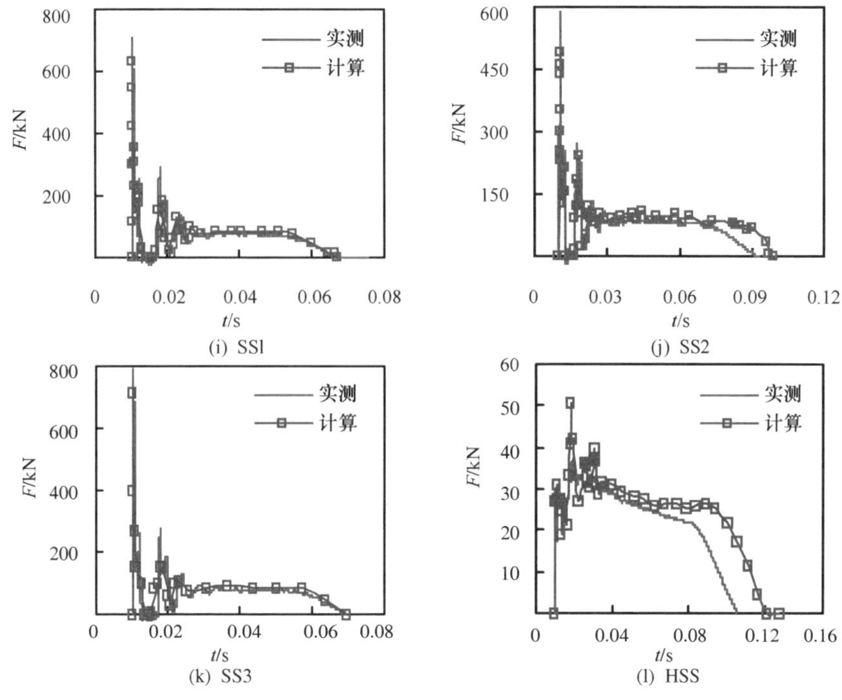

图 12.6　撞击力（F）时程曲线（续）

不同参数对试件撞击力的影响如图 12.7 所示。由图 12.7（a）可见，相同边界条件和落锤重量的试件，撞击力持时随着撞击高度的增大而增长，而平台值几乎保持不变；对相同边界条件和撞击高度的试件［图 12.7（b)］，随着落锤重量的增加，撞击力的持时显著增长，而平台值几乎没有变化。对相同撞击高度和落锤重量的试件［图 12.7（c)］，两端固定试件的平台值最高、持时最短，两端简支试件的平台值最低、持时最长。固简支试件对应的结果，与两端固定和两端简支试件结果的平均值相近。

（3）跨中挠度（Δ）

实测的跨中挠度时程曲线如图 12.8 所示，可见实测曲线随时间呈现相似的变化趋势，即挠度在撞击后快速增大；随着动能的耗散，曲线的斜率减小；当试件的速度减小到零时，曲线达到最大值；随后试件在经历了短暂的弹性恢复变形后，在最终的残余挠度值附近自由振动。

综上所述，本节进行了圆钢管混凝土构件的侧向撞击试验，试件变化的主要参数为边界条件、撞击高度和落锤重量；同时还进行了空钢管试件的对比试验。试验结果表明，钢管混凝土试件在侧向撞击荷载作用下的残余变形主要表现为整体的侧向弯曲变形。由于钢管和混凝土的相互组合作用，使得钢管混凝土构件中外钢管的局部变形明显小于空钢管，且核心混凝土保持了良好的整体性，未出现严重的开裂和损伤，两种材料的力学性能因而得到了充分的发挥，并在撞击部位和固定支座处形成塑性铰，显示出良好的塑性变形能力。撞击能量和边界条件对钢管混凝土构件的撞击力时程曲线和跨中残余挠度的影响较为显著；落锤质量对构件撞击力时程曲线的影响较为明显，但对其跨中残余挠度的影响较小。

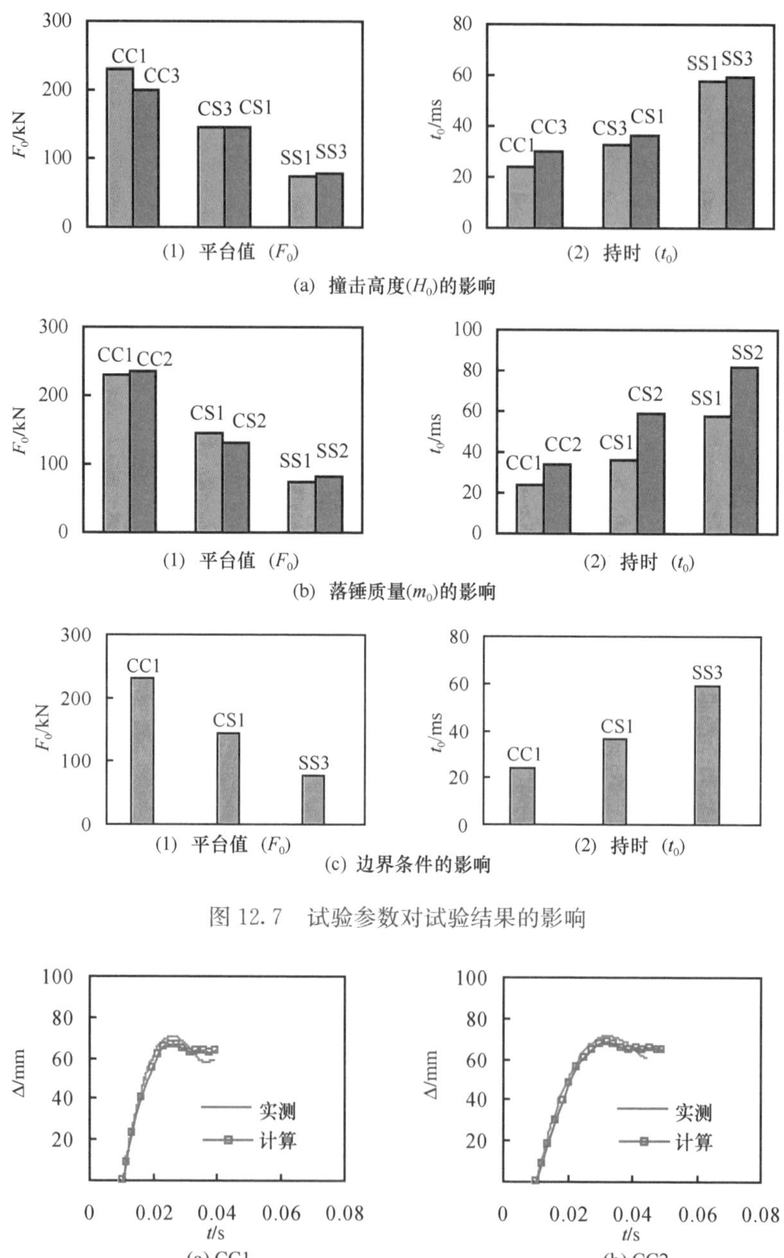

图 12.7　试验参数对试验结果的影响

图 12.8　实测跨中挠度（Δ）-时间（t）关系

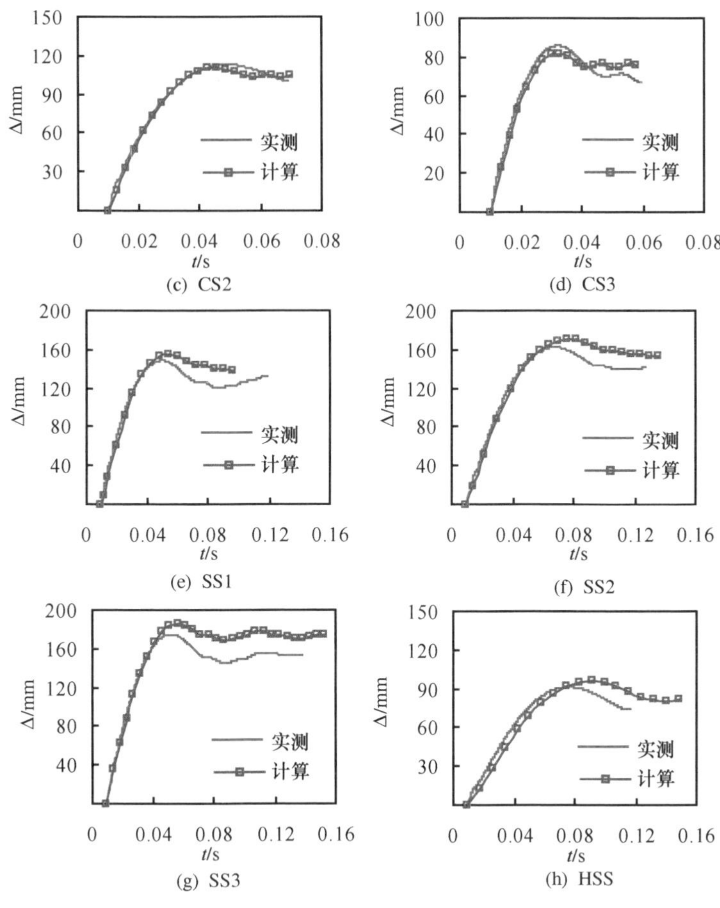

图 12.8　实测跨中挠度（Δ）-时间（t）关系（续）

12.3　有限元分析模型

12.3.1　有限元分析模型的建立

（1）材料模型

钢材采用包含弹性段、弹塑性段、塑性段、强化段和二次塑流等五个阶段的弹塑性本构模型。快速加载时钢材屈服强度随应变率提高而提高，本章采用 Cowper-Symonds 模型计算钢材在不同应变率下的屈服强度，如式（12.1）所示，其中 f_y^d 为钢材在应变率为 $\dot{\varepsilon}$ 时的屈服强度，f_y 为钢材屈服强度。

$$f_y^d / f_y = 1 + (\dot{\varepsilon}/D)^{1/p} \tag{12.1}$$

试验中发现钢材应变率效应随应变强化而减弱，钢材在屈服平台附近的应变率效应要比强化段明显（Abramowicz 和 Jones，1984，1986）。本书 Cowper-Symonds 模型中选取钢材在较大应变下的参数取值，并假定应变率效应不随应变强化效应而改变，因此对钢材应变率效应的计算偏于保守，D 取为 $6844s^{-1}$，p 取为 3.91（Abramowicz 和 Jones，1984，1986；Reid 和 Reddy，1986；Reid 等，1986）。

混凝土采用塑性损伤模型，其中材料单轴受压应力-应变关系如式（3.59）所示，该模型考虑了钢管约束效应对混凝土峰值压应变和曲线下降段的影响。混凝土撞击加载试验中发现，混凝土抗压强度会随应变率的提高而提高，CEB 规范（1988）中通过对混凝土撞击加载试验数据的拟合得到了混凝土在撞击荷载下的抗压强度（Impact compressive stress）与应变率的关系，如式（12.2）所示，其中 f_{cd} 为混凝土在撞击荷载下的抗压强度，f_c 为混凝土抗压强度。

$$f_{cd}/f_c = (\dot{\varepsilon}_d/\dot{\varepsilon}_s)^{1.026\alpha} \quad (\dot{\varepsilon}_d \leqslant 30s^{-1}) \tag{12.2a}$$

$$f_{cd}/f_c = \gamma(\dot{\varepsilon}_d)^{1/3} \quad (\dot{\varepsilon}_d > 30s^{-1}) \tag{12.2b}$$

众所周知，快速加载会导致混凝土试件中产生横向惯性约束作用，即快速加载时试件因横向来不及膨胀而对自身产生约束作用，因此单轴快速加载下的混凝土试件实际处于三轴受压状态，这样测得的强度并非混凝土真实的抗压强度（Li 和 Meng，2003）。通常认为在应变率低于 10^2s^{-1} 左右时这种现象不明显，材料撞击试验中测得的为真实的混凝土抗压强度，而在应变率较高时横向惯性约束作用是混凝土强度提高的主要原因（Zhou 和 Hao，2008）。因此采用式（12.2b）计算的混凝土在撞击荷载下的抗压强度高于真实值，采用式（12.2a）计算得到的结果则接近实际。落锤试验中钢管混凝土构件的应变率约为 $10^1 \sim 10^2s^{-1}$，因此在本节有限元模型中，采用式（12.2a）计算混凝土在撞击荷载下的抗压强度。

混凝土单轴受拉应力-应变关系采用式（3.41）所示的形式。CEB 规范（1988）中给出了混凝土在撞击荷载下的抗拉强度（Impact Tensile Stress）的计算公式，Malvar 和 Ross（1998）通过对更多试验数据的拟合对其进行了修正，如式（12.3）所示，其中 f_{td} 为混凝土在撞击荷载下的抗拉强度，f_t 为混凝土抗拉强度。

$$f_{td}/f_t = \begin{cases} (\dot{\varepsilon}_d/\dot{\varepsilon}_s)^{\delta} & (\dot{\varepsilon}_d \leqslant 1s^{-1}) \\ \beta(\dot{\varepsilon}_d/\dot{\varepsilon}_s)^{1/3} & (\dot{\varepsilon}_d > 1s^{-1}) \end{cases} \tag{12.3}$$

（2）网格划分、边界条件和界面处理

本节基于 ABAQUS 软件平台（Hibbitt 等，2005，2010）建立横向撞击下钢管混凝土有限元计算模型。由于撞击为瞬时动力学过程，采用软件中的显示动力学模块 ABAQUS/Explicit 进行计算。在考虑轴力作用时，采用隐式模块 ABAQUS/Standard 进行计算。隐式模块和显式模块的结果可采用“＊Import”进行传递。

钢管采用四节点减缩积分格式的壳单元模拟，混凝土采用八节点减缩积分格式的三维实体单元模拟，落锤采用四节点三维刚体壳单元模拟。撞击荷载采用将落锤放置在构件附近、为落锤定义初速度的方法施加。通过为整个模型施加重力加速度考虑了重力的影响。构件边界条件及网格划分如图 12.9 所示。

钢管-混凝土和钢管-落锤界面采用“通用接触”模型定义。钢管与混凝土界面接触属性为：法向为硬接触，即垂直于接触面的压力可以在界面上完全传递；切向采用库仑摩擦模拟界面切向力的传递。钢管和混凝土界面以及钢管和落锤界面切向库仑摩擦系数分别设为 0.6 和 0。

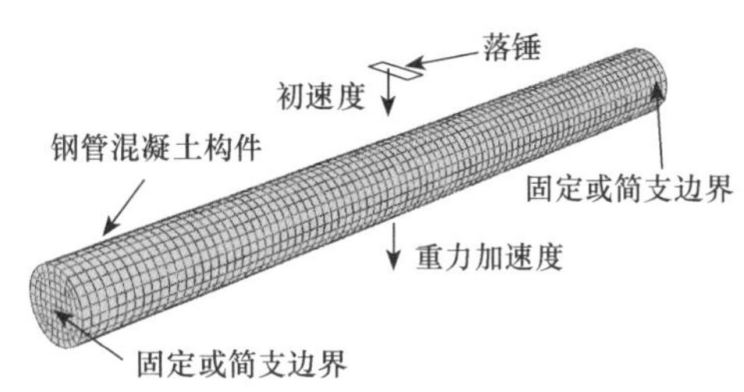

图 12.9　边界条件和网络划分示意图

12.3.2　模型验证

本节采用多组试验数据对有限元模型的准确性进行验证。验证内容包括试件残余变形形态、撞击力（F）时程曲线、跨中挠度（Δ）时程曲线和跨中残余挠度（Δ_u）等。首先采用 12.2 节进行的钢管混凝土试件侧向撞击试验数据对模型进行验证，并使用研究者进行的其他尺寸的试验数据进行验证。

（1）试件破坏形态

试件破坏形态的对比如图 12.10～图 12.12 所示，可见计算得到的试件残余变形形态与试验结果符合良好。其中图 12.10（b）、图 12.11（b）和图 12.12（b）所示为模拟得到的核心混凝土最大主塑性应变，垂直于最大主塑性应变的方向即为受拉裂缝的发展方向。可以看出，模拟结果中的受拉裂缝分布与试验结果相符。

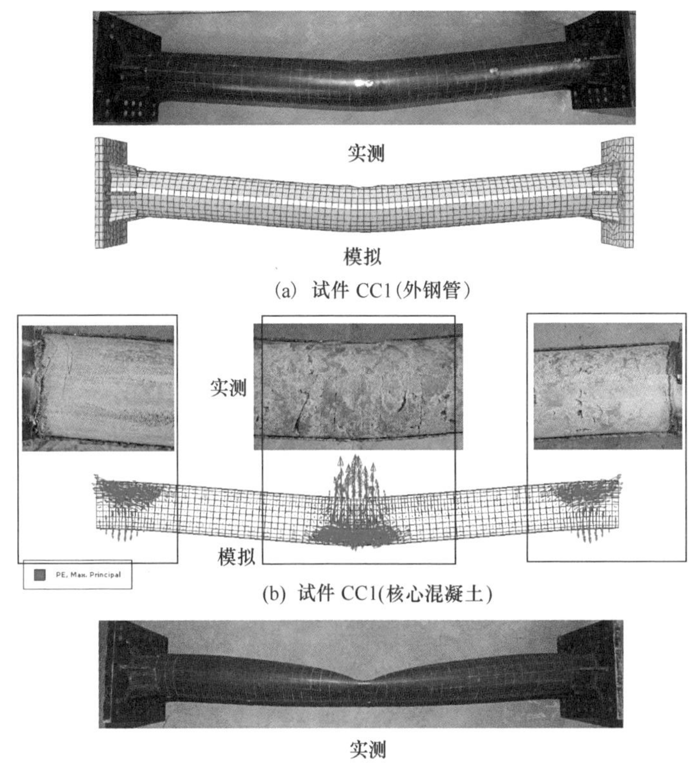

图 12.10　两端固定试件破坏形态对比

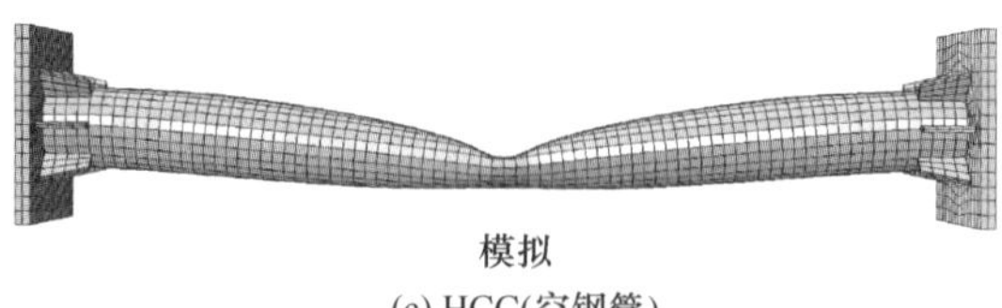

(c) HCC(空钢管)

图 12.10　两端固定试件破坏形态对比（续）

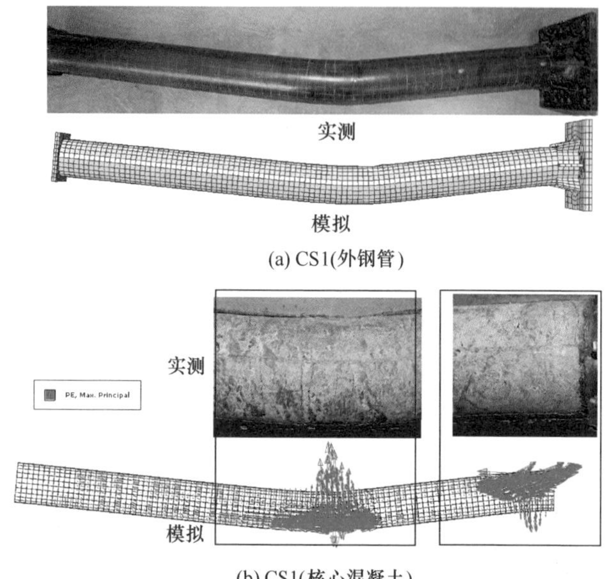

(b) CS1(核心混凝土)

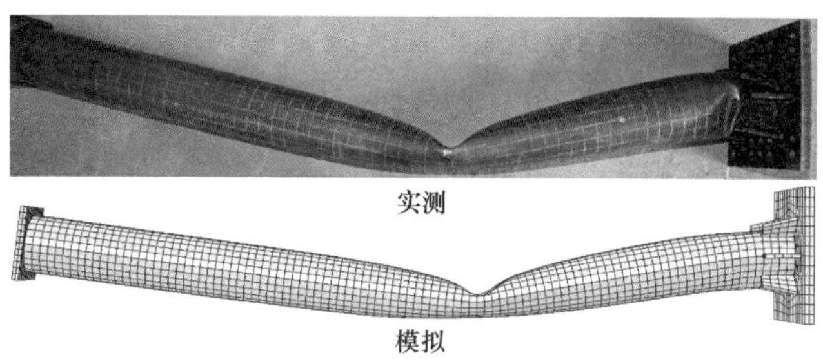

(c) HCS(空钢管)

图 12.11　固简支试件破坏形态对比

(2) 撞击力（F）时程曲线

图 12.6 所示为试件撞击力（F）时程曲线计算值和实测值的对比。可以看出，两者整体趋势和数值均具有较好的一致性。其中，少量试件因端部焊接影响产生断裂，导致在平台段实测撞击力数值小于计算值。相比于钢管混凝土试件，空钢管试件的撞击力计算值与实测值误差偏大，这主要是由于空钢管试件对初始缺陷更为敏感造成的。

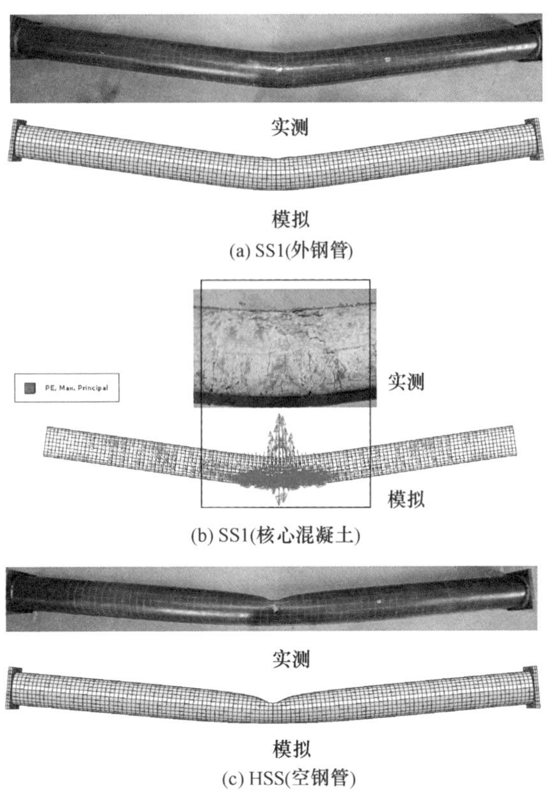

(a) SS1(外钢管)
(b) SS1(核心混凝土)
(c) HSS(空钢管)

图 12.12　两端简支试件破坏形态对比

图 12.13 所示为钢管混凝土试件撞击力峰值（F_p）、平台值（F_0）和撞击持时（t_0）的实测值与计算值的对比。由图中可以看出，所有结果的实测值与计算值均符合较好。其中 F_{pc}/F_{pt}、F_{0c}/F_{0t} 和 t_{0c}/t_{0t} 的平均值分别为 0.83、1.11 和 0.97；均方差分别为 0.078、0.033 和 0.179。

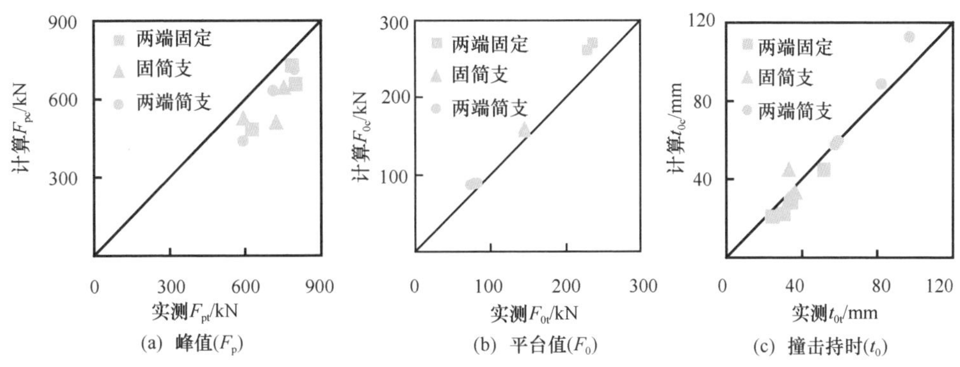

(a) 峰值(F_p)　(b) 平台值(F_0)　(c) 撞击持时(t_0)

图 12.13　撞击力峰值（F_p）、平台值（F_0）和撞击持时（t_0）对比

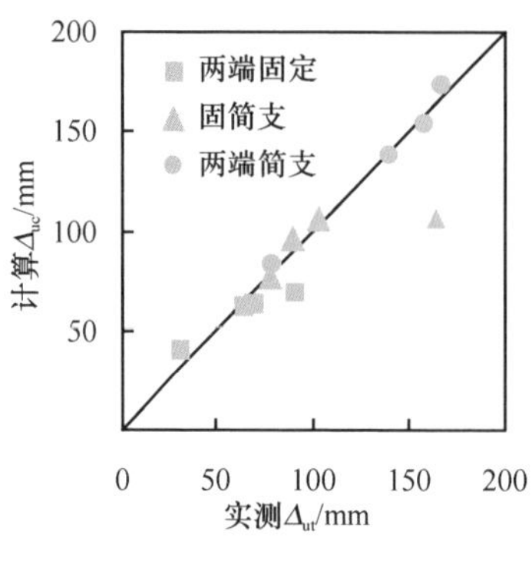

图 12.14 跨中残余挠度（Δ_u）对比

（3）跨中挠度（Δ）时程曲线和跨中残余挠度（Δ_u）

试件跨中挠度时程曲线的对比如图 12.8 所示。可以看出，计算得到的跨中挠度时程曲线趋势和数值与实测曲线符合程度良好。图 12.14 所示为跨中残余挠度的对比，计算得到的跨中残余挠度值与实测值符合程度也非常好，其中试件 CC3 因发生端部钢管的开裂，实测跨中挠度要比计算值偏大一些，而试件 HCS 则因端部钢管发生了严重的局部屈曲而导致实测跨中残余挠度偏大。

进一步采用王蕊（2008）、刘亚玲（2005）和贾电波（2005）进行的试验结果对本节建立的有限元模型进行验证，试件均为截面直径 D=114mm 的圆钢管混凝土试件。试件详细信息如表 12.2 所示，表中各符号意义与表 12.1 相同。

表 12.2 圆钢管混凝土试件汇总表

序号	试件编号	边界条件	$D\times t$/(mm×mm)	L/mm	E_0/kJ	数据来源
1	C1	固简支	114×3.5	1200	16.7	刘亚玲（2005）
2	C2	固简支	114×3.5	1200	15.9	
3	C3	固简支	114×3.5	1200	12.9	
4	F1	固简支	114×3.8	1200	5.9	
5	F2	固简支	114×3.8	1200	15.9	
6	F4	固简支	114×3.8	1200	13.1	
7	B2	两端简支	114×3.5	1200	13.1	贾电波（2005）
8	B3	两端简支	114×3.5	1200	5.9	
9	B4	两端简支	114×3.5	1200	1.9	
10	B5	两端简支	114×3.8	1200	8.9	
11	E1	两端简支	114×3.8	1200	12.5	
12	E3	两端简支	114×3.8	1200	1.9	
13	E7	两端简支	114×3.8	1200	8.5	
14	DBF13	两端固定	114×1.7	1200	2.7	王蕊（2008）
15	DBF14	两端固定	114×1.7	1200	1.8	
16	DBF17	两端固定	114×1.7	1200	2.3	
17	DZF22	两端固定	114×3.5	1200	6.8	
18	DZF25	两端固定	114×3.5	1200	13.5	
19	DZF26	两端固定	114×3.5	1200	15.8	
20	DZF32	两端固定	114×3.5	1200	2.3	

（1）撞击力（F）时程曲线（王蕊、刘亚玲等）

典型试件的撞击力实测曲线和计算曲线的对比如图 12.15 所示，由图中可以看出，计算得到的曲线形状与实测曲线的趋势和数值大小均符合良好。其中两端固定试件 DZF26 计算得到的撞击力平台值相比其他试件偏高较多，这与模拟中采用的边界条件相比试验较强有关。

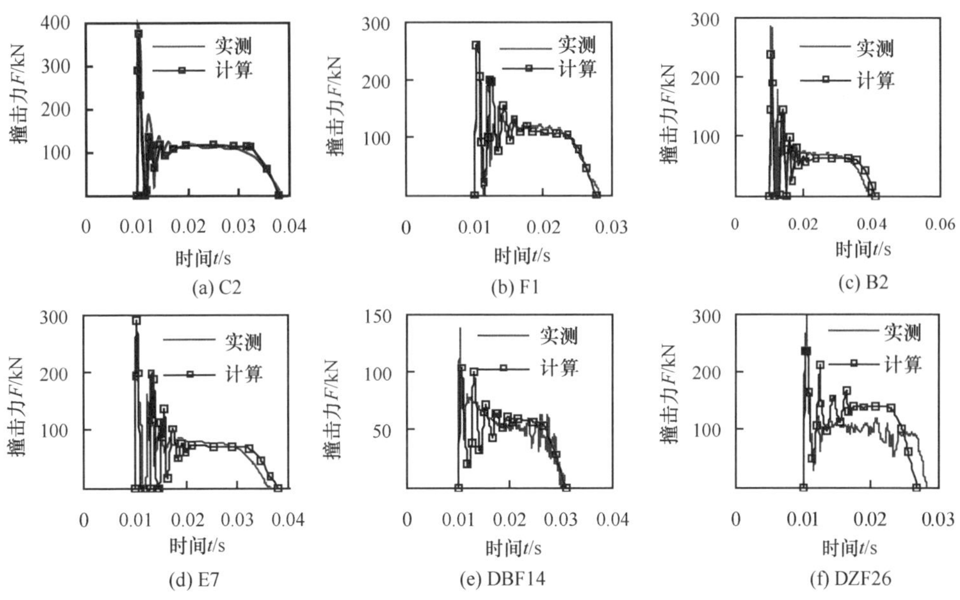

图 12.15　撞击力（F）时程曲线的对比

图 12.16 所示为试件撞击力的峰值（F_p）、平台值（F_0）和撞击持时（t_0）的对比。由图中可以看出，计算值与实测值整体符合良好。其中 F_{pc}/F_{pt}、F_{0c}/F_{0t} 和 t_{0c}/t_{0t} 的平均值分别为 0.97、1.05 和 0.93，均方差分别为 0.057、0.021 和 0.176，表明计算结果具有较高的准确度。

（2）跨中残余挠度（Δ_o）（王蕊、刘亚玲等）

图 12.17 所示为跨中残余挠度的对比，可见，计算值与实测值整体符合良好。

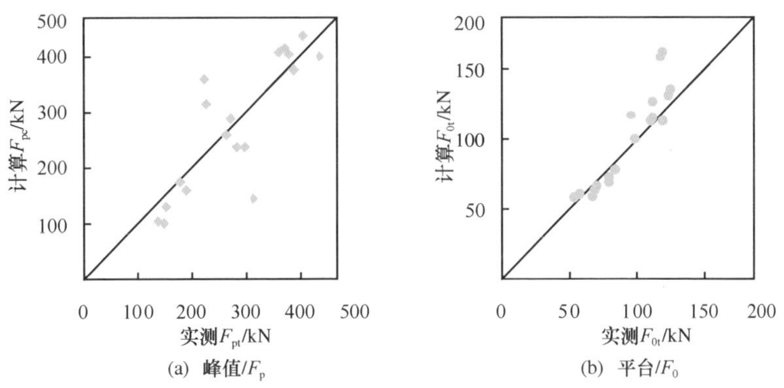

图 12.16　撞击力峰值（F_p）、平台值（F_0）和撞击持时（t_0）对比

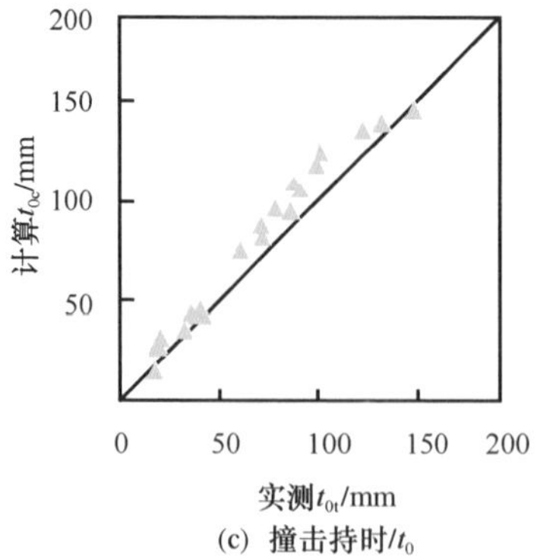

(c) 撞击持时/t_0

图 12.16　撞击力峰值（F_p）、平台值（F_0）和撞击持时（t_0）对比（续）

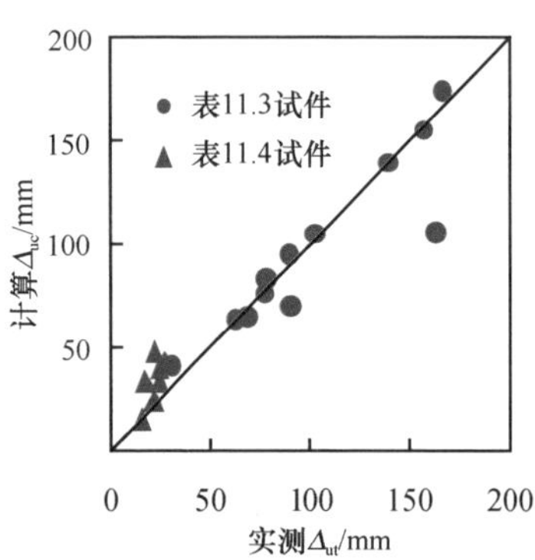

图 12.17　跨中残余挠度（Δ_0）对比

采用王蕊（2008）进行的有轴力钢管混凝土试件和 Zeinoddini 等（2002）进行的有轴力空钢管试件的落锤侧向撞击试验数据对考虑轴力作用的有限元模型进行验证。试件的基本信息如表 12.3 所示，其中 N_0 为试件施加的轴力，其他各符号的意义与表 12.1 相同。两批试验均采用弹簧施加轴力。

表 12.3　预先施加轴心压力的试件

序号	试件编号	N_0/kN	$D\times t$/(mm×mm)	L/mm	E_0/kJ	数据来源
1	DBF19	150	114×1.7	1200	2.71	王蕊（2008）
2	DBF20	150	114×1.7	1200	2.26	
3	DBF21	300	114×1.7	1200	2.26	
4	DZF33	400	114×3.5	1200	15.78	
5	DZF34	200	114×3.5	1200	2.26	
6	Pd2	88	100×2	1000	0.62	Zeinoddini 等（2002）
7	Pd3	162	100×2	1000	0.62	
8	Pd4	195	100×2	1000	0.62	

（1）撞击力（F）时程曲线（王蕊、Zeinoddini 等）

计算和实测撞击力（F）时程曲线对比如图 12.18 所示。可以看出，两者趋势基本相同，撞击力数值也符合较好。由图中可以看出，对于钢管混凝土试件，有轴力构件的撞击力时程曲线在进入平台段以后持续下降，模拟结果中准确地反映了这一趋势。而空钢管撞击试验中，随着轴力的增加，撞击力平台数值逐渐降低，计算结果显示出了同样的趋势。

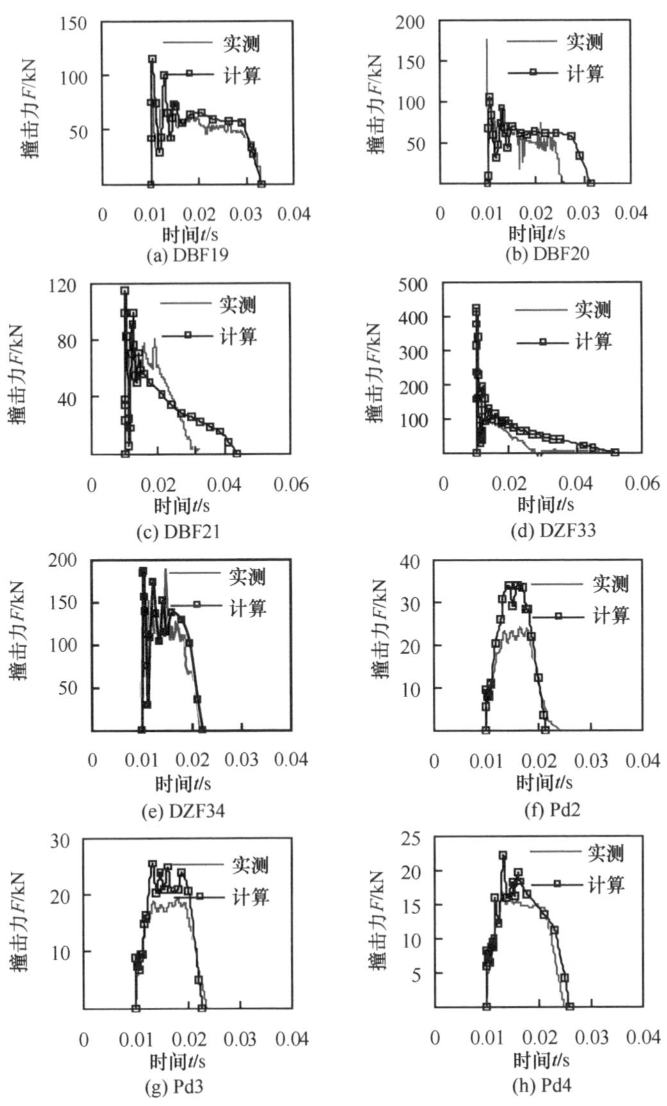

图 12.18　撞击力（F）时程曲线的对比

（2）跨中残余挠度（Δ_o）（王蕊、Zeinoddini 等）

试件跨中残余挠度（Δ_o）的对比情况如图 12.17 所示。可以看出，模拟结果与实测结果整体符合较好。从以上对比可见，建立的有限元模型可以较为准确地考虑轴力对构件在撞击荷载下的受力和变形特征的影响。

采用王蕊（2008）和刘亚玲（2005）的试验数据对发生钢管断裂的钢管混凝土试件的有限元模型进行验证，试验试件信息如表 12.4 所示。

表 12.4　钢管发生断裂的试件信息表

试件编号	边界条件	钢管直径×壁厚/(mm×mm)	L/mm	E_0/kJ	数据来源
C4	固简支	114×3.5	1200	17.90	刘亚玲（2005）
C5	固简支	114×3.5	1200	21.53	
F3	固简支	114×3.8	1200	17.04	
DBF13	两端固定	114×1.7	1200	2.71	王蕊（2008）
DBF17	两端固定	114×1.7	1200	2.26	

由于缺乏材料断裂的相关试验参数，在模型中考虑断裂问题时首先采用不考虑钢管断裂的有限元模型对构件进行计算，可计算得到试件的撞击力时程曲线。撞击力时程曲线存在明显的平台段，在平台段结束后撞击力开始下降。对上述计算曲线与实测曲线进行对比，观察两条曲线的差异，发现在撞击力平台段的某个位置，实测曲线撞击力开始出现迅速下降，如图 12.19（a）中的 X 点。意味着试验中钢管在此刻开裂，从而导致构件截面抗弯承载力开始下降，撞击力随之下降。以不考虑钢管断裂的有限元模型中 X 时刻钢管底部最大等效塑性应变作为钢管开始开裂时刻的等效塑性应变 ε_{th}，将此 ε_{th} 值作为参数输入到考虑断裂的有限元模型中。计算模型中的断裂演化准则假设为直线，由于缺乏相关材性数据，本节假设材料发生完全断裂时的应变为 $\varepsilon_{th}+0.001$。采用此思路和步骤对表 12.4 中的试验试件进行了模拟。

图 12.19 所示为全部试件实测撞击力时程曲线和计算曲线的对比，同时给出了有限元模型中不考虑钢管断裂时计算得到的曲线形状。对比可以看出，有限元模型中考虑了钢管断裂后撞击力时程曲线与实测曲线趋势符合良好，在断裂发生后，撞击力开始不断下降。

由图 12.19 可以看出，采用该断裂模型总体上较好地模拟钢管混凝土构件的破坏形态和撞击力。

图 12.20 所示为计算和试验得到的构件典型破坏形态的对比。可以看出，计算得到了试件跨中发生了钢材的断裂，断裂位置钢管单元被删除，与试件实测断裂位置相符（Wang 和 Han 等，2013）。

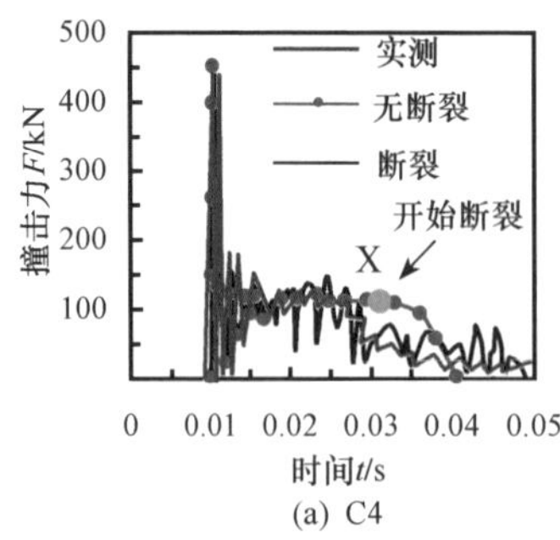

(a) C4

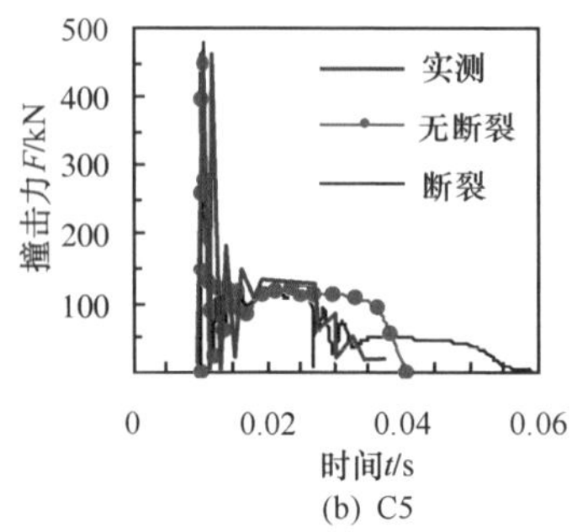

(b) C5

图 12.19　撞击力（F）时程曲线的对比

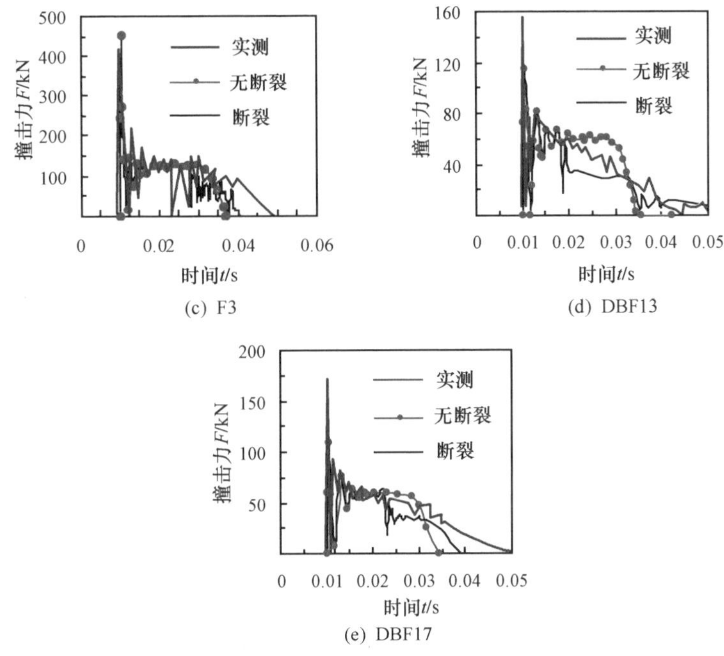

图 12.19　撞击力（F）时程曲线的对比（续）

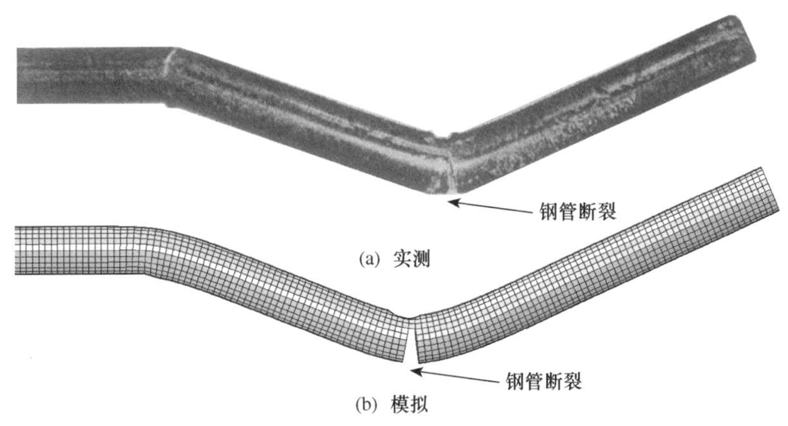

图 12.20　试件破坏形态的对比

12.4　工作机理分析

12.4.1　构件受力全过程分析

本节采用 12.3 节所建立的有限元模型进行钢管混凝土构件在撞击荷载下的

工作机理分析。数值算例基本参数为：$D\times t\times L_0=400\text{mm}\times9.3\text{mm}\times4000\text{mm}$，$\alpha=0.1$，$m_0=1500\text{kg}$，$V_0=20\text{m/s}$，$f_y=345\text{MPa}$，$f_{cu}=60\text{MPa}$。构件模型如图 12.21所示，边界条件为两端简支，撞击部位位于试件跨中。对同样尺寸和材料的空钢管在相同撞击能量下也进行了模拟计算。

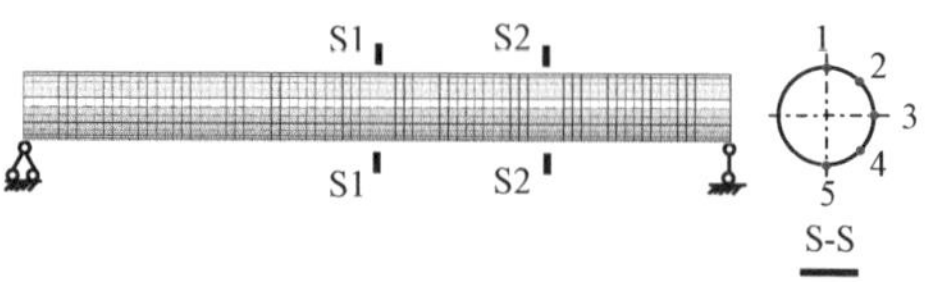

图 12.21　有限元计算边界条件及截面编号

（1）撞击力（F）和变形发展过程

图 12.22 所示为构件撞击力（F）、跨中挠度（Δ）、撞击部位局部凹陷（δ）及撞击物速度（V_0）和构件跨中速度（V_{CFST}）曲线。由于撞击部位的局部凹陷值（δ）相比于跨中挠度数值较小，为便于分析，将其扩大了十倍，并将所有曲线进行了无量纲化处理。

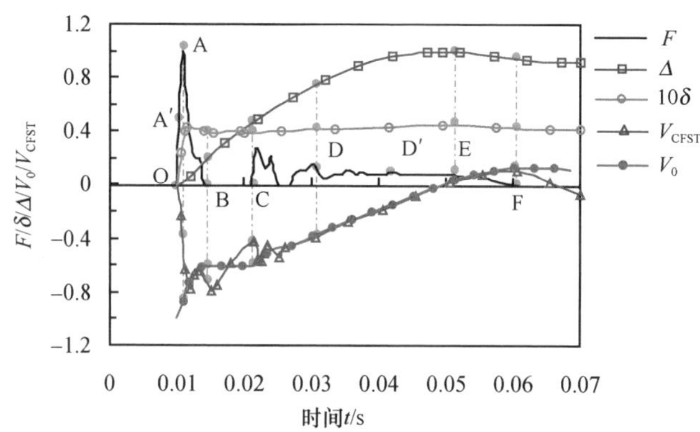

图 12.22　撞击力（F）、位移（Δ/δ）和速度（V_0/V_{CFST}）时程曲线

可以看出，撞击力时程曲线可以明显分为几个阶段。撞击开始后撞击力迅速上升达到峰值（A 点），并在较短时间内降低为零（B 点），之后在相对较长的一段时间内撞击力保持为零，形成一个零值段（BC 段）。这是由于在撞击发生后构件获得了较大的速度，从速度时程曲线可以看出，构件跨中速度（V_{CFST}）在这一阶段大于撞击块速度（V_0），当构件位移大于撞击块时，两者分离，因此撞击力降低为零。之后构件速度逐渐降低，撞击块再次撞击构件，撞击力出现第二次峰值（CD 段）。此后，两者速度逐渐趋于一致，基本保持为匀减速运动，撞击力进入平台段（DE 段）。当落锤动能降低至一定值时，撞击力开始下降（E 点）。当撞击力降低为零时，构件和落锤脱离（F 点）。

从局部凹陷（δ）曲线可以看出，撞击部位局部凹陷值在撞击力峰值阶段迅速上升，当撞击力进入零值阶段后，局部凹陷略有降低，为变形的弹性部分恢复，之后在撞击力平台段略有增长，但增长值较小。表明撞击部位的局部凹陷主要在峰值阶段完成，之后发展较小。而跨中挠度则在整个撞击过程中持续增长，当撞击力进入下降段后，试件发生弹性恢复变形，跨中挠度下降。

（2）构件受力状态

与静力加载下不同，构件在撞击荷载下除受到撞击力（F）和支座反力（F_R）作用外，还因自身加速和减速过程而受到惯性力（F_I）作用。撞击力、支座反力和惯性力的平衡关系可用式（12.4）表示为

$$F + F_R + F_I = 0 \tag{12.4}$$

图 12.23 所示为构件撞击力（F）、支座反力（F_R）和惯性力（F_I）时程曲线。所有力的方向均以向下为正，向上为负。可以看出，在撞击力的峰值阶段（O→B），构件惯性力也产生了一个明显的峰值，且时刻与撞击力基本一致。同时支座反力也出现了峰值，但峰值时刻相比于撞击力和惯性力要延后一些，这是由于应力波传播至支座部位需要一定的时间，支座的反应要滞后。另外可以发现，与静力加载下不同，这一阶段构件的支座反力是朝下的，也即构件端部有脱离支座向上运动的趋势，这是由于这一阶段构件加速趋势明显，加速度数值较大，惯性力大于撞击力。

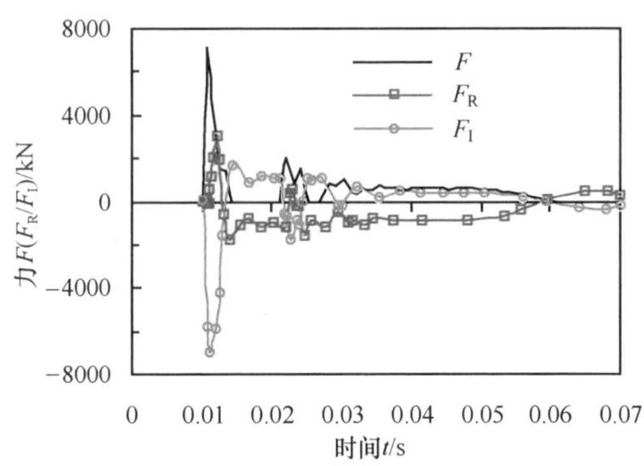

图 12.23　撞击力（F）、支座反力（F_R）和惯性力（F_I）时程曲线

当撞击力进入零值段后（B→C），构件惯性力发生反向，表明由于落锤与构件脱离，构件进入减速状态。同时构件支座反力也发生了反向，支座对构件开始产生向上支撑作用。此后惯性力和支座反力的方向不再变化。可以看出，在撞击力的平台段（D），与撞击力相似，支座反力和惯性力的数值也基本保持不变。撞击结束后（E），撞击力降低为零，构件惯性力和支座反力平衡，保持大小相等、方向相反的变化趋势。

图 12.24 所示为上述撞击过程中构件受力状态变化示意图，其中惯性力简化

为作用在构件跨中的集中力。

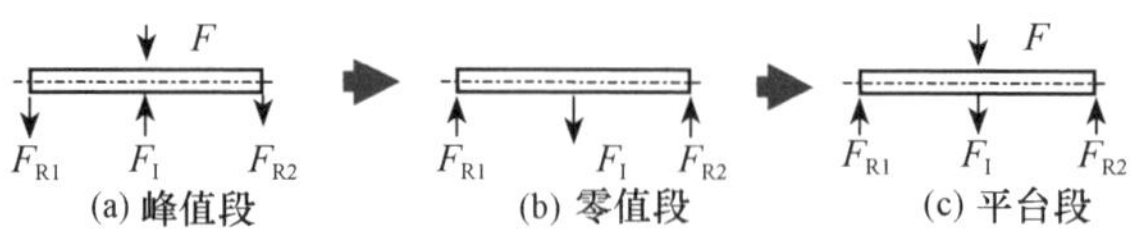

图 12.24　构件受力状态变化示意图

（3）截面内力分布

构件在撞击作用下发生弯曲变形，截面主要承受弯矩作用。在静力加载下，构件截面内力平衡如图 12.25（a）所示。在撞击荷载下，构件除受到支座反力作用外，还受到惯性力作用，构件截面弯矩满足如式（12.5）关系，如图 12.25（b）所示，其中惯性力简化为一个集中力作用。

$$M_d + M_I + M_R = 0 \tag{12.5}$$

式中：M_d为构件某一截面处的弯矩值；M_R为支座反力在截面处产生的弯矩值；M_I为由惯性力在界面处产生的弯矩值。所有弯矩值均以逆时针方向为正，顺时针方向为负。

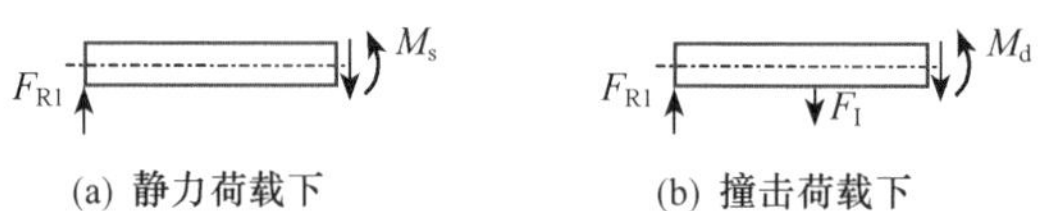

图 12.25　构件截面内力平衡示意图

图 12.26 分别给出了构件跨中截面（S1）和 1/4 跨度处截面（S2）的截面弯矩（M_d）时程曲线，图中另外给出了相应的 M_R 和 M_I 的时程曲线。由图 12.26（a）可以看出，跨中截面弯矩值在撞击开始后弹性上升，并很快进入塑性。之后截面弯矩出现了一个短暂的下降，这是由于此时撞击力进入了零值段，构件发生了卸载。之后截面弯矩很快恢复，并基本保持不变，当撞击力进入下降段以后，截面弯矩值也开始下降，并随着构件的振动而改变。其中，由惯性力带来的弯矩值开始为负，而支座反力引起的弯矩值则为正值，且 M_I的数值要大于 M_R。之后惯性力和支座反力方向改变，M_I和 M_R的方向也随之改变，但此后 M_R的数值要大于 M_I，由此导致跨中截面弯矩始终为正值，即为逆时针方向。

由图 12.26（b）可以看出，在撞击力峰值阶段，与跨中截面相同，1/4 跨度处截面弯矩 M_I也为负值，M_R为正值，但 M_R的数值要大于 M_I，从而表现出截面弯矩为负值。之后两者符号改变，且 M_R的数值要大于 M_I，因此截面弯矩转变为正值，之后发展趋势与跨中截面相似。

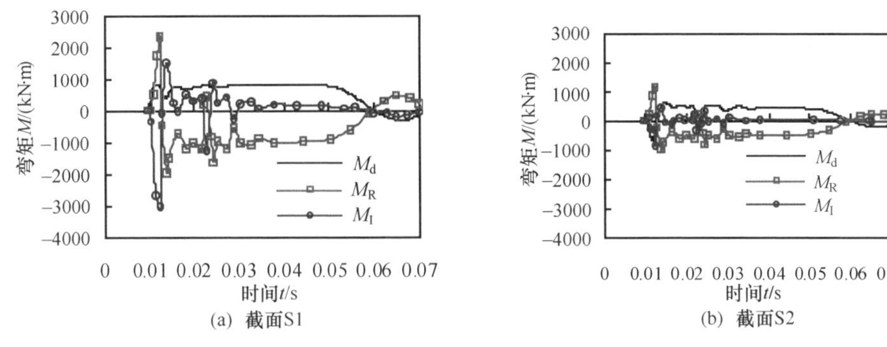

图 12.26　截面弯矩（M_d）时程曲线

由以上分析可知，与静力加载不同，动力加载下惯性力对截面弯矩的发展有较大影响，在某些截面处惯性力的影响会导致截面弯矩方向发生改变。输出构件所有截面的弯矩时程曲线便可得到构件截面弯矩分布随时间的变化情况，如图 12.27所示，撞击时刻编号见图 12.22。

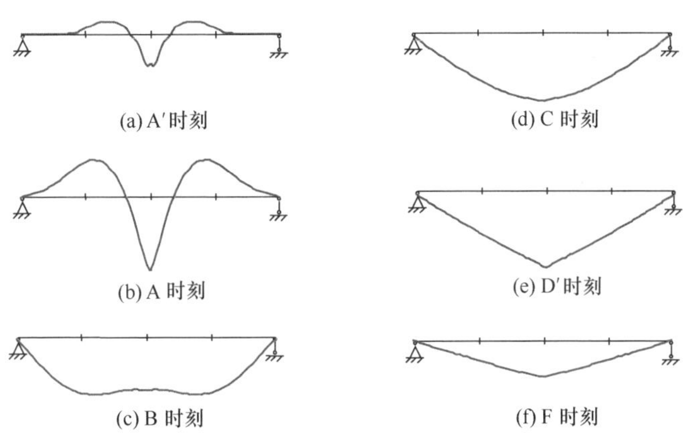

图 12.27　截面弯矩（M_d）分布示意图

由图可见，在撞击的初始阶段（A′时刻），构件跨中附近产生正弯矩，而在靠近跨中的 1/4 跨度范围内则出现了负弯矩，负弯矩峰值约为正弯矩峰值的 1/2。在靠近支座的 1/4 跨度范围内的弯矩数值基本为零。显示出惯性力对截面弯矩分布的影响：在撞击初始时刻，跨中撞击部位开始发生弯曲变形，在跨中产生正弯矩。在靠近跨中的 1/4 跨度范围内，由图 12.26（b）可以看出，由于支座反力带来的弯矩值大于惯性力，导致构件产生了负弯矩。而在靠近支座的 1/4 跨度范围内，支座反力和惯性力带来的弯矩值都较小，因此表现为截面弯矩为零。当撞击力达到峰值时（A 时刻），构件跨中截面弯矩明显增长，同时可以看出，构件负弯矩区域扩展到了构件端部，弯矩值也有所提高。但反弯点的位置基本保持不变。其后，撞击力开始卸载，当撞击力卸载至零时（B时刻），可以看到，构件所有区域均为正弯矩。这是由于此时发生了惯性力和支座反力的方向翻转（图 12.26），导致跨中区域的弯矩产生了卸载，而其他部位则逐渐从负弯矩增长为正弯矩。同时可以看出，1/4 跨度处的截面弯矩要略大于跨中截面。

当撞击力零值段基本结束时（C 时刻），构件受到向下的惯性力作用和向上的支座反力，构件弯矩分布形状接近简支梁在均布荷载下的分布形状；撞击力进入平台段后（D′时刻），构件主要受到跨中撞击力和支座反力作用，惯性力数值相对较小，可以看出，构件弯矩分布形状接近简支梁在跨中集中加载下的分布形状；当撞击结束时（F 时刻），撞击力开始卸载，截面弯矩也随之开始卸载，且分布形状与 D′时刻类似。

图 12.28 是撞击过程中的构件截面弯矩包络图。图中同时给出了构件在静力荷载下加载至相同挠度时的相应曲线。由图可见，撞击荷载下构件的截面弯矩包络图与静力之下有较大不同，一方面构件截面正弯矩沿轴向不再是直线分布，撞击荷载下的包络线最大值要大于静力作用下的情况。另一方面构件截面存在负弯矩包络线，负弯矩包络线最大值在 1/4 跨度截面附近出现。

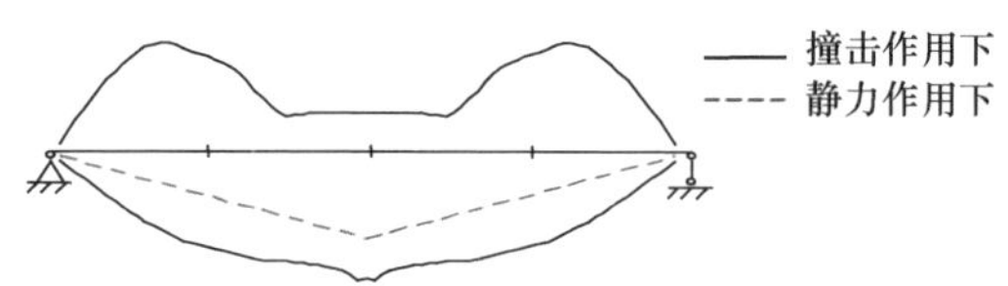

图 12.28　截面弯矩（M）包络线示意图

（4）应力发展

图 12.29 所示为构件外钢管跨中和 1/4 跨度处截面上各点 Mises 应力-纵向应变（ε_L）曲线。由图 12.29（a）可以看出，跨中截面（截面 S1）各点的 Mises 应力-纵向应变曲线大致经历了弹性段、弹塑性段、强化段和卸载段等阶段。截面顶部受压，纵向应变为负，底部受拉，纵向应变为正。底部最大受拉应变约为顶部最大受压应变的 3 倍。另外可以看出，钢管截面受拉区面积要比受压区大很多。

由图 12.29（b）可见，构件 1/4 跨度处截面（截面 S2）的 Mises 应力-纵向应变分布与跨中截面有较大不同。截面 S2 上部受拉，材料进入塑性，但塑性发展较小，很快进入卸载段。截面底部受压，基本仍处于弹性段。

从上述分析中可以明显看出，构件跨中截面塑性发展充分，材料应力水平较高，而 1/4 跨度处截面塑性发展则较小，截面中心轴附近基本处于弹性段，截面应力水平较低。

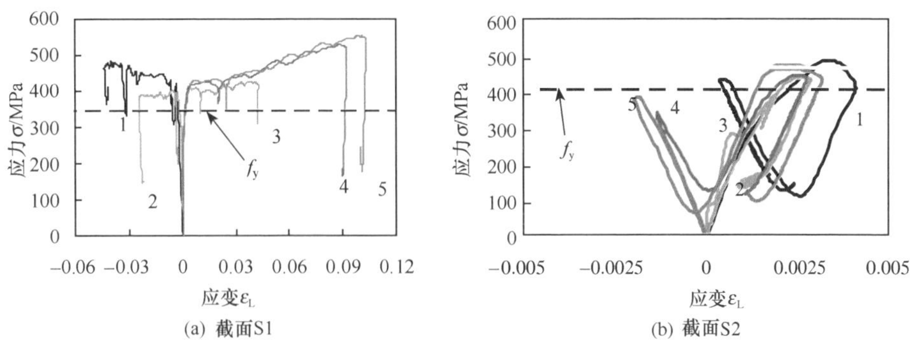

图 12.29　试件截面 Mises 应力-纵向应变（ε_L）关系曲线

图 12.30 所示为外钢管和核心混凝土跨中截面纵向应力分布随时间的变化情况（单位为 MPa），时刻编号见图 12.22。可见，在撞击力的峰值阶段（A 时刻），外钢管的高应力区分布在跨中较小的范围内，跨中截面顶部受压，底部受拉。其余部分的应力水平较低。混凝土跨中截面顶部由于处于落锤撞击部位，同样具有较高的应力水平，其余部分应力也较小。

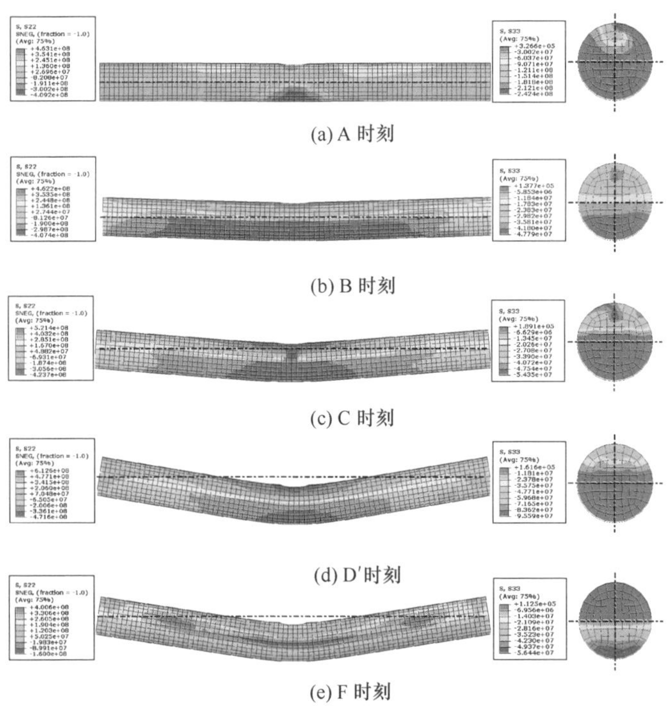

图 12.30　钢管和混凝土跨中截面纵向应力（ε_L）发展（单位：Pa）

撞击力峰值结束时（B时刻），构件发生了部分卸载，外钢管应力界限降低，且应力分布发生了较大变化。底部在较大范围内均匀受拉，顶部则产生了压应力，这与图 12.27（c）中构件弯矩分布情况一致。混凝土截面也发生了应力的卸载，由于落锤脱离构件，截面顶部高应力区消失，截面应力分布趋于均匀；撞击力零值段基本结束时（C时刻），由于截面弯矩分布的改变，构件高应力区逐渐向跨中发展；当撞击力进入平台段以后（D′时刻），截面受弯变形平稳发展，相较C时刻，截面应力水平有所上升，且高应力区域集中在跨中截面的顶部和底部，以跨中为中心，应力水平向两侧递减。核心混凝土的应力分布也表现出受弯变形的特征；撞击结束后（F时刻），构件开始发生卸载，钢管表面的应力水平开始降低，应力界限降低，另外可以看出，跨中高应力区域消失，沿轴向在截面的中间位置出现了较高水平的受压应力。混凝土截面则出现了应力分布的翻转，表现为上部受拉，下部受压，且应力界限值明显降低。

（5）应变率分布

图 12.31 所示为构件截面上不同点处纵向应变率分布时程曲线。由图 12.31（a）可以看出，跨中截面应变率变化可以分为几个阶段。撞击发生后，构件截面各点的应变率迅速上升并形成峰值。其中截面顶部和底部峰值的数值最大，截面中部的峰值较小，点 1、点 2 和点 3 的峰值为正，点 4 和点 5 为负。点 1 和点 5 峰值数值基本相同，在 $30s^{-1}$～$40s^{-1}$，显示出截面变形符合平截面假定，且中性轴位于截面几何中心。之后应变率数值迅速降低。在撞击力的平台阶段，即截面塑性充分发展的阶段，应变率数值在 $10s^{-1}$ 以下，且呈持续降低趋势，表明试件变形速度逐步减慢。当撞击力进入下降段后，应变率基本降低为零。在截面塑性发展阶段，应变率分布同样符合截面底部和顶部较大、截面中心较小的规律。

由图 12.31（b）可以看出，相比于跨中截面，1/4 跨度处截面（S2）的应变率同样存在峰值，但其数值明显要小。在构件塑性发展的阶段，所有点的应变率都接近零，这与截面塑性发展程度较低有关。

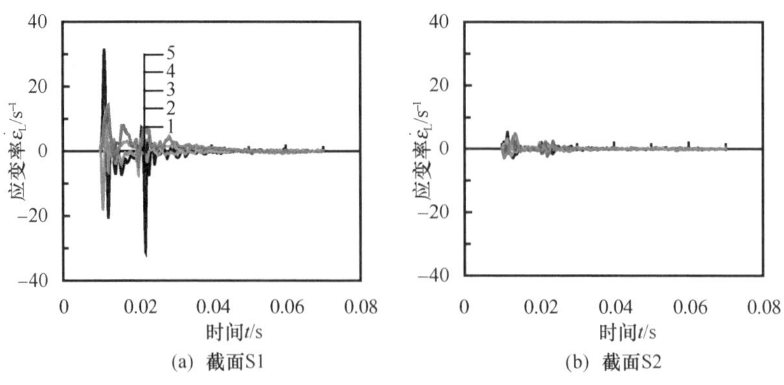

图 12.31　构件截面纵向应变率（$\dot{\varepsilon}_L$）时程曲线

由以上分析可以看出，应变率的大小与构件塑性发展程度密切相关。构件塑性变形大的区域，如跨中截面的顶部和底部，应变率数值较高，塑性变形小的区域应变率较小。

应变率对钢材强度的影响可见图 12.29，该图给出了钢材在静力荷载下的屈服强度。可以看出，跨中截面各点的实际屈服应力均比材料在静力荷载下的屈服强度高，表明在本章研究的撞击荷载下钢材的应变率效应显著。

（6）钢管和混凝土的相互作用

图 12.32 所示为钢管和混凝土之间相互作用力（p）的时程曲线。可以看出，跨中截面（截面 S1）顶部（点 1）的曲线存在一个明显的峰值，这是由于截面顶部为构件和落锤的接触区域，落锤撞击力通过钢管传递至混凝土上，而撞击力存在较明显的峰值，在此之后作用力基本在 10MPa 左右。截面底部（点 5）的作用力大小与顶部较为接近，截面中部则略小一些。

由图 12.32（b）可以看出，构件 1/4 跨度处截面（S2）的相互作用力开始为直线上升，之后基本保持不变。相比于跨中截面和支座截面，1/4 跨度截面处的相互作用力要小，原因在于截面变形相对较小，钢管和混凝土的相互作用因而较不明显，且截面各点的相互作用力分布比较均匀。

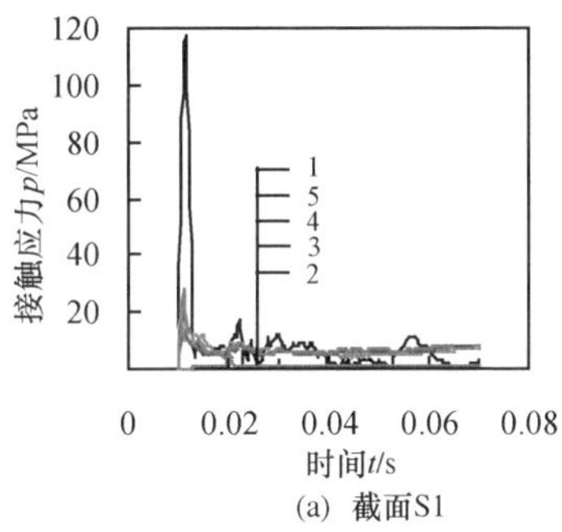

(a) 截面S1

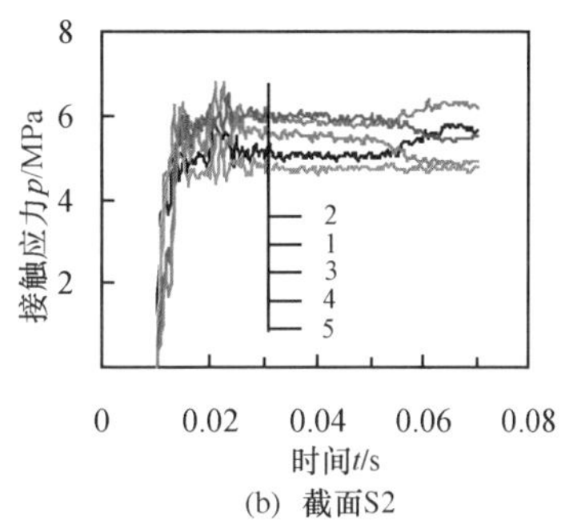

(b) 截面S2

图 12.32　钢管和混凝土界面相互作用（p）时程曲线

从以上分析可以看出，受撞击钢管混凝土构件塑性变形发展较大的区域，钢管和混凝土的相互作用比较强；在构件变形较小的区域，相互作用则较弱。其中受弯截面受拉侧的相互作用较强，受压侧则较弱。跨中截面上部由于直接承受落锤的撞击作用，钢管和混凝土的相互作用很强，显示出了由于混凝土的支撑作用，有效减小了钢管截面的局部变形，外钢管塑性变形能力得以充分发展；外钢管的约束作用则使得混凝土在撞击荷载下的脆性破坏特征大大改善，避免了撞击部位混凝土的严重破坏。

（7）截面弯矩（M_d）-应变（ε_L）曲线

图 12.33 出了钢管截面弯矩（M_{sd}）和核心混凝土截面弯矩（M_{cd}）分别对应的的弯矩（M_d）-应变（ε_L）曲线形状。采用 Lu 和 Han 等（2009）建立的构件

在静力加载下的有限元模型对构件在跨中静力加载下的相应曲线（M_s、M_{ss}和M_{cs}分别代表组合截面、钢管和核心混凝土的弯矩）进行了计算，也在图 12.33 中给出。

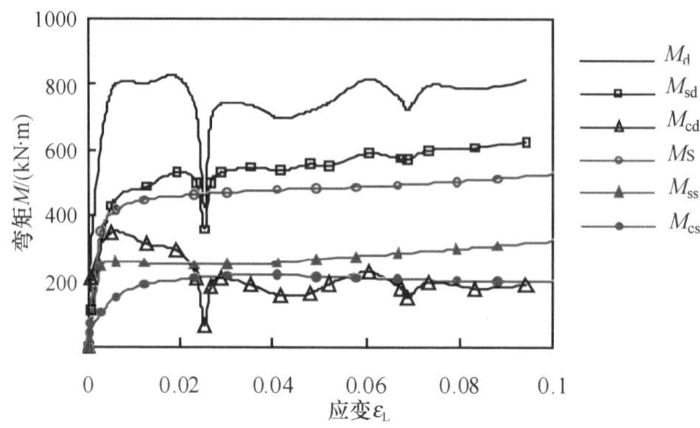

图 12.33　跨中截面弯矩（M）-底部纵向应变（ε_L）曲线

由图 12.33 可以看出，在撞击荷载作用下，构件钢管截面承担的弯矩曲线大约经历了弹性段、弹塑性段和强化段等几个阶段，并且在整个过程中钢管截面承担的弯矩值均大于核心混凝土截面承担的弯矩值。在应变达到 0.025 左右时，截面承担的弯矩值出现突然下降的过程，之后继续上升，如前所述，这是由于撞击力进入了零值段，截面弯矩发生了卸载，之后再次发生撞击，截面弯矩值再次上升。

与构件在静力下的相应曲线对比可以看出，撞击荷载下构件外钢管承担的弯矩值要远大于静力情况下。在变形较小时，撞击荷载下构件核心混凝土承担的弯矩值也要高于静力情况下。因而，表现出构件在撞击荷载下的截面弯矩值高于静力时的情况，这表明由于应变率效应和惯性力的影响，构件在撞击荷载下的截面抗弯强度要高于静力作用时的强度。

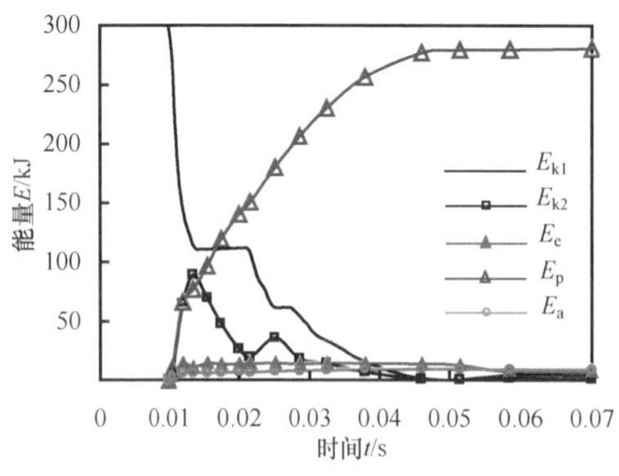

图 12.34　能量（E）变化过程

（8）能量（E）变化

图 12.34 所示为落锤动能（E_{k1}）、构件动能（E_{k2}）、构件弹性应变能（E_e）和塑性应变能（E_p）以及伪能量（E_a）的时程曲线。可见，撞击过程开始后，落锤动能开始急剧下降。损耗的落锤动能一部分传递给构件，构件动能开始上升，另一部分转化为构件的弹性变形能和塑性变形能。当构件速度上升至与落锤基本相等时，

构件动能不再继续增加，开始与落锤动能一起呈下降趋势。构件弹性应变能也基本不再变化。构件塑性变形继续消耗落锤和构件的动能，塑性应变能继续上升。当撞击过程结束时，落锤和构件的动能基本降低为零，构件塑性应变能达到最大。可以看出，构件最终塑性应变能接近落锤的初动能。

结构构件在撞击荷载下的塑性耗能能力反应其抗撞击能力的优劣，构件在单位位移下的耗能量越大，表明其抗撞击性能越强。图 12.35 所示为钢管混凝土构件塑性应变能（E_p）-跨中挠度（Δ）关系曲线，同时给出了外钢管（E_{ps}）和核心混凝土（E_{pc}）分别的耗能曲线和对比空钢管试件（E_{ph}）的耗能情况。可见，构件塑性耗能的变化与构件跨中挠度的变化呈线性关系。这是由于构件的塑性耗能近似等于撞击力对构件做的功。由于撞击力在平台阶段基本保持数值不变，做功大小与跨中挠度呈正比关系。

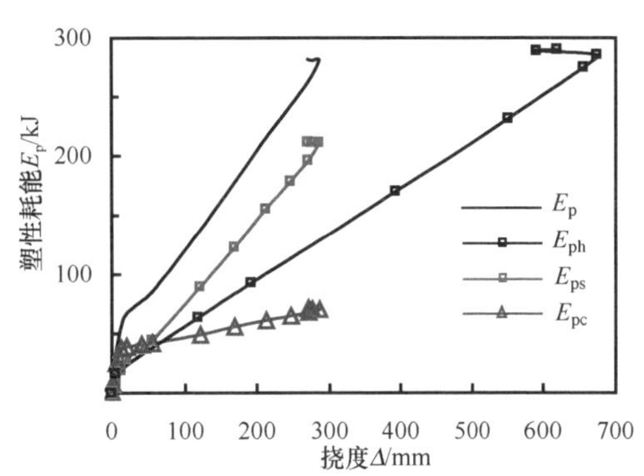

图 12.35　塑性应变能（E_p）-跨中挠度（Δ）关系曲线

外钢管的塑性耗能占到构件塑性耗能的 75%左右，其余为核心混凝土耗能，表明外钢管的塑性变形是钢管混凝土主要的耗能机制。与相应的空钢管试件对比结果表明，在相同的跨中挠度下，钢管混凝土中外钢管的耗能值要远大于空钢管构件。这是由于钢管混凝土中混凝土对外钢管的支撑作用使得外钢管的塑性充分发展，而空钢管则在撞击荷载下发生较为严重的局部屈曲，截面塑性发展不充分，在相同的跨中挠度之下耗能较少。由于外钢管的约束作用，钢管混凝土中核心混凝土的塑性得到提高，耗能能力也有所增长。在相同的跨中挠度下，钢管混凝土构件的塑性耗能能力约为相应的空钢管构件的 2.15 倍。

12.4.2　轴压荷载对横向撞击性能的影响

本节采用 12.3 节建立的有限元分析模型分析撞击作用对钢管混凝土柱力学性能的影响。计算工况为：构件承受轴力 N_0，之后在跨中遭受撞击作用，如图 12.36 所示。其余参数与 12.4.1 节算例相同。

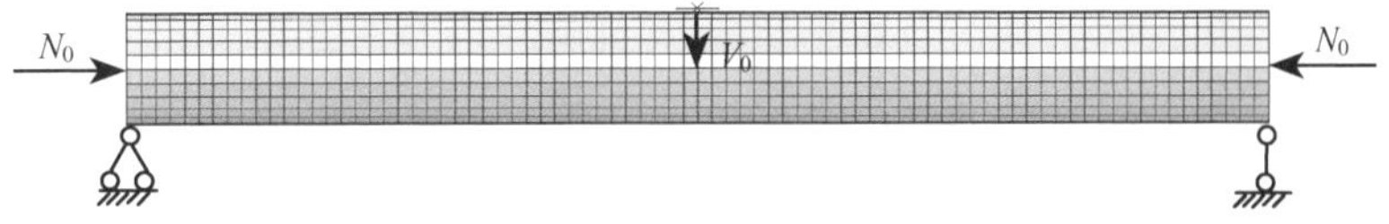

图 12.36　钢管混凝土构件遭受轴力-撞击耦合作用示意图

构件轴压比 n（$=N_0/N_u$，其中，N_u 为有限元方法计算得到构件的轴压强度）分别取为 0、0.1、0.2、0.3，计算得到了构件在不同轴压比（n）下的撞击力时程曲线及跨中挠度时程曲线。

1）撞击力（F）和跨中挠度（Δ）时程曲线。

构件在不同轴压比（n）下的撞击力（F）时程曲线和跨中挠度（Δ）时程曲线分别如图 12.37（a）和（b）所示。由图 12.37（a）可以看出，轴力对构件撞击力峰值形状影响不大；随着 n 的增大，撞击力零值段持续时间逐渐延长，表明构件跨中侧向变形速度加快；在撞击力平台段，当 $n=0.1$ 时，相比于无轴力（$n=0$）构件，撞击力平台值略有降低，同时撞击持续时间显著增大；当 n 增大至 0.2 时，可以看出，撞击力平台值明显降低，同时撞击持续时间较 $n=0.1$ 也有所降低，但比 $n=0$ 构件略长；当 $n=0.3$ 时，撞击力在达到第二个峰值后便降低为 0，撞击力平台值消失，表明构件侧向变形速度很快，并超过落锤下降的速度，试件发生失稳破坏。

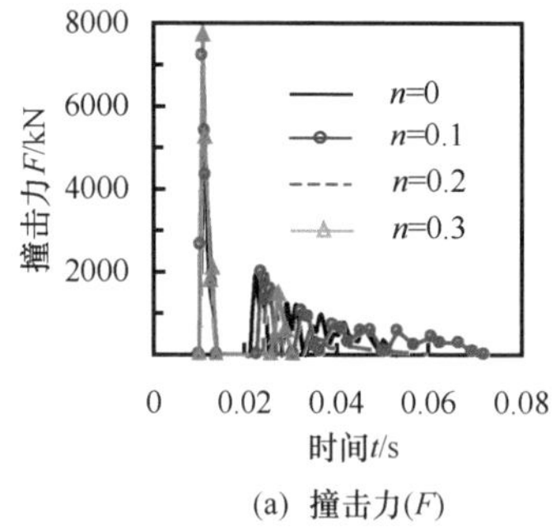

(a) 撞击力(F)

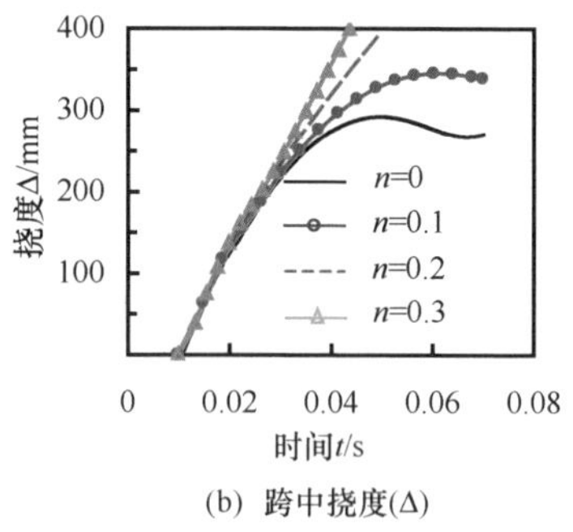

(b) 跨中挠度(Δ)

图 12.37　撞击力（F）和跨中挠度（Δ）时程曲线

从构件跨中挠度（Δ）时程曲线可以看出，在 $n=0.1$ 时，跨中挠度相比于无轴力试件（$n=0$）增大；当轴压比增大至 $n=0.2$ 时，构件产生失稳，跨中挠度持续发展，构件发生破坏；$n=0.3$ 时构件同样也会失稳，且构件变形速度更快。

从以上分析可以看出，轴压比（n）对构件的撞击力和变形发展有显著影响。随着轴压比的增大，构件侧向变形速度加快，从而导致撞击力降低，构件跨中挠度增大。当轴压比较大时，二阶效应的影响加剧，构件将出现失稳现象。

2）截面弯矩（M_d）-应变（ε_L）曲线。

计算得到的构件在不同轴压比（n）下的跨中截面弯矩（M_d）-底部纵向应变（ε_L）时程曲线如图 12.38 所示。可以看出，随着 n 的提高，构件截面弯矩依次提高。这个现象可以采用本书钢管混凝土压弯构件的弯矩（M）-轴力（N）相关曲线进行解释，如图 12.39 所示，图中横坐标 $\zeta=M/M_u$，纵坐标 $\eta=N/N_u$。当

$\eta < 2\eta_0$时，构件截面能够承受的弯矩值大于其在纯弯下的抗弯承载力 M_u。由图 12.38可见，在本章研究的轴压比范围内（n=0～0.3），构件动态截面弯矩值随轴压比的增大而提高，即截面动态抗弯强度有所提高。

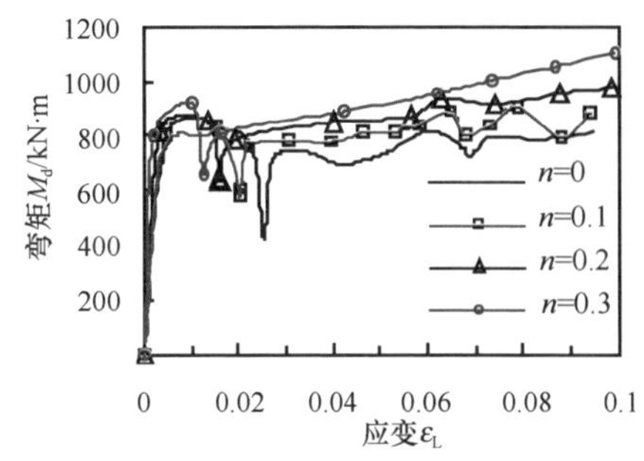

图 12.38　弯矩（M_d）-应变（ε_L）曲线

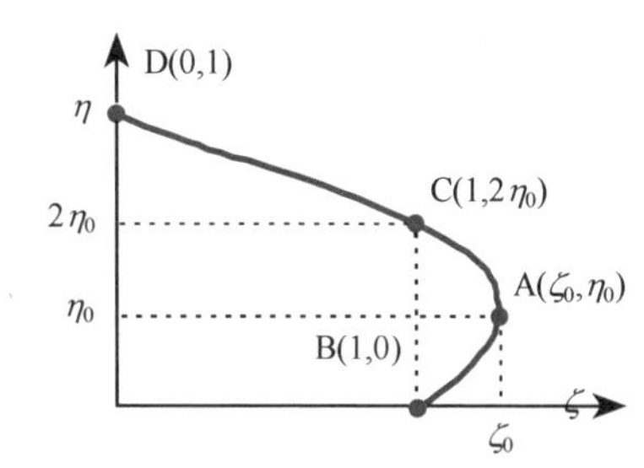

图 12.39　弯矩（M）-轴力（N）相关曲线

3）临界破坏能量（E_{cr}）。

构件在撞击荷载下的耗能能力是衡量其抗撞击性能的重要指标，本节对钢管混凝土柱在撞击荷载下的临界破坏能量进行分析。

目前对于钢管混凝土柱在撞击荷载下的极限破坏状态没有相关规定。本书第七章在进行钢管混凝土柱横向往复荷载下的力学性能研究时，将压弯构件骨架线承载力降低至极限承载力的 85%时，定义为构件的极限破坏状态，此时的跨中挠度定义为残余侧向变形 Δ_u。进行钢管混凝土构件在撞击荷载下的分析时，也采用此方法定义构件的极限破坏状态，根据 7.3.4 节中给出的简化公式计算得到构件在不同轴压比（n）下的极限跨中挠度值。

据此对构件在不同轴压比下达到极限破坏状态时的撞击能量进行了计算，得到了构件临界破坏能量（E_{cr}）-轴压比（n）关系曲线，如图 12.40 所示。可以发现，当轴压比较低时，构件的临界破坏能量随着轴压比的提高略有增大；之后随着轴压比的进一步提高，临界破坏能量迅速降低，表明轴力起到不利作用。当轴压比大于 0.3 时，临界破坏能量随轴压比（n）的增大呈线性降低。

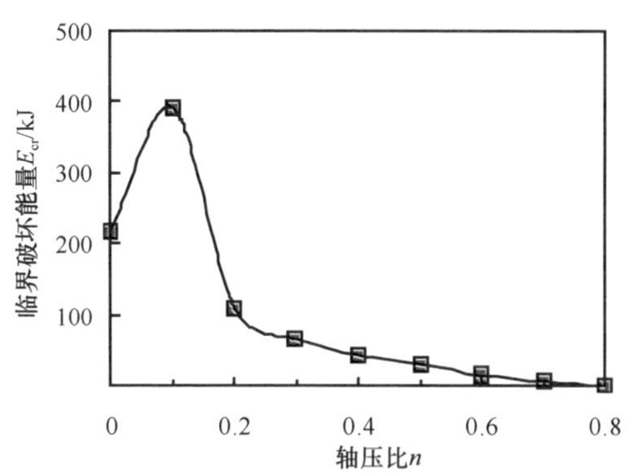

图 12.40　临界破坏能量（E_{cr}）-轴压比（n）关系曲线

4）剩余承载力（N_d）。

撞击事故中，撞击能量较大时，构件往往会丧失承载能力，无法继续使用。在撞击能量较小时，构件仍可继续承受荷载，但撞击带来的损伤会对结构的后续承载能力造成影响。因此，需要对构件撞击后的力学性能进行评估，以确定其剩余承载力，并为修复加固提供参考。

本节以承受轴压力的钢管混凝土柱为对象，对构件在遭受撞击荷载后的力学性能进行评估，分析撞击荷载对构件竖向承载能力的影响。

典型算例的计算过程为：①在构件上施加轴压荷载，轴压比取为 $n=0.3$；②在跨中对构件施加横向撞击荷载，撞击能量依次取为 40kJ、80kJ 和 120kJ，撞击过程中保持轴力不变；③撞击结束后，增大轴压荷载，将构件加载至破坏。

计算得到的构件轴向荷载（N）-位移（u_m）曲线如图 12.41 所示。图中同时给出了轴向直接静力加载至破坏的曲线，可见，与加载过程对应，撞击荷载下构件曲线可以分为三段：①构件静力加载段，荷载随着轴向位移弹性上升；②构件遭受横向撞击阶段，由于惯性力的影响，轴力产生了波动，但波动范围较小，轴力基本保持不变，由于撞击导致侧向挠度发展，在轴力不变的情况下轴向位移持续增长；③撞击后继续加载段，轴力随位移增长，达到峰值后进入下降段。定义此阶段的轴力峰值为构件的轴压剩余承载力 N_d，$n_d=N_d/N_u$ 为剩余承载力系数。

图 12.42 给出了构件在不同撞击荷载下的剩余承载力系数（n_d）。可见，随着撞击能量的增加，撞击荷载对构件造成的损伤越大，构件的剩余承载力系数 n_d 越低。当 n_d 降低至不能满足结构使用要求时，需要对构件进行适当的修复加固方可继续使用。

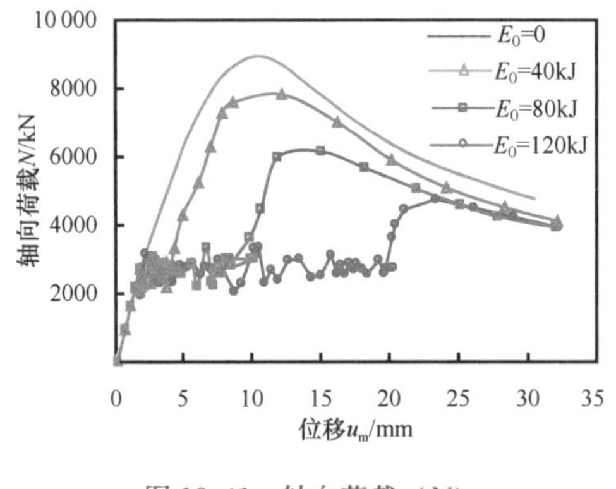

图 12.41 轴向荷载（N）-位移（u_m）关系曲线

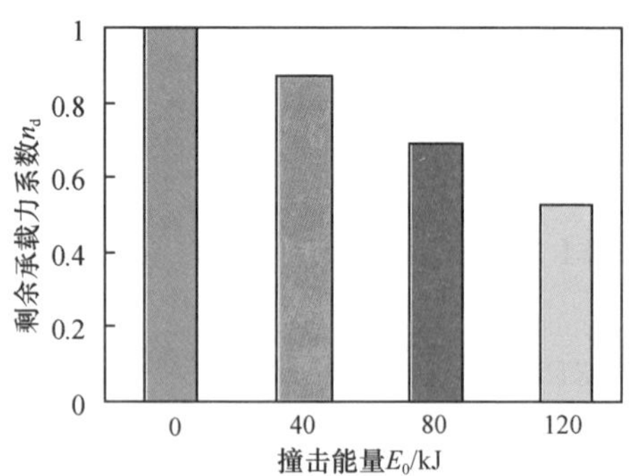

图 12.42 剩余承载力系数（n_d）-撞击能量（E_0）关系

12.4.3 长期荷载、腐蚀及撞击耦合分析

如本书第 11 章所述，钢管混凝土结构在近海工作环境中易遭受腐蚀作用。外钢管的腐蚀会造成钢管混凝土构件承载力的降低，其在撞击荷载下的承载能力也会受到影响，因此受腐蚀的钢管混凝土构件在撞击荷载下更容易发生破坏，进

而有必要对钢管混凝土在多种荷载耦合作用下的全过程力学性能进行分析（Hou，Han 和 Li，2015）。

1）有限元模型简述。

采用有限元方法对钢管混凝土在长期荷载、腐蚀和撞击荷载下的力学性能进行分析。构件的受力路径如图 12.43 所示可分为几个阶段，阶段①(O—A)：钢管混凝土柱首先轴向加载至正常服役荷载（N_0）；阶段②(A—B)：之后一段时间内（0—t_1，可持续数年至数十年），构件维持长期荷载水平，并遭受腐蚀作用；阶段③(B—P—C)：在 t_1 时刻，钢管混凝土柱横向遭受撞击作用，撞击力时程如曲线 B—P—C 所示，在 t_2 时刻撞击力达到峰值 P 点，撞击总持续时间为 t_3—t_1（通常在数十微秒至数秒）；阶段④(C—D)：在撞击结束后，将构件轴向加载至破坏，考察钢管混凝土柱的轴向剩余承载力（N_u）。

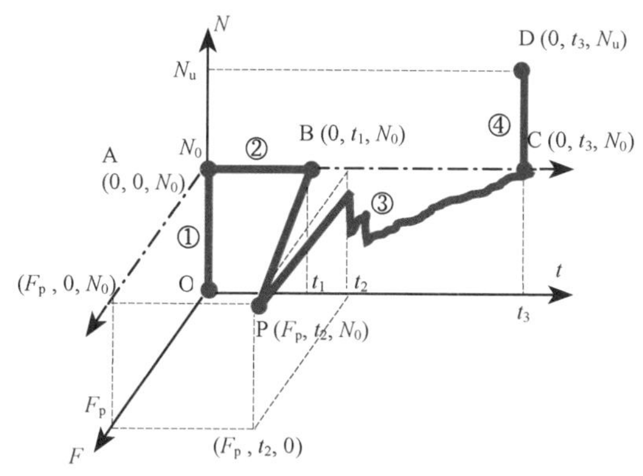

图 12.43　轴向荷载（N）-撞击力（F）-时间（t）关系

钢管混凝土柱静力加载下的行为采用 3.2.3 节所述的模型模拟；在长期荷载及腐蚀阶段的行为采用本书 12.5 节所述的模型模拟，在撞击荷载下的行为采用本章第 12.3 节的模型进行模拟。不同加载阶段应采用不同的数值计算方法，如静力和腐蚀荷载采用隐式计算方法，而撞击模型则采用显式计算方法。为实现全过程分析目的，需实现数据在不同计算模型之间的传递。

2）全过程分析。

采用典型算例对构件在长期荷载、腐蚀及撞击荷载下的力学性能进行分析，以说明上述分析方法的特点。算例几何及材料参数与 12.4.1 节算例相同。荷载参数规定如下：构件长期荷载水平 N_0 取为 0.4N_u，N_u 为钢管混凝土柱在短期荷载下的轴压承载力；考虑混凝土长期变形在 100 天左右后稳定，长期荷载作用时间取为 120 天；腐蚀厚度取为 0.25 倍的钢管厚度；采用试算的办法确定撞击能量，以保证构件在撞击后仍保持稳定，最终确定撞击物质量（m_0）为 1000kg，撞击速度（V_0）为 10m/s。

为分析不同荷载对构件的影响，共设计了 4 个对比算例，分别如下，算例 1：构件不承受长期荷载、腐蚀及撞击作用，将其直接轴压加载至破坏；算例 2：构件承受撞击作用；算例 3：构件承受长期荷载和腐蚀作用；算例 4：构件承受长期荷载、腐蚀及撞击作用。所有构件均在最后阶段轴向加载至破坏。

算例 4 构件在不同加载阶段的构件应力状态如图 12.44 所示（单位为 Pa），其中 S33 为外钢管的轴向应力。可以看出，构件在阶段①轴向加载下处于全截面受压状态；之后经历长期荷载与钢管腐蚀后（阶段②），构件截面轴向应力增加到了 10%～20%，这主要是由于腐蚀导致了钢管截面面积减小；在阶段③遭受撞击荷载后，构件的轴向应力水平有了显著的提高，另外可以看出构件跨中产生弯矩，即截面左侧受压而右侧受拉，这是由于撞击导致构件跨中产生侧向挠度，由于轴向荷载的二阶效应，构件处于压弯状态，构件在最后轴向加载阶段的破坏模态为压弯造成的整体屈曲。

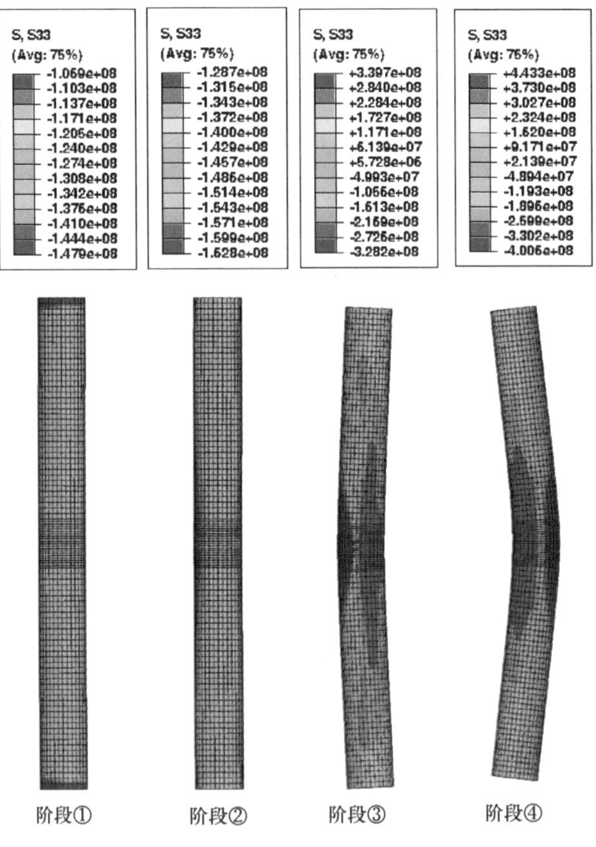

图 12.44 钢管混凝土柱在不同加载阶段的应力状态

图 12.45 显示了不同算例构件的轴向荷载（N）-位移（u_a）关系曲线。如

12.4.2 节图 12.41 所示，轴向荷载在撞击阶段会有一定波动。由于波动幅度较小，为便于观察，图中将其简化为了直线。可以看出，在轴向加载阶段（O—A），所有曲线重合。之后算例 2，3 和 4 进入腐蚀或撞击阶段，在此阶段，构件轴向荷载保持不变，轴向位移持续发展。可以看出，构件在腐蚀＋撞击荷载下（算例 4）的轴向位移发展要远大于腐蚀或撞击单独作用时的发展。这是由于腐蚀作用降低了构件的抗撞击能力，因此在撞击荷载下其侧向挠度增大，由此带来更大的轴向位移。

从图 12.45 可以得到构件的极限轴向承载力（N_u）。各算例构件的极限承载力（N_u）与构件在短期荷载下的极限承载力（N_{u0}）的比值如图 12.46 所示。图中显示腐蚀与撞击造成构件不同程度的承载力降低。其中撞击造成构件承载力降低 25％（算例 2），长期荷载和腐蚀造成承载力降低 11％（算例 3），而耦合荷载则造成构件承载力下降 45％（算例 4）。

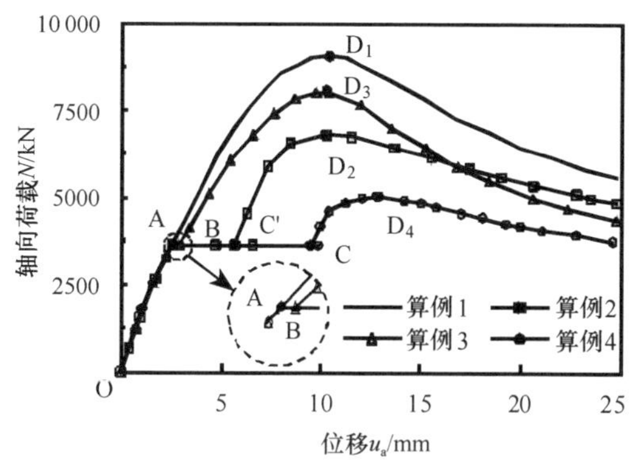

图 12.45　轴向荷载（N）-位移（u_a）关系曲线

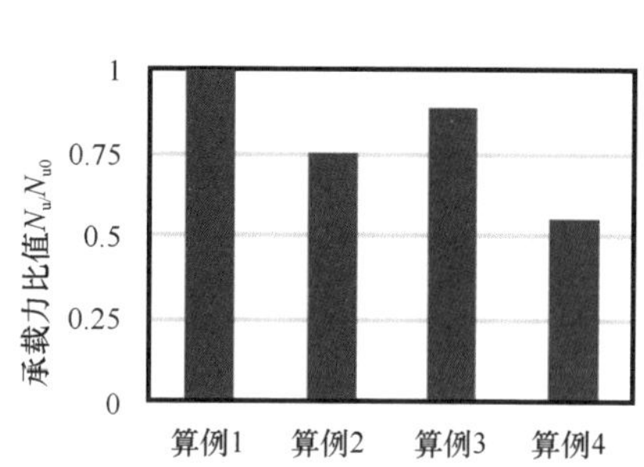

图 12.46　极限承载力比值

构件在长期荷载、腐蚀和撞击荷载下严重的承载力下降显示了三种不同荷载的耦合作用：腐蚀造成了构件钢管壁厚的降低，由此导致钢管混凝土柱的抗撞击能力下降。因此，在相同的撞击能量下，受腐蚀构件的跨中侧向挠度发展增大；由于轴向长期荷载的二阶效应，在跨中部位产生了更大的弯矩，同时腐蚀造成构件截面含钢率降低，综合作用导致构件轴压承载能力显著下降。

本节采用有限元分析模型对圆钢管混凝土构件在侧向撞击荷载作用下的工作机理进行了分析，包括构件的破坏形态、受力状态、应力和应变发展、内力分布以及耗能能力等。分析结果表明，相比于空钢管和钢筋混凝土结构，钢管混凝土构件在侧向撞击荷载作用下具有更好的塑性变形和耗能能力；与静力加载下截面抗弯能力相比，由于惯性力和材料应变率的影响，使得钢管混凝土构件在撞击荷载作用下具有较高的截面抗弯强度，并会在撞击的不同阶段出现负弯矩和反弯点。轴压比对构件的侧向抗撞击能力有较大影响，在构件上施加一定的轴压力有助于提高其截面动态抗弯能力，但由于二阶效应的影响，随轴压比的增大，构件总体有跨中挠度增大，临界破坏能减小，剩余轴压承载力降低的变化趋势。长期荷载、腐蚀作用和撞击荷载的耦合作用会导致钢管混凝土柱轴压承载力下降明显，在有关结构设计中应进行考虑。

12.5 参数分析及动力抗弯强度实用计算方法

12.5.1 影响因素分析

本节采用12.3节建立的有限元模型对影响钢管混凝土在撞击荷载下力学性能的主要因素进行了分析。算例的基本参数与12.4.1节算例相同。主要变化参数包括钢材屈服强度（f_y=235～420MPa）、混凝土强度（f_{cu}=30～90MPa）、截面含钢率 α=0.03～0.2）、截面直径（D=300～600mm）、构件长细比（λ=20～80）、构件边界条件、撞击速度（V_0=10～28m/s）、撞击物质量（m_0=1000～3000kg）和撞击位置等。

由于应变率效应和惯性力的影响，构件在撞击荷载作用下截面抗弯强度有所提高，为便于分析，定义构件抗弯强度动力提高系数 R_d 如式（12.6）所示。

$$R_d = M_{ud}/M_{us} \tag{12.6}$$

式中：M_{ud} 为构件在撞击荷载下的截面抗弯强度；M_{us} 为构件在静力荷载作用下的抗弯强度。

以下分析各参数对构件抗弯强度动力提高系数 R_d 的影响规律。

（1）钢材屈服强度（f_y）

图12.47（a）和（b）所示为钢材屈服强度对撞击力（F）和跨中挠度（Δ）时程曲线的影响。可见，随着钢材强度的提高，构件撞击力时程曲线峰值段变化不大；撞击力平台值则有所提高，同时撞击持续时间降低；而构件的跨中极限挠度（Δ_u）则显著降低。以上现象表明，随着钢材屈服强度的提高，构件的截面抗弯强度增大，抗撞击能力增强。

图12.47（c）所示为构件动力抗弯强度提高系数（R_d）随钢材强度的变化趋势。可以看出，R_d 的数值为1.4～1.6，应变率效应带来的抗弯强度提高较为明显。随着钢材强度的提高，R_d 整体呈降低趋势，表明构件抗弯强度提高幅度逐渐减小。这是由于随着钢材强度的提高，构件在静力下的抗弯强度也随之提高，在材料的应变率效应带来的强度提高差别不大的情况下，强度提高的相对值降低。

（2）混凝土强度（f_{cu}）

图12.48所示为混凝土强度对构件撞击力（F）和跨中挠度（Δ）时程曲线的影响，可见在此参数范围内，混凝土强度对构件抗撞击性能影响不大。这是由于钢管混凝土中核心混凝土对构件截面抗弯强度贡献较少，如图12.33所示。由图12.48（c）也可以看出，在不同的混凝土强度之下，R_d 的变化不明显，构件的截面抗弯强度变化不大。

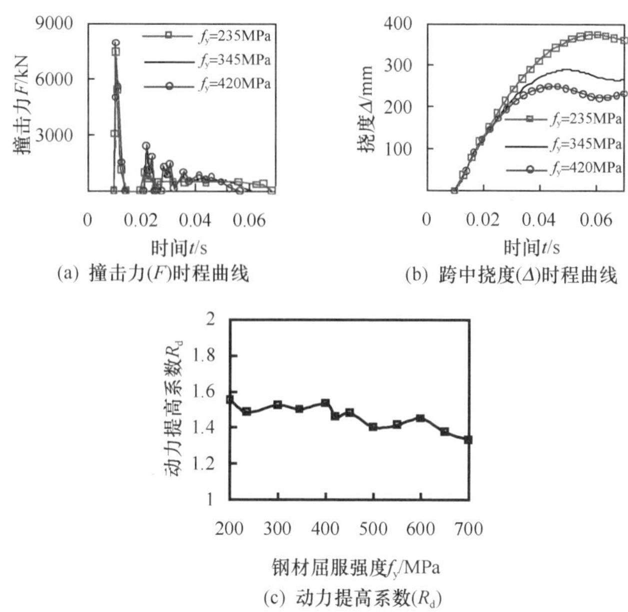

图 12.47　钢材屈服强度（f_y）的影响

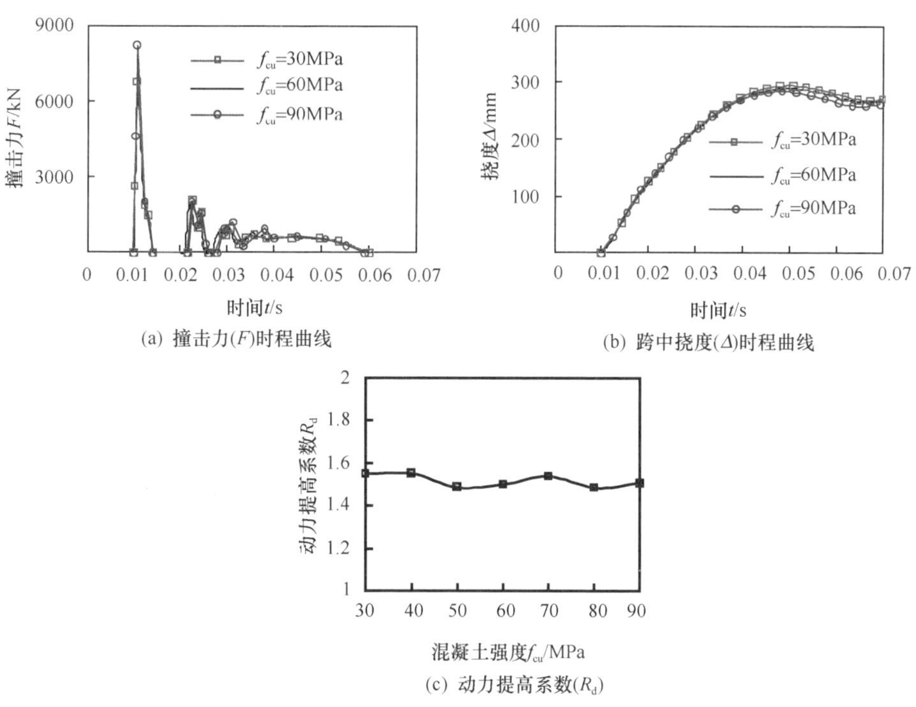

图 12.48　混凝土强度（f_{cu}）的影响

（3）截面含钢率（α）

在工程常用参数范围内（α=0.03～0.2），对截面含钢率（α）的影响进行分析。由图 12.49（a）可以看出，随着截面含钢率的提高，构件撞击力峰值明显增大，撞击力平台值也显著提高，且撞击时间缩短，构件抗撞击能力增强。图 12.49（b）中显示构件跨中极限挠度也随之下降，表明截面含钢率对构件的抗撞击能力有明显的影响：随着截面含钢率的提高，构件的抗撞击能力增强。由图 12.49（c）可见，随着截面含钢率提高，构件动力抗弯强度提高系数呈明显的下降趋势，这同样是由于在截面含钢率较大时，构件在静力下的截面抗弯强度增大，在因应变率效应带来的强度提高值差别不大时，截面抗弯强度动力提高系数降低。

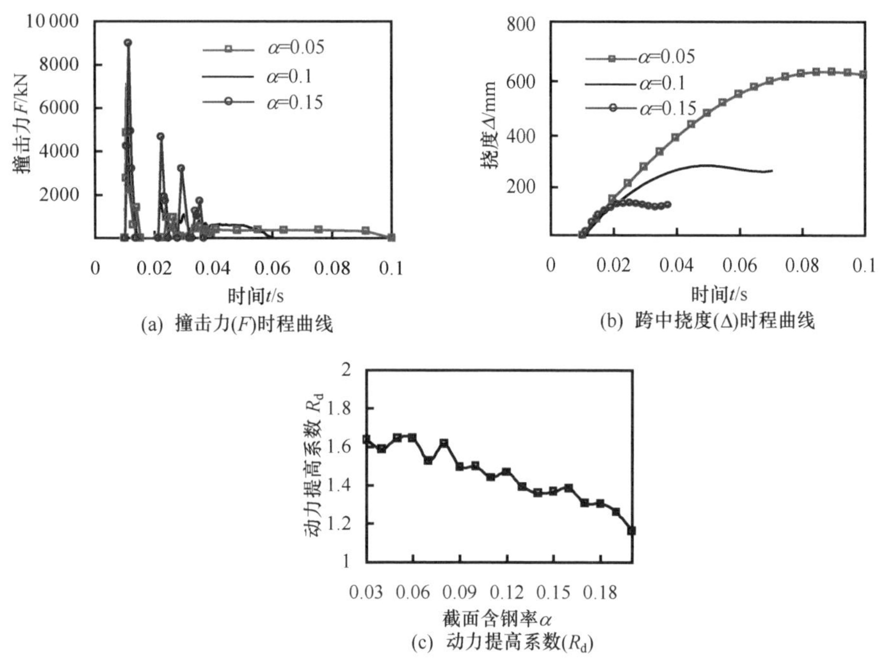

(a) 撞击力(F)时程曲线

(b) 跨中挠度(Δ)时程曲线

(c) 动力提高系数(R_d)

图 12.49 截面含钢率（α）的影响

（4）截面直径（D）

图 12.50 所示为截面直径（D）对构件抗撞击力学性能的影响，截面直径（D）取值范围为 300～600mm，在截面直径变化时保持截面含钢率（α）不变。由图 12.50（a）可以看出，随着截面直径的增大，由于钢管厚度随之增大，撞击部位局部变形刚度增强，撞击力峰值增大；截面抗弯强度也随之增大，因而撞击力平台值显著提高，且撞击时间明显缩短。由图 12.50（b）可以看出，构件跨中极限挠度也随着截面增大而显著降低，表明构件抗撞击能力增强。由

图 12.50（c)可以发现，动力强度提高系数（R_d）随截面直径的增大而逐渐降低。这是由于随着截面直径的增大，构件的静力抗弯强度增大，然而应变率效应带来的强度提高不明显，因而截面强度动力提高系数随之降低。

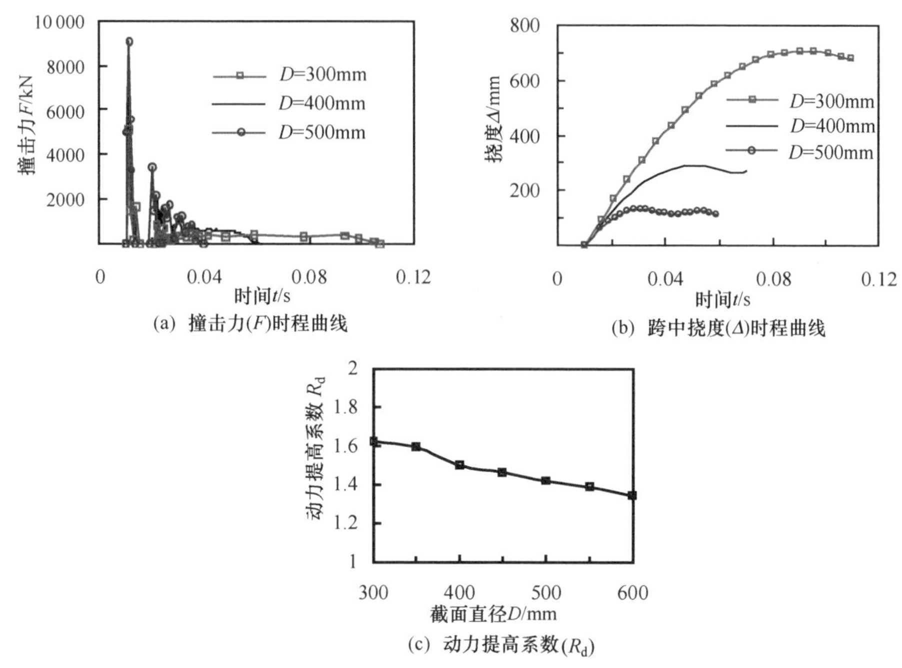

(a) 撞击力(F)时程曲线

(b) 跨中挠度(Δ)时程曲线

(c) 动力提高系数(R_d)

图 12.50　截面直径（D）的影响

(5) 长细比（λ）

构件长细比（λ）计算公式为 $\lambda=4L/D$，保持直径（D）不变，通过改变构件长度（L）改变长细比大小。λ 变化范围为 20～80。图 12.51（a）和（b）所示为长细比对构件撞击力（F）和跨中挠度（Δ）时程曲线的影响。可以看出，随着构件长细比的增大，撞击时间变长，撞击力平台值明显下降，且跨中挠度值增大较为明显。这是由于构件长度变大以后，变形能力增强，撞击力下降。由图 12.51（c）可见，随着构件长细比的增大，构件截面抗弯强度动力提高系数略有增长，这是由于构件长细比较大时，构件的变形速度略有增大，材料应变率有所增大，因而构件截面抗弯强度也有所增长，但增长幅度较小。

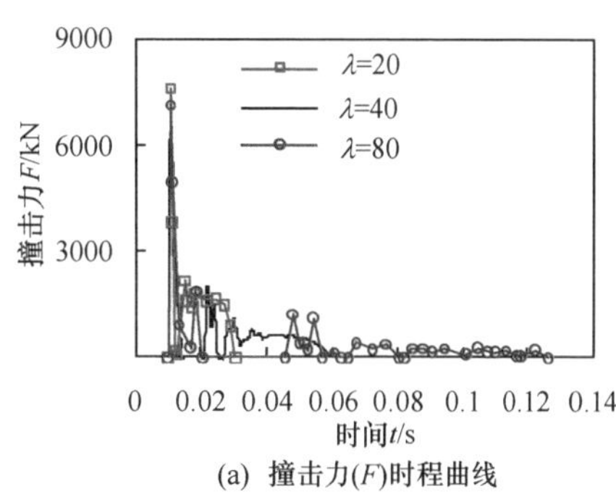

(a) 撞击力(F)时程曲线

图 12.51　长细比（λ）的影响

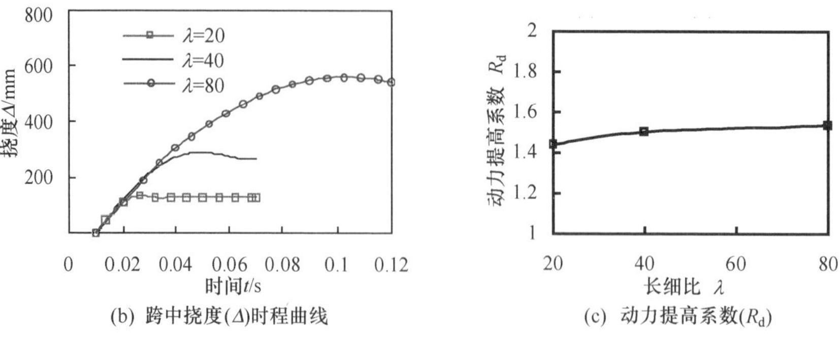

(b) 跨中挠度(Δ)时程曲线　(c) 动力提高系数(R_d)

图 12.51　长细比（λ）的影响（续）

（6）边界条件

图 12.52 所示为分别采用两端简支（1）、固简支（2）和两端固定（3）边界条件的构件撞击力（F）和跨中挠度（Δ）时程曲线的对比。可以看出，边界条件对构件撞击力峰值段形状影响不大。但在峰值结束后，固简支和两端简支构件均未出现撞击力的零值段，且撞击力平台值随边界条件增强而增大，撞击时间和跨中挠度则随之减小，表明构件抗撞击能力增强。这是由于边界条件增强时，构件在变形过程中可以形成多个塑性铰，因而抗力得到显著提高。由图 12.52（c）可以看出，随着边界条件的增强，构件跨中截面抗弯强度动力提高系数（R_d）略有下降，这是由边界条件较强时构件变形速度减弱、应变率略有下降、截面抗弯强度略有下降造成的。

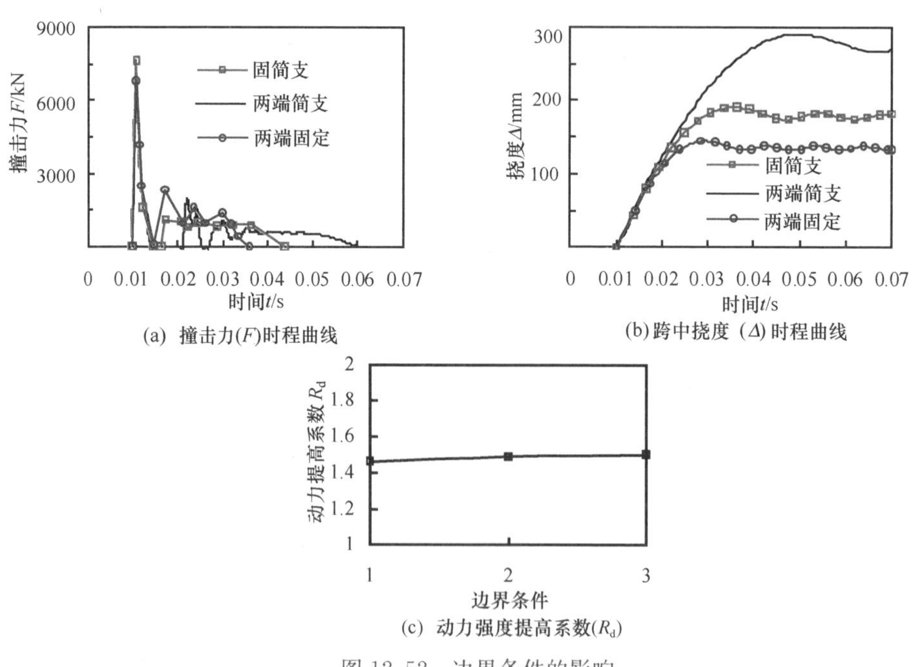

(a) 撞击力(F)时程曲线　(b) 跨中挠度（Δ）时程曲线

(c) 动力强度提高系数(R_d)

图 12.52　边界条件的影响

(7) 撞击速度(V_0)

保持撞击块质量(m_0)不变，通过改变撞击速度(V_0)改变撞击能量的大小。速度变化范围为10～28m/s(约为36～100km/h)。由图12.53(a)和(b)可以看出，随着撞击速度的提高，构件撞击力峰值增大，撞击力平台值提高，且撞击时间也有所增加，跨中挠度显著增大。这是由于随着撞击能量的增大，构件消耗的能量增大，塑性变形增大。

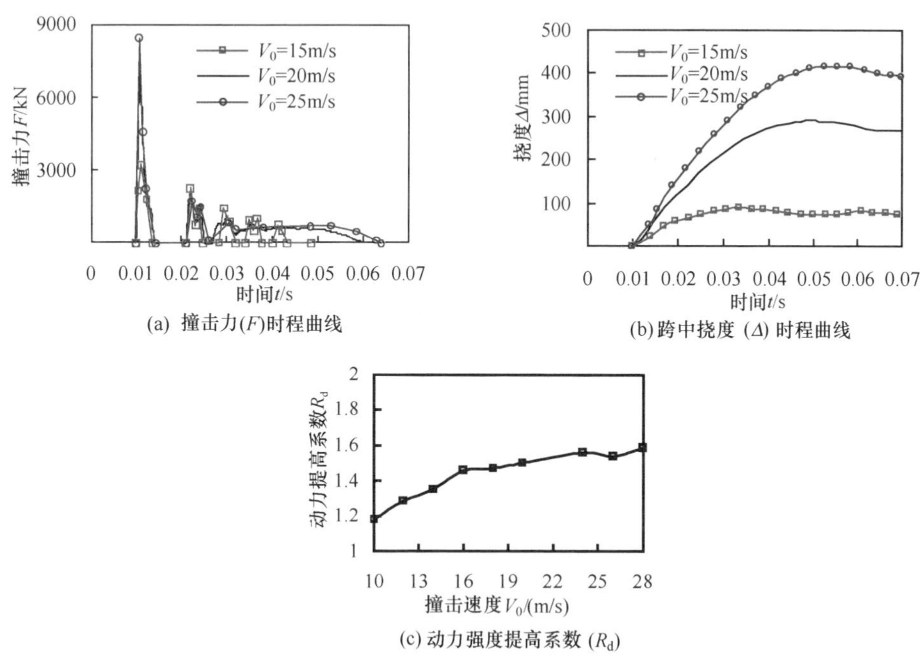

(a) 撞击力(F)时程曲线

(b) 跨中挠度(Δ)时程曲线

(c) 动力强度提高系数(R_d)

图12.53 撞击速度(V_0)的影响

由图12.53(c)可见，构件抗弯强度动力提高系数随着撞击速度的增大而显著提高。当撞击速度从10m/s提高到28m/s时，动力提高系数随之增长了35%左右。这是由于随着撞击速度的增大，构件变形速度增大，材料应变率随之增大，因而材料强度提高幅度增大，从而表现出截面抗弯强度的提高。

(8) 撞击物重量(m_0)

保持撞击速度(V_0)不变，通过改变撞击物重量(m_0)改变撞击能量大小。撞击物重量(m_0)变化范围为1000～3000kg。

由图12.54(a)和(b)可见，随着m_0的增大，撞击力峰值变化不大，但平台值略有提高，且撞击时间变长；构件消耗能量增大，跨中挠度增大。由图12.54(c)可见，随着m_0的增大，构件动力强度提高系数略有提高。这是由于撞击物质量的增大使得撞击过程中构件的变形速度也有了一定的增大，应变率有所提高，因而截面抗弯强度提高，但增长幅度较小，构件动力抗弯强度的提高幅度也较小。

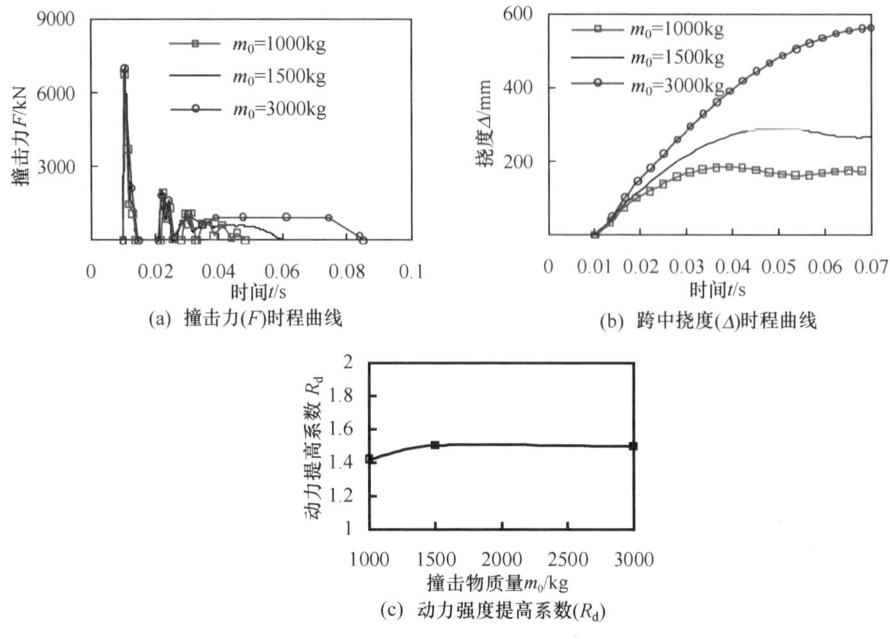

(a) 撞击力(F)时程曲线

(b) 跨中挠度(Δ)时程曲线

(c) 动力强度提高系数(R_d)

图 12.54 撞击物质量（m_0）的影响

(9) 撞击位置

改变撞击作用位置，分析对构件抗撞击性能的影响。图 12.55 所示为不同撞击位置下构件的撞击力（F）和撞击部位挠度（Δ）时程曲线，其中横坐标 l 为撞击部位距离跨中的距离。可以看出，随着撞击部位远离跨中，撞击力平台值有所提高，撞击时间缩短，而撞击部位挠度则减小，表明跨中是构件遭受撞击的最不利部位。

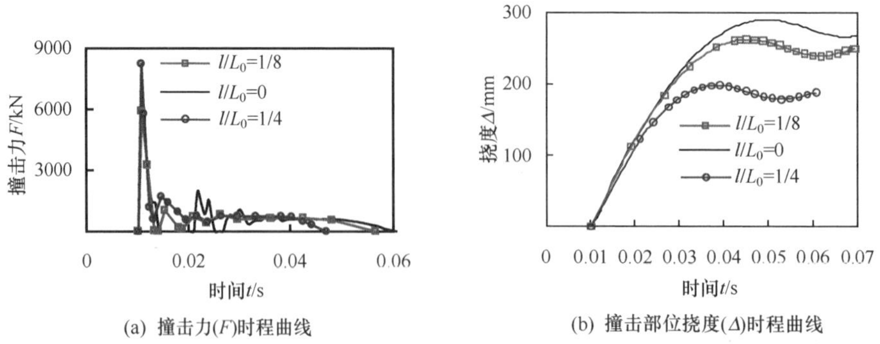

(a) 撞击力(F)时程曲线

(b) 撞击部位挠度(Δ)时程曲线

图 12.55 撞击位置的影响

由图 12.55（c）可以看出，在跨中遭受撞击时，构件截面抗弯强度动力提高系数（R_d）最大，远离跨中时略有减小，这也与撞击作用远离跨中时构件变形速度降低导致应变率略有下降有关。

需要说明的是，钢管混凝土的抗撞性能还和撞击发生的位置、撞击物的形状等均有关，有关问题都需要更系统地开展研究工作。

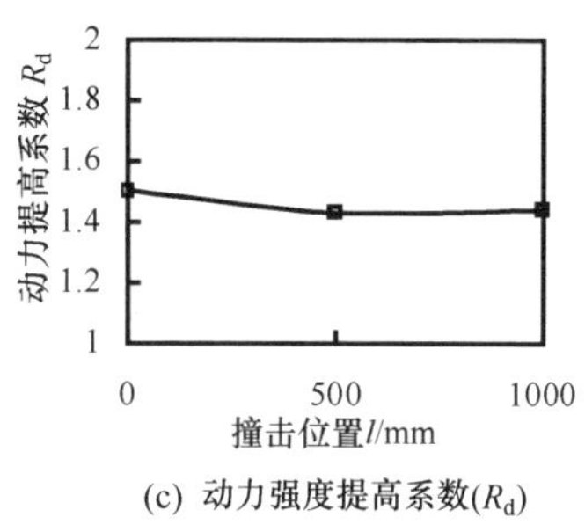

(c) 动力强度提高系数(R_d)

图 12.55　撞击位置的影响（续）

12.5.2　动力抗弯强度实用计算方法

如研究所述，在工程常用参数范围内，钢管混凝土构件在撞击荷载下主要出现受弯破坏，因此衡量其抗撞击能力的重要指标是其在撞击荷载下的动力抗弯强度。本节基于参数分析的结果，在大量算例的基础上通过回归分析得到了钢管混凝土构件截面动力抗弯强度的实用计算公式。

钢管混凝土构件截面动力抗弯强度 M_{ud} 计算公式如式（12.7）所示。

$$M_{ud} = R_d \cdot M_{us} \tag{12.7}$$

式中：R_d 为构件截面抗弯强度动力提高系数；M_{us} 为构件在静力荷载作用下的抗弯强度，按式（4.32）确定。

参数分析结果表明，影响构件截面抗弯强度动力提高系数 R_d 的主要因素包括：钢材强度（f_y）、截面含钢率（α）、截面直径（D）和撞击速度（V_0）。经过大量算例分析，通过回归分析得到了构件截面抗弯强度动力提高系数 R_d 的实用计算公式，如式（12.8）所示。算例参数范围为：钢材强度 f_y＝235～420MPa，混凝土强度 f_{cu}＝30～90MPa，构件截面含钢率 α＝0.03～0.2，构件截面直径 D＝300～600mm，撞击物质量 m_0＝1000～3000kg，撞击物速度 V_0＝10～28m/s。

$$R_d = 1.4912 \cdot f(f_y) \cdot f(\alpha) \cdot f(D) \cdot f(V_0) \tag{12.8}$$

其中：$f(f_y) = -4\times10^{-7} f_y^2 + 8\times10^{-5} f_y + 1.0171$；

$f(\alpha) = -3.658\alpha^2 - 0.8964\alpha + 1.1276$；

$f(D) = 7\times10^{-7} D^2 - 0.0013D + 1.4019$；

$f(V_0) = -0.001V_0^2 + 0.0508V_0 + 0.3849$。

图 12.56 为采用数值计算（M_{dFEA}）和式（12.8）简化计算公式（M_{ds}）计算得到的构件截面动力抗弯强度的对比。可以看出，两者误差在 5%之内，表明计算公式具有较高的精度。

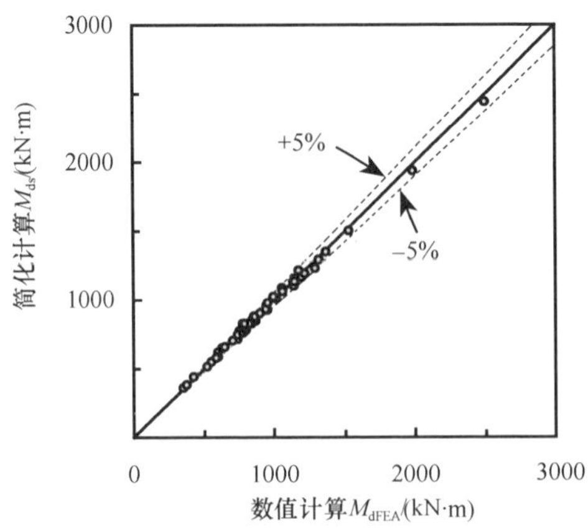

图 12.56　抗弯承载力数值计算（M_{dFEA}）和简化计算（M_{ds}）比较

12.6 小　结

本章进行钢管混凝土构件在低速横向撞击荷载作用下力学性能的试验研究，并建立了钢管混凝土构件在低速横向撞击荷载作用下的有限元分析模型，模型的计算结果和本章试验结果以及收集到的撞击试验结果总体上吻合良好。

本章深入研究钢管混凝土构件在横向撞击荷载作用下的工作机理，揭示了其荷载-变形全过程关系的力学实质，分析了构件的典型破坏形态。基于建立的有限元分析模型，系统分析了影响钢管混凝土撞击性能的重要参数，结果表明影响圆钢管混凝土构件在撞击荷载下截面动力抗弯强度的主要参数包括钢材屈服强度、截面含钢率、截面直径和撞击速度。分析了长期荷载、氯离子腐蚀作用和撞击荷载耦合对钢管混凝土柱承载力的影响。基于参数分析结果给出了钢管混凝土构件在侧向撞击作用下的截面动力抗弯强度实用计算方法，可为工程设计提供参考依据。

第 13 章　钢管与混凝土的粘结性能及混凝土浇筑质量的影响

13.1　问题的提出

众所周知，施工和制作质量将直接影响到工程结构的安全性和寿命。钢管混凝土由外包钢管及其核心混凝土共同组成，在进行核心混凝土的施工时，混凝土的质量应符合有关混凝土施工验收规范的要求，但是，由于核心混凝土为外围钢管所包覆，从而导致对混凝土浇灌质量控制问题的特殊性和难度。如前所述，组成钢管混凝土的钢管及其核心混凝土间的协同互补作用是钢管混凝土具有一系列突出优点的根本原因，因此，研究者们自然会很关心钢管混凝土构件受力全过程中其钢管和核心混凝土的共同工作问题。

钢管混凝土构件在受力过程中，其钢管及其核心混凝土之间的粘接问题一直是研究者关注的热点问题之一，以往已有不少研究者进行了这方面的研究工作，取得一些有价值的研究结果，例如邓洪洲等（2005）；刘永健和池建军（2005）；Morishita 和 Tomii（1982）；Morishita 等（1979a，1979b）；Roeder 等（1999）；Shakir-Khalil（1993）；Tomii 等（1980a，1980b）；Virdi 和 Dowling（1975，1980）；薛立红和蔡绍怀（1996a，1996b，1997）等。

以往的研究结果表明，影响钢管混凝土的钢管及其核心混凝土间粘接强度的主要因素有钢管混凝土构件的截面形状、混凝土龄期和强度、钢管径厚比、长细比以及混凝土浇筑方式等，其中，混凝土浇筑质量是重要的影响因素之一。那么，混凝土的浇筑质量对钢管混凝土构件的承载和变形能力有什么影响，进行该问题的研究自然对钢管混凝土工程的施工和设计具有重要的意义。

本章对组成钢管混凝土的钢管和混凝土之间的粘结强度问题进行了探讨，分析了影响粘结强度的诸因素。对在不同混凝土浇筑方式情况下钢管混凝土轴压和偏压构件承载力及变形能力的差异进行了定量研究。结合有关钢管混凝土工程的实际需要，在试验和理论分析结果的基础上，本章还研究了核心混凝土脱空对钢管混凝土构件在轴压、偏压和纯弯荷载作用下力学性能的影响规律和承载能力计算方法。

13.2　钢管与核心混凝土间的粘结性能

13.2.1　粘结强度

在高层和超高层建筑结构中，作用在梁上的竖向荷载（包括静载和活荷载）

通过梁柱节点传递给柱。若柱结构采用钢管混凝土时，梁端的剪力并不是直接传递给核心混凝土，而是首先传给外边的钢管。以前的研究中都假设钢和混凝土之间的应变是完全连续的，实际上它们的应变并非如此，钢和混凝土之间存在着一定的滑移和粘结强度，特别是中、长轴压和压弯构件比较明显。下面首先对影响组成钢管混凝土的钢管及其核心混凝土间粘结强度的因素进行分析和总结。

目前，有关钢管和混凝土之间粘接强度的定义主要有以下几种。

（1）极限粘结强度（f_{bu}）

Virdi 和 Dowling（1975，1980）在钢管混凝土构件的推出试验中，通过对推出混凝土的变形测定，确定了构件的荷载-变形曲线，然后在该曲线上定义了极限粘结强度。由于实测曲线的非线性特征，取混凝土极限粘结应变对应的应力值作为极限粘结强度。

对于极限粘结应变值的确定，有的学者建议采用混凝土的破坏应变 0.0035；有的学者则认为由于混凝土有初始沉陷量，选用 0.0035 偏小，而应取为 0.004。

（2）平均粘结强度（f_{ba}）

Morishita 和 Tomii（1982），Morishita 等（1979a，1979b）等通过测试钢管的变形来确定平均粘结强度。

Morishita 等在推出试验中，通过对钢管轴向压缩的测定，假定在钢与混凝土之间产生粘结应力的长度 $l\alpha$ 范围内，平均粘结强度是一常数 f_{ba}，按照下式计算为

$$f_{ba}=\frac{(N/A_s-\sigma_{os})\cdot t}{l_\alpha} \tag{13.1}$$

式中：N 为加在核心混凝土上的轴向荷载；A_s、t 分别为钢管截面面积及其壁厚；σ_{os} 为钢管与混凝土之间应变连续时钢管的纵向压应力。

目前对粘结强度的定义尚不统一，不同研究者得到的结论也有较大差异，因此该问题有待于进一步深入研究。

13.2.2 粘结强度的影响因素

通过对以往研究成果的分析、归纳和总结，发现影响组成钢管混凝土的钢管及其核心混凝土间粘接强度的主要因素有构件的截面形状、混凝土龄期和强度、钢管径厚比、构件长细比及混凝土浇筑方式等，下面分别简要论述。

（1）截面形状

1）圆形截面。

Morishita 等（1979a）对 25 个圆钢管混凝土柱在轴压荷载作用下的粘结强度进行了试验研究，试件的长细比为 19～20，选用核心混凝土强度作为变量。通过对钢管沿纵向变形曲线的观察发现，顶部应变为 1000$\mu\varepsilon$ 时，钢管的顶部和底部应变几乎一致，表明钢管和核心混凝土间的应变完全连续；当顶部应变为 3000$\mu\varepsilon$ 时，钢管顶部的应变明显比接近底部的应变大，意味着试件顶部的钢管

正逐渐将轴向荷载传递给核心混凝土，而在试件底部钢管和核心混凝土之间的应变还是连续的；随着轴向荷载的进一步增大，当试件顶部应变达到 5000$\mu\varepsilon$ 时，钢管和核心混凝土应变连续的部分消失。

其他条件相同而核心混凝土强度不同的试件，其纵向应变分布受到了核心混凝土弹性模量的影响：核心混凝土的弹性模量随着混凝土强度的增大而增大，但钢与混凝土间的纵向应变完全连续的长度却随着核心混凝土强度的增大而变短；也即随着核心受压混凝土强度的增大，钢与混凝土间的粘结应力部分的长度变长。

通过对钢管与混凝土间平均粘结强度的测试，发现圆钢管混凝土构件的平均粘结强度为 0.2～0.4MPa，其值明显比钢筋被包裹在混凝土之中的允许粘结强度低。这是由于钢管混凝土构件的粘结强度主要由钢管与混凝土间的摩擦力所决定，内表面光滑的钢管与混凝土相接触，它们之间的摩擦力明显要低于钢筋被包裹在混凝土之中二者之间相啮合的粘结强度。

2）方形截面。

Morishita 和 Tomii（1982），Morishita 等（1979a）研究了方钢管混凝土的粘结强度。通过对 25 个方钢管混凝土构件在轴压荷载作用下的粘结强度试验，探讨了钢管纵向应变分布状况、核心混凝土强度对粘结强度的影响及粘结强度的变化规律，并对提高钢与混凝土间粘结强度的改进方法进行了研究。试验发现，当钢管顶部应变为 1000 $\mu\varepsilon$ 时钢管的顶部和底部应变几乎一致，表明钢管和核心混凝土间的应变是连续的。当试件顶部应变达到 3000～5000 $\mu\varepsilon$时，钢管顶部应变明显比接近底部的应变大，这意味着试件顶部的钢管正逐渐地将轴向荷载传递给核心混凝土，当出现应变不连续分布时，钢管和核心混凝土之间产生粘结应力。

以混凝土强度作为变化参数，通过对方钢管混凝土粘结强度的研究，发现核心混凝土强度的大小并不直接影响纵向应变分布，通过对由低、中、高三种强度混凝土组成的钢管混凝土试件进行测试，发现所有试件的应变分布几乎完全相同。研究结果还表明，随着钢与混凝土间滑移的增大，平均粘结强度基本保持为常数，其数值在 0.15～0.3MPa 之间变化。

Tomii 等（1980b）探讨了用膨胀型混凝土和采用内表面带有螺纹的钢管的办法来提高粘结强度。Morishita 和 Tomii（1982）对钢管混凝土构件在恒定轴压力和往复水平剪力的条件下进行了试验研究，发现平均粘结应力随剪切力的变化而明显变化，但受核心混凝土强度的影响不大。

3）八边形截面。

Morishita 等（1979b）通过对组成八边形截面钢管混凝土的钢管及其核心混凝土间的粘结强度进行的试验研究发现，对于该类截面，钢和混凝土之间的粘结性能介于圆形截面和方形截面之间，即其粘结强度总体上高于方钢管混凝土，但低于圆钢管混凝土。

通过对以上三种不同截面形状情况下钢管混凝土构件的研究，发现随着构件的截面形状由方形→八边形（多边形）→圆形的渐变，钢管及其核心混凝土间的粘结强度是渐变、连续且逐渐增大的。产生这一现象的原因可能是由于钢管与混凝土之间的粘结强度是由二者之间的摩擦力提供的，而摩擦力的大小与混凝土收缩有很大关系。在同等条件下，截面形状由方形→八边形（多边形）→圆形，混凝土收缩量逐渐减少，因而钢管和核心混凝土间的摩擦力会逐渐增大。

(2) 混凝土龄期和强度

Virdi 和 Dowling（1980）通过选用水灰比作为设计参数，对六组共计 18 个由不同混凝土强度组成的钢管混凝土试件进行了试验研究，探讨了混凝土龄期和强度对钢管及其核心混凝土之间粘结性能的影响。图 13.1 和图 13.2 所示分别为混凝土龄期及强度（f_{cu}）与极限粘结强度（f_{bu}）之间的关系。可见，随着龄期的增长，粘结强度有逐渐增大的趋势，但变化不很明显。由图 13.2 可以看出，粘结强度与混凝土强度的关系不大。

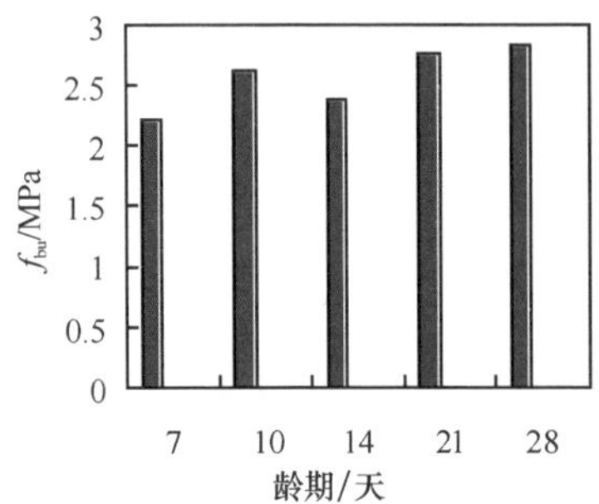

图 13.1　龄期与粘结强度的关系

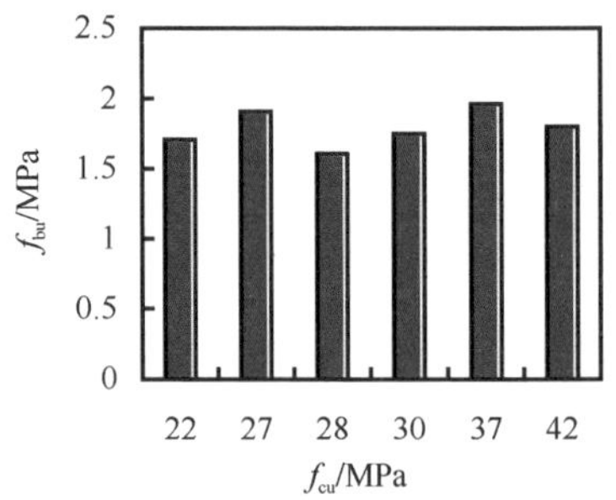

图 13.2　混凝土强度与粘结强度的关系

(3) 钢管的径厚比与构件长细比

Virdi 和 Dowling（1980）通过试验研究，发现钢管的径厚比（D/t）和钢管混凝土构件的长细比（λ）对粘结强度有影响，分别如图 13.3 和图 13.4 所示。从图 13.3 可以看出，粘结强度随径厚比的变化规律不明显，离散性比较大；从图 13.4 可以看出，粘结强度随构件长细比增大有增大的趋势。

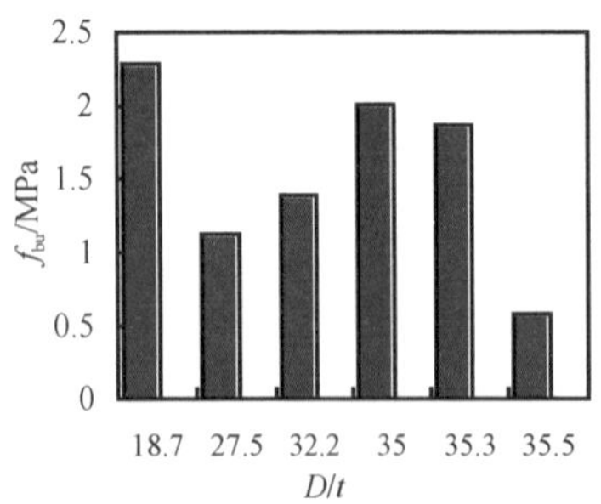

图 13.3　径厚比与粘结强度的关系

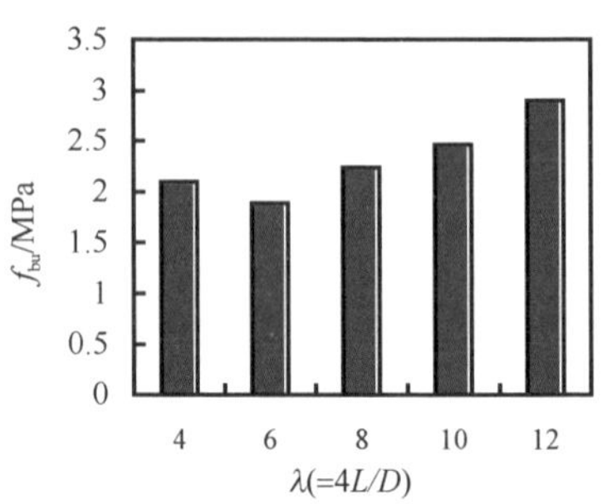

图 13.4　长细比与粘结强度的关系

(4) 混凝土浇筑方式

Virdi 和 Dowling（1980）进行了四种不同混凝土浇筑方式下粘结强度的试验研究，所采用的混凝土浇筑方式如下。方式Ⅰ：利用振捣棒对混凝土进行完全振捣；方式Ⅱ：利用振捣棒对混凝土进行轻微振捣；方式Ⅲ：将钢管混凝土短试件内的混凝土平均分三次灌入，每次灌入混凝土后用短棒手工均匀振捣 40 次；方式Ⅳ：将钢管混凝土短试件内的混凝土平均分三次灌入，每次灌入混凝土后用短棒手工均匀振捣 20 次。研究结果表明，混凝土浇筑方式对粘结强度的影响较大，图 13.5 所示为混凝土浇筑方式与粘结强度的关系。

由图 13.5 可以看出，混凝土浇筑方式不同，钢管与混凝土之间的粘结强度有明显的差别：随着混凝土振捣方式由方式Ⅰ→方式Ⅱ→方式Ⅲ→方式Ⅳ的变化，粘结强度逐渐降低，这种现象的主要是由不同浇筑方式情况下混凝土的密实度不同而引起的。

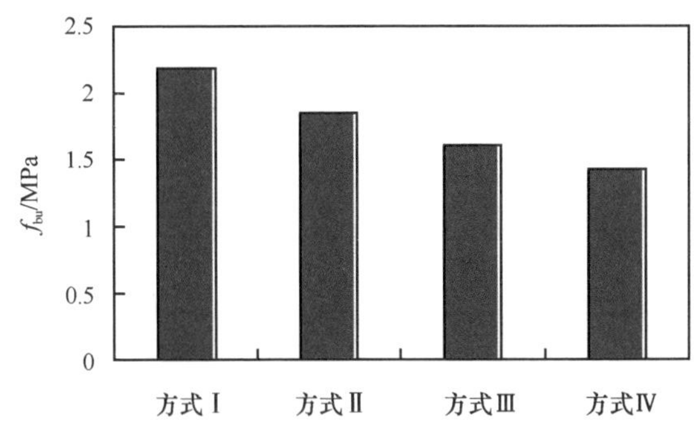

图 13.5　混凝土浇筑方式对粘结强度的影响

对于实际工程，当钢管混凝土构件的设计完成后，其几何特性参数（如构件截面形状、钢管径厚比和构件长细比等）和物理参数（如混凝土强度等）往往都是确定的，此时，混凝土浇筑质量对钢管和混凝土之间粘结强度的影响就显得非常重要。

13.2.3　钢管与混凝土间粘结性能的试验研究

以往，国内外学者已在钢管与其核心混凝土之间的粘结性能研究方面取得了不少进展，但对矩形截面钢管混凝土构件及采用自密实混凝土钢管混凝土构件界面粘结性能的研究报道尚少见。杨有福和韩林海（2006）进行了矩形钢管自密实混凝土构件界面粘结性能的试验研究，并比较了与钢管普通混凝土的差别。下面简要介绍有关结果。

(1) 试验概况

共进行了 6 个构件的试验研究。试件的设计情况如表 13.1 所示，表中，D 为截面长边边长，B 为截面短边边长，t 为钢管管壁厚度，D/B 为截面高宽比，

L 为构件长度（包括端部 15mm 的空隙），N_u 为粘结破坏荷载，τ_u 为平均粘结强度。试验变化的参数主要是截面高宽比。

表 13.1 界面粘结性能试验试件参数表

序号	编号	D/mm	B/mm	t/mm	D/B	L/mm	N_u/kN	τ_u/(N/mm²)
1	RP 1	60	60	1.5	1	180	25.5	0.677
2	RP-2	60	60	1.5	1	180	29.1	0.773
3	RP-3	90	60	1.5	1.5	270	46.4	0.632
4	RP-4	90	60	1.5	1.5	270	49.1	0.668
5	RP-5	120	60	1.5	2	360	65.5	0.546
6	RP-6	120	60	1.5	2	360	61.1	0.509

矩形钢管由四块钢板拼焊而成，焊缝按角焊缝的形式设计。钢材材性由标准拉伸试验确，测得平均屈服强度（f_y）、抗拉强度（f_u）、弹性模量（E_s）和泊松比（μ_s）分别为：$f_y=307$MPa、$f_u=407$MPa、$E_s=2.048\times10^5$ N/mm² 和$\mu_s=0.286$。

混凝土采用自密实高性能混凝土。混凝土水胶比为 0.362，砂率为 0.58，配合比（按重量计，单位为 kg）如下：水泥：粉煤灰：砂：石子：水=1.66：1.10：5.49：3.98：1.00。所用原材料为：32.5 级普通硅酸盐水泥；河砂，细度模数 2.6；碎石，石子粒径 5～15mm；矿物细掺料为Ⅱ级粉煤灰；普通自来水；UNF-5 早强型减水剂的掺量为胶凝物的 1.2%。试验时配制的混凝土坍落度为 270mm，坍落流动度为 640mm，混凝土浇灌时内部温度为 20°C，与环境温度基本相同。新拌混凝土流经 L 形仪的时间为 13s，平均流速为 61.5mm/s。混凝土 28d 抗压强度（f_{cu}）由与试件同条件下成型养护的 150mm×150mm×150mm 立方试块测得：28 天的立方体抗压强度为 39MPa，弹性模量为 33 010N/mm²，试验时混凝土的立方体抗压强度为 42.6MPa。

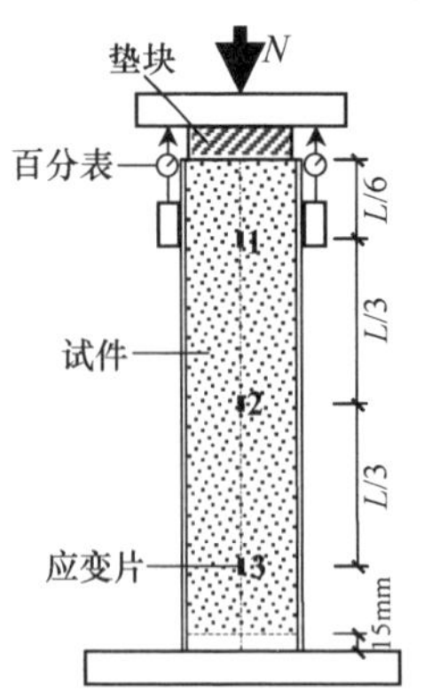

图 13.6 试验装置示意

本次试验采用推出试验的方法，试验装置如图 13.6 所示，每个试件 1、2、3 位置沿每面各贴一个共计 12 个应变片。试验采用分级加载制，弹性范围内每级荷载为预计粘结破坏荷载（按平均粘结强度为 0.4N/mm²计算）的 1/10，当滑移量达到 1mm 后每级荷载约为预计极限荷载的 1/20，每级荷载的持荷时间约为 1～2min。当滑移量达到 3mm 后慢速连续加载，同时连续记录各级荷载所对应的变形值，直至滑移量接近 15mm 时停止加载。

（2）试验结果及分析

试验过程中，在滑移量达到 1mm 之前，可以在局部听到细微的响声，随着荷载的逐级增大，响声也逐渐增多且均匀分布，同时可以明显看到钢垫块下陷。图 13.7 所示为所有构件试验结束后的情景，可见核心混凝土顶面有明显的下陷。

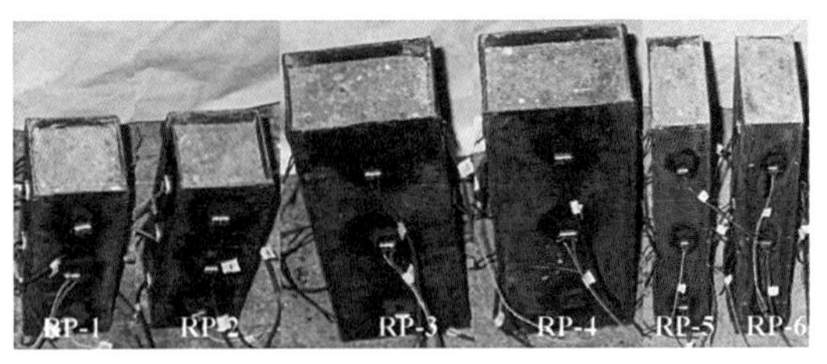

图 13.7　试验结束后试件的形态

图 13.8 所示为所有试件的荷载-滑移关系曲线，其中 RP-6 由于百分表在滑移量为 3mm 左右时出现故障而终止了试验。所有曲线的形状与没有明显屈服点钢材的应力-应变曲线类似，本书取滑移量为 1mm 时对应的荷载为粘结破坏荷载（N_u），并按公式（13.1）计算平均粘结强度，如表 13.1 所示，粘结强度在 0.509～0.773MPa，且粘结强度随截面高宽比的增大而减小。本书实测平均粘结强度与邓洪洲等（2005）、刘永健和池建军（2005）及 Shakir-Khalil（1993）结果的比较如图 13.9 所示。

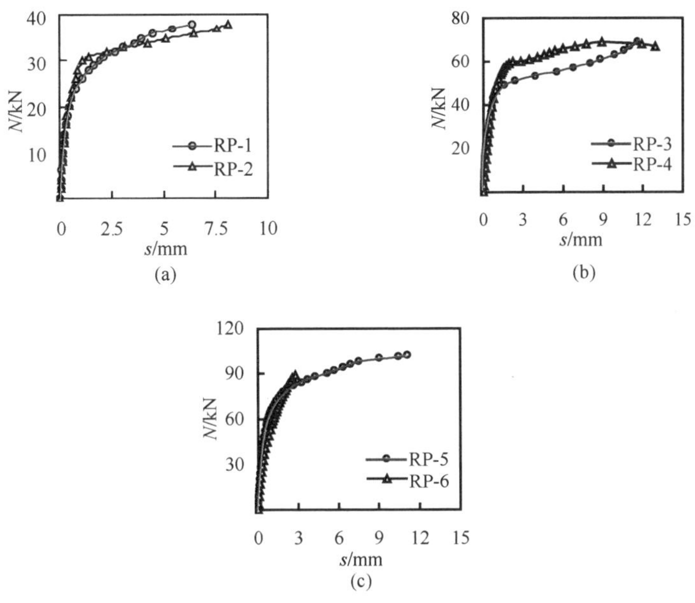

图 13.8　荷载-滑移关系曲线

由图 13.9 可见，本书实测粘结强度总体上高于其他研究者的试验结果，这主要是因为本书试验构件的核心混凝土为自密实混凝土，其密实度好于普通混凝土，因此其与钢管之间的粘结强度大于普通混凝土与钢管之间的粘结强度。

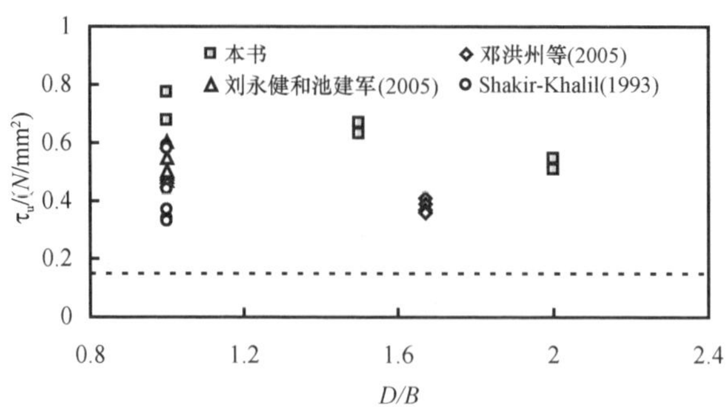

图 13.9　截面高宽比对粘结强度的影响

图 13.10 所示为试件的荷载-纵向应变曲线，每个数据点取 4 个应变片测量结果的平均值，可见在整个推出试验过程中，钢管的应变基本保持在弹性范围，与推出荷载的关系基本保持线弹性，且由上到下应变逐渐增大，未发现钢管屈曲，这与 Shakir-Khalil（1993）的试验现象及研究结果相同。

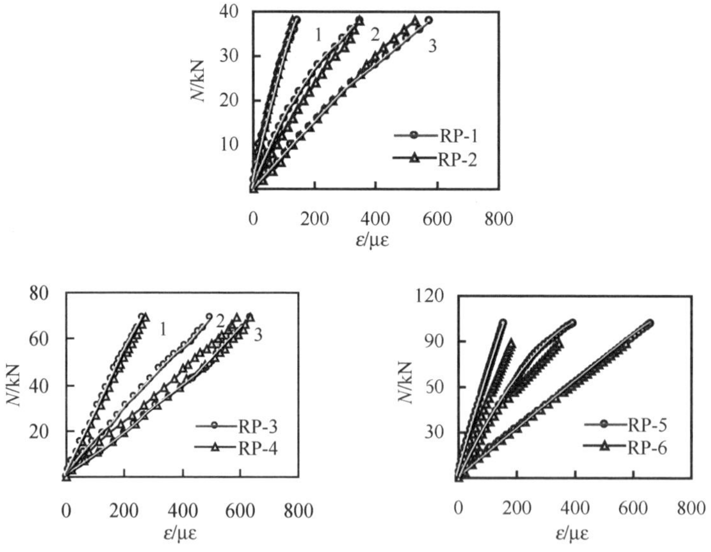

图 13.10　荷载-应变关系曲线

为了使钢管混凝土梁柱节点的梁端剪力能够有效地由钢管传递给核心混凝土，必须保证二者之间有足够的粘结强度。一些有关工程技术标准给出了钢管和混凝土之间粘结强度的设计值，例如 AIJ（1997，2008）规定圆形和矩形钢管混凝土的粘结强度设计值分别为 0.225MPa 和 0.15MPa，DBJ/T13-51—2010（2010）的规定与 AIJ（1997，2008）相同；BS5400（1979）和 EC4（2004）规定粘结强度设计值为 0.4MPa，同时适用于圆钢管混凝土和矩形钢管混凝土。

如果取钢材和混凝土材料分项系数的平均值 [(1.4+1.1)/2=1.25]，将实测粘结强度转化为设计值（$\tau_{u,d}$），并与各规程规定的设计值进行比较，如图 13.11所示。可见，对于本书试验，四部规程的设计值均偏于安全；总体上，规程 BS5400（1979）和 EC4（1994）的计算值与试验结果比较接近；而规程 AIJ（1997，2008）和 DBJ/T13-51—2010（2010）的设计值相对于试验结果偏于安全。

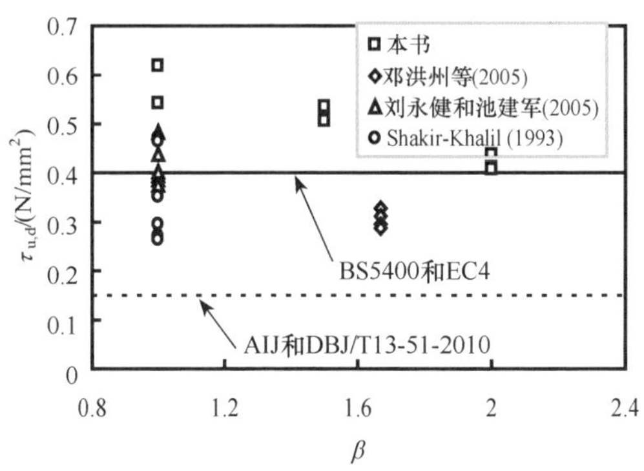

图 13.11　粘结强度设计值比较

上述试验结果表明，截面形状和混凝土浇筑方式对钢管和混凝土之间粘结强度的影响相对较大，而混凝土龄期和强度、钢管径厚比和构件长细比等的影响规律并不明显；自密实混凝土可以提高钢管混凝土构件中钢管和混凝土之间的粘结强度；总体上，矩形钢管混凝土中钢管和混凝土之间的粘结强度随截面高宽比的增大而减小。在整个推出试验过程中，钢管的应变基本保持在弹性范围，与推出荷载的关系基本保持线弹性，且由上到下逐渐增大。

为了研究钢管混凝土构件截面尺寸大小和核心混凝土龄期对钢管与其核心混凝土之间的粘结性能的影响，近期开展了上述两个因素影响规律的试验研究（Tao 等，2016），此外，还考虑了钢管材料（不锈钢和碳素钢）、混凝土类型（普通混凝土、再生混凝土、膨胀混凝土）和钢管内表面类型（普通表面、焊接栓钉、焊接内环板）的影响。

1）试验概况。

共进行了 24 个试件的试验，其中圆形试件 13 个，方形试件 11 个，基本信息分别如表 13.2 和表 13.3 所示，其中，D 为圆钢管外直径，B 为方钢管外边长，t 为钢管壁厚，L 为构件长度，t_c为试验时混凝土龄期，N_u为粘结破坏荷载。试件编号中，第一个字母“C”或“S”表示圆形或方形；第二个字母“C”或“S”表示碳素钢或不锈钢；数字“120、200、400 和 600”表示截面尺寸；其后字母“N、R、E”分别表示普通混凝土、再生混凝土和膨胀混凝土；最后一个数字（如有）表示相同参数试件的编号；最后一个字母“S”或“R”（如有）表示钢管内表面焊接了栓钉或内环板。

表 13.2 界面粘结性能试验试件参数表（圆形）

序号	试件编号	钢管类型	D/mm	t/mm	L/mm	混凝土类型	t_c/天	f_c'/MPa	f_y/MPa	f_u/MPa	E_s/(N/mm²)	N_u/kN	τ_u/(N/mm²)
1	CS120N1	不锈钢	120	4	600	NC-Ⅰ	110	48.4	362	722	2.02×10^5	213	1.01
2	CS120N2	不锈钢	120	4	600	NC-Ⅱ	111	81.8	362	722	2.02×10^5	120	0.57
3	CS120N3	不锈钢	120	4	600	NC-Ⅰ	110	48.4	362	722	2.02×10^5	99	0.47
4	CS120R1	不锈钢	120	4	600	RAC	110	50.6	362	722	2.02×10^5	304	1.44
5	CS400N1	不锈钢	400	8	1200	NC-Ⅲ	31	42.0	321	653	1.93×10^5	333	0.23
6	CS400NS	不锈钢	400	8	1200	NC-Ⅲ	33	42.0	321	653	1.93×10^5	1823	1.26
7	CS400NR	不锈钢	400	8	1200	NC-Ⅲ	1163	54.4	321	653	1.93×10^5	3936	2.72
8	CS400E1	不锈钢	400	8	1200	EC	32	42.7	321	653	1.93×10^5	1100	0.76
9	CC120N1	碳素钢	120	3.6	600	NC-Ⅰ	111	48.4	339	447	1.82×10^5	390	1.85
10	CC400N1	碳素钢	400	8	1200	NC-Ⅲ	31	42.0	372	515	2.09×10^5	868	0.60
11	CC400N2	碳素钢	400	8	1200	NC-Ⅲ	1165	54.4	372	515	2.09×10^5	58	0.04
12	CC400E1	碳素钢	400	8	1200	EC	32	42.7	372	515	2.09×10^5	1476	1.02
13	CC400E2	碳素钢	400	8	1200	EC	1168	55.8	372	515	2.09×10^5	1100	0.76

表 13.3 界面粘结性能试验试件参数表（方形）

序号	试件编号	钢管类型	D/mm	t/mm	L/mm	混凝土类型	t_c/天	f_c'/MPa	f_y/MPa	f_u/MPa	E_s/(N/mm²)	N_u/kN	τ_u/(N/mm²)
14	SS120N1	不锈钢	120	4	600	NC-I	108	48.4	521	779	1.98×10^5	191	0.71
15	SS120N2	不锈钢	120	4	600	NC-Ⅱ	109	81.8	521	779	1.98×10^5	113	0.42
16	SS120R1	不锈钢	120	4	600	RAC	109	50.6	521	779	1.98×10^5	159	0.59
17	SS200N1	不锈钢	200	5.7	850	NC-Ⅳ	35	40.4	378	648	2.05×10^5	77	0.12
18	SC120N1	碳素钢	120	3.6	600	NC-Ⅰ	109	48.4	355	460	2.02×10^5	280	1.04
19	SC200N1	碳素钢	200	5.7	850	NC-Ⅳ	35	40.4	439	540	1.79×10^5	147	0.23
20	SC600N1	碳素钢	600	10	1800	NC-Ⅲ	1175	54.4	356	488	2.05×10^5	125	0.03
21	SC600NS	碳素钢	600	10	1800	NC-Ⅲ	1172	54.4	356	488	2.05×10^5	1378	0.33
22	SC600NR	碳素钢	600	10	1800	NC-Ⅲ	1171	54.4	356	488	2.05×10^5	6568	1.58
23	SC600E1	碳素钢	600	10	1800	EC	1171	55.8	356	488	2.05×10^5	543	0.13
24	SC600E2	碳素钢	600	10	1800	EC	1176	55.8	356	488	2.05×10^5	626	0.15

试件 CS400NS 和 SC600NS 的钢管内壁焊接了两列直径为 12.7mm、长度为 75mm 的栓钉，栓钉间隔为 300mm；试件 CS400NR 和 SC600NR 的钢管内壁焊接了 8mm 和 10mm 厚的内环板；其余试件的钢管内壁均未设置任何加强措施。

表 13.2 和表 13.3 给出了钢管实测的屈服强度（f_y）、抗拉强度（f_u）和弹性模量（E_s）。试件采用了四批普通混凝土（NC-Ⅰ、NC-Ⅱ、NC-Ⅲ和 NC-Ⅳ）、一批再生混凝土（RAC）和一批膨胀混凝土（EC）。试验时试件的混凝土龄期和圆柱体抗压强度（f_c'）分别在表 13.2 和表 13.3 中给出。不同混凝土的配合比列于表 13.4。

表 13.4　混凝土配合比

混凝土类型	水 /(kg/m³)	水泥 /(kg/m³)	砂 /(kg/m³)	粗骨料 /(kg/m³)	减水剂 /(kg/m³)	粉煤灰 /(kg/m³)	膨胀剂 /(kg/m³)
NC-Ⅰ	170	320	990	720	24	200	–
NC-Ⅱ	150	500	800	800	28.8	150	–
NC-Ⅲ	160	319	714	974	1.1	97	–
NC-Ⅳ	156	316	804	903	1.4	100	–
RAC	170	320	990	720	24	200	–
EC	140	264	780	968	1.0	108	30

这次试验采用的推出试验装置如图 13.12 所示，推出荷载从试件下端施加在钢管上，两个位移计 1 和 2 被用来测量试件上端钢管和混凝土的相对位移，一个位移计 3 用来测量试件下端钢管和混凝土的相对位移。试验过程中，达到峰值荷载前，采用的加载速率为 0.3mm/min；达到峰值荷载后，加载速率增加为 0.6mm/min。

(a) 试验照片

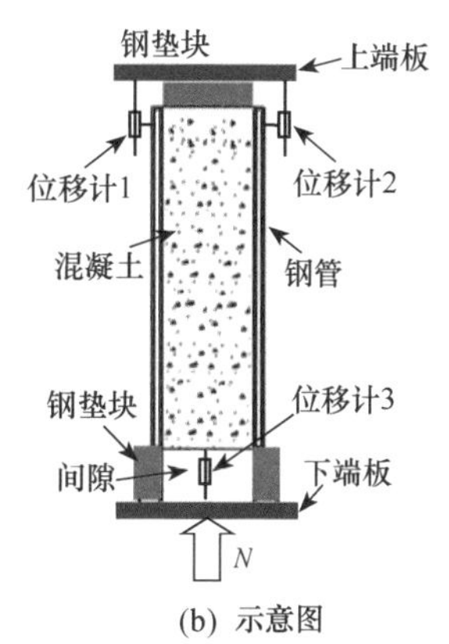

(b) 示意图

图 13.12　试验装置

2）试验结果及分析。

试验过程中，采用内环板的试件 CS400NR 和 SC600NR 发生局部钢管鼓屈，如图 13.13 所示。其中，圆形试件 CS400NR 的钢管鼓屈发生在远离内环板的一端；而方形试件 SC600NR 的钢管鼓屈位于内环板附近。其余试件均发生钢管和混凝土的相对滑移，未出现钢管鼓屈破坏现象。

圆形和方形试件实测的粘结应力（τ）-滑移（S）关系分别如图 13.14 和图 13.15所示；试件的平均粘结强度（τ_u）分别列于表 13.2 和表 13.3。

(a) CS400NR (圆形)

(b) SC600NR (方形)

图 13.13　设置内加强环板试件的破坏模态

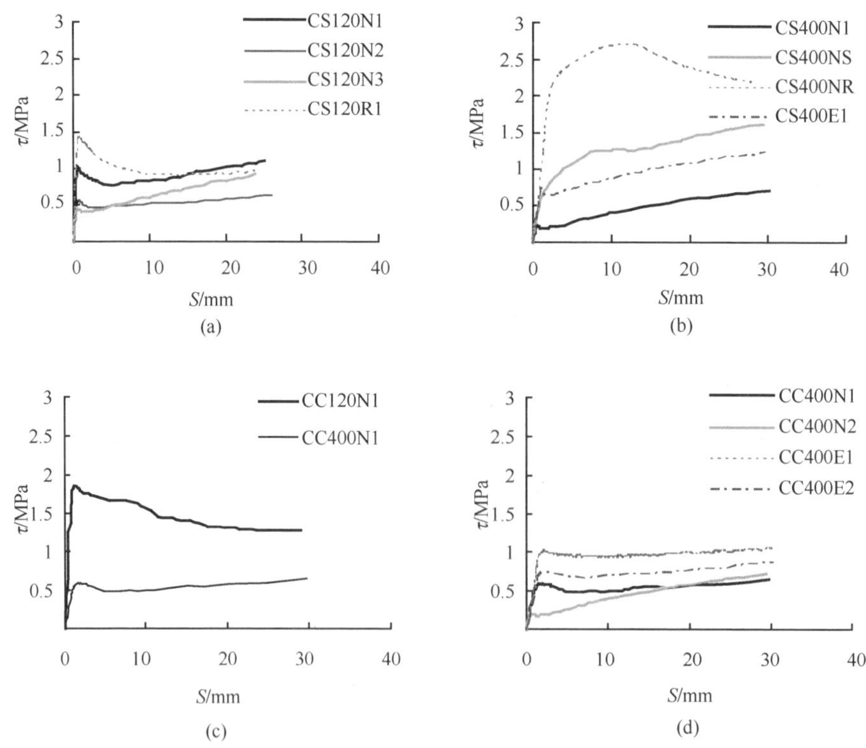

图 13.14　圆形试件粘结应力（τ）-滑移（S）关系曲线

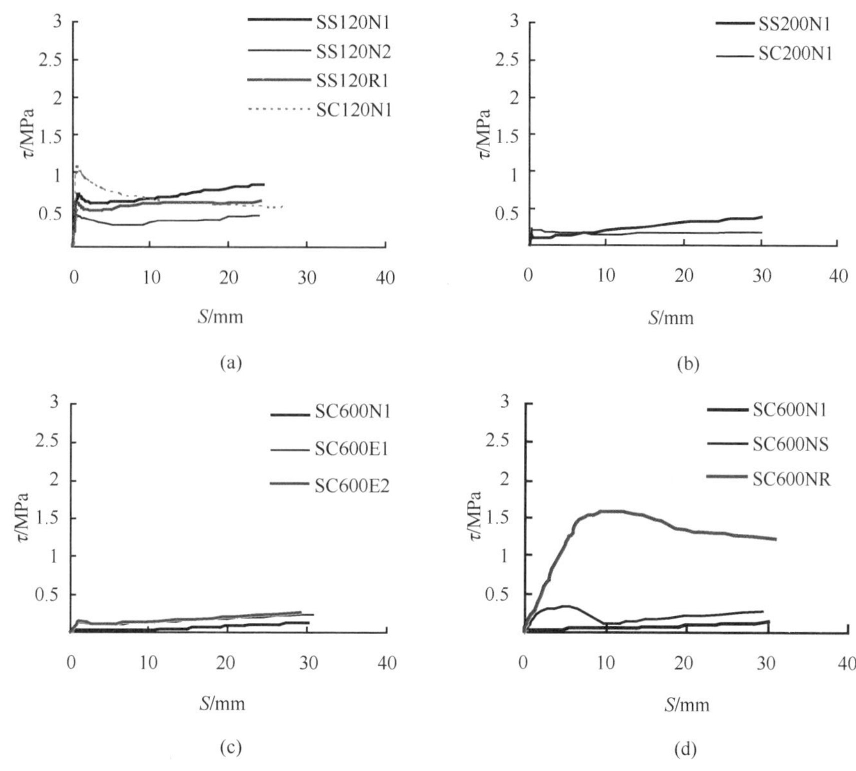

图 13.15　方形试件粘结应力（τ）-滑移（S）关系曲线

本次试验的结果表明，平均粘结强度（τ_u）随钢管混凝土试件截面尺寸的增大总体呈现出降低的趋势，这和 Roeder 等（1999）对圆形截面钢管混凝土研究结果的规律总体上一致。以试件 CC120N1 和 CC400N1 为例，当截面尺寸从 120mm 增加到 400mm 时，τ_u从 1.85MPa 降低到 0.6MPa。

混凝土龄期对 τ_u也有明显影响，对于 3 年以上龄期，且未设置任何粘结强度加强措施（如采用膨胀混凝土、焊接栓钉和内环板）的试件（CC400N2 和 SC600N1），混凝土和钢管界面的粘结强度降低显著，以 CC400N1 和 CC400N2 为例，当混凝土龄期从 31 天增加到 1165 天时，τ_u从 0.60MPa 降到 0.04MPa。当然，上述混凝土龄期的影响是基于两个试件的结果得出的，试验数量有限。试验结果还表明，由于不锈钢管内表面比碳素钢光滑，不锈钢管和其核心混凝土之间的粘结强度会有所降低。此外，焊接内环板是提高粘结强度的最有效手段，其次是焊接栓钉；采用膨胀混凝土可显著提高圆形试件的粘结强度，但对方形试件的作用相对较小。

目前相关设计规程，如欧洲规范（EN 1994-1-1：2004，2004）美国规范（AISC 360-10，2010）中推荐的钢管混凝土粘结强度设计值（$\tau_{u,d}$）均是基于以往截面尺寸较小、龄期较短的试验数据给出的，以欧洲规范为例，规定的圆钢管混凝土 $\tau_{u,d}$值为 0.55MPa；矩形钢管混凝土 $\tau_{u,d}$值为 0.4MPa。未在钢管内部焊接栓钉和环板的试件的试验结果与欧洲规范规定 $\tau_{u,d}$的比较结果表明，当采用普通混凝土且龄期为 3 年时，测得的碳素钢管混凝土的粘结强度明显低于规范规定的设计值；当采用膨胀混凝土且龄期为 3 年时，测得的圆形碳素钢管混凝土的粘结强度大于设计值，但矩形碳素钢管混凝土的粘结强度低于设计值。因此，在实际工程中有必要考虑混凝土较长龄期带来的粘结强度降低作用的影响。

实际工程中钢管和混凝土界面的工作性能影响因素较为复杂，是钢管混凝土构件受力变形及混凝土自身收缩变形等综合作用的结果。需要指出的是，对于实际受力的钢管混凝土构件，核心混凝土的收缩会使其发生与钢管“剥离”的趋势，从而降低钢管和混凝土之间的粘接，而钢管混凝土受压力作用，其核心混凝土会产生“膨胀”变形，从而“补偿”由于上述收缩产生的“剥离”变形；当这种“膨胀”变形大于“剥离”变形时，钢管及其核心混凝土相互接触，钢管和核心混凝土之间有摩擦力，且这种摩擦力随着钢管和混凝土之间接触力的增大而增加。

13.3　核心混凝土浇筑质量对钢管混凝土力学性能的影响

如前所述，混凝土浇筑质量对组成钢管混凝土的钢管及其核心混凝土间粘结强度的影响不容忽视，它对钢管混凝土构件力学性能的影响规律自然会受到有关工程技术人员的关注，但目前尚未见到有关报道。

为了考察不同混凝土浇筑质量情况下钢管混凝土构件承载力及变形规律，作者领导的课题组先后进行了圆钢管混凝土（Han，2000b；姜绍飞，1999）和方、矩形钢管混凝土柱力学性能的试验研究（Han 和 Yang，2001；Han 和 Yao，2003a）。

为了更好地说明问题，增强对比性，在浇筑钢管混凝土的混凝土时，分别采用了机械振捣和人工振捣两种方式。

13.3.1　圆钢管混凝土构件试验研究

试件的几何尺寸、数量及参数等如表 13.5 所示。根据试件的长短分 A、B 两组，每组按照混凝土振捣方式不同又分两组，试件编号的意义如下：首位字母 M 或 H 表示混凝土采用机械振捣或人工振捣方式，第二位字母 A 或 B 代表第一组或第二组，第三位数字代表每组中的试件序号。

试件采用两种型号的钢管，外径 D＝133mm 试件采用无缝钢管，外径 D＝140mm 的试件采用直缝钢管，钢材的屈服强度由标准试件的拉伸试验测定，分别为 324.3MPa 和 302.7MPa，弹性模量分别为 2.01×10^5 N/mm^2 和 1.98×

10^5 N/mm^2，测试方法按照国家标准《金属材料室温拉伸试验方法》（GB/T228—2002）中的有关规定进行。

表 13.5　圆钢管混凝土试件表

序号	试件编号	$D\times t\times L$ /(mm×mm×mm)	λ	e/mm	f_y/MPa	N_{ue}/kN	δ_d/%
1	H*—A—1	140×4×420	12	0	302.7	600	—
2	H—A—2	140×4×420	12	0	302.7	1095	6.8
3	M—A—1	140×4×420	12	0	302.7	1150	—
4	M—A—2	140×4×420	12	0	302.7	1200	—
5	H—C—1	140×4×420	12	20	302.7	585	44
6	M—C—1	140×4×420	12	20	302.7	1045	—
7	H—D—1	140×4×420	12	30	302.7	460	45.8
8	H—D—2	140×4×420	12	30	302.7	475	44
9	M—D—1	140×4×420	12	30	302.7	850	—
10	M—D—2	140×4×420	12	30	302.7	850	—
11	H—E—1	140×4×420	12	40	302.7	380	44.5
12	M—E—1	140×4×420	12	40	302.7	685	—
13	H—F—1	140×4×420	12	15	302.7	640	44.6
14	H—F—2	140×4×420	12	15	302.7	965	16.5
15	M—F—1	140×4×420	12	15	302.7	1130	—
16	M—F—2	140×4×420	12	15	302.7	1180	—
17	H—B—1	133×4.5×2450	74	0	324.3	700	39.4
18	M—B—1	133×4.5×2450	74	0	324.3	1155	—
19	H—G—1	133×4.5×2450	74	20	324.3	535	16.4
20	H—G—2	133×4.5×2450	74	20	324.3	495	23
21	M—G—1	133×4.5×2450	74	20	324.3	640	—

* 试件上端部钢管发生压曲破坏。

混凝土的配合比为：水 154kg/m^3；硅酸盐水泥 550kg/m^3；中砂 630kg/m^3；粒径为 5～30mm 的石子 1056kg/m^3；FDN 减水剂 8.25kg/m^3；木钙 1.1kg/m^3。混凝土强度由与试件同等条件下进行标准养护成型的 150mm 立方体试块得到，测试方法依据国家标准《普通混凝土力学性能试验方法标准》（GB/T50081—2002）中规定的方法进行。混凝土立方体抗压强度 f_{cu}=46.7 MPa。

试件制作时，先在钢管一端焊好 6mm 厚的圆盖板，再将混凝土灌入钢管中。在混凝土浇筑过程中，先将钢管竖立，从顶部灌入混凝土。所谓的"机械振捣"，即用 ϕ50 插入式振捣棒伸入钢管内部进行完全振捣。所谓的"人工振捣"，即混凝土采用分层法进行浇筑，每层约15cm高，每浇筑一层，均用ϕ16钢筋手工均匀振捣20次，保证混凝土在外观上具有较好的密实度。混凝土浇筑二星期左右，用高强水泥砂浆将另一端的混凝土表面与钢管抹平，然后再焊上6mm厚的圆盖板，以期保证钢管与核心混凝土在施荷初期就共同受力。

试件两端采用刀铰，进行一次压缩试验，在试件的中截面按间隔90°各贴四片纵向及环向电阻应变片，测定中截面的纵向及环向应变。同时在试件外侧设置了两个位移计测定试件的总变形。对于长试件，尚沿试件长度的1/4、1/2及3/4处较短柱各多一个横向变形位移计。在加荷初期，每级荷载约为极限荷载的1/10。加载后期，每级荷载为极限荷载的1/20。每次持荷约2min，当应变超过10 000$\mu\varepsilon$后，连续缓慢加载直至构件破坏为止。

对于轴压短柱来说，机械振捣和人工振捣两种混凝土浇筑方式成型的试件破坏形态和特征明显不同，主要表现在：机械振捣成型的两个试件在加荷初期和中期，试件的外形没有明显的变化，加荷后期，可明显看到试件管壁的端部出现斜向剪切滑移线。随着外荷载的逐渐增大，滑移线由少到多，逐渐布满管壁，最终导致试件破坏。人工振捣成型的两个试件，在加荷初期和中期，外形没有明显变化；加荷后期，在钢管管壁局部出现斜向剪切滑移线。随着外荷载的增大，滑移线只是在局部范围逐渐由少到多，最终钢管发生局部屈曲而导致试件破坏。试件H-A-1的破坏例外，试件上端部钢管很早就发生压曲破坏导致构件很早就丧失承载能力。这可能是浇筑该试件钢管中的混凝土时，上端面混凝土不平整，造成钢管和核心混凝土从一开始就不能共同受力，从而导致钢管过早屈曲。以轴压短试件M-A-2和H-A-2为例，图13.16给出二者破坏形态的比较。

对于长柱，机械振捣和人工振捣成型的试件，破坏形态和特征基本类似，都是由于失去稳定而破坏。图13.17所示为所有试件承载力实测结果柱状图。

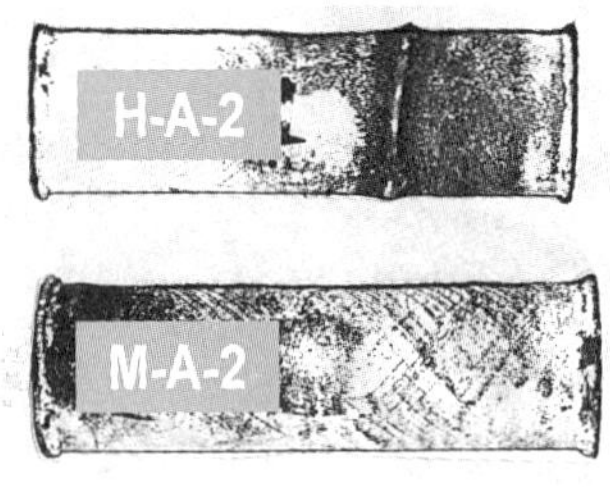

图13.16 轴压短试件破坏形态

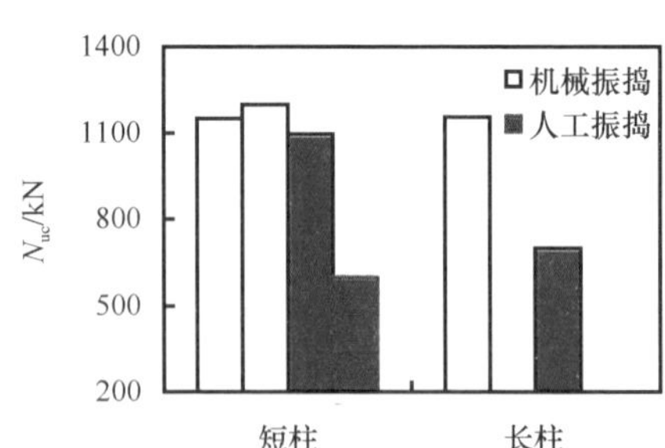

图13.17 浇筑方式对轴心受压构件承载力的影响

图13.18所示为轴向荷载（N）与纵向应变（ε）关系，可见，人工振捣成型试件的轴压弹性刚度也比机械振捣成型的试件要低。

图13.19所示为轴心受压长柱的N-u_m关系，u_m为试件中截面最大挠度。

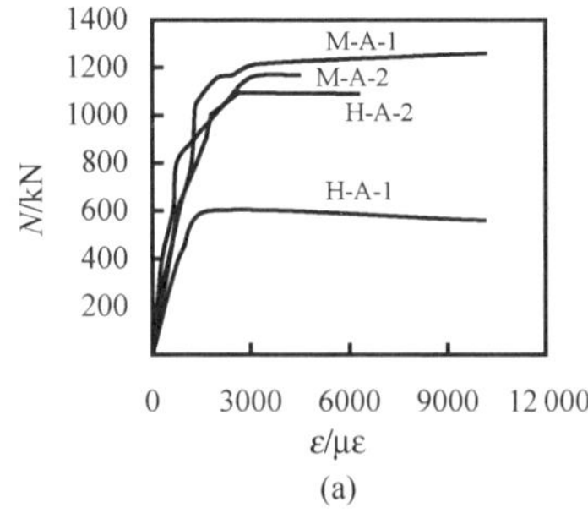

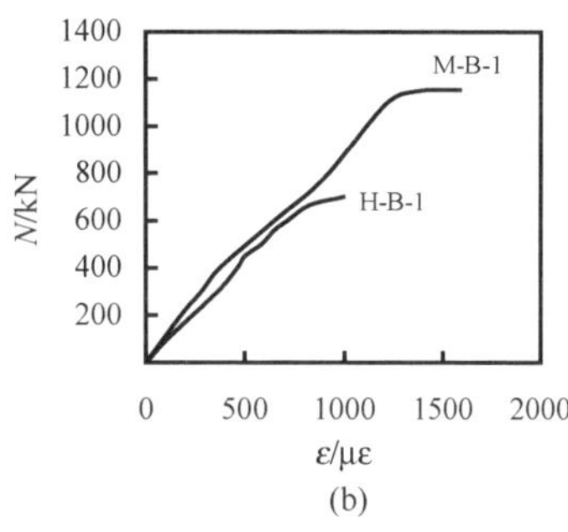

图 13.18　轴心受压构件 N-ε 关系曲线

对于偏心受压短试件，机械振捣和人工振捣两种混凝土浇筑成型的试件破坏时都是由于弯曲变形过大而最终导致破坏，不同之处在于机械振捣成型试件中部鼓曲比较平缓，而人工振捣成型试件的鼓曲则有一尖棱，且出现鼓曲现象要更早。

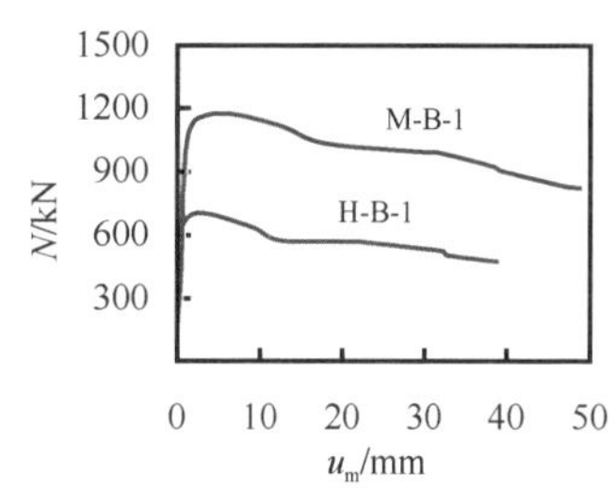

图 13.19　轴心受压构件 N-u_m 关系曲线

对于偏心受压长柱来说，在加荷初期，机械振捣和人工振捣成型试件的变化规律基本相同；二者破坏时的形态和特征也基本相同，但机械振捣成型试件最终破坏时的弯曲变形要比人工振捣成型试件的变形显著。图 13.20 所示为偏压构件在不同混凝土振捣方式情况下承载力实测结果比较。

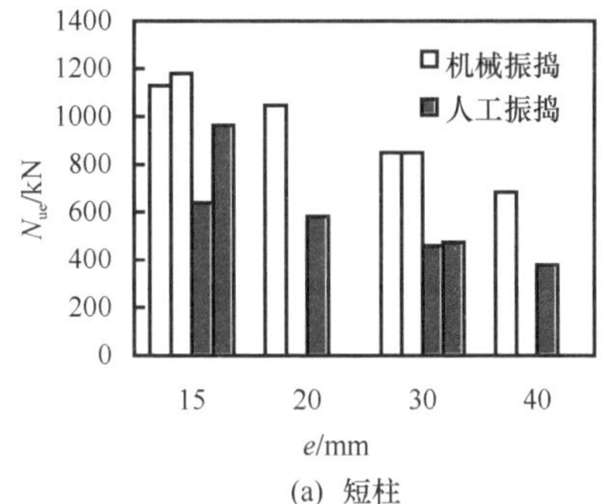

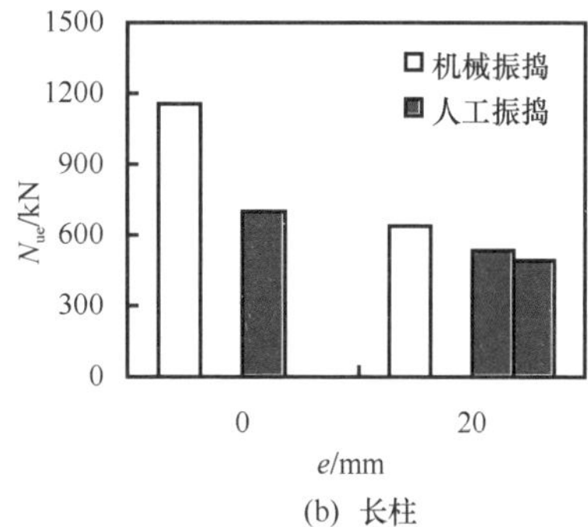

图 13.20　混凝土浇筑方式对偏心受压构件承载力的影响

图 13.21 所示为偏心受压构件实测的 N-u_m 关系，其中 u_m 为试件中截面挠度。

各试件实测极限承载力 N_{ue} 汇总于表 13.6，表中 δ_d 定义为承载力损失系数，表示人工振捣成型试件比同等条件下机械振捣成型试件承载力低的百分比。试件 H-A-1 的破坏是由于其上端部钢管过早发生压曲所致，不足以代表通常情况下构件的承载力，因此暂不把其列入两种混凝土浇筑方式下承载力比较的范围。

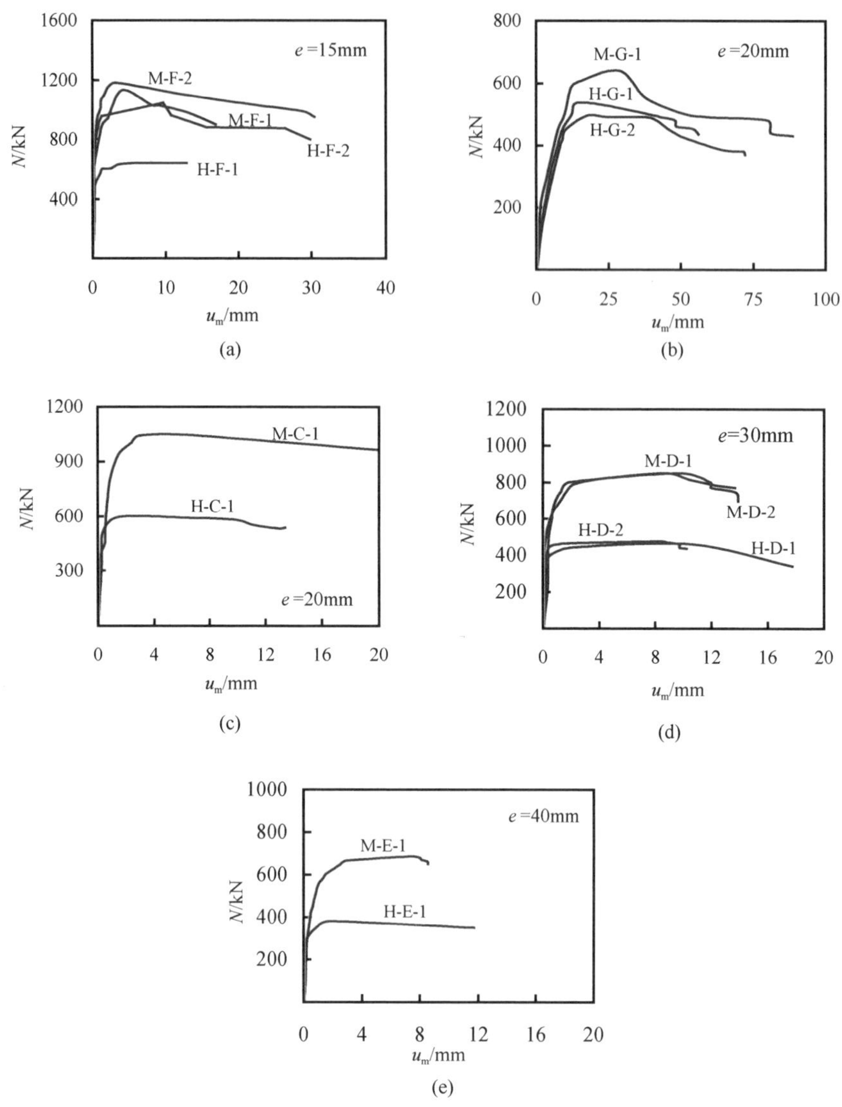

图 13.21　偏心受压构件 N-u_m 关系

承载力损失系数 δ_d 的计算方法为

$$\delta_d=\frac{N_{ueMC}-N_{ueHC}}{N_{ueMC}} \tag{13.2}$$

式中：N_{ueMC}和 N_{ueHC}分别代表混凝土按机械振捣和人工振捣两种方式情况下试件的极限承载力。当有两个试件时，N_{ueMC}取其实测承载力的平均值。

由表 13.5 可见，不同混凝土浇筑方式成型的试件承载力有所差异：对短试件，随着偏心距由 0 到 40mm 的逐渐增大，试件的极限承载力总体上呈逐渐减少的趋势，且人工振捣成型试件承载力明显比机械振捣成型的试件低，δ_d 值在 6.8%～

45.8%，且随着荷载偏心距的增大，δ_d 值总体呈现出增大的趋势。对于长柱，人工振捣成型试件承载力也明显低于机械振捣成型的情况，低 16%～39%。

造成上述承载力差异的主要原因是，机械振捣成型试件的混凝土密实度好，可以保证钢管和混凝土的共同工作；而人工振捣成型试件的混凝土密实度相对较差，因而不能很好地保证钢管和混凝土的共同工作和组合作用的实现。

13.3.2　方、矩形钢管混凝土构件试验研究

(1) 轴心受压构件

共进行了 16 个方、矩形钢管混凝土短试件轴心受压力学性能的试验研究，试件设计情况见表 13.6，试件编号方式为：首位字母 M 和 H 分别表示采用机械振捣和人工振捣方式。

表 13.6　方、矩形钢管混凝土轴压试验试件表

序号	试件号	$D\times B\times t$/(mm×mm×mm)	L /mm	N_{ue}/kN	δ_d/%
1	M120-1	120×120×2.93	360	836	—
2	M120-2	120×120×2.93	360	868	—
3	H120-1	120×120×2.93	360	800	6.1
4	H120-2	120×120×2.93	360	732	14.1
5	M100-1	100×100×2.93	300	664	—
6	M100-2	100×100×2.93	300	676	—
7	H100-1	100×100×2.93	300	616	8.1
8	H100-2	100×100×2.93	300	636	5.1
9	M105-1	105×140×2.86	420	1044	—
10	M105-2	105×140×2.86	420	1086	—
11	H105-1	105×140×2.86	420	900	15.5
12	H105-2	105×140×2.86	420	920	13.6
13	M90-1	90×120×2.86	360	800	—
14	M90-2	90×120×2.86	360	760	—
15	H90-1	90×120×2.86	360	620	20.5
16	H90-2	90×120×2.86	360	520	33.3

对于方形试件，钢管壁厚为 2.93mm，钢材屈服强度（f_y）、抗拉强度极限（f_u）及弹性模量（E_s）分别为 293.8MPa、365.6MPa 和 1.97×10^5 N/mm^2。混凝土所用材料为：硅酸盐水泥；石灰岩碎石，最大粒径 15mm；中粗砂，砂率为 0.35；每立方米混凝土中各材料的用量为：水泥 400kg，砂 620kg，碎石 1195kg，水 185kg。28d 时的 f_{cu} = 40.1MPa，进行构件承载力试验时的 f_{cu} =

44.4MPa，弹性模量 E_c ＝28470N/mm²。对于矩形试件，钢管壁厚为 2.86mm，钢材屈服强度（f_y）、抗拉强度极限（f_u）及弹性模量（E_s）分别为 227.7MPa，294.4MPa 和 1.82×10^5 N/mm²。每立方米混凝土中各材料的用量为：水泥 460kg，砂 602kg，碎石 1168kg，水 170kg。28 天时的 f_{cu}＝48.3MPa；承载力试验时的 f_{cu}＝59.3MPa，弹性模量 E_c ＝28750N/mm²。混凝土机械振捣和人工振捣方式同 13.3.1 节中对圆钢管混凝土试件的描述。

进行承载力试验时的装置如图 3.121 所示。构件实测的极限承载力（N_{ue}）及承载力损失系数 δ_d 的计算结果均列于表 13.7，可见，采用手工振捣方式构件的极限承载力比采用机械振捣方式的要小，δ_d 在 5.1％～33.3％之间变化。

图 13.22 和图 13.23 所示分别为实测的轴力（N）与纵向应变（ε）及横向应变（ε_L）之间的关系曲线。

图 13.24 所示为混凝土浇筑方式对 N_{ue}的影响规律。

图 13.25 所示为混凝土浇筑方式对轴压弹性模量的影响规律。比较结果表明，采用手工振捣方式构件的弹性模量（E_{sc}）比采用机械振捣方式的要小 10％～35％。

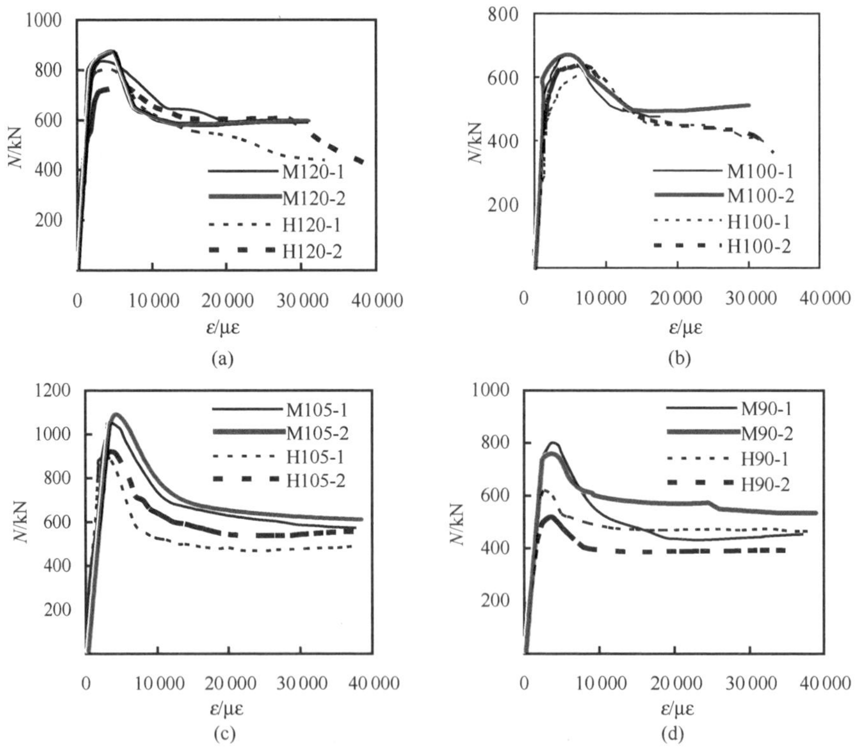

图 13.22 轴心受压构件 N-ε 关系

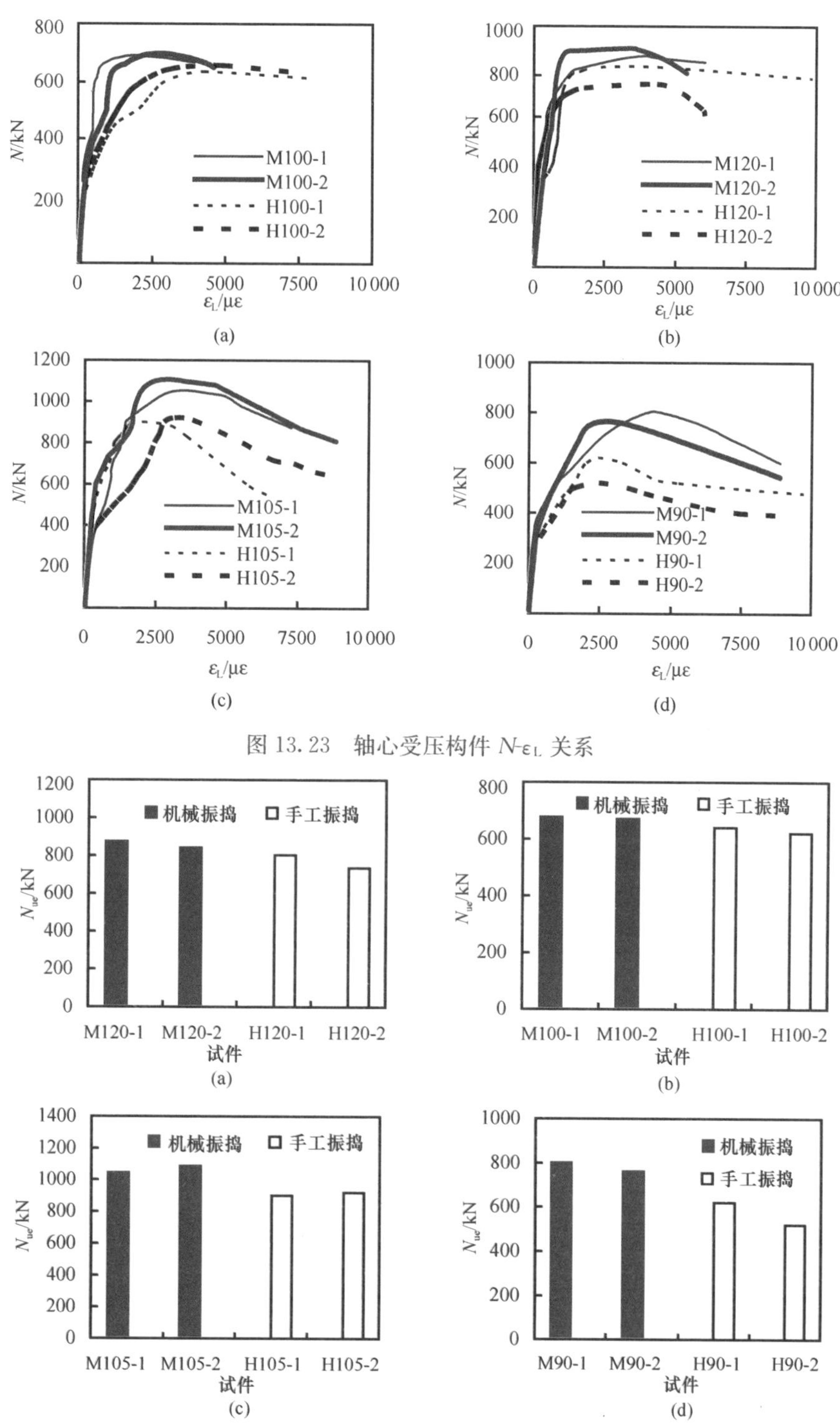

图 13.23 轴心受压构件 N-ε_L 关系

图 13.24 混凝土浇筑方式对截面强度的影响

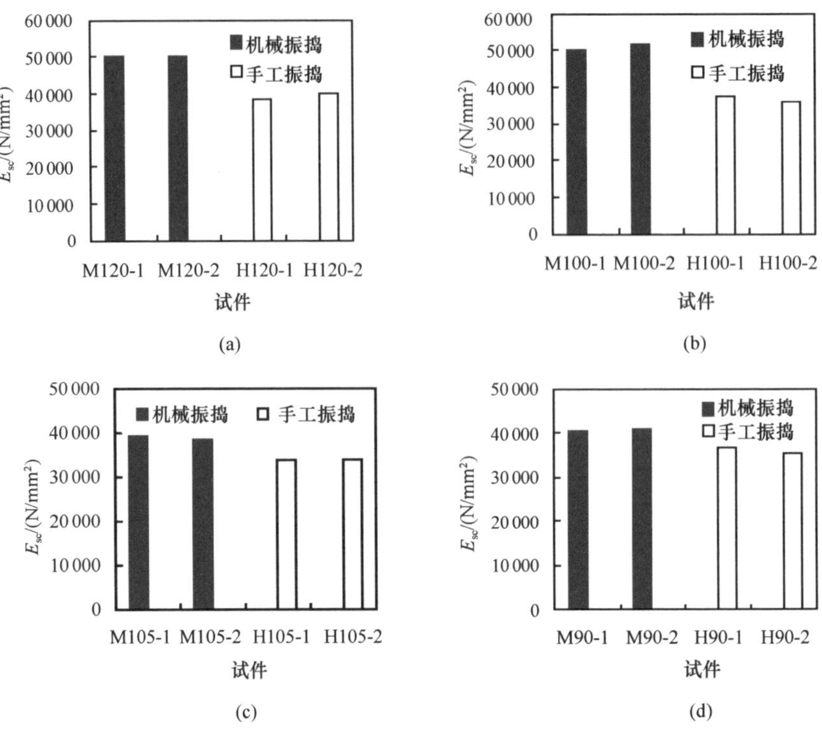

图 13.25　混凝土浇筑方式对轴压弹性模量的影响

（2）偏压构件

包括表 3.12 中列出的试件，共进行了 35 个方、矩形钢管混凝土构件在不同混凝土浇筑方式情况下力学性能的试验研究。试验参数主要是：①构件长细比（$\lambda=2\sqrt{3}L/B$），从 21～62 变化；②荷载偏心率（e/r，其中，e 为荷载偏心距，r 为截面尺寸，$r=B/2$），从 0～0.48 变化；③截面高宽比（D/B），从 1～2 变化。试件参数等如表 13.7 所示，为了便于比较，把表 3.12 给出的试件也列在其中。根据试件参数不同分 A～Ⅰ九组，每组按混凝土浇筑方式的不同又分为两组。试件编号方式为：首位字母 M 或 H 分别表示采用机械振捣或人工振捣方式，第二位字母按 A～Ⅰ分为九组，第三位数字代表每组中的试件序号。

表 13.7　方、矩形钢管混凝土偏压试件表

序号	试件编号	$D\times B\times t$/(mm×mm×mm)	D/B	λ	e/r	N_{ue}/kN	DI	δ_d/%
1	M-A-1	130×130×2.65	1.0	21	0	760	9.0	—
2	M-A-2	130×130×2.65	1.0	21	0	770	8.3	—
3	H-A-1	130×130×2.65	1.0	21	0	690	2.4	9.2
4	H-A-2	130×130×2.65	1.0	21	0	739	4.5	2.8

续表

序号	试件编号	$D\times B\times t$/(mm×mm×mm)	D/B	λ	e/r	N_{ue}/kN	DI	δ_d/%
5	M-B-1	360×240×2.65	1.5	21	0	2300	6.6	—
6	M-B-2	360×240×2.65	1.5	21	0	2250	6.4	—
7	H-B-1	360×240×2.65	1.5	21	0	1610	1.6	28.4
8	H-B-2	360×240×2.65	1.5	21	0	1600	2.8	28.9
9	M-C-1	195×130×2.65	1.5	21	0	980	8.0	—
10	M-C-2	195×130×2.65	1.5	21	0	960	8.2	—
11	H-C-1	195×130×2.65	1.5	21	0	880	3.5	8.3
12	H-C-2	195×130×2.65	1.5	21	0	900	4.7	6.3
13	M-D-1	195×130×2.65	1.5	21	0.22	872	5.3	—
14	M-D-2	195×130×2.65	1.5	21	0.22	812	5.6	—
15	H-D-1	195×130×2.65	1.5	21	0.22	732	2.7	9.9
16	H-D-2	195×130×2.65	1.5	21	0.22	740	3.1	8.9
17	M-E-1	195×130×2.65	1.5	21	0.48	646	4.3	—
18	M-E-2	195×130×2.65	1.5	21	0.48	610	6.5	—
19	H-E-1	195×130×2.65	1.5	21	0.48	500	1.8	18
20	H-E-2	195×130×2.65	1.5	21	0.48	514	1.4	15.7
21	M-F-1	195×130×2.65	1.5	62	0	890	5.8	—
22	M-F-2	195×130×2.65	1.5	62	0	815	5.1	—
23	H-F-1	195×130×2.65	1.5	62	0	645	1.8	26.4
24	H-F-2	195×130×2.65	1.5	62	0	625	2.2	23.3
25	M-G-1	195×130×2.65	1.5	62	0.22	670	3.8	—
26	M-G-2	195×130×2.65	1.5	62	0.22	635	4.3	—
27	H-G-1	195×130×2.65	1.5	62	0.22	525	2.1	17.3
28	H-G-2	195×130×2.65	1.5	62	0.22	500	1.5	21.3
29	M-H-1	135×90×2.65	1.5	21	0	580	6.2	—
30	M-H-2	135×90×2.65	1.5	21	0	592	4.8	—
31	H-H-1	135×90×2.65	1.5	21	0	570	2.4	1.7
32	H-H-2	135×90×2.65	1.5	21	0	552	4.0	4.8
33	M-I-1	240×120×2.65	2.0	21	0	1140	4.3	—
34	M-I-2	240×120×2.65	2.0	21	0	1032	4.4	—
35	H-I-1	240×120×2.65	2.0	21	0	968	2.2	6.2

钢管由四块钢板拼焊而成，焊缝按贴角焊缝的形式设计。加工时，尽可能保

证钢管两端截面的平整。钢管两端设有比截面略大的10mm厚盖板，浇灌混凝土前先将一端的盖板焊好，并将钢管竖立，从顶部灌入混凝土。混凝土机械振捣和人工振捣方式同13.3.1节中对圆钢管混凝土试件的描述。

试件采用自然养护的办法。混凝土浇筑两星期左右后，发现混凝土沿试件纵向有约0.8mm左右的收缩。先用高强水泥砂浆将混凝土表面与钢管截面抹平，然后焊好另一盖板，以期保证钢管和核心混凝土在受荷初期就能共同受力。

钢材和混凝土的材性与3.3.4节中矩形钢管混凝土试件的情况完全一样。钢材的屈服强度（f_y）、抗拉强度极限（f_u）、泊松比（μ）及弹性模量（E_s）分别为340.1MPa、439.6MPa、0.267和2.07×10^5 N/mm^2。混凝土28d时的f_{cu}=22.3MPa，进行试验时的f_{cu}=23.1MPa，混凝土弹性模量为25306N/mm^2。混凝土配合比如下：水泥403kg/m^3，水153kg/m^3，砂561kg/m^3，骨料1283kg/m^3。

试件两端采用刀铰进行一次压缩试验。在每个试件中截面四个面的钢板中部沿纵向及横向各设一电阻应变片，以测定中截面的纵向及横向应变，同时沿试件纵向还设置了两个电测位移计以测定试件的纵向总变形，尚沿试件长度的1/4、1/2及3/4处各设一个位移计以测定试件的横向变形，试验装置如图3.140所示。荷载采用分级加载制，弹性范围内每级荷载为预计极限荷载的1/10，当钢管屈服后每级荷载约为预计极限荷载的1/15，每级荷载的持荷时间约为2min，试件接近破坏时慢速连续加载直至试件破坏。应变和位移均采用计算机数据采集系统自动采集。

试验结果表明，在受荷初期，试件的变形和形态变化均不大。当外荷加至极限荷载的60％～70％时，压区钢管壁局部开始出现剪切滑移线。随着外荷载的继续增加，滑移线由少到多，逐渐布满压区钢管壁，随后，试件进入破坏阶段。

各试件实测极限承载力N_{ue}汇总于表13.7。表中，DI为延性系数，$DI=u_{85\%}/u_{max}$，其中，u_{max}为实测N-u_m关系曲线峰值点（N_{ue}）对应的中截面挠度，$u_{85\%}$为承载力下降到N_{ue}的85％时所对应的中截面挠度；δ_d表示人工振捣成型试件比同等条件下机械振捣成型试件承载力降低的百分比。图13.26所示为理论计算曲线与试验曲线的对比，其中实线为理论计算结果，虚线为试验结果，应变以受压为正。

对于轴压构件，机械振捣和人工振捣成型的试件的破坏形态和特征基本类似，都是由于失去稳定所致。对于偏心受压短试件，机械振捣和人工振捣两种混凝土浇筑成型的试件破坏时都是由于弯曲变形过大而最终导致破坏，不同之处在于机械振捣成型试件中部鼓曲比较平缓，而人工振捣成型试件的鼓曲则带有一尖棱，且鼓曲出现得更早。对于偏心受压长柱，在加荷初期，机械振捣和人工振捣成型试件的变化规律基本相同，二者破坏时的形态和特征也基本相同，但机械振捣成型试件最终破坏时的弯曲变形普遍要比人工振捣成型试件大（见图13.26），同时机械振捣成型试件的延性也明显好于手工振捣成型试件（见表13.7）。

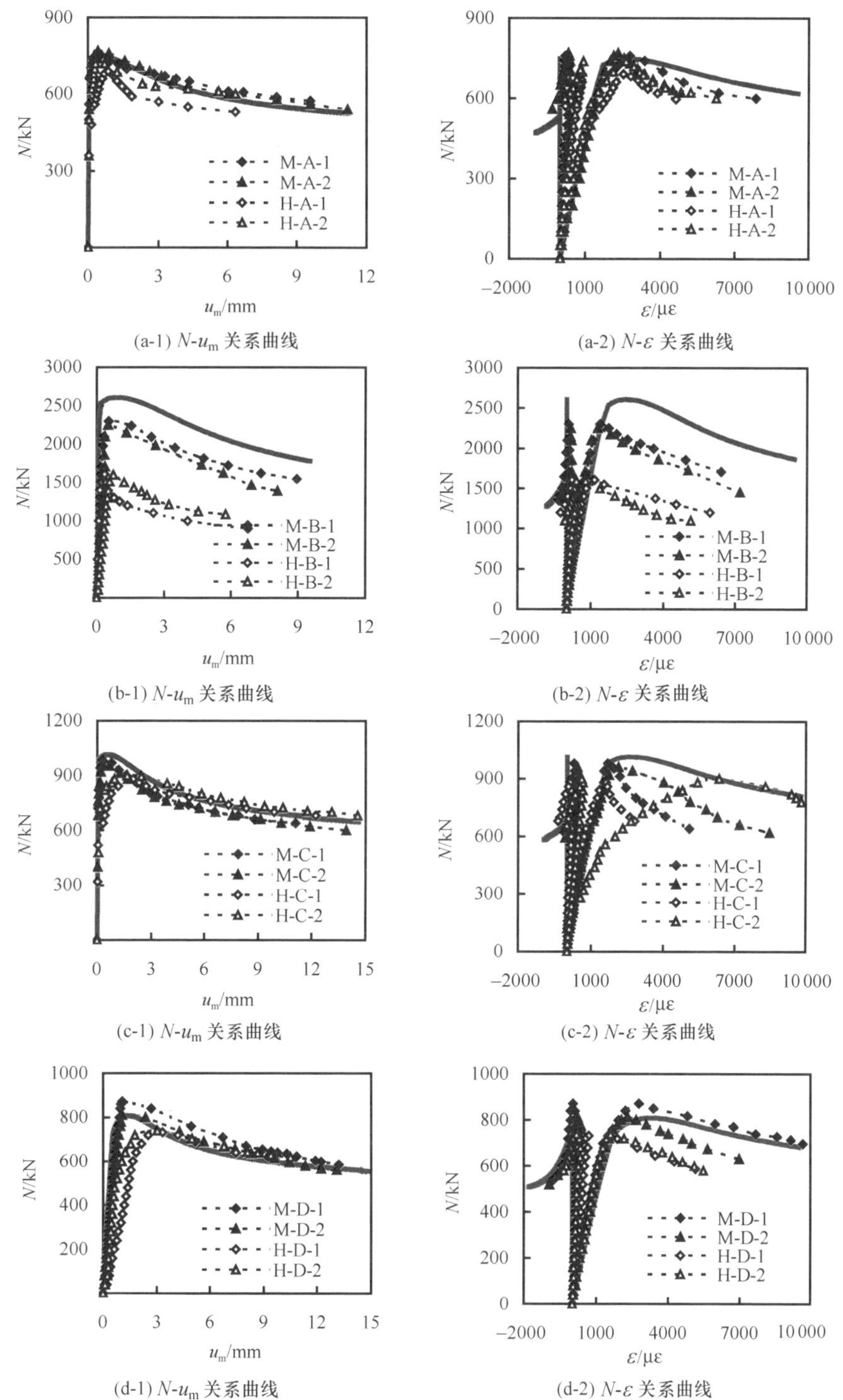

(a-1) N-u_m 关系曲线　(a-2) N-ε 关系曲线

(b-1) N-u_m 关系曲线　(b-2) N-ε 关系曲线

(c-1) N-u_m 关系曲线　(c-2) N-ε 关系曲线

(d-1) N-u_m 关系曲线　(d-2) N-ε 关系曲线

图 13.26　试验曲线与理论曲线对比

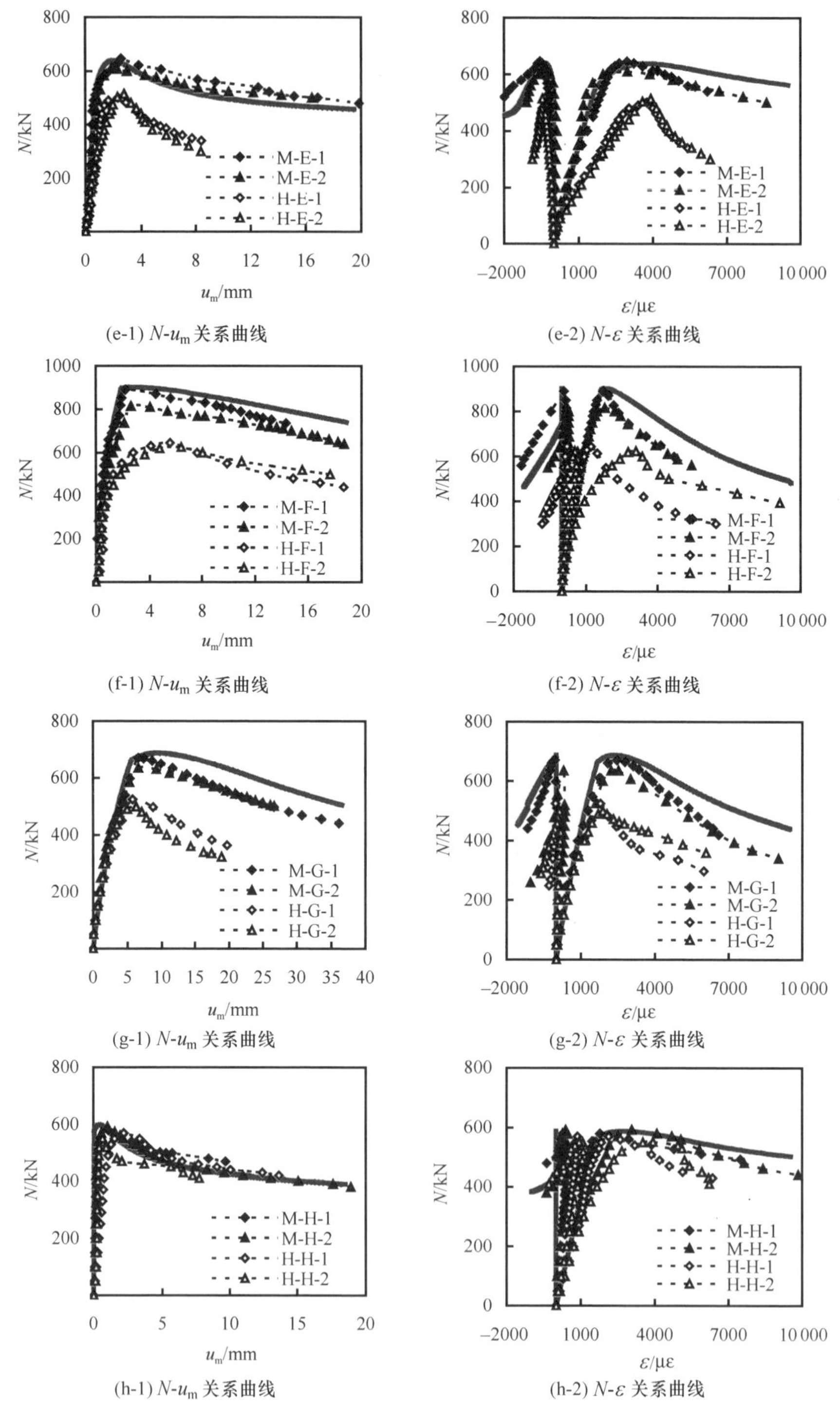

图 13.26 试验曲线与理论曲线对比（续）

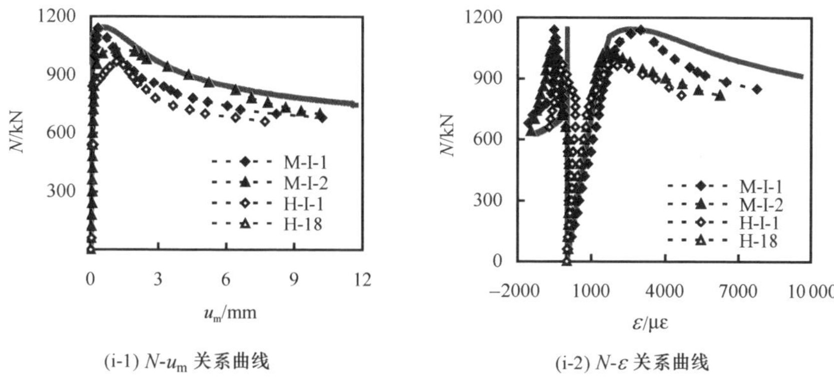

图 13.26　试验曲线与理论曲线对比（续）

图 13.27 所示为所有试件承载力实测结果柱状图，可见不同混凝土浇筑方式成型的试件承载力有较大差异：对于轴压柱，人工振捣成型试件的承载力比机械振捣成型的低 1.7%～28.9%；对于偏压柱，人工振捣成型试件的承载力也明显低于机械振捣成型的情况，低 8.9%～21.3%。

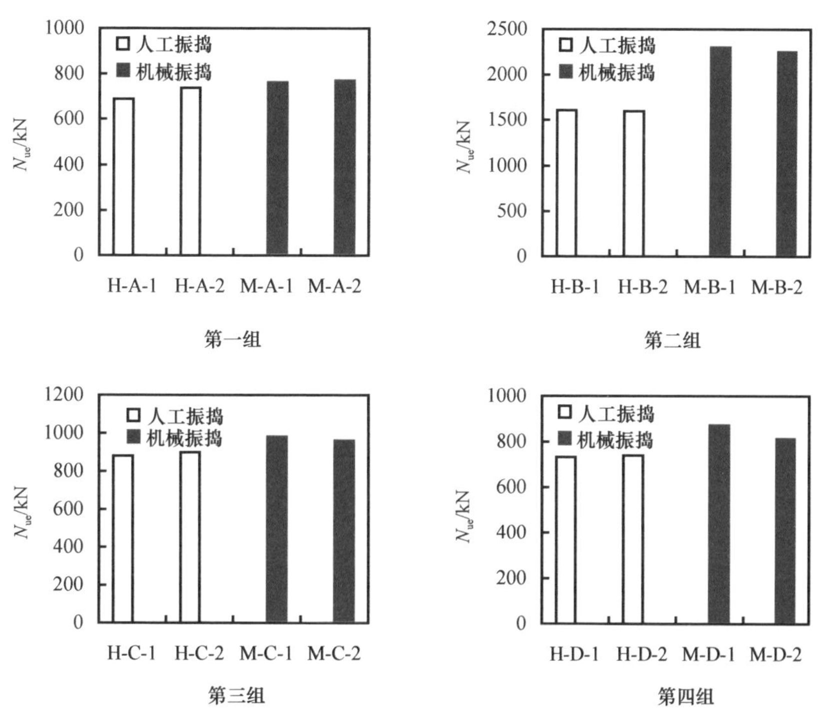

图 13.27　振捣方式与构件承载力的关系

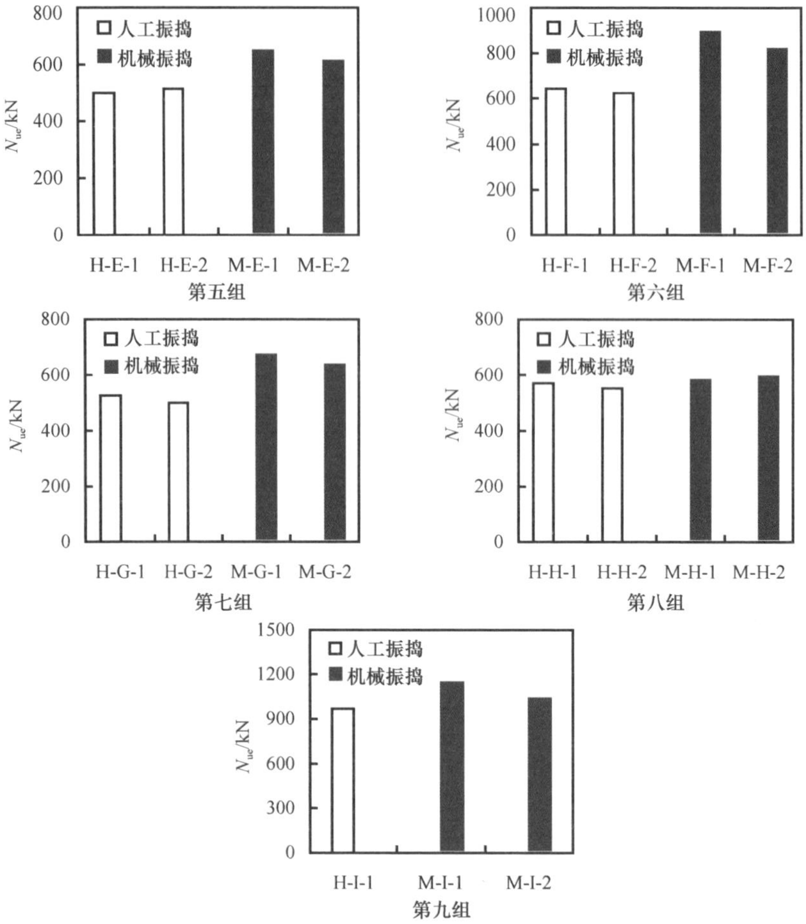

图 13.27　振捣方式与构件承载力的关系（续）

图 13.28 和图 13.29 所示分别为构件长细比（λ）和荷载偏心率（e/r）对 δ_d 的影响规律，可见，在其他条件相同的情况下，随着 λ 和 e/r 的增大，δ_d 呈现出明显增大的趋势。

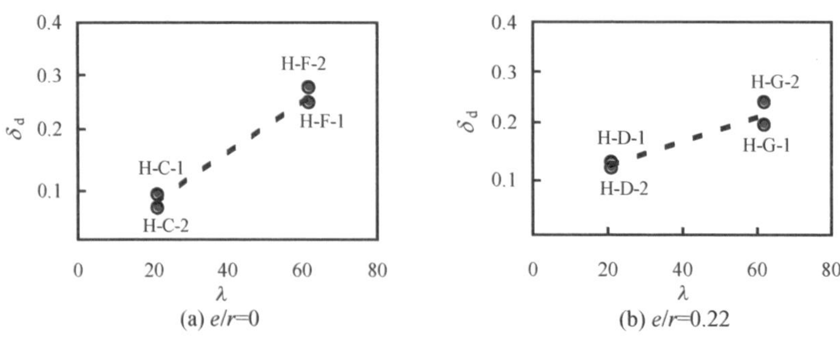

图 13.28　构件长细比（λ）对 δ_d 的影响

13.3.3　核心混凝土浇筑方法简述

以上对各种截面情况下钢管混凝土力学性能进行了试验研究，结果表明，如果混凝土浇筑得不密实，有可能导致钢管混凝土构件强度和刚度的降低，这种影响对轴压短构件相对较小，对轴压长试件相对较大，而对偏压构件的影响最为明显。

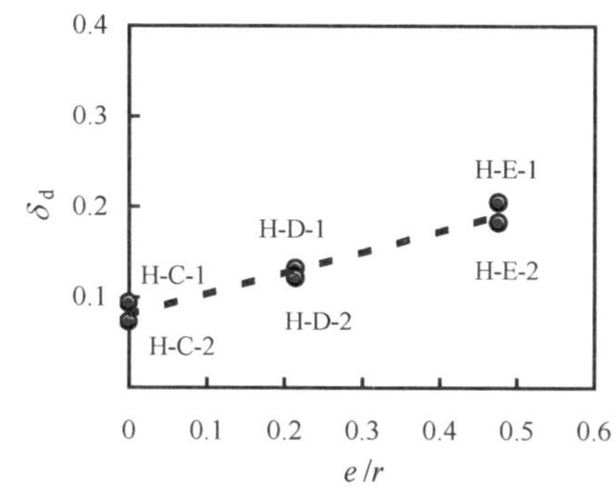

图 13.29　荷载偏心率（e/r）对 δ_d 的影响

在本章试验参数范围内，圆钢管混凝土构件的承载力损失系数 δ_d 总体上要高于方、矩形钢管混凝土构件，这主要是由于圆钢管对核心混凝土的约束作用要强于方、矩形钢管，在受力过程中圆钢管的潜力可以充分发挥，而混凝土的密实度将直接决定这种约束作用的发挥及钢管和混凝土之间组合作用的实现，因此混凝土的浇筑质量对圆钢管混凝土的影响相对更大。

需要指出的是，实际工程中往往并不会采用只依赖于手工而不用任何机械的混凝土浇筑方式，本章在进行混凝土的浇筑时分别采用了机械振捣和人工振捣两种方式，只是为了增强混凝土两种浇筑方式的可对比性，从而更好地说明混凝土浇筑方式的重要性。

钢管混凝土中混凝土浇筑质量的好坏直接影响到构件的承载力和变形能力，从而影响到构件的安全性和正常工作，因此应该对钢管混凝土中混凝土浇筑质量的控制问题进行研究，从而为实际工程中进行钢管混凝土施工时提供参考。

钢管混凝土内的混凝土浇筑方法经历了由简单到复杂、由手工到机械泵送的发展过程。20 世纪 60 年代到 70 年代，国内外主要采用人工浇筑的方式；80 年代初，日本开始采用泵送混凝土的浇筑方法，80 年代中期，我国施工部门开始研究和采用泵送混凝土浇筑方法及高位抛落混凝土不振捣方法。目前实际钢管混凝土工程中采用的混凝土浇筑方法一般有手工逐段浇捣法、混凝土高位抛落不振捣法、泵送顶升法或导管输入法。而钢管混凝土内部质量的好坏、核心混凝土强度的高低直接影响到结构的安全可靠性。下面从我国工程常用的混凝土浇筑方式及质量检测方法两个方面加以探讨。

(1) 手工浇捣法

一般混凝土施工都采用立式浇筑。当空钢管安装就位固定后，在混凝土浇筑前，一般先浇筑一层厚度不小于 100mm 的水泥砂浆，以期封闭管底并使自由下落的混凝土不致产生弹跳现象。随后将混凝土垂直运送到管柱顶，用人工灌入钢管，且每浇筑一定量的混凝土后，需用内部或外部振捣器进行振捣。这样逐层浇筑，逐层振捣，直到灌满为止。

手工浇捣法施工速度较慢，且施工人员必须严格遵守操作规则，才能保证混凝土的施工质量。

（2）高位抛落免振捣法

太原钢铁公司第一工程公司研制开发了高位抛落免振捣混凝土施工技术（太钢钢管混凝土结构设计施工研究组，1986），它充分利用混凝土从高空顺钢管下落时的动能，达到混凝土密实的目的，免去了繁重的振捣工作。太钢钢管混凝土结构设计施工研究组（1986）对高位抛落免振捣法主要从混凝土配合比设计及对比试验和钢管混凝土短柱承载力的对比试验两个方面进行了探讨和验证。下面简要论述其有关成果。

为了保证混凝土高位抛落免振捣成型下的密实性与均匀性，对配合比的要求除应满足混凝土的强度要求外，必须考虑浇筑时不分层、不离析。为了验证配合比能否满足要求，分别进行了抛落成型和现场模拟试验（太钢钢管混凝土结构设计施工研究组，1986）：将混凝土混合料从 8m 高通过 ϕ377 钢管向下抛落入立方试模，靠混合料的和易性和流动性充满试模，靠重力产生的动能达到密实。同时按常规振捣成型做成对比模块。

对比试验结果表明（太钢钢管混凝土结构设计施工研究组，1986）：振捣成型短柱比抛落成型短柱的破坏荷载略高一些，因此只要混凝土配合比设计合理，高位抛落连续浇筑不振捣成型的工艺是可行的，能够保证结构的承载力。但通过对太钢钢管混凝土结构设计施工研究组（1986）进行的试验结果的分析发现，机械振捣成型构件的刚度往往要比高位抛落免振捣成型构件的刚度大。

钢管混凝土刚度的大小对构件的稳定承载力和变形有很大的影响，实际工程中钢管混凝土构件的长细比恒大于 10，因此，构件的承载力往往取决于稳定，故应对混凝土高位抛落免振捣成型工艺对钢管混凝土构件稳定承载力及变形的影响问题进行更深入的研究，以进一步验证该类施工方法的可靠性。

（3）泵送顶升浇筑法

日本于 20 世纪 80 年代初开始采用混凝土泵送浇筑钢管混凝土的方法。我国首钢建设总公司从 1984 年开始进行有关试验并获得成功，已应用于实际工程中。混凝土泵送顶升浇筑法成功的关键是混凝土配合比的选择。首钢建设总公司分别对半流态混凝土和微膨胀半流态混凝土的配合比进行了试验研究（肖敦壁，1988；刘玉莲，1991），最后确定了合理的配合比。随后用该配合比的混凝土制作了钢管混凝土短试件，进行了 $L/D=3$ 的一批计 37 根钢管混凝土短试件在一次及反复加载的轴压试验。通过对试验结果的分析发现，对于采用掺减水剂或又掺膨胀剂的半流态混凝土的钢管混凝土短试件，其静载试验过程中弹性阶段与普通混凝土的承载力特性无明显差异，弹性阶段后略低，破坏前塑性变形较大。

（4）导管输入法

通过导管将混凝土输送入钢管夹层，并保证在施工过程中导管端部埋入混凝土一定深度，边提管边完成混凝土的浇筑。依靠混凝土自重进行不间断填充，使混凝土达到密实的效果。

采用该方法时，浇筑前导管下口离底部的垂直距离不宜小于 300mm，当空钢管安装就位固定后、混凝土浇筑前，一般先浇筑一层 100～200mm 厚的同强度等级水泥砂浆。浇筑过程中导管下口宜置于混凝土中约 1m。导管与柱内水平隔板浇筑孔的侧隙不宜小于 50mm。当采用泵送方式进行混凝土输入时，不宜同时进行振捣。夹层内混凝土应连续灌注，必须间歇时，间歇时间不得超过混凝土终凝时间。导管提升速度应与夹层内混凝土上升速度相适应，避免出现混凝土脱空或埋管难以拔出的现象。导管提升时，应确保使导管出口预埋在约 1m 深的流态混凝土中。当导管内的混凝土不畅通时，可将导管上下提动，但上下提动的范围应在 300mm 左右。

对钢管混凝土内部混凝土质量的检测一直在探索适当、可靠和简便的方法，目前一般采用敲击法通过听声音来检查，但当排气孔边有空洞时，用敲击法则不准确；还有对于一些重要构件或部位，用敲击法满足不了要求，需要采用超声波检测法（唐春平，1991）。

钢管混凝土是由钢管和核心混凝土组成的组合结构，由于超声波通过时的声速、振幅和波形等超声参数的变化与钢管内混凝土的密实度、均匀性和局部缺陷的状况密切相关，可以运用超声波来检测管内混凝土的缺陷，测试频率一般选择 40～100kHz 范围之内。

具体方法是先对无缺陷的混凝土的强度和各种缺陷等进行标定，求得超声波通过时的一些超声参数。以此作为钢管混凝土实际测试时的标准来进行比较，从而确定管内混凝土的质量状况，并加以评定。

核心混凝土的强度与声速间存在相互关系。通过测定不同强度等级、不同龄期、不同品种水泥以及不同外掺剂的钢管混凝土的声速，同时平行地测定同材质、同工艺条件的立方体试块的抗压强度，以数理统计方法，建立核心混凝土强度与声速间的关系。唐春平（1991）通过对 30 组钢管混凝土短柱声速的检测与相应混凝土立方体试块抗压强度的对照，给出计算公式，即

$$f_{sk} = 3.859 \times 10^{-15} V_{gh}{}^{4.704} \tag{13.3}$$

式中：f_{sk} 为由声速推算的核心混凝土抗压强度；V_{gh} 为超声波通过核心混凝土时的声速，单位 m/s。

在进行钢管混凝土的核心混凝土施工时，混凝土质量应符合国家有关混凝土施工质量验收规范的规定。但是，由于核心混凝土为外围钢管所包覆，从而导致对混凝土浇筑质量控制问题的特殊性和难度，应当寻找和探索一种既科学合理、又便于实际工程中操作的方法。对于一些具体工程，可“因地制宜”制定可行的工法和实施措施。

总之，在钢管混凝土工程实际中，要保证合理的混凝土配合比，适当的施工（浇灌）工艺，有效可行的检测检验措施，也即实现所谓的“三位一体”过程控制理念，是保证钢管混凝土中混凝土密实度的基本条件。

13.4　考虑核心混凝土缺陷的偏压构件承载力计算

如前所述，由于材料、浇筑工艺及施工等各方面的原因，有可能导致钢管混凝土结构中核心混凝土的缺陷，因此有必要就核心混凝土的缺陷（脱空）对于钢管混凝土结构力学性能的影响开展研究工作，得到定量化的结果，为更安全合理地设计钢管混凝土结构提供依据。本节对实际工程中常见的脱空缺陷进行分析和研究，在此基础上提供承载力计算方法。

13.4.1　试验研究

(1) 混凝土脱空的类型

对于实际工程中的钢管混凝土构件，若钢管和核心混凝土结合部之间出现间隙，即核心混凝土产生沿径向的“脱空”现象，可能不同程度地影响钢管及其核心混凝土的相互作用和共同工作性能，进而影响钢管混凝土构件的承载能力。

对于水平跨越的钢管混凝土结构（桁架、拱等），例如在钢管混凝土拱桥中多采用泵送顶升法施工，混凝土在拱肋顶部易出现泌水和沉缩现象，进而使该位置的钢管和混凝土之间产生“球冠形”脱空［如图 13.30（a）所示］。此外，长期使用过程中外钢管和核心混凝土之间温度变化不一致，混凝土配合比或添加剂选择不当等因素也有可能使钢管混凝土存在着脱空现象。从某钢管混凝土拱桥的现场检测结果来看（四川省交通厅公路规划勘察设计研究院道桥试验研究所，2009），其主拱肋的脱空值 d［d 的取值方法如图 13.30（a）所示］大多在 1.5～14mm，最大值达到 75mm。可见，脱空在钢管混凝土桥梁中是较为常见的现象。对于竖向的钢管混凝土构件，如果核心混凝土收缩过大，则可能出现环向“均匀脱空”缺陷［如图 13.30（b）所示］。

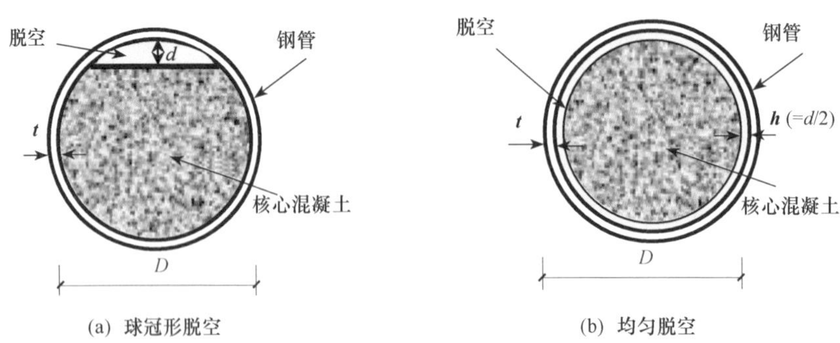

图 13.30　核心混凝土脱空示意图

本书第 6.2 节进行的钢管混凝土收缩试验结果表明，核心混凝土在 100 天后的收缩值趋于稳定，950 天时其径向收缩值在 180$\mu\varepsilon$ 以内。而在实际工程中，由于混凝土配合比和浇注工艺的差别，以及可能存在的浇注质量问题等因素的影响，有可能使核心混凝土产生更大的收缩值而形成环向均匀脱空。

目前，实际工程中对于混凝土脱空的常见处理方式（如灌浆补强等）并不能完全消除此类缺陷的影响（涂光亚，2008），如某钢管混凝土拱桥在灌浆补强后的钻孔检测结果表明其主拱肋的拱顶混凝土仍有 20mm 左右的脱空（四川省交通厅公路规划勘察设计研究院道桥试验研究所，2009）。

（2）试件设计

针对钢管混凝土构件中可能存在的核心混凝土浇筑缺陷（脱空）问题，设计了轴压、偏压和纯弯作用下的钢管混凝土试验，研究不同脱空形式（球冠形和均匀脱空）和不同脱空大小对于钢管混凝土构件力学性能的影响（廖飞宇，2012；Liao 等，2013a 和 2013b；Han 等，2016）。

进行了 35 个构件的试验，包括 14 个轴压构件，14 个偏压构件和 7 个纯弯构件。试件的参数为脱空类型（球冠状脱空和均匀脱空）和脱空率（χ）。

钢管混凝土构件的脱空率（χ）定义为

$$\chi = \frac{d}{D} \tag{13.4}$$

式中：D 为试件钢管的外直径，d 为脱空值。对于球冠状脱空，d 为脱空处核心混凝土边缘到钢管内壁的最大距离，如图 13.30（a）所示；对于均匀脱空，$d=2h$，其中 h 为单面脱空值，即核心混凝土边缘的任意点到钢管内壁的径向距离，如图 13.30（b）所示。

试件的 $D\times t$ 为 180mm×3.85mm，试件的其他信息如表 13.8 所示。

表 13.8　核心混凝土脱空试验试件参数

序号	试件编号	L/mm	加载方式	χ/%	d/mm	脱空形式	e/r
1	ZSH-1	630	轴压	—	—	—	0
2	ZSH-2	630	轴压	—	—	—	0
3	Z0-1	630	轴压	0	0	—	0
4	Z0-2	630	轴压	0	0	—	0
5	ZJ1-1	630	轴压	1.1	2	均匀	0
6	ZJ1-2	630	轴压	1.1	2	均匀	0
7	ZJ2-1	630	轴压	2.2	4	均匀	0
8	ZJ2-2	630	轴压	2.2	4	均匀	0
9	ZQ4-1	630	轴压	2.2	4	球冠	0
10	ZQ4-2	630	轴压	2.2	4	球冠	0

续表

序号	试件编号	L/mm	加载方式	χ/%	d/mm	脱空形式	e/r
11	ZQ8-1	630	轴压	4.4	8	球冠	0
12	ZQ8-2	630	轴压	4.4	8	球冠	0
13	ZQ12-1	630	轴压	6.6	12	球冠	0
14	ZQ12-2	630	轴压	6.6	12	球冠	0
15	PSH-1*	630	偏压	—	—	—	0.3
16	PSH-2*	630	偏压	—	—	—	0.3
17	P0-1	630	偏压	0	0	—	0.3
18	P0-2	630	偏压	0	0	—	0.3
19	PJ1-1	630	偏压	1.1	2	均匀	0.3
20	PJ1-2	630	偏压	1.1	2	均匀	0.3
21	PJ2-1	630	偏压	2.2	4	均匀	0.3
22	PJ2-2	630	偏压	2.2	4	均匀	0.3
23	PQ4-1	630	偏压	2.2	4	球冠	0.3
24	PQ4-2	630	偏压	2.2	4	球冠	0.3
25	PQ8-1	630	偏压	4.4	8	球冠	0.3
26	PQ8-2	630	偏压	4.4	8	球冠	0.3
27	PQ12-1	630	偏压	6.6	12	球冠	0.3
28	PQ12-2	630	偏压	6.6	12	球冠	0.3
29	WH*	900	纯弯	—	—	—	—
30	W0	900	纯弯	0	0	—	—
31	WJ2	900	纯弯	1.1	2	均匀	—
32	WJ4	900	纯弯	2.2	4	均匀	—
33	WQ4	900	纯弯	2.2	4	球冠	—
34	WQ8	900	纯弯	4.4	8	球冠	—
35	WQ12	900	纯弯	6.6	12	球冠	—

脱空率是反映脱空大小及其对于构件力学性能指标不利程度的参数。对于脱空率的定义可基于脱空面积、脱空周长和脱空距离三种方法进行。基于脱空距离 d 来定义脱空率既可明确区分构件脱空程度的大小又可反映不同脱空率对于钢管约束混凝土作用的影响程度。此外，现有钢管混凝土桥梁的检测方法大多为用小锤敲击结合超声波检测来确定脱空位置，之后采用钻孔检测方法来确定脱空程度，因此检测报告中给出的脱空程度定量化结果一般为钻孔检测方法所实测的脱空距离 d（四川省交通厅公路规划勘察设计研究院道桥试验研究所，2009），采用基于脱空距离来定义脱空率的方法便于工程应用。

对于球冠状脱空，试件的脱空率（χ）取 2.2%、4.4%和 6.6%，对应的脱空值（d）分别为 d=4mm、8mm 和 12mm；对于均匀脱空，试件的脱空率（χ）取 1.1%、2.2%，对应的单面脱空值（h）分别为 h=1mm 和 2mm，脱空值 d（=2h）分别为 2mm 和 4mm。表 13.8 中 L 为试件长度，e/r 为偏心率（e 为偏心距，$r=D/2$ 为钢管的外半径）。除了脱空钢管混凝土构件外，每组还进行相应的无脱空钢管混凝土和空钢管对比构件的试验，同时为了便于试验结果分析和对比，轴压试验和偏压试验的每组参数下均包含 2 个完全相同的试件。

钢材的屈服强度（f_y）、抗拉强度（f_u）、弹性模量（E_s）、泊松比（μ_s）和延伸率分别为：360 MPa、448 MPa、2.10×10^5 MPa、0.29 和 17.7%。采用自密实混凝土，其组成材料为：42.5 级普通硅酸盐水泥；II 级粉煤灰；花岗岩碎石，最大粒径 20mm；中砂；TW-3 早强高效减水剂；普通自来水。每立方米混凝土的材料用量：水泥∶粉煤灰∶砂∶石∶水∶减水剂=380kg∶170kg∶840kg∶840kg∶165kg。水灰比为 0.434，水胶比为 0.3，砂率为 0.50。混凝土坍落度：220mm；拌合后温度：28 °C；平均扩展度：480mm；L 形仪流距 600mm；L 形仪流动速度：12mm/s。混凝土 28d 立方体抗压强度 f_{cu} 为 61.3MPa，弹性模量 E_c 为 $3.58\times10^4\text{N/mm}^2$。进行轴压试验时混凝土立方体抗压强度 f_{cu} 为 64.1MPa，进行偏压和纯弯试验时的 f_{cu} 为 67.9MPa。混凝土从钢管顶部灌入。所有试件在混凝土浇筑完毕后均在混凝土养护室进行养护。图 13.31（a）和（b）所示分别为球冠形脱空构件和均匀脱空构件在抽出钢板（铁皮管）后的截面照片。在混凝土浇筑两周后采用高强环氧砂浆对试件端头进行补强，然后焊好另一端盖板，以保证钢管和核心混凝土在受荷初期即能共同受力。

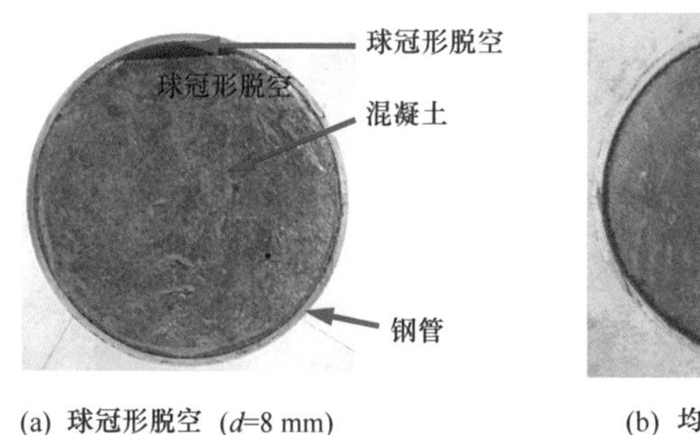

(a) 球冠形脱空（d=8 mm）　　(b) 均匀脱空（h=2 mm）

图 13.31　试件横截面照片

（3）轴压试验结果

由于设置了刀铰，模拟构件两端为铰接边界条件。构件在破坏时出现较为明显的钢管局部屈曲现象。空钢管构件在加载到峰值荷载附近其端部出现轻微鼓屈现象，之后随着荷载迅速下降，构件跨中受压区出现了较为明显的凹屈现象。总体上看构件局部破坏的特征较为明显。所有钢管混凝土构件在峰值荷载前均未出现钢管局部屈曲现象。

球冠形脱空构件的破坏过程总体上和无脱空构件较为接近，在峰值荷载时也未有明显破坏现象；而在荷载下降到85%左右时，构件脱空的一侧（压区）沿构件长度方向出现2～3个半波形屈曲。之后随着轴向变形的继续增大，钢管的局部鼓屈现象越发明显，构件整体挠度也迅速增大。总体上看，随着脱空率的增大，构件最终破坏时其钢管在脱空处的局部屈曲现象越发明显。

均匀脱空构件的破坏过程与无脱空构件有较大差别：均匀脱空构件在达到极限承载力时混凝土被压碎，荷载有所下降，这一过程中未观察到有钢管局部屈曲现象发生；随后被压碎的混凝土体积膨胀并和钢管内壁接触，构件荷载又开始缓慢回升。在荷载回升过程中，钢管端部出现鼓屈现象，其后又有局部混凝土被压碎，构件随之又出现荷载突然下降又缓慢回升的现象，其后期强度并不稳定，表现为高低起伏的现象。均匀脱空构件最终破坏时其整体挠度并不大，相比无脱空和球冠形脱空构件表现出更多局部破坏的特征。

总体上看，均匀脱空构件的破坏过程和空钢管较为相似，二者的钢管均在端部首先发生鼓屈，并在受压侧出现轻微凹屈。但前者在核心混凝土和钢管内壁发生接触后，混凝土的支撑作用有效地抑制了钢管凹屈的进一步发展，因此构件最终破坏时并未出现明显的钢管凹屈的现象。

图 13.32 给出了构件最终破坏模态的比较。可见，球冠形脱空构件的破坏模态和无脱空构件较为接近，破坏时构件有明显的侧向挠度和钢管鼓屈现象。而均匀脱空构件的破坏模态则主要表现为端部钢管鼓屈，其整体挠度相对较小。

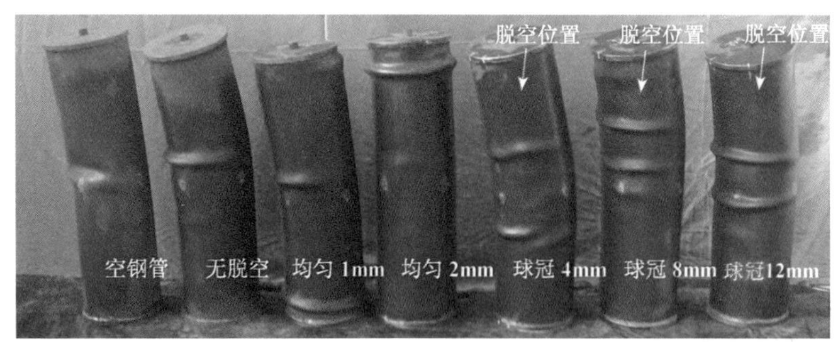

图 13.32 轴压构件最终破坏模态

图 13.33 给出了剖开钢管后核心混凝土（受压区）的破坏模态，可见构件核心混凝土在钢管鼓屈位置均出现局部被压碎的现象。

图 13.34 和图 13.35 所示为构件典型轴向荷载（N）-轴向位移（Δ）关系曲线。在图 13.35 中还用箭头标出了构件的破坏特征点（如钢管开始出现局部屈曲以及混凝土压碎）在其 N-Δ 关系曲线上的位置。

(a) 球冠形脱空 8mm

(b) 均匀脱空 1mm

图 13.33　核心混凝土的破坏特征

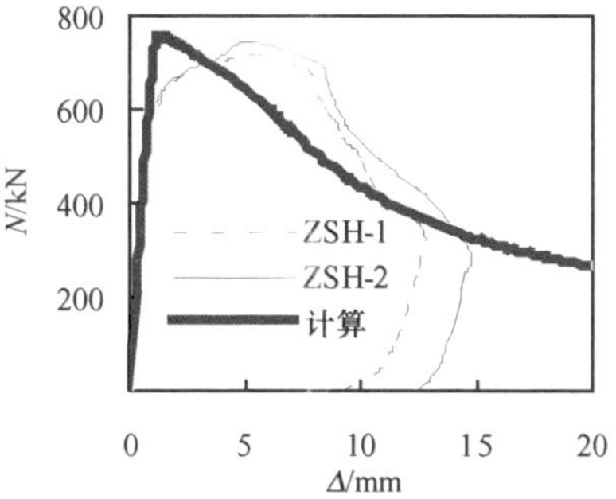

(a) 空钢管

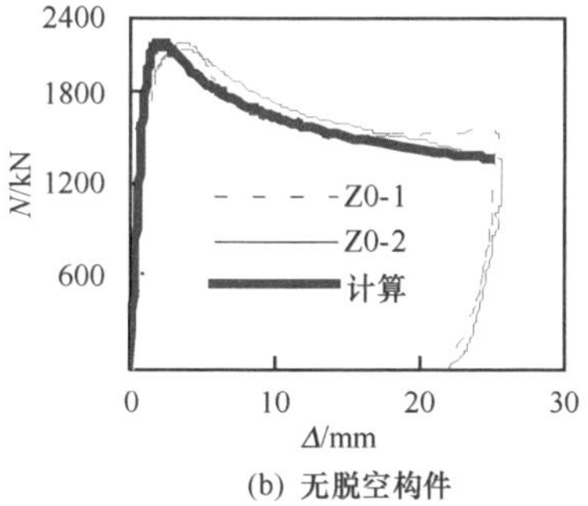

(b) 无脱空构件

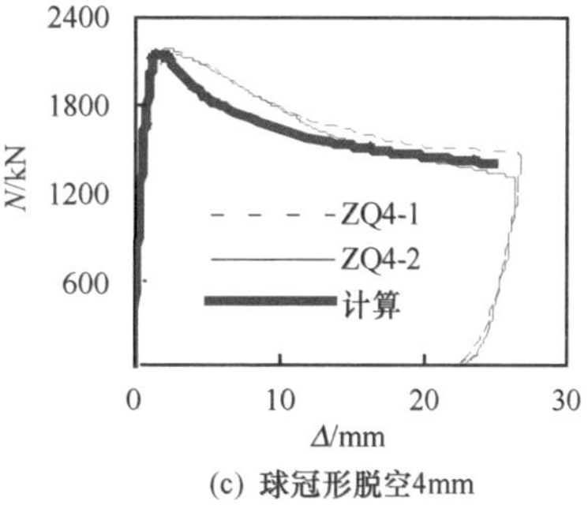

(c) 球冠形脱空4mm

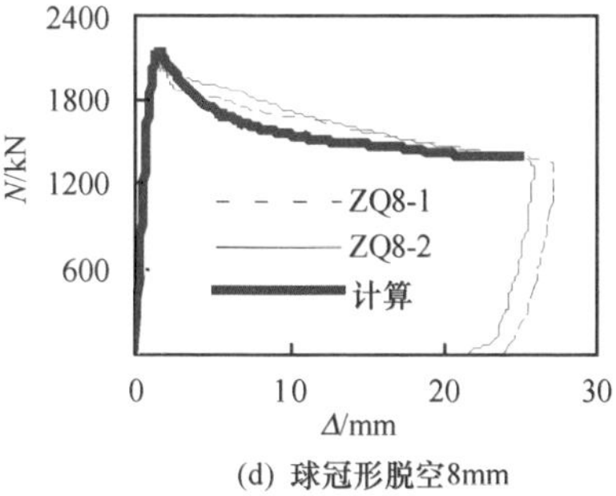

(d) 球冠形脱空8mm

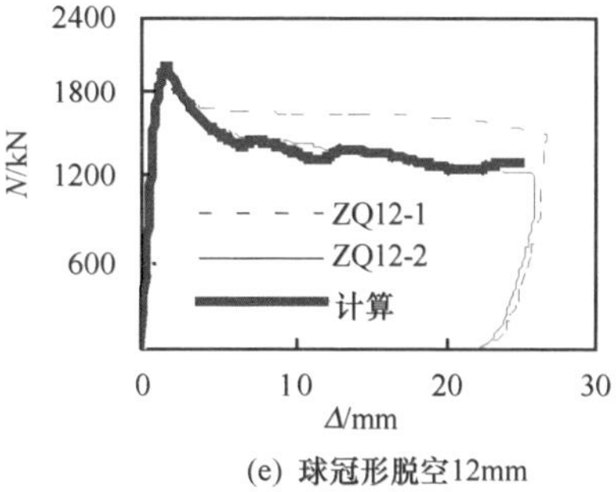

(e) 球冠形脱空12mm

图 13.34　轴压试验实测的轴向荷载（N）-轴向位移（Δ）关系

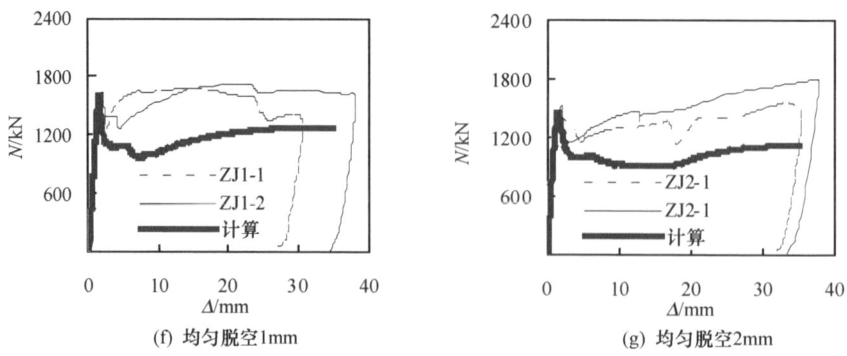

(f) 均匀脱空1mm　　(g) 均匀脱空2mm

图 13.34　轴压试验实测的轴向荷载（N）-轴向位移（Δ）关系（续）

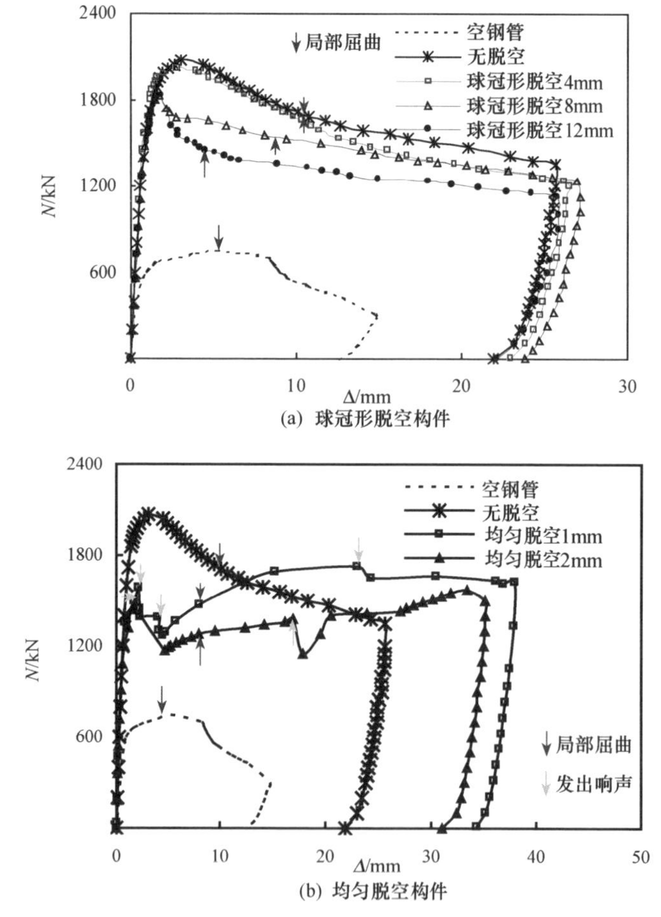

(a) 球冠形脱空构件

(b) 均匀脱空构件

图 13.35　轴向荷载（N）-轴向位移（Δ）关系比较

球冠形脱空 4mm 构件的 N-Δ 关系曲线和无脱空构件较为接近，但前者的峰值荷载稍小且下降段略陡。总体上看，球冠形脱空构件的 N-Δ 曲线形状和无脱空构件较为接近，二者在达到峰值荷载前的弹性阶段刚度和弹塑性阶段刚度均十分接近，而空钢管的刚度则明显小于钢管混凝土构件。随着脱空距离的增大，构件峰值点对应的荷载和位移均下降，曲线在峰值点后的下降段有变陡的趋势。

均匀脱空构件的 N-Δ 关系曲线则和无脱空构件有明显差异。均匀脱空构件的 N-Δ 关系曲线在达到峰值点后荷载急剧下降，之后由于被压碎的混凝土体积膨胀和钢管内壁发生接触，钢管对其产生约束，构件的荷载又开始缓慢回升。荷载回升过程中，构件再次发生局部混凝土被压碎—荷载下降—压碎的混凝土和钢管接触—荷载重新缓慢回升的过程，因此其荷载-变形关系曲线在后期表现出高低起伏的现象。均匀脱空 1mm 的构件其荷载回升的最大值甚至超过了下降前的峰值荷载，但距无脱空构件的峰值荷载仍有较大差距。和脱空距离 d 为 1mm 的构件相比，脱空距离 d 为 2mm 的构件其极限承载力稍低。均匀脱空构件其荷载-变形关系曲线上的弹性阶段刚度和无脱空构件接近，而在钢管屈服后其弹塑性阶段刚度则较无脱空构件相对较小。

表 13.9 给出了实测的轴压构件极限承载力（N_{ue}）和其对应的轴向位移（Δ_{ue}）。需要说明的是：对于空钢管、无脱空和球冠形脱空构件其极限承载力（N_{ue}）即为 N-Δ 关系曲线上峰值点所对应的荷载值，而对于均匀脱空构件由于其后期荷载有回升现象，因此其极限承载力定义为 N-Δ 关系曲线上第一个峰值点所对应的荷载值。由表 13.9 可见，随着脱空率增大，构件的极限承载力和对应的轴向位移均有减小的趋势。

表 13.9　轴压构件的极限承载力和对应的变形

序号	试件编号	构件类型	χ/%	d/mm	N_{ue}/kN	Δ_{ue}/mm	N_{uc}/kN	N_{uc}/N_{ue}	SI
1	ZSH-1	空钢管	—	—	721	5.21	761	1.06	0.34
2	ZSH-2			—	748	5.23	761	1.02	0.36
3	Z0-1	无脱空	0	0	2110	3.10	2100	1.00	1.00
4	Z0-2			0	2070	3.33	2100	1.01	1.00
5	ZJ1-1	均匀脱空	1.1	2	1640	2.14	1610	0.98	0.78
6	ZJ1-2			2	1585	2.04	1610	1.02	0.76
7	ZJ2-1	均匀脱空	2.2	4	1440	1.75	1460	1.01	0.96
8	ZJ2-2			4	1534	1.99	1460	0.95	0.73
9	ZQ4-1	球冠形脱空	2.2	4	2060	2.44	2025	0.98	0.99
10	ZQ4-2			4	2010	2.81	2050	1.01	0.96
11	ZQ8-1	球冠形脱空	4.4	8	1833	1.53	1939	1.06	0.88
12	ZQ8-2			8	1878	1.81	1939	1.03	0.90
13	ZQ12-1	球冠形脱空	6.6	12	1780	1.87	1888	1.06	0.85
14	ZQ12-2			12	1830	1.71	1888	1.03	0.88

图 13.36 给出了构件轴向荷载（N）-受拉侧钢管纵向应变（ε_L）关系曲线比

较，图中拉应变为正值，压应变为负值，ε_y和-ε_y分别为钢管拉、压屈服应变。

由图 13.36 可见，球冠形脱空和无脱空构件其钢管受拉侧纵向应变的发展趋势较为相似。在受荷初期，构件全截面处于受压状态，达到峰值荷载时构件的侧向挠度仍较小，因此其受拉侧的纵向应变也表现为负值（压应变）。而在峰值荷载后，随着侧向挠度迅速增大，构件钢管的纵向应变向正方向（即受拉方向）迅速发展。在达到峰值荷载时，球冠形脱空和无脱空构件的受压侧钢管纵向应变均已超过钢管的屈服应变，且峰值点后钢管压应变迅速增大。随着脱空距离增大，构件峰值点对应的纵向应变有减小的趋势。这是由于随着脱空距离的增大，构件达到峰值荷载时的轴向变形降低。

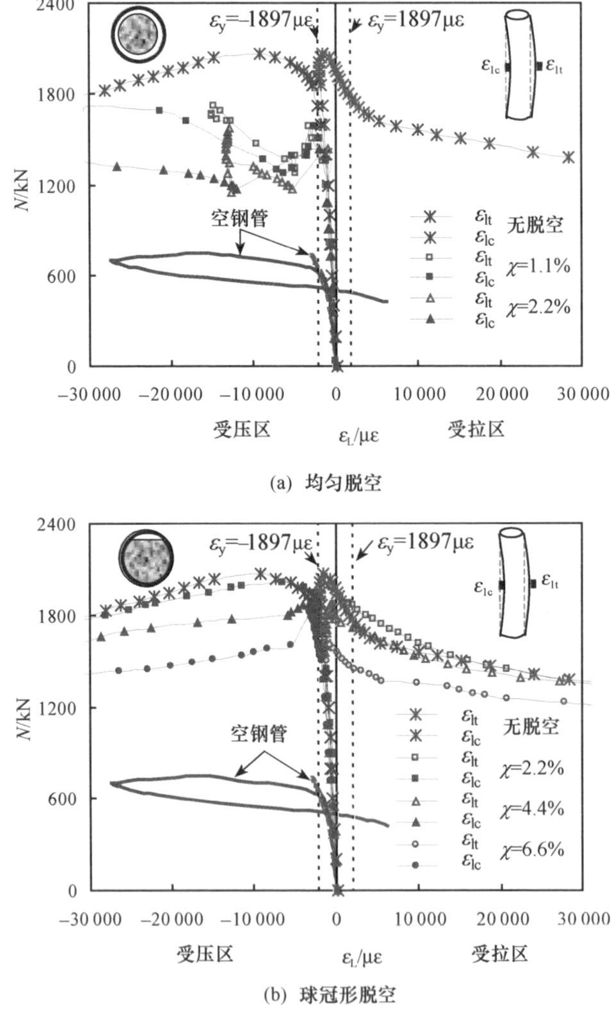

(a) 均匀脱空

(b) 球冠形脱空

图 13.36　轴压构件的轴向荷载（N）-钢管纵向应变（ε_L）关系

均匀脱空构件的钢管纵向应变发展趋势和无脱空构件差别较大，而和空钢管较为相似。二者的受拉侧钢管纵向应变均始终为负值（压应变）。这是由于均匀脱空和空钢管构件其破坏模态表现出更多的局部破坏特征，构件整体侧向挠度较小，因此钢管受拉侧也始终处于受压状态。均匀脱空构件受压侧钢管纵向应变在峰值荷载后迅速增大。同样，随着脱空距离增大，均匀脱空构件其峰值点对应的纵向应变有减小的趋势，均匀脱空 2mm 构件在其达到峰值荷载时压区应变尚未达到钢管屈服应变。

图 13.37 给出了构件轴向荷载（N）-钢管横向应变（ε_t）关系曲线比较。可见，构件受拉侧横向应变的发展趋势正好和纵向应变相反。钢管混凝土构件在受力过程中核心混凝土的横向变形系数不断增大并超过钢管时二者产生相互作用力，即钢管对混凝土的约束作用，而这种效应会使钢管的横向应变增大。但需要说明的是，在受荷过程中钢管会受到局部屈曲的影响而使其屈曲处的横向应变迅速增大。因此为了便于比较，鉴于所有钢管混凝土构件在达到峰值荷载前均未发生局部屈曲，对于受压侧钢管横向应变统一取构件峰值点前比较。

由图 13.37 可见，相较于球冠形和均匀脱空构件，无脱空的钢管混凝土构件其峰值点对应的横向应变要大得多。这一方面是由于无脱空构件峰值点对应的轴向变形较脱空构件大，其钢管横向应变也相应较大；另一方面也由于无脱空构件的钢管对混凝土的约束应力较大，其钢管横向应变也相应较大。无脱空构件的钢管横向应变在接近峰值点的阶段迅速增大，表明此时钢管对混凝土的约束应力有迅速增大的趋势。对比无脱空构件和局部脱空 4mm 构件也可发现，二者在峰值点对应轴向变形相差不大的情况下，前者的钢管横向应变为后者的 4 倍左右，表明此时无脱空构件的受压侧跨中钢管对核心混凝土的约束应力较后者更大。

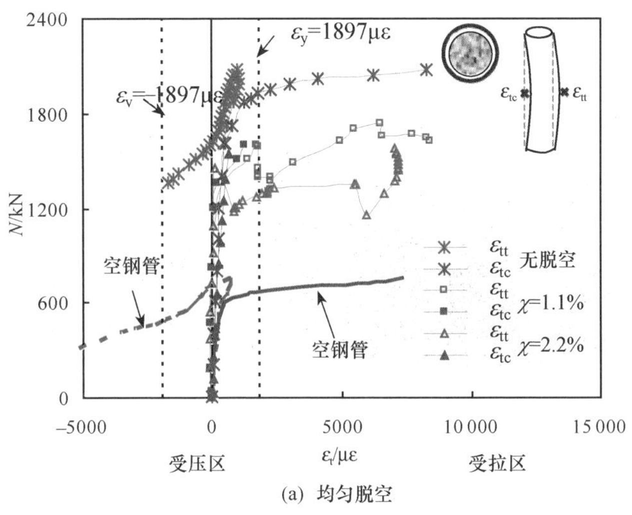

(a) 均匀脱空

图 13.37　轴压构件的轴向荷载（N）-钢管横向应变（ε_t）关系

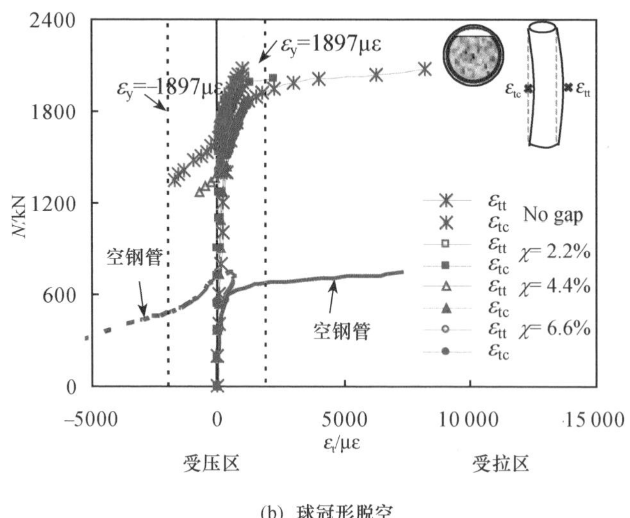

(b) 球冠形脱空

图 13.37 轴压构件的轴向荷载（N）-钢管横向应变（ε_t）关系（续）

此外，随着脱空距离增大，球冠形脱空构件峰值点对应的横向应变有增大的趋势。这是由于尽管粘结应变片处的钢管和混凝土处于脱空状态，但在脱空处周围的混凝土仍然受到钢管的约束作用而使钢管横向应变增大，这种效应也会对脱空处的钢管产生一定影响，使其横向变形增大。因此，脱空距离越大，钢管对混凝土的约束效应越弱，相应脱空处的钢管横向应变也就越小。

（4）偏压试验结果

空钢管在加载到峰值点时其端部出现轻微鼓屈现象，同时受压区跨中附近出现轻微凹屈现象。之后，随着荷载下降跨中钢管凹屈现象越发明显，构件最终破坏模态如图 13.38 所示。

空钢管　　无脱空　环向 1mm　环向 2 mm　球冠 4mm　球冠 8 mm　球冠 12mm

图 13.38 偏压构件的破坏形态

所有钢管混凝土构件在峰值荷载前均未观察到明显的局部屈曲现象。总体上看，球冠形脱空构件的破坏模态和无脱空构件相差不大，但前者在脱空侧的钢管局部屈曲较后者显著。相较于脱空 4mm 和 8mm 构件，球冠形脱空 12mm 构件的最终破坏模态表现出更为明显的局部破坏特征。随着脱空率的增大，构件在最终破坏时其钢管在脱空处的局部屈曲现象越发明显。

均匀脱空构件在达到峰值荷载时混凝土突然被压碎发出响声，构件荷载随之下降。随后混凝土膨胀并与钢管接触，构件荷载又开始缓慢回升。在荷载回升过程中，钢管端部首先出现轻微鼓屈现象，之后钢管沿长度方向又出现了几个连续的半波形屈曲。构件破坏时，钢管的鼓屈现象十分明显。

图 13.39 给出了剖开钢管后核心混凝土（受压区）的破坏模态，可见偏压构件和轴压构件的破坏模态较为接近。偏心率的增大对构件破坏模态并无显著影响。

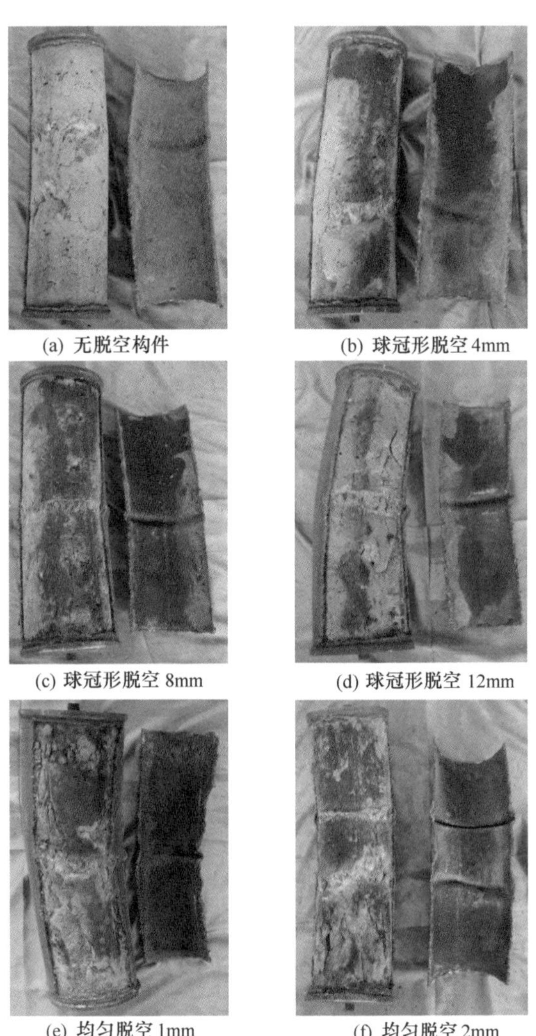

(a) 无脱空构件　(b) 球冠形脱空 4mm

(c) 球冠形脱空 8mm　(d) 球冠形脱空 12mm

(e) 均匀脱空 1mm　(f) 均匀脱空 2mm

图 13.39　偏压构件的核心混凝土破坏形态

图 13.40 和图 13.41 所示为偏压构件的轴向荷载（N）-轴向位移（Δ）关系曲线。与轴压构件相似，无脱空构件的 N-Δ 关系曲线的下降段较为平缓，表现出较好的延性。球冠形脱空构件其荷载-位移曲线的形状和无脱空构件总体上较为接近，而随着脱空距离增大构件的峰值荷载和峰值点对应位移有减小的趋势，且曲线下降段有变陡的趋势，如图 13.41（a）所示。而均匀脱空构件的 N-Δ 关系曲线形状则和无脱空构件有着显著差异，前者在达到峰值点后荷载急剧下降，之后随着混凝土和钢管内壁发生接触，荷载又开始缓慢回升。和无脱空构件相比，均匀脱空构件不仅承载力有明显降低，且峰值点对应位移也较前者显著减小，破坏具有突然性，如图 13.41（b）所示。此外，和轴压构件相似，球冠形脱空偏压构件其 N-Δ 关系曲线在达到峰值荷载前的弹性阶段刚度和弹塑性阶段刚度均和无脱空构件十分接近，均匀脱空偏压构件其 N-Δ 曲线的弹性阶段刚度和无脱空构件较为相近，而弹塑性阶段刚度则较无脱空构件小。

图 13.41 中标出了构件各破坏特征点（如钢管开始局部屈曲和混凝土压碎）在 N-Δ 关系曲线上的位置。

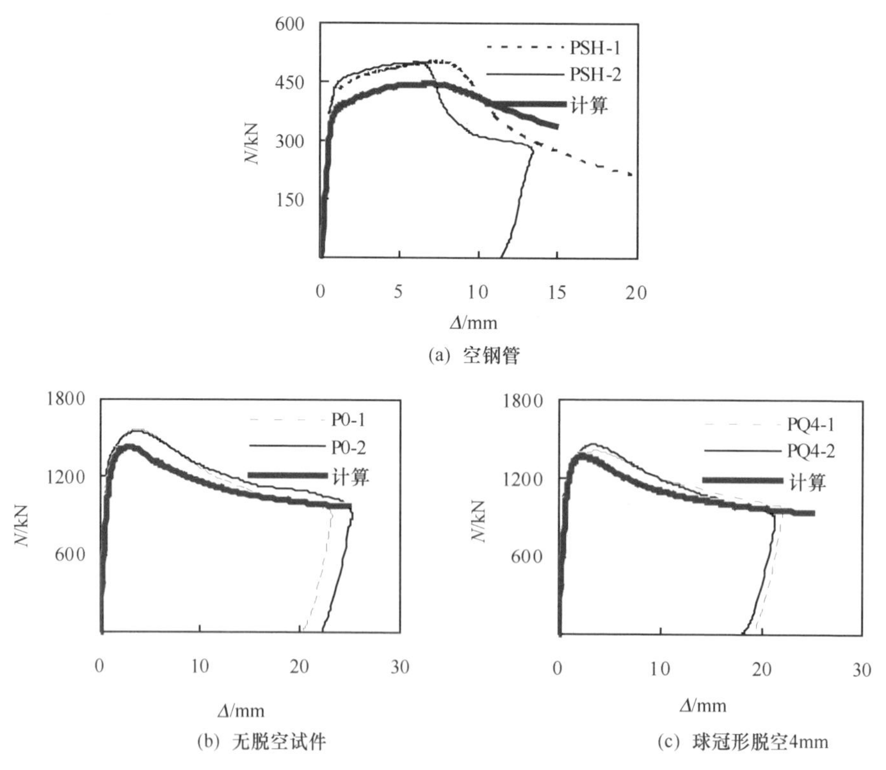

(a) 空钢管

(b) 无脱空试件

(c) 球冠形脱空4mm

图 13.40 偏压构件的轴向荷载（N）-轴向位移（Δ）关系

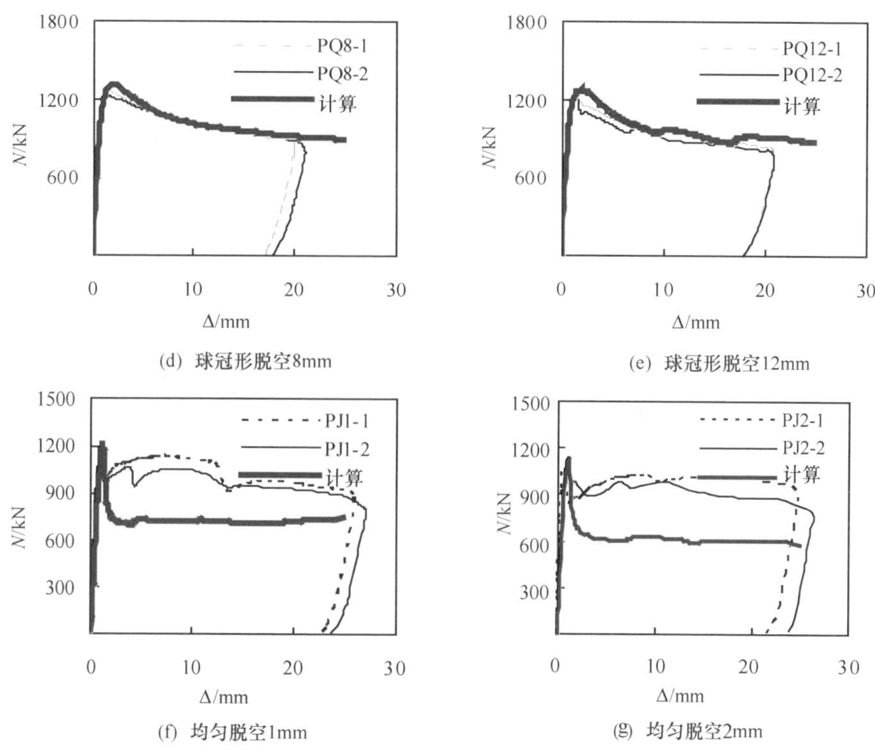

图 13.40　偏压构件的轴向荷载（N）-轴向位移（Δ）关系（续）

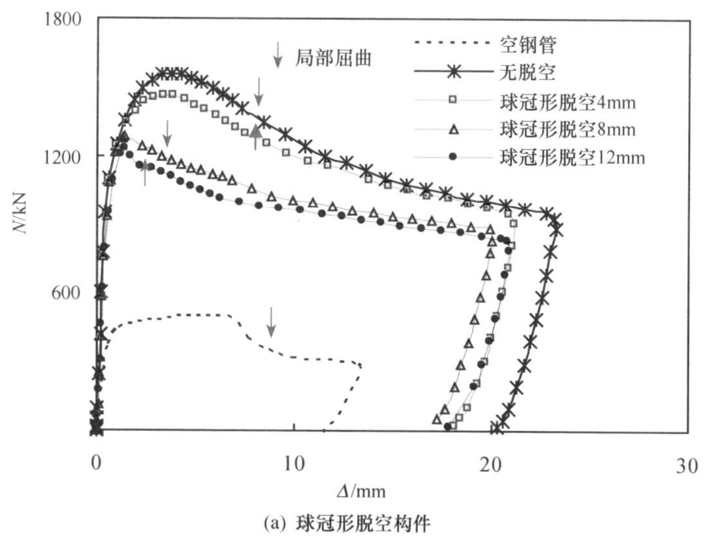

图 13.41　偏压构件的轴向荷载（N）-轴向位移（Δ）关系比较

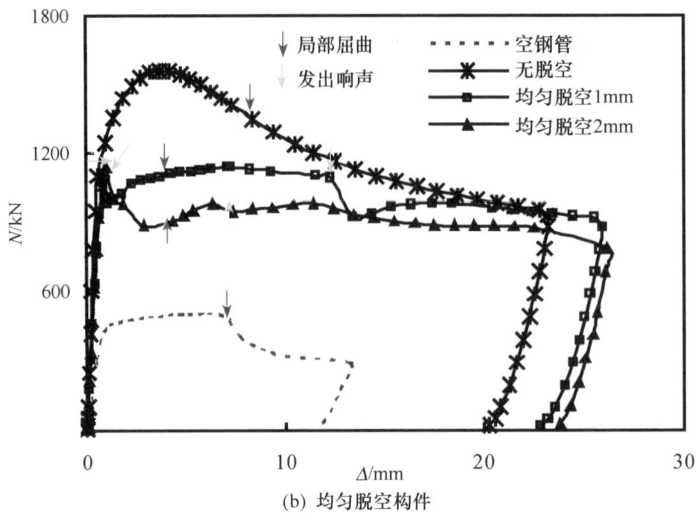

(b) 均匀脱空构件

图 13.41 偏压构件的轴向荷载（N）-轴向位移（Δ）关系比较（续）

表 13.10 给出了试验实测的偏压构件的极限承载力（N_{ue}）和其对应的轴向位移（Δ_{ue}）和跨中挠度（$u_{m,ue}$），可见随着脱空率增大，构件的极限承载力和对应的变形均有减小的趋势。球冠形脱空 4mm 构件其极限承载力对应的轴向位移（Δ_{ue}）和跨中挠度（$u_{m,ue}$）均和无脱空构件十分接近，而球冠形脱空 8mm 和 12mm 构件的 Δ_{ue} 和 $u_{m,ue}$ 则下降幅度较大。均匀脱空构件的 Δ_{ue} 和 $u_{m,ue}$ 较无脱空构件有较为显著的降低，表明其变形能力较差，局部破坏特征更加明显。

表 13.10 偏压构件的极限承载力和对应的变形

序号	试件编号	构件类型	χ/%	N_{ue}/kN	Δ_{ue}/mm	$u_{m,ue}$/mm	N_{uc}/kN	N_{uc}/ N_{ue}	SI
1	PSH-1	空钢管	—	505	7.10	6.34	450	0.89	0.33
2	PSH-2			501	6.88	5.96	450	0.90	0.32
3	P0-1	无脱空	0	1559	3.74	4.36	1421	0.91	1.00
4	P0-2			1544	3.83	5.96	1421	0.92	1.00
5	PJ1-1	均匀脱空	1.1	1143	0.88	1.4	1209	1.06	0.74
6	PJ1-2			1113	0.76	0.92	1209	1.09	0.72
7	PJ2-1	均匀脱空	2.2	1068	0.66	0.61	1119	1.05	0.69
8	PJ2-2			1041	0.99	0.86	1119	1.07	0.67
9	PQ4-1	球冠形脱空	2.2	1412	3.81	5.71	1381	0.98	0.91
10	PQ4-2			1462	3.41	4.62	1381	0.94	0.94
11	PQ8-1	球冠形脱空	4.4	1285	1.39	2.31	1319	1.03	0.83
12	PQ8-2			1266	1.65	2.31	1319	1.07	0.79
13	PQ12-1	球冠形脱空	6.6	1233	1.43	1.41	1271	1.03	0.79
14	PQ12-2			1222	1.45	1.54	1271	1.04	0.79

图 13.42 所示为构件的轴向荷载（N）-跨中挠度（u_m）关系曲线。可见，构件 N-u_m关系曲线的变化规律和 N-Δ 关系曲线较为相似。图 13.43 比较了脱空构件的轴向荷载 N-u_m关系曲线。可见，随着脱空距离的增大，构件峰值点对应的跨中挠度有减小的趋势。对比图 13.42 和图 13.43 可见，球冠形脱空构件的最终轴向位移和最终跨中挠度（试验停止时的轴向位移和跨中挠度）都和无脱空构件较为接近，表明二者的整体挠度发展规律较为接近，而均匀脱空构件在其最终轴向位移大于无脱空构件的情况下，其最终跨中挠度仍小于后者，表明均匀脱空构件的后期整体变形小于无脱空构件，构件的局部破坏特征更为显著。

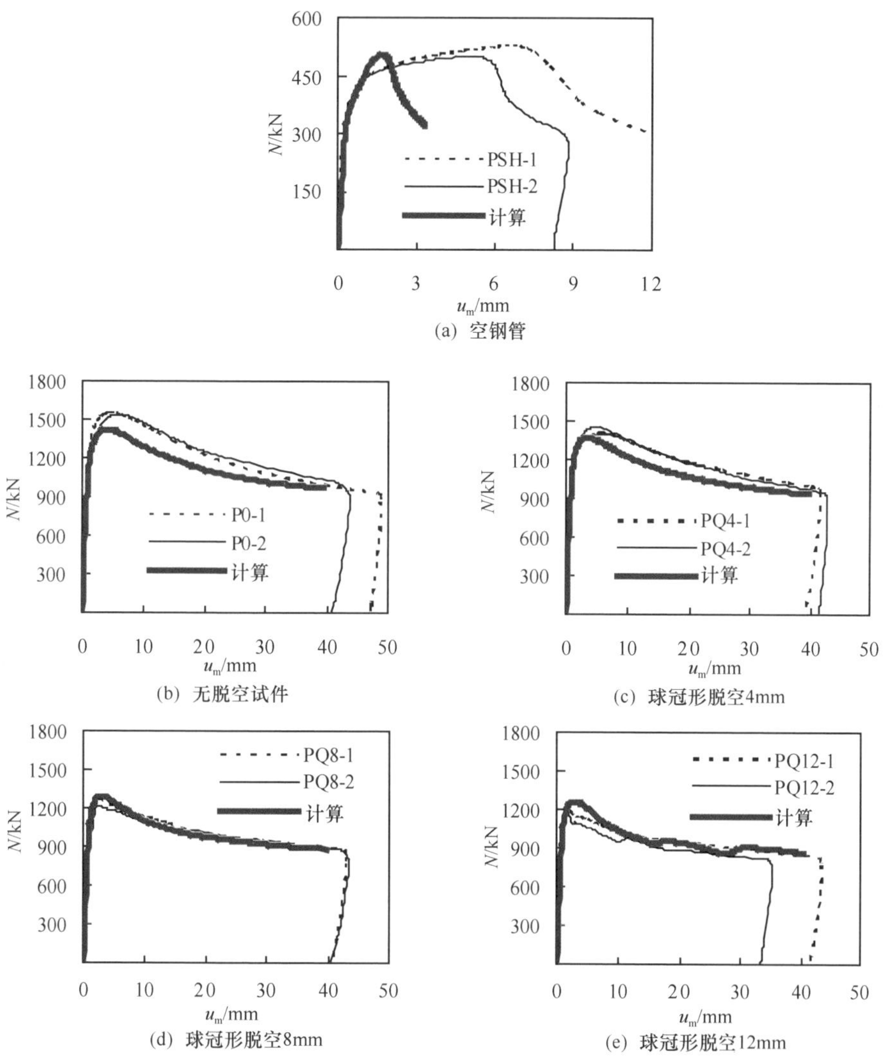

图 13.42　实测的偏压构件轴向荷载（N)-跨中挠度（u_m）关系

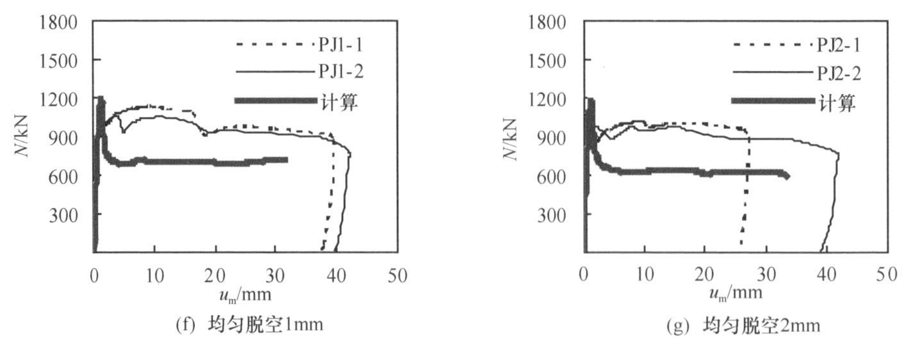

(f) 均匀脱空1mm　　(g) 均匀脱空2mm

图 13.42　实测的偏压构件轴向荷载（N）-跨中挠度（u_m）关系（续）

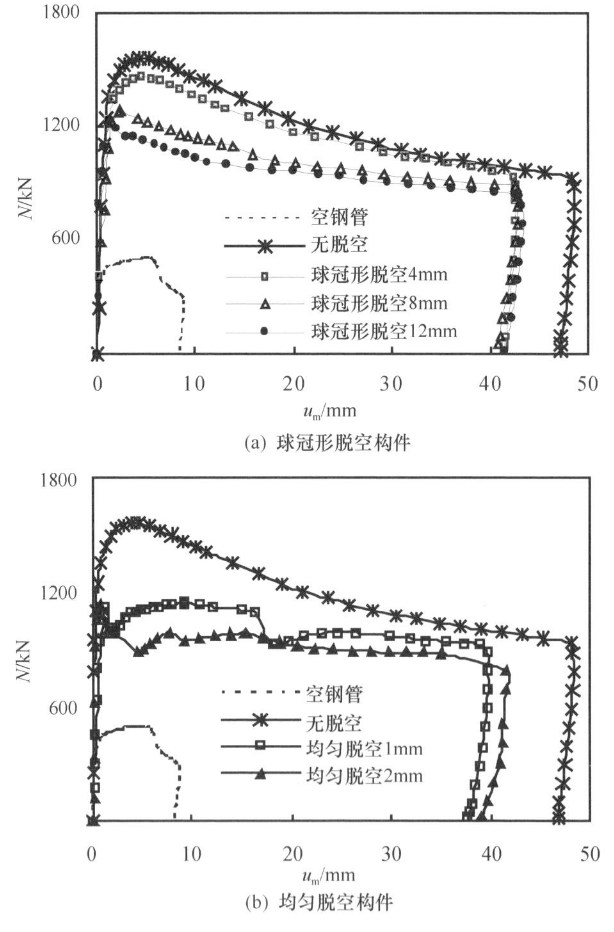

(a) 球冠形脱空构件

(b) 均匀脱空构件

图 13.43　偏压构件轴向荷载（N）-跨中挠度（u_m）关系比较

图 13.44（a1）和（a2）给出了球冠形脱空构件的轴向荷载（N）-钢管纵向应

变（ε_L）关系曲线比较。可见，构件钢管纵向应变在峰值荷载后迅速发展。对于受拉区，随着脱空距离（d）的增大，构件峰值点对应的钢管纵向应变值有减小的趋势。达到峰值荷载时，无脱空构件和脱空距离 d=4mm 构件的拉区钢管已经屈服，而脱空距离 d=8mm 和 12mm 构件其受拉区钢管则尚未达到屈服状态，表明脱空距离增大使构件峰值点时的整体侧向挠度降低。

而对于受压区，所有球冠形脱空构件在达到峰值点时其钢管均已达到屈服，同样随着脱空距离（d）增大，构件峰值点对应的压应变有降低的趋势。

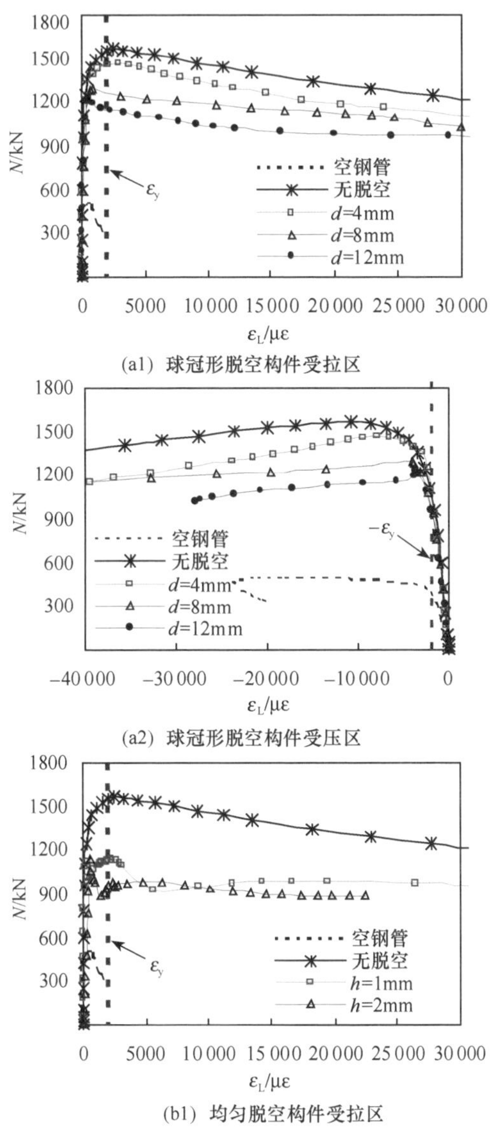

图 13.44　偏压构件轴向荷载（N）-钢管纵向应变（ε_L）关系

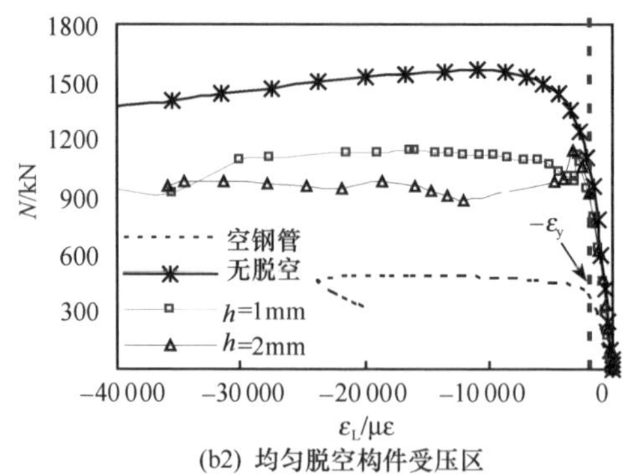

(b2) 均匀脱空构件受压区

图 13.44 偏压构件轴向荷载（N)-钢管纵向应变（ε_L）关系（续）

图 13.44（b1)和(b2）给出了均匀脱空构件的轴向荷载（N)-钢管纵向应变（ε_L）关系曲线比较。均匀脱空构件在峰值荷载时其拉应变还较小，表明构件达到极限承载力时其整体侧向变形较小，破坏过程具有较大的突然性。同样，均匀脱空构件在达到峰值点时其钢管压区应变都已达到屈服，但和无脱空构件相比前者峰值点对应的钢管压应变值显著减小。

图 13.45 给出了构件轴向荷载（N)-钢管横向应变（ε_t）关系曲线比较。可见，构件受拉区钢管横向应变值并不大，在峰值点时仍未达到屈服。脱空类型和脱空距离对于构件拉区钢管横向应变的发展趋势并无显著影响。

与轴压构件相似，偏压构件的受压区钢管横向应变也只给出峰值荷载前的部分以避免局部屈曲的影响。可见，无脱空构件峰值点对应的钢管横向应变比脱空构件大得多，表明前者钢管对混凝土的约束应力较大。随着脱空距离增大，构件峰值点对应的钢管横向应变有降低的趋势，球冠形脱空 8mm 和 12mm，以及均匀脱空 1mm 和 2mm 的构件其钢管压区横向应变在峰值点时仍未达到屈服。

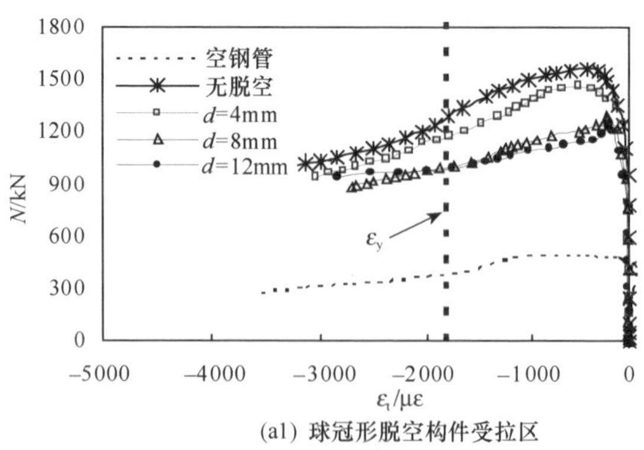

(a1) 球冠形脱空构件受拉区

图 13.45 偏压构件的轴向荷载（N)-钢管横向应变（ε_t）关系

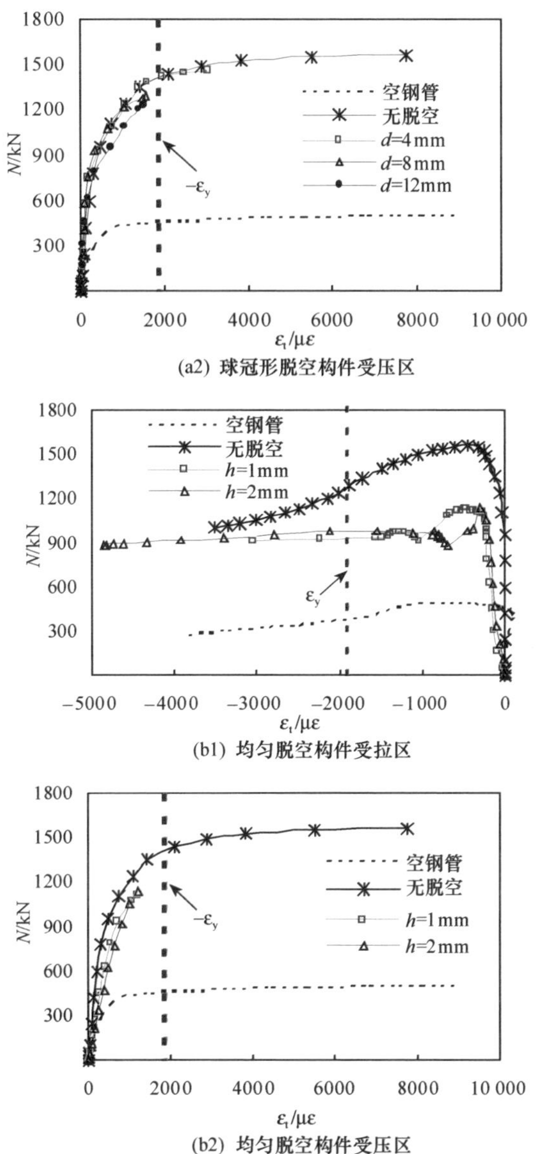

图 13.45　偏压构件的轴向荷载（N）-钢管横向应变（ε_t）关系（续）

(5) 纯弯试验结果

图 13.46 给出了纯弯构件的最终破坏模态。可见，空钢管的局部破坏特征较为明显，其破坏现象主要表现为加载点区域严重凹屈而构件整体弯曲挠度不大。钢管混凝土构件的整体弯曲挠度均较为明显。

无脱空构件在跨中挠度达到 30mm 后，观察到加载点旁的钢管出现局部鼓屈现象，之后随着跨中挠度不断加大，钢管鼓屈现象越发明显。球冠形脱空

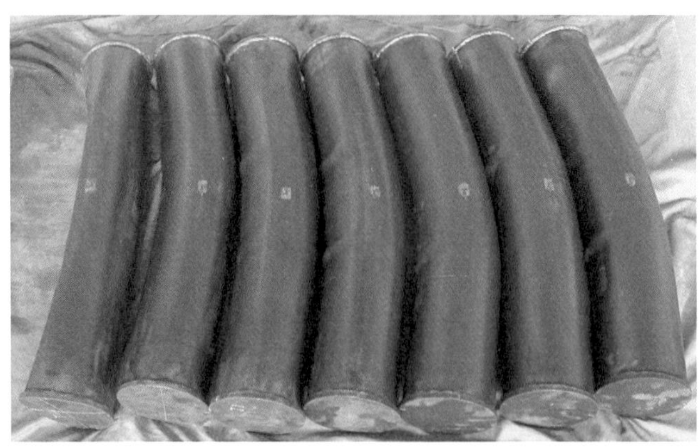

图 13.46　纯弯构件的破坏形态

4mm 和 8mm 构件其破坏过程和无脱空构件较为接近，但脱空构件最终破坏时其两个加载点之间的区域出现 3～4 个连续的轻微半波形屈曲。而球冠形脱空 12mm 构件其最终破坏时加载点处出现“下陷”现象，跨中钢管出现轻微凹屈，两个加载点之间的半波形屈曲较脱空 4mm 和 8mm 构件更为明显。

均匀脱空构件其最终破坏时加载点处的钢管下陷，加载点旁的钢管鼓屈，同时两个加载点之间的钢管出现连续的半波形屈曲。

图 13.47 给出了典型构件（均匀脱空 2mm 和球冠形脱空 12mm）剖开钢管后核心混凝土的破坏模态。可见，球冠形脱空 12mm 构件其受压区混凝土压碎区域主要出现在钢管鼓屈处，而均匀脱空 2mm 构件的混凝土压碎区域则分布更为广泛，其两个加载点之间的混凝土均出现碎裂现象。

(a1) 均匀脱空2mm受压区

(a2) 均匀脱空2mm受拉区

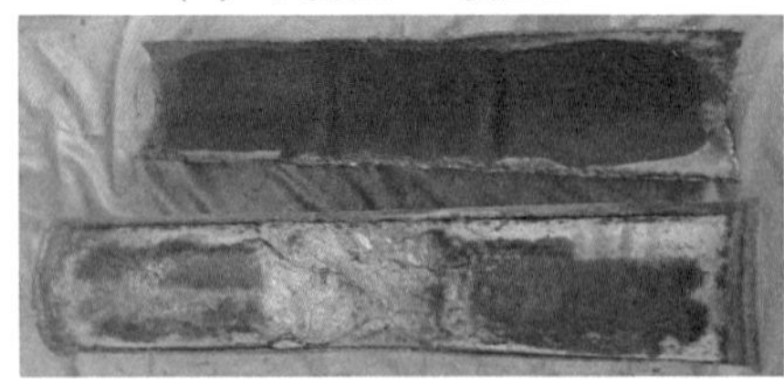

(b1) 球冠形脱空12mm受压区

(b2) 球冠形脱空12mm受拉区

图 13.47　纯弯构件核心混凝土的破坏现象（裂缝宽度单位：mm）

而在受拉区，均匀脱空 2mm 构件的混凝土裂缝数量较少，裂缝宽度较大。相较而言，球冠形脱空 12mm 构件的混凝土裂缝分布地更为均匀，裂缝数量更多，最大裂缝宽度（6.1mm）也小于均匀脱空构件（16.9mm）。

所有构件在试验结束时均未出现钢管拉裂的现象。

图 13.48 和图 13.49 给出了构件弯矩（M）-跨中挠度（u_m）关系曲线。可见，球冠形脱空构件的 M-u_m 关系曲线形状和无脱空构件较为接近，二者的弹性阶段刚度差别较小，而进入弹塑性阶段后，球冠形脱空 4mm 构件的刚度仍然和无脱空构件十分接近，而脱空 8mm 和 12mm 构件的刚度则相比之下有减小的趋势。

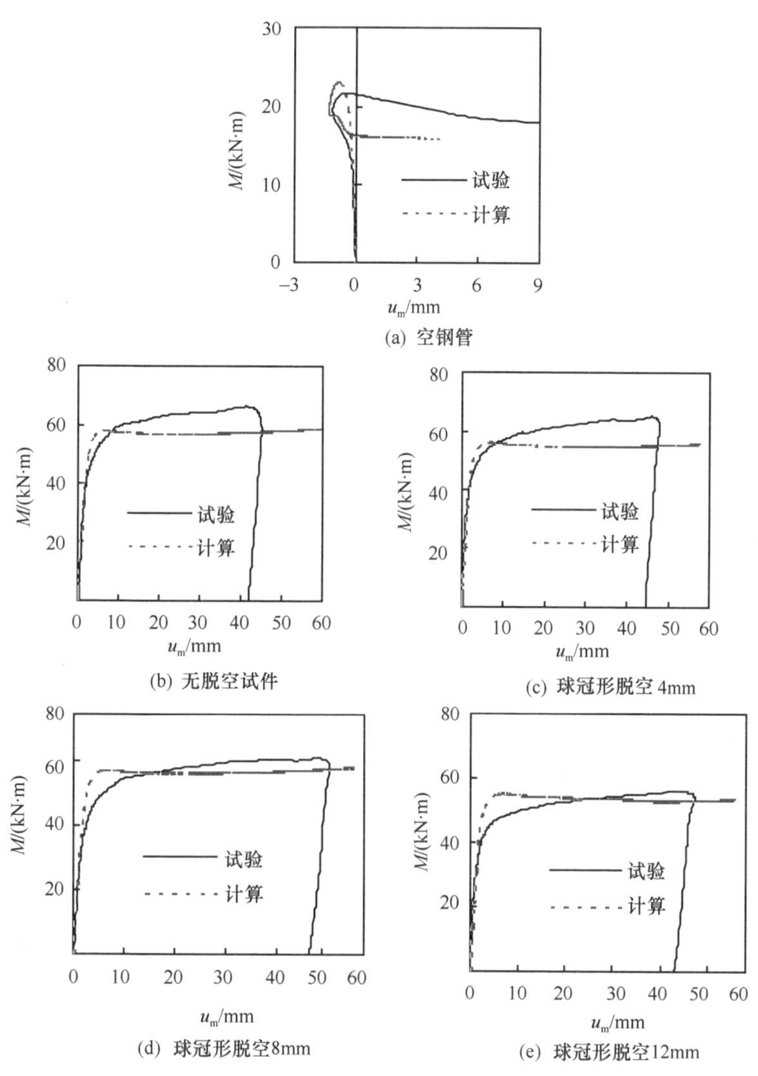

图 13.48　弯矩（M）-跨中挠度（u_m）关系

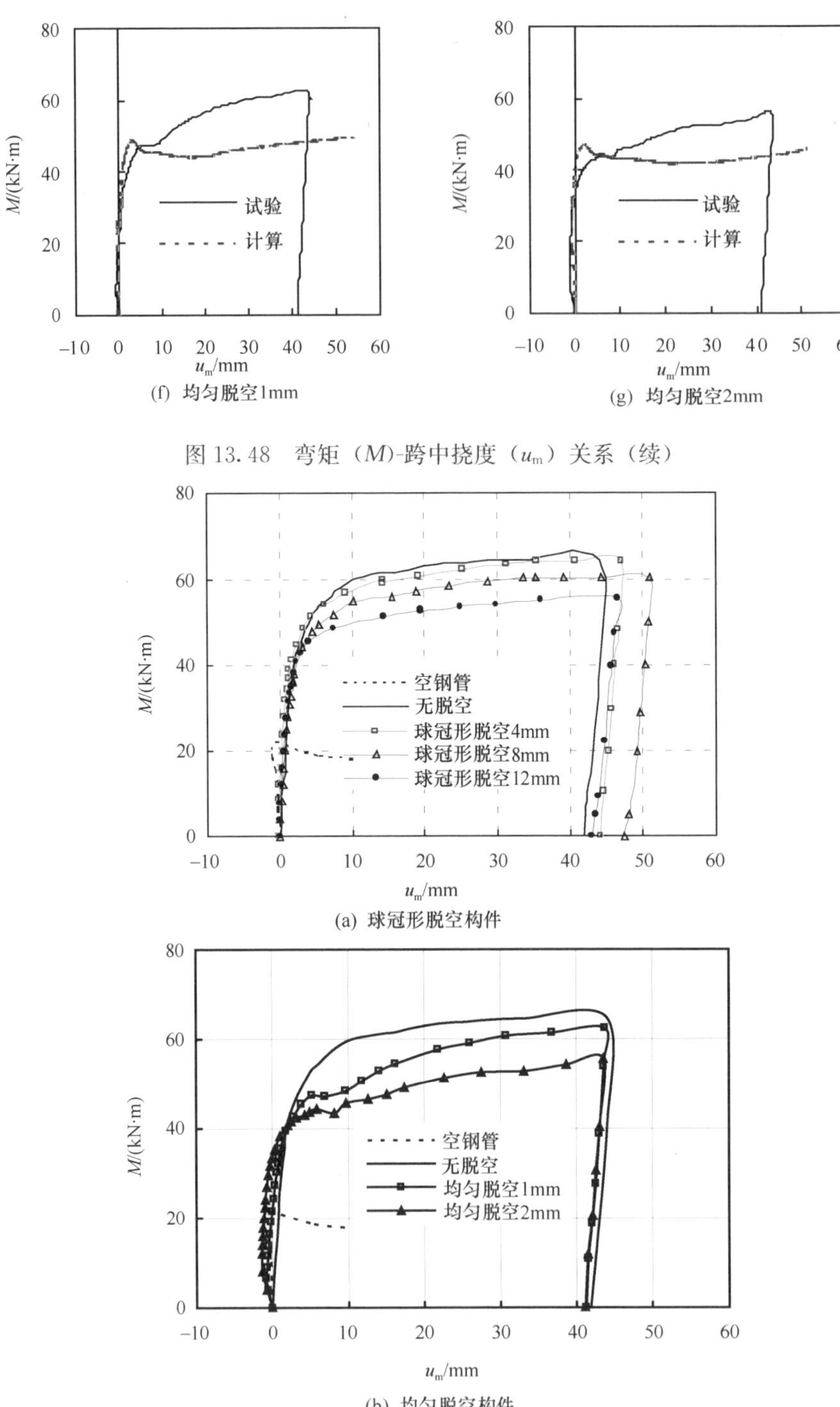

图 13.48　弯矩（M）-跨中挠度（u_m）关系（续）

图 13.49　弯矩（M）-跨中挠度（u_m）关系比较

均匀脱空构件 M-u_m 关系曲线的形状则和空钢管较为相似：构件拉区钢管在受荷前期发生轻微凹屈，因此其跨中挠度初期表现为负值，之后随着荷载增大其跨中挠度又转向正方向发展。达到极限弯矩时，由于受压区混凝土突然被压碎，均匀脱空构件都出现了荷载轻微下降后又回升的情况。由图 13.49（b）可见，均匀脱空构件其 M-u_m 关系曲线的前期刚度和后期发展趋势都和无脱空构件有较为明显的差异。

图 13.50 给出了构件弯矩（M）-曲率（ϕ）关系曲线。可见，球冠形脱空构件的前期抗弯刚度和无脱空构件较为接近，而其后期刚度随着脱空距离的增大有降低的趋势。脱空 d=12mm 构件由于加载点钢管下陷，构件的局部破坏特征较为显著，因此其最大曲率值较其余构件明显偏低，如图 13.50（a）所示。

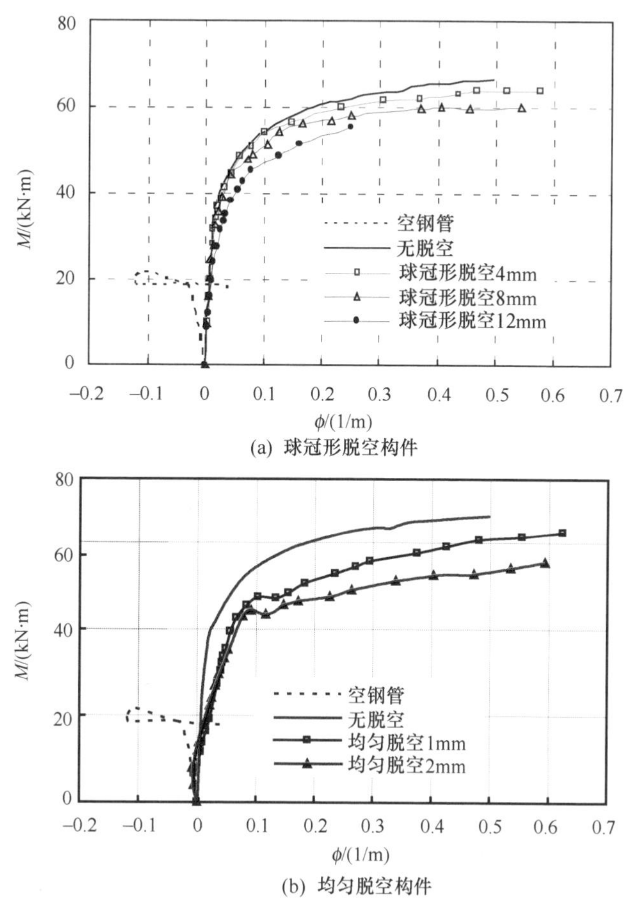

(a) 球冠形脱空构件

(b) 均匀脱空构件

图 13.50　弯矩（M）-曲率（ϕ）关系

均匀脱空构件在加载前期由于受钢管凹屈的影响其曲率为负值，之后随着弯矩增大，曲率又向正方向发展，其 M-ϕ 关系曲线的发展趋势和空钢管较为接近。同时，由图 13.50（b）可见，均匀脱空构件其抗弯刚度明显小于无脱空构件。

表 13.11 纯弯构件的极限弯矩和抗弯刚度

序号	试件编号	构件类型	χ	M_{ue}/(kN·m)	M_{uc}/(kN·m)	M_{uc}/M_{ue}	SI	K_{ie}/(kN·m²)	RI_{ie}	K_{se}/(kN·m²)	RI_{se}	K_{JGJ}/(kN·m²)	K_{JGJ}/K_{ie}
1	WH*	空钢管	—	无	—	—	—	—	—	—		—	—
2	W0	无脱空	0	51.02	50.13	0.98	1.00	3254	1.0	2864	1.0	2972	0.91
3	WJ2	均匀脱空	1.1%	44.57	41.67	0.93	0.87	—	—	—		—	—
4	WJ4	均匀脱空	2.2%	33.82	38.61	1.14	0.66	—	—	—		—	—
5	WQ4	球冠形脱空	2.2%	50.20	48.78	0.97	0.98	3220	0.99	2639	0.92	2972	0.92
6	WQ8	球冠形脱空	4.4%	46.17	47.07	1.02	0.90	3112	0.96	2135	0.75	2972	0.96
7	WQ12	球冠形脱空	6.6%	43.73	45.27	1.04	0.86	3025	0.93	1527	0.53	2972	0.98

表 13.11 给出了纯弯构件的极限弯矩（M_{ue}，即拉区钢管最外边缘应变达到 10 000$\mu\varepsilon$ 时所对应的弯矩值）。需要说明的是，空钢管构件由于受拉区钢管纵向应变最终未能超过 10 000$\mu\varepsilon$，因此无法得到其极限弯矩。

此外，表 13.11 还给出了构件的弹性阶段刚度（K_{ie}）和使用阶段刚度（K_{se}），其确定方法见韩林海（2007）。由于空钢管和均匀脱空构件在受荷初期受钢管凹屈的影响其曲率为负值，因此表 13.11 中仅给出了无脱空和球冠形构件的抗弯刚度（K_{ie} 和 K_{se}）。图 13.51 给出了构件的弯矩（M）-钢管纵向应变（ε_L）关系。

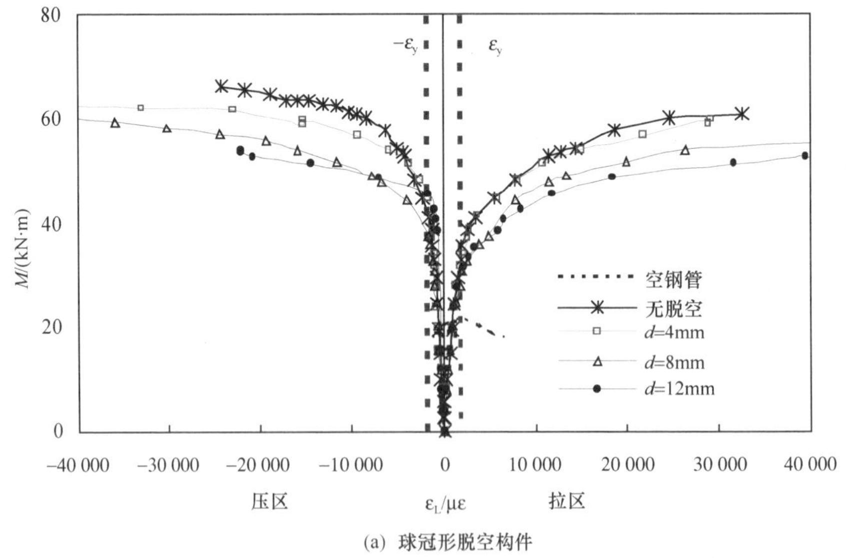

(a) 球冠形脱空构件

图 13.51 弯矩（M）-钢管纵向应变（ε_L）关系

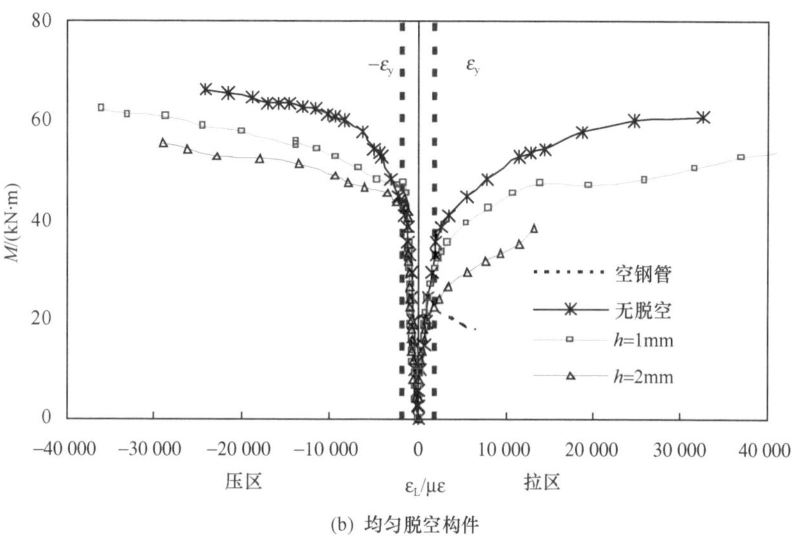

(b) 均匀脱空构件

图 13.51　弯矩（M）-钢管纵向应变（ε_L）关系（续）

13.4.2　核心混凝土脱空的影响规律分析

（1）极限承载力比较

定义脱空构件的承载力系数 SI。

轴压和偏压构件：

$$SI=\frac{N_{ue}}{N_{ue,无脱空}} \tag{13.5}$$

纯弯构件：

$$SI=\frac{M_{ue}}{M_{ue,无脱空}} \tag{13.6}$$

式中：N_{ue}和M_{ue}分别为实测的构件极限承载力和极限弯矩，$N_{ue,无脱空}$和$M_{ue,无脱空}$则为相应的无脱空基准构件的极限承载力和极限弯矩。轴压、偏压和纯弯构件的 SI 值分别列于表 13.10～表 13.12 中。

图 13.52（a）比较了轴压构件的承载力系数 SI（取每组两个相同构件的平均值）。可见，对于球冠形脱空构件，在脱空距离 d＝4mm、8mm 和 12mm（χ＝2.2％、4.4％和 6.6％）时，构件的极限承载力较无脱空构件分别下降了 3％、15％和 14％，而均匀脱空 h＝1mm 和 2mm（χ＝1.1％和 2.2％）的构件其极限承载力则分别下降了 23％和 29％。

图 13.52（b）比较了偏压构件的承载力系数 SI（取每组两个相同构件的平均值）。可见，球冠形脱空 4mm、8mm 和 12mm（χ＝2.2％、4.4％和 6.6％）构件其极限承载力较无脱空构件分别下降了 7％、19％和 21％，而均匀脱空

1mm 和 2mm（χ=1.1%和 2.2%）构件则分别下降了 21%和 27%。

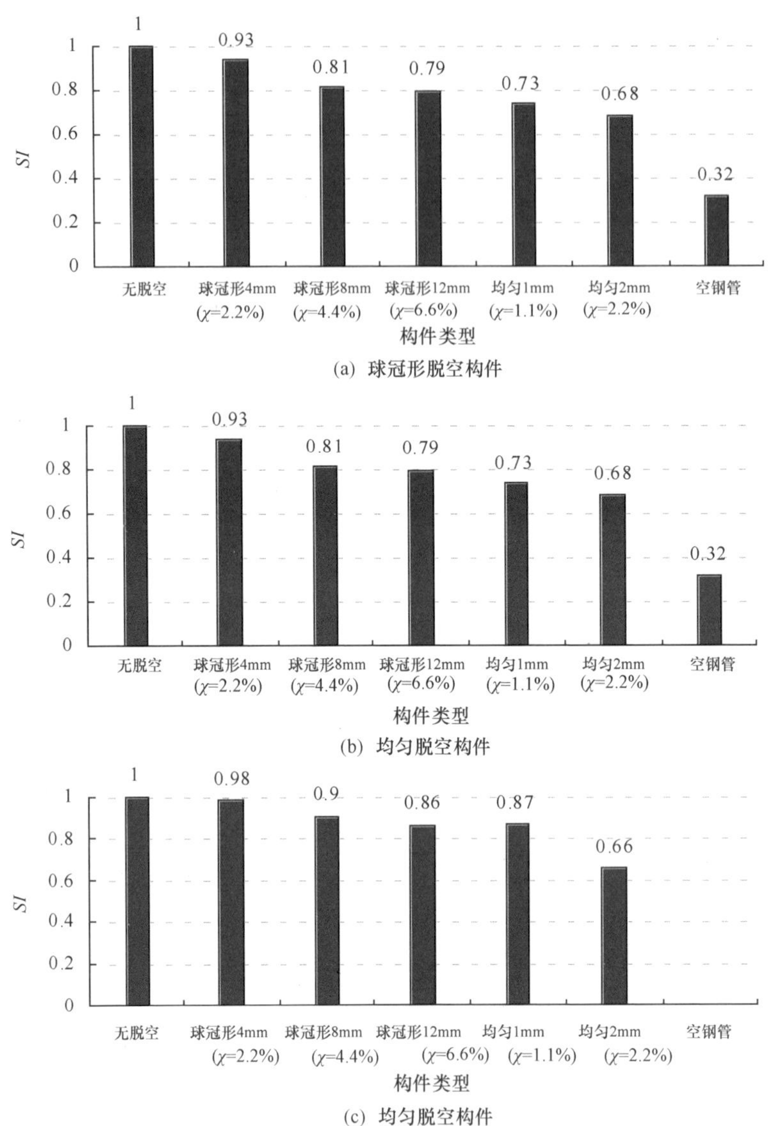

(a) 球冠形脱空构件

(b) 均匀脱空构件

(c) 均匀脱空构件

图 13.52　承载力系数 *SI* 比较

图 13.52（c）比较了纯弯构件的承载力系数 *SI*。可见，球冠形脱空 4mm、8mm 和 12mm（χ=2.2%、4.4%和 6.6%）构件其极限弯矩较无脱空构件分别下降了 2%、10%和 14%。而均匀脱空 1mm 和 2mm（χ=1.1%和 2.2%）构件则分别下降了 13%和 34%。对比脱空率均为 2.2%（总脱空距离 *d* 均为 4mm）的球冠形脱空 4mm 和均匀脱空 2mm 构件，前者在轴压、偏压和纯弯荷

载下其 SI 值为 97%、93%和 98%，而后者的 SI 值则分别为 71%、68%和 66%。可见均匀脱空对于钢管混凝土构件极限承载力的不利程度要远大于球冠形脱空。

综合以上分析还可看到，对于球冠形脱空构件，在脱空率 χ=2.2%、4.4%和 6.6%的情况下，其脱空面积（A_{gap}）占构件横截面面积（A_{sc}）的比例为 0.8%、2.2%和 4.0%，而构件的轴压承载力较无脱空构件分别下降了 3%、11%和 14%，偏压承载力分别下降了 7%、19%和 21%，极限弯矩分别下降了 2%、10%和 14%。可见，构件的承载力下降幅度均大于构件的净截面面积减少幅度，表明脱空对于构件承载力的影响不仅仅在于减小了构件净截面面积。而此现象在均匀脱空构件上表现得更加明显：对于均匀脱空构件，在脱空率 χ=1.1%和 2.2%的情况下，其脱空面积（A_{gap}）占构件横截面面积（A_{sc}）的比例为 2.7%和 5.3%，而构件轴压极限承载力则分别下降了 23%和 29%，偏压承载力分别下降了 21%和 27%，极限弯矩分别下降了 13%和 34%。这是由于均匀脱空对钢管和混凝土之间相互作用的削弱程度较球冠形脱空大得多。

（2）刚度比较

定义脱空构件的刚度系数 RI 为

$$RI_{ie} = \frac{K_{ie}}{K_{ie,\text{无脱空}}} \tag{13.7}$$

$$RI_{se} = \frac{K_{se}}{K_{se,\text{无脱空}}} \tag{13.8}$$

式中：K_{ie}和 K_{se}为实测的构件弹性阶段刚度和使用阶段刚度；$K_{ie,\text{无脱空}}$和 $K_{se,\text{无脱空}}$则为相应的无脱空基准构件的实测弹性阶段刚度和使用阶段刚度。构件的 RI_{ie}和 RI_{se}值分别列于表 13.12 中。图 13.53 比较了球冠形脱空构件的刚度系数 RI。可见球冠形脱空对于钢管混凝土构件的弹性抗弯刚度影响较小，在 χ=2.2%、4.4%和 6.6%时构件的弹性刚度分别较无脱空构件下降了 1%、4%和 7%。而脱空对于构件的使用阶段刚度则影响较为显著，在 χ=2.2%、4.4%和 6.6%时构件的使用阶段刚度分别较无脱空构件下降了 8%、25%和 47%。

图 13.54 所示为脱空率（χ）对构件极限承载力的影响趋势。可见，随着 χ 的增大构件的极限承载力有下降的趋势。对于球冠形脱空构件，由无脱空变化为脱空率 χ=2.2%时构件的极限承载力下降幅度并不大，而由 χ=2.2%变化为 χ=4.4%时承载力下降则较为明显，之后由 χ=4.4%变化为 χ=6.6%时构件的承载力下降幅度又相对较为平缓。

对于均匀脱空构件，由无脱空变化为脱空率 χ=1.1%时构件的极限承载力显著下降，而由 χ=1.1%变化为 χ=2.2%时构件的承载力下降则较为平缓。

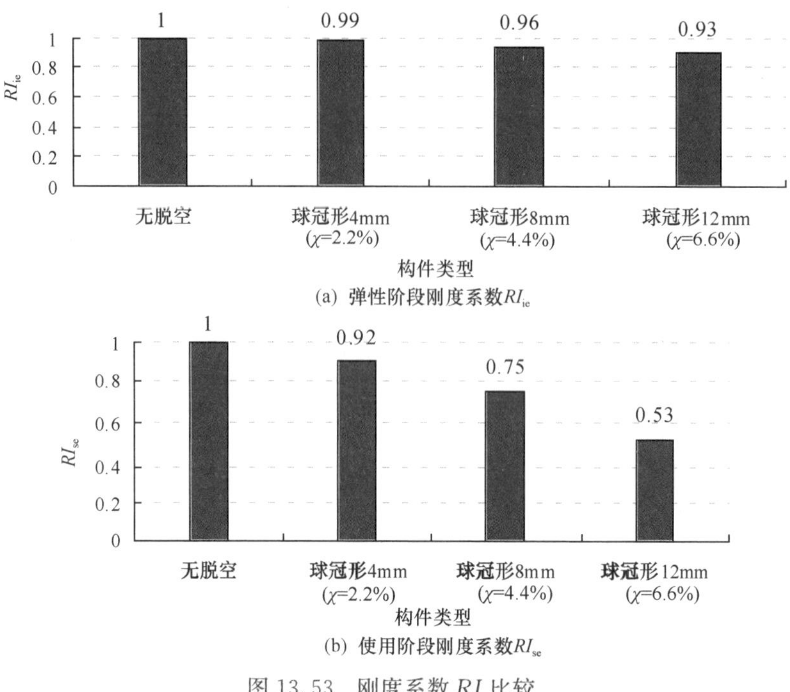

(a) 弹性阶段刚度系数RI_{ie}

(b) 使用阶段刚度系数RI_{se}

图 13.53　刚度系数 RI 比较

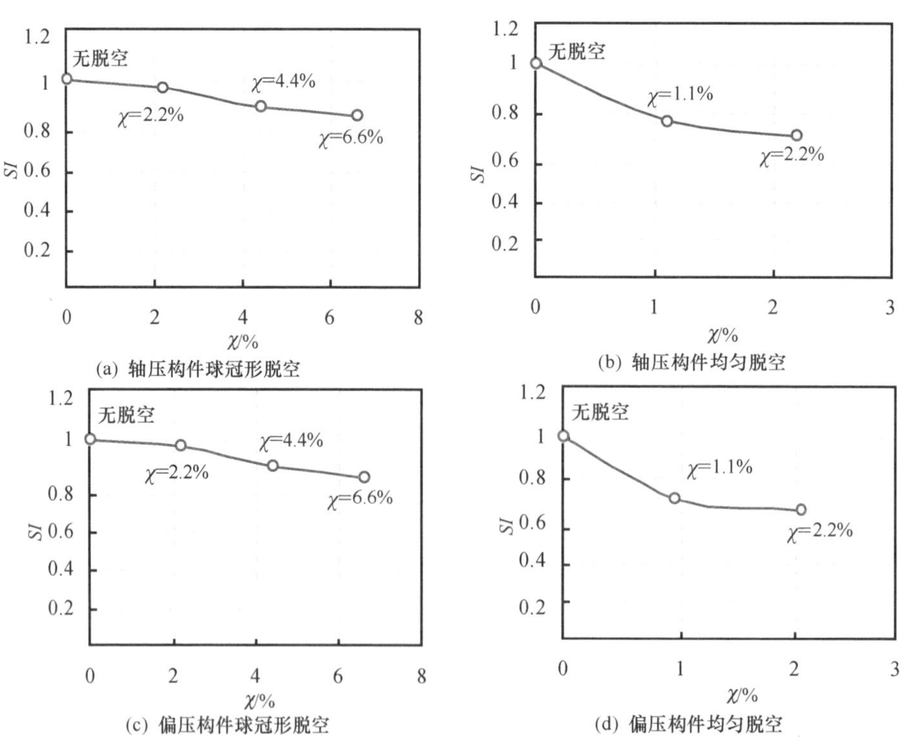

(a) 轴压构件球冠形脱空

(b) 轴压构件均匀脱空

(c) 偏压构件球冠形脱空

(d) 偏压构件均匀脱空

图 13.54　脱空率（χ）对构件极限承载力的影响

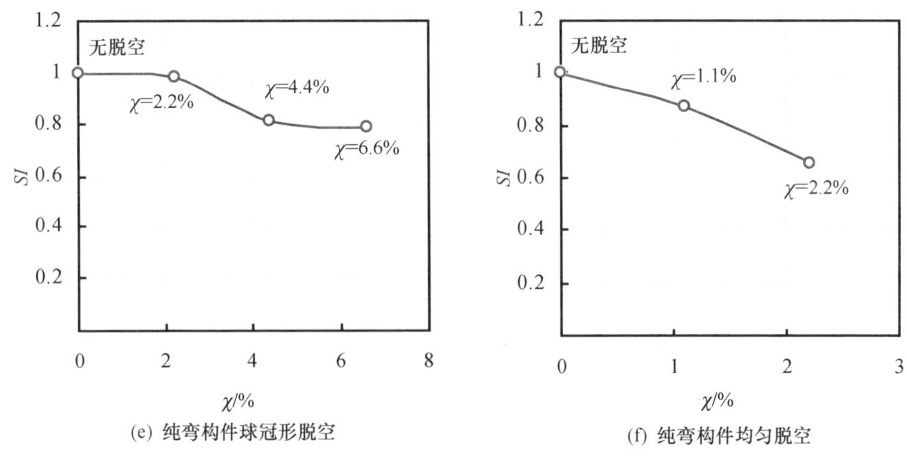

(e) 纯弯构件球冠形脱空　　(f) 纯弯构件均匀脱空

图 13.54　脱空率（χ）对构件极限承载力的影响（续）

图 13.55（a）和（b）所示分别为脱空率（χ）对球冠形脱空构件弹性阶段抗弯刚度和使用阶段抗弯刚度的影响趋势。可见，随着χ的增大，构件的弹性阶段抗弯刚度和使用阶段抗弯刚度都有下降的趋势。相较而言，球冠形脱空对于构件使用阶段刚度的影响较弹性阶段要显著得多。此外，由无脱空变化为脱空率 χ=2.2%时，构件弹性阶段和使用阶段抗弯刚度的下降趋势较为平缓，而由 χ=2.2%变化为 χ=4.4%以及 χ=4.4%变化为 χ=6.6%时，构件的抗弯刚度则下降幅度更大。

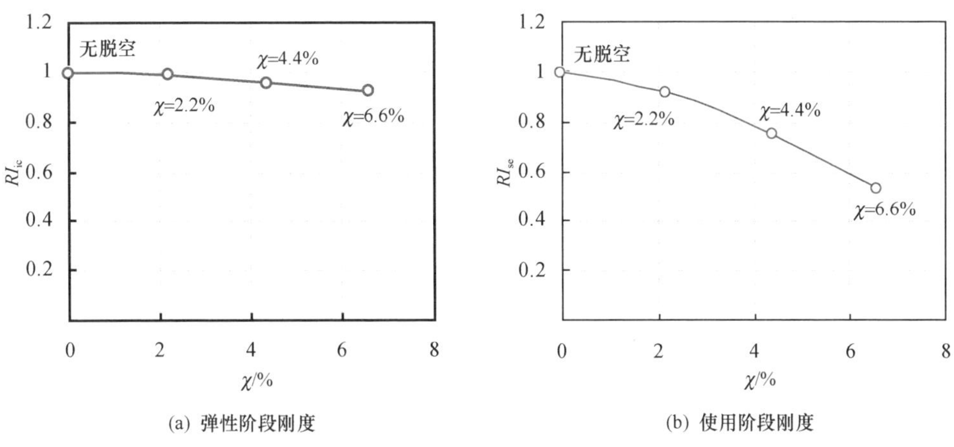

(a) 弹性阶段刚度　　(b) 使用阶段刚度

图 13.55　脱空率（χ）对构件抗弯刚度的影响

(3) 规程计算比较

为研究国内现有规程计算钢管混凝土脱空构件极限承载力的可行性，采用住房与城乡建设部行业标准 JGJ/T249—2011（2011）和中国工程标准化协会标准

《钢管混凝土结构设计与施工规程》（CECS28：2012，2012）中的钢管混凝土构件极限承载力计算公式对试验构件进行计算。

采用JGJ/T249—2011（2011）给出的公式［也即本书式（3.99）］计算的轴压和偏压构件的极限承载力（$N_{code,JGJ}$）分别为2038 kN和1356 kN，极限弯矩（$M_{code\text{-}JGJ}$）为49.4 kN·m；采用CECS28：2012（2012）计算的轴压和偏压构件的极限承载力（$N_{code\text{-}CECS}$）分别为2550 kN和1668 kN，极限弯矩（$M_{code\text{-}CECS}$）为84.3 kN·m。图13.56所示为规程计算的极限承载力与试验结果的比较，其中纵坐标 N_{code}/N_{ue} 为规程计算结果与试验结果的比值。可见，JGJ/T249—2011（2011）的计算结果对于球冠形脱空4mm（χ=2.2%）构件仍能满足安全要求，而对于球冠形脱空8mm和12mm（χ=4.4%和6.6%）以及均匀脱空构件均较试验结果相比偏高。而CECS28：2012（2012）的计算结果和试验结果相比则总体上均偏高。

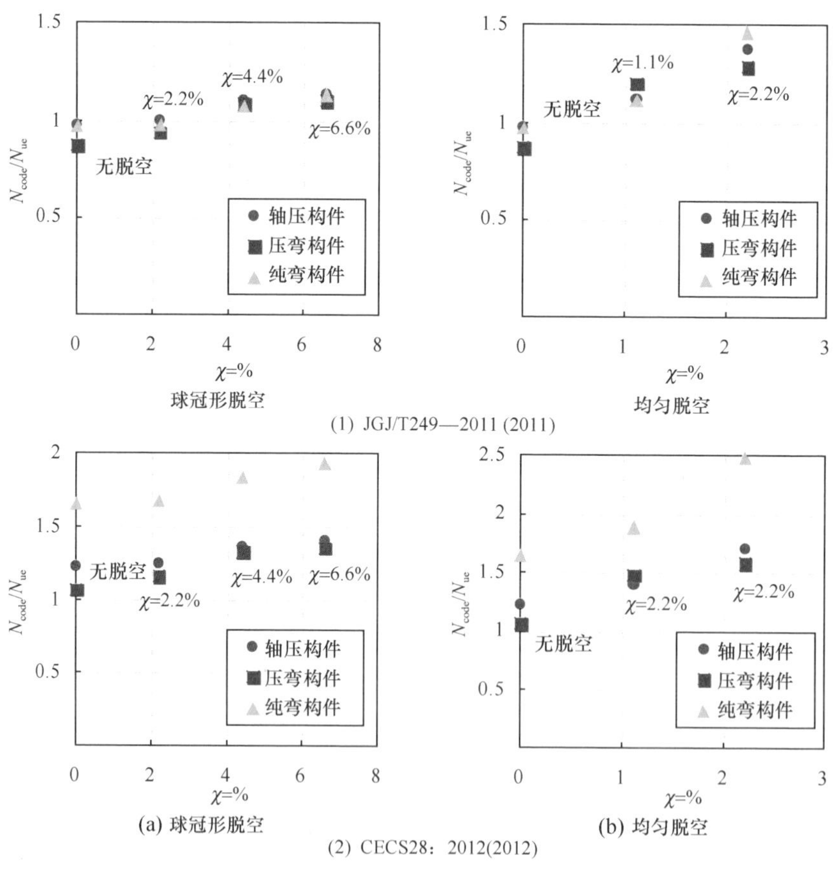

图13.56　规程计算的极限承载力与试验结果比较

为研究现有国内规程计算钢管混凝土脱空构件的弹性抗弯刚度的可行性，采用 JGJ/T249—2011（2011）中的计算公式对于试验构件的弹性抗弯刚度进行计算。规程计算的构件弹性抗弯刚度（K_{JGJ}）以及计算结果和试验结果的比值（K_{JGJ}/K_{ie}）均列于表 13.12 中。可见 JGJ/T249—2011（2011）计算的弹性抗弯刚度对于球冠形脱空 4mm、8mm 和 12mm（χ=2.2%、4.4%和 6.6%）的构件均能满足要求。

13.4.3　有限元分析及承载力实用计算方法

本节采用有限元法考虑不同的构件类型和脱空率，进一步对钢管混凝土脱空构件的受力全过程进行分析。采用有限元模型计算的典型构件破坏模态和试验结果的比较如图 13.57 所示，可见二者较为接近。

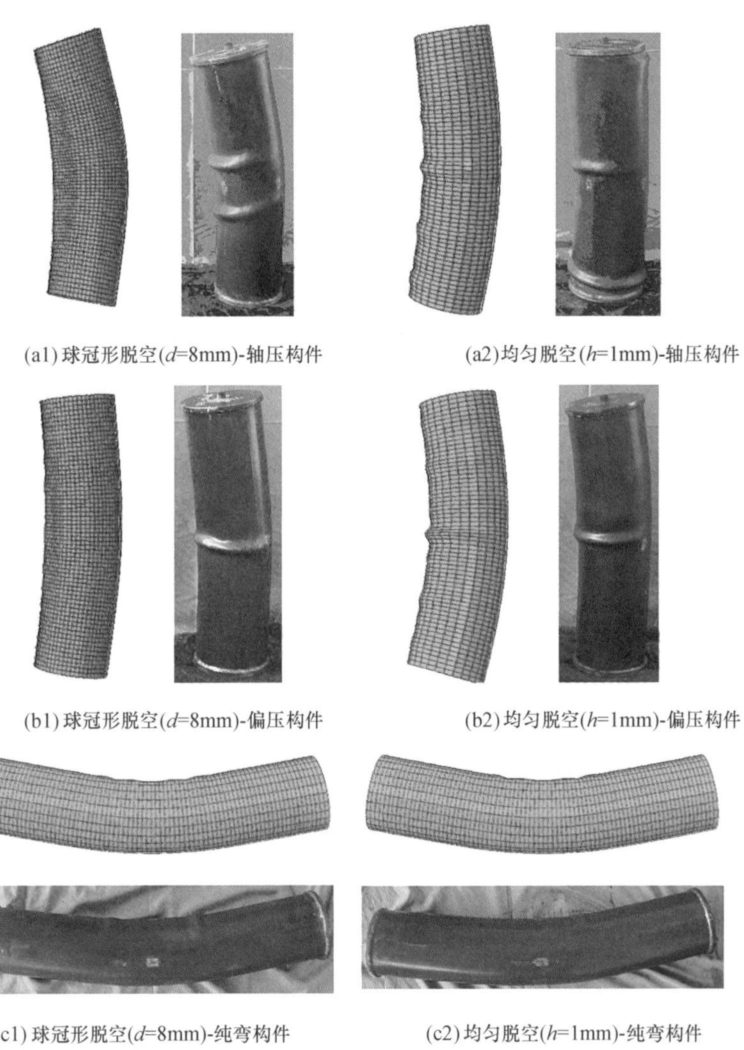

(a1) 球冠形脱空(d=8mm)-轴压构件　(a2) 均匀脱空(h=1mm)-轴压构件

(b1) 球冠形脱空(d=8mm)-偏压构件　(b2) 均匀脱空(h=1mm)-偏压构件

(c1) 球冠形脱空(d=8mm)-纯弯构件　(c2) 均匀脱空(h=1mm)-纯弯构件

图 13.57　试件破坏模态比较

有限元模型计算得到的轴压构件的轴向荷载（N)-轴向位移（Δ）全过程关系曲线、偏压构件的轴向荷载（N)-轴向位移（Δ）和轴向荷载（N)-跨中挠度（u_m）全过程关系曲线，以及纯弯构件的弯矩（M)-跨中挠度（u_m）全过程关系曲线和试验结果的比较分别如图 13.34、图 13.40 和图 13.42，以及图 13.48 所示，可见二者吻合良好。

此外，有限元模型计算的轴压、偏压构件的极限承载力（N_{uc}）和纯弯构件的极限弯矩（M_{uc}）分别列于表 13.10～表 13.12 中。计算值和试验值的比值（N_{uc}/N_{ue}）的平均值和均方差对于轴压构件、偏压构件和纯弯构件分别为 1.01 和 0.022、1.00 和 0.055，以及 1.01 和 0.062。

采用上述经过验证的有限元模型对带缺陷的钢管混凝土构件的力学性能进行分析，以明晰脱空缺陷对构件工作机理的影响。图 13.58（a）所示为均匀脱空构件和无脱空构件的轴向荷载-轴向应变关系曲线的比较。图中 点 A 和 A′对应峰值荷载，而点 B 对应环向脱空构件峰值点荷载下降后又开始回升的时刻。点 C 和 C′对应轴向应变达到 0.05 的时刻。由图 13.58（a）可见，均匀脱空试件的轴向荷载在峰值荷载后突然下降，之后核心混凝土受压膨胀并与钢管内壁发生接触，使得轴向荷载开始回升。脱空构件的峰值荷载比钢管与混凝土轴压承载力简单叠加（$A_s f_y + A_c f_c'$）之和稍微低一些。而相比于脱空试件，无脱空构件的极限承载力和峰值应变分别提高了 13%和 100%。这主要是由于环向脱空的存在使核心混凝土在未受钢管约束的情况下被压碎。

图 13.58（b）分别给出了钢管（$A_s f_y$）承担的轴力、核心混凝土（$A_c f_c'$）承担的轴力以及钢管和混凝土轴压承载力简单叠加（$A_s f_y + A_c f_c'$）随轴向变形变化曲线。可见脱空对于钢管承担的轴力基本没有影响，而其使混凝土承担的轴力下降了 33%。由此可见环向脱空对于钢管混凝土的影响主要是由于其对混凝土承载力的影响，而这种影响又来自与对约束应力的削弱。

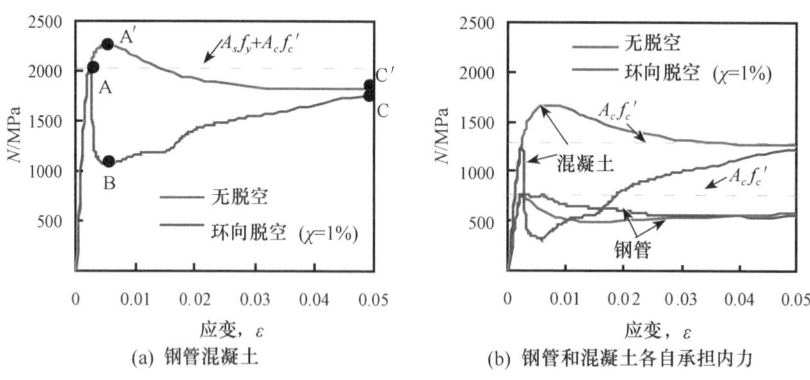

图 13.58 轴向荷载（N)-轴向应变（ε）关系比较

图 13.59 所示为钢管对混凝土的约束应力随轴向应变的关系曲线，图中 A

点和 B 点对应着峰值荷载和混凝土和荷载回升的时刻。可见，对于脱空构件在 A 点时约束应力仍然为零，表明此时混凝土和钢管并未发生接触。而在 B 点后由于混凝土压碎后体积膨胀而与钢管发生接触，约束应力开始迅速增大。对于无脱空构件和脱空率 1.1% 和 2.2%的构件，钢管和混凝土开始发生接触时的轴向应变分别为 0.0019、0.0058 和 0.01。

图 13.60 比较了均匀脱空构件在不同高度 $L/2$，$L/3$ 和 $L/6$ 的约束应力 p，其中 L 为构件的计算长度。可见，钢管和混凝土的接触最先发生在离上端板 $L/2$ 处，然后 $L/3$ 和 $L/6$ 处也相继发生接触，而在发生接触后，$L/3$ 和 $L/6$ 处的约束应力发展快于 $L/2$ 处。此外，通过对沿构件高度的约束应力值分析可知：对于无脱空构件，由于其混凝土的侧向变形基本相同，约束应力沿高度均匀分布；而对于均匀脱空试件，越靠近端部的地方其混凝土和钢管接触的越迟，尤其在距端部 $0.13H/L$ 以内的区域在整个加载过程中始终没发生接触。

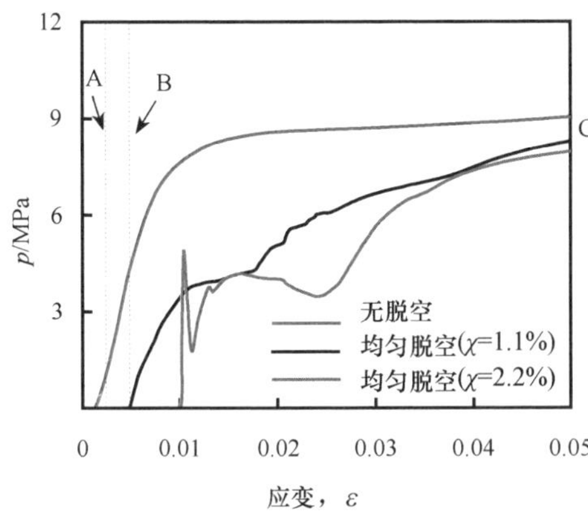

图 13.59　约束应力（p）-轴向应变（ε）关系

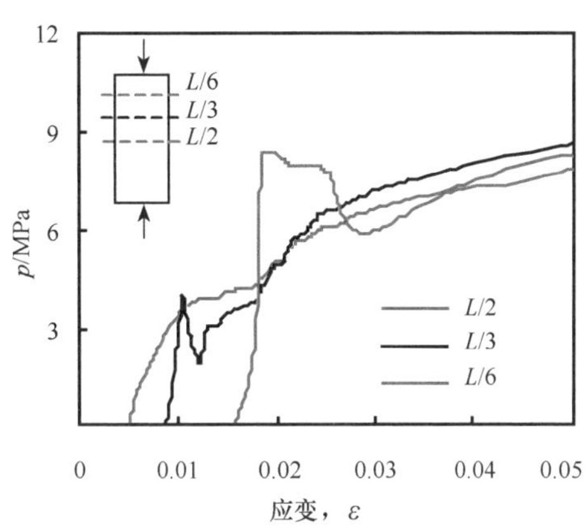

图 13.60　不同高度的约束应力（p）

由以上分析可见，均匀脱空对于钢管混凝土构件力学性能的影响主要在于其延迟了钢管和混凝土之间的接触时刻，导致混凝土在被压碎时由于二者还未发生接触而使混凝土缺乏钢管的约束，因此大大降低了构件的极限承载力和变形能力。而在一个实际钢管混凝土结构中，由于混凝土收缩等因素而导致了均匀脱空存在的必然性。因此十分有必要提出环向脱空率的限值以保证脱空对构件力学性能的影响在可容许的范围内，以期保证结构的安全性。而根据以上分析可得：脱空率的限值必须满足两个条件：①需要使混凝土在构件达到峰值荷载前和钢管发生接触，从而使其在钢管的约束下被压碎而具有预期的强度和塑性；②和无缺陷构件相比，带缺陷构件的极限承载力不能有显著降低。有鉴于此，本项目利用有限元模型进行了一系列参数分析，分析脱空率在 0.02%到 1.1%的范围内对混凝土与钢管的接触时刻和构件极限承载力的影响。

图 13.61 所示为脱空率对接触时刻的影响，其中 $\varepsilon_{contact}$ 和 ε_{max} 分别为发生接触时的构件轴向应变和峰值荷载对应的轴向应变。$\varepsilon_{contact}/\varepsilon_{max}$ 等于 1 意味着构件达到峰值荷载时混凝土恰好和钢管发生接触，$\varepsilon_{contact}/\varepsilon_{max}$ 小于 1 则意味着构件二者在构件达到极限承载力之前发生了接触。由图可见，混凝土和钢管发生接触的时刻随着脱空率的降低而提前。在脱空率（χ）小于 0.05%时 $\varepsilon_{contact}/\varepsilon_{max}$ 的值为 0.76，表明这个脱空率下混凝土和钢管将在构件达到峰值荷载前发生接触，而混凝土因此将在受钢管约束的情况下被压碎。在参数分析中还发现：在脱空率大于 0.7 时，构件破坏模态表现为和空钢管相似的钢管两端发生“象脚形鼓屈”；而在脱空率小于 0.5 时，构件破坏模态表现为和无脱空构件相似的钢管中部发生鼓屈。

图 13.62 所示为脱空率对于极限承载力系数 SI 的影响。可见，在脱空率为 0.05%时承载力系数 SI 为 0.965，表明此时环向脱空引起的承载力损失小于 5%。所以综合以上参数分析结果提出环向脱空率最大容许限值为 0.05%。在这个容许限值内，混凝土和钢管在峰值荷载前发生接触，从而混凝土在钢管的约束下被压碎，而构件的承载力损失在 5%以内。

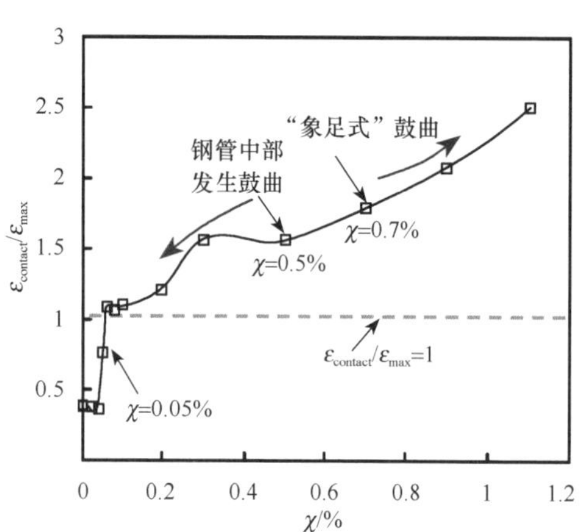

图 13.61　环向脱空构件的脱空率（χ）对混凝土与钢管接触时刻的影响

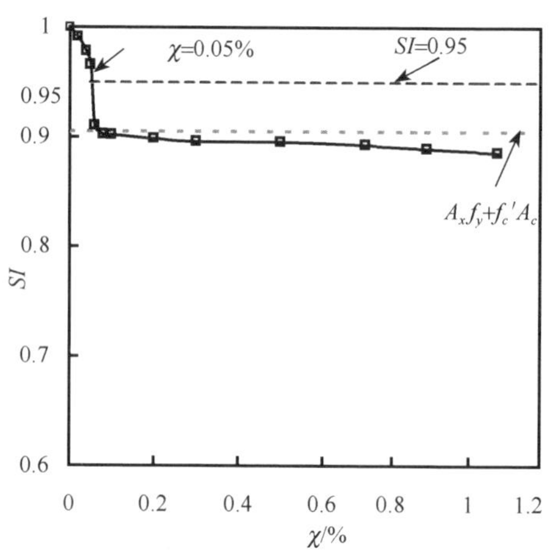

图 13.62　均匀脱空构件的脱空率（χ）对极限承载力系数 SI 的影响

对于球冠形脱空，选取了脱空率（χ）为 4.4%的典型构件来分析脱空对于约束应力的影响。图 13.63 给出了典型试件核心混凝土不同位置上约束应力（p）的比较，其取点位置如图 13.63（a）所示。可见，无脱空构件的约束应力在截面上均匀分布，而脱空构件在点 1、2、3 和 4 位置约束应力在整个受荷过程中都为零。5 点位置的约束应力比其他位置显著提高，而从 7 点到 11 点的接触应力基本均匀分布。由于靠近脱空位置 7 点到 11 点的接触应力和无脱空构件相比显著降低，而从点 12 到点 20 其约束应力基本相同。由此可见球冠形脱空对约束效应的影响在截面各个区域并不相同，在远离缺陷位置的半圆内，脱空对于约束应力的影响很小，这部分区域内可以仍然认为核心混凝土是受到钢管完全约束的。

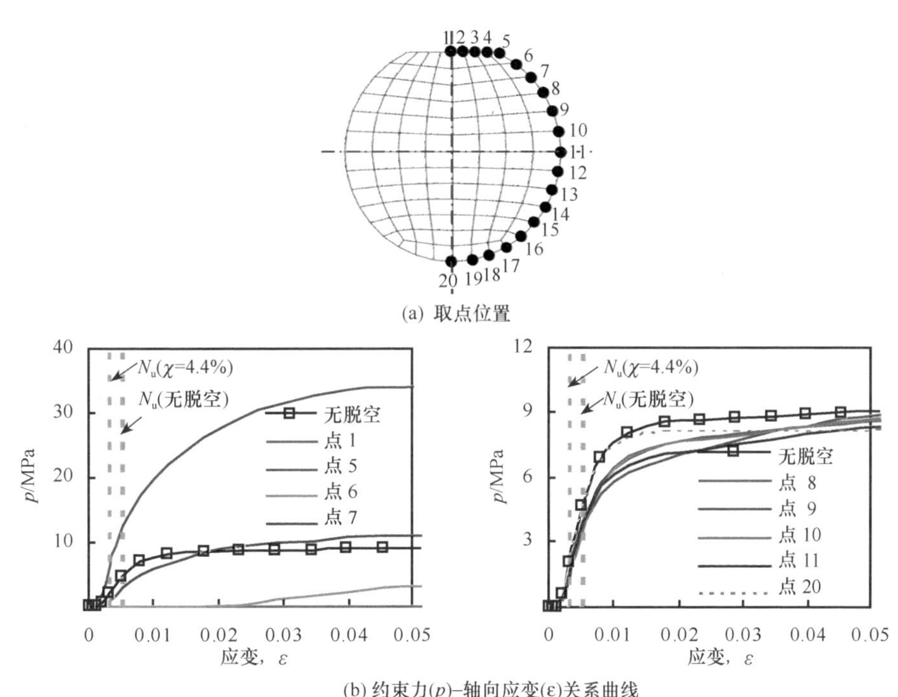

图 13.63　球冠形脱空构件核心混凝土不同位置的约束应力（p）比较

图 13.64 所示为计算得到的峰值荷载时核心混凝土压应力场，同时在图中还标注了此时各位置的约束应力值。可见，无脱空构件其混凝土压应力沿截面环向均匀分布，由于受钢管的约束效应其应力值都大于素混凝土的抗压强度（$f_c'=$54MPa），而靠近截面中部区域由于受到的约束效应更强，其压应力值大于边缘区域。而脱空构件其混凝土应力沿截面环向并不均匀分布，靠近脱空处的混凝土应力值基本等于素混凝土的抗压强度，而远离脱空处的混凝土由于受到约束效应而压应力有所提高。对于脱空率为 2.2%的构件，其远离脱空位置的半圆内区域核心混凝土压应力和无脱空构件基本相同。

由以上分析可见，球冠形脱空构件受脱空缺陷的影响程度主要可以分为三个区域：无约束区、半约束区和全约束区。为了推导球冠形脱空的钢管混凝土构件轴压极限承载力，采用有限元模型对不同脱空率的构件进行了参数分析，基准试件的参数为：钢管外直径 $D=400$mm，壁厚 $t=9.3$mm，钢材强度 $f_y=345$ MPa，混凝土强度 $f_{cu}=60$ MPa，含钢率 $\alpha=0.1$。参数分析的脱空率（χ）范围为 1%～6%。

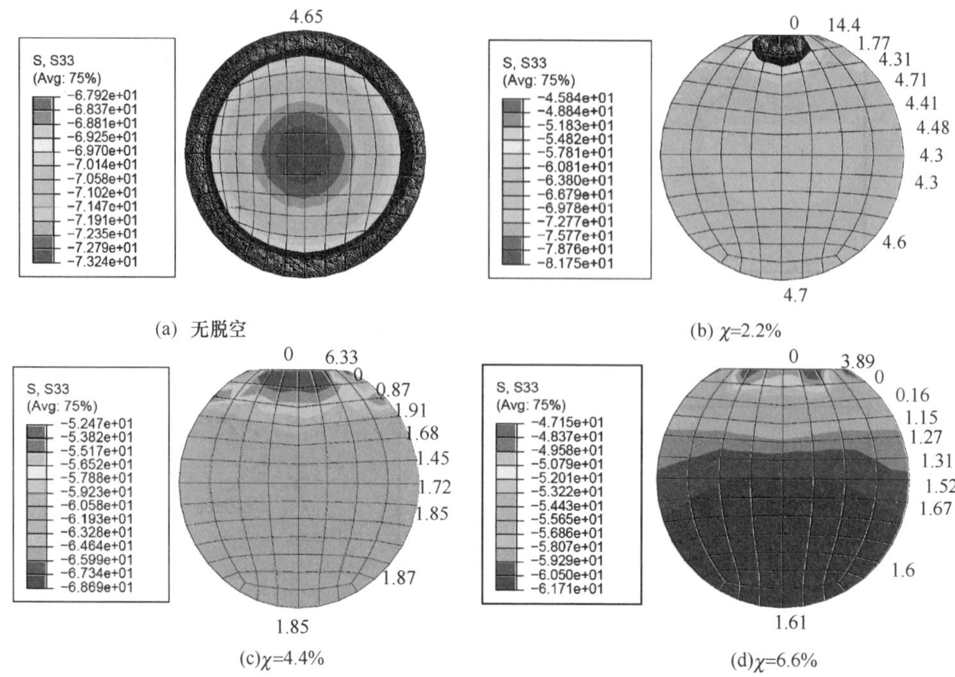

图 13.64　球冠形脱空构件核心混凝土压应力比较

图 13.65 所示为不同参数下球冠形脱空构件脱空率（χ）对承载力系数 SI 的影响。可见，随着脱空率增大，承载力系数 SI 随之下降。在相同脱空率下，承载力系数 SI 随着钢管强度的提高或混凝土强度的降低或含钢率的提高而有所降低。这是因为脱空对约束效应系数高的构件有更严重的影响。

引入球冠形脱空试件的轴压承载力影响系数 k，缺陷构件的承载力 $N_{\text{u-gap}}$ 为

$$N_{\text{u-gap}} = k \cdot N_{\text{u-no gap}} \tag{13.9}$$

其中，$N_{\text{u-no gap}}$是相应无脱空构件的承载力。

基于参数分析结果可推导出影响系数 k 的表达式为

$$k = 1 - f(\xi) \cdot \chi \leqslant 1 \tag{13.10}$$

其中 χ（$=d_s/D$）为脱空率；而 f（ξ）和约束效应系数（ξ）相关，可表示为

$$f(\xi) = 1.42\xi + 0.44 \ (\xi \leqslant 1.24) \tag{13.11a}$$

$$f(\xi) = 4.66 - 1.97\xi \ (\xi > 1.24) \tag{13.11b}$$

将式（13.10）入式（13.9）即可得到带球冠形脱空构件的轴压极限承载力。式（13.9）的适用范围为：χ=1-6%，f_y=235-390MPa，f_{cu}=30-90MPa，α=0.03-0.2，0<ξ≤1.725。式（13.9）的计算结果（k_{formula}）和有限元模型（k_{FE}）计算结果比较见图 13.66 所示，$k_{\text{formula}}/k_{\text{FE}}$ 平均值为 0.995，均方差为 0.005。

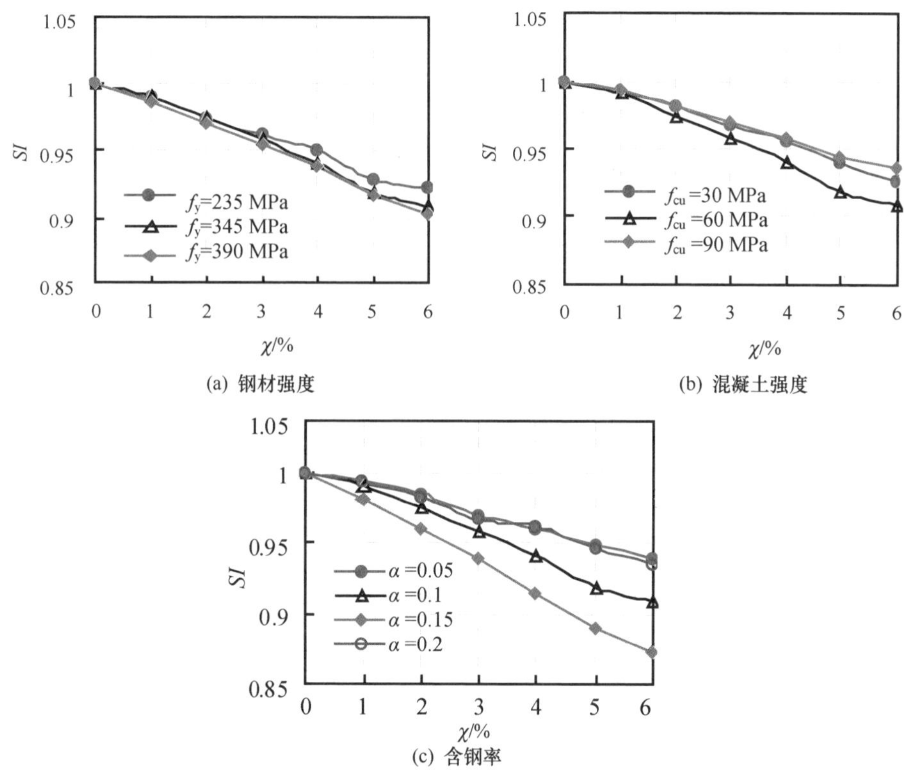

图 13.65　球冠形脱空构件脱空率（χ）对承载力系数 SI 的影响

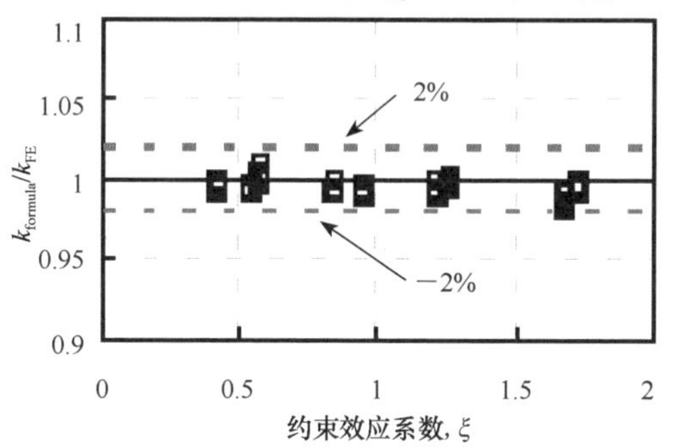

图 13.66　简化公式计算和有限元计算结果比较

13.5　实际钢管混凝土工程中的混凝土浇灌全过程试验研究

如前所述，钢管混凝土的推广需要精心设计和施工，实现从材料制备、加工制作和质量检测检验“三位一体”的过程控制。“三位一体”的核心混凝土质量过程控制理念在典型实际工程中进行了应用，验证了其科学性和实际的可操作性。下面简要介绍围绕两个采用钢管混凝土的高层建筑开展的核心混凝浇灌土全过程试验研究。

13.5.1　圆形截面钢管混凝土柱

本书 2.2.8 节所述的北京财富中心写字楼工程采用了多种规格的钢管，其中最大截面为 ϕ1600×60，钢管内填充 C50 或 C60 混凝土形成钢管混凝土柱。综合考虑工期和可行性等综合因素，本工程钢管混凝土柱的钢管吊装单元采用如下方案，即地下室 2 层一节，地上大部分 3 层一节。由于梁柱连接节点处构造较复杂，尤其是地下室梁柱节点处存在贯通的梁筋形成的钢筋网片和内隔板，使得混凝土的浇筑、振捣难度较大。

该工程采用泵送顶升法进行钢管混凝土的施工，混凝土最大泵送高度 265.15m，要求混凝土不仅有优良的泵送性能、良好的和易性、流动性和补偿收缩的性能，而且要求混凝土的强度等物理指标都能够满足设计和施工的要求。

结合该工程特点的实际情况，“因地制宜”地进行了混凝土试配试验和泵送浇筑试验，根据试验结果评估混凝土配合比、顶升浇筑工艺是否可行（清华大学土木工程系，北京香江兴利房地产开发有限公司和中国新兴建设开发总公司财富中心工程项目部，2011），下面简要论述有关研究过程和主要结果。

（1）试验概况

两个模型试验柱由北京财富中心写字楼工程设计方、甲方、监理方及总包单位共同选定，按照施工图纸尺寸 1∶1 制作完成。模型柱 SYZ-1 和 SYZ-2 的高度分别为 12.54m 和 12.24m。两个钢管混凝土模型柱的几何参数、立面和构造示意图分别如图 13.67 和图 13.68 所示。

本次试验研究的目的可总体概括如下。

1）测试核心混凝土浇筑过程中钢管壁的受力性能。

2）测试钢管混凝土柱中核心混凝土温度的变化。

3）测试钢管混凝土柱中核心混凝土的收缩。

4）检验钢管混凝土柱中核心混凝土的密实度。

5）对拟定的施工工艺是否可满足模型柱施工的要求提出评价意见，为工程实际应用提供技术支撑。

图 13.69 所示为足尺钢管混凝土试件测试现场。

试验前分别计算了两个模型柱钢管中所需浇筑的核心混凝土量，现场浇筑时计算对比了运到现场的混凝土数量，以及实际灌入钢管中的混凝土数量。SYZ-1 模型柱的核心混凝土浇筑分 2 次完成；模型柱浇筑总时间 20min1s。SYZ-2 模型柱的核心混凝土浇筑分 4 次完成，模型柱浇筑时间共 24min7s。

（2）钢管壁侧压力

混凝土泵送过程中，泵送压力会对钢管壁产生侧压力，未凝固的混凝土会对钢管壁产生静水压力；另外，核心混凝土逐渐凝固后，由于混凝土水化放热致使其温度升高而产生膨胀，对钢管壁也可能产生作用力。

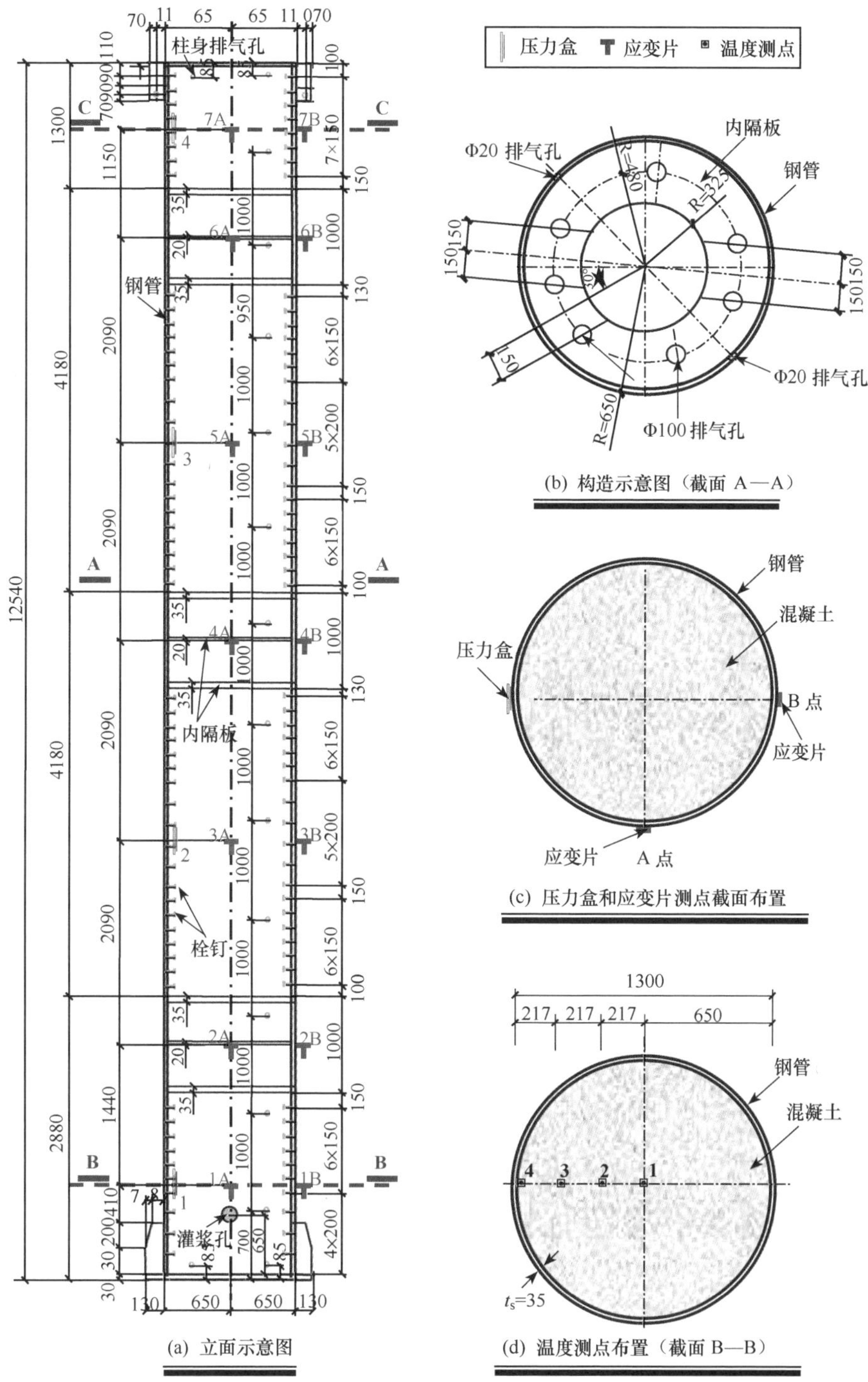

(a) 立面示意图

(b) 构造示意图（截面 A—A）

(c) 压力盒和应变片测点截面布置

(d) 温度测点布置（截面 B—B）

图 13.67　钢管混凝土模型柱 SYZ-1 示意图（尺寸单位：mm）

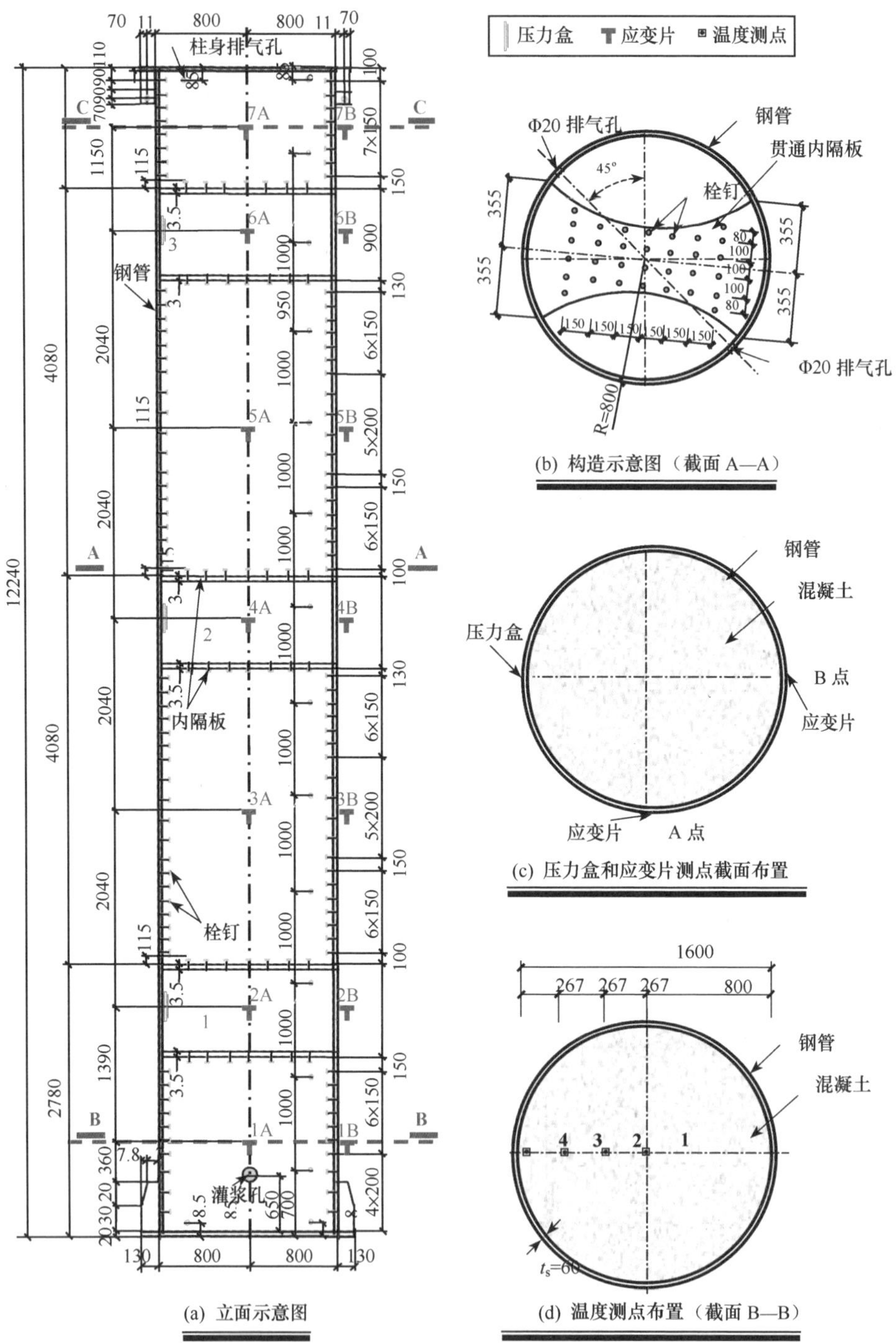

图 13.68　钢管混凝土模型柱 SYZ-2 示意图（尺寸单位：mm）

通过压力盒采集仪对浇筑过程中钢管壁所受的侧压力进行实时采集测试。压力盒采用的是埋入式振弦式压力传感器，量程为 5MPa，工作温度范围在（℃）：−50～+125。SYZ-1 模型柱共布置 4 个压力盒，其布置高度位置分别为 940mm、4470mm、8650mm、11890mm；SYZ—2 模型柱共布置 3 个压力盒，其布置高度位置分别为 2280mm、6360mm、10440mm，压力盒的布置位置和测点编号如图 13.67 和图 13.68 所示。压力盒通过特制的压力盒支座焊接在钢管内壁上，用以测量钢管内壁所受的侧向压力。

图 13.69　足尺钢管混凝土试件测试现场

图 13.70 给出了 SYZ-1 和 SYZ-2 模型柱中钢管壁所受侧压强（P）随混凝土浇筑时间（t）的变化规律曲线，其中，测试的力以压为正，拉为负。混凝土泵送阶段的 P-t 关系曲线主要反映泵送压力对钢管壁的侧压力和未凝固的混凝土对钢管壁产生静水压力；浇筑 3 天内的 P-t 关系曲线主要反映未凝固的混凝土对钢管壁产生静水压力以及由于混凝土水化放热致使其温度升高而产生的膨胀对钢管壁产生的作用力；浇筑 28 天内的 P -t 关系曲线主要反映由于混凝土水化放热致使其温度升高而产生的膨胀对钢管壁产生的作用力。

由图 13.70 可见，SYZ-1 和 SYZ-2 模型柱中钢管壁所受侧压强（P）随混凝土浇筑时间（t）变化的规律类似。从图中还可以看出，钢管壁所受的侧向压强（P）随着试件的高度的增加而减小，可以明显地反映未凝固混凝土产生的侧压力对钢管壁的作用。

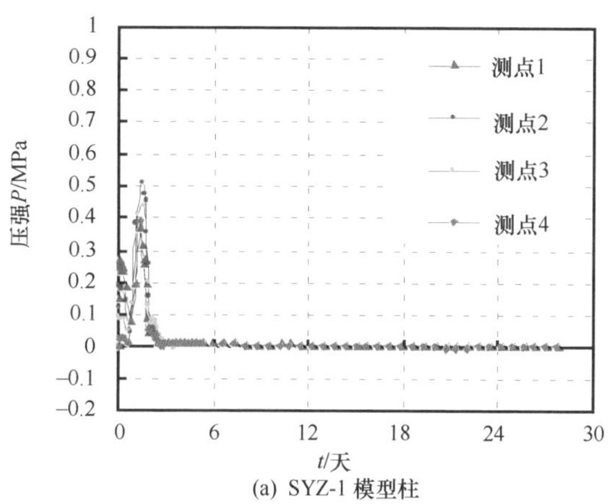

(a) SYZ-1 模型柱

图 13.70　模型柱 P- t 测试曲线

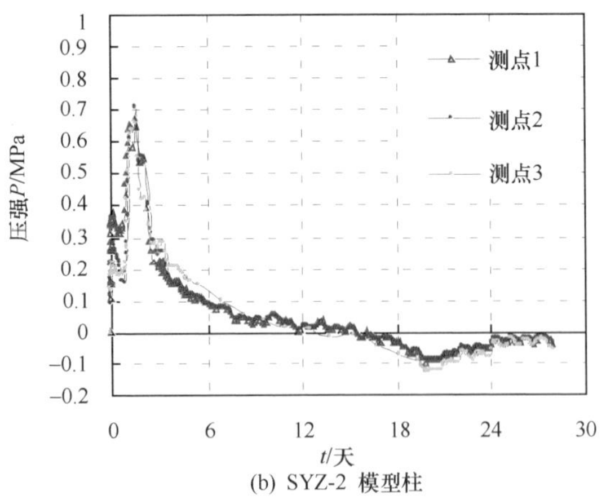

(b) SYZ-2 模型柱

图 13.70 模型柱 P- t 测试曲线（续）

泵送结束后，对于每一个测点，钢管壁所受的侧向压强（P）出现了下降，这是由于混凝土逐渐凝固，混凝土静水压力逐渐减小，对钢管壁的侧压力也逐渐减小。接着钢管壁所受的侧向压强（P）又逐渐增大，这反映了混凝土水化放热致使其温度升高而产生的膨胀对钢管壁产生的作用力。对于 SYZ-1 模型柱，在浇筑 19 小时左右，钢管内壁所受压力逐渐增大，在浇筑后 32 小时，钢管壁所受侧向压力达到最大值（P_{max}=0.5MPa）；对于 SYZ-2 模型柱，在浇筑后近 20 小时左右，压力逐渐增大，在浇筑后 39 小时左右，钢管壁所受侧向压力达到最大值（P_{max}=0.7MPa）。随后，由混凝土的膨胀对钢管壁产生的作用逐渐减小，钢管壁所受的 P 值逐渐下降。

对于 SYZ-1 模型柱，浇筑后的 3 天左右，4 个测点的压力基本趋于零；对于 SYZ-2 模型柱，浇筑后的 15 天左右，3 个测点的压力基本趋于零值，之后并形成一定的拉应力，在 20 天左右达到最大拉应力为 0.15MPa 左右，然后再趋于零值。可能的原因是：压力盒表面与混凝土之间有一定的粘结力，由于核心混凝土收缩带动其作用表面从而产生了拉应力。通过对比 SYZ-1 模型柱和 SYZ-2 模型柱，可以发现，在浇筑过程中，SYZ-1 模型柱中钢管壁所受的侧压力均比 SYZ-2 模型柱的要小，这是由于 SYZ-1 模型柱的截面直径要小于 SYZ-2 模型柱，同高度的核心混凝土量要小于 SYZ-2 模型柱。

测试结果表明，混凝土在浇筑过程中，实测的钢管壁所受的侧压力总体都不大，且未凝固的混凝土的静水压力以及混凝土由水化放热引起的温度升高而产生的膨胀，较之泵送压力对钢管壁产生侧压强的影响要大。

（3）钢管壁应变

混凝土浇筑过程中，泵送压力会对钢管壁产生动压力；未凝固的混凝土会对钢管壁产生静水压力；混凝土由于水化放热引起其温度升高而产生膨胀，对钢管壁也可能产生作用力。在上述侧压力作用下，钢管壁中将产生附加应力。在混凝土浇筑过程中，对 SYZ-1 和 SYZ-2 模型柱钢管表面各测点的应变进行了连续采集。每个试件上分别布置了沿环向对称布置了 A、B 两组应变计（测点位置见图 13.67和图 13.68 所示）。应变测试值规律性良好。以测点 1A、3A、5A 和 7A 点的测试结果为例，图 13.71（1）和（2）分别给出模型柱 SYZ-1 和 SYZ-2 钢管表面各测点应变的变化规律，图中，测点的位置如图所示，“纵”代表的是纵向应变，“横”代表的是横向应变，且拉应变为正，压应变为负。混凝土泵送阶段的 ε-t 关系曲线主要反映泵送压力和未凝固混凝土的静水压力对钢管产生的应变；浇筑 3 天内的 ε-t 关系曲线主要反映未凝固的混凝土的静水压力以及由于混凝土水化放热引起其温度升高而产生的膨胀对钢管产生的应变。

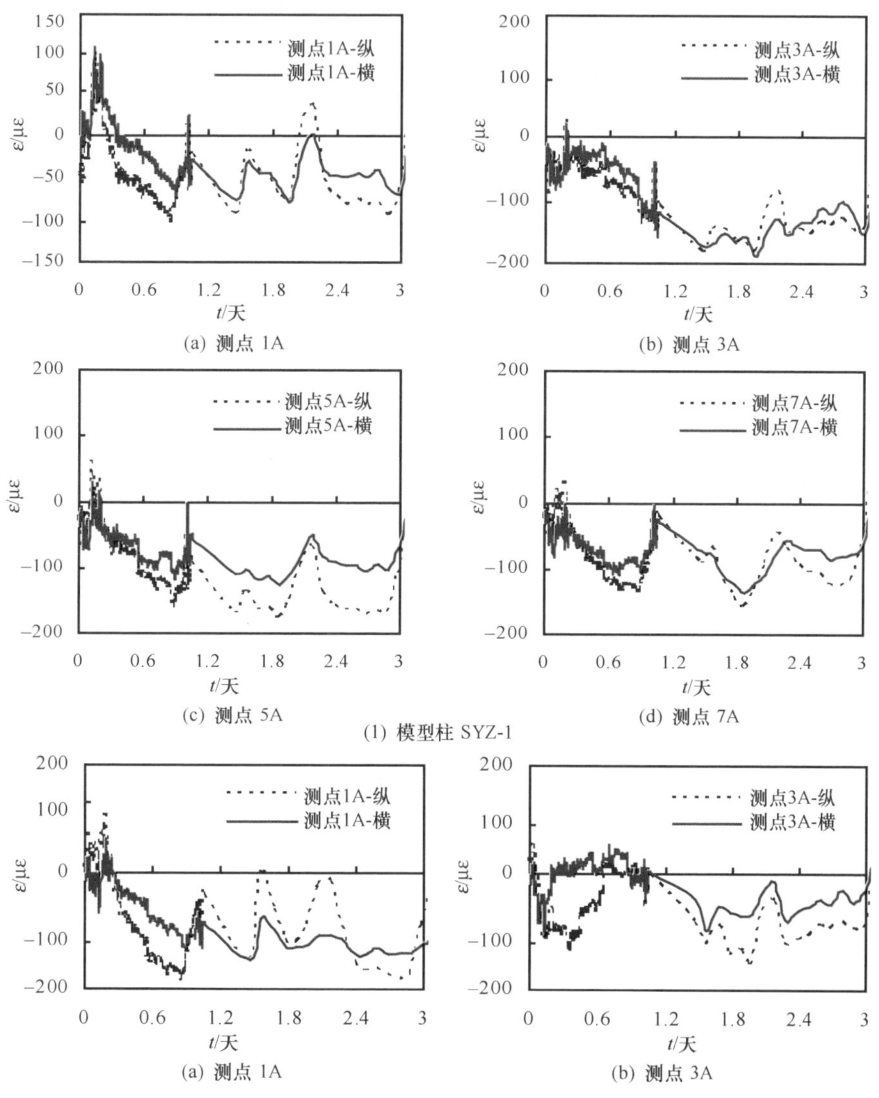

(a) 测点 1A　(b) 测点 3A

(c) 测点 5A　(d) 测点 7A

(1) 模型柱 SYZ-1

(a) 测点 1A　(b) 测点 3A

图 13.71　模型柱钢管表面测点应变（ε）随时间（t）变化规律

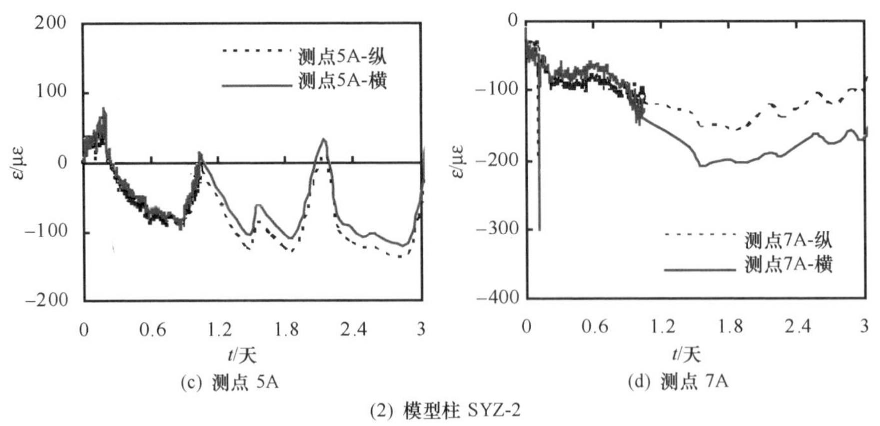

(c) 测点 5A

(d) 测点 7A

(2) 模型柱 SYZ-2

图 13.71 模型柱钢管表面测点应变（ε）随时间（t）变化规律（续）

从图 13.71（1）和（2）可以看出，在浇筑过程中，尤其是在泵送过程中，对于同一截面（高度相同）A 和 B 测点的纵、横应变，其变化规律和数据基本相同。在泵送过程中，模型柱的钢管壁在泵送压力和未凝固混凝土的静水压力作用下，钢管的应变逐渐增大，但其纵向和横向的应变值都没有超过 100$\mu\varepsilon$，钢管的应力较小。

需要说明的是，图中的应变突变是混凝土浇筑满后，钢管管口水泥浆沿钢管壁外溢流到应变片上，以及施工过程中的振动（如生产机械和混凝土运输车的震动）等所致。

（4）核心混凝土水化热

本节进行了水泥水化阶段，钢管混凝土中核心混凝土温度场的测试。

选取图 13.67 和图 13.68 所示的 B—B 截面作为测试截面，其布置高度位置分别为 SYZ-1 和 SYZ-2 模型柱的 940mm 和 890mm，考虑到模型柱截面形式为圆形，取任一半径布置测点，对截面不同位置的混凝土进行温度测试。同时，还需要对保温棚内以及室外大气温度和湿度进行测试。采用热电阻来测试各测点水化热温度，还要设置一个测定保温棚内外的温度和湿度的温湿度仪。水化热温度测试试验持续时间为 28 天，采集时间间隔为 1min，连续采集。

图 13.72（1）和（2）分别给出模型柱，SYZ-1 和 SYZ-2 中核心混凝土在浇筑过程中的截面 T-t 曲线。

如图 13.72 所示，在混凝土完成泵送之后，钢管混凝土模型柱中的核心混凝土截面各测点的温度都是先上升；进入夜间时，其温度略有降低，尤其靠近钢管壁的测点 4 温度下降幅度最大，说明在水泥水化初期，水化放热的速率低于由环境温差引起的散热速率，水化放热量小于散热量，温度降低。混凝土完成泵送之后 10h 左右，截面各测点的温度开始缓慢持续上升，此时水化热速率大于散热速率，当水化热速率和散热速率达到平衡时即为峰值出现的时间，试件截面温度在浇筑后的 38h 左右达到峰值；接着持续下降直至趋近于环境温度。

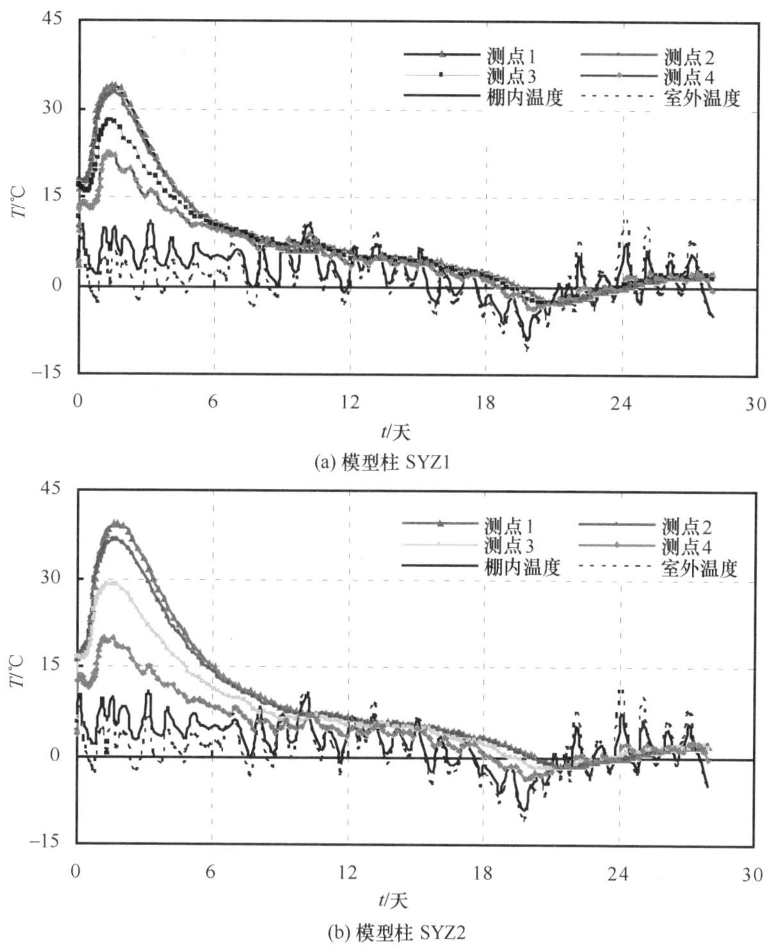

(a) 模型柱 SYZ1

(b) 模型柱 SYZ2

图 13.72　核心混凝土的温度（T）-时间（t）关系

SYZ-1 模型柱 1～4 测点温度峰值分别为 33.7℃、32.6℃、27.9℃、22.3℃。SYZ-2 模型柱 1～4 测点温度峰值分别为 39.1℃、36.6℃、29.0℃、19.6℃。在浇筑完混凝土及水化热温度测试过程中，随时间的变化，保温棚内温度变化规律为−8.9～10.9℃，大气温度变化规律为−10.9～11.5℃。

从图 13.72 还可以看出，在混凝土浇筑初期，核心混凝土温度上升，混凝土试件截面温度场分布总体上呈现出内高外低的规律，截面中心与外缘的温差较大。这是由于混凝土的导热系数较小，水泥水化产生的大量水化热不易散发，从而在混凝土结构中沿构件厚度方向形成温差，导致各测点的温度值不同；核心混凝土截面中心和其外缘的最大温差为 5℃左右。浇筑初期，试件截面温度明显高于室外大气温度，截面中心和室外大气温度的最大温差为 18℃。随着水化时间的增加，各测点温差逐渐缩小，各测点温度逐渐趋于环境温度，混凝土水化过程趋于结束。

从图 13.72 实测曲线还可以看出：两个模型柱中核心混凝土在达到温度峰值点后 5 天内的降温速率大于 2℃/天。

在混凝土浇筑过程中，保温棚内相对湿度变化规律为 8.8%～72.5%，大气相对湿度变化规律为 10.8～89.6%，如图 13.73（a）所示；图 13.73（b）所示为试验过程中保温棚内和大气温度（T）变化关系。

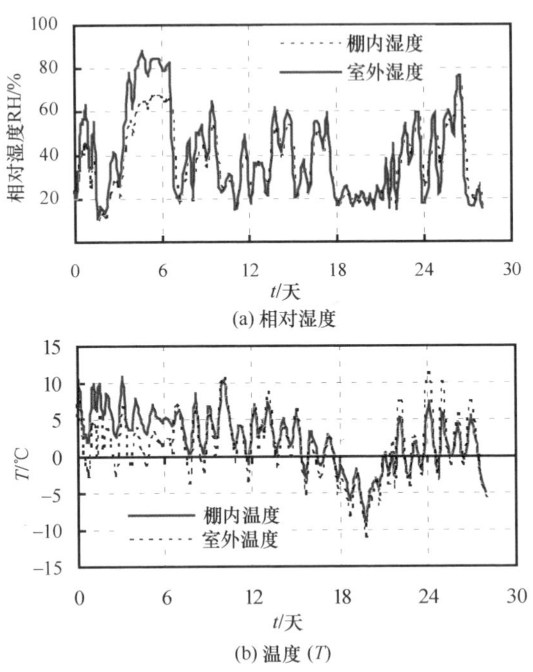

图 13.73　保温棚内和大气相对湿度和温度随时间（t）的变化

（5）核心混凝土收缩

在核心混凝土收缩测试中，对模型柱中核心混凝土的纵向和横向收缩变形进行量测。选取图 13.67 和图 13.68 所示的 C-C 截面作为测试截面，收缩变形测试水平位置距模型柱顶部高度为 650mm。试件截面测点布置如图 13.74 和图 13.75 所示；每个模型柱纵、横向分别对称布置 2 对埋入式大体积应变计。采用埋入式应变计对混凝土的收缩进行量测，该型号应变计的标距为 250mm，适用于大体积混凝土的应变测量。应变计的埋置必须保证几何对中和水平放置。

图 13.76（a）和（b）分别给出模型柱 SYZ-1 和 SYZ-2 中核心混凝土纵向和横向收缩变形与时间之间的关系曲线。其中，测点纵 1、纵 2、横 1 和横 2 的位置如图 2.25 所示；拉应变为正，压应变为负。

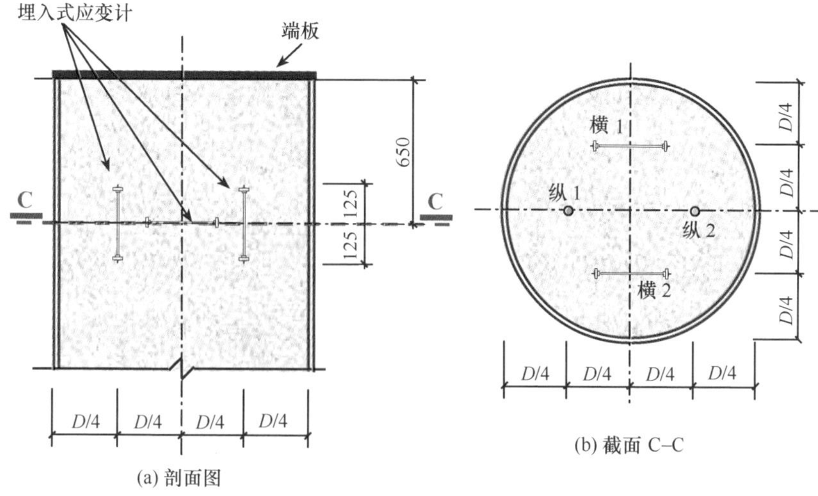

(a) 剖面图

(b) 截面 C–C

图 13.74　核心混凝土收缩变形测试应变计布置（尺寸单位：mm）

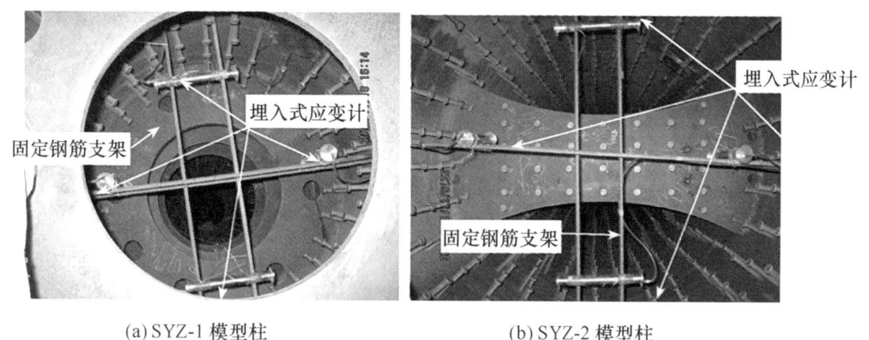

(a) SYZ-1 模型柱

(b) SYZ-2 模型柱

图 13.75　核心混凝土收缩仪器布置图及采集装置

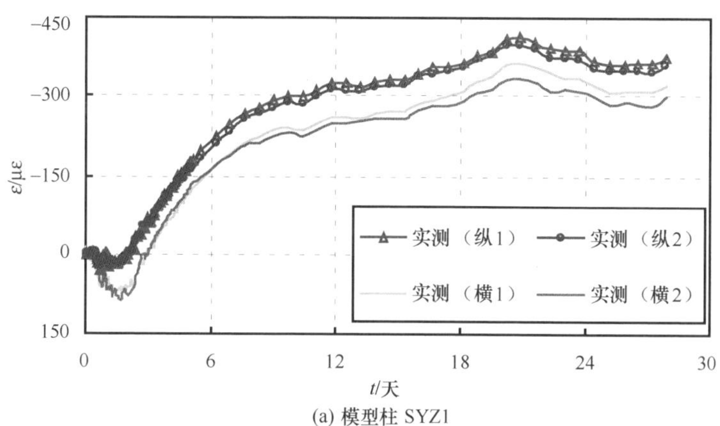

(a) 模型柱 SYZ1

图 13.76　核心混凝土收缩变形试验曲线

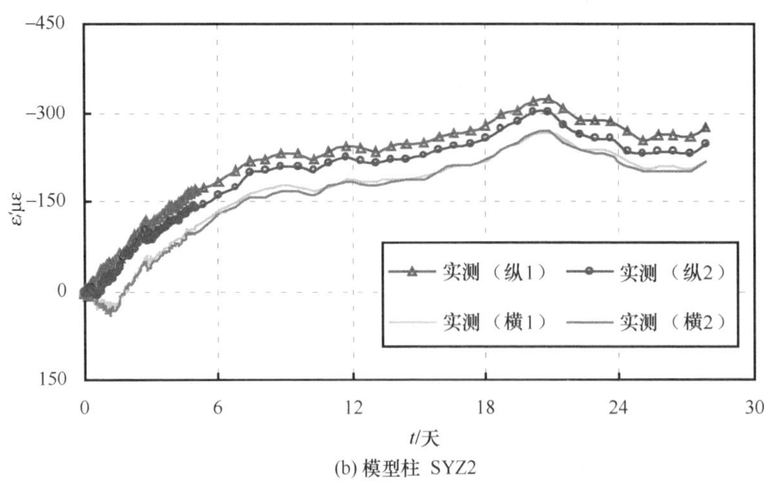

(b) 模型柱 SYZ2

图 13.76　核心混凝土收缩变形试验曲线（续）

由图 13.76 可见，钢管混凝土模型柱中核心混凝土的纵向和横向收缩变形随时间变化的规律类似。在混凝土凝固初期，核心混凝土在静水压力和温度的作用下先发生膨胀；混凝土凝固后核心混凝土发生收缩，收缩发生在浇筑 2.5 天后，收缩变形在早期发展很快，后逐渐稳定。在整个测试过程中，收缩值出现过下降的情况，这是由于对应的环境温度达到零下，混凝土发生冻胀，混凝土体积膨胀，从而减小了收缩变形。

对混凝土 28 天的收缩实测结果表明，模型柱 SYZ-1 和 SYZ-2 的最大收缩值分别达 414.5$\mu\varepsilon$ 和 323.5$\mu\varepsilon$。

（6）混凝土浇筑质量检验方法

1）混凝土密实度检验。在模型柱的核心混凝土浇筑完成、养护 28 天后，分别采用了敲击法和超声波探测法对核心混凝土的密实度进行了检验。发现对于敲击时“哑或空鼓”的测点，超声波检测结果也存在异常，而切割开钢管后检查发现这些测点在钢管界面处混凝土产生微小收缩孔隙或缝隙的点。三者之间有一定的对应关系（清华大学土木工程系，北京香江兴利房地产开发有限公司和中国新兴建设开发总公司财富中心工程项目部，2011）。有步骤地剖开模型柱的钢管壁，如图 13.67 和图 13.68 所示，在节点 1、节点 2、节点 3 的上下隔板，以及所设定的截面，依次剖开模型柱的钢管壁，直观地检查核心混凝土浇筑质量。重点检查 3.1 和 3.2 中检验点处的模型柱核心混凝土与钢管壁结合面，以及与内环板、穿心梁、栓钉结合面的密实度情况，比较实际观察到的现象与敲击法、超声波检测结果是否一致，从而对检测检验结果做出评价。揭开钢管后检查项目包括：混凝土是否有离析、分层现象，是否有孔洞等缺陷存在；检查钢管壁和其核心混凝土之间，内环板、穿心梁、栓钉与核心混凝土结合面之间的粘结情况；实际观测结果都要进行记录。

钢管混凝土的核心混凝土缺陷和浇筑缺陷，包括以下几种类型：①核心混凝土表面是否有孔洞、蜂窝和麻面；②钢管内壁四周和其核心混凝土之间是否有缝隙；③内环板、穿心梁、栓钉与核心混凝土结合面之间是否缝隙；④由于内部气泡在核心混凝土浇筑过程没有及时排出而形成的孔洞，能通过对核心混凝土钻芯取样试件的表面和内部观察可以发现，因此通过钻芯取样来考查核心混凝土内部是否有孔洞，是否离析分层。注：其中第②和③类的缝隙产生原因可能是收缩，也可能是浇筑过程所产生的缺陷；而第①、④类，则是浇筑过程所产生的缺陷。对于核心混凝土与钢管壁或内环板、栓钉之间的界面，则通过用电子裂缝观测仪和目视裂缝观测仪来检测其缝隙大小。

使用线锯有步骤地按节点、内环板、穿心梁等横向、纵向剖开两个模型，如图 13.77（i）所示；用目视、电子裂缝观测仪和目视裂缝观测仪仔细检查核心混凝土，以及其与钢管壁、内环板、穿心梁、栓钉之间的结合面，发现：两个模型柱 SYZ-1 和 SYZ-2 的核心混凝土浇筑质量良好，没有孔洞、离析分层等浇筑缺陷，对于模型柱 SYZ-1，如图 13.77（a）～（c）所示，对于模型柱 SYZ-2，如图 13.77（j）～（f）所示；核心混凝土与钢管壁、内环板、穿心梁、栓钉之间的结合面浇筑也良好，没有孔洞、缝隙等浇筑缺陷，对于模型柱 SYZ-1，如图 13.77（d）～（f）所示，对于模型柱 SYZ-2，如图 13.77（m）～（o）所示；但存在着收缩缝隙，其中 SYZ-1 最大缝隙为 0.1mm，如图 13.77（g）所示。

(a) SYZ-1 模型柱横截面

(b) SYZ-1 节点纵部图

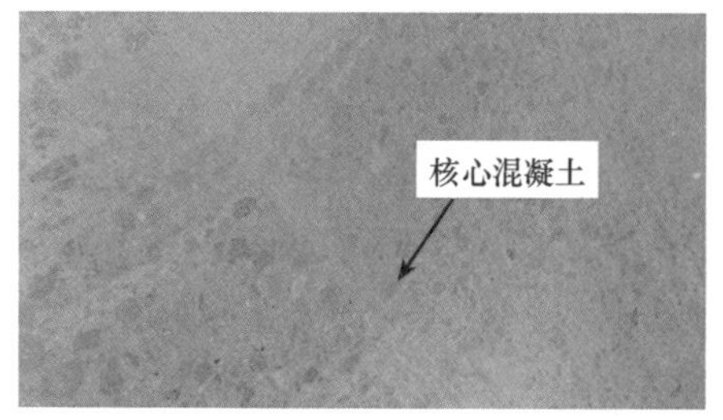

(c) SYZ-1 核心混凝土局部横截面

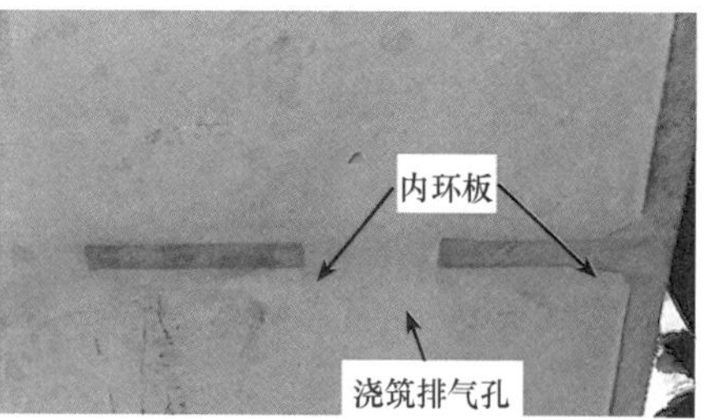

(d) SYZ-1 节点内环板纵部面图

图 13.77　核心混凝土及界面缝隙观测与量测

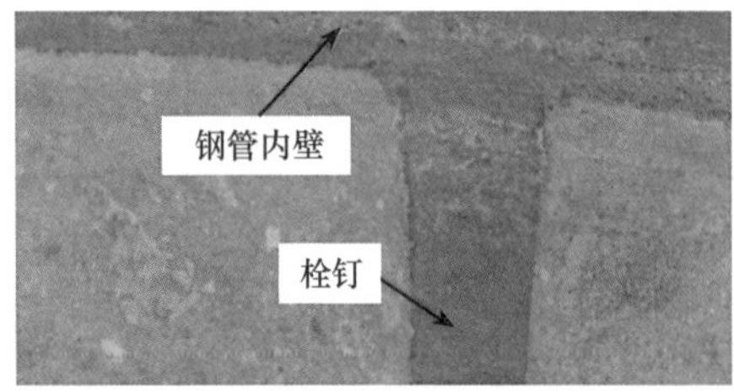

(e) SYZ-1 核心混凝土与钢管壁、栓钉结合面

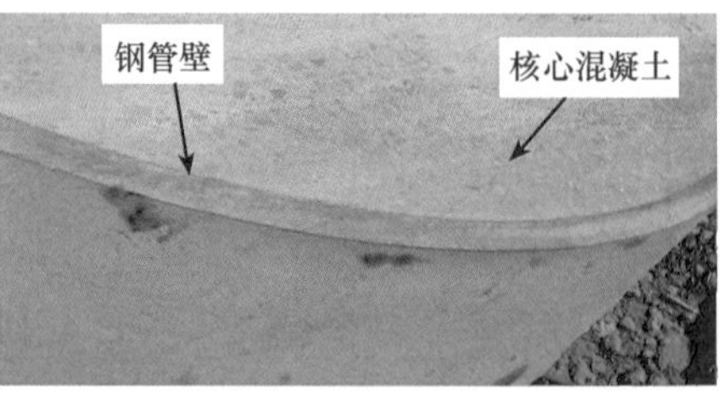

(f) SYZ-1 钢管壁与核心混凝土结合面

(g) SYZ-1 模型柱核心 混凝土与钢管壁之间的收缩缝隙

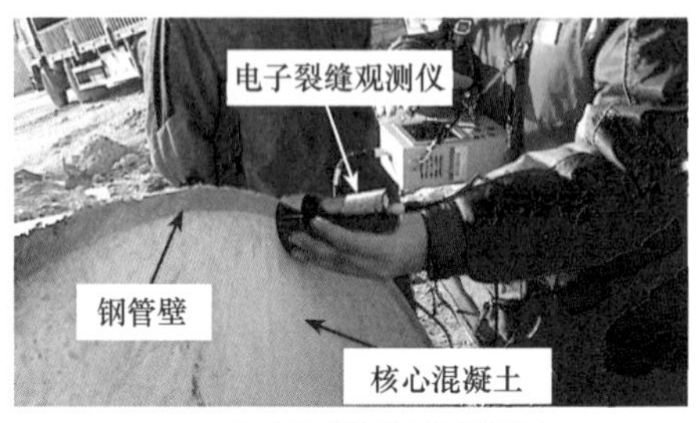

(h) SYZ-1 电子显微镜检测钢管壁与核心混凝土结合面

(i) 切割线锯

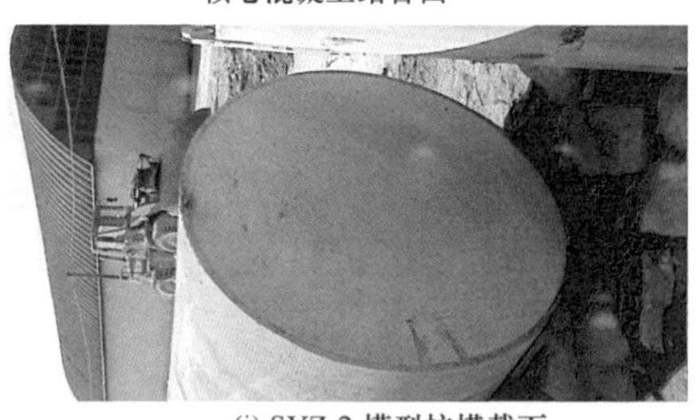
(j) SYZ-2 模型柱横截面

(k) SYZ-2 节点纵部图

(l) SYZ-2 核心混凝土局部横截面

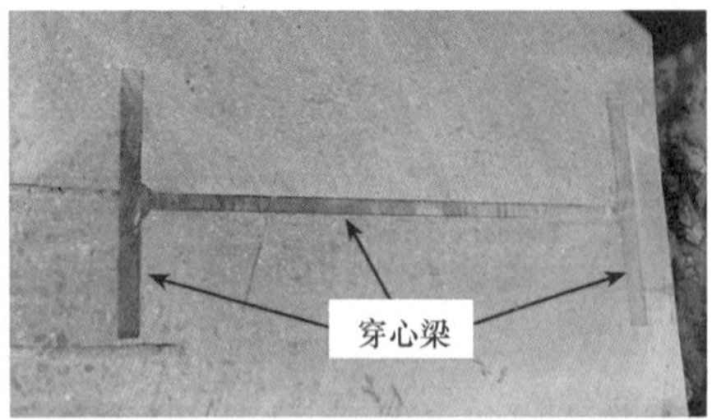

(m) SYZ-2 核心混凝土与穿心梁之间的结合面

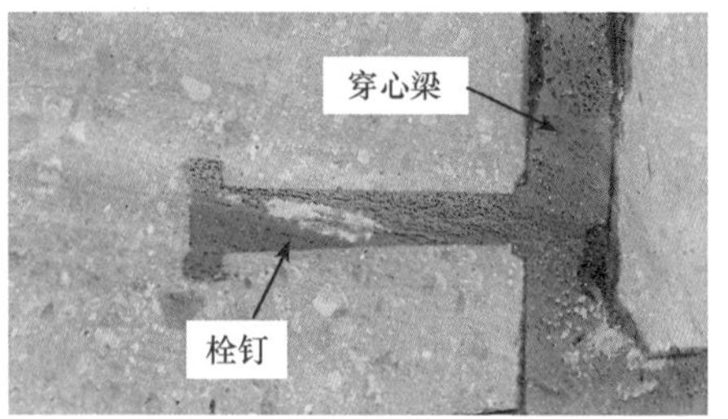

(n) SYZ-2 核心混凝土与穿心梁、栓钉结合面

图 13.77　核心混凝土及界面缝隙观测与量测（续）

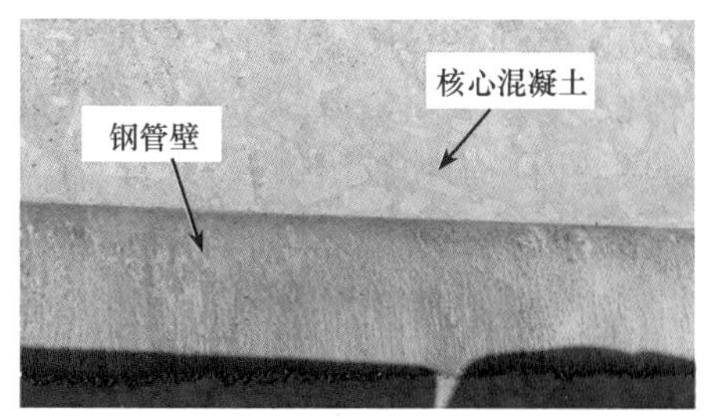

(o) SYZ-2 钢管壁与核心混凝土结合面

(p) SYZ-2 目视显微镜检测核心混凝土与环板间缝隙

图 13.77　核心混凝土及界面缝隙观测与量测（续）

2）钻芯取样法检验结果。混凝土强度通过 28d 后钻芯取样法进行测试，根据中国工程建设标准化协会标准《钻芯法检测混凝土强度技术规程》（CECS03：2007）中的规定，混凝土试样为 100mm ×100 mm 圆柱体。SYZ-1 模型柱共布置 3 处钻芯取样位置，其布置高度位置分别为 3130mm、7310mm、11490mm；SYZ-2 模型柱共布置 3 处钻芯取样位置，其布置高度位置分别为 3030mm、6860mm、11190mm。

钻芯取样核心混凝土表面没有孔洞、蜂窝和麻面以离析分层等浇筑缺陷，这说明核心混凝土浇筑质量良好。以试件 SYZ-1 为例，图 13.78 给出核心混凝土钻芯取样的试件表观状况。

(a) 11490 mm

(b) 7310 mm

(c) 3130 mm

图 13.78　不同高度上的钻芯取样（试件 SYZ-1）

通过对两个模型柱核心混凝土钻芯取样，从而得到核心混凝土浇筑强度，如表 13.12 所示。现场混凝土浇筑试验时正值冬季，环境温度低，影响了混凝土强度的发展。

表 13.12　模型柱钻芯取样试件强度值

模型柱序号	取样高度/mm	平均值/MPa	模型柱序号	取样高度/mm	平均值/MPa
SYZ-1	11 490	59.9	SYZ-2	11 190	61.4
	7310	60.8		6860	65.8
	3130	61.1		3030	65.3

(7) 小结

上述研究工作为实际工程应用提供了依据。对主要研究结果小结如下。混凝土浇筑过程中，模型柱钢管壁承受的侧压应力较小；模型柱钢管壁的纵、横向应变值小于 100$\mu\varepsilon$。SYZ-1 模型柱测点 1～4 温度峰值分别为 33.7℃、32.6℃、27.9℃、22.3℃。SYZ-2 模型柱测点 1～4 温度峰值分别为 39.1℃、36.6℃、29.0℃、19.6℃。在此测试期间，保温棚内温度变化规律为－8.9～10.9℃，大气温度变化规律为－10.9℃～11.5℃。对混凝土 28 天的收缩实测结果表明，模型柱 SYZ-1 和 SYZ-2 的最大收缩值分别达 414.52$\mu\varepsilon$ 和 323.53$\mu\varepsilon$。在实际工程施工过程中，采取适当的措施，如控制好混凝土水胶比，以及粗、细骨料含泥量等影响因素，减小核心混凝土收缩变形。

混凝土浇筑试验结束后剖开模型柱的钢管，对核心混凝土的密实度进行了仔细检查。检查结果表明，核心混凝土的密实度总体上良好，没有发现明显的孔洞、蜂窝或麻面，以及离析或分层现象。通过敲击检测出现的“哑或空鼓”的测点，往往也是钢管界面处混凝土产生微小收缩孔隙或缝隙的点。对钢管及其核心混凝土之间的缝隙进行了检查和量测，发现局部最大缝隙为 0.1mm（SYZ-1 模型柱）。实际工程施工过程中，在模型柱试验结果的基础上制定适当的检测检验措施，对检测检验应有专人负责，对检测的各个部位的敲击声音结果和有关超声波测试数据都需如实详细记录、存档。

本次试验采用泵送顶升的浇筑方法，在混凝土有良好的工作性等基础上，能够保证浇筑过程中管内空气的顺畅排出，在钢管壁、栓钉、内环板和穿心梁等处混凝土的密实度良好。实际工程中浇筑核心混凝土时，需严格执行混凝土浇筑质量的过程控制方法，即从混凝土原材料、混凝土浇筑工艺和施工质量检测检验等几个环节都严格把关，充分考虑施工季节变化导致混凝土浇筑环境变化等因素，确保核心混凝土密实度和强度满足要求。

13.5.2 多腔式多边形钢管混凝土柱

如本书 2.2.8 节所述，北京市朝阳区 CBD 核心区 Z15 地块项目（中国尊）采用了多腔式多边形钢管混凝土柱（如图 2.42 和图 2.43 所示）。钢管混凝土柱内多个腔体的最小截面边长为 2.0m 左右，组合柱尺寸大，且内部有竖向钢隔板将柱体划分为多个腔体，腔体内不同高度处还布置有横向钢隔板，为此，进行了现场实测实验研究（清华大学土木工程系，中建股份-中建三局联合体，北京市建筑设计研究院有限公司，2015），对实验过程和主要结果简述如下。

(1) 实测实验概况

多腔式多边形钢管混凝土柱的核心混凝土采用了 C70 自密实混凝土。本实验对多腔钢管混凝土柱中的核心混凝土在养护过程中的温度变化、核心混凝土收缩变形、浇注过程中钢管壁所承受的压力值以及钢管壁的应变发展等情况进行现场的测试与分析，从而明晰大体积、多腔、内外包混凝土不同期浇筑等因素对核心混凝土浇筑质量的影响，据此对本项目中的混凝土浇筑工艺做出评价。

根据现场施工进度，选择如图 13.79 所示的多腔式多边形钢管混凝土柱 MC2 的地下六层与地下五层（−28.1～21.1m）高度节段的核心混凝土浇筑（一次浇筑方量达 400m³）进行测试研究。为了明确现有混凝土浇筑工艺对本项目中多腔式多边形钢管混凝土柱力学性能的影响，进行了钢管内壁侧压力、钢管壁应变、核心混凝土水化热及核心混凝土收缩等四个方面的测试。

图 13.79　混凝土浇灌过程中的情形（柱 MC2）

1）钢管内壁侧压力测试。混凝土浇筑过程中，抛落压力会对钢管壁产生侧压力，未凝固的混凝土会对钢管壁产生静水压力；另外，核心混凝土逐渐凝固后，由于混凝土水化放热致使其温度升高而产生膨胀，对钢管壁也可能产生作用力，有必要对混凝土浇筑及养护过程中钢管壁承受的侧压力进行监控。

2）钢管壁应变测试。如前所述，在浇筑过程中，混凝土抛落压力会对钢管壁产生动压力；未凝固的混凝土会对钢管壁产生静水压力；混凝土由于水化放热引起的膨胀对钢管壁也可能产生作用力。在上述侧压力作用下，钢管壁中将产生附加应力。本次试验通过测试钢管的应变，得到混凝土浇筑及养护过程中钢管壁应力的变化规律。

3）核心混凝土收缩测试。多腔式多边形钢管混凝土柱中应用的是 C70 高强混凝土，高强混凝土由于水灰比或水胶比相对较低，因此水化初期的自收缩较大，因此有必要对钢管混凝土中核心混凝土的自收缩进行检测。

图 13.80 所示为多腔式多边形钢管混凝土柱 MC2 的各腔体浇灌顺序，即①→②→③→④→⑤→⑥→⑦，混凝土浇筑采用泵送管导入，分腔对称同时下料、分层浇筑，每段混凝土浇筑 0.5～1.0m 高后顺次交换浇筑点。根据现场

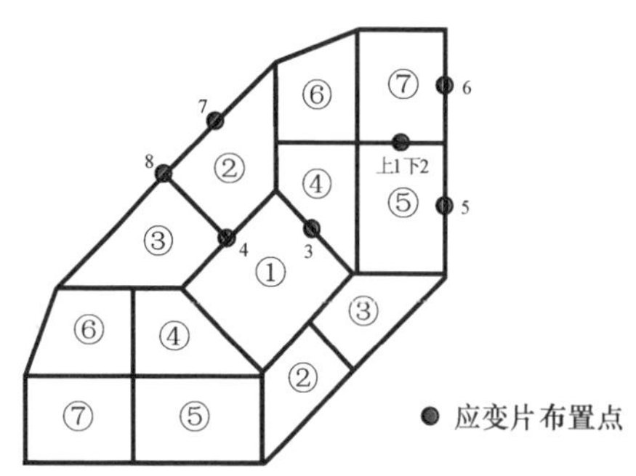

图 13.80　混凝土浇灌顺序示意图

施工进度，选择巨柱 MC2 的地下六层与地下五层（－28.1～－21.1m）高度节段的核心混凝土浇筑（一次浇筑方量达 400m³）进行测试研究。该节段核心混凝土的浇筑持续时间约为 17h，平均浇筑速度约为 24m³/h。

（2）试验内容与结果分析

1）钢管内壁侧压力测试。通过压力盒采集仪对浇筑过程中钢管壁所受的侧压力数据进行实时采集。压力盒采用埋入式振弦式压力传感器。取多腔式多边形钢管混凝土柱最大的腔体，即中央处的长方体腔为代表，布置压力盒。在浇筑过程中，钢管壁上距灌浆口距离不同的点，所承受的混凝土抛落压力不同；且在浇筑结束后，未凝固的混凝土对钢管壁产生静水压力也沿着柱体的高度变化，因此，在对混凝土浇筑过程中钢管壁承受的侧压力测试中，压力盒沿柱体的不同高度布置，分别在距该节浇筑底端的 3500mm 和 5250mm 处。

图 13.81 为钢管内壁侧向压强测试压力盒的量测装置示意和试验结果曲线。可以看出，在浇筑完成后约 24h，钢管壁侧向压强达到约 6MPa，此后管壁侧向压强增速变缓，基本维持在 6MPa 左右，最大可达 7MPa。不同高度处的压力盒测得的压强数值有一定区别，位于较低位置的 YL1 号压力盒压强相对较大，但 YL1 和 YL2 测点的压强差别并不显著，这是由于此时钢管壁的压强基本由水化热导致的升温膨胀引起，由高度变化引起的压强差异只产生了微弱影响。钢管壁侧压力在浇筑三天以后，增长速度逐渐减缓，直至开始缓慢下降。这是由于混凝土的温度开始缓慢降低，温升导致的膨胀减小；同时，混凝土的收缩也逐渐发展，这些均导致了钢管壁侧向压强的降低。在浇筑完成后一个月左右，管壁侧向压强基本保持在 0.2MPa 左右，此后管壁侧向压强数值略有波动，与混凝土温度的降低以及上部结构施工荷载的增加和变化有关。测试到 500 天时，管壁压强继续保持在 0.02MPa，说明核心混凝土和钢管壁之间没有发生剥离式的脱空，二者接触良好。这是因为，钢管和混凝土截面的粘接性能与核心混凝土的收缩及钢管混凝土构件的受力状况相关。核心混凝土的收缩会使其发生与钢管“剥离”的趋势，而钢管混凝土受压过程中，其核心混凝土会产生“膨胀”变形，从而“补偿”由于上述收缩产生的“剥离”变形；当这种“膨胀”变形大于“剥离”变形时，钢管及其核心混凝土能协同互补、共同受力。

2）钢管壁应变测试。考虑对称原则，在如图 13.80 所示的关键位置处布置应变片，量测钢管壁在浇筑过程中以及混凝土养护过程中的应变发展。图中，圆

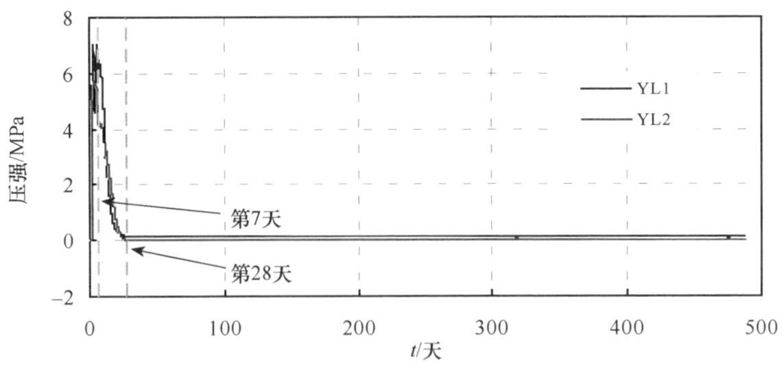

图 13.81　钢管壁侧向压强-时间（t）关系

形标识代表在该处钢管壁布片，其中 1 号和 2 号点在平面上处于同一位置，分别距该节浇筑底端 3500mm 和 500mm，3 号和 4 号点设置在钢管内壁，5～8 号点设置在钢管外壁，3～8 号点均距该节浇筑底端 3500mm。

提取典型应变测点数据如图 13.82 所示（其中，拉应变为正，压应变为负）。测试数据表明：在浇筑阶段，由于混凝土的固结，使得重力作用下钢管表面的纵向应变表现为明显的压应变；后期阶段中，混凝土水化热导致的温升引起了混凝土的膨胀，而混凝土的收缩会产生相反的影响。从图 13.82 可见，钢管纵向应变随核心混凝土浇筑的进行而逐渐增大；当浇筑完成时，钢管应变达到最大值。钢管混凝土巨柱施工过程中，钢结构整体的应力水平较低；混凝土水化过程中，钢管壁的纵向应变最大值为 523$\mu\varepsilon$，出现在测点 4。钢管的应变变化总体上不大。

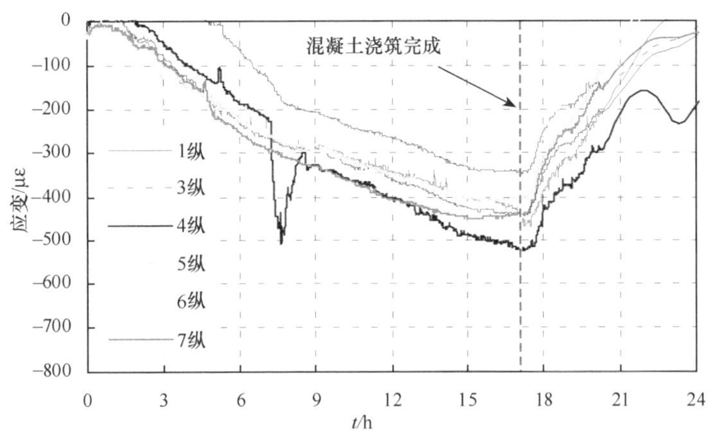

图 13.82　混凝土浇筑过程中的钢管壁应变测试结果

3）核心混凝土水化热测试。选取长方体腔距本节浇筑底端 3500mm 处作为测试截面，沿核心混凝土的内径等距离布置测点，对截面不同位置的混凝土进行温度测试。同时，还需要对保温棚内以及室外大气温度和湿度进行测试。

浇筑完成后 180 天期间观测到的各测点温度变化规律曲线如图 13.83 所示。可以看出，混凝土浇筑过程的初期，其温度主要受环境温度控制；在浇筑完成约 5h 后，混凝土水化放热导致其温升迅速；在浇筑完成后约 24h 后，水化热导致的温升基本达到峰值，最高测点的温度达到了约 88°C。此后，温度基本保持在一个较高的水平，少量的温度下降和夜间的室温下降有关。6 号测点布置在钢管外表面，其温度保持在 30°C 左右；1 号点和 5 号点分别为浇筑块体的中心和表面位置，两者的温差在 5°C 以内；钢管内核心混凝土的温度梯度最高约为 15°C/m，小于 20°C/m，根据工程经验，不易因温升引起温度裂缝。

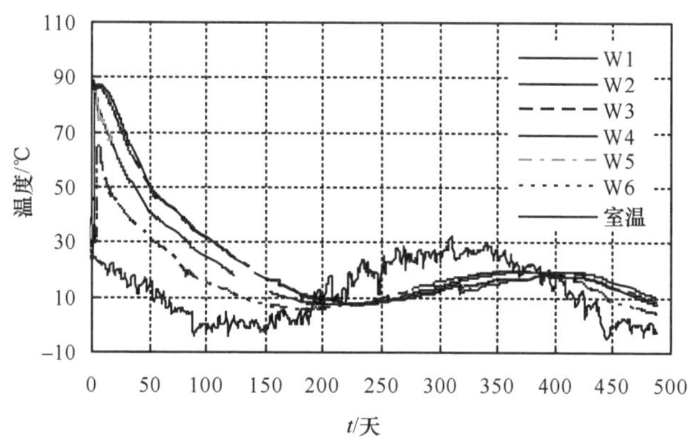

图 13.83　混凝土温度-时间（t）测试结果

浇筑完成约 3 天以后，核心混凝土温度开始逐渐下降，下降速度最快约 2°C/d，温度下降平稳缓慢。此时的核心混凝土已经具有一定抗拉强度，因此不易因温度下降引起温度裂缝。

在外包混凝土浇筑完成约 5h 以后，外包混凝土的温度升高开始明显，在外包浇筑完成以后约 36h，温度达到峰值，约为 64.8°C，此后温度维持较高水平，伴随少量的温度下降；外包混凝土的水化热导致的温升，使得管内外的温差下降到 20°C 左右，有效降低了管内混凝土的温降速度和温度梯度。

此后，外包混凝土和钢管内的核心混凝土温度都开始缓慢下降。截止浇筑完成第 18 天，钢管混凝土柱中间腔体的混凝土温度保持在 75°C 左右；边缘腔体的混凝土温度下降到约 65°C，中心腔体和边缘腔体的温差略有提高，达到约 15°C。外包混凝土的温度下降至约 45°C，外包混凝土与边缘腔体混凝土之间的温差保持在 20°C 左右，较为稳定。

此后，混凝土的温度以较为稳定的速率缓慢下降，截止六个月的测量数据，核心混凝土温度最高约为 9.8°C，外侧墙体的温度与外界大气已经基本一致。

4）核心混凝土收缩测试。在核心混凝土收缩测试中，对模型柱中长方体腔内核心混凝土的纵向和横向收缩变形进行量测。在测试截面的纵、横向分别对称布置 2 对埋入式大体积应变计，应变计布置高度为浇筑高度的中截面处（约 3500mm）。

根据测量结果绘制出浇筑完成后 180 天期间混凝土收缩应变的发展规律，如图 13.84 所示。如图所示，数据表明，在混凝土浇筑完成的 5～6h 之后，腔内核心混凝土的收缩有一个较快的增长过程，横向收缩变形达到约 150$\mu\varepsilon$，纵向收缩变形达到约 200$\mu\varepsilon$；此后，收缩变形继续发展，增长速率逐渐减缓；在外包混凝土和翼墙混凝土浇筑完成以后，布置在相应位置处的应变计数值也出现同样的快速增长过程，收缩应变较快增长至约 250$\mu\varepsilon$；此后外包混凝土处的应变维持较稳定的数值。

分析比较结果表明，图 13.84 所示的核心混凝土收缩测试结果发展规律和图 6.9 所示的实测核心混凝土收缩变形曲线变化规律总体上一致。

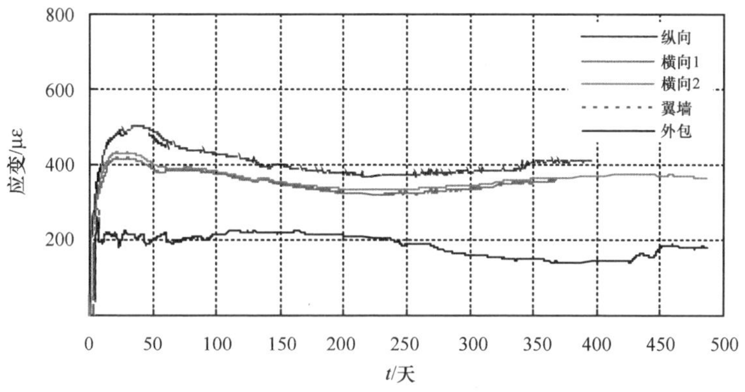

图 13.84　核心混凝土收缩应变-时间（t）测试结果

测试数据表明，混凝土纵向收缩略大于横向收缩，并且收缩变形增长的速度符合常规混凝土收缩的发展规律：前期发展较快，后期发展逐渐减缓。在浇筑完成 6 个月以后，混凝土收缩值基本保持在 500$\mu\varepsilon$ 以内，无明显增长趋势，较为稳定。

（3）实验结论

对多腔式多边形钢管混凝土柱的核心混凝土的浇筑全过程及浇筑完成后的相关数据进行了跟踪测试。基于监测结果及分析，在本研究的参数范围内，可以得到如下主要结论：

1）钢管内壁侧压力在浇筑完成后 24h，增加到约 6MPa，此后一周均保持了较大的压力，这是由于混凝土水化热温升导致的膨胀作用引起；后期，随着混凝土收缩的发展，钢管内壁侧压力逐渐减小，并保持在约 0.2MPa，监测过程中未观测到拉力。

2）钢管壁纵向应变在浇筑过程的荷载作用下表现为压应变，横向应变在后期由于混凝土的膨胀表现为拉应变；管壁纵向、横向应变均基本在 600$\mu\varepsilon$ 以内，通过钢材应力应变关系换算得到的管壁应力低于其屈服应力的 35%。

3）多腔式多边形钢管混凝土柱中，混凝土水化热引起的核心混凝土最高温度达 88℃，管内核心混凝土的温度梯度最高约为 15℃/m；此后温度和温差均呈下降趋势，温降速度最高约为 2℃/天，温降平缓、稳定。

4）核心混凝土的纵向收缩变形略大于横向；收缩变形的发展速率逐渐降低，收缩值在 500$\mu\varepsilon$ 左右基本稳定。结合管壁侧压力等方面的测试结果，混凝土的收缩并未导致核心混凝土和钢管壁之间的脱空，也未在核心混凝土和管壁接触的关键部位处造成裂缝。

综上所述，多腔式多边形钢管混凝土柱的核心混凝土浇筑质量控制良好，施工过程中的钢结构应力在可控范围内，混凝土的温差、收缩变形均稳定，未出现与钢管外壁脱空等现象，混凝土浇筑工艺及浇筑质量均满足工程要求。结合在建的中国尊工程，进行了实体试验，证明施工工艺控制等完全满足要求。

13.6 小　　结

本章分析了影响粘结强度的诸因素，考虑钢管混凝土试件尺寸及其核心混凝土龄期等因素进行了试验研究；对在不同混凝土浇筑方式情况下钢管混凝土轴压和偏压试件力学性能的差异进行了定量研究。本章还研究了核心混凝土脱空对钢管混凝土轴压、偏压和纯弯构件力学性能的影响规律。基于上述研究可得到如下主要结论：

1）钢管混凝土构件的截面形状由方形→八边形（多边形）→圆形是渐变、连续的，其粘结强度也是渐变、连续的，逐渐增大的；且混凝土的浇筑方式对粘结强度的影响相对较大。随着钢管尺寸和混凝土龄期的增加，钢管和混凝土之间的粘结强度呈现降低的趋势。

2）不同核心混凝土浇筑方式情况下钢管混凝土构件的试验研究结果表明，混凝土人工振捣方式对轴心受压短构件强度和刚度的影响相对较小，对轴压长试件和偏压试件的影响则相对较大。混凝土浇筑质量不同将影响钢管混凝土试件的破坏形态；混凝土密实度对钢管混凝土构件的力学性能影响显著，且混凝土密实度对圆钢管混凝土承载力和刚度的影响总体上大于方、矩形钢管混凝土。

3）球冠形脱空构件的破坏过程总体上和无脱空构件较为接近。均匀脱空构件的破坏过程则与无脱空构件有较大差别。随着脱空率的增大，构件的极限承载力和峰值点位移均呈现出降低的趋势，荷载-变形曲线的下降段变陡，局部破坏特征变得更加明显。球冠形脱空对于钢管混凝土构件的弹性抗弯刚度的影响较小，而对于构件使用阶段刚度的影响则较为显著。在脱空率相同的情况下，均匀脱空对于钢管混凝土构件极限承载力和刚度的影响较球冠形脱空显著。本章给出了考虑混凝土脱空影响的钢管混凝土构件承载力计算方法，可为有关工程实践提供参考依据。

4）在进行钢管混凝土中混凝土浇筑质量问题的研究时，要充分考虑控制混凝土的强度和密实度，前者可以保证混凝土达到设计强度，后者则可以保证钢管和核心混凝土相互协同作用的充分发挥。工程实际情况不同，进行钢管混凝土中混凝土的施工工艺也会有所不同，但无论采用哪种施工工艺，不仅仅要保证混凝土的强度，还要保证混凝土的密实度。在典型工程实体进行的研究结果表明，按照“三位一体”过程控制理念进行钢管混凝土的核心混凝土浇筑，可实现混凝土的质量控制。

5）钢管和混凝土截面的粘接性能与核心混凝土的收缩及钢管混凝土构件的受力状况相关。核心混凝土的收缩会使其发生与钢管“剥离”的趋势，而钢管混凝土受压过程中，其核心混凝土会产生“膨胀”变形，从而“补偿”由于上述收缩产生的“剥离”变形；当这种“膨胀”变形大于“剥离”变形时，钢管及其核心混凝土能协同互补、共同受力，即钢管约束其核心混凝土，使其处于三向受压状态，并有效延缓其纵向开裂，同时，核心混凝土的存在可以延缓或避免薄壁钢管过早地发生局部屈曲。钢管和其核心混凝土接触界面的工作性能一方面取决于混凝土和钢管的粘接，另一方面取决于钢管混凝土构件受力过程核心混凝土和其接触的钢管壁之间的摩擦，且这种摩擦作用会随着钢管和混凝土之间相互作用的增加而增强。

参 考 文 献

安徽省地方标准 DB34/T1262—2010. 2010. 钢管混凝土结构技术规程 [S]. 合肥.

安建利. 1987. 钢管混凝土柱强度与变形 [硕士学位论文] [D]. 西安：西安冶金建筑学院.

安建利，姜维山. 1992. 钢管混凝土柱压、弯、剪强度的研究与理论解析 [J]. 工程力学，9 (4)：104-112.

蔡绍怀. 1989. 钢管混凝土结构的计算与应用 [M]. 北京：中国建筑工业出版社.

蔡绍怀. 2003. 现代钢管混凝土结构 [M]. 北京：人民交通出版社.

蔡绍怀. 2007. 现代钢管混凝土结构 [M]. 修订版. 北京：人民交通出版社.

蔡绍怀，邸小坛. 1985. 钢管混凝土偏压柱的性能和强度计算 [J]. 建筑结构学报，6 (4)：32-41.

蔡绍怀，顾万黎. 1985a. 钢管混凝土长柱的性能和强度计算 [J]. 建筑结构学报，6 (1)：32-40.

蔡绍怀，顾万黎. 1985b. 钢管混凝土抗弯强度的试验研究 [J]. 建筑技术通讯，(3)：28，29.

蔡绍怀，陆群. 1992. 钢管混凝土悬臂柱的性能和承载能力计算 [J]. 建筑结构学报，13 (4)：2-11.

蔡绍怀，焦占拴. 1984. 钢管混凝土短柱的基本性能和强度计算 [J]. 建筑结构学报，5 (6)：13-29.

曹文衔. 1998. 损伤积累条件下钢框架结构火灾反应的分析研究 [博士学位论文] [D]. 上海：同济大学.

陈宝春. 1999. 钢管混凝土拱桥设计与施工 [M]. 北京：人民交通出版社.

陈宝春. 2002. 钢管混凝土拱桥实例集 (一) [M]. 北京：人民交通出版社.

陈立祖. 1997. 深圳赛格广场大厦钢管混凝土柱工程介绍 [J]. 哈尔滨建筑大学学报，30 (5)：14-16.

陈绍蕃. 1998. 钢结构设计原理 [M]. 北京：科学出版社.

陈逸玮. 2003. 钢管混凝土柱形状因素于扭转韧性行为研究 [硕士学位论文] [D]. 中国台湾：国立中央大学土木工程系.

陈肇元，朱金铨，吴佩刚. 1992. 高强混凝土及其应用 [M]. 北京：清华大学出版社.

陈肇元，罗家谦，潘雪雯. 1986. 钢管混凝土短柱作为防护结构构件的性能 [R]. 北京：清华大学抗震抗爆工程研究室.

程宝坪. 1999. 深圳赛格广场地下室全逆作法施工技术简介 [J]. 哈尔滨建筑大学学报，32 (3)：39-45.

程懋方，陈俊卿. 1995. 大跨度刚架拱桥的设计与施工 [J]. 哈尔滨建筑大学学报，28 (5)：79-86.

程树良. 2001. 高温后矩形钢管混凝土轴压力学性能的研究 [硕士学位论文] [D]. 哈尔滨：哈尔滨工业大学.

崔玉惠，乔景川，于连波. 1999. 从济南东站立交桥看钢管混凝土拱桥的适应性 [J]. 哈尔滨建筑大学学报，32 (3)：98-100.

邓洪洲，傅鹏程，余志伟. 2005. 矩形钢管和混凝土之间的粘结性能试验 [J]. 特种结构，22 (1)：50-52，96.

段文玺. 1985. 建筑结构的火灾分析和处理 (二) [J]. 工业建筑，(8)：51-54.

冯斌. 2004. 钢管混凝土中核心混凝土的温度、收缩和徐变模型研究 [硕士学位论文] [D]. 福州：福州大学.

冯九斌. 1995. 钢管高强混凝土轴压性能及强度承载力研究 [硕士学位论文] [D]. 哈尔滨：哈尔滨建筑大学.

冯九斌. 2001. 钢管高强混凝土柱耐火性能研究 [博士学位论文] [D]. 哈尔滨：哈尔滨工业大学.

福建省工程建设地方标准 DBJ13-51-2003，2003. 钢管混凝土结构技术规程 [S]. 福州.

福建省工程建设地方标准 DBJ/T13-51—2010，2010. 钢管混凝土结构技术规程 [S]. 福州.

福建省工程建设标准 DBJ13-61—2004，2004. 钢-混凝土混合结构技术规程 [S]. 福州.

甘肃省工程建设标准 DB62/T25-3041—2009，2009. 钢管混凝土结构技术规程 [S]. 兰州.

宫安. 1989. 钢管混凝土短柱在压扭复合受力下的研究 [硕士学位论文] [D]. 北京：北京建筑工程学院.

龚昌基. 1995. 钢管混凝土柱承重销式节点设计计算与荷载试验 [J]. 哈尔滨建筑大学学报，28 (5)：27-31.

龚昌基. 1997. 试论钢管混凝土柱应用于高层建筑的综合效益 [J]. 哈尔滨建筑大学学报，30 (5)：27-31.

顾维平，蔡绍怀，冯文林. 1991. 钢管高强混凝土长柱性能和承载能力的研究 [J]. 建筑科学，(3)：3-8.

顾维平，蔡绍怀，冯文林. 1993. 钢管高强混凝土偏压柱性能与承载能力的研究 [J]. 建筑科学，(3)：8-12.

国网浙江省电力公司企业标准 Q/GW11 352—2012-10204. 2013. 中空夹层钢管混凝土电力塔架结构技术规范 [S]. 杭州.

国家电网公司企业标准 Q/GDW 11136—2013. 2014. 输电线路中空夹层钢管混凝土杆塔设计技术规定 [S]. 北京.

郭淑丽. 2008. 钢管混凝土柱抗剪力学性能研究 [硕士学位论文] [D]. 福州：福州大学.

过镇海，李卫. 1993. 混凝土在不同应力-温度途径下的变形试验和本构关系 [J]. 土木工程学报，26 (5)：58-69.

过镇海，时旭东. 2003. 钢筋混凝土的高温性能及其计算 [M]. 北京：清华大学出版社.

韩林海. 1993. 钢管混凝土压弯扭构件工作机理研究 [博士学位论文] [D]. 哈尔滨：哈尔滨建筑工程学院.

韩林海. 1995. 钢管混凝土统一设计理论研究 [博士后研究工作报告] [R]. 国家地震局工程力学研究所.

韩林海. 2000. 钢管混凝土结构 [M]. 北京：科学出版社.

韩林海. 2004. 钢管混凝土结构-理论与实践 [M]. 修订版. 北京：科学出版社.

韩林海. 2007. 钢管混凝土结构-理论与实践 [M]. 2 版. 北京：科学出版社.

韩林海，陶忠，王文达. 2009. 现代组合结构和混合结构-试验、理论和方法 [M]. 北京：科学出版社.

韩林海，宋天诣. 2012. 钢-混凝土组合结构抗火设计原理 [M]. 北京：科学出版社.

韩林海，徐蕾，冯九斌，杨有福. 2002b. 钢管混凝土柱耐火极限和防火设计实用方法研究 [J]. 土木工程学报，35 (6)：6-13.

韩林海，杨有福. 2004. 现代钢管混凝土结构技术 [M]. 北京：中国建筑工业出版社.

韩林海，杨有福，李永进. 等. 2006. 钢管高性能混凝土的水化热和收缩性能研究 [J]. 土木工程学报，39 (3)：1-9.

韩林海，钟善桐. 1994a. 钢管混凝土弯扭构件的理论分析和试验研究 [J]. 工业建筑，24 (2)：3-8.

韩林海，钟善桐. 1994b. 钢管混凝土基本剪切问题研究 [J]. 哈尔滨建筑工程学院学报，27 (6)：28-34.

韩林海，钟善桐. 1994c. 钢管混凝土压扭、弯扭构件承载力相关方程 [J]. 哈尔滨建筑工程学院学报，27 (2)：32-37.

韩林海，钟善桐. 1994d. 钢管混凝土压扭构件工作机理研究 [J]. 哈尔滨建筑工程学院学报，27 (4)：34-40.

韩林海，钟善桐. 1995a. 钢管混凝土纯扭转问题研究 [J]. 工业建筑，25 (1)：7-13.

韩林海，钟善桐. 1995b. 钢管混凝土压弯扭（剪）承载力相关关系及钢管混凝土统一设计理论构想［J］. 工业建筑，25（1）：14-21.

韩林海，钟善桐. 1995c. 钢管混凝土压弯扭构件工作机理及性能研究［J］. 建筑结构学报，16（4）：32-39.

韩林海，钟善桐. 1996. 钢管混凝土力学［M］. 大连：大连理工大学出版社.

河北省工程建设标准 DB13（J）/T84－2009. 2009. 钢管混凝土结构技术规程［S］. 石家庄.

贺军利. 1998. 钢管混凝土柱耐火性能的研究［博士学位论文］［D］. 哈尔滨：哈尔滨建筑大学.

何珊瑚. 2012. 三肢钢管混凝土弦杆-钢管腹杆桁架抗弯力学性能研究［工学博士学位论文］［D］. 北京：清华大学.

侯川川. 2012. 低速横向冲击荷载下圆钢管混凝土构件的力学性能研究［工学硕士学位论文］［D］. 北京：清华大学.

黄霭明，李少云. 1998. 管壁初始应力对钢管混凝土柱承载能力的影响［J］. 工程力学增刊，155-163.

黄宏. 2006. 中空夹层钢管混凝土压弯构件的力学性能研究［博士学位论文］［D］. 福州：福州大学.

黄宏，韩林海，陶忠. 2006. 方中空夹层钢管混凝土柱滞回性能研究［J］. 建筑结构学报，27（2）：64-74.

黄世娟. 1995. 初应力对圆钢管混凝土轴压构件承载力影响的实验研究［硕士学位论文］［D］. 哈尔滨：哈尔滨建筑大学.

霍静思. 2001. 标准火灾作用后钢管混凝土压弯构件力学性能研究［硕士学位论文］［D］. 哈尔滨：哈尔滨工业大学.

霍静思. 2005. 火灾作用后钢管混凝土柱-钢梁节点力学性能研究［博士学位论文］［D］. 福州：福州大学.

霍静思，韩林海. 2002. ISO-834 标准火灾作用后钢管混凝土的轴压刚度和抗弯刚度［J］. 地震工程与工程振动，22（5）：143-151.

江西省工程建设标准 DB36/J001－2007，2007. 钢管混凝土结构技术规程［S］. 北京，中国计划出版社.

贾电波. 2005. 钢管混凝土构件在冲向撞击荷载作用下的初步研究［硕士学位论文］［D］. 太原：太原理工大学.

姜绍飞. 1999. 混凝土浇筑方式对钢管混凝土承载力和变形影响的研究及其质量控制问题探讨［博士后工作报告］［R］. 哈尔滨：哈尔滨建筑大学.

蒋泳进，穆霞英. 1981. 塑性力学基础［M］. 北京：机械工业出版社.

孔祥谦. 1998. 有限单元法在传热学中的应用［M］. 3 版. 北京：科学出版社.

李华东. 1994. 高温下钢筋混凝土压弯构件的试验研究［硕士学位论文］［D］. 北京：清华大学.

李继读. 1985. 钢管混凝土轴压承载力的研究［J］. 工业建筑，（2）：25-31.

李四平，霍达，王菁，郭院成，黄玉盈. 1998. 偏心受压方钢管混凝土柱极限承载力的计算［J］. 建筑结构学报，19（1）：41-51.

李卫，过镇海. 1993. 高温下砼的强度和变形性能试验研究［J］. 建筑结构学报，14（1）：8-16.

辽宁省地方标准 DB21/T1746—2009，2009. 钢管混凝土结构技术规程［S］. 沈阳.

廖飞宇. 2012. 混凝土脱空对钢管混凝土力学性能影响研究［博士后出站报告（一）］［R］. 北京：清华大学.

林晓康. 2006. 火灾后钢管混凝土压弯构件的滞回性能研究［博士学位论文］［D］. 福州：福州大学.

刘威. 2001. 长期荷载作用对钢管混凝土柱力学性能的影响研究［硕士学位论文］［D］. 哈尔滨：哈尔滨工业大学.

刘威. 2005. 钢管混凝土局部受压时的工作机理研究［博士学位论文］［D］. 福州：福州大学.

刘威，韩林海. 2006. 钢管混凝土受轴向局压荷载时的工作机理研究［J］. 土木工程学报，39（6）：

19-27.

刘亚玲. 2005. 常见约束类型的钢管混凝土构件侧向冲击响应实验研究和数值分析［硕士学位论文］［D］. 太原：太原理工大学.

刘永健，池建军. 2005. 方钢管混凝土界面粘结强度的试验研究［J］. 建筑技术，36（2）：97-98，107.

刘玉莲. 1991. 泵送钢管混凝土配合比选择及组合件特征试验研究［J］. 建筑安装技术，（专刊）：7-18.

吕烈武，沈世钊，沈祖炎，等. 1983. 钢结构构件稳定理论［M］. 北京：中国建筑工业出版社.

吕西林，陆伟东. 2000. 反复荷载作用下方钢管混凝土柱的抗震性能研究［J］. 建筑结构学报，21（2）：2-11.

吕西林，余勇，陈以一，等. 1999. 轴心受压方钢管混凝土短柱的性能研究：Ⅰ试验［J］. 建筑结构，29（10）：41-43.

内蒙古自治区工程建设标准 DBJ03-28—2008. 2009. 钢管混凝土结构技术规程［S］. 呼和浩特.

倪杰，林海，陈安民. 2009. 广州新电视塔钢管混凝土施工技术［J］. 施工技术，38（3）：15-17.

潘士劼，李国强，沈祖炎. 1990. 钢结构构件恢复力模型研究［《高层建筑钢结构成套技术》课题专题报告（十七）］［R］. 上海：同济大学.

潘友光. 1990. 钢管混凝土受弯构件承载力研究［J］. 哈尔滨建筑工程学院学报，23（2）：41-49.

潘友光，钟善桐. 1990. 钢管混凝土轴心受拉本构关系［J］. 工业建筑，20（4）：30-37.

齐加连. 1986. 长期荷载作用下钢管混凝土偏压构件的工作性能及承载力的研究［硕士学位论文］［D］. 哈尔滨：哈尔滨建筑工程学院.

乔景川，崔玉惠. 1997. 钢管混凝土在拱桥上的应用［J］. 哈尔滨建筑大学学报，30（5）：113-117.

清华大学土木工程系，北京香江兴利房地产开发有限公司，中国新兴建设开发总公司财富中心工程项目部. 2011. 圆形截面钢管混凝土柱的核心混凝土浇筑试验研究［R］. 北京.

清华大学土木工程系，北京市建筑设计研究院有限公司. 2014a. Z15（中国尊）超高层巨型柱分叉节点受力性能研究［R］. 北京.

清华大学土木工程系，北京市建筑设计研究院有限公司. 2014b. Z15（中国尊）超高层巨型柱关键柱脚及其翼墙结构受力性能研究［R］. 北京.

清华大学土木工程系，北京市建筑设计研究院有限公司. 2015. 北京市朝阳区 CBD 核心区 Z15 地块项目巨柱分叉处节点\钢暗撑混凝土剪力墙试验研究报告［R］. 北京.

清华大学土木工程系，江苏沪宁钢机股份有限公司. 2016. 高层、超高层建筑钢结构施工若干关键技术问题研究［R］. 北京.

清华大学土木工程系，四川省交通厅公路规划勘察设计研究院. 2010a. 混凝土脱空对钢管混凝土力学性能影响研究［R］. 北京.

清华大学土木工程系，四川省交通厅公路规划勘察设计研究院. 2010b. 钢管混凝土轴拉荷载-变形全过程关系研究［R］. 北京.

清华大学土木工程系，四川省交通厅公路规划勘察设计研究院. 2011. 钢管混凝土叠合构件力学性能的试验研究［R］. 北京.

清华大学土木工程系，中建股份-中建三局联合体，北京市建筑设计研究院有限公司，2015. Z15 地块项目（中国尊）巨型柱核心混凝土浇筑工艺及质量控制试验［R］. 北京.

上海市工程建设标准 DG/TJ08-015—2004，2004. 高层建筑钢-混凝土混合结构设计规程［S］. 上海.

沈聚敏，王传志，江见鲸. 1993. 钢筋混凝土有限元与板壳极限分析［M］. 北京：清华大学出版社.

石华军，胡列翔，叶尹. 等. 2011. 钢管混凝土构件在输电线路大跨越铁塔中的应用［J］. 电力建设，32（3）：5-8.

斯托鲁任科，Л. И. 1982. 钢管混凝土结构［M］. 伯群，东奎，译. 北京：冶金工业出版社.

时旭东. 1992. 高温下钢筋混凝土杆系结构试验研究和非线性有限元分析［博士学位论文］［D］. 北京：

清华大学.

四川省地方标准 DB 51/T1992－2015，2015. 钢筋混凝土箱形拱桥技术规程［S］. 北京：人民交通出版社股份有限公司.

四川省交通厅公路规划勘察设计研究院道桥试验研究所. 2009. 光华大道延伸线金马河大桥主桥钢管砼密实度及焊缝质量检测主拱肋弦杆钢管砼密实度检测补充报告［R］. 成都.

孙宝俊. 1993. 混凝土徐变理论的有效模量法［J］. 土木工程学报，26（3）：66-68.

孙金香，高伟（译）. 1992. 建筑物综合防火设计［M］. 天津：天津科技翻译出版公司.

孙忠飞. 1997. 我国钢管混凝土技术及其桥梁的发展［R］. 铁道部第一勘测设计院.

太钢钢管混凝土结构设计施工研究组. 1986. 钢管混凝土高位抛落不振捣试验研究与施工试验［J］. 工业建筑，（6）：15-20.

谭克锋，蒲心诚. 2000. 钢管超高强混凝土长柱及偏压柱的性能与极限承载能力的研究［J］. 建筑结构学报，21（2）：12-19.

谭克锋，蒲心诚，蔡绍怀. 1999. 钢管超高强混凝土的性能与极限承载能力的研究［J］. 建筑结构学报，20（1）：10-15.

谭素杰. 1984. 长期荷载作用下钢管混凝土轴压短柱的工作性能及承载力的研究［硕士学位论文］［D］. 哈尔滨：哈尔滨建筑工程学院.

汤关祚，招炳泉，竺惠仙，等. 1982. 钢管混凝土基本力学性能的研究［J］. 建筑结构学报，3（1）：13-31.

唐春平. 1991. 钢管混凝土内部质量超声测试试验［J］. 建筑安装技术，（专刊）：19-27.

陶忠. 1998. 方形截面钢管混凝土力学性能及承载力的理论分析与试验研究［硕士学位论文］［D］. 哈尔滨：哈尔滨建筑大学.

陶忠. 2001. 方钢管混凝土构件力学性能若干关键问题的研究［博士学位论文］［D］. 哈尔滨：哈尔滨工业大学.

陶忠，于清. 2006. 新型组合结构柱-试验、理论与方法［M］. 北京：科学出版社.

滕智明，邹离湘. 1996. 反复荷载下钢筋混凝土构件非线性有限元分析［J］. 土木工程学报，29（2）：19-27.

天津市工程建设标准 DB29-57－2003，2003. 天津市钢结构住宅设计规程［S］. 天津.

涂光亚. 2008. 脱空对钢管混凝土拱桥受力性能影响研究［博士学位论文］［D］. 长沙：湖南大学.

屠永清. 1994. 钢管混凝土压弯构件恢复力特性的研究［博士学位论文］［D］. 哈尔滨：哈尔滨建筑大学.

王传志，滕智明. 1985. 钢筋混凝土结构理论［M］. 北京：中国建筑工业出版社.

王弘. 1995. 三峡专用公路上两座跨度 160 上承式钢管混凝土拱桥的实践［J］. 哈尔滨建筑大学学报，28（5）：49-53.

王怀忠. 1998. 宝钢工程 60m 长桩轴向承载力与沉降的共同规律［C］. 中国科协第三次青年学术年会论文集，北京：中国科学技术出版社，450-453.

王力尚，钱稼茹. 2001. 钢管高强混凝土柱轴心受压承载力试验［C］. 高强与高性能混凝土及其应用第四届学术讨论会论文集，长沙，455-459.

王力尚，钱稼茹. 2003. 钢管高强混凝土柱轴心受压承载力试验研究［J］. 建筑结构，37（7）：46-49.

王仁，熊祝华，黄文彬. 1998. 塑性力学基础［M］. 北京：科学出版社.

王蕊. 2008. 钢管混凝土结构构件在侧向撞击下动力响应及其损伤破坏的研究［博士学位论文］［D］. 太原：太原理工大学.

王勖成，邵敏. 2001. 有限单元法基本原理和数值方法［M］. 北京：清华大学出版社.

王勖成，2003. 有限单元法［M］. 北京：清华大学出版社.

王文达. 2006. 钢管混凝土柱-钢梁平面框架的力学性能研究［博士学位论文］［D］. 福州：福州大学.

王元丰. 2006. 钢管混凝土徐变［M］. 北京：科学出版社.

肖敦壁. 1988. 用泵升法浇筑钢管混凝土柱的工艺研究［J］. 工业建筑，（10）：8-16.

徐春丽. 2004. 钢管混凝土柱抗剪承载力试验研究［硕士学位论文］［D］. 济南：山东科技大学.

徐积善，宫安. 1991. 钢管混凝土短柱在压扭复合受力下的实验研究［J］. 哈尔滨建筑工程学院学报，24（增刊）：34-41.

徐蕾. 2002. 方钢管混凝土柱耐火性能及抗火设计方法研究［博士学位论文］［D］. 哈尔滨：哈尔滨工业大学.

许晓锋，黄福伟. 1997. 大跨径钢管混凝土拱桥荷载试验［J］. 哈尔滨建筑大学学报，30（5）：128-134.

薛立红，蔡绍怀. 1996a. 钢管混凝土柱组合界面的粘结强度（上）［J］. 建筑科学，12（3）：22-28.

薛立红，蔡绍怀. 1996b. 钢管混凝土柱组合界面的粘结强度（下）［J］. 建筑科学，12（4）：19-23.

薛立红，蔡绍怀. 1997. 荷载偏心率对钢管混凝土柱组合界面粘结强度的影响［J］. 建筑科学，13（2）：22-25.

闫维波. 1997. 钢管高强混凝土压弯构件滞回性能的理论计算与实验研究［硕士学位论文］［D］. 哈尔滨：哈尔滨建筑大学.

杨华. 2000. 恒高温作用后钢管混凝土轴压力学性能研究［硕士学位论文］［D］. 哈尔滨：哈尔滨工业大学.

杨华. 2003. 火灾作用下（后）钢管混凝土柱力学性能研究［博士学位论文］［D］. 哈尔滨：哈尔滨工业大学.

杨强跃. 2006. 矩形钢管混凝土结构应用情况汇报［R］. 北京：北京钢结构技术研讨会资料集，中国钢结构协会专家委员会，中国钢结构协会房屋建筑分会，浙江杭萧钢构股份有限公司.

杨卫红，阎善章. 1991. 钢管混凝土基本剪切问题的研究［J］. 哈尔滨建筑工程学院学报，24（增刊）：17-25.

杨卫红，钟善桐. 1992. 钢管混凝土剪切模量的简支梁试验研究［J］. 哈尔滨建筑工程学院学报，25（4）：32-38.

杨有福. 2003. 矩形截面钢管混凝土构件力学性能的若干关键问题研究［博士学位论文］［D］. 哈尔滨：哈尔滨工业大学.

杨有福. 2005. 圆钢管混凝土构件滞回性能研究［博士后研究工作报告］［R］. 福州：福州大学.

杨有福，韩林海. 2001. 矩形钢管混凝土构件抗弯力学性能的试验研究［J］. 地震工程与工程振动，21（3）：41-48.

杨有福，韩林海. 2003. 圆钢管混凝土压弯构件荷载位移滞回模型研究［J］. 地震工程与工程振动，23（6）：117-123.

杨有福，韩林海. 2006. 矩形钢管自密实混凝土的钢管-混凝土界面粘结性能研究［J］. 工业建筑，36（11）：32-36.

尧国皇. 2002. 钢管初应力对钢管混凝土压弯构件力学性能影响的研究［硕士学位论文］［D］. 福州：福州大学.

尧国皇. 2006. 钢管混凝土构件在复杂受力状态下的工作机理研究［博士学位论文］［D］. 福州：福州大学.

尧国皇，韩林海. 2004. 钢管混凝土轴压与纯弯荷载-变形关系曲线实用计算方法研究. 中国公路学报，17（4）：50-54.

游经团. 2002. 矩形钢管混凝土压弯构件滞回性能研究［硕士学位论文］［D］. 福州：福州大学.

余勇，吕西林，Tanaka，K，等. 2000. 轴心受压方钢管混凝土短柱的性能研究：Ⅱ分析［J］. 建筑结构，30（2）：43-46.

余志武，丁发兴，林松. 2002. 钢管高性能混凝土短柱受力性能研究［J］. 建筑结构学报，23（2）：41-47.

查晓雄. 1996. 钢管初应力对钢管混凝土压弯扭构件工作性能影响的理论分析与试验研究［博士学位论文］［D］. 哈尔滨：哈尔滨建筑大学.

张联燕，李泽生，程懋方. 1999. 钢管混凝土空间桁架组合梁式结构［M］. 北京：人民交通出版社.

张佩生. 1997. 今晚报大厦钢管混凝土柱-双向密肋板结构体系的设计与研究［J］. 哈尔滨建筑大学学报，30（5）：9-13.

张师定，王吉盈，李承根，等. 1997. 宁通公路泰州引江河大桥的设计与施工［J］. 哈尔滨建筑大学学报，30（5）：151-156.

张素梅，周明. 1999. 方钢管约束下混凝土的抗压强度［J］. 哈尔滨建筑大学学报，32（3）：14-18.

张文福. 2000. 单层钢管混凝土框架恢复力特性研究［博士学位论文］［D］. 哈尔滨：哈尔滨工业大学.

张晓庆. 1995. 初应力对圆钢管混凝土偏压构件承载力影响的实验研究［硕士学位论文］［D］. 哈尔滨：哈尔滨建筑大学.

张正国. 1989. 方钢管混凝土偏压短柱基本性能研究［J］. 建筑结构学报，（6）：10-20.

张正国. 1993. 方钢管混凝土中长轴压柱稳定分析和实用设计方法［J］. 建筑结构学报，14（4）：28-39.

赵林强. 1999. 下承式钢管混凝土无风撑系杆拱桥的设计与施工［J］. 哈尔滨建筑大学学报，32（3）：64-67.

中国工程建设标准化协会 CECS03：2007，2007 钻芯法检测混凝土强度技术规程［S］. 北京：中国计划出版社.

中国工程建设标准化协会 CECS24：90，1990. 钢结构防火涂料应用技术规范［S］. 北京：中国计划出版社.

中国工程建设标准化协会 CECS28：90，1992. 钢管混凝土结构设计与施工规程［S］. 北京：中国计划出版社.

中国工程建设标准化协会 CECS28：2012，2012. 钢管混凝土结构设计与施工规程［S］. 北京：中国计划出版社.

中国工程建设标准化协会 CECS159：2004，2004. 矩形钢管混凝土结构技术规程［S］. 北京：中国计划出版社.

中国工程建设标准化协会标准 CECS200：2006，2006. 建筑钢结构防火技术规范［S］. 北京：中国计划出版社.

中国工程建设协会标准 CECS254：2009. 2009. 空心钢管混凝土结构技术规程［S］. 北京：中国建筑工业出版社.

中国工程建设协会标准 CECS261：2009. 2009. 钢结构住宅设计规范［S］. 北京：中国建筑工业出版社.

中国工程建设协会标准 CECS28：2012. 2012. 钢管混凝土结构技术规程［S］. 北京：中国计划出版社.

中华人民共和国电力行业标准 DL/T 5085—1999，1999. 钢-混凝土组合结构设计规程［S］. 北京：中国电力出版社.

中华人民共和国国家标准 GB50045—95. 2001. 高层民用建筑设计防火规范［S］. 北京：中国计划出版社.

中华人民共和国国家标准 GB/T 228—2002. 2002. 金属材料室温拉伸试验方法［S］. 北京：中国标准出版社.

中华人民共和国国家标准 GB 14907—2002. 2002. 钢结构防火涂料［S］. 北京：中国标准出版社.

中华人民共和国国家标准 GB 50009—2001. 2002. 建筑结构荷载规范［S］. 北京：中国建筑工业出版社.

中华人民共和国国家标准 GB 50010—2002. 2002. 混凝土结构设计规范［S］. 北京：中国建筑工业出版社.

中华人民共和国国家标准 GB 50010—2010. 2010. 混凝土结构设计规范 [S]. 北京：中国建筑工业出版社.

中华人民共和国国家标准 GB 50017—2003. 2003. 钢结构设计规范 [S]. 北京：中国计划出版社.

中华人民共和国国家标准 GB 50016—2006. 2006. 建筑设计防火规范 [S]. 北京：中国计划出版社.

中华人民共和国国家标准 GB 50016—2014. 2015. 建筑设计防火规范 [S]. 北京：中国计划出版社.

中华人民共和国国家标准 GB 50068—2001. 2001. 建筑结构可靠度设计统一标准 [S]. 北京：中国建筑工业出版社.

中华人民共和国国家标准 GB 50081—2002. 2003. 普通混凝土力学性能试验方法标准 [S]. 北京：中国建筑工业出版社.

中华人民共和国国家标准 GB 50496—2009. 2009. 大体积混凝土施工规范 [S]. 北京：中国计划出版社.

中华人民共和国国家标准 GB 50923—2013. 2014. 钢管混凝土拱桥技术规范 [S]. 北京：中国计划出版社.

中华人民共和国国家标准 GB 50936—2014. 2014. 钢管混凝土结构技术规范 [S]. 北京：中国建筑工业出版社.

中华人民共和国国家标准 GB/T 9978—1999. 1999. 建筑构件耐火试验方法 [S]. 北京：中国标准出版社.

中华人民共和国国家军用标准 GJB 4142—2000. 2001. 战时军港抢修早强型组合结构技术规程 [S]. 北京：中国人民解放军总后勤部.

中华人民共和国行业标准 JGJ/T 249—2011. 2011. 拱形钢结构技术规程 [S]. 北京：中国建筑工业出版社.

中华人民共和国行业推荐性标准 JTG//T D65-06—2015. 2015. 公路钢管混凝土拱桥设计规范 [S]. 北京：人民交通出版社股份有限公司.

钟善桐. 1994. 钢管混凝土结构 [M]. 哈尔滨：黑龙江科学技术出版社.

钟善桐. 1999. 高层钢管混凝土结构 [M]. 哈尔滨：黑龙江科学技术出版社.

钟善桐. 2003. 钢管混凝土结构 [M]. 北京：清华大学出版社.

钟善桐. 2006. 钢管混凝土统一理论：研究与应用 [M]. 北京：清华大学出版社.

周健，丁生根，王洪军，等. 2012. 南京禄口国际机场 T2 航站楼结构设计 [J]. 建筑结构，42 (5)：110-114.

周竞. 1990. 钢管混凝土中长柱在压扭复合受力下的试验研究 [硕士学位论文] [D]. 北京：北京建筑工程学院.

庄茁，张帆，岑松，等. 2005. ABAQUS 非线性有限元分析与实例 [M]. 北京：科学出版社.

朱伯芳. 1999. 大体积混凝土温度应力与温度控制 [M]. 北京：中国电力出版社.

朱伯龙，董振祥. 1985. 钢筋混凝土非线性分析 [M]. 上海：同济大学出版社.

朱可善，刘西拉. 1982. 钢筋混凝土柱非线性全过程分析 [J]. 建筑结构学报，3 (3)：35-45.

Abdel-Rahman, N. and Sivakumaran, K. S. 1997. Material properties models for analysis of cold-formed steel members [J]. Journal of Structural Engineering, ASCE, 123(9): 1135-1143.

Abramowicz, W. and Jones, N. 1984. Dynamic axial crushing of square tubes [J]. International Journal of Impact Engineering, 2(2): 179-208.

Abramowicz, W. and Jones, N. 1986. Dynamic progressive buckling of circular and square tubes [J]. International Journal of Impact Engineering, 4(4): 243-270.

ACI Committee 318(ACI 318). 2005. Building code requirements for structural concrete and commentary [S]. American Concrete Institute, Detroit, USA.

ACI Committee 209. 1992. Prediction of creep, shrinkage and temperature effects in concrete structures(ACI

209R-92)[S]. American Concrete Institute, Farmington Hills, Michigan, USA.

AIJ. 1997. Recommendations for design and construction of concrete filled steel tubular structures [S]. Architectural Institute of Japan(AIJ), Tokyo, Japan.

AIJ. 2008. Recommendations for Design and Construction of Concrete Filled Steel Tubular Structures. [S]. Architectural Institute of Japan (AIJ), Tokyo, Japan.

American Institute of Steel Construction (AISC). 2005. Specification for structural steel buildings [S]. ANSI/AISC Standard 360-05, AISC, Chicago, Illinois, USA.

American Institute of Steel Construction (AISC). 2010. Specification for structural steel buildings [S]. ANSI/AISC Standard 360-10, AISC, Chicago, Illinois, USA.

AISI. 2001. North American specification for the design of cold-formed steel structural members [S]. American Iron and Steel Institute (AISI), North American Standard, Washington D. C., USA.

An, Y. F. and Han, L. H. 2014. Behaviour of concrete-encased CFST columns under combined compression and bending [J]. Journal of Constructional Steel Research, 101: 314-330.

An, Y. F., Han, L. H. and Roeder, C. W. 2014a. Flexural performance of concrete-encased concrete-filled steel tubes [J]. Magazine of Concrete Research, 66(5): 249-267.

An, Y. F., Han, L. H. and Zhao, X. L. 2012. Behaviour and design calculations on very slender thin-walled CFST columns [J]. Thin-Walled Structures, 53(4): 161-175.

An, Y. F., Han, L. H. and Zhao, X. L. 2013. Experimental behaviour of box concrete encased CFST eccentrically loaded column [J]. Magazine of Concrete Research, 65(20): 1219-1235.

An, Y. F., Han, L. H. and Zhao, X. L. 2014b. Analytical behaviour of eccentrically loaded concrete-encased CFST box columns [J]. Magazine of Concrete Research, 66(15): 789-808.

ASCCS. 1997. Concrete filled steel tubes-a comparison of international codes and practices [C]. ASCCS Seminar Report, Innsbruck, Austria.

ATC-24. 1992. Guidelines for cyclic seismic testing of components of steel structures [S]. Redwood City (CA): Applied Technology Council.

Australian Standard AS4100. 1998. Steel structures [S]. Strathfield, Australia.

Aval, S. B. B., Saadeghvaziri, M. A. and Golafshani, A. A. 2002. Comprehensive composite inelastic fiber element for cyclic analysis of concrete-filled steel tube columns [J]. Journal of Engineering Mechanics, ASCE, 128(4): 428-437.

Baltay, P. and Gjelsvik, A. 1990. Coefficient of friction for steel on concrete at high normal stress [J]. Journal of Materials in Civil Engineering, ASCE, 2(1): 46-49.

Bambach, M. R. 2011. Design of hollow and concrete filled steel and stainless steel tubular columns for transverse impact loads [J]. Thin-Walled Structures, 49(10): 1251-1260.

Bambach, M. R., Jama, H. and Zhao, X. L. et al. 2008. Hollow and concrete filled steel hollow sections under transverse impact loads [J]. Engineering structures, 30(10): 2859-2870.

Batoz, J. L. and Dhatt, G. 1979. Incremental displacement algorithms for nonlinear problems [J]. International Journal for Numerical Methods in Engineering, (14): 1262-1267.

Bazant, Z. P., Xi, Y. and Baweja, S. 1993. Improved prediction model for time-dependent deformations of concrete: part 7-short form of BP-KX model, statistics, and extrapolation of short-time data [J]. Materials and Structures, 26: 567-574.

Beck, J. and Kiyomiya, O. 2003. Fundamental pure torsional properties of concrete filled circular steel tubes [J]. Journal of Materials, Concrete Structures and Pavements, JSCE, 739(60): 285-296.

Bode, H. 1973. Columns of steel tubular sections filled with concrete-design and application [J]. Acier Stahl

Steel,11-12:388-393.

Boyd,P. F. ,Cofer,W. F. and Mclean,D. I. 1995. Seismic performance of steel-encased concrete columns under flexural loading [J]. ACI Structural Journal,92(3):355-364.

Bradford,M. A. 1996. Design strength of slender concrete filled rectangular steel tubes [J]. ACI Structural Journal,93(2):229-235.

Bradford,M. A. ,Loh,H. Y. and Uy,B. 2002. Slenderness limits for filled circular steel tubes [J]. Journal of Constructional Steel Research,58(2):243-252.

Bridge,R. Q. 1976. Concrete filled steel tubular columns [R]. Report No. R283,School of Civil Engineering, University of Sydney,Sydney,Australia.

Bridge,R. Q. ,Patrick,M. and Webb,J. 1997. High strength materials in composite construction [C]. Conference Report of International Conference on Composite Construction-Conventional and Innovative,Innsbruck,Austria,29-40.

British Standards Institutions. 1979. BS5400,Part 5,Steel,concrete and composite bridges [S]. London,UK.

British Standards Institutions. 2005. BS5400,Part 5,Steel,concrete and composite bridges [S]. London,UK.

British Steel Tubes and Pipes. 1990. Design for SHS fire resistance to BS5950:Part 8 [S]. London,UK.

Campione,G. and Scibilia N. 2002. Beam-column behavior of concrete filled steel tubes [J]. Steel and Composite Structures,2(4):259-276.

CEB. 1988. Concrete structures under impact and impulsive loading [S]. Synthesis Report,Bulletin d'Information No. 187,ComitéEuro-International du Béton,Lausanne,Switzerland.

CEB-FIP Model Code 1990. 1993. C. E. B. Bullentin d'Information No. 203(final draft) [S]. ComitéEuro-International du Béton,Lausanne,Switzerland.

Cederwall,K. ,Engstrom,B. and Grauers,M. 1997. High-strength concrete used in composite columns [J]. High-Strength concrete,SP 121-11:195-210.

Chen,W. F. 1982. Plasticity in reinforced concrete [M]. New York,McGraw-Hill Book Company.

Chen,W. F. and Atsuta,T. 1976-1997. Theory of beam-columns,Vol. 1 and Vol. 2 [M]. New York:McGraw-Hill Book Company.

Chovichien,V. ,Gutzwiller,M. J. and Lee,R. H. 1973. Analysis of reinforced concrete columns under sustained load [J]. ACI Journal,No. 70-62(10):692-699.

Chu,K. H. ,Domingo,J. and Carreira,D. J. 1986. Time-dependent cyclic deflections in R/C beams [J]. Journal of Structural Engineering,ASCE,112(5):943-959.

Council on Tall Buildings and Urban Habitat. 1995. Structural system for tall buildings [M]. New York: McGraw-Hill.

Dezi,L. ,Ianni,C. and Tarantino,A. M. 1993. Simplified creep analysis of composite beams with flexible connectors [J]. Journal of Structural Engineering,ASCE,119(5):1484-1497.

Deng,Y. ,Tuan,C. Y. and Xiao,Y. 2011. Flexural behavior of concrete-filled circular steel tubes under high-strain rate impact loading [J]. Journal of Structural Engineering,138(3):449-456.

Ding,D. 2001. Development of concrete-filled tubular arch bridges,China [J]. Structural Engineering International,Journal of the International Association for Bridge and Structural Engineering,11(4):265-267.

ECCS-Technical Committee 3. 1988. Fire safety of steel structures,technical note,calculation of the fire resistance of centrally loaded composite steel-concrete columns exposed to the standard fire [S].

Elchalakani,M. ,Zhao,X. L. and Grzebieta,R. 2001. Concrete-filled circular steel tubes subjected to pure bending [J]. Journal of Constructional Steel Research,57(11):1141-1168.

Elchalakani,M. ,Zhao,X. L. and Grzebieta,R. 2002. Tests on concrete filled double-skin(CHS outer and SHS inner)composite short columns under axial compression [J]. Thin-Walled Structures,40(5):415-441.

Ellobody, E. and Young, B. 2006. Design and behaviour of concrete-filled cold-formed stainless steel tube columns [J]. Engineering Structures, 28(5): 716-728.

Elremaily, A. and Azizinamini, A. 2002. Behavior and strength of circular concrete-filled tube columns [J]. Journal of Constructional Steel Research, 58(12): 1567-1591.

Espinos, A., Romero, M. L. and Serra, E., et al. 2015. Circular and square slender concrete-filled tubular columns under large eccentricities and fire [J]. Journal of Constructional Steel Research, 110: 90-100.

Eurocode 4 (EC4). 1994. Design of composite steel and concrete structures [S]. EN 1994-1-1: 1992, Brussels, CEN.

Eurocode 4(EC4). 2004. Design of composite steel and concrete structures-Part 1-1: General rules and rules for buildings [S]. EN 1994－1-1: 2004, Brussels, CEN.

Eurocode 4(EC4). 2005. Design of composite steel and concrete structures-Part 1-2: general rules-structural fire design [S]. EN 1994-1-2: 2005, Brussels, CEN.

Forbes, D. 1997. Three tall buildings in southern China [J]. Structural Engineering International, 7(3): 157-159.

Fujinaga, T., Matsui, C. and Tsuda, K. 1998. Limiting axial compressive force and structural performance of concrete filled steel circular tubular beam-columns [C]. Proceedings of the 5th Pacific Structural Steel Conference, Seoul, Korea, 979-984.

Fukumoto, Y. 1995. Structural stability design-steel and composite structures [M]. Pergamon, Elsevier Science.

Furlong, R. W. 1967. Strength of steel-encased concrete beam-columns [J]. Journal of Structural Division, ASCE, 93(ST5): 113-124.

Furlong, R. W. 1983. Columns rules of ACI, SSLC, and LRFD compared [J]. Journal of Structural Division, ASCE, 109(10): 2375-2386.

Gardner, J. and Jacobson, E. R. 1967. Structural behaviour of concrete filled steel tubes [J]. ACI Structural Journal, 64(7): 404-413.

Ge, H. B. and Usami, T. 1992. Strength of concrete-filled thin-walled steel box columns: experiment [J]. Journal of Structural Engineering, ASCE, 118(11): 3006-3054.

Ge, H. B. and Usami, T. 1994. Strength analysis of concrete-filled thin-walled steel box columns [J]. Journal of Constructional Steel Research, 30(3): 607-612.

Ge, H. B. and Usami, T. 1996. Cyclic tests of concrete filled steel box columns [J]. Journal of Structural Engineering, ASCE, 122(10): 1169-1177.

Ghosh, R. S. 1977. Strengthening of slender hollow steel columns by filling with concrete [J]. Canadian Journal of Civil Engineering, 4(2): 127-133.

Giakoumelis, G. and Lam, D. 2004. Axial capacity of circular concrete-filled tube columns [J]. Journal of Constructional Steel Research, 60(7): 1049-1068.

Gourley, B. C., Tort, C., Denavit, M. D., Schiller, P. H. and Hajjar, J. F. 2008. A synopsis of studies of the monotonic and cyclic behavior of concrete-filled steel tube members, connections, and frames [R]. Report No. NSEL-008, NSEL Report Series, Department of Civil and Environmental Engineering, University of Illinois at Urbana-Champaign.

Gourley, B. C., Tort, C. and Hajjar, J. F. et al. 2001. A synopsis of studies of the monotonic and cyclic behaviour of concrete-filled steel tube beam-columns [R]. Report No. ST1-01-4(Version 3. 0), Department of Civil Engineering, University of Minnesota.

Grauers, M. 1993. Composite columns of hollow steel sections filled with high strength concrete [R]. Division of

Concrete Structures, Chalmers University of Technology, Goteborg, Sweden, 140.

Gupta, L. M. and Parlewar, P. M. 2001. An investigation of concrete-filled steel box columns [J]. Journal of Structural Engineering, 28(1): 33-38.

Guyal, B. B. and Jackson, N. 1971. Slender concrete columns under sustained load [J]. Journal of Structural Division, ASCE, 97(ST11): 2729-2750.

Hajjar, J. F. and Gourley, B. C. 1996. Representation of concrete-filled tubes, I: formulation [J]. Journal of Structural Engineering, ASCE, 123(6): 736-744.

Hajjar, J. F. and Gourley, B. C. 1997. A cyclic nonlinear model for concrete-filled tubes cross-section strength [J]. Journal of Structural Engineering, ASCE, 122(11): 1327-1136.

Hajjar, J. F., Gourley, B. C. and Olson, M. C. 1997. A cyclic nonlinear model for concrete-filled tubes, II: verification [J]. Journal of Structural Engineering, ASCE, 123(6): 745-754.

Hajjar, J. F., Molodan, A. and Schiler, P. H. 1998. A distributed plasticity model for cyclic analysis of concrete-filled tube beam-columns and composite frames [J]. Engineering Structures, 20(4-6): 398-412.

Han, L. H. 2000a. Tests on concrete filled steel tubular columns with high slenderness ratio [J]. Advances in Structural Engineering, 3(4): 337-344.

Han, L. H. 2000b. The influence of concrete compaction on the strength of concrete filled steel tubes [J]. Advances in Structural Engineering, 3(2): 131-137.

Han, L. H. 2001. Fire performance of concrete filled steel tubular beam-columns [J]. Journal of Constructional Steel Research, 57(6): 695-709.

Han, L. H. 2002. Tests on stub columns of concrete-filled RHS sections [J]. Journal of Constructional Steel Research, 58(3): 353-372.

Han, L. H. 2004. Flexural behaviour of concrete filled steel tubes [J]. Journal of Constructional Steel Research, 60(2): 313-337.

Han, L. H. and An, Y. F. 2014. Performance of concrete-encased CFST stub columns under axial compression [J]. Journal of Constructional Steel Research, 93: 62-76.

Han, L. H., Chen, F., Liao, F. Y., Tao, Z. and Uy, B. 2013. Fire performance of concrete filled stainless steel tubular columns [J]. Engineering Structures, 56: 165-181.

Han, L. H., He, S. H. and Liao, F. Y. 2011a. Performance and calculations of concrete filled steel tubes (CFST) under axial tension [J]. Journal of Constructional Steel Research, 67(11): 1699-1709.

Han, L. H., He, S. H. and Zheng, L. Q. et al. 2012a. Curved concrete filled steel tubular (CCFST) built-up members under axial compression: experiments [J]. Journal of Constructional Steel Research, 74: 63-75.

Han, L. H., Hou, C. C., and Wang, Q. L. 2014a. Behavior of circular CFST stub columns under sustained load and chloride corrosion [J]. Journal of Constructional Steel Research, 103: 23-36.

Han, L. H., Hou, C. C. and Zhao, X. L. et al. 2014b. Behaviour of high-strength concrete filled steel tubes under transverse impact loading [J]. Journal of Constructional Steel Research, 92: 25-39.

Han, L. H., Hou, C. and Wang, Q. L. 2012b. Square concrete filled steel tubular (CFST) members under loading and chloride corrosion: experiments [J]. Journal of Constructional Steel Research, 71(4): 11-25.

Han, L. H., Huang, H. and Zhao, X. L. 2009a. Analytical behaviour of concrete-filled double skin steel tubular (CFDST) beam-columns under cyclic loading [J]. Thin-Walled Structures, 47(6-7): 668-680.

Han, L. H. and Huo, J. S. 2003. Concrete-filled hollow structural steel columns after exposure to ISO-834 fire standard [J]. Journal of Structural Engineering, ASCE, 129(1): 68-78.

Han, L. H., Huo, J. S. and Wang, Y. C. 2005a. Compressive and flexural behaviour of concrete filled steel tubes after exposure to standard fire [J]. Journal of Constructional Steel Research, 61(7): 882-901.

Han,L. H. ,Huo,J. S. and Wang,Y. C. 2007a. Behavior of steel beam to concrete-filled steel tubular column connections after exposure to fire [J]. Journal of Structural Engineering,ASCE,133(6):800-814.

Han,L. H. and Li,W. 2010. Seismic performance of CFST column to steel beam joint with RC slab:experiments [J]. Journal of Constructional Steel Research,66(11):1374-1386.

Han,L. H. ,Li,W. and Bjorhovde,R. 2014c. Developments and advanced applications of concrete-filled steel tubular(CFST)structures:members [J]. Journal of Constructional Steel Research,100(9):211-228.

Han,L. H. ,Li,W. and Yang,Y. F. 2009b. Seismic behaviour of concrete-filled steel tubular frame to RC shear wall high-rise mixed structures [J]. Journal of Constructional Steel Research,65(5):1249-1260.

Han,L. H. ,Li,Y. J. and Liao,F. Y. 2011b. Concrete-filled double skin steel tubular(CFDST)columns subjected to long-term sustained loading [J]. Thin-Walled Structures,49(12):1534-1543.

Han,L. H. ,Liao,F. Y. Tao,Z. and Hong,Z. 2009c. Performance of concrete filled steel tube reinforced concrete columns subjected to cyclic bending [J]. Journal of Constructional Steel Research, 65 (8-9): 1607-1616.

Han,L. H. and Lin,X. K. 2004. Tests on cyclic behavior of concrete-filled HSS columns after exposure to ISO-834 standard fire [J]. Journal of Structural Engineering,ASCE,130(11):1807-1819.

Han,L. H. ,Lin,X. K. and Yang,Y. F. 2008a. Cyclic performance of concrete filled steel tubular columns after exposure to fire:analysis and simplified model [J]. Advances in Structural Engineering,11(4):455-473.

Han,L. H. ,Liu,W. and Yang,Y. F. 2008b. Behaviour of concrete-filled steel tubular stub columns subjected to axially local compression [J]. Journal of Constructional Steel Research,64(4):377-387.

Han,L. H. ,Liu,W. and Yang,Y. F. 2008c. Behavior of thin-walled steel tube confined concrete stub columns subjected to axial local compression [J]. Thin-Walled Structures,46(2):155-164.

Han,L. H. ,Lu,H. ,Yao,G. H. and Liao,F. Y. 2006. Further study on the flexural behavior of concrete-filled steel tubes [J]. Journal of Constructional Steel Research,62(6):554-565.

Han,L. H. ,Ren,Q. X. and Li,W. 2010a. Tests on inclined,tapered and STS concrete-filled steel tubular (CFST)stub columns [J]. Journal of Constructional Steel Research,66(10):1186-1195.

Han,L. H. ,Ren,Q. X. and Li,W. 2011c. Tests on stub stainless steel-concrete-carbon steel double-skin tubular(DST)columns [J]. Journal of Constructional Steel Research,67(3):437-452.

Han,L. H. ,Qu,H. ,Tao,Z. and Wang,Z. F. 2009d. Experimental behaviour of thin-walled steel tube confined concrete column to RC beam joints under cyclic loading [J]. Thin-Walled Structures,47(8-9):847-857.

Han,L. H. ,Tao,Z. ,Huang,H. and Zhao,X. L. 2004a. Concrete-filled double skin(SHS outer and CHS inner)steel tubular beam-columns [J]. Thin-Walled Structure,42(9):1329-1355.

Han,L. H. ,Tao,Z. ,Liao,F. Y. and Xu,Yi. 2010b. Tests on cyclic performance of FRP-concrete-steel double-skin tubular columns [J]. Thin-Walled Structures,48(6):430-439.

Han,L. H. ,Tao,Z. and Liu,W. 2004b. Effects of sustained load on concrete-filled HSS(hollow structural steel)columns [J]. Journal of Structural Engineering,ASCE,130(9):1392-1404.

Han,L. H. ,Tao,Z. and Yao,G. H. 2008d. Behaviour of concrete-filled steel tubular members subjected to shear and constant axial compression [J]. Thin-Walled Structures,46(7-9):765-780.

Han,L. H. ,Wang,W. D. and Tao,Z. 2011d. Performance of circular CFST column to steel beam frames under lateral cyclic loading [J]. Journal of Constructional Steel Research,67(5):876-890.

Han,L. H. ,Wang,W. H. and Yu,H. X. 2010c. Experimental behaviour of reinforced concrete(RC)beam to concrete-filled steel tubular(CFST)column frames subjected to ISO-834 standard fire [J]. Engineering Structures,32(10):3130-3144.

Han,L. H. ,Wang,W. H. and Yu,H. X. 2012c. Analytical behaviour of RC beam to CFST column frames subjected to fire [J]. Engineering Structures, 36(3): 394-410.

Han, L. H., Xu, L. and Zhao, X. L. 2003a. Temperature field analysis of concrete-filled steel tubes [J]. Advances in Structural Engineering, 6(2): 121-133.

Han, L. H., Yang, H. and Cheng, S. L. 2002a. Residual strength of concrete filled RHS stub columns after exposure to high temperatures [J]. Advances in Structural Engineering, 5(2): 123-134.

Han, L. H. and Yang, Y. F. 2001. Influence of concrete compaction on the behavior of concrete filled steel tubes with rectangular sections [J]. Advances in Structural Engineering, 2(2): 93-100.

Han, L. H. and Yang, Y. F. 2003. Analysis of thin-walled RHS columns filled with concrete under long-term sustained loads [J]. Thin-Walled Structures, 41(9): 849-870.

Han, L. H. and Yang, Y. F. 2005. Cyclic performance of concrete-filled steel CHS columns under flexural loading [J]. Journal of Constructional Steel Research, 61(4): 423-452.

Han, L. H., Yang, Y. F. and Tao, Z. 2003b. Concrete-filled thin-walled steel RHS beam-columns subjected to cyclic loading [J]. Thin-Walled Structures, 41(9): 801-833.

Han, L. H., Yang, Y. F. and Xu, L. 2003c. An experimental study and calculation on the fire resistance of concrete-filled SHS and RHS columns [J]. Journal of Constructional Steel Research, 59(4): 427-452.

Han, L. H., Yang, Y. F., Yang, H. and Huo, J. S. 2002b. Residual strength of concrete-filled RHS columns after exposure to the ISO-834 standard fire [J]. Thin-Walled Structures, 40(12): 991-1012.

Han, L. H. and Yao, G. H. 2003a. Influence of concrete compaction on the strength of concrete-filled steel RHS columns [J]. Journal of Constructional Steel Research, 59(6): 751-767.

Han, L. H. and Yao, G. H. 2003b. Behaviour of concrete-filled hollow structural steel(HSS) columns with pre-load on the steel tubes [J]. Journal of Constructional Steel Research, 59(12): 1455-1475.

Han, L. H. and Yao, G. H. 2004. Experimental behaviour of thin-walled hollow structural steel(HSS) columns filled with self-consolidating concrete(SCC) [J]. Thin-Walled Structures, 42(9): 1357-1377.

Han, L. H., Yao, G. H. and Tao, Z. 2007b. Performance of concrete-filled thin-walled steel tubes under pure torsion [J]. Thin-Walled Structures, 45(1): 24-36.

Han, L. H., Yao, G. H. and Tao, Z. 2007c. Behaviors of concrete-filled steel tubular members subjected to combined loading [J]. Thin-Walled Structures, 45(6): 600-619.

Han, L. H., Yao, G. H. and Zhao, X. L. 2004c. Behavior and calculation on concrete-filled steel CHS (circular hollow section) beam-columns [J]. Steel and Composite Structures, 4(3): 169-188.

Han, L. H., Yao, G. H. and Zhao, X. L. 2005b. Tests and calculations of hollow structural steel(HSS) stub columns filled with self-consolidating concrete(SCC) [J]. Journal of Constructional Steel Research, 61(9): 1241-1269.

Han, L. H., Ye, Y., and Liao, F. Y. 2016. Effects of core concrete initial imperfection on performance of CFST beam-columns[J]. Journal of Structural Engineering, ASCE. (In press)

Han, L. H., You, J. T. and Lin, X. K. 2005c. Experiments on the cyclic behavior of self-consolidating concrete-filled HSS columns [J]. Advances in Structural Engineering, 8(5): 497-512.

Han, L. H., Zhao, X. L. and Tao, Z. 2001. Tests and mechanics model for concrete-filled SHS stub columns, columns and beam-columns [J]. Steel and Composite Structures, 1(1): 51-74.

Han, L. H., Zhao, X. L. and Yang, Y. F., et al. 2003d. Experimental study and calculation of fire resistance of concrete-filled hollow steel columns [J]. Journal of Structural Engineering, ASCE, 129(3): 346-356.

Han, L. H., Zheng, L. Q. and He, S. H., et al. 2011e. Tests on curved concrete filled steel tubular members subjected to axial compression [J]. Journal of Constructional Steel Research, 67(6): 965-976.

Han, L. H., Zheng, Y. Q. and Tao, Z. 2009e. Fire performance of steel-reinforced concrete beam-column joints

[J]. Magazine of Concrete Research, 61(7): 499-518.

Han, Q. F., Lie, T. T. and Wu, H. J. 1993. Column fire resistance test facility at the Tianjin Fire Research Institute [R]. NRC-CNRC Internal Report, No. 648, Ottawa, Canada.

Harada, T., Takeda, J. and Yamane, S. et al. 1972. Strength, elasticity and thermal properties of concrete subjected to elevated temperatures [M]. International Seminar on Concrete for Nuclear Reactors, ACI Special Publication, 1972, Paper SP34, 377-406.

Hass, R. 1991. On realistic testing of the fire protection technology of steel and cement supports [R]. Translation BHPR/NL/T/1444, Melbourne, Australia.

Hibbitt, Karlson, and Sorensen, Inc. 2003. ABAQUS/Standard User's Manual, Version 6. 4. 1, Hibbitt, Karlsson, and Sorensen, Inc., Pawtucket, RI.

Hibbitt, Karlsson, and Sorensen, Inc. 2005. ABAQUS/Explicit User's Manual, Version 6. 5, Rhode Island, New York: Hibbitt, Kaelsson, Sorensen Inc., Pawtucket, RI.

Hibbitt, Karlsson, Sorensen, Inc. ABAQUS/explicit User's Manual, Version 6. 10. Rhode Island, New York: Hibbitt, Kaelsson, Sorensen, Inc. 2010.

Hillerborg, A., Modeer, M. and Petersson, P. E. 1976. Analysis of crack formation and crack growth in concrete by means of fracture mechanics and finite elements [J]. Cement and Concrete Research, 6(6), 773-782.

Hognestad, E., Hanson, N. W. and McHenry, D. 1955. Concrete stress distribution in ultimate strength design [J]. ACI Journal, Proceeding, 52(4): 455-479.

Hou, C., Han, L. H. and Zhao, X. L. 2013a. Concrete-filled circular steel tubes subjected to local bearing force: experiments [J]. Journal of Constructional Steel Research, 83: 90-104.

Hou, C., Han, L. H. and Zhao, X. L. 2013b. Full-range analysis on square CFST stub columns and beams under loading and chloride corrosion [J]. Thin-Walled Structures, 68: 50-64.

Hou, C., Han, L. H. and Zhao, X. L. 2014. Concrete-filled circular steel tubes subjected to local bearing force: finite element analysis [J]. Thin-Walled Structures, 77: 109-119.

Hou, C. C., Han L. H. and Li W. 2015. Analytical behavior of concrete-filled steel tubular columns under sustained loads, chloride corrosion and lateral impact [C]. Proceedings of the 11th International Conference on Advances in Steel and Concrete Composite Structures, Association for Steel-Concrete Composite Structures (ASCCS), Beijing, China, December 3-5, 356-363.

Hu, H. T., Huang, C. S. and Wu, M. H. et al. 2003. Nonlinear analysis of axially loaded concrete-filled tube columns with confinement effect [J]. Journal of Structural Engineering, ASCE, 129(10): 1322-1329.

Hua, Y. X., Hou, C., Wang, Q. L. and Han, L. H. 2015. Behaviour of circular concrete filled steel tubular (CFST) beam-columns subjected to long-term loading and chloride corrosion [C]. Proceedings of the 11th International Conference on Advances in Steel and Concrete Composite Structures, Association for Steel-Concrete Composite Structures (ASCCS), Beijing, China, December3-5, 364-371.

Huang, C. S., Yeh, Y. K. and Liu, G. Y., et al. 2002. Axial load behavior of stiffened concrete-filled steel columns [J]. Journal of Structural Engineering, ASCE, 128(9): 1222-1230.

Huang, H. Han, L. H. and Tao, Z. et al. 2010. Analytical behaviour of concrete-filled double skin steel tubular (CFDST) stub columns [J]. Journal of Constructional Steel Research, 66(4): 542-555.

Huang, H., Han, L. H. and Zhao, X. L. 2013. Investigation on concrete filled double skin steel tubes (CFDSTs) under pure torsion [J]. Journal of Constructional Steel Research, 90: 221-234.

Huo, J., Zheng, Q. and Chen, B., et al. 2009. Tests on impact behaviour of micro-concrete-filled steel tubes at elevated temperatures up to 400℃ [J]. Materials and structures, 42(10): 1325-1334.

Huo,J. S. ,Han and L. H. et al. 2010. Behaviour of repaired concrete filled steel tubular column to steel beam joints after exposure to fire [J]. Advances in Structural Engineering,13(1):53-67.

Ichinohe,Y. ,Matsutani,T. and Nakajima,M. ,et al. 1991. Elasto-plastic behavior of concrete filled steel circular columns [C]. Proceedings of the 3rd International Conference on Steel-Concrete Composite Structures (I),ASCCS,Fukuoka,Japan,131-136.

Ichinose,L. H. ,Watanabe,E. and Nakai,H. 2001. An experimental study on creep of concrete filled steel pipes [J]. Journal of Constructional Steel Research,57(4):453-466.

ISO-834. 1975. Fire resistance tests-elements of building construction [S]. International Standard ISO 834, Geneva.

ISO 834. 1980. Fire resistance tests-elements of building construction,Amendment 1,Amendment2 [S].

ISO-834. 1989. Fire resistance tests-elements of building construction,Part I,General requirments for fire resistance testing(proposed revison) [S]. Underwriters'Laboratories of Canada,Scarborough,Ontario.

ISO-834-1. 1999. Fire-resistance tests-elements of building construction-Part 1:General requirements [S]. International Standard ISO 834,Geneva.

Jetteur,P. H. ,Cescotto,S. and de Ville de Goyet,V. et al. 1982. Improved nonlinear finite element for oriented bodies using an extension of Marguerre's theory [J]. Computers and Structures,17(1):129-137.

Johansson,M. 2000. Structural behavior of circular steel-concrete composite columns: non-linear finite element analyses and experiments [D]. Chalmers University of Technology,Goteborg,Sweden.

Johansson,M. and Gylltoft,K. 2001. Structural behavior of slender circular steel-concrete composite columns under various means of load application [J]. Steel and Composite Structures,1(4):393-410.

Johansson,M. and Gylltoft,K. 2002. Mechanical behavior of circular steel-concrete composite [J]. Journal of Structural Engineering,ASCE,128(8):1073-1081.

Johnson,R. P. 1994. Composite structures of steel and concrete(second edition):beams,slabs,columns,and frames for building [M]. Blackwell Scientific Publications,Oxford.

Kang,C. H. and Moon,T. S. 1998. Behavior of concrete-filled steel tubular beam-column under combined axial and lateral forces [C]. Proceedings of the 5th Pacific Structural Steel Conference, Seoul,Korea,961-966.

Karren,K. W. 1967. Corner properties of cold formed steel shapes [J]. Journal of the Structural Division, ASCE,93(2):401-432.

Karren,K. W. and Winter,G. 1967. Effects of cold-forming on light-gauge steel members [J]. Journal of the Structural Division,ASCE,93(1):433-469.

Kato,B. 1996. Column curves of steel-concrete composite members [J]. Journal of Constructional Steel Research,39(2):121-135.

Khor,E. H. ,Rosowsky,D. R. and Stewart,M. G. 2001. Probabilistic analysis of time-dependent deflections of RC flexural members [J]. Computer and Structures,79:1461-1472.

Kilpatrick,A. E. and Rangan,B. V. 1997a. Tests on high-strength composite concrete columns [R]. Research Report No1/97,School of Civil Engineering,Curtin University of Technology,Perth,Australia.

Kilpatrick,A. E. and Rangan,B. V. 1997b. Deformation-control analysis of composite columns [R]. Research Report No3/97,School of Civil Engineering,Curtin University of Technology,Perth,Australia.

Kilpatrick,A. E. and Rangan,B. V. 1997c. Prediction of the behaviour of concrete-filled steel tubular columns [J]. Australian Journal of Structural Engineering Transactions,SE2(2,3):73-83.

Kilpatrick,A. E. ,Rangan,B. V. 1999. Influence of interfacial shear transfer on behavior of concrete filled steel tubular columns [J]. ACI Structural Journal,96(4):642-648.

Kim,D. K. ,Choi,S. M. and Chung,K. S. 2000. Structural characteristics of CFT columns subjected fire loading and axial force [C]. Proceedings of the 6th ASCCS Conference, ASCCS, Los Angeles, USA, 271-278.

Kitada, T. 1998. Ultimate strength and ductility of state-of-the-art concrete-filled steel bridge piers in Japan [J]. Engineering Structures, 20(4-6): 347-354.

Kitada, T. and Nakai, H. 1991. Experimental study on ultimate strength of concrete-filled square steel short members subjected to compression or torsion [C]. Proceedings of the International Conference on Steel-Concrete Composite Structures, Fukuoka, Japan, 137-142.

Klingsch, W. 1985. New developments in fire resistance of hollow section structures [C]. Symposium on Hollow Structural Sections in Building Construction, ASCE, Chicago Illinois, USA.

Kloppel, V. K. and Goder, W. 1957a. An investigation of the load carrying capacity of concrete-filled steel tubes and development of design formula [J]. Der Stahlbau, 26(1): 1-10.

Kloppel, V. K. and Goder, W. 1957b. An investigation of the load carrying capacity of concrete-filled steel tubes and development of design formula [J]. Der Stahlbau, 26(2): 44-50.

Knowles, P. R. 1973. Composite steel and concrete construction [M]. John Wiley and Sons, Inc., New York, USA.

Knowles, R. B. and Park, R. 1969. Strength of concrete filled steel tubular columns [J]. Journal of Structural Division, ASCE, 95(ST12): 2565-2587.

Knowles, R. B. and Park, R. 1970. Axial load design for concrete filled steel tubes [J]. Journal of Structural Division, ASCE, 96(ST10): 2125-2153.

Kodur, V. K. R. 1998a. Design equations for evaluating fire resistance of SFRC-filled HSS columns [J]. Journal of Structural Engineering, ASCE, 124(6): 671-677.

Kodur, V. K. R. 1998b. Performance of high strength concrete-filled steel columns exposed to fire [J]. Canadian Journal of Civil Engineering, 25: 975-981.

Kodur, V. K. R. 1999. Performance-based fire resistance design of concrete-filled steel columns [J]. Journal of Constructional Steel Research, 51(1): 21-26.

Kodur, V. K. R. and Lie, T. T. 1997. Evaluation of fire resistance of rectangular steel columns filled with fibre-reinforced concrete [J]. Canadian Journal of Civil Engineering, 24: 339-349.

Kodur, V. K. R. and Sultan, M. A. 2000. Enhancing the fire resistance of steel columns through composite construction [C]. Proceedings of the 6th ASCCS Conference, ASCCS, Los Angeles, USA, 279-286.

Konno, K., Sato, Y., Kakuta, Y. and Ohira, M. 1997. The property of recycled concrete column encased by steel tube subjected to axial compression [J]. Transactions of the Japan Concrete Institute, 19(2): 231-238.

Kwon, S. H., Kim, T. H. and Kim, Y. Y., et al. 2007. Long-term behaviour of square concrete-filled steel tubular columns under axial service loads [J]. Magazine of Concrete Research, 59(1): 53-68.

Kupfer, H. B., Hilsdorf, H. K. and Rusch, H. 1969. Behavior of concrete under biaxial stress [J]. ACI Journal, 66(8): 656-666.

Lahlou, K., Lachemi, M. and Aitcin, P. C. 1999. Confined high-strength concrete under dynamic compressive loading [J]. Journal of Structural Engineering, ASCE, 125(10): 1100-1108.

Lakshmi, B. and Shanmugam, N. E. 2002. Nonlinear analysis of in-filled steel-concrete composite columns [J]. Journal of Structural Engineering, ASCE, 128(7): 922-933.

Lam, D. and Williams, C. A. 2004. Experimental study on concrete filled square hollow sections [J]. Steel and Composite Structures, 4(2): 95-112.

Légeron, F., Paultre, P. and Mazars, J. 2005. Damage mechanics modeling of nonlinear seismic behavior of concrete structures [J]. Journal of Structural Engineering, 131(6): 946-955.

Li, Q. M., and Meng, H. 2003. About the dynamic strength enhancement of concrete-like materials in a split

Hopkinson pressure bar test [J]. International Journal of solids and structures,40(2):343-360.

Li,W. and Han,L. H. 2011. Seismic performance of CFST column to steel beam joints with RC slab:analysis [J]. Journal of Constructional Steel Research,67(1):127-139.

Li,W. ,Han,L. H. and Zhao,X. L. 2012. Axial strength of concrete-filled double skin steel tubular(CFDST) columns with preload on steel tube [J]. Thin-Walled Structures,56:9-20.

Li,W. ,Han,L. H. and Chan,T. M. 2014a. Tensile behaviour of concrete-filled double-skin steel tubular members [J]. Journal of Constructional Steel Research,99:35-46.

Li,W. ,Han, L. H. and Chan, T. M. 2014b. Numerical investigation on the performance of concrete-filled double-skin steel tubular members under tension [J]. Thin-Walled Structures,79:108-118.

Li,W. ,Han,L. H. and Chan,T. M. 2015a. Performance of concrete-filled steel tubes subjected to eccentric tension [J]. Journal of Structural Engineering-ASCE,04015049. 1-9.

Li W. ,Han,L. H. and Zhao,X. L. 2015b. Behavior of CFDST stub columns under preload,sustained load and chloride corrosion [J]. Journal of Constructional Steel Research,107:12-23.

Li,W. ,Han,L. H. and Ren,Q. X. 2013a. Inclined concrete-filled SHS steel column to steel beam joints under monotonic and cyclic loading:experiments [J]. Thin-Walled Structures,62:118-130.

Li,W. ,Han,L. H. and Ren,Q. X. ,et al. ,2013b. Behavior and calculation of tapered CFDST columns under eccentric compression [J]. Journal of Constructional Steel Research,83:127-136.

Li,W. ,Han,L. H. and Zhao,X. L. 2012. Axial strength of concrete-filled double skin steel tubular(CFDST) columns with preload on steel tube [J]. Thin-Walled Structures,56:9-20.

Liang,Q. Q. and Uy,B. 2000. Theoretical study on the post-local buckling of steel plates in concrete-filled box columns [J]. Computers and Structures,75:479-490.

Liao,F. Y. ,Han,L. H. and He,S. H. ,2011. Behavior of CFST short column and beam with initial concrete imperfection: experiments [J]. Journal of Constructional Steel Research,67(12):1922-1935.

Liao,F. Y. ,Han, L. H. and Tao ,Z. 2009. Seismic behaviour of circular CFST columns and RC shear wall mixed structures:experiments [J]. Journal of Constructional Steel Research,65(8-9):1582-1596.

Liao,F. Y. ,Han,L. H. and Tao,Z. 2012. Performance of reinforced concrete shear walls with steel reinforced concrete boundary columns [J]. Engineering Structures,44:186-209.

Liao,F. Y. ,Han,L. H. and Tao,Z. 2013b. Behaviour of CFST stub columns with initial concrete imperfection:Analysis and calculations [J]. Thin-Walled Structures,70:57-69.

Liao,F. Y. ,Han,L. H. and Tao,Z. 2014. Behaviour of composite joints with concrete encased CFST columns under cyclic loading:experiments [J]. Engineering Structures,59:745-764.

Lie,T. T. 1994. Fire resistance of circular steel columns filled with bar-reinforced concrete [J]. Journal of Structural Engineering,ASCE,120(5):1489-1509.

Lie,T. T. and Caron,S. E. 1988. Fire resistance of hollow steel columns filled with siliceous aggregate concrete:test results [R]. NRC-CNRC Internal Report,No. 570,Ottawa,Canada.

Lie,T. T. and Chabot,M. 1988. Fire Resistance of hollow steel columns filled with carbonate aggregate concrete:test results [R]. NRC-CNRC Internal Report,No. 573,Ottawa,Canada.

Lie,T. T. and Chabot,M. 1990. A method to predict the fire resistance of circular concrete filled hollow steel columns [J]. Journal of Fire Protection Engineering,2(4):111-126.

Lie,T. T. and Chabot,M. 1992. Experimental studies on the fire resistance of hollow steel columns filled with plain concrete [R]. NRC-CNRC Internal Report,No. 611,Ottawa,Canada.

Lie,T. T. and Irwin,R. J. 1990. Evaluation of fire resistance of reinforced concrete columns with rectangular cross-section [R]. NRC-CNRC Internal Report,No. 601.

Lie, T. T. and Stringer, D. C. 1994. Calculation of the fire resistance of steel hollow structural section columns filled with plain concrete [J]. Canadian Journal of Civil Engineering, 21(3): 382-385.

Lin, M. L. and Tsai, K. C. 2001. Behavior of double-skinned composite steel tubular columns subjected to combined axial and flexural loads [C]. Proceedings of the 1st international conference on steel and composite structures, Pusan, Korea, 1145-1152.

Lin, P. Z., Zhu, Z. C. and Li, Z. J. 1997. Fire resistance structure: the concrete filled steel tubular column [C]. Conference Report of International Conference on Composite Construction-Conventional and Innovative, Innsbruck, Austria, 397-401.

Lu, H., Han, L. H. and Zhao, X. L. 2010. Fire performance of self-consolidating concrete filled double skin steel tubular columns: experiments [J]. Fire Safety Journal, 45(2): 106-115.

Lu, H., Han, L. H., and Zhao, X. L. 2009. Analytical behavior of circular concrete-filled thin-walled steel tubes subjected to bending [J]. Thin-walled structures, 47(3): 346-358.

Lu, Y. Q. and Kennedy, D. J. L. 1994. The flexural behaviour of concrete-filled hollow structural sections [J]. Canadian Journal of Civil Engineering, 21(1): 111-130.

Luksha, L. K. and Nesterovich, A. P. 1991. Strength testing of larger-diameter concrete filled steel tubular members [C]. Proceedings of the 3rd International Conference on Steel-Concrete Composite Structures, ASCCS, Fukuoka, Japan, 67-70.

Malvar, L. J. and Ross, C. A. 1998. Review of strain rate effects for concrete in tension [J]. ACI Materials Journal, 95(6): 735-739.

Mansour, M., Lee, J. Y. and Hsu, T. T. C. 2001. Cyclic stress-strain curves of concrete and steel bars in membrane elements [J]. Journal of Structural Engineering, 127(12): 1402-1411.

Manuel, R. F. and Macgregor, J. G. 1967. Analysis of restrained reinforced concrete columns under sustained load [J]. ACI Structural Journal, No. 6, 2(1): 12-23.

Masuo, K., Adachi, M., Kawabata, K., Kobayashi, M. and Konishi, M. 1991. Buckling behavior of concrete filled circular steel tubular columns using light-weight concrete [C]. Proceedings of the 3rd International Conference on Steel-Concrete Composite Structures, ASCCS, Fukuoka, Japan, 95-100.

Matsui, C., Tsuda, K. and Ishibashi, Y. 1995. Slender concrete filled steel tubular columns under combined compression and bending [C]. Structural Steel, PSSC95, 4th Pacific Structural Steel Conference, Vol. 3, Steel-Concrete Composite Structures, Singapore, 29-36.

Mohamedbhai, G. T. G. 1986. Effect of exposure time and rates of heating and cooling on residual strength of heated concrete [J]. Magazine of Concrete Research, 38(136): 151-158.

Morino, S., Kswaguchi, J. and Cao, Z. S. 1996. Creep behavior of concrete filled steel tubular members [C]. Proceedings of an Engineering Foundation Conference on Steel-Concrete Composite Structure, ASCE, Irsee, 514-525.

Morino, S. and Tsuda, K. 2003. Design and construction of concrete-filled steel tube column system in Japan [J]. Earthquake Engineering and Engineering Seismology, 4(1): 51-73.

Morishita, Y. and Tomii, M. 1982. Experimental studies on bond strength between square steel tube and encased concrete core under cyclic shearing force and constant axial force [J]. Transactions of Japan Concrete Institute, 4: 363-370.

Morishita, Y., Tomii, M. and Yoshimura, K. 1979a. Experimental studies on bond strength in concrete filled circular steel tubular columns subjected to axial loads [J]. Transactions of Japan Concrete Institute, 1: 351-358.

Morishita, Y., Tomii, M. and Yoshimura, K. 1979b. Experimental studies on bond strength in concrete filled square and octagonal steel tubular columns subjected to axial loads [J]. Transactions of Japan Concrete Institute, 1: 359-366.

Mursi, M. and Uy, B. 2003. Strength of concrete filled steel box columns incorporating interaction buckling [J]. Journal of Structural Engineering, ASCE, 129(5): 626-639.

Naguib, W. and Mirmiran, A. 2003. Creep modeling for concrete-filled steel tubes [J]. Journal of Constructional Steel Research, 59(11): 1327-1344.

Nakai, H., Kurita, A. and Ichinose, L. H. 1991. An experimental study on creep of concrete filled steel pipes [C]. Proceedings of 3rd International Conference on Steel and Concrete Composite Structures, Fukuoka, Japan, 55-60.

Nakai, H., Matsui, S. and Yoda, T., et al. 1998. Trends in steel-concrete composite bridges in Japan [J]. Structural Engineering International, 8(1): 30-34.

Nakamura, T. 1994. Experimental study on compression strength of concrete-filled square tubular steel columns [J]. Journal of Structural Engineering, 40B: 411-417.

Nakanishi, K., Kitada, T. and Nakai, H. 1999. Experimental study on ultimate strength and ductility of concrete filled steel columns under strong earthquakes [J]. Journal of Constructional Steel Research, 51(3): 297-319.

Neogi, P. K., Sen, H. K. and Chapman, J. C. 1969. Concrete filled tubular steel columns under eccentric loading [J]. The Structural Engineer, 47(5): 187-195.

Neville, A. M. 1970. Creep of concrete: plain, reinforced, and prestressed [M]. North-Holland Publishing Company, Amsterdam.

Nishiyama, I., Morino, S. and Sakino, K., et al. 2002. Summary of research on concrete-filled structural steel tube column system carried out under the US-Japan Cooperative Research Program on Composite and Hybrid Structures [R]. BRI Research Paper No. 147, Building Research Institute, Japan.

Oehlers, D. J. and Bradford, M. A. 1995. Composite steel and concrete structural members: fundamental behaviour [M]. Pergamon, Oxford: Elsevier Science Ltd.

Okada, T., Yamaguchi, T. and Sakumoto, Y., et al. 1991. Load heat tests of full-scale columns of concrete-filled tubular steel structure using fire-resistant steel for buildings [C]. Proceedings of the 3rd International Conference on Steel-Concrete Composite Structures(I), ASCCS, Fukuoka, Japan, 101-106.

O'Meagher, A. J., Bennetts, I. D. and Hutchinson, G. L., et al. 1991. Modelling of HSS columns filled with concrete in fire [R]. BHPR/ENG/R/91/031/PS69, Melbourne, Australia.

Orito, Y., Sato, T., Tanaka, N. and Watanabe, Y. 1987. Study on the unboned steel tube concrete structure [C]. Proceedings, Composite Construction in Steel and Concrete, ASCE, Engineering Foundation, Potosi, Missouri, 786-804.

O'Shea, M. D. and Bridge, R. Q. 1997a. Tests on circular thin-walled steel tubes filled with medium and high strength concrete [R]. Department of Civil Engineering Research Report No. R755, the University of Sydney, Sydney, Australia.

O'Shea, M. D. and Bridge, R. Q. 1997b. Tests on circular thin-walled steel tubes filled with very high strength concrete [R]. Department of Civil Engineering Research Report No. R754, the University of Sydney, Sydney, Australia.

O'Shea, M. D. and Bridge, R. Q. 1997c. Local Buckling of thin-walled circular steel sections with or without internal restraint [R]. Department of Civil Engineering Research Report No. R740, the University of Sydney, Sydney, Australia.

O'Shea, M. D. and Bridge, R. Q. 1997d. Behaviour of thin-walled box sections with lateral restraint [R]. Department of Civil Engineering Research Report No. R739, the University of Sydney, Sydney, Australia.

Packer, J. A. and Henderson, J. E. 1996. Design guide for hollow structural section connections [M]. Canadian Institute of Steel Construction, Willowdale, Ontario.

Pan, Y. G. 1988. Analysis of complete curve of concrete filled steel tubular stub columns under axial compression [C]. Proceedings of International Conference on Concrete Filled Steel Tubular Structures (including Composite Beams), Harbin, China, 87-93.

Patterson, N. L., Zhao, X. L. and Wong, B. M., et al. 1999. Elevated temperature testing of composite columns [J]. Advances in Steel Structures, Chan, S. L and Teng, J. G. (eds), Elsevier, Oxford, 1045-1054.

Prion, H. G. L. and Boehme, J. 1994. Beam-column behaviour of steel tubes filled with high strength concrete [J]. Canadian Journal of Civil Engineering, 21: 207-218.

Rangan, B. V. and Joyce, M. 1991. Strength of eccentrically loaded slender steel tubular columns filled with high-strength concrete [J]. ACI Structural Journal, 89(6): 676-681.

Rasmussen, K. J. R. and Ranzi, G. 2006. Strength of concrete-filled stainless steel tubes under impact loading [C]. Progress in Mechanics of Structures and Materials, Christchurch, New Zealand.

Reid, S. R. and Reddy, T. Y. 1986. Static and dynamic crushing of tapered sheet metal tubes of rectangular cross-section [J]. International Journal of Mechanical Sciences, 28(9): 623-637.

Reid, S. R., Reddy, T. Y. and Gray, M. D. 1986. Static and dynamic axial crushing of foam-filled sheet metal tubes [J]. International Journal of Mechanical Sciences, 28(5): 295-322.

Remennikov, A. M., Kong, S. Y. and Uy, B. 2010. Response of foam-and concrete-filled square steel tubes under low-velocity impact loading [J]. Journal of Performance of Constructed Facilities, 25(5): 373-381.

Ren, Q. X., Han, L. H. and Lam, D., et al. 2014a. Experiments on special-shaped CFST stub columns under axial compression [J]. Journal of Constructional Steel Research, 98: 123-133.

Ren, Q. X., Han, L. H. and Lam, D., et al. 2014b. Tests on elliptical concrete filled steel tubular (CFST) beams and columns [J]. Journal of Constructional Steel Research, 99: 149-160.

Richardson, M. O. W. and Wisheart, M. J. 1996. Review of low-velocity impact properties of composite materials [J]. Composites Part A: Applied Science and Manufacturing, 27(12): 1123-1131.

Roeder, C. W., Cameron, B. and Brown, C. B. 1999. Composite action in concrete filled tubes [J]. Journal of Structural Engineering, ASCE, 125(5): 477-484.

Saisho, M. and Mitsunari, K. 1994. Experimental study on dynamic behavior of steel tube filled with super-high strength concrete [C]. Proceedings of the 4th ASCCS International Confernece, Kosice, Slovakia, 580-583.

Sakino, K. and Hayashi, H. 1991. Behavior of concrete filled steel tubular stub columns under concentric loading [C]. Proceedings of the 3rd International Conference on Steel-Concrete Composite Structures, Fukoka, Japan, 25-30.

Sakino, K., Inai, E. and Nakahara, H. 1998. Tests and analysis on elasto-plastic behavior of CFT beam-columns-U. S. -Japan cooperative earthquake research program [C]. Proceedings of the 5th Pacific Structural Steel Conference, Seoul, Korea, 901-906.

Sakino, K. and Tomii, M. 1981. Hysteretic behavior of concrete filled square steel tubular beam-columns failed in flexure [J]. Transactions of the Japan Concrete Institute, 3: 439-446.

Sakino, K., Tomii, M. and Watanabe, K. 1985. Sustaining load capacity of plain concrete stub columns confined by circular steel tubes [C]. Proceedings of the International Specialty Conference on Concrete-Filled Steel Tubular Structures, ASCCS, Harbin, China, 112-118.

Sakumoto, Y., Okada, T. and Yoshida, M., et al. S. 1994. Fire resistance of concrete-filled, fire-resistant steeltube columns [J]. Journal of Material in Civil Engineering, ASCE, 6(2): 169-184.

Schneider, S. P. 1998. Axially loaded concrete-filled steel tubes [J]. Journal of Structural Engineering, ASCE, 124(10): 1125-1138.

Shakir-Khalil, H. 1993. Pushout strength of concrete-filled steel hollow sections [J]. The Structural Engineer, 71(13): 230-243.

Shakir-Khalil, H. and Al-Rawdan, A. 1997. Experimental behaviour and numerical modelling of concrete-filled rectangular hollow section tubular columns [C]. Composite Construction in steel and concrete Ⅲ, Proceedings of an Engineering Foundation Conference, Irsee, Germany, 222-235.

Shakir-Khalil, H. and Mouli, M. 1990. Further tests on concrete-filled rectangular hollow-section columns [J]. Structural Engineer, 68(20): 405-413.

Shakir-Khalil, H. and Zeghiche, J. 1989. Experimental behaviour of concrete filled rolled rectangular hollow-section columns [J]. Structural Engineer, 67(19): 346-353.

Shams, M. and Saadeghvaziri, M. A. 1997. State of the art of concrete-filled steel tubular columns [J]. ACI Structural Journal, 94(5): 558-571.

Shams, M. and Saadeghvaziri, M. A. 1999. Nonlinear response of concrete-filled steel tubular columns under axial loading [J]. ACI Structural Journal, 96(6): 1009-1017.

Shan, J. H., Chen, R. and Zhang, et al. 2007. Behavior of concrete filled tubes and confined concrete filled tubes under high speed impact [J]. Advances in Structural Engineering, 10(2): 209-218.

Shanmugam, N. E. and Lakshmi, B. 2001. State of the art report on steel-concrete composite columns [J]. Journal of Constructional Steel Research, 57(10): 1041-1080.

Shanmugam, N. E., Lakshmi, B. and Uy, B. 2002. An analytical model for thin-walled steel box columns with concrete in-fill [J]. Engineering Structures, 24(6): 825-838.

Shao, Y., Aval, S. and Mirmiran, A. 2005. Fiber-element model for cyclic analysis of concrete-filled fiber reinforced polymer tubes [J]. Journal of Structural Engineering, 131(2): 292-303.

Shi, X. D., Tan, T. H. and Tan, K. H., et al. 2002. Concrete constitutive relationships under different stress-temperature paths [J]. Journal of Structural Engineering, ASCE, 128(12): 1511-1518.

Shiiba, K. and Harada, N. 1994. An experiment study on concrete-filled square steel tubular columns [C]. Proceedings of the 4th International Conference on Steel-Concrete Composite Structures, Slovakia, 103-106.

Sivakumaran, K. S. and Abdel-Rahman, N. A. 1998. Finite element analysis model for the behaviour of cold-formed steel members [J]. Thin-Walled Structures, 31(4): 305-324.

Song, J. Y. and Kwon, Y. B. 1997. Structural behavior of concrete-filled steel box sections [R]. International Conference Report on Composite Construction-Conventional and Innovative, Innsbruck, Austria, 795-800.

Song, T. Y., Han, L. H. and Uy, B. 2010a. Performance of CFST column to steel beam joints subjected to simulated fire including the cooling phase [J]. Journal of Constructional Steel Research, 66(4): 591-604.

Song, T. Y., Han, L. H. and Yu, H. X. 2010b. Concrete filled steel tube stub columns under combined temperature and loading [J]. Journal of Constructional Steel Research, 66(3): 369-384.

Song, T. Y., Han, L. H. and Yu, H. X. 2011. Temperature field analysis of SRC-column to SRC-beam joints subjected to simulated fire including cooling phase [J]. Advances in Structural Engineering, 14(3): 353-366.

Susantha, K. A. S., Ge, H. B. and Usami T. 2001. Confinement evaluation of concrete-filled box-shaped steel columns [J]. Steel and Composite Structures, 1(3): 313-328.

Tan, Q. H., Han, L. H. and Yu, H. X. 2012. Fire performance of concrete filled steel tubular(CFST) column to RC beam joints [J]. Fire Safety Journal, 51: 68-84.

Tao,Z. and Han,L. H. 2006. Tests and mechanics model on concrete-filled double skin(RHS inner and RHS outer)steel tubular beam-columns [J]. Journal of Constructional Steel Research,62(7):631-646.

Tao,Z. ,Han,L. H. ,Uy,B. and Chen,X. 2011a. Post-fire bond between the steel tube and concrete in concrete-filled steel tubular columns [J]. Journal of Constructional Steel Research,67(3):484-496.

Tao,Z. ,Han,L. H. and Wang,D. Y. 2007. Experimental behaviour of concrete-filled stiffened thin-walled steel tubular columns [J]. Thin-Walled Structures,45(5):517-527.

Tao,Z. ,Han,L. H. and Wang,D. Y. 2008. Strength and ductility of stiffened thin-walled hollow steel structural stub columns filled with concrete [J]. Thin-Walled Structures,46(10):1113-1128.

Tao,Z. ,Han,L. H. and Wang,Z. B. 2005. Experimental behaviour of stiffened concrete-filled thin-walled hollow steel structural(HSS)stub columns [J]. Journal of Constructional Steel Research,61(7):962-983.

Tao,Z. ,Han,L. H. and Zhao,X. L. 2004. Behaviour of concrete-filled double skin(CHS inner and CHS outer) steel tubular stub columns and beam-columns [J]. Journal of Constructional Steel Research, 60(8): 1129-58.

Tao,Z. ,Song. T. Y. Uy B and Han LH. 2016. Bond behaviour in concrete-filled steel tubes. Journal of Constructional Steel Research,2016.

Tao,Z. ,Uy,B. ,Liao,F. Y. and Han,L. H. 2011b. Nonlinear analysis of concrete-filled square stainless steel stub columns under axial compression [J]. Journal of Constructional Steel Research,67(11):1719-1732.

Task Group 20,SSRC. 1979. A specification for the design of steel-concrete composite columns [J]. Engineering Journal,AISC,16(4):101-145.

Terrey,P. J. ,Bradford,M. A. and Gilbert,R. I. 1994. Creep and shrinkage of concrete in concrete-filled circular steel tubes [C]. Proceedings of 6th International Symposium on Tubular Structures,Melbourne,Australia,293-298.

Tomii,M. and Sakino,K. 1979a. Experimental studies on the ultimate moment of concrete filled square steel tubular beam-columns [J]. Trans. of AIJ,No. 275,Tokyo,Japan,55-63.

Tomii,M. and Sakino,K. 1979b. Elasto-plastic behavior of concrete filled square steel tubular beam-columns [J]. Trans. of AIJ,No. 280,Tokyo,Japan,111-120.

Tomii,M. and Sakino,K. 1979c. Experimental studies on concrete filled square steel tubular beam-columns subjected to monotonic shearing force and constant axial force [J]. Trans. of AIJ,No. 281,Tokyo,Japan, 81-90.

Tomii,M. ,Yoshimaro,K. and Morishita,Y. 1977. Experimental studies on concrete filled steel tubular stub column under concentric loading [C]. Proceedings of the International Colloquium on Stability of Structures under Static and Dynamic Loads,SSRC/ASCE/,Washington,718-741.

Tomii,M. ,Yoshimura,K. and Morishita,Y. 1980a. A method of improving bond strength in between steel tube and concrete core cast in circular steel tubular columns [J]. Transactions of Japan Concrete Institute, Vol. 2,319-326.

Tomii,M. ,Yoshimura,K. and Morishita,Y. 1980b. A method of improving bond strength in between steel tube and concrete core cast in square and octagonal steel tubular columns [J]. Transactions of Japan Concrete Institute,2:327-334.

Tsuda,K. and Matsui,C. 1998. Limitation on width(diameter)-thickness ratio of steel tubes of composite tube and concrete columns with encased type section [C]. Proceedings of the 5th Pacific Structural Steel Conference,Seoul,Korea,865-870.

Uy,B. 1997. Ductility and strength of thin-walled concrete filled box columns [R]. International Conference Report on Composite Construction-Conventional and Innovative. Innsbruck,Austria,801-806.

Uy, B. 1998a. Concrete-filled fabricated steel box columns for multistorey buildings: behaviour and design [J]. Progress in Structural Engineering and Materials, 1(2): 150-158.

Uy, B. 1998b. Local and post-local buckling of concrete filled steel welded box columns [J]. Journal of Constructional Steel Research, 47(1-2): 47-72.

Uy, B. 2000. Strength of concrete filled steel box columns incorporating local buckling [J]. Journal of Structural Engineering, ASCE, 126(3): 341-352.

Uy, B. 2001a. Static long-term effects in short concrete-filled steel box columns under sustained loading [J]. ACI Structural Journal, 98(1): 96-104.

Uy, B. 2001b. Strength of short concrete filled high strength steel box columns [J]. Journal of Constructional Steel Research, 57(2): 113-134.

Uy, B. and Bradford, M. A. 1996. Elastic local buckling of concrete filled box columns [J], Engineering Structures, 18(3): 193-200.

Uy, B. and Das, S. 1997a. Time effects in concrete-filled steel box columns in tall buildings [J]. Structural Design of Tall Buildings, 6(1): 1-22.

Uy, B. and Das, S. 1997b. Wet concrete loading of thin-walled steel box columns during the construction of a tall building [J]. Journal of Construction Steel Research, 42(2): 95-119.

Uy, B. , Wright, H. D. and Diedricks, A. A. 1998. Local buckling of cold-formed steel sections filled with concrete [C]. Proceedings of 2nd International Conference on Thin-Walled Structures, Singapore, 367-374.

Varma, A. H. 2000. Seismic behavior, analysis and design of high-strength square concrete filled steel tube (CFT) [D]. Lehigh University, USA.

Varma, A. H. , Ricles, J. M. , Sause, R. and Lu, L. W. 2002. Seismic behavior and modeling of high-strength composite concrete-filled steel tube(CFT) beam-columns [J]. Journal of Constructional Steel Research, 58 (5-8): 725-758.

Virdi, K. S. and Dowling, P. J. 1975. Bond strength in concrete filled circular steel tubes [R]. CESLIC Report CC11, Department of Civil Engineering, Imperial College, London.

Virdi, K. S. and Dowling, P. J. 1980. Bond strength in concrete filled steel tubes [C]. IABSE Proceeding, P-33/80, 125-139.

Vrcelj, Z. and Uy, B. 2001. Behaviour and design of steel square hollow sections filled with high strength concrete [J]. Australian Journal of Structural Engineering, 3(3): 153-169.

Wakabayashi, M. 1994. Recent development and research in composite and mixed building structures in Japan [C]. Proceedings of the 4th ASCCS International Conference, Kosice, Slovakia, 237-242.

Wang, J. F. , Han, L. H. and Uy, B. 2009a. Behaviour of flush end plate joints to concrete-filled steel tubular columns [J]. Journal of Constructional Steel Research, 65(4): 925-939.

Wang, J. F. , Han, L. H. and Uy, B. 2009b. Hysteretic behaviour of flush end plate joints to concrete-filled steel tubular columns [J]. Journal of Constructional Steel Research, 65(8-9): 1644-1663.

Wang, R. , Han, L. H. and Hou, C. C. 2013. Behavior of concrete filled steel tubular(CFST) members under lateral impact: experiment and FEA model [J]. Journal of Constructional Steel Research, 80: 188-201.

Wang, W. D. , Han, L. H. and Uy, B. 2008. Experimental behaviour of steel reduced beam section to concrete-filled circular hollow section column connections [J]. Journal of Constructional Steel Research, 64(5): 493-504.

Wang, W. D. , Han, L. H. and Zhao, X. L. 2009c. Analytical behavior of frames with steel beams to concrete-filled steel tubular column [J]. Journal of Constructional Steel Research, 65(3): 497-508.

Wang, W. H. , Han, L. H. and Li, W. , et al, 2014b. Behavior of concrete-filled steel tubular stub columns and beams using dune sand as part of fine aggregate [J]. Construction and Building Materials,51:352-363.

Wang,X. Q. ,Tao,Z. and Song,T. Y. ,et al. 2014c. Stress-strain model of austenitic stainless steel after exposure to elevated temperatures [J]. Journal of Constructional Steel Research,99:129-139.

Wang,Y. C. 1997. Some considerations in the design of unprotected concrete-filled steel tubular columns under fire conditions [J]. Journal of Constructional Steel Research,44(3):203-223.

Wang,Y. C. 1999a. Tests on slender composite columns [J]. Journal of Constructional Steel Research,49(1):25-41.

Wang,Y. C. 1999b. The effects of structural continuity on the fire resistance of concrete filled columns in non-sway frames [J]. Journal of Constructional Steel Research,50(2):177-197.

Wang,Y. C. 2000. A simple method for calculating the fire resistance of concrete-filled CHS columns [J]. Journal of Constructional Steel Research,54(3):365-386.

Webb,J. and Peyton,J. J. 1990. Composite concrete filled steel tube columns [C]. Proceedings of the Structural Engineering Conference,The Institute of Engineers Australia,181-185.

Wei,S. ,Mau,S. T. and Vipulanandan,C. ,et al. 1995a. Performance of new sandwich tube under axial loading:experiment [J]. Journal of Structural Engineering,ASCE,121(12):1806-1814.

Wei,S. ,Mau,S. T. and Vipulanandan,C. ,et al. 1995b. Performance of new sandwich tube under axial loading:analysis [J]. Journal of Structural Engineering,ASCE,121(12):1815-1821.

Wright,H. D. 1995. Local stability of filled and encased steel sections [J]. Journal of Structural Engineering,ASCE,121(10):1382-1388.

Wu,G. L. and Hua,Y. 2000. Application of concrete filled steel tubular column in super high-rise building-SEG Plaza [C]. Proceedings of the 6th ASCCS International Conference on Steel-Concrete Composite Structures(I),Los Angeles,California,USA,77-84.

Xiao,Y. and Shen,Y. H. 2012. Impact behaviors of CFT and CFRP confined CFT stub columns [J]. Journal of Composites for Construction,16(6):662-670.

Xiao,Y. ,Shan,J. ,Zheng,Q. and Chen,B. ,et al. 2009. Experimental studies on concrete filled steel tubes under high strain rate loading [J]. Journal of Materials in Civil Engineering,21(10):569-577.

Xu,W. ,Han,L. H. and Tao,Z. 2014. Flexural behaviour of curved concrete filled steel tubular trusses [J]. Journal of Constructional Steel Research,93:119-134.

Yagishita,F. ,Kitoh,H. and Sugimoto,M. ,et al. 2000. Double-skin composite tubular columns subjected cyclic horizontal force and constant axial force [C]. Proceedings of 6th ASCCS conference,Los Angeles,USA,497-503.

Yamamoto,T. ,Kawaguchi,J. and Morino,S. 2002. Size effect on ultimate compressive strength of concrete-filled steel tube short columns [C]. Proceedings of the Structural Engineers World Congress(CD-ROM),Technical Session T1-2-f-1,Yokohama,Japan.

Yan,G. and Yang,Z. 1997. Wanxian Yangtze bridge,China [J]. Structural Engineering International,Journal of the International Association for Bridge and Structural Engineering,7(3):164-166.

Yang,H. ,Han,L. H. and Wang,Y. C. 2008a. Effects of heating and loading histories on post-fire cooling behaviour of concrete-filled steel tubular columns [J]. Journal of Constructional Steel Research,64(5):556-570.

Yang,Y. F. and Han,L. H. 2006a. Experimental behaviour of recycled aggregate concrete filled steel tubular columns [J]. Journal of Constructional Steel Research,62(12):1310-1324.

Yang,Y. F. and Han,L. H. 2006b. Compressive and flexural behaviour of recycled aggregate concrete filled steel tubes(RACFST)under short-term loadings [J]. Steel and Composite Structures,6(3):257-284.

Yang, Y. F. and Han, L. H. 2011. Behaviour of concrete filled steel tubular(CFST)stub columns under eccentric partial compression [J]. Thin-Walled Structures, 49(2): 379-395.

Yang, Y. F. and Han, L. H. 2012. Concrete filled steel tube(CFST)columns subjected to concentrically partial compression [J]. Thin-Walled Structures, 50(1): 147-156.

Yang, Y. F., Han, L. H. and Sun, B. H. 2012. Experimental behaviour of partially loaded concrete filled double-skin steel tube(CFDST)sections [J]. Journal of Constructional Steel Research, 71(4): 63-73.

Yang, Y. F., Han, L. H. and Wu, X. 2008b. Concrete shrinkage and creep in recycled aggregate concrete-filled steel tubes [J]. Advances in Structural Engineering, 11(4): 383-396.

Yang, Y. F., Han, L. H. and Zhu, L. T. 2009. Experimental performance of recycled aggregate concrete-filled circular steel tubular columns subjected to cyclic flexural loadings [J]. Advances in Structural Engineering, 12(2): 183-194.

Yang, Y. F., Hou, C., Wen, Z. and Han, L. H. 2014. Experimental behaviour of square CFST under local bearing [J]. Thin-Walled Structures, 74: 166-183.

Ye, Y., Han, L., Tao, Z., and Guo, S. L. 2016. Experimental behaviour of concrete-filled steel tubular members under lateral shear loads[J]. Journal of Constructional Steel Research, 122: 226-237.

Young, B. and Ellobody, E. 2006. Experimental investigation of concrete-filled cold-formed high strength stainless steel tube columns [J]. Journal of Constructional Steel Research, 62(5): 484-492.

Yousuf, M., Uy, B. and Tao, Z., et al. 2013. Transverse impact resistance of hollow and concrete filled stainless steel columns [J]. Journal of Constructional Steel Research, 82: 177-189.

Zeghiche, J. and Chaoui, K. 2005. An experimental behaviour of concrete-filled steel tubular columns [J]. Journal of Constructional Steel Research, 61(1): 53-66.

Zeinoddini, M., Parke, G. A. R. and Harding, J. E. 2002. Axially pre-loaded steel tubes subjected to lateral impacts: an experimental study [J]. International Journal of Impact Engineering, 27(6): 669-690.

Zhang, W. Z. and Shahrooz, B. M. 1999. Comparison between ACI and AISC for concrete-filled tubular columns [J]. Journal of Structural Engineering, ASCE, 125(11): 1213-1223.

Zhao, X. L. and Grzebieta, R. H. 1999. Void-filled SHS beams subjected to large deformation cyclic bending [J]. Journal of Structural Engineering, ASCE, 125(9): 1020-1027.

Zhao, X. L. and Grzebieta, R. H. 2002. Strength and ductility of concrete filled double skin(SHS inner and SHS outer)tubes [J]. Thin-Walled Structures, 40(2): 199-213.

Zhao, X. L., Grzebieta, R. H. and Elchalakani, M. 2001. Tests of concrete-filled double skin circular hollow sections [C]. Proceedings of the 1st International Conference on Steel and Composite Structures, Pusan, Korea, 283-290.

Zhao, X. L., Han, B. and Grzebieta, R. H. 2002. Plastic mechanism analysis of concrete-filled double skin(SHS inner and SHS outer)stub columns [J]. Thin-Walled Structures, 40(10): 815-833.

Zhao, X. L., Han, L. H. and Lu, H. 2010. Concrete-filled Tubular Members and Connections [M]. Spon Press, Taylor & Francis.

Zhou, P. and Ren, X. C. 2002. Concrete-filled arch railway bridge in China [J]. Structural Engineering International, Journal of the International Association for Bridge and Structural Engineering, 12(3): 151-152.

Zhou, P. and Zhu, Z. 1998. Concrete-filled tubular arch bridges in China [J]. Structural Engineering International, Journal of the International Association for Bridge and Structural Engineering, 7(3): 161-163.

Zhou, X. Q. and Hao, H. 2008. Modelling of compressive behaviour of concrete-like materials at high strain rate [J]. International Journal of Solids and Structures, 45(17): 4648-4661.

索　引

H

I

J

K

L

M

N

O

P

Q

R

S

T

W

X

Y

Z